高强度钢材钢结构（Ⅱ）

施　刚　陈学森　胡方鑫　著

中国建筑工业出版社

图书在版编目（CIP）数据

高强度钢材钢结构. Ⅱ / 施刚，陈学森，胡方鑫著. —北京：中国建筑工业出版社，2020. 3

ISBN 978-7-112-24893-3

Ⅰ. ①高… Ⅱ. ①施… ②陈… ③胡… Ⅲ. ①高强度钢—钢结构 Ⅳ. ①TG142.7

中国版本图书馆CIP数据核字（2020）第032991号

本书在之前已出版的《高强度钢材钢结构》的基础上，论述了作者及其研究团队近年来在高强度钢材钢结构的材料、连接、节点和结构的基础理论与设计方法方面的最新研究进展。本书的主要内容包括：国产高强度钢材及建筑结构用钢板的材料力学性能统计分析、可靠度分析及设计指标研究；高强度钢材的单调本构模型、循环加载试验及循环本构模型研究；高强度钢材焊接接头及高强度螺栓连接接头力学性能的试验研究、数值模拟和设计建议；高强度钢材板式加强型梁柱节点抗震性能的试验研究、数值模拟、参数分析及设计方法；高强度钢材钢框架抗震性能的试验研究、数值模拟、算例分析及设计建议。

本书的主要内容为高强度钢材钢结构的基础性科学研究成果，可供从事钢结构工程设计的技术人员和高等院校相关专业的教师、研究生参考。

责任编辑：聂 伟 王 跃
责任校对：张惠雯

高强度钢材钢结构（Ⅱ）
施 刚 陈学森 胡方鑫 著
*
中国建筑工业出版社出版、发行（北京海淀三里河路9号）
各地新华书店、建筑书店经销
北京建筑工业印刷厂制版
北京市密东印刷有限公司印刷
*
开本：787×1092毫米 1/16 印张：30¾ 字数：768千字
2020年7月第一版 2020年7月第一次印刷
定价：**98.00**元
ISBN 978-7-112-24893-3
（35631）

前　言

随着钢材生产工艺的提高及加工技术的发展，新型高强度钢材钢结构的应用条件日趋成熟。由于高强度钢材钢结构具有减少钢材用量、降低单位建筑产品能耗、节能减排、保护环境和可持续发展方面的优势，已经成为世界钢结构工程领域的重要发展趋势。

新型高强度钢材具有强度较高、化学成分与传统钢材明显不同、材料的断后伸长率和屈强比等力学性能指标发生变化等特点。因此，在材料设计指标、构件性能、连接和节点性能、结构抗震性能等方面，高强度钢材钢结构与传统钢结构具有显著区别，需要对新的设计方法和设计理论，特别是高强度钢材钢结构的抗震设计理论进行研究。

本书作者及其研究团队针对高强度钢材钢结构进行了十几年的研究工作，并于2014年将针对高强度钢材材料和构件的早期研究成果整理出版为学术专著《高强度钢材钢结构》。近些年来，本书作者及其研究团队进一步扩展在高强度钢材钢结构领域的研究工作，立足高强度钢材钢结构的设计和应用需求，开展了针对高强度钢材钢结构的材料设计指标、本构模型、螺栓和焊缝连接性能、梁柱节点性能和框架抗震性能的相关研究，并形成了高强度钢材材料→截面→构件→连接→节点→结构体系的系列研究成果。本书是对近年来高强度钢材钢结构最新研究成果的总结。

本书的研究工作得到了国家自然科学基金优秀青年科学基金（51522806）、国家自然科学基金面上项目（51478244、51778328）和国家重点研发计划课题（2018YFC0705501）等的资助。同时，清华大学土木工程系与中信建筑设计研究总院有限公司联合主编了我国工程建设行业标准《高强钢结构设计标准（报批稿）》，本书的内容是该标准编制的重要研究基础，也为该标准的具体实施提供了技术依据。

本书涉及的试验研究工作得到了清华大学土木工程系土木工程安全与耐久教育部重点实验室的大力支持。本书的研究工作还得到了鞍钢股份有限公司、舞阳钢铁有限责任公司、武汉钢铁股份有限公司、马鞍山钢铁股份有限公司、安阳钢铁股份有限公司、山东钢铁股份有限公司莱芜分公司、山东中通钢构建筑股份有限公司、国家建筑钢材质量监督检验中心、北京市建筑工程研究院等单位的大力支持，特别是试验材料和钢材检验数据的提供以及试件的加工。

本书是作者及其研究团队的共同研究成果，包括学术前辈的关怀与指导，还包括了实验室同事及国内外高校和工程界广大专家学者的支持和参与。研究团队的博士研究生陈玉峰、硕士研究生朱希在相关课题的研究中完成了大量的试验、数值模拟和理论分析工作，为本书做出了重要贡献。

限于作者的水平，书中难免有不足之处，需要在今后的研究工作中不断加以改进和完善，敬请专家和读者批评指正。

作者

2019年于清华园

目　录

第 1 章　绪论······1

1.1　高强度钢材钢结构产品及其发展······1

1.2　高强度钢材钢结构的工程应用进展······3

1.3　高强度钢材钢结构的研究进展······6

1.3.1　国内外2014年及以前的研究情况······6

1.3.2　国内外2014年以来的研究进展······15

1.4　本书的主要内容······18

参考文献······18

第 2 章　高强度钢材的材料性能设计指标······24

2.1　国产高强钢和GJ钢力学性能的统计分析······24

2.1.1　高强钢材料性能调研······24

2.1.2　高强钢材料性能独立试验······27

2.1.3　高强钢材料性能不定性······31

2.1.4　GJ钢材料性能不定性······39

2.2　高强钢构件计算模式不定性······44

2.2.1　轴心受压构件······45

2.2.2　压弯构件······48

2.2.3　受弯构件······56

2.2.4　构件统计参数······61

2.3　高强钢和GJ钢可靠度分析······62

2.3.1　高强钢抗力不定性······62

2.3.2　GJ钢的抗力不定性······63

2.3.3　抗力分项系数的计算······65

2.3.4　高强钢的抗力分项系数及可靠度分析······70

2.3.5　GJ钢的抗力分项系数及可靠度分析······75

参考文献······78

第 3 章　高强度钢材的本构关系模型······80

3.1　高强度钢材单调本构模型······80

3.1.1　更新多折线本构模型参数······80

3.1.2　非线性本构模型······82

3.1.3　修正的多折线本构模型······84

3.1.4　模型对比······86

3.2　高强度钢材材料循环力学性能······87

3.2.1 概述 …… 87
3.2.2 试验方案 …… 88
3.2.3 试验结果 …… 91
3.2.4 对比分析 …… 100
3.3 高强度钢材弹塑性循环本构模型 …… 101
3.3.1 概述 …… 101
3.3.2 有屈服平台的结构钢材循环本构模型 …… 102
3.3.3 无屈服平台的结构钢材循环本构模型 …… 129
参考文献 …… 139
第4章 高强度钢材的连接性能 …… 145
4.1 高强钢母材及焊材的力学性能试验 …… 145
4.1.1 母材试验 …… 145
4.1.2 焊材试验 …… 159
4.2 高强度钢材角焊缝接头 …… 169
4.2.1 正面角焊缝接头试验 …… 169
4.2.2 侧面角焊缝接头试验 …… 177
4.2.3 数值模拟及验证 …… 181
4.2.4 参数分析 …… 186
4.2.5 设计建议 …… 192
4.3 高强度钢材高强度螺栓连接 …… 194
4.3.1 承压型连接试验 …… 195
4.3.2 摩擦型连接试验 …… 210
4.3.3 数值模拟及验证 …… 217
4.3.4 参数分析 …… 230
4.4 设计建议 …… 236
4.4.1 承压型连接 …… 236
4.4.2 摩擦型连接 …… 239
参考文献 …… 240
第5章 高强度钢材板式加强型梁柱节点 …… 244
5.1 试验研究 …… 244
5.1.1 试件设计 …… 244
5.1.2 试验方案 …… 253
5.1.3 试验结果 …… 257
5.1.4 结果分析 …… 282
5.2 有限元分析 …… 292
5.2.1 有限元模型 …… 292
5.2.2 板式加强型节点的受力特性 …… 306
5.2.3 参数分析 …… 313
5.3 设计方法 …… 326

5.3.1 设计流程 …… 326
5.3.2 节点构造建议 …… 327
5.3.3 节点刚度计算 …… 328
5.3.4 节点承载力验算 …… 333
5.3.5 节点抗震设计 …… 343
5.4 节点域变形分析模型 …… 349
5.4.1 节点域的弯矩-转角关系 …… 349
5.4.2 考虑节点域变形的模型 …… 351
5.4.3 模型对比及算例分析 …… 358
参考文献 …… 364
第6章 高强度钢材钢框架抗震性能 …… 368
6.1 试验研究 …… 368
6.1.1 试件设计 …… 368
6.1.2 试验方案 …… 372
6.1.3 试验结果 …… 374
6.1.4 性能评价 …… 389
6.2 数值模拟 …… 392
6.2.1 数值模型 …… 392
6.2.2 模型验证与讨论 …… 396
6.2.3 与多尺度模型的对比 …… 408
6.3 参数分析及设计方法 …… 409
6.3.1 框架算例 …… 409
6.3.2 静力推覆分析 …… 412
6.3.3 动力时程分析 …… 416
6.3.4 设计建议 …… 421
参考文献 …… 422
附录A 抗力分项系数和可靠指标计算程序 …… 424
附A.1 抗力分项系数计算程序 …… 424
附A.2 可靠指标计算程序 …… 425
附录B 高强钢抗力分项系数和可靠指标计算结果 …… 428
附录C GJ钢抗力分项系数和可靠指标计算结果 …… 437
附录D 高强钢非线性本构模型参数的试验实测值 …… 452
附录E 高强钢应力-应变关系试验曲线与模型曲线对比 …… 455
附录F 结构钢材循环弹塑性本构模型的UMAT子程序 …… 462
附F.1 本构模型的数值实现算法 …… 462
附F.1.1 三维问题 …… 462
附F.1.2 二维问题 …… 467
附F.2 本构模型的UMAT子程序框架 …… 468
附录G 考虑节点域变形的节点分析模型实现程序 …… 478

第1章 绪 论

1.1 高强度钢材钢结构产品及其发展

近年来，钢结构技术及其工程应用在世界范围内进一步发展，特别是我国的钢结构发展尤为迅速。未来我国基础设施建设工程中对钢结构的需求将进一步增加，对钢结构技术发展的要求也进一步提高。同时，在供给侧结构性改革要求的驱动下，我国钢铁产业布局进一步优化，钢材产品的研发创新和新型钢材的生产技术迅速发展，为我国钢结构领域的技术创新和新型钢结构的推广应用提供了条件。在上述背景下，大规模发展应用新型高性能钢材钢结构的条件日趋成熟。其中，高强度钢材钢结构具有减少结构用钢量、减小现场施工作业规模、降低单位建筑产品能耗等优势[1]，虽然对钢材产品的要求有所提高，但显著的经济效益和社会效益使得高强度钢材钢结构逐渐成为我国乃至世界范围内钢结构工程领域发展的重要方向之一[2, 3]。

高强度钢材钢结构，是指以高强度结构钢材（本书中提到的“高强度钢材”或“高强钢”，均特指高强度结构钢材）为主要受力体系或受力构件的钢结构。20 世纪 60 年代起，在传统的碳素钢材和普通强度的低合金钢材的基础上，日本工程界开始应用强度更高的高强度钢材[4]，之后高强度钢材在世界范围内不断发展；20 世纪末和 21 世纪初，我国一些建筑结构和桥梁结构中开始应用高强度钢材[5]。

高强度结构钢材，是指屈服强度显著高于普通的碳素结构钢和低合金结构钢，同时具有良好的韧性、延性及加工性能的钢材。在钢结构的设计和钢结构技术研究的过程中，通常以屈服强度标准值作为划分普通结构钢材和高强度结构钢材的依据。在高强度钢材钢结构的工程设计和应用的发展过程中，对高强度钢材的定义也在逐步发展。早期曾将屈服强度标准值 $f_y \geqslant 420\text{MPa}$ 作为高强度钢材的划分依据[6]，而目前习惯上将屈服强度标准值 $f_y \geqslant 460\text{MPa}$ 的钢材划分为高强度钢材[3]。

由于钢结构设计时的材料选择和性能验算工作需要依据相关设计标准，结构钢材的生产和新型钢材的基础研究则需要依据相关产品标准，因此基于钢结构设计标准和产品标准覆盖的屈服强度标准值范围进行钢材分类是较为习惯和常用的依据。我国的产品标准方面，《碳素结构钢》GB/T 700—2006[7] 包含了屈服强度相对较低的结构用碳素钢（Q195 ～ Q275）；现行钢材产品标准《低合金高强度结构钢》GB/T 1591—2018[8] 中以上屈服强度取代下屈服强度作为强度标准值取值依据并修改了原 Q345 钢的牌号，包含了热轧、正火、正火轧制、热机械轧制（TMCP）或 TMCP 加回火状态交货的 Q355 ～ Q460 牌号钢材，及 TMCP 或 TMCP 加回火状态交货的 Q500 ～ Q690 钢材，其牌号范围与交货状态与其前版标准《低合金高强度结构钢》GB/T 1591—2008[9] 基本一致，但因屈服强度取值方法的调整而针对不同交货状态修改了部分限值。针对钢板的产品标准中，《高强度结构用调质钢板》GB/T 16270—2009[10] 包含了以调质（淬火加回火）状态交货的 Q460 ～ Q960 牌号钢板，《超高强度结构用热处理钢板》GB/T 28909—2012[11] 包含了以淬火或淬火加回火状态交货的 Q1030 ～ Q1300 牌号钢板。另外，《建筑结构用钢板》GB 19879—2015[12] 包含了高性能建筑结构用钢（GJ 钢）系列的 Q235GJ ～ Q690GJ 牌号钢材，详见表 1.1。

我国现行钢材产品标准覆盖的钢材（或钢板）牌号及交货状态　　表 1.1

标准名称	覆盖牌号	交货状态	备　注
《碳素结构钢》GB/T 700—2006	Q195、Q215、Q235、Q275	热轧、控轧、正火	
《低合金高强度结构钢》GB/T 1591—2018	Q355、Q390、Q420、Q460	热轧、正火、正火轧制、TMCP、TMCP＋回火	正火、正火轧制加后缀N，TMCP、TMCP加回火后缀M
	Q500、Q550、Q620、Q690	TMCP、TMCP＋回火	
《高强度结构用调质钢板》GB/T 16270—2009	Q460、Q500、Q550、Q620、Q690、Q800、Q890、Q960	调质（淬火＋回火）	仅针对板材
《超高强度结构用热处理钢板》GB/T 28909—2012	Q1030、Q1100、Q1200、Q1300	淬火＋回火、淬火	仅针对板材
《建筑结构用钢板》GB 19879—2015	Q235GJ	热轧、控轧、正火	仅针对板材
	Q345GJ	热轧、控轧、正火、TMCP	
	Q390GJ	控轧、正火、正火＋回火、TMCP、TMCP＋回火	
	Q420GJ、Q460GJ	控轧、正火、正火＋回火、TMCP、TMCP＋回火、淬火＋回火	
	Q500GJ、Q550GJ、Q620GJ、Q690GJ	TMCP、TMCP＋回火、淬火＋回火	

设计标准方面，《钢结构设计规范》GB 50017—2003[13] 覆盖的钢材牌号为 Q235、Q345、Q390 和 Q420，而现行的新版标准《钢结构设计标准》GB 50017—2017[14] 增加了 Q460 和 Q345GJ 牌号的钢材设计指标，最新编制的《高强钢结构设计标准（报批稿）》[15] 则覆盖了 Q460 ～ Q690 钢材和 Q460GJ 钢材的设计指标。

目前，Q345 钢材仍然是我国钢结构工程中应用最广泛的低合金钢材，所以在钢结构的设计和施工中有时也会称强度相对较高的 Q390、Q420 钢材为高强度钢材。近些年，随着高强度钢材钢结构研究的发展，所涉及材料的强度逐步提高，开始出现超高强度钢材的概念。目前，我国钢材产品标准中，TMCP 或 TMCP ＋回火交货钢材牌号最高为 Q690M[8]，因此有时将目前必须通过淬火生产的 $f_y > 690$MPa（Q800 及以上）的钢材称为超高强度钢材 [10]；依据产品标准名称，有时也用“超高强度钢材”特指《超高强度结构用热处理钢板》GB/T 28909—2012 中规定牌号的板材（其屈服强度标准值不小于 1000MPa）。

国外的钢材产品相关标准中，高强度结构钢材相关的内容近年也逐步发展，见表 1.2。日本规范中包含屈服强度 440MPa 的 590N 钢材（SA440、HBL440）[16]，以及屈服强度为 500 ～ 700MPa 的 BHS 系列钢材（BHS500、BHS700）[17]；欧洲规范体系中包含 S460 ～ S960 系列钢材的产品标准 [18]，以及针对屈服强度 500 ～ 700MPa 的 S500 ～ S700 高强钢结构一般设计规定的标准 [19]；美国 ASTM 产品标准中包含 A514/A514M（f_y = 690MPa）钢材 [20]，A572/A572M Grade 65（f_y = 450MPa）钢材 [21]、A709/A709M 桥梁钢系列 Grade QST65（f_y = 450MPa）、QST70（f_y = 485MPa）、HPS 70W（f_y = 485MPa）和 HPS 100W（f_y = 690MPa）钢材 [22]、A913/A913M Grade 65（f_y = 450MPa）和 Grade 70（f_y = 485MPa）钢材 [23]，以及 A992/A992M（345MPa ≤ f_y ≤ 450MPa）钢材 [24] 等。

国外钢材产品标准中的主要结构钢类型　　**表 1.2**

地区	标　准	牌号（等级）	名义屈服强度或屈服强度标准值（MPa）	备注
日本	AIJ-001-03[16]	SA440、HBL440（590N）	440	—
	MDCR 0014-2004[17]	BHS500、BHS700	500～700	桥梁高性能钢
欧洲	EN 10025-6：2004＋A1[18]	S460、S500、S550、S620、S690、S890、S960（Q、QL、QL1）	460～960	—
美国	A514/514M-18[20]	A514/A514M	690	—
	A572/A572M-18[21]	A572/A572M Grade 65	450	—
	A709/A709M-18[22]	QST65、QST70、HPS 70W、HPS 100W	450～690	桥梁钢系列
	A913/A913M-15[23]	Grade 65、Grade 70	450～485	—
	A992/A992M-11[24]	A992/A992M	450	—

总体上看，目前国内外关于高强度钢材的产品标准已经初具规模；同时，钢材生产技术的发展使得高强度钢材产品材料性质更加稳定、可控，在工程中推广应用高强钢结构的条件已经成熟。近年来，基于高强度钢材钢结构研究和应用的发展，国内外学者和工程设计人员对高强度钢材钢结构的理解和认识进一步提高，并且形成或修订了一些针对高强度钢材钢结构的设计规定或条文，以期在保证设计的安全性和可靠性的前提下，充分发挥高强度钢材钢结构的优势，实现对资源和能源的优化利用。尽管如此，为使高强度钢材钢结构设计的标准形成体系，以完整地指导高强度钢材钢结构设计的全过程，仍然需要结合产品标准和设计应用需求的发展开展进一步的研究工作。

1.2　高强度钢材钢结构的工程应用进展

随着近年来高强度钢材产品标准和设计标准的发展，高强度钢材在我国钢结构领域的应用进一步发展。

北京大兴国际机场（图 1.1）航站楼，其中央大厅宽度大、屋面结构复杂，设计中采用了 C 形柱支撑，为保证设计安全，其 C 形巨柱应用了 Q460GJ 钢材；此外，航站楼主楼的侧幕墙柱使用了 54 根直径 800mm、壁厚 30mm 的 Q460GJ 圆钢管柱；该工程中高强度 GJ 钢材的应用总量达到 7500t，为实现结构的承载能力和安全储备设计提供了重要保证[25]。

（*a*）

（*b*）

图 1.1 北京大兴国际机场[25]

（*a*）效果图；（*b*）应用Q460GJ钢材的C形巨柱

扬州体育公园体育场（图 1.2）采用西侧看台多、东侧看台少的不对称布置，总用地面积 118661m^2，西看台罩棚钢结构的钢管桁架拱、钢桁架撑和钢桁架落地拱中的多数杆件均采用 Q460E 钢材，实现了 280m 跨度的平主拱的杆件内力控制，保证了罩棚结构空灵通透的建筑效果[26]。

图 1.2 扬州体育公园体育场

正在建设中的乌鲁木齐奥林匹克中心的体育场工程和体育馆工程（图 1.3），其体育场结构屋盖为车辐式索承网格结构，上弦内环承受较大的压弯耦合作用，采用 Q460GJC 箱形截面作为弦杆；体育馆结构也为车辐式索承网格结构，下弦杆的内环和上弦杆的主径向梁腋使用 Q460GJC 箱形截面构件。

深圳汉京金融中心项目（图 1.4），地上 70 层、地下 5 层，是一栋无核心筒、总高 350m（含 30m 幕墙）钢结构建筑，其矩形钢管混凝土柱和复杂连接节点中使用了 Q460GJC、Q420GJ 和 Q390GJC 钢材，且多为 40 ～ 60mm 厚钢板[27]。

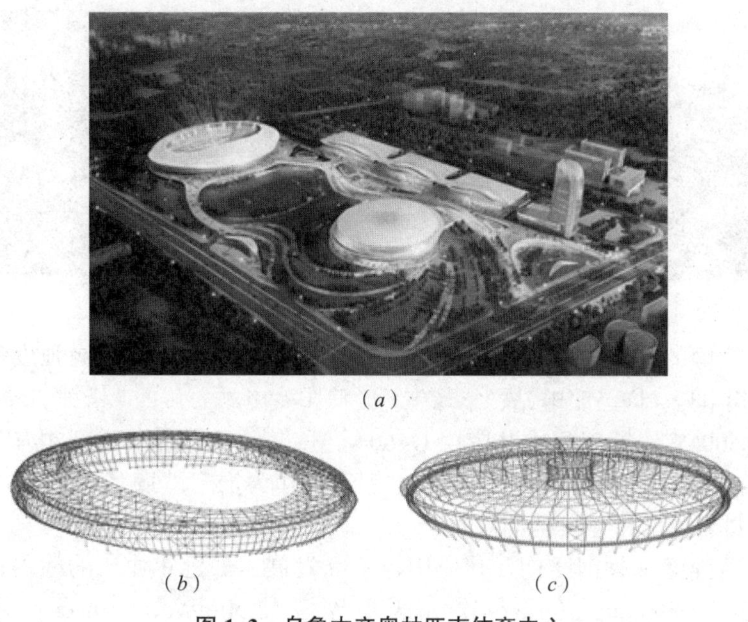

（a）

（b） （c）

图 1.3 乌鲁木齐奥林匹克体育中心

（a）效果图；（b）体育场结构；（c）体育馆结构

（a） （b）

图 1.4 深圳汉京金融中心

（a）效果图；（b）结构示意图

桥梁结构方面，位于长江下游的沪通长江大桥（图 1.5）为一座双塔钢桁斜拉桥，主跨 1092m，可通行 4 线铁路和 6 车道高速公路；桥梁首次采用 Q500qE 高强度桥梁钢，总用量超过 3 万 t；[28] 配合 2000MPa 级平行钢丝斜拉索等新技术，显著降低了全桥用钢量和总成本。

图 1.5 沪通长江大桥

此外，在我国的输电塔建设中也开始在试点应用的基础上推广高强度钢材，如平顶山 - 洛南、禹州电厂 - 许昌变电站、华豫电厂 - 信阳变电站、焦西 - 塔铺、祥符 - 永城和平顶山 - 白河等 500kV 线路工程中共应用 Q460 输电铁塔 1200 余座[29]，其中平顶山 - 白河双回 500kV 线路工程中还应用了 5 座 Q690 钢管塔作为推广试点[30]，在节约钢材、降低造价、节能减排方面取得了显著的效益。

在国外，高强度钢材钢结构及其应用也不断发展，如近年建成的韩国首尔大学冠廷图书馆（SNU Kwangjeong Libruary）、乐天世界塔（Lotte World Tower）等建筑采用了 HSA800（f_y = 800MPa）的高强度钢材[3]，见图 1.6 和图 1.7。

图 1.6 首尔大学冠廷图书馆（SNU Kwangjeong Library）[3]

图 1.7 首尔乐天世界塔（Lotte World Tower）[3]

总体上，近年来高强度钢材钢结构在我国和国际上的应用进一步发展，并已表现出显著的经济效益和社会效益；随着钢材的生产技术发展和结构设计理论的完善，未来高强度钢材钢结构必将在我国得到更为广泛的应用。

1.3 高强度钢材钢结构的研究进展

1.3.1 国内外2014年及以前的研究情况

本书作者及研究团队在《高强度钢材钢结构》[6] 中总结了 2014 年以前国内外对于高强度钢材钢结构的早期研究情况。针对高强度钢材钢结构的早期研究涉及了高强钢结构的材料性质、截面残余应力、轴压构件的整体稳定性能和局部稳定性能、高强度螺栓连接的孔壁承压性能、抗滑移性能及往复荷载下的材料和构件性能[3]。

（1）高强钢的材料性质

早期研究通过对单轴拉伸试验结果的分析并与普通钢进行对比，证明高强度钢材随其屈服强度的提高呈现出屈强比提高、断后伸长率下降的基本趋势[31]；同时，针对高强钢结构在单调荷载和循环荷载下的单轴应力-应变关系的特征也有一定研究[32]。但是，相关的单轴拉伸试验结果仅给出了高强钢材料性质的变化规律，并不能直接提供可供设计应用的高强度钢材力学性能设计指标；同时，由于高强度钢材的本构关系与普通钢存在显著区别，仅依靠对单轴应力-应变关系的研究，尚难以建立可应用于精细化数值模拟的高强钢三维本构模型，在一定程度上影响了高强钢结构相关研究的进展。

（2）高强度钢材的连接

虽然国内外学者对高强度钢材的可焊性和焊接过程中的焊材匹配等开展了一定研究[33]，但针对应用于高强钢结构中的焊缝连接构造（包括对接焊缝和角焊缝）的力学性能研究相对较少；对于高强度螺栓连接的研究发现，随着高强度钢材屈服强度的提高，高强度螺栓连接的承载力要求也相应提高，在承压型连接设计中可能出现连接板材的名义屈服强度大于螺栓材料的名义屈服强度的情况；而在摩擦型连接设计中则可能出现因接触面的抗滑移系数较低，需要设置大量的螺栓才可以实现高强钢构件之间的等强连接[34]。

此外，虽然早期国内外学者针对高强钢结构的节点（主要是应用高强度钢材的端板连接节点构造）也开展了一定的研究[6]；但是，由于总体上针对节点的研究数量较少，且缺少对焊接节点构造的深入研究，难以为实际工程设计提供必要的参考，也无法形成可靠的设计方法，在一定程度上影响了高强度钢材钢结构的工程应用。

（3）高强钢轴心受压构件整体稳定性能

2014年及其以前国内外学者针对高强度钢材截面残余应力、轴压构件整体稳定性能和局部稳定性能的研究已经较为广泛并具有一定的系统性[35]，形成了较完整的研究成果以及相对成熟的设计方法[3]，并已在《高强钢结构设计标准（报批稿）》[15]中引入了相关规定。

针对高强钢焊接工字形截面和箱形截面构件的残余应力，Ban和Shi汇总了国内外的相关研究成果[3]，见表1.3。基于试验结果，焊接高强钢构件的截面残余应力与焊接普通钢构件的残余应力分布相似。随着高强度钢材屈服强度的提高，残余拉应力或压应力的峰值与钢材屈服强度的比值减小，且其比值与几何尺寸相关。基于文献调研和试验研究的结果，班慧勇等提出了适用于高强钢焊接箱形截面和工字形截面的残余应力分布模型[35]，见图1.8。基于该模型，可在有限元数值模拟中较为准确地考虑残余应力对构件稳定性的影响，为获取高强钢构件的稳定承载力数据提供了有效的工具。

高强钢结构残余应力研究总结 **表1.3**

文　献	钢材牌号（名义屈服强度）	截面类型	试件数量	测量方法
Nishino, et al.[36]	A514（690MPa）	箱形	2	切条法
Usami & Fukumoto[37, 38]	HT80（690MPa） SM58（460MPa）	箱形	6	切条法

续表

文献	钢材牌号（名义屈服强度）	截面类型	试件数量	测量方法
Rasmussen & Hancock[39, 40]	Bisalloy 80（690MPa）	工字形	4	切条法
		箱形	4	
Beg & Hladnik[41]	Nionicral 70（700MPa）	工字形	2	切条法
班慧勇，等[42, 43]	Q460（460MPa）	工字形	8	切条法
		箱形	6	
王彦博，等[44]	Q460（460MPa）	工字形	3	切条法和钻孔法
李国强，等[45]	Q460（460MPa）	箱形	3	
Kim，et al[46]	HSA800（650MPa）	工字形	1	切条法
Li，et al[47]	Q690（690MPa）	工字形	3	切条法
		箱形	3	
Khan et al[48]	690MPa	箱形	6	切条法
班慧勇，等[49, 50]	Q960（960MPa）	工字形	3	切条法
		箱形	3	切条法

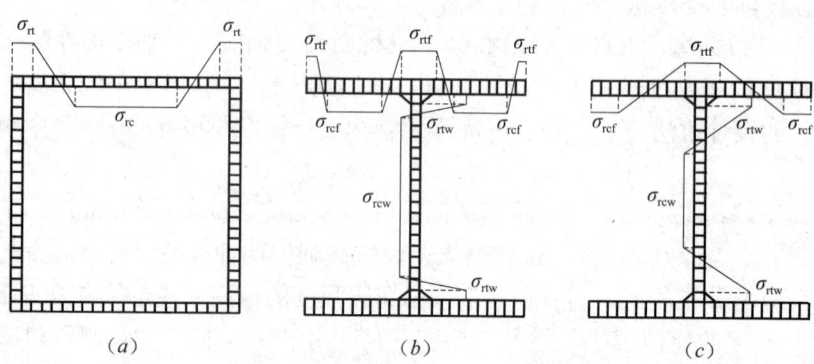

图 1.8 高强钢箱形和工字形截面的残余应力分布模型

（*a*）焊接箱形截面;（*b*）焊接工字形截面（翼缘为焰切边）;（*c*）焊接工字形截面（翼缘为轧制或剪切边）

此外，Ban 和 Shi 汇总了国内外高强度钢材的试验研究结果[35]，见表 1.4。表中 l_0 为构件有效长度，e 为荷载偏心距，f_y 为材料屈服强度实测值，P_{ut} 为实测稳定极限承载力，λ_n 为试件正则化长细比，φ 为实测稳定系数。试验研究的结果表明，与同条件下的普通钢构件相比，高强度钢材钢构件的整体稳定系数通常会显著提高[37]，应用针对普通钢结构的设计标准和设计方法进行高强度钢材轴心受压构件的整体稳定性验算时可能得到偏于保守的结果，这在一定程度上不利于高强度钢材强度优势的充分利用[53]。为解决这一问题，实现高强度钢材钢结构轴心受压构件稳定性的合理、可靠设计，基于已有试验研究结果，同时利用经过验证的有限元模型开展大量的参数分析，文献［35］中总结了确定高强度钢材钢构件轴心受压整体稳定设计的三种方法。

高强钢受压构件试验研究结果汇总　　**表 1.4**

文　献	试 件 名	实测截面尺寸（mm）	l_0（mm）	e（mm）	f_y（MPa）	P_{ut}（kN）	λ_n	φ
Usami & Fukumoto[37]	S-35-22	B139.00×6.00	1880.0	1.18	741.0	2112.0	0.654	0.853
	S-50-22	B138.98×6.01	2690.0	0.85	741.0	17798.0	0.967	0.740
	R-50-22	B139.00×6.00	2090.0	0.83	741.0	1622.0	0.930	0.745
	R-65-22	B138.98×6.01	2720.0	0.66	741.0	1299.0	1.210	0.594
	ER-50-22	B138.98×6.01	2090.0	11.32	741.0	1220.0	0.932	0.558
Rasmussen & Hancock[40]	B1150C	B98.90×5.00	1149.0	0.50	705.0	1174.0	0.562	0.911
	B1150E	B97.50×4.95	1150.0	2.10	705.0	11137.0	0.570	0.904
	B1950C	B98.22×4.96	1950.0	0.50	705.0	1078.0	0.960	0.849
	B1950E	B99.34×4.97	1950.0	3.20	705.0	926.0	0.948	0.719
	B3450C	B100.14×4.97	3451.0	0.40	705.0	469.0	1.664	0.361
	B3450E	B99.78×4.94	3451.0	2.90	705.0	438.0	1.670	0.640
	I1000C	H155.40×141.50×7.70×7.70	1000.0	0.70	660.0	2092.0	0.545	0.952
	I1000E	H157.14×141.10×7.67×7.71	1000.0	1.30	660.0	2192.0	0.550	0.991
	I1650C	H156.90×1141.50×7.70×7.66	1649.0	0.40	660.0	1751.0	0.896	0.800
	T1650E	H158.42×141.50×7.71×7.75	1649.0	1.00	660.0	1682.0	0.900	0.762
	I2950E	H157.50×140.30×7.75×7.74	2950.0	2.00	660.0	745.0	1.627	0.337
Shi et al.[51]	S1-690-1300	I120.5×100.2×10.0×8.3	1216.8	4.69	799.0	1857.9	0.477	0.821
	S2-960-1300	I89.5×79.5×7.9×6.1	1103.7	8.73	962.5	1368.4	0.625	0.831
	S3-690-2700	I121.1×100.0×10.0×8.0	2385.0	8.08	799.0	1656.5	0.927	0.739
	S4-960-2700	I120.0×99.2×10.1×7.9	2384.9	11.85	996.0	2099.6	1.066	0.756
	S5-690-3600	I79.8×70.4×6.0×6.1	2345.5	34.73	740.3	306.4	1.356	0.328
	S6-960-3600	I95.3×79.6×7.8×6.1×	2673.3	15.32	962.5	434.6	1.424	0.260
	S7-690-3600	I59.7×49.9×5.1×5.2	2015.1	39.44	783.3	136.7	1.613	0.228
	S8-960-3600	I59.9×59.2×6.1×.2	2086.8	17.97	1019.8	210.0	1.919	0.202
班慧勇，等[52]	B1-460	B152.0×10.92	1080.2	5.24	531.9	3129.7	0.300	0.955
	B2-460	B141.1×14.83	1261.1	6.68	492.3	3642.3	0.374	0.988
	B3-460	B121.5×12.67	1549.4	1.44	492.3	2185.6	0.532	0.804
	B4-460	B102.4×11.04	1782.4	2.80	531.9	1503.8	0.760	0.701
	B5-460	B102.2×10.81	2279.8	11.89	531.9	930.6	0.972	0.443

续表

文　　献	试 件 名	实测截面尺寸（mm）	l_0（mm）	e（mm）	f_y（MPa）	P_{ut}（kN）	λ_n	φ
班慧勇，等[53]	I1-460	I111.7×132.1×10.96×11.37	2571.4	3.13	531.9	1265.4	0.909	0.597
	H1-460	H209.4×210.0×14.80×15.02	1089.3	0.07	492.3	4487.2	0.332	1.014
	H2-460	H141.6×179.7×15.16×12.96	1312.1	2.11	492.3	2732	0.439	0.797
	H3-460	H150.2×151.5×11.08×11.35	1535.4	2.51	531.9	1998.6	0.677	0.77
	H4-460	H151.1×151.2×11.02×11.07	1815.1	3.9	531.9	1842.4	0.801	0.717
	H5-460	H111.2×131.9×10.76×11.34	2026	2.28	531.9	1398.8	1.001	0.669
	H6-460	H149.4×150.3×11.02×11.09	1315.2	3.06	531.9	2437.8	0.584	0.956
班慧勇，等[54]	B1-960	B142.6×13.99	1878.6	25.88	973.2	3779.5	0.775	0.54
	B2-960	B141.6×13.94	2879.8	3.13	973.2	4063.9	1.196	0.587
	B3-960	B141.5×13.92	4382.3	0.82	973.2	2193.4	1.822	0.317
	H1-960	H211.1×209.8×13.96×13.93	1882.5	18.67	973.2	4682.7	0.813	0.567
	H2-960	H209.5×210.8×13.93×13.93	2883.7	4.92	973.2	4282.2	1.238	0.519
	H3-960	H209.9×211.0×13.92×13.87	4381.5	4.83	973.2	2322.8	1.879	0.282
Wang et al.[55]	H-3-80-1	H171.25×154.50×20.99×11.52	3320	2.08	540.9	1913	1.365	0.43
	H-3-80-2	H171.25×154.70×20.98×11.36	3304	1.7	540.9	2107.5	1.354	0.475
	H-5-55-1	H245.75×227.75×21.33×11.54	3320	0.33	464	4357.5	0.858	0.763
	H-5-55-2	H245.50×229.00×21.15×11.62	3320	3.13	502.5	4290	0.889	0.695
	H-7-40-1	H317.25×308.75×21.03×11.47	3320	3	540.9	7596.5	0.682	0.857
	H-7-40-2	H318.50×308.25×21.20×11.46	3320	1.58	540.9	7534.5	0.683	0.845
Wang et al.[56]	B-8-80-1	B110.3×11.40	3320	3	505.8	1122.5	1.288	0.492
	B-8-80-2	B112.0×11.49	3260	0.6	505.8	1473.5	1.245	0.631
	B-12-55-1	B156.5×11.43	3260	4.9	505.8	2591	0.866	0.772
	B-12-55-2	B156.3×11.42	3260	3.8	505.8	2436.5	0.867	0.728
	B-18-38-1	B220.2×11.46	3260	2.4	505.8	3774	0.602	0.78
	B-18-38-2	B220.8×11.46	3260	3.4	505.8	4010	0.601	0.826
Zhou et al.[57]	L1-H10	H225.2×151.6×10.82×10.82	2120	2.12	550.2	1622.5	1.029	0.538
	L2-H10	H222.3×151.8×10.39×10.39	2719	2.72	550.2	1141.5	1.315	0.395
	L3-H10	H221.3×151.8×11.08×11.08	3318	3.32	550.2	839.5	1.6	0.274
	L1-H10	H226.7×149.9×12.74×12.74	2120	2.12	515.7	2128	1.006	0.646
	L2-H10	H225.2×150.8×12.47×12.47	2720	2.72	515.7	1298	1.281	0.402
	L3-H10	H227.5×151.6×12.65×12.65	3321	3.32	515.7	1143	1.557	0.347

续表

文 献	试件名	实测截面尺寸（mm）	l_0（mm）	e（mm）	f_y（MPa）	P_{ut}（kN）	λ_n	φ
Li et al.[58]	B-30-1	B236.23×16.20	2811	27.8	624	5771.5	0.514	0.649
	B-30-2	B236.47×16.10	2812	4.9	772	9751.5	0.571	0.89
	B-50-1	B192.37×16.02	3610	0.9	772	6444.5	0.914	0.739
	B-50-2	B192.52×16.02	3612	2.3	772	7180	0.914	0.822
	B-70-1	B140.88×16.07	3610	0.1	772	3258.5	1.286	0.526
	B-70-2	B140.48×16.08	3609	1.5	772	2897	1.29	0.469
	H-30-1	H259.19×260.85×16.08×16.08	2011	2	772	8493	0.585	0.914
	H-30-2	H260.35×260.82×16.25×16.25	2010	0.5	772	8994	0.585	0.957
	H-50-1	H236.30×241.75×16.03×16.03	2912	0.5	772	7207	0.91	0.847
	H-50-2	H238.15×240.47×16.16×16.16	2911	1	772	7124.5	0.916	0.832
	H-70-1	H204.78×209.21×16.26×16.26	3511	2.8	772	3039	1.263	0.41
	H-70-2	H205.24×209.38×16.24×16.24	3512	1.5	772	3690	1.262	0.498
Nie et al.[59]	B-120-45	B120.68×12.54	3392	45.52	563	861.9	1.261	0.282
	B-120-75	B121.12×12.60	3391	80.56	563	642.6	1.256	0.209
	B-168-30	B168.96×12.61	4009	27.38	563	2004.1	1.034	0.451
	B-168-60	B168.48×12.63	4009	60.31	563	1469.9	1.038	0.332
	B-216-45	B217.23×12.57	4072	43.46	551	2881.5	0.797	0.508
	B-216-75	B216.98×12.55	4075	70.39	551	2240.8	0.798	0.396
	B-264-30	B264.03×12.59	3583	29.64	551	4748.8	0.571	0.681
	B-264-60	B265.10×12.63	3582	60.47	551	3899.9	0.569	0.555

高强钢轴心受压构件整体稳定设计的第一种方法为：在现有规范规定的普通钢轴心受压稳定设计采用的柱子曲线基础上，依据高强钢轴心受压构件整体稳定性的研究成果，重新选择柱子曲线的类型以确定高强钢轴心受压构件的整体稳定系数。通过将数值模拟的结果与我国《钢结构设计标准》GB 50017—2017[14] 及欧洲钢结构设计标准 [19] 各类柱子曲线比较，高强度钢材的实际稳定系数显著高于规范中依据普通钢构件稳定设计方法选取的柱子曲线中的稳定系数，而改变柱子曲线选取方法、选择稳定系数更高的柱子曲线时，可能得到与高强钢轴心受压构件稳定性研究的结论更为吻合的稳定系数。综合考虑设计的安全性，同时尽可能充分利用高强度钢材的材料强度优势，文献 [35] 给出了在高强度钢材钢结构设计中，依据参数分析得到的稳定系数 φ_N 与我国规范中各类柱了曲线（a 类、b 类、c 类、d 类）给出的稳定系数（φ_a、φ_b、φ_c、φ_d）[14] 的比值的平均值，在现有规范规定的基础上修改高强钢对应的柱子曲线类别，以进行高强钢轴心受压构件稳定设计的方法，详见表 1.5。表中各项对应的现行规范针对普通钢的规定为：对焊接箱形截面的板件宽厚比

$b/t > 20$ 时选择 b 类曲线，$b/t \leqslant 20$ 时选择 c 类曲线；对焊接工字形截面弱轴翼缘为焰切边时选择 b 类曲线，翼缘为轧制或剪切边时选择 c 类曲线；对焊接工字形截面强轴选择 b 类曲线。由于正则化长细比相同的情况下，a 类曲线对应的稳定系数最高，d 类曲线对应的稳定系数最低，可见表 1.5 中给出的柱子曲线建议选取方法得到的稳定系数将大于等于用普通钢构件设计方法得到的稳定系数。通过选择稳定系数更高的柱子曲线实现不同强度的高强钢构件稳定性的设计，不但可以保证设计的合理性，充分发挥高强度钢材的强度优势，同时可以依托现有的设计方法和工程师的设计习惯，便于高强钢结构的推广应用；所以在《高强钢结构设计标准（报批稿）》中，高强钢轴心受压构件稳定设计方法即依据表中的建议制定[15]。尽管如此，因为现有针对高强钢结构稳定性的研究采用的板件多为 40mm 以下的薄板，所以对板厚大于 40mm 时高强钢轴心受压构件的整体稳定的设计仍需按普通钢构件的设计方法进行[15]。

此外，Ban 和 Shi 还提出了基于欧洲规范方法的柱子曲线的选取建议[35]。

高强钢受压构件稳定设计柱子曲线选取建议[14]　　　　**表 1.5**

钢材强度（MPa）	焊接箱形截面				焊接工字形截面弱轴				焊接工字形截面强轴			
	φ_N/φ_c	φ_N/φ_c	φ_N/φ_c	建议曲线	φ_N/φ_c	φ_N/φ_c	φ_N/φ_c	建议曲线	φ_N/φ_c	φ_N/φ_c	φ_N/φ_c	建议曲线
460	1.136	1.01	0.915	b	1.147	1.019	0.921	b	1.21	1.074	0.972	b
500	1.163	1.034	0.937	b	1.167	1.037	0.939	b	1.226	1.089	0.985	b
550	1.188	1.056	0.956	b	1.186	1.054	0.954	b	1.242	1.103	0.998	b
620	1.212	1.077	0.975	b	1.202	1.067	0.965	b	1.246	1.107	1.001	a
690	1.198	1.064	0.962	b	1.221	1.084	0.98	b	1.262	1.121	1.014	a
800	1.232	1.094	0.99	b	1.241	1.102	0.997	b	1.283	1.138	1.029	a
890	1.25	1.111	1.005	a	1.266	1.124	1.016	a	1.29	1.145	1.036	a
960	1.264	1.122	1.015	a	1.278	1.133	1.023	a	1.298	1.151	1.041	a

高强钢轴心受压构件整体稳定设计的第二种方法为：更新现有柱子曲线表达式中的相关参数，使其可适用于高强钢构件的稳定性设计。我国《钢结构设计标准》GB 50017—2017 所采用的柱子曲线表达式基于 Perry-Robertson 公式，其变形后的表达式见式（1.1）：

$$\varphi=\begin{cases}1-\alpha_1\lambda_n^{\ 2} & \lambda_n\leqslant 0.215\\ \dfrac{1}{2\lambda_n^{\ 2}}\left[(\alpha_2+\alpha_3\lambda_n+\lambda_n^{\ 2})-\sqrt{(\alpha_2+\alpha_3\lambda_n+\lambda_n^{\ 2})^2-4\lambda_n^{\ 2}}\right] & \lambda_n>0.215\end{cases} \tag{1.1}$$

式中，λ_n 为正则化长细比；α_1、α_2 和 α_3 为考虑初始几何缺陷和残余应力影响的系数。我国规范和欧洲规范中针对普通钢的稳定设计时采用的系数，均是通过一系列的试验研究和数值模拟结果拟合得到的。所以，针对高强度钢材钢结构，可以采用同样的方法拟合，拟合得到的结果见表 1.6。从表中可看出，拟合得到的系数取值与钢材的强度等级相关；同时，将箱形截面和工形截面的结果处理后，可以得到焊接工字形和箱形截面稳定设计柱子曲线的统一公式[35]。

此外，Ban 和 Shi 还基于数据拟合提出了欧洲规范柱子曲线的缺陷参数计算公式的修正建议[35]。

我国规范的柱子曲线公式应用于高强钢时的系数拟合结果[14] **表 1.6**

钢材强度（MPa）	焊接箱形截面			焊接工字形截面弱轴			焊接工字形截面强轴			焊接工字形/箱形截面统一拟合		
	α_1	α_2	α_3	α_1	α_2	α_3	α_1	α_2	α_3	α_1	α_2	α_3
460	0.00	0.903	0.377	1.66	1.029	0.235	0.88	1.000	0.189	0.84	0.984	0.255
500	0.00	0.917	0.334	1.44	1.022	0.216	0.83	1.001	0.172	0.79	0.987	0.229
550	0.00	0.936	0.268	1.38	1.024	0.191	0.77	1.002	0.155	0.79	0.993	0.202
620	0.16	0.956	0.238	1.82	1.058	0.139	1.18	1.028	0.126	1.13	1.018	0.162
690	0.91	0.996	0.213	1.58	1.048	0.128	1.14	1.030	0.108	1.25	1.028	0.142
800	1.09	1.017	0.157	1.52	1.050	0.103	1.08	1.031	0.089	1.25	1.035	0.110
890	1.03	1.019	0.134	0.84	1.014	0.115	0.94	1.024	0.090	0.94	1.020	0.110
960	1.11	1.027	0.114	0.81	1.014	0.108	0.92	1.025	0.082	0.92	1.022	0.099

高强钢轴心受压构件整体稳定设计的第三种方法为：使用新的柱子曲线形式。在 Perry-Robertson 公式的基础上，Ban 和 Shi 通过引入钢材强度 f_y 的影响，提出了新的表达式，见式（1.2）：

$$\varphi=\begin{cases}1-\alpha_1\lambda_n^{\ 2} & \lambda_n\leqslant 0.215\\ \dfrac{1}{2\lambda_n^{\ 2}}\left[\left(\alpha_2+\alpha_3\lambda_n\sqrt{\dfrac{235}{f_y}}+\lambda_n^{\ 2}\right)-\sqrt{\left(\alpha_2+\alpha_3\lambda_n\sqrt{\dfrac{235}{f_y}}+\lambda_n^{\ 2}\right)^2-4\lambda_n^{\ 2}}\right] & \lambda_n>0.215\end{cases} \tag{1.2}$$

新表达式中由于引入了 f_y，因此理论上可以应用于包括高强钢在内的所有强度等级的钢材轴心受压稳定系数的确定。将该方法得到的稳定系数与各强度等级钢材轴心受压构件稳定系数的分析结果比较，总体上较为吻合[35]。此外，Ban 和 Shi 还提出了欧洲规范柱子曲线表达式中引入钢材强度等级影响的建议方法。

（4）高强钢轴心受压构件局部稳定和相关稳定性能

由于材料强度较高，高强钢结构中经常需要使用厚度较小的板件，所以其板件的宽厚比限值、局部稳定性能及局部 - 整体相关稳定性能也是高强钢轴心受压构件设计中的重要内容。高强钢的局部稳定性能的研究目前已有广泛的试验研究结果，见表 1.7。结果表明，现有的各国规范中针对普通钢的局部稳定性设计公式并不适用于高强钢结构的设计，对部分截面形式或部分牌号的钢材可能过于保守，对另一些情况则可能给出偏于不安全的结果。为此，施刚等提出了适用于不同强度等级钢材的受压构件局部稳定设计方法[66]，相应的研究也是《高强钢结构设计标准（报批稿）》中受压构件局部稳定设计方法的编制依据。在高强钢构件中，由局部失稳和整体失稳互相影响形成的相关失稳也是一种重要的失稳模态，但针对相关失稳的研究相对较少[37, 38]。

高强钢短柱试验结果汇总[3]　　表1.7

来源文献	钢材等级（屈服强度）	截面类型	试件数量	板件宽厚比范围
Nishino et al.[36]	A514（690MPa）	箱形	4	26.2～44
McDermott[60]	A514（690MPa）	十字形	12	2.75～10
Usami & Fukumoto[37，38]	HT80（690MPa）	箱形	8	22～44
	SM58（690MPa）	箱形	6	29～58
Rasmussen & Hancock[39]	Bisalloy 80（690MPa）	工字形	6	翼缘1.5～10.83，腹板20～30
		箱形	6	16～28
		十字形	6	6.97～11.67
Clarin & Largerqvist[61]	Weldox 700（700MPa）	箱形	16	23.0～49.4
	Weldox 1100（1100MPa）	箱形	16	18.4～39.4
Yoo et al.[62]	HSA800（650MPa）	工字形	10	翼缘4～10，腹板15～25
		箱形	5	8～28
Kim et al.[46]	HSA800（650MPa）	工字形	6	翼缘6.83～7.5，腹板18.67～28
		箱形	1	13.3
		十字形	3	4.83～10.17
施刚，等[63-65]	Q460（460MPa）	工字形	9	翼缘6.6～23，腹板18.67～28
		箱形	4	17～61.4
	Q960（960MPa）	工字形	4	翼缘7～11，腹板13.3～21.3
		箱形	4	8～27.7

（5）高强钢受弯构件的性能

受弯构件的设计需要考虑其挠曲变形的控制和稳定性，所以高强钢受弯构件也需要进行相应的研究。国内外学者已开展了一些研究。Suzuki 等开展了 5 个简支梁试验并验证了其屈曲后的承载性能，其试件腹板采用了高强度钢材[67]。Beg 和 Hladnik 通过四点弯试验和数值模拟研究了 Nionicral 70（700MPa）高强钢梁的承载性能，提出考虑板件宽厚比影响的强度和稳定承载力验算公式[68]。Ricles 等则对高强钢受弯构件的延性和耗能能力进行了评估，证明屈强比对受弯构件的延性和抗震性能有显著影响[69]。Earls 通过有限元研究了 HSLA-80（500MPa）工字形梁的截面性质，证明其截面类型的划分标准应与普通钢不同[70]，但对其截面划分标准仍然需要进一步研究。Green 等通过试验研究了 HSLA-80（550MPa）钢梁的弹塑性性能并与美国设计规范进行了对比[71]。Gao 等通过有限元和四点弯试验研究了板件宽厚比对高强钢梁受弯承载力的影响[72]。Shinohara 等通过 700MPa 以上高强钢工字形截面梁在循环荷载下的试验提出了高强钢梁中的板件宽厚比限值[73]。Joo 等基于试验提出了高强钢梁转动能力的理论模型和建议的侧向支撑构造[74]。Lee 等开展了 15 个 HSB800 和 HSA800（650MPa）钢梁受弯试验以研究其受弯承载力和变形性能，表明屈服强度的提高有可能降低高强钢梁的转动能力[75]。此后，Bradford 和 Ban 通过试验和数值模拟研究了高强钢梁的稳定性能[76]，Mela 和 Heinisuo 研究了 S500（500MPa）、S700（700MPa）高强钢梁的受弯和受剪性能并比较了其与普通钢梁的区别[77]，

Shokouhian 和 Shi 研究了高强钢梁的延性和受弯性能，提出了相应的修正公式[78]。总体上，目前针对高强钢受弯构件的研究已有一定的规模，但对其受弯性能和延性性能的研究尚未形成系统的结论。

（6）高强钢框架体系抗震性能

针对高强度钢材钢结构体系的抗震性能，本书作者及其团队开展了高强钢焊接箱形柱和工字形柱在循环加载下的试验研究，探究地震作用下柱截面的受力性能和延性性能[79]；而针对结构体系的研究起步较晚，数量较少，早期针对高强度钢材结构体系的研究较少，且多为应用直接分析法进行设计的讨论[80]，难以为实际钢框架结构的抗震设计提供可靠的参考。

（7）其他研究

高强度钢材钢结构的早期研究还包括针对材料疲劳性能、过火后性能、低温断裂性能、组合结构体系等的研究[3]，但总体上研究的数量较少。由于尚缺少系统、完整的设计方法，目前高强钢结构的应用仍然在一定程度上受到限制，所以开展对高强钢材料、构件、节点和结构体系的研究是推广高强度钢材钢结构的基础，也是进一步研究高强度钢材钢结构其他性能的前提条件。但是，对高强度钢材钢结构的各项性能进行全面、系统的研究，揭示高强钢结构在疲劳荷载、低温、高温等不同环境下的力学特性，仍然是高强钢结构发展过程中必不可少的重要环节。

1.3.2 国内外2014年以来的研究进展

2014 年以来，针对早期研究中尚未解决的问题，国内外学者继续开展了高强度钢材钢结构的相关研究。其中，本书作者的研究团队针对高强度钢材钢结构设计中需要解决的问题，先后开展了针对高强度钢材材料、构件、连接、节点和结构体系的研究[81]。

（1）针对高强钢材料的研究

在设计中应用高强钢时，需要解决的首要问题是确定高强钢材料的各项设计指标。为此，施刚和朱希对国产高强度钢材和建筑结构用钢板（GJ 钢）的材料性能设计指标进行了系列研究[82-87]，统计了超过 10000 组国产高强钢材料性能样本，并开展了系列独立试验，提出了高强钢的单轴本构关系模型，开展了高强钢受弯构件和压弯构件的计算模式不定性分析，最终基于统计数据和不定性分析结论得到了国产高强度钢材的材料分项系数及设计强度建议值[86]。相应的研究结果也是《高强钢结构设计标准（报批稿）》编制过程中确定高强钢材料强度设计值的重要依据之一。

此外，为了应用有限元工具对高强度钢材钢结构开展模拟计算和参数分析研究，采用能真实反映材料力学行为的本构关系模型，特别是真实反映钢材屈服和强化特点的弹塑性循环本构关系模型。为此，基于钢材单调和循环试验，本书作者团队开展了结构钢材三维循环本构关系的研究，并提出了适用于普通钢和高强钢的有屈服平台钢材和无屈服平台钢材本构关系模型，给出了基于 ABAQUS 软件平台的子程序，并通过国内外大量试验验证了其模拟精度，见图 1.9[88-90]。应用该模型可以实现对普通钢材和高强度钢材的准确模拟，为通过数值模拟手段进行高强度钢材钢结构重要构造或受力状态的批量参数分析提供了条件。

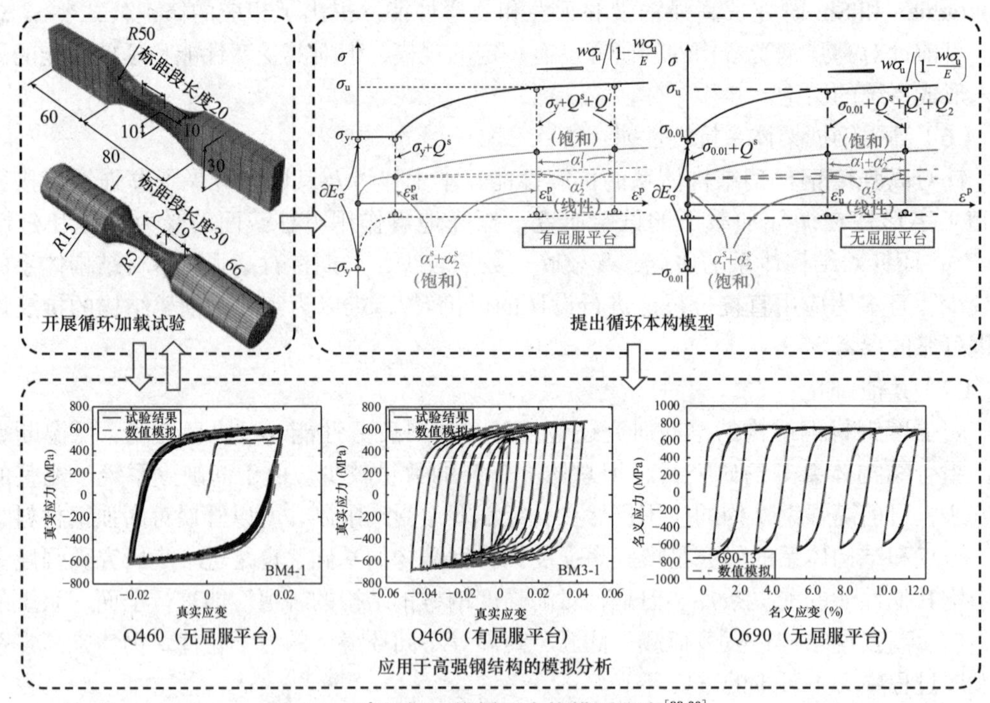

图 1.9 高强钢三维循环本构模型研究[88-90]

（2）针对高强钢构件的研究

早期针对高强钢受压构件的研究已比较充分，也已经形成了较为成熟的整体稳定[35]、局部稳定[66]设计方法，但针对受弯构件的研究仍需进一步补充。为此，Shi 等开展了 Q460 和 Q890 工字形短梁的弯曲试验[91]，得到了构件发生局部屈曲的临界弯矩及对应的转角，并将试验实测承载力与不同规范设计方法得到的承载力进行对比，证明现行规范对高强钢受弯构件的局部稳定要求普遍较为保守[92]。

（3）针对高强钢连接的研究

针对早期高强度钢材钢结构的研究中发现的问题，本书作者研究团队开展了针对高强度钢材钢结构中的焊接连接和高强度螺栓连接的系列研究。焊接连接方面，开展了 Q460、Q550、Q690、Q890 母材和焊缝的力学性能试验及 Q460、Q550、Q690 钢材的焊材力学性能试验，基于微观机理分析了不同焊材的断裂性能并标定了相关参数[93-95]，运用数值模拟方法计算了高强度钢材侧面角焊缝搭接接头的长度折减系数；进行了 14 个正面角焊缝接头和 9 个侧面角焊缝接头的单调拉伸试验，基于理论分析讨论了现行焊缝连接设计方法对高强度钢材的适用性[96]。高强度螺栓连接方面，进行了 27 个高强度螺栓承压型连接接头和 19 个高强度螺栓摩擦型连接接头的单调拉伸试验，研究了材料强度等级、试件几何尺寸对连接接头强度和变形的影响，特别是引入了 12.9 级高强度螺栓的承压型连接和采用热喷铝接触面处理方式的摩擦型连接的力学性能研究；基于栓孔变形准则，对 Q460 ～ Q890 高强度钢材螺栓连接的孔壁承压性能进行了数值模拟和参数分析，提出了承压承载力计算公式[96]。

（4）针对高强钢梁柱连接节点的研究

可靠的梁柱连接节点是充分发挥高强度钢材强度优势，保证高强度钢材钢结构抗震性能的重要前提。但早期国内外对于高强钢节点的研究还很少，而对焊缝或螺栓等连接单元力学性能的研究难以直接代表复杂节点构造的力学性能。缺少对于梁柱连接节点整体受力性能和抗震性能的研究，这在一定程度上制约了高强钢结构的发展。为此，本书作者研究团队针对应用前景较好的高强度钢材板式加强型梁柱节点，即高强钢翼缘板加强型梁柱节点和盖板加强型梁柱节点，开展了一系列研究[97，98]，见图 1.10。考虑 Q345、Q460 钢梁与 Q345、Q460 和 Q890 钢柱的组合设计了 8 个盖板加强型梁柱节点和 8 个翼缘板加强型梁柱节点，通过循环加载试验研究了节点的失效模式、承载力、刚度、耗能能力及节点域的力学特性；建立三维有限元模型并开展参数分析，得到不同构造参数条件下板式加强型梁柱节点的力学性能指标；讨论现有规范对高强钢板式加强型梁柱节点的适用性，提出高强度钢材板式加强型梁柱节点的构造建议和抗震设计方法[99]。

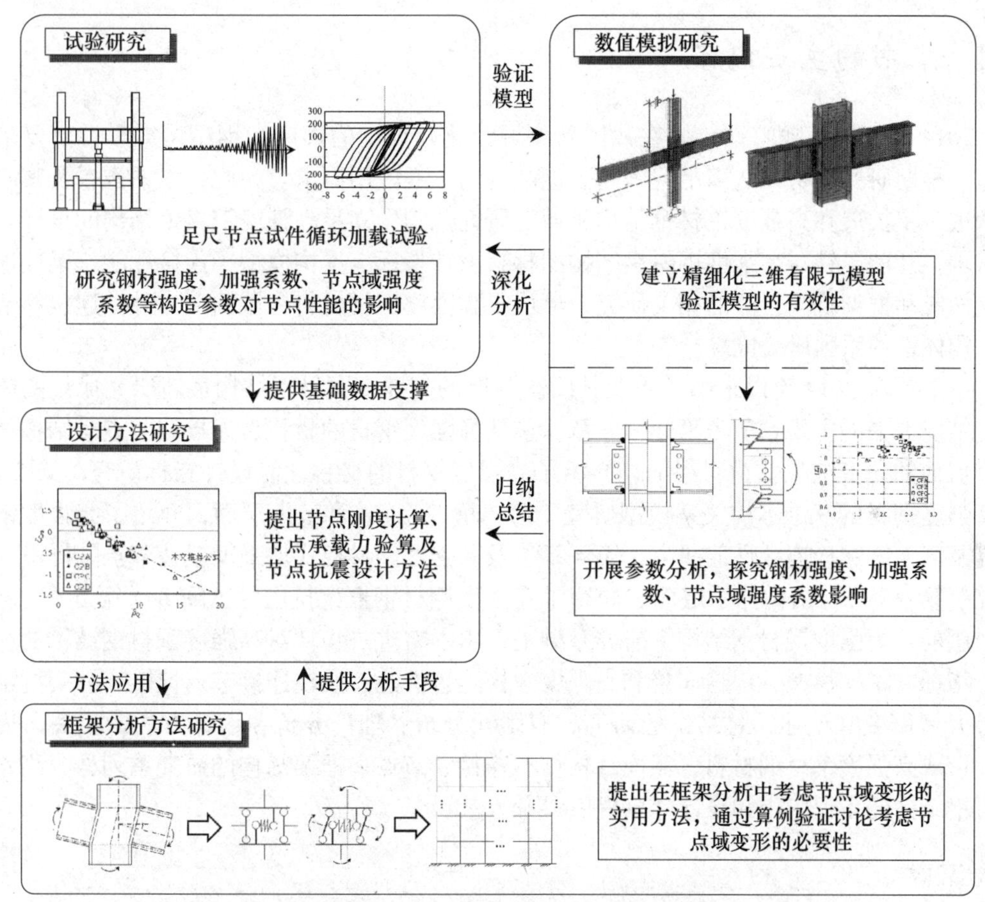

图 1.10　高强度钢材板式加强型梁柱节点抗震性能系列研究

（5）针对高强钢框架体系的研究

高强钢材与普通钢材力学性能的显著区别可能对高强钢框架的抗震性能产生显著影响，对高强钢框架体系抗震性能的研究也是高强钢结构的实际设计过程中综合考虑高强度钢材的材料、构件、连接和节点力学特性的重要内容。为此，本书作者团队开展了针对采用国产高强钢材的新型高强钢框架抗震性能及设计方法的研究，进行了 6 个单跨两层钢框架足尺试件的循环加载试验，分析破坏形态、承载力、变形、延性和耗能能力，探讨了梁柱构件和盖板加强型梁柱节点的受力性能，确定了各个试件的极限位移角并评估了各个试件的实际地震作用折减系数[100, 101]；利用有限元方法对高强钢框架足尺试验进行了模拟和预测，验证了梁-壳高效多尺度模型的可靠性，进行了高强钢框架抗震性能的参数分析并提出了设计建议。

2014 年以来，本书作者的研究团队针对高强度钢材钢结构设计中的问题开展了高强度钢材材料、构件、连接、节点和结构体系的系列研究，并已形成了初步的高强钢结构设计方法。此外，国内外其他学者对高强钢结构的研究成果也不断涌现，为高强钢结构的实际设计和工程应用提供了日益丰富的基础研究资料。随着行业标准《高强钢结构设计标准》的颁布实施，高强钢结构在未来的工程应用和进一步的科学研究中必将得到更为广泛的发展。

1.4 本书的主要内容

2014 年以来，随着钢结构在我国新型城镇化建设中的推广和钢结构抗震设计要求的提高，早期研究成果无法满足我国高强钢结构的工程应用需求。为此，本书作者及其研究团队进一步扩展在高强度钢材钢结构领域的研究范围，立足高强度钢材钢结构的设计和应用需求，开展了针对高强度钢材钢结构的材料设计指标、本构模型、连接性能、梁柱连接节点性能和框架抗震性能的相关研究，形成了高强度钢材材料→截面→构件→连接→节点→结构体系的系列研究成果。

本书是对 2014 年以来编写组及其团队开展的高强度钢材钢结构最新研究成果的整理和总结。本书的主要章节为第 2 ～ 6 章，包括高强度钢材的材料、连接和节点、结构体系三个层面的研究成果。材料层面，介绍了高强度钢材的材料性能设计指标研究（第 2 章）和高强度钢材的三维本构关系模型研究（第 3 章）；连接和节点层面，介绍了高强度钢材焊缝及高强度螺栓连接性能研究（第 4 章）及高强度钢材板式加强型梁柱节点的抗震性能研究（第 5 章）；结构体系层面，介绍了高强度钢材钢框架抗震性能研究（第 6 章）。在已出版的《高强度钢材钢结构》研究基础上，本书将进一步针对高强度钢材钢结构的材料设计指标、本构模型、焊缝连接和高强度螺栓连接性能、梁柱连接节点性能、框架抗震性能等开展研究和论述，总结试验研究、有限元分析、理论分析和设计方法的相关研究成果，形成高强度钢材的材料、截面、构件、连接、节点、框架结构的研究系列，为高强度钢材钢结构的工程应用和设计计算提供参考。

参考文献

[1] 施刚，班慧勇，石永久，等. 高强度钢材钢结构研究进展综述［J］. 工程力学，2013（1）：1-13.

[2] Ma J L, Chan T M, Young B. Material properties and residual stresses of cold-formed high strength steel hollow sections [J]. Journal of Constructional Steel Research, 2015, 109: 152-165.

[3] Ban H, Shi G. A review of research on high-strength steel structures [J]. Proceedings of the Institution of Civil Engineers-Structures and Buildings, 2017, 171(8): 625-641.

[4] Pocock G. High strength steel use in Australia, Japan and th US [J]. The structureal engineer, 2006, 84(21): 27-30.

[5] 施刚，班慧勇，石永久，等．高强度钢材钢结构的工程应用及研究进展［J］．工业建筑，2012，42（1）：1-7.

[6] 施刚，石永久，班慧勇．高强度钢材钢结构［M］．北京：中国建筑工业出版社，2014.

[7] 中华人民共和国国家标准．碳素结构钢 GB/T 700—2006［S］．北京：中国标准出版社，2007.

[8] 中华人民共和国国家标准．低合金高强度结构钢 GB/T 1591—2018［S］．北京：中国标准出版社，2019.

[9] 中华人民共和国国家标准．低合金高强度结构钢 GB/T 1591—2008［S］．北京：中国标准出版社，2009.

[10] 中华人民共和国国家标准．高强度结构用调质钢板 GB/T 16270—2009［S］．北京：中国标准出版社，2009.

[11] 中华人民共和国国家标准．超高强度结构用热处理钢板 GB/T 28909—2012［S］．北京：中国标准出版社，2012.

[12] 中华人民共和国国家标准．建筑结构用钢板 GB/T 19879—2015［S］．北京：中国标准出版社，2016.

[13] 中华人民共和国国家标准．钢结构设计规范 GB 50017—2003［S］．北京：中国计划出版社，2003.

[14] 中华人民共和国国家标准．钢结构设计标准 GB 50017—2017［S］．北京：中国建筑工业出版社，2018.

[15]《高强钢结构设计标准》编写组．高强钢结构设计标准（报批稿）［S］．2019.

[16] Cat. No. A1J-001-03. 鋼構造設計便覧［M］．JFE スチール株式会社，2018.

[17] MDCR 0014-2004. 降伏点 500N/mm^2 及び降伏点 700N/mm^2 溶接構造用圧延鋼材［S］．日本鉄鋼連盟，2005.

[18] EN 10025-6: 2004 + A1. Hot rolled products of structural steels – Part 6: Technical delivery conditions for flat products of high yield strength structural steels in the quenched and tempered condition [S]. European Committee for Standardization, 2009.

[19] EN 1993-1-12: 2007. Eurocode 3 - Design of steel structures - Part 1-12: Additional rules for the extension of EN 1993 up to steel grades S700 [S]. European Committee for Standardization, 2007.

[20] Designation: A514/A514M-18. Standard specification for high-yield-strength, quenched and tempered alloy steel plate, suitable for welding [S]. ASTM, 2019.

[21] Designation: A572/A572M-18. Standard specification for high-strength low-alloy columbium-vanadium structural steel [S]. ASTM, 2018.

[22] Designation: A709/A709M-18. Standard specification for structural steel for bridges [S]. ASTM, 2018.

[23] Designation: A913/A913M-15. Standard specification for high strength low alloy steel shapes of structural quality, produced by quenching and self-tempering process (QST) [S]. ASTM, 2015.

[24] Designation: A992/A992M-11 (Reapproved 2015). Standard specification for structurall steel shapes [S]. ASTM, 2015.

[25] 束伟农，朱忠义，祁跃，等．北京新机场航站楼结构设计研究［J］．建筑结构，2016，46（17）：1-7.

[26] 赵宏康，戴雅萍，陈磊，等．扬州体育公园体育场结构设计综述［J］．建筑结构，2013，43（20）：11-16.

[27] 江涛，马飞，周子璐，等．300m 以上无核心筒全钢结构设计与施工技术［J］．施工技术，2014，43（S1）：227-234.

[28] 高余宗，梅新咏，徐伟，等.沪通长江大桥总体设计［J］.桥梁建设，2015，45（6）：1-6.

[29] 郭咏华，张天光，王经运.Q460高强钢试验研究及电力工程应用［M］.北京：中国电力出版社，2010.

[30] 郭咏华，张斌，张建明.Q690钢管塔试验及工程应用［M］.北京：中国电力出版社，2013.

[31] Langenberg P. Relation between design safety and Y/T ratio in application of welded high strength structural steel [C]// Proceedings of International Symposium on Applications of High Strength Steel in Modern Construcion and Bridges. Beijing: China Steel Construction Society, 2008: 28-46.

[32] Shi G, Wang M, Bai Y, et al. Experimental and modeling study of high-strength structural steel under cyclic loading [J]. Engineering Structures, 2012, 37: 1-13.

[33] 中华人民共和国国家标准.钢结构焊接规范 GB 50661—2011［S］.北京：中国建筑工业出版社，2012.

[34] 石永久，潘斌，施刚，等.高强度钢材螺栓连接抗剪性能试验研究［J］.工业建筑，2012，42（1）：56-61.

[35] Ban H，Shi G. Overall buckling behaviour and design of high-strength steel welded section columns [J]. Journal of Constructional Steel Research, 2018, 143: 180-195.

[36] Nishino F, Ueda Y, Tall L. Experimental investigation of the buckling of plates with residual stresses [M]// Test methods for compression members. ASTM International, 1967.

[37] Usami T, Fukumoto Y. Local and overall buckling of welded box columns [J]. Journal of the Structural Division, 1982, 108(3): 525-542.

[38] Usami T, Fukumoto Y. Welded box compression members [J]. Journal of Structural Engineering, 1984, 110(10): 2457-2470.

[39] Rasmussen K J R, Hancock G J. Plate slenderness limits for high strength steel sections [J]. Journal of Constructional Steel Research, 1992, 23(1-3): 73-96.

[40] Rasmussen K J R, Hancock G J. Tests of high strength steel columns [J]. Journal of Constructional Steel Research, 1995, 34(1): 27-52.

[41] Beg D, Hladnik L. Slenderness limit of class 3 I cross-sections made of high strength steel [J]. Journal of Constructional Steel Research, 1996, 38(3): 201-217.

[42] 班慧勇，施刚，石永久，等.国产Q460高强度钢材焊接工字形截面残余应力试验及分布模型研究［J］.工程力学，2014（6）：60-69.

[43] 班慧勇，施刚，石永久，等.Q460高强钢焊接箱形截面轴压构件整体稳定性能研究［J］.建筑结构学报，2013，34（1）：22-29.

[44] 王彦博，李国强，陈素文，等.Q460钢焊接H形柱轴心受压极限承载力试验研究［J］.土木工程学报，2012，45（6）：58-64.

[45] 李国强，闫晓雷，陈素文.Q460高强钢焊接箱形压弯构件极限承载力试验研究［J］.土木工程学报，2012，45（8）：67-73.

[46] Kim D K, Lee C H, Han K H, et al. Strength and residual stress evaluation of stub columns fabricated from 800 MPa high-strength steel [J]. Journal of Constructional Steel Research, 2014, 102: 111-120.

[47] Li T J, Li G Q, Wang Y B. Residual stress tests of welded Q690 high-strength steel box-and H-sections [J]. Journal of Constructional Steel Research, 2015, 115: 283-289.

[48] Khan M, Paradowska A, Uy B, et al. Residual stresses in high strength steel welded box sections [J].

Journal of Constructional Steel Research，2016，116：55-64.

［49］班慧勇，施刚，石永久 . 960 MPa 高强度钢材轴压构件整体稳定性能试验研究［J］. 建筑结构学报，2014，35（1）：117-125.

［50］班慧勇，施刚，石永久 . 960MPa 高强钢焊接箱形截面残余应力试验及统一分布模型研究［J］. 土木工程学报，2013（11）：12.

［51］Shi G, Ban H, Bijlaard F S K. Tests and numerical study of ultra-high strength steel columns with end restraints [J]. Journal of Constructional Steel Research, 2012, 70: 236-247.

［52］班慧勇，施刚，石永久，等 . Q460 高强钢焊接箱形截面轴压构件整体稳定性能研究［J］. 建筑结构学报，2013，34（1）：22-29.

［53］班慧勇，施刚，石永久，等 . 国产 Q460 高强钢焊接工字形柱整体稳定性能研究［J］. 土木工程学报，2013，46（2）：1-9.

［54］班慧勇，施刚，石永久 . 960MPa 高强度钢材轴压构件整体稳定性能试验研究［J］. 建筑结构学报，2014，35（1）：117-125.

［55］Wang Y B, Li G Q, Chen S W, et al. Experimental and numerical study on the behavior of axially compressed high strength steel columns with H-section [J]. Engineering Structures, 2012, 43: 149-159.

［56］Wang Y B, Li G Q, Chen S W, et al. Experimental and numerical study on the behavior of axially compressed high strength steel box-columns [J]. Engineering Structures, 2014, 58: 79-91.

［57］Zhou F, Tong L, Chen Y. Experimental and numerical investigations of high strength steel welded h-section columns [J]. International Journal of Steel Structures, 2013, 13(2): 209-218.

［58］Li T J, Li G Q, Chan S L, et al. Behavior of Q690 high-strength steel columns: Part 1: Experimental investigation [J]. Journal of Constructional Steel Research, 2016, 123: 18-30.

［59］Nie S D, Kang S B, Shen L, et al. Experimental and numerical study on global buckling of Q460GJ steel box columns under eccentric compression [J]. Engineering Structures, 2017, 142: 211-222.

［60］McDermott J F. Local plastic buckling of A514 steel members [J]. Journal of the Structural Division, 1969, 95(9): 1837-1850.

［61］Clarin M, Lagerqvist O. Plate buckling of high strength steel: experimental investigation of welded sections under compression [C]//European Conference on Steel and Composite Structures: 08/06/2005-10/06/2005. Verlag Mainz, 2005: 207-214.

［62］Yoo J H, Kim J W, Yang J G, et al. Local buckling in the stub columns fabricated with HSA800 of high performance steel [J]. International Journal of Steel Structures, 2013, 13(3): 445-458.

［63］施刚，林错错，王元清，等 . 高强度钢材箱形截面轴心受压短柱局部稳定试验研究［J］. 工业建筑，2012，42（1）：18-25.

［64］施刚，林错错，王元清，等 . 高强度钢材工字形截面轴心受压短柱局部稳定试验研究［J］. 建筑结构学报，2012，33（12）：20-30.

［65］施刚，林错错，周文静，等 . 960MPa 高强度钢材轴心受压构件局部稳定试验研究［J］. 建筑结构学报，2014，35（1）：126-135.

［66］Shi G, Xu K, Ban H, et al. Local buckling behavior of welded stub columns with normal and high strength steels [J]. Journal of Constructional Steel Research, 2016, 119: 144-153.

［67］Suzuki T, Ogawa T, Ikarashi K. A study on local buckling behavior of hybrid beams [J]. Thin-walled structures, 1994, 19(2-4): 337-351.

[68] Beg D, Hladnik L. Slenderness limit of class 3 I cross-sections made of high strength steel [J]. Journal of Constructional Steel Research, 1996, 38(3): 201-217.

[69] Ricles J M, Sause R, Green P S. High-strength steel: implications of material and geometric characteristics on inelastic flexural behavior [J]. Engineering Structures, 1998, 20(4-6): 323-335.

[70] Earls C J. On the inelastic failure of high strength steel I-shaped beams [J]. Journal of Constructional Steel Research, 1999, 49 (1): 1-24.

[71] Green P S, Sause R, Ricles J M. Strength and ductility of HPS flexural members [J]. Journal of Constructional Steel Research, 2002, 58 (5-8): 907-941.

[72] Gao L, Sun H C, Jiang K B, et al. Load-carrying capacity of the high-strength steel thin-walled box-section beam [C]//Proc., 10th Int. Symp. on Structural Engineering for Young Experts. 2008: 877-882.

[73] Shinohara T, Suekuni R, Ikarashi K. Cyclic behavior of high strength steel H-shaped beam [C]//Applied Mechanics and Materials. Trans Tech Publications, 2012, 174: 159-165.

[74] Joo H S, Moon J, Choi B H, et al. Rotational capacity and optimum bracing point of high strength steel I-girders [J]. Journal of Constructional Steel Research, 2013, 88: 79-89.

[75] Lee C H, Han K H, Uang C M, et al. Flexural strength and rotation capacity of I-shaped beams fabricated from 800-MPa steel [J]. Journal of Structural Engineering, 2012, 139 (6): 1043-1058.

[76] Bradford M A, Ban H Y. Stability of tapered half-through girder high strength steel railway bridges [C]// Proceedings of the 2nd International Conference on Railway Technology: Research, Development and Maintenance, Ajaccio, Corsica, France，2014.

[77] Mela K, Heinisuo M. Weight and cost optimization of welded high strength steel beams [J]. Engineering Structures, 2014, 79: 354-364.

[78] Shokouhian M, Shi Y. Investigation of ductility in hybrid and high strength steel beams [J]. International Journal of Steel Structures, 2014, 14 (2): 265-279.

[79] 邓椿森，施刚，张勇，等 . 高强度钢材压弯构件循环荷载作用下受力性能的有限元分析 [J] . 建筑结构学报，2010（S1）：28-34.

[80] Li T J, Liu S W, Chan S L. Direct analysis for high-strength steel frames with explicit-model of residual stresses [J]. Engineering structures, 2015, 100: 342-355.

[81] Shi G, Chen X. Research advances in HSS structures at Tsinghua University and codification of the design specification [J]. Steel Construction, 2018, 11 (4): 286-293.

[82] 施刚，朱希 . 高强度结构钢材单调荷载作用下的本构模型研究 [J] . 工程力学，2017，34（2）：50-59.

[83] 朱希，施刚 . 国产高强度结构钢材材性参数统计与分析 [J] . 建筑结构，2015，45（21）：9-15.

[84] 朱希，施刚 . 国产建筑结构用钢板材性参数统计与分析 [J] . 建筑结构，2015，45（21）：16-20.

[85] 施刚，朱希 . 高强钢压弯和受弯构件计算模式不定性研究 [J] . 工业建筑，2016，46（7）：32-40.

[86] 施刚，朱希 . 国产高强度结构钢设计指标和可靠度分析 [J] . 建筑结构学报，2016，37（11）：144-159.

[87] 施刚，朱希 . 不同规范中钢材强度设计指标对比分析 [J] . 建筑结构，2017，47（13）：1-8.

[88] Hu F, Shi G, Shi Y. Constitutive model for full-range elasto-plastic behavior of structural steels with yield plateau: Formulation and implementation [J]. Engineering Structures, 2018, 171: 1059-1070.

[89] Hu F, Shi G, Shi Y. Constitutive model for full-range elasto-plastic behavior of structural steels with yield plateau: Calibration and validation [J]. Engineering Structures, 2016, 118: 210-227.

[90] Hu F, Shi G. Constitutive model for full-range cyclic behavior of high strength steels without yield plateau [J]. Construction and Building Materials, 2018, 162: 596-607.

[91] Shi Y, Xu K, Shi G, et al. Local buckling behavior of high strength steel welded I-section flexural members under uniform moment [J]. Advances in Structural Engineering, 2018, 21(1): 93-108.

[92] 徐克龙．高强度钢材焊接工字梁局部稳定性能及设计方法研究［D］．清华大学，2017.

[93] Shi G, Chen Y. Investigation of ductile fracture behavior of lap-welded joints with 460 MPa steel [J]. Advances in Structural Engineering, 2018, 21(9): 1376-1387.

[94] 施刚，陈玉峰．高强度钢材焊缝连接试验研究［J］．工业建筑，2016，46（7）：47-51.

[95] 施刚，陈玉峰．基于微观机理的 Q460 钢材角焊缝搭接接头延性断裂研究［J］．工程力学，2017，34（4）：13-21.

[96] 陈玉峰．高强度钢材焊缝及螺栓连接的受力性能和设计方法研究［D］．清华大学，2018.

[97] Chen X, Shi G. Experimental study on seismic behaviour of cover-plate joints in high strength steel frames [J]. Engineering Structures, 2019, 191: 292-310.

[98] Chen X, Shi G. Cyclic tests on high strength steel flange-plate beam-to-column joints [J]. Engineering Structures, 2019, 186: 564-581.

[99] 陈学森．高强度钢材板式加强型梁柱节点抗震性能及设计方法［D］．清华大学，2018.

[100] Hu F, Shi G, Shi Y. Experimental study on seismic behavior of high strength steel frames: global response [J]. Engineering Structures, 2017, 131: 163-179.

[101] 胡方鑫．高强度钢材钢框架抗震性能及设计方法研究［D］．清华大学，2016.

第 2 章 高强度钢材的材料性能设计指标

已有的研究表明，高强钢结构构件的受力性能与普通钢材构件存在一定的差异，因而相应的设计方法也发生了改变。目前，我国新修订的《钢结构设计标准》GB 50017—2017 已经给出了 460MPa 强度级别钢材的抗力分项系数和强度设计值，但更高强度级别钢材的设计指标还没有提出。同时，国产的建筑结构用钢板（GJ 系列）钢材也在结构工程中有了很多应用，但目前相关设计规范中只有 Q345GJ 钢的设计指标。本章以《高强钢结构设计标准（报批稿）》的编制为背景，通过调研统计、试验研究、数值模拟和理论分析等方法研究了不同等级的高强度结构钢材和 GJ 系列钢材的可靠度，计算了其强度设计指标。

2.1 国产高强钢和GJ钢力学性能的统计分析

本书对目前钢铁企业生产和钢结构加工企业加工制作的高强度结构钢材（包括 Q500、Q550 和 Q690）和 GJ 系列钢材（包括 Q390GJ、Q420GJ 和 Q460GJ）的力学性能数据进行了收集调研，同时开展了独立的材性试验，运用数理统计的方法得到了高强钢和 GJ 钢材料性能不定性的统计参数。

2.1.1 高强钢材料性能调研

2.1.1.1 调研概况

本次国产高强度结构钢的调研品种主要是钢板；钢材牌号为 Q500、Q550 和 Q690；调研内容包括钢材的力学性能，主要是屈服强度、抗拉强度、断后伸长率、冲击功、冷弯性能等；相关数据来自国内主要的钢铁企业，包括鞍山钢铁、马鞍山钢铁、安阳钢铁、武汉钢铁和莱芜钢铁。调研共收集到有效数据 11638 组。根据《低合金高强度结构钢》GB/T 1591—2008[1] 中的厚度分组，将调研得到的数据如表 2.1 所示进行分组。每一种牌号每一个厚度分组的有效数据量也列在表 2.1 中。其中，厚度分组的第三组仅有 1 组数据，所以在后文的统计分析中未计入该分组。

国产高强结构钢调研分组及数据量统计　　表 2.1

厚度分组（mm）	第一组（$t\leqslant16$）	第二组（$16<t\leqslant40$）	第三组（$40<t\leqslant63$）	第四组（$63<t\leqslant80$）
Q500	45	0	0	0
Q550	698	8911	1	13
Q690	169	1801	0	0

2.1.1.2 统计分析方法

《工程结构可靠性设计统一标准》GB 50153—2008[2] 指出，材料性能宜按照随机变量模型来描述，同时提出材料性能一般采用正态分布或对数正态分布。因此在对调研得到的力学性能数据进行统计分析、计算得到其统计参数（包括平均值、标准差、变异系数等）的基础上，应对其满足的概率分布进行假设检验。本书采用的假设检验法为K-S检验法和χ^2检验法，假定的分布即为正态分布或对数正态分布，检验的显著性水平取0.05。

2.1.1.3 调研数据的统计分析

由于调研数据来自不同的钢铁企业，在满足《低合金高强度结构钢》GB/T 1591—2008[1]的基础上，各个企业对产品质量控制有所不同，因此首先按照不同企业来统计材性数据。以下统计的材性数据以屈服强度为主。

（1）Q500钢第一组

Q500钢第一组有效数据共计45组，来自同一个钢铁企业E，其中钢板37组，型钢8组。统计参数及假设检验结果见表2.2。其中，假设检验中左栏表示检验是否满足正态分布，右栏表示是否满足对数正态分布；“√”表示通过检验，“×”表示未通过检验，“—”表示未进行检验（下文同），通常是由于数据量少而分组数不够。从表2.2可以看出，钢板和型钢两者均未通过假设检验，同时两者间统计参数差异较大，钢板的强度高于型钢，但变异系数均很小，质量稳定。

Q500钢第一组分企业屈服强度统计参数 **表2.2**

类别	K-S检验		χ^2检验		平均值（MPa）	标准差（MPa）	变异系数	标准值（MPa）	产品标准值（MPa）
钢板	×	×	—	—	572	16	0.027	546	500
型钢	×	×	—	—	530	9	0.017	515	

（2）Q550钢第一组

Q550钢第一组有效数据共计698组，其中A企业665组，B企业17组，C企业16组。统计参数及假设检验结果见表2.3。从表2.3可以看出，假设检验的结果依旧不理想。但屈服强度差异不大，变异系数较小，质量是比较稳定的。

Q550钢第一组分企业屈服强度统计参数 **表2.3**

企业	K-S检验		χ^2检验		平均值（MPa）	标准差（MPa）	变异系数	标准值（MPa）	产品标准值（MPa）
A	×	×	×	×	635	29	0.046	587	550
B	√	√	—	—	644	28	0.044	597	
C	√	√	—	—	671	41	0.061	604	

（3）Q550钢第二组

Q550钢第二组有效数据共计8911组，其中A企业8711组，B企业42组，C企业134组，D企业24组。统计参数及假设检验结果见表2.4。从表2.4可以看到，不同企业间屈服强度、变异系数有一定差异，表明不同企业的钢材质量有一定差别，因此在混合处理时需要予以重视。

Q550 钢第二组分企业屈服强度统计参数　　表 2.4

企业	K-S检验		χ^2检验		平均值（MPa）	标准差（MPa）	变异系数	标准值（MPa）	产品标准值（MPa）
A	×	×	×	×	637	26	0.041	593	530
B	√	√	√	√	646	25	0.039	605	
C	×	×	×	×	715	60	0.084	616	
D	√	√	—	—	695	52	0.075	609	

（4）Q550 钢第四组

Q550 钢第四组有效数据共计 13 组，来自同一家企业。统计参数及假设检验结果见表 2.5。从表 2.5 可以看出，该企业的产品质量稳定，强度和变异系数均在较为合理的范围。

Q550 钢第四组分企业屈服强度统计参数　　表 2.5

企业	K-S检验		χ^2检验		平均值（MPa）	标准差（MPa）	变异系数	标准值（MPa）	产品标准值（MPa）
B	√	√	—	—	656	42	0.064	584	500

（5）Q690 钢第一组

Q690 钢第一组有效数据共计 169 组，其中 A 企业 162 组，E 企业 7 组。统计参数及假设检验结果见表 2.6。从表 2.6 可以看出，两家企业的钢材屈服强度和变异系数都相差不大，且都通过了假设检验，表明其产品质量控制都比较合理。

Q690 钢第一组分企业屈服强度统计参数　　表 2.6

企业	K-S检验		χ^2检验		平均值（MPa）	标准差（MPa）	变异系数	标准值（MPa）	产品标准值（MPa）
A	√	√	√	√	753	24	0.032	714	690
E	√	√	—	—	740	20	0.027	707	

（6）Q690 钢第二组

Q690 钢第二组有效数据共计 1801 组，其中 A 企业 1734 组，D 企业 67 组。统计参数及假设检验结果见表 2.7。从表 2.7 可以看出，两家企业的数据相差不大，均在合理的范围内。

Q690 钢第二组分企业屈服强度统计参数　　表 2.7

企业	K-S检验		χ^2检验		平均值（MPa）	标准差（MPa）	变异系数	标准值（MPa）	产品标准值（MPa）
A	×	×	×	×	757	25	0.033	715	670
D	√	√	√	×	742	33	0.044	688	

通过对分企业的材性数据进行统计，可以发现：

1）分布的假设检验。只有近半数通过了正态分布或对数正态分布的假设检验，通过率不高。部分企业的数据离散性较大，高屈服强度区间的数据较多，分布曲线表现出双峰的趋势，如图 2.1 所示为 Q550 第二组的 C 企业的钢材屈服强度数据直方图。

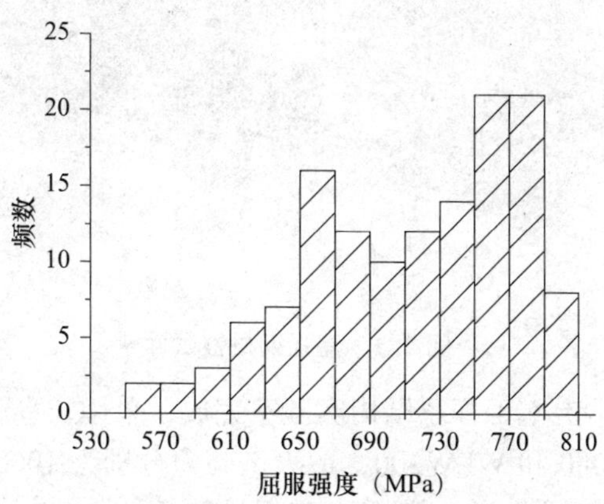

图 2.1　Q550钢第二组C企业屈服强度直方图

2）屈服强度平均值。平均值除个别企业数据偏高、在《低合金高强度结构钢》GB/T 1591—2008 规定的标准值 1.3 倍以上外，大部分处于标准值的 1.05 ～ 2 倍范围内，比较合理。

3）屈服强度的变异系数。变异系数反映了产品质量的波动情况。《钢结构设计标准》GB 50017—2017[3] 规定屈服点的变异系数不宜大于 0.066。而从表 2.2 ～表 2.7 的数据来看，大部分的变异系数都小于 0.066，表明产品质量比较稳定。

4）不同企业间的数据有一定的差异，有时差异比较大，在下一步混合处理时将考虑这一差异进行数据筛选和处理。

2.1.2　高强钢材料性能独立试验

2.1.2.1　独立材性试验

为验证各企业提供的数据真实可靠，同时也作为补充，保证数据统计的科学合理，开展了独立的材性试验。独立试验的材性试件包括 Q500、Q550 和 Q690 三种牌号，涵盖 $t \leqslant 16$mm 和 16mm $< t \leqslant 40$mm 两个厚度分组，由安阳钢铁和马鞍山钢铁提供，按照《钢及钢产品力学性能试验取样位置及试样制备》GB/T 2975—1998[4] 要求加工，具体类别数量如表 2.8 所示。加工完的试件如图 2.2 所示。

高强钢材性试件数量表　　表 2.8

厚度分组（mm）	第一组（$t \leqslant 16$）	第二组（$16 < t \leqslant 40$）
Q500	13	3
Q550	—	10
Q690	14	6

图 2.2　高强钢材性试件

独立试验在清华大学土木工程系结构实验室完成，采用长春试验机厂制造的液压万能试验机，型号为 WEW1000 和 WEW300，最大试验力分别为 1000kN 和 300kN。试验加载条件满足《金属材料拉伸试验 第一部分：室温试验方法》GB/T 228.1—2010[5] 的要求：弹性阶段控制应力速率 16MPa/s，屈服阶段控制应变速率为 $0.0025s^{-1}$（换算为横梁位移速率施加），直到试件拉断。记录独立试验试件的应力 - 应变曲线，可以得到弹性模量、屈服强度（或规定塑性延伸率强度）、抗拉强度，同时测定了断后伸长率。屈服强度的统计参数如表 2.9 所示。

独立试验材性统计参数　　表 2.9

牌号	厚度分组（mm）	平均值（MPa）	标准差（MPa）	变异系数	标准值（MPa）	产品标准值（MPa）
Q500	t≤16	552	23	0.042	514	500
	16<t≤40	553	34	0.062	496	480
Q550	16<t≤40	689	29	0.042	641	530
Q690	t≤16	802	14	0.018	779	690
	16<t≤40	777	46	0.059	702	670

2.1.2.2　试验加载速率与试验机柔度的影响

材料性能一般通过标准试件在标准试验条件下确定。标准试验条件与构件的实际工作条件有所差异，比如材性试验的加载速率一般大于构件实际受荷速率。一般采用试验影响因素 K_0 表示。试验影响因素 K_0 具有变异性，应按随机变量考虑。

（1）试验加载速率

试验表明[6, 7]，在一定的加载速率下，钢材的屈服强度会随着加载速率的提高而提高。而实际构件在工作时，除了地震作用或冲击荷载外，均可以认为是准静态加载情况。因此由试验确定的钢材强度通常来说是偏高的。定义加载速率对材料性能影响的不定性为 K_1，表达式如下：

$$K_1=\frac{\text{准静态加载下的屈服强度}}{\text{实际加载速率下的屈服强度}} \tag{2.1}$$

试验加载速率影响因素的试验在清华大学土木工程系结构实验室完成。试验设置了标准组和对照组，两组的试件数量见表 2.10。其中，标准组的加载速率同 2.1.2.1 节；对照组的加载速率为弹性阶段 1.5MPa/s，屈服阶段按照应变速率为 $0.00025s^{-1}$（换算为横梁位移速率）施加。

加载速率影响因素的试件数量 **表 2.10**

牌　号	厚度（mm）	标准组数量	对照组数量
Q550	5	4	3
	20	4	3
	25	3	2
Q690	5	4	3
	25	3	2

对试验结果作如下处理：以每一牌号每一厚度标准组的屈服强度平均值为分母，将对应对照组的屈服强度进行归一化，并将比值记为不同加载速率下的试验结果影响系数 K_v。同时，通过数据反算每次拉伸试验的实际加载速率。将上述 31 组试验结果数据绘于图 2.3 中。通过拟合，得到了影响系数 K_v 与加载速率 v 的关系曲线：

$$K_v = 0.9766 + 0.0016v \tag{2.2}$$

于是可以得到不同速率下的影响因素 K_v，见表 2.11。同时以 $v = 0$ 为准静态加载速率，根据式（2.2），用不同速率下的 K_v 除以 $v = 0$ 时的 K_v，就可以得到不同加载速率对材料性能影响不定性 K_1 的值，列在表 2.11 中。

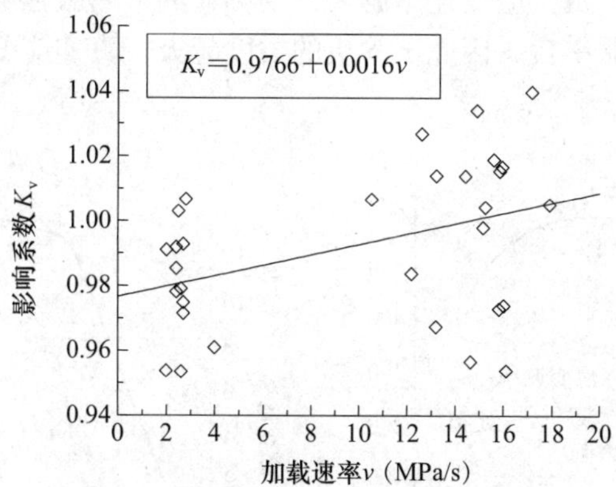

图 2.3 屈服强度随加载速率变化曲线

不同加载速率下的 K_v 和 K_1 **表 2.11**

加载速率 v (MPa/s)	K_v	K_1
0	0.9766	1
6	0.9862	0.9903
16	1.0022	0.9745
30	1.0246	0.9532

根据之前的调研[6-8]，我国钢厂和质检部门的试验加载速率从 6 ～ 30MPa/s。取 16MPa/s 作为平均加载速率，可得到加载速率对材料性能影响的不定性 K_1 的平均值 $\mu_{K_1}=0.9745$；对于变异系数，参考已有研究[7]可知 K_1 满足对称三角分布，以 6MPa/s 和 30MPa/s 对应的 K_1 为上下限，按下式计算，得到 $\delta_{K_1}=0.0078$。

$$\delta_K=\frac{1}{\sqrt{6}}\left(\frac{K_{max}-K_{min}}{K_{max}+K_{min}}\right) \tag{2.3}$$

（2）试验机柔度

由于试验机的柔度影响，拉伸试验时试验机与试件会同时变形，造成试验机的加载速率与试件上的真实变形速率并不一致。设总变形为 S，由试件变形和试验机变形构成：

$$S=\Delta L+\delta P \tag{2.4}$$

式中，ΔL 为试件变形；δ 为试验机柔度；P 为外力。式（2.4）两边对时间 t 求导得：

$$\frac{dS}{dt}=\frac{d\varepsilon}{dt}L_c+\delta\frac{dP}{dt} \tag{2.5}$$

式中，ε 为试件的应变；L_c 为试件的平行段长度。显然地，当 $dP/dt<0$ 时，$L_c d\varepsilon/dt>dS/dt$，即当总的外力水平是下降时，试件上的真实应变速率大于设定的速率，而且试验机的柔度 δ 越大，真实应变速率越大；当 $dP/dt>0$ 时，$L_c d\varepsilon/dt<dS/dt$，即当总的外力水平是增加时，试件上的真实应变速率小于设定的速率，而且试验机的柔度 δ 越大，真实应变速率越小。

文献 [9] 考察了有屈服平台和无屈服平台试件在拉伸试验中应变速率的变化情况，如图 2.4 所示。结合前面的分析可知：对于普通强度的有屈服平台的钢材，测定下屈服强度时，试验机的柔度越大，真实应变速率越大，则测得的下屈服强度越高；对于高强度结构钢材，由于普遍没有屈服平台，因此试验机的柔度越大，真实应变速率越大，则测得的屈服强度越低。

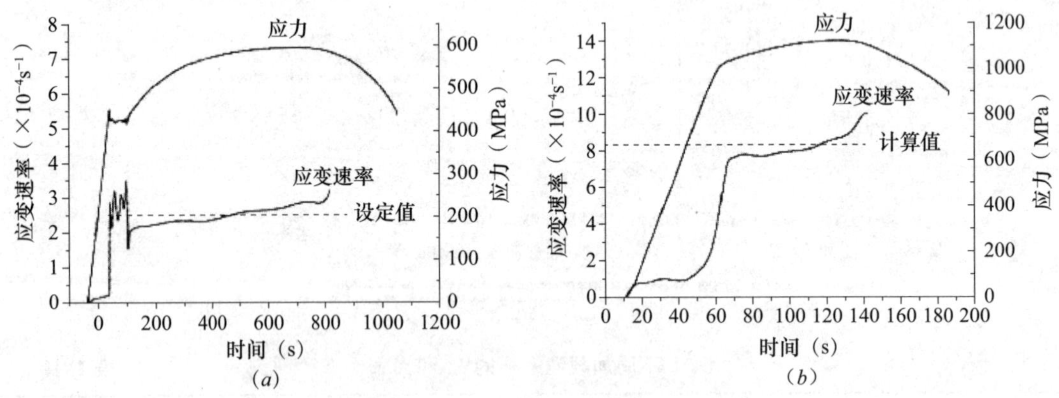

图 2.4　试件在拉伸试验中应变速率的变化[9]

（a）有屈服平台试件；（b）无屈服平台试件

材料的真实强度应在量测系统的柔度无穷小的情况下测得，因此可以近似表达柔度对材料性能影响的不定性 K_2，即：

$$K_2=\frac{\text{柔度尽量小时的屈服强度}}{\text{实际试验时的屈服强度}} \tag{2.6}$$

由前面的分析可知，对于高强钢，试验机柔度对材料性能影响的不定性 K_2 是一个大于 1 的值。这与以往普通强度钢材的研究[6-8]有所不同。

获得柔度尽量小时的屈服强度可以通过以下两种方法：① 在柔度较小的试验机上进行拉伸试验；② 采用引伸计反馈的应变速率进行控制，即能够消除试验机柔度的影响[5]，因此其测定的强度即为试件真实的强度。试验设置了标准组和对照组，分别按照上述两种方法进行，具体试件数量见表 2.12。

柔度影响因素的试件数量及试验结果 **表 2.12**

牌　号	厚度（mm）	标准组数量	对照组数量	方　法	K_2
Q690	5	4	3	1	0.9966
					1.0304
					1.0019
Q550	30	2	2	2	1.0653
					1.0149
Q690	30	2	2	2	1.0436
					1.0055

方法一：通过清华大学土木工程系结构实验室 WEW300 液压万能试验机（标准组，柔度较大）和国家建筑钢材质量监督检验中心 Z300 电子万能试验机（对照组，柔度较小）分别完成，加载速率同 2.1.2.1 节中的标准组。方法二：在北京市建筑工程研究院 50t 液压万能试验机上完成，加载速率同 2.1.2.1 节，标准组使用横梁位移速率控制，对照组使用引伸计反馈的应变速率控制。

根据式（2.6）计算每组试验的 K_2，试验结果见表 2.12。于是得到试验机柔度对材料性能影响的不定性 K_2 的平均值 $\mu_{K_2}=1.0226$。同样认为 K_2 服从对称三角分布，按式（2.3）计算变异系数，得 $\delta_{K_2}=0.0136$。

试验加载速率对材料性能影响的不定性 K_1 与试验机柔度对材料性能影响的不定性 K_2 相互独立，因此根据式（2.7），可以得到试验影响因素不定性 K_0 的平均值和变异系数计算公式，如式（2.8）、式（2.9）所示。于是有试验影响因素不定性 K_0 的平均值 $\mu_{K_0}=0.9965$，变异系数 $\delta_{K_0}=0.0157$。

$$K_0=K_1\cdot K_2 \tag{2.7}$$

$$\mu_{K_0}=\mu_{K_1}\cdot\mu_{K_2} \tag{2.8}$$

$$\delta_{K_0}=\sqrt{\delta_{K_1}^2+\delta_{K_2}^2} \tag{2.9}$$

2.1.3 高强钢材料性能不定性

2.1.3.1 材料性能不定性概述

材料性能不定性由两部分构成。一方面为试验影响因素不定性 K_0；另一方面，实际的材料性能与产品标准中规定的标准值间有一定差异产生的不定性 K_f。综合这两种因素，可以得到材料性能不定性 K_M 的表达式：

$$K_M = K_0 \cdot K_f \tag{2.10}$$

式中，K_f 为材料性能本身的不定性，由式（2.11）确定：

$$K_f = \frac{f_y}{f_k} \tag{2.11}$$

式中，f_y 为由试验确定的钢材屈服强度；f_k 为相应产品标准的名义屈服强度的标准值。由此可以得到材料性能不定性的平均值 μ_{K_M} 和变异系数 δ_{K_M} 的表达式：

$$\mu_{K_M} = \mu_{K_0} \cdot \mu_{K_f} \tag{2.12}$$

$$\delta_{K_M} = \sqrt{\delta_{K_0}^2 + \delta_{K_f}^2} \tag{2.13}$$

式中，μ_{K_0} 和 δ_{K_0} 为试验影响因素不定性的平均值和变异系数；μ_{K_f} 和 δ_{K_f} 为材料性能本身不定性的平均值和变异系数。

2.1.3.2　分厚度材性数据的统计分析

在对每家企业的数据进行统计分析的基础上，将这些数据混合起来进行统计分析，同时结合独立试验的数据，综合分析得到每个牌号每个厚度分组的材性参数。

（1）Q500 钢第一组

将调研收集的 45 组有效数据进行混合统计，统计参数及假设检验结果见表 2.13 中"调研混合"一行，频数直方图如图 2.5 所示。为了综合考虑钢板和型钢这两种钢材，随机选取了钢板数据 10 组，与型钢的 8 组数据重新组合成一个样本容量为 18 组的数据，其统计参数及假设检验结果见表 2.13"调研组合"一行，频数直方图如图 2.6 所示。在调研组合数据的基础上，加入独立试验的数据 13 组，得到一个样本容量为 31 组的数据，其统计参数及假设检验结果见表 2.13"综合"一行，频数直方图如图 2.7 所示。

Q500 钢第一组分厚度材性统计参数　　**表 2.13**

类别	K-S检验		χ^2检验		平均值（MPa）	标准差（MPa）	变异系数	标准值（MPa）	产品标准值（MPa）
调研混合	×	×	—	—	564	22	0.039	528	500
调研组合	√	√	—	—	555	26	0.047	512	
综合	√	√	—	—	554	25	0.044	513	

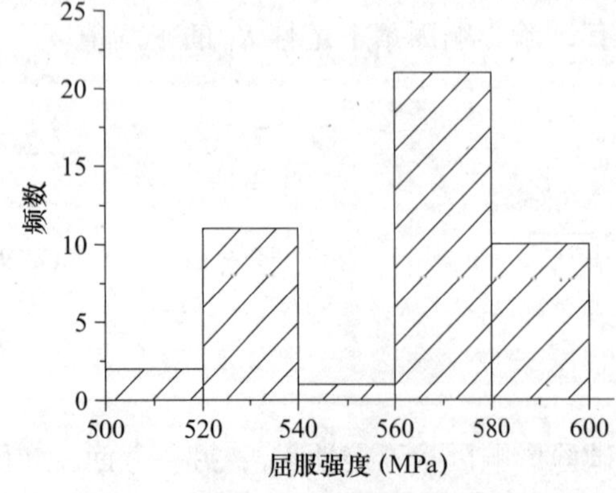

图 2.5　Q500第一组调研混合统计直方图

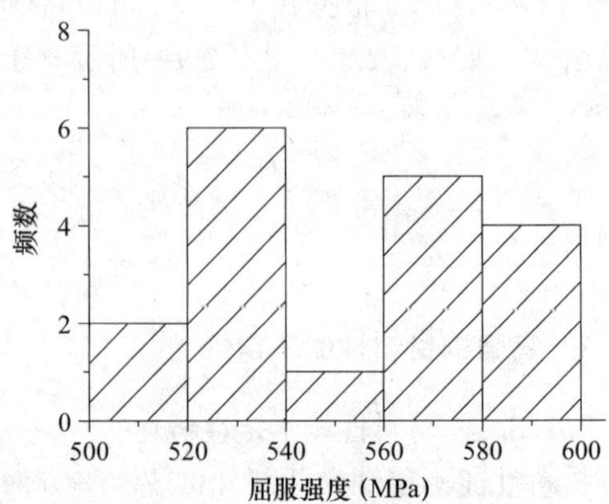

图 2.6　Q500第一组调研组合统计直方图

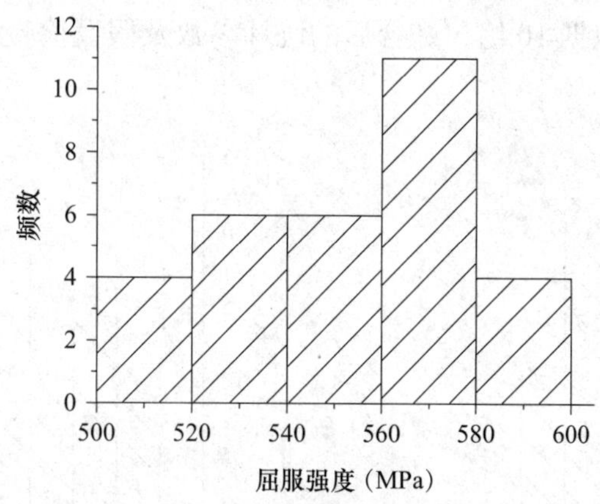

图 2.7 Q500第一组综合统计直方图

由于型钢和钢板的屈服强度平均值相差较大，因此将两者数据混合起来统计就会出现两个峰值，如图 2.5 所示。在随机选取数据组成一组新的数据后，能够通过正态分布或对数正态分布的假设检验，但从图 2.6 来看，数据分布依旧不理想。主要是 Q500 钢第一组的数据量偏少，两部分数据的差异较大。13 组独立试验的数据是一个较好的补充，综合数据的统计参数和概率分布都比较理想，基本可以反映 Q500 钢第一组的材性情况。

（2）Q500 钢第二组

该组数据在调研中并未收集到，在独立试验中仅有3组数据，其统计参数见表2.9，可以供今后进一步统计数据时参考。

（3）Q550 钢第一组

将调研收集到的 698 组有效数据进行混合统计，统计参数及假设检验结果见表 2.14，频数直方图如图 2.8 所示。由于 A 企业的数据量达到了 665 组，为综合考虑 3 家企业的贡献，防止 A 企业的数据控制整个混合统计的结果，随机选取了 A 企业数据 60 组，与 B 企业、C 企业的数据重新组合成一个样本容量为 93 组的数据，其统计参数及假设检验结果见表 2.14，频数直方图如图 2.9 所示。该组没有独立试验的数据。可以看到数据组合后正态分布趋势明显，平均值和变异系数也都在合理的范围内，基本反映了各企业的贡献和生产实际。

Q550 钢第一组分厚度材性统计参数 **表 2.14**

类别	K-S检验		χ^2检验		平均值（MPa）	标准差（MPa）	变异系数	标准值（MPa）	产品标准值（MPa）
调研混合	×	×	×	×	636	30	0.047	597	550
调研组合	√	√	√	×	637	36	0.056	578	

（4）Q550 钢第二组

将调研收集的 8911 组有效数据进行混合统计，统计参数及假设检验结果见表 2.15，频数直方图如图 2.10 所示。为了充分考虑四个企业的数据，随机选取了 A 企业数据 80 组，C 企业数据 45 组，与 B 企业、D 企业的数据重新组合成一个样本容量为 191 组的数据，其统计参数及假设检验结果见表 2.15，频数直方图如图 2.11 所示。在调研组合数据的基础上，加入独立试验的数据 10 组，综合后的统计参数及假设检验结果见表 2.15，频数直方图如图 2.12 所示。

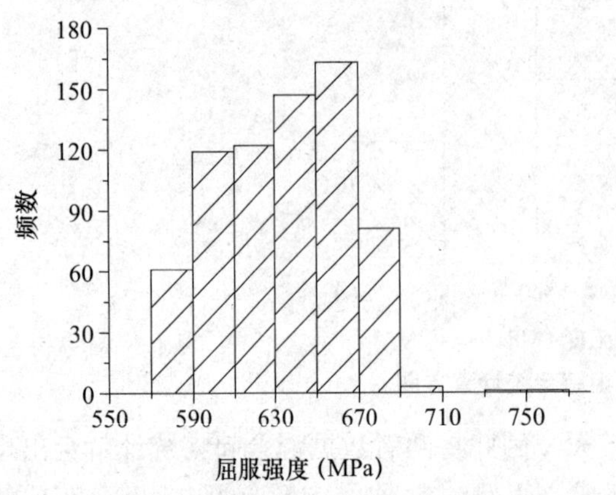

图 2. 8　Q550第一组调研混合统计直方图

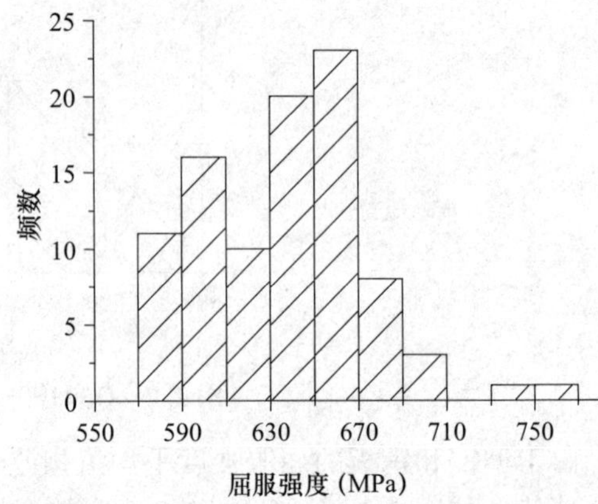

图 2. 9　Q550第一组调研组合统计直方图

Q550 钢第二组分厚度材性统计参数　　**表 2. 15**

类别	K-S检验		χ^2检验		平均值（MPa）	标准差（MPa）	变异系数	标准值（MPa）	产品标准值（MPa）
调研混合	×	×	×	×	638	29	0.045	590	530
调研组合	×	×	×	×	645	37	0.058	584	
综合	×	×	√	√	647	40	0.059	585	

从图 2.10 可以看到，混合统计时由于出现部分高屈服强度的数据，故未能通过假设检验。另外由于 A 企业的数据过多，出于综合考虑 4 家企业数据的目的进行了随机取数，但组合后的数据也未能通过分布检验。加入独立试验的数据后，整体的统计参数变化不大，但通过调整直方图区间，可以通过正态分布的 χ^2 检验。

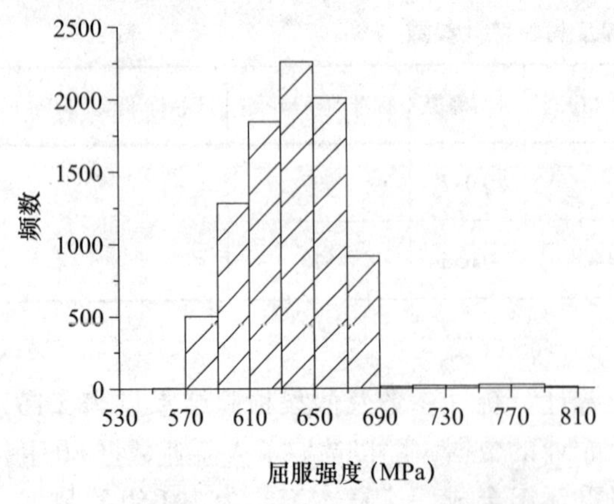

图 2. 10　Q550第二组调研混合统计直方图

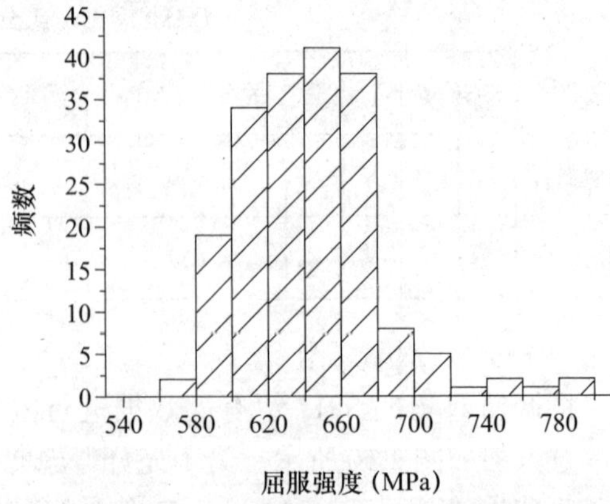

图 2. 11　Q550第二组调研组合统计直方图

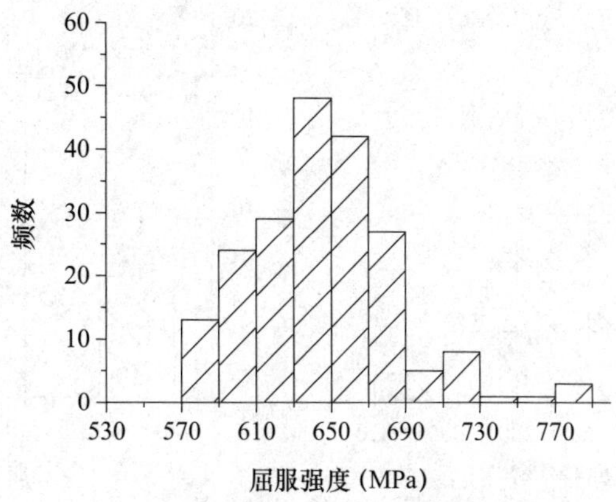

图 2.12　Q550第二组综合统计直方图

（5）Q550 钢第四组

该组的统计参数及假设检验结果已经列在了表 2.5 中，频数直方图如图 2.13 所示。该组数据较少，且无对应独立试验补充。

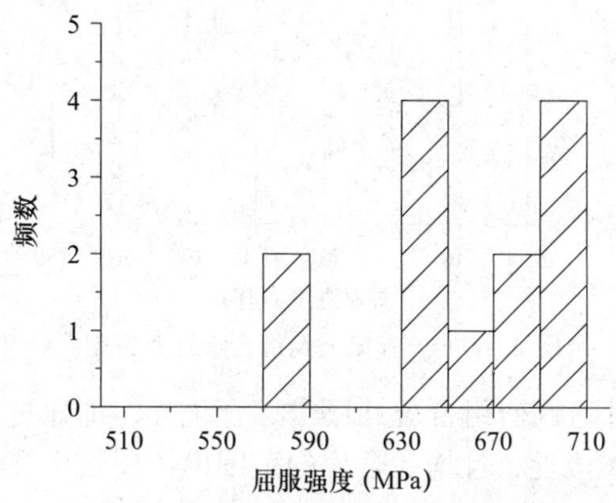

图 2.13　Q550第四组综合统计直方图

（6）Q690 钢第一组

将调研收集到的 169 组有效数据进行混合统计，统计参数及假设检验结果见表 2.16，频数直方图如图 2.14 所示。为了充分考虑两个企业的数据，随机选取了 A 企业数据 30 组，与 E 企业的数据重新组合成一个样本容量为 37 组的数据，其统计参数及假设检验结果见表 2.16，频数直方图如图 2.15 所示。在调研组合数据的基础上，加入独立试验的数据 14 组，综合后的统计参数及假设检验结果见表 2.16，频数直方图如图 2.16 所示。

Q690 钢第一组分厚度材性统计参数　　表 2.16

类别	K-S检验		χ^2检验		平均值（MPa）	标准差（MPa）	变异系数	标准值（MPa）	产品标准值（MPa）
调研混合	√	√	√	√	752	24	0.031	713	690
调研组合	√	√	—	—	749	23	0.030	712	
综合	×	×	√	√	764	31	0.041	712	

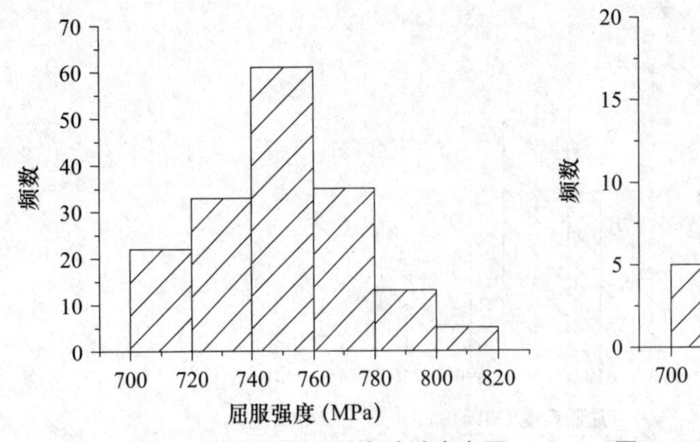

图 2.14　Q690第一组调研混合统计直方图

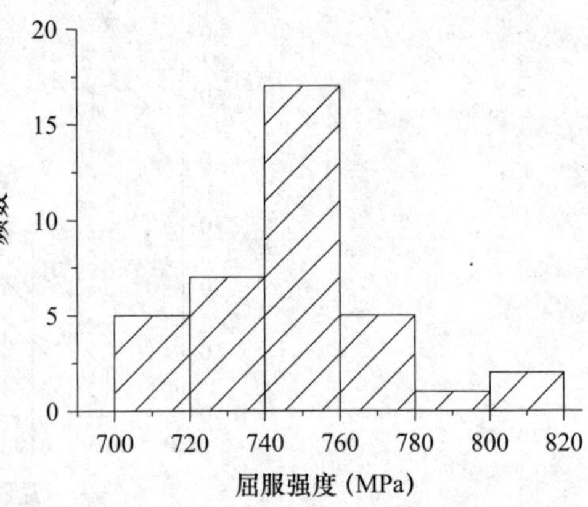

图 2.15　Q690第一组调研组合统计直方图

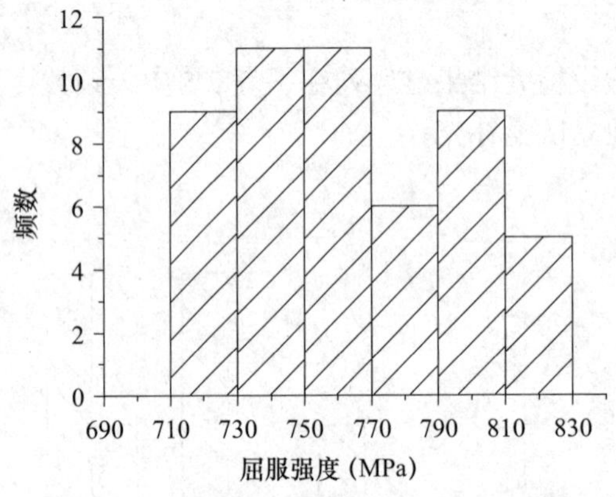

图 2.16　Q690第一组综合统计直方图

无论是调研混合统计、调研组合统计还是综合统计，都通过了分布的假设检验。同时三者的统计参数也比较接近，且均在合理的范围内，反映出该组的钢材产品质量比较稳定。

（7）Q690 钢第二组

将调研收集到的 1801 组有效数据进行混合统计，统计参数及假设检验结果见表 2.17，频数直方图如图 2.17 所示。为了充分考虑两个企业的数据，随机选取了 A 企业数据 80 组，与 D 企业的数据组合成一个样本容量为 147 组的数据，其统计参数及假设检验结果见表 2.17，频数直方图如图 2.18 所示。在调研组合数据的基础上，加入独立试验的数据 6 组，综合后的统计参数及假设检验结果见表 2.17，频数直方图如图 2.19 所示。

Q690 钢第二组分厚度材性统计参数　　**表 2.17**

类别	K-S检验		χ^2检验		平均值（MPa）	标准差（MPa）	变异系数	标准值（MPa）	产品标准值（MPa）
调研混合	×	×	×	×	756	26	0.034	714	
调研组合	√	√	√	√	753	30	0.040	700	670
综合	√	√	√	√	754	31	0.041	703	

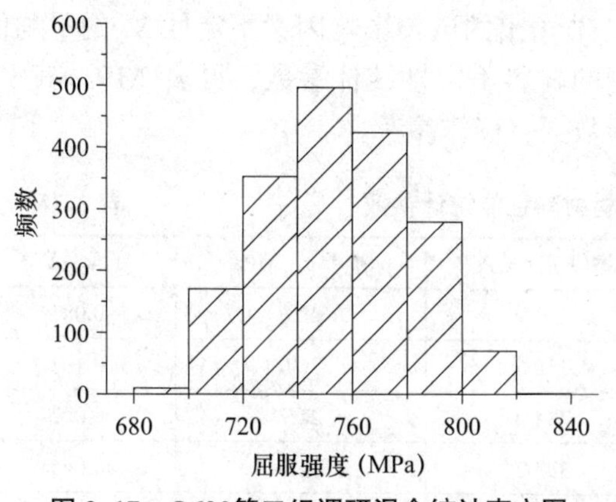

图 2.17　Q690第二组调研混合统计直方图

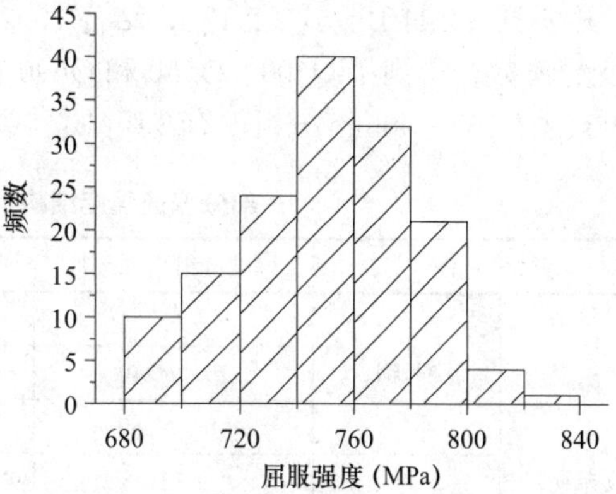

图 2.18　Q690第二组调研组合统计直方图

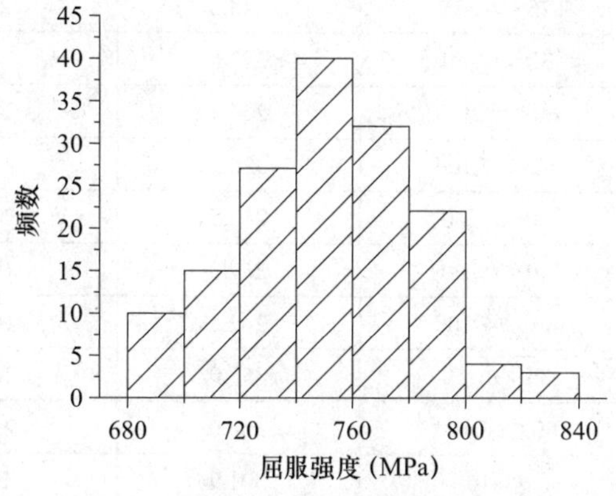

图 2.19　Q690第二组综合统计直方图

可以看到，混合统计的结果受数据量较多的 A 企业控制，没有通过假设检验。在随机选取组成新的数据后，以及加入了独立试验的综合数据，结果趋向合理，正态分布的假设检验均能通过。同时，屈服强度的平均值和变异系数也在合理范围内，表明质量稳定，基本反映了该组钢材的生产情况。

2.1.3.3　材料性能不定性统计参数

综合分析表 2.13 ～表 2.17 的数据可以看到：

（1）组合统计与混合统计相比，得到的平均值稍有不同。组合统计充分考虑了各企业数据的贡献，而混合统计则笼统地将全部数据统计在一起，数据量大的数据往往控制最终统计结果。在组合统计的基础上加入了独立试验的数据，作为补充验证，使得总体数据更加科学可靠，因此取综合统计的结果作为高强钢材料性能本身不定性的统计参数。

（2）从分布的假设检验上来看，在 0.05 显著水平上，多数可以满足正态分布，因此对材料强度的概率分布采用正态分布是合理的。

（3）从现有统计参数可以看到，材料不定性统计平均值大都在 1.10 ～ 1.20 的区间内（最大为 1.312），而变异系数大多在 0.03 ～ 0.04 区间（最大为 0.064）。表 2.18 给出了《钢结构设计标准》GB 50017—2017[3] 编制过程中，中冶建筑研究总院对国产 Q235 ～ Q460 和 Q345GJ 钢进行的调研统计的部分结果 [7]。与表 2.18 中普通强度钢材的统计参数相比，高强钢的产品强度波动更小，质量更稳定。应用高强钢的结构，其可靠性是有保障的。

根据式（2.11）～式（2.13），结合 2.1.2.2 节给出的试验影响因素不定性 K_0 的平均值和变异系数，得到了 Q500、Q550 和 Q690 钢的材料不定性统计参数，见表 2.19。其中，Q500 钢材 16 ～ 40mm 分组仅有 3 组独立试验数据，仅作参考。

部分普通强度结构钢材材料性能统计参数　　**表 2. 18**

来　源	钢　材	厚度分组 t（mm）	平均值 f_y（MPa）	标准差 σ（MPa）	变异系数 δ
文献[6]	3号钢	$4 \leqslant t \leqslant 20$	280.7	22.6	0.081
		$20 < t \leqslant 40$	253.6	26.0	0.103
		$40 < t \leqslant 60$	234.9	21.7	0.092
	16Mn钢	$t \leqslant 16$	383.2	24.8	0.065
		$16 < t \leqslant 25$	355.7	23.5	0.066
		$25 < t \leqslant 38$	348.2	29.1	0.084
		$38 < t \leqslant 50$	343.6	31.3	0.091
文献[10]	3号钢	$60 < t \leqslant 120$	234.4	26.60	0.113
	16Mn钢	$50 < t \leqslant 100$	325.9	25.47	0.078
文献[11]	Q235	$16 < t \leqslant 40$	268.5	20.55	0.077
		$40 < t \leqslant 60$	267.0	17.36	0.065
		$60 < t \leqslant 100$	247.5	16.02	0.065
	Q345	$35 < t \leqslant 50$	357.0	20.09	0.056
		$50 < t \leqslant 100$	350.0	28.85	0.082
文献[7]	Q235	$t \leqslant 16$	301.9	28.6	0.095
		$16 < t \leqslant 40$	304.5	44.2	0.145
	Q345	$t \leqslant 16$	388.7	28.0	0.073
		$16 < t \leqslant 35$	371.8	29.1	0.078
		$35 < t \leqslant 50$	363.3	28.2	0.078
		$50 < t \leqslant 100$	371.6	35.3	0.095
	Q390	$16 < t \leqslant 35$	432.4	25.2	0.059
		$35 < t \leqslant 50$	399.8	28.6	0.072
		$50 < t \leqslant 100$	396.2	30.1	0.077
	Q420	$16 < t \leqslant 35$	457.0	21.5	0.048
		$35 < t \leqslant 50$	435.6	35.7	0.083
		$50 < t \leqslant 100$	405.2	37.1	0.092
	Q460	$16 < t \leqslant 35$	508.0	34.4	0.069
		$35 < t \leqslant 50$	475.9	36.5	0.078
		$50 < t \leqslant 100$	441.6	28.2	0.065
	Q345GJ*	$16 < t \leqslant 35$	418.3	23.0	0.056
		$35 < t \leqslant 50$	400.93	30.0	0.075
		$50 < t \leqslant 100$	373.49	24.9	0.067

注：“*”表示Q345GJ的屈服强度为上屈服强度。

高强钢材料不定性统计参数 **表 2.19**

牌号	厚度分组（mm）	μ_{K_0}	δ_{K_0}	μ_{K_f}	δ_{K_f}	μ_{K_M}	δ_{K_M}
Q500	≤16	0.9965	0.0157	1.107	0.044	1.103	0.047
	16～40			1.152	0.062	1.148	0.064
Q550	≤16			1.159	0.056	1.155	0.059
	16～40			1.221	0.056	1.216	0.061
	63～80			1.312	0.059	1.308	0.066
Q690	≤16			1.107	0.041	1.103	0.044
	16～40			1.125	0.041	1.121	0.044

2.1.4 GJ钢材料性能不定性

2.1.4.1 材料性能调研

本次针对国产建筑结构用钢板的调研，钢材牌号为 Q390GJ、Q420GJ 和 Q460GJ；调研内容包括钢材的力学性能，主要是屈服强度、抗拉强度、断后伸长率、冲击功、冷弯性能；数据来自国内主要的钢铁企业和钢结构加工企业，包括武汉钢铁、鞍山钢铁、莱芜钢铁和舞阳钢铁以及沪宁钢机、东南网架和宝钢钢构、中信建筑设计研究总院。调研数据主要以产品质量证明书和复检报告给出，共收集到有效数据 2912 组。根据《建筑结构用钢板》GB/T 19879—2005[12] 对 GJ 钢的厚度分组，将调研收集到的数据分组，见表 2.20。每一种牌号每一个厚度分组的有效数据量、屈服强度的统计参数也列在表 2.20 中。其中，Q460GJ 第一组的数据只有 1 组，故在后文的统计分析中不予考虑。需要说明的是，在最新修订的《建筑结构用钢板》GB/T 19879—2015[13] 和《钢结构设计标准》GB 50017—2017[3] 中，GJ 钢材的力学性能要求厚度分组已将表 2.20 中的第二组和第三组合并处理。尽管如此，后文分析中仍然保留了原始研究中的分组方式以供进一步研究参考。

GJ 钢调研材性统计参数 **表 2.20**

牌号	厚度分组（mm）	数量	平均值（MPa）	标准差（MPa）	变异系数	标准值（MPa）	产品标准值（MPa）
Q390GJ	第一组（6≤t≤16）	16	475	20	0.042	442	390
	第二组（16＜t≤35）	325	448	27	0.060	404	390～510
	第三组（35＜t≤50）	404	431	29	0.067	383	380～500
	第四组（50＜t≤100）	1631	425	27	0.064	380	370～490
Q420GJ	第一组（6≤t≤16）	10	462	23	0.051	423	420
	第二组（16＜t≤35）	108	472	28	0.060	425	420～550
	第三组（35＜t≤50）	113	463	27	0.059	418	410～540
	第四组（50＜t≤100）	222	461	32	0.070	408	400～530

续表

牌号	厚度分组（mm）	数量	平均值（MPa）	标准差（MPa）	变异系数	标准值（MPa）	产品标准值（MPa）
Q460GJ	第一组（6≤t≤16）	1	—	—	—	—	460
	第二组（16<t≤35）	11	511	22	0.042	476	460～600
	第三组（35<t≤50）	42	504	29	0.057	457	450～590
	第四组（50<t≤100）	29	491	25	0.052	450	440～580

2.1.4.2　独立材性试验

独立试验的材性试件有 Q390GJ 和 Q420GJ 两种牌号，包括 16mm $< t \leqslant$ 35mm、35mm $< t \leqslant$ 50mm 和 50mm $< t \leqslant$ 100mm 三个厚度分组，由舞阳钢铁提供，按照《建筑结构用钢板》GB/T 19879—2005[12] 要求加工制作，具体类别数量见表 2.21。试验加载条件同 2.1.2.1 节。独立试验时记录试件的应力 - 应变曲线，可以得到弹性模量、上（下）屈服强度、抗拉强度，同时测定了断后伸长率。上屈服强度的统计参数见表 2.21。

独立试验材性统计参数　　表 2.21

牌号	厚度分组（mm）	厚度（mm）	数量	平均值（MPa）	标准差（MPa）	变异系数	标准值（MPa）	产品标准值（MPa）
Q390GJ	16<t≤35	22	4	475	18	0.038	446	390～510
		26	2					
	50<t≤100	60	1	451	27	0.059	407	370～490
		70	2					
Q420GJ	16<t≤35	18	10	457	18	0.040	428	420～550
		20	10					
	35<t≤50	40	4	434	8	0.018	421	410～540

2.1.4.3　材性数据统计分析

（1）Q390GJ 钢

通过对比表 2.20 和表 2.21 可以发现，独立试验的结果较调研数据偏高，但标准差十分接近。由于独立试验的数据量相对较小，故下面的统计分析将独立试验和调研数据进行了混合。

Q390GJ 钢各组的统计参数及假设检验结果见表 2.22，频数直方图见图 2.20～图 2.23。从调研的数据量来看，Q390GJ 的数据是各牌号中最多的，表明其在工程中有不少的应用。从各组平均值和标准值来看，厚度效应比较明显：随着厚度的增大，屈服强度减小，且标准值均满足 GB/T 19879—2005 的要求。但第一组平均值偏高，造成标准值达到了 442MPa，已经超过了高一级牌号（Q420GJ）的标准值。Q390GJ 钢的标准差和变异系数均较小，GB 50017—2003 规定屈服点的变异系数不宜大于 0.066[7]，Q390GJ 钢的变异系数均在合理的范围内，表明钢铁的生产质量稳定。从图 2.22 和图 2.23 可以看到，在低屈服强度区间存在一定的人为截断，造成区间频数偏高。

Q390GJ 屈服强度统计参数　　　　**表 2. 22**

组号	K-S检验		χ^2检验		平均值（MPa）	标准差（MPa）	变异系数	标准值（MPa）	产品标准值（MPa）
第一组	√	√	—	—	475	20	0.042	442	390
第二组	√	×	×	×	449	27	0.060	404	390～510
第三组	×	×	×	×	431	29	0.067	383	380～500
第四组	×	×	×	×	425	27	0.064	380	370～490

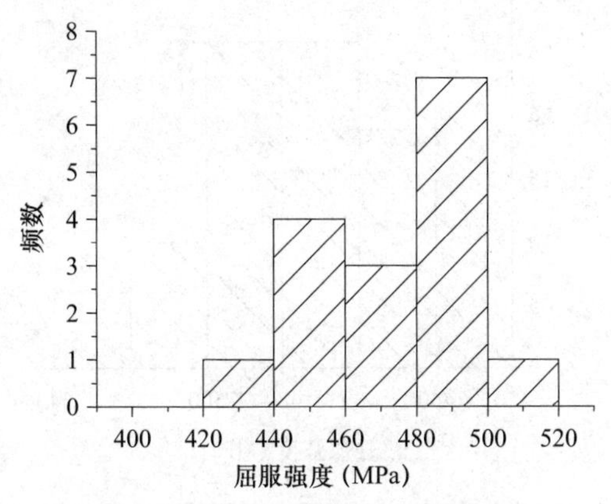

图 2. 20　Q390GJ钢第一组直方图

图 2. 21　Q390GJ钢第二组直方图

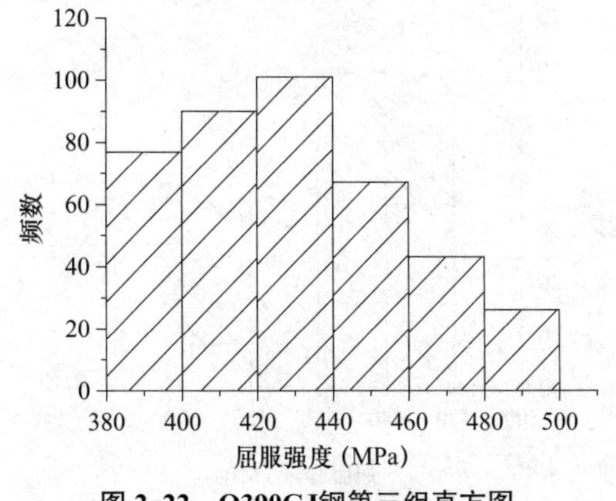

图 2. 22　Q390GJ钢第三组直方图

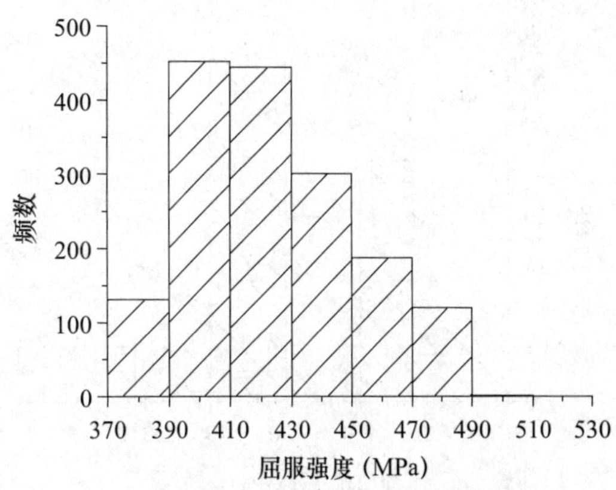

图 2. 23　Q390GJ钢第四组直方图

（2）Q420GJ 钢

独立试验和调研数据混合后的 Q420GJ 钢各组的统计参数及假设检验结果见表 2.23，频数直方图见图 2.24 ～图 2.27。从表 2.23 可以看到，除第四组的变异系数偏大以外，整体的变异系数均在较小的范围内变化，表明 Q420GJ 的波动较小，产品质量稳定。从假设检验的通过率，并结合图 2.27 可以看到，与 Q390GJ 一样，在低屈服强度区间存在人为截断的现象。各组的标准值均满足 GB/T 19879—2005 的要求，但富余程度不高，表明产品生产基本按照标准要求进行。

Q420GJ 屈服强度统计参数　　　　**表 2.23**

组号	K-S检验		χ^2检验		平均值（MPa）	标准差（MPa）	变异系数	标准值（MPa）	产品标准值（MPa）
第一组	√	√	—	—	462	23	0.051	423	420
第二组	×	×	√	√	470	28	0.059	424	420～550
第三组	×	×	×	×	462	27	0.059	417	410～540
第四组	×	×	×	×	461	32	0.070	408	400～530

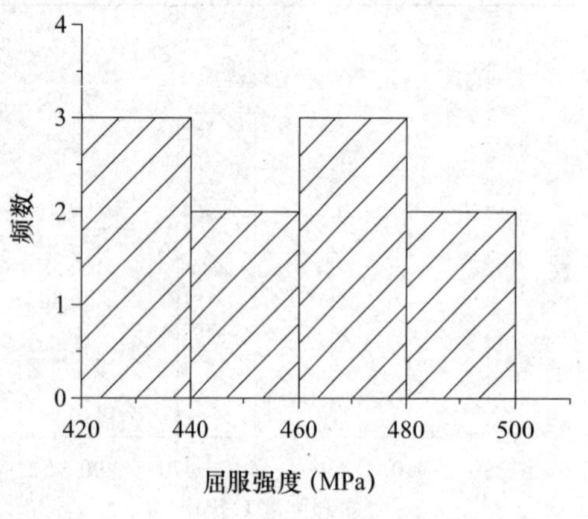

图 2.24　Q420GJ钢第一组屈服强度直方图

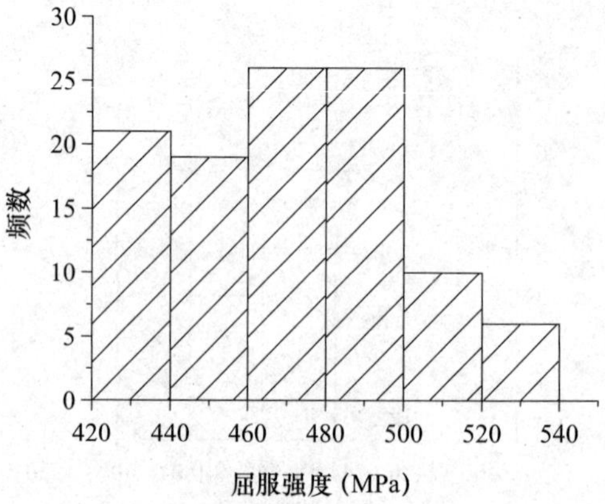

图 2.25　Q420GJ钢第二组屈服强度直方图

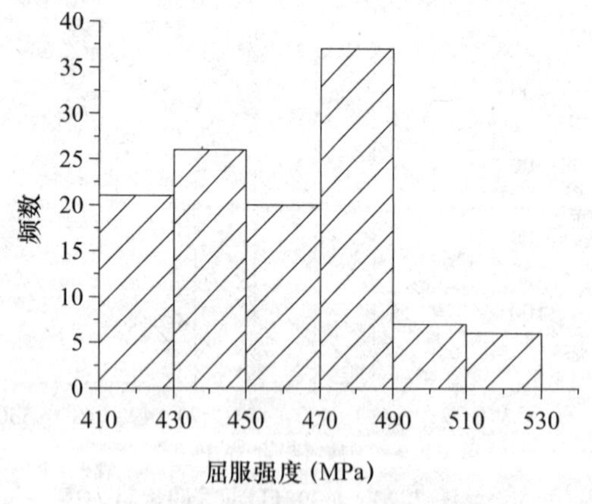

图 2.26　Q420GJ钢第三组屈服强度直方图

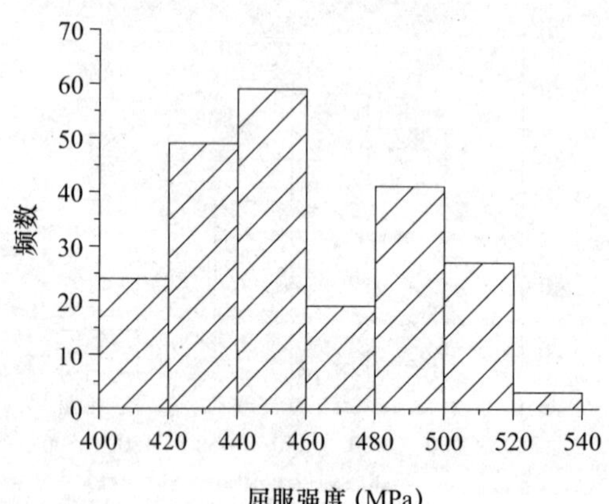

图 2.27　Q420GJ钢第四组屈服强度直方图

（3）Q460GJ

Q460GJ 钢各组的统计参数及假设检验结果见表 2.24，频数直方图见图 2.28 ～图 2.30。Q460GJ 各组的数据量相对较少，表明在现阶段的工程应用仍然有限。变异系数均小于 0.066，在一个比较理想的范围内，产品质量稳定。从频数直方图可以看到，数据在低屈服强度区间有偏态的趋势。各组的标准值均满足 GB/T 19879—2005 的要求，且向上波动的程度较小，普遍在 10MPa 左右。

Q460GJ 屈服强度统计参数 **表 2. 24**

组号	K-S检验		χ^2检验		平均值（MPa）	标准差（MPa）	变异系数	标准值（MPa）	产品标准值（MPa）
第二组	√	√	—	—	511	22	0.042	476	460～600
第三组	√	√	√	√	504	29	0.057	457	450～590
第四组	√	√	√	√	491	25	0.052	450	440～580

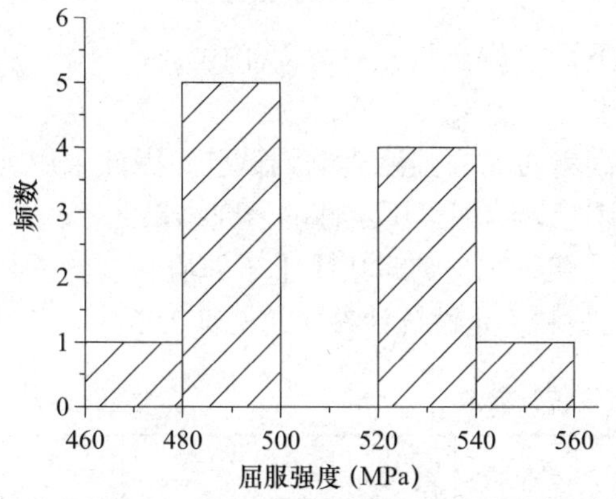

图 2. 28 Q460GJ钢第二组屈服强度直方图

图 2. 29 Q460GJ钢第三组屈服强度直方图

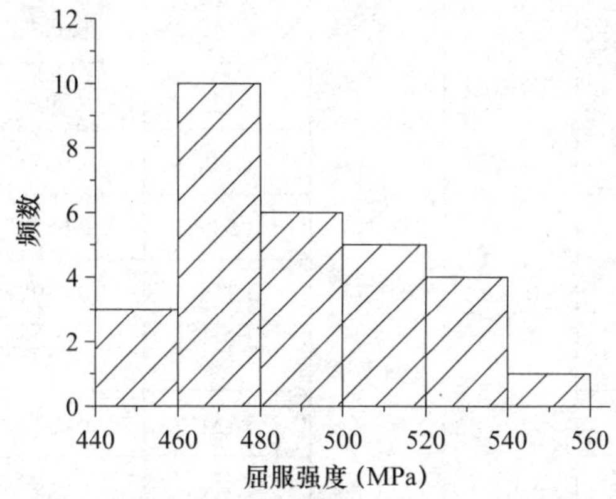

图 2. 30 Q460GJ钢第四组屈服强度直方图

根据 GB 50153—2008 的建议，综合考虑之前钢材材性调研的结果以及本次调研对分布的假设检验结果，采用正态分布来分析屈服强度的统计结果是合适的。数据量的分布特点是 Q390GJ 最多，Q460GJ 最少，表明了各牌号在实际工程中的应用情况，这是一个逐渐普及的过程。所有组的标准值均满足 GB/T 19879—2005，表明钢铁企业严格按照标准进行生产。变异系数除一组外，均小于 0.066，表明质量控制稳定。统计平均值除个别组（如 Q390GJ 第一组）偏高以外，均在较为合理的范围内。总体来说，国产建筑结构用钢板的生产现状是比较良好的。

2. 1. 4. 4 上下屈服强度折算

由于 GB/T 19879—2005 中将上屈服强度 R_{eH} 作为屈服强度标准值（在 GB/T 19879—2015 中又将屈服强度标准值修改为下屈服强度，以便于设计应用），而 GB 50017—2017

中对钢材强度设计值的确定是基于下屈服强度，因此为了保证在使用 GJ 钢时与现行设计方法一致，考虑将上屈服强度折减为下屈服强度进行不定性统计。对于折减系数的取值，国内曾做过几次测定 [14]：2010 年，在进行《钢结构设计规范》修编时对 Q345GJ 钢进行了 103 组的独立试验，得到折减系数为 4.75%；2012 年，中建钢构有限公司测定了 40 组 Q345、Q345GJ 钢的数据，得出下屈服强度比上屈服强度低 3.52%。以上两次试验结果均由计算机判定上下屈服强度，精度较高。

本次独立试验中同时测定了上屈服强度和下屈服强度，共得到有效数据 29 组，平均的折减系数为 2.61%。

综上所述，对上述三次试验结果进行加权平均，得到折减系数为 4.10%。

2.1.4.5　材料性能不定性统计参数

由于研究中没有对 GJ 钢进行单独的试验因素对屈服强度影响的试验，因此采用编制《钢结构设计标准》GB 50017—2017 时得到的试验影响因素不定性的研究结果 [7]：平均值为 0.940，变异系数为 0.0577。根据式（2.11）～式（2.13），考虑了上下屈服强度的折减系数，即可得到 Q390GJ、Q420GJ 和 Q460GJ 钢的材料不定性统计参数，见表 2.25。

GJ 钢材料不定性统计参数　　**表 2.25**

牌　号	厚度分组（mm）	μ_{K_0}	δ_{K_0}	μ_{K_f}	δ_{K_f}	μ_{K_M}	δ_{K_M}
Q390GJ	≤16	0.940	0.0577	1.217	0.042	1.097	0.071
	16～35			1.150	0.060	1.037	0.083
	35～50			1.133	0.067	1.021	0.088
	50～100			1.148	0.064	1.035	0.086
Q420GJ	≤16			1.099	0.051	0.991	0.077
	16～35			1.118	0.059	1.008	0.083
	35～50			1.126	0.059	1.015	0.083
	50～100			1.151	0.070	1.038	0.091
Q460GJ	16～35			1.111	0.042	1.002	0.071
	35～50			1.120	0.057	1.010	0.081
	50～100			1.117	0.052	1.007	0.078

2.2　高强钢构件计算模式不定性

本研究利用通用有限元软件 ABAQUS 建立有限元模型，通过已有的试验数据验证其准确性，然后计算了 880 组高强度结构钢材（Q500、Q550、Q620 和 Q690）焊接截面压弯构件的弯矩作用平面内的极限承载力、460 组受弯构件的整体稳定承载力。通过比较已有研究的数据、数值模拟的数据和规范公式计算值，计算得到了高强钢轴心受压构件、压弯构件和受弯构件的计算模式不定性的统计参数。

2.2.1　轴心受压构件

2.2.1.1　计算模式

我国现行《钢结构设计标准》GB 50017—2017[3] 采用 4 条 φ-λ 曲线来计算轴心受压构件的稳定系数，适用于牌号为 Q460 及其以下的钢材，制定这些设计曲线的基础是 20 世纪 80 年代对普通强度钢材的研究结果[15, 16]。

对于高强钢轴心受压构件，班慧勇等[17, 18]在总结国内外试验研究的基础上，采用有限元模型模拟了高强钢轴压构件的整体稳定性能，计算了不同钢材强度等级、截面类型、截面尺寸、长细比以及失稳模态时构件的整体稳定承载力，从而得到整体稳定系数。本书将这些有限元计算结果与我国现行的《钢结构设计标准》GB 50017—2017 进行比较，提出了高强钢轴压构件建议的设计曲线类别。

《高强钢结构设计标准（报批稿）》[19] 以文献 [17]、[18] 为基础，提出了高强钢轴心受压构件整体稳定承载力的计算公式：

$$\frac{N}{\varphi Af}\leqslant 1.0 \tag{2.14}$$

式中，N 为轴心压力；A 为构件的毛截面面积；f 为钢材的强度设计值；φ 为轴心受压构件的稳定系数（取截面两主轴稳定系数中的较小者），根据构件的长细比（或换算长细比）、钢材屈服强度和截面分类确定。

对于焊接箱形截面，《钢结构设计标准》GB 50017—2017[3] 规定：当板件的宽厚比大于 20 时，按照 b 类曲线进行设计；当板件的宽厚比不大于 20 时，按照 c 类曲线进行设计。而在《高强钢结构设计标准（报批稿）》中，不区分板件的宽厚比，对 Q500、Q550、Q620、Q690 钢均按照 b 类曲线进行设计。

对于焊接工字形截面（翼缘为焰切边），《钢结构设计标准》GB 50017—2017[3] 规定：绕强轴和绕弱轴失稳均按照 b 类曲线进行设计。而在《高强钢结构设计标准（报批稿）》中，对 Q500 钢和 Q550 钢绕强轴和 Q500、Q550、Q620、Q690 钢绕弱轴失稳仍按照 b 类曲线进行设计，而对 Q620 和 Q690 钢绕强轴失稳按照 a 类曲线进行设计。

由此可见，高强钢轴心受压构件的计算模式较普通强度钢材发生了较大的变化。高强钢轴心受压构件的整体稳定性能优于普通强度钢材钢柱的主要原因是：几何初始缺陷对高强钢构件整体稳定性能的影响降低，残余应力与钢材屈服强度的比值减小，其对构件稳定性能的影响降低[20]。

2.2.1.2　统计参数

式（2.15）给出了计算模式不定性的计算公式。对轴心受压构件而言，理论值基于一阶弹性弯曲失稳模态，按照 1‰的柱长施加初弯曲，而实际构件初弯曲的模态和幅值是随机的；计算理论值时残余应力是按照统一的分布模式取值，而实际构件的残余应力分布存在一定的变异性。另外，《钢结构设计标准》GB 50017—2017 中的柱子曲线是按照数值计算结果取 50% 的分位值确定的，因而公式值与理论值存在一定的差异。

$$K_{\mathrm{P}}=K_{\mathrm{P}_1}\cdot K_{\mathrm{P}_2}=\frac{\text{试验值}}{\text{理论值}}\cdot\frac{\text{理论值}}{\text{规范值}} \tag{2.15}$$

式中，假定 K_{P_1} 和 K_{P_2} 相互独立，则计算模式不定性的统计参数可以表达为：

$$\mu_{K_P}=\mu_{K_{P_1}}\cdot\mu_{K_{P_2}} \tag{2.16}$$

$$\delta_{K_P}=\sqrt{\delta_{K_{P_1}}^2+\delta_{K_{P_2}}^2} \tag{2.17}$$

（1）K_{P_1} 的统计分析

文献［17］、［18］总结了国内外高强钢轴压构件的试验结果，其中焊接箱形截面共 26 组数据，焊接工字形截面共 35 组数据，即试验结果得到的整体稳定系数为 φ_{EXP}。文献［17］、［18］利用这些试验结果验证了有限元模型的可靠性，即利用有限元模型计算得到的整体稳定系数为 φ_{FEA}。于是可以将 K_{P_1} 表示为：

$$K_{P_1}=\frac{\varphi_{EXP}}{\varphi_{FEA}} \tag{2.18}$$

K_{P_1} 的统计参数见表 2.26。

（2）K_{P_2} 的统计分析

对于 Q500、Q550、Q620、Q690 钢的焊接箱形轴心受压构件，文献［17］通过有限元软件计算了 6 种截面尺寸、不同长细比下的整体稳定系数，共计得到 240 组数据。对于 Q500、Q550、Q620、Q690 钢的焊接工字形轴心受压构件，文献［18］通过有限元软件计算了 8 种截面尺寸、2 种失稳模态、不同长细比下的整体稳定系数，共计得到了 640 组数据。把有限元数值计算的结果记为 φ_{FEA}，利用《高强钢结构设计标准（报批稿）》公式计算的对应构件的整体稳定系数为 φ，则可以将计算模式不定性 K_{P_2} 表示为：

$$K_{P_2}=\frac{\varphi_{FEA}}{\varphi} \tag{2.19}$$

K_{P_2} 的统计参数见表 2.26。

（3）K_P 的统计分析

根据式（2.16）和式（2.17），可得到计算模式不定性 K_P 的统计参数，见表 2.26。

高强钢轴心受压构件计算模式不定性统计参数　　**表 2.26**

系　数	均 值 μ	标 准 差 σ	变 异 系 数 δ
K_{P_1}	1.011	0.090	0.089
K_{P_2}	1.056	0.057	0.054
K_P	1.068	0.111	0.104

2.2.1.3　参数分析

将所有数据按照不同参数进行分组，计算每组的统计参数，可以评估某一参数对计算模式的影响程度[16]。由于 K_{P_1} 的数据量较少，每种参数的样本数不多，故只用 K_{P_2} 的数据进行计算模式不定性的参数分析。参数分析的分组原则见表 2.27。

K_{P_2} 参数分析结果　　**表 2.27**

参　数		n	均值 μ	标准差 σ	变异系数 δ
截面类型	焊接工字形	640	1.056	0.060	0.058
	焊接箱形	240	1.058	0.045	0.043

续表

参　数		n	均值μ	标准差σ	变异系数δ
钢材牌号	Q500	220	1.055	0.056	0.053
	Q550	220	1.072	0.052	0.048
	Q620	220	1.046	0.059	0.056
	Q690	220	1.053	0.058	0.055
失稳模态	工字形强轴	320	1.052	0.061	0.058
	工字形弱轴	320	1.060	0.060	0.057
	箱形	240	1.058	0.045	0.043
截面类别	a类	160	1.001	0.041	0.041
	b类	720	1.067	0.054	0.050
长细比	$\lambda_n<0.6$	121	1.024	0.033	0.032
	$0.6\leqslant\lambda_n<1.2$	283	1.029	0.064	0.063
	$1.2\leqslant\lambda_n<1.8$	302	1.085	0.049	0.045
	$\lambda_n\geqslant1.8$	174	1.073	0.031	0.029
总计		880	1.056	0.057	0.054

表 2.27 汇总了参数分析的计算结果。图 2.31 给出了不同参数分组下，K_{P_2}的平均值和标准差的变化，图中每一条垂直的线段所表示的是以均值μ为中心，加减一个标准差σ的范围。

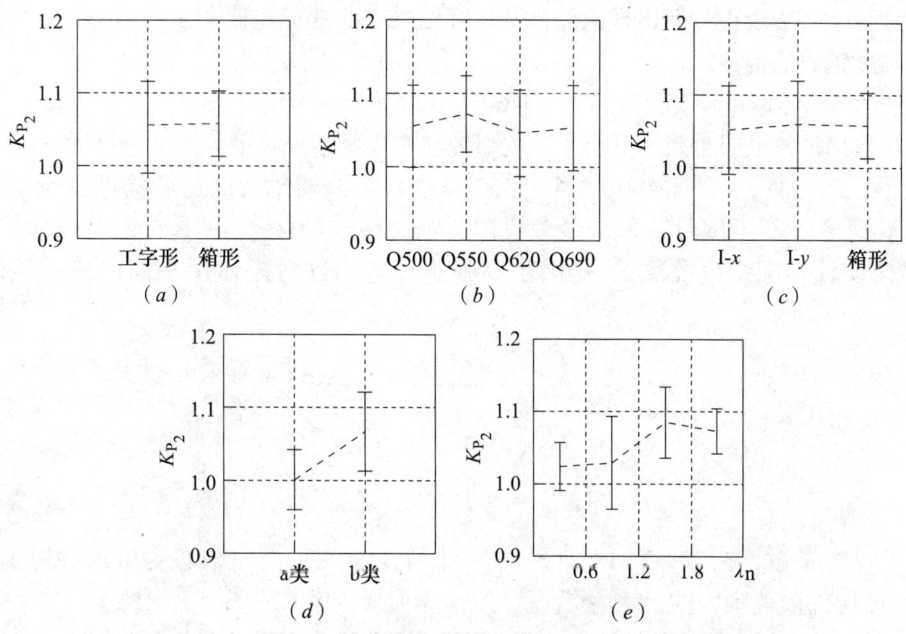

图 2.31　K_{P_2}平均值与标准差的参数分析

(a) 截面类型；(b) 钢材牌号；(c) 失稳模态；(d) 截面类别；(e) 长细比

从图 2.31（*a*）可见，K_{P_2} 对截面类型不敏感，焊接工字形和焊接箱形截面的计算模式不定性均值十分接近，与总体的均值几乎没有差别。

从图 2.31（*b*）可见，K_{P_2} 随钢材牌号有一定的波动，Q550 的均值最大，Q620 的均值最小，Q690 的均值也较 Q500 和 Q550 的小。Q550 的均值大于 Q500 的均值、Q690 的均值大于 Q620 的均值，主要原因是随着钢材强度的提高，初始缺陷（包括几何缺陷和残余应力）对轴压构件整体稳定的影响减小，承载力提高，这与已有研究成果一致[86, 87]。而 Q620 和 Q690 的均值小于 Q500 和 Q550 的原因是 Q620 和 Q690 的焊接工字形绕强轴失稳的整体稳定系数从 b 类调整成了 a 类，规范确定的整体稳定系数变大，从而 K_{P_2} 变小。从图 2.31（*c*）可见，K_{P_2} 随失稳模态的不同变化不大，与总体的均值比较接近。

从图 2.31（*d*）可见，按 a 类截面设计的 K_{P_2} 比 b 类截面小很多。主要原因是 Q620 和 Q690 的焊接工字形截面绕强轴失稳时按 a 类截面设计，而 Q500 和 Q550 的焊接工字形截面绕强轴失稳时按 b 类截面设计，刚好处于临界位置。若 Q620 和 Q690 的工字形强轴失稳按 b 类截面设计则安全冗余过大，按 a 类截面设计则安全冗余减小。同时对 Q620 和 Q690 的焊接箱形截面按 b 类截面设计过于保守，也造成了 b 类截面均值偏大。

从图 2.31（*e*）可见，K_{P_2} 随长细比的变化有一定的波动，短柱的均值最小，中柱的均值最大，长柱的均值较中柱略小。

2.2.2　压弯构件

2.2.2.1　计算模式

GB 50017—2003 对实腹式压弯构件在其弯矩作用平面内稳定性的计算，按最大强度理论进行分析，借用边缘屈服准则的公式构造实用计算公式，适用于牌号为 Q420 及其以下的钢材。在 GB 50017—2017 中，已将其适用的钢材牌号上限调整为 Q460，并对等效弯矩系数进行了必要改正。上述理论分析及计算结果主要基于文献 [15]、[16]，分析的对象是普通强度钢材的构件。

同济大学李国强等[21, 22]对 7 个 Q460 焊接箱形压弯构件和 6 个 Q460 焊接 H 形绕弱轴弯曲压弯构件的极限承载力进行了试验研究。东南大学舒赣平等对 2 个 Q460、2 个 Q550 焊接箱形压弯构件，3 个 Q460、3 个 Q550 焊接 H 形绕弱轴弯曲压弯构件进行了极限承载力试验研究。基于试验结果，参考我国《钢结构设计标准》GB 50017—2017[3]，《高强钢结构设计标准（报批稿）》提出了高强钢压弯构件弯矩作用平面内稳定性的设计方法[19]：

$$\frac{N}{\varphi_{x}Af}+\frac{\psi\beta_{mx}M_{x}}{\gamma_{x}W_{1x}f\left(1-0.8\dfrac{N}{N'_{Ex}}\right)}\leqslant 1.0 \tag{2.20}$$

$$N'_{Ex}=\pi^{2}EA/\left(1.1\lambda_{x}^{2}\right) \tag{2.21}$$

式中，N'_{Ex} 为参数，按式（2.21）计算；φ_x 为弯矩作用平面内轴心受压构件稳定系数；M_x 为计算构件段范围内的最大弯矩设计值；ψ 为修正系数，按式（2.22）计算，当计算出的 $\psi<0.9$ 时，取 $\psi=0.9$；W_{1x} 为在弯矩作用平面内对受压最大纤维的毛截面模量；β_{mx} 为等效弯矩系数，按《钢结构设计标准》GB 50017—2017 的规定取值。

$$\psi=1-\frac{0.5N}{\varphi_x Af} \tag{2.22}$$

与《钢结构设计标准》GB 50017—2017 相比，《高强钢结构设计标准（报批稿）》的压弯构件弯矩作用平面内稳定性计算公式主要有两点不同：① 稳定系数，在 2.2.1.1 节已有介绍；② 弯矩项引入修正系数 ψ，考虑弯矩作用较大且长细比较小的高强钢构件残余应力的有利影响。由此可见，高强钢压弯构件的计算模式较普通强度的钢材发生了较大的变化。

2.2.2.2 有限元模型验证

除了前文提到李国强等[21, 22]进行的焊接截面压弯构件的极限承载力试验研究，Rasmussen 和 Hancock[23]进行了 3 个焊接箱形和 3 个焊接 H 形绕弱轴的压弯构件试验，使用的钢材强度为 690MPa。表 2.28 汇总了上述试验研究中所有构件的几何尺寸、几何初始缺陷、偏心距和极限承载力的试验结果。表中，H 为截面高度，B 为截面宽度，t_f 为翼缘厚度，t_w 为腹板厚度，L_0 为构件有效长度（即柱两端铰支座转动中心的距离），e_0 为几何初始缺陷（即柱的初弯曲），e 为偏心距，f_y 为钢材的屈服强度（对工字形翼缘和腹板材性不同的，仅列出翼缘的屈服强度），$P_{u,t}$ 为压弯构件的极限承载力试验值。所有试件详细的力学性能和残余应力实测值参见原文献，这里不再赘述。

为计算高强钢焊接截面压弯构件弯矩作用平面内的稳定承载力，本书采用通用有限元软件 ABAQUS 中的 S4R 单元建立有限元模型。利用有限元模型对表 2.28 中的 19 个构件进行计算，以验证有限元模型的准确性和可靠性。根据试验条件，构件均采用两端铰接的边界条件。钢材的本构模型按材性试验结果及应力 - 应变曲线关系选择，所有构件均采用图 2.32（b）所示的不带屈服平台的本构模型。本构模型参数的具体取值见相应文献[21, 22]，泊松比取 0.3。

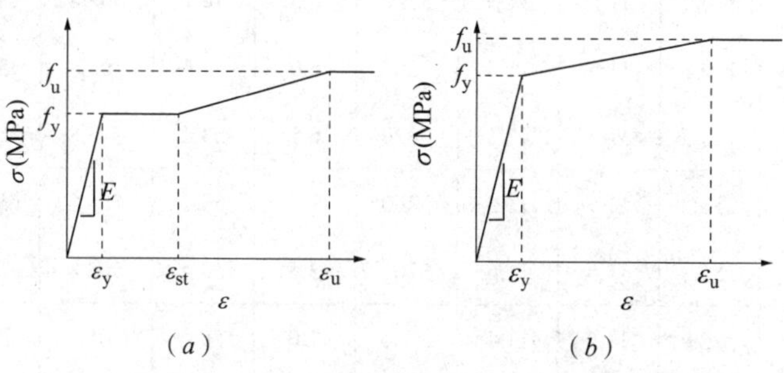

图 2.32 不同强度等级高强钢多折线本构模型[17-18]

（a）有屈服平台；（b）无屈服平台

有限元模型考虑几何初始缺陷和截面残余应力的影响。整体几何初始缺陷在 ABAQUS 中通过 IMPERFECTION 命令施加，即通过更新有限元模型中对应节点几何坐标来实现[24]。分布模式取特征值屈曲分析得到的一阶屈曲模态，具体取值按相应文献中的实测值确定。截面残余应力的输入采用“INITIAL CONDITION（TYPE = STRESS）”命令，同时在正式求解之前通过“UNBALANCED STRESS = STEP”命令来设置初始静力加载步，以确保输入的残余应力分布满足截面自平衡。实际输入的残余应力模式如图 2.33 所示，根据单元划分呈阶梯状[25]。文献［23］实测了工字形截面翼缘的残余压应力 σ_{frc} = −135MPa，

腹板的残余压应力 $\sigma_{wrc}=-32\text{MPa}$，箱形截面的残余压应力 $\sigma_{rc}=-123\text{MPa}$，故文献［23］中构件的残余压应力按实测值输入有限元模型；由于文献［23］中构件的残余拉应力、文献［21］［22］中构件的残余应力没有实测值，故按照班慧勇提出的高强钢残余应力统一分布模型建议值进行施加[25]。

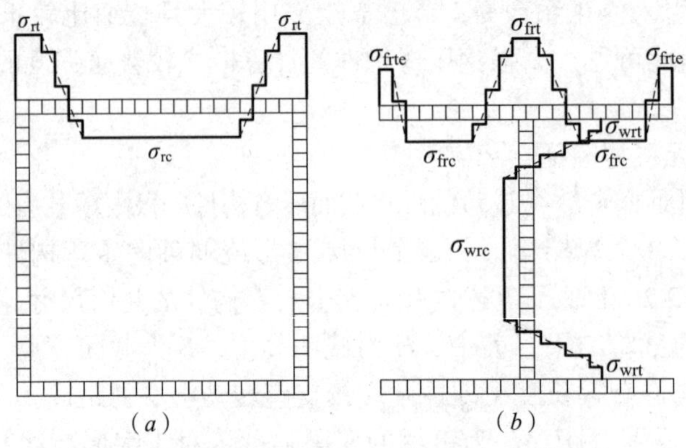

图2.33　有限元模型中实际输入的残余应力

(*a*) 箱形截面；(*b*) 工字形截面

有限元模型考虑大变形并采用Riks法进行迭代求解，取轴向极值荷载 $P_{u,FEA}$ 为极限承载力，计算结果见表2.28。

试件尺寸及试验结果　　　　表2.28

构件编号	H (mm)	B (mm)	t_f (mm)	t_w (mm)	L_0 (mm)	e_0 (mm)	e (mm)	f_y (MPa)	$P_{u,t}$ (kN)	$P_{u,FEA}$ (kN)	$\frac{P_{u,FEA}}{P_{u,t}}$
B-8-80-X-1[21]	110.0	110.0	11.5	11.5	3320	4.5	48.1	505.8	598.5	519.3	0.868
B-8-80-X-2[21]	110.8	110.8	11.5	11.5	3260	6.0	54.6	505.8	598	512.8	0.858
B-8-80-X-3[21]	112.5	112.5	11.3	11.3	3320	6.1	53.4	505.8	599	523.5	0.874
B-12-55-X-1[21]	155.2	155.2	11.5	11.5	3260	2.8	55.4	505.8	1204.5	1226.2	1.018
B-12-55-X-2[21]	153.3	153.3	11.5	11.5	3260	3.5	53.4	505.8	1264.5	1211.7	0.958
B-18-35-X-1[21]	222.0	222.0	11.4	11.4	3260	1.0	66.0	505.8	2532	2414.8	0.954
B-18-35-X-2[21]	219.8	219.8	11.5	11.5	3260	1.7	65.5	505.8	2393	2398.0	1.002
H-3-80-1[22]	171.0	154.5	21.1	11.4	3320	2.1	46.0	540.9	972	895.6	0.921
H-3-80-2[22]	171.5	153.5	21.2	11.6	3320	0.5	43.3	540.9	963	921.5	0.957
H-5-55-1[22]	246.0	227.0	21.25	11.5	3320	1.4	48.3	540.9	2160	2184.2	1.011
H-5-55-2[22]	246.5	227.5	21.3	11.5	3320	1.6	46.3	540.9	2040	2232.5	1.094
H-7-40-1[22]	323	311	21.15	11.5	3320	0.5	47.3	540.9	4120	4291.4	1.042
H-7-40-2[22]	318	309	21.05	11.6	3320	2.0	46.1	540.9	4340	4216.7	0.972

续表

构件编号	H (mm)	B (mm)	t_f (mm)	t_w (mm)	L_0 (mm)	e_0 (mm)	e (mm)	f_y (MPa)	$P_{u,t}$ (kN)	$P_{u,FEA}$ (kN)	$\frac{P_{u,FEA}}{P_{u,t}}$
B1150E[23]	97.5	97.5	4.95	4.95	1150	1.2	0.9	705	1137	1081.4	0.951
B1950E[23]	99.3	99.3	4.97	4.97	1950	1.0	2.2	705	926	858.2	0.927
B3450[23]	99.8	99.8	4.94	4.94	3451	3.8	-0.9	705	438	461.2	1.053
I1000E[23]	157.1	141.1	7.67	7.7	1000	0.1	1.2	660	2192	1832.2	0.836
I1650E[23]	158.4	141.5	7.71	7.75	1649	0.5	0.5	660	1682	1628.2	0.968
I2950E[23]	157.5	140.3	7.75	7.74	2950	0.6	1.4	660	745	781.9	1.050

从表2.28所示有限元计算的构件极限承载力和试验值的比值 $P_{u,FEA}/P_{u,t}$，以及图2.34所示的对比示意图可以看出，有限元计算值与试验值较吻合，平均误差为 −3.6%，标准差为0.072。图2.35给出了部分构件的荷载与柱中侧向水平位移的曲线对比，除B-8-80-X系列外，有限元计算曲线和试验实测曲线较吻合。由此可知，本书采用的有限元模型能够准确可靠地计算不同强度等级的高强钢焊接截面压弯构件弯矩作用平面内的稳定承载力。

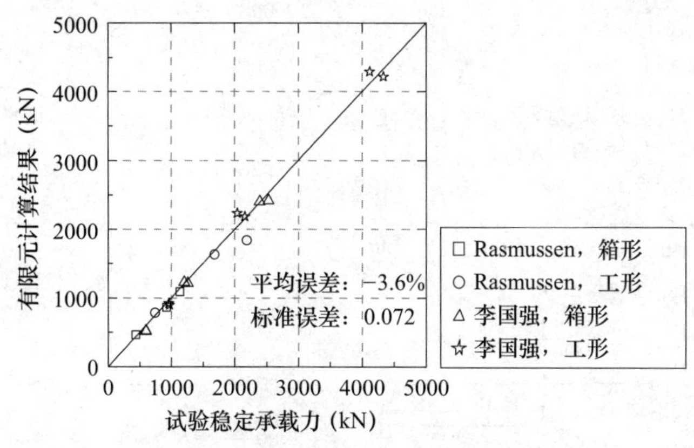

图2.34 有限元计算结果和试验结果对比

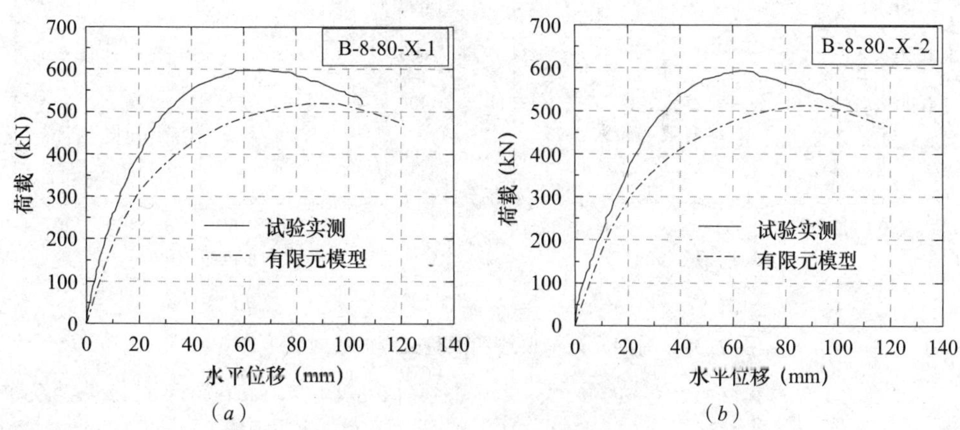

图2.35 有限元计算曲线和试验实测曲线对比（一）

（a）B-8-80-X-1；（b）B-8-80-X-2

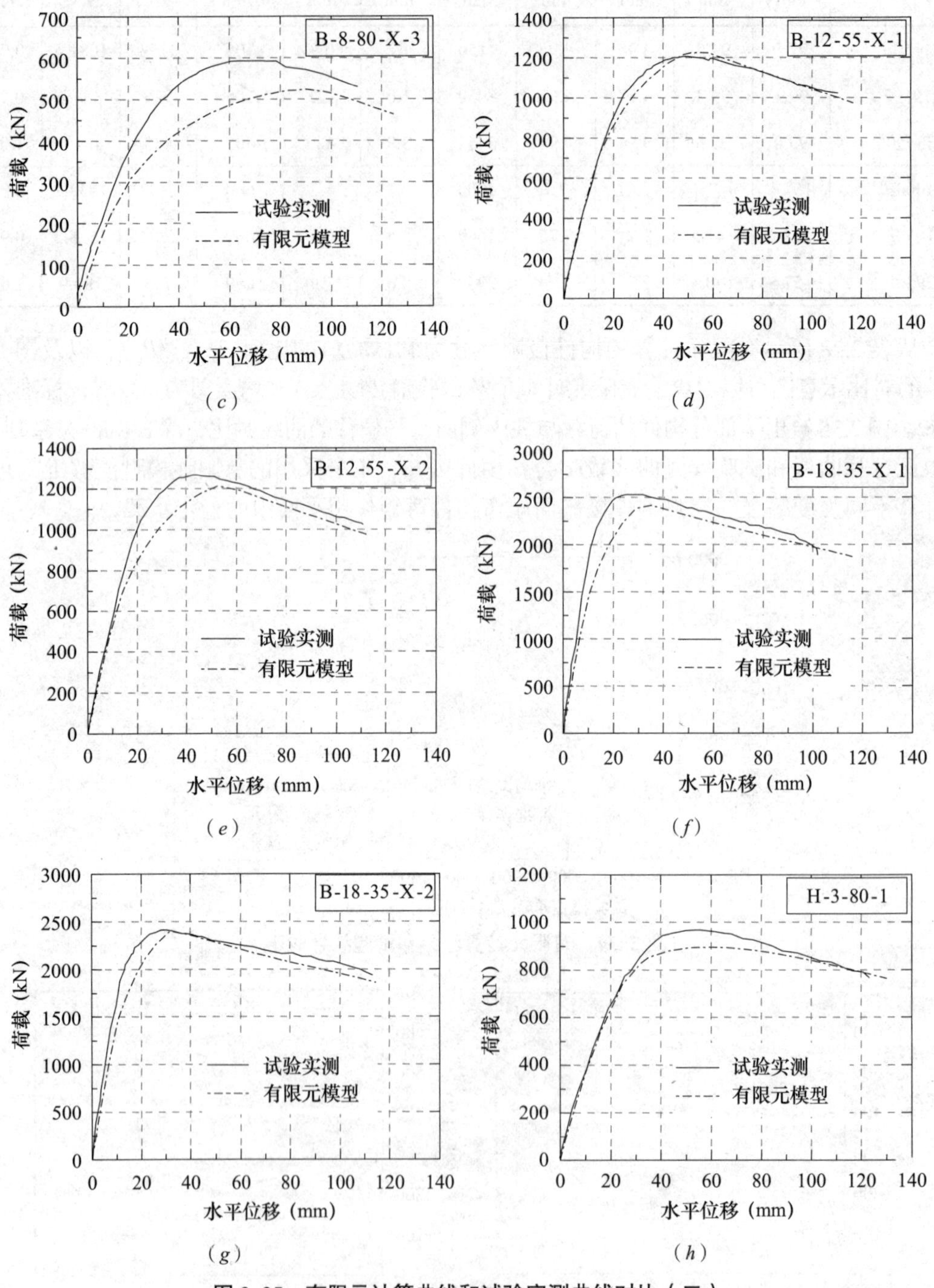

图 2.35　有限元计算曲线和试验实测曲线对比（二）

（c）B-8-80-X-3；（d）B-12-55-X-1；（e）B-12-55-X-2；（f）B-18-35-X-1；（g）B-18-35-X-2；（h）H-3-80-1

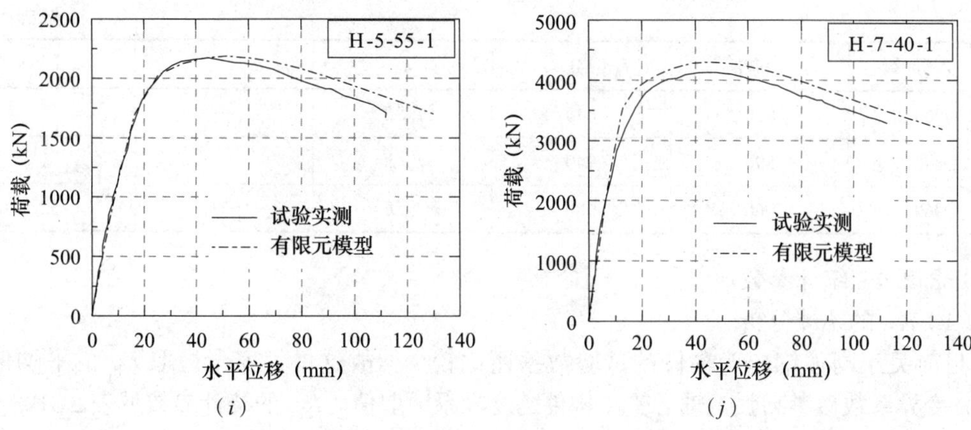

图 2.35　有限元计算曲线和试验实测曲线对比（三）

（i）H-5-55-1；（j）H-7-40-1

2.2.2.3　有限元计算

本书利用验证的有限元模型，计算了 880 个高强钢焊接截面压弯构件弯矩作用平面内的稳定承载力，考虑了 4 种钢材牌号（Q500、Q550、Q620 和 Q690 钢材）、2 种焊接截面尺寸（详见表 2.29），同一牌号的每一个截面对应 10 种不同的长细比、11 种不同的偏心率，正则化长细比的范围为 0.4 ～ 2.1，相对偏心率的范围为 0.2 ～ 18.3。其中对工字形截面计算绕强轴的稳定承载力。采用 Python 语言编写 ABAQUS 脚本文件实现本节的算例分析。

算例分析的构件截面尺寸　　**表 2.29**

构件编号	H（mm）	B（mm）	t_f（mm）	t_w（mm）
Sec-B1	100	100	10	10
Sec-I1	400	260	14	14

钢材的本构模型采用班慧勇等 [17, 18] 提出的本构模型，其中弹性模量 E 按照《钢结构设计标准》GB 50017—2017 的规定取 2.06×10^5MPa，其他参数按表 2.30 取值。钢材的泊松比取 0.3。几何初始缺陷的分布模式均为基于特征值屈曲分析的对应弹性弯曲失稳模态，最大初弯曲取 1‰的柱长 [26]。焊接截面的残余应力分布模式采用班慧勇提出的高强钢残余应力统一分布模型 [25]。

不同强度等级高强钢多折线本构模型参数取值 [17, 18]　　**表 2.30**

强 度 等 级	f_y（MPa）	f_u（MPa）	ε_y	ε_{st}（%）	ε_u（%）
Q460	460	550	f_y/E	2.0	14
Q500	500	610	f_y/E	—	10
Q550	550	670	f_y/E	—	9
Q620	620	710	f_y/E	—	9
Q690	690	770	f_y/E	—	8

续表

强度等级	f_y（MPa）	f_u（MPa）	ε_y	ε_{st}（%）	ε_u（%）
Q800	800	840	f_y/E	—	7
Q890	890	940	f_y/E	—	6
Q960	960	980	f_y/E	—	5.5

2.2.2.4 统计参数

（1）K_{P_1} 的统计分析

目前关于高强钢压弯构件的试验数据还比较少，故这里偏安全地取 K_{P_1} 的平均值为 1.00，变异系数参考高强钢轴心受压构件的变异系数取值。K_{P_1} 的统计参数见表 2.31。

（2）K_{P_2} 的统计分析

2.2.2.3 节计算了 880 个高强钢焊接截面压弯构件弯矩作用平面内的稳定承载力，把有限元数值计算的结果记为 $P_{u,\ FEA}$。利用《高强钢结构设计标准（报批稿）》的公式计算对应构件稳定承载力，计算时认为弯矩和轴力成比例，即 $M_x = N \cdot e$。令式（2.20）等于 1.0，即可解得规范公式计算的极限承载力，记为 P_u。于是，可以将 K_{P_2} 表示为：

$$K_{P_2}=\frac{P_{u,\ FEA}}{P_u} \tag{2.23}$$

K_{P_2} 的统计参数见表 2.31。

（3）K_P 的统计分析

根据式（2.16）和式（2.17），可以得到计算模式不定性 K_P 的统计参数，见表 2.31。

高强钢压弯构件计算模式不定性统计参数　　表 2.31

	均 值 μ	标 准 差 σ	变 异 系 数 δ
K_{P_1}	1.000	0.089	0.089
K_{P_2}	1.085	0.059	0.054
K_P	1.085	0.113	0.104

2.2.2.5 参数分析

表 2.32 给出了高强钢压弯构件计算模式不定性参数分析的分组原则，并汇总了参数分析的计算结果。图 2.36 给出了不同参数分组下 K_{P_2} 的平均值和标准差的变化。

K_{P_2} 参数分析结果　　表 2.32

参数		n	均值 μ	标准差 σ	变异系数 δ
截面类型	焊接工字形	440	1.092	0.036	0.033
	焊接箱形	440	1.077	0.075	0.070
钢材牌号	Q500	220	1.081	0.065	0.060
	Q550	220	1.097	0.057	0.052
	Q620	220	1.087	0.052	0.048

续表

参数		n	均值 μ	标准差 σ	变异系数 δ
钢材牌号	Q690	220	1.075	0.061	0.056
截面类别	a类	220	1.077	0.038	0.035
	b类	660	1.088	0.065	0.060
长细比	$\lambda_n \leqslant 0.6$	132	1.160	0.060	0.052
	$0.6 < \lambda_n \leqslant 1.2$	308	1.092	0.045	0.041
	$1.2 < \lambda_n \leqslant 1.8$	275	1.060	0.040	0.038
	$\lambda_n > 1.8$	165	1.052	0.052	0.049
偏心率	$\varepsilon \leqslant 1.0$	240	1.059	0.049	0.047
	$1.0 < \varepsilon \leqslant 10$	400	1.085	0.057	0.053
	$\varepsilon > 10$	240	1.111	0.061	0.055
总计		880	1.085	0.113	0.104

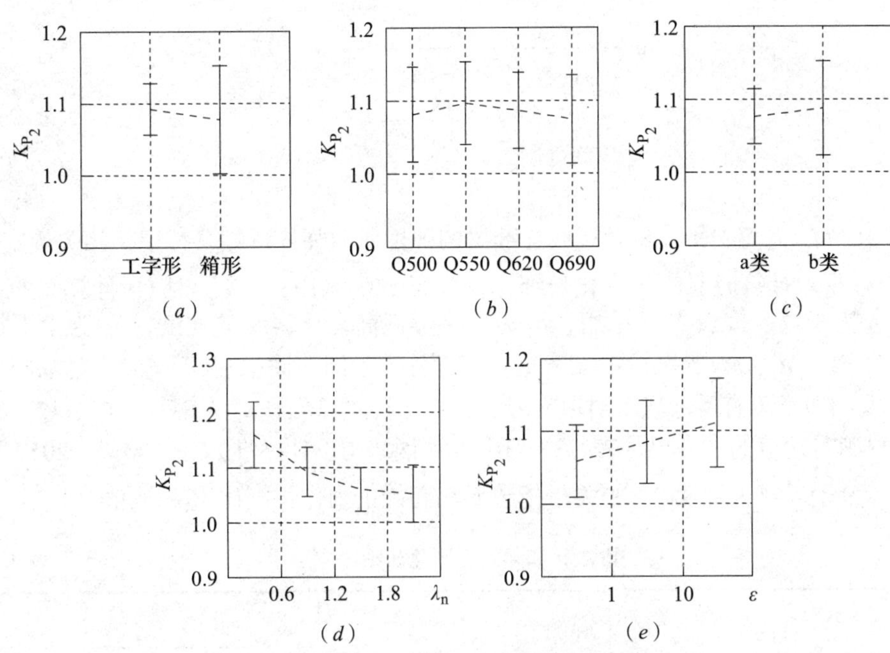

图 2.36 K_{P_2}平均值与标准差的参数分析

(*a*) 截面类型;(*b*) 钢材牌号;(*c*) 截面类别;(*d*) 长细比;(*e*) 偏心率

从图 2.36（*a*）～(*c*）可以看出，K_{P_2} 对截面类型、钢材牌号和截面类别并不敏感，各参数平均值与总体的平均值接近，且随参数变化波动不大；箱形截面的标准差较工字形的大，b 类曲线的标准差较 a 类曲线的大，表明其 K_{P_2} 波动较大，而不同钢材牌号的标准差差别不大。

从图 2.36（*d*)、(*e*）可以看出，K_{P_2} 的均值随正则化长细比的增大而减小，随相对偏心率的增大而增大，而标准差相差不大。表明规范公式对正则化长细比较小、相对偏心率较大的构件是偏于保守的。

2.2.3　受弯构件

2.2.3.1　计算模式

《钢结构设计标准》GB 50017—2017 中受弯构件的整体稳定系数公式较之前做了较大的修改，区分了焊接工字形梁和轧制工字形梁 [3]。主要的原因是根据焊接工字梁的试验，其稳定系数比轧制工字形梁低；规范公式取焊接工字形梁的稳定系数，接近试验数据的上限，偏于不安全 [7]。《高强钢结构设计标准（报批稿）》对受弯构件的整体稳定系数公式与《钢结构设计标准》GB 50017—2017 相同，只是在部分参数的取值上有所差别。

受弯构件的整体稳定性应按下式计算 [3]：

$$\frac{M_x}{\varphi_b \gamma_x W_x f} \leqslant 1 \tag{2.24}$$

式中，M_x 为绕强轴作用的最大弯矩；W_x 为按受压最大纤维确定的梁毛截面模量；φ_b 为梁的整体稳定性系数，按式（2.25）和式（2.26）确定。

梁的整体稳定性系数应按下列公式计算：

$$\varphi_b = \frac{1}{\left[1-\left(\lambda_{b0}^{re}\right)^{2n}+\left(\lambda_b^{re}\right)^{2n}\right]^{1/n}} \leqslant 1.0 \tag{2.25}$$

$$\lambda_b^{re} = \sqrt{\frac{\gamma_x W_x f_y}{M_{cr}}} \tag{2.26}$$

式中及表中，M_{cr} 为简支梁、悬臂梁或连续梁的弹性屈曲临界弯矩，按规范相关规定采用；λ_{b0}^{re}为梁腹板受弯计算时起始正则化长细比，按表 2.33 采用；λ_b^{re}为梁腹板计算时的正则化长细比；n 为指数，按表 2.33 采用；b_1 为工字形截面受压翼缘的宽度；h_m 为上下翼缘中面之间的距离；M_1、M_2 为区段的端弯矩，使构件产生同向曲率（无反弯点）时取同号，使构件产生反向曲率（有反弯点）时取异号，且 $|M_1| \geqslant |M_2|$；ε_k' 为钢号修正系数，其值为 460 与钢材牌号比值的平方根。表 2.33 列出了《钢结构设计标准》GB 50017—2017 和《高强钢结构设计标准（报批稿）》中关于指数 n 和起始正则化长细比 λ_{b0}^{re}的取值。

指数 n 和起始正则化长细比 λ_{b0}^{re}　　表 2.33

规　范	类　别	n	λ_{b0}^{re}	
			简支梁	承受线性变化弯矩的悬臂梁和连续梁
《钢结构设计标准》GB 50017—2017	热轧H型钢及热轧工字钢	$2.5\sqrt[3]{\frac{b_1}{h_m}}$	0.4	$0.65-0.25\frac{M_2}{M_1}$
	焊接截面	$2\sqrt[3]{\frac{b_1}{h_m}}$	0.3	$0.55-0.25\frac{M_2}{M_1}$
《高强钢结构设计标准（报批稿）》	焊接截面	$2\sqrt[3]{(6-5\varepsilon_k')\frac{b_1}{h_m}+1.5(1-\varepsilon_k')}$	0.3	$0.55-0.25\frac{M_2}{M_1}$

从表 2.33 可以看到：①《钢结构设计标准》GB 50017—2017 通过参数 n 区分了热轧截面和焊接截面。n 越大，整体稳定性系数 φ_b 越大；② 高强钢主要应用于焊接截面，因此《高强钢结构设计标准（报批稿）》只给出了焊接截面参数 n 的取值。在其他条件相同的情况下，高强钢焊接截面的参数 n 高于《钢结构设计标准》GB 50017—2017 中规定的数值，如图 2.37 所示，体现了高强钢由于初始缺陷影响减小，稳定承载力提高的特点。

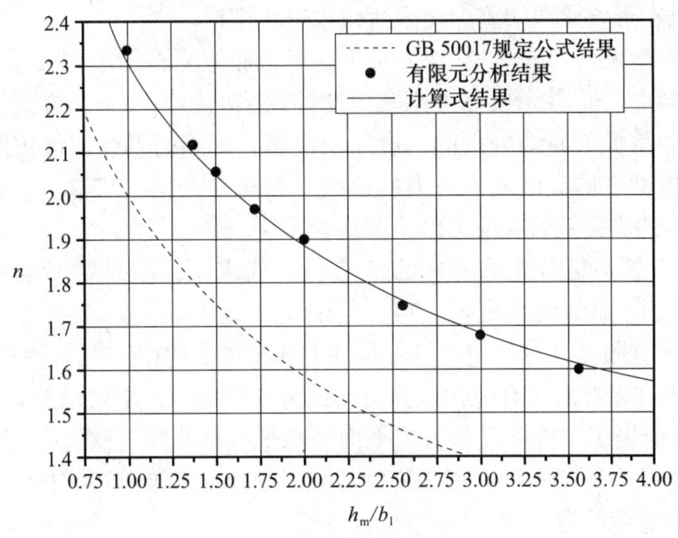

图 2.37　指数 n 的对比[19]

由此可见，从《钢结构设计规范》GB 50017—2003 到《钢结构设计标准》GB 50017—2017，受弯构件的整体稳定计算模式发生了很大的变化。同时，高强钢与普通强度钢材的受弯整体稳定计算模式也有一定的区别。

2.2.3.2　有限元模型验证

同济大学闫晓雷[27]进行了国产 Q460 高强钢焊接工字形纯弯构件整体稳定试验。试验通过在支座外悬臂梁端施加集中力来模拟简支纯弯条件。纯弯段的侧向变形会受到悬臂梁约束，因此需通过测量平面外反弯点的位置来确定简支梁纯弯段的有效长度[27]。表 2.34 列出了该试验共计 4 个构件的几何尺寸、几何初始缺陷和极限承载力的试验结果。表中，H 为截面高度，B 为截面宽度，t_f 为翼缘厚度，t_w 为腹板厚度，L 为构件的总长度，L_c 为悬臂梁的长度（取两个悬臂梁长度的平均值），e_0 为几何初始缺陷（即梁的面外初弯曲），f_y 为钢材的屈服强度，$P_{u,t}$ 为悬臂梁端集中荷载的试验值。

构件尺寸及试验结果　　　　**表 2.34**

构件编号	H（mm）	B（mm）	t_f（mm）	t_w（mm）	L（mm）	L_c（mm）	e_0（mm）	f_y（MPa）	$P_{u,t}$（kN）	$P_{u,FEA}$（kN）	$\frac{P_{u,FEA}}{P_{u,t}}$
I-155-5-18-1[27]	202.0	101.9	10.08	10.91	7921	985.5	1.8	519	68.5	76.4	1.115
I-155-5-18-2[27]	200.0	100.0	10.08	10.01	8005	986.5	2.2	519	73.6	73.7	1.001
I-95-9-33-1[27]	350.5	179.5	10.08	10.63	8996	1493	3.8	519	202.3	177.5	0.878
I-95-9-33-2[27]	350.0	180.2	10.08	10.21	9010	1491	4.1	519	190.5	176.2	0.925

为全面分析高强钢焊接截面受弯构件整体稳定性能，本书采用通用有限元软件 ABAQUS 中的 S4R 单元建立有限元模型。利用有限元模型对表 2.34 中 4 个构件进行计算，以验证有限元模型的准确性和可靠性。

尽管文献 [27] 给出了等效简支纯弯梁的有效长度，但这样确定的有效长度并不太准[28]。因此有限元计算按照构件的实际长度进行建模，施加实际的夹支约束，并考虑夹支处的长度为 80mm，通过在悬臂梁两端施加集中荷载来进行模拟。

钢材的本构模型采用如图 2.32（*b*）所示的不带屈服平台的本构关系，按文献实测值确定本构关系的参数。有限元模型考虑几何初始缺陷的影响。施加方式见 2.2.2.2 节。缺陷的分布模式取用特征值屈曲分析的对应屈曲模态，缺陷的具体取值按照表 2.34 的实测值确定。有限元模型考虑截面残余应力的影响。施加方式见 2.2.2.2 节。残余应力数值模型采用班慧勇提出的高强钢残余应力统一分布模型。

有限元模型考虑大变形并采用 Riks 法进行迭代求解，取悬臂梁端集中荷载的峰值 $P_{u,\,FEA}$ 为极限承载力，计算结果见表 2.34。

从表 2.34 所示有限元计算的构件极限承载力和试验值的比值 $P_{u,\,FEA}/P_{u,\,t}$，以及图 2.38 所示的对比示意图可以看出，有限元计算值与试验值较吻合，平均误差为 −2.0%，标准差为 0.104。图 2.39 给出了构件荷载与翼缘平面外水平位移曲线对比，有限元计算曲线和试验实测曲线较吻合。由此可知，本书采用的有限元模型能够准确可靠地计算高强钢焊接截面受弯构件整体稳定承载力。

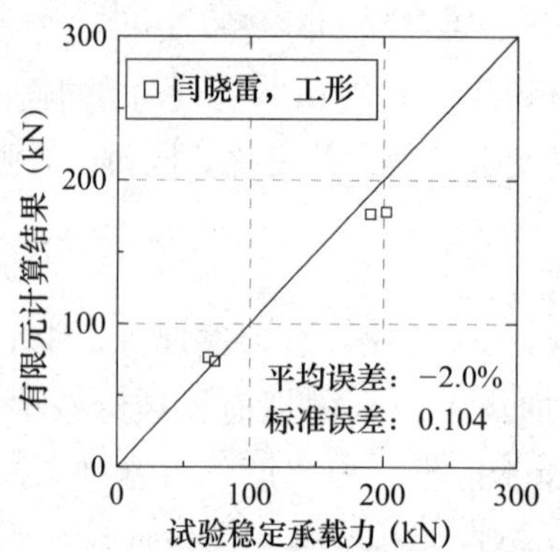

图 2.38　有限元计算结果和试验结果对比

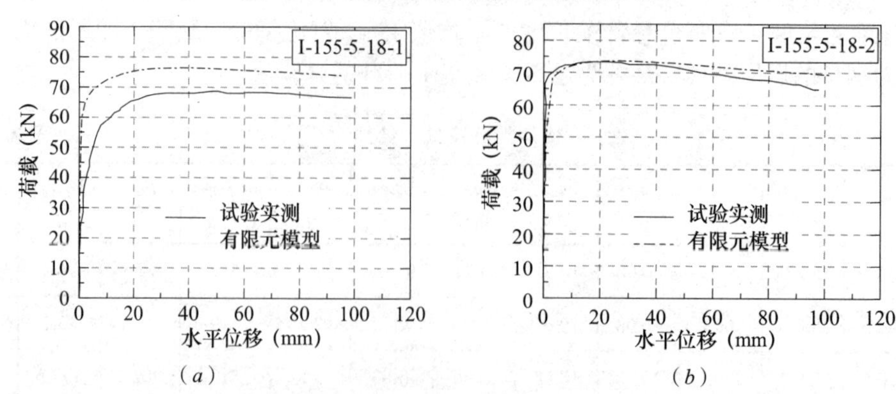

图 2.39　有限元计算曲线和试验实测曲线对比（一）

（*a*）I-155-5-18-1；（*b*）I-155-5-18-2

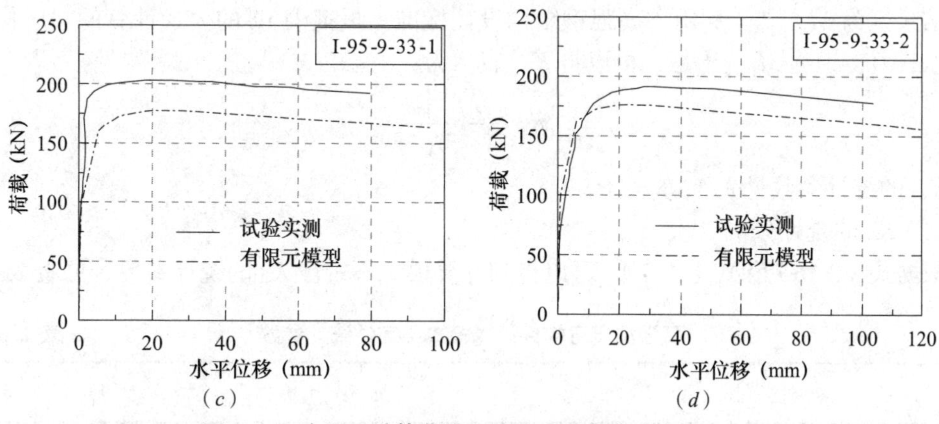

图 2.39 有限元计算曲线和试验实测曲线对比（二）

（*c*）I-95-9-33-1；（*d*）I-95-9-33-2

2.2.3.3 有限元计算

本书利用验证的有限元模型，计算了 460 个高强钢焊接截面受弯构件的整体稳定承载力，考虑了 4 种钢材牌号（Q500、Q550、Q620 和 Q690 钢材）、6 种焊接截面尺寸（详见表 2.35）、3 种加载模式（纯弯、跨中上翼缘集中力和上翼缘均布荷载）以及不同的正则化长细比，正则化长细比的范围为 0.55 ～ 1.94。采用 Python 语言编写 ABAQUS 脚本文件实现本节的算例分析。

算例有限元模型采用简支的边界条件，约束两端截面所有节点的竖向位移和侧向位移，并约束其中一个端截面的一个节点的轴向位移，这样能够保证端部截面无轴向的转动，同时端部截面的翘曲不受约束。算例采用的钢材本构模型、几何初始缺陷和残余应力均与 2.2.2.3 节相同，唯一的不同之处为几何初始缺陷施加的是面外的初弯曲，幅值为梁跨的 1‰。

算例分析的构件截面尺寸 **表 2.35**

构件编号	H（mm）	B（mm）	t_f（mm）	t_w（mm）
Sec-I1	200	200	14	6
Sec-I2	300	150	10	10
Sec-I3	350	200	16	12
Sec-I4	500	200	14	14
Sec-I5	500	250	20	12
Sec-I6	600	300	28	20

2.2.3.4 统计参数

（1）K_{P_1} 的统计分析

目前关于高强钢受弯构件的试验数据极少，故这里偏安全地取 K_{P_1} 的平均值为 1.00，变异系数参考高强钢轴心受压构件的变异系数取值。K_{P_1} 的统计参数见表 2.36。

（2）K_{P_2} 的统计分析

2.2.3.3 节计算了 460 个高强钢焊接截面受弯构件的整体稳定承载力，把有限元数值计

算的结果记为 $M_{u,\ FEA}$。利用《高强钢结构设计标准（报批稿）》的公式计算的对应构件的稳定承载力，记为 M_u。于是，可以将 K_{P_2} 表示为：

$$K_{P_2}=\frac{M_{u,\ FEA}}{M_u} \tag{2.27}$$

K_{P_2} 的统计参数见表 2.36。

（3）K_P 的统计分析

根据式（2.16）和式（2.17），可以得到计算模式不定性 K_P 的统计参数，见表 2.36。

高强钢压弯构件计算模式不定性统计参数　　表 2.36

	均值 μ	标准差 σ	变异系数 δ
K_{P_1}	1.000	0.089	0.089
K_{P_2}	1.028	0.053	0.052
K_P	1.028	0.106	0.103

2.2.3.5　参数分析

本书对影响高强钢受弯构件计算模式不定性 K_{P_2} 的参数进行了分析。分组原则及参数分析的计算结果见表 2.37。图 2.40 给出了不同参数分组下 K_{P_2} 的平均值和标准差的变化。

K_{P_2} 参数分析结果　　表 2.37

参数		n	均值 μ	标准差 σ	变异系数 δ
钢材牌号	Q500	115	1.042	0.053	0.051
	Q550	115	1.032	0.053	0.051
	Q620	115	1.018	0.053	0.052
	Q690	115	1.019	0.050	0.049
荷载模式	纯弯	156	0.998	0.061	0.061
	跨中集中力	156	1.054	0.029	0.028
	均布	148	1.031	0.046	0.044
长细比	$\lambda_b \leqslant 1.0$	116	0.981	0.058	0.059
	$1.0 < \lambda_b \leqslant 1.5$	225	1.036	0.046	0.044
	$\lambda_b > 1.5$	119	1.057	0.019	0.018
系数 n	$n \leqslant 1.9$	110	1.039	0.050	0.048
	$1.9 < n \leqslant 2.1$	171	1.024	0.049	0.048
	$n > 2.1$	179	1.024	0.057	0.055
总计		460	1.028	0.106	0.103

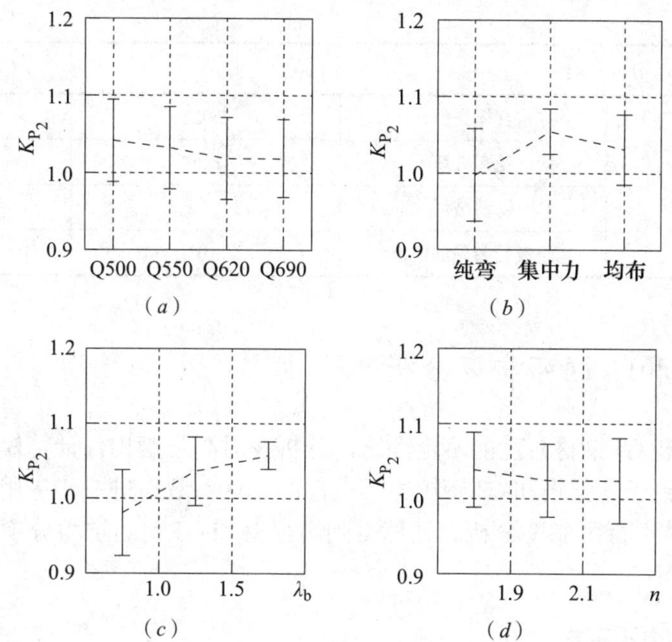

图 2.40 K_{P_2}平均值与标准差的参数分析

(*a*)钢材牌号(*b*)荷载模式;(*c*)长细比;(*d*)系数 *n*

从图 2.40(*a*)可以看到，K_{P_2} 随钢材牌号的变化略有变化，Q500 的均值最大，Q550 次之，Q620 和 Q690 的均值较 Q500 和 Q550 略低。4 组牌号的标准差和总体比较接近。

从图 2.40(*b*)观察到，K_{P_2} 随荷载模式的不同，其变化比较明显。纯弯作用下的 K_{P_2} 均值最小，而跨中上翼缘集中力作用下的 K_{P_2} 均值最大。表明规范公式对纯弯作用下的临界弯矩计算相对精确，而对集中力作用下的临界弯矩计算相对保守。

从图 2.40(*c*)可以看到，随着正则化长细比 λ_b 的增大，K_{P_2} 增大。

从图 2.40(*d*)可以发现，K_{P_2} 随系数 *n* 的不同变化不大。

2.2.4 构件统计参数

2.2.1 节～2.2.3 节计算得到了高强钢轴心受压构件、压弯构件平面内稳定和受弯构件整体稳定的计算模式不定性统计参数，而对于轴拉构件、压弯构件平面外稳定、受弯破坏、受剪破坏或者受剪局部失稳的计算模式不定性统计参数则暂取 20 世纪 80 年代的研究结果 [29]。表 2.38 给出了高强钢构件计算模式不定性的统计参数。

高强钢结构计算模式不定性统计参数 **表 2.38**

分类		μ_{K_P}	δ_{K_P}
轴拉构件		1.05	0.070
轴压构件		1.068	0.104
偏心受压构件	弯矩平面内	1.085	0.104
	弯矩平面外	1.11	0.117

续表

分　　类		μ_{K_P}	δ_{K_P}
受弯构件	整体失稳	1.028	0.103
	受弯破坏	1.06	0.080
	受剪破坏	1.03	0.110
	腹板受剪局部失稳	1.03	0.110

2.3　高强钢和GJ钢可靠度分析

在对高强钢和 GJ 钢材料性能不定性统计分析及对高强钢构件计算模式不定性研究的基础上，计算得到了高强钢和 GJ 钢抗力不定性的统计参数，进一步应用可靠度理论对高强钢和 GJ 钢构件进行可靠度分析，计算得到高强钢和 GJ 钢的抗力分项系数和设计强度值，供工程设计参考。

2.3.1　高强钢抗力不定性

结构构件的抗力不定性 K_R 由材料性能不定性 K_M、几何参数不定性 K_A 和计算模式不定性 K_P 组成。结构构件抗力不定性 K_R 可以表达为：

$$K_R = K_M \cdot K_A \cdot K_P \tag{2.28}$$

对应的抗力不定性的平均值和变异系数可以按下式计算：

$$\mu_{K_R} = \mu_{K_M} \cdot \mu_{K_A} \cdot \mu_{K_P} \tag{2.29}$$

$$\delta_{K_R} = \sqrt{\delta_{K_M}^2 + \delta_{K_A}^2 + \delta_{K_P}^2} \tag{2.30}$$

高强钢的材料性能不定性在 2.1.3 节中已经分析得到，见表 2.19。

关于高强钢的几何参数不定性，本书没有单独进行调研统计。由于《钢结构设计标准》GB 50017—2017 编写时的调研数据量大，代表性广，客观反映了当前我国钢结构生产加工制作的实际情况，故采用其统计参数是可靠的。同时，该统计参数的厚度分组与《低合金高强度结构钢》GB/T 1591—2008[1] 的厚度分组略有差别，故按照 GB/T 1591—2008 的厚度分组予以调整，见表 2.39。

几何参数不定性统计参数 [7]　　　　**表 2.39**

厚度分组（mm）	平 均 值	变 异 系 数
≤16	0.980	0.050
16～40	0.983	0.048
40～63	0.986	0.045
63～80	0.990	0.042

高强钢的计算模式不定性在 2.2 节中进行了详细的讨论，其统计参数见表 2.38。其中，对于焊接组合截面梁受剪破坏和受剪局部失稳，设计中一般通过设置加劲肋等构造措施来防止，故这两种计算模式在下面的计算中不再考虑 [7]。

根据式（2.29）、式（2.30）可以得到高强钢各类构件的抗力不定性统计参数，见表 2.40 ～表 2.42。

Q500 钢抗力不定性统计参数　　　　**表 2.40**

分　类		厚度分组			
		≤16mm		16～40mm	
		μ_{K_R}	δ_{K_R}	μ_{K_R}	δ_{K_R}
轴拉构件		1.135	0.098	1.185	0.106
轴压构件		1.155	0.125	1.205	0.131
偏心受压构件	弯矩平面内	1.173	0.125	1.224	0.131
	弯矩平面外	1.200	0.136	1.253	0.142
受弯构件	整体失稳	1.111	0.124	1.160	0.130
	受弯破坏	1.146	0.105	1.196	0.113

Q550 钢抗力不定性统计参数　　　　**表 2.41**

分　类		厚度分组					
		≤16mm		16～40mm		63～80mm	
		μ_{K_R}	δ_{K_R}	μ_{K_R}	δ_{K_R}	μ_{K_R}	δ_{K_R}
轴拉构件		1.188	0.104	1.255	0.104	1.360	0.105
轴压构件		1.209	0.129	1.277	0.130	1.383	0.130
偏心受压构件	弯矩平面内	1.228	0.129	1.297	0.130	1.405	0.130
	弯矩平面外	1.256	0.140	1.327	0.140	1.437	0.141
受弯构件	整体失稳	1.163	0.129	1.229	0.129	1.331	0.129
	受弯破坏	1.200	0.111	1.267	0.111	1.373	0.112

Q690 钢抗力不定性统计参数　　　　**表 2.42**

分　类		厚度分组			
		≤16mm		16～40mm	
		μ_{K_R}	δ_{K_R}	μ_{K_R}	δ_{K_R}
轴拉构件		1.135	0.097	1.157	0.096
轴压构件		1.154	0.124	1.177	0.123
偏心受压构件	弯矩平面内	1.173	0.124	1.195	0.123
	弯矩平面外	1.200	0.135	1.223	0.134
受弯构件	整体失稳	1.111	0.123	1.133	0.122
	受弯破坏	1.146	0.104	1.168	0.103

2.3.2　GJ钢的抗力不定性

GJ 钢的材料性能不定性在 2.1.4 节中已经分析得到，见表 2.25。

关于 GJ 钢的几何参数不定性，本书没有单独进行调研统计，采用《钢结构设计标准》GB 50017—2017 编写时的调研结果，见表 2.43。

几何参数不定性统计参数 [7]　　**表 2.43**

厚度范围（mm）	平　均　值	变 异 系 数
6～16	0.980	0.050
16～35	0.983	0.048
35～50	0.986	0.045
50～100	0.990	0.042

GJ 钢的计算模式不定性采用 20 世纪 80 年代的研究结果 [30]。其中的轴压构件计算模式不定性统计参数，规范计算值依据的是《钢结构设计规范》TJ 17—74[31]。TJ 17—74 对于轴压构件采用单一的柱子曲线来计算临界应力。而从《钢结构设计规范》GBJ 17—88[32] 起，我国开始采用了多条柱子曲线来设计轴压构件。文献 [33] 考察了多条柱子曲线下轴压构件的计算模式不定性，利用其分析结果可以得到轴压构件计算模式不定性的平均值为 1.04，变异系数为 0.059。综上所述，选定的 GJ 钢构件计算模式不定性统计参数见表 2.44。对于组合梁受剪破坏或者受剪局部失稳这两种计算模式在下面的计算中不再考虑。

GJ 钢结构计算模式不定性统计参数　　**表 2.44**

分　类		μ_{K_R}	δ_{K_R}
轴拉构件		1.05	0.070
轴压构件		1.04	0.059
偏心受压构件	弯矩平面内	1.05	0.075
	弯矩平面外	1.11	0.117
型钢梁	弹性失稳	1.06	0.090
	塑性破坏	1.12	0.106
组合梁	受弯破坏	1.06	0.080
	受剪破坏	1.03	0.110
	腹板受剪局部失稳	1.03	0.110

根据式（2.29）、式（2.30）可以得到 GJ 钢各类构件的抗力不定性统计参数，见表 2.45 ～表 2.47。

Q390GJ 钢抗力不定性统计参数　　**表 2.45**

分　类		厚度分组							
		6～16mm		16～35mm		35～50mm		50～100mm	
		μ_{K_R}	δ_{K_R}	μ_{K_R}	δ_{K_R}	μ_{K_R}	δ_{K_R}	μ_{K_R}	δ_{K_R}
轴拉构件		1.129	0.112	1.070	0.119	1.058	0.121	1.076	0.119
轴压构件		1.119	0.105	1.060	0.113	1.048	0.115	1.065	0.113
偏心受压构件	弯矩平面内	1.129	0.115	1.070	0.122	1.058	0.124	1.076	0.122
	弯矩平面外	1.194	0.146	1.131	0.151	1.118	0.153	1.137	0.151
型钢梁	弹性失稳	1.140	0.125	1.081	0.132	1.068	0.134	1.086	0.131
	塑性破坏	1.205	0.137	1.142	0.143	1.128	0.145	1.147	0.143
组合梁	受弯破坏	1.140	0.118	1.081	0.125	1.068	0.127	1.086	0.125

Q420GJ 钢抗力不定性统计参数 **表 2.46**

分类		厚度分组							
		6～16mm		16～35mm		35～50mm		50～100mm	
		μ_{K_R}	δ_{K_R}	μ_{K_R}	δ_{K_R}	μ_{K_R}	δ_{K_R}	μ_{K_R}	δ_{K_R}
轴拉构件		1.019	0.115	1.040	0.118	1.051	0.117	1.079	0.122
轴压构件		1.010	0.109	1.030	0.112	1.041	0.111	1.068	0.116
偏心受压构件	弯矩平面内	1.019	0.119	1.040	0.121	1.051	0.120	1.079	0.125
	弯矩平面外	1.078	0.149	1.100	0.151	1.111	0.150	1.140	0.154
型钢梁	弹性失稳	1.029	0.129	1.050	0.131	1.061	0.130	1.089	0.135
	塑性破坏	1.087	0.140	1.110	0.143	1.121	0.142	1.150	0.146
组合梁	受弯破坏	1.029	0.122	1.050	0.125	1.061	0.123	1.089	0.128

Q460GJ 钢抗力不定性统计参数 **表 2.47**

分类		厚度分组					
		16～35mm		35～50mm		50～100mm	
		μ_{K_R}	δ_{K_R}	μ_{K_R}	δ_{K_R}	μ_{K_R}	δ_{K_R}
轴拉构件		1.034	0.111	1.045	0.116	1.047	0.113
轴压构件		1.024	0.104	1.035	0.110	1.037	0.106
偏心受压构件	弯矩平面内	1.034	0.114	1.045	0.119	1.047	0.116
	弯矩平面外	1.093	0.145	1.105	0.149	1.107	0.147
型钢梁	弹性失稳	1.044	0.124	1.055	0.129	1.057	0.126
	塑性破坏	1.103	0.137	1.115	0.141	1.116	0.138
组合梁	受弯破坏	1.044	0.117	1.055	0.122	1.057	0.119

2.3.3 抗力分项系数的计算

2.3.3.1 目标可靠度

根据《工程结构可靠性设计统一标准》GB 50153—2008[2] 的规定，由表 2.48 得，对安全等级为二级，破坏类型为延性破坏的房屋建筑结构构件，其可靠指标 β 取 3.2。

GB 50153—2008 推荐的房屋建筑结构构件的可靠指标 β[2] **表 2.48**

破坏类型	安全等级		
	一级	二级	三级
延性破坏	3.7	3.2	2.7
脆性破坏	4.2	3.7	3.2

2.3.3.2 荷载不定性

任何荷载都可以看作是随机变量，具有不同性质的变异性。荷载的不定性表示荷载的平均值与标准值之间的差异[34]。根据已有的统计研究[35]，常见的荷载不定性统计参数见表 2.49。

荷载不定性统计参数　　表 2.49

荷载种类	平均值	变异系数	分布类型
永久荷载G	1.06	0.070	正态分布
办公楼面活荷载$Q_{办}$	0.524	0.288	极值 I 型分布
住宅楼面活荷载$Q_{住}$	0.644	0.230	极值 I 型分布
风荷载W	0.908	0.193	极值 I 型分布

2.3.3.3　荷载组合

对设计中可能涉及的所有荷载组合均进行计算是不切实际的[30]。工程设计中永久荷载、楼面活荷载（包括办公楼和住宅）、风荷载是比较常见的荷载形式。根据《建筑结构荷载规范》GB 50009—2012[34] 关于荷载组合的规定，选定了如表 2.50 所示的计算荷载组合。其中，定义恒活荷载比 ρ 为：

$$\rho=\frac{\text{最大可变荷载标准值}}{\text{永久荷载标准值}} \tag{2.31}$$

定义可变荷载比 ρ_V 为：

$$\rho_V=\frac{\text{风荷载标准值}}{\text{楼面活荷载标准值}} \tag{2.32}$$

对于每一种荷载组合，均考虑恒活荷载比 $\rho=0.25$，0.5，1.0，2.0 四种情况。对于有两种可变荷载的荷载组合，均考虑可变荷载比 $\rho_V=0.25$，0.5，1.0，2.0，4.0 五种情况。

计算荷载组合　　表 2.50

序号	荷载组合	备注
1	$\max\{1.35S_G+1.4\times0.7S_{Q住}，1.2S_G+1.4S_{Q住}\}$	—
2	$\max\{1.35S_G+1.4\times0.7S_{Q办}，1.2S_G+1.4S_{Q办}\}$	—
3	$\max\{1.35S_G+1.4\times0.6S_W，1.2S_G+1.4S_{QW}\}$	—
4	$\max\{1.35S_G+1.4\times(0.7S_{Q住}+0.6S_W)，1.2S_G+1.4\times(S_{Q住}+0.6S_W)\}$ 或$\max\{1.35S_G+1.4\times(0.7S_{Q住}+0.6S_W)，1.2S_G+1.4\times(0.7S_{Q住}+S_W)\}$	可变荷载比$\rho_V=0.25$，0.5，1.0，2.0，4.0

2.3.3.4　抗力分项系数计算方法

根据参考文献 [7][36] 可知，考虑极限状态方程为：

$$g(X)=R-S_G-S_Q=0 \tag{2.33}$$

式中，S_G 为永久荷载效应；S_Q 为可变荷载效应。抗力 R 服从对数正态分布，其概率密度函数 f_R、分布函数 F_R 如式（2.35）和式（2.35）所示。

$$f_R(R)=\frac{1}{\sqrt{2\pi}\sigma_{\ln R}}\exp\left[-\frac{(\ln R-\mu_{\ln R})^2}{2\sigma_{\ln R}^2}\right] \tag{2.34}$$

$$F_R(R)=\Phi\left(\frac{\ln R-\mu_{\ln R}}{\sigma_{\ln R}}\right) \tag{2.35}$$

式中，$\mu_{\ln R}$ 和 $\sigma_{\ln R}$ 为对数正态分布的平均值和标准差，按下式计算：

$$\mu_{\ln R}=\ln\left(\frac{\mu_R}{\sqrt{1+\delta_R^2}}\right) \tag{2.36}$$

$$\sigma_{\ln R}=\sqrt{\ln(1+\delta_R^2)} \tag{2.37}$$

式中，μ_R 和 δ_R 分别为抗力 R 的平均值和标准差。

如表 2.50 所示，永久荷载效应 S_G 满足正态分布，其概率密度函数 f_{S_G}、分布函数 F_{S_G} 如式（2.38）和式（2.39）所示。

$$f_{S_G}(S_G)=\frac{1}{\sqrt{2\pi}\sigma_{S_G}}\exp\left[-\frac{(S_G-\mu_{S_G})^2}{2\sigma_{S_G}^2}\right] \tag{2.38}$$

$$F_{S_G}(S_G)=\Phi\left(\frac{S_G-\mu}{\sigma}\right) \tag{2.39}$$

式中，μ_{S_G} 和 σ_{S_G} 分别为 S_G 的平均值和标准差。

可变荷载效应 S_Q 满足极值 I 型分布，其概率密度函数 f_{S_Q}、分布函数 F_{S_Q} 如式（2.40）和式（2.41）所示。

$$f_{S_Q}(S_Q)=\alpha\exp\{-\alpha(S_Q-u)-\exp[-\alpha(S_Q-u)]\} \tag{2.40}$$

$$F_{S_Q}(S_Q)=\exp\{-\exp[-\alpha(S_Q-u)]\} \tag{2.41}$$

式中，α 和 u 为参数，按下式计算：

$$\alpha=\frac{\pi}{\sqrt{6}}\frac{1}{\sigma_{S_G}} \tag{2.42}$$

$$u=\mu_{S_Q}-0.45\sigma_{S_Q} \tag{2.43}$$

式中，μ_{S_Q} 和 σ_{S_Q} 分别为 S_Q 的平均值和标准差。

考虑各随机变量的实际分布，采用映射变换法将上述随机变量转换为标准正态分布，其原理为累计分布概率值相等，于是得到式（2.44）。

$$\begin{cases}F_R(R)=\Phi(r)\\F_{S_G}(S_G)=\Phi(s_g)\\F_{S_Q}(S_Q)=\Phi(s_q)\end{cases} \tag{2.44}$$

式中，r、s_g、s_q 为与 R、S_G、S_Q 对应的标准正态空间下的随机变量。对式（2.44）两边求微分，可以得到：

$$\begin{cases}f_R(R)\mathrm{d}R=\phi(r)\mathrm{d}r\\f_{S_G}(S_G)\mathrm{d}S_G=\phi(s_g)\mathrm{d}s_g\\f_{S_Q}(S_Q)\mathrm{d}S_Q=\phi(s_q)\mathrm{d}s_q\end{cases} \tag{2.45}$$

将式（2.34）～式（2.43）分别代入式（2.44）和式（2.45），可得以下两组关系式：

$$\begin{cases}R=F_R^{-1}[\Phi(r)]=\exp(r\sigma_{\ln R}+\mu_{\ln R})\\S_G=F_{S_G}^{-1}[\Phi(s_g)]=s_g\sigma_{S_G}+\mu_{S_G}\\S_Q=F_{S_Q}^{-1}[\Phi(s_q)]=-\ln\{-\ln[\Phi(s_q)]\}/\alpha+u\end{cases} \tag{2.46}$$

$$\begin{cases}\dfrac{\mathrm{d}R}{\mathrm{d}r}=R\sigma_{\ln\mathrm{R}}\\[2mm]\dfrac{\mathrm{d}S_{\mathrm{G}}}{\mathrm{d}s_{\mathrm{g}}}=\sigma_{\mathrm{S_G}}\\[2mm]\dfrac{\mathrm{d}S_{\mathrm{Q}}}{\mathrm{d}s_{\mathrm{q}}}=-\phi(s_{\mathrm{q}})/\left\{\alpha\Phi(s_{\mathrm{q}})\ \ln\left[\Phi(s_{\mathrm{q}})\right]\right\}\end{cases}\tag{2.47}$$

式（2.46）和式（2.47）为将非正态随机变量 R、S_{G}、S_{Q} 映射为标准正态随机变量 r、s_{g}、s_{q} 的表达式。

设验算点为（R^*，S_{G}^*，S_{Q}^*）和（r^*，s_{g}^*，s_{q}^*），由可靠指标 β 的几何意义得，即在标准正态空间中，原点到极限状态面的距离可以表达为：

$$\beta=\frac{-\sum_{i=1}^{n}\left.\dfrac{\partial g}{\partial x_i}\right|_{x^*}x_i^*}{\sqrt{\sum_{i=1}^{n}\left(\left.\dfrac{\partial g}{\partial x_i}\right|_{x^*}\right)^2}}\tag{2.48}$$

式中，$x_i = r$，s_{g}，s_{q}，记：

$$x_i^* = \alpha_i\beta\tag{2.49}$$

α_i 为验算点指向失效域的方向余弦，按下式计算：

$$\alpha_i=\frac{-\left.\dfrac{\partial g}{\partial x_i}\right|_{x^*}}{\sqrt{\sum_{i=1}^{n}\left(\left.\dfrac{\partial g}{\partial x_i}\right|_{x^*}\right)^2}}\tag{2.50}$$

正态空间下的$\left.\dfrac{\partial g}{\partial x_i}\right|_{x^*}$可以转换为原分布空间下的$\left.\dfrac{\partial g}{\partial X_i}\right|_{X^*}$，即：

$$\left.\frac{\partial g}{\partial x_i}\right|_{x^*}=\left.\frac{\partial g}{\partial X_i}\cdot\frac{\partial X_i}{\partial x_i}\right|_{X^*}\tag{2.51}$$

式中，$X_i = R$，S_{G}，S_{Q}。于是将式（2.47）代入式（2.51），得：

$$\begin{cases}\dfrac{\partial g}{\partial r}=\dfrac{\partial g}{\partial R}\cdot\dfrac{\partial R}{\partial r}=R\sigma_{\ln\mathrm{R}}\\[2mm]\dfrac{\partial g}{\partial s_{\mathrm{g}}}=\dfrac{\partial g}{\partial S_{\mathrm{G}}}\cdot\dfrac{\partial S_{\mathrm{G}}}{\partial s_{\mathrm{g}}}=-\sigma_{\mathrm{S_G}}\\[2mm]\dfrac{\partial g}{\partial s_{\mathrm{q}}}=\dfrac{\partial g}{\partial S_{\mathrm{Q}}}\cdot\dfrac{\partial S_{\mathrm{Q}}}{\partial s_{\mathrm{q}}}=\phi(s_{\mathrm{q}})/\left\{\alpha\Phi(s_{\mathrm{q}})\ln\left[\Phi(s_{\mathrm{q}})\right]\right\}\end{cases}\tag{2.52}$$

于是式（2.50）可表示为如下关系式：

$$\begin{cases}\alpha_{\mathrm{R}}=-R^*\sigma_{\ln\mathrm{R}}/D\\ \alpha_{\mathrm{S_G}}=\sigma_{\mathrm{S_G}}/D\\ \alpha_{\mathrm{S_Q}}=-\dfrac{\phi(s_{\mathrm{q}}^*)}{\alpha\Phi(s_{\mathrm{q}}^*)\ln\left[\Phi(s_{\mathrm{q}}^*)\right]}/D\end{cases}\tag{2.53}$$

其中，

$$D^2=(R^*\sigma_{\ln R})^2+(\sigma_{S_G})^2+\left(\frac{\phi(s_q^*)}{\alpha\Phi(s_q^*)\ln\left[\Phi(s_q^*)\right]}\right)^2 \tag{2.54}$$

显然有：

$$\sum\alpha_i^2=1 \tag{2.55}$$

于是可以将验算点（R^*，S_G^*，S_Q^*）用 β 表达，如式（2.56）所示，并补充控制方程式（2.57）。

$$\begin{cases} R^*=\exp(\alpha_R\beta\sigma_{\ln R}+\mu_{\ln R}) \\ S_G^*=\alpha_{S_G}\beta\sigma_{S_G}+\mu_{S_G} \\ S_Q^*=-\ln\left\{-\ln\left[\Phi(\alpha_{S_Q}\beta)\right]\right\}/\alpha+u \end{cases} \tag{2.56}$$

$$R^*-S_G^*-S_Q^*=0 \tag{2.57}$$

根据上述关系式，对式（2.56）进行迭代求解，在相应的收敛准则下，即可以得到验算点（R^*，S_G^*，S_Q^*）和抗力的平均值 μ_R。考虑规范的设计表达式以及表 2.50 的荷载组合，并设 $S_G=1$，就可以得到相应荷载组合、不同荷载比下的抗力分项系数，如式（2.58）所示。

$$\gamma_R=\frac{\mu_R}{K_R\cdot\max\left\{(1.2+1.4\rho),(1.35+1.4\psi\rho)\right\}} \tag{2.58}$$

对于有两种及以上可变荷载的荷载组合，计算过程以及各表达式与上述类似，这里不再详细介绍。可以将抗力分项系数的求解过程用如图 2.41 所示的流程图表示。

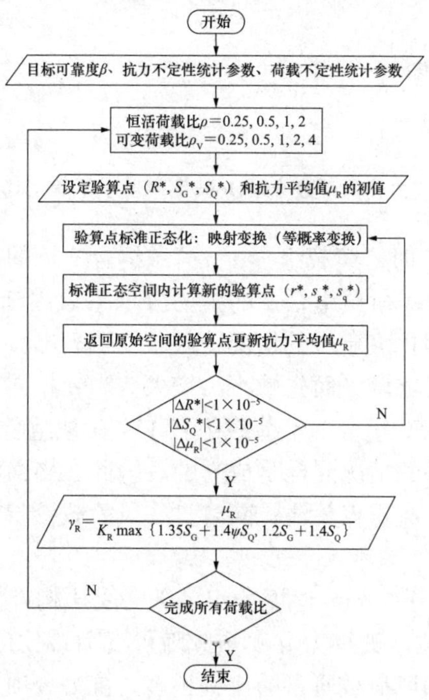

图 2.41 抗力分项系数计算流程

采用数学软件 Matlab 对上述的计算过程进行编程求解，取收敛准则为 $|\Delta R^*| < 1\times10^{-5}$、$|\Delta S_Q^*| < 1\times10^{-5}$ 以及 $|\mu_R| < 1\times10^{-5}$，具体计算程序见附录 A。

2.3.4　高强钢的抗力分项系数及可靠度分析

2.3.4.1　计算结果及分析

通过计算，得到不同牌号、不同厚度分组、不同计算模式在不同荷载组合下高强钢的抗力分项系数，如附表 B.1 ～附表 B.6 所示。其中，对荷载组合 4 的抗力分项系数处理如下：在相同的可变荷载比下，对不同的恒活荷载比下抗力分析系数取平均值，如附表 B.4 所示；在相同的恒活荷载比下，对不同的可变荷载比的抗力分项系数取平均值，如附表 B.5 所示；不区分恒活荷载比、可变荷载比，统一求平均值，如附表 B.6 所示。

以 Q690 钢的小于等于 16mm 厚度分组为例，其轴心受压构件分别在荷载组合 1、荷载组合 2、荷载组合 3 下的抗力分项系数以及在荷载组合 4 下的不区分可变荷载比的抗力分项系数随恒活荷载比的变化如图 2.42 所示。

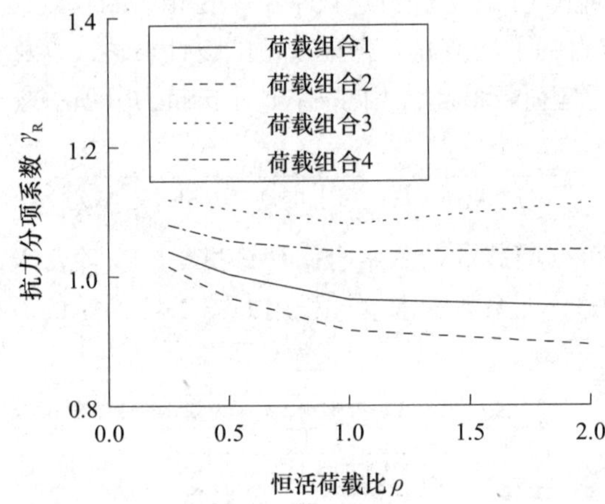

图 2.42　不同荷载组合下抗力分项系数（以Q690钢厚度小于等于16mm的轴心受压构件为例）

可以看到，当 $\rho = 0.25$ 时，荷载组合 1、荷载组合 2 下的抗力分项系数最大。随着恒活荷载比增大，荷载组合 1、荷载组合 2 的抗力分项系数逐渐减小，当 $\rho = 2.0$ 时，其抗力分项系数最小。恒活荷载比大于 2 的情况一般很少出现 [7]。荷载组合 3、荷载组合 4 下的抗力分项系数随恒活荷载比增大而先减小后增大。当 ρ 相同时，不同荷载组合的抗力分项系数大小有如下关系：荷载组合 2 ＜荷载组合 1 ＜荷载组合 4 ＜荷载组合 3。这对其他牌号、厚度分组和受力构件的情况同样是成立的。因此在楼面活荷载中，住宅楼面活荷载比办公楼面活荷载更不利，应重点关注；同时，有风荷载参与的荷载组合的抗力分项系数普遍较大，也应重点关注。

仍以 Q690 钢的小于等于 16mm 厚度分组的轴心受压构件为例，分析有风荷载参与的荷载组合下的抗力分项系数。其抗力分项系数随可变荷载比的变化如图 2.43 所示。可以看到，可变荷载比越大，即风荷载所占的比例越多，抗力分项系数越大。还可以看到，当可变荷载比很小时，接近荷载组合 1 的抗力分项系数；当可变荷载比较大时，则接近荷载组合 3 的抗力分项系数。分析附表 B.4 中的其他数据，也可以得到相同的结论。

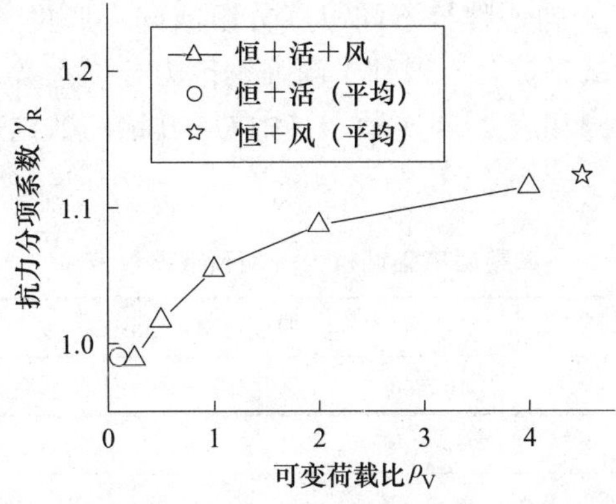

图 2.43　抗力分项系数随可变荷载比的变化（以Q690钢厚度小于等于16mm的轴心受压构件为例）

2.3.4.2　抗力分项系数的确定

对通常的房屋建筑结构，永久荷载、楼面活荷载的荷载组合以及永久荷载、楼面活荷载、风荷载的荷载组合是两种基本荷载组合，起控制作用。下面主要分析这两种荷载组合下的抗力分项系数。

根据前文的分析，相同情况下，住宅楼面活荷载的抗力分项系数大于办公楼面活荷载。故在分析楼面活荷载时，只考虑住宅楼面活荷载的作用，即不再考虑荷载组合 2。在此基础上，对荷载组合 1 不考虑受力构件、恒活荷载比的差别，均取各牌号在各厚度分组下的抗力分项系数最大值，见表 2.51。

对永久荷载、楼面活荷载、风荷载的荷载组合，即荷载组合 4，在附表 B.6 不区分恒活荷载比、可变荷载比取平均值的基础上，同样不再考虑受力构件的差别，取各牌号在各厚度分组下的抗力分项系数最大值，见表 2.51。

不同荷载组合下不同钢材牌号厚度分组的抗力分项系数　　表 2.51

荷载组合	厚度分组（mm）						
	≤16			16～40			63～80
	Q500	Q550	Q690	Q500	Q550	Q690	Q550
荷载组合1	1.079	1.046	1.076	1.054	0.991	1.053	0.916
荷载组合4平均值	1.094	1.058	1.091	1.066	1.002	1.068	0.927

从表 2.51 可以看到，这两大类荷载组合下的抗力分项系数比较接近，荷载组合 4 平均值，即带风组合稍大，故取该荷载组合下的抗力分项系数作为初步的抗力分项系数，见表 2.52。其中，带括号的数值是本次调研统计因缺少相关数据而所取的偏于安全的结果。

高强钢抗力分项系数　　表 2.52

钢材牌号	厚度分组（mm）				
	≤16	16～40	40～63	63～80	80～100
Q500	1.094	1.066	(1.094)	(1.094)	(1.094)
Q550	1.058	1.002	(1.094)	0.927	(1.094)
Q620	(1.091)	(1.068)	(1.091)	(1.091)	—
Q690	1.091	1.068	(1.091)	(1.091)	—

为了方便设计及记忆，同一牌号不同厚度分组或同一厚度分组不同牌号的抗力分项系数力求相同。经过调整试算综合，得到了高强钢抗力分项系数，并以 5MPa 为单位修约得到了设计强度，如表 2.53和表 2.54 所示。其中 Q460 钢的数据来自《钢结构设计标准》GB 50017—2017[3]。

调整后高强钢抗力分项系数建议值　　**表 2. 53**

<table>
<tr><th rowspan="2">钢材牌号</th><th colspan="5">厚度分组（mm）</th></tr>
<tr><th>≤16</th><th>16～40</th><th>40～63</th><th>63～80</th><th>80～100</th></tr>
<tr><td>Q500</td><td colspan="5">1.094</td></tr>
<tr><td>Q550</td><td colspan="2">1.058</td><td colspan="3">1.094</td></tr>
<tr><td>Q620</td><td colspan="5" rowspan="2">1.094</td></tr>
<tr><td>Q690</td></tr>
</table>

高强钢设计强度建议值（MPa）　　**表 2. 54**

钢材牌号	厚度分组（mm）				
	≤16	16～40	40～63	63～80	80～100
Q460	410	390	355	340	340
Q500	455	440	430	410	400
Q550	520	500	475	455	445
Q620	565	550	540	520	—
Q690	630	615	605	585	—

2. 3. 4. 3　风荷载控制的情况

一些对风荷载比较敏感的结构，比如高耸结构，荷载组合 3（永久荷载＋风荷载）可能起控制作用。如继续采用表 2.53和表 2.54 的分项系数和设计强度可能偏于不安全，应单独提出适用的设计指标。

对风荷载控制情况下的抗力分项系数，在荷载组合 3 的基础上，不考虑受力构件、恒活荷载比的区别，取各牌号在各厚度分组下的抗力分项系数最大值，见表 2.55。

同 2.3.4.2 节的处理，对上述的抗力分项系数进行整理，得到了风荷载控制下高强钢抗力分项系数及设计强度，见表 2.56 和表 2.57。可以看到，表 2.57 的设计强度普遍要比表 2.54 低 40 ～ 50MPa。

风荷载控制下高强钢抗力分项系数　　**表 2. 55**

钢材牌号	厚度分组（mm）				
	≤16	16～40	40～63	63～80	80～100
Q500	1.197	1.161	（1.197）	（1.197）	（1.197）
Q550	1.154	1.093	（1.197）	1.011	（1.197）
Q620	（1.195）	（1.195）	（1.195）	（1.195）	—
Q690	1.195	1.171	（1.195）	（1.195）	—

提高永久荷载＋风荷载组合的结构构件可靠度有两种方法。第一种是提高抗力分项系数，但缺点是材料的设计强度会下降很多，对于楼面活荷载控制的情况可能过于保守。因此只有对风荷载比较敏感，即荷载组合 3 控制下的情况才使用表 2.56和表 2.57 的设计指标，其余情况使用表 2.53 和表 2.54 的设计指标。而另外一种方法，应从荷载组合项入手，例如提高风荷载效应的分项系数或者组合系数，从而使得各荷载组合的可靠度相近，即可统一使用表 2.53 和表 2.54 的设计指标。

调整后风荷载控制下高强钢抗力分项系数建议值　　表 2.56

<table>
<tr><th rowspan="2">钢材牌号</th><th colspan="5">厚度分组（mm）</th></tr>
<tr><th>≤16</th><th>16～40</th><th>40～63</th><th>63～80</th><th>80～100</th></tr>
<tr><td>Q500</td><td colspan="5">1.197</td></tr>
<tr><td>Q550</td><td colspan="2">1.154</td><td colspan="3">1.197</td></tr>
<tr><td>Q620</td><td colspan="5" rowspan="2">1.197</td></tr>
<tr><td>Q690</td></tr>
</table>

风荷载控制下高强钢设计强度建议值（MPa）　　表 2.57

<table>
<tr><th rowspan="2">钢材牌号</th><th colspan="5">厚度分组（mm）</th></tr>
<tr><th>≤16</th><th>16～40</th><th>40～63</th><th>63～80</th><th>80～100</th></tr>
<tr><td>Q500</td><td>415</td><td>400</td><td>390</td><td>375</td><td>365</td></tr>
<tr><td>Q550</td><td>475</td><td>460</td><td>435</td><td>415</td><td>410</td></tr>
<tr><td>Q620</td><td>520</td><td>500</td><td>495</td><td>475</td><td>—</td></tr>
<tr><td>Q690</td><td>575</td><td>560</td><td>550</td><td>535</td><td>—</td></tr>
</table>

2.3.4.4 受力构件类别

欧洲规范[37]和美国规范[38]的抗力分项系数是按照截面（构件）的受力形式（破坏模式）给出的，而我国规范的抗力分项系数是按照钢材强度和厚度分组给出的。在具体处理中，如前文所述，一般取各类受力构件中抗力分项系数的最大值，这样保证不同的受力构件的可靠度均能满足要求。但是会造成有的受力形式接近目标可靠指标，有的受力形式则偏于保守。文献 [30] 指出，考虑到当时的实际，设计人员对基于概率理论的极限状态设计法比较陌生，如果对不同的构件取不同的抗力分项系数会不方便，因此采用统一的抗力分项系数。自 20 世纪 80 年代，我国钢结构设计开始采用极限状态设计法，40 年来，设计人员对这一设计方法已经很熟悉，有条件按照不同的受力构件形式给出其抗力分项系数。

下面以荷载组合 1、荷载组合 4 为基础，按构件类别确定高强钢抗力分项系数。对荷载组合 1，以荷载比 $\rho = 0.25$ 下抗力分项系数为基础，不区分钢材牌号、厚度分组，按照不同的构件类别分别求平均值；对荷载组合 4，在附表 B.6 平均值的基础上，不区分钢材牌号、厚度分组，也按照不同的构件类别分别求平均值。计算结果见表 2.58。可以看到，荷载组合 4 平均值的抗力分项系数稍大于荷载组合 1，故最后确定荷载组合 4 平均值该组抗力分项系数作为不同构件类别的抗力分项系数，当抗力分项系数小于 1 的，按

1.0 取用。计算时，由于 Q550 钢大于 16 ～ 40mm 厚度分组的数量较少，没有考虑在内；Q550 钢大于 63 ～ 80mm 厚度分组由于抗力分项系数偏低，偏于安全出发，也没有考虑在内。

同时需要指出的是，欧美钢材产品质量比较稳定，采用按照截面（构件）的受力形式（破坏模式）给出的抗力分项系数是有一定基础的。而我国不同牌号、不同厚度分组间材料性能不定性的平均值和变异系数差异较大，表明我国钢材生产质量在不同牌号、厚度分组之间存在一定的波动。如果对不同构件类别使用不同的抗力分项系数，需首先提高钢材产品的质量，使得不同牌号、不同厚度的钢材质量趋向一致，才能保证安全可靠。

不同荷载组合下不同构件类别的抗力分项系数　　表 2.58

荷载组合	轴拉构件	轴压构件	偏心受压柱构件		受弯构件	
			弯矩平面内	弯矩平面外	整体失稳	受弯破坏
荷载组合1	0.967	1.024	1.008	1.018	1.062	0.977
荷载组合4平均值	0.991	1.037	1.021	1.026	1.075	0.998
建议值	1.0	1.037	1.021	1.026	1.075	1.0

2.3.4.5　分析校核

本节对上一节提出的设计指标进行可靠度校核。在荷载组合 1 ～ 4 下针对表 2.53和表 2.54 提出的抗力分项系数、强度设计值，计算其可靠指标。由于修约规整，由表 2.54 反算的实际抗力分项系数并不与表 2.58 中的抗力分项系数严格相等。故采用表 2.54 反算的实际抗力分项系数进行可靠指标的校核。采用数学软件 Matlab 编制程序进行计算，计算程序见附录 A。各荷载组合下的可靠指标见附表 B.7 ～附表 B.12。

从附表 B.7、附表 B.8 和附表 B.12 可以看到，在荷载组合 1、荷载组合 2 和荷载组合 4 平均值下，可靠指标均大于 3.2 的目标可靠指标（除附表 B.12 中，Q550 钢小于等于 16mm 厚度分组的整体失稳模式，其值为 3.193），表明表 2.53 和表 2.54 给出的设计指标是安全可靠的，能够满足 GB/T 50153—2008 的要求。

观察附表 B.9 的数据可知，在荷载组合 3，可靠指标偏低，多数不能满足 3.2 的目标可靠指标。在风荷载控制的情况下，可靠指标偏低是从 TJ 17—74 遗留下来的问题。文献［39］指出，永久荷载加风荷载的组合对普通钢结构设计一般不起控制作用。因此这里可靠指标偏低也是可以接受的。若遇到风荷载控制的情况，则可以使用表 2.56 和表 2.57 的设计指标，或者提高风荷载效应的分项系数或组合系数。

继续以 Q690 钢的小于等于 16mm 厚度分组为例，其轴心受压构件分别在荷载组合 1、荷载组合 2、荷载组合 3 下的可靠指标以及在荷载组合 4 下的不区分可变荷载比的可靠指标随恒活荷载比的变化如图 2.44 所示。

可以看到，在不同荷载组合下，可靠指标 β 随恒活荷载比的增大而先增大后减小。在相同荷载比下，可靠指标的大小关系为：荷载组合 2 ＞荷载组合 1 ＞荷载组合 4 ＞荷载组合 3。这一结论与 2.3.4.1 节中分析抗力分项系数时得到的结论一致。

仍以 Q690 钢的小于等于 16mm 厚度分组的轴心受压构件为例，其可靠指标随可变荷载比的变化如图 2.45 所示。可变荷载比越大，即风荷载所占的比例越多，可靠指标越低。

分析附表中的其他数据，也可以得到相同的规律。

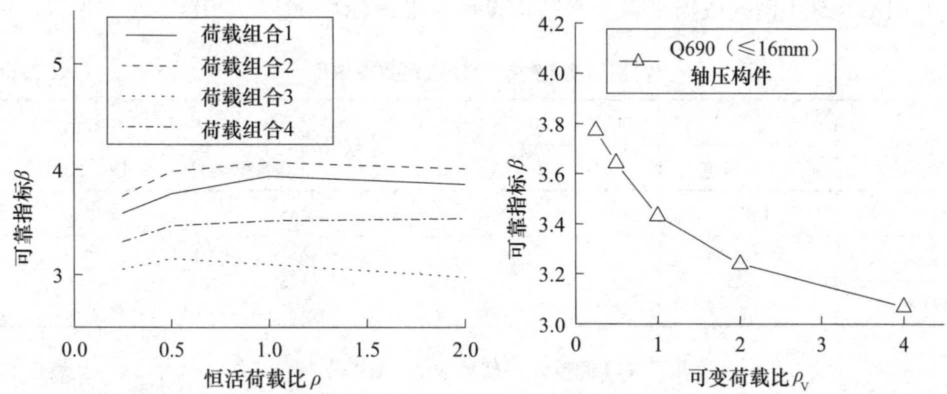

图 2.44　不同荷载组合下的可靠指标（以Q690钢小于等于16mm厚度的轴心受压构件为例）

图 2.45　可靠指标随可变荷载比的变化（以Q690钢小于等于16mm厚度的轴心受压构件为例）

2.3.5　GJ钢的抗力分项系数及可靠度分析

2.3.5.1　计算结果

通过计算，得到不同牌号、不同厚度分组、不同计算模式在不同荷载组合下高强钢的抗力分项系数，见附表 C.1 ～附表 C.6。其中，对荷载组合 4 的抗力分项系数的处理方法同 2.3.4.1 节，即：在相同的可变荷载比下，对不同的恒活荷载比下的抗力分析系数取平均值，如附表 C.4 所示；在相同的恒活荷载比下，对不同的可变荷载比的抗力分项系数取平均值，如附表 C.5 所示；不区分恒活荷载比、可变荷载比，统一求平均值，如附表 C.6 所示。

2.3.5.2　抗力分项系数的确定

确定 GJ 钢抗力分项系数的原则同高强钢，具体见 2.3.4.2 节，这里不再赘述。初步计算得到的抗力分项系数见表 2.59。其中，带括号的数值是本次调研统计因缺少相关数据而所取的偏于安全的结果。对 Q460GJ（6 ～ 16mm），参照《钢结构设计标准》GB 50017—2017 中 Q460（≤ 16mm）的抗力分项系数，保证协调一致。对于 100 ～ 150mm 的厚板，《建筑结构用钢板》GB/T 19879—2015 中已引入新的厚度分组并已列入 100 ～ 150mm 的厚度，且实际工程也已有此类厚度钢板的应用。根据文献［7］的分析，将厚度 50 ～ 100mm 的结果外推到 100 ～ 150mm 是有一定基础的，且结果是安全的。

GJ 钢抗力分项系数　　　　**表 2.59**

钢材牌号	厚度分组（mm）				
	6～16	16～35	35～50	50～100	100～150
Q390GJ	1.079	1.155	1.176	1.149	（1.149）
Q420GJ	1.204	1.188	1.173	1.154	（1.154）
Q460GJ	（1.125）	1.176	1.176	1.166	（1.166）

为了方便设计及记忆，同一牌号不同厚度分组或同一厚度分组不同牌号的抗力分项

系数力求相同。经过调整试算，得到了 GJ 钢抗力分项系数以及设计强度，见表 2.60和表 2.61。其中 Q345GJ 钢的数据来自《钢结构设计标准》GB 50017—2017。

调整后 GJ 钢抗力分项系数建议值　　**表 2.60**

钢材牌号	厚度分组（mm）				
	6～16	16～35	35～50	50～100	100～150
Q390GJ	1.079	1.155			
Q420GJ	1.125	1.176			
Q460GJ					

GJ 钢设计强度建议值（MPa）　　**表 2.61**

钢材牌号	厚度分组（mm）				
	6～16	16～35	35～50	50～100	100～150
Q345GJ	—	310	290	285	—
Q390GJ	360	335	325	320	310
Q420GJ	375	355	350	345	335
Q460GJ	410	390	380	375	365

需要特别说明的，对 Q420GJ 钢 6 ～ 16mm 厚度分组的抗力分项系数并没有采用计算得到的抗力分项系数，而是采用了 Q460GJ 对应厚度的抗力分项系数，因为如果采用计算得到的分项系数，会出现 6 ～ 16mm 厚度分组 Q420GJ 钢的设计强度低于 Q390GJ 钢的不合理情况。主要原因是 Q420GJ 钢 6 ～ 16mm 厚度调研统计得到的材料性能不定性较其他牌号厚度低很多，仅仅靠提高抗力分项系数是不可行的，应重点提高其产品质量。

2.3.5.3　风荷载控制的情况

对风荷载控制情况下的抗力分项系数，在荷载组合 3 的基础上，不考虑受力构件、恒活荷载比的区别，取各牌号在各厚度分组下的抗力分项系数最大值，见表 2.62。其中对 Q460GJ 钢 6 ～ 16mm 厚度采用 16 ～ 35mm 的抗力分项系数。

风荷载控制下 GJ 钢抗力分项系数　　**表 2.62**

钢材牌号	厚度分组（mm）				
	6～16	16～35	35～50	50～100	100～150
Q390GJ	1.171	1.250	1.271	1.243	（1.243）
Q420GJ	1.305	1.285	1.269	1.247	（1.247）
Q460GJ	（1.277）	1.277	1.274	1.265	（1.265）

同样的，对上述的抗力分项系数进行规整后，得到了风荷载控制下 GJ 钢抗力分项系数及设计强度，见表 2.63和表 2.64。可以看到，表 2.64 的设计强度普遍比表 2.61 中的低 30MPa 左右。

调整后风荷载控制下 GJ 钢抗力分项系数建议值 **表 2.63**

钢材牌号	厚度分组（mm）				
	6～16	16～35	35～50	50～100	100～150
Q390GJ	1.171	1.250			
Q420GJ	1.235	1.277			
Q460GJ	1.277				

风荷载控制下 GJ 钢设计强度建议值（MPa） **表 2.64**

钢材牌号	厚度分组（mm）				
	6～16	16～35	35～50	50～100	100～150
Q390GJ	330	310	300	295	290
Q420GJ	340	325	320	315	310
Q460GJ	360	360	350	345	335

2.3.5.4 受力构件类别

以荷载组合 1、荷载组合 4 为基础，按构件类别确定 GJ 钢抗力分项系数。对荷载组合 1，荷载比 $\rho = 0.25$ 下抗力分项系数，在此基础上，不区分钢材牌号、厚度分组，按照不同的构件类别分别求平均值；对荷载组合 4，在附表 C.6 平均值的基础上，不区分钢材牌号、厚度分组，也按照不同的构件类别分别求平均值。计算结果见表 2.65。可以看到，荷载组合 4 平均值的抗力分项系数稍大于荷载组合 1，故最后确定将该组抗力分项系数作为不同构件类别的抗力分项系数。

不同荷载组合下不同构件类别的抗力分项系数 **表 2.65**

荷载组合	轴拉构件	轴压构件	偏心受压柱构件		型钢梁		组合梁
			平面内	平面外	弹性失稳	塑性破坏	受弯破坏
荷载组合1	1.111	1.101	1.120	1.158	1.143	1.119	1.120
荷载组合4平均值	1.129	1.123	1.137	1.163	1.155	1.127	1.136

2.3.5.5 分析校核

本节将对上一节提出的设计指标进行可靠度分析校核。在荷载组合 1 ～ 4 下针对表 2.60和表 2.61 提出的抗力分项系数、强度设计值，计算其可靠指标。在计算可靠指标时，采用表 2.61 反算的真实抗力分项系数。各荷载组合下的可靠指标见附表 C.7 ～附表 C.12。

从附表 C.7、附表 C.8、附表 C.12 可以看到，在荷载组合 1、荷载组合 2 和荷载组合 4 平均值下，绝大多数的计算可靠指标均大于 3.2 的目标可靠指标，表明表 2.60 和表 2.61 给出的设计指标是安全可靠的，能够满足《工程结构可靠性设计统一标准》GB/T 50153—2008 的要求。不满足要求的主要是 Q420GJ 钢 6 ～ 16mm 厚度分组，主要原因是人为降低了该厚度分组的抗力分项系数，否则会出现高牌号的设计强度小于低牌号的设计强度，造成了可靠指标偏低。因此需要提高 Q420GJ 钢 6 ～ 16mm 厚度分组产品质量。

参考文献

[1] 中华人民共和国国家标准 . 低合金高强度结构钢 GB/T 1591—2008 [S]. 北京：中国标准出版社，2009.

[2] 中华人民共和国国家标准 . 工程结构可靠性设计统一标准 GB 50153—2008 [S]. 北京：中国建筑工业出版社，2008.

[3] 中华人民共和国国家标准 . 钢结构设计标准 GB 50017—2017 [S]. 北京：中国建筑工业出版社，2018.

[4] 中华人民共和国国家标准 . 钢及钢产品力学性能试验取样位置及试样制备 GB/T 2975—1998 [S]. 北京：中国标准出版社，1999.

[5] 中华人民共和国国家标准 . 金属材料 拉伸试验　第 1 部分：室温拉伸方法 GB/T 228.1—2010[S]. 北京：中国标准出版社，2011.

[6] 陈国兴，李继华 . 钢构件材料强度及截面几何特性的统计参数 [J]. 重庆建筑工程学院学报，1985，7 (1)：1-23.

[7] 中冶建筑研究总院有限公司，《钢结构设计规范》GB 50017—2003 钢材修编组 . 国产建筑钢结构钢材性能试验、统计分析及设计指标的研究 [R]. 2012.

[8] 褚燕风 . Q345GJ 结构钢材性试验与参数估计 [D]. 重庆大学，2008.

[9] 陈华锋，王滨，黄旭东 . 拉伸试验的速率探讨 [J]. 理化检验：物理分册，2009，45 (5)：285-287.

[10] 戴国欣，李继华，夏正中 . 厚板材性参数分析研究 [J]. 重庆建筑工程学院学报，1993，15 (2)：1-7.

[11] 戴国欣，李龙春 . 建筑结构钢新材性参数的统计与分析 [J]. 建筑结构，2000，30 (4)：31-32.

[12] 中华人民共和国国家标准 . 建筑结构用钢板 GB/T 19879—2005 [S]. 北京：中国标准出版社，2005.

[13] 中华人民共和国国家标准 . 建筑结构用钢板 GB/T 19879—2015 [S]. 北京：中国标准出版社，2016.

[14] 中国建筑设计研究院 . 国产新型高性能 Q345GJ 建筑钢材材料性能试验与工程应用设计参数研究 [R] 北京：中国建筑设计研究院，2008.

[15] 李开禧，肖允徽 . 逆算单元长度法计算单轴失稳时钢压杆的临界力 [J]. 重庆建筑工程学院学报，1982，4 (4)：26-45.

[16] 李开禧，肖允徽，饶晓峰，等 . 钢压杆的柱子曲线 [J]. 重庆建筑工程学院学报，1985，7 (1)：24-33.

[17] 班慧勇，施刚，石永久 . 高强钢焊接箱形轴压构件整体稳定设计方法研究 [J]. 建筑结构学报，2014，35 (5)：57-64.

[18] 班慧勇，施刚，石永久 . 不同等级高强钢焊接工形轴压柱整体稳定性能及设计方法研究 [J]. 土木工程学报，2014，47 (11)：19-28.

[19]《高强钢结构设计标准》编写组 . 高强钢结构设计标准（报批稿）[S] .2019.

[20] 班慧勇 . 高强度钢材轴心受压构件整体稳定性能与设计方法研究 [D]. 清华大学，2012.

[21] 李国强，闫晓雷，陈素文 . Q460 高强钢焊接箱形压弯构件极限承载力试验研究 [J]. 土木工程学报，

2012，45（8）：67-73.

［22］李国强，闫晓雷，陈素文．Q460 高强度钢材焊接 H 形截面弱轴压弯柱承载力试验研究［J］．建筑结构学报，2012，33（12）：31-37.

［23］Rasmussen K J R, Hancock G J. Tests of high strength steel columns [J]. Journal Construct Steel Research, 1995, 34: 27-52.

［24］袁焕鑫．焊接不锈钢轴心受压构件局部稳定和相关稳定性能研究［D］．清华大学，2014.

［25］施刚，石永久，班慧勇．高强度钢材钢结构［M］．北京：中国建筑工业出版社，2014.

［26］中华人民共和国国家标准．钢结构工程施工质量验收规范 GB 50205—2001［S］．北京：中国计划出版社，2002.

［27］闫晓雷．Q460 高强钢压弯、纯弯构件极限承载力试验与理论研究［D］．同济大学，2013.

［28］童根树．钢梁稳定性再研究：中国规范的演化及其存在问题（I）［J］．工业建筑，2014，44（1）：149-153.

［29］沈祖炎，李元齐，王磊，等．屈服强度 550MPa 高强冷弯薄壁型钢结构轴心受压构件可靠度分析［J］．建筑结构学报，2006，27（3）：26-33.

［30］李继华，夏正中．钢结构安全度的概率分析［C］// 全国钢结构标准技术委员会．钢结构研究论文报告选集（第二册）．北京：全国钢结构标准技术委员会，1983.

［31］中华人民共和国行业标准．钢结构设计规范 TJ 17—74［S］．北京：中国建筑工业出版社，1975.

［32］中华人民共和国国家标准．钢结构设计规范 GBJ 17—88［S］．北京：中国计划出版社，1989.

［33］李继华，夏正中，陈国兴．钢结构轴心受压构件可靠度分析［J］．建筑结构学报,1985,6（1）：2-17.

［34］中华人民共和国国家标准．建筑结构荷载规范 GB 50009—2012［S］．中国建筑工业出版社，2012.

［35］戴国欣，夏正中．建筑钢结构适用性分析［J］．建筑结构学报，2000，21（3）：36-40.

［36］张明．结构可靠度分析——方法与程序［M］．北京：科学出版社，2009.

［37］BS EN 1993-1-1: 2005. Eurocode 3: Design of steel structures: Part 1-1: General rules and rules for buildings [S]. London: BSI, 2005.

［38］ANSI/AISC 360-10. Specification for structural steel buildings [S]. Chicago: AISC, 2010.

［39］《钢结构设计规范》编制组．《钢结构设计规范》专题指南［R］．北京：中国计划出版社，2003.

第 3 章 高强度钢材的本构关系模型

本章以多折线材料本构模型为基础，补充最新的关于高强钢的试验研究数据，更新多折线高强钢本构模型的参数，提出高强钢在单调荷载作用下的非线性本构模型以及修正的多折线模型，供工程设计和数值分析参考；同时，高强钢材在循环荷载作用下的本构模型是结构抗震设计时进行弹塑性地震响应分析的基础，如果本构模型选取不当，则计算结果会受到很大影响。因此，从工程计算的实用角度来看，为了准确地预测钢结构在强烈地震作用下的全过程弹塑性力学行为以及应力应变分布，有必要提出一个可以考虑屈服平台现象、循环软化和强化的弹塑性本构模型，且模型的参数便于标定。

3.1 高强度钢材单调本构模型

3.1.1 更新多折线本构模型参数

从 20 世纪 60 年代，国外就开始对高强钢进行试验研究。McDermott[1]、Rasmussen 和 Hancock[2, 3]、Green 等人[4] 积累了一些高强钢的材性数据，主要是 550MPa 和 690MPa 强度级别。近年来，国内开展了许多高强钢的试验研究。施刚等人[5] 研究了 690MPa 和 960MPa 强度的端部带约束的受压构件整体稳定性能。班慧勇[6] 系统研究了高强钢轴心受压构件的整体稳定性能，并提出了相应的设计方法。此外，田越[7]、王飞[8]、孙飞飞等[9]、孙旭[10] 也开展了 460MPa、500MPa、690MPa 等不同强度的高强钢试验。上述试验均给出了材性试验的相关参数。

上述文献大多只给出了弹性模量 E、屈服强度 f_y（或条件屈服强度 $f_{p0.2}$）、屈服平台末端应变 ε_{st}（对有屈服平台的）、极限强度 f_u、极限应变 ε_u，也有少部分给了完整的应力 - 应变曲线。第 2 章在进行材料性能不定性统计调研时，开展了高强钢的独立材性试验，包括 Q500、Q550 和 Q690 钢。除此之外还进行了 Q460 和 Q890 钢的材性试验。上述材性试验记录了完整的材料应力 - 应变曲线，共获得 36 组 Q460 钢有效数据，24 组 Q500 钢有效数据，16 组 Q550 钢有效数据，28 组 Q690 钢有效数据，5 组 Q890 钢有效数据。

本章用以上力学性能数据作为更新高强钢在单调荷载作用下的本构模型参数和后面两节提出新的本构模型的依据。

根据材性试验数据，高强度钢材的典型应力 - 应变曲线如图 3.1 所示。由图 3.1，并结合试验数据可以发现：

1）随着屈服强度的提高，极限应变 ε_u 减小，屈强比提高；

2）Q460 钢大多数有屈服平台，少数也可能没有屈服平台。本次试验中的 Q500 钢基本有屈服平台，部分平台段不长或与强化段几乎区分不开。文献 [7] 中的 Q500qE 钢没有屈服平台。Q550 及其以上强度钢材均没有屈服平台。因此，对于 Q460、Q500 钢根据实际需求，按有屈服平台或无屈服平台选用，而 Q550 及其以上高强钢按无屈服平台处理。

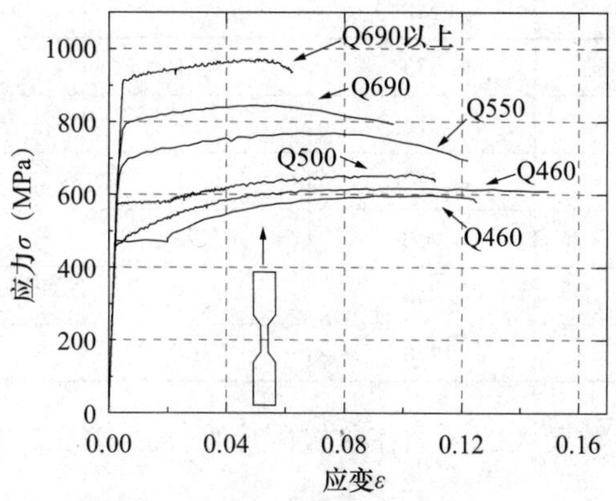

图 3.1 高强钢典型应力-应变曲线

3）不同强度等级的钢材弹性模量的最大值、最小值以及平均值见表 3.1。可以看到，弹性模量的波动较大；Q460、Q500 钢的钢材弹性模量与我国现行《钢结构设计标准》GB 50017—2017[11] 的弹模取值 2.06×10^5MPa 接近；Q550、Q690 钢的弹性模量则偏大 8%，而 Q690 以上强度钢的弹性模量则偏低。由于高强钢的材性数据仍处在收集阶段，上述弹性模量的规律还有待进一步研究。

不同强度等级高强钢弹性模量 **表 3.1**

强 度 等 级	最小值（MPa）	最大值（MPa）	平均值（MPa）
Q460	1.91×10^5	2.26×10^5	2.10×10^5
Q500	1.90×10^5	2.48×10^5	2.07×10^5
Q550	2.06×10^5	2.31×10^5	2.22×10^5
Q690	2.06×10^5	2.49×10^5	2.23×10^5
Q690以上	1.86×10^5	2.14×10^5	2.02×10^5

根据上述研究文献给出的数据以及本次试验的数据，更新了高强钢在单调荷载作用下多折线本构模型的参数和适用牌号，建议如下：

1）460MPa、500MPa 强度的钢材根据实际情况，选择有屈服平台的本构模型或无屈服平台的本构模型，表 3.2 中 Q460 采用有屈服平台，Q500 采用无屈服平台；

2）550MPa 及其以上强度的钢材选用无屈服平台的本构模型；

3）弹性模量取 2.06×10^5MPa；

4）本构模型的其余参数取值见表 3.2，其中屈服强度采用产品标准的取值，抗拉强度采用产品标准中的最小值。

更新的不同强度等级高强钢本构模型参数 **表 3.2**

强 度 等 级	f_y（MPa）	f_u（MPa）	ε_y	ε_{st}（%）	ε_u（%）
Q460	460	550	f_y/E	2.0	12
Q500	500	610	f_y/E	—	10

续表

强 度 等 级	f_y（MPa）	f_u（MPa）	ε_y	ε_{st}（%）	ε_u（%）
Q550	550	670	f_y/E	—	8.5
Q620	620	710	f_y/E	—	7.5
Q690	690	770	f_y/E	—	6.5
Q800	800	840	f_y/E	—	6.0
Q890	890	940	f_y/E	—	5.5
Q960	960	980	f_y/E	—	4.0

表 3.2与表 2.30 中参数最大的区别在于极限应变 ε_u，表 3.2 中参数基于试验数据进行了一定程度的下调。

3.1.2　非线性本构模型

对于没有屈服平台的材料，通常采用 Ramberg-Osgood模型[12]，其能够很好地模拟材料的非线性特性。目前，Ramberg-Osgood 模型及其修正模型主要应用于模拟不锈钢和铝合金等材料。Ramberg-Osgood 模型能准确模拟塑性应变 0.2% 以下的应力 - 应变关系，但对塑性应变 0.2% 以上则不太准确，预测的应力通常偏高[13]。因此不同学者对于应变较大情况下 Ramberg-Osgood 模型提出了不同的修正[13-15]。

通过试验数据和曲线的对比可以发现，没有屈服平台的高强钢可以在 Ramberg-Osgood 模型基础上修正模拟。由于钢材的拉伸和压缩性能基本一致[16]，同时高强钢的极限应变通常不大，因此塑性应变大于 0.2% 时采用 Rasmussen[13] 建议的修正形式：

当 $\sigma \leqslant \sigma_{0.2}$ 时，

$$\varepsilon=\frac{\sigma}{E}+0.002\left(\frac{\sigma}{\sigma_{0.2}}\right)^n \tag{3.1}$$

当 $\sigma_{0.2}<\sigma \leqslant \sigma_u$ 时，

$$\varepsilon=\frac{\sigma-\sigma_{0.2}}{E_{0.2}}+\left(\varepsilon_u-\frac{\sigma_u-\sigma_{0.2}}{E_{0.2}}-\varepsilon_{0.2}\right)\left(\frac{\sigma-\sigma_{0.2}}{\sigma_u-\sigma_{0.2}}\right)^m+\varepsilon_{0.2} \tag{3.2}$$

其中，弹性模量 E、条件屈服强度 $\sigma_{0.2}$、极限强度 σ_u 和极限应变 ε_u 一般可通过拉伸试验获得，如没有相关试验数据，可按表 3.2 取值。应变硬化指数 n 按式（3.3）计算，条件屈服强度对应的应变 $\varepsilon_{0.2}$按式（3.4）计算，$E_{0.2}$ 按式（3.5）和式（3.6）计算，应变硬化指数 m 按照试验曲线拟合标定。

$$n=\ln 20/\ln(\sigma_{0.2}/\sigma_{0.01}) \tag{3.3}$$

$$\varepsilon_{0.2}=\frac{\sigma_{0.2}}{E}+0.002 \tag{3.4}$$

$$E_{0.2}=\frac{E}{1+0.002n/e} \tag{3.5}$$

$$e=\frac{\sigma_{0.2}}{E} \tag{3.6}$$

根据本次拉伸试验的数据，附录 D 给出标定该模型的所有参数的实测值，其中，m 通过试验数据点非线性回归得到。

通过式（3.1）可以发现，应变硬化指数 n 主要反映应力 σ 在 $\sigma_{0.01} \sim \sigma_{0.2}$ 间，应力 - 应变曲线偏离初始弹性模量 E 的程度，n 越大，偏离程度越小。由式（3.3）可以发现，n 的大小主要取决于 $\sigma_{0.01}/\sigma_{0.2}$ 的大小，该比值越大，即 $\sigma_{0.01}$ 越接近 $\sigma_{0.2}$，则 n 越大。附录 D 中序号 41 ～ 45 的钢材为同一批 Q890 钢材，其应变硬化指数 n 明显比其他强度等级钢材的 n 大。序号 41 和 46 钢材的应力 - 应变曲线如图 3.2 所示，可以更加直观的看到，序号 41 钢材的曲线在强化前能够很好地保持一条直线，而序号 46 钢材的曲线则呈现出很明显的弯折。因此对于序号 41 ～ 45 的钢材，用多折线模型模拟更为合理，在下面拟合非线性模型的参数时不再考虑这 5 组钢材。

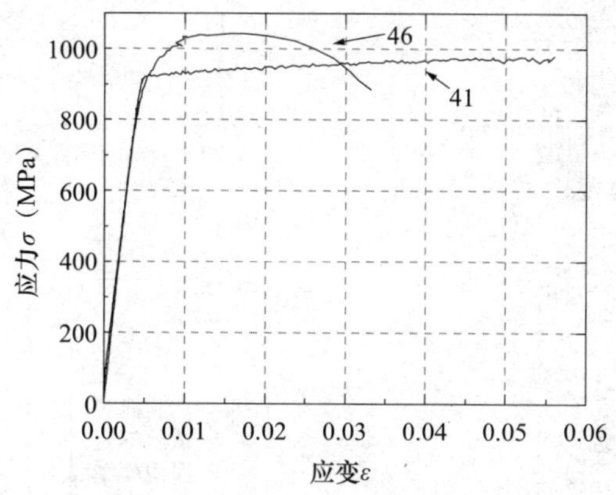

图 3.2　应力-应变曲线对比

对于应变硬化指数 n，从附录 D 可以看到，最小值为 9.633，最大值为 26.116，平均值为 15.804，与此对应的 $\sigma_{0.01}/\sigma_{0.2}$ 的比值为 0.773 ～ 0.892。因此，如果有相关试验数据，则按照式（3.3）确定 n；如果没有试验数据，可参考本次试验结果，取 $n = 16$。应变硬化指数 m 可认为与屈强比 $\sigma_{0.2}/\sigma_u$ 有关，如图 3.3 所示。于是可以根据屈强比 $\sigma_{0.2}/\sigma_u$ 计算得到 m，如下式：

$$m = -24.647\left(\frac{\sigma_{0.2}}{\sigma_u}\right) + 25.202 \tag{3.7}$$

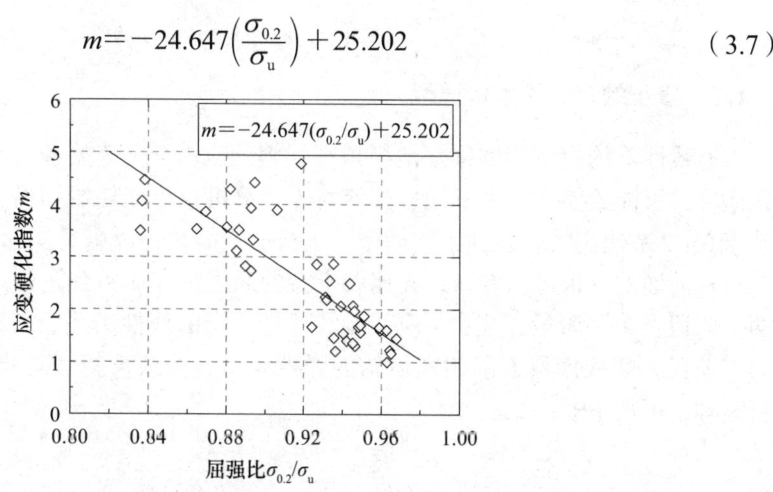

图 3.3　屈强比 $\sigma_{0.2}/\sigma_u$ 与应变硬化指数 m 的关系

图 3.4 给出了 3 条曲线，分别为：① 拉伸试验实测的应力 - 应变曲线；② 通过实测曲

线标定模型参数得到的应力 - 应变曲线；③ 模型参数采用通用值所得到的应力 - 应变曲线，即 $n=16$，m 按照式（3.7）计算。可以发现，提出的模型曲线与试验较符合。其余所有试验曲线与模型曲线的对比见附录 E。

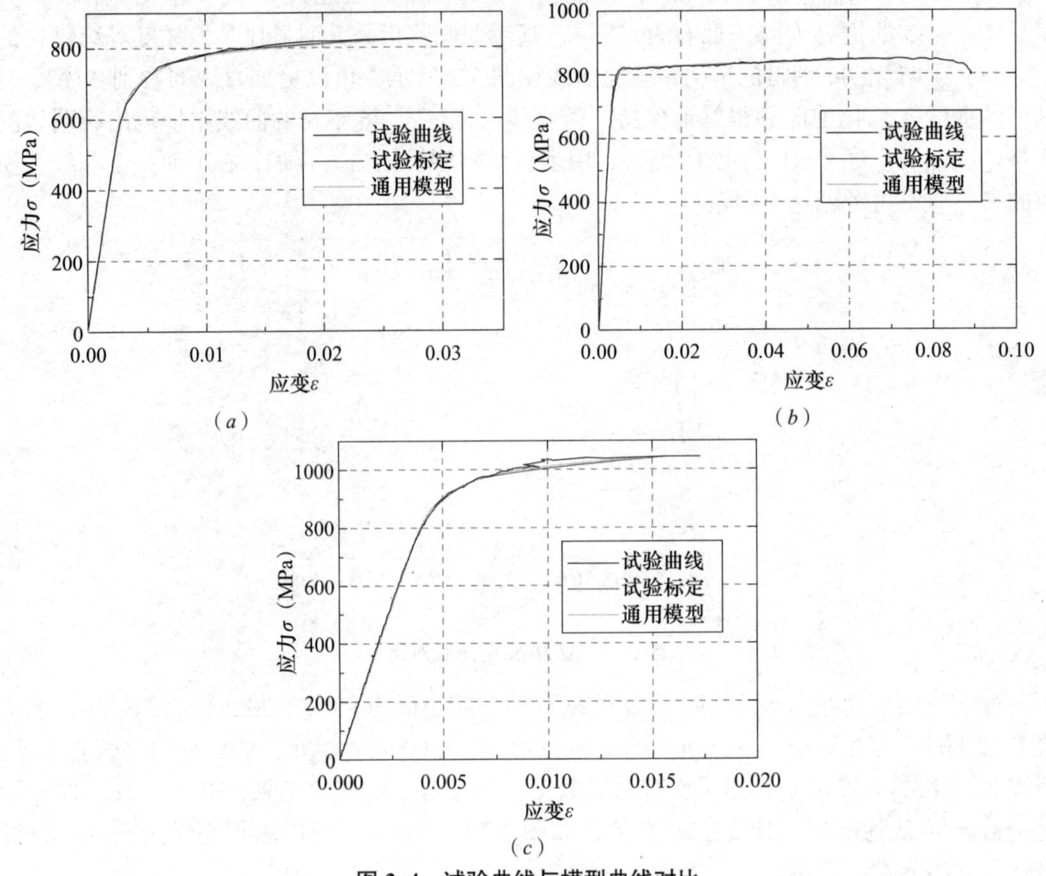

图 3.4　试验曲线与模型曲线对比

（*a*）试件 1；（*b*）试件 31；（*c*）试件 46

3.1.3　修正的多折线本构模型

非线性本构模型能够很好地模拟高强钢的应力 - 应变关系，但从一开始就需要进行迭代运算，可能给使用带来不便，即使对于计算机也可能耗费相当大的代价。因此，本节将基于 3.1.2 节提出的非线性本构模型，进行适当简化，以满足实际使用的需求。

从前面的分析可以看到，无屈服平台的高强钢在应力到达条件屈服强度前，可以分为两个阶段：第一阶段，应力 - 应变能够保持一定的线性关系，斜率即为初始的弹性模量；第二阶段，切线模量逐渐偏离初始的弹性模量，曲线弯折。对式（3.1）两边求微分并进行整理，可得下式：

$$\frac{\mathrm{d}\sigma}{\mathrm{d}\varepsilon}=\frac{E}{1+0.002n\left(\frac{\sigma}{\sigma_{0.2}}\right)^{n-1}\frac{E}{\sigma_{0.2}}} \tag{3.8}$$

取 $E = 2.06\times10^5$MPa，$n = 16$，$\sigma_{0.2}$ 按表 3.2 中的 f_y 取值，可以得到表 3.3。通过比较，选择 $\sigma/\sigma_{0.2} = 0.85$ 的点作为第一次变模量点，此时切线模量变为初始弹性模量的 50% 左右。

屈服前切线模量的变化　　表 3.3

$\frac{\sigma}{\sigma_{0.2}}$	$\frac{d\sigma}{d\varepsilon}/E$					
	Q460	Q500	Q550	Q620	Q690	Q960
0.1	1.000	1.000	1.000	1.000	1.000	1.000
0.2	1.000	1.000	1.000	1.000	1.000	1.000
0.3	1.000	1.000	1.000	1.000	1.000	1.000
0.4	1.000	1.000	1.000	1.000	1.000	1.000
0.5	1.000	1.000	1.000	1.000	1.000	1.000
0.6	0.993	0.994	0.994	0.995	0.996	0.997
0.7	0.936	0.941	0.946	0.952	0.957	0.968
0.75	0.839	0.850	0.862	0.876	0.887	0.916
0.8	0.665	0.683	0.703	0.728	0.748	0.805
0.85	0.444	0.465	0.489	0.518	0.545	0.625
0.9	0.253	0.269	0.288	0.314	0.337	0.414
1	0.065	0.071	0.077	0.086	0.095	0.127

当 $\sigma > \sigma_{0.2}$ 时，从曲线并结合式（3.2）可以看到，切线模量是逐渐变小的，涉及的因素包括屈强比、极限应变等，关系没有 $\sigma \leqslant \sigma_{0.2}$ 时那么明确。经过试算比较，确定在 $\sigma = (\sigma_{0.2} + \sigma_u)/2$ 处进行第三次模量变化，此时对应的应变按照式（3.2）计算。

因此，建议修正的多折线本构模型如图 3.5 所示。

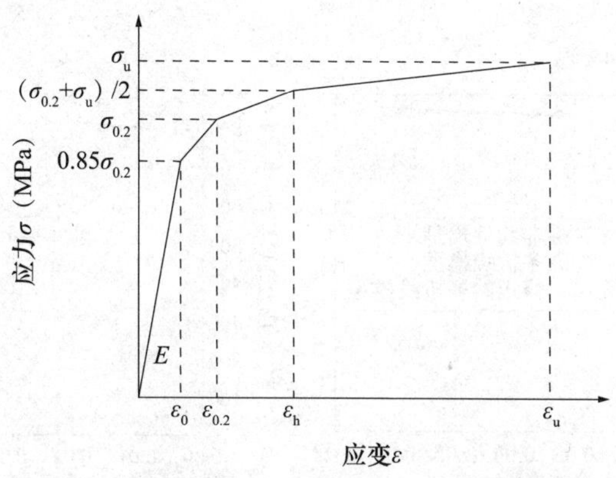

图 3.5　高强钢应力-应变关系修正的多折线模型

其中，

$$\varepsilon_0=\frac{0.85\sigma_{0.2}}{E} \tag{3.9}$$

$$\varepsilon_{\mathrm{h}}=\frac{\sigma-\sigma_{0.2}}{E_{0.2}}+0.5^{m}\left(\varepsilon_{\mathrm{u}}-\frac{\sigma_{\mathrm{u}}-\sigma_{0.2}}{E_{0.2}}-\varepsilon_{0.2}\right)+\varepsilon_{0.2} \tag{3.10}$$

式中，$\varepsilon_{0.2}$ 按式（3.4）计算。

3.1.4 模型对比

将不同的高强钢单调荷载作用下的本构模型绘制在一张图里，包括不带屈服平台的多折线模型、通用的非线性模型和修正的多折线模型，如图 3.6 所示。其中屈服强度、极限强度和极限应变均按表 3.2 取值，n 取 16，m 按照式（3.7）计算。

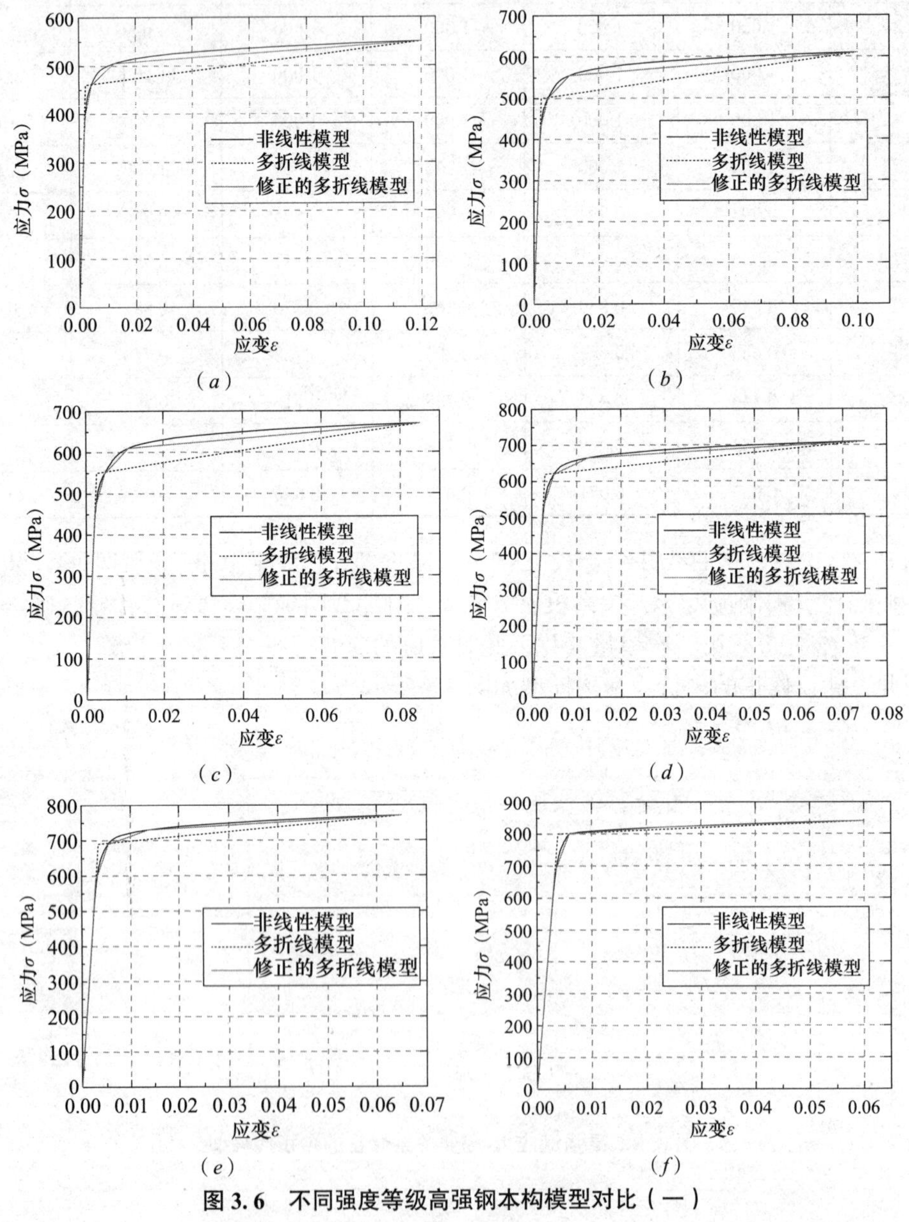

图 3.6　不同强度等级高强钢本构模型对比（一）

（a）Q460；（b）Q500；（c）Q550；（d）Q620；（e）Q690；（f）Q800

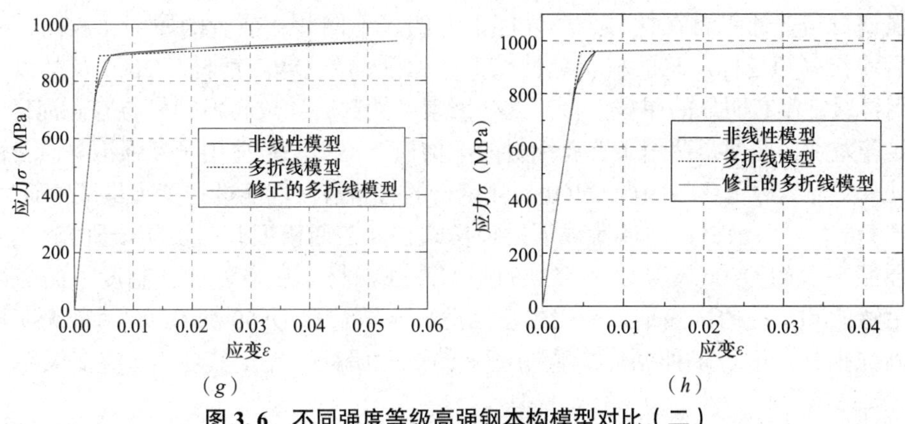

图 3.6　不同强度等级高强钢本构模型对比（二）

(*g*) Q890；(*h*) Q960

从图 3.6 中可以看到，由于多折线模型假设应力 - 应变在 $\sigma_{0.2}$ 之前均保持线性关系，故多折线模型中 $\sigma_{0.2}$ 对应的应变是不准确的，也无法描述出切线模量减小。由于考虑了切线模量的减小修正的多折线模型，在 $0.85\sigma_{0.2}$ ～（$\sigma_{0.2}+\sigma_{u}$）/2 区间对高强钢的应力 - 应变关系模拟相对准确。多折线模型在强化段预测的应力均比非线性模型低，而修正的多折线模型因为在强化段加入了一段修正，因此能够相对准确地模拟强化段的应力 - 应变关系。同时还可以看到，随着钢材强度的提高，模型的强化段斜率降低，强化现象越不明显，这与试验曲线一致。

综上所述，非线性模型可以很准确地模拟高强钢在单调荷载作用下的应力 - 应变关系。修正的多折线模型在兼顾效率和准确性上，要比非线性模型和多折线模型更具优势。

3.2　高强度钢材材料循环力学性能

3.2.1　概述

除了高强钢的单调本构关系外，高强钢材在循环荷载作用下的本构模型是结构抗震设计时进行弹塑性地震响应分析的基础，如果本构模型选取不当，则计算结果会受到很大影响。关于钢材的滞回性能及本构模型，需要重点关注。

（1）屈服平台现象。普通强度钢材的单调拉伸应力 - 应变曲线通常会表现出明显的屈服平台，而随着屈服强度进一步增大，屈服平台消失。屈服平台存在与否直接影响循环荷载下的应力 - 应变关系。

（2）等向强化效应。等向强化反映了钢材屈服面的大小变化，与循环强化或软化现象密切相关，会直接影响循环荷载下的应力水平。

（3）随动强化效应。随动强化反映了钢材屈服面的移动规律，与钢材卸载再加载的 Bauschinger 效应密切相关，会直接影响循环荷载下的刚度和应力 - 应变关系的非线性程度。

（4）应变幅依赖性。不同应变幅下钢材的应力 - 应变关系可能会有差异；在某一应变幅的常幅循环下，钢材的应力 - 应变关系最终会趋于稳定状态。因此，应变幅依赖性反映了钢材当前应力 - 应变关系受加载历史的影响。

高强钢材与普通钢材在材料力学性能上有明显不同[17]：前者的屈强比较高，极限应变、断后伸长率等指标反映的材料延性较低；除了部分 Q460 钢材，Q500 及其以上牌号的高强钢材通常没有明显的屈服平台。这些因素必然都会导致高强钢材与普通钢材的滞回行为有显著差别，即便是适用于普通钢材的本构模型也不一定适用于高强钢材。目前国内学者对具有明显屈服平台的国产 Q460 高强钢材的材料滞回性能进行了大量试验研究[18-21]，也对国产 Q690 高强钢材在循环荷载下的损伤累积及滞回模型开展了初步研究[22]。然而，针对无屈服平台的 Q500 及其以上牌号的国产高强钢材，在多种加载制度下的滞回性能还需要足够的和系统的试验结果来支撑。因此，本节选取 Q550 和 Q690 两种无明显屈服平台的高强钢材，进行多种循环加载制度下的试验研究，确定其应力 - 应变关系的循环特性。

3. 2. 2　试验方案

本次试验设计了 14 种加载制度，每种加载制度下进行 1 个材性试件的试验，其中 Q550 和 Q690 钢材各 16 个试件，多余的 2 个试件作为试验出现意外或失败后的补充。试验在清华大学力学系进行。为了尽可能地降低较大压应变下试件屈曲的可能性，参考美国规范 ASTM E466-15[23] 和 ASTM E606/E606M-12[24] 的设计要求，同时结合试验设备的加载条件，Q550 和 Q690 材性试件的具体几何尺寸如图 3.7 所示，均从 48mm 厚钢板中取样得到。试件有效长度部分（平行段）的长宽比为 1.5（15mm/10mm），可以比较好地防止试件受压时过早发生屈曲。

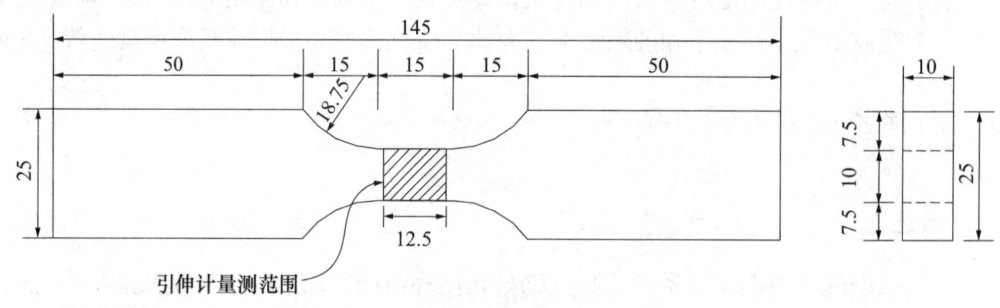

图 3. 7　试件的几何尺寸（单位：mm）

各种加载制度如图 3.8 和表 3.4 所示，包括 1 种单调拉伸及 13 种循环加载制度。单调拉伸试验采用位移控制，循环加载试验采用应变控制，加载装置为 Instron Model 8801 拉压扭万能疲劳试验机，如图 3.9 所示。试件的应变根据标距段的变形计算，而标距段的变形利用引伸计测量，其标距为 12.5mm。13 种循环加载制度中，有 5 种等幅循环，应变幅值分别为 0.5%、1%、2%、3% 和 4%；有 2 种分别为逐级上升和逐级下降的变幅循环，应变幅值范围为 0.5% ～ 3%；有 2 种偏心应变（中心分别为 8.5% 和 2%）下的等幅循环和逐级上升变幅循环，前者应变幅值为 1.5%，后者应变幅值范围为 −1% ～ 5%；有 1 种正向（拉方向）幅值逐级上升的半幅循环，反向（压方向）的幅值保持为 0；有 2 种等应变幅差（分别为 1% 和 2%）的移幅循环，应变幅中心始终朝正向（拉方向）移动；最后 1 种为随机加载制度。各种循环加载制度完成之后，均将试件单调拉伸至断裂。

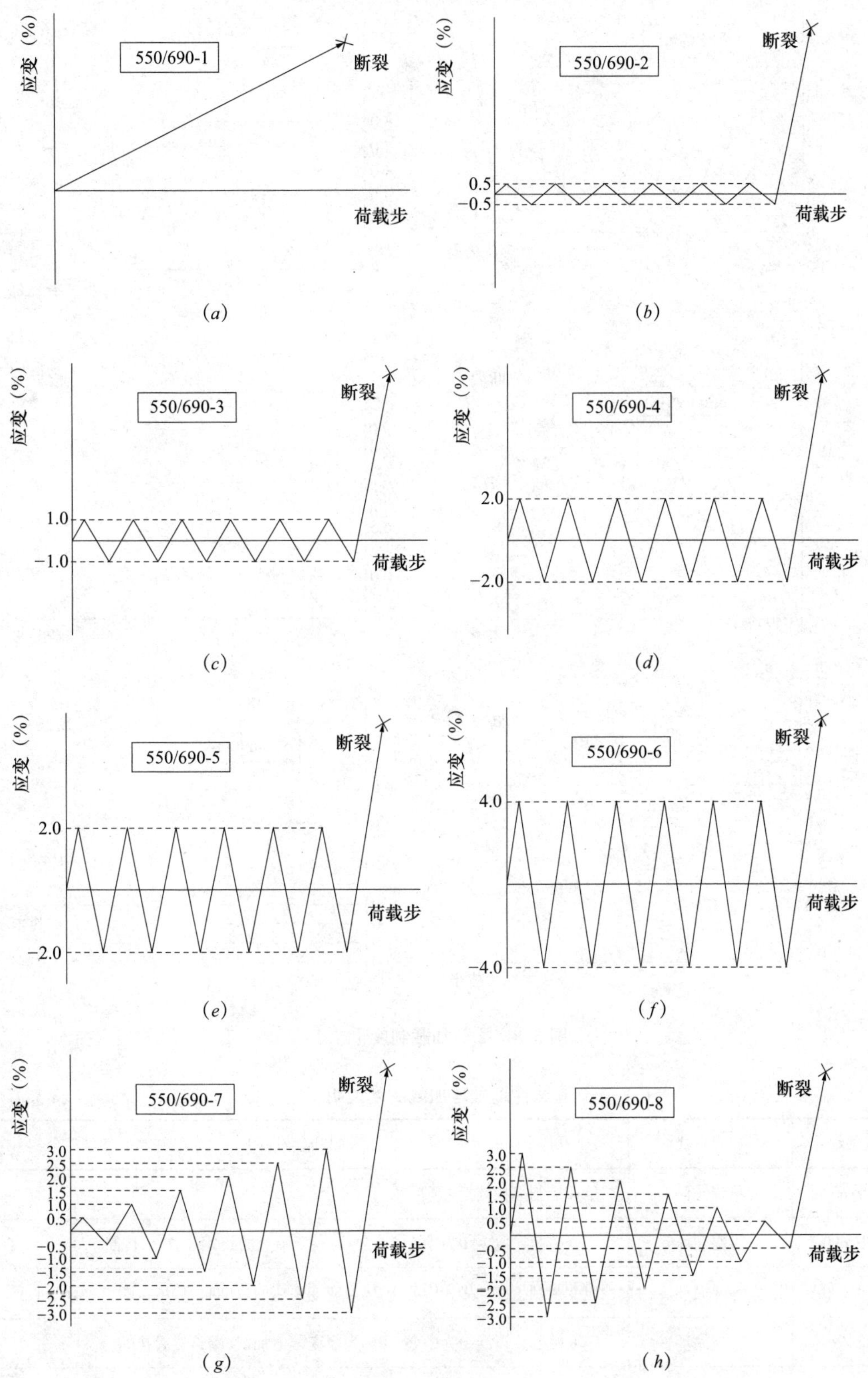
应变（%）
550/690-1
断裂
荷载步
(a)
应变（%）
550/690-2
断裂
0.5
−0.5
荷载步
(b)
应变（%）
550/690-3
断裂
1.0
−1.0
荷载步
(c)
应变（%）
550/690-4
断裂
2.0
−2.0
荷载步
(d)
应变（%）
550/690-5
断裂
2.0
−2.0
荷载步
(e)
应变（%）
550/690-6
断裂
4.0
−4.0
荷载步
(f)
应变（%）
550/690-7
断裂
3.0
2.5
2.0
1.5
1.0
0.5
−0.5
−1.0
−1.5
−2.0
−2.5
−3.0
荷载步
(g)
应变（%）
550/690-8
断裂
3.0
2.5
2.0
1.5
1.0
0.5
−0.5
−1.0
−1.5
−2.0
−2.5
−3.0
荷载步
(h)

图 3.8 循环加载制度（一）

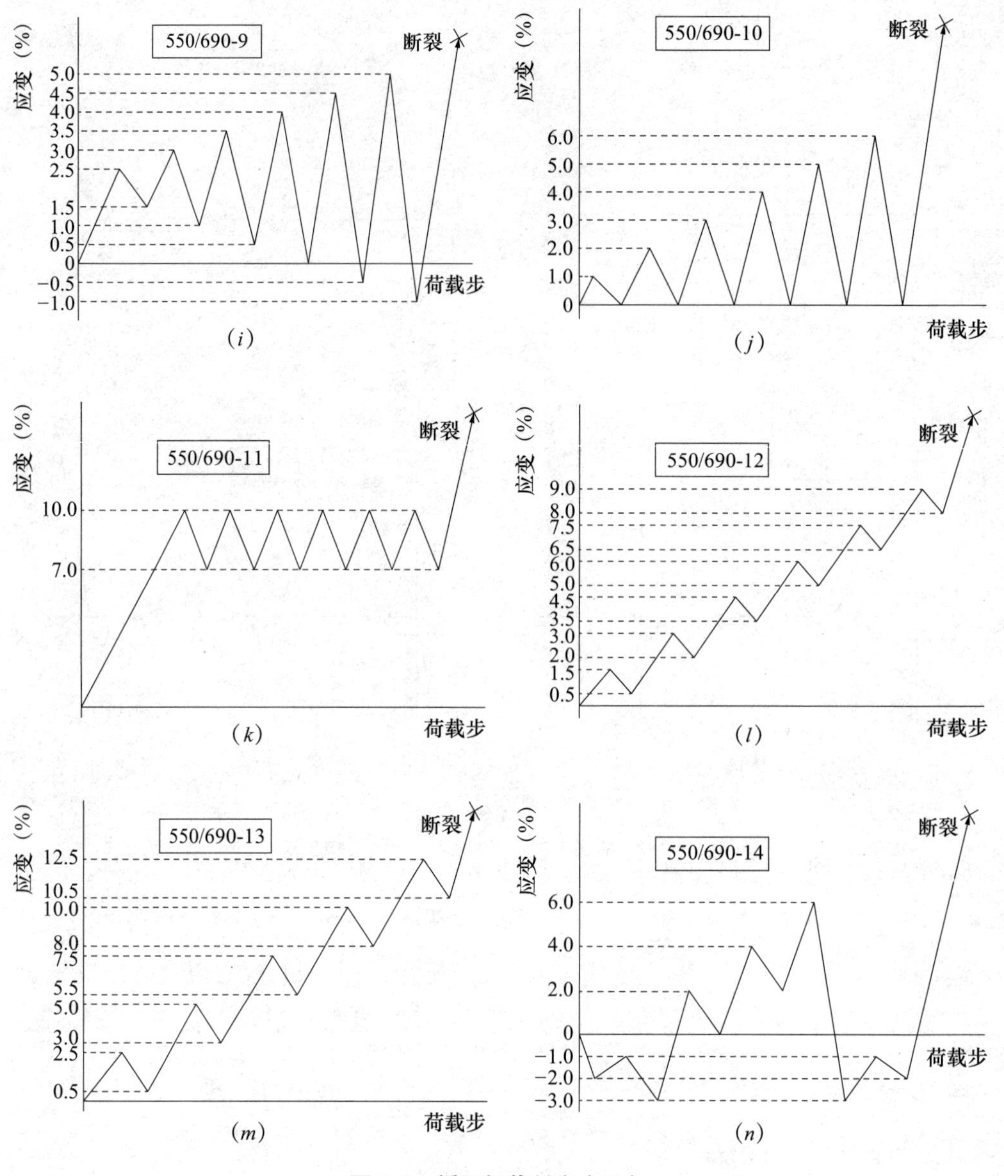

图 3.8　循环加载制度（二）

试件编号与加载制度说明　　表 3.4

试件编号	加载方式	加载制度说明
550/690-1	单调拉伸	位移控制，拉伸至断裂
550/690-2	等幅循环	应变控制，以$\varepsilon=0$为中心，0.5%为应变幅值加载6圈，然后拉断
550/690-3	等幅循环	应变控制，以$\varepsilon=0$为中心，1%为应变幅值加载6圈，然后拉断
550/690-4	等幅循环	应变控制，以$\varepsilon=0$为中心，2%为应变幅值加载6圈，然后拉断
550/690-5	等幅循环	应变控制，以$\varepsilon=0$为中心，3%为应变幅值加载6圈，然后拉断

续表

试件编号	加载方式	加载制度说明
550/690-6	等幅循环	应变控制，以$\varepsilon=0$为中心，4%为应变幅值加载6圈，然后拉断
550/690-7	逐级上升，变幅循环	应变控制，以$\varepsilon=0$为中心，按等应变幅增量0.5%对称逐级加载至3%，每级循环1次，完成后拉断
550/690-8	逐级下降，变幅循环	应变控制，以$\varepsilon=0$为中心，按等应变幅增量-0.5%对称逐级加载至0.5%，每级循环1次，起始应变幅值为3.0%，完成后拉断
550/690-9	偏心变幅循环	应变控制，以$\varepsilon=2\%$为中心，按等应变幅增量0.5%逐级加载，每级循环1次，完成后拉断
550/690-10	半幅循环	应变控制，压方向应变幅控制为0，拉方向按等应变幅增量1%逐级加载至6%，每级循环1次，起始应变幅值为1%，完成后拉断
550/690-11	偏心等幅循环	应变控制，以$\varepsilon=8.5\%$为中心，1.5%为应变幅值加载6圈，完成后拉断
550/690-12	移幅循环	应变控制，以1%的等应变幅差朝拉方向逐级加载，完成后拉断
550/690-13	移幅循环	应变控制，以2%的等应变幅差朝拉方向逐级加载，完成后拉断
550/690-14	随机循环	应变控制，应变幅值变化无明显规律

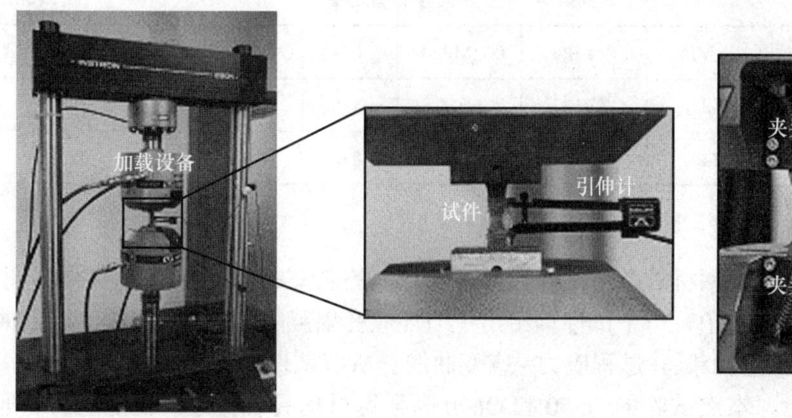

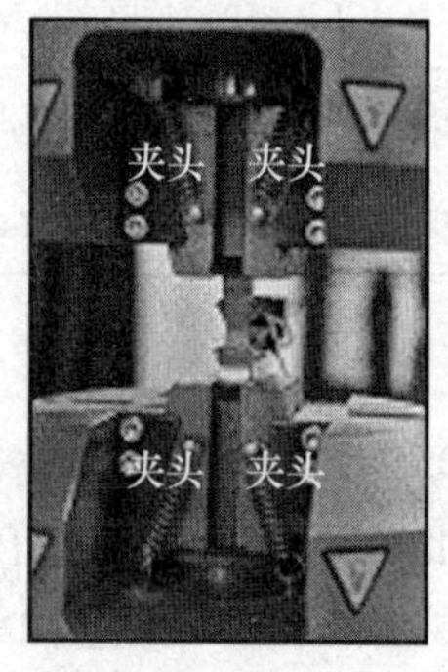

图 3.9 加载装置

3.2.3 试验结果

3.2.3.1 单调性能

各个试件在单调拉伸下的名义应力 - 应变曲线如图 3.10 所示。可以看出，Q550 和 Q690 高强钢材均无明显的屈服平台，屈服后直接进入非线性强化。表 3.5 统计了单调拉伸下的主要力学性能参数，其中 E 为初始弹性模量，$f_{0.01}$ 和 $f_{0.2}$ 分别为残余塑性应变达到 0.01% 和 0.2% 所对应的名义应力（定义 $f_{0.01}$ 和 $f_{0.2}$ 作为钢材的比例极限和条件屈服强度），f_u 和 ε_u 分别为名义极限强度和极限应变（对应最大拉力），f_f 和 ε_f 分别为名义断裂强度及其对应的应变，$f_{0.2}/f_u$ 为钢材的屈强比，δ 为断后伸长率。本次试验的两种高强钢材的实际条件屈服强度均略小于其名义屈服强度（550MPa 和 690MPa）；虽然两种钢材名义极限强度对应的极限应变均为 8.0%，仅达到普通钢材（如 Q235 和 Q345 钢材）的一半左右，但均满足《建筑抗震设计规范》GB 50011—2010[25] 对钢材屈强比不大于 0.85 的规定；断后伸长率分别达到 60% 和 57%，远远超过上述规范中不低于 20% 的规定，说明在抗震钢结构中应用延性较好的 Q550 和 Q690 高强钢材仍然能保证结构有足够的变形能力。

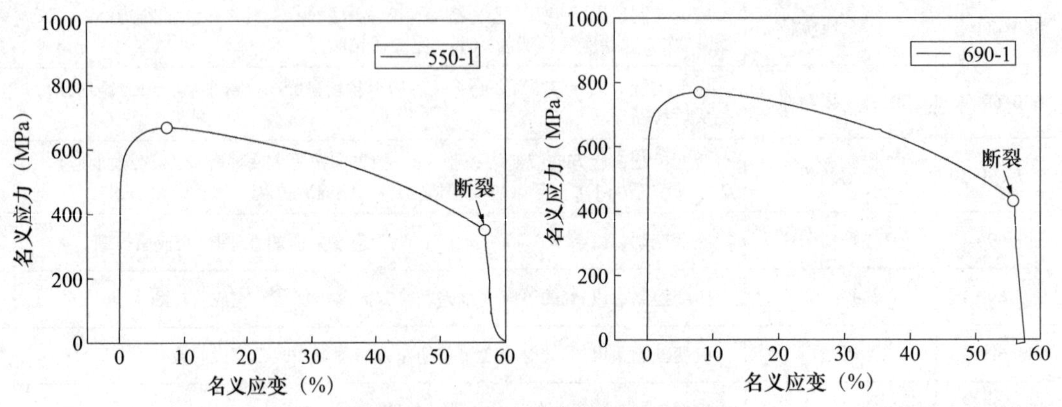

图 3.10　单调拉伸名义应力-应变曲线

单调拉伸的主要力学性能参数　　**表 3.5**

钢材牌号	E（MPa）	$f_{0.01}$（MPa）	$f_{0.2}$（MPa）	f_u（MPa）	ε_u（%）	f_f（MPa）	ε_f（%）	$f_{0.2}/f_u$	δ（%）
Q550	230330	468.0	537.3	669.0	8.0	346.0	56.8	0.80	60.4
Q690	242800	584.8	652.7	768.6	8.0	425.5	55.9	0.85	57.5

3.2.3.2　滞回性能

Q550 和 Q690 高强钢材的各个试件在循环加载下的名义应力 - 名义应变曲线分别如图 3.11 和图 3.12 所示，其中，每个试件均给出了循环应变幅范围内的应力 - 应变滞回曲线以及加载至最终拉断的整个试验过程应力 - 应变曲线。所有试件的滞回曲线均十分饱满，说明进入塑性变形后，本次试验的 Q550 和 Q690 高强钢材均具有良好的耗能能力。通过对滞回曲线的观察，可以发现几个重要特点：

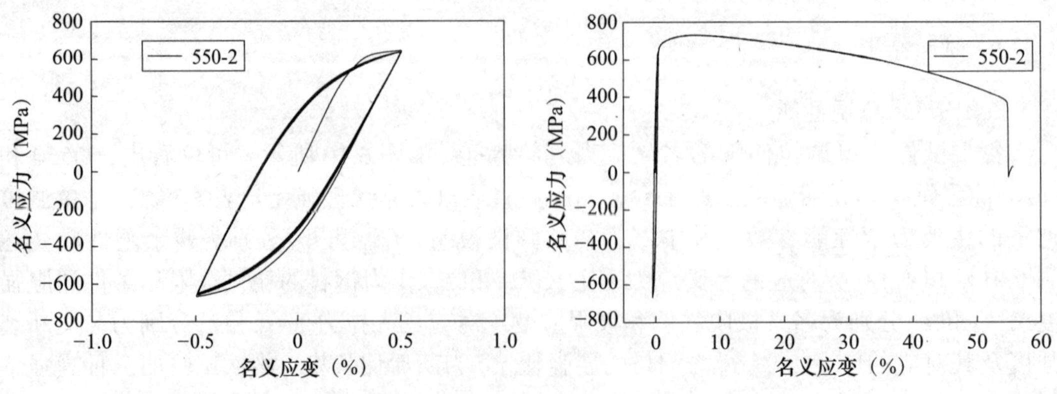

图 3.11　Q550钢材循环加载名义应力-名义应变曲线（一）

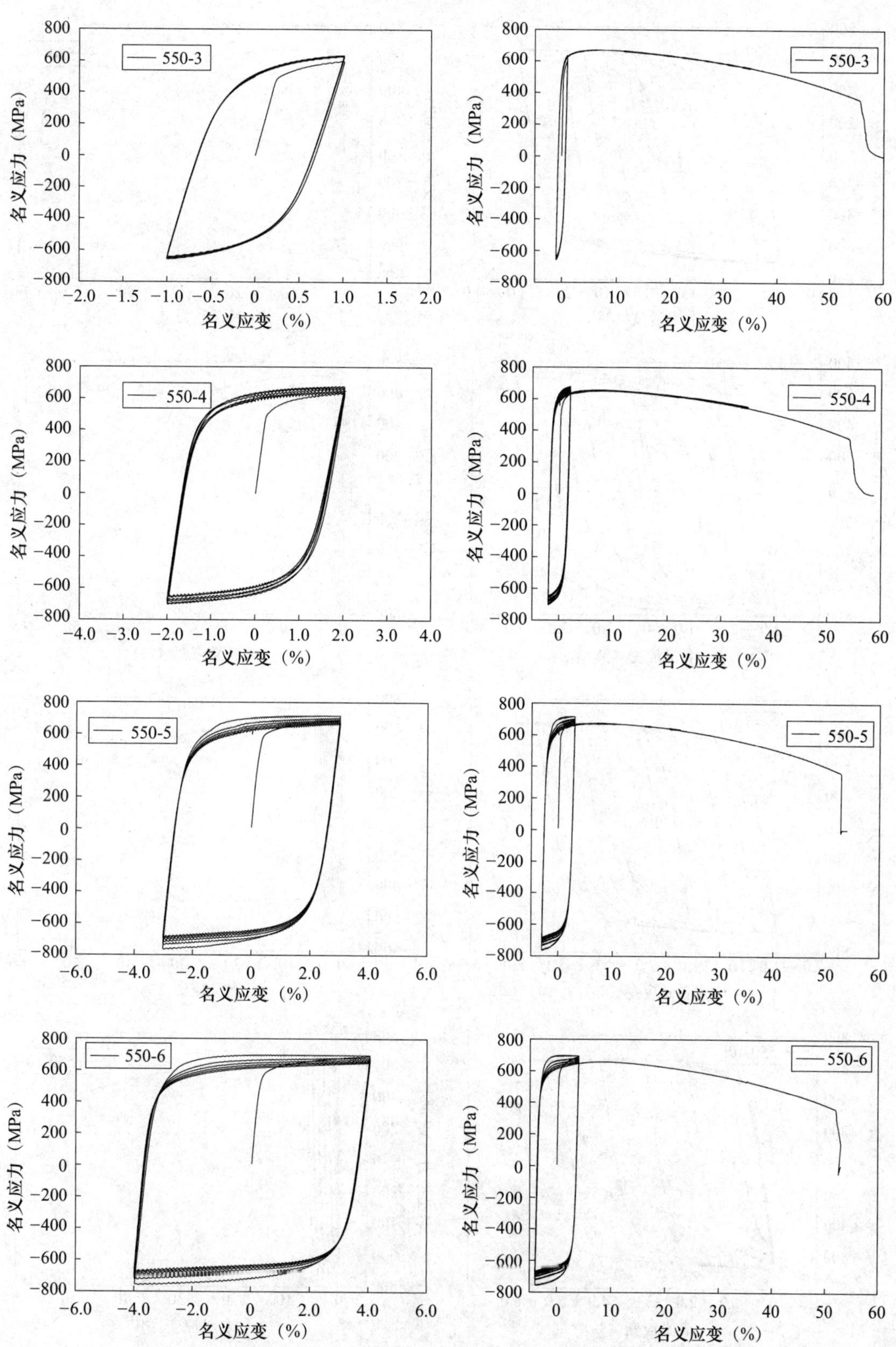

图 3.11 Q550钢材循环加载名义应力-名义应变曲线（二）

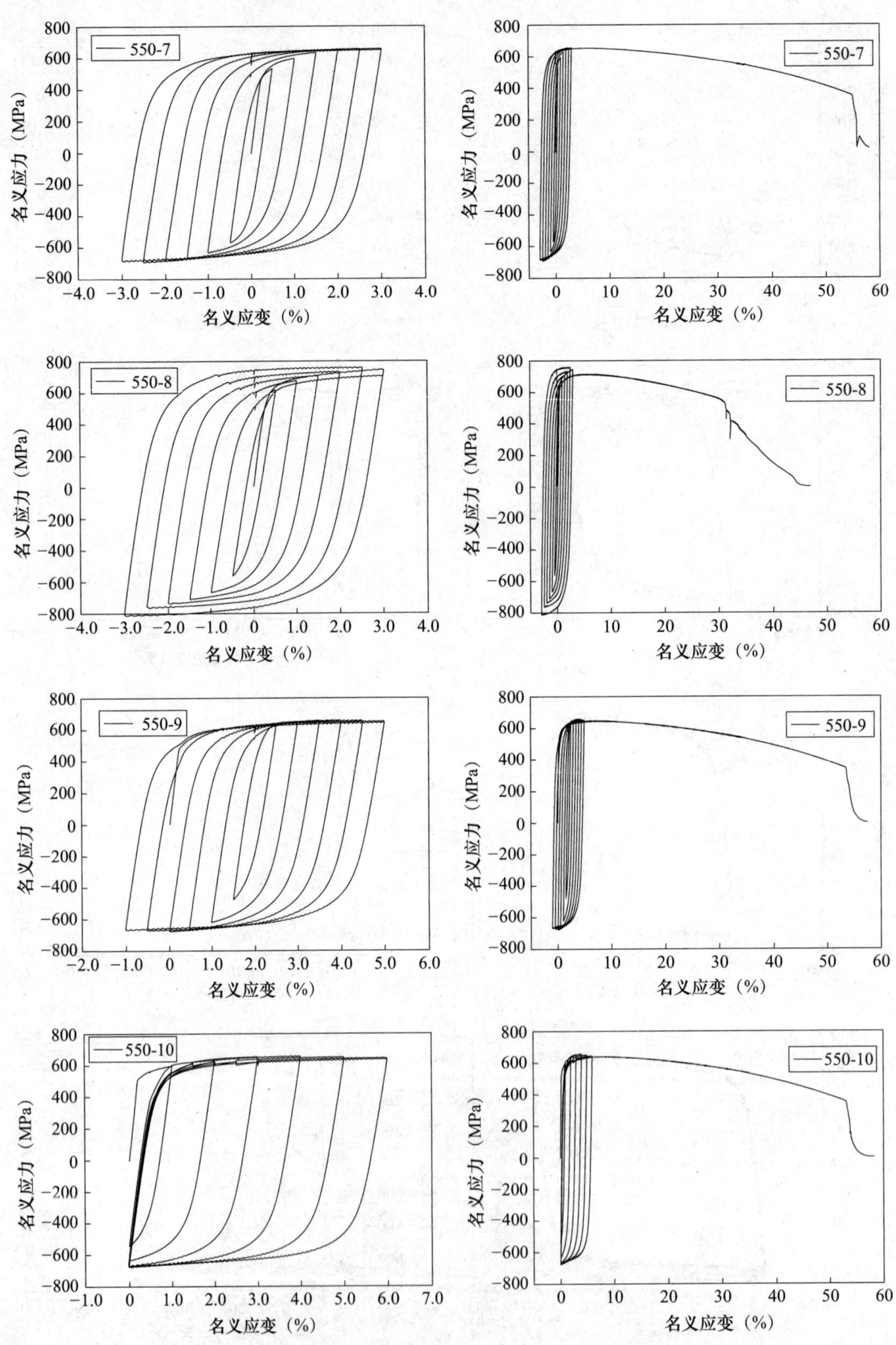

图 3.11　Q550钢材循环加载名义应力-名义应变曲线（三）

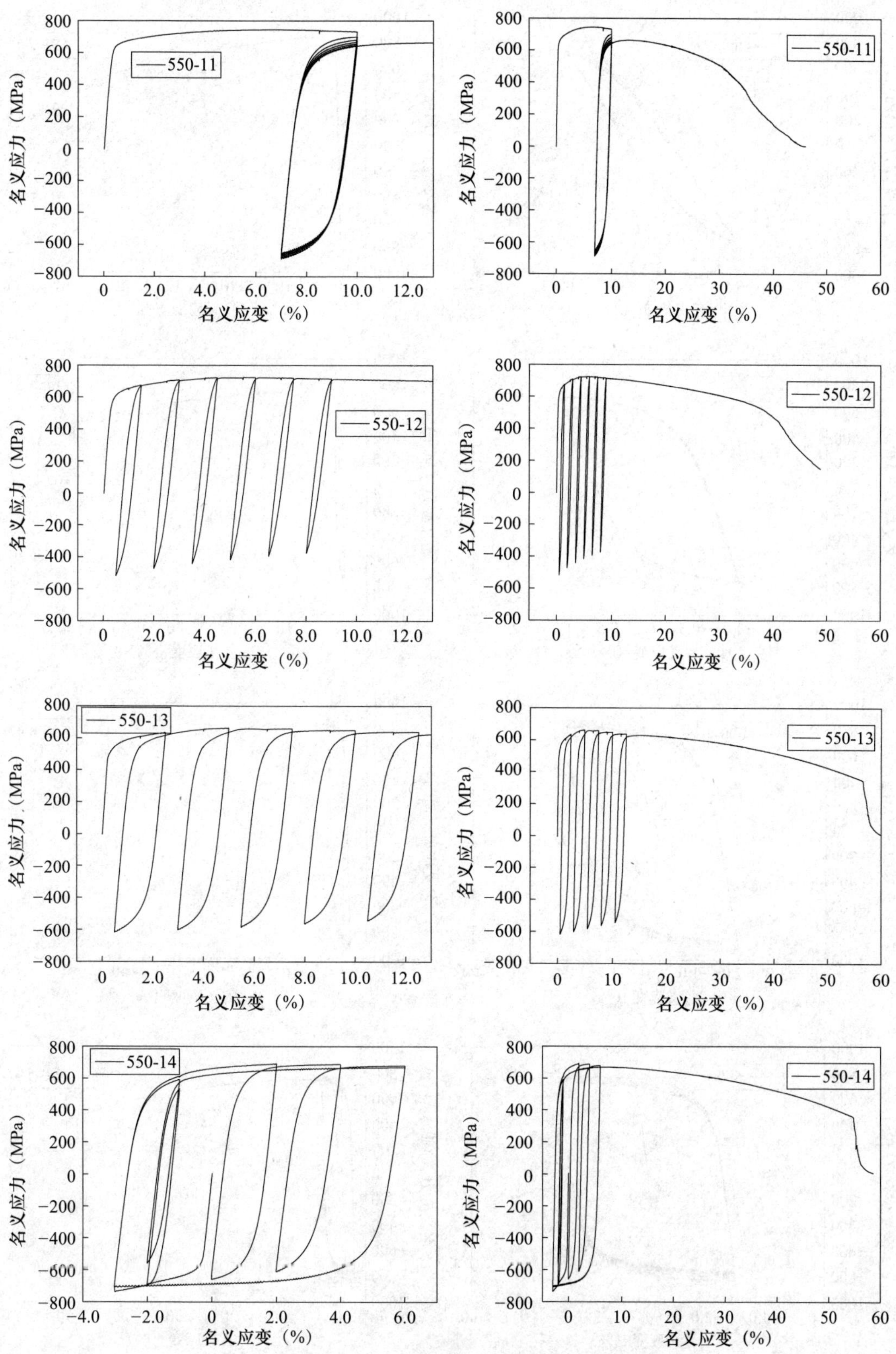

图 3. 11 Q550钢材循环加载名义应力-名义应变曲线（四）

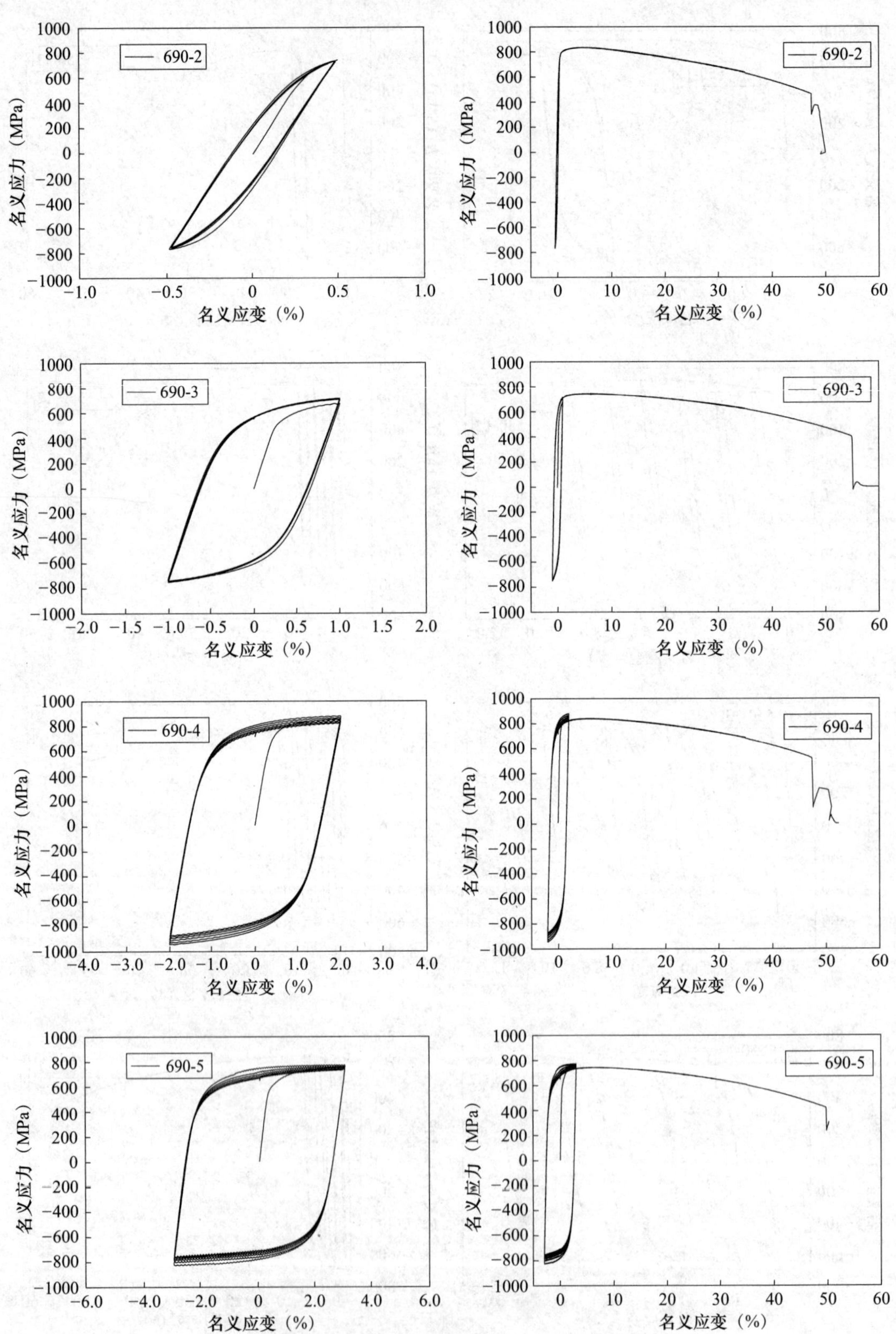

图 3.12　Q690钢材循环加载名义应力-名义应变曲线（一）

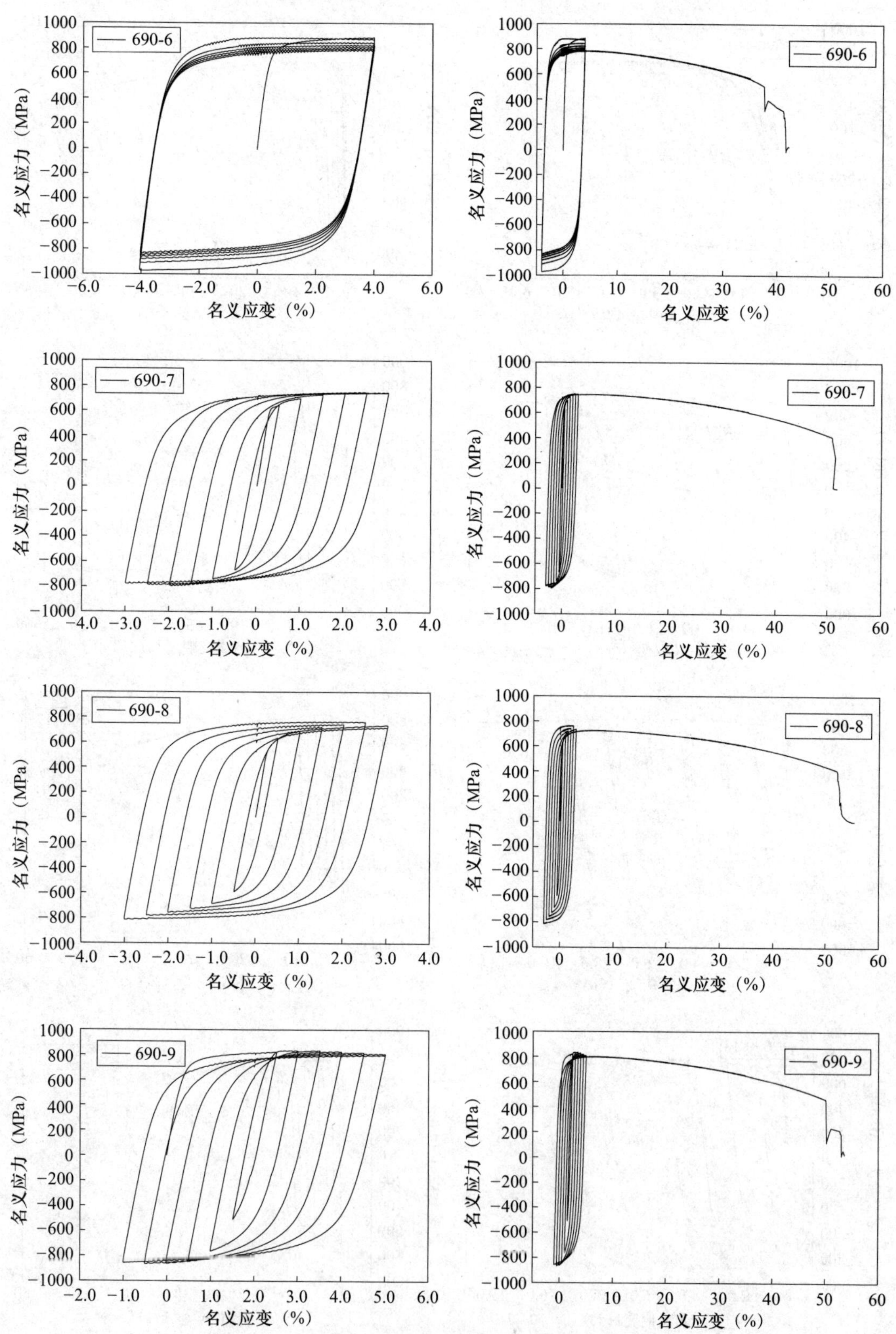

图 3.12 Q690钢材循环加载名义应力-名义应变曲线（二）

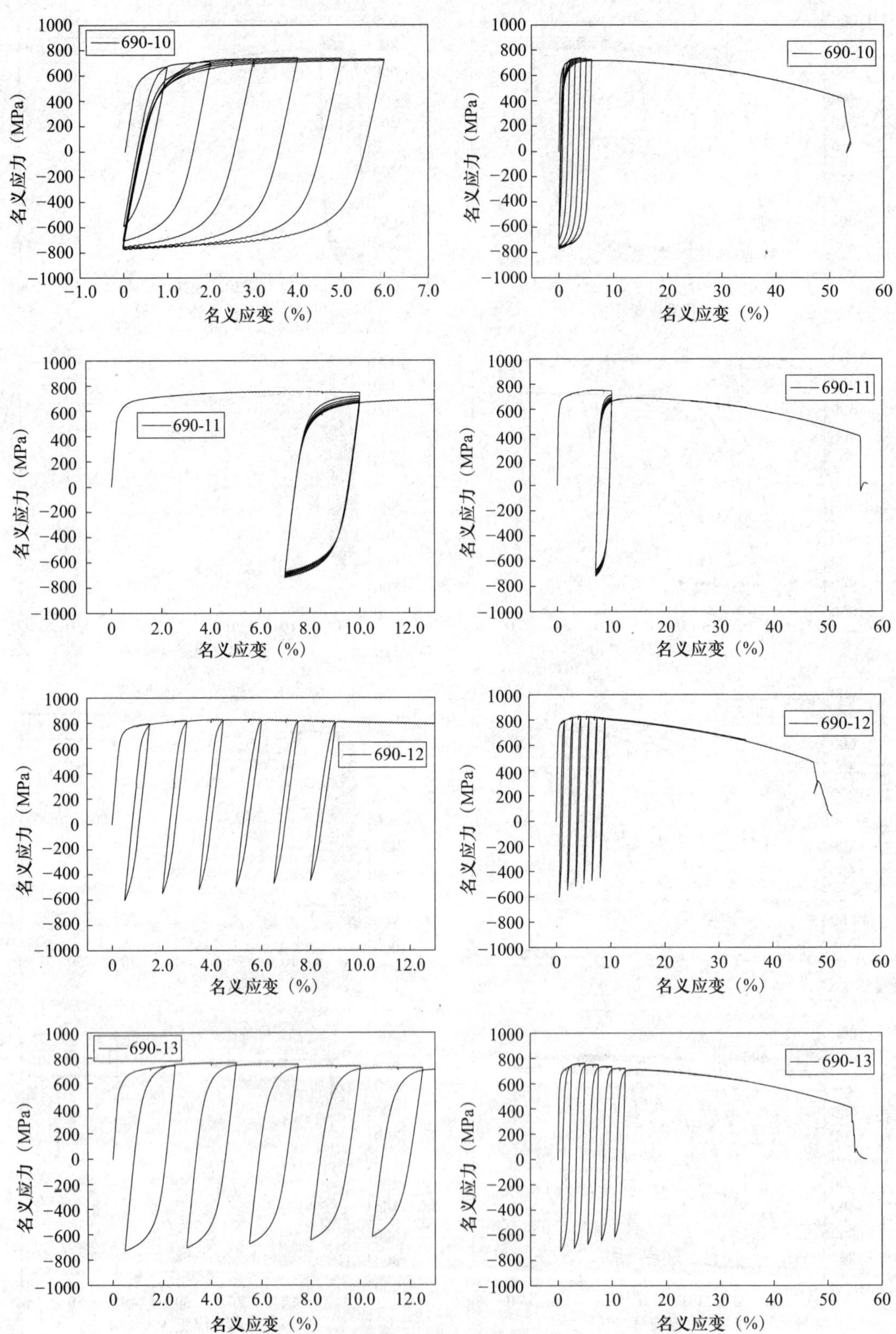

图 3.12　Q690钢材循环加载名义应力-名义应变曲线（三）

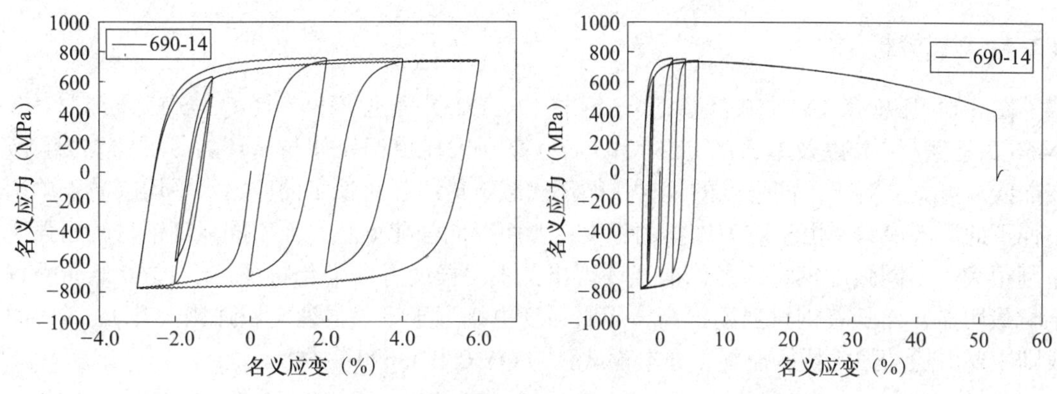

图 3.12 Q690钢材循环加载名义应力-名义应变曲线（四）

1）无论是在小应变幅还是大应变幅的常幅循环下，两种钢材的滞回圈及应力均会快速达到稳定状态。

2）即使是在 0.5% 应变幅的常幅循环下，也能从稳定滞回圈观察到明显的弹性范围减小的现象，反映初始屈服后屈服面很可能出现了快速收缩。

3）从各个变幅循环的滞回曲线来看，加载历史对高强钢材滞回曲线的影响程度较小，即等向强化的程度并不显著，两种高强钢材的滞回行为主要反映了随动强化的特征。

3.2.3.3 破坏形态

试件的典型破坏形态包括断裂和屈曲两种，如图 3.13 所示。本次试验的两种高强度钢材材性试件断裂时对应的名义应变均超过 50%，具有很好的延性，在断裂的时候均没有明显的声音。在各个循环加载试验中，当受压应变达到 4% 时，由于没有侧向约束装置，试件很可能会出现屈曲，导致滞回曲线现出应力退化的现象，而这并不是真实的钢材本构关系所引起的。这也说明在实际结构中，相比材料性能发生退化，屈曲可能是导致承载力和刚度退化的主要原因。为了避免屈曲的影响，如图 3.9 所示的试验装置可通过进一步的精细化设计来改进。

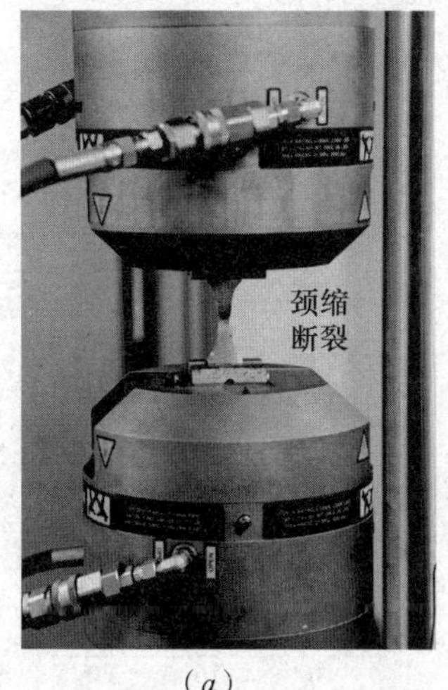

（*a*）

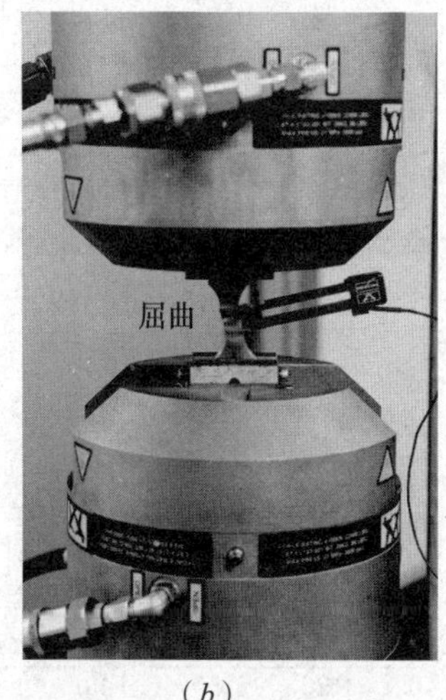

（*b*）

图 3.13 试件的破坏形态

（*a*）受拉颈缩并断裂；（*b*）受压屈曲

3.2.4　对比分析

图 3.14 汇总了 LYP160 低屈服点钢材[26]、Q235 普通钢材[27]、Q345 普通钢材[27]、Q460 高强钢材[18]以及本章的 Q550 和 Q690 高强钢在单调拉伸与循环加载下的应力 - 应变曲线。可见，对于不同强度的钢材，循环加载下最终强化稳定的应力水平均趋向于单调拉伸下的极限应力。由于应力增长的程度主要由等向强化反映，而不同强度钢材的屈强比差别很大，不同强度钢材的滞回曲线表现出了不一样的等向强化特征，LYP160 低屈服点钢材最明显，而随着钢材强度提高，屈服强度更接近于极限强度（屈强比上升），滞回曲线则主要由随动强化特征控制（如本章试验的 Q550 和 Q690 钢材）。

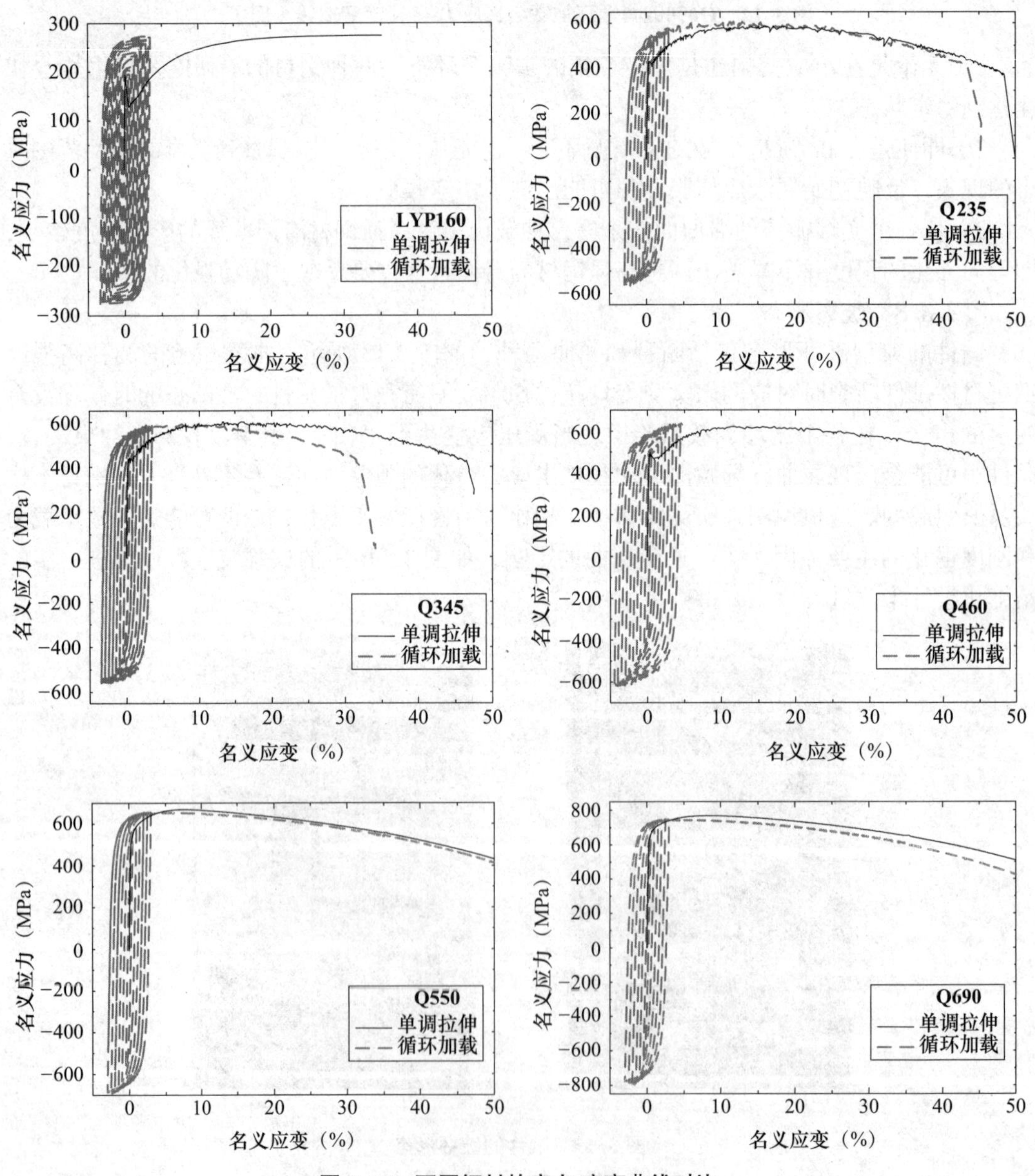

图 3.14　不同钢材的应力-应变曲线对比

3.3 高强度钢材弹塑性循环本构模型

3.3.1 概述

几何非线性和材料非线性是采用数值手段模拟结构在地震下进入大变形时需要考虑的两个重点问题。现在的大型通用有限元程序如 ABAQUS、ANSYS 等对于几何非线性（即二阶效应）的处理已经很成熟；然而，对循环加载或地震作用下钢材的材料非线性的准确模拟并不容易。

关于结构钢材的循环弹塑性理论，在过去几十年内已有大量研究[28-30]。在经典的基于屈服面的弹塑性理论中，需要定义屈服方程、流动法则和强化模型，来描述塑性应变的发展和屈服后的受力行为[31]。钢材通常采用 von Mises 屈服准则、相关流动法则以及等向或随动强化模型。等向强化和随动强化分别表征了屈服面的大小和屈服面的移动（即背应力的变化）。最简单的随动强化模型为 Prager[32] 和 Ziegler[33] 提出的线性随动强化，但通常无法准确模拟实际的强化行为和 Bauschinger 效应。Armstrong 和 Frederick[34] 提出了一种非线性随动强化模型来描述背应力，随后 Chaboche[35, 36] 将其应用于多个线性叠加的背应力分量，从而统一描述不同应变范围的强化规律。同理，等向强化模型中屈服面大小的变化与等效塑性应变的关系可以是线性或非线性的，一般后者能更准确地与试验结果吻合。因此，Zaverl 和 Lee[37] 提出以指数方程的形式来描述，屈服面的大小最终会饱和，该结论也普遍被采纳[38]。此外，Chaboche 等人[39] 发现等向强化不仅由等效塑性应变决定，与塑性应变的幅值也存在相关关系。因此，他们在塑性应变空间提出了记忆面的概念，Ohno[40] 将其泛化推广并成功应用于循环弹塑性本构模型中[41]。对于普通结构钢材，还有一个很重要的力学特性是屈服平台。为了模拟这一现象，Rodzik[42] 改进了背应力方程的积分形式，并提出了屈服平台区的概念；Yoshida[43] 提出了描述屈服点局部应力跳跃现象的模型；Ucak 和 Tsopelas[44, 45] 提出一种基于等效塑性应变和以记忆面描述的加载幅值来判断受力状态处于屈服平台区或强化区的准则。记忆面也可以在应力空间中定义，Yoshida 和 Uemori[46] 采用了这种思路来模拟金属板成形过程中出现的强化停滞现象[47]。贾良玖和 Kuwamura[48] 则修正了 Yoshida-Uemori 模型，以更准确地模拟大应变下有屈服平台结构钢材的循环弹塑性行为。

另外一类理论是 Mróz[49] 和 Iwan[50] 先后提出的多面模型。该理论是由 Besseling[51] 提出的多层模型衍化而来的。多面模型在应力空间中采用一系列的加载面来描述非线性行为，但是，由于数值实现比较复杂，且对分析的存储要求较高，因此 Dafalias 和 Popov[52, 53]、Krieg[54] 以及 Tseng 和 Lee[55] 先后提出了两面模型，即在应力空间仅采用屈服面和边界面[56-58]。其中，边界面永远包围着屈服面，塑性模量则定义为加载点处屈服面和边界面之间距离的函数。Petersson 和 Popov[59, 60] 拓展了 Dafalias-Popov 模型，在屈服面和边界面之间采用一些中间面，来准确描述塑性流动较小时的卸载再加载行为。根据 Petersson-Popov 模型，钢材的循环软化、强化以及平均应力松弛现象能被很好地模拟[61]，还利用构件的滞回性能试验结果对模型进行了验证[62]。皆川勝等人[63-65] 进一步修正了 Petersson-Popov 模型，引入了累积有效塑性应变和有效塑性应变增量作为新的状态变量。为了模拟屈服平台区的循环弹塑性行为，Shen 等人[66-68] 提出了另外一种修正的单轴应力状态下的两面模型，并成功将其泛化应用于多轴应力状态[69-71]；Mahan 等人[72] 则提出了一种新的固定边界面概念来描述屈服平台。Goto 等人[73] 改善了 Dafalias-Popov 模型，在屈服面和边界面之间引入了非连续面的概念，该三面模型能够表征钢材从屈服平台区向应变强化区过渡。Goto 等人[74] 后来又进一步对原始的三面模型进行了修正，引入了一个新的内变量来考虑大应变加载下的行为。除此之外，对更加复杂的应力应变状态下的受力性能，例如非比例加载和畸变的循环强化，也有学者进行了不少研究[75-80]。在利用纤维模型模拟梁、柱构件进行非线性分析时，需要定义材料的单轴应力应变关系，因此，Cofie 和 Krawinkler[81]、Santhanam[82]、Hays[83]、Mahan 等人[72] 以及王萌等人[84-86] 也专门提出了针对一维应力应变状态的钢材滞回模型。

尽管还有其他一些理论可以用来建立钢材的循环弹塑性本构模型，如 Valanis[87, 88] 提出的内时理论[89, 90]，基于屈服面和等向、随动强化的经典弹塑性理论仍然是结构工程领域普遍采纳的材料本构模型，更便于数值实现和应用。因此，大型通用有限元程序 ABAQUS[91] 便采纳了基于该经典理论的 Chaboche 模型。然而，Huang 和 Mahin[92] 指出，虽然 Chaboche 模型可以比较好地描述钢材的非线性力学行为，但在标定材料参数时，根据不同应变幅数据标定的随动强化参数差异很大。普通结构钢材的屈服平台特性也不能准确模拟。至于基于多面理论的模型，其参数标定存在一定困难，需要大量的材料循环加载试验结果。例如，Shen 等人[71] 提出的两面模型需要 3 种循环加载试验来标定 18 个材料参数；Goto 等人[73] 提出的三面模型的参数却是根据构件的循环加载试验结果来标定的，这种标定方法并不合理。因此，从工程计算的实用角度来看，为了准确地预测钢结构在强烈地震作用下的全过程弹塑性力学行为以及应力应变分布，有必要提出一个可以考虑屈服平台现象、循环软化和强化的弹塑性本构模型，且模型的参数便于标定。为此，本节针对不同强度钢材的循环弹塑性本构模型进行理论研究。

3.3.2　有屈服平台的结构钢材循环本构模型

3.3.2.1　模型假定

在单调加载时，具有屈服平台的结构钢材先从初始状态经历线弹性受力至首次屈服，在屈服点附近往往会伴随着应力的上下波动，而后进入一段较长的屈服平台。从宏观应用角度来看，该受力行为可以刻画为理想弹塑性。屈服平台的长度可以采用平台末端对应的塑性应变来描述，如图 3.15 所示。达到该应变后，材料开始进入非线性强化，直至达到极限应力（峰值应力），对应于单调拉伸的材性试件开始颈缩，此时的应变定义为极限应变。极限应力和极限应变均指名义应力和名义应变，材料的真实应力在试件发生颈缩后仍会以接近线性强化的方式持续增长，说明此时的强化模量基本保持为常数[93, 94]。

在循环加载时，具有屈服平台的结构钢材的受力行为比单调加载下复杂得多，且与加载的应变幅密切相关。一般来说，不同应变幅下能够得到不同的稳定滞回圈，连接各个应变幅下稳定滞回圈的顶点便可得到循环骨架曲线[95, 96]，如图 3.16（a）所示。另外，Ucak[44] 及 Elnashai[61] 等人均指出，存在一个塑性应变幅的门槛值 $\bar{\varepsilon}_{st}^{p}$，当循环塑性应变幅小于 $\bar{\varepsilon}_{st}^{p}$ 时，滞回稳定后的应力幅不会超过初始的屈服应力，且会出现循环软化现象；而当其大于 $\bar{\varepsilon}_{st}^{p}$ 时，会出现循环强化现象，滞回稳定后的应力幅会大于初始屈服应力，如图 3.16（b）、（c）所示。循环加载的滞回圈会表现出显著的 Bauschinger 效应，即使是在非常小的应变幅下[97, 98]。这说明，在小应变幅下钢材的弹性范围（屈服面大小）会收缩，而在大应变幅下又会扩张。这一点也可以从已有试验结果[99-101] 中得到验证。此外，在等应变幅的循环加载下，循环软化或强化会出现停滞[48]，平均应力逐步松弛并稳定[61]；然而，一旦从现在的常幅继续扩大应变幅加载，之前稳定的滞回圈会再度表现出循环软化或强化的特征。

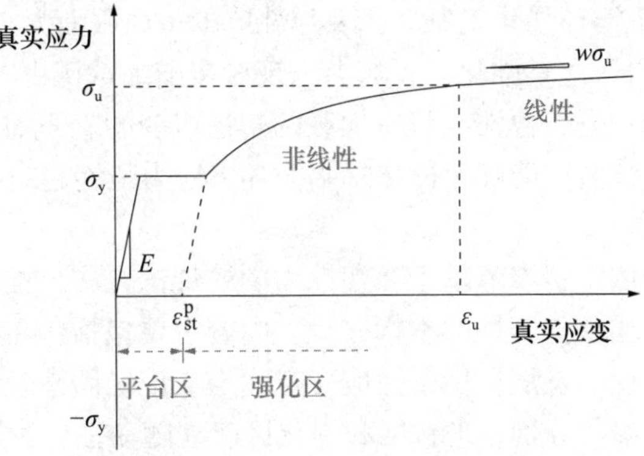

图 3.15 单调拉伸真实应力-真实应变曲线

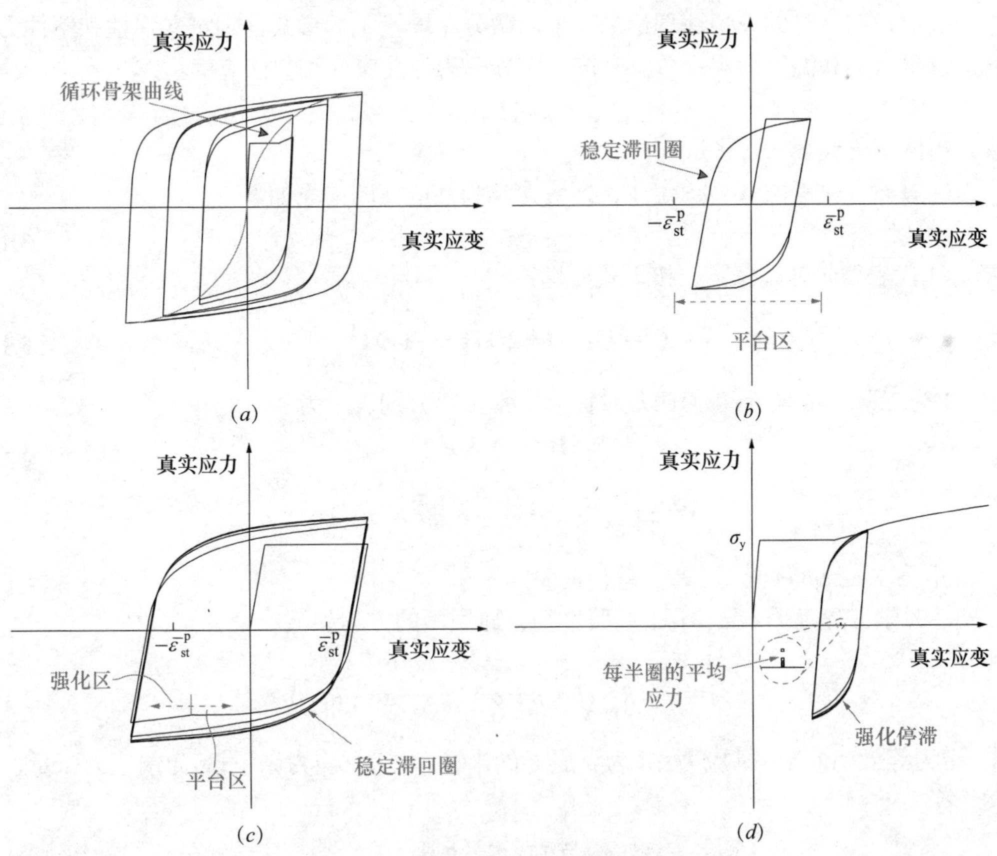

图 3.16 循环加载真实应力-应变曲线

(*a*) 变幅加载；(*b*) 小应变常幅加载；(*c*) 大应变常幅加载；(*d*) 强化停滞及平均应力松弛现象

基于以上现象的阐述，一个合理准确的本构模型必须能够模拟单调加载、小应变幅和大应变幅的循环加载以及随机加载下的软化和强化停滞。因此，建立如下 4 个模型假定：

1）不论是单调还是循环加载，具有屈服平台的结构钢材均存在平台区和强化区。首次屈服时进入平台区，而后根据 Ucak 和 Tsopelas[44] 提出的基于应变幅和等效塑性应变的准则来判断是否进入强化区。

2）在平台区，出现循环软化现象，代表弹性范围（屈服面大小）的收缩。

3）在强化区，出现循环强化现象，代表弹性范围（屈服面大小）的扩张。

4）不论是处于平台区还是强化区，均会出现对当前加载历史（应变幅）的记忆效应，从而确定循环软化或强化是否停滞。只有加载的塑性应变朝着当前记忆面以外发生时，才出现循环软化或强化。该假定能够保证在常幅循环下应力最终趋向于稳定。

3.3.2.2　理论方法

根据上一节的模型假定，本节基于弹塑性力学的理论方法，推导了能够描述具有屈服平台的结构钢材全过程循环弹塑性的本构方程。内容主要包括：在应力空间定义屈服面和流动法则来表示塑性应变的发展，在塑性应变空间定义记忆面来表示过往的加载历史，采用统一的内变量和材料参数分别在平台区和强化区建立随动强化和等向强化方程。

（1）基本方程

一般地，在钢材的弹塑性理论中，采用微分（增量）的形式分别定义弹性和塑性力学方程。忽略时间和温度影响，总应变按下式分解为弹性应变和塑性应变：

$$\dot{\boldsymbol{\varepsilon}}=\dot{\boldsymbol{\varepsilon}}^{\mathrm{e}}+\dot{\boldsymbol{\varepsilon}}^{\mathrm{p}} \tag{3.11}$$

式中，粗体字母代表二阶张量。

弹性力学方程遵循 Hooke 定律，即应力和弹性应变的关系如下：

$$\dot{\boldsymbol{\sigma}}=\mathbf{C}^{\mathrm{e}}:\dot{\boldsymbol{\varepsilon}}^{\mathrm{e}} \tag{3.12}$$

式中，$\mathbf{C}^{\mathrm{e}}$ 代表四阶弹性张量，按下式计算：

$$\mathbf{C}^{\mathrm{e}}=K\mathbf{1}\otimes\mathbf{1}+2G\left(\mathbf{I}-\frac{1}{3}\mathbf{1}\otimes\mathbf{1}\right) \tag{3.13}$$

式中，$\mathbf{1}$ 为二阶单位张量；$\mathbf{I}$ 为四阶对称单位张量，分别表示为：

$$\mathbf{1}=\delta_{ij}\boldsymbol{e}_i\otimes\boldsymbol{e}_j \tag{3.14}$$

$$\mathbf{I}=\frac{1}{2}\left[\delta_{ik}\delta_{jl}+\delta_{il}\delta_{jk}\right]\boldsymbol{e}_i\otimes\boldsymbol{e}_j\otimes\boldsymbol{e}_k\otimes\boldsymbol{e}_l \tag{3.15}$$

式中，δ_{ij} 为 Kronecker 符号；$\boldsymbol{e}_i$ 为单位向量。

塑性力学方程遵循 von Mises 屈服准则，屈服面的方程如下：

$$f=\bar{\sigma}-R=\sqrt{\frac{3}{2}(\boldsymbol{s}-\boldsymbol{\alpha}):(\boldsymbol{s}-\boldsymbol{\alpha})}-R=0 \tag{3.16}$$

式中，$\bar{\sigma}$为等效 von Mises 应力；R 为屈服面的半径；$\boldsymbol{\alpha}$ 为背应力张量；$\boldsymbol{s}$ 为偏应力张量，按下式计算：

$$\boldsymbol{s}=\boldsymbol{\sigma}-\frac{1}{3}\mathrm{tr}(\boldsymbol{\sigma})\mathbf{1} \tag{3.17}$$

式中，“tr” 符号代表张量迹的计算；$\boldsymbol{\sigma}$ 为应力张量。塑性应变的发展采用相关流动法则，按下式计算：

$$\dot{\boldsymbol{\varepsilon}}^{\mathrm{p}}=\dot{\lambda}\frac{\partial f}{\partial\boldsymbol{\sigma}}=\frac{3}{2}\boldsymbol{n}\dot{\lambda} \tag{3.18}$$

式中，$\dot{\lambda}$为正的标量，根据一致性条件 $\mathrm{d}f=0$ 确定；$\boldsymbol{n}$ 为流动方向，即屈服面在当前加载点处的法向，按下式计算：

$$\boldsymbol{n}=\frac{\boldsymbol{s}-\boldsymbol{\alpha}}{\bar{\sigma}} \tag{3.19}$$

为了便于数值实现，$\boldsymbol{n}$ 并不是单位张量，其范数为$\|\boldsymbol{n}\|=\sqrt{2/3}$。等效塑性应变按下式计算：

$$\dot{\bar{\varepsilon}}^{\mathrm{p}}=\sqrt{\frac{2}{3}\dot{\boldsymbol{\varepsilon}}^{\mathrm{p}}:\dot{\boldsymbol{\varepsilon}}^{\mathrm{p}}} \tag{3.20}$$

将式（3-18）代入上式，可得$\dot{\bar{\varepsilon}}^{\mathrm{p}}=\dot{\lambda}$。

（2）记忆效应

记忆面定义在塑性应变空间，用于判断平台区向强化区的过渡，以及模拟循环软化、强化的停滞现象。Chaboche 等人[39] 和 Ohno[40] 提出的记忆面方程形式如下：

$$g=\sqrt{\frac{2}{3}(\boldsymbol{\varepsilon}^{\mathrm{p}}-\boldsymbol{\xi}):(\boldsymbol{\varepsilon}^{\mathrm{p}}-\boldsymbol{\xi})}-r=0 \tag{3.21}$$

式中，$\boldsymbol{\xi}$ 和 $\boldsymbol{r}$ 分别表示记忆面的中心和半径，其表达式如下：

$$\dot{\boldsymbol{\xi}}=(1-c)H(g)\left\langle\boldsymbol{m}:\frac{2}{3}\dot{\boldsymbol{\varepsilon}}^{\mathrm{p}}\right\rangle\boldsymbol{m} \tag{3.22}$$

$$\dot{r}=cH(g)\langle\boldsymbol{n}:\boldsymbol{m}\rangle\dot{\bar{\varepsilon}}^{\mathrm{p}} \tag{3.23}$$

式中，c 为描述记忆面扩张速率的材料参数；$H(\quad)$ 为 Heaviside 函数，即当 $g=0$ 时，$H(g)=1$，当 $g<0$ 时，$H(g)=0$；$<>$ 为 Macaulay 括号，即当 $a>0$ 时，$<a>=a$，当 $a<0$ 时，$<a>=0$；$\boldsymbol{m}$ 为记忆面的法向，其范数为$\|\boldsymbol{m}\|=\sqrt{3/2}$，按下式计算：

$$\boldsymbol{m}=\frac{\boldsymbol{\varepsilon}^{\mathrm{p}}-\boldsymbol{\xi}}{r} \tag{3.24}$$

很明显，材料参数 c 控制着记忆面的随动（即式（3.22）表示的记忆面中心变化）和等向（即式（3.23）表示的记忆面半径变化）强化的相对速率，其值通常取 0 ~ 0.5[40]。

为了区分平台区和强化区，Ucak 和 Tsopelas[44] 提出了如下准则：

$$\begin{aligned}&若\ r\leqslant\bar{\varepsilon}_{\mathrm{st}}^{\mathrm{p}}或\bar{\varepsilon}^{\mathrm{p}}\leqslant\varepsilon_{\mathrm{st}}^{\mathrm{p}}\rightarrow平台区\\&若\ r\leqslant\bar{\varepsilon}_{\mathrm{st}}^{\mathrm{p}}且\bar{\varepsilon}^{\mathrm{p}}>\varepsilon_{\mathrm{st}}^{\mathrm{p}}\rightarrow强化区\end{aligned} \tag{3.25}$$

式中，$\varepsilon_{\mathrm{st}}^{\mathrm{p}}$ 为单拉应力 - 应变曲线（图 3.15）中屈服平台末端的塑性应变；$\bar{\varepsilon}_{\mathrm{st}}^{\mathrm{p}}$ 为塑性应变幅的门槛值（图 3.16b、c），均为材料相关参数。式（3.25）所示的判断准则保证了在循环塑性应变幅小于 $\varepsilon_{\mathrm{st}}^{\mathrm{p}}$ 时钢材一直处于平台区，不会表现任何循环强化；一旦塑性应变幅超过 $\varepsilon_{\mathrm{st}}^{\mathrm{p}}$，若等效塑性应变并未超过 $\varepsilon_{\mathrm{st}}^{\mathrm{p}}$，则仍然处于平台区；直至等效塑性应变也累积达到 $\varepsilon_{\mathrm{st}}^{\mathrm{p}}$，钢材才进入强化区，开始循环强化。

（3）平台区

根据 Mahan 等人[72]、Ucak 和 Tsopelas[44] 的研究，若钢材处于平台区，需要在偏应力空间引入一个固定的边界面，其大小和位置与钢材初始的屈服面相同，但在平台区的整个加载过程中不产生任何变化，如图 3.17 所示。该边界面的方程形式为：

$$l=\sqrt{\frac{3}{2}s:s}-\sigma_{\mathrm{y}}=0 \tag{3.26}$$

式中，σ_{y} 为钢材的初始屈服应力。通过该边界面的约束，平台区的等效应力始终控制在不越过初始屈服应力。在平台区，循环软化所代表的屈服面收缩采用如下非线性方程表示：

$$\dot{R}=b^{\mathrm{s}}(\sigma_{\mathrm{y}}+Q^{\mathrm{s}}-R)\dot{\bar{\varepsilon}}^{\mathrm{p}} \tag{3.27}$$

式中，b^{s} 和 Q^{s} 为材料参数，分别表示屈服面收缩的速率和饱和值（满足 $-\sigma_{\mathrm{y}}<Q^{\mathrm{s}}<0$）。初始状态下 R 为 σ_{y}，$\bar{\varepsilon}^{\mathrm{p}}$ 为 0，上式积分得到：

$$R=\sigma_{\mathrm{y}}+Q^{\mathrm{s}}\left[1-\exp(-b^{\mathrm{s}}\bar{\varepsilon}^{\mathrm{p}})\right] \tag{3.28}$$

上式说明屈服面收缩饱和后的半径为 $\sigma_{\mathrm{y}}+Q^{\mathrm{s}}$。为了模拟常幅循环软化的停滞现象，屈服面仅在加载方向朝当前记忆面以外时出现收缩，定义此时记忆面的材料参数为 c^{s}，则屈服面收缩的方程可重写为：

$$\begin{aligned}&\dot{R}=b^{\mathrm{s}}(\sigma_{\mathrm{y}}+Q^{\mathrm{s}}-R)\dot{\bar{\varepsilon}}^{\mathrm{p}}，当\ g=0\ 且\ \boldsymbol{n}:\boldsymbol{m}>0\\&\dot{R}=0，其他情况\end{aligned} \tag{3.29}$$

为了准确地同时描述单调加载下的屈服平台现象和循环加载下平台区的循环软化现象，需要分别针对首次加载和屈服后卸载再加载的两种受力情况进行分析。

首次加载至屈服时：在单调加载至首次进入屈服时，式（3.26）所示的固定边界面与初始屈服面重合，在加载点处令屈服面的法向与固定边界面的法向相同[44]，即 $\partial f/\partial\boldsymbol{\sigma}=\partial l/\partial\boldsymbol{\sigma}$，整理后可得到背应力的方程如下：

$$\boldsymbol{\alpha}=\left(1-\frac{R}{\sigma_{\mathrm{y}}}\right)\boldsymbol{s} \tag{3.30}$$

易知，在首次屈服进入平台区后，屈服面尽管一直在收缩和移动，与固定边界面在加载点处却是一直处于内切状态。

屈服后卸载再加载：一旦在屈服平台出现了卸载再加载，背应力的变化不再遵循式（3.30）。此时，假设式（3.30）的背应力可分解为各个分量[35, 36]，各个分量的变化规律遵循 Armstrong 和 Frederick[34] 提出的非线性方程：

$$\dot{\boldsymbol{\alpha}}_j^{\mathrm{s}}=\frac{2}{3}C_j^{\mathrm{s}}\dot{\boldsymbol{\varepsilon}}^{\mathrm{p}}-\gamma_j^{\mathrm{s}}\boldsymbol{\alpha}_j^{\mathrm{s}}\dot{\bar{\varepsilon}}^{\mathrm{p}} \tag{3.31}$$

式中，C_j^{s}和γ_j^{s}为平台区随动强化的材料参数。一般来说，采用 2 个背应力分量可以较准确地描述平台区的滞回性能，即：

$$\boldsymbol{\alpha}=\sum_{j=1}^{2}\boldsymbol{\alpha}_j^{\mathrm{s}} \tag{3.32}$$

式（3.31）经过整理后，可得到：

$$\begin{aligned}&\mathrm{d}\left(\sqrt{\frac{3}{2}\boldsymbol{\alpha}_j^{\mathrm{s}}:\boldsymbol{\alpha}_j^{\mathrm{s}}}\right)\\&=\left(\sqrt{\frac{3}{2}}C_j^{\mathrm{s}}\frac{\boldsymbol{n}:\boldsymbol{\alpha}_j^{\mathrm{s}}}{\sqrt{\boldsymbol{\alpha}_j^{\mathrm{s}}:\boldsymbol{\alpha}_j^{\mathrm{s}}}}-\gamma_j^{\mathrm{s}}\sqrt{\frac{3}{2}\boldsymbol{\alpha}_j^{\mathrm{s}}:\boldsymbol{\alpha}_j^{\mathrm{s}}}\right)\mathrm{d}\bar{\varepsilon}^{\mathrm{p}}\leqslant\left(C_j^{\mathrm{s}}-\gamma_j^{\mathrm{s}}\sqrt{\frac{3}{2}\boldsymbol{\alpha}_j^{\mathrm{s}}:\boldsymbol{\alpha}_j^{\mathrm{s}}}\right)\mathrm{d}\bar{\varepsilon}^{\mathrm{p}}\end{aligned} \tag{3.33}$$

式中，运用了$\boldsymbol{n}:\boldsymbol{\alpha}_j^{\mathrm{s}}\leqslant\|\boldsymbol{n}\|\cdot\|\boldsymbol{\alpha}_j^{\mathrm{s}}\|$的不等式关系，$\|\boldsymbol{\alpha}_j^{\mathrm{s}}\|$为背应力分量的范数，即$\|\boldsymbol{\alpha}_j^{\mathrm{s}}\|=\sqrt{\boldsymbol{\alpha}_j^{\mathrm{s}}:\boldsymbol{\alpha}_j^{\mathrm{s}}}$。对上式进行积分，可得到：

$$\sqrt{\frac{3}{2}\boldsymbol{\alpha}_j^{\mathrm{s}}:\boldsymbol{\alpha}_j^{\mathrm{s}}}\leqslant\frac{C_j^{\mathrm{s}}}{\gamma_j^{\mathrm{s}}}-\frac{\exp\left[-\gamma_j^{\mathrm{s}}(\bar{\varepsilon}^{\mathrm{p}}+\mathrm{const})\right]}{\gamma_j^{\mathrm{s}}} \tag{3.34}$$

式中，const 代表由初始条件确定的常量。若以α_j^{s}和 ε^{p} 分别代表单轴应力状态下的背应力和塑性应变，则给定某个单调加载路径（比如循环加载中的半圈），式（3.31）和式（3.34）可分别重写为：

$$\dot{\alpha}_i^{\mathrm{s}}=C_i^{\mathrm{s}}\dot{\varepsilon}^{\mathrm{p}}-\gamma_i^{\mathrm{s}}\alpha_i^{\mathrm{s}}|\dot{\varepsilon}^{\mathrm{p}}| \tag{3.35}$$

$$\alpha_j^{\mathrm{s}}=\pm\frac{C_j^{\mathrm{s}}}{\gamma_j^{\mathrm{s}}}+\left(\alpha_{j,0}^{\mathrm{s}}\mu\frac{C_j^{\mathrm{s}}}{\gamma_j^{\mathrm{s}}}\right)\exp\left(-\gamma_j^{\mathrm{s}}\left|\varepsilon^{\mathrm{p}}-\varepsilon_0^{\mathrm{p}}\right|\right) \tag{3.36}$$

式中，± 表示加载的方向；$\alpha_{j,0}^{\mathrm{s}}$和$\varepsilon_0^{\mathrm{p}}$分别为背应力和塑性应变的初始值。式（3.34）和式（3.36）均为渐近方程，随着塑性应变的累积均趋近于$C_j^{\mathrm{s}}/\gamma_j^{\mathrm{s}}$（单轴应力状态下有$\left|\alpha_j^{\mathrm{s}}\right|\leqslant C_j^{\mathrm{s}}/\gamma_j^{\mathrm{s}}$，多轴应力状态下有$\sqrt{3/2\boldsymbol{\alpha}_j^{\mathrm{s}}:\boldsymbol{\alpha}_j^{\mathrm{s}}}\leqslant C_j^{\mathrm{s}}/\gamma_j^{\mathrm{s}}$）。与此同时，如图 3.16（*b*）所示，在平台区任何情况下等效应力必须不超过初始屈服应力，在循环软化稳定饱和之后也是如此。因此，背应力分量的饱和值不妨假设为[44]：

$$\sum_{j=1}^{2}\frac{C_j^{\mathrm{s}}}{\gamma_j^{\mathrm{s}}}=-Q^{\mathrm{s}} \tag{3.37}$$

上式表明，各个背应力分量的总饱和值与屈服面收缩的饱和值相等，从而保证屈服面在任意加载情况下均会趋近于但不越过式（3.26）表示的固定边界面。

屈服面的一致性条件为：

$$\dot{f}=\frac{\partial f}{\partial\boldsymbol{\sigma}}:\dot{\boldsymbol{\sigma}}+\frac{\partial f}{\partial\boldsymbol{\alpha}}:\dot{\boldsymbol{\alpha}}+\frac{\partial f}{\partial R}\dot{R}=0 \tag{3.38}$$

假设当前加载方向朝记忆面以外，出现循环软化，将式（3.18）、式（3.27）、式（3.31）和式（3.32）代入上式，同时利用$\partial f/\partial\boldsymbol{\alpha}=-\partial f/\partial\boldsymbol{\sigma}$和$\partial f/\partial R=-1$，可得到如下方程：

$$\dot{\lambda}=\frac{1}{H}\left(\frac{\partial f}{\partial\boldsymbol{\sigma}}:\dot{\boldsymbol{\sigma}}\right) \tag{3.39}$$

$$H=\sum_{j=1}^{2}\left(C_j^{\mathrm{s}}-\gamma_j^{\mathrm{s}}\boldsymbol{\alpha}_j^{\mathrm{s}}:\frac{\partial f}{\partial\boldsymbol{\sigma}}\right)+b^{\mathrm{s}}(\sigma_{\mathrm{y}}+Q^{\mathrm{s}}-R) \tag{3.40}$$

式中，H 为强化模量。注意到$\dot{\lambda}$是一个正的标量，那么根据式（3.39），H 也必须为正，因为塑性加载时$(\partial f/\partial\boldsymbol{\sigma}):\dot{\boldsymbol{\sigma}}>0$ [31]。所以，给定任一加载路径，随动强化和等向强化（在平台区为屈服面收缩的循环软化）的参数必须满足以下方程：

$$\sum_{j=1}^{2}\left(C_j^{\mathrm{s}}-\gamma_j^{\mathrm{s}}\boldsymbol{\alpha}_j^{\mathrm{s}}:\frac{\partial f}{\partial\boldsymbol{\sigma}}\right)\geqslant b^{\mathrm{s}}(R-Q^{\mathrm{s}}-\sigma_{\mathrm{y}}) \tag{3.41}$$

为了保证任意加载情况均满足上式表达的一致性条件，Ucak 和 Tsopelas[44] 采纳了一个关键假定，即式（3.27）中的材料参数 b^{s} 足够大，使得钢材在首次屈服时屈服面的大小瞬间基本饱和为 $\sigma_{\mathrm{y}}+Q^{\mathrm{s}}$，这样上式中的右边项接近于 0。但是，这种假定显然会过快估计钢材在平台区的循环软化，因为已有的大量试验结果表明在平台区屈服面的半径实际上是以一定的速率随着等效塑性应变的增加而逐渐减小的 [70, 100]。为了克服这一问题，这里进行进一步推导。将式（3.18）代入上式左边项，可得到：

$$\sum_{j=1}^{2}\left(C_j^{\mathrm{s}}-\gamma_j^{\mathrm{s}}\boldsymbol{\alpha}_j^{\mathrm{s}}:\frac{\partial f}{\partial\boldsymbol{\sigma}}\right)=\sum_{j=1}^{2}\gamma_j^{\mathrm{s}}\left(\frac{C_j^{\mathrm{s}}}{\gamma_j^{\mathrm{s}}}-\frac{3}{2}\boldsymbol{\alpha}_j^{\mathrm{s}}:\boldsymbol{n}\right)\geqslant\min_j\left(\gamma_j^{\mathrm{s}}\right)\left(\sum_{j=1}^{2}\frac{C_j^{\mathrm{s}}}{\gamma_j^{\mathrm{s}}}-\frac{3}{2}\boldsymbol{\alpha}:\boldsymbol{n}\right) \tag{3.42}$$

式中利用了以下的不等式关系：

$$\frac{C_j^{\mathrm{s}}}{\gamma_j^{\mathrm{s}}}-\frac{3}{2}\boldsymbol{\alpha}_j^{\mathrm{s}}:\boldsymbol{n}\geqslant\frac{C_j^{\mathrm{s}}}{\gamma_j^{\mathrm{s}}}-\frac{3}{2}\|\boldsymbol{n}\|\cdot\|\boldsymbol{\alpha}_j^{\mathrm{s}}\|\geqslant 0 \tag{3.43}$$

式中还利用了式（3.34）。另一方面，根据式（3-16）和式（3-19），可得到：

$$\frac{3}{2}\boldsymbol{\alpha}:\boldsymbol{n}=\frac{3}{2}\frac{\boldsymbol{\alpha}:(\boldsymbol{s}-\boldsymbol{\alpha})}{R}=\frac{1}{2R}\left(\frac{3}{2}\boldsymbol{s}:\boldsymbol{s}-\frac{3}{2}\boldsymbol{\alpha}:\boldsymbol{\alpha}-R^2\right) \tag{3.44}$$

根据图 3.17（a）可确定如下的三角不等式：

$$\left|\sqrt{\frac{3}{2}\boldsymbol{s}:\boldsymbol{s}}-R\right|\leqslant\sqrt{\frac{3}{2}\boldsymbol{\alpha}:\boldsymbol{\alpha}} \tag{3.45}$$

将上式代入式（3.44），可得到：

$$\frac{3}{2}\boldsymbol{\alpha}:\boldsymbol{n}\leqslant\sqrt{\frac{3}{2}\boldsymbol{s}:\boldsymbol{s}}-R\leqslant\sigma_{\mathrm{y}}-R \tag{3.46}$$

式中利用了式（3.26）的边界条件。综合式（3.37）、式（3.42）和式（3.46），可得到：

$$\sum_{j=1}^{2}\left(C_j^{\mathrm{s}}-\gamma_j^{\mathrm{s}}\boldsymbol{\alpha}_j^{\mathrm{s}}:\frac{\partial f}{\partial\boldsymbol{\sigma}}\right)\geqslant\min_j\left(\gamma_j^{\mathrm{s}}\right)\left(R-Q^{\mathrm{s}}-\sigma_{\mathrm{y}}\right) \tag{3.47}$$

很明显，式（3.41）成立的充分条件如下式所示：

$$\min_j\left(\gamma_j^{\mathrm{s}}\right)\geqslant b^{\mathrm{s}} \tag{3.48}$$

上式表明，只要屈服面收缩的速率小于任意背应力分量的强化速率，平台区屈服面的一致性条件就能始终成立。式（3.37）和式（3.48）可用于后续材料参数的标定方法。另外，从屈服平台卸载时，背应力需要分解为 2 个分量，其初始值根据 Ucak 和 Tsopelas[44]的建议按下式确定：

$$\boldsymbol{\alpha}_j^{\mathrm{s}}=-\frac{1}{Q^{\mathrm{s}}}\frac{C_j^{\mathrm{s}}}{\gamma_j^{\mathrm{s}}}\boldsymbol{\alpha} \tag{3.49}$$

式中，$\boldsymbol{\alpha}$ 根据式（3-30）确定。上式表明各个背应力分量的初始值按其各自强化方程最终饱和值的比例分配。在式（3.37）的前提下，上式保证了各个背应力分量也始终不超过其饱和值。

至此，本小节完整建立了有屈服平台结构钢材在平台区的循环弹塑性模型，如图 3.17 所示。为了保证模型的一致性条件，材料的强化参数需满足式（3.37）和式（3.48）。然而，在非常小的塑性应变幅循环加载下，应力状态可能会出现不满足式（3.26）所示边界条件的情况，因为在充分饱和之前式（3.31）所示的背应力强化量可能会超过屈服面的收缩量。因此，在整个加载过程中式（3.26）均需要校核。当不满足式（3.26）时，背应力依据式（3.30）变化，加载点始终位于边界面上。一旦从边界面再次卸载后再加载，背应力再按照式（3.39）分解为各个分量，然后按式（3.31）和式（3.32）变化。

（4）强化区

一旦式（3.25）所示的判断准则成立，钢材开始进入强化区。此时，式（3.26）所示的边界面失效，如图 3.18（a）所示，同时现有的由式（3.22）～式（3.24）定义的记忆面被抹除，按下式重置[44]：

$$\boldsymbol{\xi}=\boldsymbol{\varepsilon}_0^{\mathrm{p}}\text{且}\ r=0 \tag{3.50}$$

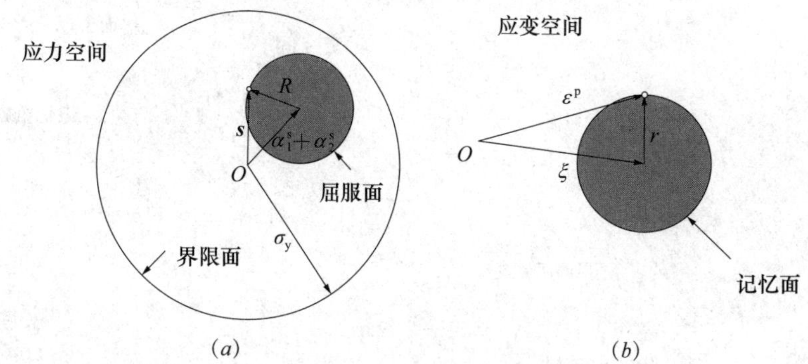

图 3.17　平台区多轴应力和应变空间的几何表示

(a) 屈服面和边界面；(b) 记忆面

式中，ε_0^p 为开始进入强化区时的塑性应变，如图 3.18（b）所示。重置后的记忆面变化规律仍遵循式（3.22）～式（3.24），但此时的初始条件见上式，定义此时记忆面的材料参数为 c^l。

在强化区，循环强化所代表的屈服面扩张采用如下非线性方程表示：

$$\dot{R}=b^l(\sigma_y+Q^s+Q^l-R)\dot{\bar{\varepsilon}}^p \tag{3.51}$$

式中，b^l 和 Q^l 为材料参数，分别表示屈服面扩张的速率和饱和值。为了便于数值实现，假设进入强化区时屈服面的收缩基本饱和，意味着材料参数 b^s 足够大，以保证至少等效塑性应变达到 ε_{st}^p 时屈服面的收缩已基本完成。这样，进入强化区时的初始状态下 R 为 σ_y+Q^s，$\bar{\varepsilon}^p$为 $\bar{\varepsilon}_0^p$（$\bar{\varepsilon}_0^p \geqslant \varepsilon_{st}^p$），上式积分得到：

$$R=\sigma_y+Q^s+Q^l\left[1-\exp\left(b^l\bar{\varepsilon}_0^p-b^l\bar{\varepsilon}^p\right)\right] \tag{3.52}$$

上式表明屈服面扩张饱和后的半径为 $\sigma_y+Q^s+Q^l$。为了模拟常幅循环强化的停滞现象，屈服面仅在加载方向朝当前记忆面以外时出现扩张，则屈服面扩张的方程可重写为：

$$\begin{aligned}\dot{R}&=b^l(\sigma_y+Q^s+Q^l-R)\dot{\bar{\varepsilon}}^p，当 g=0 且 \boldsymbol{n}:\boldsymbol{m}>0\\ \dot{R}&=0，其他情况\end{aligned} \tag{3.53}$$

在强化区，除了平台区引入的 2 个背应力分量，新引入 2 个强化区的背应力分量来模拟大塑性应变范围下的循环弹塑性行为，各个分量的变化规律也同样遵循 Armstrong 和 Frederick[34] 提出的非线性方程：

$$\boldsymbol{\alpha}_j^l=\frac{2}{3}C_j^l\dot{\boldsymbol{\varepsilon}}^p-\gamma_j^l\boldsymbol{\alpha}_j^l\dot{\bar{\varepsilon}}^p \tag{3.54}$$

$$\boldsymbol{\alpha}=\sum_{j=1}^{2}\boldsymbol{\alpha}_j^s+\sum_{j=1}^{2}\boldsymbol{\alpha}_j^l \tag{3.55}$$

式中，C_j^l 和 γ_j^l 分别为强化区随动强化的材料参数。

至此，本小节完整建立了有屈服平台结构钢材在强化区的循环弹塑性模型，如图 3.18 所示。与平台区不同的是，在强化区钢材表现出屈服面扩张的循环强化，同时新引入了强化区的背应力分量，同时记忆面需要重置。由于强化模量在任意加载路径下均为正数，强化区循环弹塑性模型的一致性条件是始终满足的。

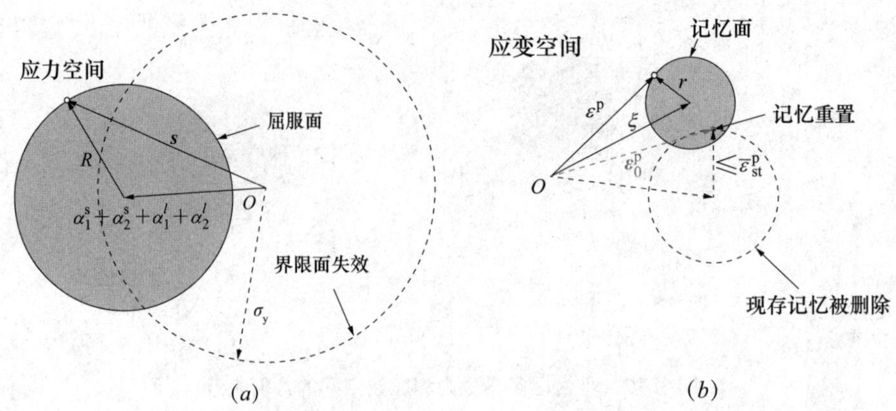

图 3.18　强化区多轴应力和应变空间的几何表示

（*a*）屈服面和失效的边界面；（*b*）重置的记忆面

3.3.2.3　数值实现

基于附 F.1 的数值算法，在通用有限元程序 ABAQUS/Standard 的 UMAT 子程序中实现有屈服平台结构钢材的循环弹塑性本构模型，UMAT 子程序源代码的主体框架见附 F.2。在计算过程中的每个增量内，UMAT 在各个材料积分点处被调用。ABAQUS 主程序将增量开始时的材料状态变量（包括应力和计算过程相关的状态变量 SDV，后者包括弹性与塑性应变、背应力、记忆面的中心和半径、等效塑性应变等）和应变增量传递给 UMAT，增量计算结束时更新这些状态变量并反馈给 ABAQUS 主程序。UMAT 同时需要反馈材料的 Jacobian 矩阵，即一致切线模量矩阵。ABAQUS/Standard 中对有屈服平台结构钢材的 UMAT 的计算流程图如图 3.19 所示。

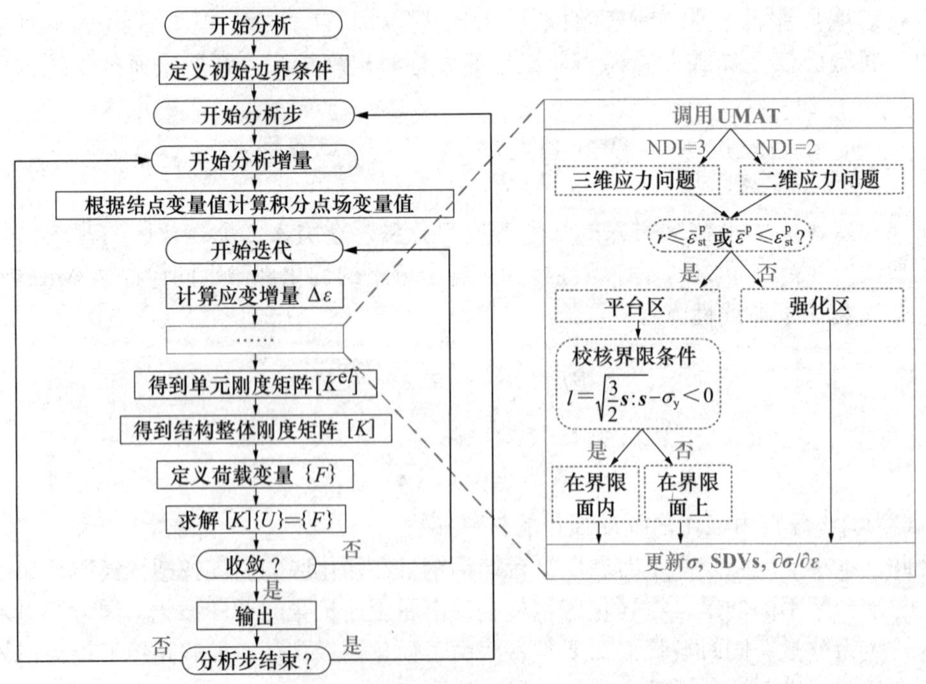

图 3.19　ABAQUS/Standard调用UMAT子程序的流程图

3.3.2.4 参数标定

有屈服平台结构钢材的循环弹塑性本构模型共涉及 19 个材料参数。除了钢材的泊松比 v 通常取为 0.3，其他 18 个参数包括：

（1）弹性模量 E，屈服应力 σ_y，屈服平台末端的塑性应变 ε_{st}^{p}。这 3 个参数很容易通过单调拉伸材性试验直接得到。单调拉伸材性试验的结果一般为名义应力 - 名义应变曲线，需先将其转化为真实应力 - 真实应变曲线。在试件发生颈缩之前，可按以下公式换算：

$$\varepsilon = \ln(1 + e) \tag{3.56}$$

$$\sigma = (1 + e)s \tag{3.57}$$

式中，e 和 s 分别为名义应变和名义应力；ε 和 σ 分别为真实应变和真实应力。在试件出现颈缩，即对应于名义应力达到极限应力之后，由于引伸计标距段的变形不再均匀，以上转换公式不再成立。为了得到试件颈缩之后的真实应力 - 真实应变曲线，贾良玖等人[94] 提出了一种修正的加权平均法。这种方法假设颈缩的真实应力与真实应变之间为线性关系，且线性强化模量的上下限分别为真实极限应力和 0。引入一个加权平均系数 w，则颈缩后的真实应力 - 真实应变关系为：

$$\sigma=\sigma_u+w\sigma_u(\varepsilon-\varepsilon_u) \tag{3.58}$$

式中，ε_u 和 σ_u 分别为真实的极限应变和极限应力。上式表明颈缩后的线性强化模量为 $w\sigma_u$，如图 3.15 所示。系数 w 可根据试验得到的颈缩后名义应力 - 名义应变曲线下降段与数值模拟结果的最佳拟合得到。

（2）塑性应变门槛值 $\bar{\varepsilon}_{st}^{p}$，平台区的等向强化参数 b^s 和 Q^s、随动强化参数 C_1^s、γ_1^s、C_2^s 和 γ_2^s、记忆常数 c^s，强化区的等向强化参数 b^l 和 Q^l、随动强化参数 C_1^l、γ_1^l、C_2^l 和 γ_2^l、记忆常数 c^l。这 15 个参数不能直接通过单调拉伸材性试验得到，通常需要对循环加载材性试验结果进行标定。然而，即使有大量的循环加载试验结果，这些参数的标定仍然颇具难度，因为各个强化参数以及记忆常数是耦合在一起的，难以单独剥离出来进行一一标定。为此，这里提出一种便于操作的参数标定简化方法。

首先，根据西村宣男等人[100, 101] 对不同牌号钢材的循环加载试验结果，屈服面通常会在较小的塑性应变幅下快速收缩至（0.5 ～ 0.7）σ_y 左右，如图 3.20 所示。屈服面收缩的材料参数取值通常在以下范围：

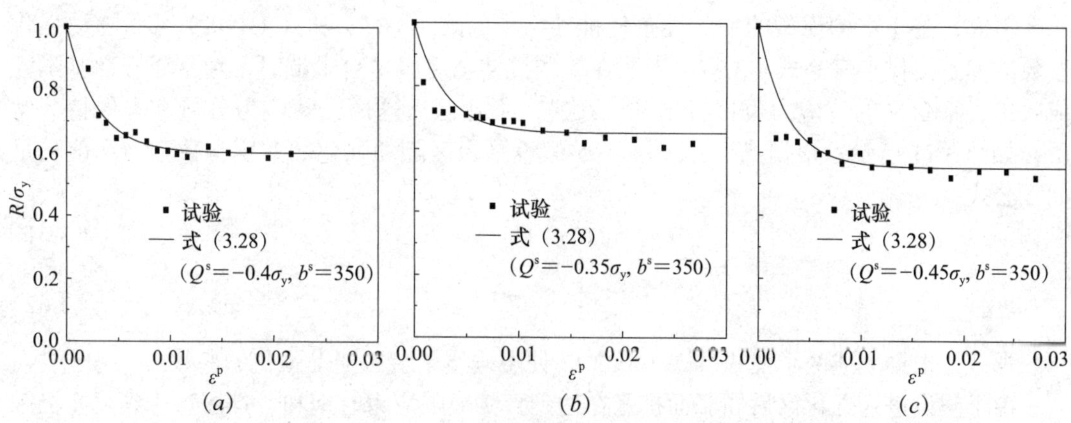

图 3.20 结构钢材弹性范围的变化

（*a*）SS400；（*b*）SM570；（*c*）LYR60（数据来自西村宣男等人[100, 101] 的试验）

$$Q^{s}=-(0.3\sim0.5)\sigma_{y} \text{ 且 } b^{s}=300\sim400 \tag{3.59}$$

式中，b^s 的取值范围基本能保证对各类结构钢材，在单调拉伸至屈服平台末端时，屈服面收缩已基本饱和，其大小已十分接近于 σ_y+Q^s，如图 3.21 所示。图中给出的是真实应力-塑性应变曲线，∂E_σ 表示弹性范围的边界（代表上界，代表下界）。总背应力的变化在图中标出，表示弹性范围中心的移动。

其次，大量循环加载材性试验的结果表明，在中等塑性应变幅循环下，卸载反向再加载时，显著的 Bauschinger 效应通常在基本相同的应力水平出现，说明在单调拉伸进入强化区后，可假定弹性范围的下界保持不变，直至达到真实极限应力，同时假定屈服面扩张在达到真实极限应力后基本饱和。基于这个假设，根据图 3.21 所示的几何关系，可确定屈服面扩张的饱和参数如下：

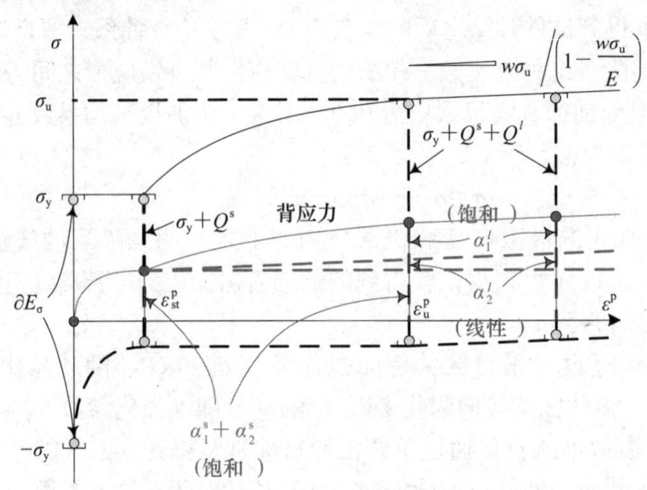

图 3.21　有屈服平台结构钢材的单调拉伸真实应力-塑性应变曲线

$$Q^{l}=\frac{\sigma_{u}-\sigma_{y}}{2} \tag{3.60}$$

反映饱和速率的参数 b^l 则可根据对单调拉伸的真实应力-塑性应变曲线形状的最佳拟合得到。

再次，基于本构模型的一致性条件推导出来的式（3.37）和式（3.48）可为随动强化参数的标定提供参考。式（3.37）表明在单调拉伸至屈服平台末端时，随着屈服面基本完成收缩，平台区的背应力也接近饱和，在进入强化区后这两个背应力分量基本保持为常量，如图 3.21 所示。根据式（3.48），不妨假设平台区随动强化的速率参数和饱和值满足如下公式：

$$\gamma_{1}^{s}=10\gamma_{2}^{s} \text{ 且 } \gamma_{2}^{s}=b^{s} \tag{3.61}$$

$$\frac{C_{1}^{s}}{\gamma_{1}^{s}}:\frac{C_{2}^{s}}{\gamma_{2}^{s}}=1:2 \tag{3.62}$$

那么，根据上述两个公式及式（3.37），便可确定平台区随动强化的参数。

由于假设进入强化区后屈服面扩张在达到真实极限应力时饱和，且注意达到真实极限应力后的应变强化可假定为线性关系，因此，很自然地可假设强化区新引入的 2 个背应力分量中一个为线性强化，另一个则为非线性强化。式（3.58）整理后可得到：

$$\sigma=\sigma_{u}+\frac{w\sigma_{u}}{1-\frac{w\sigma_{u}}{E}}(\varepsilon^{p}-\varepsilon_{u}^{p}) \tag{3.63}$$

式中，ε_{u}^{p} 为对应真实极限应力的塑性应变，如图 3.21 所示。上式中的强化模量可假设为线性背应力分量的随动强化参数，即：

$$C_{2}^{l}=\frac{w\sigma_{u}}{1-\frac{w\sigma_{u}}{E}} \text{ 且 } \gamma_{2}^{l}=0 \tag{3.64}$$

根据图 3.21 所示的几何关系，另一个非线性背应力分量在达到真实极限应力后也应饱和，即：

$$\begin{aligned}\frac{C_{1}^{l}}{\gamma_{1}^{l}}&=\sigma_{u}-(\sigma_{y}+Q^{s}+Q^{l})-(-Q^{s})-C_{2}^{l}(\varepsilon_{u}^{p}-\varepsilon_{st}^{p})\\&=\frac{\sigma_{u}-\sigma_{y}}{2}-\frac{w\sigma_{u}}{1-\frac{w\sigma_{u}}{E}}(\varepsilon_{u}^{p}-\varepsilon_{st}^{p})\end{aligned} \tag{3.65}$$

反映饱和速率的参数 γ_{1}^{l} 则可根据对单调拉伸的真实应力 - 塑性应变曲线形状的最佳拟合得到。

最后，为了保证在单调拉伸的加载路径下，平台区向强化区的过渡出现在屈服平台的末端，即式（3.25）表示的判断准则由塑性应变 ε_{st}^{p} 起控制作用，记忆面半径（反映塑性应变幅值）的门槛值需满足下式：

$$\bar{\varepsilon}_{st}^{p}\leqslant c^{s}\varepsilon_{st}^{p} \tag{3.66}$$

此外，根据 Ucak 和 Tsopelas[44] 的建议和大量试验结果，门槛值通常可按以下范围取值：

$$\bar{\varepsilon}_{st}^{p}\leqslant 0.4\%\sim 0.6\% \tag{3.67}$$

平台区和强化区的记忆常数可分别取为：

$$c^{s}=0.5 \text{ 且 } c^{l}=0.2\sim 0.4 \tag{3.68}$$

按照以上标定方法，当缺乏循环加载材性试验结果时，仍然可以快速简便地确定有屈服平台结构钢材循环弹塑性本构模型的参数。以下通过试验结果来验证该模型的准确性，同时验证以上标定方法的合理性。

3.3.2.5 试验验证

试验验证主要包括有屈服平台结构钢材的材料、构件和节点的循环加载试验，涉及的钢材包括国产 Q235、Q345 普通钢材和 Q460 高强钢材，以及日本 SS400、SM490 普通钢材。本构模型的材料参数均按 3.3.2.4 节提出的简化方法标定，即根据单调拉伸材性试验的应力 - 应变曲线，可确定弹性模量 E、屈服应力 σ_{y}、屈服平台末端塑性应变 ε_{st}^{p}、强化区的等向强化参数 b^{l} 和 Q^{l}、强化区的随动强化参数 C_{1}^{l}、γ_{1}^{l}、C_{2}^{l} 和 γ_{2}^{l} 共 9 个参数，其余 9 个参数包括塑性应变门槛值 $\bar{\varepsilon}_{st}^{p}$、平台区的等向强化参数 b^{s} 和 Q^{s}、平台区的随动强化参数 C_{1}^{s}、γ_{1}^{s}、C_{2}^{s} 和 γ_{2}^{s}、记忆常数 c^{s} 和 c^{l}，均按简化方法中的经验范围确定。

（1）Q235 材料循环加载试验

王萌[27] 进行了一批国产 Q235 板材（厚度 10mm）的循环加载试验，采用其试验结果验证本书提出的本构模型。在 ABAQUS 中建立板材试件的实体单元有限元模型，如

图 3.22 所示。试验采用引伸计的位移控制加载，引伸计所测平行标距段的长度为 20mm；有限元模型中试件一个端面的边界条件设为固接，另一个端面采用位移控制加载，提取标距段的变形。模型参数的标定结果如表 3.6 所示，试验与数值模拟的名义应力 - 名义应变曲线对比结果如图 3.23 所示，两者吻合良好。

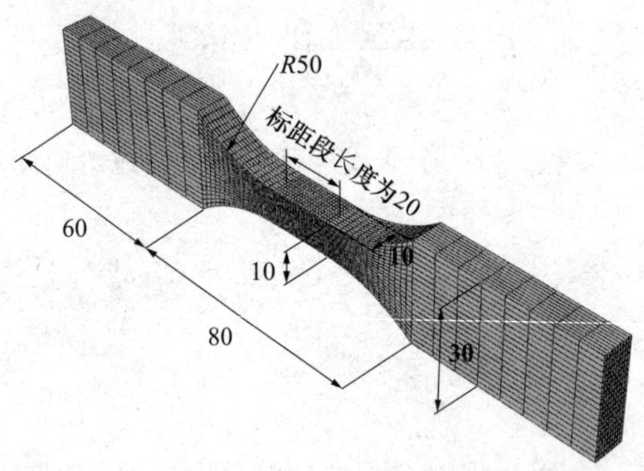

图 3.22　Q235和Q345板材试件的有限元模型

有屈服平台钢材材料试验的本构模型参数　　表 3.6

作者	钢材牌号	E（MPa）	ε_{st}^{p}	Q^{s}（MPa）	Q^{l}（MPa）	C_1^{s}（MPa）	C_2^{s}（MPa）	C_1^{l}（MPa）	C_2^{l}（MPa）	c^{s}
		σ_y（MPa）	$\bar{\varepsilon}_{st}^{p}$	b^{s}	b^{l}	γ_1^{s}	γ_2^{s}	γ_1^{l}	γ_2^{l}	c^{l}
王萌	Q235	200000	0.0072	−203.5	125.2	203500.0	40700.0	2657.3	362.2	0.5
		407.0	0.0036	300	25	3000	300	30	0	0.3
王萌	Q345	205000	0.0060	−214.5	125.1	214500.0	42900.0	2245.0	408.3	0.5
		429.0	0.0030	300	25	3000	300	30	0	0.3
施刚等人	Q460	208000	0.0163	−235.0	114.3	235000.0	47000.0	3352.5	279.8	0.5
		470.0	0.0050	300	30	3000	300	40	0	0.3
西村宣男等人	SS400	206920	0.0125	−107.9	137.2	125860.0	25172.0	2016.5	194.0	0.5
		269.7	0.0060	350	17	3500	350	20	0	0.2
贾良玖等人	SS400	206000	0.0148	−109.6	142.0	127866.7	25573.3	2292.0	194.0	0.5
		274.0	0.0060	350	18	3500	350	20	0	0.2
藤本盛久等人	SM490	209600	0.0131	−133.8	151.7	133800.0	26760.0	2324.6	204.3	0.5
		334.5	0.0060	300	17	3000	300	20	0	0.3

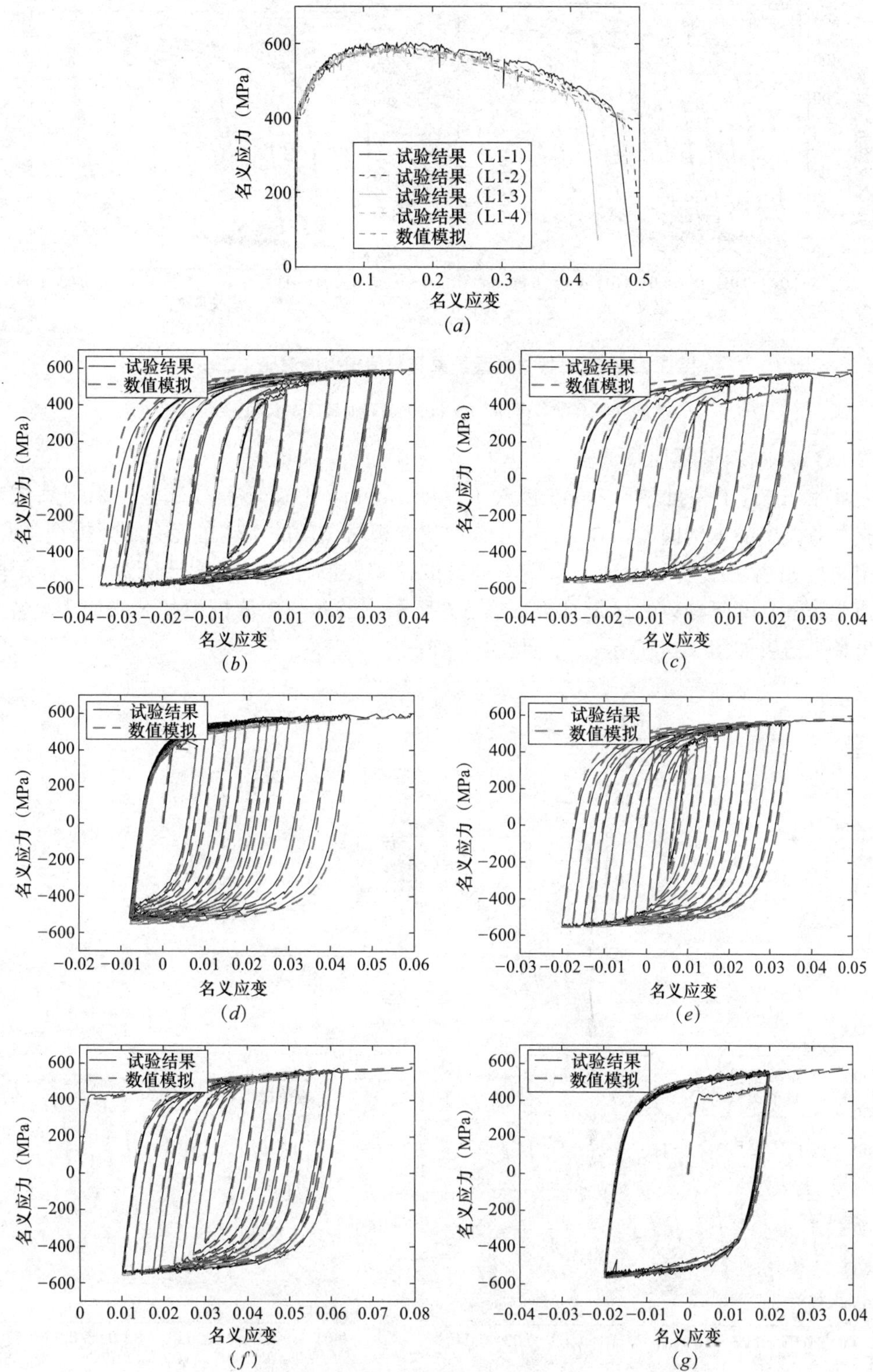

图 3.23 Q235板材试验结果与数值模拟的对比（一）

（*a*）单调拉伸试件；（*b*）循环加载试件 L3-1；（*c*）循环加载试件 L3-3；（*d*）循环加载试件 L4-1；（*e*）循环加载试件 L6-1；（*f*）循环加载试件 L6-2；（*g*）循环加载试件 L7-1

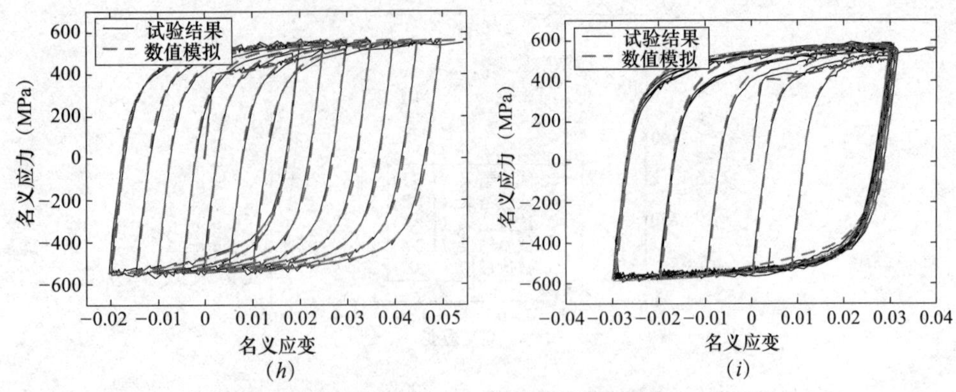

图 3. 23　Q235板材试验结果与数值模拟的对比（二）

（*h*）循环加载试件 L7-3 ;（*i*）循环加载试件 L8-1

（2）Q345 材料循环加载试验

王萌 [27] 进行了一批国产 Q345 板材（厚度 10mm）的循环加载试验，采用其试验结果验证本书提出的本构模型。在 ABAQUS 中建立板材试件的实体单元有限元模型与 Q235 板材相同，如图 3.22 所示，试验采用引伸计的位移控制加载，引伸计所测平行标距段的长度为 20mm。模型参数的标定结果如表 3.6 所示，试验与数值模拟的名义应力 - 名义应变曲线对比结果如图 3.24 所示，两者吻合良好。

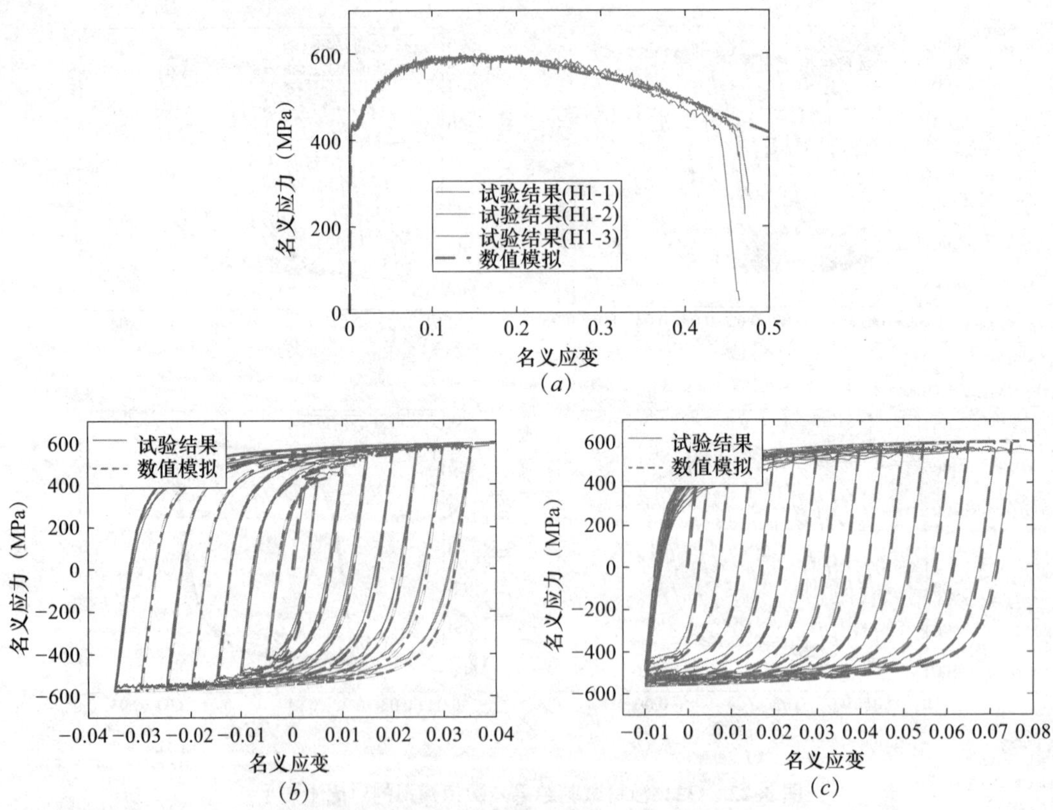

图 3. 24　Q345板材试验结果与数值模拟的对比（一）

（*a*）单调拉伸试件;（*b*）循环加载试件 H3-1 ;（*c*）循环加载试件 H4-1

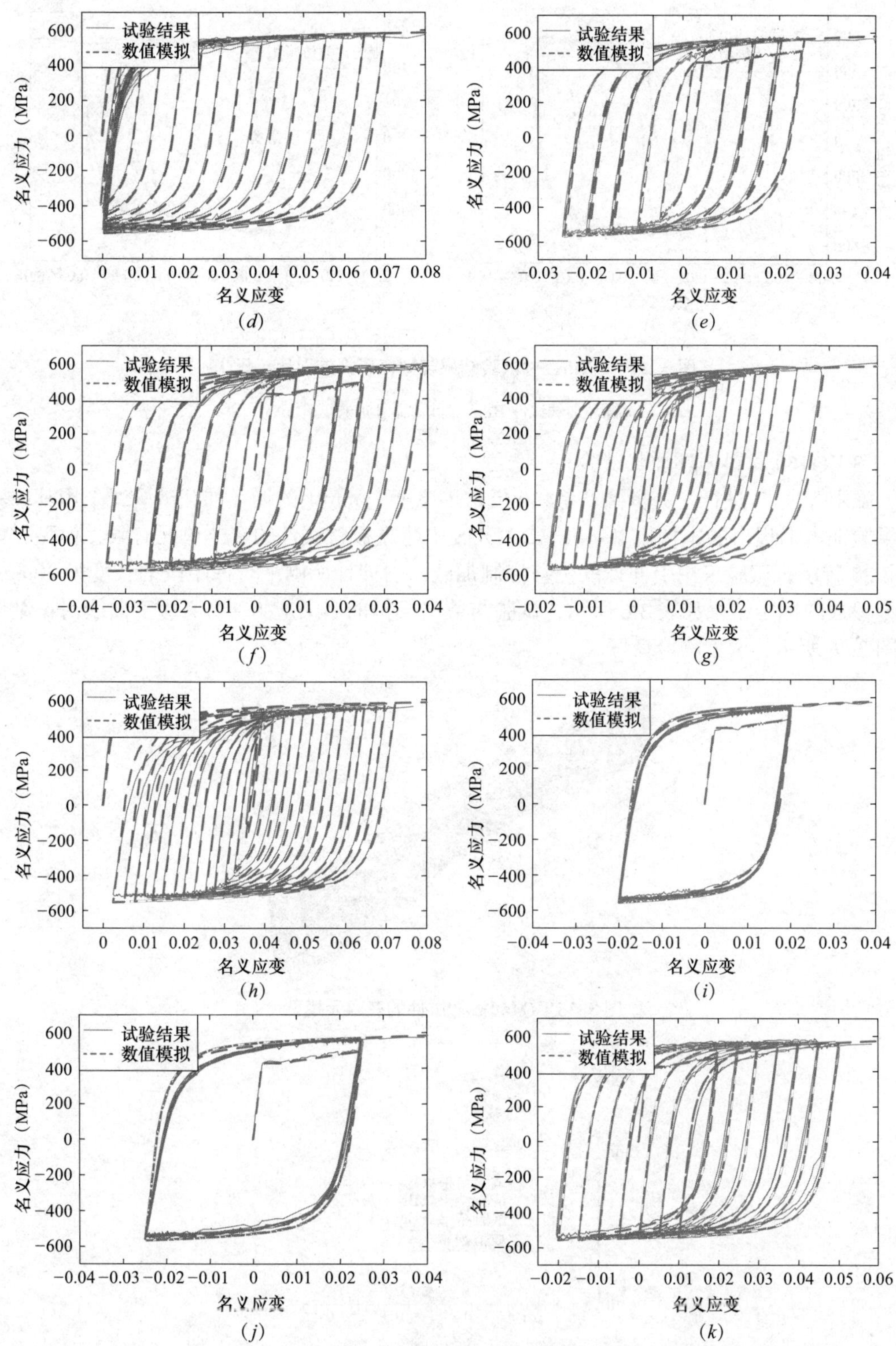

图 3.24　Q345板材试验结果与数值模拟的对比（二）

（*d*）循环加载试件 H4-2；（*e*）循环加载试件 H5-1；（*f*）循环加载试件 H5-2；（*g*）循环加载试件 H6-1；（*h*）循环加载试件 H6-2；（*i*）循环加载试件 H7-1；（*j*）循环加载试件 H7-2；（*k*）循环加载试件 H7-3

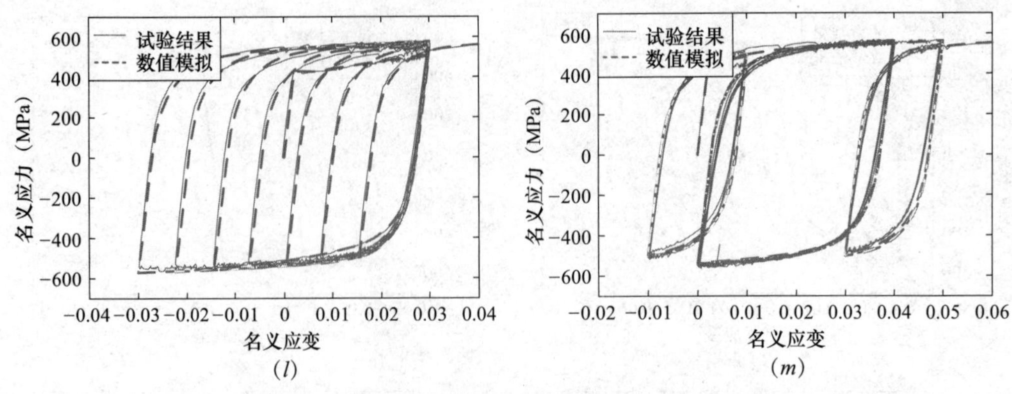

图 3.24　Q345板材试验结果与数值模拟的对比（三）

（*l*）循环加载试件 H8-1；（*m*）循环加载试件 H9-1

（3）Q460 材料循环加载试验

施刚等人[18] 进行了一批国产 Q460 板材（厚度 14mm）的循环加载试验，采用其试验结果验证本书提出的本构模型。在 ABAQUS 中建立板材试件的实体单元有限元模型，如图 3.25 所示，试验采用引伸计的位移控制加载，引伸计所测平行标距段的长度为 20mm。模型参数的标定结果如表 3.6 所示，试验与数值模拟的名义应力 - 名义应变曲线对比结果如图 3.26 所示，两者吻合良好。

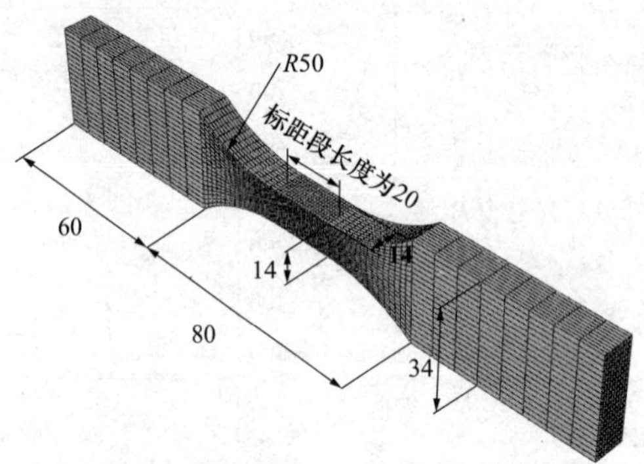

图 3.25　Q460板材试件的有限元模型

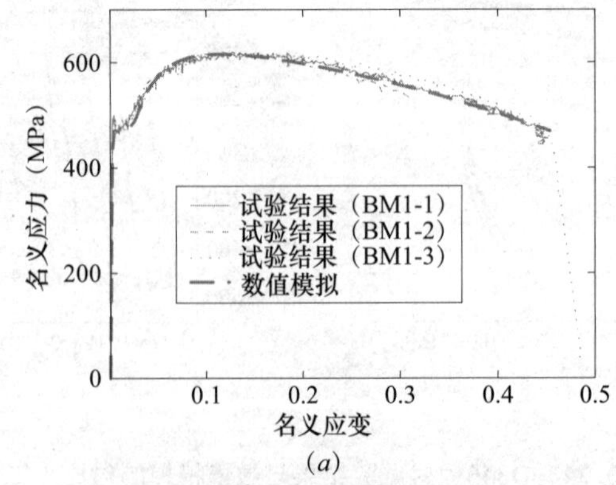

图 3.26　Q460板材试验结果与数值模拟的对比（一）

（*a*）单调拉伸试件

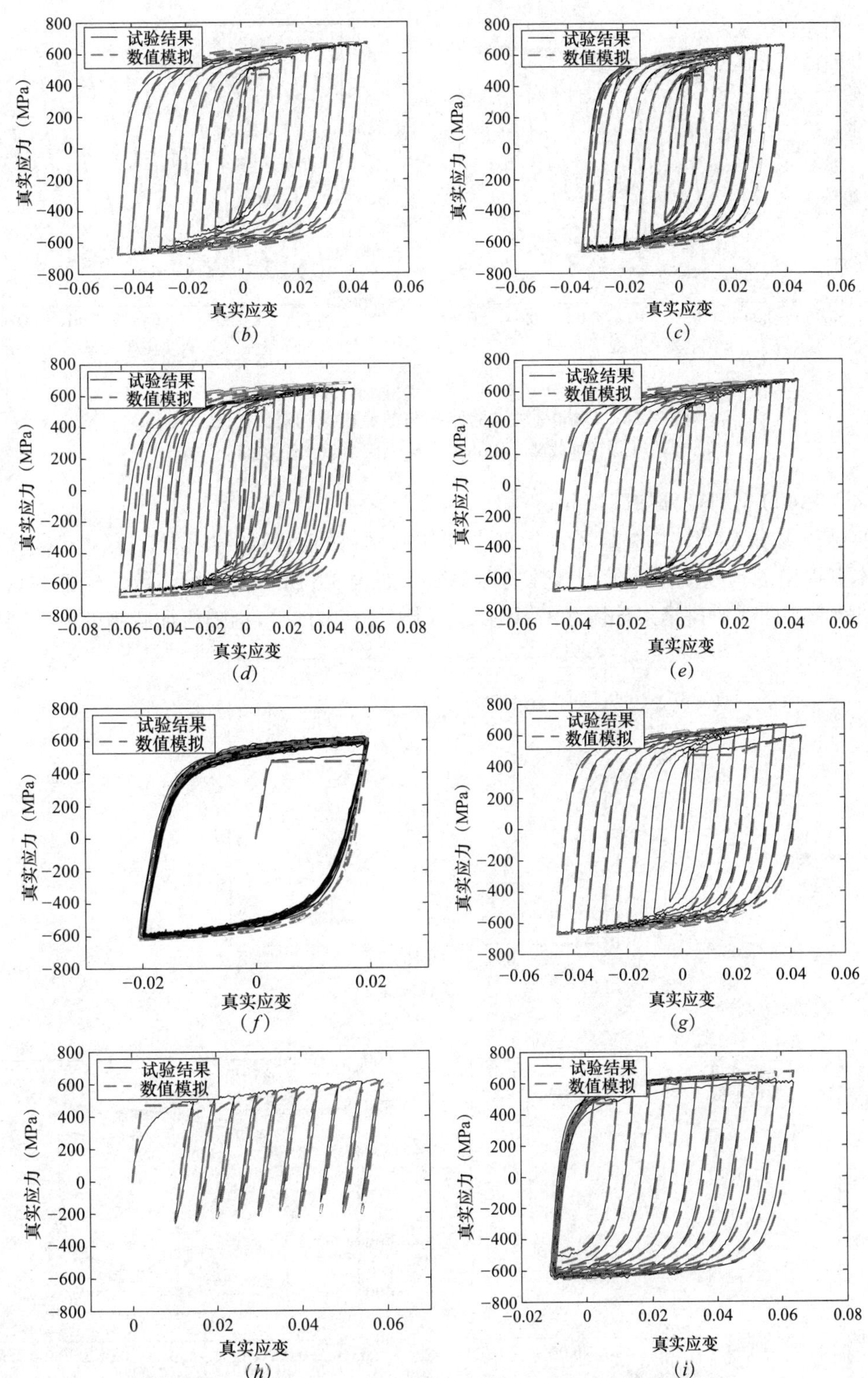

图 3.26 Q460板材试验结果与数值模拟的对比（二）

（b）循环加载试件 BM3-1；（c）循环加载试件 BM3-2；（d）循环加载试件 BM3-3；（e）循环加载试件 BM3-4；（f）循环加载试件 BM4-1；（g）循环加载试件 BM5-1；（h）循环加载试件 BM6-1；（i）循环加载试件 BM7-1

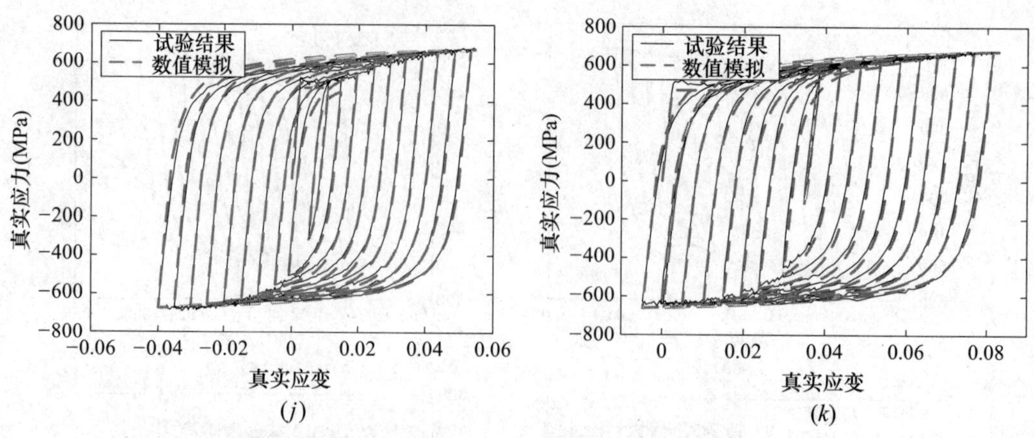

图 3. 26　Q460板材试验结果与数值模拟的对比（三）

（j）循环加载试件 BM8-1；（k）循环加载试件 BM8-2

（4）SS400 材料循环加载试验

西村宣男等人[100, 101] 进行了一批日本 SS400 材料的循环加载试验，采用其试验结果验证本书提出的本构模型。模型参数的标定结果如表 3.6 所示，试验与数值模拟的真实应力 - 塑性应变曲线对比结果如图 3.27 所示，两者吻合良好，包括随机加载制度下的结果。

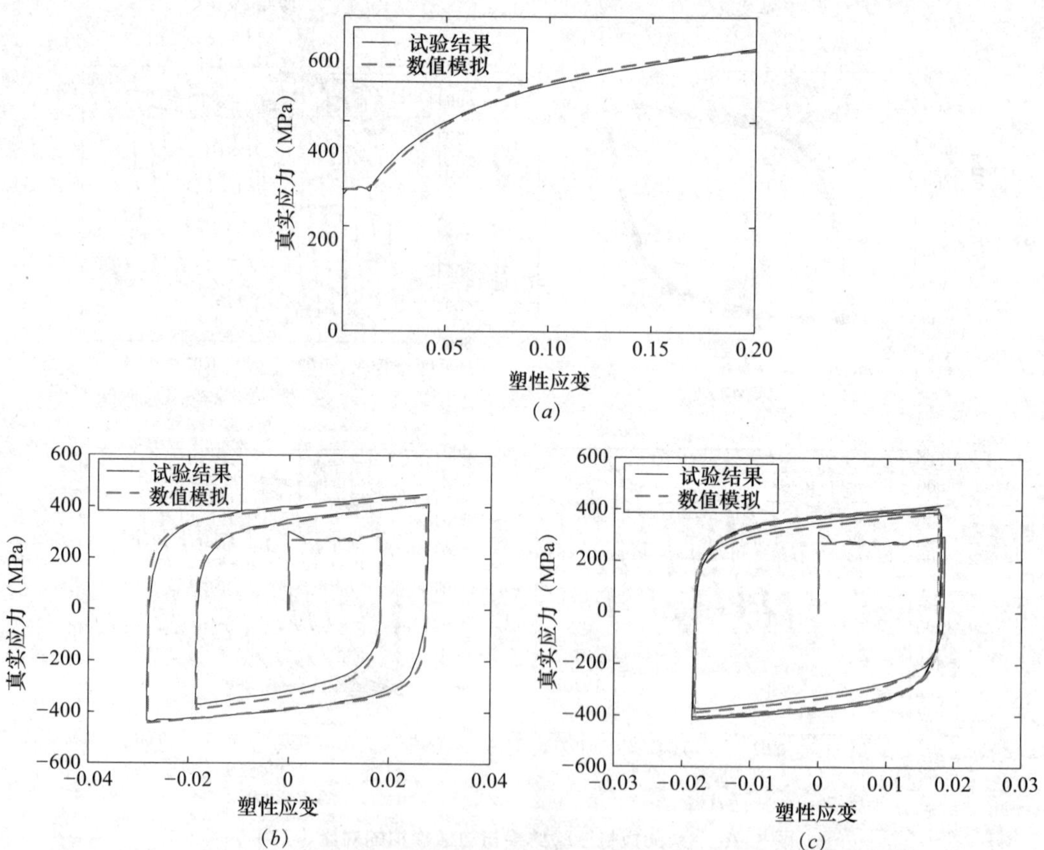

图 3. 27　SS400钢材试验的真实应力-塑性应变曲线与数值模拟的对比（一）

（a）单调拉伸；（b）循环制度 1；（c）循环制度 2

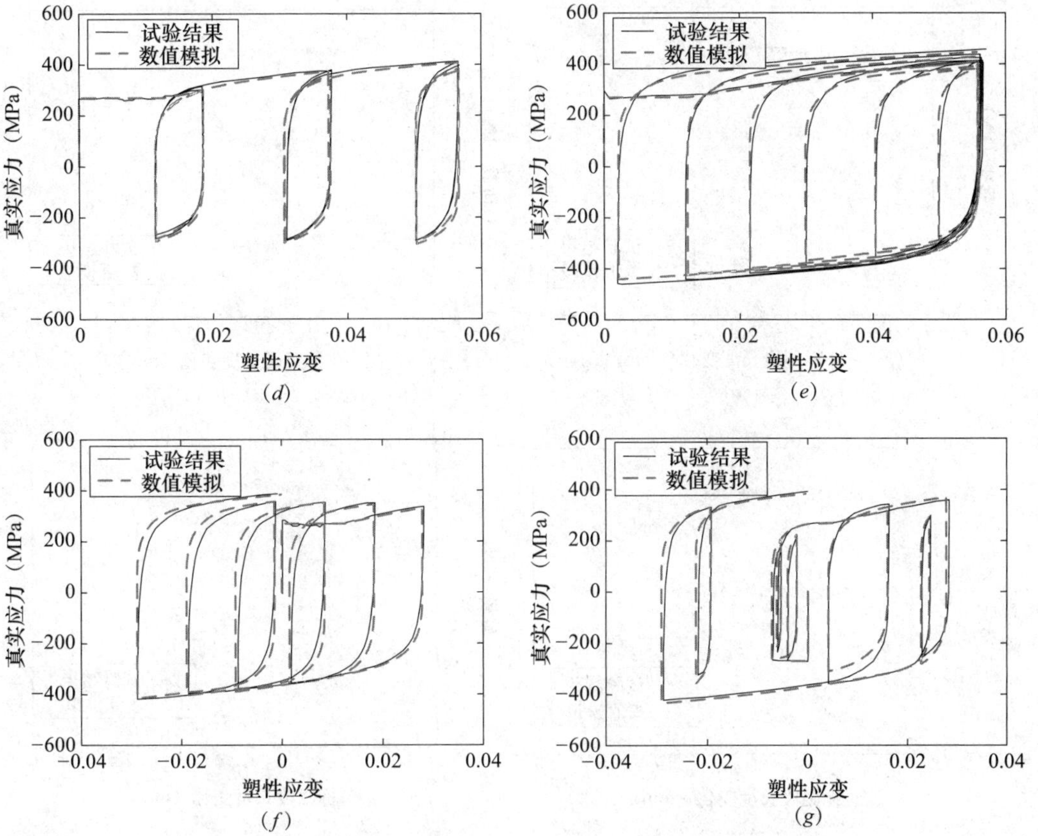

图 3.27 SS400钢材试验的真实应力-塑性应变曲线与数值模拟的对比（二）

（d）循环制度 3；（e）循环制度 4；（f）循环制度 5；（g）循环制度 6

贾良玖等人[48] 进行了一批日本 SS400 棒材的循环加载试验，采用其试验结果验证本书提出的本构模型。在 ABAQUS 中建立棒材试件的实体单元有限元模型，如图 3.28 所示，试验采用引伸计的位移控制加载，引伸计所测平行标距段的长度为 30mm。模型参数的标定结果如表 3.6 所示，试验与数值模拟的荷载 - 标距段长度变化曲线对比结果如图 3.29 所示，两者吻合良好。值得注意的是，贾良玖等人[48] 发现仅考虑随动强化的 Chaboche 模型会低估荷载，而同时考虑随动和等向强化的 Chaboche 模型在常幅循环下（例如试件 KA04）的荷载会逐渐增大，与试验结果均不吻合。本书提出的本构模型由于采用记忆面来记录加载历史和激活等向强化，所以可以很好地模拟强化停滞和稳定滞回现象。

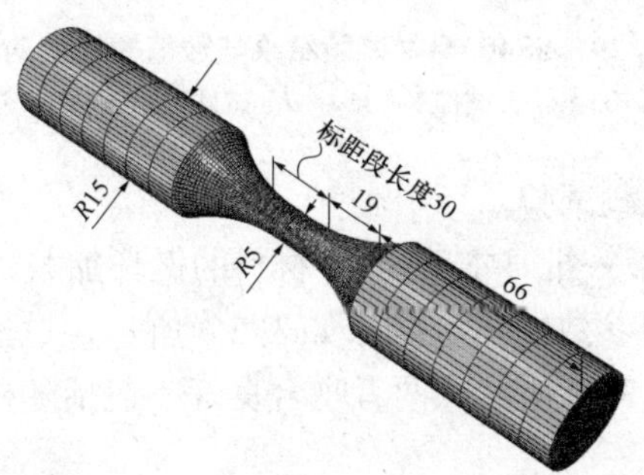

图 3.28 SS400棒材试件的有限元模型

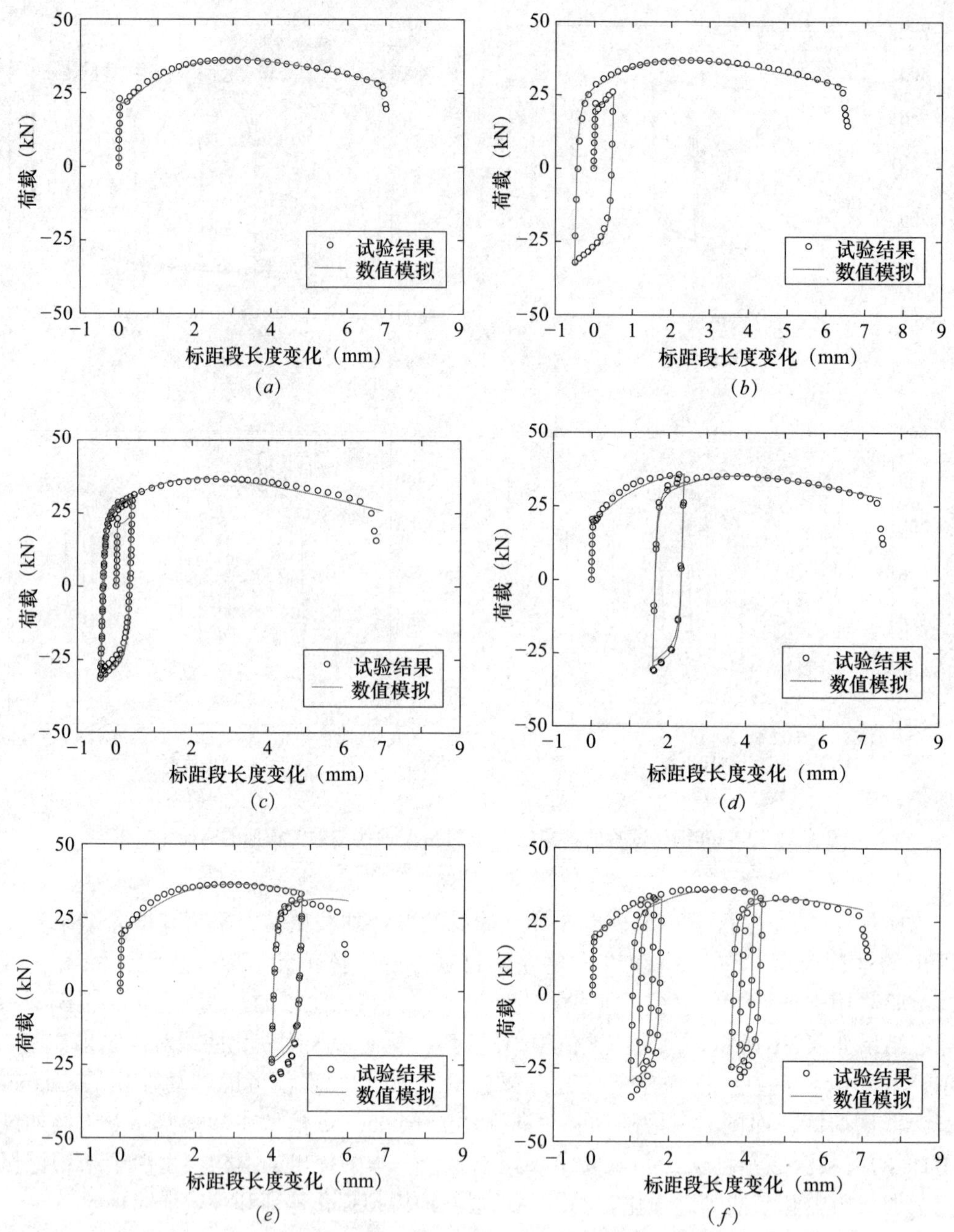

图 3.29　SS400棒材试验结果与数值模拟的对比

（*a*）试件 KA01；（*b*）试件 KA03；（*c*）试件 KA04；（*d*）试件 KA05；（*e*）试件 KA06；（*f*）试件 KA07

（5）SM490 材料循环加载试验

藤本盛久等人[99]进行了一批日本 SM490 材料的循环加载试验，采用其试验结果验证本书提出的本构模型。模型参数的标定结果如表 3.6 所示，试验与数值模拟的真实应力 - 真实应变曲线对比结果如图 3.30 所示，两者吻合良好，包括随机加载制度下的结果。

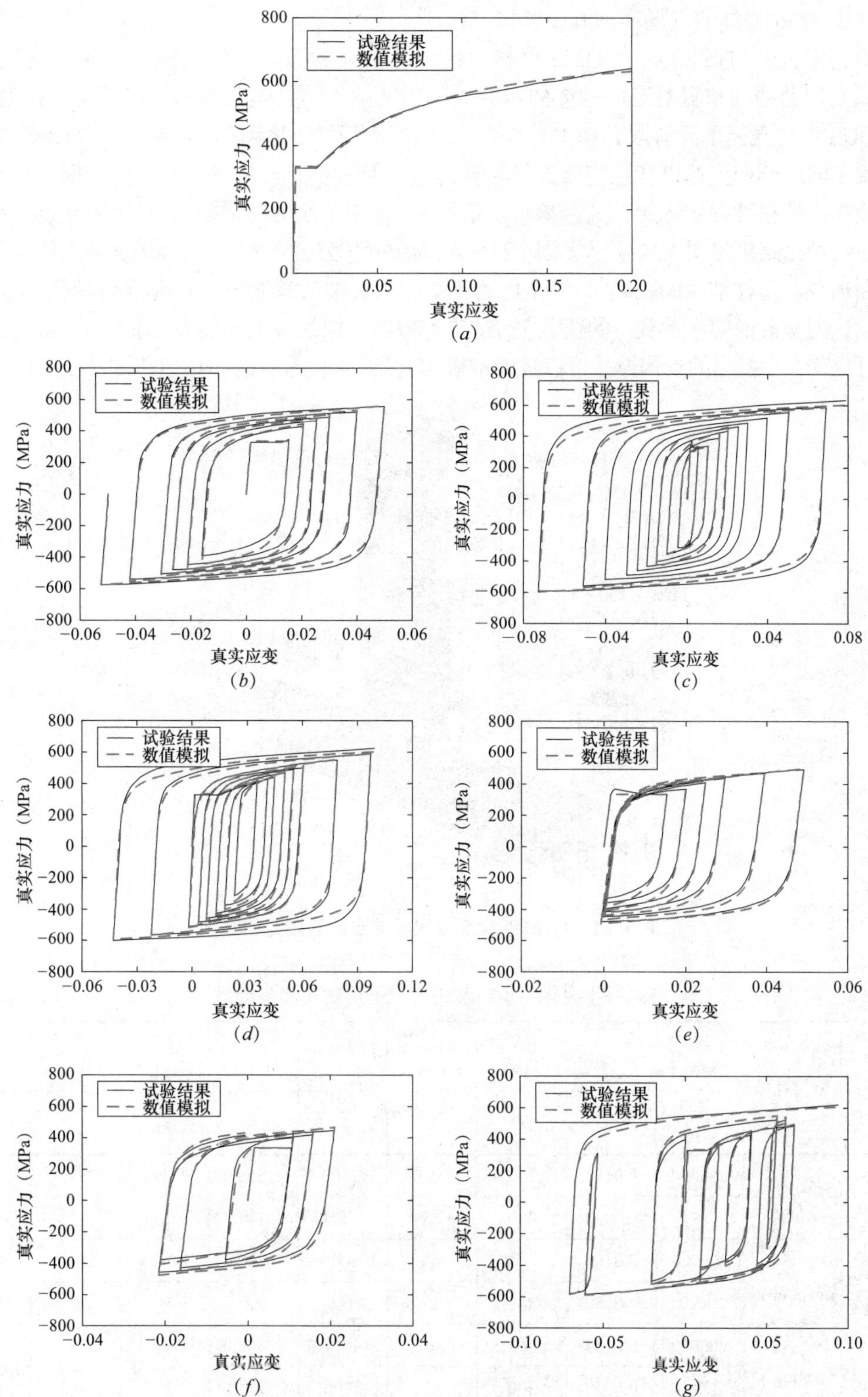

图 3.30　SM490钢材试验的真实应力-应变曲线与数值模拟的对比

（*a*）单调拉伸；（*b*）循环制度 1；（*c*）循环制度 2；（*d*）循环制度 3；
（*e*）循环制度 4；（*f*）循环制度 5；（*g*）循环制度 6

（6）Q235 梁柱节点循环加载试验

王伟等人[102] 进行了一批 Q235 钢材焊接梁柱节点的循环加载试验，研究梁腹板宽厚比及纵向加劲肋的布置对滞回性能的影响。采用其试验结果验证本书提出的本构模型。在 ABAQUS 中建立壳单元有限元模型，如图 3.31 所示，柱端边界条件为铰接，靠近梁跨中位置设置了面外侧向支撑以防止整体失稳。本构模型的参数如表 3.7 所示，其中部分参数可依据试验提供的材性曲线标定，其余参数则依据表 3.6 中王萌的结果确定。试验与数值模拟的滞回曲线对比结果如图 3.32 所示，图中横坐标为层间位移角 δ/L（δ 为梁端加载点的位移，L 为梁端加载点至柱轴线的距离），纵坐标为正则化的梁端荷载 P/P_P（P 为梁端荷载，P_P 为对应于梁达到全截面塑性承载力的荷载）。试验与数值模拟的各试件最终屈曲形态如图 3.33 所示。可见，本书提出的本构模型可以准确地模拟 Q235 梁柱节点的循环弹塑性及屈曲行为。

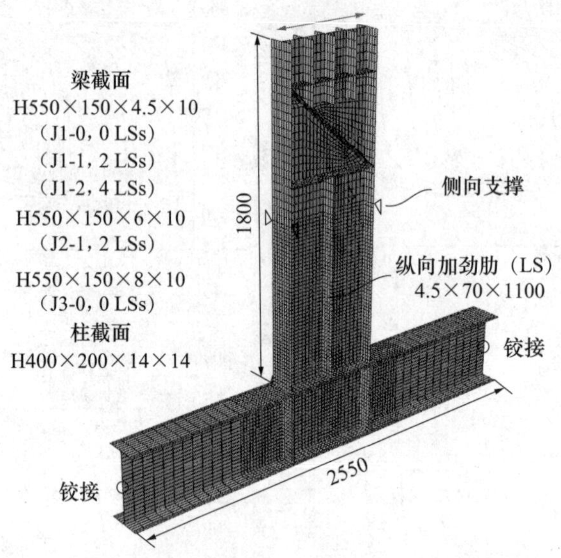

图 3.31　Q235钢材焊接梁柱节点的有限元模型

有屈服平台钢材构件和节点试验的本构模型参数　　表 3.7

作者	钢材牌号	E（MPa） σ_y（MPa）	ε_{st}^{p} $\bar{\varepsilon}_{st}^{p}$	Q^s（MPa） b^s	Q^l（MPa） b^l	C_1^s（MPa） γ_1^s	C_2^s（MPa） γ_2^s	C_1^l（MPa） γ_1^l	C_2^l（MPa） γ_2^l	c^s c^l
王伟等人	Q235（4.5mm）	206000	0.0185	−157.5	119.7	157500.0	31500.0	2249.0	277.6	0.5
		315.0	0.0050	300	25	3000	300	30	0	0.3
	Q235（6mm）	206000	0.0181	−194	95.8	194000.0	38800.0	1468.9	290.2	0.5
		388.0	0.0050	300	25	3000	300	30	0	0.3
	Q235（8mm）	206000	0.0184	−161.5	110.3	161500.0	32300.0	1992.4	272.2	0.5
		323.0	0.0050	300	25	3000	300	30	0	0.3
	Q235（10mm）	206000	0.0186	−147.5	125.5	147500.0	29500.0	2443.8	273.4	0.5
		295.0	0.0050	300	25	3000	300	30	0	0.3

续表

作者	钢材牌号	E（MPa）	ε^{p}_{st}	Q^{s}（MPa）	Q^{l}（MPa）	C^{s}_{1}（MPa）	C^{s}_{2}（MPa）	C^{l}_{1}（MPa）	C^{l}_{2}（MPa）	c^{s}
		σ_y（MPa）	$\bar{\varepsilon}^{p}_{st}$	b^{S}	b^{l}	γ^{s}_{1}	γ^{s}_{2}	γ^{l}_{1}	γ^{l}_{2}	c^{l}
王伟等人	Q235（14mm）	206000	0.0187	−134.0	109.0	134000.0	26800.0	2093.0	243.3	0.5
		268.0	0.0050	300	25	3000	300	30	0	0.3
刘希月	Q460	196000	0.0167	−229.3	117.0	229348.5	45869.7	2615.8	347.0	0.5
		458.7	0.0050	300	25	3000	300	35	0	0.3
西川和廣等人	SM490（No.2）	206000	0.0165	−151.4	125.7	151440.0	30288.0	4017.9	201.8	0.5
		378.6	0.0060	300	25	3000	300	45	0	0.3
	SM490（No.3）	206000	0.0165	−147.2	129.5	147200.0	29440.0	4196.6	200.8	0.5
		368.0	0.0060	300	25	3000	300	45	0	0.3
	SM490（No. 6）	206000	0.0133	−137.7	132.9	137720.0	27544.0	4362.8	195.4	0.5
		344.3	0.0060	300	25	3000	300	45	0	0.3
	SS400（No.8）	206000	0.0183	−115.8	102.7	135146.7	27029.3	2444.1	183.3	0.5
		289.6	0.0060	350	25	3500	350	35	0	0.2

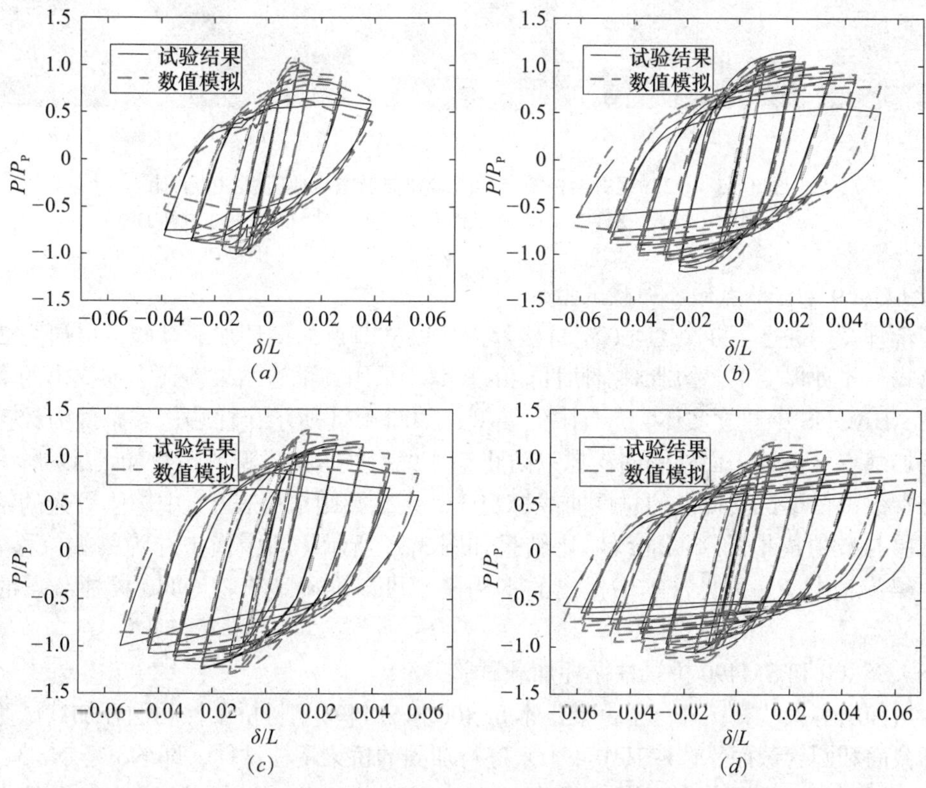

图 3. 32 Q235钢材梁柱节点的试验滞回曲线与数值模拟的对比（一）

（*a*）试件 J1-0；（*b*）试件 J1-1；（*c*）试件 J1-2；（*d*）试件 J2-1

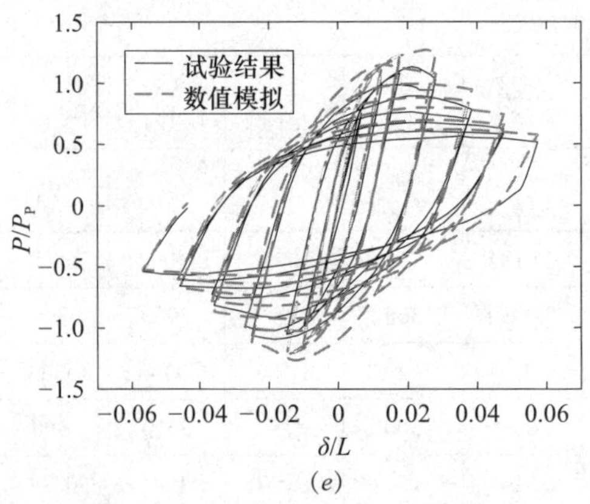

图 3.32 Q235钢材梁柱节点的试验滞回曲线与数值模拟的对比（二）

（e）试件 J3-0

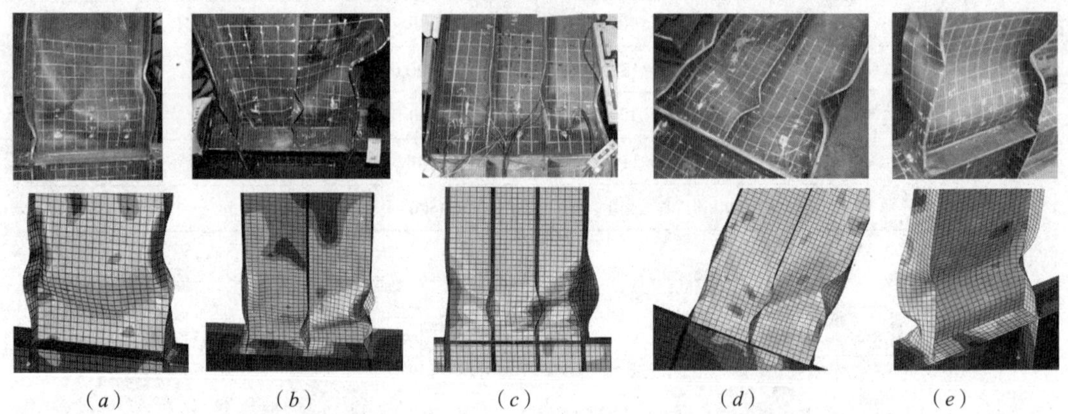

（a） （b） （c） （d） （e）

图 3.33 Q235钢材梁柱节点的试验屈曲形态与数值模拟的对比

（a）试件 J1-0；（b）试件 J1-1；（c）试件 J1-2；（d）试件 J2-1；（e）试件 J3-0

（7）Q460 梁柱节点循环加载试验

刘希月 [103] 进行了 4 个 Q460 钢材栓焊混接梁柱节点的循环加载试验，以研究 2 种焊接孔形式和 4 种焊接工艺构造对滞回性能的影响。采用其试验结果验证本书提出的本构模型。在 ABAQUS 中建立实体 - 壳有限元模型，如图 3.34 所示，柱端边界条件为铰接，靠近梁端加载点处设置了面外侧向支撑以防止整体失稳。本构模型的参数如表 3.7 所示，其中部分参数可依据试验提供的材性曲线标定，其余参数则依据表 3.6 中施刚等人的结果确定。试验与数值模拟的滞回曲线对比结果如图 3.35 所示，图中横坐标为梁端位移 δ，纵坐标为梁端荷载 P。可见，本书提出的本构模型可以准确地模拟 Q460 梁柱节点的滞回特性。

（8）SS400 和 SM490 桥梁柱循环加载试验

西川和廣等人 [104,105] 进行了一批日本 SS400 和 SM490 钢材桥梁柱的循环加载试验，包括矩形截面和圆管截面。选取其中 4 个未进行加固的桥梁钢柱试件，即 No.2、No.3、No.6 和 No.8 的试验结果，来验证本书提出的本构模型。这些试验同样也被 Goto 等人 [73]、Ucak 和 Tsopelas[45] 用于验证他们各自提出的钢材本构模型。

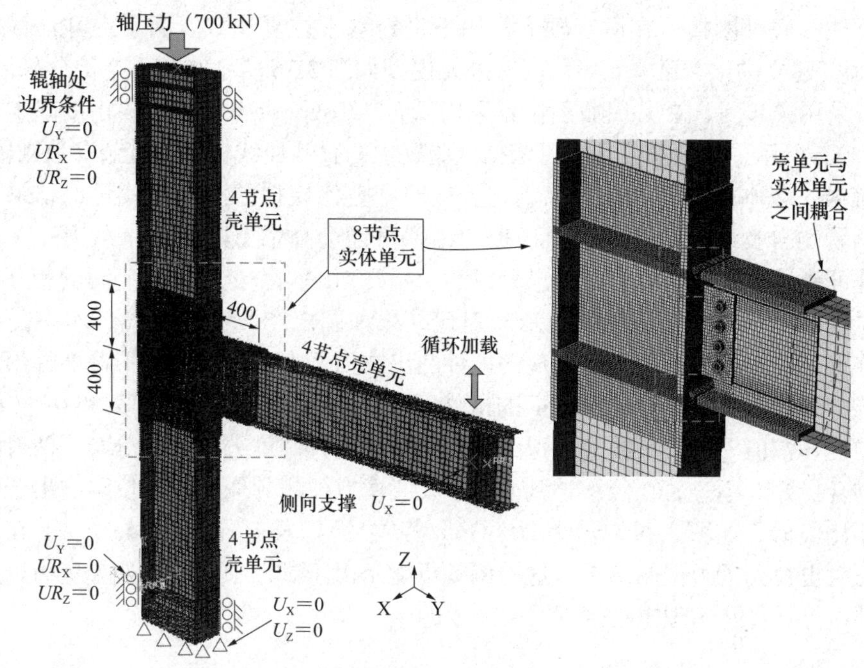

图 3.34 Q460钢材梁柱栓焊混接节点的有限元模型

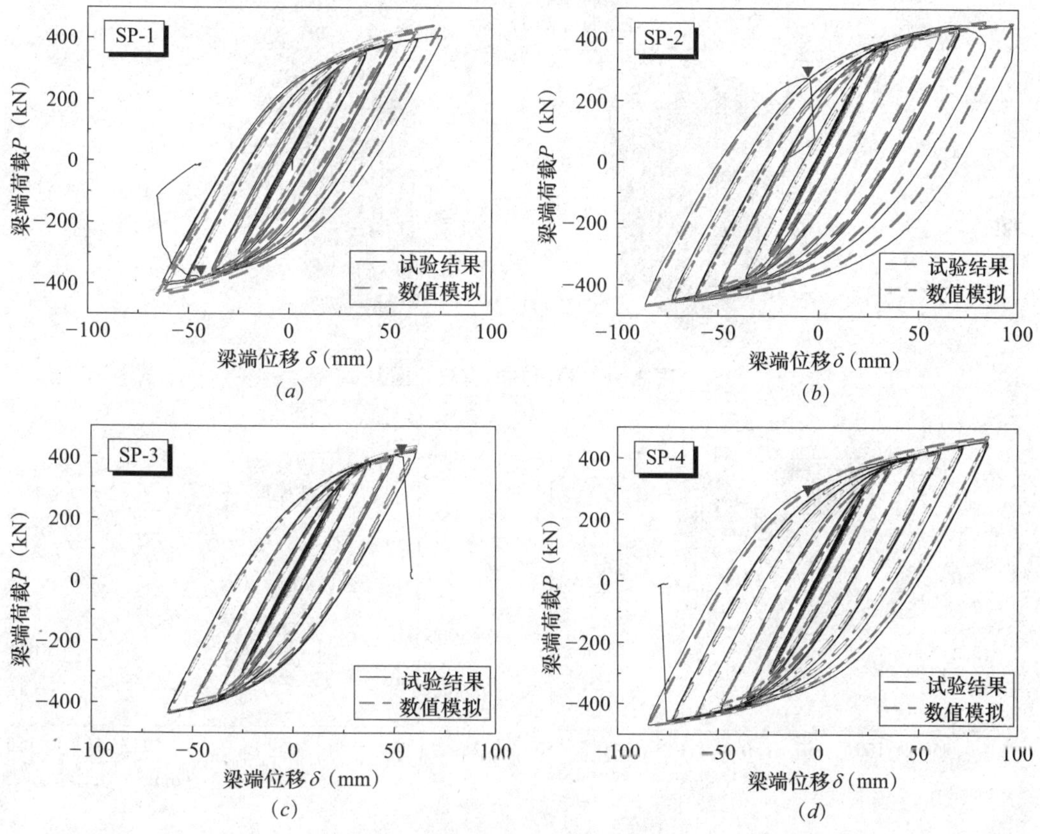

图 3.35 Q460钢材梁柱节点的试验滞回曲线与数值模拟的对比

(*a*) 试件 SP-1；(*b*) 试件 SP-2；(*c*) 试件 SP-3；(*d*) 试件 SP-4

桥梁柱的底部刚接，在恒定轴力作用下进行水平往复加载。为了提升计算效率，在 ABAQUS 中建立的梁 - 壳单元多尺度有限元模型如图 3.36 所示，柱下半部分采用壳单元，上半部分采用梁单元，在共用截面位置采用耦合（Coupling）来约束自由度。本构模型的参数如表 3.7 所示，其中部分参数可依据试验提供的材性曲线标定，其余参数则依据表 3.6 中西村宣男、藤本盛久等人的结果确定。试验和数值模拟的滞回曲线对比结果如图 3.37 所示，两者吻合良好。注意到数值模拟的结果可能会高估下降段的承载力，尤其是试件 No.3。这可能是由有限元模型中并未考虑的初始几何缺陷、试件与底座间的相互作用等造成的。试验和数值模拟的最终屈曲形态对比结果如图 3.38 所示。显然，本书提出的本构模型能够很好地预测矩形截面柱出现的板件凸出或内凹变形，以及管形截面柱出现的“大象腿”式膨胀。此外，针对管形截面的试件 No.8，图 3.39 对比了在 $3\delta_y$ 和 $6\delta_y$（δ_y 为屈服位移）的位移幅值下试验和数值模拟的径向变形沿试件高度方向上的分布。两者的总体分布趋势吻合良好。不过，在位移达到 $6\delta_y$ 时数值模拟预测的最大径向位移的出现位置与试验结果相比偏低，如图 3.39（*a*）所示；Goto 等人[73]以及 Ucak 和 Tsopelas[45]在其各自的模型验证时也得到了类似的结果，这一偏差可能是由于试件中存在的残余应力以及试验中试件底部边界条件并非理想刚接等因素造成的。

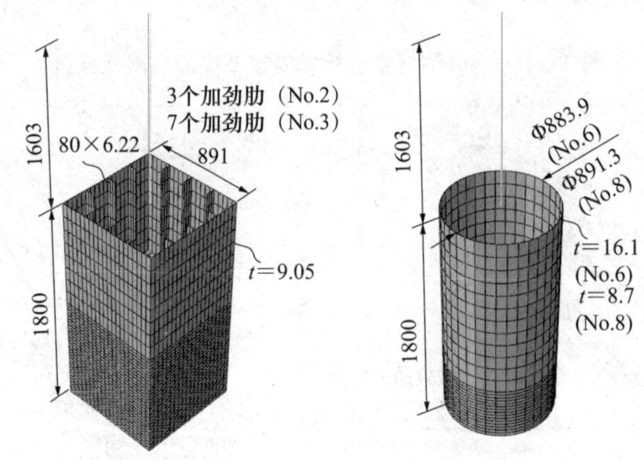

图 3.36　桥梁柱的有限元模型

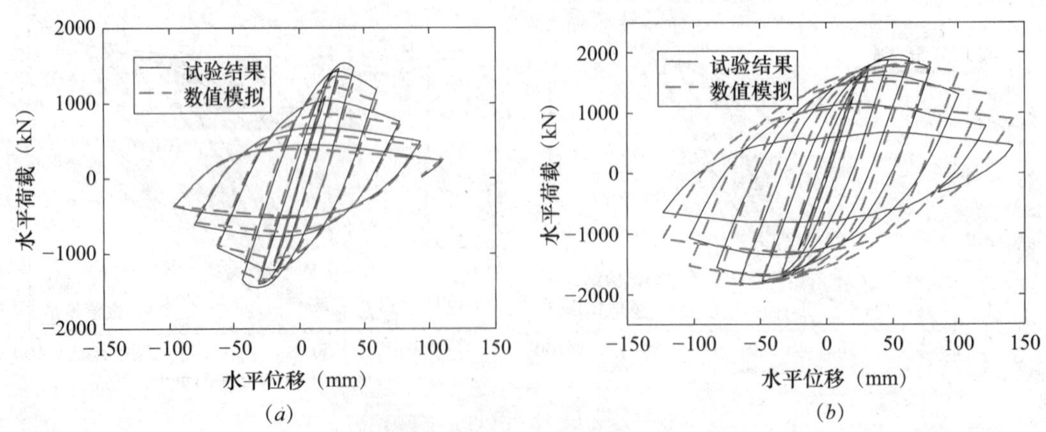

图 3.37　桥梁柱的试验滞回曲线与数值模拟的对比（一）

（*a*）试件 No.2；（*b*）试件 No.3

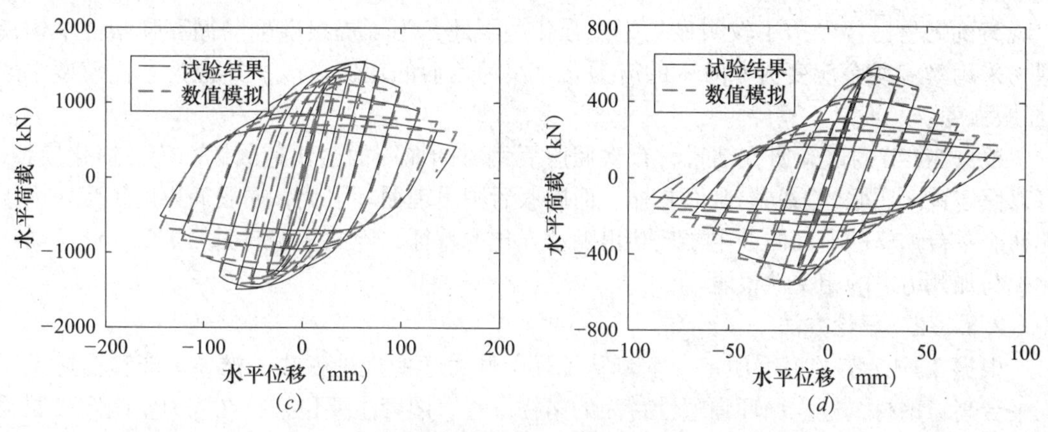

图 3.37 桥梁柱的试验滞回曲线与数值模拟的对比（二）

（*c*）试件 No.6；（*d*）试件 No.8

（*a*） （*b*）

图 3.38 桥梁柱的试验屈曲形态与数值模拟的对比

（*a*）试件 No.2；（*b*）试件 No.8

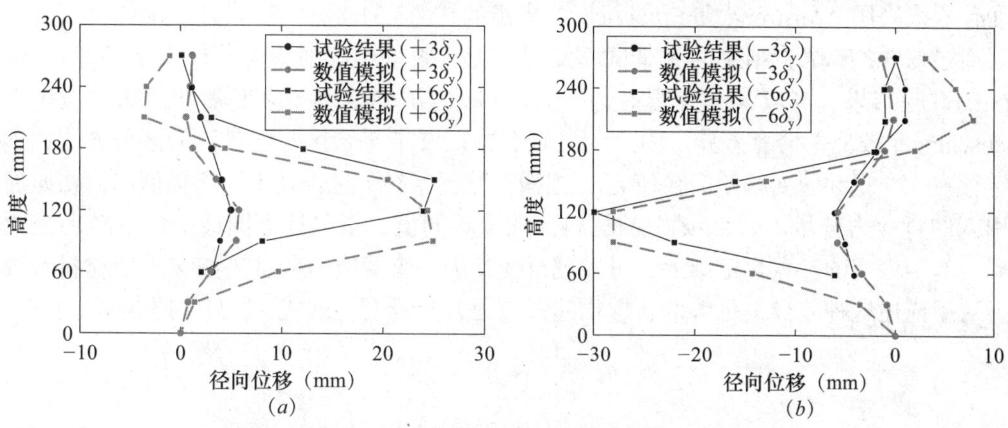

图 3.39 试件No.8的试验径向位移与数值模拟的对比

（*a*）水平位移为＋$3\delta_y$ 和＋$6\delta_y$ 时；（*b*）水平位移为 $-3\delta_y$ 和 $-6\delta_y$ 时

3.3.3 无屈服平台的结构钢材循环本构模型

3.3.3.1 模型假定

对于无屈服平台的高强钢材，由于没有明显的屈服点，工程中常用对应残余应变为 0.2% 的应力 $\sigma_{0.2}$ 作为条件屈服强度。然而，在达到 $\sigma_{0.2}$ 之前，可以从应力 - 应变关系曲线中观察到钢材已经经历了较明显的塑性强化，因此，为了提出准确的循环弹塑性本构模型，采用对应残余应变为 0.01% 的应力 $\sigma_{0.01}$ 作为近似的比例极限，并视为本构模型中的"屈服强度"。

根据 3.2 节的试验研究结果，首次屈服后钢材的屈服面会快速收缩。为了简化模型，可以假定首次屈服的瞬间屈服面收缩，而屈服后则出现循环强化，屈服面再度扩张。由于无屈服平台钢材的滞回曲线主要反映出随动强化的特征，因此，屈服面的扩张（即等向强化）与加载历史的相关性很弱。

3.3.3.2　理论方法

根据 3.3.3.1 节的模型假定，本节基于弹塑性力学的理论方法，推导了能够描述无屈服平台高强钢材全过程循环弹塑性行为的本构方程。内容主要包括：在应力空间定义屈服面和流动法则来表示塑性应变的发展，在塑性应变空间定义记忆面来表示过往的加载历史，采用统一的内变量和材料参数建立首次屈服时的等向软化和首次屈服后的随动强化方程。

基本方程和记忆面方程的定义同 3.3.2.2 节。由于无屈服平台的高强钢材没有明显的平台区，以下仅介绍首次屈服时的等向软化方程和首次屈服后（即对应强化区）的随动强化方程。

（1）首次屈服时

在首次屈服时刻，屈服面出现瞬间收缩，即屈服面的半径变化如下式：

$$R = \sigma_{0.01} + Q^{\mathrm{s}} \tag{3.69}$$

式中，Q^{s} 为材料参数（满足 $-\sigma_{0.01} < Q^{\mathrm{s}} < 0$）。对应于屈服面的大小变化，此时背应力的变化可按式（3.30）计算。类似于有屈服平台结构钢材的循环弹塑性本构模型，仍然认为背应力可按式（3.49）分解为两个分量 α_1^{s} 和 α_2^{s}，每个分量的随动强化参数满足式（3.37），其变化规律采用 Armstrong 和 Frederick[34] 提出的式（3.31）。

通过对 3.2 节试验结果的大量试算发现，无屈服平台高强钢材在较小（参考 0.5% 应变幅的试验结果）与较大（参考 1% 以上应变幅的试验结果）应变幅下的随动强化程度（Bauschinger 效应）会有差异。因此，类似于 3.3.2.2 节平台区与强化区的区分方法，本书假定存在一个塑性应变幅的门槛值 $\bar{\varepsilon}_{\mathrm{st}}^{\mathrm{p}}$，根据记忆面半径 r 是否处于该门槛值内，初始屈服时引入的背应力分量（$\boldsymbol{\alpha}_1^{\mathrm{s}}$ 和 $\boldsymbol{\alpha}_2^{\mathrm{s}}$）的材料参数取不同值，以描述不同应变幅下随动强化的差异。基于后文的参数标定结果，可发现改变其中一个背应力分量（如 $\boldsymbol{\alpha}_2^{\mathrm{s}}$）的材料参数取值，对于描述这种差异是足够的，即描述背应力各分量变化的式（3.31）应改写为：

$$\begin{aligned}
&\dot{\boldsymbol{\alpha}}_1^{\mathrm{s}} = \frac{2}{3} C_1^{\mathrm{s}} \dot{\boldsymbol{\varepsilon}}^{\mathrm{p}} - \gamma_1^{\mathrm{s}} \boldsymbol{\alpha}_j^{\mathrm{s}} \dot{\bar{\varepsilon}}^{\mathrm{p}} \\
\text{若 } r \leqslant \bar{\varepsilon}_{\mathrm{st}}^{\mathrm{p}}，\ &\dot{\boldsymbol{\alpha}}_2^{\mathrm{s}} = \frac{2}{3} \overline{C}_2^{\mathrm{s}} \dot{\boldsymbol{\varepsilon}}^{\mathrm{p}} - \overline{\gamma}_2^{\mathrm{s}} \boldsymbol{\alpha}_j^{\mathrm{s}} \dot{\bar{\varepsilon}}^{\mathrm{p}} \\
\text{若 } r > \bar{\varepsilon}_{\mathrm{st}}^{\mathrm{p}}，\ &\dot{\boldsymbol{\alpha}}_2^{\mathrm{s}} = \frac{2}{3} \overline{C}_2^{\mathrm{s}} \dot{\boldsymbol{\varepsilon}}^{\mathrm{p}} - \overline{\gamma}_2^{\mathrm{s}} \boldsymbol{\alpha}_j^{\mathrm{s}} \dot{\bar{\varepsilon}}^{\mathrm{p}}
\end{aligned} \tag{3.70}$$

（2）首次屈服后

在首次屈服之后，屈服面开始扩张。容易想到，此时仍然采用式（3.51）来描述屈服面大小变化。然而，根据后文的参数标定结果来看，由于在首次屈服后无屈服平台的高强钢材会经历很强的非线性强化，类似于背应力按式（3.32）分解为多个分量，此时采用2个屈服面半径变化分量能更加准确地描述屈服面的扩张，即：

$$R=\sigma_{0.01}+Q^{s}+\Delta R \tag{3.71}$$

$$\Delta R=\sum_{j=1}^{2}\Delta R_j \tag{3.72}$$

式中，每个分量的变化满足以下非线性方程：

$$\Delta\dot{R}_j=b_j^l(Q_j^l-\Delta R_j)\dot{\bar{\varepsilon}}^{p} \tag{3.73}$$

式中，b_j^l 和 Q_j^l 为材料参数，分别表示每个屈服面大小变化分量的扩张速率和饱和值。根据初始条件 $\bar{\varepsilon}^{p}=0$ 和 $\Delta R_j=0$，将式（3.73）积分后代入式（3.72）和式（3.71）得：

$$R=\sigma_{0.01}+Q^{s}+Q_1^l\left[1-\exp(-b_1^l\bar{\varepsilon}^{p})\right]+Q_2^l\left[1-\exp(-b_2^l\bar{\varepsilon}^{p})\right] \tag{3.74}$$

上式表明屈服面扩张饱和后的半径为$\sigma_{0.01}+Q^{s}+Q_1^l+Q_2^l$。3.2节的试验表明，无屈服平台的高强钢材的屈强比一般能达到0.8以上，首次屈服后会经历快速地非线性强化至接近于极限应力，同时结合后文的参数标定结果，经过试算发现，屈服面扩张在常幅循环下的停滞现象并不显著。因此，不同于有屈服平台的结构钢材，无屈服平台的高强钢材进入首次屈服后屈服面的扩张与加载历史的相关性很弱，即可认为式（3.74）与记忆面不耦合。

首次屈服之后，除了首次屈服时刻由屈服面瞬间收缩引入的2个背应力分量，新引入3个背应力分量来模拟大塑性应变范围下的循环弹塑性行为，各个分量的变化规律也同样遵循 Armstrong 和 Frederick[34] 提出的非线性方程，即式（3.54）。

至此，本小节完整建立了无屈服平台高强钢材的循环弹塑性模型，如图3.40所示。与有屈服平台结构钢材的循环弹塑性模型不同的是，在首次屈服时无屈服平台高强钢材的屈服面发生瞬间收缩，在随后的加载过程中屈服面持续扩张且与反映加载历史的记忆面无关；但反映随动强化的背应力的材料参数，与记忆面是相关的，用于描述不同应变幅下 Bauschinger 效应的差异。由于首次屈服之后屈服面的持续扩张，强化模量在任意加载路径下均为正数，表明该循环弹塑性模型的一致性条件是始终满足的。

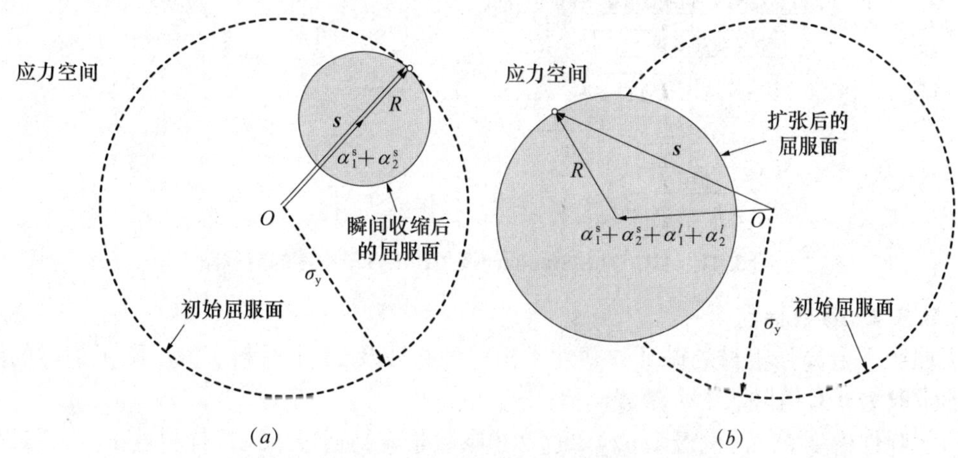

图3.40 进入屈服的多轴应力和应变空间的几何表示（一）

（*a*）首次屈服时刻的屈服面；（*b*）首次屈服之后的屈服面；

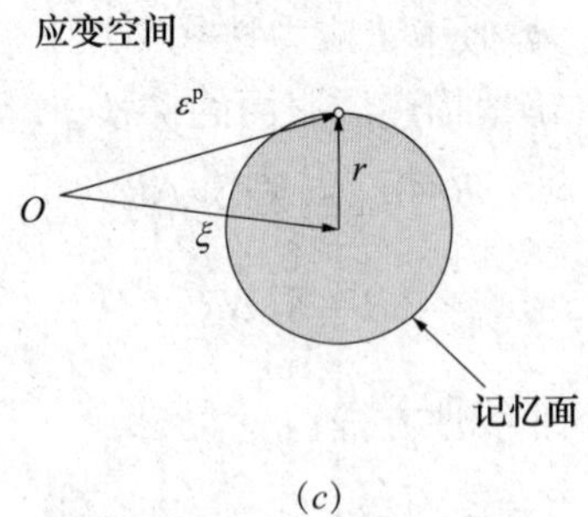

(c)

图 3.40　进入屈服的多轴应力和应变空间的几何表示（二）
（c）记忆面

3.3.3.3　数值实现

本书采用与附 F.1 类似的数值算法，通过 UMAT 子程序将无屈服平台高强钢材的循环弹塑性本构模型在通用有限元程序 ABAQUS/Standard 中实现，其 UMAT 子程序代码已与有屈服平台结构钢材的本构模型集成在一起，源代码的主体框架见附 F.2。与针对有屈服平台结构钢材的计算流程稍有不同，ABAQUS/Standard 中对无屈服平台高强钢材的 UMAT 的计算流程图如图 3.41 所示。

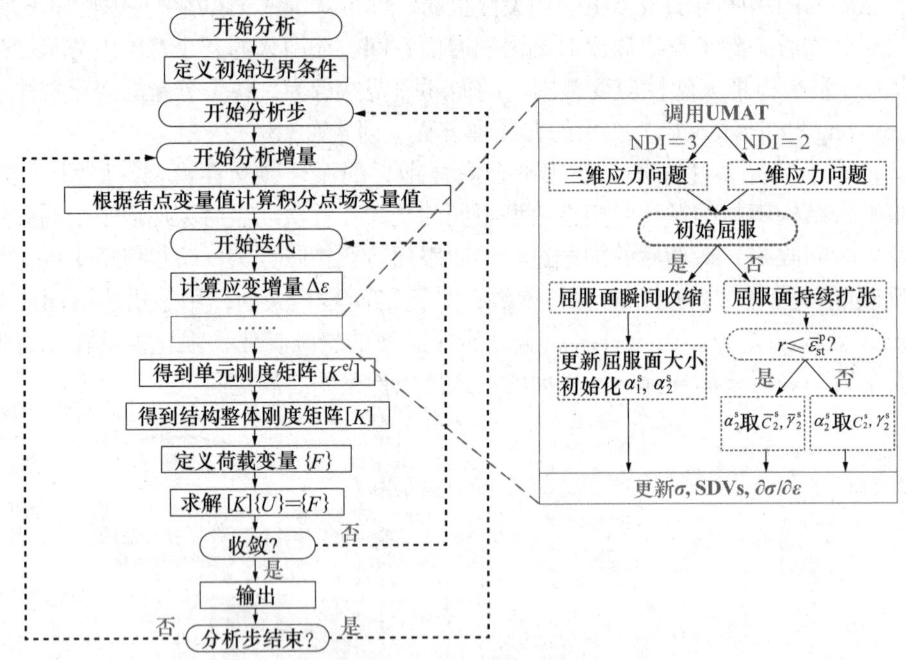

图 3.41　ABAQUS/Standard调用UMAT子程序的流程图

3.3.3.4　参数标定

无屈服平台高强钢材的循环弹塑性本构模型共涉及 22 个材料参数。除了钢材的泊松比 v 通常取为 0.3，其他 21 个参数包括：

（1）弹性模量 E，比例极限 $\sigma_{0.01}$。这 2 个参数很容易通过单调拉伸材性试验直接得到。类似于有屈服平台的结构钢材，这里同样假设达到极限强度后钢材的强化保持线性关系，因此仍采用式（3.56）～式（3.58）来确定真实应力 - 应变关系全曲线。

（2）塑性应变门槛值 $\bar{\varepsilon}_{\mathrm{st}}^{\mathrm{p}}$，首次屈服时的等向强化参数 Q^{s}、随动强化参数 C_1^{s}、γ_1^{s}、C_2^{s}、γ_2^{s}、$\overline{C}_2^{\mathrm{s}}$ 和 $\overline{\gamma}_2^{\mathrm{s}}$，首次屈服后的等向强化参数 b_1^l、Q_1^l、b_2^l 和 Q_2^l、随动强化参数 C_1^l、γ_1^l、C_2^l、γ_2^l、C_3^l 和 γ_3^l，记忆常数 c^{s}。类似于有屈服平台的结构钢材，这 19 个参数不能直接通过单调拉伸材性试验得到，通常需要循环加载材性试验结果标定。然而，即使有大量的循环加载试验结果，各个强化参数以及记忆常数是耦合在一起的，难以单独剥离出来进行一一标定。为此，这里也提出一种便于操作的参数标定简化方法。

首先，根据 3.2 节的试验结果，首次屈服时屈服面收缩的材料参数取值通常在以下范围：

$$Q^{\mathrm{s}}=-(0.3\sim0.5)\,\sigma_{0.01} \tag{3.75}$$

首次屈服时，屈服面的大小由 $\sigma_{0.01}$ 减小至 $\sigma_{0.01}+Q^{\mathrm{s}}$，如图 3.42 所示。图中给出的是真实应力 - 塑性应变曲线，∂E_{σ}表示弹性范围的边界（⊤●⊤代表上界，⊥●⊥代表下界）。总背应力的变化在图中标出，表示弹性范围中心的移动。

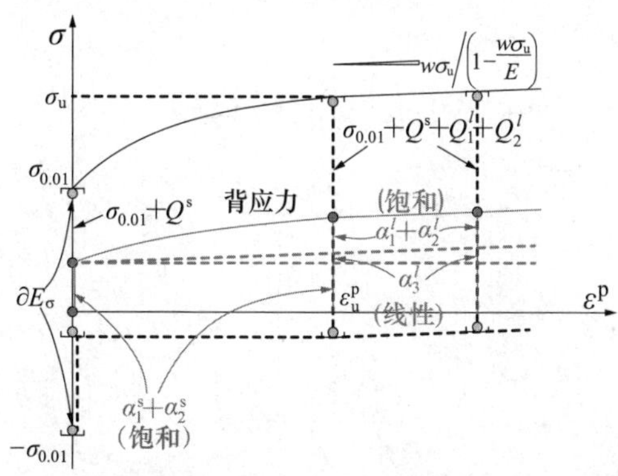

图 3.42　无屈服平台高强钢材的单调拉伸真实应力-真实塑性应变曲线

其次，3.2 节的试验结果表明，在中等塑性应变幅循环下，卸载反向再加载时，显著的 Bauschinger 效应通常在基本相同的应力水平出现，说明在单调拉伸进入强化区后，可假定弹性范围的下界保持不变，直至达到真实极限应力，同时假定屈服面扩张在达到真实极限应力后基本饱和。基于这个假设，根据图 3.42 所示的几何关系，可确定首次屈服后屈服面扩张的饱和参数如下：

$$Q_1^l+Q_2^l=\frac{\sigma_{\mathrm{u}}-\sigma_{0.01}}{2} \tag{3.76}$$

经过试算发现，一般取

$$Q_1^l:Q_2^l=2:1 \tag{3.77}$$

便能较好地拟合试验结果，反映饱和速率的参数 b_1^l 和 b_2^l 则可根据对单调拉伸的真实应力 - 真实塑性应变曲线形状的最佳拟合得到。

再次，随着屈服面在首次屈服瞬间收缩至 $\sigma_{0.01}+Q^{\mathrm{s}}$，可认为随之出现的背应力也达到饱和，如图 3.42 所示，则其随动强化的饱和值需满足：

$$\frac{C_1^{\mathrm{s}}}{\gamma_1^{\mathrm{s}}}+\frac{C_2^{\mathrm{s}}}{\gamma_2^{\mathrm{s}}}=Q^{\mathrm{s}},\ \frac{C_2^{\mathrm{s}}}{\gamma_2^{\mathrm{s}}}=\frac{\overline{C}_2^{\mathrm{s}}}{\overline{\gamma}_2^{\mathrm{s}}} \tag{3.78}$$

经过试算发现，一般取

$$\frac{C_1^{\mathrm{s}}}{\gamma_1^{\mathrm{s}}}=\frac{C_2^{\mathrm{s}}}{\gamma_2^{\mathrm{s}}}=\frac{\overline{C}_2^{\mathrm{s}}}{\overline{\gamma}_2^{\mathrm{s}}} \tag{3.79}$$

便能较好地拟合试验结果，且其随动强化的速率参数通常在以下范围：

$$\gamma_1^{\mathrm{s}}=10\gamma_2^{\mathrm{s}} \text{ 且 } \gamma_2^{\mathrm{s}}=200\sim300,\ \overline{\gamma}_2^{\mathrm{s}}=500\sim600 \tag{3.80}$$

由于假设首次屈服后屈服面的扩张在达到真实极限应力时饱和，且注意达到真实极限应力后的应变强化可假定为线性关系，因此，很自然地可假设屈服后新引入的 3 个背应力分量中一个为线性强化，另外两个则为非线性强化。式（3.63）中的强化模量便可假设为线性背应力分量的随动强化参数，即：

$$C_3^l=\frac{w\sigma_{\mathrm{u}}}{1-\dfrac{w\sigma_{\mathrm{u}}}{E}} \text{ 且 } \gamma_3^l=0 \tag{3.81}$$

根据图 3.42 所示的几何关系，另外两个非线性背应力分量在达到真实极限应力后也应饱和，即：

$$\begin{aligned}\frac{C_1^l}{\gamma_1^l}+\frac{C_2^l}{\gamma_2^l}&=\sigma_{\mathrm{u}}-(\sigma_{0.01}+Q^{\mathrm{s}}+Q_1^l+Q_2^l)-(-Q^{\mathrm{s}})-C_3^l\varepsilon_{\mathrm{u}}^{\mathrm{p}}\\&=\frac{\sigma_{\mathrm{u}}-\sigma_{0.01}}{2}-\frac{w\sigma_{\mathrm{u}}}{1-\dfrac{w\sigma_{\mathrm{u}}}{E}}\varepsilon_{\mathrm{u}}^{\mathrm{p}}\end{aligned} \tag{3.82}$$

经过试算发现，一般取

$$\frac{C_1^l}{\gamma_1^l}:\frac{C_2^l}{\gamma_2^l}=2:1 \tag{3.83}$$

便能较好地拟合试验结果，反映饱和速率的参数 γ_1^l 和 γ_2^l 则可根据对单调拉伸的真实应力 - 真实塑性应变曲线形状的最佳拟合得到。

此外，根据3.2 节的试验结果，反映不同程度随动强化的塑性应变门槛值一般可取为：

$$\overline{\varepsilon}_{\mathrm{st}}^{\mathrm{p}}=0.4\%\sim0.6\% \tag{3.84}$$

记忆常数可取为：

$$c^{\mathrm{s}}=0.5 \tag{3.85}$$

按照以上标定方法，当缺乏循环加载材性试验结果时，仍然可以快速简便地确定无屈服平台高强钢材循环弹塑性本构模型的参数。以下通过试验结果来验证该模型的准确性，同时验证以上标定方法的合理性。

3.3.3.5　试验验证

采用 3.2 节的 Q550 和 Q690 高强钢材的循环加载试验验证本书提出的无屈服平台高强钢材的本构模型。材料参数均按 3.3.3.4 节提出的简化方法标定，即根据单调拉伸材性试验的应力 - 应变曲线，可确定弹性模量 E、比例极限 $\sigma_{0.01}$、首次屈服后的等向强化参数 b_1^l、Q_1^l、b_2^l 和 Q_2^l、首次屈服后的随动强化参数 C_1^l、γ_1^l、C_2^l、γ_2^l、C_3^l 和 γ_3^l 共 12 个参数，其余 9 个参数包括塑性应变门槛值 $\overline{\varepsilon}_{\mathrm{st}}^{\mathrm{p}}$、首次屈服时的等向强化参数 Q^{s}、首次屈服时的随动强化参数 C_1^{s}、γ_1^{s}、C_2^{s}、γ_2^{s}、$\overline{C}_3^{\mathrm{s}}$ 和 $\overline{\gamma}_2^{\mathrm{s}}$、记忆常数 c^{s}，均按简化方法中的经验范围确定。

（1）Q550 材料循环加载试验

Q550 高强钢材的模型参数标定结果见表 3.8。在 ABAQUS 中建立板材试件的实体单元有限元模型，如图 3.43 所示，试验与数值模拟的名义应力 - 名义应变曲线对比结果如图 3.44 所示，两者吻合良好。

无屈服平台钢材材料试验的本构模型参数　　**表 3.8**

<table>
<tr><td rowspan="2">钢材牌号</td><td>E（MPa）</td><td>$\bar{\varepsilon}_{st}^{p}$</td><td>$Q_1^l$（MPa）</td><td>$Q_2^l$（MPa）</td><td>$C_1^s$（MPa）</td><td>$C_2^s$（MPa）</td><td>$\bar{C}_2^s$（MPa）</td><td>$C_1^l$（MPa）</td><td>$C_2^l$（MPa）</td><td>$C_3^l$（MPa）</td><td rowspan="2">c^s</td></tr>
<tr><td>$\sigma_{0.01}$（MPa）</td><td>Q^s（MPa）</td><td>b_1^l</td><td>b_2^l</td><td>γ_1^s</td><td>γ_2^s</td><td>$\bar{\gamma}_1^s$</td><td>γ_1^s</td><td>γ_2^s</td><td>γ_3^s</td></tr>
<tr><td rowspan="2">Q550</td><td>230330</td><td>0.004</td><td>84.8</td><td>42.4</td><td>280800.0</td><td>28080.0</td><td>56160.0</td><td>3708.2</td><td>25957.4</td><td>217.0</td><td rowspan="2">0.5</td></tr>
<tr><td>468.0</td><td>−187.2</td><td>40</td><td>600</td><td>3000</td><td>300</td><td>600</td><td>50</td><td>700</td><td>0</td></tr>
<tr><td rowspan="2">Q690</td><td>242800</td><td>0.004</td><td>73.4</td><td>36.7</td><td>233937.1</td><td>23393.7</td><td>70181.1</td><td>2765.2</td><td>26115.3</td><td>241.7</td><td rowspan="2">0.5</td></tr>
<tr><td>584.8</td><td>−233.9</td><td>35</td><td>650</td><td>2000</td><td>200</td><td>600</td><td>45</td><td>850</td><td>0</td></tr>
</table>

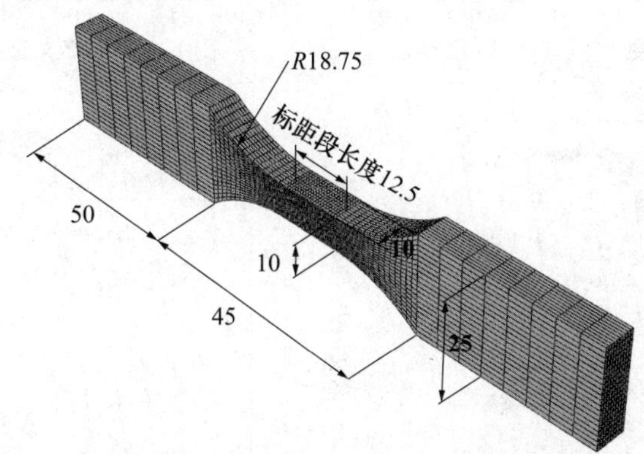

图 3. 43　Q550和Q690板材试件的有限元模型

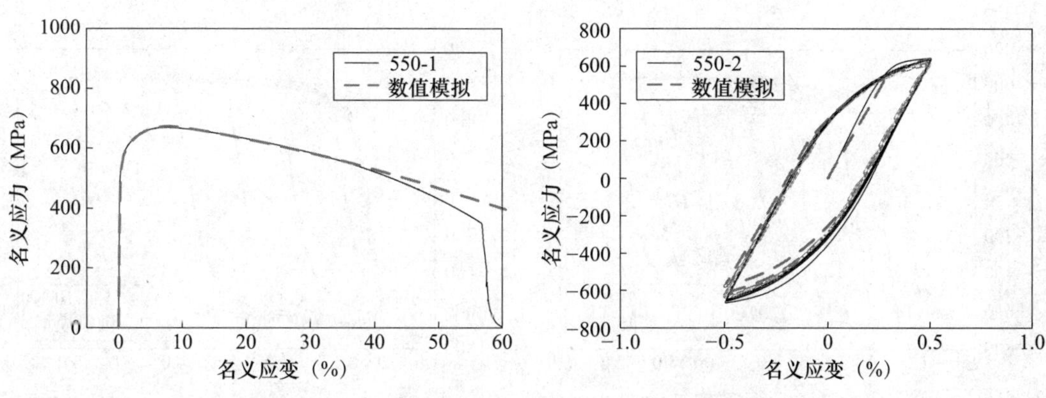

图 3. 44　Q550板材试验结果与数值模拟的对比（一）

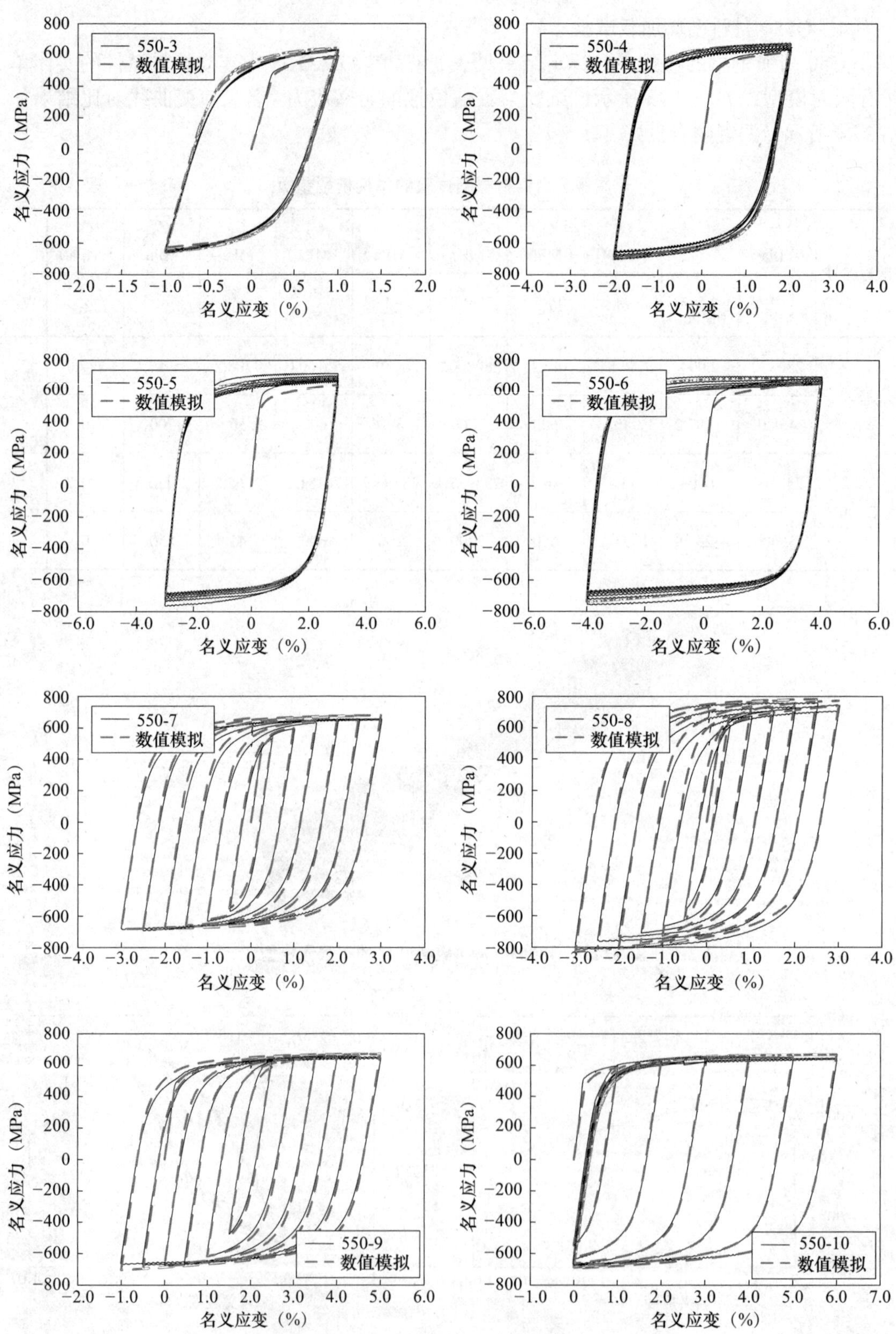

图 3.44　Q550板材试验结果与数值模拟的对比（二）

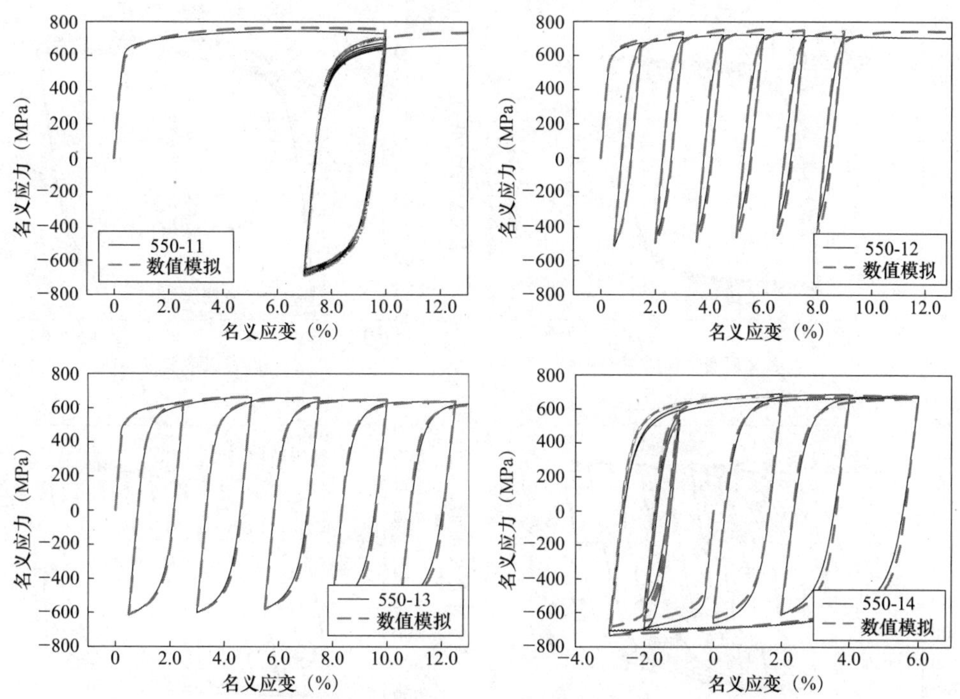

图 3.44　Q550板材试验结果与数值模拟的对比（三）

（2）Q690 材料循环加载试验

Q690 高强钢材的模型参数标定结果如表 3.8 所示，有限元模型见图 3.43，试验与数值模拟的名义应力 - 名义应变曲线对比结果如图 3.45 所示，两者吻合良好。

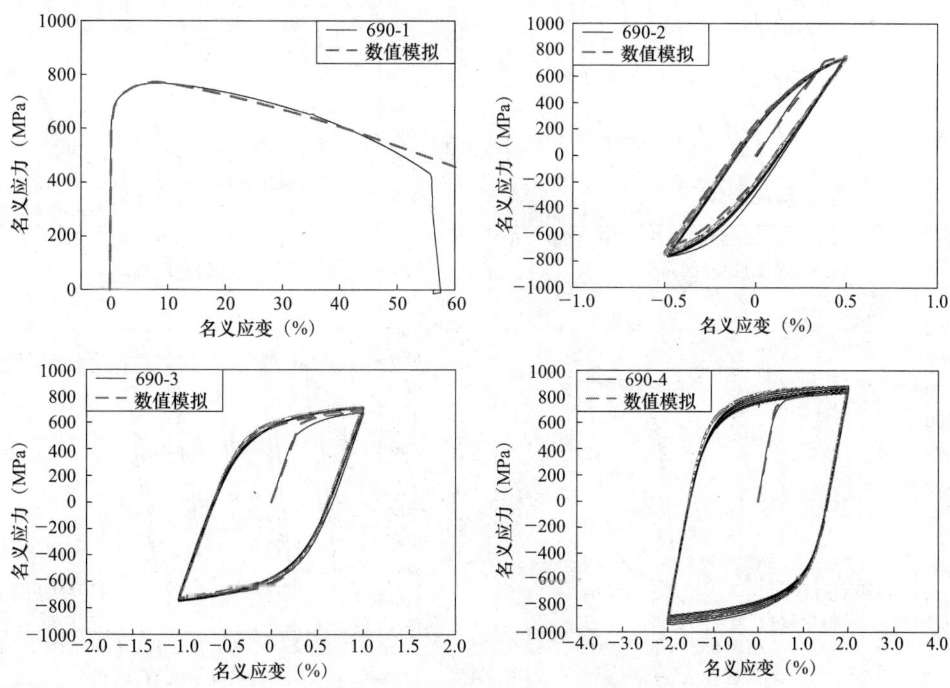

图 3.45　Q690板材试验结果与数值模拟的对比（一）

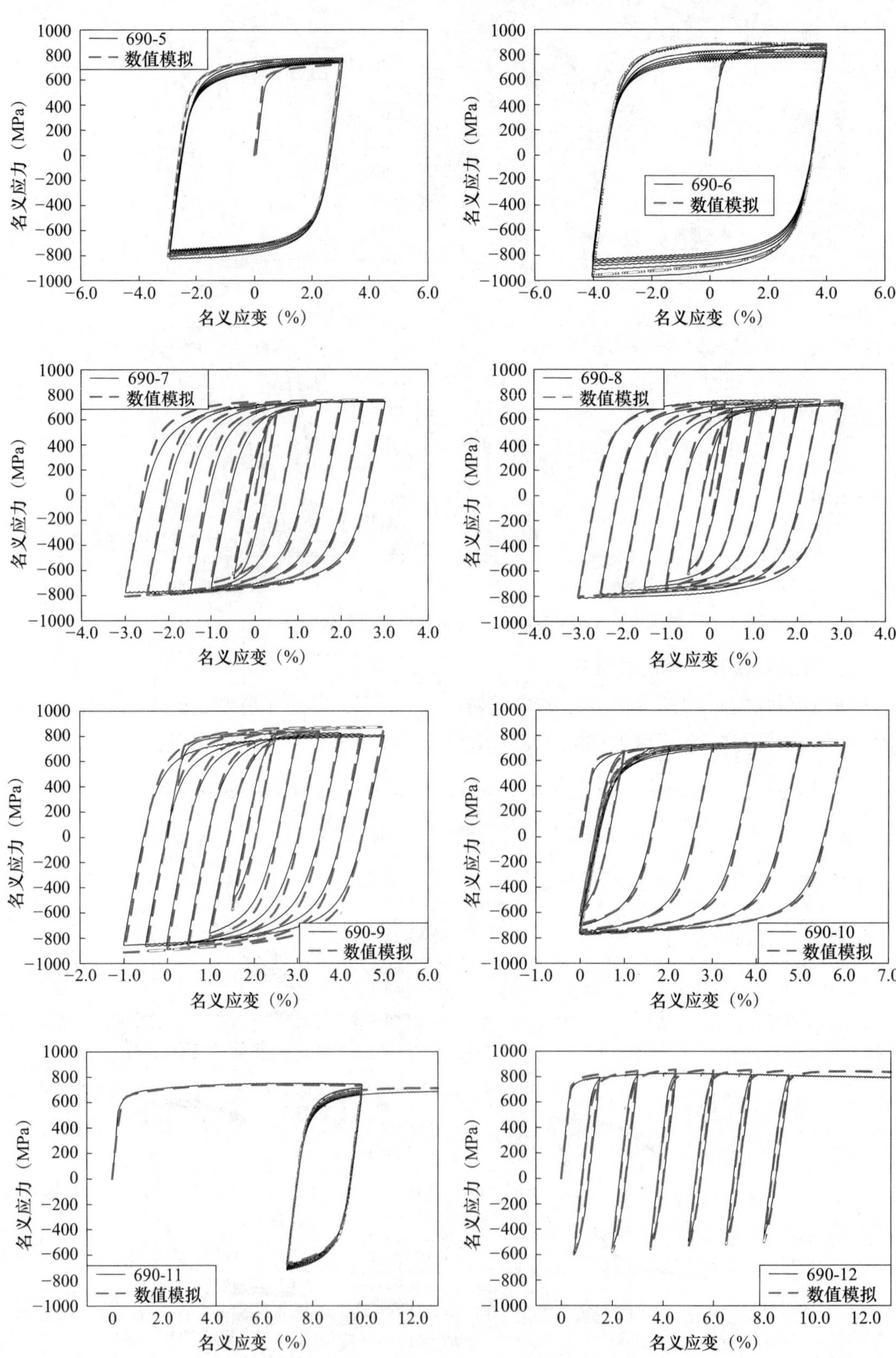

图3.45　Q690板材试验结果与数值模拟的对比（二）

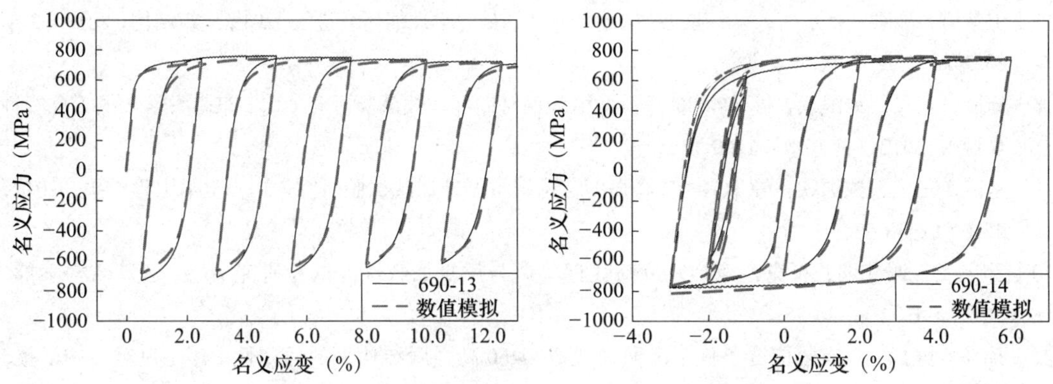

图 3.45 Q690板材试验结果与数值模拟的对比（三）

参考文献

[1] McDermott J F. Local plastic buckling of A514 steel members [J]. Journal of the Structural Division，1969, 95(9): 1837-1850.

[2] Rasmussen K J R, Hancock G J. Tests of high strength steel columns [J]. Journal Construct Steel Research, 1995, 34: 27-52.

[3] Rasmussen K J R, Hancock G J. Plate slenderness limits for high strength steel sections [J]. Journal of Constructional Steel Research, 1992, 23(92): 73–96.

[4] Green P S, Sause R, Ricles J M. Strength and ductility of HPS flexural members [J]. Journal of Constructional Steel Research, 2002, 58(1): 907–941.

[5] 施刚，班慧勇，石永久，等 . 端部带约束的超高强度钢材受压构件整体稳定受力性能［J］. 土木工程学报，2011，44（10）：17-25.

[6] 班慧勇 . 高强度钢材轴心受压构件整体稳定性能与设计方法研究［D］. 北京：清华大学，2012.

[7] 田越 . 500MPa 级高性能钢（Q500qE）在铁路钢桥中的应用研究［D］. 中国铁道科学研究院，2010.

[8] 王飞 . 高强度结构钢材和钢框架受力性能研究［D］. 重庆大学，2011.

[9] 孙飞飞，谢黎明，崔嵬，等 . Q460 高强钢单调与反复加载性能试验研究［J］. 建筑结构学报，2013，34（1）：30-35.

[10] 孙旭 . Q690 钢材料力学特性研究［D］. 上海：同济大学，2013.

[11] 中华人民共和国国家标准 . 钢结构设计标准 GB 50017—2017［S］. 北京：中国建筑工业出版社，2018.

[12] Ramberg W, Osgood W R. Description of stress-strain curves by three parameters [C]// Washington: National Advisory Committee for Aeronautics, TN 902, 1943.

[13] Rasmussen K J R. Full-range stress–strain curves for stainless steel alloys [J]. Journal of Constructional Steel Research, 2003, 59(1): 47–61.

[14] Gardner L, Nethercot D A. Experiments on stainless steel hollow sections—part 1: material and cross-sectional behavior [J]. Journal of Constructional Steel Research, 2004, 60(9): 1291-1318.

[15] M. Quach W, G. Teng J, F. Chung K. Three-stage full-range stress-strain model for stainless steels [J]. American Society of Civil Engineers, 2014, 134(9): 1518-1527.

[16] 陈绍蕃，顾强 . 钢结构（上册）钢结构基础［M］. 北京：中国建筑工业出版社，2014.

［17］班慧勇，施刚，石永久，等 . 建筑结构用高强度钢材力学性能研究进展［J］. 建筑结构，2013（2）：88-94.

［18］施刚，王飞，戴国欣，等 .Q460C 高强度结构钢材循环加载试验研究［J］. 东南大学学报（自然科学版），2012，41（6）：1259-1265.

［19］施刚，王飞，戴国欣，等 . Q460D 高强度结构钢材循环加载试验研究［J］. 土木工程学报，2012，45（7）：48-55.

［20］孙飞飞，谢黎明，崔嵬，等 . Q460 高强钢单调与反复加载性能试验研究［J］. 建筑结构学报，2013，34（1）：30-35.

［21］孙伟，陈以一 . 有限应变条件下滞回模式对 Q460 高强度结构钢的适用性［J］. 建筑结构学报，2013，34（3）：93-99.

［22］孙旭 . Q690 钢材料力学特性研究［D］. 上海：同济大学，2013.

［23］ASTM E466-15. Standard practice for conducting force controlled constant amplitude axial fatigue tests of metallic materials [S]. West Conshohocken, PA: ASTM International, 2015.

［24］ASTM E606/E606M-12. Standard test method for strain-controlled fatigue testing [S]. West Conshohocken, PA: ASTM International, 2012.

［25］中华人民共和国国家标准 . 建筑抗震设计规范 GB 50011—2010［S］. 北京：中国建筑工业出版社，2016.

［26］王萌，钱凤霞，杨维国 . 低屈服点 LYP160 钢材本构关系研究［J］. 建筑结构学报，2017，38（2）：55-62.

［27］王萌 . 强烈地震作用下钢框架的损伤退化行为［D］. 北京：清华大学，2013.

［28］Chaboche J L. A review of some plasticity and viscoplasticity constitutive theories [J]. International Journal of Plasticity, 2008, 24(10): 1642-1693.

［29］Chaboche J L. Constitutive equations for cyclic plasticity and cyclic viscoplasticity [J]. International Journal of Plasticity, 1989, 5(3): 247-302.

［30］Ohno N. Recent topics in constitutive modeling of cyclic plasticity and viscoplasticity [J]. Applied Mechanics Review, 1990, 43(11): 283-295.

［31］Chen W F, Saleeb A F. Elasticity and plasticity [M]. Beijing, China: China Architecture and Building Press, 2005.

［32］Prager W. A new method of analyzing stresses and strains in work-hardening plastic solids [J]. Journal of Applied Mechanics, 1956, 23: 493-496.

［33］Ziegler H. A modification of Prager's hardening rule [J]. Quarterly of Applied Mechanics, 1959, 17: 55-65.

［34］Armstrong P J, Frederick C O. A mathematical representation of the multiaxial Bauschinger effect [R]. Report RD/B/N731. Berkeley, UK: Central Electricity Generating Board, 1966.

［35］Chaboche J L, Rousselier G. On the plastic and viscoplastic constitutive equations-Part I: Rules developed with internal variable concept [J]. Journal of Pressure Vessel Technology, 1983, 105(2): 153-158.

［36］Chaboche J L, Rousselier G. On the plastic and viscoplastic constitutive equations-Part II: Application of internal variable concepts to the 316 stainless steel [J]. Journal of Pressure Vessel Technology, 1983, 105(2): 159-164.

［37］Zaverl J, Lee D. Constitutive relations for nuclear reactor core materials [J]. Journal of Nuclear Materials,

1978, 75(1): 14-19.

[38] Chaboche J L. Time-independent constitutive theories for cyclic plasticity [J]. International Journal of Plasticity, 1986, 2(2): 149-188.

[39] Chaboche J L, Dang-Van K, Cordier G. Modelization of the strain memory effect on the cyclic hardening of 316 stainless steel [C]// Proceedings of International Conference on Structural Mechanics in Reactor Technology(SMIRT-5), Amsterdam, Netherlands: Paper No. L11/3, 1979.

[40] Ohno N. A constitutive model of cyclic plasticity with a nonhardening strain region [J]. Journal of Applied Mechanics, 1982, 49(4): 721-727.

[41] Ohno N, Kachi Y. A constitutive model of cyclic plasticity for nonlinear hardening materials [J]. Journal of Applied Mechanics, 1986, 53(2): 395-403.

[42] Rodzik P. Cyclic hardening rule for structural steels with yield plateau [J]. Journal of Engineering Mechanics-ASCE, 1999, 125(12): 1331-1343.

[43] Yoshida F. A constitutive model of cyclic plasticity [J]. International Journal of Plasticity, 2000, 16(3-4): 359-380.

[44] Ucak A, Tsopelas P. Constitutive model for cyclic response of structural steels with yield plateau [J]. Journal of Structural Engineering-ASCE, 2011, 137(2): 195-206.

[45] Ucak A, Tsopelas P. Accurate modeling of the cyclic response of structural components constructed of steel with yield plateau [J]. Engineering Structures, 2012, 35: 272-280.

[46] Yoshida F, Uemori T. A model of large-strain cyclic plasticity describing the Bauschinger effect and workhardening stagnation [J]. International Journal of Plasticity, 2002, 18(5-6): 661-686.

[47] Yoshida F, Uemori T, Fujiwara K. Elastic-plastic behavior of steel sheets under in-plane cyclic tension-compression at large strain [J]. International Journal of Plasticity, 2002, 18(5-6): 633-659.

[48] Jia L J, Kuwamura H. Prediction of cyclic behaviors of mild steel at large plastic strain using coupon test results [J]. Journal of Structural Engineering-ASCE, 2014, 140(2): 441-454.

[49] Mróz Z. On the description of anisotropic workhardening [J]. Journal of the Mechanics and Physics of Solids, 1967, 15(3): 163-175.

[50] Iwan W D. On a class of models for the yielding behavior of continuous and composite systems [J]. Journal of Applied Mechanics, 1967, 34(3): 612-617.

[51] Besseling J F. A theory of elastic, plastic and creep deformations of an initially isotropic material showing anisotropic strain-hardening, creep recovery and secondary creep [J]. Journal of Applied Mechanics, 1958, 80: 529.

[52] Dafalias Y F, Popov E P. A model of nonlinearly hardening materials for complex loading [J]. Acta Mechanica, 1975, 21(3): 173-192.

[53] Dafalias Y F, Popov E P. Plastic internal variables formalism of cyclic plasticity [J]. Journal of Applied Mechanics, 1976, 43(4): 645-651.

[54] Krieg R D. A practical two surface plasticity theory [J]. Journal of Applied Mechanics, 1975, 42(3): 641-646.

[55] Tseng N T, Lee G C. Simple plasticity model of two-surface type [J]. Journal of Engineering Mechanics-ASCE, 1983, 109(3): 795-810.

[56] Dafalias Y F. Bounding surface plasticity. I: Mathematical foundation and hypoplasticity [J]. Journal of Engineering Mechanics-ASCE, 1986, 112(9): 966-987.

[57] Dafalias Y F, Herrmann L R. Bounding surface plasticity. II: Application to isotropic cohesive soils [J]. Journal of Engineering Mechanics-ASCE, 1986, 112(12): 1263-1291.

[58] Anandarajah A, Dafalias Y F. Bounding surface plasticity. III: Application to anisotropic cohesive soils [J]. Journal of Engineering Mechanics-ASCE, 1986, 112(12): 1292-1318.

[59] Petersson H, Popov E P. Constitutive relations for generalized loadings [J]. Journal of the Engineering Mechanics Division-ASCE, 1977, 103(EM4): 611-627.

[60] Popov E P, Petersson H. Cyclic metal plasticity: Experiments and theory [J]. Journal of the Engineering Mechanics Division-ASCE, 1978, 104(EM6): 1371-1388.

[61] Elnashai A S, Izzuddin B A. Modeling of material non-linearities in steel structures subjected to transient dynamic loading [J]. Earthquake Engineering and Structural Dynamics, 1993, 22(6): 509-532.

[62] Mizuno E, Kato M, Fukumoto Y. Multi-surface model application to beam-columns subjected to cyclic loads [J]. Journal of Constructional Steel Research, 1987, 7(4): 253-277.

[63] 皆川勝，西脇威夫，増田陳紀．多曲面塑性モデルによる鋼引張圧縮部材の履歴応力ーひずみ関係の推定［J］．構造工学論文集，1986，32A：193-206.

[64] Minagawa M, Nishiwaki T, Masuda N. Modeling cyclic plasticity of structural steels [J]. Structural Engineering/Earthquake Engineering, 1987, 4(2): 361s-370s.

[65] 皆川勝，西脇威夫，増田陳紀．塑性流れ域における構造用鋼の単軸繰り返し挙動の推定［J］．構造工学論文集，1989，35A：53-65.

[66] Shen C, Tanaka Y, Mizuno E, et al. A two-surface model for steels with yield plateau [J]. Structural Engineering/Earthquake Engineering, 1992, 8(4): 179s-188s.

[67] 田中良仁，水野英二，瀋赤，等．降伏棚を有する鋼材の繰り返し弾塑性モデル——二曲面塑性モデルの開発［J］．構造工学論文集，1991，37A：1-14.

[68] Shen C, Mizuno E, Usami T. Further study on two-surface model for structural steels under uniaxial cyclic loading [J]. Structural Engineering/Earthquake Engineering, 1993, 9(4): 257s-260s.

[69] Shen C, Mizuno E, Usami T. A generalized two-surface model for structural steels under cyclic loading [J]. Structural Engineering/Earthquake Engineering, 1993, 10(2): 59s-69s.

[70] Mamaghani IHP, Shen C, Mizuno E, et al. Cyclic behavior of structural steels. I: Experiments [J]. Journal of Engineering Mechanics-ASCE, 1995, 121(11): 1158-1164.

[71] Shen C, Mamaghani IHP, Mizuno E, et al. Cyclic behavior of structural steels. II: Theory [J]. Journal of Engineering Mechanics-ASCE, 1995, 121(11): 1165-1172.

[72] Mahan M, Dafalias Y, Taiebat M, et al. SANISTEEL: Simple anisotropic steel plasticity model [J]. Journal of Structural Engineering-ASCE, 2011, 137(2): 185-194.

[73] Goto Y, Wang Q Y, Obata M. FEM analysis for hysteretic behavior of thin-walled columns [J]. Journal of Structural Engineering-ASCE, 1998, 124(11): 1290-1301.

[74] Goto Y, Jiang K S, Obata M. Stability and ductility of thin-walled circular steel columns under cyclic bidirectional loading [J]. Journal of Structural Engineering-ASCE, 2006, 132(10): 1621-1631.

[75] Ortiz M, Popov E P. Distortional hardening rules for metal plasticity [J]. Journal of Engineering Mechanics-

ASCE, 1983, 109(4): 1042-1057.

[76] McDowell D L. A two surface model for transient nonproportional cyclic plasticity. Part 1: Development of appropriate equations [J]. Journal of Applied Mechanics, 1985, 52(2): 298-302.

[77] McDowell D L. A two surface model for transient nonproportional cyclic plasticity. Part 2: Comparison of theory with experiments [J]. Journal of Applied Mechanics, 1985, 52(2): 303-308.

[78] Chang K C, Lee G C. Biaxial properties of structural steel under nonproportional loading [J]. Journal of Engineering Mechanics-ASCE, 1986, 112(8): 792-805.

[79] Chang K C, Lee G C. Constitutive relations of structural steel under nonproportional loading [J]. Journal of Engineering Mechanics-ASCE, 1986, 112(8): 806-820.

[80] Jiang W. Study of two-surface plasticity theory [J]. Journal of Engineering Mechanics-ASCE, 1994, 120(10): 2179-2200.

[81] Cofie N G, Krawinkler H. Uniaxial cyclic stress-strain behavior of structural steel [J]. Journal of Engineering Mechanics-ASCE, 1985, 111(9): 1105-1120.

[82] Santhanam T K. Model for mild steel in inelastic frame analysis [J]. Journal of the Structural Division-ASCE, 1979, 105(ST1): 199-220.

[83] Hays C O. Inelastic material models in earthquake response [J]. Journal of the Structural Division-ASCE, 1981, 107(ST1): 13-27.

[84] Shi Y J, Wang M, Wang Y Q. Experimental and constitutive model study of structural steel under cyclic loading [J]. Journal of Constructional Steel Research, 2011, 67: 1185-1197.

[85] Wang M, Shi Y J, Wang Y Q. Equivalent constitutive model of steel with cumulative degradation and damage [J]. Journal of Constructional Steel Research, 2012, 79: 101-114.

[86] Shi G, Wang M, Bai Y, et al. Experimental and modeling study of high-strength structural steel under cyclic loading [J]. Engineering Structures, 2012, 37(4): 1-13.

[87] Valanis K C. A theory of viscoplasticity without a yield surface. Part I: General theory [J]. Archives of Mechanics, 1971, 23(4): 517-533.

[88] Valanis K C. A theory of viscoplasticity without a yield surface. Part II: Application to mechanical behavior of metals [J]. Archives of Mechanics, 1971, 23(4): 535-551.

[89] Sugiura K, Lee G C, Chang K C. Endochronic theory for structural steel under nonproportional loading [J]. Journal of Engineering Mechanics-ASCE, 1987, 113(12): 1901-1917.

[90] Hsu S Y, Jain S K, Griffin O H. Verification of endochronic theory for nonproportional loading paths [J]. Journal of Engineering Mechanics-ASCE, 1991, 117(1): 110-131.

[91] ABAQUS. ABAQUS Analysis User's Guide (Version 6.13) [M]. Providence, RI: Dassault Systèmes Simulia Corp., 2013.

[92] Huang Y L, Mahin S A. Simulating the inelastic seismic behavior of steel braced frames including the effects of low-cycle fatigue [R]. PEER Report 2010/104. Berkeley, CA: Pacific Earthquake Engineering Research Center, University of California, Berkeley, 2010.

[93] Bridgman P W. Studies in large plastic flow and fracture: with special emphasis on the effects of hydrostatic pressure [M]. New York: McGraw-Hill Book Company, Inc., 1952.

[94] Jia L J, Kuwamura H. Ductile fracture simulation of structural steels under monotonic tension [J]. Journal

of Structural Engineering-ASCE, 2014, 140(5): 472-482.

[95] 山田哲，今枝知子，岡田健 . バウシンガー効果を考慮した構造用鋼材の簡潔な履歴モデル［J］. 日本建築学会構造系論文集，2002（559）：225-232.

[96] 松本由香，鄭景洙，山田哲 . 繰返し複合応力を受ける構造用鋼材の履歴挙動に関する基礎実験［J］. 日本建築学会構造系論文集，2005（588）：181-188.

[97] Lehmann T，Raniecki B，Trampczynski W. The Bauschinger effect in cyclic plasticity［J］. Archives of Mechanics，1985，37（6）：643-659.

[98] 中島伸幸，山田稔 . 大変形域における一般構造用鋼 SS400 材め塑性履歴特性［J］. 日本建築学会構造系論文集，2000（536）：17-22.

[99] 藤本盛久，橋本篤秀，中込忠男，等 . 繰返し力を受ける鋼構造溶接接合部の破壊挙動に関する研究一第 1 報：構造用鋼材の多軸応力状態における繰返し応カーひずみ関係［J］. 日本建築学会構造系論文報告集，1985（356）：93-102.

[100] 西村宣男，小野潔，池内智行，等 . 各種鋼材の繰り返し塑性履歴特性に関する実験的研究［J］. 鋼構造論文集，1994，1（1）：173-182.

[101] 西村宣男，小野潔，池内智行 . 単調載荷曲線を基にした繰り返し塑性履歴を受ける鋼材の構成式［J］. 土木学会論文集，1995（513）：I-31，27-38.

[102] Wang W，Zhang Y Y，Chen Y Y，et al. Enhancement of ductility of steel moment connections with noncompact beam web［J］. Journal of Constructional Steel Research，2013，81：114-123.

[103] 刘希月 . 基于微观机理的高强钢结构材料和节点的断裂性能研究［D］. 北京：清华大学，2015.

[104] 西川和廣，山本悟司，名取暢，等 . 既設鋼製橋脚の耐震性能改善方法に関する実験的研究［J］. 構造工学論文集，1996，42A：975－986.

[105] Nishikawa K，Yamamoto S，Natori T，et al. Retrofitting for seismic upgrading of steel bridge columns［J］. Engineering Structures，1998，20（4-6）：540-551.

第4章　高强度钢材的连接性能

焊缝连接和螺栓连接是钢结构最主要的两种连接方式，是钢结构设计不可或缺的重要环节，直接影响结构安全性和可靠性。但是，我国《钢结构设计标准》GB 50017—2017[1] 仅对Q460钢材的焊缝连接及螺栓连接的设计方法、强度指标做出明确规定，而对于更高强度等级的高强度钢材，设计人员简单套用普通强度钢材的设计方法，显然不够合理。因此，高强度钢材焊缝连接和螺栓连接的力学性能，包括高强度钢材及焊材的强度、塑性及断裂韧性，高强度钢材角焊缝的抗剪性能，高强度钢板的孔壁承压性能，高强度钢材螺栓连接的抗滑移系数等，都需要深入研究。本章针对高强度钢材焊缝及螺栓连接的受力性能和设计方法进行研究，通过试验和数值方法揭示高强度钢材焊缝及螺栓连接的受力特性，提出相应的设计方法和计算公式。

4.1　高强钢母材及焊材的力学性能试验

研究高强度钢材及焊材的力学性能，主要包括材料的弹性模量、屈服强度、抗拉强度以及与断裂行为相关的材料韧性指标。本节是研究高强度钢材焊缝及螺栓连接的基础，材料包括Q390、Q460、Q550、Q690、Q890共5种牌号钢材以及ER55-D2、ER55-G、ER69-G、ER76-G共4种型号焊材。

4.1.1　母材试验

4.1.1.1　试件设计

钢材力学性能试验的试验类别、批次、试件名称、钢材级别、板厚、试件数量如表4.1所示，包括Q390、Q460、Q550、Q690、Q890共5种强度等级的钢板。试件名称的命名依据标距段的截面形式。根据试验机的实际加载能力，厚板采用非全尺寸厚度的圆形截面试样，每种试件3个；薄板采用全尺寸厚度的矩形截面试样，由于钢板的厚度较薄容易变形，每种试件不少于5个，其中12mm厚度的Q460钢板锈蚀较为严重，试件数量为10个。

由于结构钢材在室温条件下，拉伸试样的断裂伴随着较大范围的塑性变形，符合微孔聚合型断裂的假定。本书引入了两种基于微观机理的断裂预测模型，即微孔扩张模型VGM（Void Growth Model）和应力修正临界应变模型SMCS（Stress Modified Critical Strain）[2,3]，因此本书标定断裂模型参数的试验称为断裂韧性试验。钢材力学性能试验研究情况如表4.1所示，其中，断裂韧性试验所用钢板与第一批室温拉伸试验钢板相同。

钢材力学性能试验研究一览表　　表 4.1

试验类别	批次	试件名称	钢材级别	板厚(mm)	试件数量	备注
室温拉伸试验	第一批	圆形截面拉伸试件	Q390	48	3	标距段直径为 12mm
			Q550	48	3	
			Q690	48	3	
	第二批	圆形截面拉伸试件	Q460	24	3	标距段直径为 10mm
	第三批	矩形截面试件拉伸	Q460	10	5	—
			Q460	12	10	
			Q890	6	5	
断裂韧性试验	—	圆形开槽拉伸试件	Q390	48	9	3 种槽口半径，每种 3 个
			Q550	48	9	
			Q690	48	9	

室温拉伸试验的试件按照《钢及钢产品力学性能试验取样位置及试样制备》GB/T 2975—1998[4] 方法取样，并按照《金属材料拉伸试验　第一部分：室温试验方法》GB/T 228—2010[5] 中比例试样制备，试件的设计尺寸如图 4.1（*a*）～（*e*）所示，试件采用线切割方式下料，机加工时均采用冷加工，最大程度降低热输入对试验的影响。断裂韧性试验的试件为圆形开槽拉伸试件，试件的中间段加工制作成三种尺寸半径的平滑圆周缺口，用以模拟不同的三向应力状态，其设计尺寸如图 4.1（*f*）所示，为了保证圆形开槽拉伸试件的加工精度，试件机加工时进行误差控制，其形状公差为 0.03mm，尺寸公差为±0.02mm，线切割误差为±0.2mm。

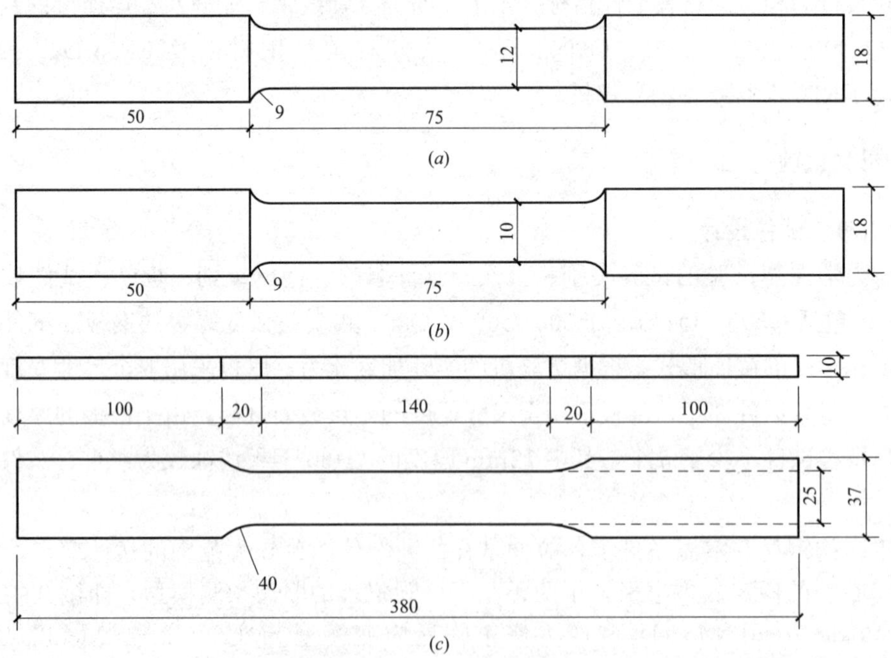

图 4.1　试件的设计尺寸（单位：mm）（一）

（*a*）12mm 直径圆形截面拉伸试件；（*b*）10mm 直径圆形截面拉伸试件；
（*c*）10mm 厚 Q460 钢材矩形截面试件拉伸试件

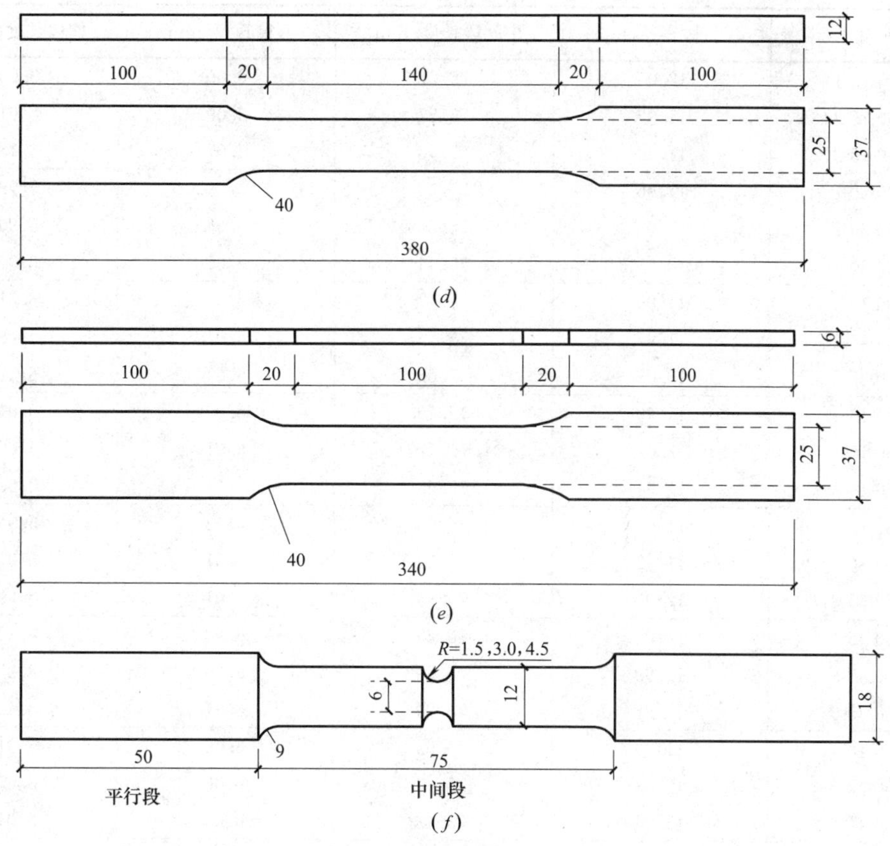

图 4.1　试件的设计尺寸（单位：mm）（二）

（d）12mm 厚 Q460 钢材矩形截面试件拉伸试件；（e）Q890 钢材矩形截面试件拉伸试件；（f）圆形开槽拉伸试件

4.1.1.2　试验装置及测量方法

室温拉伸试验依据拉伸试件的承载力需求，选取 30t 级别的试验机，采用 50mm 标距的引伸计，矩形截面试件的正反面粘贴两个应变片，用于拟合弹性模量及监测试件的侧弯；试验加载时，按照《金属材料拉伸试验　第一部分：室温试验方法》GB/T 228—2010[5] 进行单调加载，加载速率不超过 1.2cm/min，当试件颈缩后撤掉引伸计，然后继续加载至完全断裂。圆形开槽拉伸试件采用 20mm 标距引伸计（图 4.2），开圆周槽口拉伸试件承载力较小，试验全程不摘除引伸计。由于试件标距段进行了打磨处理，因此引伸计需固定牢靠（增加橡皮筋的数量），以防止试验加载时引伸计打滑而影响试验的测量精度。试验加载时，加载初期用力控制，加载速率为 0.2～0.8kN/s，当试件位移变化较快时用位移控制，试验机横梁的位移速率不超过 0.01mm/s。

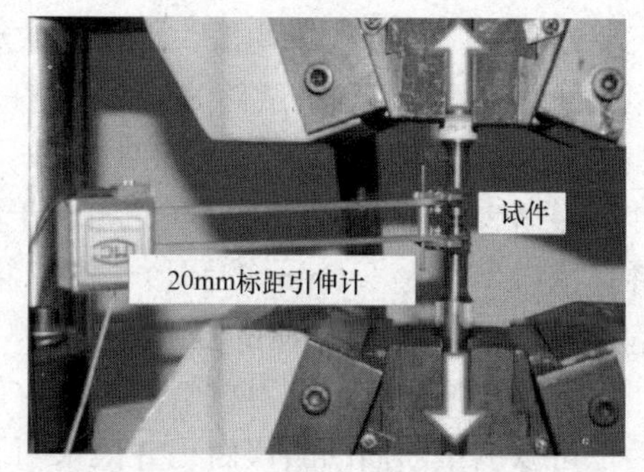

图 4.2　圆形开槽拉伸试件加载示意图

高强度钢材圆形开槽拉伸试件实测尺寸　　**表 4.2**

试件编号	平行段直径(mm)	中间段长度(mm)	开槽直径(mm)	槽口长度(mm)
Q390-15-1	12.05	75.27	6.09	3.03
Q390-15-2	11.92	75.57	6.00	3.01
Q390-15-3	11.98	75.48	6.07	3.15
Q390-30-1	11.96	75.45	5.99	5.99
Q390-30-2	12.03	75.50	6.00	5.99
Q390-30-3	12.01	75.44	6.00	6.00
Q390-45-1	11.99	75.47	6.04	8.31
Q390-45-2	11.97	75.55	6.01	8.29
Q390-45-3	12.03	75.66	6.02	8.37
Q550-15-1	11.99	75.19	6.02	3.01
Q550-15-2	12.01	75.12	6.01	3.02
Q550-15-3	11.94	75.69	6.01	3.00
Q550-30-1	11.97	75.65	6.02	5.99
Q550-30-2	11.99	75.39	6.01	5.97
Q550-30-3	12.02	75.38	6.01	5.99
Q550-45-1	11.98	75.29	6.03	8.32
Q550-45-2	11.99	75.59	6.00	8.29
Q550-45-3	11.98	75.29	6.01	8.40
Q690-15-1	11.93	75.63	6.06	3.01
Q690-15-2	12.03	75.45	6.06	3.00
Q690-15-3	12.04	75.43	6.05	3.01
Q690-30-1	12.03	75.40	6.03	5.99
Q690-30-2	12.07	75.56	6.02	6.00
Q690-30-3	12.03	75.44	6.03	6.00
Q690-45-1	12.04	75.29	6.03	8.37
Q690-45-2	12.06	75.45	6.04	8.32
Q690-45-3	12.03	75.20	6.07	8.47

由于断裂韧性试验的结果受圆形开槽试件槽口半径影响较大，因此需要对试件槽口部位的几何尺寸进行详细测量，以保证试件的加工精度。试验前，对圆形开槽试件的槽口部位的平行段直径、中间段长度、槽口的开槽直径和槽口的长度进行测量，每个部位用千分尺反复测量三次并取平均值，保留小数点后 2 位数字。高强度钢材圆形开槽拉伸试件的实测尺寸见表 4.2。表中试件编号由钢材的强度等级、试件的槽口半径和试件序号组成。例如 Q390-15-1 表示屈服强度为 390MPa、槽口半径设计值为 1.5mm 的 1 号圆形开槽拉伸试件。根据表 4.2 中的实测数据，相对于槽口半径为 1.5mm 和 2.0mm 的圆形开槽拉伸试件，槽口半径为 4.5mm 的圆形开槽拉伸试件槽口长度离散性较大。

4.1.1.3　室温拉伸试验结果

室温拉伸试验可获得材料的单调拉伸荷载、标距段引伸计及应变片等数据，试件断裂后也可以测量断面的断口面积并记录断裂时试验机所测量得到的荷载，七种类型钢材试件单调拉伸试验所获得的应力-应变全曲线如图 4.3 所示，试验结果数据详见表 4.3。

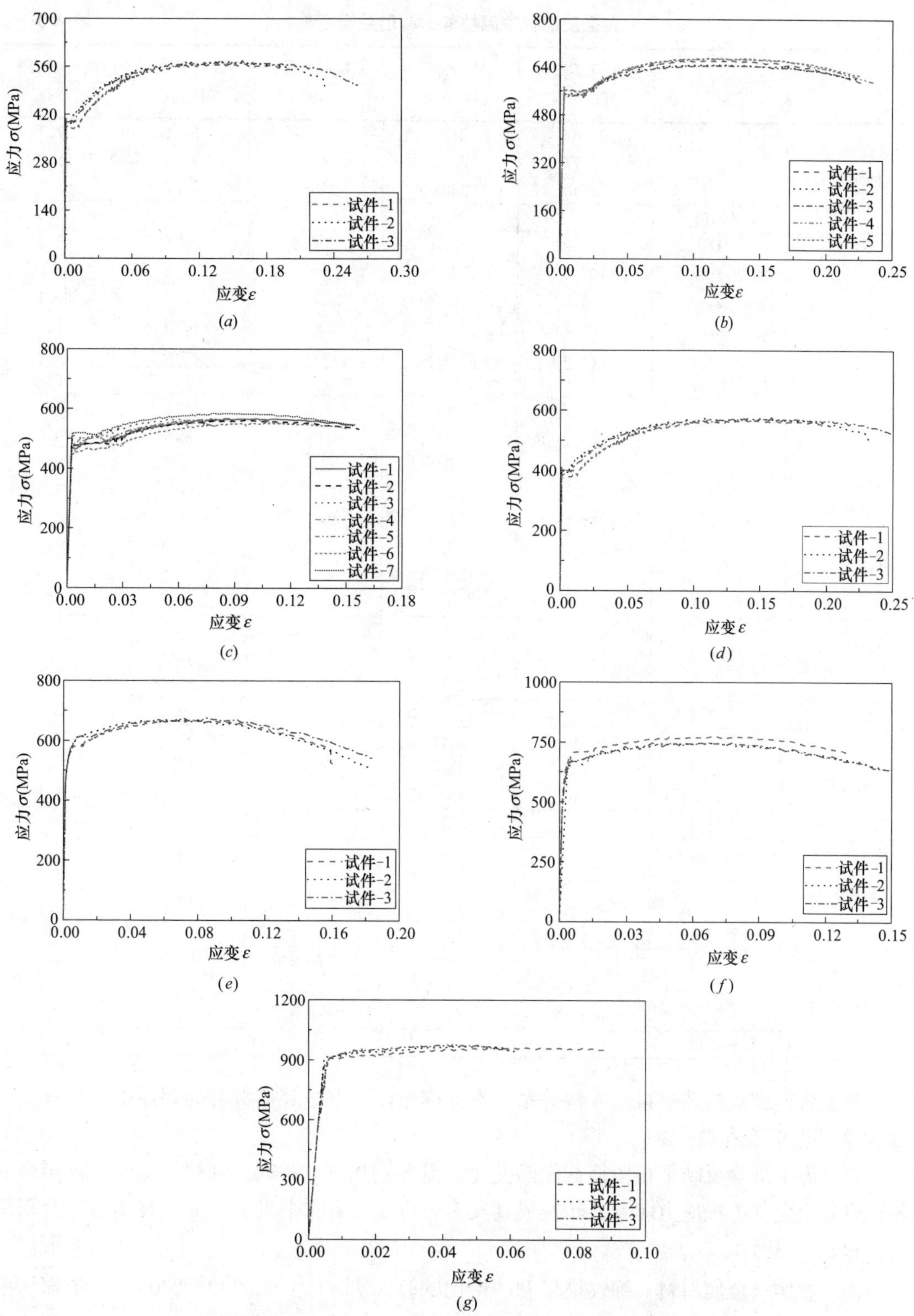

图 4.3 钢材室温拉伸试验试件的应力-应变曲线

(*a*) Q390-48；(*b*) Q460-10；(*c*) Q460-12；(*d*) Q460-24；(*e*) Q550-48；(*f*) Q690-48；(*g*) Q890-6

高强度钢材室温拉伸试验的数据汇总 **表 4.3**

钢材类别	试件编号	断后标距段长度(mm)	断后伸长率(%)	原始截面面积(mm^2)	断口截面面积(mm^2)	截面收缩率(%)
Q390-48（标距段为75mm）	1	92.67	24.0	113.4	36.6	67.7
	2	97.77	30.0	111.7	35.4	68.3
	3	93.40	24.5	113.2	34.4	69.6
	平均值	—	26.0	—	—	69
Q460-10（标距段为 80mm）	1	103.9	30.0	206.4	75.7	63.3
	2	104.5	31.0	209.5	71.2	66.0
	3	103.0	29.0	208.6	74.3	64.4
	4	101.2	27.0	205.6	82.4	59.9
	5	101.4	27.0	207.5	75.8	63.5
	平均值	—	29.0	—	—	63
Q460-12（标距段为 90mm）	1	107.8	20.0	241.9	58.8	75.7
	2	107.5	19.0	243.1	58.4	76.0
	3	105.5	17.0	240.9	58.1	75.9
	4	105.5	17.0	244.6	53.0	78.3
	5	109.5	22.0	242.2	48.5	80.0
	6	110.0	22.0	242.1	49.0	79.8
	7	109.0	22.5	242.3	56.9	76.5
	平均值	—	20.0	—	—	77
Q460-24（平行段直径为 10mm）	1	—	—	78.5	26.9	65.7
	2	—	—	78.5	28.8	63.3
	3	—	—	78.5	25.7	67.3
	平均值	—	—	—	—	65
Q550-48（标距段为 75mm）	1	88.09	17.5	112.7	24.4	78.3
	2	88.75	18.0	113.0	24.1	78.7
	3	88.66	18.0	113.8	26.3	76.9
	平均值	—	18.0	—	—	78
Q690-48（标距段为75mm）	1	87.02	16.0	113.3	28.8	74.6
	2	86.68	16.0	114.0	30.7	73.1
	3	86.95	16.0	112.8	27.1	76.0
	平均值	—	16.0	—	—	75
Q890-6（标距段为60mm）	1	71.2	19.0	120.8	74.3	38.5
	2	67.0	12.0	122.8	82.4	32.9
	3	69.0	15.0	118.9	75.8	36.2
	平均值	—	15.0	—	—	36

为了获得准确描述材料的本构关系，本书按照以下方法取得材料的弹性模量和真实应力-真实塑性应变参数[6]：

(1) 为了准确反映平行段横截面的变化，需要利用式（3-56）和式（3-57）将测得的名义应力应变（工程应力应变）转换成真实应力应变（后文中真实应力、真实应变分别用 σ_{true} 和 ε_{true} 表示）。

(2) 参照《金属材料　弹性模量和泊松比试验方法》GB/T 5028—2008[7]，依据转换后的真实应力-真实应变（σ_{true}-ε_{true}）曲线拟合弹性段的斜率作为弹性模量（E），然后再利用弹性模量和真实应变（总应变）计算塑性应变。

(3) 当有明显屈服平台时，确定下屈服强度（σ_y）和屈服平台末端的硬化应变（ε_{st}）；

当无明显屈服平台时，根据塑性应变确定 0.2%塑性延伸强度（$\sigma_{0.2}$），由试验机拉力荷载的峰值点来确定抗拉强度（σ_u）及其对应的极限应变（ε_u）。

（4）根据测量所得的断口面积与原始截面面积并利用式（4.1）计算断裂应变（ε_f）：

$$\varepsilon_f = \ln\left(\frac{A_0}{A_f}\right) \tag{4.1}$$

式中，A_0 为试件的初始截面面积；A_f 为试件的断后截面面积。根据实测断裂时的荷载和断口面积计算断裂应力 σ_f，并考虑颈缩后断口应力状态，对实测的断裂应力进行修正[8]。

（5）参照《金属材料薄板和薄带拉伸应变硬化指数（n 值）的测定》GB/T 5028—2008[9] 规定的方法拟合钢材的强化指数（n）及强化系数（K）。

高强度钢材实测的真实应力-真实塑性应变参数见表 4.4，表中钢材类别由钢材的强度等级和钢板厚度组成。例如 Q390-48 表示屈服强度为 390MPa、厚度为 48mm 的钢板。由表 4.4 数据分析可知，随着钢材抗拉强度（σ_u）的提高，极限应变（ε_u）逐渐降低，钢材的强化指数（n）也不断减小。同时发现，相同强度等级钢材（如 Q460）的极限应变也存在差异。

高强度钢材的弹性模量和真实应力-真实塑性应变参数　　表 4.4

钢材类别	E (GPa)	σ_y 或 $\sigma_{0.2}$ (MPa)	ε_{st}	σ_u (MPa)	ε_u	σ_f (MPa)	ε_f	n	K (MPa)	n 回归区间
Q390-48	206	390	0.008	651	0.130	1399	1.160	0.18	944	2%～12%
Q460-10	196	556	0.018	737	0.110	1023	0.990	0.14	1023	2%～10%
Q460-12	202	500	0.018	613	0.080	931	1.470	0.14	882	2%～7%
Q460-24	206	458	0.005	693	0.145	1150	1.065	0.18	1000	2%～13%
Q550-48	213	569	—	721	0.070	1555	1.515	0.09	919	2%～6%
Q690-48	215	678	—	810	0.060	1600	1.370	0.08	1016	2%～5%
Q890-6	195	917	—	1022	0.045	1201	0.685	0.06	1230	2%～4%

依据表 4.4 中材料的真实应力-真实塑性应变参数，建立了如图 4.4 所示的钢材的真

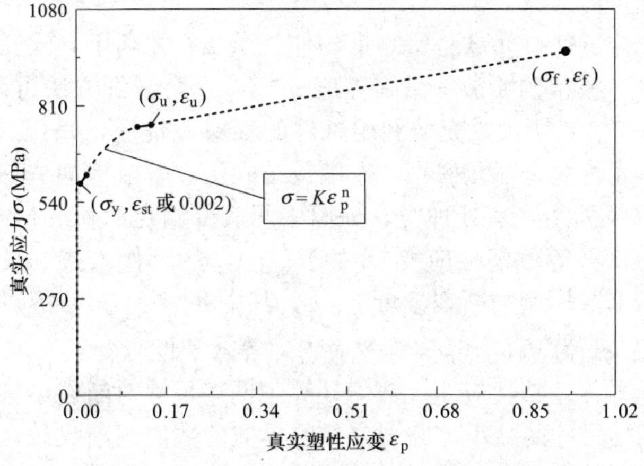

图 4.4　真实应力-真实塑性应变关系全曲线

实应力-真实塑性应变关系全曲线，泊松比取 0.3，在硬化段的回归区间内，认为材料的真实应力-真实塑性应变关系按照幂指数强化，除材料硬化段的回归区间以外均为线性表示(包括如图 4.4 中红点和黑点之间的部分)，本书称为幂指型强化本构。幂指型强化本构在拉伸应变指数回归区间内的应力-应变关系根据硬化指数 n 及硬化系数 K 来确定，取回归区间内（如图 4.4 红点之间的部分）等间距 10 组的塑性应变并依据幂指强化本构模型中的公式计算得到的应力为插值点。

如图 4.5 是七种钢板的幂指型强化本构与试验在强化段真实应力-真实塑性应变关系曲线的数据对比，其中 3 个 12mm 厚度的 Q460 钢板试件和 2 个 6mm 厚度的 Q890 钢板试件存在较严重的侧弯（依据两侧应变片数据在弹性段存在较大差异判断），该试件的数据舍弃。根据图 4.5 结果，幂指型强化本构模型可以比较准确描述钢材强化段的应力-应变关系。

4.1.1.4　断裂韧性试验结果

目前，对于微孔聚合模型国内外已经进行了大量研究与应用，建立了较系统的基于传统断裂力学的工程近似计算方法。斯坦福大学的 A. M. Kanvinde 和 G. G. Deierlein 等人的报告提出并发展了微孔扩张模型 VGM 和应力修正临界应变模型 SMCS[2]，随后对钢结构的节点、框架柱、角焊缝等都进行了研究，预测钢结构的断裂破坏[10]。周晖基于 VGM 和 SMCS 模型对典型节点构造的疲劳和断裂性能开展了研究[11]；同济大学的廖芳芳对 Q345 钢材基于微观机制断裂预测模型进行了参数校准[12]，王伟对钢结构节点延性断裂进行了预测及裂后路径分析[13]。基于断裂力学方法对材料、节点或构造断裂行为的预测，最重要的技术问题是如何测量并准确标定材料真实的应力-应变关系，然后再通过有限元进行对比分析标定断裂参量。而开展断裂韧性试验主要用于标定微孔扩张模型 VGM 和应力修正临界应变模型 SMCS 的断裂参量临界值，并计算试件断裂时的剩余承载力比例及韧性功比例。

图 4.6 是典型的圆形开槽拉伸试验的荷载-变形曲线。若从试件承载力的角度出发，图中 P_u 表示荷载的最大值，P_f 表示试件荷载下降后发生突变（判定为延性启裂）时的极限值，将二者比值（P_f/P_u）定义为剩余承载力比例，与极限值 P_f 对应的变形记为试件的伸长量 Δf；若从能量角度出发，荷载-变形曲线下所包围的总面积记为总功 A_k，荷载达到最大值 P_u 后直至极值 P_f 所包围阴影部分的面积记为韧性功 A_d，将二者比值（A_d/A_k）定义为韧性功比例。

依据圆形开槽拉伸试件拉伸试验所测量的伸长量 Δf 并利用有限元数值模拟的方法可以确定 VGM 和 SMCS 模型的断裂参量临界值 η^{cr} 和 α^{cr}，详细方法可以参考文献［2］和文献［11］。如图 4.7（a）所示，充分利用试件的轴对称性质，采用二维平面 CAX4R 轴对称减缩体积积分单元建立有限元模型，左端铰结固定，右端施加位移荷载。局部的网格划分情况如图 4.7（b）所示，后处理时，提取中间底部结点的 von Mises 等效应力、3 个主应力 S11、S22、S33 及等效塑性应变 PEEQ（ε_p），然后代入式（4.2）和式（4.3）中分别计算 VGM 和 SMCS 模型的断裂参量 η、α，其中 $T=\sigma_m/\sigma_e$ 为应力三轴度；$\sigma_m=\sigma_{ii}/3$ 为静水压力绝对值；σ_e 为 von Mises 等效应力；等效塑性应变 $\varepsilon_p=(2\varepsilon_{p,ij}\cdot\varepsilon_{p,ij}/3)^{1/2}$；$\varepsilon_{p,cr}$ 为延性启裂时临界等效塑性应变。数值计算中网格尺寸对断裂参量计算数值的影响如图 4.8 所示，随着网格尺寸的减小，断裂参量临界值的数值逐渐收敛，当槽口区域单元尺寸为 0.25mm 时计算效率较高。

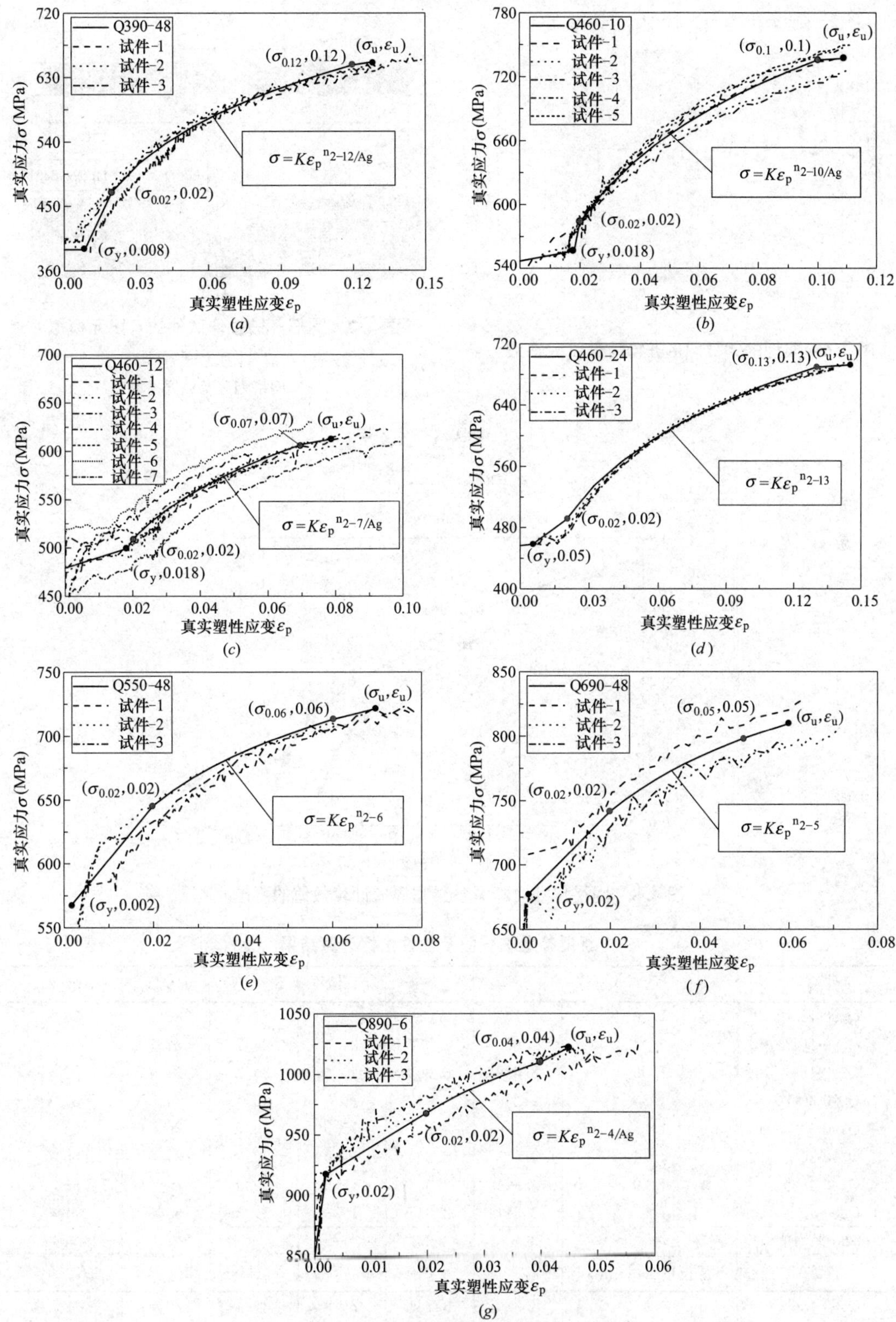

图 4.5 幂指型强化本构与试验数据对比

(*a*) Q390-48；(*b*) Q460-10；(*c*) Q460-12；(*d*) Q460-24；(*e*) Q550-48；(*f*) Q690-48；(*g*) Q890-6

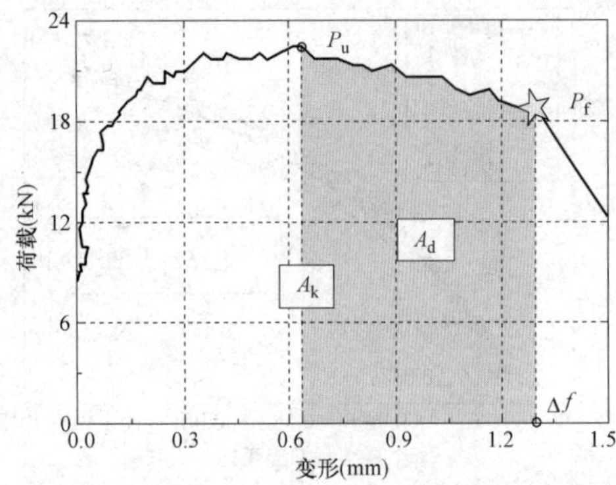

图 4.6　典型的钢材圆形开槽拉伸试验曲线

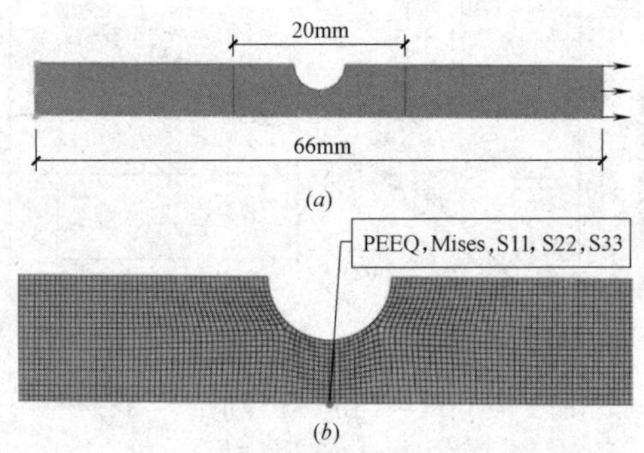

图 4.7　圆形开槽拉伸试件的有限元模拟

（a）轴对称有限元模型；

（b）网格划分及数据提取

$$\eta=\int_0^{\varepsilon_{p,cr}}\exp(1.5T)\mathrm{d}\varepsilon_p \tag{4.2}$$

$$\alpha=\frac{\exp(-1.5T)}{\varepsilon_{p,cr}} \tag{4.3}$$

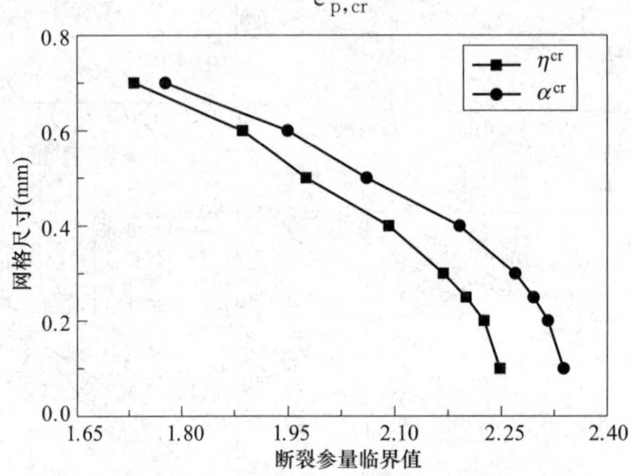

图 4.8　网格尺寸对断裂参量临界值计算数值的影响

钢材断裂参量临界值及韧性指标计算结果　　表 4.5

试件编号	伸长量 Δf(mm)	α^{cr}	η^{cr}	P_f(kN)	P_u(kN)	P_f/P_u	A_d/A_k
Q390-15-1	1.08	2.743	3.086	20.2	24.8	81%	54%
Q390-15-2	1.04	2.676	2.978	21.0	25.7	82%	52%
Q390-15-3	1.05	2.692	3.003	20.5	25.2	81%	59%
Q390-30-1	1.30	2.229	2.312	18.8	22.4	84%	54%
Q390-30-2	1.26	2.176	2.247	15.8	22.7	70%	66%
Q390-30-3	1.44	2.455	2.584	17.9	22.2	81%	66%
Q390-45-1	1.79	2.394	2.355	15.5	20.9	74%	65%
Q390-45-3	1.77	2.311	2.317	13.3	21.3	63%	71%
Q390 平均值	—	2.45	2.58	—	—	—	—
试件编号	伸长量 Δf(mm)	α^{cr}	η^{cr}	P_f(kN)	P_u(kN)	P_f/P_u	A_d/A_k
Q550-15-1	0.81	3.220	3.741	23.9	30.4	79%	78%
Q550-15-2	0.69	2.828	3.121	26.1	31.5	83%	68%
Q550-15-3	0.74	2.990	3.374	24.4	30.2	81%	73%

续表

试件编号	伸长量 Δf(mm)	α^{cr}	η^{cr}	P_f(kN)	P_u(kN)	P_f/P_u	A_d/A_k
Q550-30-1	1.43	3.288	3.594	19.2	27.1	71%	78%
Q550-30-3	1.46	3.360	3.671	17.7	26.7	66%	80%
Q550-45-1	1.74	3.132	3.164	16.8	25.8	65%	83%
Q550-45-2	1.83	3.330	3.345	15.1	25.1	60%	80%
Q550-45-3	1.83	3.333	3.348	15.9	24.9	64%	83%
Q550 平均值	—	3.20	3.44	—	—	—	—
试件编号	伸长量 Δf(mm)	α^{cr}	η^{cr}	P_f(kN)	P_u(kN)	P_f/P_u	A_d/A_k
Q690-15-1	0.66	2.917	3.180	29.1	34.5	84%	64%
Q690-15-2	0.66	2.917	3.180	28.7	33.4	86%	64%
Q690-15-3	0.67	2.946	3.225	29.1	34.1	85%	76%
Q690-30-1	1.33	3.311	3.600	21.3	29.6	72%	79%
Q690-30-2	1.40	3.475	3.776	21.3	29.6	72%	80%
Q690-30-3	1.35	3.351	3.643	21.3	29.6	72%	76%
Q690-45-1	1.73	3.377	3.383	18.5	28.6	65%	84%
Q690-45-2	1.72	3.359	3.367	18.5	27.9	66%	81%
Q690-45-3	1.68	3.234	3.255	19.2	28.2	68%	77%
Q690 平均值	—	3.21	3.40	—	—	—	—

三种钢材的断裂参量临界值及韧性指标计算结果汇总于表 4.5，其中编号为 Q390-45-2 和 Q550-30-2 的两个试件由于试验中引伸计打滑，导致所测量的伸长量不准确，因此舍弃。表 4.5 中伸长量（Δf）的有效数字保留到小数点后两位，根据公式计算得到的断裂参量 α 和 η 有效数字保留到小数点后三位。钢材的断裂参量临界值（α^{cr} 和 η^{cr}）计算方法是：先将每组相同槽口半径试件所获得的断裂参量临界值求平均，再计算三组的平均值，结果保留到小数点后两位。比较分析表 4.5 中相同钢材的三种不同缺口半径圆形开槽拉伸试件的荷载最大值（P_u），虽然三组试件的最薄弱截面尺寸相同，但随着缺口半径尺寸的增大，荷载最大值逐渐减小，而试件的伸长量则逐渐增大，说明圆形开槽拉伸试件的缺口越平缓对试件的变形越有利，三种不同强度级别钢材均呈现相同规律，其中缺口半径 4.5mm 的圆形开槽拉伸试件与缺口半径 1.5mm 的圆形开槽拉伸试件相比较，荷载的最大值降低达 20%。

图 4.9 是 48mm 厚度 Q390 钢材圆形开槽拉伸试件的有限元与试验结果荷载-变形曲线的比较，纵坐标为试验机的拉力，横坐标为引伸计的读数，图中标示的断裂参量临界值为该组试件的平均值。有限元所用的材料属性基于表 4.4 中数据，因该数据由圆棒试样获得，其断裂应力（σ_f）受断口复杂应力状态的影响显著，需要进行修正。如图 4.9（b）所示，有限元中分别使用原始的断裂应力和修正过的断裂应力进行计算，经过试算，当折减系数取 0.8 时，有限元结果的下降段与试验比较吻合。

图 4.10 和图 4.11 分别是 48mm 厚度 Q550 和 Q690 钢材圆形开槽拉伸试件的有限元模拟与试验结果，断裂应力修正的折减系数均取 0.8（由试算确定）。比较图 4.9（b）、图 4.10（b）、图 4.11（b）中的曲线，在有限元模拟的结果中，断裂应力的修正折减对荷载的最大值几乎没有影响，而对试件断裂时的极限荷载影响较为显著。

综合图 4.9、图 4.10、图 4.11 和表 4.4，比较三种不同强度级别钢材的伸长量，当缺

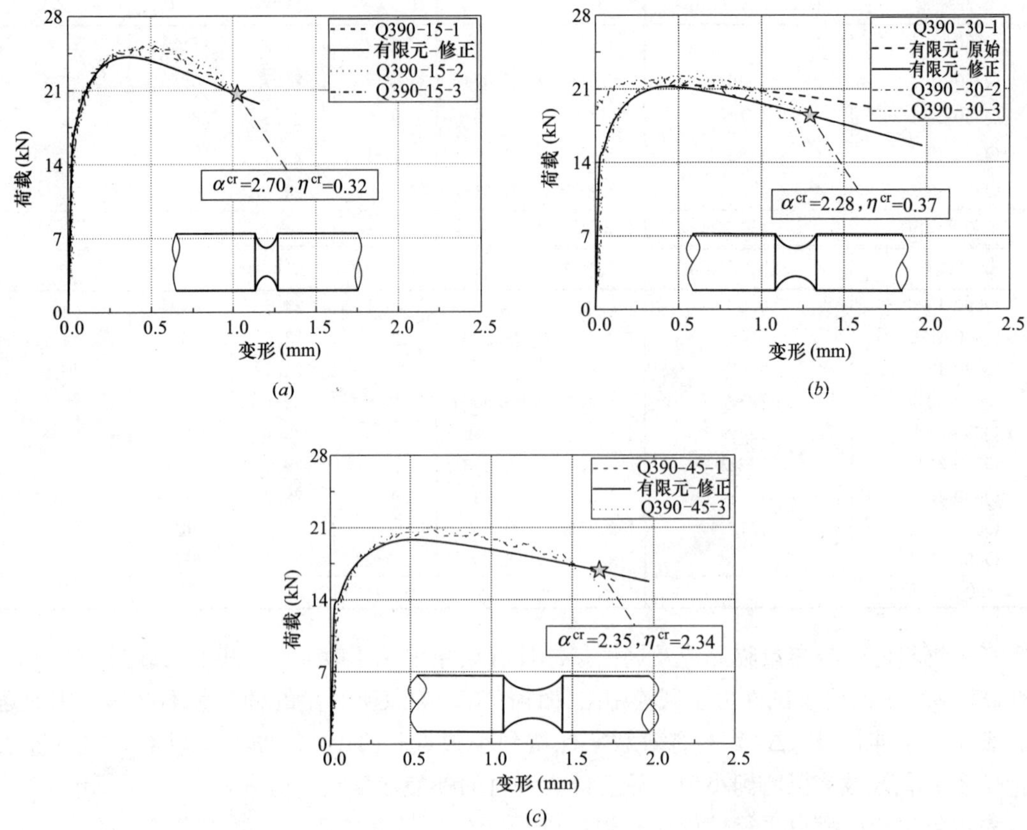

图 4.9　Q390-48 钢材圆形开槽拉伸试件的有限元与试验结果比较

(*a*) 缺口半径 1.5mm；(*b*) 缺口半径 3.0mm；(*c*) 缺口半径 4.5mm

口半径较小时，钢材强度级别越高，圆形开槽拉伸试件标距段的伸长量越小；而当缺口半径较大时（即缺口越平缓），三种强度级别钢材的圆形开槽拉伸试件标距段的伸长量相差并不明显。综上所述，当圆形开槽拉伸试件缺口处应力集中（缺口半径较小）比较明显时，不同强度级别的钢材断裂时所表现出来的变形能力才会有比较明显的差异；当圆形开槽拉伸试件缺口处应力集中（缺口半径较大）并不明显时，不同强度级别的钢材断裂时所表现出的变形能力并没有明显的差异。

如图 4.12～图 4.14 所示，利用有限元计算得到三种不同尺寸缺口半径条件下断裂参量 α 和 20mm 标距段变形曲线，当断裂参量 α 达到断裂参量临界值时（α^{cr}），缺口半径尺寸越小，标距段的变形越小。

图 4.15 是 3.0mm 缺口半径的三种钢材断裂参量与 20mm 标距段变形能力的比较。根据图 4.9（*b*）、图 4.10（*b*）和图 4.11（*b*）中的有限元计算的荷载-变形曲线，将承载力极限值（荷载最大值）和承载力极限状态（延性启裂所对应的荷载）相对应的两组数据点标示于图 4.15 中。通过比较分析三种不同强度级别钢材的这两组数据点可知，钢材的强度级别越高，变形越小；三种钢材达到承载力极限值时的变形差异比较明显，但承载力极限状态时的变形差异并不明显。

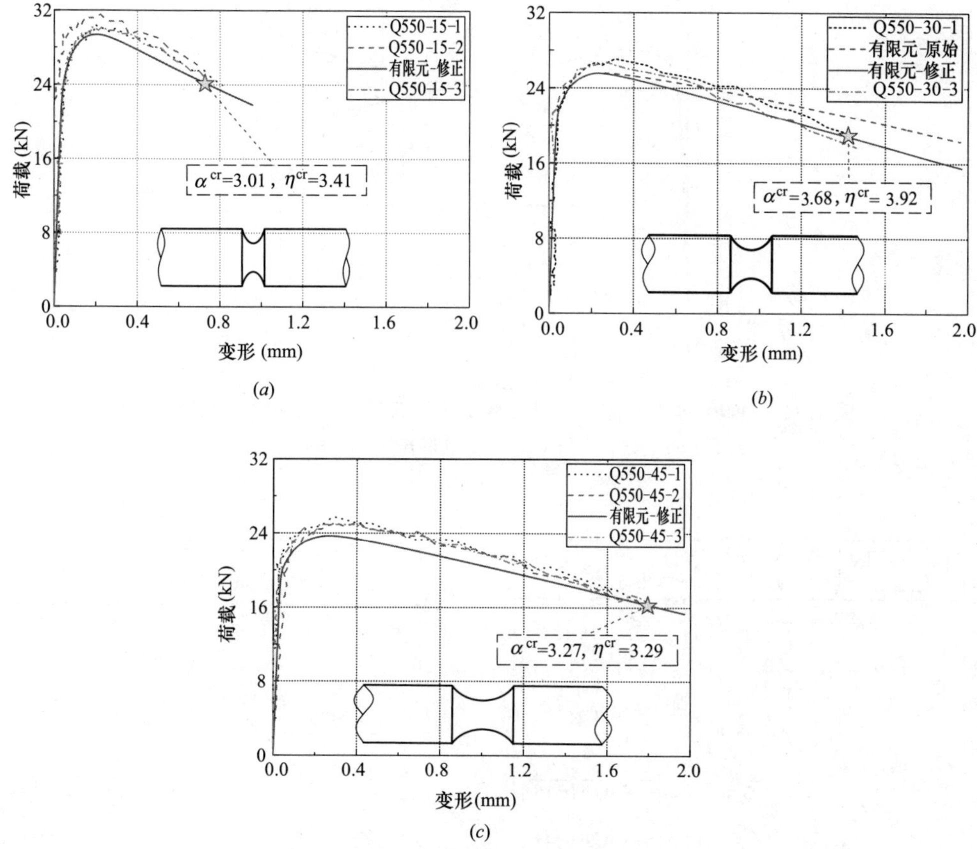

图 4.10 Q550-48 钢材圆形开槽拉伸试件的有限元与试验结果比较

(*a*) 缺口半径 1.5mm 圆形开槽拉伸试件；(*b*) 缺口半径 3.0mm 圆形开槽拉伸试件；
(*c*) 缺口半径 4.5mm 圆形开槽拉伸试件

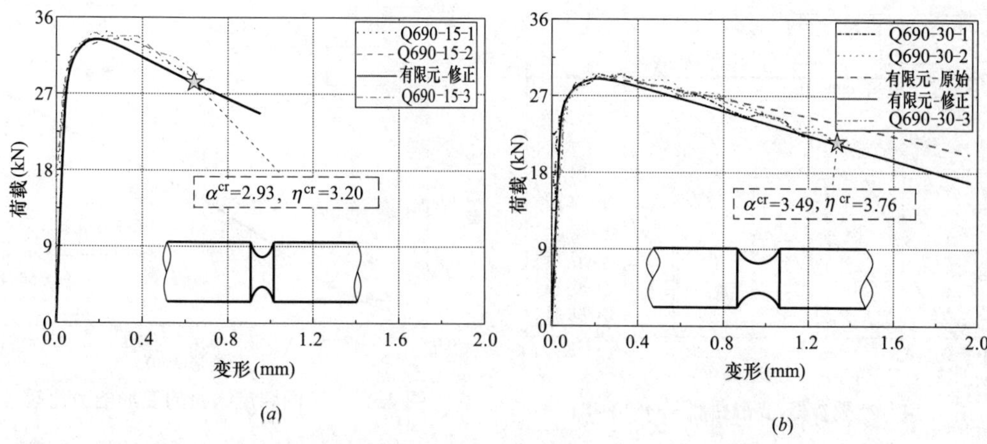

图 4.11 Q690-48 钢材圆形开槽拉伸试件的有限元与试验结果比较（一）

(*a*) 缺口半径 1.5mm 圆形开槽拉伸试件；(*b*) 缺口半径 3.0mm 圆形开槽拉伸试件

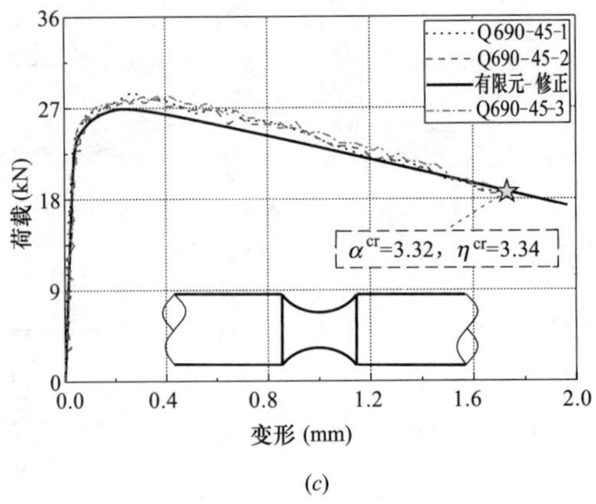

图 4.11　Q690-48 钢材圆形开槽拉伸试件的有限元与试验结果比较（二）

（c）缺口半径 4.5mm 的圆形开槽拉伸试件

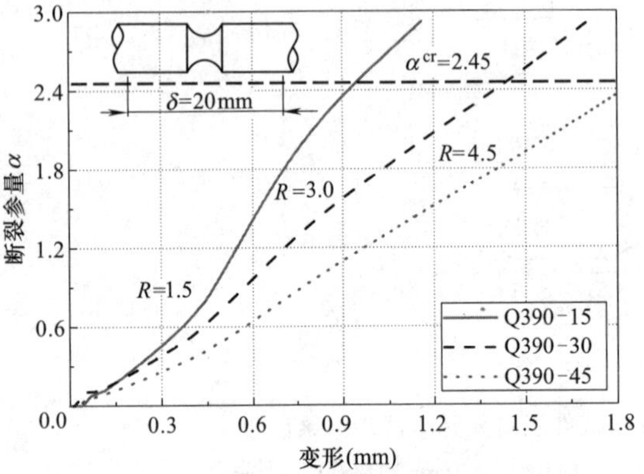

图 4.12　断裂参量-变形曲线（Q390-48）

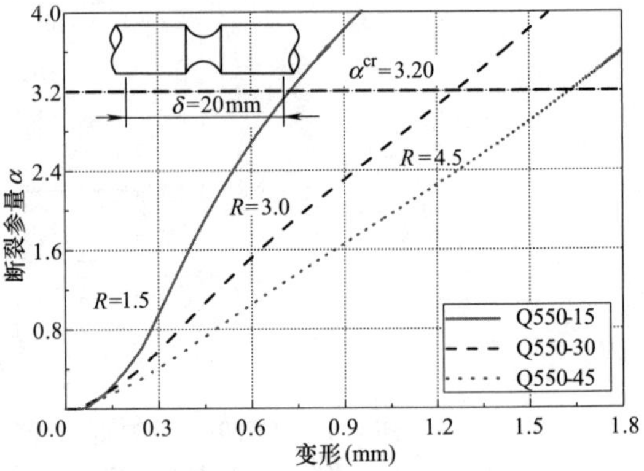

图 4.13　断裂参量-变形曲线（Q550-48）

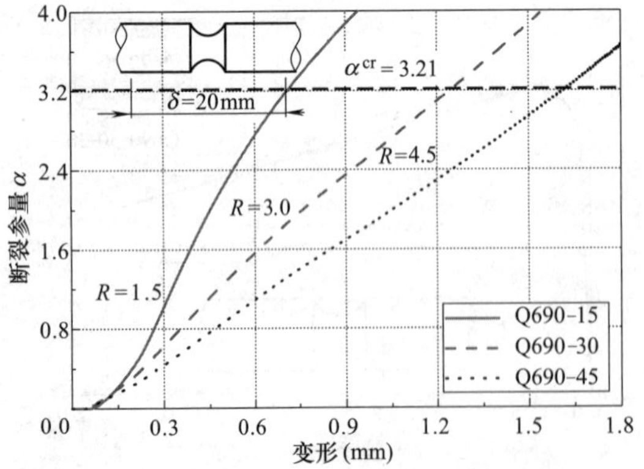

图 4.14　断裂参量-变形曲线（Q690-48）

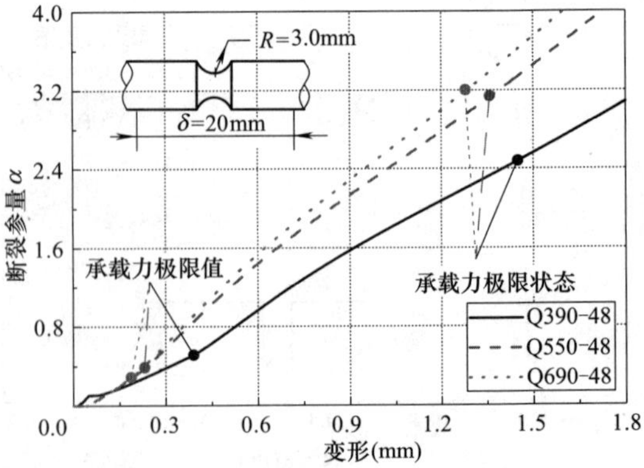

图 4.15　不同强度钢材的变形能力比较

如图 4.16 所示，利用不同缺口半径圆形开槽拉伸试件的剩余承载力比例作为衡量钢材韧性性能的一个指标。不同强度等级的钢材，随着缺口半径的增大，试件局部的应力集中现象逐渐改善，剩余承载力所占承载力极值的百分比会降低。如图 4.17 所示，利用圆形开槽拉伸试件韧性功比例作为衡量钢材韧性性能的另一个指标。两种高强度钢材韧性功比例提高明显，并且随着缺口半径的增大，三种钢材的韧性功比例都有提高。试验中，两种高强度钢材（Q550 和 Q690）相对于普通强度钢材（Q390），韧性储备更高。

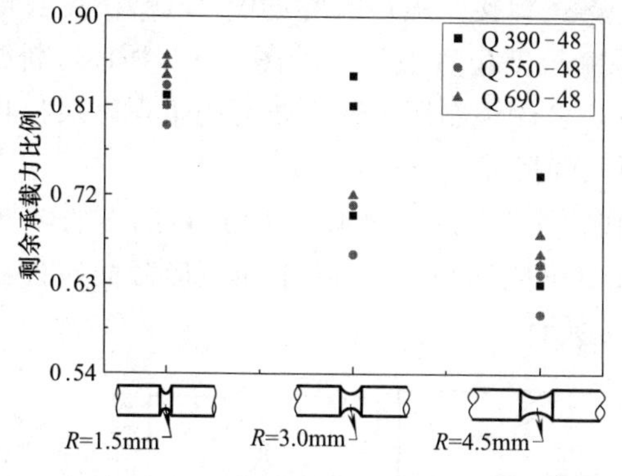

图 4.16　不同强度钢材的剩余承载力比例

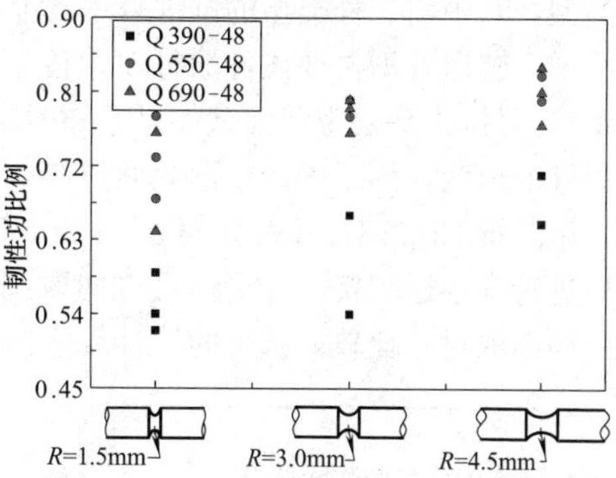

图 4.17　不同强度钢材的韧性功比例

4.1.2　焊材试验

4.1.2.1　试件设计

高强度焊材力学性能试验研究的试验类别、批次、试件名称、钢材类型（编号以钢材的强度级别+板厚命名，如 Q460-24 指强度级别达到 460MPa 的 24mm 厚钢板）、焊丝型号、试件数量如表 4.6 所示。高强度焊材试验研究包括金属宏观检验、室温拉伸试验和断裂韧性试验三种类别，其中第二批室温拉伸试验考虑两种不同的焊接方向取材，分别采用两种截面类型，金属宏观检验试件主要用于观察对接接头焊缝的成形情况。

高强度焊材力学性能试验研究一览表　　表 4.6

试验类别	批次	试件名称	钢材类型	焊丝型号	试件数量	备注
金属宏观检验	—	对接焊缝焊接接头的宏观酸蚀试件	Q460-24	ER55-G	2	观察对接接头焊缝的成形情况
			Q550-24	ER69-G	2	
			Q690-24	ER76-G	2	
室温拉伸试验	第一批	矩形截面拉伸试件	Q460-24	ER55-G	2	垂直焊接方向取材
			Q550-24	ER69-G	2	
			Q690-24	ER76-G	2	
	第二批	矩形截面拉伸试件	Q460-24	ER55-D2	6	
		圆形截面拉伸试件	Q460-24	ER55-D2	2	平行焊接方向取材，直径为 10mm
断裂韧性试验	—	圆形开槽拉伸试件	Q460-24	ER55-G	2	槽口半径 3.0mm
			Q550-24	ER69-G	2	
			Q690-24	ER76-G	2	
			Q460-24	ER55-D2	9	三种槽口半径，每种 3 个

图 4.18 为高强度焊材试件制备的示意图，所有试件均采用 24mm 厚度的钢板加工制备，焊接方法为实心焊丝气体保护焊，焊丝直径为 1.2mm，焊后不进行热处理。试件包括矩形截面拉伸试件、圆形开槽拉伸试件、对接接头宏观酸蚀试件和圆形截面拉伸试件四种类型，其中前三种类型的试件采用 X 形坡口全熔透焊接，坡口尺寸如图 4.18 中 A-A 断面所示，圆形开槽拉伸试件取样时，位于对接焊缝根部位置取样（如图 4.18 中 B-B 断面所示），对接接头宏观酸蚀试件尺寸如图 4.18 中 C-C 侧视图所示，主要可用于观察对接接头焊缝的形状，用于确定矩形截面拉伸试件标距段的尺寸。

第二批 ER55-D2 型的焊材在 24mm 厚的 Q460 钢板上按照图 4.18 中 D-D 断面的 V 形坡口进行全熔透焊接，并沿焊接方向取圆棒试样（纵向取材），以便于和矩形截面拉伸试件（横向取材）比较，试件的设计尺寸如图 4.19 所示。

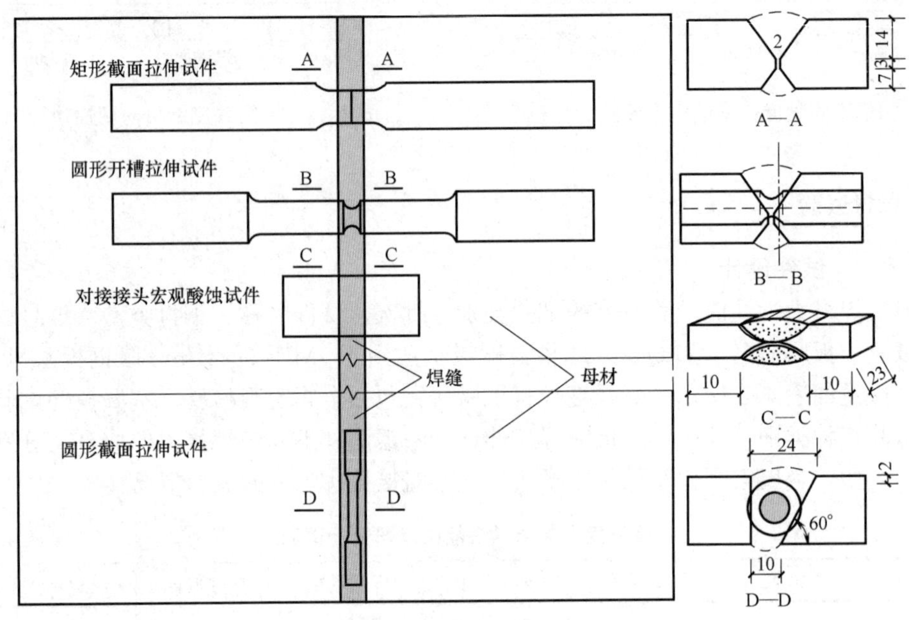

图 4.18　高强度焊材试件制备示意图

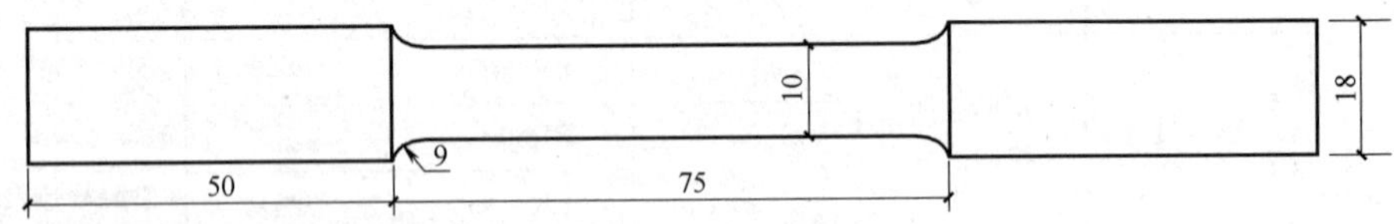

图 4.19　高强度焊材圆形截面拉伸试件的设计尺寸（单位：mm）

按照我国《钢结构焊接规范》GB 50661—2011[14] 要求，高强度钢材的对接焊缝所用焊材应选用等强匹配或超强匹配的焊材，以保证对接焊缝不先于母材破坏。为了研究对接接头焊缝的力学性能，参照《焊接接头拉伸试验方法》GB/T 2651—2008[15] 和 AWS 焊接试验规范[16] 两种试验方法设计了不同尺寸（如图 4.20 和图 4.21 所示）的高强度焊材矩形截面拉伸试件（每组 3 个试件）。《焊接接头拉伸试验方法》GB/T 2651—2008 认为只要断口发生在母材位置，即认为焊接接头的强度符合要求，而 AWS 焊接试验规范方法对焊接接头焊缝金属和热影响区的混合区进行削弱，达到试件断裂不发生在母材上，从而可

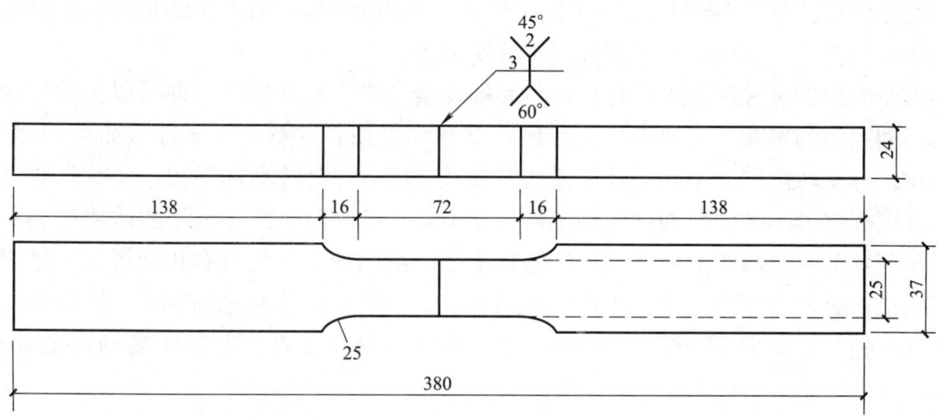

图 4.20　高强度焊材矩形截面拉伸试件的设计尺寸[15]（单位：mm）

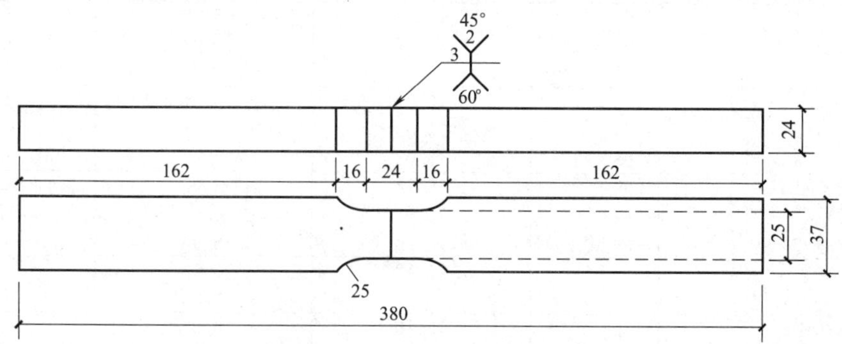

图 4.21　高强度焊材矩形截面拉伸试件的设计尺寸-参照 AWS[16]（单位：mm）

以通过引伸计和应变片测量得到焊接接头的应力-应变关系。

4.1.2.2　试验装置及测量方法

如图 4.22 所示，室温拉伸试验按照 AWS 焊接试验规范尺寸设计的矩形截面拉伸试件加载时采用 20mm 标距的引伸计，按照 GB/T 2651 尺寸设计的矩形截面拉伸试件采用 50mm 引伸计。试件加载时，选取 100t 级别的试验机，参照《金属材料拉伸试验　第一

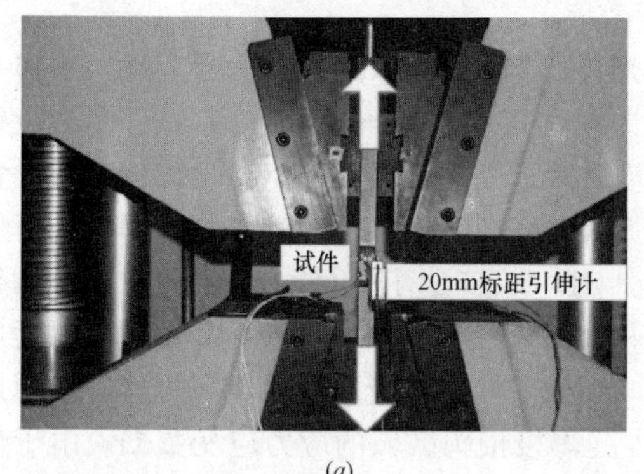

(*a*)

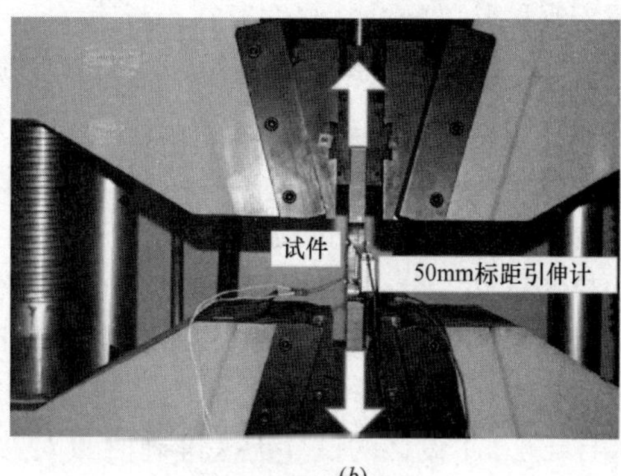

(*b*)

图 4.22　高强度焊材矩形截面拉伸试件加载示意图

(*a*) 矩形截面拉伸试件（AWS）；(*b*) 矩形截面拉伸试件（GB）

部分：室温试验方法》GB/T 228—2010[5] 进行单调加载，当试件发生颈缩后撤掉引伸计，以保护引伸计，然后继续加载直至试件断裂。

矩形截面拉伸试件制备时，将试件表面的焊缝余高去除并铣平，即可以消除焊接角变形这一不利因素的影响，又便于应变片的粘贴和弹性模量的标定。试件截面面积测量时，先测量试件标距段两端及中间三处位置的厚度及宽度，再计算截面面积，最后取平均值。

高强度焊材圆形开槽拉伸试件的实测尺寸见表 4.7，表中试件编号的前两项表示焊丝型号，第三项数字表示圆形开槽试件的槽口半径，第四项数字为具有相同焊材和槽口半径圆形开槽拉伸试件的序号。例如 ER55-D2-15-1 表示焊丝型号为 ER55-D2，槽口半径设计值为 1.5mm 的 1 号圆形开槽拉伸试件。其试验方法与高强度钢材的断裂韧性试验相同，详见 4.1.1.2 节。

高强度焊材圆形开槽拉伸试件实测尺寸　　表 4.7

试件编号	平行段直径(mm)	中间段长度(mm)	开槽直径(mm)	槽口长度(mm)
ER55-D2-15-1	11.99	75.08	6.02	3.03
ER55-D2-15-2	11.97	75.07	6.03	3.02
ER55-D2-15-3	11.97	75.07	6.04	3.02
ER55-D2-30-1	11.96	75.09	6.01	6.00
ER55-D2-30-2	12.00	75.09	6.01	6.01
ER55-D2-30-3	11.98	75.03	5.97	6.04
ER55-D2-45-1	11.99	75.18	6.02	8.44
ER55-D2-45-2	11.99	75.07	6.00	8.38
ER55-D2-45-3	11.98	75.26	6.03	8.45
ER55-G-30-1	11.99	75.12	6.02	6.01
ER55-G-30-2	11.97	75.17	6.03	6.00
ER69-G-30-1	12.02	75.10	6.05	6.02
ER69-G-30-2	12.02	75.18	6.05	6.03
ER76-G-30-1	11.99	75.25	6.05	6.00
ER76-G-30-2	11.99	75.18	6.05	5.99

4.1.2.3　金属宏观酸蚀及室温拉伸试验结果

高强度焊材对接焊缝焊接接头宏观酸蚀试件的金相图片如图 4.23 所示，宏观观察焊缝熔合良好，未见明显裂纹。由于每组试件都是在两处不同的位置取样，通过观察酸蚀的金相图片熔合线可知，对接焊缝焊接接头两处的纵切面焊缝成形概貌均有差异，这可能与金属宏观试验的酸蚀、打磨存在差异有关。

图 4.24 为两批矩形截面拉伸试件的破坏形态。第一批 ER55-G-横（代表在 ER55-G 型焊丝焊接的对接焊缝接头上，沿垂直焊接方向取材的矩形截面拉伸试件）试件断裂位置靠近焊缝中心，ER69-G-横试件在熔合线靠近母材附近断裂，而 ER76-G-横试件断裂位置在熔合线靠近焊缝金属附近。如图 4.24（*b*）所示为第二批用 ER55-D2 型焊丝焊接的矩形截面拉伸试件，分别参照 AWS 焊接试验规范和 GB/T 2651 两种试验方法设计的试件断裂位置明显不同，其中参照 AWS 标准设计的 ER55-D2-横 3 个试件断裂位置为熔合线靠近焊缝金属附近，而参照 GB/T 2651 设计的 ER55-D2-横 3 个试件断裂位置均为母材。说明按照 GB/T 2651 设计的试件无法准确测量对接焊缝焊接接头区域的应力应变数据；由于焊材超强匹配的原因，利用 AWS 方法设计的试件所测得的应力-应变数据是焊缝金属和热影响区混合区域的数据。五种类型焊材试件单调拉伸试验所获得的应力-应变全曲线如图 4.25 所示，其他试验结果数据详见表 4.8。

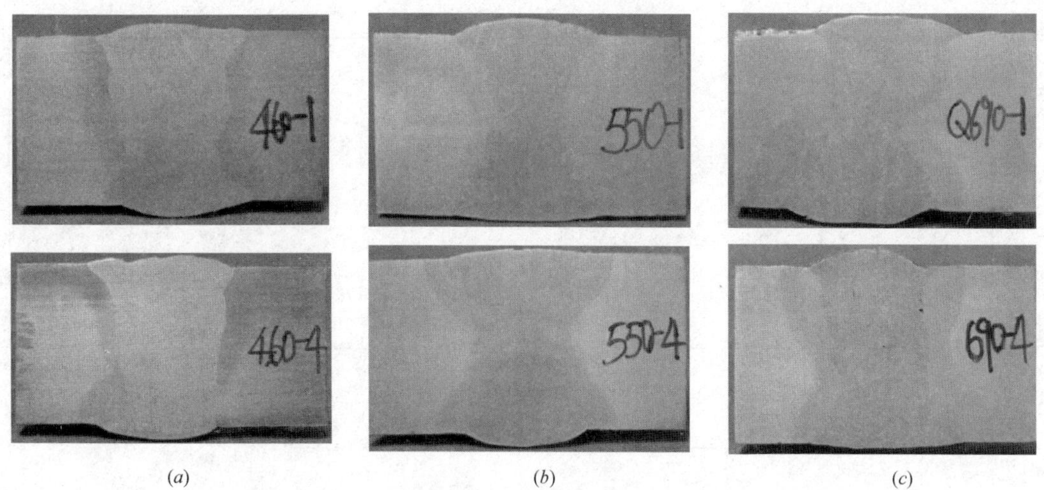

(a)　　(b)　　(c)

图 4.23 对接焊缝焊接接头宏观酸蚀试件的金相图片

(a) ER55-G 焊接接头；(b) ER69-G 焊接接头；(c) ER76-G 焊接接头

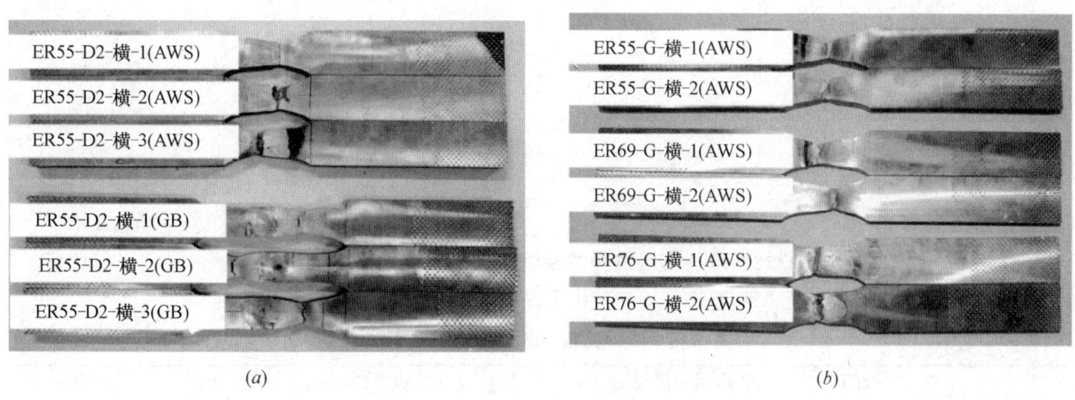

(a)　　(b)

图 4.24 矩形截面拉伸试件的破坏形态

(a) 第一批；(b) 第二批

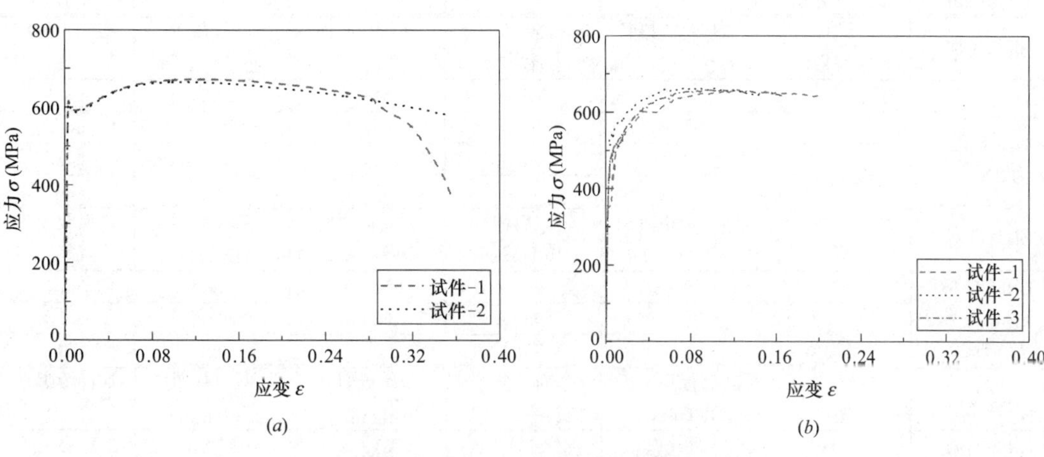

(a)　　(b)

图 4.25 焊材室温拉伸试验试件的应力-应变曲线（一）

(a) ER55-D2-纵；(b) ER55-D2-横

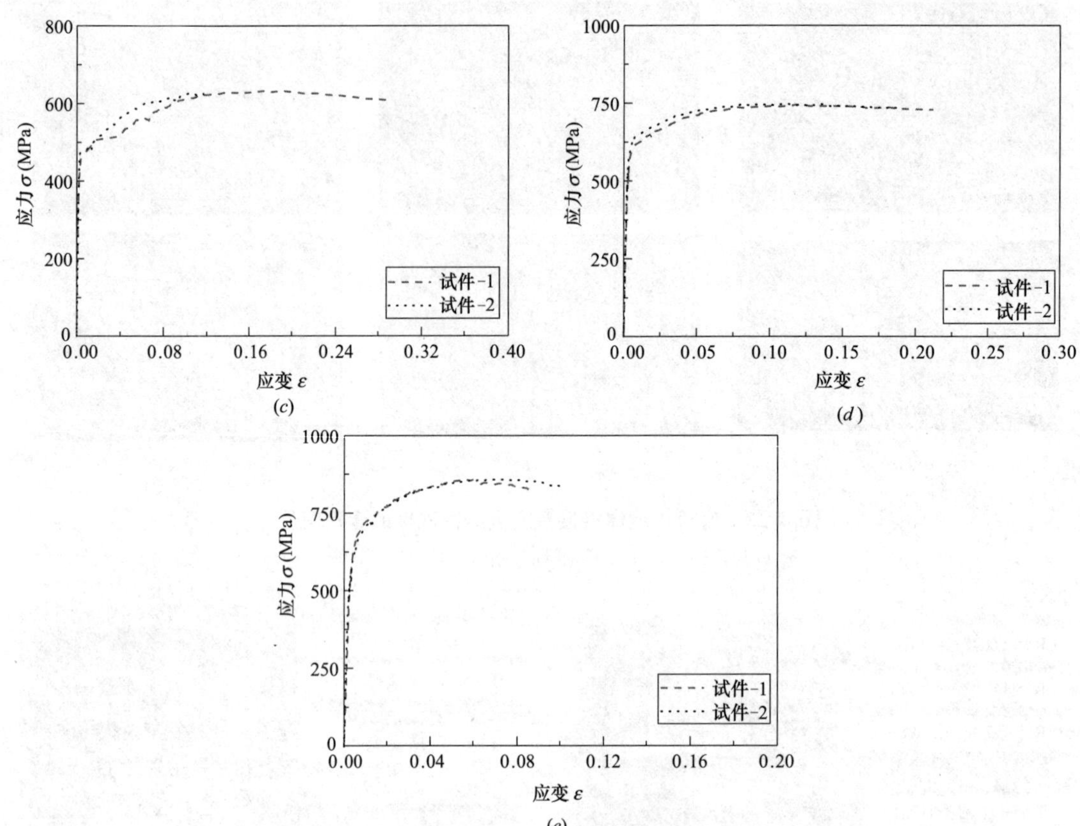

图 4.25　焊材室温拉伸试验试件的应力-应变曲线（二）

（c）ER55-G-横；（d）ER69-G-横；（e）ER76-G-横

高强度焊材室温拉伸试验的数据汇总　　表 4.8

钢材类别	试件编号	断后标距段长度(mm)	断后伸长率(%)	原始截面面积(mm^2)	断口截面面积(mm^2)	截面收缩率(%)
ER55-D2-纵（平行段直径为 10mm）	1	—	—	78.5	29.2	62.8
	2	—	—	78.5	32.2	59.0
	平均值	—	—	—	—	61
钢材类别	试件编号	断后标距段长度(mm)	断后伸长率(%)	原始截面面积(mm^2)	断口截面面积(mm^2)	截面收缩率(%)
ER55-D2-横（标距段为 20mm）	1	35.19	76.0	527.0	223.5	57.6
	2	34.13	70.5	524.3	228.3	56.5
	3	35.87	79.0	524.9	207.4	60.5
	平均值	—	75.0	—	—	58
钢材类别	试件编号	断后标距段长度(mm)	断后伸长率(%)	原始截面面积(mm^2)	断口截面面积(mm^2)	截面收缩率(%)
ER55-G-横（标距段为 20mm）	1	39.03	95.0	526.1	199.6	62.1
	2	38.97	95.0	525.6	208.9	60.3
	平均值	—	95.0	—	—	61
钢材类别	试件编号	断后标距段长度(mm)	断后伸长率(%)	原始截面面积(mm^2)	断口截面面积(mm^2)	截面收缩率(%)
ER69-G-横（标距段为 20mm）	1	39.07	95.0	519.5	213.2	59.0
	2	38.19	91.0	519.0	213.0	59.0
	平均值	—	93.0	—	—	59

续表

钢材类别	试件编号	断后标距段长度(mm)	断后伸长率(%)	原始截面面积(mm^2)	断口截面面积(mm^2)	截面收缩率(%)
ER76-G-横（标距段为20mm）	1	29.37	47.0	520.0	356.5	31.4
	2	30.07	50.0	524.0	334.9	36.1
	平均值	—	48.5	—	—	34

参照4.1.1.3节的高强度焊材试件的真实应力-真实塑性应变数据，见表4.9，其中ER55-D2-纵代表在ER55-D2型焊丝焊接的对接焊缝接头上，沿平行焊接方向取材的圆形截面拉伸试件。第一组数据是由ER55-D2型焊材纵向取材圆形截面拉伸试件获得，其他四组数据为横向取材矩形截面拉伸试件获得。

高强度焊材的弹性模量和真实应力-真实塑性应变参数　　表4.9

试件类型	E (GPa)	σ_y 或 $\sigma_{0.2}$ (MPa)	ε_{st}	σ_u (MPa)	ε_u	σ_f (MPa)	ε_f	n	K (MPa)	n 回归区间
ER55-D2-纵	205	594	0.006	749	0.110	1035	0.940	0.12	971	2%～10%
ER55-D2-横	194	471	—	732	0.100	1160	0.870	0.12	980	2%～9%
ER55-G-横	210	471	—	722	0.130	1156	0.945	0.19	1049	2%～12%
ER69-G-横	200	601	—	836	0.110	1330	0.890	0.11	1071	2%～10%
ER76-G-横	195	647	—	914	0.060	1095	0.410	0.12	1275	2%～5%

按照4.1.1.3节的方法，给出了高强度焊材及对接焊缝焊接接头的幂指型强化本构模型与试验数据对比，如图4.26所示。

对比图4.26（*a*）、（*b*）可知，由纵向取材的圆形截面拉伸试件获得ER55-D2型焊材的真实应力-真实塑性应变数据比较一致，而横向取材的矩形截面拉伸试件所获得的数据波动幅度较大，这与对接焊缝焊接接头的非匀质性有关，但是两者所获得的抗拉强度值差别不大（按表4.9中的数据计算，相差不到2.3%）。

对比图4.26（*b*）和图4.26（*c*）两种相同强度级别ER55-G型和ER55-D2型焊丝（两种焊材的化学成分详见文献[6]）焊接的对接焊缝焊接接头，按照表4.9中数据计算，两者屈服强度和抗拉强度基本相同（相差不到1.4%），但是其抗拉强度所对应的极限应变差别较大（相差达23.1%），且ER55-G型焊丝对接焊缝焊接接头的拉伸应变指数 n 也较大。

对比图4.26（*c*）～（*e*）试验曲线，高强度焊材对接焊缝焊接接头随着抗拉强度（σ_u）的提高，其极限应变（ε_u）和断裂应变（ε_f）降低。说明高强度焊材对接焊缝焊接接头的变形能力随强度的提高而降低。

4.1.2.4 断裂韧性试验

高强度焊材的圆形开槽拉伸试件的有限元与试验结果比较如图4.27所示。其中图4.27（*b*）为ER55-D2型焊丝制备的圆形开槽拉伸试件，利用表4.9中的材料本构模型，分别计算了纵向圆形截面拉伸试件获得的焊缝金属材料本构（图中标注为“有限元-纵”）和横向矩形截面拉伸试件获得的对接焊缝焊接接头的材料本构（图中标注为“有限元-横”），后者计算结果偏低。由于纵向取样的圆形截面试件的断裂应力（σ_f）受断口复杂应

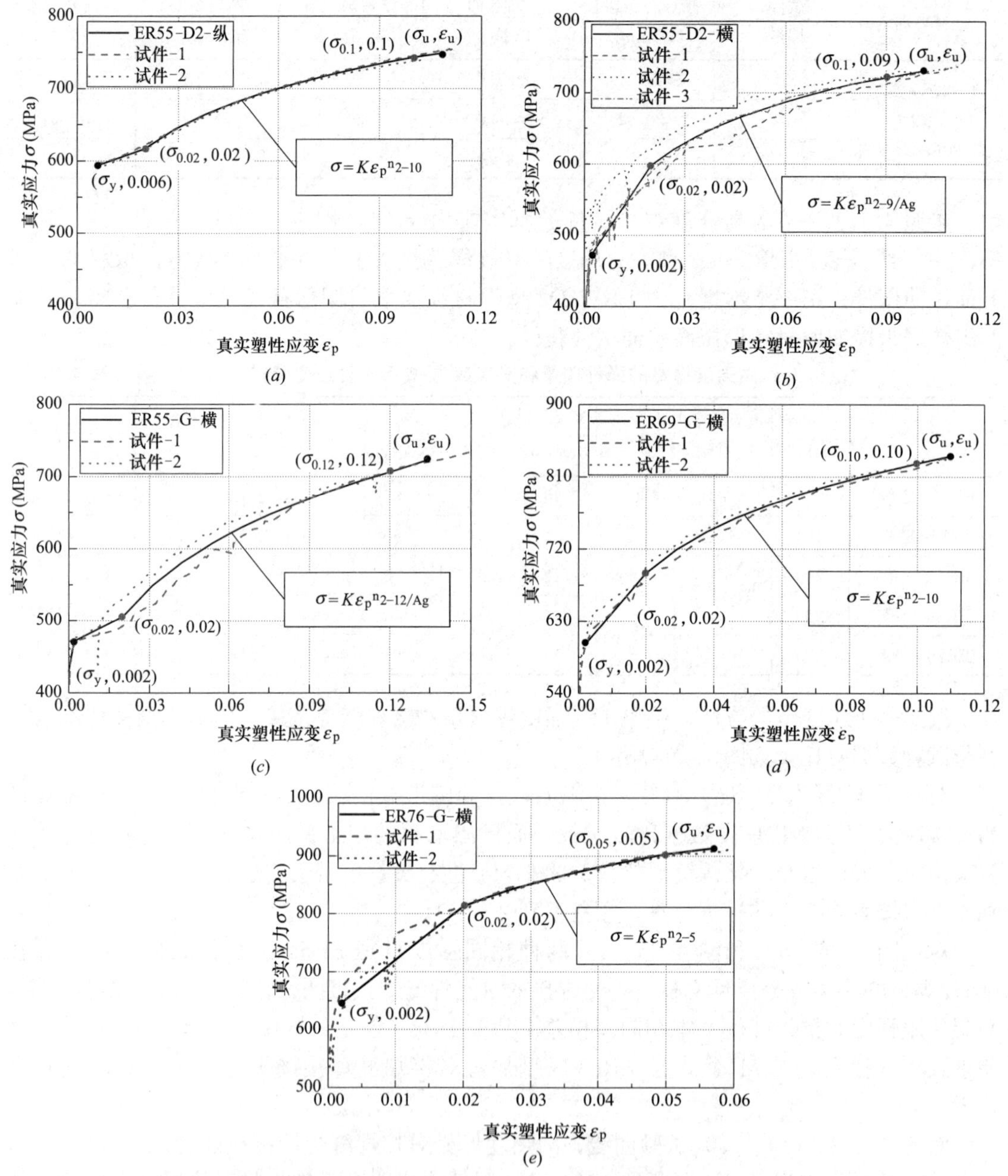

图 4.26　幂指型强化本构模型与试验数据对比

(*a*) ER55-D2-纵；(*b*) ER55-D2-横；(*c*) ER55-G-横；(*d*) ER69-G-横；(*e*) ER76-G-横

力状态的影响显著，需要进行修正，图 4.27 (*a*)～(*c*) 给出了有限元计算的考虑和未考虑断裂应力 (σ_f) 修正的计算结果，其中断裂应力 (σ_f) 修正的折减系数取 0.9（由试算确定）。对比 ER55-D2 型焊材三组试验结果发现，随着圆形开槽拉伸试件的缺口半径的增加，试件承载力的最大值降低，但标距段的变形能力变强。图 4.27 (*d*)～(*f*) 是其他三组断裂韧性试验结果。可见随着高强度焊材强度等级的提高，圆形开槽试件的试验荷载-

变形曲线中，荷载的最大值逐渐提高，而标距段的变形能力逐渐降低。

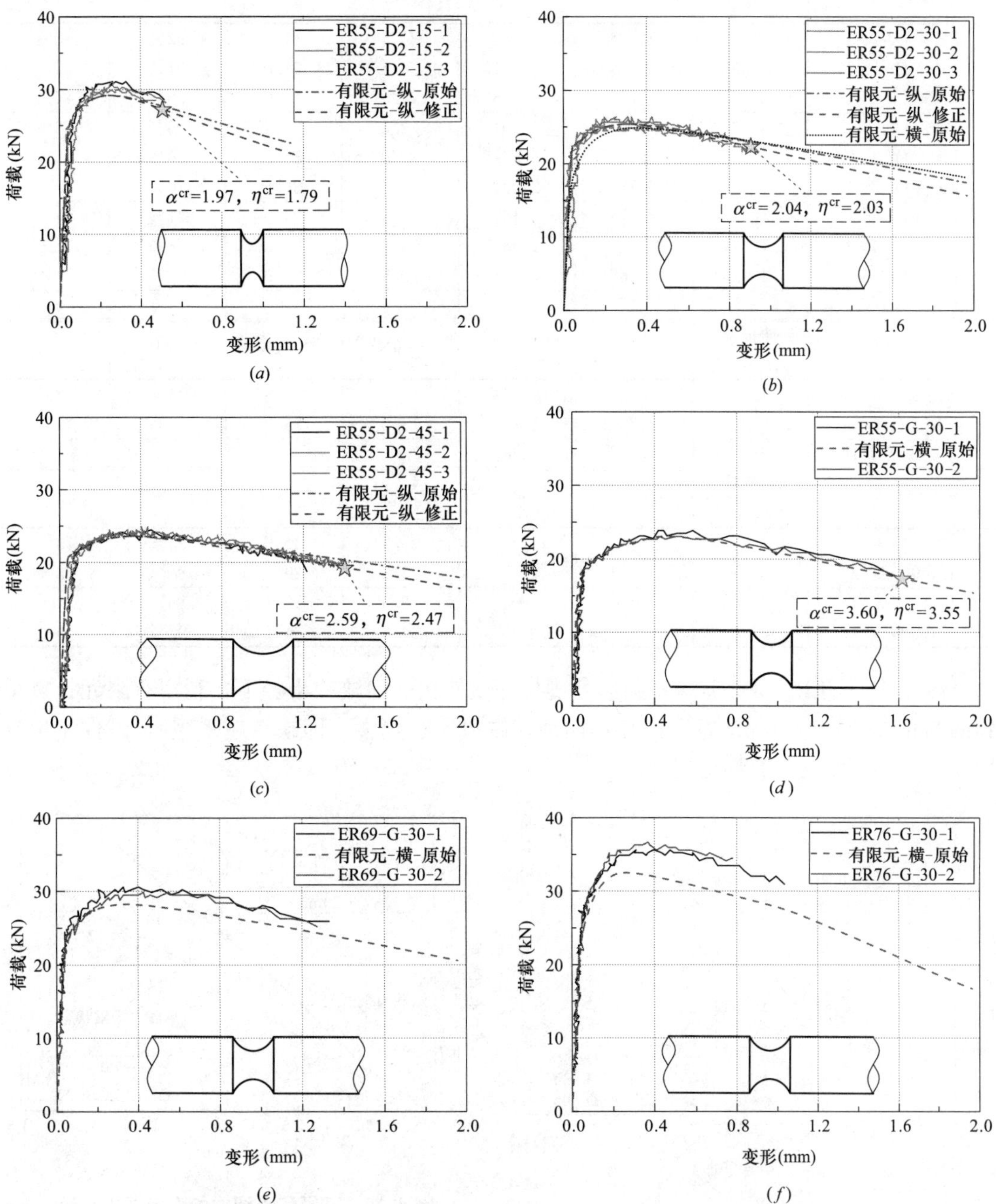

图 4.27 焊材圆形开槽拉伸试件的有限元与试验结果比较

(*a*) 缺口半径 1.5mm 的圆形开槽拉伸试件；(*b*) 缺口半径 3.0mm 的圆形开槽拉伸试件；(*c*) 缺口半径 4.5mm 的圆形开槽拉伸试件；(*d*) ER55-G；(*e*) ER69-G；(*f*) ER76-G

利用 4.1.1.4 节所述的方法，计算了高强度焊材的韧性指标，并标定了 ER55-D2 型和 ER55-G 型焊材的 VGM 和 SMCS 模型的断裂参量临界值 α^{cr} 和 η^{cr}，见表 4.10。

高强度焊材断裂参量临界值及韧性指标计算结果　　**表 4.10**

试件编号	伸长量 Δf(mm)	α^{cr}	η^{cr}	P_f(kN)	P_u(kN)	P_f/P_u	A_d/A_k
ER55-D2-15-1	0.52	2.037	1.863	28.6	31.1	92%	50%
ER55-D2-15-2	0.53	2.086	1.911	28.1	31.0	91%	54%
ER55-D2-15-3	0.47	1.783	1.608	28.5	29.9	95%	44%
ER55-D2-30-1	0.90	2.295	2.201	22.8	26.4	86%	66%
ER55-D2-30-2	0.93	2.365	2.278	22.0	25.2	86%	68%
ER55-D2-30-3	0.85	2.133	2.021	23.1	26.4	88%	66%
ER55-D2-45-1	1.22	2.311	2.192	18.7	24.5	77%	64%
ER55-D2-45-2	1.39	2.707	2.586	19.3	24.3	78%	71%
ER55-D2-45-3	1.41	2.763	2.641	19.5	24.9	78%	72%
ER55-D2 平均值	—	2.28	2.14	—	—	—	—
试件编号	伸长量 Δf(mm)	α^{cr}	η^{cr}	P_f(kN)	P_u(kN)	P_f/P_u	A_d/A_k
ER55-G-30-1	1.57	3.458	3.364	17.7	23.8	74%	68%
ER55-G-30-2	1.68	3.737	3.737	17.3	23.0	75%	70%
ER55-G 平均值	—	3.60	3.55	—	—	—	—
试件编号	伸长量 Δf(mm)	α^{cr}	η^{cr}	P_f(kN)	P_u(kN)	P_f/P_u	A_d/A_k
ER69-G-30-1	1.33	—	—	25.9	30.6	85%	73%
ER69-G-30-2	1.27	—	—	25.2	29.9	84%	62%
ER76-G-30-1	1.04	—	—	30.9	35.6	89%	64%
ER76-G-30-2	0.78	—	—	34.2	36.7	93%	56%

图 4.28 是 ER55-D2 型焊材圆形开槽拉伸试件在三种缺口半径下，利用有限元计算得到的断裂参量 α 与 20mm 标距段变形曲线，缺口半径越大（即缺口越平缓），试件发生延性断裂时，标距段的变形也越大。

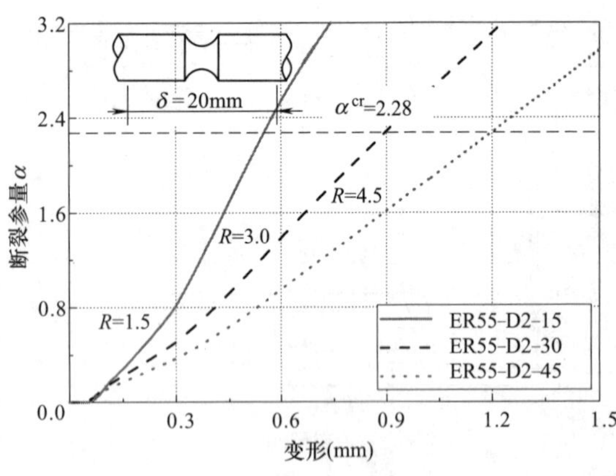

图 4.28　断裂参量-变形曲线（ER55-D2）

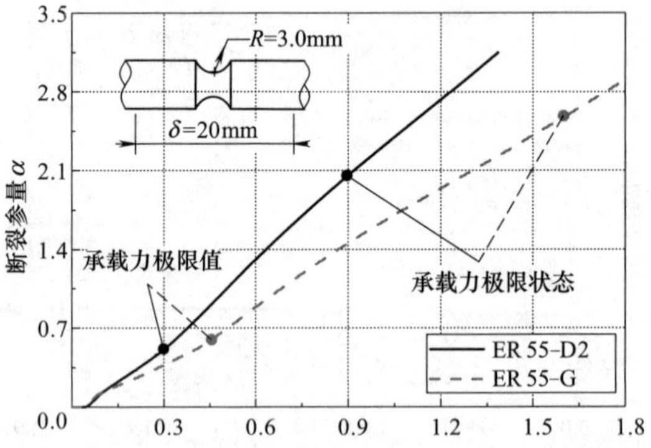

图 4.29　不同型号焊材的变形能力比较

图 4.29 是依据有限元方法计算的两种 550MPa 不同型号焊丝（ER55-D2 和 ER55-G）在相同缺口半径时的圆形开槽拉伸试件断裂参量 α 与 20mm 标距段变形关系曲线，同时将图 4.27（b）和图 4.27（d）荷载变形曲线中有限元计算获得的承载力极限值以及延性启裂时所对应的承载力极限状态的数据标注在图中。在这两种承载力状态下，比较高韧性 ER55-G 型焊丝和 ER55-D2 型焊丝制备的圆形开槽拉伸试件 20mm 标距段的变形，前者变

形能力更强，其中在承载力极限状态下，ER55-G 型焊丝制备的圆形开槽拉伸试件的变形相对 ER55-D2 型焊丝制备的圆形开槽拉伸试件的变形提高 80%以上。

如图 4.30 所示，利用断裂韧性试验获得的不同缺口半径圆形开槽拉伸试件的剩余承载力比例作为衡量钢材韧性性能的一个指标（具体数据见表 4.10），相同强度等级的焊材（ER55-D2 型焊丝）制备的圆形开槽拉伸试件，随着缺口半径的增大，剩余承载力所占承载力极值的百分比逐渐降低。ER55-D2 型焊材与 ER55-G 型高韧性焊材相比，剩余承载力所占承载力极值的百分比明显提高。如图 4.31 所示，以圆形开槽拉伸试件韧性功比例作为衡量焊材韧性性能的另一个指标，随着缺口半径的增大，韧性功比例逐渐提高，即韧性储备更高。

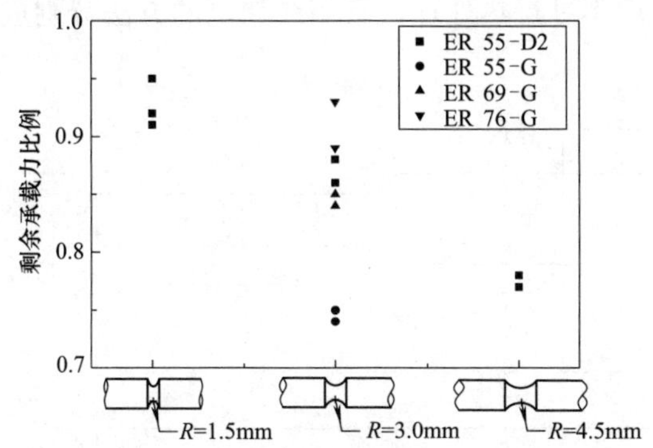

图 4.30　不同强度焊材的剩余承载力比例

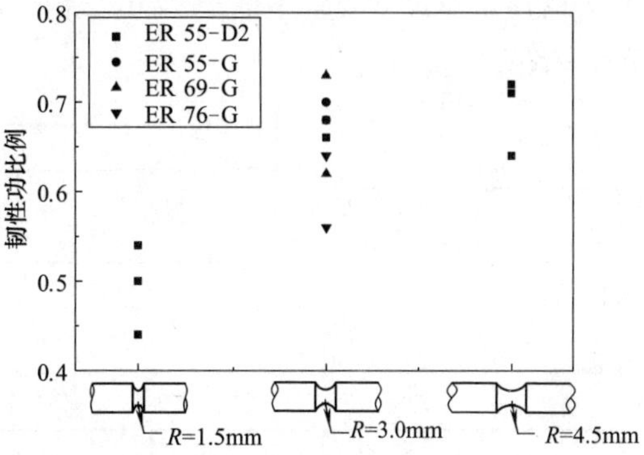

图 4.31　不同强度焊材的韧性功比例

4.2　高强度钢材角焊缝接头

4.2.1　正面角焊缝接头试验

4.2.1.1　试件设计

由于搭接接头具有较好的结构对称性，易于加工制备和试验加载控制，因此高强度钢材正面角焊缝接头力学性能试验一般采用搭接接头形式。如表 4.11 所示，根据我国《钢结构焊接规范》GB 50661—2011[14] 规定最小焊缝长度不小于 8 倍焊脚尺寸的要求，设计了第一批试件，包括 3 种强度级别钢材制备的正面角焊缝搭接接头，每种强度级别搭接接头试件的数量不少于 3 个，焊丝直径为 1.2mm，弱侧设计焊脚尺寸为 6mm。此外，参照《金属材料焊缝破坏性试验　十字接头和搭接接头拉伸试验方法》GB/T 26957—2011[17] 设计了第二批试件，弱侧设计焊脚尺寸为 8mm。

高强度钢材正面角焊缝力学性能试验一览表　　表 4.11

批次	试件名称	钢材级别	厚度(mm)	焊丝型号	数量	备注
第一批	正面角焊缝搭接接头	Q460	24,48	ER55-G	3	弱侧设计焊脚尺寸为 6mm
		Q550	24,48	ER69-G	3	
		Q690	24,48	ER76-G	3	
第二批	正面角焊缝搭接接头	Q460	24,24	ER55-D2	5	弱侧设计焊脚尺寸为 8mm

第一批试验的试件几何尺寸如图 4.32 所示，其中芯板厚度（t_1）为 48mm，盖板厚度（t_2）为 24mm，考虑到试验机夹头的尺寸，夹持端厚度为 28mm，弱侧焊缝分别标注为 h_1、h_3，强侧设计焊脚尺寸为 8mm 的焊缝分别标注为 h_2、h_4，焊缝长度 50mm，加工时，试件单独进行组装焊接（不使用引弧板），焊后不进行热处理，打磨去除焊缝余高，焊接工艺及方法详见文献［18］。第二批试验的试件几何尺寸如图 4.33 所示，芯板厚度（t_1）为 24mm，弱侧设计焊脚尺寸为 8mm 的焊缝分别标注为 h_1、h_2，强侧设计焊脚尺寸为 12mm，所有试件统一进行组装焊接（使用引弧板，引弧板的材质与焊接的钢材材质相同）。为了保证角焊缝有效截面符合理想的等腰直角三角形，采用平焊位置。焊接时，焊缝外观质量及尺寸要求不低于二级，焊接完成后不进行热处理，采用线切割的方法分割成 5 个试件。

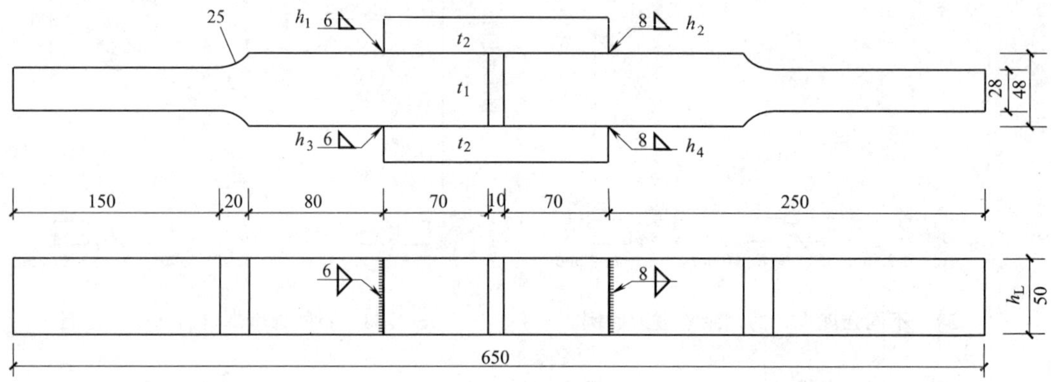

图 4.32　第一批正面角焊缝拉伸试件几何尺寸（单位：mm）

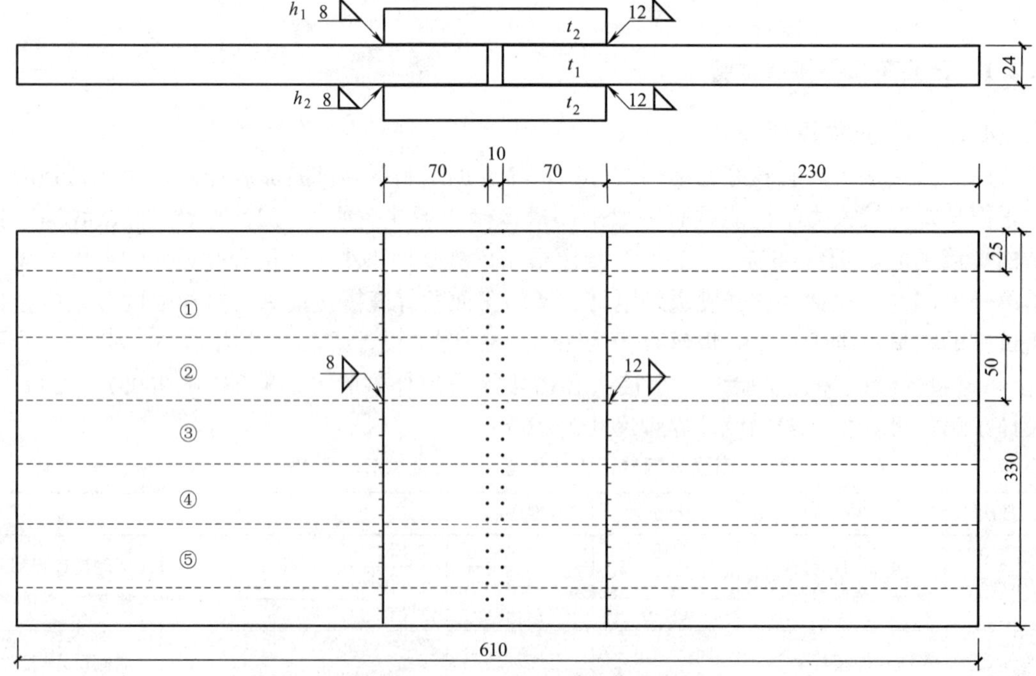

图 4.33　第二批正面角焊缝拉伸试件几何尺寸（单位：mm）

4.2.1.2　试验装置及测量方法

试件焊接加工后，需对角焊缝的长度、焊脚尺寸、盖板厚度和芯板厚度进行测量。第一批正面角焊缝拉伸试件的实测尺寸如表 4.12 所示，表中的试件编号字母“ZJ”表示正面角焊缝，中间的字母及数字代表焊接所用钢材的强度等级，第三项数字为具有相同强度级别钢材正面角焊缝试件的序号。例如 ZJ-Q460-1 表示由屈服强度达到 460MPa 的钢材焊接制备的 1 号正面角焊缝拉伸试件。表 4.12 中芯板、盖板厚度和焊缝长度（其中 l_{w-1} 的下标“1”代表 1 号焊缝）为该试件三次测量的平均值，其中，正面角焊缝焊缝长度的具体测量方法为：在正面角焊缝 45°计算截面上反复三次测量焊缝的长度，然后取平均值；平均焊脚尺寸（其中 h_{f-1} 的下标“1”代表 1 号焊缝）依据实测的焊缝计算厚度，具体方法为沿直角角焊缝长度方向，取等间隔的 6 个测点，先用焊缝规测量焊喉尺寸，如图 4.34 所示，测量数据见表 4.13；当焊缝余高磨平时，焊喉尺寸即为焊缝计算厚度。然后，利用焊缝计算厚度反算得到此处的焊脚尺寸，最后取各测点结果的平均值。如图 4.35 所示，第一批的 ZJ-Q690-1 号试件的盖板与芯板存在间隙，间隙超过 1.5mm，可能会影响该试件平均焊脚尺寸的精度。此外，焊接时没有使用引弧板，所以焊缝两端未焊满、焊根收缩缺陷比较明显。由表 4.12 中数据可见，第一批试件焊缝的平均焊脚尺寸存在一定的差异，最小为 5.72mm，最大为 8.08mm。

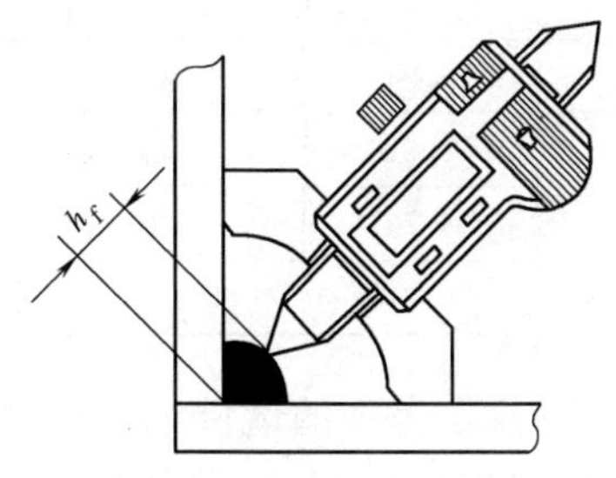

图 4.34　焊喉尺寸的测量

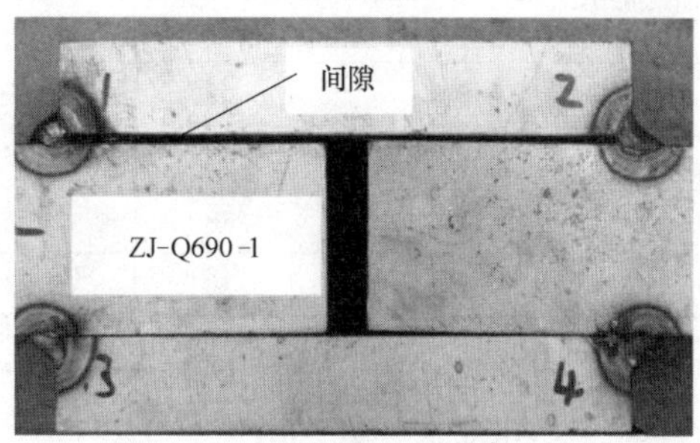

图 4.35　盖板间隙（第一批）

第一批正面角焊缝拉伸试件实测尺寸　　表 4.12

试件编号	芯板厚度 t_1(mm)	盖板厚度 t_2(mm)	焊缝长度 l_w(mm)		平均焊脚尺寸 $h_{f\text{-avg}}$(mm)	
			l_{w-1}	l_{w-3}	h_{f-1}	h_{f-3}
ZJ-Q460-1	48.7	24.4	49.6	49.7	6.48	6.15
ZJ-Q460-2	48.6	24.4	47.6	50.3	6.21	6.35
ZJ-Q460-3	48.6	24.4	49.9	49.3	5.72	7.02
ZJ-Q550-1	49.0	25.0	49.7	49.1	6.94	6.44
ZJ-Q550-2	49.0	25.0	48.3	49.3	6.19	7.09
ZJ-Q550-3	49.0	25.0	49.9	49.8	7.20	6.82
ZJ-Q690-1	48.7	24.5	49.9	48.8	7.00	7.08
ZJ-Q690-2	48.7	24.5	48.8	49.8	6.91	7.44
ZJ-Q690-3	48.7	24.5	49.5	50.9	6.85	8.08

第一批正面角焊缝拉伸试件实测的焊喉尺寸　　表 4.13

试件编号	焊缝编号	焊喉尺寸(mm)					
		测点 1	测点 2	测点 3	测点 4	测点 5	测点 6
ZJ-Q460-1	1	4.95	4.76	5.07	4.57	4.43	3.45
	3	3.96	4.36	4.75	4.34	4.22	4.20
ZJ-Q460-2	1	4.41	4.64	4.56	4.45	4.42	3.59
	3	4.48	4.49	4.50	4.87	4.48	3.83
ZJ-Q460-3	1	3.68	4.18	4.05	4.29	4.16	3.65
	3	4.30	5.32	5.26	5.57	5.02	4.02
ZJ-Q550-1	1	4.89	5.33	5.42	4.87	4.67	3.97
	3	4.31	4.67	5.02	4.77	4.45	3.81
ZJ-Q550-2	1	3.73	4.50	4.93	4.87	4.32	3.63
	3	5.36	5.78	5.47	4.98	4.42	3.77
ZJ-Q550-3	1	5.28	5.55	5.40	5.44	4.58	3.98
	3	4.64	5.14	5.20	4.73	4.39	4.54
ZJ-Q690-1	1	4.69	4.88	5.14	5.01	5.26	4.76
	3	4.82	5.36	5.34	4.98	4.82	4.09
ZJ-Q690-2	1	5.09	5.21	4.92	4.94	4.80	4.08
	3	5.49	5.26	5.21	5.33	5.08	4.86
ZJ-Q690-3	1	4.88	4.98	4.94	4.76	4.88	4.33
	3	5.36	5.93	5.98	5.81	5.77	5.10

第二批正面角焊缝拉伸试件的实测尺寸如表 4.14 所示，表中的试件编号中“Ⅱ”表示第二批，其他数字及字母表示方法同前。由于试件加工制备方法与第一批不同，不存在未焊满情况，认为焊缝长度与试件宽度相同；平均焊脚尺寸（$h_{f\text{-}avg}$）具体测量方法为：沿焊缝长度方向取等间隔 3 份，先测量每处盖板表面至焊脚的高度，然后用盖板厚度减去该值即为该处焊脚尺寸，结果见表 4.15；最后取各处结果的平均值。此外还需测量焊缝余高(其中 C_1 的下标“1”代表 1 号焊缝)，具体测量方法为：先利用焊缝规测量每一处的焊喉尺寸，结果见表 4.16，然后用焊脚尺寸计算焊缝计算厚度，再用焊喉尺寸减去焊缝计算厚度得到此处的焊缝余高，结果见表 4.17；最后取各处结果的平均值。由表 4.14 中数据可知，相对第一批试件，平均焊脚尺寸差异相对较小，但焊脚尺寸均达到 10mm 以上，平均焊缝余高最大不超过 1.2mm。

第二批正面角焊缝拉伸试件实测尺寸　　表 4.14

试件编号	芯板厚度 t_1(mm)	盖板厚度 t_2(mm)	试件宽度 (mm)	平均焊脚尺寸 $h_{f\text{-}avg}$(mm)		平均焊缝余高 C_{avg}(mm)	
				$h_{f\text{-}1}$	$h_{f\text{-}2}$	C_1	C_2
Ⅱ-ZJ-Q460-1	24.4	24.5	50.0	10.28	10.97	1.05	1.08
Ⅱ-ZJ-Q460-2	24.4	24.4	50.0	10.21	10.60	1.12	0.81

续表

试件编号	芯板厚度 t_1(mm)	盖板厚度 t_2(mm)	试件宽度(mm)	平均焊脚尺寸 $h_{f\text{-}avg}$(mm)		平均焊缝余高 C_{avg}(mm)	
				$h_{f\text{-}1}$	$h_{f\text{-}2}$	C_1	C_2
Ⅱ-ZJ-Q460-3	24.4	24.7	49.8	10.47	10.18	1.20	0.71
Ⅱ-ZJ-Q460-4	24.4	24.6	50.1	10.06	10.73	0.85	1.12
Ⅱ-ZJ-Q460-5	24.4	24.5	49.9	10.58	11.24	0.37	1.16

第二批正面角焊缝拉伸试件实测的焊脚尺寸 **表 4.15**

试件编号	焊缝编号	焊脚尺寸(mm)			
		测点 1	测点 2	测点 3	测点 4
Ⅱ-ZJ-Q460-1	1	10.387	10.632	10.042	10.062
	2	10.827	10.922	11.052	11.072
Ⅱ-ZJ-Q460-2	1	10.985	9.815	10.92	9.135
	2	10.730	10.105	10.690	10.855
Ⅱ-ZJ-Q460-3	1	9.973	10.928	10.613	10.363
	2	10.303	10.083	10.308	10.033
Ⅱ-ZJ-Q460-4	1	10.290	10.510	10.100	9.335
	2	10.605	10.835	10.320	11.155
Ⅱ-ZJ-Q460-5	1	10.727	10.642	9.927	11.037
	2	11.672	10.872	9.927	11.037

第二批正面角焊缝拉伸试件实测的焊喉尺寸 **表 4.16**

试件编号	焊缝编号	焊喉尺寸(mm)			
		测点 1	测点 2	测点 3	测点 4
Ⅱ-ZJ-Q460-1	1	8.53	8.16	7.82	8.46
	2	8.71	8.31	8.99	9.03
Ⅱ-ZJ-Q460-2	1	8.02	8.55	8.41	8.11
	2	8.35	8.03	8.19	8.35
Ⅱ-ZJ-Q460-3	1	8.81	8.70	8.32	8.28
	2	7.82	7.84	7.65	8.03
Ⅱ-ZJ-Q460-4	1	8.12	7.81	7.83	7.81
	2	8.36	8.60	8.89	8.66
Ⅱ-ZJ-Q460-5	1	7.92	7.47	7.83	7.90
	2	8.73	9.14	8.88	9.36

图 4.36 是正面角焊缝的加载示意图，试件两端夹持，其中一端固定，另一端施加位移荷载。测点布置如图 4.37 所示，在角焊缝的焊脚根部位置和盖板之间架设导杆式位移计，测点间距离为 130mm，试件的两侧各布置一个位移计，用于测量角焊缝的变形。同时，分别在盖板的中心位置和角焊缝的焊脚根部布置应变片，以监测盖板和芯板的应变变

第二批正面角焊缝拉伸试件的焊缝余高　　表 4.17

试件编号	焊缝编号	焊缝余高(mm)			
		测点 1	测点 2	测点 3	测点 4
Ⅱ-ZJ-Q460-1	1	1.259	0.718	0.791	1.417
	2	1.131	0.665	1.254	1.280
Ⅱ-ZJ-Q460-2	1	0.331	1.680	0.766	1.716
	2	0.839	0.957	0.707	0.752
Ⅱ-ZJ-Q460-3	1	1.829	1.050	0.891	1.026
	2	0.608	0.782	0.434	1.007
Ⅱ-ZJ-Q460-4	1	0.917	0.453	0.760	1.276
	2	0.937	1.016	1.666	0.852
Ⅱ-ZJ-Q460-5	1	0.411	0.021	0.881	0.174
	2	0.560	1.530	1.235	1.312

化情况。试验采用单调加载，加载至试件焊缝发生破坏。

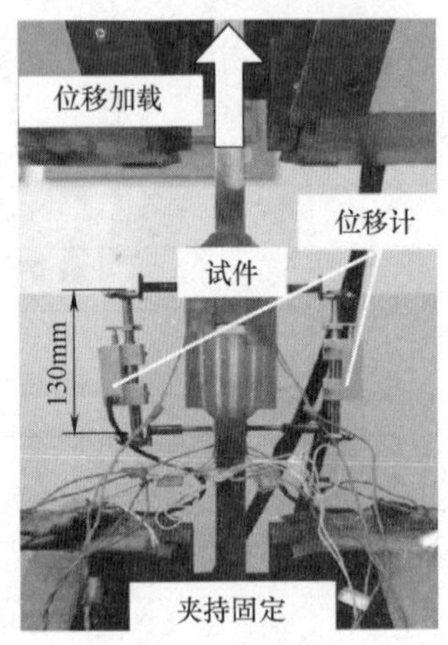

图 4.36　加载示意图

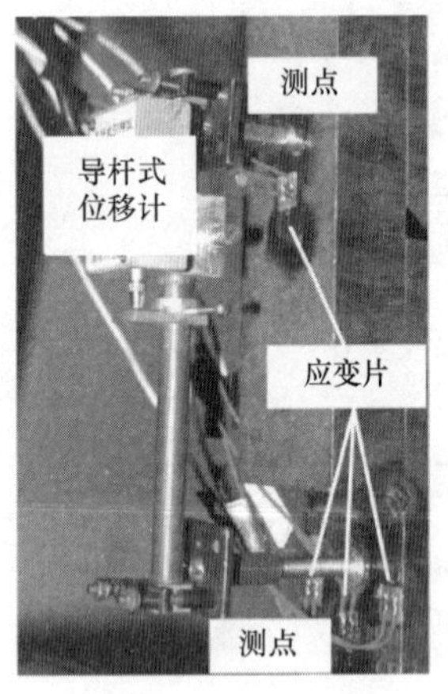

图 4.37　测点布置

4.2.1.3　试验结果及分析

第一批正面角焊缝拉伸试件典型的焊缝断口破坏形态如图 4.38 所示，由于焊脚尺寸较小，受引弧及落弧的影响较大，断裂面并不规则[18]。

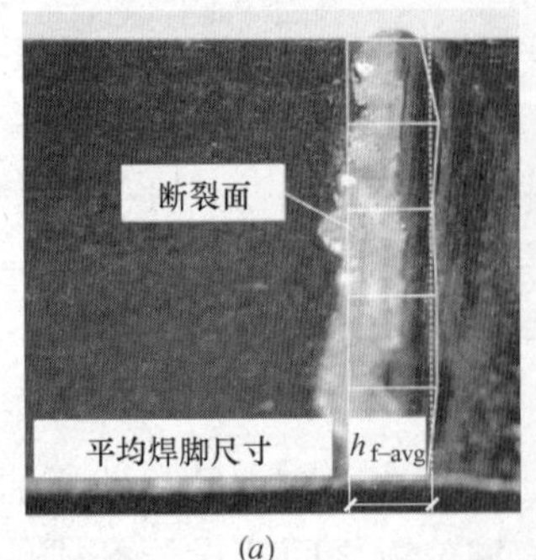

(a)

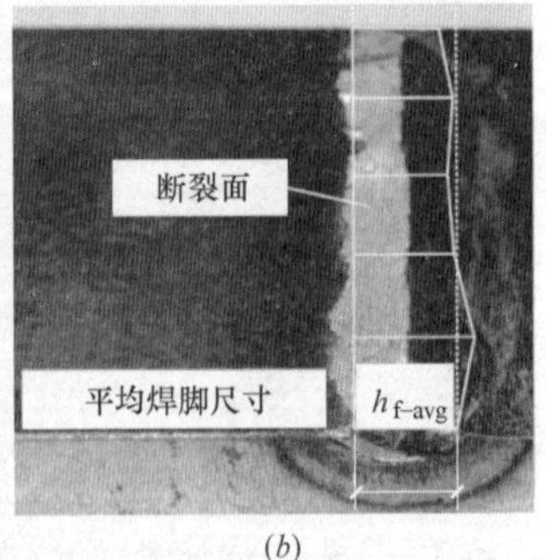

(b)

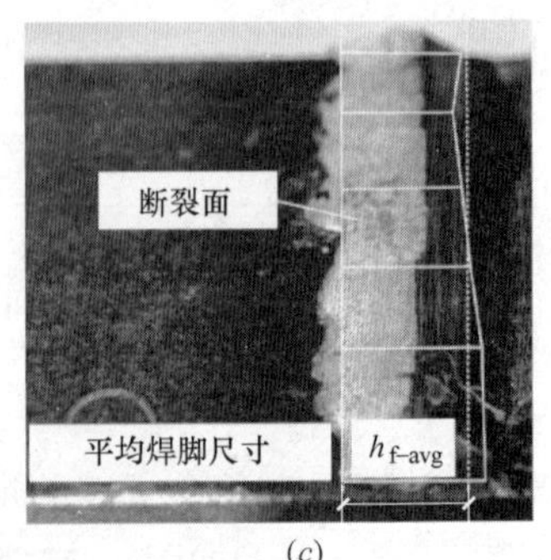

(c)

图 4.38　第一批正面角焊缝试件典型的断口破坏形态

(a) ZJ-Q460-2；(b) ZJ-Q550-1；(c) ZJ-Q690-2

第一批正面角焊缝拉伸试件试验结果　　表 4.18

试件编号	计算截面面积 A_e(mm²)	极限承载力 P_u(kN)	极限强度 τ_u(MPa)	焊缝相对变形 δ_u(%)	实测断口角度 θ(°)
ZJ-Q460-1	439.0	471.1	1073.0	0.78	16
ZJ-Q460-2	430.2	455.7	1059.2	0.35	13
ZJ-Q460-3	442.0	492.5	1114.3	0.74	7
ZJ-Q460 平均值	—	—	1082.1	0.62	12
试件编号	计算截面面积 A_e(mm²)	极限承载力 P_u(kN)	极限强度 τ_u(MPa)	焊缝相对变形 δ_u(%)	实测断口角度 θ(°)
ZJ-Q550-1	462.6	556.6	1203.1	0.49	16
ZJ-Q550-2	453.8	536.7	1182.6	—	—
ZJ-Q550-3	489.2	569.6	1164.5	0.43	14
ZJ-Q550 平均值	—	—	1183.4	0.46	15
试件编号	计算截面面积 A_e(mm²)	极限承载力 P_u(kN)	极限强度 τ_u(MPa)	焊缝相对变形 δ_u(%)	实测断口角度 θ(°)
ZJ-Q690-1	486.6	649.9	1335.8	0.38	23
ZJ-Q690-2	495.4	725.8	1465.1	0.60	16
ZJ-Q690-3	525.4	741.6	1411.6	0.76	17
ZJ-Q690 平均值	—	—	1404.1	0.68	19

将第一批正面角焊缝拉伸试件的试验结果汇总于表 4.18 中。其中计算截面面积（A_e）根据表 4.12 中焊缝的长度和平均焊脚尺寸计算得到；极限强度（τ_u）由极限承载力（P_u）除以计算截面面积得到，极限承载力（P_u）和与之对应的焊缝相对变形（δ_u）的计算方法如下：加载的荷载最大值即为试件的极限承载力（P_u）；与之对应的引伸计数据，扣除测点至焊缝间盖板及芯板的位移（由于试验测量的所有试件应变片数据均在弹性范围内，此变形可根据测点到焊缝的距离和应变数据计算），然后除以标距段的距离进行归一化处理，最后得到焊缝相对变形，取两侧引伸计结果的平均值。此外还测量了断裂面的破坏角度（θ）。表 4.18 中 ZJ-Q550-2 号试件破坏并未发生在弱侧，因此引伸计测量的变形数据无效。第一批高强度钢材正面角焊缝接头极限强度随焊材强度的提高而增大，可以达到 1.42～1.54 倍焊材抗拉强度（与 4.1.2.3 节焊材抗拉强度相比）。焊缝相对变形较小（最大不足 0.8%），断口破坏角度在 7°～23°之间，波动范围较大。此外，芯板和盖板间存在间隙的 ZJ-Q690-1 号试件的极限强度明显低于其他两个同组试件的极限强度，且焊缝相对变形量明显低于该组的平均值。

第二批正面角焊缝拉伸试件的破坏形态如图 4.39 所示，5 个试件都是一侧焊缝发生破坏，且另一侧焊缝根部均出现可见裂纹。由于第二批正面角焊缝拉伸试件的加工方法与第一批不同，因此试验获得的荷载-变形曲线形状明显不同（如图 4.40 所示）。图 4.40（*b*）中的 5 条荷载-变形曲线都有比较明显的“平台”，试件从发生启裂至最终断裂破坏是一个过程，属于延性启裂。本书建议的延性启裂荷载（P）的判定方法是[6]：依据“平台”段的数据来判定，“平台”上的荷载最大值即为延性启裂荷载，最终得到的延性启裂荷载如表 4.19 中所示，与第一批试验数据相比 5 个试件的延性启裂荷载数据一致性较好。

计算截面面积（A_e 依据表 4.14 中数据计算）、焊缝相对变形的方法与表 4.18 的方法相同，实测断口角度如图 4.39 和表 4.15 所示，断裂面比较平整，断口角度在 16.5°～19°之间，波动范围较小。根据极限承载力（P_u）和计算截面面积（A_e）得到极限强度（τ_u）的平均值为 827.9MPa，可以达到 1.11 倍焊材抗拉强度（与 4.1.2.3 节焊材抗拉强度相比），焊缝相对变形也较小（最大不足 1.3%）。与第一批试验相比较，强度降低了 23.5%，焊缝的变形量提高了 80.6%。

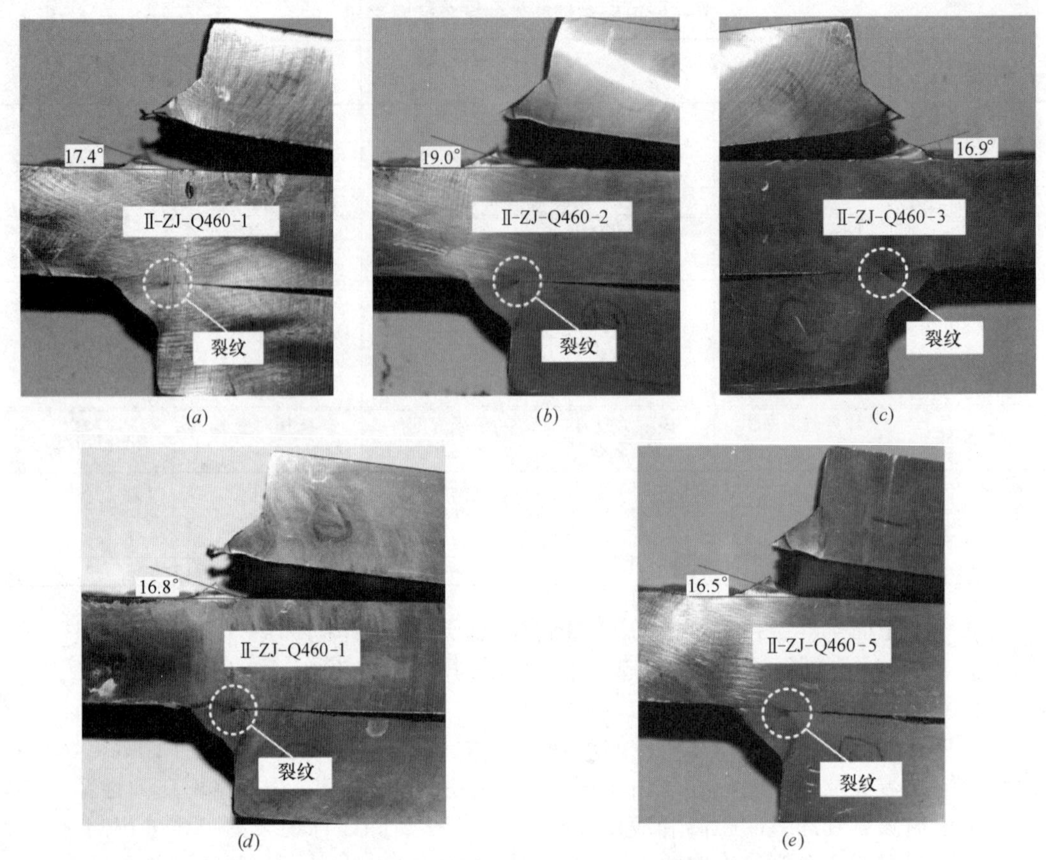

(*a*)　(*b*)　(*c*)　(*d*)　(*e*)

图 4.39　第二批正面角焊缝试件的破坏形态

(*a*) Ⅱ-ZJ-Q460-1；(*b*) Ⅱ-ZJ-Q460-2；(*c*) Ⅱ-ZJ-Q460-3；
(*d*) Ⅱ-ZJ-Q460-4；(*e*) Ⅱ-ZJ-Q460-5

第二批正面角焊缝拉伸试件试验结果　　表 4.19

试件编号	计算截面面积 A_e (mm^2)	延性启裂荷载 P(kN)	极限承载力 P_u(kN)	焊缝相对变形 δ_u(%)	实测断口角度 θ(°)
Ⅱ-ZJ-Q460-1	743.8	562	621	1.29	17.4
Ⅱ-ZJ-Q460-2	728.4	555	713	1.22	19.0
Ⅱ-ZJ-Q460-3	719.9	549	568	0.88	16.9
Ⅱ-ZJ-Q460-4	729.1	548	582	1.22	16.8
Ⅱ-ZJ-Q460-5	762.2	561	563	0.98	16.5
平均值		555	609	1.12	17

图 4.40 是所有正面角焊缝拉伸试件的荷载-位移曲线，横坐标取焊缝的变形。其中，图 4.40 (*a*)、(*c*)、(*d*) 中分别标示出了实际破坏焊缝的位置，随着正面角焊缝焊接接头强度的提高，接头焊缝破坏的数量逐渐增多，曲线下降段逐渐消失，说明接头破坏程度越来越剧烈，脆性断裂的倾向更加明显。图 4.40 (*b*) 中荷载-位移曲线初段为弹性段，荷载直线上升，中间“平台”段两侧焊缝屈服发生延性启裂，随后伴随着裂纹的扩展，荷载会略有上升直至焊缝断裂破坏。

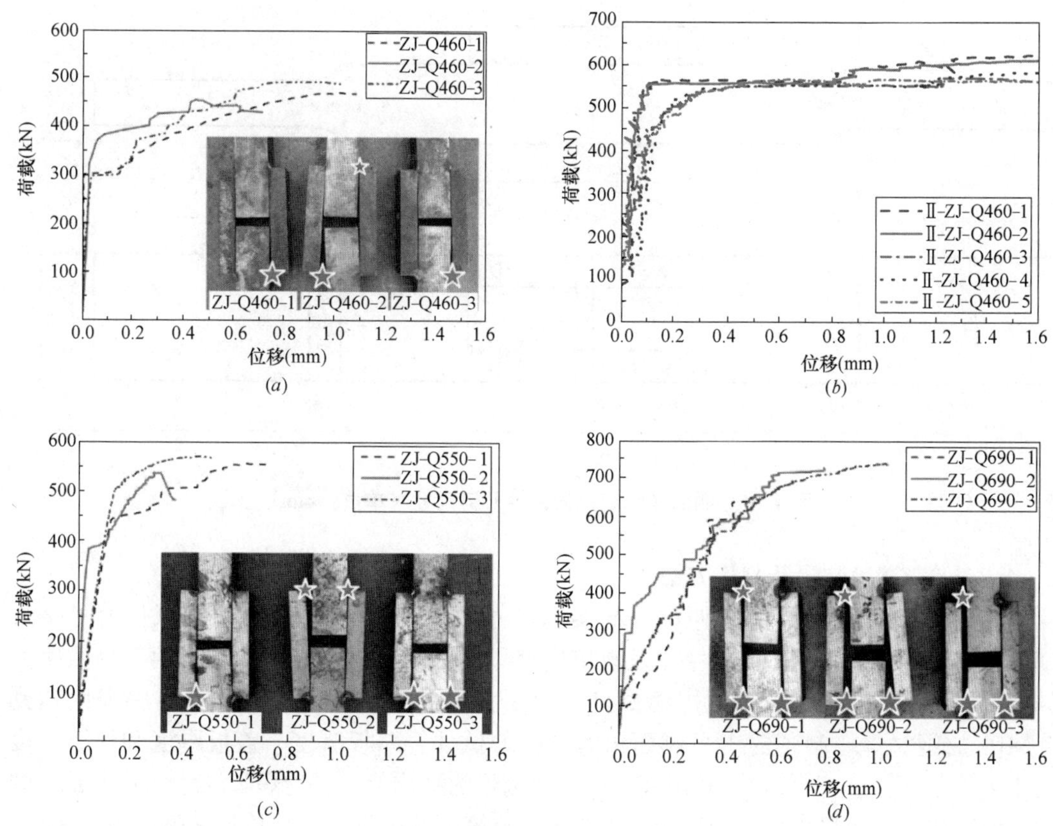

图 4.40 正面角焊缝拉伸试件的荷载-位移曲线

(*a*) ZJ-Q460；(*b*) Ⅱ-ZJ-Q460；(*c*) ZJ-Q550；(*d*) ZJ-Q690

4.2.2 侧面角焊缝接头试验

4.2.2.1 试件设计

高强度钢材侧面角焊缝力学性能试验同样利用搭接接头形式。如表 4.20 所示，试验涉及 3 种强度级别 2 种厚度的钢材，焊丝型号及尺寸与第一批正面角焊缝搭接接头相同，考虑试验机的加载能力，设计焊脚尺寸为 6mm，每种强度接头数量为 3 个。

高强度钢材侧面角焊缝力学性能试验一览表 **表 4.20**

试件名称	钢材级别	厚度(mm)	焊丝型号	数量	备注
侧面角焊缝搭接接头	Q460	24,48	ER55-G	3	设计焊脚尺寸为 6mm
	Q550	24,48	ER69-G	3	
	Q690	24,48	ER76-G	3	

如图 4.41 所示为侧面角焊缝拉伸试件的几何尺寸，弱侧设计焊缝长度为 45mm，焊缝分别标注为 h_1、h_2、h_3、h_4，强侧设计焊缝长度为 50mm，试件单独进行组装焊接(不使用引弧板)，焊接工艺及方法详见文献 [18]。为便于焊缝焊脚尺寸的测量，将焊缝余高磨平，尽量保证焊缝截面为等腰直角三角形。

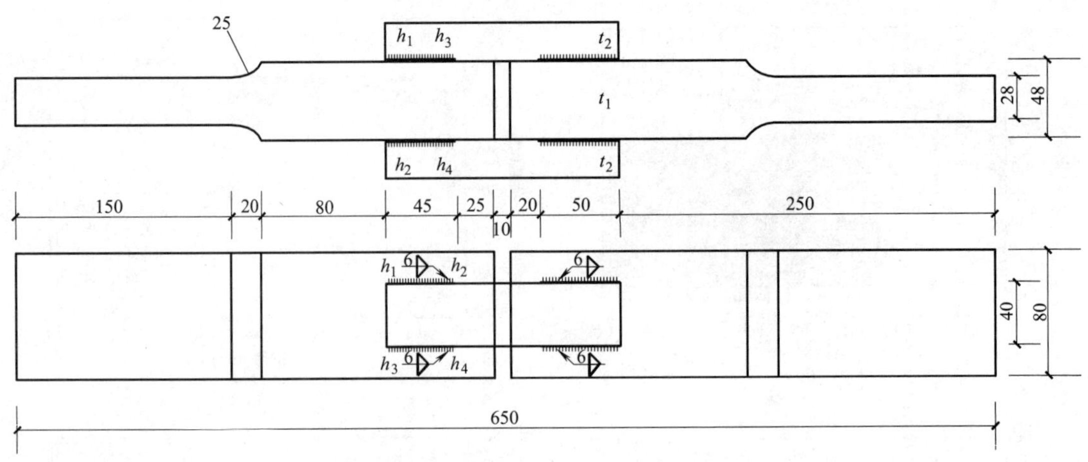

图 4.41　侧面角焊缝拉伸试件几何尺寸（单位：mm）

4.2.2.2　试验装置及测量方法

高强度钢材侧面角焊缝拉伸试件的实测尺寸如表 4.21 所示，表中的试件编号字母“CJ”表示侧面角焊缝，中间的字母及数字代表焊接所用钢材的强度等级，第三项数字为具有相同强度级别钢材侧面角焊缝试件的序号。例如 CJ-Q460-1 表示由屈服强度达到 460MPa 的钢材焊接制备的 1 号侧面角焊缝拉伸试件。芯板厚度、盖板厚度和焊缝长度（其中 l_{w-1} 的下标“1”代表 1 号焊缝）取三次测量的平均值。平均焊脚尺寸（其中 h_{f-1} 的下标“1”代表 1 号焊缝）测量方法与 4.2.1.2 节第一批正面角焊缝拉伸试件的方法相同，焊喉尺寸测量数据见表 4.22。侧面角焊缝拉伸试件一方面受引弧及落弧的影响，另一方面焊缝长度尺寸较小，因此焊缝长度难以保证，由表 4.21 中数据可知，侧面角焊缝的焊缝长度最小为 44.5mm，最大为 59.4mm。另外由于焊脚尺寸较小，平均焊脚尺寸最小为 4.94mm，最大为 6.47mm，试件间的焊脚尺寸差异较大。

侧面角焊缝拉伸试件实测尺寸　　表 4.21

试件编号	芯板厚度 t_1(mm)	盖板厚度 t_2(mm)	焊缝长度 l_w(mm)		平均焊脚尺寸 h_{f-avg}(mm)	
			l_{w-1}	l_{w-3}	h_{f-1}	h_{f-3}
CJ-Q460-1	48.7	24.4	48.4	44.5	5.96	5.99
CJ-Q460-2	48.6	24.4	46.5	49.7	6.26	6.42
CJ-Q460-3	48.6	24.4	45.6	47.8	5.92	6.52
CJ-Q550-1	49.0	25.0	56.6	52.6	6.47	5.45
CJ-Q550-2	49.0	25.0	50.5	52.0	6.02	6.07
CJ-Q550-3	49.0	25.0	47.2	48.1	6.12	5.01
CJ-Q690-1	48.7	24.5	51.7	50.8	5.16	4.94
CJ-Q690-2	48.7	24.5	49.5	59.4	6.47	5.23
CJ-Q690-3	48.7	24.5	52.6	52.0	6.33	6.28

侧面角焊缝拉伸试件实测的焊喉尺寸 **表 4.22**

试件编号	焊缝编号	焊喉尺寸(mm)					
		测点 1	测点 2	测点 3	测点 4	测点 5	测点 6
CJ-Q460-1	1	4.22	4.46	4.48	4.30	4.18	3.41
	3	4.53	4.60	4.46	4.20	3.54	3.81
CJ-Q460-2	1	4.56	4.98	4.63	4.37	4.14	3.61
	3	4.73	4.83	4.63	4.64	4.32	3.83
CJ-Q460-3	1	4.45	4.67	4.59	4.31	3.32	3.53
	3	4.85	4.80	4.78	4.73	4.59	3.63
CJ-Q550-1	1	4.55	4.62	4.72	4.21	4.70	4.37
	3	3.09	3.43	4.16	4.43	3.92	3.88
CJ-Q550-2	1	4.26	4.64	4.60	4.38	3.84	3.57
	3	4.88	4.39	4.26	4.31	3.75	3.89
CJ-Q550-3	1	4.56	4.68	4.71	4.12	4.26	3.38
	3	4.10	3.88	3.69	3.56	3.08	2.73
CJ-Q690-1	1	3.69	3.75	3.84	3.72	3.54	3.14
	3	3.43	3.70	3.51	3.42	3.49	3.20
CJ-Q690-2	1	4.60	4.58	4.69	4.52	4.44	4.36
	3	3.61	3.49	3.67	3.65	3.68	3.88
CJ-Q690-3	1	4.51	4.62	4.49	4.45	4.29	4.23
	3	4.09	4.56	4.33	4.68	4.52	4.19

图 4.42 是高强度钢材侧面角焊缝接头的加载示意图，试件两端夹持，其中一端固定，另一端施加位移荷载，测点间距离为 130mm，测点布置如图 4.43 所示，试验加载及测量方法均与第一批正面角焊缝拉伸试件相同。同时，导杆式位移计通过螺帽固定在螺杆上时(图 4.43)，保证螺帽固定牢靠，降低间隙对位移计测量结果的影响[18]。试验加载时，第三组 Q690 钢材的侧面角焊缝拉伸试件的承载力接近试验机的最大承载力，出于保护试验

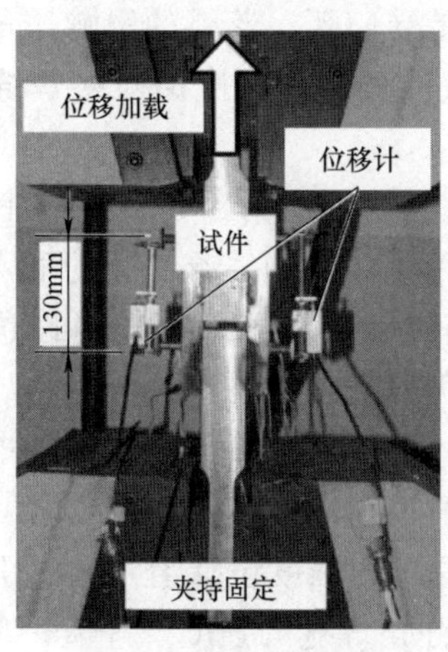

图 4.42 加载示意图

图 4.43 测点布置

机并未加载至焊缝破坏就开始卸载。

4.2.2.3　**试验结果及分析**

侧面角焊缝拉伸试件的试验结果汇总于表 4.23 中。其中计算截面面积（A_e）根据表 4.21 中焊缝的长度和平均焊脚尺寸计算得到，极限强度（τ_u）由极限承载力（P_u）除以计算截面面积得到，极限承载力（P_u）和与之对应的焊缝相对变形（δ_u）的计算方法与第一批正面角焊缝拉伸试件方法相同（详见 4.2.1.3 节）。

侧面角焊缝拉伸试件试验结果　　**表 4.23**

试件编号	计算截面面积 A_e(mm^2)	极限承载力 P_u(kN)	极限强度 τ_u(MPa)	焊缝相对变形 δ_u(%)	实测断口角度 θ(°)
CJ-Q460-1	388.5	609.7	784.6	0.81	45
CJ-Q460-2	427.2	617.3	722.4	1.39	47
CJ-Q460-3	407.1	618.5	759.6	0.83	45
CJ-Q460 平均值	—	—	755.5	1.01	46
试件编号	计算截面面积 A_e(mm^2)	极限承载力 P_u(kN)	极限强度 τ_u(MPa)	焊缝相对变形 δ_u(%)	实测断口角度 θ(°)
CJ-Q550-1	457.2	644.8	705.2	0.64	45
CJ-Q550-2	433.5	724.5	835.7	0.77	44
CJ-Q550-3	370.7	638.5	861.2	0.75	45
CJ-Q550 平均值	—	—	800.7	0.72	45
试件编号	计算截面面积 A_e(mm^2)	极限承载力 P_u(kN)	极限强度 τ_u(MPa)	焊缝相对变形 δ_u(%)	实测断口角度 θ(°)
CJ-Q690-1	362.5	868.8	1198.3	—	—
CJ-Q690-2	441.6	831.0	940.8	—	—
CJ-Q690-3	461.9	910.3	985.4	—	—
CJ-Q690 平均值	—	—	1041.5		

尽管第三组 Q690 钢材的侧面角焊缝拉伸试件并未拉断，由表 4.23 中极限强度（τ_u）的计算结果来看，随着焊材强度的提高极限强度也在增大，可以达到 0.96～1.14 倍的焊材抗拉强度（与 4.1.2.3 节焊材抗拉强度相比），焊缝相对变形最大不超过 1.4%。角焊缝破坏时断裂面比较平整，实测的断口角度基本在 45°左右，数值比较一致。

试验中侧面角焊缝和正面角焊缝的极限强度都比较高的主要原因可能有三个：一是受焊缝熔深影响，实际焊喉尺寸大于实测的焊吼尺寸；二是受起弧、落弧的影响，角焊缝的焊缝长度和焊脚尺寸的测量存在误差；三是 4.1.2.3 节焊材抗拉强度由对接焊缝接头获得，该数据低于焊材本身的抗拉强度。

图 4.44 是侧面角焊缝拉伸试件的荷载-位移曲线，横坐标为焊缝的变形。其中，图 4.44（*a*）、（*b*）中分别标示出了实际破坏焊缝的位置，两组试验曲线有明显的下降段。与相同级别的正面角焊缝拉试件相比较，Q460 钢材正面角焊缝平均极限强度可以达到侧面角焊缝平均强度的 1.43 倍，Q550 钢材正面角焊缝平均极限强度可以达到侧面角焊缝平均强度的 1.48 倍；与焊缝相对变形进行比较，Q460 钢材的侧面角焊缝是正面角焊缝的 1.63 倍，Q550 钢材的侧面角焊缝是正面角焊缝的 1.56 倍，侧面角焊缝变形能力更强。目前我国《钢结构设计标准》GB 50017—2017[1] 对于正面角焊缝的强度设计值，通过引入强度增大系数的方法（对于承受静力荷载取 1.22）区别于侧面角焊缝的强度设计值，本书的试验结果表明，该数值对于高强度钢材正面角焊缝强度增大系数过于保守。

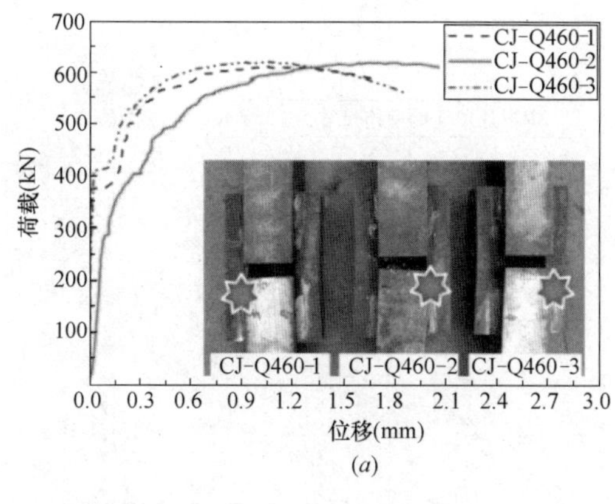

(*a*)

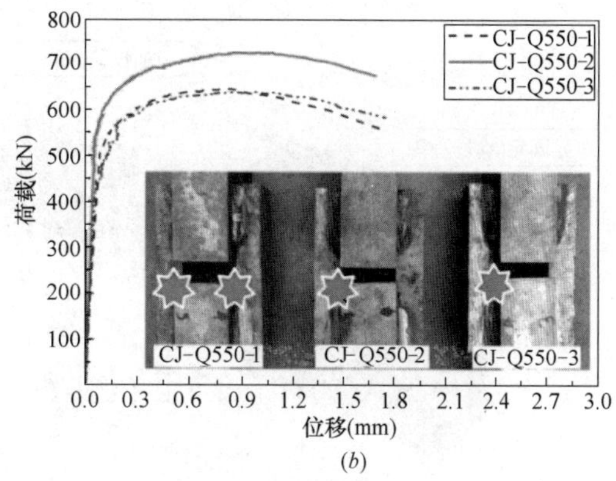

(*b*)

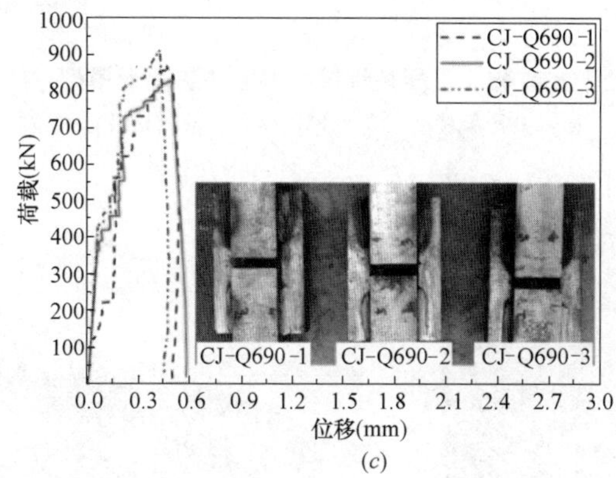

(*c*)

图 4.44 侧面角焊缝拉伸试件的荷载-位移曲线

(*a*) CJ-Q460；(*b*) CJ-Q550；(*c*) CJ-Q690

4.2.3 数值模拟及验证

4.2.3.1 有限元模型

使用 ABAQUS 软件中的 C3D8R 实体单元（八节点减缩体积积分协调单元），利用结构对称性，取 1/2 模型对第 3 章正面角焊缝搭接接头试验进行建模，边界处理如图 4.45（*a*）所示，盖板与芯板间采用面-面接触库伦摩擦；如图 4.45（*b*）所示，进行断裂预测时，焊缝根部的实体单元网格尺寸大小约为 0.25mm，焊缝连接处使用绑定约束，不考虑焊缝余高、焊缝熔深及热影响区的影响。

侧面角焊缝搭接接头试验有限元模型采用 1/4 模型建模，如图 4.46 所示。如图 4.46（*a*）所示沿焊脚方向焊缝处的网格划分不少于 8 个单元，焊缝与盖板、芯板间使用绑定约束且网格尺寸大小相同，所有部件实体单元的长宽比不大于 3；如图 4.46（*b*）所示，盖板端部固定，芯板端部施加位移荷载，盖板与芯板间采用面-面接触库伦摩擦，忽略焊缝余高、焊缝熔深及热影响区的影响。

4.2.3.2 试验延性断裂预测

基于微观断裂机理，选取 4.2.1 节的 5 个第二批正面角焊缝搭接接头试验，采用 4.1.2.3 节幂指型强化材料本构对接头断裂的行为进行数值预测。试件尺寸见表 4.12，忽

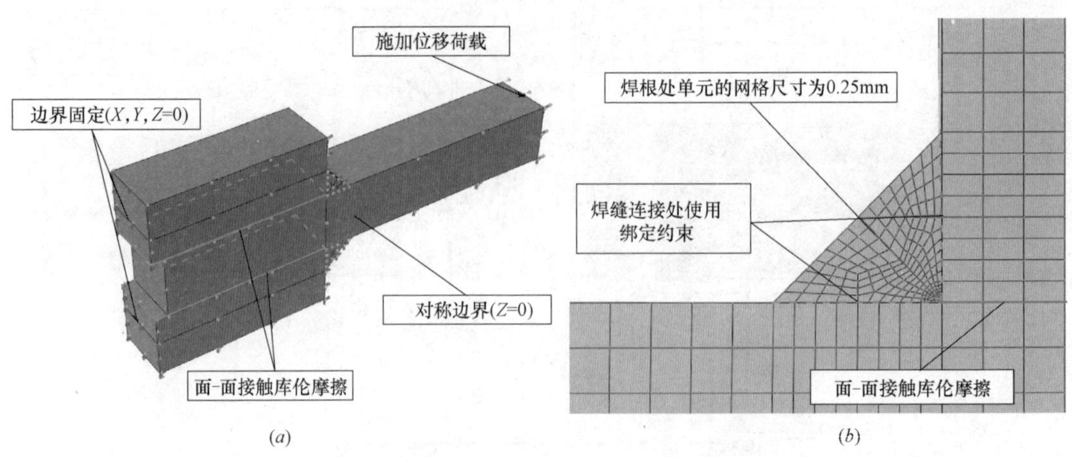

图 4.45　正面角焊缝搭接接头有限元模型

（a）有限元模型边界处理；（b）局部网格及接触

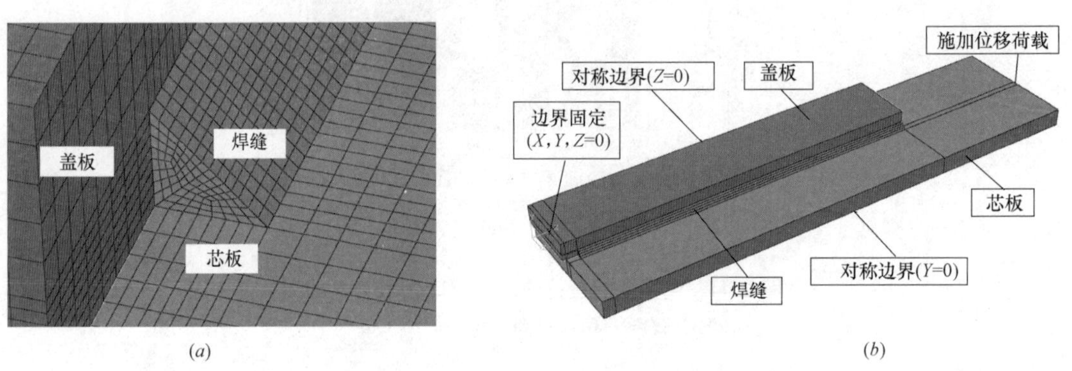

图 4.46　侧面角焊缝搭接接头有限元模型

（a）局部网格；（b）边界条件及接触

略焊缝余高和熔深的影响，焊缝的焊根区域附件单元网格尺寸按照图 4.45（b）进行划分。如图 4.47 所示，后处理时，提取焊缝中央的盖板与芯板的相对位移用于衡量焊缝的变形，同时需提取焊根处单元的相应数值参量计算断裂参量，然后，根据表 4.10 中标定

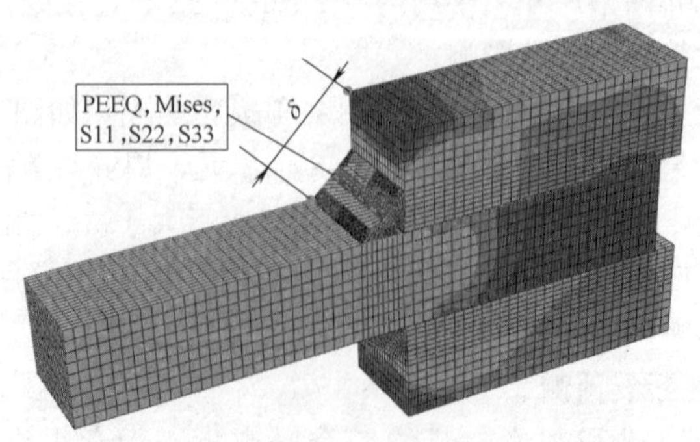

图 4.47　有限元模型的应力云图

的 ER55-D2 型焊材的断裂参量临界值建立断裂准则，对焊材处单元的断裂参量进行判定，预测正面角焊缝拉伸试件的延性起裂荷载。

图 4.48（*a*）是Ⅱ-ZJ-Q460-3 试件有限元和试验的荷载-位移曲线，其中焊根处的网格尺寸分别取 1mm 和 0.25mm，摩擦系数取 0.4，材料本构取 E55-D2-纵和 E55-D2-横。由于实际试验中测量盖板和芯板间的摩擦系数困难且试验中所用 Q460 钢板为未处理的干净轧制表面，如图 4.48（*b*）所示利用数值方法计算了Ⅱ-ZJ-Q460-3 试件摩擦系数分别为 0.2、0.3、0.35、0.4、0.5 时，有限元预测值与试验值的比值。

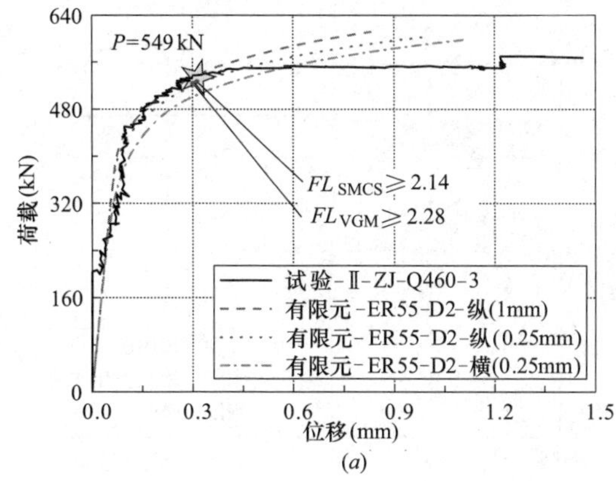

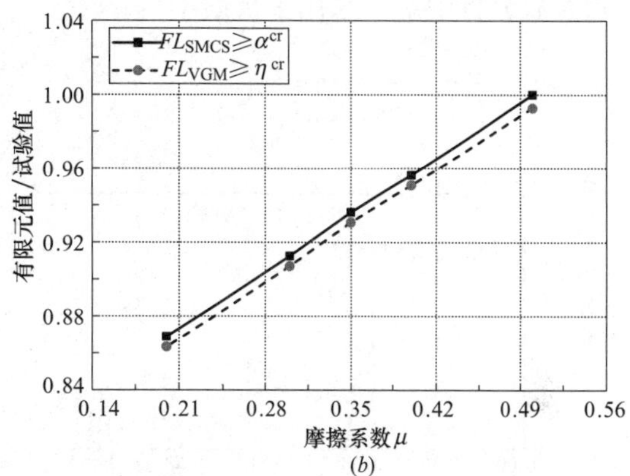

图 4.48 正面角焊缝搭接接头的延性启裂预测

（*a*）荷载-位移曲线；（*b*）摩擦系数的影响（Ⅱ-ZJ-Q460-3）

正面角焊缝搭接接头延性启裂荷载的预测结果见表 4.24，其中 P_{FEA} 代表有限元预测值，同时计算了有限元预测值与试验值的相对误差。结果表明，应力修正临界应变模型和微孔扩展模型都可以比较准确的预测延性启裂荷载。当摩擦系数取 0.4 时，最大误差不超过 5%，摩擦系数取 0.5 时，最大误差为−2.1%。分析计算误差主要来源，一方面，试验测量的焊脚尺寸和焊缝长度存在几何尺寸误差，且有限元中焊缝形状为理想假定，另一方面，板件间摩擦系数存在不确定性。

正面角焊缝搭接接头延性起裂荷载的预测结果 **表 4.24**

试件编号	试验值 P (kN)	应力修正临界应变模型($FL_{SMCS}\geqslant\alpha^{cr}$)				微孔扩张模型($FL_{VGM}\geqslant\eta^{cr}$)			
		摩擦系数取 0.4		摩擦系数取 0.5		摩擦系数取 0.4		摩擦系数取 0.5	
		P_{FEA}(kN)	误差(%)	P_{FEA}(kN)	误差(%)	P_{FEA}(kN)	误差(%)	P_{FEA}(kN)	误差(%)
Ⅱ-ZJ-Q460-1	562	541	3.7	560	0.4	541	3.3	561	0.2
Ⅱ-ZJ-Q460-2	555	528	4.9	552	0.5	532	3.6	554	0.2
Ⅱ-ZJ-Q460-3	549	522	4.9	545	0.7	525	3.8	549	0
Ⅱ-ZJ-Q460-4	548	524	4.4	548	0	528	3.2	551	−0.5
Ⅱ-ZJ-Q460-5	561	549	2.1	572	−2.0	551	1.6	573	−2.1
平均值	—	—	4.0	—	−0.1	—	3.1	—	−0.5

4.2.3.3 已有试验模拟和对比

为了验证本章有限元分析方法，对国内外角焊缝连接接头的试验研究结果进行分析计算，拓展 4.2.3.1 节高强度钢材焊缝连接有限元模型的通用性。

高强度钢材焊缝连接有限元模型的材料本构主要根据文献提供的材料力学性能指标获得，包括材料的屈服强度、抗拉强度。因此，建立了如图 4.49（a）所示的多折线本构，以屈服强度和抗拉强度为转折点，达到抗拉强度后认为材料进入理想塑性，与 2.1.3 节幂指型强化本构相比，数据更加容易获取；图 4.49（b）给出了应用两种材料本构得到的Ⅱ-ZJ-Q460-3 试件有限元结果，由于角焊缝接头只有焊缝局部的小范围发生屈服进入塑性，且焊材本身的强化效果并不明显，多折线本构也具有较高的计算精度，因此在本章的有限元参数分析中统一采用多折线本构。

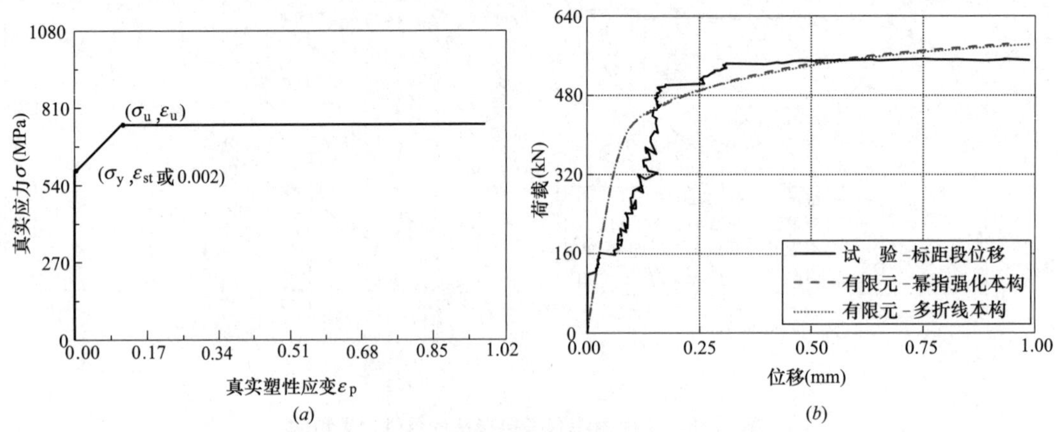

图 4.49　材料本构对焊缝连接有限元模型的影响

（a）多折线本构；（b）两种材料本构有限元结果对比

文献［19］采用 E70T7 和 E70T7-K2 型焊材和 32mm 及 64mm 厚度的 A572 钢板，文献［20］采用 ER55-G 型焊丝和 14mm 厚度的 Q460 钢板，材料的物理性能指标和真实应力-真实塑性应变参数如表 4.25 所示（依据文献获得）。角焊缝连接接头试验数据见表 4.26，包括试件的几何尺寸（焊脚尺寸、板厚、焊缝长度）和试验结果，包括最大荷载和焊缝的变形，其中最大荷载即试验获得荷载的最大值，焊缝变形对应于最大荷载值时焊缝的最终变形。

材料的物理性能指标和真实应力-真实塑性应变参数　　表 4.25

材料编号	钢板厚度 (mm)	弹性模量 E(GPa)	屈服强度 σ_y(MPa)	抗拉强度 σ_u(MPa)	极限应变 ε_u(%)
A572	32,64	206	345	—	—
E70T7	—	206	526	757	12
E70T7-K2	—	206	571	759	12
Q460	14	210	493	724	13.7
ER55-G	—	209	607	728	1.5

根据 4.2.3.1 节方法建立有限元模型，使用多折线材料本构及表 4.25 中数据，并依

据焊缝变形大小判定计算结果，从而获得极限荷载值，如图 4.50 所示为 34 个（含本书 ER55-D2 型焊材的 5 个正面角焊缝搭接接头试件）角焊缝连接接头试验与有限元值结果对比情况，平均误差为－1.11%，标准偏差 0.117。尽管角焊缝试验本身的离散性比较大，本书的有限元模型可以模拟计算三种不同形式的角焊缝连接形式，具有一定的准确性和合理性。

角焊缝连接接头试验数据 **表 4.26**

焊材型号	接头形式	焊脚尺寸（mm）	板厚（mm）	焊缝长度（mm）	焊缝的变形（mm）	最大荷载（kN）
ER55-G	侧面角焊缝搭接接头	3.98	14	49.7	1.02	455
		3.74	14	50.8	0.89	606
		4.19	14	50.0	0.94	525
		3.66	14	50.7	1.30	505
		4.20	14	50.5	1.35	529
E70T7	正面角焊缝十字接头	12	32	100	0.71	1213
		12	32	100	1.17	1225
		12	32	100	1.04	1235
		8	32	100	0.41	875
		8	32	100	0.46	872
		8	32	100	0.33	915
		12	64	100	0.61	1202
		12	64	100	0.84	1376
		12	64	100	0.71	1325
		8	64	100	0.56	617
		8	64	100	0.66	842
		8	64	100	0.46	810
E70T7-K2	正面角焊缝十字接头	12	32	100	1.35	1442
		12	32	100	1.93	1530
		12	32	100	1.27	1448
		8	32	100	1.35	917
		8	32	100	1.93	891
		8	32	100	1.27	1059
		12	64	100	1.6	1658
		12	64	100	1.09	1592
		12	64	100	1.42	1523
E70T7-K2	正面角焊缝十字接头	8	64	100	1.35	1061
		8	64	100	1.57	1002
		8	64	100	1.32	870

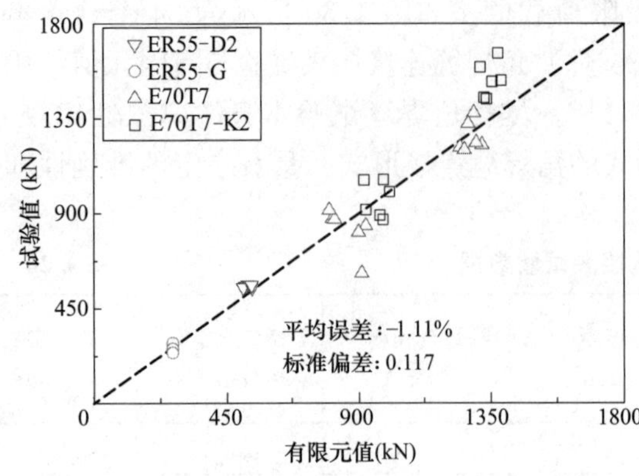

图 4.50　角焊缝连接接头试验与有限元结果对比

4.2.4　参数分析

4.2.4.1　模型参数

我国现行《钢结构设计标准》GB 50017—2017[1] 中角焊缝的抗拉、抗压、抗剪强度设计值（f_f^w）均取 0.41 倍的焊材抗拉强度值（f_u^w），对于角焊缝的搭接焊接头中，当焊缝计算长度超过 60 倍焊脚尺寸（h_f）时，角焊缝的承载力设计值应乘以折减系数（α_f），从而考虑焊缝在承载过程中剪力的不均匀分布的影响，防止由于端部焊缝承受过高的剪应力而先于中间部位的焊缝破坏。

基于前面验证过的角焊缝连接接头有限元模型，本节针对侧面角焊缝搭接焊接接头的承载性能进行数值分析。参照规范中对焊接连接构造要求，以 8mm 焊脚尺寸角焊缝为研究对象设计不同长度的焊缝长度（l_w），利用模型对称性，取 1/8 模型建模，芯板宽度（B_{XB}）取 2 倍的盖板宽度（B_{GB}），芯板长度（L_{XB}）、盖板长度（L_{GB}）、盖板厚度（t）（与盖板厚度相同）等几何尺寸如图 4.51 所示，其中 $L_{XB}=2B_{GB}+l_w+5t$，$L_{GB}=l_w+5t+5mm$，芯板间隙取 10mm。钢板抗拉截面面积（$A_{net}=B_{GB}\cdot t$）和焊缝的有效抗剪截面面积（$A_s^w=0.7h_f\cdot l_w$）的比值定义为拉剪比（A_{net}/A_s^w），依据平衡设计原则，不同强度等级的钢材和焊材进行焊接时对应不同的几何尺寸。

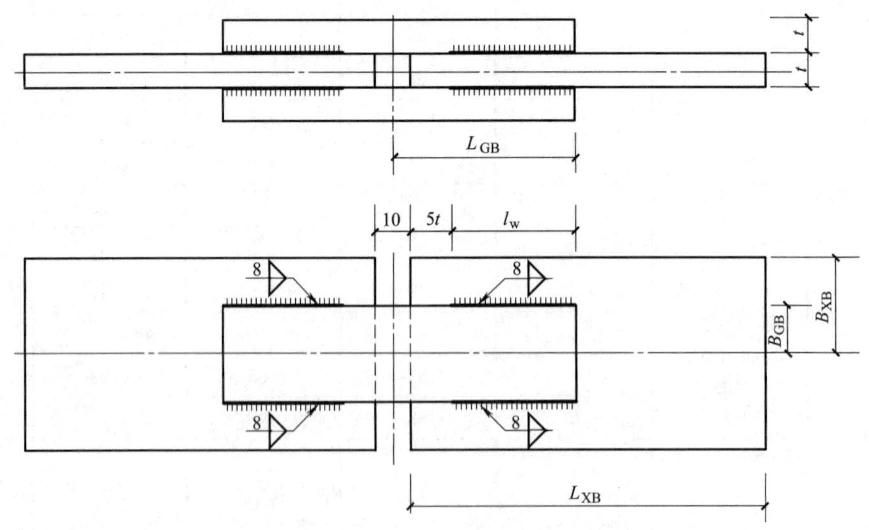

图 4.51　侧面长角焊缝搭接接头示意图（单位：mm）

以焊缝长度为 60 倍焊脚尺寸作为基础，研究拉剪比对侧面长角焊缝承载性能的影响，拉剪比取值范围为 0.35～1.71，侧面长角焊缝搭接接头 1/8 模型的几何尺寸如表 4.27 所示。

表4.28是460MPa、550MPa、690MPa钢材的力学性能指标[21]；依据4.1.2.3节的试验结果，表4.29给出了焊材的力学性能指标。表4.28、表4.29中的屈服强度均为屈服平台对应的下屈服强度或塑性应变0.2%对应的条件屈服强度。

侧面长角焊缝搭接接头1/8模型的几何尺寸 **表4.27**

l_w/h_f	焊缝长度 l_w(mm)	芯板长度 L_{XB}(mm)	盖板长度 L_{GB}(mm)	盖板宽度 B_{GB}(mm)	盖板厚度 t(mm)	拉剪比 A_{net}/A_s^w
60	480	1290	535	190	10	0.35
60	480	1300	545	190	12	0.42
60	480	1156	585	144	20	0.53
60	480	1080	605	120	24	0.53
60	480	1320	565	190	16	0.57
60	480	1452	565	223	16	0.66
60	480	1584	565	256	16	0.76
60	480	1660	585	270	20	1.00
60	480	1860	585	320	20	1.19
60	480	2120	605	380	24	1.71

高强度钢材的力学性能指标[21] **表4.28**

钢材级别	弹性模量 E(GPa)	密度 (kg/m^3)	屈服强度 σ_y(MPa)	硬化应变 ε_{st}	抗拉强度 f_u(MPa)	极限应变 ε_u
Q460	206	7850	460	0.02	550	0.12
Q550	206	7850	550	—	670	0.085
Q690	206	7850	690	—	770	0.065

高强度焊材的力学性能指标 **表4.29**

焊材型号	弹性模量 E(GPa)	密度 (kg/m^3)	屈服强度 σ_y^a(MPa)	硬化应变 ε_{st}	抗拉强度 f_u^w(MPa)	极限应变 ε_u
E55	206	7850	470	0.015	550	0.1
E69	206	7850	610	—	690	0.07
E76	206	7850	660	—	760	0.055

为了体现高强度钢材及焊材实测的力学性能，本节的有限元采用了表4.3中的Q460-10、Q460-12、Q460-24、Q550-48、Q690-48五种高强度钢材和表4.8中的E55-D2-纵、E55-G-横、E69-G-横、E76-G-横四种型号焊材的材料本构进行参数分析。其中，五种高强度钢材的力学性能指标与表4.28中相应强度等级的高强度钢材标准值相比，屈服强度的实测值与标准值相差不大。此外，后文分析焊缝长度的影响时，材料本构选取表4.28和表4.29中高强度钢材及焊材的标准值进行计算。

依据等强设计原则，并沿用《钢结构设计标准》GB 50017—2017[1]中钢材及焊材的设计指标，460MPa钢材和E55焊材的设计拉剪比为0.53，550MPa钢材和E69焊材的设计拉剪比为 0.54。研究焊缝长度对侧面长角焊缝承载性能的影响时，460MPa 钢材匹配 E55 焊材时，焊缝长度分别取 10、30、40、50、60、90、120、160、210 倍的焊脚尺寸，如表 4.30 所示；550MPa 钢材匹配 E69 焊材时，焊缝长度分别取 10、40、60、90、120、160、210 倍的焊脚尺寸，如表 4.31 所示。

460MPa 侧面长角焊缝搭接接头 1/8 模型的几何尺寸（拉剪比取 0.53）　　表 4.30

l_w/h_f	焊缝长度 l_w(mm)	芯板长度 L_{XB}(mm)	盖板长度 L_{GB}(mm)	盖板宽度 B_{GB}(mm)	盖板厚度 t(mm)
10	80	322	135	48	10
30	240	780	305	120	12
40	320	1020	385	160	12
50	400	1080	485	150	16
60	480	1280	565	180	16
90	720	1684	825	216	20
120	960	2212	1065	288	20
160	1280	2680	1405	320	24
210	1680	3480	1805	420	24

550MPa 侧面长角焊缝搭接接头 1/8 模型的几何尺寸（拉剪比取 0.54）　　表 4.31

l_w/h_f	焊缝长度 l_w(mm)	芯板长度 L_{XB}(mm)	盖板长度 L_{GB}(mm)	盖板宽度 B_{GB}(mm)	盖板厚度 t(mm)
10	80	326	135	49	10
40	320	1036	385	164	12
60	480	1296	565	184	16
90	720	1704	825	221	20
120	960	2240	1065	295	20
160	1280	2708	1405	327	24
210	1680	3520	1805	430	24

690MPa 钢材匹配 E69 焊材和 E76 焊材，计算得到 690MPa 钢材和 E69 焊材的设计拉剪比为 0.45，690MPa 钢材和 E76 焊材的设计拉剪比为 0.49，其侧面长角焊缝搭接接头 1/8 模型的几何尺寸分别见表 4.32 和表 4.33，焊缝长度分别取 10、40、60、90、120、160、210 倍焊脚尺寸。

690MPa-E69 侧面长角焊缝搭接接头 1/8 模型的几何尺寸（拉剪比取 0.45）　　表 4.32

l_w/h_f	焊缝长度 l_w(mm)	芯板长度 L_{XB}(mm)	盖板长度 L_{GB}(mm)	盖板宽度 B_{GB}(mm)	盖板厚度 t(mm)
10	80	290	135	40	10
40	320	920	385	135	12
60	480	1168	565	152	16
90	720	1548	825	182	20
120	960	2032	1065	243	20
160	1280	2480	1405	270	24
210	1680	3220	1805	355	24

690MPa-E76 侧面长角焊缝搭接接头 1/8 模型的几何尺寸（拉剪比取 0.49） 表 4.33

l_w/h_f	焊缝长度 l_w(mm)	芯板长度 L_{XB}(mm)	盖板长度 L_{GB}(mm)	盖板宽度 B_{GB}(mm)	盖板厚度 t(mm)
10	80	306	135	44	10
40	320	968	385	147	12
60	480	1220	565	165	16
90	720	1612	825	198	20
120	960	2120	1065	265	20
160	1280	2576	1405	294	24
210	1680	3344	1805	386	24

进行侧面长角焊缝搭接接头的有限元分析时，采用如下方法确定接头的承载力（P_u）：当发生芯板先于焊缝屈服时，以芯板全截面屈服为判定标准（此时的荷载-位移曲线不再线性增加）确定接头的承载力（P_u）；当发生焊缝先于芯板屈服时，采用von Mise 屈服准则，以焊缝单元的最大应力达到焊材抗拉强度（f_u^w）为判定标准。需要说明的是，当使用 ABAQUS 软件进行承载力的数值判定时，抗拉强度取焊材的真实应力值。

为了更加直观衡量侧面长角焊缝的抗剪性能，假定应力在侧面长角焊缝的有效抗剪截面上均匀分布，引入焊缝的平均剪切强度（τ_f）这一概念，具体计算公式如下：

$$\tau_f=\frac{P_u}{0.7h_f \cdot l_w} \tag{4.4}$$

4.2.4.2 材料强度及拉剪比影响

如图 4.52（*a*）所示选取了三种不同屈服强度的 Q460 钢材和两种型号的 E55 焊材，如图 4.52（*b*）所示选取了三种不同强度等级的高强度钢材和与之相匹配的焊材，按照表 4.27 中的尺寸建模并进行数值计算，研究焊缝长度为 60 倍焊脚尺寸侧面角焊缝的承载性能。图中纵坐标是归一化的焊缝平均剪切强度系数（τ_f/f_u^w），此处的焊材抗拉强度（f_u^w）应取工程应力值，横坐标为接头的拉剪比（A_{net}/A_s^w）。同时，按照中国、美国、欧洲三种钢结构规范计算方法，标示出了目前高强度钢材角焊缝连接的抗剪强度设计值。如图 4.52（*a*）所示，由于钢材和焊材强度的变化，侧面角焊缝搭接接头的破坏模式转折点也不同：当芯板屈服时，侧面角焊缝搭接接头的抗剪性能随着拉剪比的提高线性增加，且钢材的屈服强度越高，其抗剪性能越高；随着拉剪比的增大，破坏模式逐渐转变为焊缝屈服，平均抗剪强度系数保持不变。此外，对于不同型号的焊材（E55-D2 型焊材和 E55-G 型焊材）侧面角焊缝抗剪性能存在一定的差异。如图 4.52（*b*）所示，当钢材强度等级和焊材强度等级提高后，芯板屈服时，由于焊材抗拉强度（f_u^w）变化影响，对于相同级别的钢材（Q690-48），归一化的焊缝平均抗剪强度系数也存在差异，且使用强度等级较低的 E69 型焊材，抗剪性能更好。同时发现，按照三种规范的角焊缝抗剪强度设计值进行设计，最终破坏模式都是芯板屈服，不会出现焊缝屈服，我国规范偏于保守。

4.2.4.3 焊缝长度影响

如图 4.53 所示选取 4.1 节中的三种不同屈服强度 Q460 钢材和两种型号 E55 焊材，

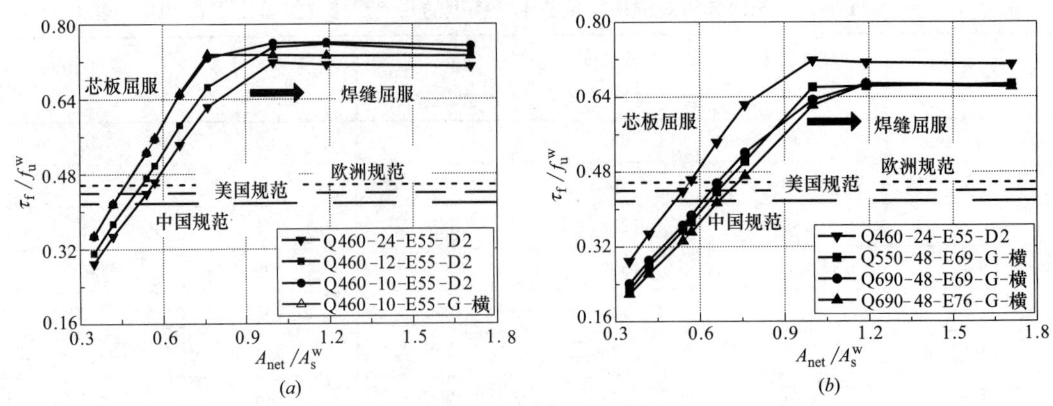

图 4.52　材料强度及拉剪比对侧面角焊缝搭接接头抗剪性能的影响（$l_w/h_f=60$）

(*a*) 屈服强度的影响；(*b*) 强度等级的影响

按照表 4.30 中的尺寸建模并进行数值计算，研究焊缝长度对焊缝平均剪切强度的影响。结果表明，当焊缝长度不超过 60 倍焊脚尺寸时，芯板发生屈服，焊缝的平均剪切强度基本保持不变，且钢材的屈服强度越高，焊缝的平均剪切强度（τ_f）也越高；当焊缝长度超过 60 倍焊脚尺寸时，焊缝发生屈服，且焊缝的长度越长，焊缝的平均剪切强度越低。

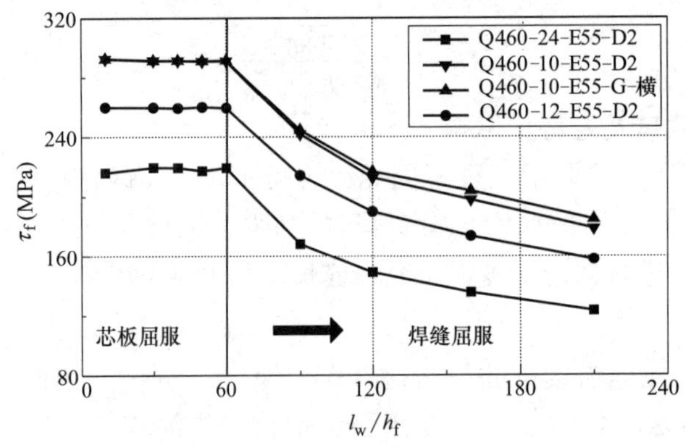

图 4.53　焊缝长度对侧面角焊缝搭接接头抗剪性能的影响

图 4.54 给出了利用 Q460 钢材和 E55 焊材（取表 4.28 和表 4.29 中的材料性质参数）并按照表 4.30 中的几何尺寸建模得到的 9 种不同焊缝长度接头的数值计算结果。当焊缝长度为不超过 60 倍焊脚尺寸时，如图 4.54（*e*）左图所示，芯板全截面发生屈服，此时焊缝单元的最大 von Mises 应力值不超过 E55 焊材的抗拉强度值；随着焊缝长度的继续增加，焊缝的应力继续增大，当焊缝单元的最大 von Mises 应力值达到 E55 焊材的抗拉强度值时，即认为焊缝发生屈服。由焊缝应力云图，可知随着焊缝长度的增加，焊缝的应力分布呈现两端大，中间小，且不均匀程度更加严重。

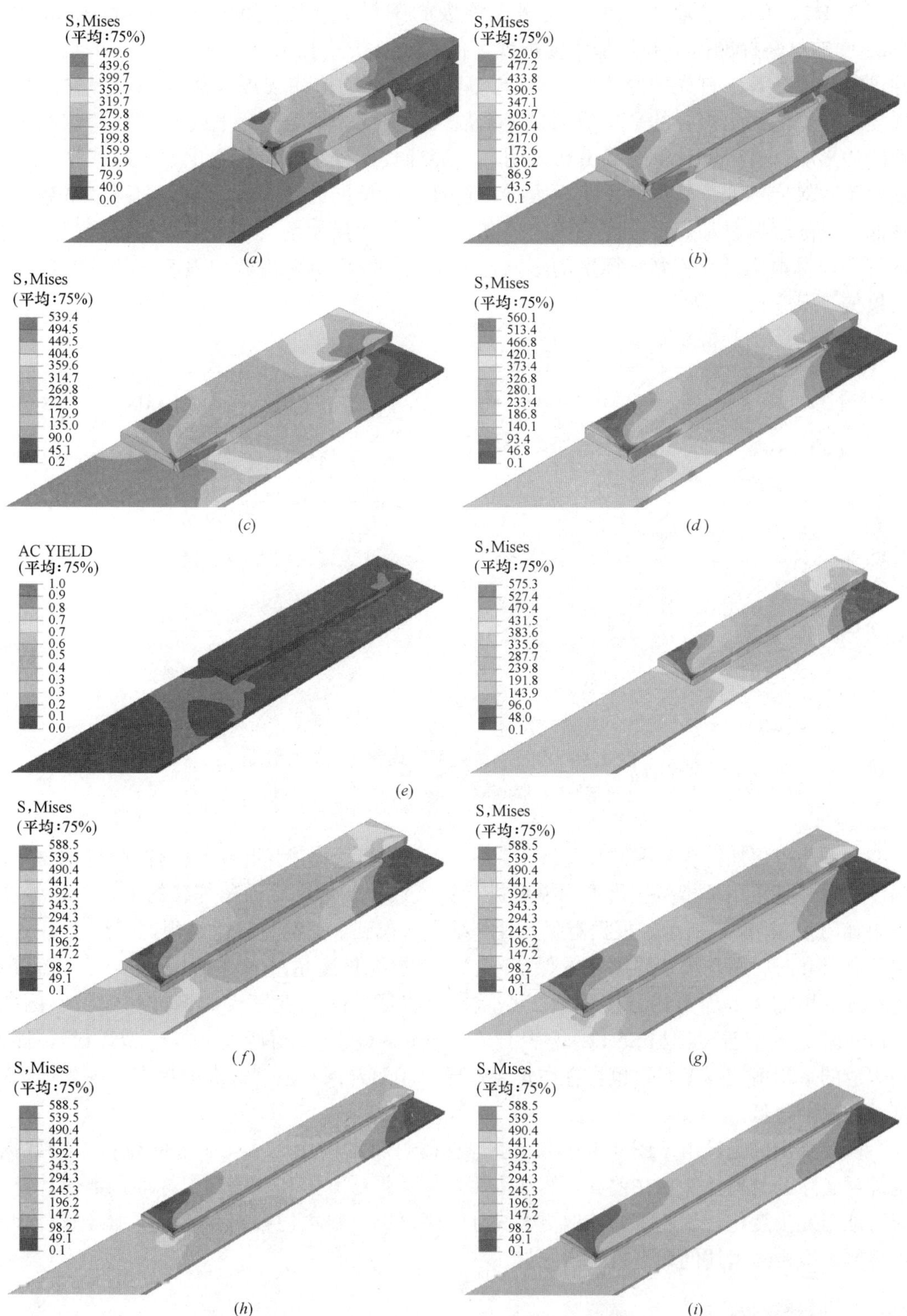

图 4.54　不同焊缝长度接头的数值计算结果

(*a*) $l_w/h_f=10$；(*b*) $l_w/h_f=30$；(*c*) $l_w/h_f=40$；(*d*) $l_w/h_f=50$；(*e*) $l_w/h_f=60$；
(*f*) $l_w/h_f=90$；(*g*) $l_w/h_f=120$；(*h*) $l_w/h_f=160$；(*i*) $l_w/h_f=210$

图 4.55（a）选取了三种不同强度等级的钢材和相匹配的焊材（取表 4.28 和表 4.29 中的材料标准值）并且采用多折线本构关系，按照表 4.30～表 4.33 中的尺寸建模并进行数值计算。首先按照式（4-4）计算焊缝的平均剪切强度，然后除以焊材的抗拉强度，计算侧面角焊缝的平均剪切强度系数（τ_f/f_u^w），研究焊缝长度对侧面角焊缝承载性能的影响。有限元计算结果分析表明，当焊缝长度较小，芯板发生屈服时，平均剪切强度系数保持不变；当焊缝发生屈服时，随着焊缝长度的增大，平均剪切强度系数逐渐降低，且随着钢材和焊材强度等级的提高，平均剪切强度系数越小。需要说明的是，受钢材和焊材本构及数值判定标准的影响，图 4.55（a）中平均剪切强度系数的数值计算结果偏于保守。

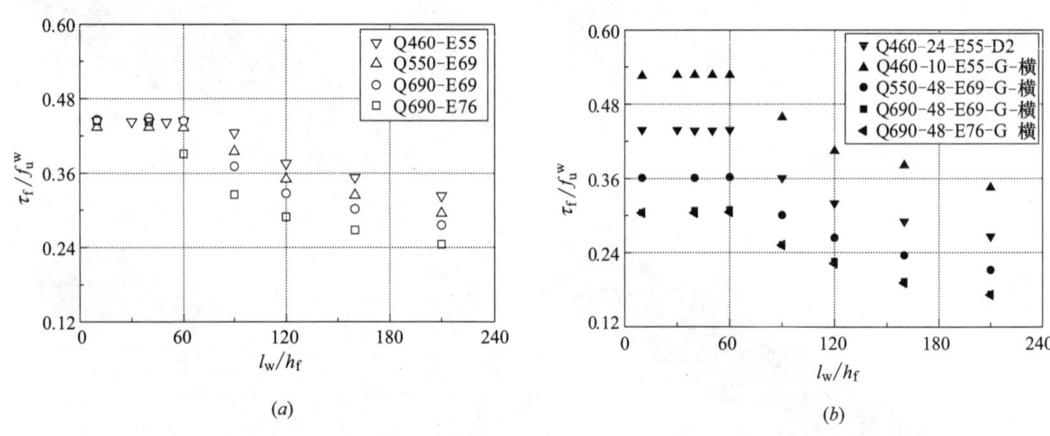

图 4.55　侧面角焊缝的平均剪切强度系数

（a）材料本构取标准值；（b）材料本构取实测值

为了获得更加符合实际的数值结果，选取了 4.1 节中实测的四种牌号高强度钢材和高强度焊材并且采用幂指型强化本构模型进行数值计算，计算侧面角焊缝的平均剪切强度，结果如图 4.55（b）所示。根据有限元计算结果，得到如下结论：①当焊缝长度不超过 60 倍焊脚尺寸时，平均剪切强度基本保持不变；当焊缝长度超过 60 倍焊脚尺寸时，随着焊缝长度的增加，平均剪切强度逐渐变小；②即使是相同强度等级的钢材和焊材（例如：24mm 厚 Q460 钢材匹配 E55-D2 型焊材和 10mm 厚 Q460 钢材匹配 E55-G 型焊材），侧面角焊缝的平均剪切强度系数也会存在较大差异；③随着钢材强度等级的提高，平均剪切强度系数逐渐降低。

需要指出的是，由于图 4.55（b）中焊材的材料本构使用了 4.1 节的材料本构数据，与焊材实际的材料性能存在差异，假如采用其他的焊材本构和数值判定标准，数值计算结果可能会发生变化，因此需要获取更多高强度焊材的材料本构数据和运用更加准确合理的数值判定准则对上述问题进行深入探讨。

4.2.5　设计建议

4.2.5.1　焊缝强度设计值

为了进一步比较各国规范中角焊缝的设计差异，结合试验并采用多种方法获得了两种焊材（ER55-D2-纵和 ER55-G-横）的荷载-位移曲线，同时按照中国规范、美国规范和欧洲规范的设计方法分别计算了该试件的荷载设计值（$P_{设计值}$）。如图 4.56 所示，通过比较可知，对于正面角焊缝搭接接头试件（ZJ-Q460-3），依据三种规范计算的荷载设计值均在试件的弹性范围，远低于该试件的延性启裂荷载（P），中国规范的设计荷载最低，为 200kN；欧洲规范的设计荷载最高，为 288kN；均低于该试件的延性启裂荷载（549kN）。中国规范的设计荷载安全储备最高可达 2.7，欧洲规范的设计荷载安全储备最低为 1.9。

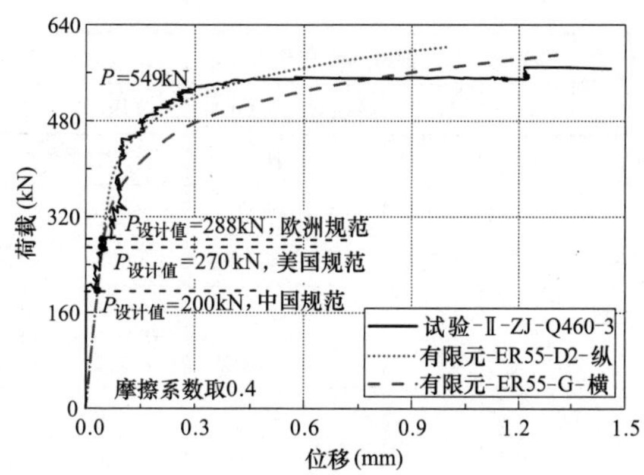

图 4.56 三种规范的对比

按照《钢结构设计标准》GB 50017—2017[1] 中焊缝连接的设计方法并依据文献[22] 给出的高强度结构钢材的强度设计指标，根据母材的抗压、抗拉强度设计值（f）计算对接焊缝抗压强度设计值（f_c^w）、抗拉强度设计值（f_t^w），根据相应母材的抗剪强度设计值计算对接焊缝的抗剪强度设计值（f_v^w），具体换算公式如下：

$$f_c^w = f_t^w = f \tag{4.5}$$

$$f_v^w = f_v \tag{4.6}$$

$$f_f^w = 0.41 f_u^w \tag{4.7}$$

角焊缝的抗压、抗拉、抗剪强度设计值（f_f^w）应根据相应焊接材料的抗拉强度（f_u^w）按照式（4-7）进行换算。如表 4.34 所示，依据高强度钢材产品的国家标准[23-25]，计算高强度钢材焊缝连接角焊缝的强度设计指标，其中 Q500、Q550、Q620、Q690 四种牌号钢材和 E62、E69、E76 三种型号焊材为新增内容。

焊缝的强度设计值（N/mm²） **表 4.34**

焊材型号	钢材牌号和规格		对接焊缝			角焊缝
	牌号	厚度或直径(mm)	抗压 f_c^w	抗拉 f_t^w	抗剪 f_v^w	抗拉、抗压和抗剪 f_f^w
E55、E62	Q460	≤16	410	410	235	220(E55) 255(E62)
		>16,≤40	390	390	225	
		>40,≤63	355	355	205	
		>63,≤100	340	340	195	
E62、E69	Q500	≤16	455	455	265	255(E62) 285(E69)
		>16,≤40	440	440	255	
		>40,≤63	430	430	250	
		>63,≤80	410	410	235	
		>80,≤100	400	400	230	

续表

焊材型号	钢材牌号和规格		对接焊缝			角焊缝
	牌号	厚度或直径(mm)	抗压 f_c^w	抗拉 f_t^w	抗剪 f_v^w	抗拉、抗压和抗剪 f_f^w
E62、E69	Q550	≤16	520	520	300	255(E62) 285(E69)
		>16,≤40	500	500	290	
		>40,≤63	475	475	275	
		>63,≤80	455	455	265	
		>80,≤100	445	445	255	
E69、E76	Q620	≤16	565	565	325	285(E69) 310(E76)
		>16,≤40	550	550	320	
		>40,≤63	540	540	310	
		>63,≤80	520	520	300	
	Q690	≤16	630	630	365	285(E69) 310(E76)
		>16,≤40	615	615	355	
		>40,≤63	605	605	350	
		>63,≤80	585	585	340	

与表 4.34 中的高强度钢材相匹配的焊材满足《钢结构焊接规范》GB/T 50661—2011[14] 对焊缝金属强度不低于母材强度的要求，因此对接焊缝的抗压、抗拉、抗剪强度由母材本身的强度确定；角焊缝的抗压、抗拉、抗剪强度虽然是按照焊接材料的抗拉强度进行换算，但是依据 4.2.4.2 节有限元分析结果，即使是强度较低的侧面角焊缝（正面角焊缝考虑增强系数），接头的最终破坏模式仍然为芯板屈服，角焊缝的强度设计值足够安全。综上所述，《钢结构设计标准》GB 50017—2017[1] 中角焊缝强度设计值的计算方法仍然适用于高强度钢材焊缝连接。

4.2.5.2　长角焊缝的折减系数

《钢结构设计标准》GB 50017—2017[1] 中侧面角焊缝搭接接头的折减系数（α_f）计算公式如下：

$$\alpha_f=1.5-\frac{l_w}{120h_f}\geqslant 0.5 \tag{4.8}$$

如图 4.57 所示，根据 4.2.4.3 节有限元分析结果，以焊缝长度为 60 倍焊脚尺寸计算的平均剪切强度系数为基准，计算侧面角焊缝搭接接头的长度折减系数。计算结果表明：式（4-8）对于高强度钢材焊缝连接长角焊缝的折减仍然适用。虽然高强度焊材的极限应变随着抗拉强度的提高而降低，但是按照目前我国规范中长角焊缝折减系数的计算方法，焊材极限应变的降低对于长角焊缝内力分布不均的影响可以忽略，不需要考虑材料强度等级的影响。

4.3　高强度钢材高强度螺栓连接

与普通强度钢材相比，高强度钢材螺栓连接接头的承载力需求更高，根据等强度设计

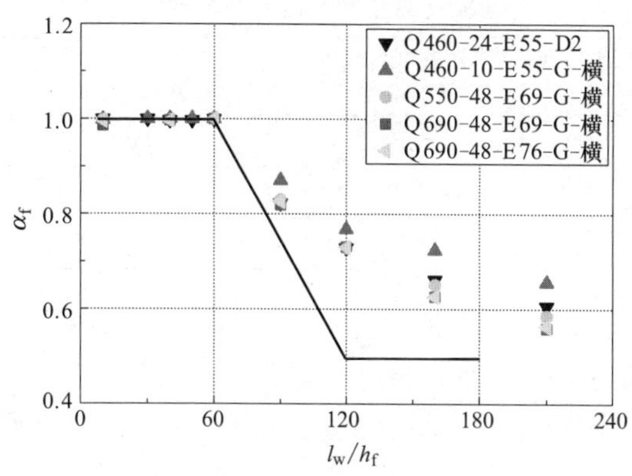

图 4.57 长角焊缝的折减系数

原则，高强度钢材的屈强比增大之后，为了确保对净截面的合理利用，净截面的削弱程度不应过大，毛截面上螺栓的数量也不宜过多[26-28]，因此高强度钢材高强度螺栓承压型连接的受力性能需要进行重点研究。此外，对于高强度钢材高强度螺栓摩擦型连接，如果仅通过增加螺栓的数量来提高承载力，则势必会造成净截面的削弱或者接头长度增加，因此需要通过改进现有接触表面的处理方式来提高接触面的抗滑移系数[28]，从而保证连接接头的强度。

4.3.1 承压型连接试验

4.3.1.1 试件设计

高强度螺栓承压型连接试验采用双盖板连接接头形式，如表 4.35 所示，包括 10mm 厚度的 Q460D、12mm 厚度的 Q460C 和 6mm 厚度的 Q890C 三种牌号钢板（与 2.1.1 节钢板相同）。螺栓孔采用标准圆孔，根据板厚选取了 M16 和 M12 两种直径的 12.9 级高强度螺栓，高强度螺栓的公称长度分别根据三组试验连接部的板厚确定，如表 4.35 所示。

高强度螺栓承压型连接试件一览表　　表 4.35

组别	钢材牌号	板厚（mm）	螺栓等级	螺栓的公称长度(mm)	试件数量	备注
Ⅰ	Q460D	12	12.9 级,M16	80	9	研究不同边距、端距的影响
Ⅱ	Q460C	10	12.9 级,M12	65	9	
Ⅲ	Q890C	6	12.9 级,M12	75	9	

表 4.36 给出了三组试验所用钢板的屈服强度、抗拉强度和 12.9 级高强度螺栓的抗拉强度及螺栓直径实测值，其中强度均为工程应力值，钢材的屈服强度和抗拉强度依据图 4.3 钢材室温拉伸试验试件的应力-应变曲线获得，螺栓的抗拉强度根据 12.9 级高强度螺栓材质说明书取值。螺栓直径的测量方法为：用千分尺在螺栓剪切面位置（即芯板与盖板接触面）反复测量三次，然后取平均值，保留小数点后一位。

钢板及高强度螺栓的力学性能　　表 4.36

组别	钢材的屈服强度 f_y(MPa)	钢材的抗拉强度 f_u(MPa)	螺栓的抗拉强度 f_u^b(MPa)	螺栓直径实测值 d(mm)
Ⅰ	500	564	1290	15.8
Ⅱ	556	659	1304	11.8
Ⅲ	905	957	1304	11.8

图 4.58 是试件的几何参数示意图，螺栓孔径（d_0）大于螺栓公称直径（d）1.5mm，试件的宽度（B）根据螺栓孔中心距（p_2）、端距（e_1）和边距（e_2）相应变化，由于两个螺栓孔加工存在误差，图中标示了端距和边距的最小值 $e_{1,\min}$ 和 $e_{2,\min}$。

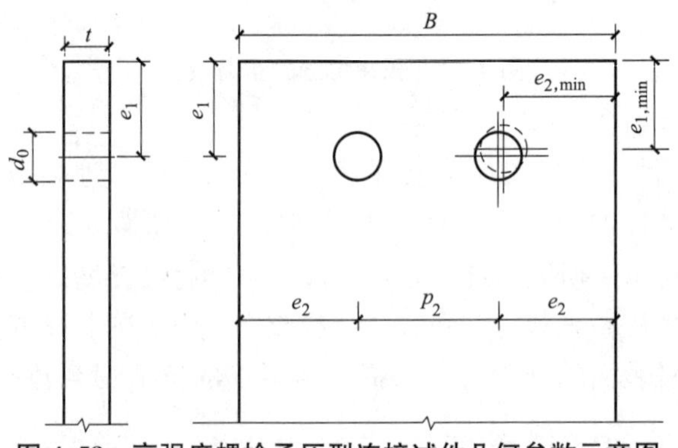

图 4.58　高强度螺栓承压型连接试件几何参数示意图

表 4.37 给出了高强度螺栓承压型连接试件尺寸设计值，其中端距和边距的取值不限于《钢结构设计标准》GB 50017—2017[1] 中的规定。表中的试件编号字母"Q"表示屈服强度，字母后面的数字代表所用钢材的强度等级，中间的数字代表钢板的厚度，最后一项数字表示具有相同强度等级、相同厚度的试件序号。例如 Q460-12-1 表示由 12mm 厚度屈服强度达到 460MPa 的钢材制备的 1 号试件。每种厚度的钢板试件为 1 组，共 3 组，每组包括 9 个试件。考虑试验机夹头的实际尺寸、试验中的操作空间及便于加工下料等因素，芯板试件的长度统一取 350mm。

高强度螺栓承压型连接试件尺寸设计值　　表 4.37

试件编号	设计值			试件编号	设计值		
	e_1/d	e_2/d	p_2/d		e_1/d	e_2/d	p_2/d
Q460-12-1	4	2	4	Q460-10-6	3	1.2	2.4
Q460-12-2	3	1.5	3	Q460-10-7	2	1.2	2.4
Q460-12-3	2	2	4	Q460-10-8	1.5	1.5	3
Q460-12-4	2	1.5	3	Q460-10-9	1.2	1.2	2.4
Q460-12-5	2	1.35	3	Q890-6-1	4	2	4
Q460-12-6	3	1.2	2.4	Q890-6-2	3	1.5	3
Q460-12-7	2	1.2	2.4	Q890-6-3	2	2	4
Q460-12-8	1.5	1.5	3	Q890-6-4	2	1.5	3
Q460-12-9	1.2	1.2	2.4	Q890-6-5	2	1.35	3
Q460-10-1	4	2	4	Q890-6-6	3	1.2	2.4
Q460-10-2	3	1.5	3	Q890-6-7	2	1.2	2.4
Q460-10-3	2	2	4	Q890-6-8	1.5	1.5	3
Q460-10-4	2	1.5	3	Q890-6-9	1.2	1.2	2.4
Q460-10-5	1.2	1.2	2.4				

4.3.1.2 试验装置及测量方法

试验加载装置如图 4.59 所示，位移计采用导杆式引伸仪，测点如图 4.59 所示，芯板试件测点与盖板槽口边缘距离为 150mm，盖板上的测点位于槽口孔下方，以免影响螺栓的装配。盖板的连接端局部采用焊接方式进行加强，保证盖板的刚度，以便反复使用。盖板的连接处开两个槽孔，尺寸根据芯板试件中心距的最大及最小值确定。如图 4.60 所示，盖板的另一端与试验夹持端的芯板贴焊，试验机夹头直接夹持在双盖板上。

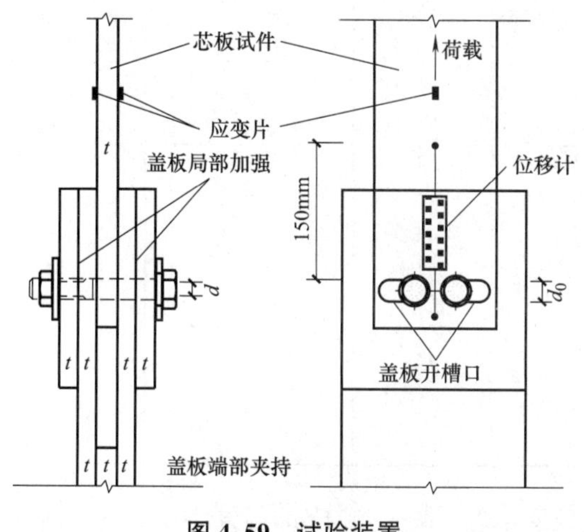

图 4.59 试验装置

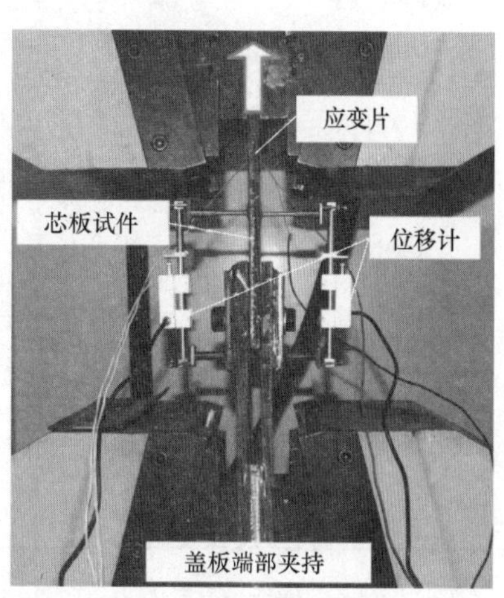

图 4.60 试件加载

加载前，试验量测内容主要包括试件的实际几何尺寸（包括几何初始缺陷）和螺栓的预拉力。表 4.38 给出了高强度螺栓承压型连接试件的实际尺寸及单栓预拉力设计值，并计算了芯板净截面面积（A_{net}），其中第一组 12mm 的 Q460D 钢板的试件不施加螺栓预拉力，螺帽不拧紧，第二、三组使用 CM3125 型扭矩扳手施加螺栓预拉力，其中 12.9 级螺栓的扭矩系数取 0.13。试验加载时，利用位移计测量连接接头的变形情况（图 4.59）。芯板试件两侧分别布置两个应变片（图 4.59），试验中，可以依据两个应变片的对比数据检测加载的同轴性，试验后，用于计算试件芯板毛截面的弹性变形。试验选用 WEW1000 型万能试验机，按照位移方式控制加载，速率不大于 1.2mm/min，当荷载下降明显或试件发生破坏时停止加载。

高强度螺栓承压型连接试件实际尺寸及单栓预拉力设计值　　表 4.38

试件编号	实测值				净截面积 A_{net} (mm^2)	预拉力设计值 (kN)
	$e_{1,min}/d$	$e_{2,min}/d$	P_2/d	t(mm)		
Q460-12-1	4.17	2.01	3.93	11.95	1102.6	—
Q460-12-2	3.08	1.53	2.83	12.03	712.5	—
Q460-12-3	2.19	1.99	3.99	12.00	1135.1	—
Q460-12-4	2.04	1.51	3.04	11.92	739.5	—
Q460-12-5	2.00	1.38	3.03	12.00	692.7	—
Q460-12-6	2.95	1.19	2.40	11.90	505.5	—
Q460-12-7	2.09	1.18	2.44	11.94	497.4	—
Q460-12-8	1.52	1.48	2.76	11.96	696.7	—
Q460-12-9	1.33	1.17	2.31	11.96	480.9	—

续表

试件编号	实测值				净截面积 A_{net} (mm^2)	预拉力设计值 (kN)
	$e_{1,min}/d$	$e_{2,min}/d$	P_2/d	t/mm		
Q460-10-1	3.94	2.01	3.99	10.16	704.5	95
Q460-10-2	3.05	1.50	2.94	10.08	448.4	95
Q460-10-3	1.98	1.97	3.99	10.08	707.0	95
Q460-10-4	1.98	1.45	3.08	9.96	451.0	95
Q460-10-5	2.06	1.32	2.97	10.02	407.5	95
Q460-10-6	3.05	1.20	2.47	9.90	311.2	95
Q460-10-7	1.87	1.24	2.30	10.08	313.6	95
Q460-10-8	1.49	1.49	2.96	10.07	451.8	95
Q460-10-9	1.28	1.15	2.43	10.07	314.0	95
Q890-6-1	4.02	1.99	4.00	6.07	419.2	50
Q890-6-2	3.04	1.49	3.07	6.01	273.2	60
Q890-6-3	2.05	1.96	4.00	6.02	419.4	70
Q890-6-4	2.04	1.47	3.00	6.00	270.3	80
Q890-6-5	2.03	1.31	2.71	6.05	227.4	85
Q890-6-6	3.12	1.17	2.50	5.99	179.8	85
Q890-6-7	2.06	1.22	2.36	6.08	187.6	85
Q890-6-8	1.62	1.48	2.97	6.03	261.8	95
Q890-6-9	1.23	1.23	2.28	6.02	177.0	95

由于存在加工制作误差（满足制孔误差要求），表 4.38 中的端距（e_1）和边距（e_2）与螺栓公称直径（d）比值均取两个螺栓孔实测数据的最小值，净截面面积（A_{net}）取实测值。试件实际尺寸的测量数据见表 4.39。

高强度螺栓承压型连接试件实际尺寸　　**表 4.39**

试件编号	板宽 B (mm)	板厚 t(mm)	栓孔直径 d_0(mm)	$e_1-d_0/2$		$e_2-d_0/2$		p_2-d_0
				$e_{1,min}-d_0/2$	$e_{1,max}-d_0/2$	$e_{2,min}-d_0/2$	$e_{2,max}-d_0/2$	
Q460-12-1	127.80	11.95	17.74	57.78	58.14	23.32	24.62	45.07
Q460-12-2	94.80	12.03	17.75	40.33	40.76	15.60	15.98	27.55
Q460-12-3	130.20	12.00	17.80	26.22	27.89	22.99	25.42	46.10
Q460-12-4	97.68	11.92	17.82	23.68	25.00	15.22	15.57	30.91
Q460-12-5	93.04	12.00	17.64	23.18	24.40	13.18	13.62	30.84
Q460-12-6	77.93	11.90	17.73	38.38	39.41	10.24	11.22	20.71
Q460-12-7	77.38	11.94	17.86	24.47	27.19	9.87	10.44	21.12
Q460-12-8	93.74	11.96	17.74	15.39	17.16	14.86	16.69	26.49
Q460-12-9	75.30	11.96	17.53	12.48	12.48	9.97	10.34	19.40
Q460-10-1	96.66	10.16	13.66	40.48	41.02	17.26	17.91	34.23
Q460-10-2	72.12	10.08	13.82	29.71	29.86	11.06	11.74	21.47
Q460-10-3	97.24	10.08	13.53	16.96	16.98	16.86	18.70	34.36
Q460-10-4	72.90	9.96	13.80	16.83	17.40	10.45	11.63	23.11
Q460-10-5	67.72	10.02	13.52	17.94	18.49	9.11	9.37	22.11
Q460-10-6	59.04	9.90	13.81	29.70	29.59	7.52	7.89	15.82
Q460-10-7	58.33	10.08	13.6	15.63	16.23	8.12	8.29	14.01
Q460-10-8	72.04	10.07	13.57	11.12	11.34	11.06	11.70	21.95
Q460-10-9	58.42	10.07	13.61	8.56	8.93	7.03	8.58	15.55

续表

试件编号	板宽 B (mm)	板厚 t(mm)	栓孔直径 d_0(mm)	$e_1-d_0/2$		$e_2-d_0/2$		p_2-d_0
				$e_{1,min}-d_0/2$	$e_{1,max}-d_0/2$	$e_{2,min}-d_0/2$	$e_{2,max}-d_0/2$	
Q890-6-1	96.17	6.07	13.55	41.51	41.55	17.09	17.72	34.43
Q890-6-2	73.45	6.01	13.99	29.53	30.24	10.90	11.49	22.84
Q890-6-3	96.71	6.02	13.49	17.84	18.62	16.74	17.98	34.56
Q890-6-4	72.18	6.00	13.58	17.69	18.39	10.82	11.54	22.42
Q890-6-5	64.83	6.05	13.6	17.61	18.09	8.97	9.14	18.95
Q890-6-6	57.96	5.99	13.96	30.41	30.91	7.01	7.47	16.08
Q890-6-7	58.83	6.08	13.98	17.75	18.96	7.67	8.49	14.37
Q890-6-8	71.49	6.03	14.02	12.42	13.67	10.70	10.78	21.64
Q890-6-9	57.43	6.02	14.01	7.79	8.54	7.73	8.05	13.32

4.3.1.3 试验结果及分析

三组试件的破坏情况详见图 4.61～图 4.63。如图 4.64 所示，高强度螺栓的破坏模式包括螺栓剪切破坏（即螺杆断裂）和螺栓弯曲破坏（即螺栓因剪切出现较大变形，从而导致承载力下降）两种类型。由于三组试件板厚和螺栓实际尺寸（如直径、长度）存在差异，剪切破坏面发生的位置也不同，其中，如图 4.64（*a*）所示 12.9 级 M12 高强度螺栓的剪切面在无螺纹段，如图 4.64（*b*）所示 12.9 级 M16 高强度螺栓和图 4.64（*c*）所示 12.9 级 M12 高强度螺栓的剪切面在螺纹段。

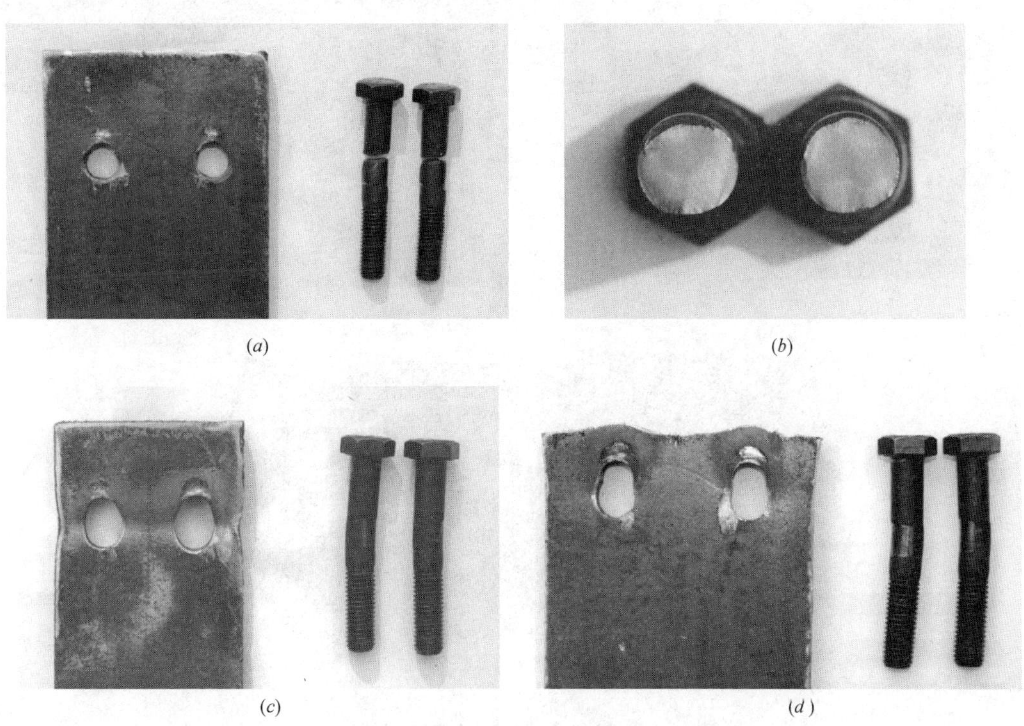

(*a*) (*b*) (*c*) (*d*)

图 4.61 第一组试件破坏情况（一）

（*a*）Q460-10-1（试件全貌）；（*b*）Q460-10-1（螺栓断面）；（*c*）Q460-10-2；（*d*）Q460-10-3

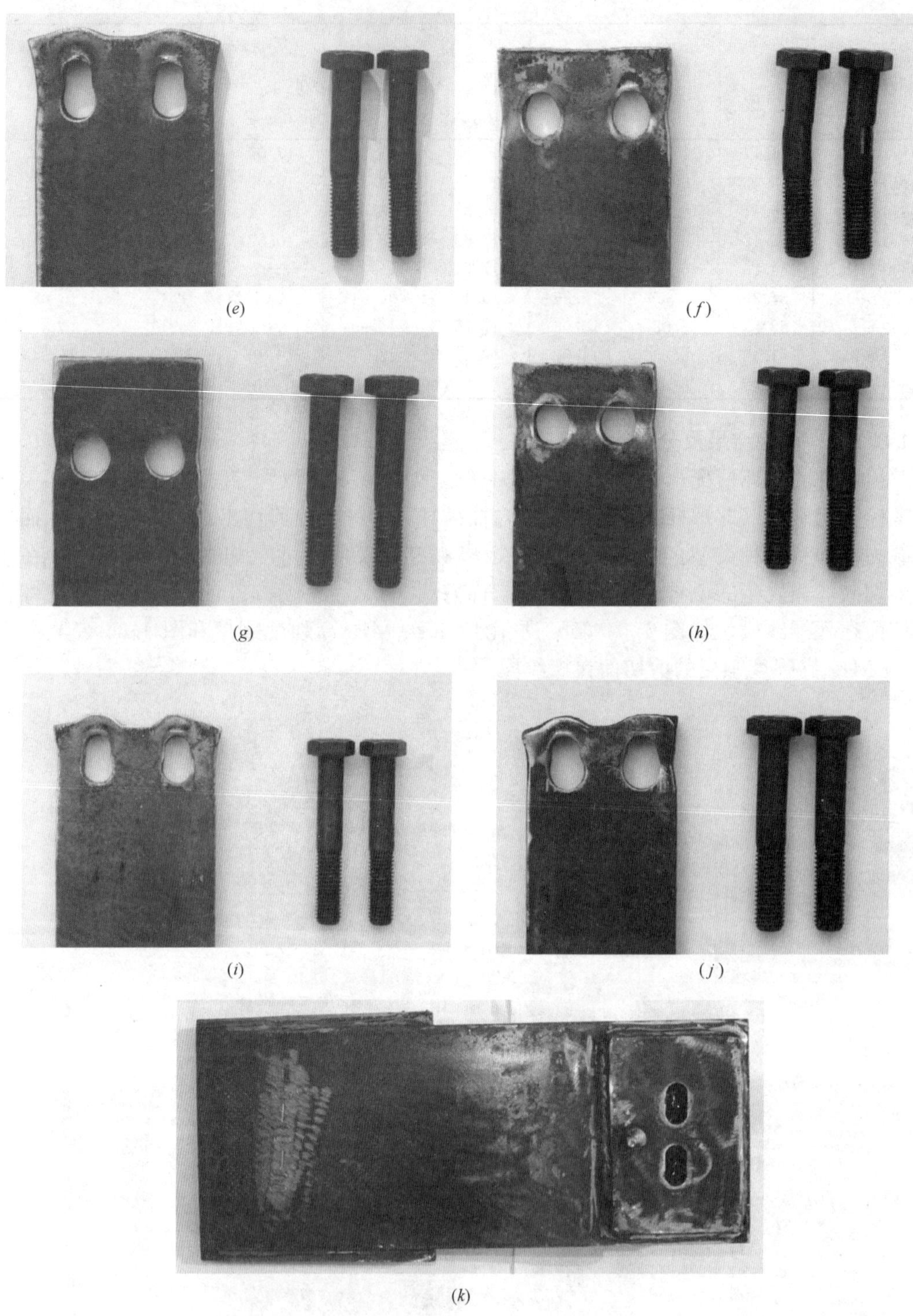

(e)　(f)　(g)　(h)　(i)　(j)　(k)

图 4.61　第一组试件破坏情况（二）

(e) Q460-10-4；(f) Q460-10-5；(g) Q460-10-6；(h) Q460-10-7；(i) Q460-10-8；(j) Q460-10-9；(k) 试验夹持端概貌（试验后）

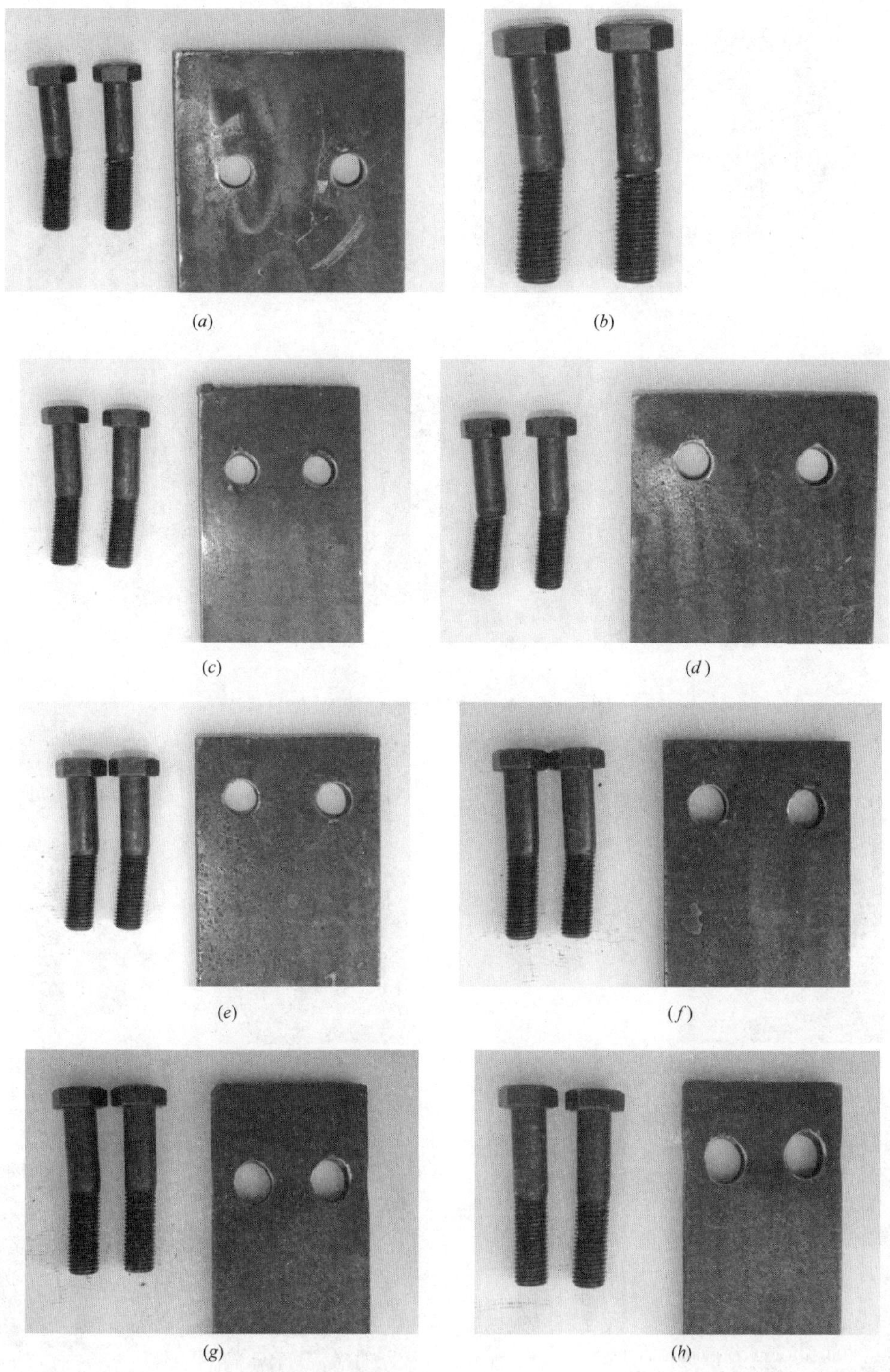

图 4.62 第二组试件破坏情况（一）

（*a*）Q460-12-1；（*b*）Q460-12-1（螺栓断面）；（*c*）Q460-12-2；（*d*）Q460-12-3；（*e*）Q460-12-4；（*f*）Q460-12-5；（*g*）Q460-12-6；（*h*）Q460-12-7

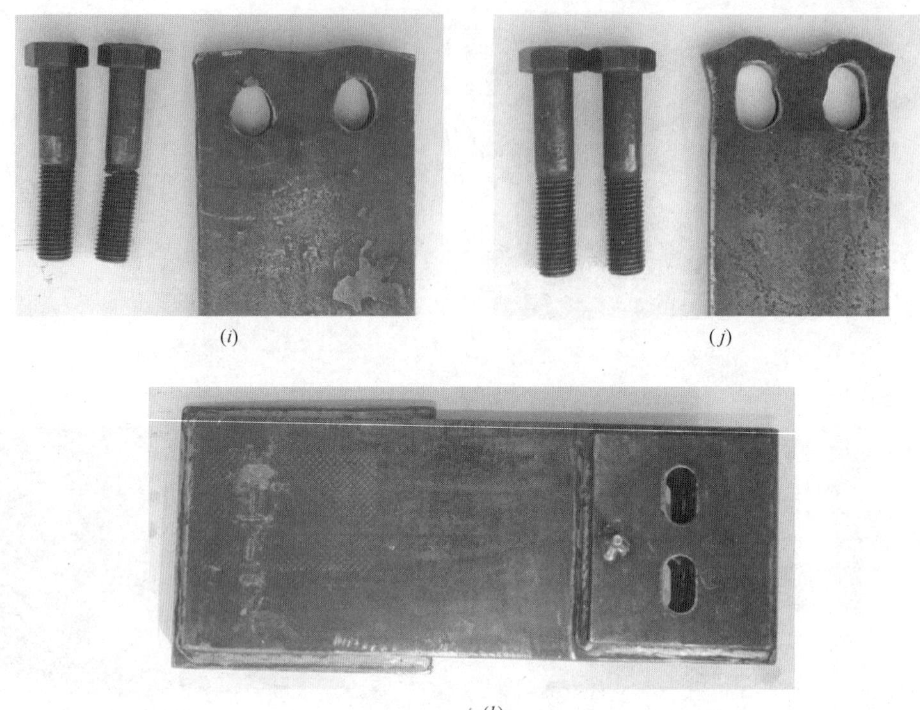

(i)　　(j)

(k)

图 4.62　第二组试件破坏情况（二）

（*i*）Q460-12-8；（*j*）Q460-12-9；（*k*）试验夹持端概貌（试验后）

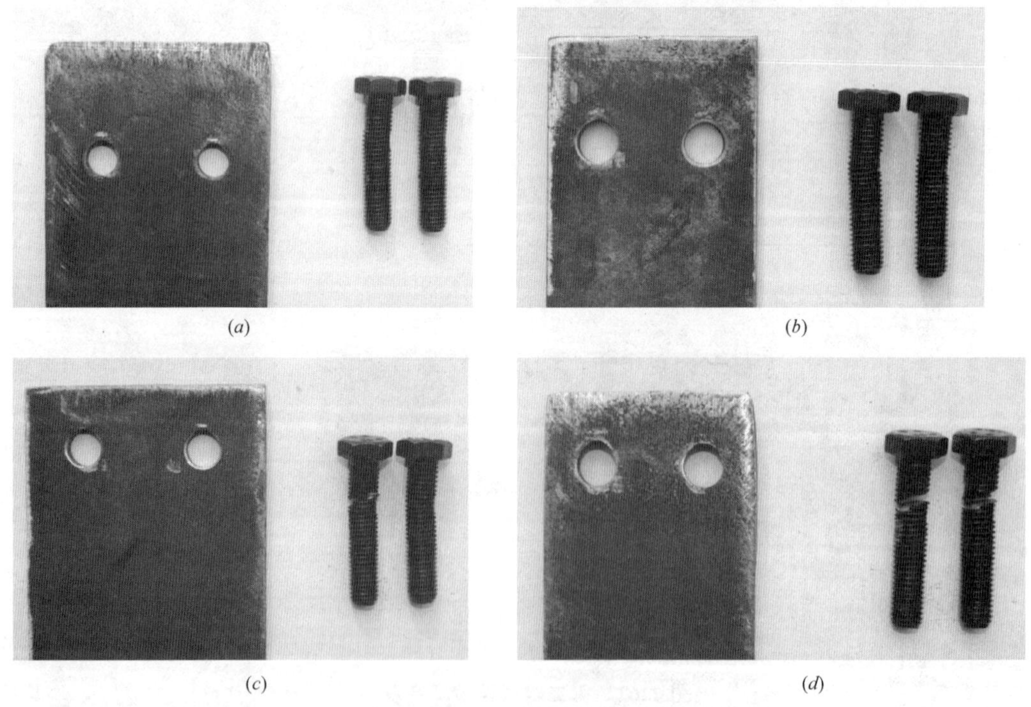

(a)　　(b)

(c)　　(d)

图 4.63　第三组试件破坏情况（一）

（*a*）Q890-6-1；（*b*）Q890-6-2；（*c*）Q890-6-3；（*d*）Q890-6-4

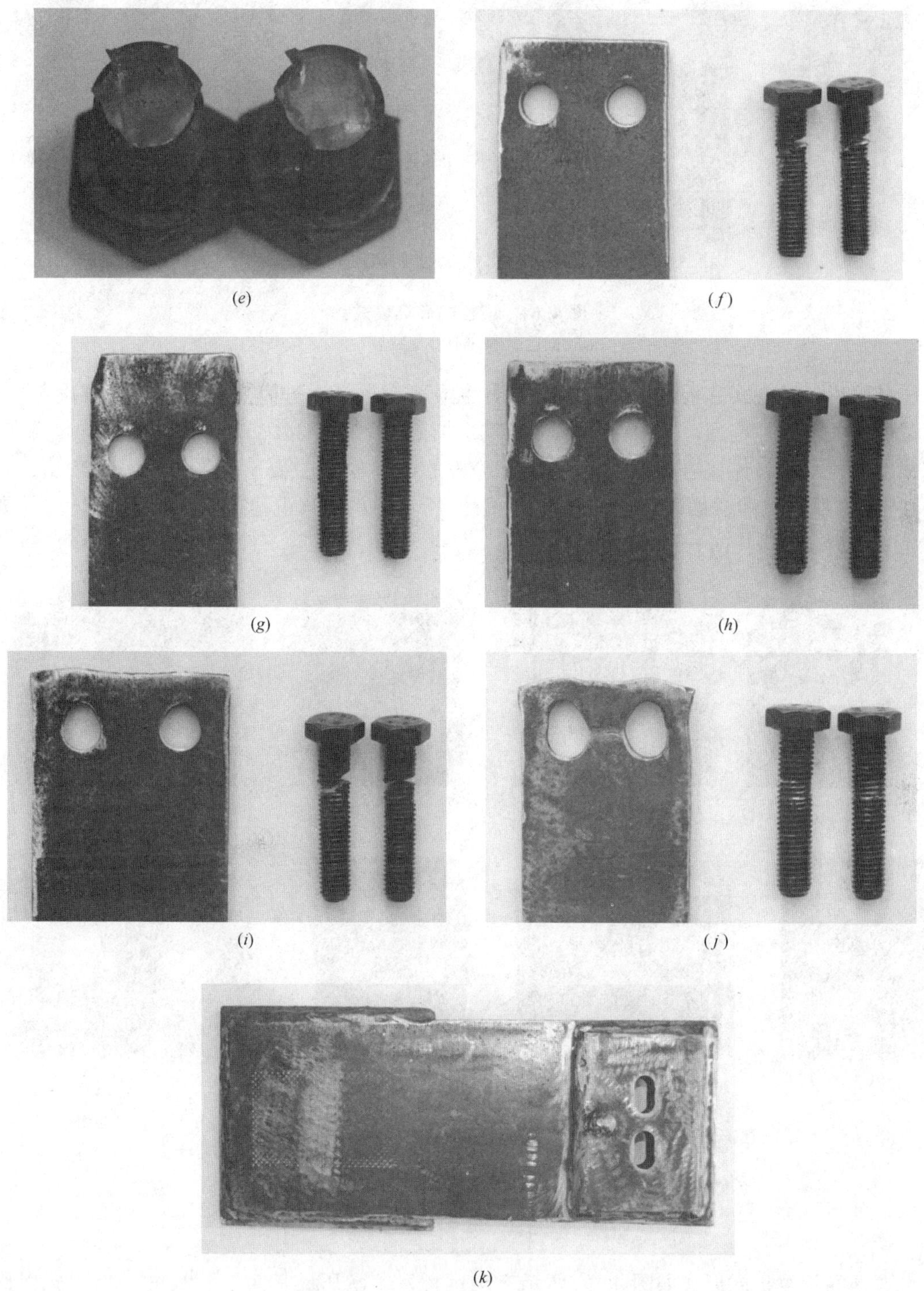

(e) (f) (g) (h) (i) (j) (k)

图 4.63 第三组试件破坏情况（二）

(*e*) Q890-6-4（螺栓断面）；(*f*) Q890-6-5；(*g*) Q890-6-6；(*h*) Q890-6-7；
(*i*) Q890-6-8；(*j*) Q890-6-9 (*k*) 试验夹持端概貌（试验后）

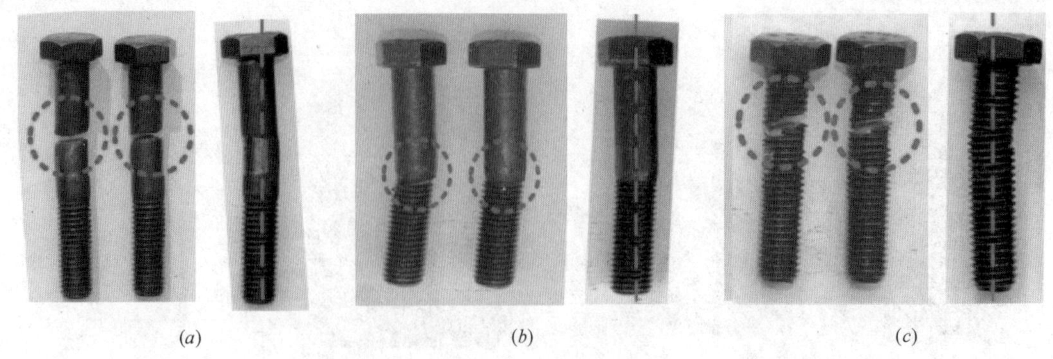

(*a*)　(*b*)　(*c*)

图 4.64　螺栓的破坏模式

(*a*) M12；(*b*) M16；(*c*) M12

试验后，经观察芯板试件夹持端均未发生显著变形，通过应变片数据可以准确判定，毛截面仍处于弹性范围，其中，Q460-10-2 试件最大值仅为 2440 微应变，符合设计要求。高强度螺栓承压型连接在极限状态下，连接板的破坏模式主要有如图 4.65（*a*）、（*c*）、（*e*）、（*g*）所示的净截面破坏，如图 4.65（*d*）所示的承压（也称挤压）破坏[29]，以及如图 4.65（*b*）、（*f*）、（*h*）所示的混合破坏。

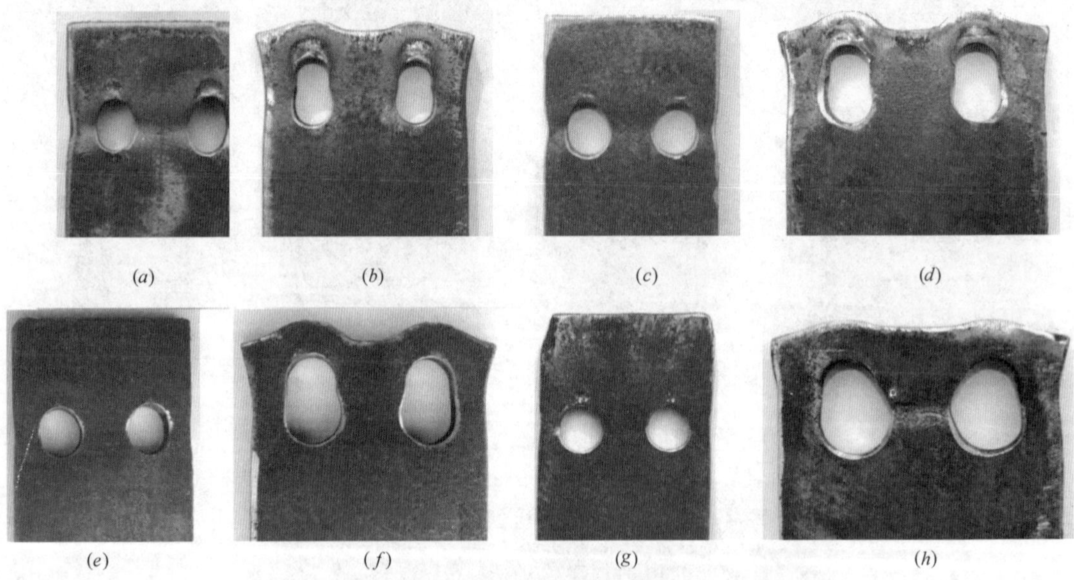

(*a*)　(*b*)　(*c*)　(*d*)

(*e*)　(*f*)　(*g*)　(*h*)

图 4.65　连接板的破坏模式

(*a*) Q460-10-2；(*b*) Q460-10-4；(*c*) Q460-10-6；(*d*) Q460-10-8；
(*e*) Q460-12-6；(*f*) Q460-12-9；(*g*) Q890-6-6；(*h*) Q890-6-9

典型的裂纹扩展形式如图 4.66 所示，当钢板发生承压破坏时，裂纹的扩展形式以撕开型为主，称为剪切型裂纹，如图 4.66（*a*）所示，裂纹扩展比较缓慢，破坏时会产生较大的变形；当净截面破坏时，裂纹则主要以张开型为主，裂纹扩展迅速，变形相对较小，如图 4.66（*b*）所示容易形成贯穿型裂纹。

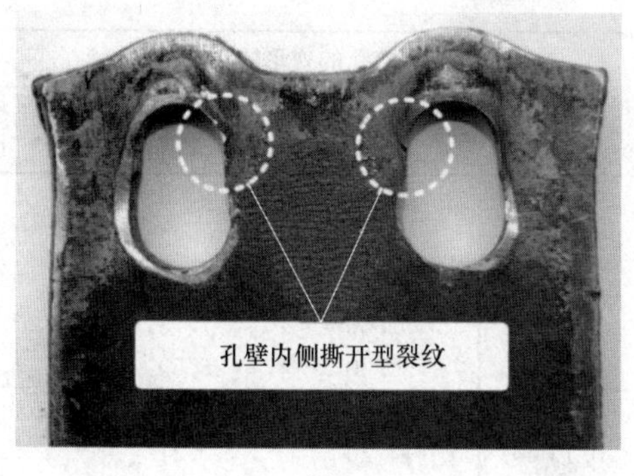

(*a*)

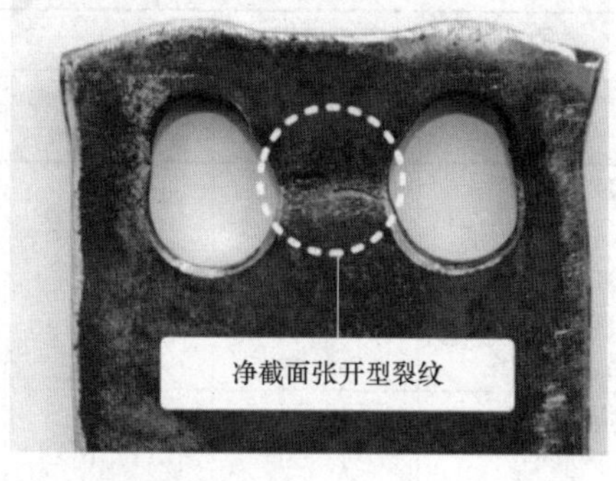

(*b*)

图 4.66　典型的钢板裂纹扩展形式

(*a*)承压破坏(Q460-10-8);(*b*)净截面破坏(Q890-6-9)

如图 4.67 所示，试验后，沿试件加载的受力方向测量螺栓孔的变形情况，通常两个螺栓孔的变形会存在差异，图中标示了左侧变形较小的螺栓孔的变形（δ_{min}），完整的测量数据见表 4.40。

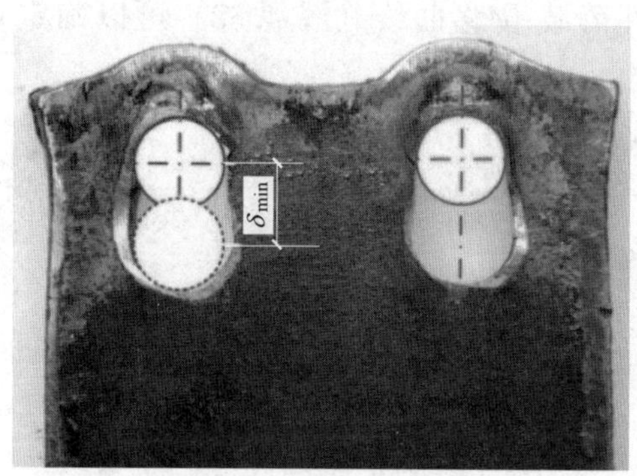

图 4.67　螺栓孔的变形

高强度螺栓承压型连接试验——试件螺栓孔的变形　　表 4.40

试件编号	试验前	试验后螺栓孔的变形				
	d_0(mm)	栓孔长度 $d_{0\text{-min}}$(mm)	最小变形 δ_{min}(mm)	栓孔长度 $d_{0\text{-max}}$(mm)	最大变形 δ_{max}(mm)	平均值 δ_{max}(mm)
Q460-12-1	17.74	18.00	0.26	18.41	0.67	0.46
Q460-12-2	17.75	18.57	0.82	18.99	1.24	1.03
Q460-12-3	17.80	18.57	0.77	19.07	1.27	1.02
Q460-12-4	17.82	18.37	0.55	18.40	0.57	0.56
Q460-12-5	17.64	18.56	0.91	18.74	1.10	1.01
Q460-12-6	17.73	20.70	2.97	21.29	3.56	3.26
Q460-12-7	17.86	21.40	3.54	21.70	3.84	3.69
Q460-12-8	17.74	20.60	2.86	21.70	3.96	3.41
Q460-12-9	17.53	26.59	9.06	26.87	9.34	9.20
Q460-10-1	13.66	15.45	1.79	15.63	1.97	1.88
Q460-10-2	13.82	19.27	5.45	20.98	7.16	6.30
Q460-10-3	13.53	20.04	6.51	20.08	6.55	6.53
Q460-10-4	13.80	21.61	7.81	23.15	9.35	8.58

续表

试件编号	试验前	试验后螺栓孔的变形				
	d_0(mm)	栓孔长度 $d_{0\text{-min}}$(mm)	最小变形 δ_{min}(mm)	栓孔长度 $d_{0\text{-max}}$(mm)	最大变形 δ_{max}(mm)	平均值 δ_{max}(mm)
Q460-10-5	13.52	18.43	4.91	19.14	5.62	5.26
Q460-10-6	13.81	17.25	3.44	18.03	4.22	3.83
Q460-10-7	13.6	17.53	3.93	18.05	4.45	4.19
Q460-10-8	13.57	20.91	7.34	21.30	7.73	7.54
Q460-10-9	13.61	20.04	6.43	20.20	6.59	6.51
Q890-6-1	13.55	13.82	0.26	14.04	0.48	0.37
Q890-6-2	13.99	14.16	0.16	14.20	0.21	0.19
Q890-6-3	13.49	13.92	0.43	14.05	0.56	0.50
Q890-6-4	13.58	14.16	0.58	14.33	0.75	0.67
Q890-6-5	13.60	14.75	1.15	14.82	1.22	1.19
Q890-6-6	13.96	15.46	1.50	15.93	1.97	1.74
Q890-6-7	13.98	15.16	1.18	15.52	1.54	1.36
Q890-6-8	14.02	15.50	1.48	16.64	2.62	2.05
Q890-6-9	14.01	18.79	4.78	19.10	5.09	4.93

通过试验获得的试件荷载-位移曲线（图 4.68）可以确定每个试件的最大承载力

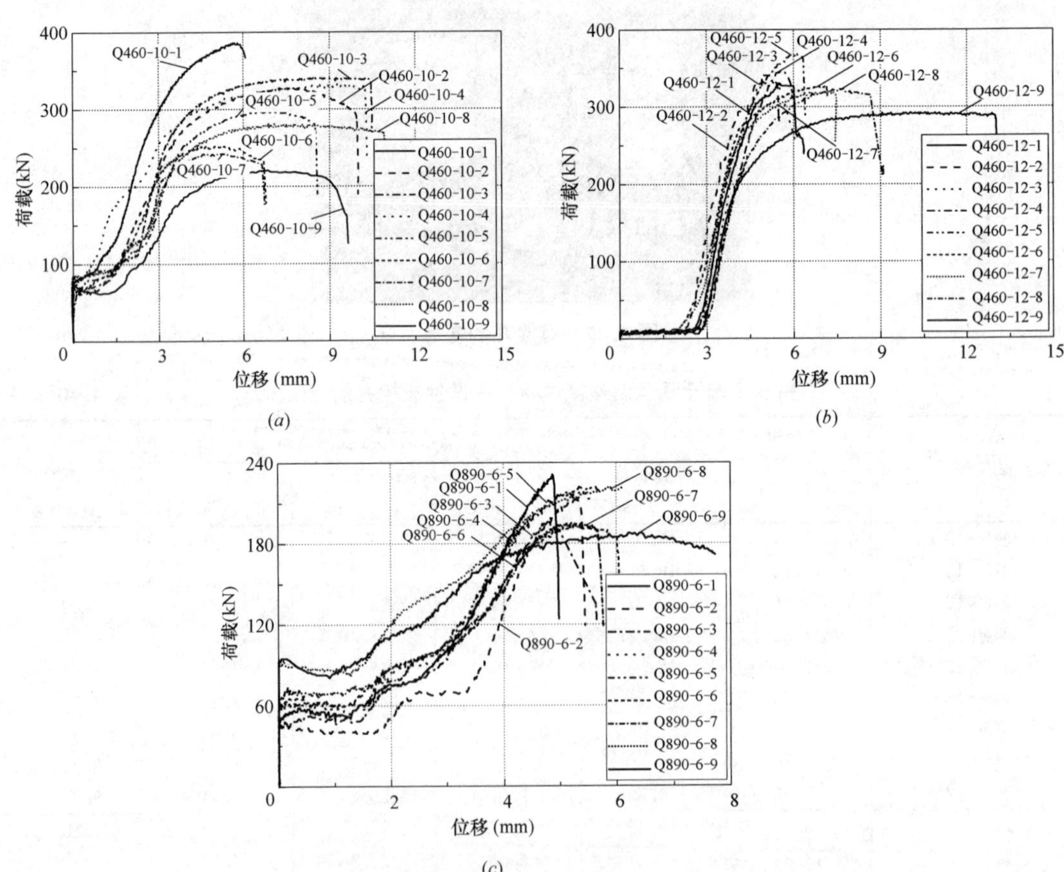

图 4.68　高强度螺栓承压型连接试件的荷载-位移曲线

(a) 第一组试件；(b) 第二组试件；(c) 第三组试件

(P_u)及所对应的位移(Δ_u)。图 4.68 (a)为第一组试件的荷载-位移曲线，由于没有施加螺栓预拉力，加载初期，试件开始滑动，荷载基本保持不变，直至螺栓承压后荷载才逐渐增大。而施加了螺栓预拉力的二、三组试件的荷载-位移曲线，双盖板接头的荷载-位移曲线明显呈滑移前、滑移后和承压三个不同阶段。当钢板的孔壁剪切破坏和净截面破坏时，曲线有明显的平台，且以孔壁剪切型破坏的试件变形相对较大；当螺栓剪断时，曲线脆断趋势明显，这也和第一、三组试验中观察到的螺栓剪断现象一致，破坏迅速且没有明显征兆。虽然第一、三组大多数试件发生了高强度螺栓的剪切破坏，但是第三组试件的拉剪比偏小，所以随着钢材强度的提高，相同的构造则需要更大直径螺栓，这样才能保证螺栓不发生剪断，发挥钢材的承载性能。

假定应力在截面上均匀分布，利用如下四个公式分别计算了极限荷载状态下连接板(芯板)的承压应力(σ_b)、毛截面的抗拉应力(σ_{gross})、净截面的抗拉应力(σ_{net})和螺栓的抗剪应力(τ_v)，并利用表 4.36 中材料强度值进行归一化处理。

$$\sigma_b=\frac{P_u}{2dt} \tag{4.9}$$

$$\sigma_{gross}=\frac{P_u}{A_{gross}} \tag{4.10}$$

$$\sigma_{net}=\frac{P_u}{A_{net}} \tag{4.11}$$

$$\tau_v=\frac{P_u}{2A_s^b} \tag{4.12}$$

式中，A_{net} 为芯板净截面的面积；A_{gross} 为芯板毛截面的面积；d 为螺栓的实测直径；A_s^b 为单个螺栓的抗剪截面面积，按照螺栓实际发生剪切破坏位置的截面进行计算：断裂面通过螺纹时按有效截面面积(A_{eff})计算(按照《钢结构高强度螺栓连接技术规程》JGJ 82—2011[30]，M12 螺栓为 84.3mm^2，M16 螺栓为 157mm^2)；断裂面通过螺杆时，按螺杆的实测直径计算螺杆截面面积(M16 螺栓为 196mm^2，M12 螺栓为 109.3mm^2)。第一组试验单个 M16 螺栓的抗剪截面面积为 353mm^2，第二组试验单个 M16 螺栓的抗剪截面面积为 218.6mm^2，第三组试验单个 M12 螺栓的抗剪截面面积为 168.6mm^2。此外，根据芯板净截面的面积(A_{net})和两个螺栓的抗剪截面面积($2A_s^b$)计算了接头的拉剪比($A_{net}/2A_s^b$)，从而反映不同试件连接板净截面抗拉承载力和螺栓抗剪承载力的比例关系，以上计算结果如表 4.41 所示。

高强度螺栓承压型连接试件的试验结果 **表 4.41**

试件编号	P_u(kN)	Δ_u(mm)	δ_{min}(mm)	σ_b/f_u	σ_{gross}/f_y	σ_{net}/f_u	τ_v/f_u^b	$A_{net}/2A_s^b$	破坏模式
Q460-12-1	330.2	5.50	0.26	1.55	0.43	0.53	0.36	1.56	$B/S1$
Q460-12-2	341.2	4.93	0.82	1.59	0.60	0.85	0.37	1.01	$N/S2$
Q460-12-3	332.1	5.20	0.77	1.55	0.43	0.52	0.36	1.61	$B/S2$
Q460-12-4	346.3	5.58	0.55	1.63	0.59	0.83	0.38	1.05	$N/S2$
Q460-12-5	367.5	5.98	0.02	1.72	0.66	0.94	0.40	0.98	$B/S2$
Q460-12-6	328.1	7.10	2.97	1.55	0.71	1.15	0.36	0.72	N/S_b
Q460-12-7	319.1	7.00	3.54	1.50	0.69	1.13	0.35	0.70	N/S_b
Q460-12-8	323.1	7.65	2.86	1.52	0.58	0.82	0.35	0.99	$B/S1$
Q460-12-9	291.7	10.25	9.06	1.37	0.65	1.07	0.32	0.68	B/N

续表

试件编号	P_u(kN)	Δ_u(mm)	δ_{min}(mm)	σ_b/f_u	σ_{gross}/f_y	σ_{net}/f_u	τ_v/f_u^b	$A_{net}/2A_s^b$	破坏模式
Q460-10-1	385.6	5.71	1.79	2.44	0.71	0.83	0.68	1.61	$B/S2$
Q460-10-2	328.0	7.50	5.45	2.09	0.81	1.11	0.58	1.03	N/S_b
Q460-10-3	341.2	8.44	6.51	2.18	0.63	0.73	0.60	1.62	B/S_b
Q460-10-4	332.3	9.28	7.81	2.15	0.82	1.12	0.58	1.03	B/N
Q460-10-5	296.9	6.80	4.91	1.91	0.79	1.11	0.52	0.93	B/N
Q460-10-6	252.4	4.99	3.44	1.64	0.78	1.23	0.44	0.71	N
Q460-10-7	242.3	4.92	3.93	1.55	0.74	1.17	0.43	0.72	N
Q460-10-8	281.6	6.89	7.34	1.80	0.70	0.95	0.49	1.03	B
Q460-10-9	221.0	6.87	6.43	1.41	0.68	1.07	0.39	0.72	B/N
Q890-6-1	231.1	3.77	0.26	1.69	0.44	0.58	0.53	1.24	B/S_b
Q890-6-2	213.0	5.28	0.16	1.57	0.53	0.81	0.48	0.81	N/S_b
Q890-6-3	195.8	4.83	0.43	1.44	0.37	0.49	0.45	1.24	$B/S1$
Q890-6-4	220.0	5.31	0.58	1.62	0.56	0.85	0.50	0.80	$N/S2$
Q890-6-5	222.0	5.49	1.15	1.62	0.63	1.02	0.50	0.67	$B/S2$
Q890-6-6	194.8	5.29	1.50	1.44	0.62	1.13	0.44	0.53	N/S_b
Q890-6-7	195.8	5.20	1.18	1.43	0.60	1.09	0.45	0.56	N/S_b
Q890-6-8	222.0	5.89	1.48	1.63	0.57	0.89	0.50	0.78	$B/S2$
Q890-6-9	187.7	6.33	4.78	1.38	0.60	1.11	0.43	0.52	B/N

注：表中破坏模式为，B-承压破坏，N-净截面破坏，S_b-螺栓弯曲破坏，$S2$-两栓剪切破坏，B/N-混合破坏。

如表 4.41 中的计算数据所示，毛截面的抗拉应力与钢材的屈服强度的比值均小于 1，所有试件的毛截面仍处于弹性阶段，与试验最初的设计吻合。将三组不同强度等级的 9 号试件进行纵向比较发现，钢材强度等级越高，在相同构造下，毛截面的利用率越少，而净截面的破坏起控制作用，这与钢材屈强比的提高直接相关。依据表 4.41 中各组 9 号试件计算的承压应力强度系数（σ_b/f_u），最小值分别为 1.37、1.41、1.38，仍然大于我国规范螺栓的承压强度设计值（$1.26f_u$），而相对应的端距是 $1.06d_0$、$1.01d_0$、$1.08d_0$，也小于规范最小容许间距（$1.5d_0$）的限值，说明我国规范对于螺栓承压承载力的计算偏于保守。

三组试验中高强度螺栓直径与芯板厚度的比值依次为 1.33、1.2 和 2。前两组试件的拉剪比接近，但是最终的破坏模式有较大差异，第一组试件螺栓的破坏较多，表明螺栓预拉力限制了螺栓的弯曲变形，对于螺栓孔壁承压性能有利。第一、三组大多数试件发生了高强度螺栓的破坏，虽然第三组试件的螺栓直径与芯板厚度的比值更大，但是接头的拉剪比偏小。因此，随着钢材强度的提高，相同的构造情况下（边距和端距相同），需使用更大直径的螺栓或者增加截面上螺栓数量，这样才能保证螺栓不发生剪断，发挥钢材的承载性能。

如图 4.69 所示，将三组试验中的 9 号试件进行对比，比较不同强度钢材螺栓孔的变形能力。三个试件均呈现出混合破坏模式，其中以 Q890-6-9 试件净截面破坏最明显，两个螺栓孔的平均变形（δ_{avg}）可达 $0.35d_0$。尽管 Q460-12-9 试件的屈强比稍大于 Q460-10-9 试件的屈强比，但两个螺栓孔的平均变形仍然可达 $0.52d_0$，且未见宏观裂纹，因此屈强比并不能够准确判定钢材孔壁承压延性的好坏。

图 4.70 汇总了三组试验中发生螺栓剪切破坏和螺栓弯曲破坏的 15 个试件（图中数据

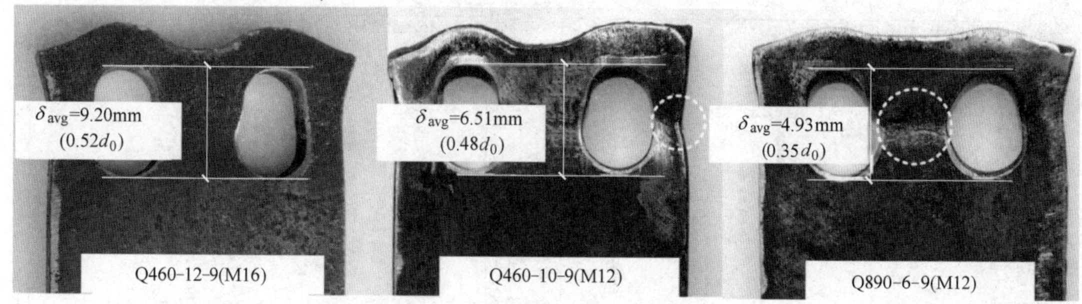

图 4.69 不同强度钢材的孔壁变形能力

点对应于表 4.41 中破坏模式为 S、$S1$、$S2$ 的 15 个试件），分析不同拉剪比下 12.9 级高强螺栓的抗剪性能，图 4.70 中纵坐标为 12.9 级高强度螺栓抗剪强度系数（τ_v/f_u^b），取该组试件的平均值。若螺栓施加预拉力，剪切面通过无螺纹段时，高强度螺栓抗剪强度为 $0.62f_u^b$，而当剪切面通过有螺纹段时为 $0.48f_u^b$；当螺栓不施加预拉力，剪切面位于无螺纹段，其抗剪强度最低为 $0.37f_u^b$。我国《钢结构设计标准》GB 50017—2017[1] 规定高强度螺栓抗剪强度设计值为 $0.3f_u^b$，偏于安全。

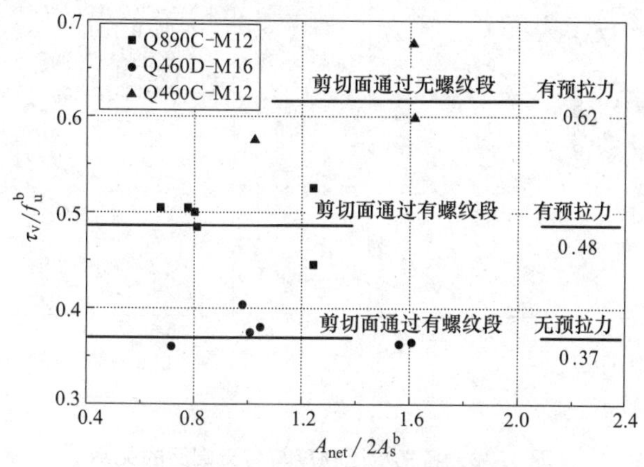

图 4.70 12.9 级高强度螺栓的抗剪性能

根据国内外高强度钢材高强度螺栓承压型连接相关试验[27,31-35] 及本书的试验结果，如图 4.71 所示，分析了钢材的屈强比、承压破坏试件（本书为第二组的 3 号和 8 号试件）的名义变形（即试验所达到的极限位移 Δ_u 与螺栓孔径 d_0 的比值）与由式（4.13）计算得到的高强度钢材的名义承压应力 $\sigma_{b,nom}$ 的关系。结果表明，高强度钢材的屈强比与高强度钢材的孔壁承压性能之间无明显关系，且当高强度钢材发生承压破坏时，试验标距段变形可达 1/6 倍螺栓孔径（d_0）以上。

$$\sigma_{b,nom}=\frac{P_u}{n_v d t f_u} \tag{4.13}$$

如图 4.72 所示，选取钢板发生承压破坏试件的试验数据，分别以螺栓直径（d）和螺栓孔径（d_0）为基准对端距进行归一化处理，分析名义承压强度与名义端距（e_1/d 和 e_1/d_0）之间的关系。结果表明：二者之间并非一一对应，即使端距相同，高强度钢材的孔壁

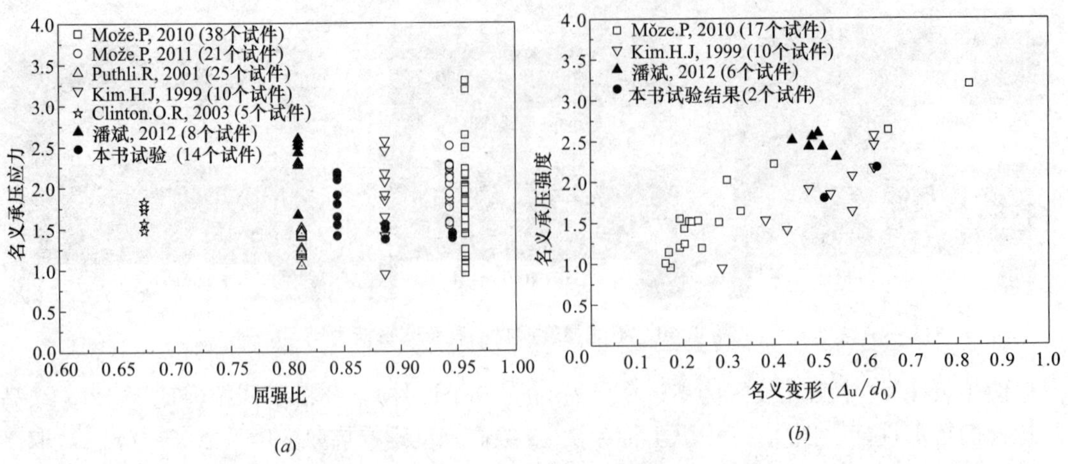

图 4.71　孔壁承压性能与屈强比及名义变形的关系

(*a*) 名义承压应力与屈强比的关系；(*b*) 名义承压强度与名义变形 (Δ_u/d_0) 的关系

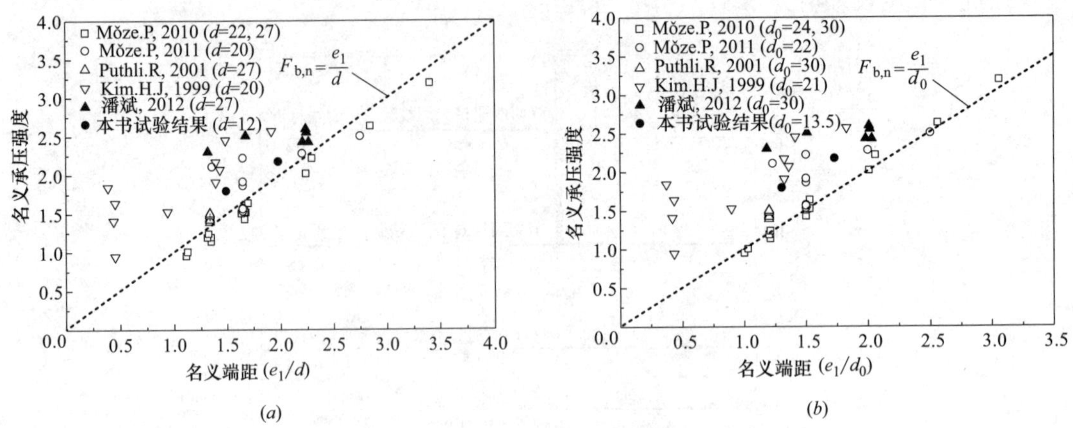

图 4.72　名义承压强度与名义端距的关系

(*a*) 当名义端距取 e_1/d 时；(*b*) 当名义端距取 e_1/d_0 时

承压性能也会存在差异。

4.3.2　摩擦型连接试验

4.3.2.1　试件设计

根据《钢结构高强度螺栓连接技术规程》JGJ 82—2011[30] 的规定，采用双盖板对称连接接头形式，设计了 7 组总计 19 个高强度螺栓摩擦型连接的两栓试验，使用 10.9 级的 M16 和 M20 高强度螺栓，开标准圆孔，试件的尺寸分别如图 4.73 和图 4.74 所示。

图 4.75 是电弧热喷铝试件的制备过程，试件表面先进行喷砂处理，然后再进行热喷铝作业，最后用磁性测厚仪测定涂层厚度以确保达到设计要求，涂层不进行封孔处理。电弧热喷铝试件的制备参照《铁路钢桥保护涂装及涂料供货技术条件》TB/T 1527—2011[36] 的标准进行：喷砂后表面粗糙度为 RZ50-100μm；涂层厚度 200±50μm（喷涂至

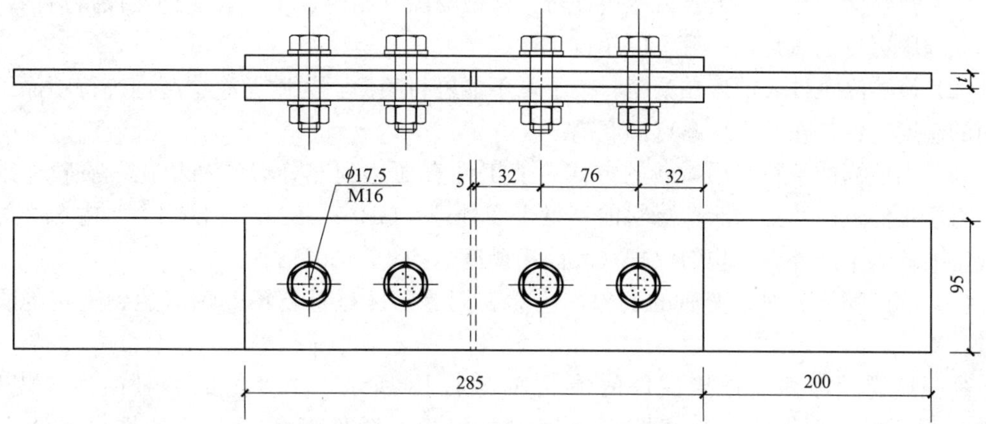

图 4.73 高强度螺栓摩擦型连接试件的尺寸（M16，单位：mm）

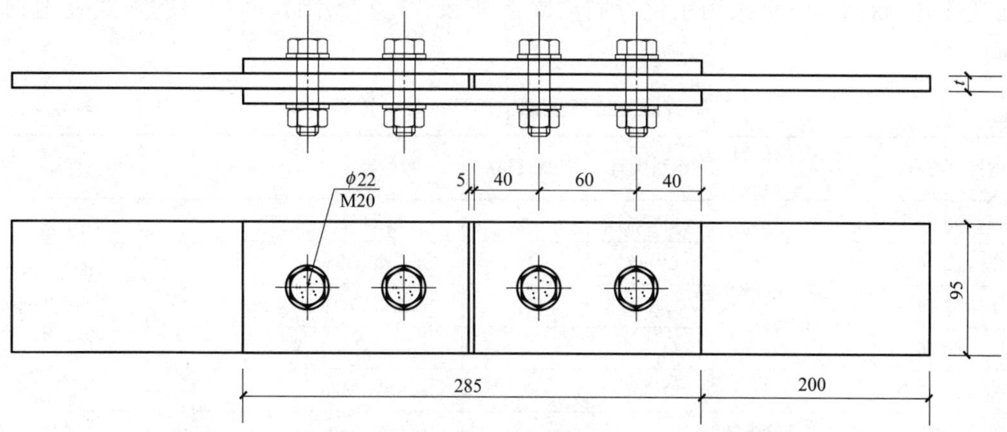

图 4.74 高强度螺栓摩擦型连接试件的尺寸（M20，单位：mm）

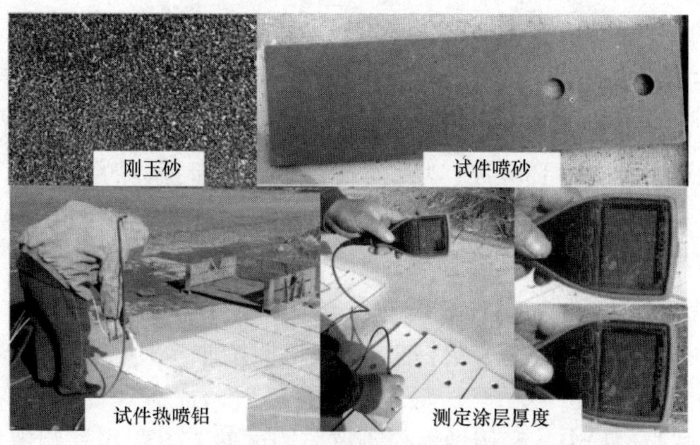

图 4.75 电弧热喷铝试件的制备

少两遍，尽量相互垂直）；铝丝材质采用《变形铝及铝合金化学成分》GB/T 3190—2008[37] 中 5A02 的规定；技术要求依据《热喷涂金属和其他无机覆盖层锌、铝及其合金》GB/T 9793—2012[38]，具体如下：

(1) 热喷涂应在工件喷砂后尽快进行，保证喷涂开始时，工件表面仍然保持清洁、干燥和无肉眼可见的氧化，一般不应超过 4h；

(2) 待喷涂工件表面处在凝露状态下，不能进行喷涂，为避免涂层起泡，待喷涂工件表面的温度应保持在至少比露点温度高 3℃；

(3) 用适当的磨料采用喷砂的方式，使工件表面达到充分清洁和粗化，喷砂连续进行，直至工件表面达到《涂覆涂料前钢材表面处理》GB/T 8923.1—2011[39] 中 Sa3 等级所规定要求的金属外观和均匀纹理（表面粗糙度达到 45～50μm)；

(4) 如待喷涂表面有变质的迹象，应对有问题的区域重新预处理以达到规定的质量要求。

高强度螺栓摩擦型连接试件的情况如表 4.42 所示，试件组的编号由螺栓规格、钢板强度等级、钢板厚度及摩擦面处理方式组成。试件制备后在室外堆放（北京地区，大气环境)，历时 10 个月。与此同时，同批次未经处理干净轧制表面的 Q460 钢材试件已生赤锈，分别采用了钢丝刷清除浮锈和砂轮打磨除锈两种除锈方式处理钢板表面。

高强度摩擦型螺栓连接试件一览表　　表 4.42

<table>
<tr><th>试件组编号</th><th>构件接触面的处理方式</th><th>钢材牌号</th><th>板厚 t(mm)</th><th>螺栓等级</th><th>数量</th><th>备注</th></tr>
<tr><td>M16-890-6-A</td><td rowspan="5">电弧热喷铝
(喷砂 Sa3)</td><td>Q890C</td><td>6</td><td>10.9 级,M16</td><td>3</td><td rowspan="5">涂层厚度 200μm
不封孔
二栓试验</td></tr>
<tr><td>M16-460-10-A</td><td>Q460C</td><td>10</td><td>10.9 级,M16</td><td>3</td></tr>
<tr><td>M16-460-12-A</td><td>Q460D</td><td>12</td><td>10.9 级,M16</td><td>3</td></tr>
<tr><td>M20-460-10-A</td><td>Q460C</td><td>10</td><td>10.9 级,M20</td><td>3</td></tr>
<tr><td>M20-460-12-A</td><td>Q460D</td><td>12</td><td>10.9 级,M20</td><td>3</td></tr>
<tr><td>M16-460-10-B</td><td>钢丝刷清除浮锈</td><td rowspan="2">Q460C</td><td rowspan="2">10</td><td>10.9 级,M16</td><td>2</td><td>二栓试验</td></tr>
<tr><td>M20-460-10-C</td><td>砂轮打磨除锈</td><td>10.9 级,M20</td><td>2</td><td>二栓试验</td></tr>
</table>

4.3.2.2　试验装置及测量方法

试验装配时，采用扭矩扳手对 10.9 级高强度螺栓施加预拉力，操作过程严格执行《钢结构高强度螺栓连接技术规程》JGJ 82—2011[30] 的规定，其中，M16 螺栓预拉力设计值为 100kN，M20 螺栓为 155kN。为了准确施加、测量螺栓的预拉力，如图 4.76 (*a*)、(*b*) 所示在试件同一侧的螺栓上安装压力传感器，通过轴力检测仪检测控制，误差控制在 2%以内；双盖板接头处的高强度螺栓施拧时，由中间向两端逐个施拧，分初拧和终拧两次进行。如图 4.76 (*c*) 所示，试件装配后，安装在液压万能试验机上，并保证试件与夹具中心对中。然后，对双盖板接头试件进行竖向单调拉伸，采用手动方式控制加载。滑移前，加载速率按力控制且不大于 0.5kN/s，滑移后，加载速率按位移控制且不大于 1.5mm/min。在试验过程中，利用轴力检测仪监测试件上下两端外侧螺栓预拉力的变化。试验量测内容包括：施加在接头两端的荷载，通过万能试验机力传感器输出；当试验机拉力数值每增加 50kN 时停止加载并保持 10s 以上，待轴力检测仪上的示值稳定后再记录上下两侧螺栓预拉力的数值，监测螺栓预拉力的损失。为了避免螺栓本身应变松弛的影响，每个试件加载时间不超过 10min。试件滑移时，侧面的标示线发生明显错动，可用于滑移荷载的判定。

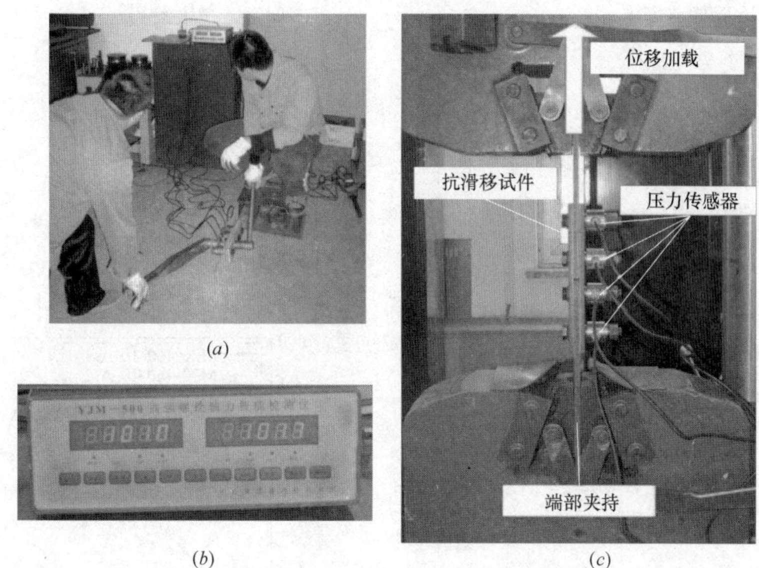

(a)

(b)

(c)

图 4.76 高强度螺栓摩擦型连接试验装置及测量

(a) 螺栓预拉力的施加；(b) 螺栓预拉力的检测；(c) 试验装置示意图

4.3.2.3 试验结果及分析

如图 4.77 所示，试验完成后的摩擦面在螺栓孔周边的板材表面都有呈亮白色的摩擦痕迹，但各螺栓孔周围的磨损程度有一定差别。这是因为，试件在达到滑移荷载时，由于板面的平整度、清洁度及涂层的粗糙度存在差异，各螺栓孔处的受力状态也会有不同，最终导致螺栓孔周边的磨损程度不一致。

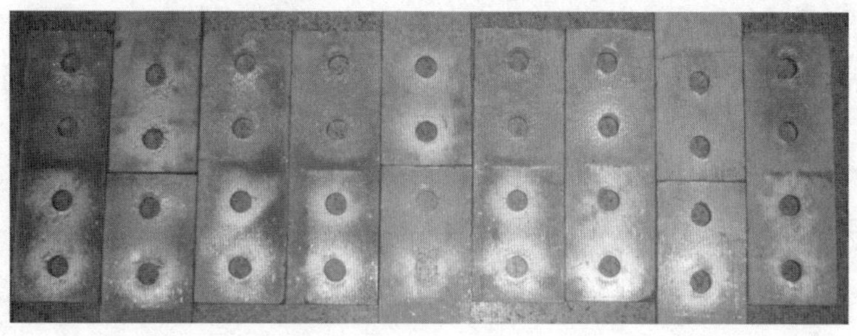

图 4.77 试件加载后的概貌（M20-460-12-A）

试验获得的荷载-位移曲线如图 4.78（a）～（g）所示（对应表 4.42 中的 7 个组别），由荷载-位移曲线可以明显区分摩擦型连接接头的摩擦阶段和滑移阶段。其中，荷载是试验机的拉力值，位移是试验机机器测量的横梁之间的位移，由芯板与盖板的伸长、夹具与芯板间的滑移两部分组成。在弹性阶段，试件的刚度基本一致，滑移时，位移变化显著，可作为判断试件滑移的依据。

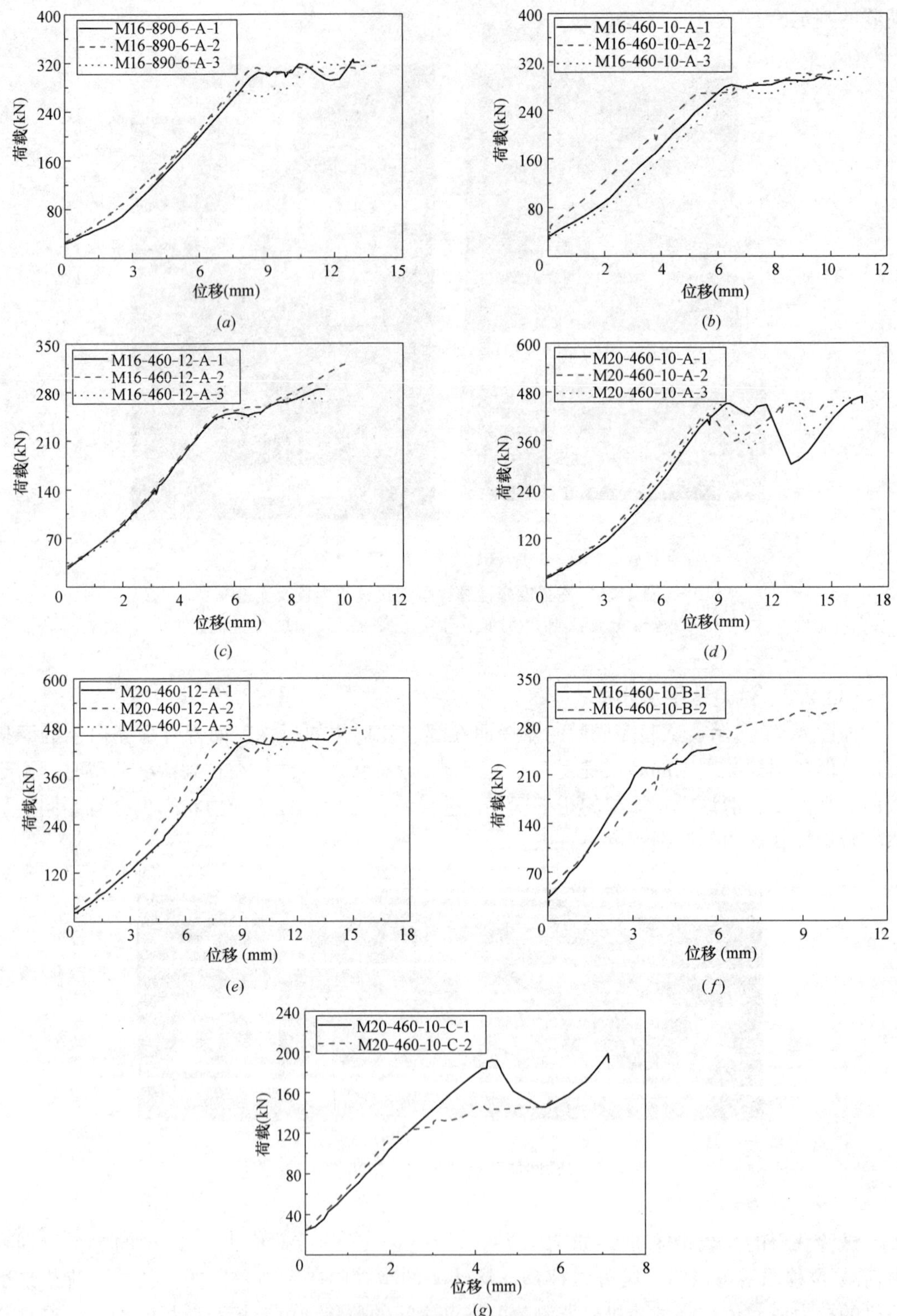

图 4.78　高强度螺栓摩擦型连接试验的荷载-位移曲线

(*a*) M16-890-6-A；(*b*) M16-460-10-A；(*c*) M16-460-12-A；(*d*) M20-460-10-A；
(*e*) M20-460-12-A；(*f*) M16-460-10-B；(*g*) M20-460-10-C

图 4.78（d）、（g）中的荷载-位移曲线中出现显著的下降后又上升的区段，依据试验后对摩擦面的观察分析认为，滑移时，在试件的螺栓孔周边压力作用下接触面表面的涂层发生磨损脱落，从而导致板贴合不紧，螺栓松弛预拉力损失，荷载（试验机的拉力）下降，当滑移结束后螺栓开始承压，因此荷载又继续上升。

本书的滑移荷载（N_v）依据曲线在弹性段峰值处的拐点来确定（当两端滑移不一致时，按曲线发生二次滑移的拐点确定），采用试验记录的螺栓初始预拉力 P_t（即螺栓预拉力设计值）、滑移荷载由式（4.14）计算抗滑移系数 μ：

$$\mu=\frac{N_v}{n_f \sum P_t} \tag{4.14}$$

式中，n_f 为摩擦面个数，此处取 2。

试验结果汇总见表 4.43，其中，μ_1、μ_2、μ_3 分别是同组中的三个试件的抗滑移系数，且按照试件滑移的先后顺序，分别计算了每个试件上下两端的抗滑移系数。

如表 4.43 所示，高强度钢材电弧热喷铝表面处理方法的抗滑移系数的平均值为 0.71（最小值为 0.60），明显大于干净轧制面生赤锈仅清除浮锈（0.55）和干净轧制面生赤锈后砂轮打磨（0.27）两种接触面处理方式的抗滑移系数值。同时发现，钢材的强度等级与电弧热喷铝表面处理方法得到的抗滑移系数之间没有直接关系。

高强度螺栓摩擦型连接试验结果 **表 4.43**

试件组编号	μ_1	μ_2	μ_3	平均值	标准差
M16-890-6-A	0.75/0.78	0.76/0.77	0.68/0.80	0.76	0.04
M16-460-10-A	0.69/0.72	0.66/0.74	0.70/0.74	0.71	0.03
M16-460-12-A	0.61/0.69	0.64/0.73	0.60/0.66	0.66	0.04
M20-460-10-A	0.72/0.72	0.68/0.72	0.72/0.72	0.71	0.01
M20-460-12-A	0.72/0.73	0.72/0.73	0.72/0.73	0.73	0.01
A 组合计	—	—	—	0.71	0.04
M16-460-10-B	0.47/0.54	0.54/0.66	—	0.55	0.07
M20-460-10-C	0.31/0.31	0.23/0.24	—	0.27	0.04

表 4.44 中，整理了参考文献 [40]～[46] 中电弧喷铝接触面处理方式抗滑移试验的相关数据，由于电弧热喷铝表面抗滑移系数的试验方法有差异且受表面处理工艺、涂层厚度等因素影响，抗滑移系数存在一定的离散性，但电弧热喷铝接触面处理方式的抗滑移系数普遍较高，甚至可达到 0.87。

电弧热喷铝接触面处理方式抗滑移系数试验的汇总 **表 4.44**

学者	钢材型号	板厚(mm)	螺栓等级	涂层厚度(μm)	抗滑移系数
郝建民，等[40]	STE355	60	10.9 级，M30	—	0.83
李修良，等[41]	Q345D	16	10.9 级，M22	140，180	0.65～0.68
刘宪军，等[42]	—	—	—	150，不封孔	0.58～0.67
				150，封孔	0.34～0.43
孟立新，等[43]	Q235	25	10.9 级，M24	160	0.80
梁涛，等[44]	Q370qE	24	10.9 级，M24	150	0.87
				150	0.63
Takada et al.[45]	—	12	—	300	0.70
Kiyoakiet al.[46]	SM490	12，16，22	F10T、F14T，M22	100～400	0.68～0.82
本书	Q460，Q890	6，10，12	10.9 级，M16，M20	200±50	0.66～0.76

本书对第四和第五组共计 6 个试件外侧的两颗螺栓的预拉力进行了监测，螺栓预拉力测量数据如表 4.45 所示，表中给出了 0～400kN 范围内荷载每增加 50kN，轴力检测仪所测量的螺栓预拉力值。根据图 4.78（*b*）、（*d*），当荷载低于 400kN 时，试件都没有发生滑移（荷载无波动），仍处于弹性阶段。由表中数据可知，随着试验机拉力值增加，螺栓预拉力逐渐减小。由于每个试件的加载时间比较短（均不超过 10 分钟），且预拉力损失均超过 10%，根据已有研究成果可以确定螺栓应变松弛导致的预拉力损失影响很小[46]。考虑试件泊松比效应的影响，当试件受力后，钢板受拉变薄，螺栓的长度相应变短，因此高强度螺栓预拉应变会部分释放，最终导致预拉力损失。

高强度螺栓摩擦型连接试验螺栓预拉力的测量数据　　表 4.45

试件编号	荷载(kN)								
	0	50	100	150	200	250	300	350	400
M20-460-10-A-1	156	155	153	151	149	147	144	141	137
	156	155	153	151	149	146	143	141	137
M20-460-10-A-2	156	156	155	153	151	149	146	143	139
	156	154	152	150	148	146	143	141	137
M20-460-10-A-3	157	156	154	152	149	147	144	141	138
	154	153	152	150	147	145	142	139	135
M20-460-12-A-1	154	153	151	149	147	144	142	139	136
	154	153	151	149	147	145	143	140	138
M20-460-12-A-2	156	155	153	151	148	146	143	140	137
	156	155	154	152	150	147	145	143	140
M20-460-12-A-3	155	154	152	150	147	145	142	139	132
	157	156	154	152	149	146	144	141	137

如图 4.79 所示，以荷载 50～350kN 区间范围内实测的 7 个数据点拟合得到了 10.9 级高强度螺栓的螺栓预拉力和荷载（即试验机拉力）之间的线性关系。结果表明，在试件发

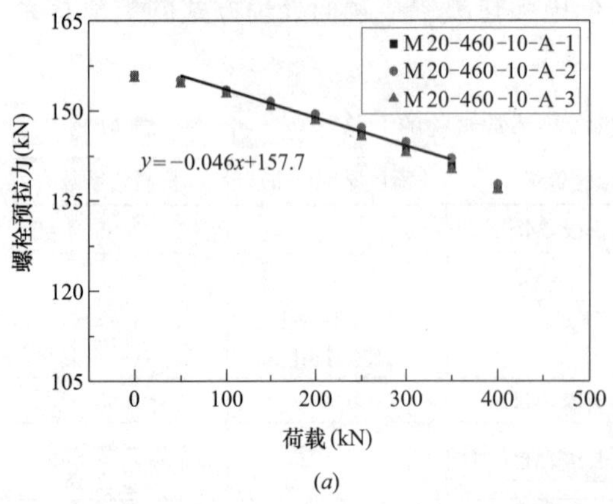

(*a*)

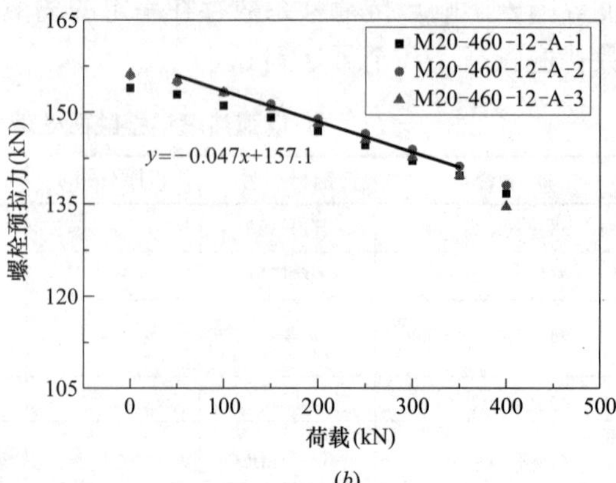

(*b*)

图 4.79　螺栓预拉力的损失

（*a*）M20-460-10-A；（*b*）M20-460-12-A

生滑移前，预拉力的损失呈线性下降，若依据拟合的直线进行计算，预拉力损失可达10%以上。由于式（4-14）中的螺栓预拉力取值是按照试验加载前所测量的初始螺栓预拉力来计算的，并不是滑移时的螺栓预拉力，因此表4.43中计算的抗滑移系数是偏于保守的。在实际工程施工中，由于荷载发生变化也会导致螺栓预拉力损失，因此常用补拧方法来补偿预拉力损失，但是对于大型结构和重要的节点，由于高强度螺栓数量多及受场地等条件限制，对高强度螺栓的应变松弛监测可能存在困难，在今后的研究中需要重点关注。

4.3.3 数值模拟及验证

4.3.3.1 有限元模型

钢板和高强度螺栓采用ABAQUS软件中的C3D8R实体单元（八节点减缩体积积分协调单元），通过沙漏控制，该单元适用于大应变及接触分析，只要将大变形区域的网格细化就可以得到比较精确的应力及位移结果，这在参考文献［35］、［47］～［49］中均有成功的应用。划分网格时，将有限元模型各部件相对应的接触面细分以生成大小基本一致的结构化网格，以使计算容易收敛而且效率更高。模型中所有实体单元的长宽比不大于3，局部细化网格单元的长宽比接近1。在有限元分析中，假定螺栓无螺纹，且不考虑垫圈影响，装配时螺栓位于盖板栓孔的中心位置。

在单排双盖板搭接接头试验中，由于发生芯板破坏模式的试件比较多，为了提高计算精度及效率，将应力集中程度较严重的芯板栓孔周围的网格进行细化，而在远离栓孔和未发生破坏的盖板和螺栓使用较粗的网格，如图4.80（*a*）所示。多排双盖板搭接接头试验中破坏类型较多，如图4.80（*b*）所示，划分网格时保持各部件网格尺寸大小基本一致。沿螺栓杆一周划分32个单元，相应的栓孔划分40个单元，从而确保两者接触面上网格大小基本一致，沿板厚方向划分3个以上的单元。

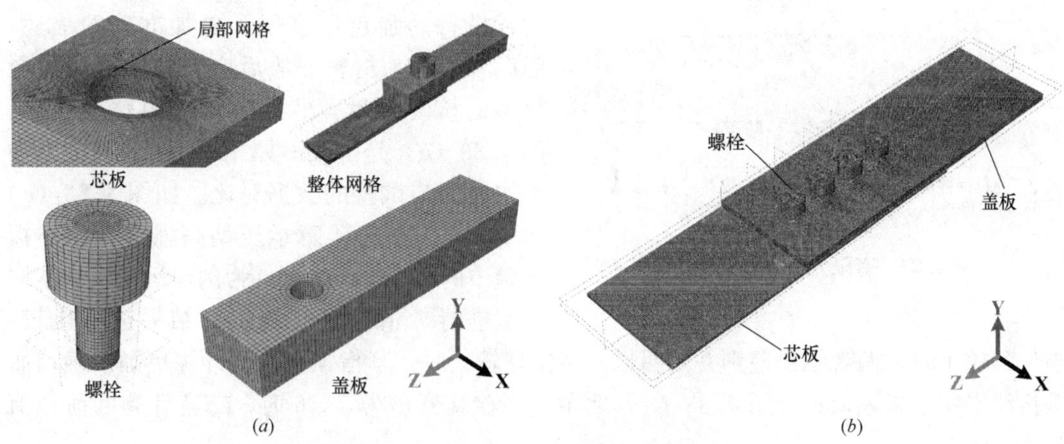

图4.80 螺栓连接的有限元模型网格

（*a*）单排双盖板搭接接头；（*b*）多排双盖板搭接接头

有限元模型边界的处理及接触设置依据试验本身实际情况确定。利用结构的对称性施加边界约束，以减少结构的单元数量和单元的自由度，使计算易于收敛且提高效率。如图

4.81（a）所示，利用单排（两栓）双盖板搭接接头试验的对称性，可以取 1/4 模型建模，施加位移荷载，三个方向均为对称边界条件；如图 4.81（b）所示，对于多排（单栓）双盖板搭接接头试验可取 1/2 模型建模，施加位移荷载并使用两方向对称边界条件。

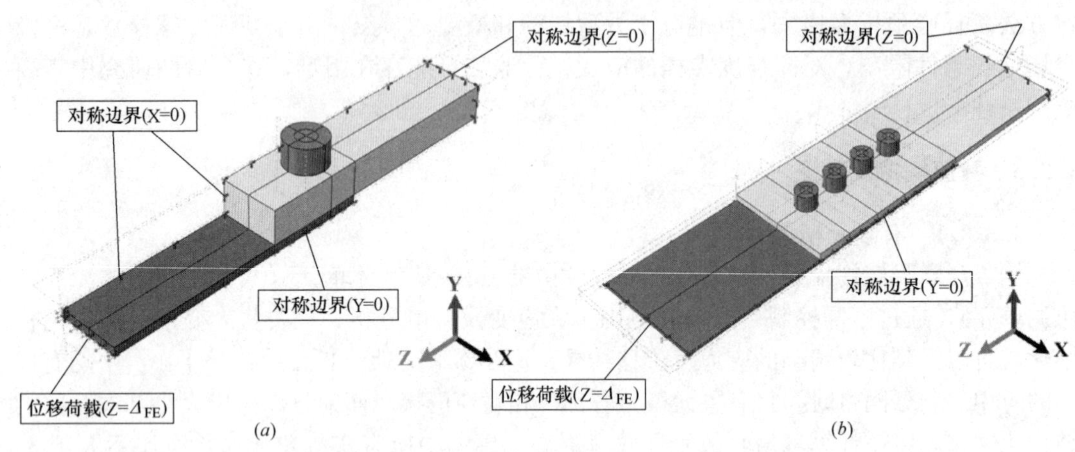

图 4.81　有限元模型的边界

（a）单排双盖板搭接接头；（b）多排双盖板搭接接头

有限元模型的接触设置如图 4.82 所示，盖板和芯板部件间采用面-面接触，螺栓杆与盖板、螺栓杆与芯板间硬接触（库伦摩擦系数 μ_1 为 0），而螺母与盖板、盖板与芯板间的库伦摩擦系数 μ_2 取试验值。

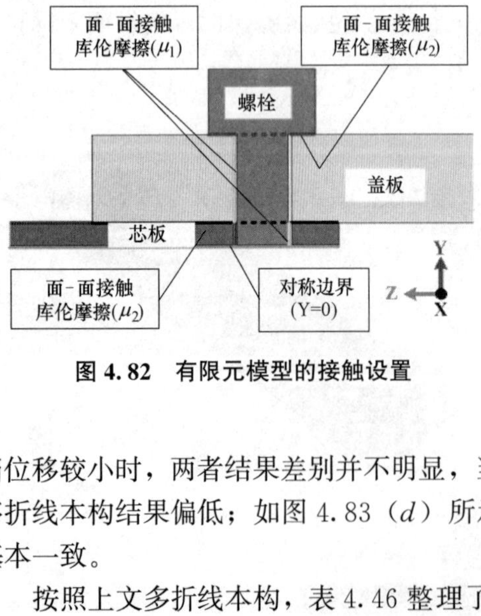

图 4.82　有限元模型的接触设置

如图 4.83（a）所示是幂指型强化本构（详见 4.1.1.3 节）和多折线本构的对比，前者对材料的强化段进行了更加准确的描述，而后者则认为材料屈服后应力即线性增加至材料的抗拉强度，然后进入理想塑性状态。图 4.83（b）是 10mm 厚 460MPa 钢材的两种本构模型与试验的数据对比。如图 4.83（c）所示，以本书第 4 章承压型高强度螺栓连接试验中的 Q460-10-4 试件为例，运用两种本构模型进行数值计算并与试验结果进行比较，当位移较小时，两者结果差别并不明显，当位移较大时，幂指强化本构计算更加准确，而多折线本构结果偏低；如图 4.83（d）所示，当栓孔变形为 $d_0/6$ 时，二者计算的荷载值基本一致。

按照上文多折线本构，表 4.46 整理了两篇高强度钢材螺栓连接相关文献[34,35]中的强度级别达到 690MPa 钢板的物理性能指标和真实应力-真实塑性应变参数，表 4.47 整理了本书第 4 章承压型高强度螺栓连接试验中 12.9 级高强度螺栓的物理性能指标和真实应力-真实塑性应变参数。

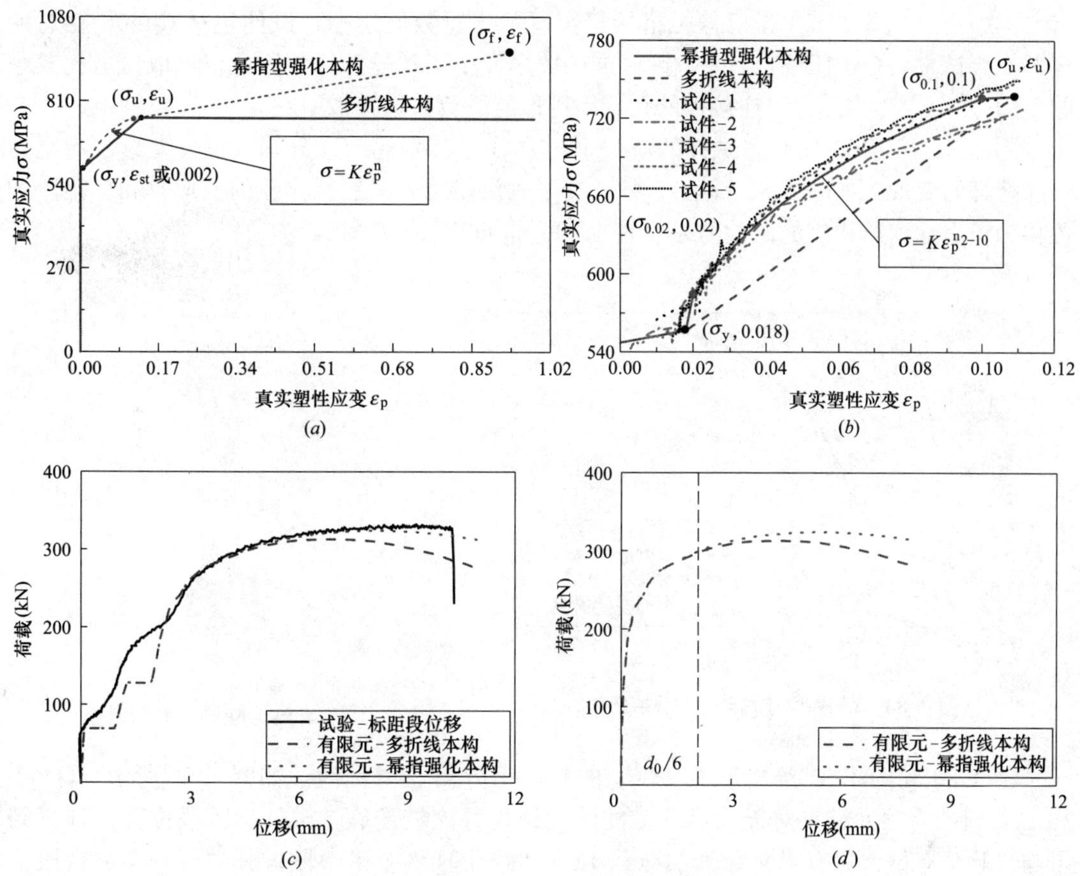

(*a*) (*b*) (*c*) (*d*)

图 4.83 材料本构对螺栓连接有限元模型的影响

(*a*) 两种材料本构模型对比；(*b*) 本构模型与试验数据对比（Q460-10）；
(*c*) 对标距段位移计算的影响（Q460-10-4）；(*d*) 对栓孔变形计算的影响（Q460-10-4）

高强度钢板的物理性能指标和真实应力-真实塑性应变参数 **表 4.46**

钢材牌号	钢板厚度(mm)	弹性模量 E(GPa)	屈服强度 $\sigma_{0.2}$(MPa)	抗拉强度 f_u(MPa)	极限应变 ε_u(%)
S690QL	10	210	847	942	5.8
S690	10	210	852	933	4.8

高强度螺栓的物理性能指标和真实应力-真实塑性应变参数 **表 4.47**

强度等级	螺栓公称直径 d(mm)	弹性模量 E(GPa)	屈服强度 $\sigma_{0.2}$(MPa)	抗拉强度 f_u^b(MPa)	极限应变 ε_u(%)
12.9 级	12	206	1102	1369	4.2
12.9 级	16	206	1102	1355	4.2

4.3.3.2 单排螺栓试验模拟

本书选取4.3.1节单排双盖板搭接接头试验进行数值模拟，试件包括Q460C钢材的全部9个试件，Q460D和Q890C钢材试件较多发生了螺栓破坏，因此仅选取拉剪比较小的5、6、7、9号试件，对连接板的孔壁承压性能进行数值模拟研究。

图4.84为Q460-10-1号试件的荷载-位移曲线，有限元结果分别以螺栓变形（沿受力方向螺杆的变形，如图4.85所示）、栓孔变形（沿受力方向的螺栓孔的变形）和标距段的位移为横坐标，与相应的试验结果（表4.41）进行比较。

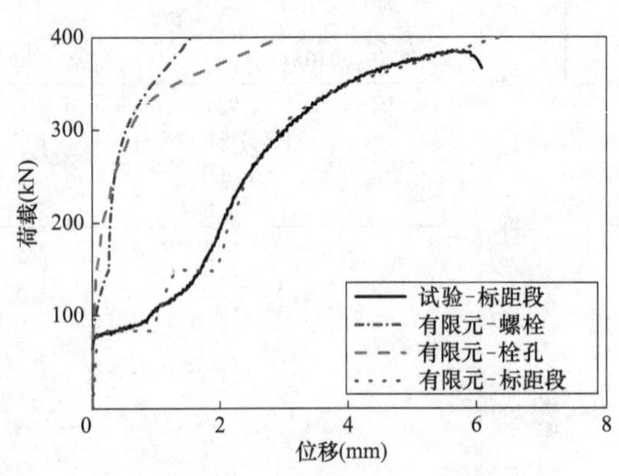

图4.84 荷载-位移曲线（Q460-10-1）

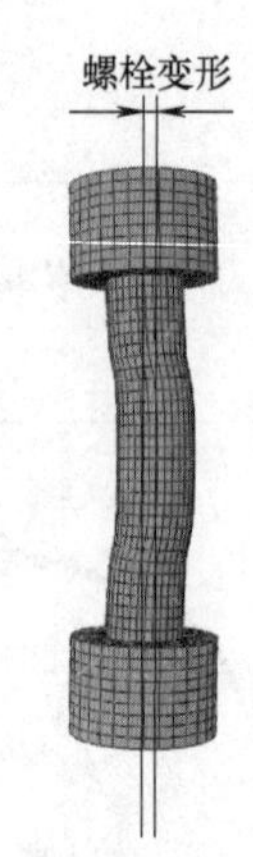

图4.85 螺栓变形示意图

图4.86和图4.87给出了本书试验的有限元荷载-位移曲线。如图4.86所示，Q460-10试件组的有限元结果对最大承载力的预测结果都比较准确，试件标距段位移的计算结果与试验稍有偏差。有限元计算的荷载-位移曲线出现两个平台段，其中第一个平台段反映的是螺栓和芯板间的滑移，第二个平台段反映的是芯板和盖板间的滑移。由于试验中存在制孔误差，在预拉力下两个螺栓无法保证同时承压，试验荷载-位移曲线会出现连续上升的趋势，而有限元没有考虑两个螺栓在螺栓孔内位置的差异，无法准确反映试验中的这一现象，导致有限元与试验的位移值存在不吻合的情况。

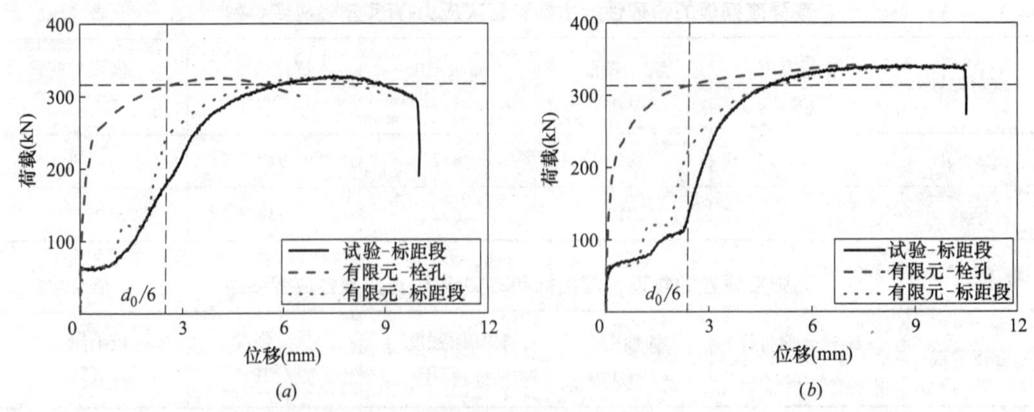

图4.86 本书试验的有限元荷载-位移曲线（Q460-10，d_0=13.5mm）（一）

（a）Q460-10-2；（b）Q460-10-3

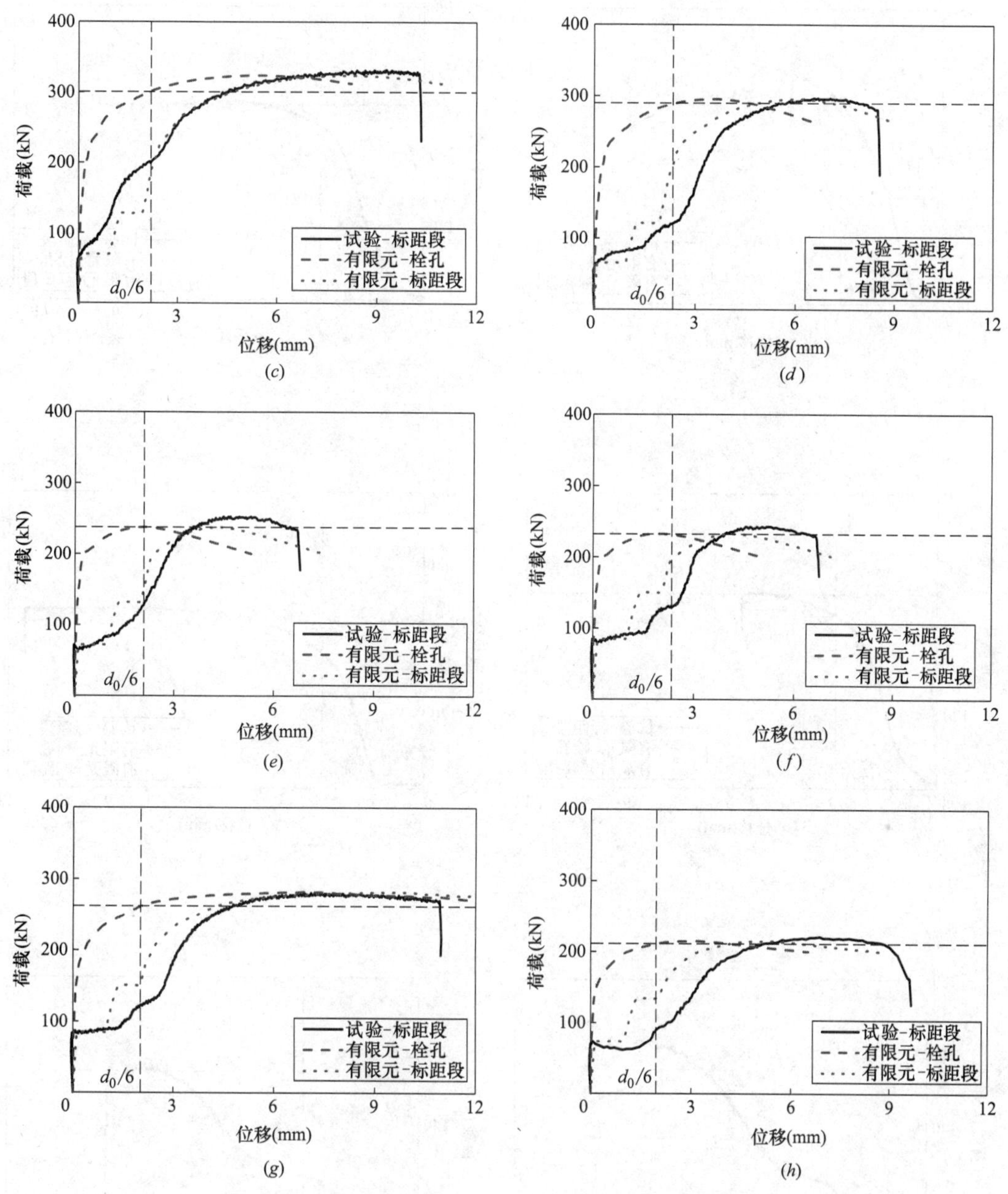

图 4.86 本书试验的有限元荷载-位移曲线（Q460-10）（二）

（*c*）Q460-10-4；（*d*）Q460-10-5；（*e*）Q460-10-6；
（*f*）Q460-10-7；（*g*）Q460-10-8；（*h*）Q460-10-9

如图 4.87 所示，对于没有施加螺栓预拉力的 Q460-12 试件组，也存在上述情况。尽管有限元曲线与试验曲线的位移值存在明显的不吻合情况，但是最大荷载与试验结果吻合较好。Q890-6 试件组的试件标距段位移相对其他两组更小，有限元曲线和试验曲线的差异更加明显。

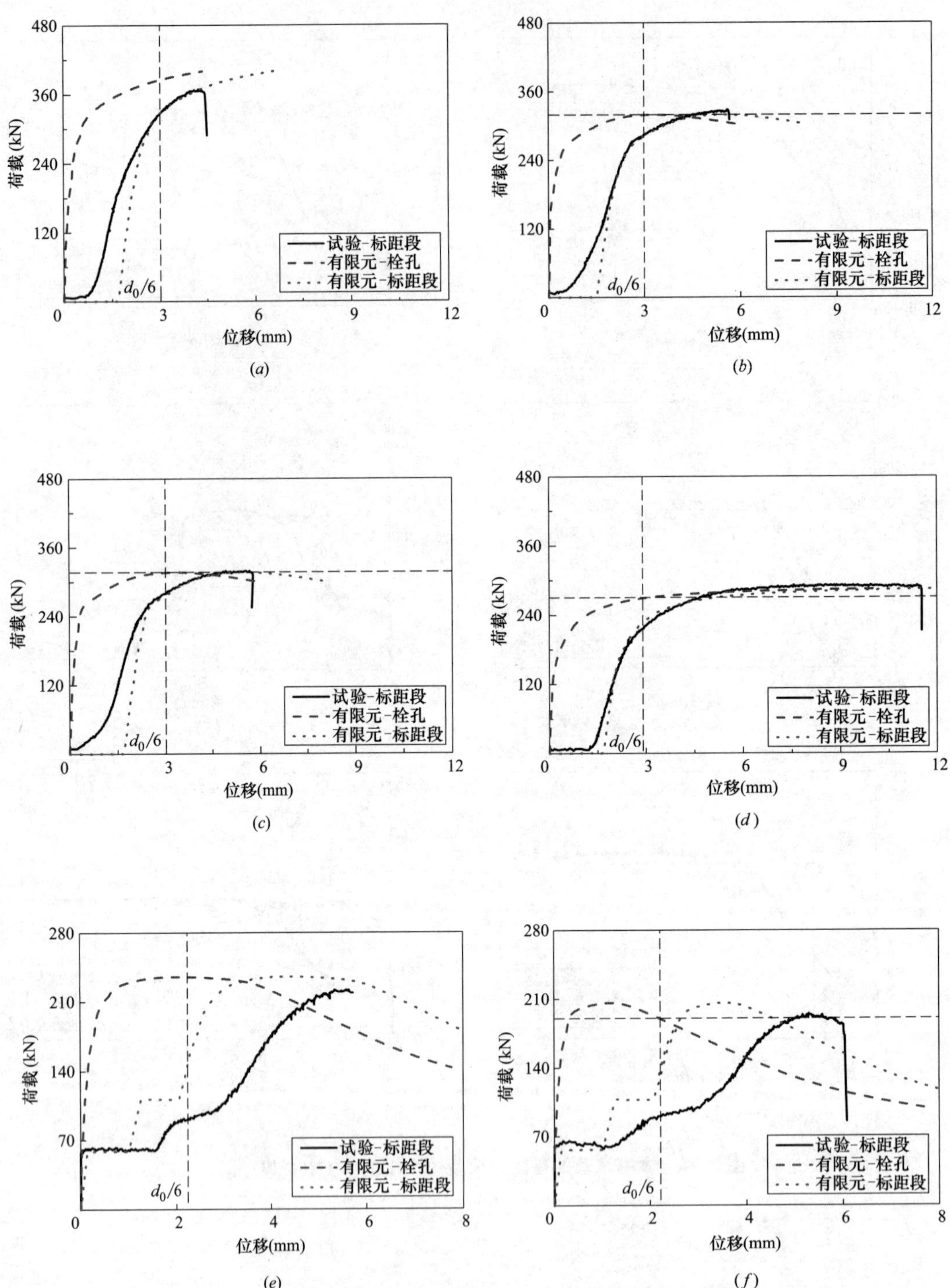

图 4.87　本书试验的有限元荷载-位移曲线（Q460-12，d_0=17.5mm 和 Q890-6，d_0=13.5mm）（一）

（a）Q460-12-5；（b）Q460-12-6；（c）Q460-12-7；

（d）Q460-12-9；（e）Q890-6-5；（f）Q890-6-6

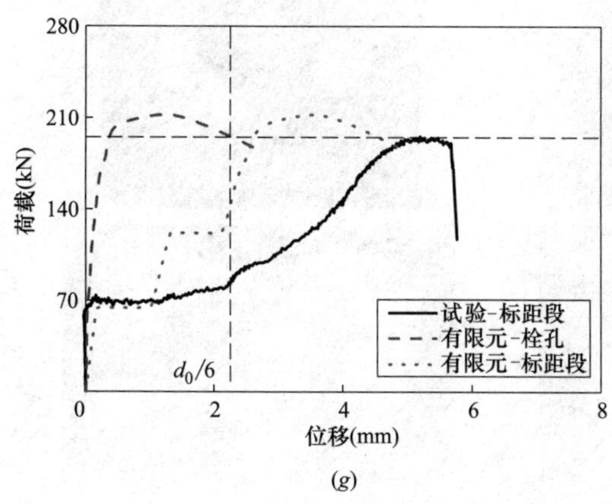

(g)

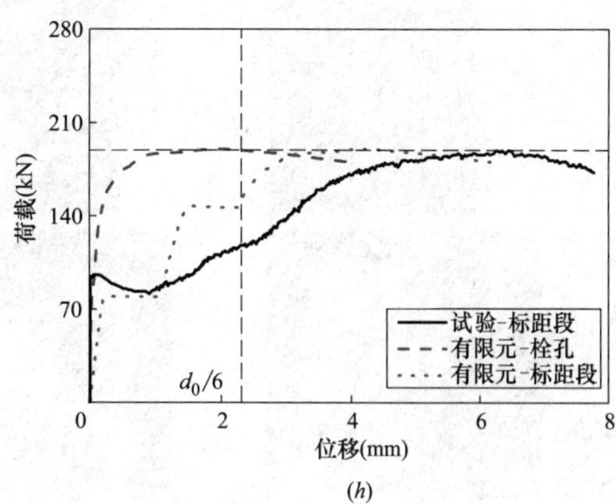

(h)

图 4.87 本书试验的有限元荷载-位移曲线（Q460-12，d_0＝17.5mm 和 Q890-6，d_0＝13.5mm）（二）

（g）Q890-6-7；（h）Q890-6-9

图 4.88 为 17 个试件有限元模拟与试验获得的最大荷载平均误差和标准差，分别为－0.89％和 0.041，除了三个发生螺栓破坏试件的结果偏差相对较大外（与螺栓材料本构和试验本身有关），有限元分析结果具有较好准确性。

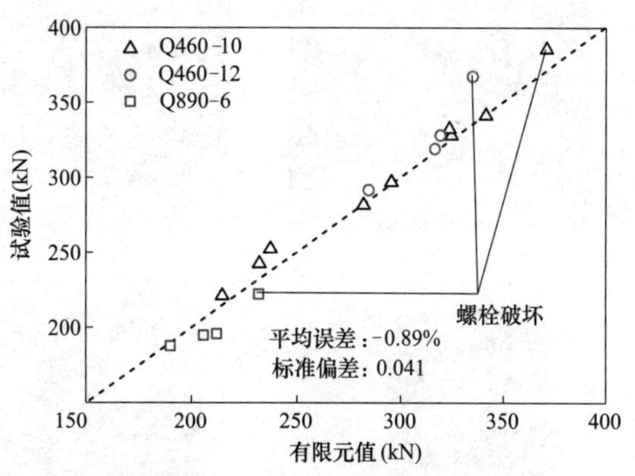

图 4.88 有限元与试验结果对比

图 4.89 给出了 Q460-10 试件组的有限元与试验的芯板破坏模式对比，其中有限元结果主要依据螺栓孔的变形来确定（表 4.41）。Q460-10-9 号试件的两个螺栓孔的制孔误差相对较大，最终试件的破坏并不对称，因此与有限元结果差异较大；其他试件的破坏具有较好的对称性，符合有限元的理想假定。有限元的应力云图结果显示，发生承压破坏的试件如图 4.89（*c*）、（*h*）所示，螺栓孔前应力集中比较明显，沿孔壁内侧 45°和 135°方向应力最大；发生净截面破坏的试件，如图 4.89（*b*）、（*f*）、（*g*）所示，沿净截面方向的螺栓孔两侧应力比较大；发生两者混合破坏的试件，如图 4.89（*d*）、（*e*）、（*i*），孔壁内侧和螺栓孔两侧应力都比较大。图 4.90 给出了 Q460-12 和 Q890-6 两个试件组共 8 个试件的有限元与试验的芯板破坏模式对比，其中，Q460-12-7 和 Q890-6-9 号试件的两个螺栓孔的制孔误差相对较大，试件破坏并不对称，与有限元结果稍有差异。

综合图 4.89、图 4.90 及表 4.41 的数据可知，由于螺栓孔周围钢板的几何构造不同，对高强度螺栓的约束作用也不同，钢板在螺栓孔周围的应力状态也不一样，因此连接板的孔壁承压性能存在差异。

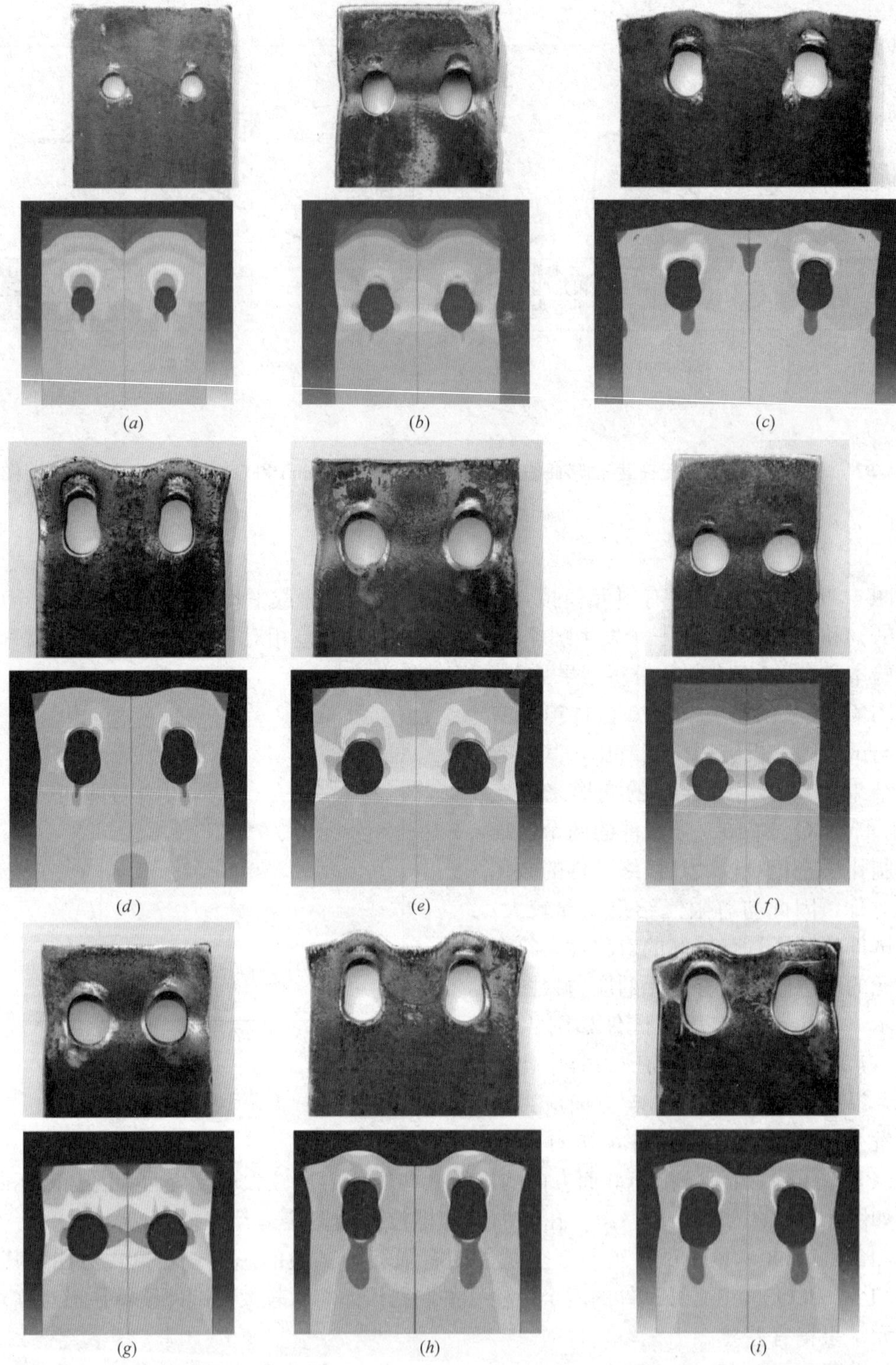

图 4.89　有限元与试验的芯板破坏模式对比（Q460-10）

（*a*）Q460-10-1；（*b*）Q460-10-2；（*c*）Q460-10-3（*d*）Q460-10-4；（*e*）Q460-10-5；（*f*）Q460-10-6
（*g*）Q460-10-7；（*h*）Q460-10-8；（*i*）Q460-10-9

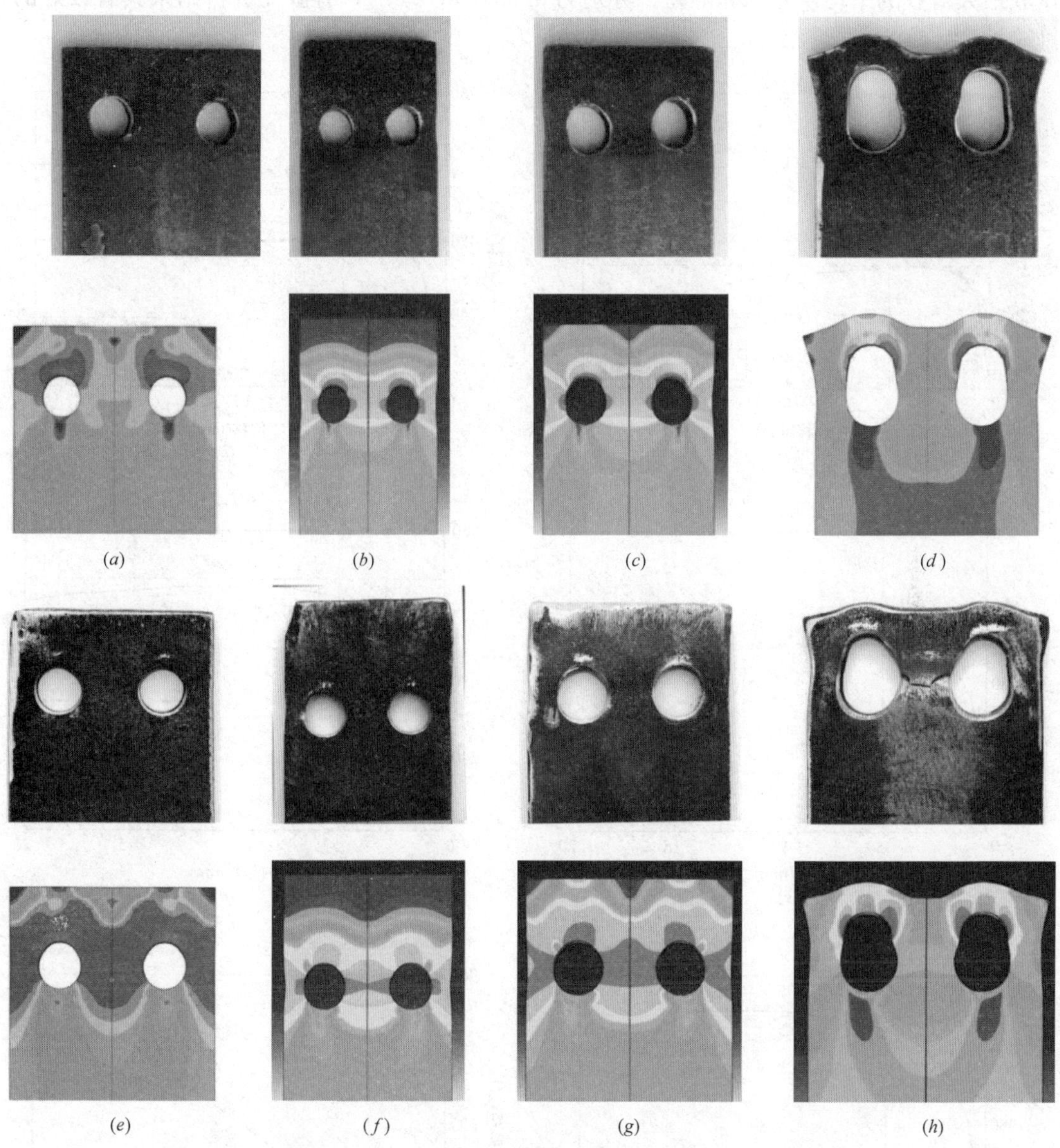

图 4.90　有限元与试验的芯板破坏模式对比（Q460-12 和 Q890-6）

（*a*）Q460-12-5；（*b*）Q460-12-6；（*c*）Q460-12-7；（*d*）Q460-12-9；
（*e*）Q890-6-5；（*f*）Q890-6-6；（*g*）Q890-6-7；（*h*）Q890-6-9

参考文献［34］中有 13 个高强度钢材的单排双盖板搭接接头抗剪试验，包括承压破坏、净截面破坏和混合破坏三种破坏模式。试件尺寸及编号见参考文献［34］，钢材牌号 S690QL，钢材的材料本构为多折线本构（详见表 4.46），螺栓直径为 27mm，螺栓本构取表 4.47 的 12mm 直径螺栓本构。盖板与芯板间的摩擦系数取 0.25。为了提高有限元模型的收敛性，建模时，直接将螺栓与芯板、螺栓与盖板接触，不考虑螺栓滑移的情况，与参考文献［34］一致。如图 4.91（*a*）～(*e*) 所示为参考文献［34］有限元与试验的荷载-位移曲线，及荷载与栓孔的变形关系曲线。如图 4.91（*f*）所示，计算了 13 个试件有限元与试验最大荷载的平均误差和标准差，分别为 0.65％和 0.024，有限元分析结果具有较好的准确性。

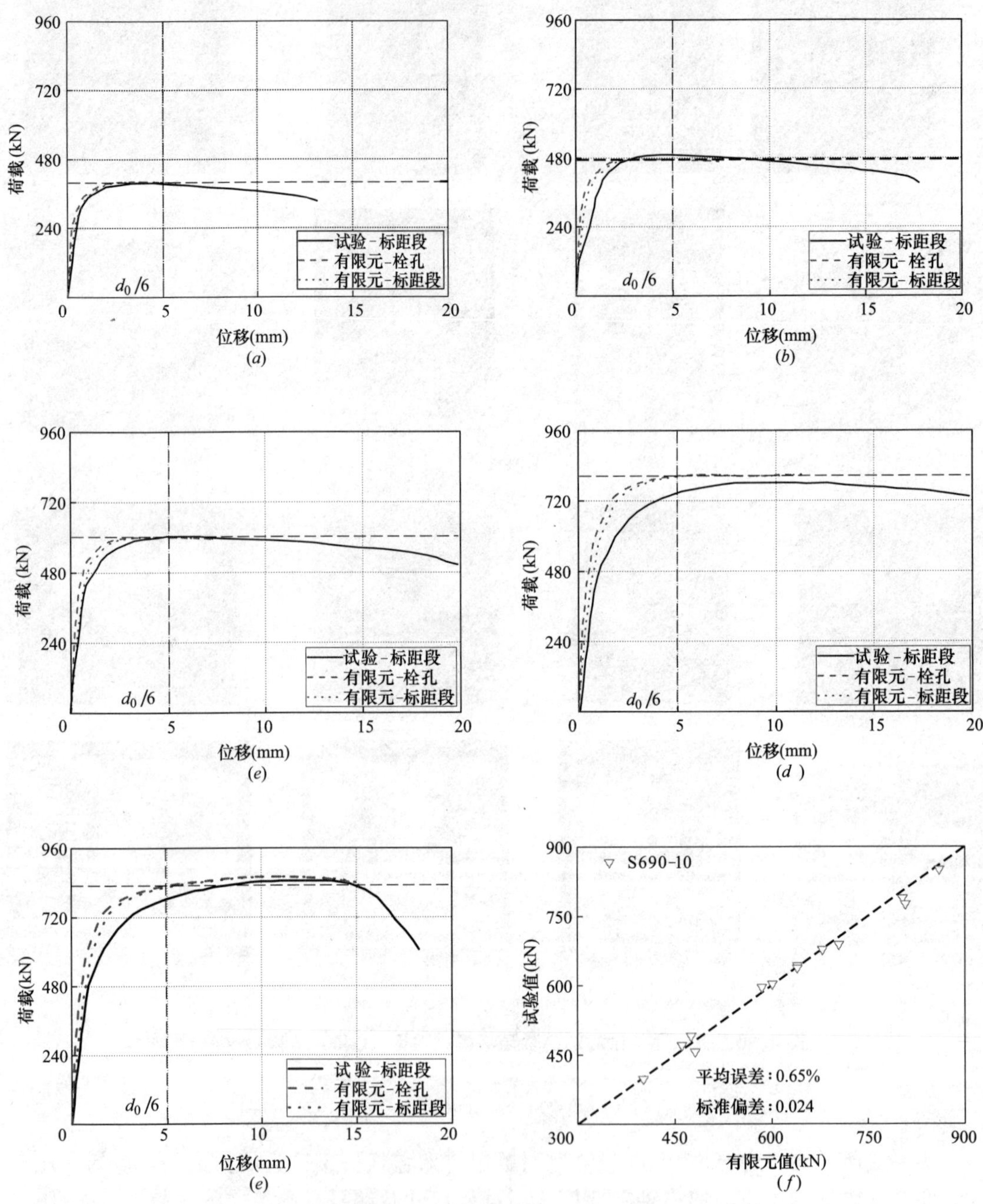

图 4.91　参考文献 35 的试验与有限元结果对比（d_0＝30mm）

（a）S690-10-B208；（b）S690-10-B209；（c）S690-10-B210；

（d）S690-10-B211；（e）S690-10-B212；（f）有限元与试验数据汇总

由于有限元中没有考虑材料失效破坏，所以仅以有限元荷载-位移曲线的荷载峰值点作为最大荷载并不合理。利用有限元的计算结果来预测结构所能承受的最大荷载，必须考虑材料的塑性行为，通常利用变形准则来实现。欧洲规范[50] 建议了接头变形到达 $d_0/6$ 的变形标准，对于双盖板搭接接头试验，图 4.92（*a*）为栓孔变形示意图，本书引入栓孔变形 Δ 达到 $d_0/6$ 的变形准则，用于在有限元计算时判定结构的最大承载力。综合本研究和参考文献［34］的模拟结果来验证栓孔变形准则的适用性。如图 4.92（*b*）所示，采用栓孔变形准则计算了 30 个试件有限元与试验最大荷载的平均误差和标准差，分别为－2.63％和 0.031。由此可知，栓孔变形准则对于高强度钢材高强度螺栓承压型连接中的双盖板搭接接头试验最大承载力的预测比较准确，且总体偏于安全。

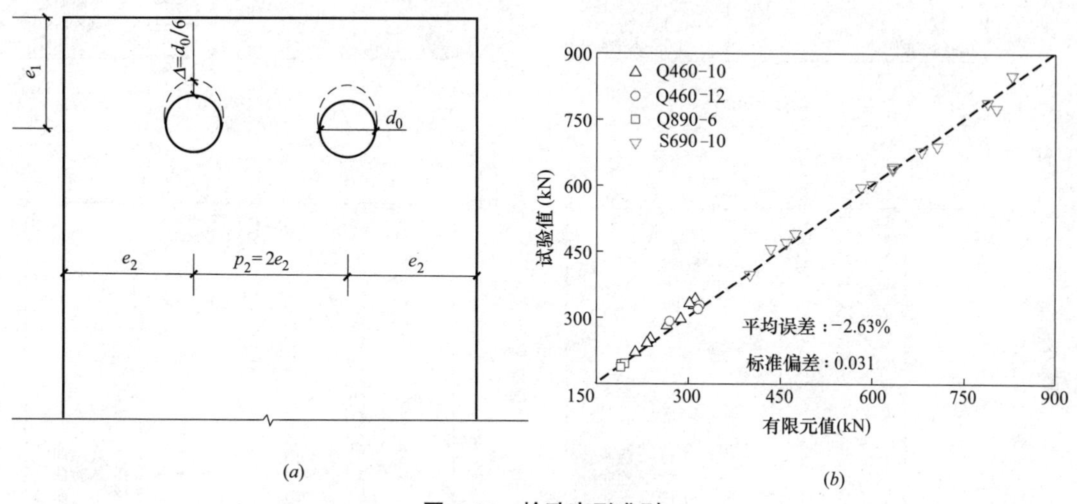

图 4.92　栓孔变形准则

（*a*）栓孔变形示意图；（*b*）有限元与试验结果对比

4.3.3.3　多排螺栓试验模拟

参考文献［35］包括了 26 个高强度钢材的多排双盖板搭接接头抗剪试验，并进行有限元模拟，包括端部螺栓剪断破坏、芯板端部承压破坏、中间孔壁承压破坏和净截面受拉破坏四种破坏模式。试件尺寸及编号见参考文献［35］，钢材牌号为 S690，钢材的材料本构参数见表 4.46，螺栓直径 d 为 22mm，螺栓本构参数见表 4.47，盖板与芯板间的摩擦

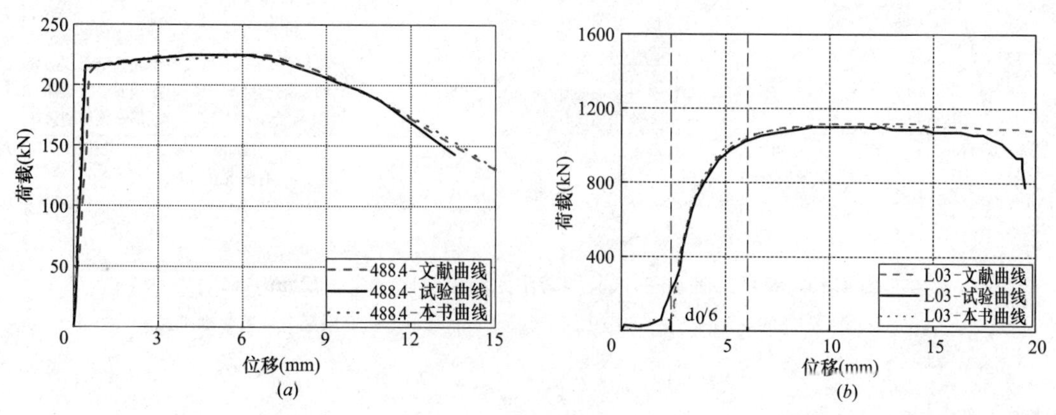

图 4.93　参考文献［36］的试验和有限元结果对比（d_0＝22mm）（一）

（*a*）标准材性试件；（*b*）L03

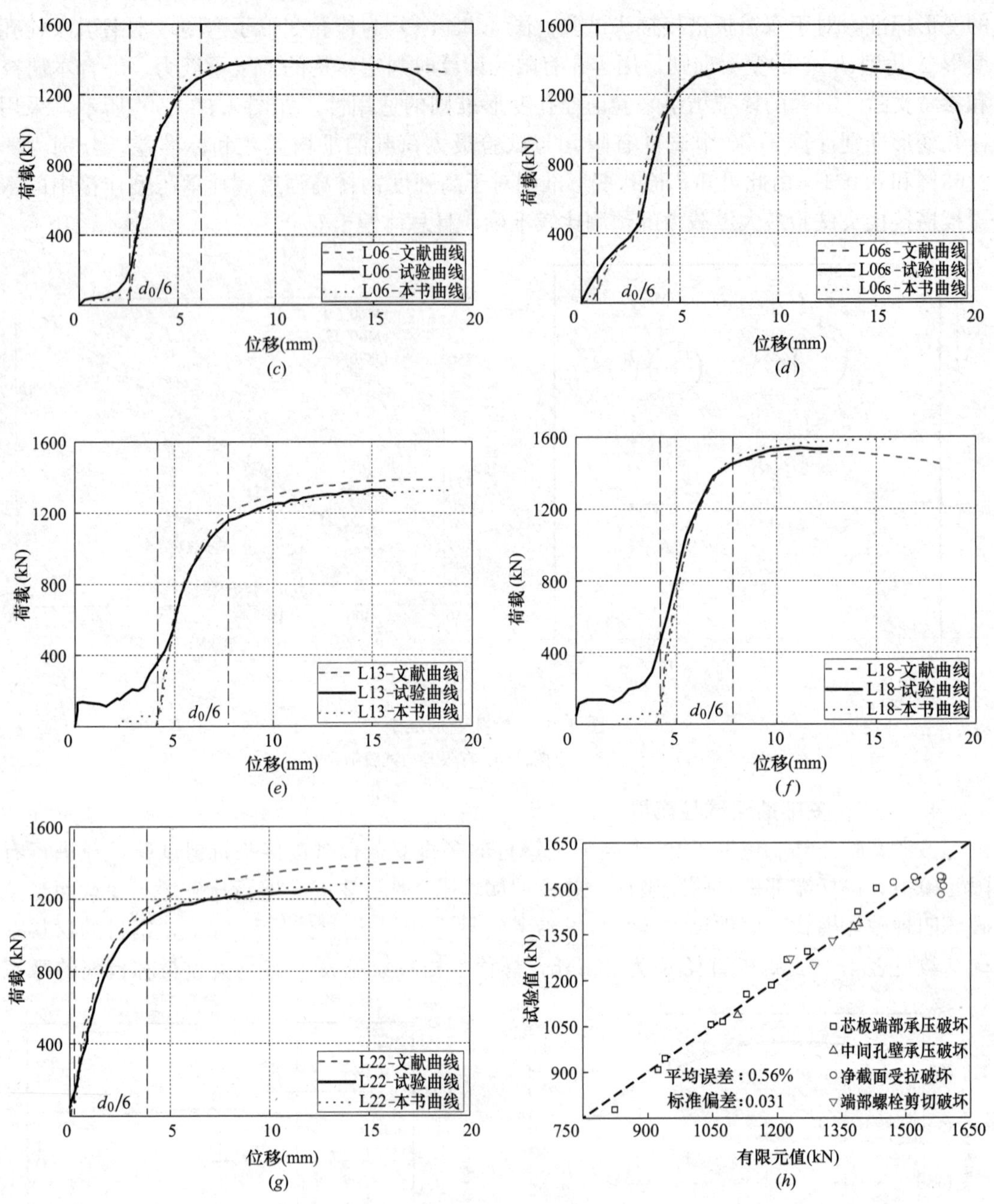

图 4.93　参考文献 36 的试验和有限元结果对比（d_0=22mm）（二）

(*c*) L06；(*d*) L06s；(*e*) L13；(*f*) L18；(*g*) L22；(*h*) 本书有限元与试验数据汇总

系数 μ_2 取 0.25。

图 4.93 (*a*) 为本书和文献模拟的标准材性试件的荷载-位移曲线，图 4.93 (*b*)～(*g*) 列出了本书和文献部分有限元与试验的荷载-位移曲线对比情况，同时还标示了接头变形

达到 $d_0/6$ 的区间。图 4.93（h）为本书计算的 26 个试件有限元与试验最大荷载的平均误差和标准差，其中本书使用了螺栓的多折线本构，因此对于端部螺栓剪切破坏的试件模拟更准确。同时，建模时螺栓位于栓孔中心，可以模拟螺栓的滑移，也更符合试验的实际情况。

图 4.94 是接头变形的示意图，因为随着接头长度的增加，各螺栓承压承载力分配不均匀，各栓孔的变形程度也会不同。本书建议采用沿接头长度（L）变形（Δ_L）达到 $d_0/6$ 的变形标准，简称接头变形准则。

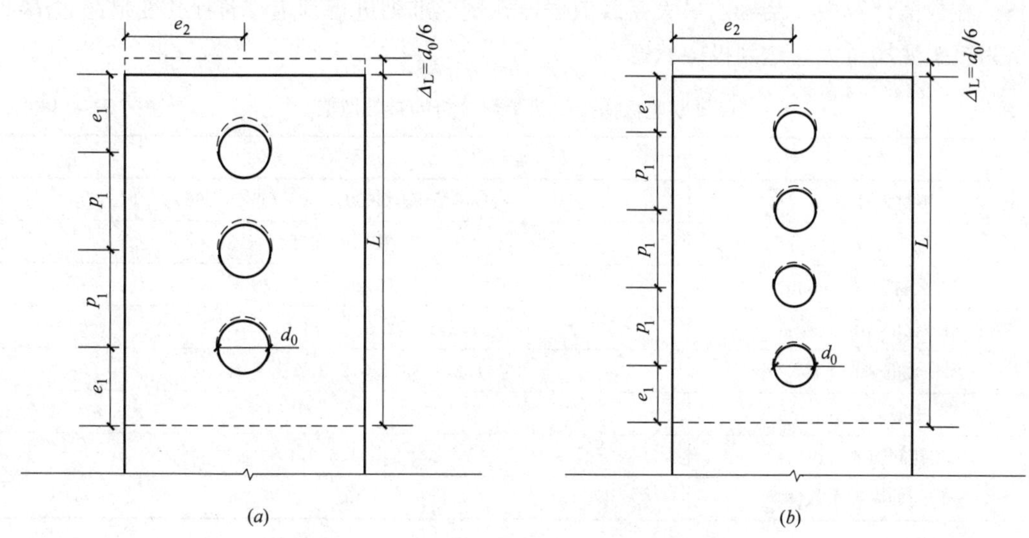

图 4.94 接头变形的示意图

（a）三栓接头变形示意图；（b）四栓接头变形示意图

如图 4.95 所示为使用接头变形准则判定计算的 26 个试件有限元与试验最大荷载的平均误差和标准差，分别为−7.38%和 0.067。接头变形准则对于高强度钢材高强度螺栓承压型连接承载力的预测有一定偏差，可能与试验本身离散性较大有关，但是对于最大荷载的预测偏于安全。

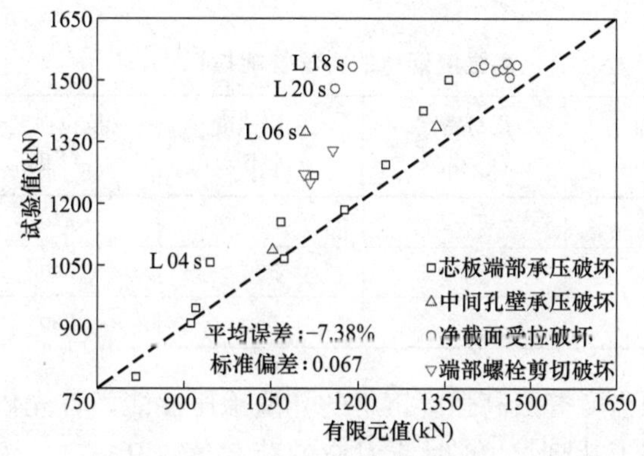

图 4.95 有限元与试验结果对比

4.3.4　参数分析

4.3.4.1　分析参数

影响高强度钢材孔壁承压性能的参数主要包括结构的几何尺寸和钢材的强度等级。为了降低各影响因素的耦合效应，本节选取单排两栓的双盖板搭接接头为研究对象，螺栓的中心距 p_2 统一取为 $2e_2$，主要研究端距 e_1、边距 e_2、螺栓公称直径 d、板厚 t 及栓孔间隙 δ（$\delta=d_0-d$）对六种强度等级高强度钢材孔壁承压强度的影响，各参数取值见表4.48。在数值计算中，结构的最大荷载依据栓孔变形准则进行判定，若栓孔变形超过 $d_0/6$ 即认为接头变形过大，达到极限状态。

单排双盖板搭接接头参数分析的参数取值　　**表 4.48**

参数	取值
钢材强度等级	Q460,Q550,Q690,Q800,Q890,Q960
板厚 t(mm)	6,8,10,12,16,20,24,30,35
螺栓公称直径 d(mm)	12,16,20,24,27,30
归一化的端距 e_1/d_0	1.2,1.5,2.0,2.5,3.0,3.5,4.0
归一化的边距 e_2/d_0	1.2,1.35,1.5,2.0,2.5,3.0,4.0
中心间距 p_1	$2e_2$
栓孔间隙 δ(mm)	2,3,4,6,8,10
板件间的摩擦系数 μ_2	0.2

高强度钢材的材料属性依据参考文献[21]，按表4.28和表4.49取值，使用多折线本构，高强度螺栓的材料本构考虑弹塑性行为，取值与表4.47中直径12mm的12.9级高强度螺栓一致，弹性模量取206GPa，泊松比 ν 取0.3，板件间摩擦系数 μ_2 偏保守取0.2。分析钢材强度等级影响时，统一采用M20螺栓，螺栓孔为标准圆孔，为了保证螺栓不发生破坏，分别匹配厚度为10mm的Q460、Q550、Q690钢板和厚度为6mm的Q690、Q800、Q890、Q960钢板；分析端距、边距的影响时，统一采用M20螺栓，开标准圆孔，匹配厚度8mm的Q550钢板；分析螺栓直径和板厚的影响时，端距 e_1 取 $2d_0$，边距 e_2 则取 $1.5d_0$。

高强度钢材的力学性能指标[21]　　**表 4.49**

钢材级别	弹性模量 E (GPa)	质量密度 (kg/m^3)	屈服强度 σ_y(MPa)	抗拉强度 f_u(MPa)	极限应变 ε_u
Q800	206	7850	800	840	0.060
Q890	206	7850	890	940	0.055
Q960	206	7850	960	980	0.040

为了准确比较不同强度等级高强度钢材的孔壁承压性能，首先依据栓孔变形准则，利用数值方法计算栓孔变形达到 $d_0/6$ 时所对应的荷载值（$P_{d0/6}$），然后按照式（4.15）计算高强度钢材的名义承压应力（$\sigma_{b,nom}$）：

$$\sigma_{b,nom}=\frac{P_{d_0/6}}{2dtf_u} \tag{4.15}$$

4.3.4.2 钢材强度等级影响

如图 4.96（a）、（b）所示，在 1.5d_0 名义边距的情形下，六种强度等级钢材的名义承压应力随名义端距变化趋势基本一致，当名义端距增大到 2d_0 之后，钢材强度等级提高，但是名义承压应力变化并不大，其中 10mm 厚 Q690 钢板的名义承压应力为 2.14，6mm 厚 Q960 钢板的名义承压应力为 2.23。如图 4.96（c）、（d）所示，在 2.5d_0 名义边距的情形下，端距增大到 3d_0 后，此时六种强度等级钢材的名义承压应力差别相对较大，10mm 厚 460MPa 钢板的名义承压应力最高，6mm 厚 960MPa 钢板的最低，名义承压应力为 2.43。分析认为：在栓孔变形程度相同的情况下（均达到 $d_0/6$），随着钢材强度等级的提高，由于钢材的屈强比提高，钢材的强化效果逐渐降低，因此名义承压应力呈下降趋势。

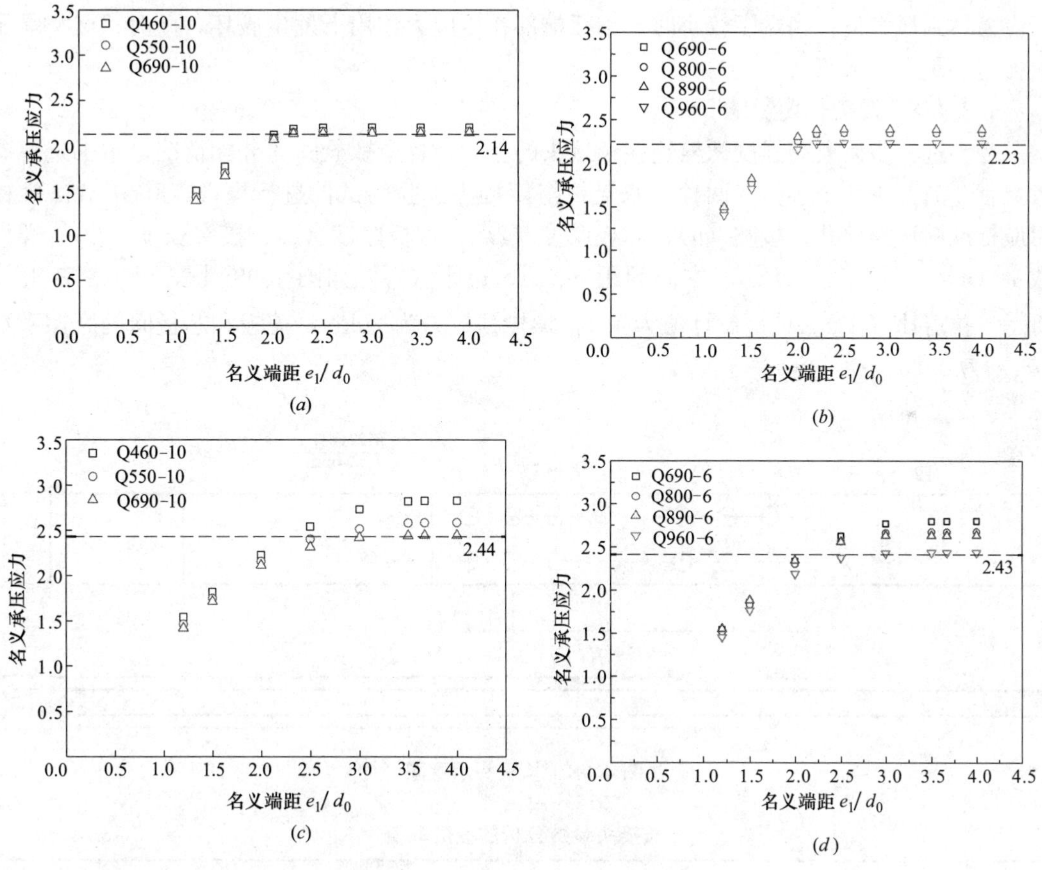

图 4.96 钢材强度等级的影响

（a）名义边距取 1.5（Q460-Q690）；（b）名义边距取 1.5（Q690-Q960）；
（c）名义边距取 2.5（Q460-Q690）；（d）名义边距取 2.5（Q690-Q960）

4.3.4.3 边距及端距影响

图 4.97 分析了边距和端距对名义承压应力的影响，当边距较小（名义边距 e_2/d_0 不

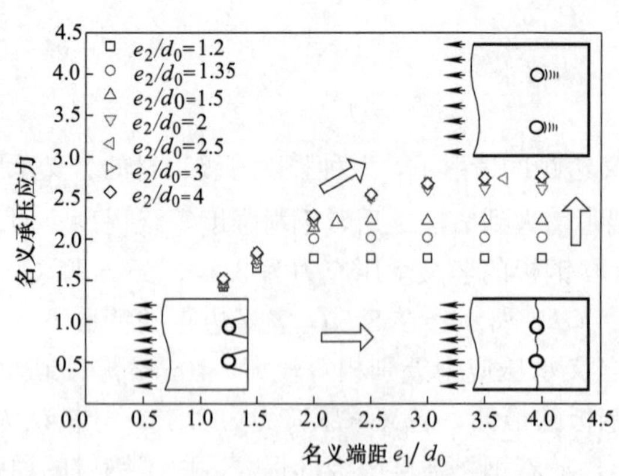

图 4.97　边距及端距的影响（Q550-8）

大于 2.5）时，端距达到 $2d_0$ 后，破坏模式由钢板的承压破坏转变为净截面破坏，名义承压应力保持不变；当边距较大且名义边距大于等于 2.5 时，随着端距增加（端距不大于 $3d_0$）名义承压应力逐渐增大，端距达到 $3d_0$ 后，达到最大值，随后名义承压应力基本保持不变。结果表明，高强度钢材钢板的名义承压应力主要受几何构造的影响，当螺栓孔前满足端距不小于 $3d_0$ 且边距不小于 $2.5d_0$ 时，钢板在螺栓杆的挤压作用下产生较大的应力，导致钢板孔壁局部发生较大塑性变形，名义承压应力达到最大值；当端距较小时，钢板端部在压应力作用下发生破坏，此时，名义承压应力与端距大小成正比。

4.3.4.4　接头长度影响

为了进一步研究高强度螺栓连接长接头的剪力在各个螺栓间的分配情况，本书选取参考文献［51］中 7 个多排（两栓）双盖板搭接接头试验的试件进行模拟，其中 M22 螺栓对应标准圆形螺栓孔，板宽（b）、芯板厚度（$2t$）、盖板厚度（t）、接头长度（L）、螺栓数量（n）、螺栓编号（B_n）、中心间距（p_1）、边距（e_1）如图 4.98 及表 4.50、表 4.51 所示。拉剪比（A_{net}/A_s^b）设计值为 1.1，螺栓预拉力为 20kN，盖板和芯板间的摩擦系数（μ_2）为 0.25。

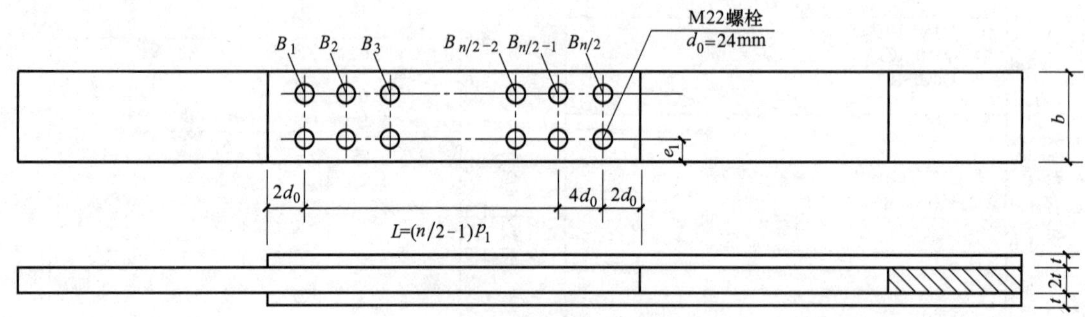

图 4.98　长接头示意图

长接头参数分析的参数取值　　表 4.50

参数	取　值
拉剪比 A_{net}/A_s^b	1.1
螺栓公称直径 d(mm)	22
螺栓预拉力(kN)	20
接头长度 L	$8d_0$, $20d_0$, $32d_0$, $36d_0$, $48d_0$, $60d_0$
中心间距 p_1	$4d_0$(仅 D13A 螺栓间距 $p_1=3d_0$)
摩擦系数 μ_2	0.25

长接头试件的几何尺寸 **表 4.51**

试件编号	螺栓数量 n(个)	边距 e_1(mm)	板宽 b(mm)	芯板厚度 $2t$(mm)
D31	6	34.5	148	25
D61	12	57.5	248	25
D91	18	82	355	25.5
D901	18	58.5	251	38.5
D13A	26	62	266	50.5
D13	26	62	266	50.5
D16	32	73.5	315	50.5

Bendigo 的长接头试验使用 A7 等级钢材和 A325 高强度螺栓，材料强度详见参考文献[51]。图 4.99 为 D61 试件有限元模拟和试验接头变形对比，尽管试验中 D61 试件的连接板被拉断，但是仍然可以观察到端部螺栓的变形较大，而内侧螺栓几乎没有发生变形，说明端部螺栓承受的荷载明显大于内侧螺栓。

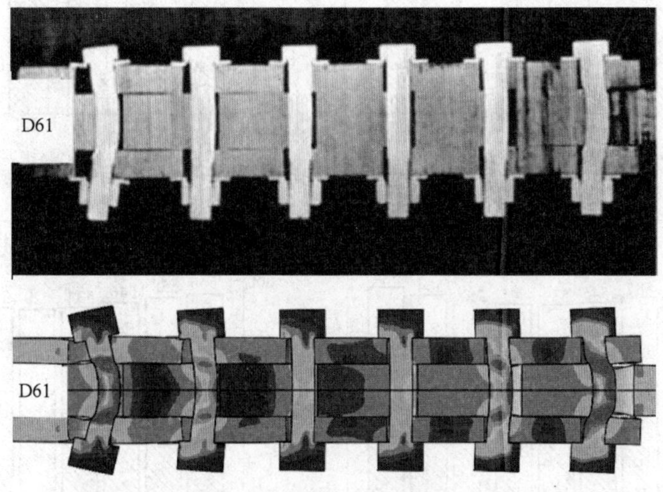

图 4.99 有限元与试验接头变形对比（D61）

如图 4.100 所示是 D91 和 D901 号试件的有限元与试验荷载-位移曲线对比。由于数值模

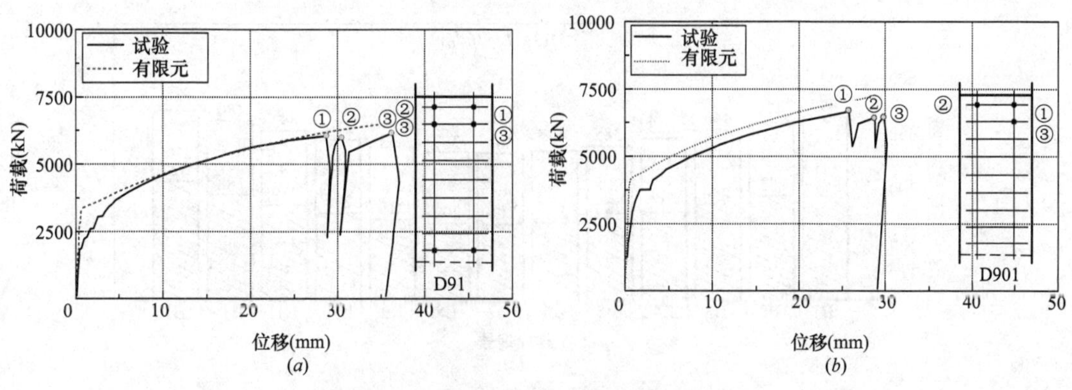

图 4.100 有限元与试验荷载-位移曲线对比

（a）D91；（b）D901

拟中的螺栓没有考虑材料失效，因此有限元曲线无下降的趋势，而试验中两端的螺栓首先发生破坏，然后内侧螺栓相继发生破坏，荷载发生波动呈下降趋势。

利用上述长接头模型，材料本构采用 P. Moze 多栓试验中的 12.9 级高强度螺栓和 S690QL 钢材，研究高强度钢材螺栓连接接头长度对螺栓内力分配的影响。以端部最大的螺栓变形分别达到 1mm 和 2mm 为标准，计算了各排螺栓的内力（孔壁压力），其中端部编号为 B3 号的螺栓变形达到 1mm 时，B3 号螺栓所分配的内力如图 4.101（a）所示为 474kN，螺栓变形达到 2mm 时，该值为 597kN，其他长接头模型的有限元结果如图 4.101（b）～（g）所示。

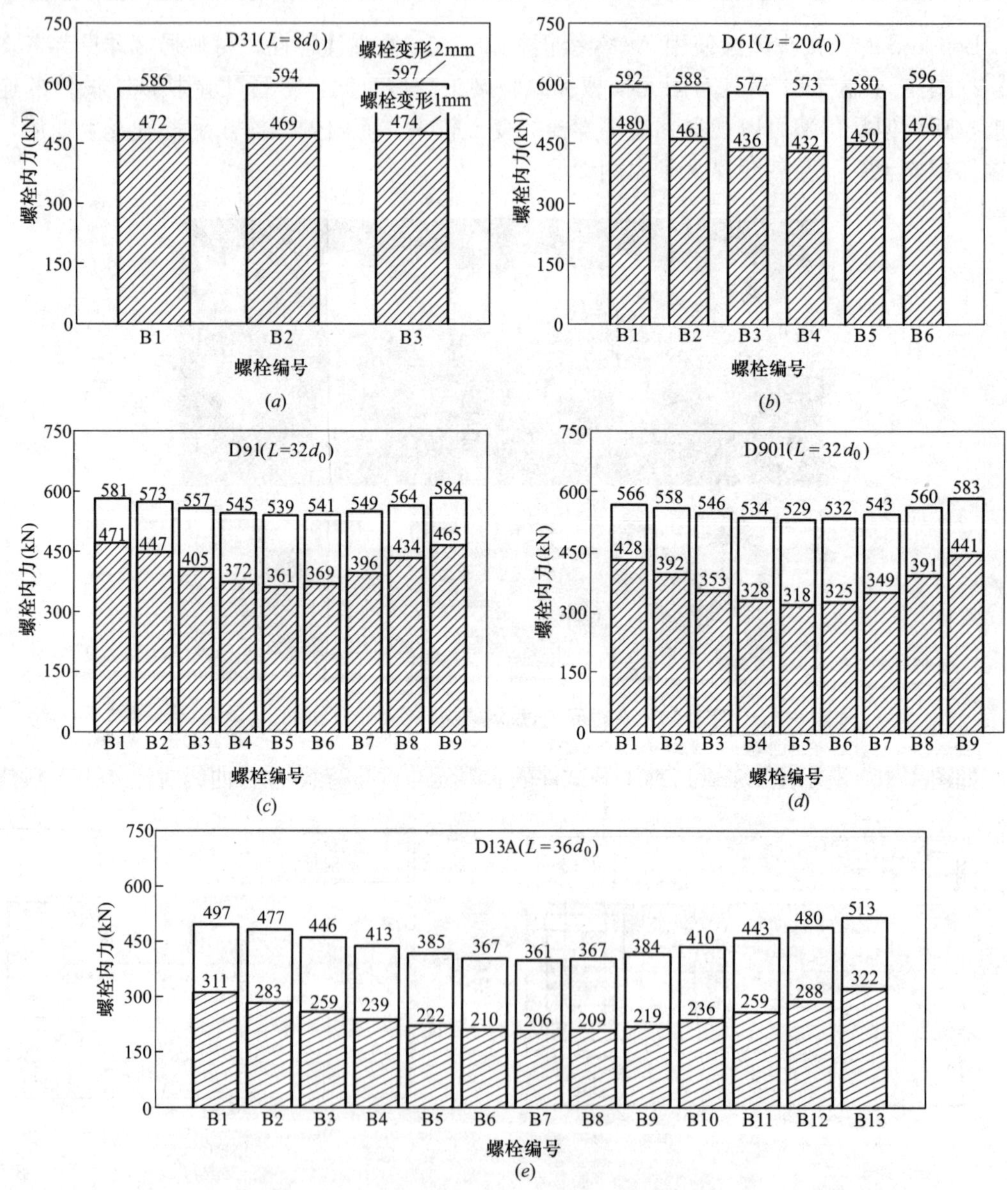

图 4.101　接头长度对螺栓内力分配的影响（一）

（a）D31（$L=8d_0$）；（b）D61（$L=20d_0$）；（c）D91（$L=32d_0$）；（d）D901（$L=32d_0$）；（e）D13A（$L=36d_0$）

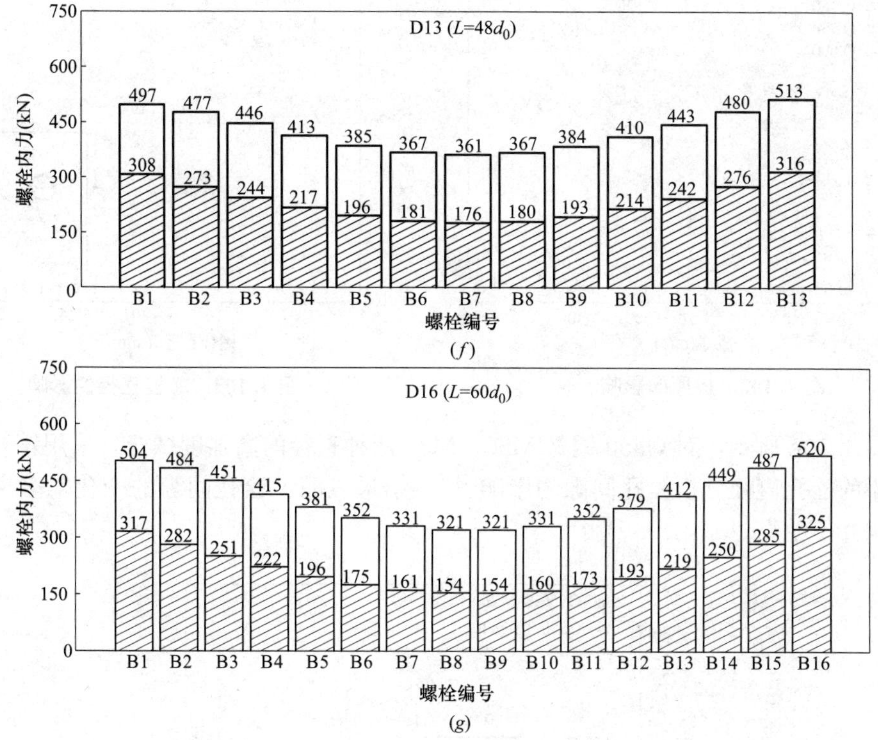

图 4.101 接头长度对螺栓内力分配的影响（二）

(*f*) D13（$L=48d_0$）；(*g*) D16（$L=60d_0$）

以端部螺栓（$B_{n/2}$）变形达到 1mm 和 2mm 为标准，当接头长度为 $8d_0$（D31）时，端部螺栓与内侧螺栓的内力差异不足 1.1%；当接头长度为 $20d_0$（D61 试件）时，内力差异不足 10%；当接头长度为 $32d_0$（D901）时，内力差异可达 28%；当接头长度为 $36d_0$（D13A）时，内力差异可达 36%；当接头长度为 $48d_0$（D13）时，内力差异可达 44%；当接头长度为 $60d_0$（D16 试件）时，内力差异可达 53%。由此可见，接头长度越长，螺栓内力分配越不均匀。比较 D901 试件与 D91 试件的结果，板厚度的变化直接影响螺杆长度的变化，在螺栓变形一定的情况下，最终导致螺栓的内力分配的差异，板厚较小的 D901 试件内力差异略低。同时发现，当接头长度不超过 $36d_0$，以螺栓变形达到 2mm 标准，螺栓之间的内力分配差别不到 30%；当接头长度达到 $36d_0$，以螺栓变形达到 2mm 标准，螺栓的内力从两端往中间逐渐降低，内力差异可达 30%以上。

4.3.4.5 其他参数

如图 4.102 所示，固定端距和边距比值（$e_1=1.5d_0$，$e_2=2d_0$），随着板厚的增加，三种强度等级钢材的名义承压应力基本一致。如图 4.103 所示，用 8mm 厚三种强度等级钢材的钢板来研究螺栓公称直径对承压应力的影响，固定端距和边距比值（$e_1=1.5d_0$，$e_2=2d_0$），采用标准圆孔，研究表明，随着螺栓公称直径的增加，名义承压应力变化不大，且三种强度等级钢材的结果基本保持一致。

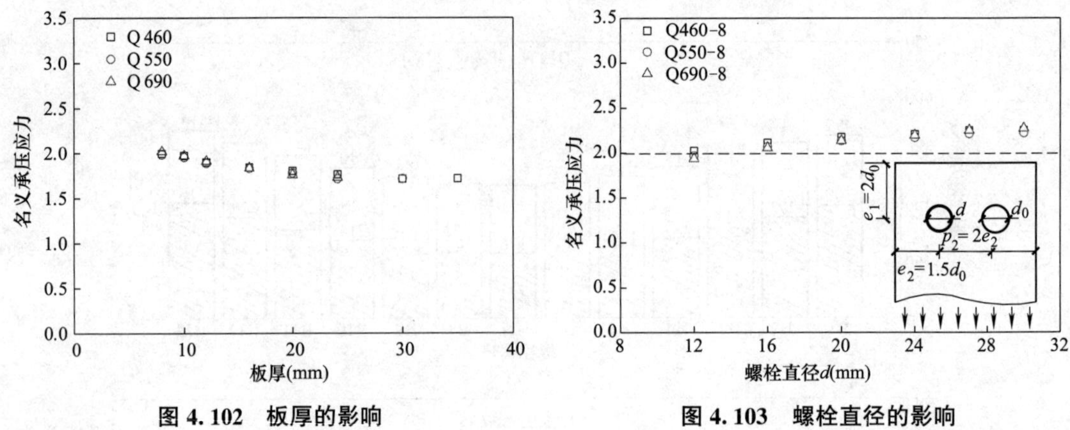

图 4.102　板厚的影响　　　　**图 4.103　螺栓直径的影响**

如图 4.104 所示，对 Q550 钢材 M20、M30 两种直径的高强度螺栓，采用符合规范的不同大小的栓孔直径分析栓孔间隙的影响[30]。结果表明：栓孔间隙的变化对名义承压应力的影响并不明显。

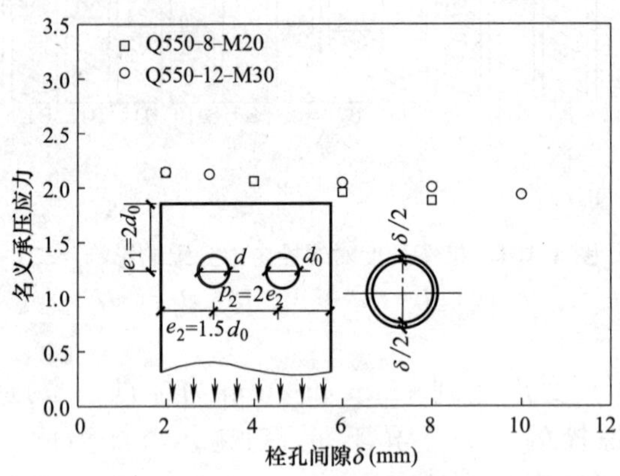

图 4.104　栓孔间隙的影响

4.4　设计建议

4.4.1　承压型连接

在现行规范中，高强度螺栓承压型连接的承压承载力均与钢材的孔壁承压直接相关；其中，中国规范中孔壁承压强度仅与钢材强度和连接类型有关，而欧洲和美国规范需要根据公式计算。欧洲规范考虑了边距和端距的影响，在 $e_2=1.5d_0$ 处为转折点，计算公式如下[50]：

$$\begin{cases} \dfrac{F_{\mathrm{b,Rd}}\gamma_{\mathrm{M2}}}{f_{\mathrm{u}}dt}=\dfrac{e_1}{3d_0}\left(2.8\dfrac{e_2}{d_0}-1.7\right)\leqslant 2.5 & (e_2<1.5d_0) \\ \dfrac{F_{\mathrm{b,Rd}}\gamma_{\mathrm{M2}}}{f_{\mathrm{u}}dt}=2.5\left(\dfrac{e_1}{3d_0}\right) & (e_2\geqslant 1.5d_0) \end{cases} \tag{4.16}$$

式中，$F_{b,Rd}$ 为螺栓的承压承载力设计值；γ_{M2} 为安全系数，取 1.25。

如图 4.105（a）所示，依据 4.3.4.3 节 Q550MPa 钢材的有限元计算结果，按照欧洲规范方法，计算了五种端距情况下的计算曲线（不考虑安全系数）。结果表明：当端距较大时，存在规范计算结果高于有限元计算结果的情况，表明此时螺栓孔的变形已经大于 $d_0/6$。

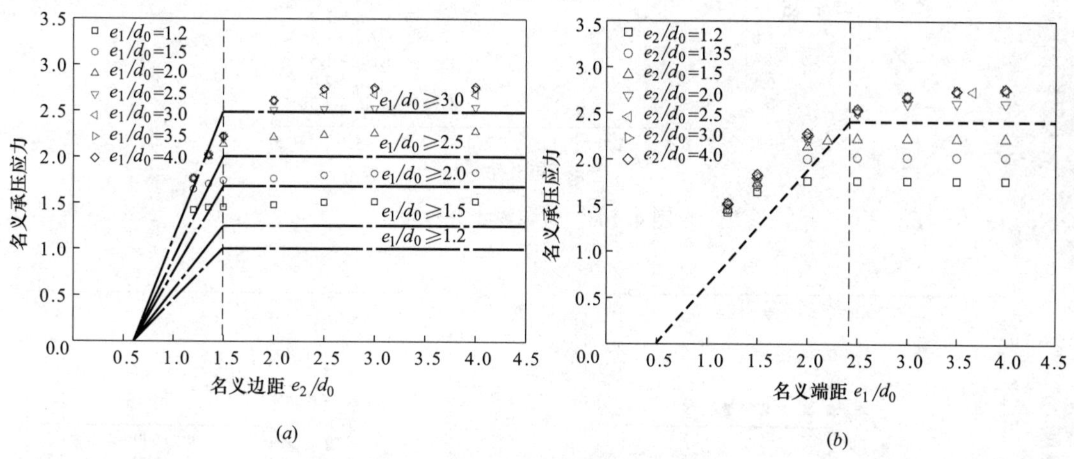

图 4.105　高强度螺栓承压承载力的计算方法

（a）欧洲规范的计算方法；（b）美国规范的计算方法

如图 4.105（b）所示（不考虑安全系数），美国规范设计方法比较简便，仅考虑端距的影响，在荷载作用下，以螺栓孔的变形作为设计参数时，计算公式如下[52]：

$$\phi\frac{R_n}{f_u dt}=\phi\left(1.2\frac{e_1}{d_0}-0.6\right)\leqslant 2.4\phi \tag{4.17}$$

式中，R_n 为螺栓的承压承载力；ϕ 为安全系数，取 0.75。

根据 4.3.4.3 节对 10mm 厚度 Q550 钢板的边距及端距的参数分析结果，分析端边距比（e_1/e_2）与名义承压应力的关系。如图 4.106 所示，当 e_1/e_2 达到 1.47 时，破坏模式由承压破坏转变为净截面破坏，本书依据端边距比提出了高强度钢材螺栓孔壁承压承载力的计算方法，公式如下：

$$\begin{cases}\dfrac{\beta_c f_c^b}{f_u dt}=\left(1.2\dfrac{e_1}{e_2}\right)\left(0.3\dfrac{e_2}{d_0}+0.6\right) & (e_1<1.47e_2)\\[2ex] \dfrac{\beta_c f_c^b}{f_u dt}=1.8\left(0.3\dfrac{e_2}{d_0}+0.6\right) & (e_1\geqslant 1.47e_2)\end{cases} \tag{4.18}$$

式中，根据《钢结构设计标准》GB 50017—2017[1] 关于紧固件连接构造要求，边距（e_1）取最小值（$1.5d_0$）；f_c^b 是中国规范中螺栓连接的承压强度设计值；β_c 是高强度螺栓的承压强度调整系数。如图 4.107 所示，按照式（4.18）计算结果，当端边距比不大于 1.47 时，发生承压破坏，名义承压强度与端边距比线性相关，端边距比大于 1.47 之后，该值大小保持不变。

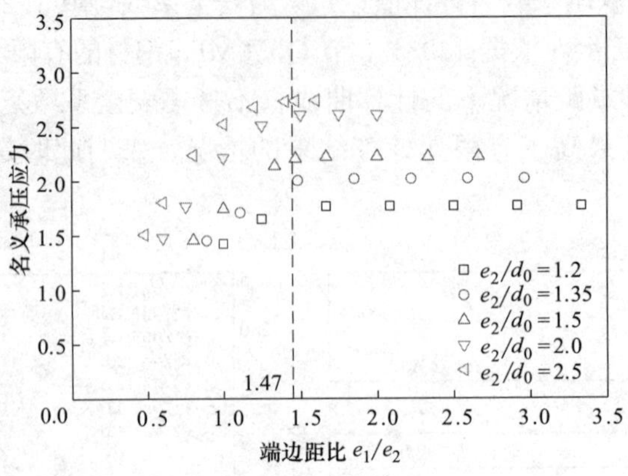

图 4.106　破坏模式分界线

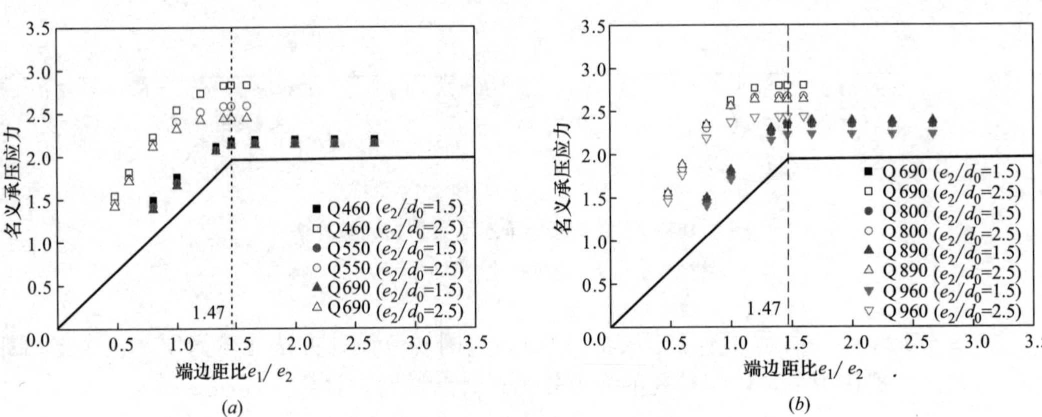

图 4.107　本书建议的方法

(*a*) Q460-Q690 (10mm)；(*b*) Q690-Q960 (6mm)

高强度钢材强度提高后，需要匹配更高强度等级的高强度螺栓以保证连接接头承载力的需求。目前，我国《紧固件机械性能　螺栓、螺钉和螺柱》GB 3098.1—2010[53] 包括了 12.9 级高强度螺栓的产品标准，在机械和电力领域也已经有较广泛应用，因此本书建议在高强度钢材螺栓连接中增加 12.9 级高强度螺栓连接副的设计规定。

高强度螺栓的抗拉强度（f_t^b）、抗剪强度（f_v^b）和抗压强度（f_c^b）设计值参照当前规范方法按照下面三个公式进行换算：

$$f_c^b = 0.48 f_u^b \tag{4.19}$$

$$f_v^b = 0.3 f_u^b \tag{4.20}$$

$$f_c^b = 1.26 f_u \tag{4.21}$$

式中，f_u 是钢材的抗拉强度；f_u^b 是高强度螺栓的抗拉强度最小值。

表 4.52 计算了高强度螺栓承压型连接的强度设计指标。由于高强度钢材螺栓连接接头承载力较大，而普通强度等级螺栓（包括 4.6 级、4.8 级和 5.6 级）的强度指标较低，会增加接头螺栓的数量，因此不建议使用。现行规范中高强度螺栓连接副仅包括 8.8 级和 10.9 级两种，表 4.52 中增加了 12.9 级高强度螺栓的抗拉、抗剪强度，同时还计算了

Q500、Q550、620、Q690 四种牌号钢材高强度螺栓承压型连接的承压强度设计指标。此外，对于不同强度等级钢材的高强度螺栓承压强度设计指标不再按照钢材的厚度进行区分。

高强度螺栓承压型连接的强度设计指标（N/mm^2） **表 4.52**

螺栓的性能等级和构件钢材的牌号		抗拉 f_t^b	抗剪 f_v^b	承压 f_c^b	高强度螺栓的抗拉强度最小值 f_u^b
高强度螺栓连接副	8.8 级	400	250	—	830
	10.9 级	500	310	—	1040
	12.9 级	585	365	—	1220
连接处构件钢材牌号	Q460	—	—	695	—
	Q500	—	—	770	—
	Q550	—	—	845	—
	Q620	—	—	895	—
	Q690	—	—	970	—

依据 4.3.1 节 12.9 级高强度螺栓的抗剪性能（图 4.70）的试验数据分析结果，同时参照欧洲规范和美国规范，建议将高强度螺栓的抗剪强度设计值从 $0.3f_u^b$ 提高到 $0.4f_u^b$，8.8 级、10.9 级、12.9 级高强度螺栓的抗剪强度设计值分别取 $330N/mm^2$、$410N/mm^2$、$485N/mm^2$。需要说明的是，中国规范规定高强度螺栓承压型连接要求施加预拉力，且以上取值标准仍低于欧洲规范和美国规范取值标准。

基于本节单排双盖板两栓接头的有限元分析结果，以现行规范中高强度螺栓承压型连接的承压强度设计指标为参考标准（即以表 4.52 中螺栓的承压强度设计值 $f_c{}^b$ 为标准），利用式（4-18）计算了 10 种端距下高强度钢材高强度螺栓的承压强度调整系数值（β_c），以便于实际工程计算的使用，如表 4.53 所示。表 4.53 中的承压强度调整系数与端距相关，当端距为 $2.25d_0$ 时达到最大值。需要指出的是，根据 4.3.4.2 节有限元参数分析结果，钢材强度等级越低，螺栓的名义承压应力越高，因此表 4.53 中的承压强度调整系数取值也适用于普通强度钢材。

高强度螺栓承压型连接螺栓的承压强度调整系数 β_c 取值 **表 4.53**

端距 e_1	$1.5d_0$	$1.6d_0$	$1.7d_0$	$1.8d_0$	$1.9d_0$	$2d_0$	$2.1d_0$	$2.25d_0$	$2.5d_0$	$4d_0$
β_c	1.00	1.07	1.13	1.20	1.27	1.33	1.40	1.50	1.50	1.50

对于高强度钢材高强度螺栓承压型连接，当按规范进行高强度螺栓的承压承载力验算时，首先需要依据构造中的端距，将表 4.52 中的螺栓承压强度设计指标（f_c^b）乘以表 4.53 中对应的调整系数（β_c）；而对于高强度螺栓同时承受剪力和杆轴方向拉力的承压型连接以及螺栓沿轴向受力的连接长度大于 15 倍螺栓孔径的长接头，现行规范中的设计方法有可能不适用于高强度钢材，需要开展进一步研究。

4.4.2 摩擦型连接

根据已有研究和本研究中的结论，高强度螺栓摩擦型连接的接触面抗滑移系数和单个高强度螺栓预拉力设计值与钢材强度无直接关系，因此可以参照普通强度钢材的设计方法进行计算。

目前，我国规范中同时给出了常规摩擦面的抗滑移系数（μ）和8.8级、10.9级高强度螺栓的预拉力（P）设计值[30]，其中高强度螺栓预拉力（P）设计值的换算公式如下：

$$P=\frac{0.9\times 0.9\times 0.9 f_{u}^{b} A_{s,nom}}{1.2}=0.608 f_{u}^{b} A_{s,nom} \tag{4.22}$$

式中，f_{u}^{b} 是高强度螺栓的抗拉强度最小值；$A_{s,nom}$ 是螺纹公称应力截面积。

依据现行规范的抗滑移系数取值[30]，结合第4章高强度螺栓抗滑移试验结果及表4.44文献调研数据，给出了高强度钢材3种接触面处理方法抗滑移系数建议取值，如表4.54所示，连接处板件接触面的处理方法中增加了喷砂除锈后电弧喷铝，抗滑系数为0.60。

高强度钢材接触面抗滑移系数　　**表4.54**

连接处板件接触面的处理方法	抗滑移系数	
	Q460	Q500、Q550、Q620、Q690
钢丝刷清除浮锈或未经处理的干净轧制面	—	—
抛丸(喷砂)	0.40	0.40
喷硬质石英砂或铸钢棱角砂	0.45	0.45
喷砂除锈后电弧喷铝	0.60	0.60

如表4.55所示，按照式（4.22）计算了七种规格、三种强度等级单个高强度螺栓的预拉力设计值。其中8.8级、10.9级螺栓的预拉力设计值与现行规范保持一致，12.9级螺栓的预拉力设计值为增加的内容。

单个高强度螺栓的预拉力设计值（kN）　　**表4.55**

螺栓的性能等级	螺栓规格						
	M12	M16	M20	M22	M24	M27	M30
8.8级	40	80	125	150	175	230	280
10.9级	55	100	155	190	225	290	355
12.9级	60	115	180	225	260	340	415

参考文献

[1] 中华人民共和国国家标准. 钢结构设计标准 GB 50017—2017 [S]. 北京：中国建筑工业出版社，2018.

[2] Kanvinde A M, Deierlein G G. Micromechanical simulation of earthquake-induced fracture in steel structures [R]. John A. Blume Earthquake Engineering Center, Stanford University, CA, 2004, 145 (4): 83-144.

[3] Wang Y Q, Zhou H, Shi Y Y, et al. Fracture prediction of welded steel connections using traditional fracture mechanics and calibrated micromechanics based models [J]. International journal of steel structures, 2011, 11 (3): 351-366.

[4] 中华人民共和国国家标准. 钢及钢产品力学性能试验取样位置及试样制备 GB/T 2975—1998 [S].

北京：中国标准出版社，1998.

[5] 中华人民共和国国家标准．金属材料拉伸试验　第一部分：室温试验方法 GB/T 228—2010 [S]．北京：中国标准出版社，2011.

[6] 施刚，陈玉峰．基于微观机理的 Q460 钢材角焊缝搭接接头延性断裂研究 [J]．工程力学，2017，34 (4)：13-21.

[7] 中华人民共和国国家标准．金属材料　弹性模量和泊松比试验方法 GB/T 22315—2008 [S]．北京：中国标准出版社，2008.

[8] William D C．Fundamentals of materials science and engineering [M]．New York，John Wiley & Sons，Inc. 2000，167-169.

[9] 中华人民共和国国家标准．金属材料　薄板和薄带　拉伸应变硬化指数（*n* 值）的测定 GB/T 5028—2008 [S]．北京：中国标准出版社，2008.

[10] Kanvinde A M，Deierlein G G．Void Growth model and stress modified critical strain model to predict ductile fracture in structural steels [J]．Journal of structural engineering，ASCE，2006，132 (12)：1907-1918.

[11] 周晖．基于整体-局部模型的钢结构节点断裂与疲劳性能研究 [D]．清华大学，2013.

[12] Liao F F，Wang W，Chen Y Y．Parameter calibrations and application of micromechanical fracture models of structural steels [J]．Structural engineering and mechanics，2012，42 (2)：153-174.

[13] 王伟，廖芳芳，陈以一．基于微观机制的钢结构节点延性断裂预测与裂后路径分析 [J]．工程力学，2014，31 (3)：101-108.

[14] 中华人民共和国国家标准．钢结构焊接规范 GB 506161—2011 [S]．北京：中国建筑工业出版社，2011.

[15] 中华人民共和国国家标准．焊接接头拉伸试验方法 GB/T 2651—2008 [S]．北京：中国标准出版社，2008.

[16] AWS B4. 0-2007．Standard methods for mechanical testing of welds [S]．Miami：ANSI/AWS，2007.

[17] 中华人民共和国国家标准．金属材料焊缝破坏性试验　十字接头和搭接接头拉伸试验方法 GB/T 26957—2011 [S]．北京：中国标准出版社，2011.

[18] 施刚，陈玉峰．高强度钢材焊缝连接试验研究 [J]．工业建筑，2016，47 (7)：47-51.

[19] Kanvinde A M，Gomez I R，Roberts M，et al．Strength and ductility of fillet welds with transverse root notch [J]．Journal of constructional steel research，2009，65 (4)：948-958.

[20] 魏晨熙．Q460 高强度钢材焊缝连接受力性能和计算模型研究 [D]．北京：清华大学，2013.

[21] Shi G，Zhu X，Ban H Y．Material properties and partial factors for resistance of high-strength steels in China [J]．Journal of constructional steel research，2016，121 (4)：65-79.

[22] 朱希．高强度结构钢材材料设计指标研究 [D]．北京：清华大学，2015.

[23] 中华人民共和国国家标准．低合金高强度结构钢 GB/T 1591—2018 [S]．北京：中国标准出版社，2009.

[24] 中华人民共和国国家标准．建筑结构用钢板 GB/T 19879—2015 [S]．北京：中国标准出版社，2016.

[25] 中华人民共和国国家标准．高强度结构用调质钢板 GB/T 16270—2009 [S]．北京：中国标准出版社，2009.

[26] 施刚，石永久，班慧勇．高强度钢材结构 [M]．北京：中国建筑工业出版社，2014.

[27] 潘斌．高强度钢材螺栓连接抗剪承载性能研究 [D]．北京：清华大学，2012.

[28] Može P，Beg D，Lopatic J．Net cross-section design resistance and local ductility of elements made of high strength steel [J]．Journal of constructional steel research，2007，63 (11)：1431-1441.

[29] 王国周，瞿履谦. 钢结构—原理与设计 [M]. 北京：清华大学出版社，1993.

[30] 中华人民共和国行业标准. 钢结构高强度螺栓连接技术规程 JGJ 82—2011 [S]. 北京：中国建筑工业出版社，2011.

[31] Kim H J，Yura J A. The effect of ultimate-to-yield ratio on the bearing strength of bolted connections [J]. Journal of constructional steel research，1999，49 (3)：255-269.

[32] Puthli R，Fleischer O. Investigation on bolted connections for high strength steel members [J]. Journal of constructional steel research，2001，57 (3)：313-326.

[33] Rex C O，Easterling W S. Behavior and modeling of a bolt bearing on a single plate [J]. Journal of the structural division，ASCE，2003，129 (6)：792-800.

[34] Može P，Beg D. High strength steel tension splices with one or two bolts [J]. Journal of Constructional Steel Research，2010，66 (8)：1000-1010.

[35] Može P，Beg D. Investigation of high strength steel connections with several bolts in double shear [J]. Journal of constructional steel research，2011，67：333-347.

[36] 中华人民共和国行业标准. 铁路钢桥保护涂装及涂料供货技术条件 TB/T 1527—2011 [S]. 北京：中国铁道出版社，2011.

[37] 中华人民共和国国家标准. 变形铝及铝合金化学成分 GB/T 3190—2008 [S]. 北京：中国标准出版社，2008.

[38] 中华人民共和国国家标准. 热喷涂　金属和其他无机覆盖层　锌、铝及其合金 GB/T 9793—2012 [S]. 北京：中国标准出版社，2012.

[39] 中华人民共和国国家标准. 涂覆涂料前钢材表面处理 GB/T 8923.1—2011 [S]. 北京：中国标准出版社，2011.

[40] 郝建民，耿刚强，张智龙. 电弧喷涂铝对高强度螺栓摩擦型连接面抗滑移系数的影响 [J]. 长安大学学报，2003，4 (23)：85-87.

[41] 李修良. 对防滑栓接面的复合涂层抗滑移系数的探讨 [J]. 铁道建筑，2007，11：20-21.

[42] 刘宪军，李东文. 电弧喷涂铁路钢桥栓接面防滑耐蚀涂层的试验研究 [J]. 铁道工程学报，2000，2：44-46.

[43] 孟立新. 方箱式栓焊梁钢桥梁连接面增摩涂层的研究 [D]. 天津：天津大学，2004.

[44] 梁涛，杨笑宇，王延东，等. 钢桁架桥梁杆件摩擦面防腐涂层抗滑移性能研究 [J]. 表面技术，2010，5 (39)：42-44.

[45] Takada R，Azuma K，Matsuo S，et al. A slip test of high strength bolted joints with aluminium splayed splice plates [C]// Summaries of technical papers of Annual Meeting Architectural Institute of Japan. C-1，Structures III，Timber structures steel structures steel reinforced concrete structures，2008：647-648.

[46] Kiyoaki H，Kazuhiro S，Souichirou K. Supertal compact city AbenoHarukas [C]// International Symposium on Steel Structures，Korea，2015：32-46.

[47] Kim TS，Kuwamura H，Cho T J. A parametric study on ultimate strength of single shear bolted connections with curling [J]. Thin-walled structures，2008，46 (1)：38-53.

[48] Kim TS，Kuwamura H. Finite element modeling of bolted connections in thin-walled stainless plates under static shear [J]. Thin-walled structures，2007，45 (4)：407-421.

[49] Salih E L，Gardner L，Nethercot D A. Numerical investigation of net section failure in stainless steel bolted connections [J]. Journal of structural engineering，2010，66 (12)：1455-1466.

[50] EN 1993-1-8：2005. Eurocode 3- design of steel structures- part 1-8：design of joints [S]. Brussels：European Committee for Standardization. 2005.

[51] Robert A B, Roger M H, John L R. Long bolted joints [J]. Journal of the structural division, ASCE, 1963, 89 (6): 187-212.

[52] ANSI/AISC 360-16. Specification for structural steel buildings [S]. Chicago: American Institute of Steel Construction. 2016.

[53] 中华人民共和国国家标准. 紧固件机械性能　螺栓、螺钉和螺柱 GB/T 3098.1—2010 [S]. 北京: 中国标准出版社, 2011.

第5章　高强度钢材板式加强型梁柱节点

可靠的梁柱连接节点是充分发挥高强度钢材强度优势、保证高强度钢材钢结构抗震性能的重要前提。本书以应用前景较好的高强度钢材板式加强型梁柱节点为研究对象，针对其抗震性能开展试验研究、数值模拟和理论分析，提出高强度钢材板式加强型梁柱节点的构造建议和抗震设计方法。

5.1　试验研究

5.1.1　试件设计

5.1.1.1　原型框架

依据清华大学土木工程系结构实验室场地条件，设计跨度 5.6m、开间 5.6m、层高 3m 的四层三跨框架，取底层中柱节点进行试验，如图 5.1 所示。原型框架依据我国《钢结构设计规范》GB 50017—2003[1] 设计，并通过《钢结构设计标准》GB 50017—2017[2] 和《建筑抗震设计规范》GB 50011—2010[3] 进一步验算，梁和柱均采用焊接工字形截面，抗震设计条件为北京地区 8 度（0.2g）设防，Ⅱ类场地，设计地震分组为第一组。各层的楼面及屋面的恒荷载和活荷载的标准值分别按 $6kN/m^2$ 和 $2kN/m^2$ 取值[4,5]。设计中考虑三种承载力极限状态的荷载组合，分别为 $1.2S_D+1.4S_L$，$1.35S_D+1.4\times0.7S_L$ 和 $S_D+0.5S_L+1.3S_{Eh}$。这里 S_D、S_L 和 S_{Eh} 分别为恒荷载标准值、活荷载标准值和水平地震作用标准值下的结构效应。在进行考虑地震作用的荷载组合下构件强度验算和稳定性验算时，构件的承载力抗震调整系数分别取 0.75 和 0.80[3]。

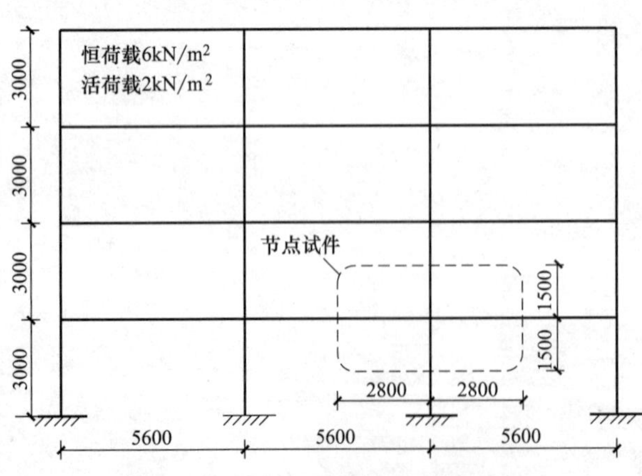

图 5.1　节点试件的原型框架示意图

在框架设计时，Q345 和 Q460 钢材的材料强度指标依《钢结构设计标准》GB 50017—2017[3] 取值；Q890 钢材目前尚无可参考的材料强度设计指标，因此在设计时根据已有研究中对 Q550 以上材料强度分项系数的取值建议[6]，按照设计强度为 810MPa 考虑。按照抗震规范规定，该原型框架结构应满足三级框架的构造要求[3]；但是，由于目前规范中构件的板件宽厚比限值对于 Q890 钢材过于严格[7]，同时受限于试验中可用的钢板规格，采用 Q890 钢材的钢柱无法实现抗震构造中的板件宽厚比要求[3,8]。在本次试验设计的原型框架中，除采用 Q890 钢材的钢柱外，其余构件的截面均满足三级框架构件的宽厚比要求。

各框架的设计结果和主要验算结果见表 5.1，框架编号由梁钢材牌号（B345 或 B460）及柱钢材牌号（C345、C460 或 C890）组成。由于在实际结构中楼板对梁有侧向约束作用，所以对梁仅验算其抗弯承载力[2]，对柱则按照规范要求验算其面内和面外稳定性，各构件的承载力均满足设计要求。此外，荷载标准组合下各框架中梁的最大挠度和水平地震作用下框架最大层间位移角分别不超过 $L/400$ 和 1/250，满足变形限值要求[2,3]。表 5.1 还给出了考虑地震的荷载组合作用下底层柱的轴力设计值 N_p，作为试验中柱轴力的取值依据。

试件原型框架设计结果和验算结果 **表 5.1**

框架编号	梁钢材	梁截面	柱钢材	柱截面	梁应力比	柱应力比	挠度	层间位移角	N_p(kN)
B345-C345	Q345	H320×150×10×12	Q345	H360×170×12×14	0.945	0.726	$L/883$	1/348	858
B345-C460	Q345	H320×150×10×12	Q460	H360×170×10×10	0.978	0.854	$L/844$	1/309	864
B460-C460	Q460	H320×120×10×10	Q460	H360×170×10×10	0.921	0.857	$L/664$	1/263	858
B460-C890	Q460	H320×120×10×10	Q890	H360×190×6×6	0.968	0.879	$L/621$	1/253	866

5.1.1.2 主要参数

为了综合分析不同构造参数对高强钢板式加强型梁柱节点抗震性能的影响，针对表 5.1 中的每种材料强度组合的钢框架分别设计了 1 组 CP 节点试验和 1 组 FP 节点试验，共进行 4 组 CP 节点试验和 4 组 FP 节点试验。节点试件在原型框架中的位置见图 5.1，将图中标示的部分定义为“节点试件子结构”，其中柱高 $H=3.0$m，取为一层柱和二层柱中点之间的部分；每侧取半跨梁，两侧加载点间距即为原型试件的梁跨度 $L=5.6$m。每组试件包含两个构件材料和截面相同的十字形足尺节点试件，选择一个节点构造参数作为该组试件中变化的参数；除所选择的参数外，每组中两个试件的其他节点构造参数均相同。

本次试验中选取的主要节点构造参数如下。

(1) 加强系数

为了表示所采取的加强措施对节点承载力的提高程度，定义柱表面处的梁截面弯矩和加强板末端的梁截面弯矩之比为加强系数 ξ_s[9]，如图 5.2 所示。该系数表示采用加强构造后塑性铰外移引起的柱表面处梁截面抗弯承载力需求的提高程度，可由式（5.1）计算。

$$\xi_s=\frac{L-h_c}{L-h_c-2l_p} \tag{5.1}$$

式中，L 为柱间距（即梁跨度）；h_c 为柱截面高；l_p 为加强板长。

为了保证塑性铰充分发展、减小连接位置的开裂风险，还需要保证加强后柱表面焊缝截面的承载力 $M_{pbc}>\xi_s M_{pb}$，见图 5.2。在板式加强型节点中，基于该承载力要求可以确定加强板的最小厚度。

从式（5.1）可看出，加强系数与梁的净跨和加强板的长度直接相关。目前，《高层民用建筑钢结构技术规程》JGJ 99—2015[8] 中给出了板式加强型节点的构造示意图，其中

CP 节点的建议加强板长度为（0.5～0.75）h_b，FP 节点的建议加强板长度为（0.5～0.8）h_b。本书在 B460-C890 系列试件中对比 $\xi_s=1.10$ 和 $\xi_s=1.06$ 两种情况，对应 l_p 分别为 240mm 和 140mm（对应 $0.75h_b$ 和 $0.44h_b$），以研究加强系数对节点性能的影响；其余系列试件中均取 $\xi_s=1.10$。

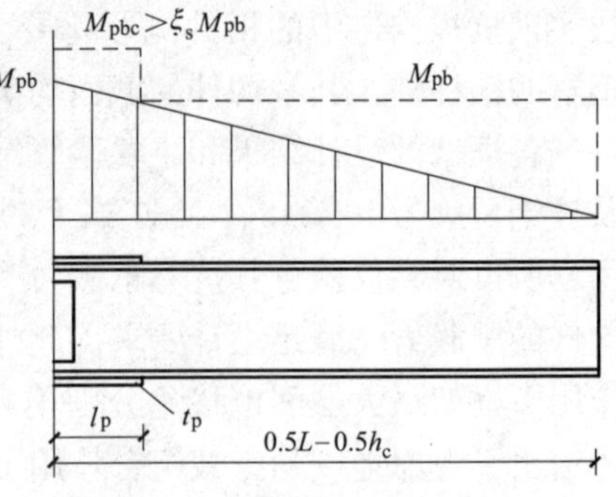

图 5.2　加强系数 ξ_s 示意图

确定加强系数后，可以按式（5.2）验算节点的"强柱弱梁"系数 α_{scwb}[3,4]。

$$\alpha_{scwb}=\frac{\sum W_{pc}\left(f_{yc}-\frac{N_p}{A_c}\right)}{\sum(\eta W_{pb}f_{yb}+V_{pb}l_p)} \tag{5.2}$$

式中，η 为强柱系数，对于三级框架取为 1.05[3]；W_{pc} 为节点处柱截面的塑性截面模量；W_{pb} 为未加强的梁塑性截面模量；N_p 为考虑地震的荷载组合下的柱轴力设计值；A_c 为柱截面面积；V_{pb} 为梁塑性铰处达到塑性弯矩时梁内的剪力。各试件中的构件设计均满足 $\alpha_{scwb}>1$，满足我国抗震规范的"强柱弱梁"要求。

（2）节点域强度系数

我国《建筑抗震设计规范》GB 50011—2010（2016 年版）规定，钢框架节点域的承载力应大于折减后的梁端截面的塑性弯矩之和[3]，据此定义节点域强度系数 α_{pz}[4]，由式（5.3）计算。

$$\alpha_{pz}=\frac{\frac{4}{3}h_{pz}(h_c-t_{cf})t_{pz}f_{vy.pz}}{\psi\sum(W_{pb}f_{yb}+V_{pb}l_p)} \tag{5.3}$$

式中，h_{pz} 为节点域上下两个水平加劲肋厚度中面的间距；t_{cf} 为柱翼缘厚；t_{pz} 为节点域厚（采用补强板时计入补强板厚）；$f_{vy.pz}$ 为节点域钢材的抗剪屈服强度，取为抗拉屈服强度的 0.58 倍；ψ 为折减系数，对于三级框架取为 0.6。α_{pz} 越大，表明节点域相对于梁越强。各试件的节点设计均满足 $\alpha_{pz}>1$，满足我国抗震规范对节点域强度的要求。

但是，研究表明在焊接节点中节点域的强度并不是越高越好，因为节点域的屈服耗能可在一定程度上提高框架的延性[10-14]。为此，FEMA-355D 中提出了"平衡设计"的概念和方法[15]。基于 FEMA-355D 中的平衡设计方法，定义节点域平衡设计系数 β_{pz}，由式（5.4）计算。β_{pz} 越大，表明节点域相对于梁越强。为满足 FEMA-355D"平衡设计"的要求，应有 $1.11<\beta_{pz}<1.67$。

$$\beta_{pz}=\frac{0.55f_{y.pz}h_c t_{pz}(h_b+2t_p)}{\frac{L}{L-2h_c-2l_p}\frac{H-h_b-2t_p}{H}\sum W_{pb}f_{yb}} \tag{5.4}$$

式中，H 为柱高，t_p 为加强板的板厚。

由于 β_{pz} 对梁的承载力未进行折减，FEMA-355D 中的平衡设计要求比我国抗震规范的要求更严格，且差异较大。但是，由于 FEMA-355D 提出的平衡设计要求并没有足够的中柱节点研究成果支撑，所以尚不能确定其对中柱节点的适用性。本次试验中 B460-C460 系列试件和 B460-C890 系列试件均满足平衡设计要求，B345-C460 系列试件不满足平衡设计要求，而 B345-C345 系列试件中则对比 $1.11<\beta_{pz}<1.67$ 和 $\beta_{pz}<1.11$ 两种情况，以分

析节点域强度系数影响。

(3) 腹板连接方式

本次试验节点的腹板连接方式采用高强度螺栓摩擦型连接。为避免试验中发生腹板连接破坏，按梁内剪力为 V_{pb} 且均由剪切板承担进行抗剪设计，并依据剪切板截面惯性矩与梁端截面总惯性矩的比例考虑剪切板承担的弯矩 M_s[3,8]，进而分别按式 (5.5)[2] 和式 (5.6)[16] 验算弯剪作用下剪切板与柱翼缘间的角焊缝和螺栓连接的承载力：

$$\sqrt{\left(\frac{M_s h_s}{2I_s \beta_f}\right)^2+\left(\frac{V_{pb}}{h_s t_s}\right)^2}\leqslant f_f^w \tag{5.5}$$

$$\sqrt{\left(\frac{V_{pb}}{n}\right)^2+\left(\frac{M_s-V_{pb}s_0}{\sum y_i^{\ 2}}y_1\right)^2}\leqslant N_v^b \tag{5.6}$$

式中，h_s、t_s 和 I_s 分别为剪切板与柱翼缘间角焊缝的有效长度、计算厚度和有效截面惯性矩；f_f^w 为角焊缝强度设计值；β_f 为正面角焊缝强度设计值增大系数[2]，验算时取 1.22；n 为受剪螺栓数量；s_0 为螺栓中心所在截面与柱表面的间距；y_i 为第 i 颗螺栓与螺栓群几何中心之间在竖直方向上的距离；N_v^b 为一个高强度螺栓的抗剪承载力[16]。

本次试验中，所有节点统一采用 200mm×90mm 剪切板，厚度和材料与梁腹板相同；剪切板与梁腹板之间采用 3 颗 10.9 级 M20 高强度螺栓，单个螺栓的预紧力为 155kN[2]。经验算，各试件节点均满足（5.5）和式（5.6）的要求。

腹板仅采用高强度螺栓连接是一种便于施工的构造，但现有研究指出腹板的螺栓连接仅在翼缘发展很大塑性应变情况下才能比较充分地传递剪力[15]，因此腹板仅采用高强度螺栓连接时可能引起焊缝位置的次生弯矩，加剧焊缝的不利受力状态。为此国外已有部分学者对全焊接节点进行了研究，并形成一种可应用于抗震设计的推荐节点构造，即非加强型翼缘焊接-腹板焊接节点（WUF-W 节点）[17,18]。WUF-W 节点中仍需要采用剪切板，使用安装螺栓将梁定位后再进行剪切板与梁腹板或柱翼缘与梁腹板间的焊接。国外部分研究表明，采用腹板高强度螺栓连接的构造中，在剪切板与梁腹板之间增加补强角焊缝也可有效改善腹板传剪性能[19]，但国内尚缺乏对采用补强角焊缝的节点性能的充分研究。本次试验在 B345-C460 系列试件中分析设置或不设置腹板补强角焊缝对节点性能的影响，其余试件则均不设置补强角焊缝。

(4) 节点过焊孔形式

过焊孔是保证现场焊接质量的重要构造，但由于过焊孔通常存在几何突变，趾部易出现应力集中，是开裂风险较高的区域[15]。为改善过焊孔趾部附近的应力状态，目前国内外已有多种不同的改进型过焊孔，见图 5.3。图 5.3（*a*）为 FEMA-350 中提出的推荐过焊孔形式[20]，也是美国钢结构抗震规范（ANSI/AISC 341-16）中的推荐构造[21]；图 5.3（*b*）为美国钢结构设计规范（ANSI/AISC 360-16）中给出的可选孔形之一[17]，是在 FEMA-355D 推荐构造基础上的改进形式[15]；图 5.3（*c*）为我国《建筑抗震设计规范》GB 50011—2010（2016 年版）推荐的过焊孔形式[3]；图 5.3（*d*）为我国《高层民用建筑钢结构技术规程》JGJ 99—2015 推荐的改进过焊孔形式[8]。

图 5.3（*c*）～（*d*）为依据我国规范可直接采用的过焊孔；国外研究表明图 5.3（*a*）中的过焊孔（以下称为“过焊孔 A”）可有效降低应力集中，但因在我国缺少相关研究，

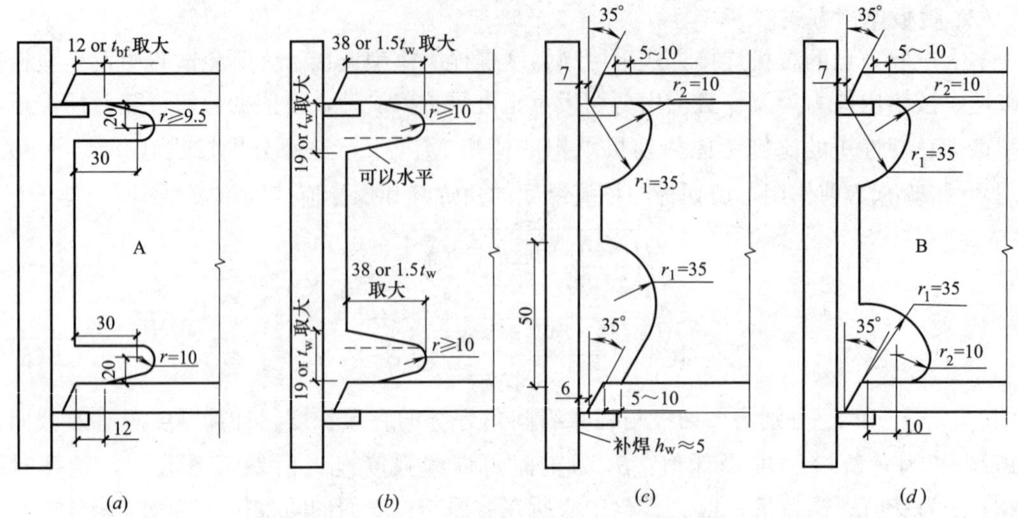

图 5.3　过焊孔形状示意图[2,8,17,20,21]（单位：mm）

（*a*）FEMA-350 过焊孔；（*b*）AISC 360 过焊孔；（*c*）GB 50011 过焊孔；（*d*）JGJ 99 改进型过焊孔

因此规范规定采用过焊孔 A 时应进行试验验证[8]。本次试验在 CP 节点试件中对采用过焊孔 A 的节点性能进行验证，为过焊孔 A 在我国的应用提供依据；同时在 B460-C460 系列 CP 节点试件中分析采用过焊孔 A 和图 5.3（*d*）中的过焊孔（以下称为“过焊孔 B”）对节点性能的影响。在 FP 节点中由于梁翼缘端部并不直接向柱翼缘传力，过焊孔处理论上并不会出现显著应力集中，所以过焊孔形状对 FP 节点性能的影响可能较小，因此 FP 节点试件中均采用过焊孔 A。

(5) 加强板角焊缝布置方式

在板式加强型梁柱节点中，加强板与梁翼缘之间需通过角焊缝连接。对于 CP 节点，通常采用两条纵向角焊缝和一条横向角焊缝，即三面焊[8]，如图 5.4（*a*）、（*b*）所示。对于 FP 节点，则可以采用两条纵向角焊缝和一条横向角焊缝，即三面焊，如图 5.4（*c*）所示；或两条纵向角焊缝和两条横向角焊缝，即四面焊[8]，如图 5.4（*d*）所示。为避免加强板与梁翼缘之间的焊缝发生破坏，在试件的节点设计时保证每块加强板的角焊缝在梁轴向的承载力之和不小于单个加强板的纵向受拉承载力，据此确定角焊缝数量和焊脚尺寸。

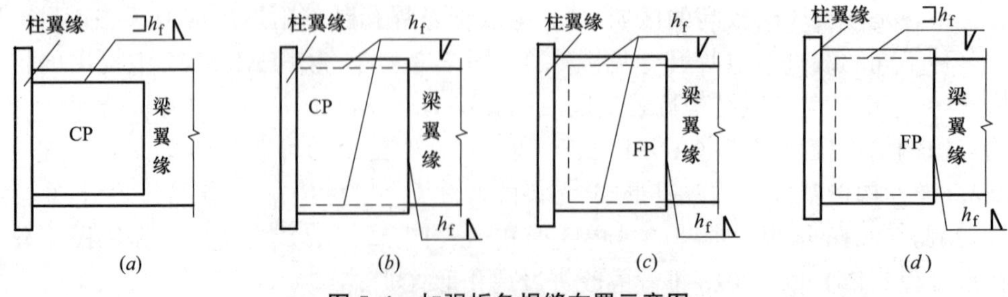

图 5.4　加强板角焊缝布置示意图

（*a*）CP 节点上翼缘；（*b*）CP 节点下翼缘；（*c*）FP 节点三面角焊缝构造；（*d*）FP 节点四面角焊缝构造

本次试验中对 CP 节点均采用三面焊构造，对 FP 节点则根据对焊缝承载力的需求，在 B345-C345 和 B345-C460 系列试件中采用三面焊构造，在 B460-C890 系列试件中采用四面焊构造，在 B460-C460 系列试件中对比三面焊和四面焊构造对节点性能的影响。

(6) 焊缝强度匹配

在高强钢框架应用过程中常采用强度相对较高的柱、强度相对较低的梁，以提高框架的延性和抗震性能[4,22]，设计中一般需要强度相对较低的梁先屈服。由于随着强度的提高焊缝的韧性还会有所降低[23]，为避免焊缝的韧性低于母材的韧性而增大断裂风险，在强度等级不同的钢材之间焊接时应选择与强度较低的钢材相匹配的焊缝。在 CP 节点中，梁翼缘和加强板与柱翼缘之间通过一道对接焊缝连接，故在试件中加强板与梁翼缘采用相同强度等级的材料，加强板与梁翼缘间的角焊缝强度、现场对接焊缝强度均与梁翼缘强度匹配。在 FP 节点中，现场对接焊缝仅连接加强板与柱翼缘，故在梁与柱采用不同强度等级的钢材时，可通过选择加强板强度来调整现场对接焊缝强度和加强板与梁翼缘间角焊缝的强度。

在设计的四组原型框架中，有两组梁、柱钢材强度等级不同的钢框架，即 B345-C460 和 B460-C890。本次试验中，在 B345-C460 系列的 FP 节点试件中，加强板采用 Q460 钢材，加强板与 Q345 钢梁翼缘间的角焊缝与 Q345 钢材匹配，现场对接焊缝与 Q460 钢材匹配；在 B460-C890 系列的 FP 节点试件中，加强板采用 Q460 钢材，加强板与梁翼缘间的角焊缝与 Q460 钢材匹配，加强板与 Q890 钢柱翼缘间的现场对接焊缝与 Q460 钢材匹配。通过上述两种不同的强度匹配方式，探究加强板强度选取及焊缝强度匹配方式对节点性能的影响。

(7) 梁柱现场对接焊缝的衬板形式

在钢框架翼缘焊接梁柱节点中，梁翼缘与柱翼缘之间的全熔透焊缝通常需要现场焊接，为了提供现场焊接条件需要设置焊接衬板。已有研究表明，焊接衬板与柱翼缘之间的贴合面是现场焊接中的人工裂缝，可能对焊缝的性能产生影响，而采用焊接后摘除衬板、清根补焊的方式可以有效消除这一影响。但是，摘除衬板后清根补焊的工艺成本较高，处理耗时长。考虑到本次试验的加强型节点构造本身即具有改善焊缝受力状态、减小焊缝开裂风险的作用，所以采用两种相对简化的处理方式：一是使用陶瓷衬板[23]，焊接后将衬板摘除，但不进行清根补焊，在 B345-C345 和 B345-C460 系列试件中采用该处理方式；二是使用钢衬板，焊接后衬板保留，但在钢衬板与柱翼缘之间补焊一道角焊缝，在 B460-C460 和 B460-C890 系列试件中采用该处理方式。

5.1.1.3 设计试件列表

基于 5.1.1.1 节中原型框架的构件截面，并考虑所讨论的各项节点构造参数，设计得到 16 个十字形板式加强型梁柱节点试件，包括 8 个 CP 节点和 8 个 FP 节点，见表 5.2。表中各试件的节点编号由原型框架编号（即梁和柱钢材强度等级）、节点类型（CP 节点或 FP 节点）及序号（1 或 2）组成，f_{yp} 为加强板的屈服强度，其余各符号的含义见 5.1.1.2 节。

CP 节点和 FP 节点试件的构造示意图分别见图 5.5 和图 5.6。

设计节点试件列表　　　　**表 5.2**

节点编号	过焊孔	腹板补强焊缝	角焊缝布置	f_{yp} (MPa)	l_p (mm)	ξ_s	t_p (mm)	h_f (mm)	$M_{p.bc}/\xi_s M_{p.b}$	t_{pz} (mm)	α_{pz}	β_{pz}	α_{scwb}
B345-C345-CP1	A	无	三面	345	240	1.10	12	7	1.47	12	1.01	0.59	1.03
B345-C345-CP2	A	无	三面	345	240	1.10	12	7	1.47	24*	2.02	1.17	1.03
B345-C460-CP1	A	无	三面	345	240	1.10	12	7	1.47	14*	1.59	0.91	1.04
B345-C460-CP2	A	有	三面	345	240	1.10	12	7	1.47	14*	1.59	0.91	1.04
B460-C460-CP1	A	无	三面	460	240	1.10	10	6	1.32	20*	2.21	1.29	1.02
B460-C460-CP2	B	无	三面	460	240	1.10	10	6	1.32	20*	2.21	1.29	1.02
B460-C890-CP1	A	无	三面	460	240	1.10	10	6	1.32	12**	2.59	1.49	1.36
B460-C890-CP2	A	无	三面	460	140	1.06	10	9	1.38	12**	2.69	1.59	1.41
B345-C345-FP1	A	无	三面	345	240	1.10	14	9	1.05	12	1.05	0.59	1.03
B345-C345-FP2	A	无	三面	345	240	1.10	14	9	1.05	24*	2.10	1.19	1.03
B345-C460-FP1	A	无	三面	460	240	1.10	10	9	1.06	14*	1.65	0.92	1.04
B345-C460-FP2	A	有	三面	460	240	1.10	10	9	1.06	14*	1.65	0.92	1.04
B460-C460-FP1	A	无	三面	460	240	1.10	12	8	1.03	20*	2.26	1.30	1.02
B460-C460-FP2	A	无	四面	460	240	1.10	12	6	1.03	20*	2.26	1.30	1.02
B460-C890-FP1	A	无	四面	460	240	1.10	12	6	1.03	12**	2.68	1.51	1.36
B460-C890-FP2	A	无	四面	460	140	1.06	12	8	1.07	12**	2.78	1.58	1.41

注：* 表示通过节点域及其上下 150mm 范围内局部应用较厚腹板以加厚节点域；* * 表示通过节点域及其上下 150mm 范围内局部贴板以加厚节点域[2,3]。

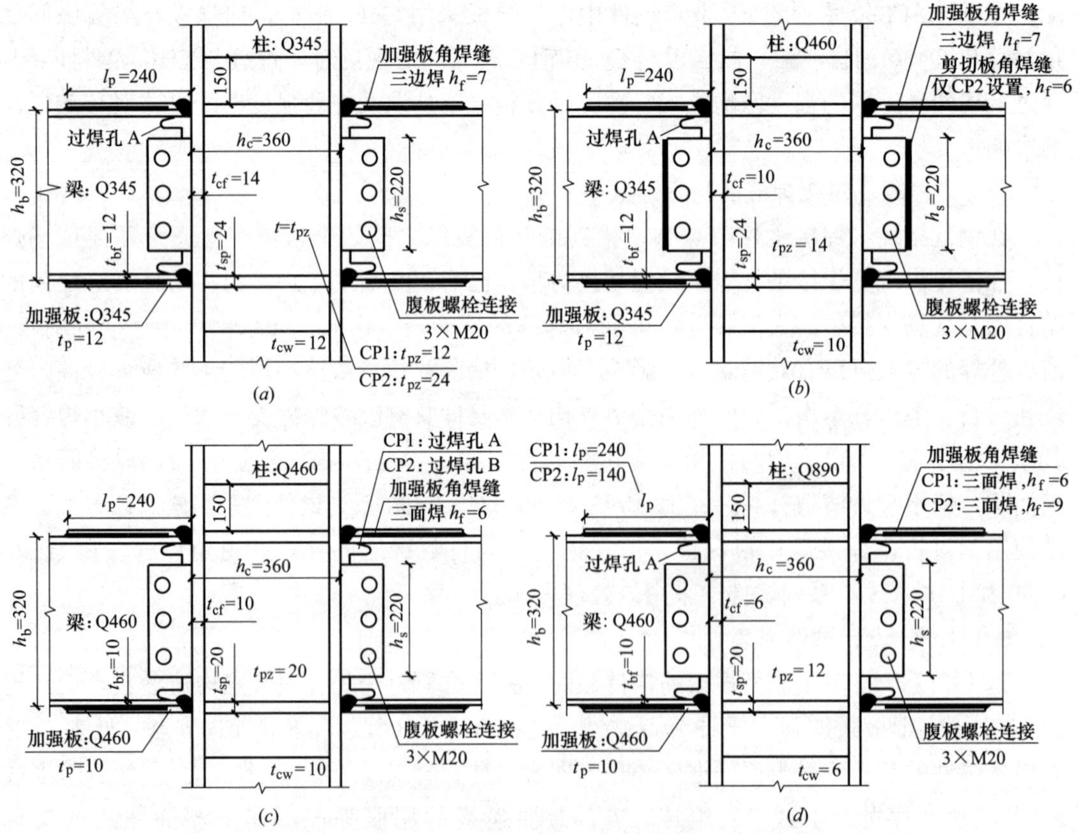

图 5.5　CP 节点试件构造示意图（标注单位：mm）

(*a*) B345-C345-CP；(*b*) B345-C460-CP；(*c*) B460-C460-CP；(*d*) B460-C890-CP

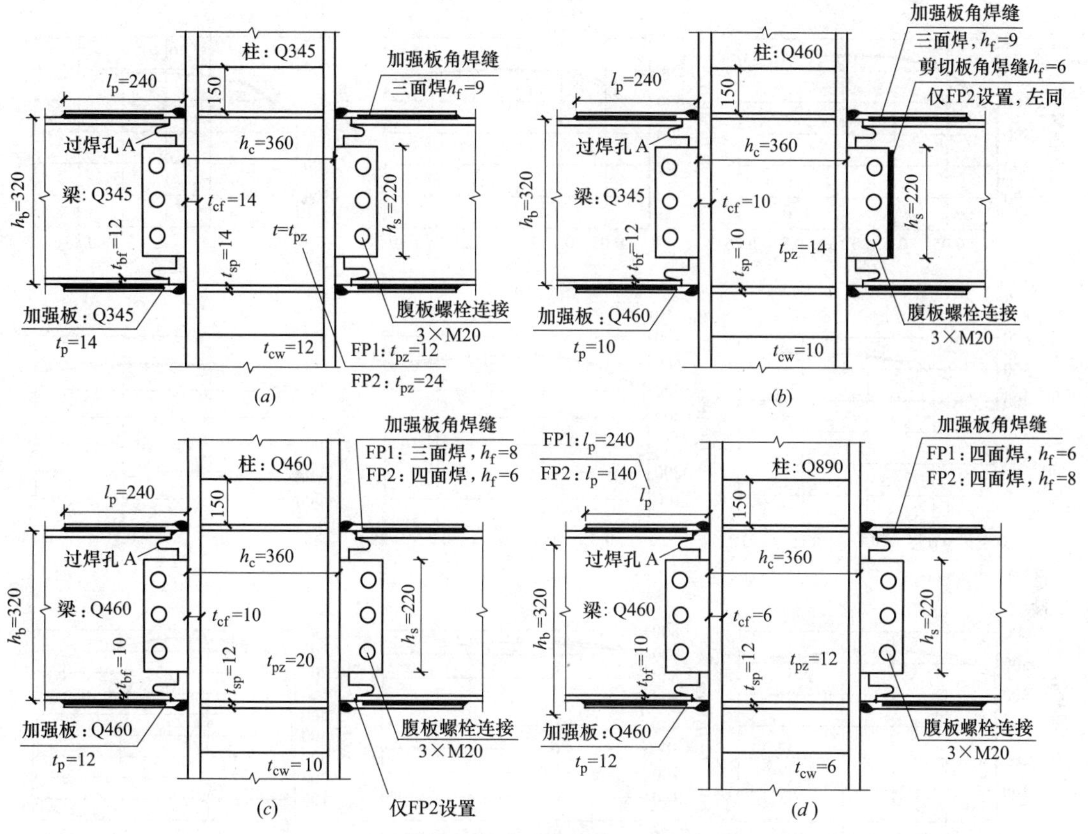

图 5.6　FP 节点试件构造示意图（标注单位：mm）

(*a*) B345-C345-FP；(*b*) B345-C460-FP；(*c*) B460-C460-FP；(*d*) B460-C890-FP

5.1.1.4　材料性能

针对试件中用到的不同强度等级或不同厚度的 9 种钢板均按规范要求加工 3 个材性试件[24]，通过单轴拉伸试验测得各板材的主要材料性能指标[24,25]，详见表 5.3。表中，t_{nom} 为相应板材名义厚度；t_r 为相应板材实测厚度；E 为杨氏模量；f_y 和 f_u 分别为实测的屈服强度（对于无明显屈服平台的 Q890 钢材取为塑性应变 0.2%对应的条件屈服强度）和抗拉强度；ε_{st} 为屈服平台末端应变（对于无明显屈服平台的 Q890 钢材未给出）；ε_m 为应力等于 f_u 时的应变；A 为断后伸长率；ν 为泊松比。上述各值均取三个材性试件试验结果的平均值。各类钢材应力-应变曲线见图 5.7。

本次试验中采用的牌号为 Q890 的钢板为试制钢板。从表 5.3 的结果可看出该钢板无法达到 Q890 钢板的规定强度[26]。因取自该钢板的三个拉伸试验试件所得屈服强度的最小值不低于 730MPa，所以在实际试验中将涉及原 Q890 牌号的钢材改记为“C730 钢材”。

基于表 5.3 的材料性能和实测的各试件截面尺寸，将表 5.2 中各试件的实际性质列于表 5.4。从图 5.4 中可看出，由于试件加工误差和钢材实际强度的差异，其中 9 个试件的实际构造参数不能满足“强柱弱梁”要求，试件 B345-C345-CP1 和试件 B345-C345-FP1 尚不能满足预定的节点域强度系数范围要求，但与相应要求的差距幅度均很小。在后续试验结果分析中将以表 5.4 为节点试件的分析依据。

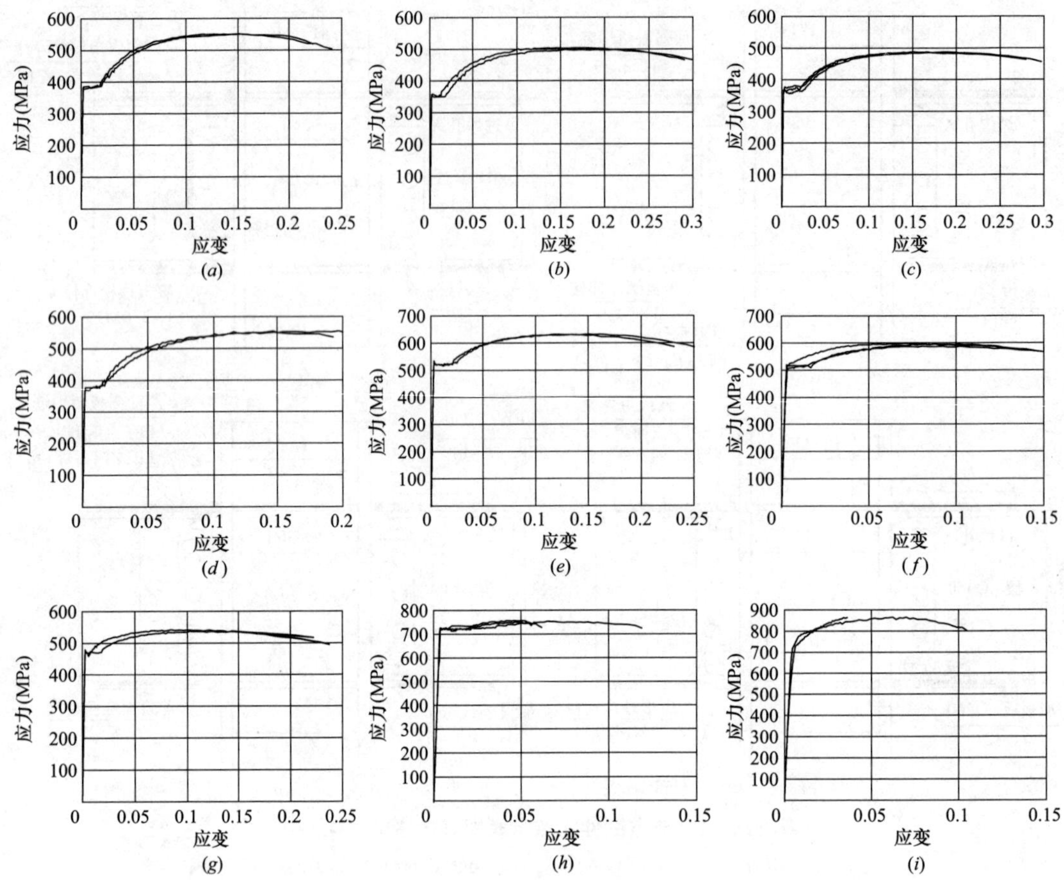

图 5.7　试验试件中钢材的应力应变曲线

(a) 10mm 厚 Q345；(b) 12mm 厚 Q345；(c) 14mm 厚 Q345；(d) 24mm 厚 Q345；(e) 10mm 厚 Q460；(f) 12mm 厚 Q460；(g) 14mm 厚 Q460；(h) 20mm 厚 Q460；(i) 6mm 厚 Q890 (C730)

钢材主要材料性能指标　　**表 5.3**

强度等级	t_{nom}(mm)	t_r(mm)	E(MPa)	f_y(MPa)	f_u(MPa)	ε_{st}	ε_m	A(%)	ν
Q345	10	9.75	195525	378.3	548.3	0.0176	0.136	27.1	0.287
	12	11.86	212453	351.8	502.7	0.0170	0.151	31.0	0.282
	14	13.82	201882	365.8	486.6	0.0216	0.161	27.3	0.283
	24	24.45	187867	365.1	538.1	0.0132	0.141	29.6	0.281
Q460	10	10.72	204013	513.6	629.3	0.0218	0.119	23.7	0.285
	12	11.89	187295	515.2	593.8	0.0118	0.079	22.0	0.287
	14	14.18	193837	460.8	539.5	0.0148	0.115	26.9	0.281
	20	20.12	203904	716.6	753.9	0.0214	0.051	20.5	0.274
Q890(C730)	6	5.86	192220	771.0	882.1	—	0.048	12.4	0.293

实际节点试件性质列表 表 5.4

节点编号	l_{pr} (mm)	ξ_{sr}	$M_{pr.b}$ (kN·m)	$t_{pz.r}$ (mm)	α_{pzr}	β_{pzr}	μ_{pzr}	α_{scwbr}
B345-C345-CP1	245.0	1.10	268.0	11.86	0.98	0.51	0.68	1.00
B345-C345-CP2	247.0	1.10	269.7	24.45	2.07	1.08	1.44	0.99
B345-C460-CP1	245.3	1.10	268.7	14.18	1.52	0.79	1.06	1.18
B345-C460-CP2	246.5	1.10	270.1	14.18	1.51	0.78	1.05	1.18
B460-C460-CP1	242.0	1.10	327.7	20.12	2.74	1.41	1.96	0.98
B460-C460-CP2	246.0	1.10	328.6	20.12	2.73	1.41	1.96	0.97
B460-C730-CP1	245.2	1.10	322.4	11.72	1.72	0.87	1.23	0.97
B460-C730-CP2	144.1	1.06	322.5	11.72	1.83	0.93	1.31	1.03
B345-C345-FP1	248.2	1.10	268.4	11.86	0.98	0.52	0.68	0.99
B345-C345-FP2	242.1	1.10	271.3	24.45	2.09	1.10	1.45	0.99
B345-C460-FP1	241.1	1.10	268.3	14.18	1.53	0.79	1.06	1.22
B345-C460-FP2	242.5	1.10	264.7	14.18	1.52	0.78	1.05	1.20
B460-C460-FP1	242.8	1.10	327.3	20.12	2.77	1.43	1.98	0.97
B460-C460-FP2	241.2	1.10	325.5	20.12	2.73	1.41	1.95	0.97
B460-C730-FP1	242.5	1.10	329.6	11.72	1.72	0.88	1.23	0.97
B460-C730-FP2	140.2	1.06	330.0	11.72	1.80	0.92	1.29	1.01

5.1.2 试验方案

5.1.2.1 试验装置

试验在清华大学土木工程系结构实验室进行。试验装置见图 5.8，柱安装在加载架中央，柱下侧通过螺栓固定在箱形底座上，箱形底座通过锚栓固定在地面上，见图 5.9（*a*）。柱上侧通过支撑梁与反力架连接，见图 5.9（*b*）。为保证反力架侧向刚度，反力架的加载梁与北侧反力墙之间通过短梁连接。柱顶端通过 1000kN 千斤顶施加轴向荷载，两侧的梁端各使用两个最大出力±500kN、最大行程±250mm 的 MTS 作动器施加往复荷载。

由于试件设计中并未考虑梁的稳定性，因此在试件加载时在每侧各设置一个三角式面外约束和一个与反力架相连的滚轮式面外约束，如图 5.8 和图 5.9（*c*）所示。

5.1.2.2 试件拼装

试件的梁、柱构件在工厂加工完成后，运至实验室进行现场拼装和梁柱翼缘之间的焊接。拼装时先将构件平放于地面，在地面进行构件定位和腹板连接螺栓初拧；然后将梁翼缘的角点与柱翼缘点焊连接；随后吊起构件，将柱竖直放置，并进行梁翼缘与柱翼缘之间的现场焊接；焊接时设置陶瓷衬板，焊接完成后将衬板摘除，或设置钢衬板，焊接后在衬板与柱翼缘间补焊角焊缝；焊接完成后采用扭矩扳手进行腹板连接螺栓的终拧，依据规范，10.9 级 M20 螺栓的施工预拉力为 170kN，所需施加的扭矩为 374N·m[16]；对于在腹板和剪切板间需设置角焊缝的试件，则在螺栓终拧完成后进行角焊缝的立焊。

试件中涉及的焊缝，Q345 钢材采用 ER50-6 焊丝，Q460 钢材采用 ER55-G 焊丝，C730 钢材采用 SLD-90 焊丝。当不同强度等级的母材之间进行焊接时，采用与较低强度等级钢材对应的焊丝施焊[23]。

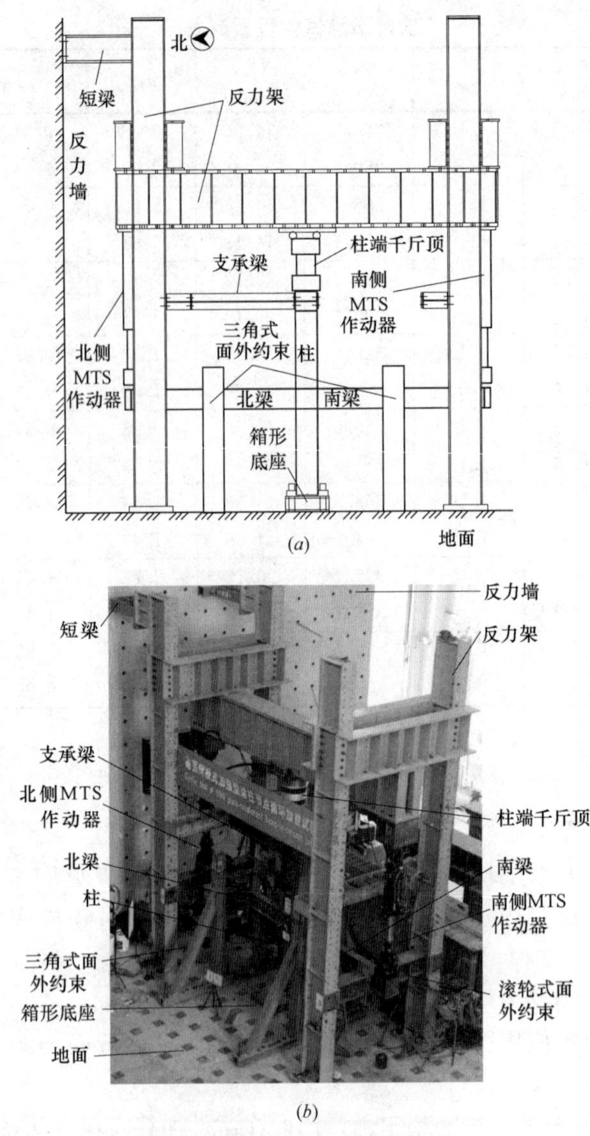

图 5.8　试验加载装置

(*a*) 装置示意图；(*b*) 装置照片

5.1.2.3　加载方案

所有试件均采用相同的加载制度，分两步加载。第一步在柱顶施加轴向荷载并保持恒定，模拟地震荷载下柱的轴压状态。依据表 5.1，各组框架的设计结果中地震荷载下的柱轴压力设计值 N_{p} 为 858～866kN；为便于分析，试验中除 B460-C730 系列试件外各组试件均按 860kN 施加柱顶轴力，对应 C345 柱和 C460 柱的实际轴压比分别为 0.23 和 0.27。在柱钢材的实际屈服强度低于设计采用的名义屈服强度的 B460-C730 系列试件时则按 500kN 施加柱轴力，对应的实际轴压比为 0.15。第二步在梁端施加反对称循环荷载，按照 AISC 341-16 推荐的加载制度，以层间位移角控制加载[21]，详见表 5.5。将北侧向上、南侧向下定为加载的正向，各加载级均从正向开始加载。依据 AISC 341-16 的规定，如果试件能够完成层间位移角 4.0%对应的加载级的加载且试件的承载力不低于柱表面截面达

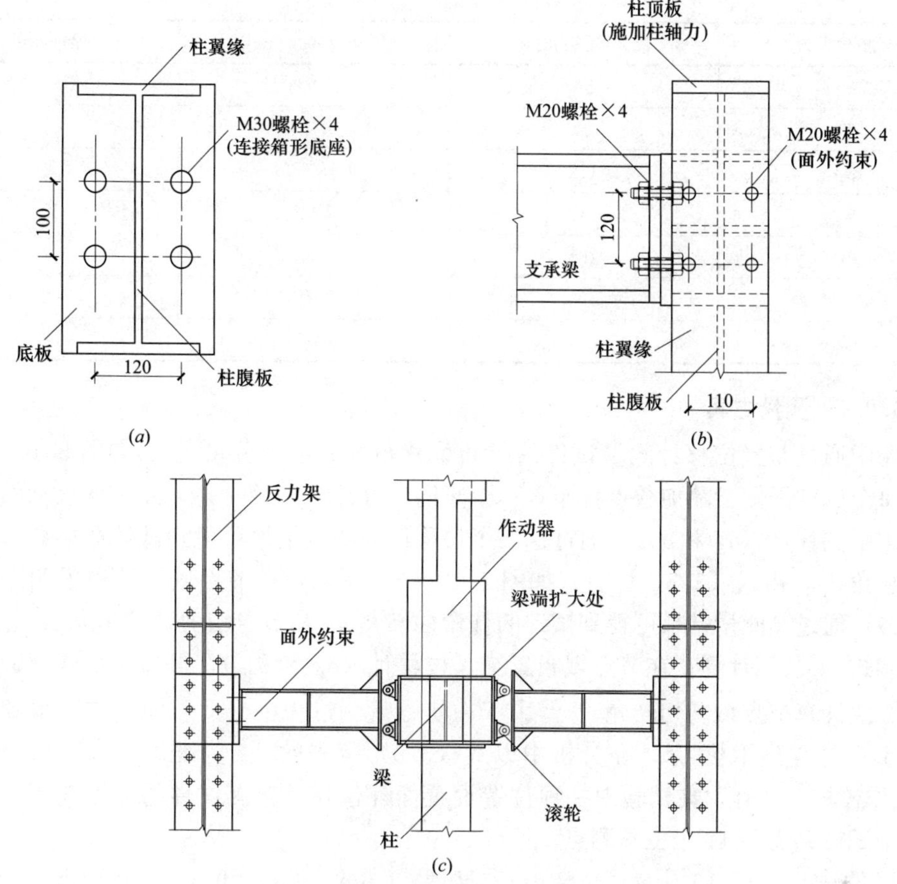

图 5.9 试件约束意图（单位：mm）

(*a*) 柱顶约束；(*b*) 柱底约束；(*c*) 滚轮式面外约束

到 0.8M_p 时所对应的荷载，则所试验的节点可满足特殊设防钢框架（SMF）的使用要求[21]。

按 AISC 341-16 提供的准则，节点进入塑性段后的加载级中，当某一加载级的峰值荷载低于梁塑性铰位置达到 0.8M_p 时所对应的荷载时即认为试件失效[21]，停止试验；此外，为保证试验过程安全，出现以下情况也立即停止试验：①梁端作动器位移绝对值增大过程中，试件承载力突降至下降前的 85%以下[27]；②试件开裂且裂缝严重张开，或其他可能导致试件发生脆性破坏的情况。

试验加载制度表 **表 5.5**

加载级	最大位移(mm)	层间位移角(rad)	循环圈数
1	10.5	0.375%	6
2	14	0.5%	6
3	21	0.75%	6
4	28	1.0%	4
5	42	1.5%	2

续表

加载级	最大位移(mm)	层间位移角(rad)	循环圈数
6	56	2.0%	2
7	84	3.0%	2
8	112	4.0%	2
9	140	5.0%	2
10	168	6.0%	2
11	196	7.0%	2
12	224	8.0%	2

5.1.2.4　测量方案

试验中通过布置位移计测量试件的层间位移角及其各个分量[28]。如图 5.10（*a*）所示，在每个试件两侧梁端加载点各布置一个竖向位移计（δ_1 和 δ_2），并在柱上下两端各布置一个水平位移计（δ_3 和 δ_4），通过这四个位移计的测量结果可得到试件在加载中的实际层间位移角 θ_d，由式（5.7）计算；如图 5.10（*b*）所示，在节点域周围布置四个位移计（δ_5～δ_8），通过其测量结果可得到试件的柱弯曲转角 θ_c 和节点域剪切转角 θ_{pz}，分别由式（5.8）和式（5.9）计算；在节点域布置交叉位移计（δ_9 和 δ_{10}），可通过如式（5.10）的另一种方法计算节点域剪切转角[29]。由于在实际量测过程中交叉引伸计方法得到的数据一般较小且易受到干扰[30]，在分析中以式（5.9）得到的 θ_{pz} 为准，式（5.10）得到的 $\theta_{pz.cr}$ 仅作校核。此外，在试验中柱顶位置设置面外位移计监测试件的面外变形。综上所述，每个试件共需要 11 个位移测点。

各试件中，图 5.10 中 L 为 5.6m，H 为 3.0m，$h_{pz.0}$ 和 $b_{pz.0}$ 分别取 240mm 和 280mm，h_{pz} 和 b_{pz} 分别取节点域水平加劲肋中心点间距和柱翼缘中心点间距。

$$\theta_d=\frac{\delta_1-\delta_2}{L}-\frac{\delta_3-\delta_4}{H} \tag{5.7}$$

$$\theta_c=\frac{\delta_7-\delta_8}{b_{pz}} \tag{5.8}$$

$$\theta_{pz}=\frac{\delta_5-\delta_6}{h_{pz}}-\frac{\delta_7-\delta_8}{b_{pz}} \tag{5.9}$$

$$\theta_{pz.cr}=\frac{\delta_9-\delta_{10}}{2}\frac{\sqrt{{h_{pz.0}}^2+{b_{pz.0}}^2}}{h_{pz.0}b_{pz.0}} \tag{5.10}$$

试验中通过布置应变片测量主要截面及节点域的应变分布和变化情况。应变片布置在如图 5.11（*a*）所示的截面。在柱截面 C1、C2 和梁截面 B1 均按照图 5.11（*b*）布置应变片，其中 *b* 表示相应截面的宽度，以测量构件在节点附近的截面应变分布规律，校核弹性段节点承受的弯矩，同时这些截面也是构件塑性铰可能覆盖的截面，可以反映构件塑性铰的发展情况；截面 P1 按图 5.11（*c*）布置应变片，以量测节点处梁翼缘截面和加强板截面的应变分布；截面 P2 和 P3 分布按图 5.11（*d*）、（*e*）布置应变片，以测量加强板截面的整体应变分布情况，并与 P1 对应位置的应变片综合考虑以分析梁翼缘和加强板的应力沿梁轴向的变化规律。此外，如图 5.11（*f*）所示，在节点域的中央和一处角点布置应变花，量测节点域的剪切应变并对比节点域中点和角点的受力情况。

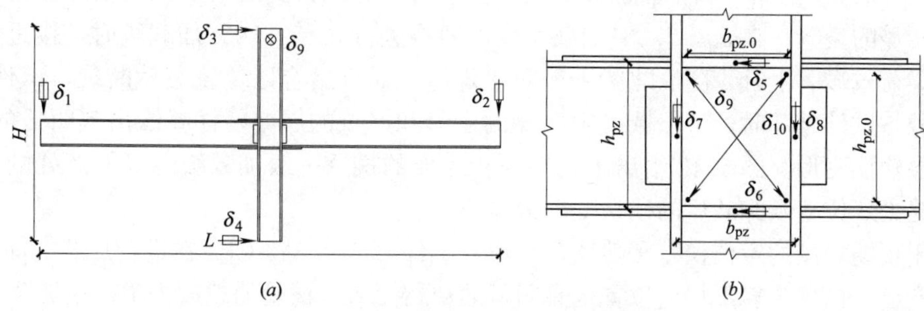

图 5.10 试件位移计布置示意图

(*a*) 层间位移角量测布置；(*b*) 节点域剪切转角量测布置

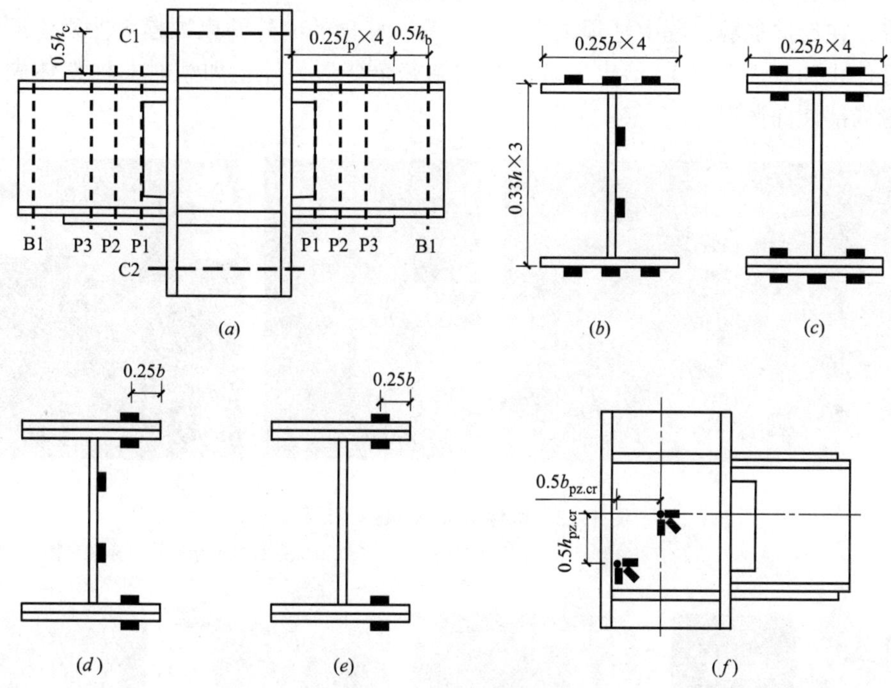

图 5.11 试件应变片布置示意图

(*a*) 应变片布置截面示意图；(*b*) C1、C2、B1 应变片布置；(*c*) P1 应变片布置；
(*d*) P2 应变片布置；(*e*) P3 应变片布置；(*f*) 节点域应变花布置

5.1.3 试验结果

5.1.3.1 试验现象描述

试件 B345-C345-CP1 在加载至 $\theta_d=2.0\%$ 前无明显现象，在 $\theta_d=2.0\%$ 和 $\theta_d=3.0\%$ 加载过程中可观察到节点域的剪切变形。在 $\theta_d=4.0\%$ 的第一圈正向加载至最大位移时，在梁翼缘焊缝附近可观察到柱翼缘局部漆皮开裂，同时节点域已发展较为明显的剪切变形；在加载至 $\theta_d=5.0\%$ 时梁翼缘焊缝附近的柱翼缘出现较明显的屈曲，节点域也出现一定屈曲；在 θ_d=6.0%加载级柱翼缘和节点域的屈曲更为明显，同时开始出现“沙沙”的撕裂声；在 θ_d=7.0%的第一圈正向加载至最大位移时，可观察到北梁下侧对接焊缝的底部出现一条明显的裂缝；在 θ_d=7.0%加载完成，即将进行 θ_d= 8.0%加载级时，接近位移零点时南梁荷载显著上升，随后北梁下侧对接焊缝在靠近熔合区位置突然断裂，试件破坏，停止加载。试件破坏时，节点域发生明显的变形和严重的屈曲，柱翼缘出现明显的屈曲，梁无明显塑性变形。图 5.12 给出了试件在所完成的最后一级加载级的峰值点处的变形情况、最终失效位置及卸载后的残余变形情况。

由于现场焊接的定位误差和热残余变形，试件 B345-C345-CP2 在进行加载前即有一定的扭转变形，柱翼缘靠近焊缝位置也有明显的初始变形。试验加载过程中，在加载至 θ_d=4.0%前无明显现象；在进行 θ_d= 4.0%的第一圈加载时，观察到节点上侧的柱翼缘突然出现局部屈曲并迅速发展，同时柱产生面外变形；在 θ_d= 4.0%的第二圈加载时，柱的面外变形已十分明显；在 θ_d= 4.0%第二圈正向加载至最大位移时，柱顶轴压力无法稳定、开始下降；在反向加载过程中柱顶轴力迅速下降、柱顶的面外约束螺栓突然发生断裂，安全起见，停止加载。图 5.13 给出了试件的初始残余变形、停止加载时的柱整体失稳情况和柱翼缘局部屈曲情况。

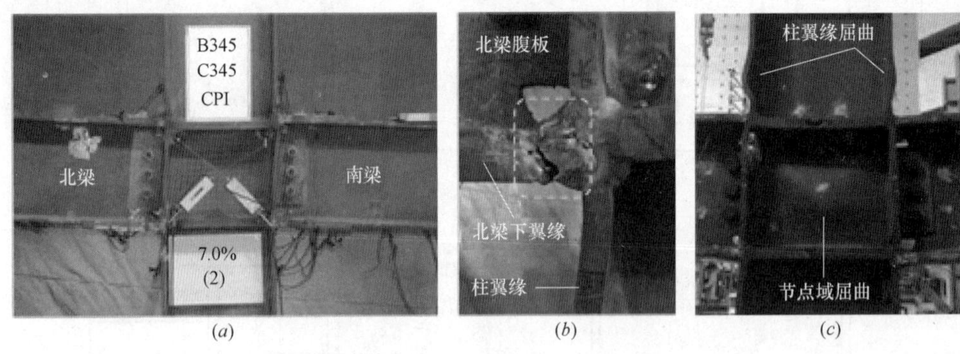

(a)　(b)　(c)

图 5.12　试件 B345-C345-CP1 现象

(a) θ_d= 7.0%峰值点节点变形；(b) 北梁下翼缘断口；(c) 卸载后柱的残余变形（东侧视图）

(a)　(b)　(c)

图 5.13　试件 B345-C345-CP2 现象

(a) 初始残余变形；(b) 停止加载时柱整体失稳情况；(c) 停止加载时柱翼缘局部屈曲情况

试件 B345-C460-CP1 在加载至 θ_d=2.0%前无明显现象，在 θ_d=2.0%和 θ_d=3.0%加载过程中可观察到节点域的剪切变形，在 θ_d=4.0%加载过程中，节点域的剪切变形更加明显，未加强部分的梁翼缘出现漆皮开裂现象，且开始陆续听到撕裂声；θ_d=4.0%加载完成后，南梁下侧对接焊缝出现一条熔合线附近的裂纹，裂纹已有一定程度的延伸，但承载力未下降；在θ_d=5.0%加载过程中，南梁下侧对接焊缝处的裂纹逐渐扩展，同时南梁下侧对接焊缝对应的节点域水平加劲肋与柱翼缘之间的焊缝也出现裂纹；在θ_d=6.0%第一圈反向加载至峰值点附近时，南梁下侧对接焊缝及对应位置的节点域水平加劲肋焊缝突然断裂，节点失效。图5.14给出了试件在所完成的最后一级加载级的峰值点处的变形情况、θ_d=4.0%时南梁下侧对接焊缝裂纹情况及最终失效时的断裂情况。

试件B345-C460-CP2在加载至θ_d=2.0%前无明显现象，在θ_d=2.0%和θ_d=3.0%加载过程中可观察到节点域的剪切变形，在θ_d=4.0%加载过程中，节点域的剪切变形更加明显，未加强部分的梁翼缘出现漆皮开裂现象。在θ_d=5.0%加载过程中开始听到撕裂声，θ_d=5.0%第一圈加载完成后与北梁下翼缘对应的节点域水平加劲肋焊缝处出现开裂，θ_d=5.0%第二圈加载完成时上述节点域水平加劲肋与柱翼缘之间的焊缝完全断裂，北梁的荷载略有下降；θ_d=6.0%加载过程中，上述裂口不断扩大，并且断口对应位置的柱翼缘与柱腹板之间出现裂缝；θ_d=6.0%加载完成后，柱翼缘与柱腹板之间的裂缝扩展，但承载力并未明显下降；θ_d=7.0%第一圈加载完成后，北梁下翼缘处柱翼缘发生较严重的局部鼓曲，轴力开始下降，为保证试验安全，停止加载。图5.15给出了试件在完成最后一级加载级的峰值点处的变形情况及节点域水平加劲肋焊缝断口。

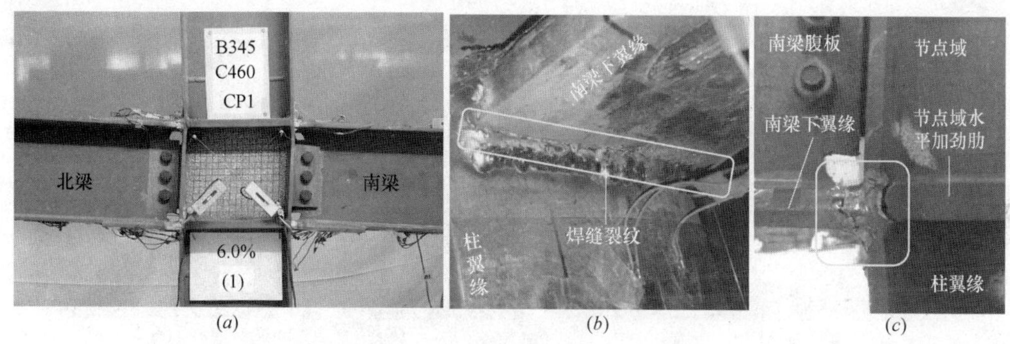

(a) (b) (c)

图5.14 试件B345-C460-CP1现象

(a) θ_d=6.0%峰值点节点变形；(b) θ_d=4.0%南梁下侧对接焊缝裂纹；(c) 失效后节点域水平加劲肋焊缝断口

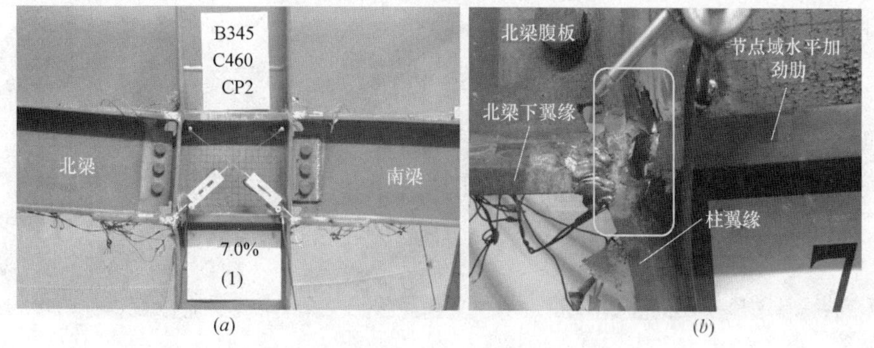

(a) (b)

图5.15 试件B345-C460-CP2现象

(a) θ_d=7.0%峰值点节点变形；(b) 节点域水平加劲肋断口及柱翼缘局部鼓曲

试件B460-C460-CP1在加载至θ_d=3.0%前无明显现象，节点域未发展明显的剪切变形；在 θ_d=4.0%加载级时可观察到较明显的梁弯曲变形，且可听到短小的“嘶嘶”声，但荷载仍然随加载位移的提高而提高；在 θ_d=4.0%加载结束后，可观察到未加强部分的梁翼缘出现漆皮开裂现象；在 θ_d=5.0%加载过程中，可观察到未加强段梁截面产生较明显的转角，同时柱翼缘在节点域上侧出现了局部屈曲；θ_d=5.0%第一圈加载至负向峰值点附近时，在南梁下翼缘对应位置，节点域水平加劲肋与柱翼缘之间的焊缝完全断裂，相应位置柱翼缘与柱腹板之间的焊缝出现局部断裂，荷载显著下降，停止加载。图 5.16 给出了试件在完成最后一级加载级的峰值点处的变形情况、失效后节点域水平加劲肋焊缝断口及柱局部屈曲情况。

试件 B460-C460-CP2 在加载至 θ_d=3.0%前无明显现象，节点域未发展明显的剪切变形；在 θ_d=4.0%加载级时可观察到较明显的梁弯曲变形，该级加载结束后可观察到未加强部分的梁翼缘出现漆皮开裂现象；在 θ_d=5.0%加载过程中，两侧的梁端未加强截面处可观察到受压侧翼缘局部屈曲；在 θ_d=6.0%加载过程中，梁翼缘局部进一步发展；在 θ_d=6.0%第一圈加载结束时，南梁下翼缘对应的节点域水平加劲肋焊缝出现裂纹，在第二圈加载过程中上述焊缝断裂，但承载力并未发生明显下降；在 θ_d=7.0%第一圈正向加载结束、负向加载过程中，南梁下侧对接焊缝发生断裂，停止加载。图 5.17 给出了试件在所完成的最后一级加载级的峰值点处的试件整体变形、节点局部变形、失效后梁翼缘及节点域水平加劲肋焊缝断口情况。

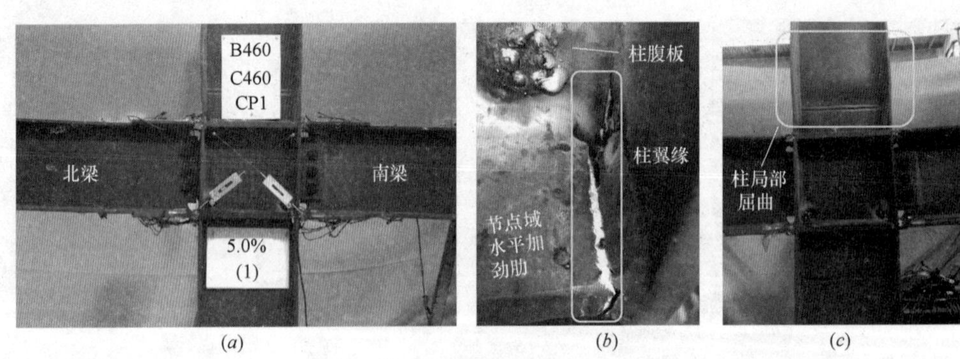

图 5.16　试件 B460-C460-CP1 现象

(a) θ_d=5.0%峰值点节点变形；(b) 节点域水平加劲肋断口；(c) 柱局部屈曲情况

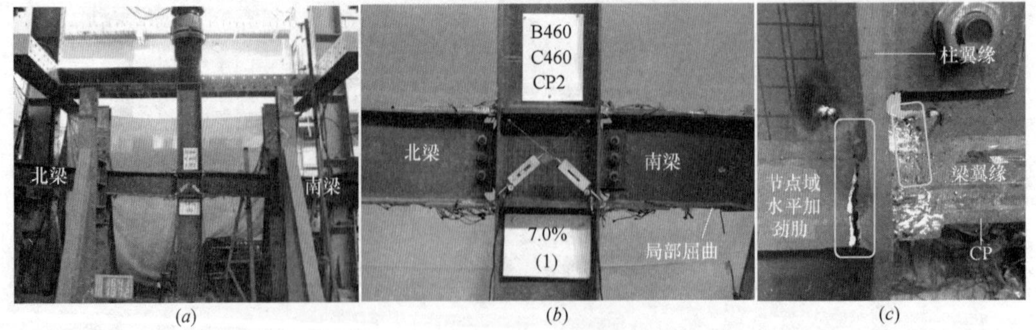

图 5.17　试件 B460-C460-CP2 现象

(a) θ_d=7.0%峰值点整体变形；(b) θ_d=7.0%峰值点节点变形；(c) 梁翼缘及节点域水平加劲肋断口

试件 B460-C730-CP1 在加载至 θ_d=2.0%前无明显现象，在 θ_d=2.0%加载过程中，

在节点域上下、未加厚腹板段的柱截面的受压翼缘出现局部屈曲；在 $\theta_d=3.0\%$ 和 $\theta_d=4.0\%$ 加载过程中，柱翼缘的局部屈曲进一步加剧，柱轴压荷载也略有下降；在 $\theta_d=5.0\%$ 第二圈正向加载完成后，可观察到较明显的梁弯曲变形，柱翼缘已严重屈曲，且柱轴压荷载显著下降；安全起见，停止加载。整个加载过程中节点域未发展明显的剪切变形，也未观察到开裂破坏现象。图 5.18 给出了试件在完成最后一级加载级的峰值点处的试件整体变形和节点局部变形情况。

试件 B460-C730-CP2 在加载至 $\theta_d=3.0\%$ 前无明显现象，在 $\theta_d=3.0\%$ 加载过程中，在节点域上下、未加厚腹板段的柱截面的受压翼缘出现局部屈曲；在 $\theta_d=4.0\%$ 加载过程中，柱翼缘的局部屈曲进一步加剧，柱轴压荷载也略有下降；在 $\theta_d=5.0\%$ 第一圈正向加载至峰值点附近时，可观察到较明显的梁弯曲变形，柱翼缘严重屈曲，柱轴压荷载下降，试件顶部面外约束螺栓断裂；安全起见，停止加载。整个加载过程中节点域未发展明显的剪切变形，也未观察到开裂破坏现象。图 5.19 给出了试件在所完成的最后一级加载级的峰值点处的试件整体变形和节点局部变形情况。

(a)

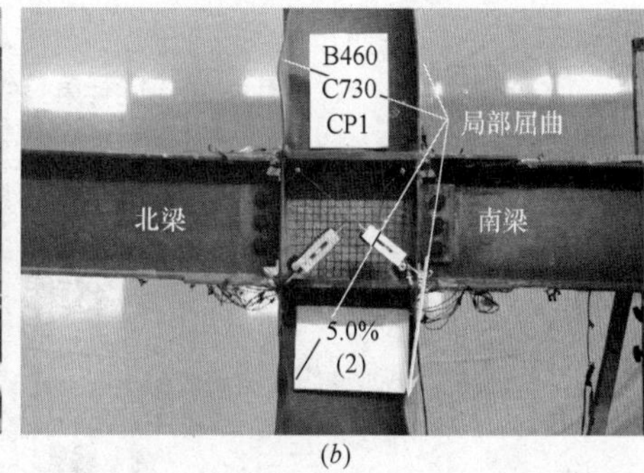

(b)

图 5.18 试件 B460-C730-CP1 现象

(a) $\theta_d=5.0\%$ 峰值点整体变形；(b) $\theta_d=5.0\%$ 峰值点节点变形

(a)

(b)

图 5.19 试件 B460-C730-CP2 现象

(a) $\theta_d=5.0\%$ 峰值点整体变形；(b) $\theta_d=5.0\%$ 峰值点节点变形

试件 B345-C345-FP1 在加载全 $\theta_d=2.0\%$ 前无明显现象，在 $\theta_d=2.0\%$ 和 $\theta_d=3.0\%$ 加载过程中可观察到节点域的剪切变形，在 $\theta_d=4.0\%$ 加载级节点域已发展较为明显的剪切变形，但尚未发生明显的屈曲现象；在 $\theta_d=4.0\%$ 的第一圈加载过程中可听到若干次短小的“嘶嘶”声；在 $\theta_d=4.0\%$ 的第二圈将要加载至正向峰值点时，北梁下侧对接焊缝在靠近熔合区位置突然发生开裂，裂口沿熔合区延伸约半个翼缘宽，北侧荷载显著下降，停止加载。图 5.20 给出了失效时试件的节点变形情况和北梁下翼缘断口情况。

试件 B345-C345-FP2 在加载至 θ_d=2.0%前无明显现象。在加载至 θ_d=3%第一圈负向接近峰值点时，南梁下侧对接焊缝开裂并迅速扩展，承载力显著下降，停止加载。加载过程中节点域未发生明显的剪切变形。图 5.21 给出了失效时的节点变形和南梁下翼缘断口情况。

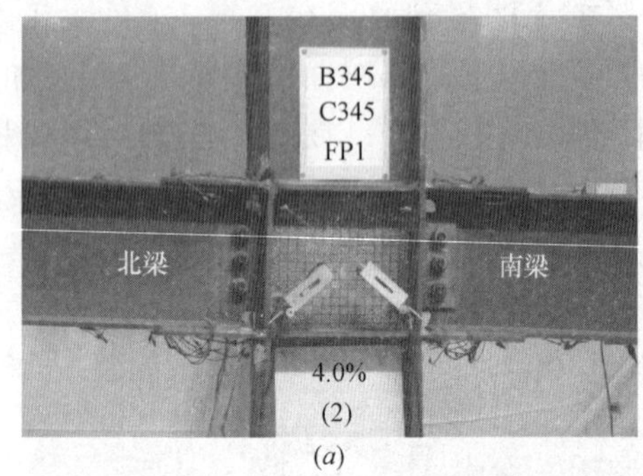

(*a*)

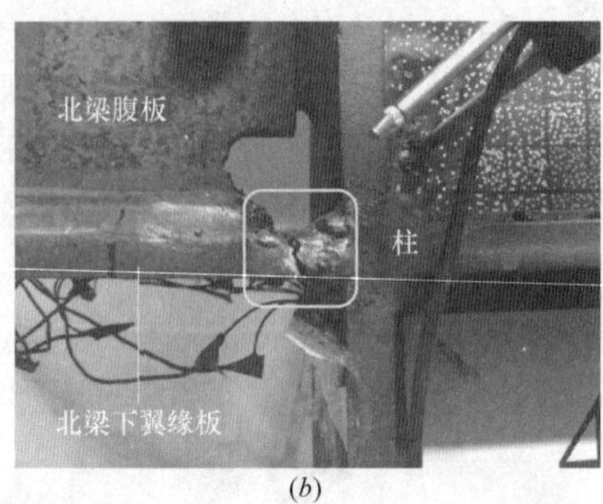

(*b*)

图 5.20　试件 B345-C345-FP1 现象

(*a*) 失效时的节点变形；(*b*) 北梁下翼缘断口

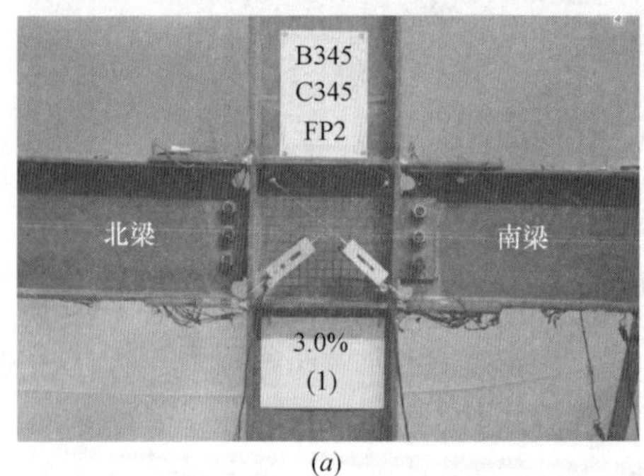

(*a*)

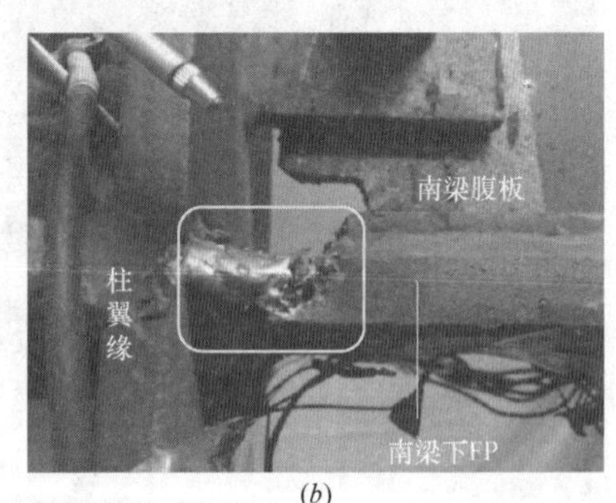

(*b*)

图 5.21　试件 B345-C345-FP2 现象

(*a*) 失效时的节点变形；(*b*) 南梁下翼缘断口

试件 B345-C460-FP1 在加载至 θ_d=2.0%前无明显现象，在 θ_d=2.0%和 θ_d=3.0%加载过程中可观察到节点域的剪切变形，在 θ_d=4.0%加载过程中，节点域的剪切变形更加明显，未加强部分的梁翼缘出现漆皮开裂现象，并且在加载至峰值点附近可听到“嘶嘶”声。在加载至 θ_d=5.0%第一圈峰值点附近时，南梁上翼缘对应位置的节点域水平加劲肋与柱翼缘间的焊缝断裂，南侧梁的荷载略有下降；在 θ_d=5.0%第二圈正向加载的过程中，南梁上翼缘对应位置，柱翼缘与柱腹板间的焊缝开裂并扩展，南侧梁荷载下降，北侧梁荷载升高，随后北梁下侧对接焊缝突然断裂，停止加载。图 5.22 给出了失效时的节点变形、南梁上翼缘位置节点域水平加劲肋断口和北梁下翼缘断口。

试件 B345-C460-FP2 在加载至 θ_d=2.0%前无明显现象，在 θ_d=2.0%和 θ_d=3.0%加载过程中可观察到节点域的剪切变形，在 θ_d=4.0%第一圈加载过程中，节点域的剪切变形更加明显，未加强部分的梁翼缘出现漆皮开裂现象，并且在加载至峰值点附近可听到“嘶嘶”声；在加载至 θ_d=4.0%第二圈接近峰值点时，北梁下侧对接焊缝开裂，停止加载。图 5.23 给出了失效时的节点变形和北梁下侧对接焊缝断口。

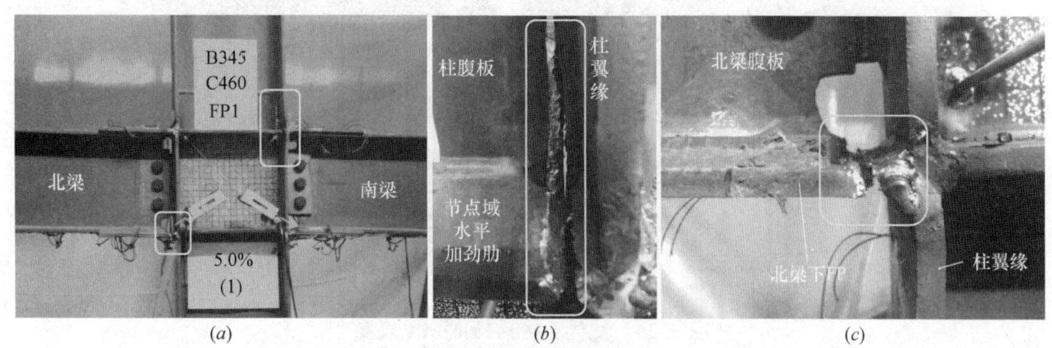

(a)　(b)　(c)

图 5.22　试件 B345-C460-FP1 现象

(a) 失效时的节点变形；(b) 节点域加劲肋断口及柱翼缘与柱腹板间的断裂；(c) 北梁下翼缘断口

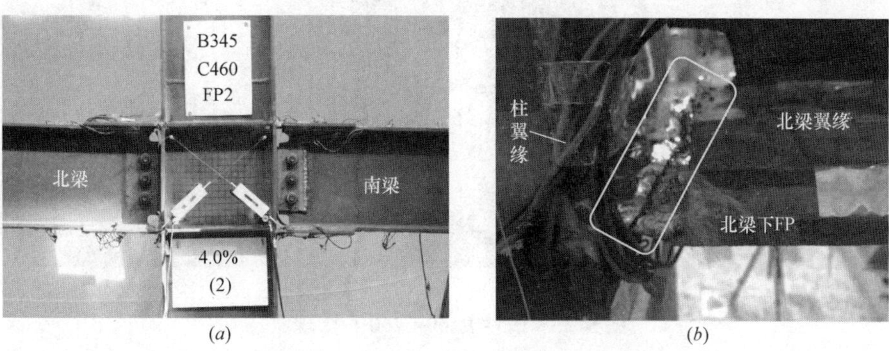

(a)　(b)

图 5.23　试件 B345-C460-FP2 现象

(a) 失效时的节点变形；(b) 北梁下翼缘断口

试件 B460-C460-FP1 在加载至 $\theta_d=2.0\%$ 前无明显现象；在 $\theta_d=3.0\%$ 第一圈加载过程中听到若干次“嘶嘶”声，第一圈加载结束后在北梁下翼缘发现焊缝的裂纹；在 $\theta_d=3.0\%$ 第二圈负向加载至峰值点附近时，南梁下侧对接焊缝断裂，停止加载。整个加载过程中节点域未发生明显的剪切变形。图 5.24 给出了失效时的节点变形和南梁下侧对接焊缝断口。

试件 B460-C460-FP2 在加载至 $\theta_d=2.0\%$ 前无明显现象；在 $\theta_d=3.0\%$ 加载过程中听到若干次“嘶嘶”声，但未发现裂纹；$\theta_d=4.0\%$ 第二圈负向加载至峰值点附近时，南梁下翼缘对应位置的节点域水平加劲肋与柱翼缘间的焊缝断裂，随后南梁下侧对接焊缝、北梁上侧对接焊缝及北梁上翼缘对应的节点域水平加劲肋焊缝几乎同时断裂，两侧荷载均迅速下降，停止加载。整个加载过程中节点域未发生明显的剪切变形。图 5.25 给出了失效时的节点变形、南梁下翼缘及对应节点域加劲肋焊缝断口和北梁上侧对接焊缝及对应节点域加劲肋焊缝断口。

试件 B460-C730-FP1 在加载至 $\theta_d=2.0\%$ 前无明显现象；在 $\theta_d=3.0\%$ 加载过程中，在节点域上下、未加厚腹板段的柱截面的受压翼缘出现局部屈曲；在 $\theta_d=4.0\%$ 加载过程中，柱翼缘的局部屈曲进一步加剧，柱轴压荷载也略有下降；在 $\theta_d=4.0\%$ 第二圈反向加载至峰值点附近时，可听到“嘶嘶”声，但未发现裂缝，也没有出现荷载下降情况；在

(a)

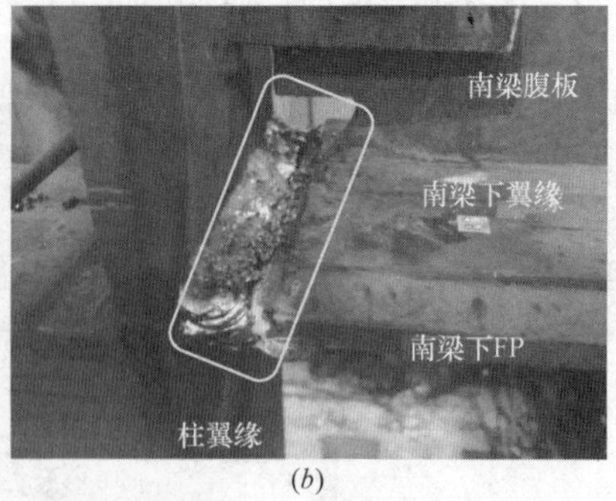

(b)

图 5.24　试件 B460-C460-FP1 现象

(a) 失效时的节点变形；(b) 北梁下侧对接焊缝断口

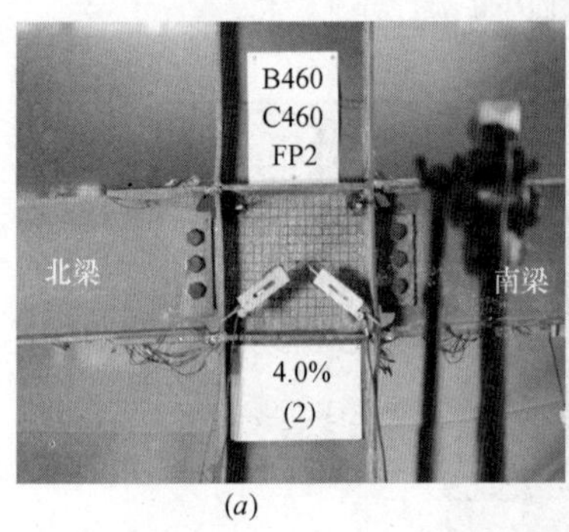

(a)

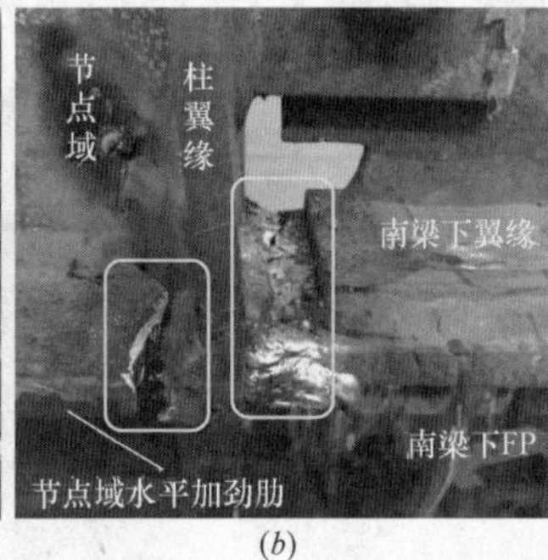

(b)

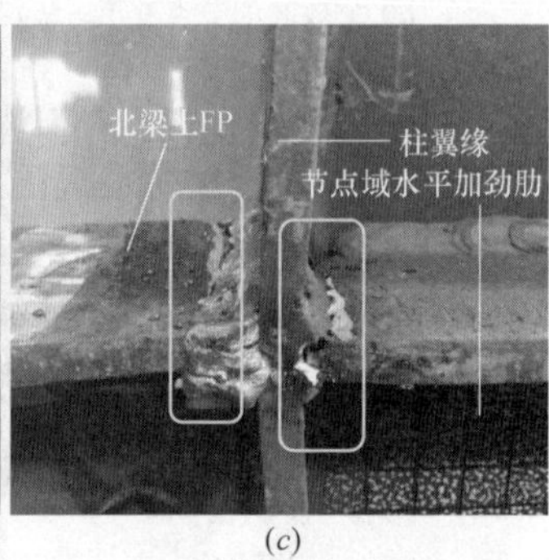

(c)

图 5.25　试件 B460-C460-FP2 现象

(a) 失效时的节点变形；(b) 南梁下翼缘及对应节点域加劲肋焊缝断口；(c) 北梁上翼缘及对应节点域加劲肋焊缝断口

θ_d=5.0%第一圈反向加载至峰值点附近时，南梁下侧对接焊缝失效：焊接衬板与柱翼缘间的补焊焊缝断裂，对应位置的节点域水平加劲肋与柱翼缘间的焊缝断裂，柱翼缘在南梁下侧对接焊缝对应位置出现裂纹，南梁荷载显著下降，停止加载。图 5.26 给出了失效时的节点变形、南梁下翼缘衬板补焊焊缝断口、柱翼缘裂纹和对应的节点域加劲肋焊缝断口。

试件 B460-C730-FP2 在加载至 θ_d=2.0%前无明显现象；在 θ_d=3.0%加载过程中，在节点域上下、未加厚腹板段的柱截面受压翼缘出现局部屈曲；在 θ_d=4.0%加载过程中可观察到较明显的梁弯曲变形，柱翼缘的局部屈曲进一步加剧，柱顶轴压荷载也略有下降；θ_d=4.0%第一圈正向加载至峰值点附近时，可听到“嘶嘶”声，北梁下翼缘对应的节点域水平加劲肋出现裂纹，但没有出现荷载下降情况；在 θ_d=5.0%第一圈正向加载至峰值点附近时，北梁下侧对接焊缝断裂，停止加载。图 5.27 给出了失效时节点变形、北梁下侧对接焊缝断口和对应的节点域加劲肋焊缝断口。

5.1.3.2　等效层剪力-层间位移角曲线

根据梁端荷载 F_N 与 F_S，可计算各节点试件在柱反弯点之间的等效层剪力 Q，如图 5.28 所示；结合由式 (5.7) 得到的层间位移角 θ_d，可绘出各试件的等效层剪力-层间位移角 (Q-θ_d) 曲线，见图 5.29 和图 5.30。图中也同时给出了基于 5.1.1.4 节的材料强度平均值计算得到的梁未加强截面弯矩达到 $M_{pr.b}$ 和 $0.8M_{pr.b}$ (见表 5.4) 时所对应的等效

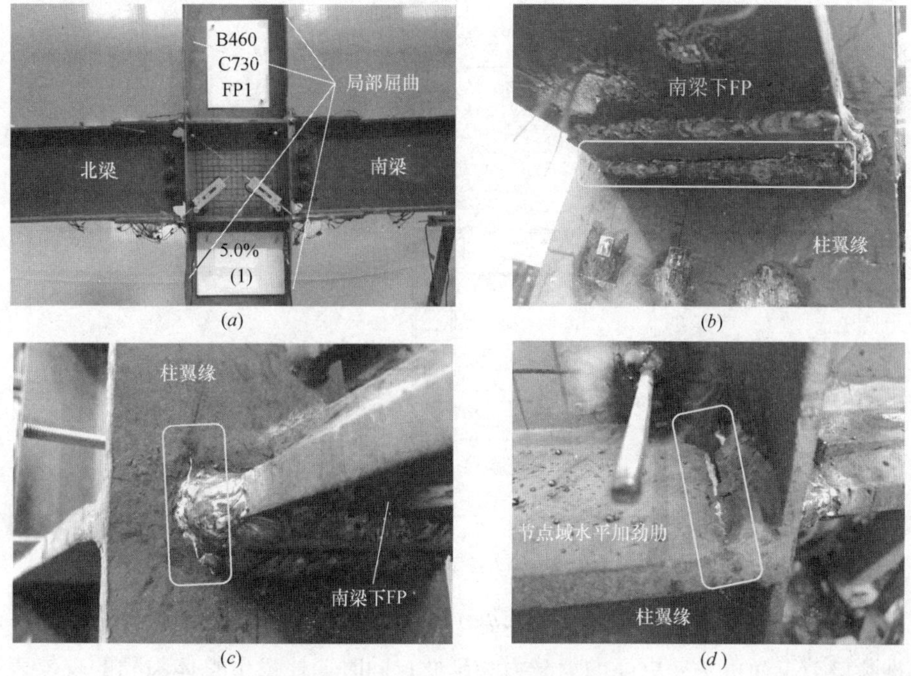

(*a*) (*b*) (*c*) (*d*)

图 5.26 试件 B460-C730-FP1 现象

(*a*) 失效时的节点变形；(*b*) 南梁下翼缘衬板补焊焊缝断口；(*c*) 柱翼缘裂纹；(*d*) 节点域加劲肋焊缝断口

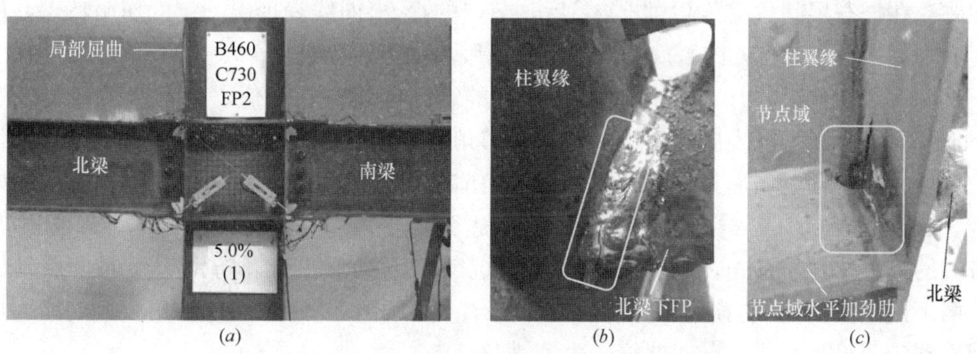

(*a*) (*b*) (*c*)

图 5.27 试件 B460-C730-FP2 现象

(*a*) 失效时的节点变形；(*b*) 北梁下侧对接焊缝断口；(*c*) 节点域加劲肋焊缝断口

层剪力 Q_p 和 $0.8Q_p$。

由图 5.29，所有 CP 节点试件的 Q-θ_d 滞回曲线都呈梭形，表明其均有较好滞回性能[31]；但不同试件的 Q-θ_d 滞回曲线具有不同的特点。

试件 B345-C345-CP1 的极限承载力未达到 Q_p，表明该节点在反对称加载条件下无法充分利用梁截面强度，节点承载力相对较低；最后达到的层间位移角和塑性层间位移角都较大，表明该节点的延性较高；层间位移角超过 1.0%后，Q-θ_d 曲线表现出明显的屈服特点，屈服后滞回曲线出现较明显的平缓段，并且随着层间位移角的增大，平缓段的斜率逐渐减小；滞回曲线总体较为饱满，表明节点耗能能力强。

试件 B345-C345-CP2 在层间位移角 1.5%时等效层剪力已达 Q_p，表明该节点承载力

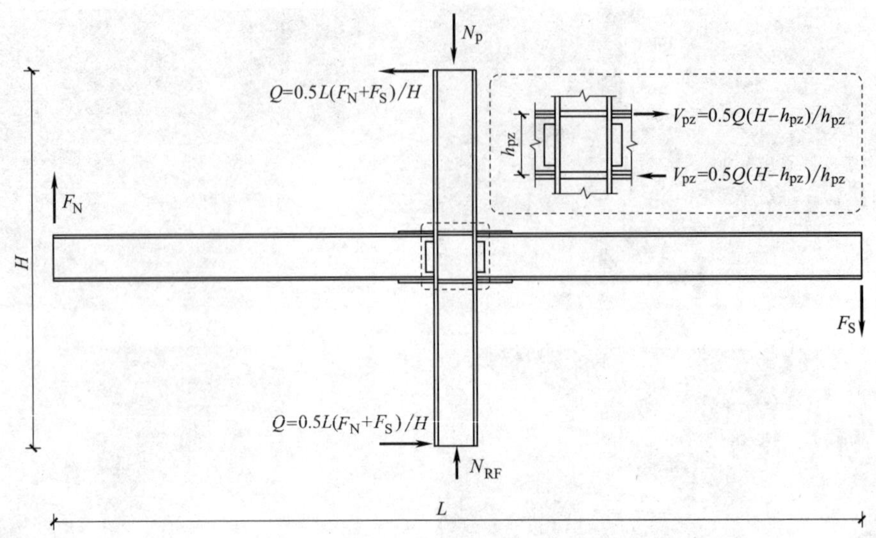

图 5.28　试验试件受力示意图

较高，可充分利用梁截面强度；最后因柱发生失稳而停止加载，梁和焊缝并未发生明显损坏，可推断该节点尚可发展更高的承载力和延性；同时，柱发生整体失稳的现象表明，在地震作用下如果节点两侧的梁端发展了较大的反对称弯矩，则可能发生节点附近柱受压翼缘局部屈曲后进一步引起柱整体失稳的现象，所以在进行节点抗震构造检验时尚应考虑稳定问题。在加载层间位移角超过 1.5%后，节点的 Q-θ_d 曲线表现出一定的屈服特点，但并未观察到如 B345-C345-CP1 的 Q-θ_d 曲线中屈服后的平缓段。

试件 B345-C460-CP1 和 B345-C460-CP2 的滞回曲线特点相似，其承载力都可以达到 Q_p，但达到 Q_p 时均已发展了较大的层间位移角和塑性变形，这表明该节点的承载力仍然由节点域控制，在梁截面充分发挥其承载能力前节点已发生屈服；两个试件表现出较好的延性，B345-C460-CP2 的最大层间位移角达到 6.70%，而 B345-C460-CP1 也发展了 4.77%的最大层间位移角，两者均满足美国抗震规范对于特殊设防钢框架的节点延性要求。两个试件滞回曲线的形状与试件 B345-C345-CP1 相似，在层间位移角较大的滞回环中可观察到较明显平缓段，滞回曲线较为饱满。

试件 B460-C460-CP1 和试件 B460-C460-CP2 的滞回曲线特点相似。两曲线的弹性加载阶段较长，在层间位移角 2.0%以后才开始表现出明显的塑性变形；在层间位移角约为 2.0%时，两个试件中发展的层剪力均已到达 Q_p，且曲线仍然总体保持线弹性特点，表明两节点均可发展较大的承载力，可充分利用梁截面强度；试件 B460-C460-CP1 在完成了 4%层间位移角的加载后，进行 5%层间位移角加载的过程中失效，但失效原因为柱翼缘与柱腹板间的焊缝断裂导致柱无法继续承担轴力，而梁翼缘与柱翼缘间的焊缝未发生破坏；而试件 B460-C460-CP2 完成了 6%的两圈循环，表现出较好的延性，并且其最先开裂的位置也是节点域水平加劲肋。这表明，在 B460-C460 的节点构造中，最不利位置是节点域水平加劲肋与柱翼缘间的焊缝。两试件滞回曲线的形状均与 B345-C345-CP2 相似，屈服后的滞回曲线中没有明显的平缓段，滞回环形状虽然也呈梭形，但不如 B345-C460 系列试件饱满。

试件 B460-C730-CP1 和试件 B460-C730-CP2 的滞回曲线特点相似。曲线的初始刚度相对较低，弹性加载段较长，在层间位移角达到 3%后才开始表现出明显的塑性变形；在层间位移角约为 3.0%时，两个试件中发展的层剪力均到达 Q_p，且曲线仍然总体保持线弹性特点，表明两节点均可发展较大的承载力，可充分利用梁截面强度。两个试件均因柱局部屈曲严重而停止加载，停止加载时 B460-C730-CP1 完成了 5%层间位移角第二圈的正向加载，试件 B460-C730-CP2 完成了 5%层间位移角第一圈的正向加载，两试件的焊缝均未发生破坏，这表明节点本身具有较好的延性。发生局部屈曲的原因是，受限于可用钢材的厚度，试验中 C730 柱不能满足截面宽厚比要求。但是，从试验中可以看出，虽然柱的轴向承载力会在发生严重的局部屈曲后下降，但节点的 Q-θ_d 滞回曲线的形状并未因柱发生局部失稳而产生明显变化。两试件虽然也发展了较大的层间位移角，但主要以弹性变形为主，塑性变形很小（仅发展了约 1%的塑性层间位移角），曲线总体上不够饱满。

由图 5.30，所有 FP 节点试件的 Q-θ_d 滞回曲线也呈梭形，表明其滞回性能总体较好[31]；而与图 5.29 中 CP 节点试件的滞回曲线相比，FP 节点 Q-θ_d 滞回曲线发展的延性总体较小，循环次数和最大层间位移角都较小，耗能能力相对较弱。但是，对比图 5.30 和图 5.29 可看出，FP 节点的滞回曲线的强度特点和形状特点与相对应的 CP 节点的 Q-θ_d 滞回曲线基本相同。试件 B345-C345-FP1、试件 B345-C460-FP1、试件 B345-C460-FP2 的节点承载力较低，其中试件 B345-C345-FP1 的最大等效层剪力尚未达到 Q_p，而 B345-C460-FP 系列节点在等效层剪力达到 Q_p 之前需要发展较大的塑性变形；试件 B460-C730-FP2 在未发展明显塑性变形前即较早发生断裂，最大等效层剪力仅刚达到 Q_p；其余试件则具有较高的承载力，可以充分发展梁截面的强度。试件 B345-C345-FP1、试件 B345-C460-FP1、试件 B345-C460-FP2 的滞回曲线中有较明显的平缓段，滞回环形状相对较饱满，表明其耗能能力相对较强；其余试件的滞回曲线中则没有明显的平缓段，滞回环形状不够饱满，耗能能力相对较差。特别地，试件 B345-C345-FP2 和试件 B460-C460-FP1 在弹性阶段加载完成后、尚未发展明显的塑性变形时即发生焊缝断裂失效，耗能水平较差。

此外，从图 5.29 和图 5.30 中还可以看出，所有 FP 节点试件最终都以梁柱对接焊缝断裂或破坏的形式失效，而 CP 节点中有部分节点以其他形式失效。这表明现场对接焊缝的性质依然是发展 FP 节点延性的关键限制因素，而在 CP 节点中其重要性会有所下降，并可能使其他因素成为关键限制因素。

连接各试件 Q-θ_d 曲线中各加载级第一圈的峰值点（如某一加载级未完成一圈完整的循环则不计入），可得到各节点试件的骨架曲线[4]。CP 节点和 FP 节点的骨架曲线分别见图 5.31 和图 5.32。骨架曲线可以表示试件的承载力和刚度随层间位移角的变化特点，基于骨架曲线可以计算试件的强度和刚度的相关指标。基于各节点试件骨架曲线上 $\theta_d=\pm0.75\%$及以内的数据点通过线性拟合可得到各试件的等效刚度 K_d，同时基于 ECCS 中推荐的切线刚度退化准则[32]（见图 5.33）得到各试件的正向屈服层间位移角 $\theta_{d.y}{}^{(+)}$ 和负向屈服层间位移角 $\theta_{d.y}{}^{(-)}$，如图 5.31 和图 5.32 所示。定义试件的正向等效屈服层剪力 $Q_y{}^{(+)}=K_d\theta_{d.y}{}^{(+)}$ 和负向等效屈服层剪力 $Q_y{}^{(-)}=K_d\theta_{d.y}{}^{(-)}$，从图中可看出，对于每个试件，其 $Q_y{}^{(+)}$ 和 $Q_y{}^{(-)}$ 均相差不大，表明各试件在两个方向的承载性能基本相同。

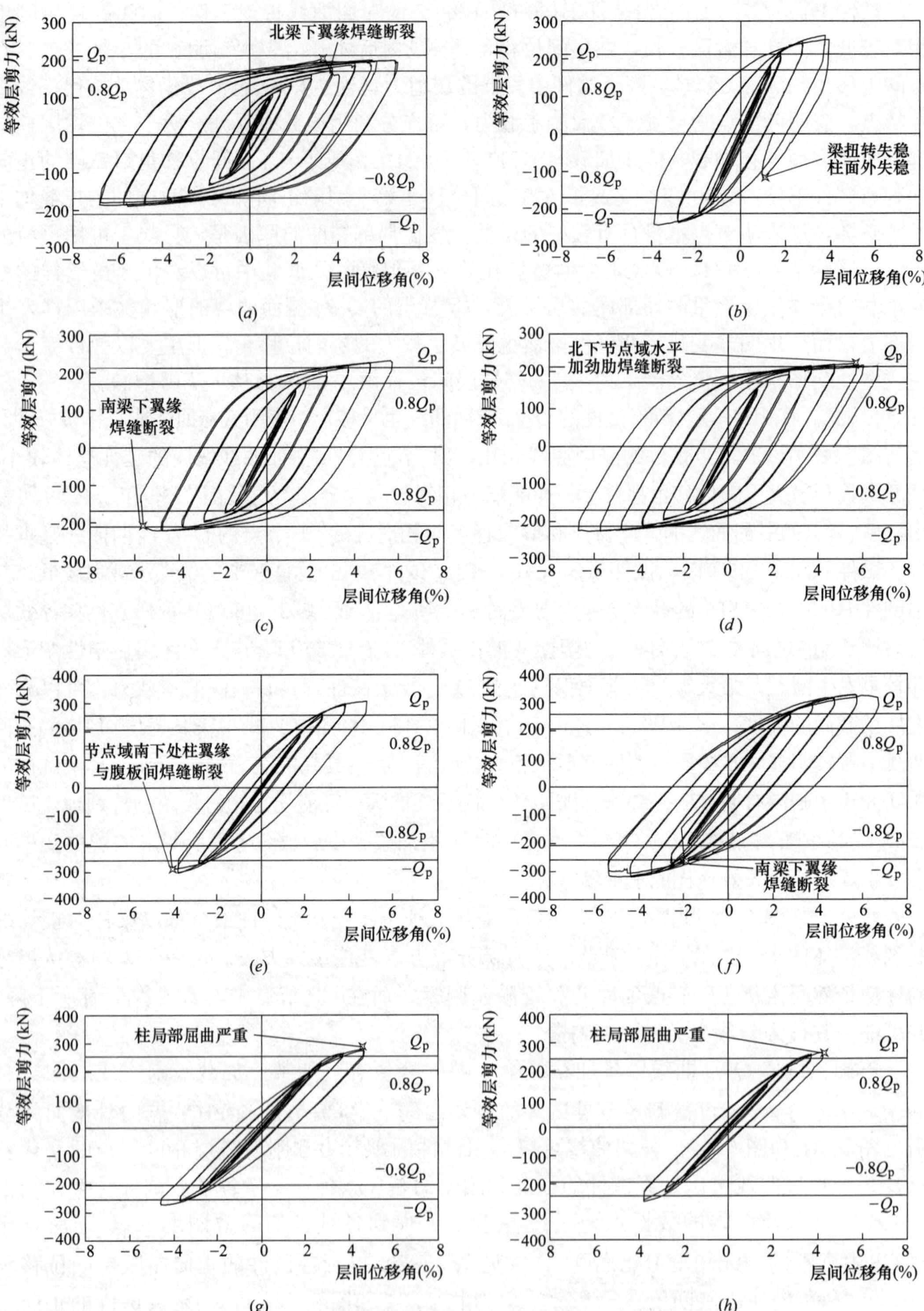

图 5.29　CP 节点试件的等效层剪力-层间位移角滞回曲线

(*a*) B345-C345-CP1；(*b*) B345-C345-CP2；(*c*) B345-C460-CP1；(*d*) B345-C460-CP2；
(*e*) B460-C460-CP1；(*f*) B460-C460- CP2；(*g*) B460-C730-CP1；(*h*) B460-C730-CP2

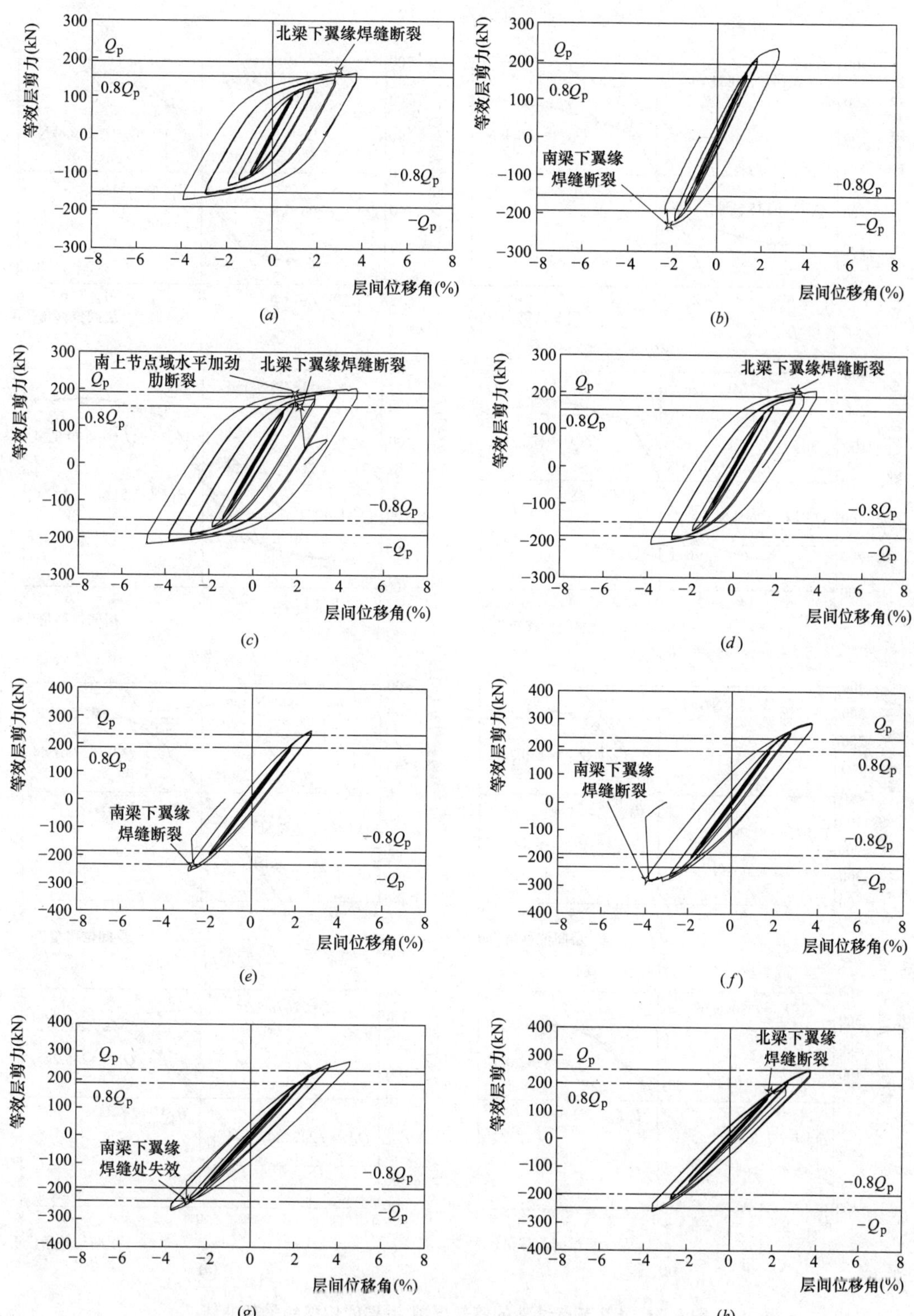

图 5.30 FP 节点试件的等效层剪力-层间位移角滞回曲线

(*a*) B345-C345-FP1；(*b*) B345-C345-FP2；(*c*) B345-C460-FP1；(*d*) B345-C460-FP2；
(*e*) B460-C460-FP1；(*f*) B460-C460-FP2；(*g*) B460-C730-FP1；(*h*) B460-C730-FP2

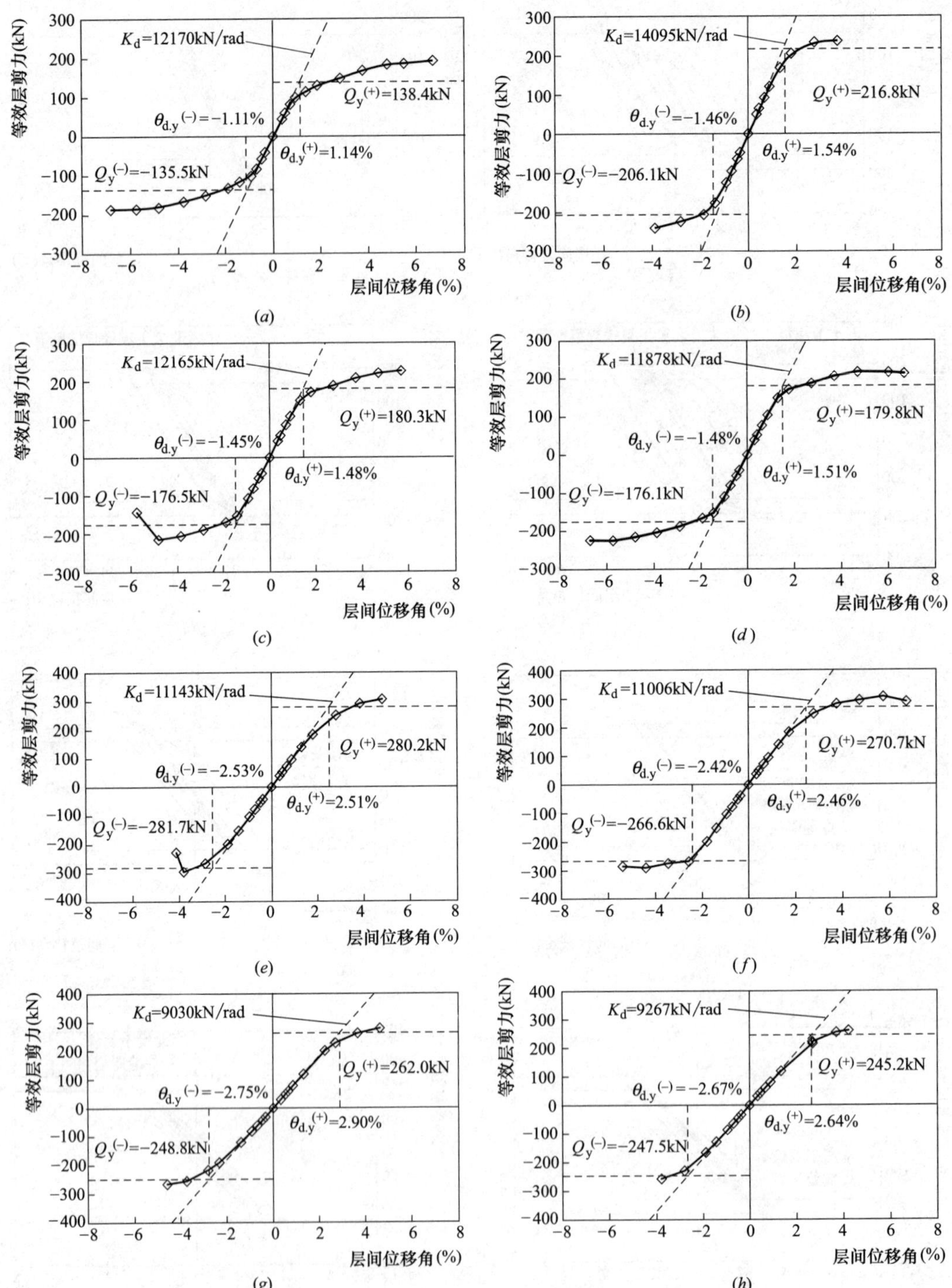

图 5.31　CP 节点试件的等效层剪力-层间位移角骨架曲线

(*a*) B345-C345-CP1；(*b*) B345-C345-CP2；(*c*) B345-C460-CP1；(*d*) B345-C460-CP2；
(*e*) B460-C460-CP1；(*f*) B460-C460-CP2；(*g*) B460-C730-CP1；(*h*) B460-C730-CP2

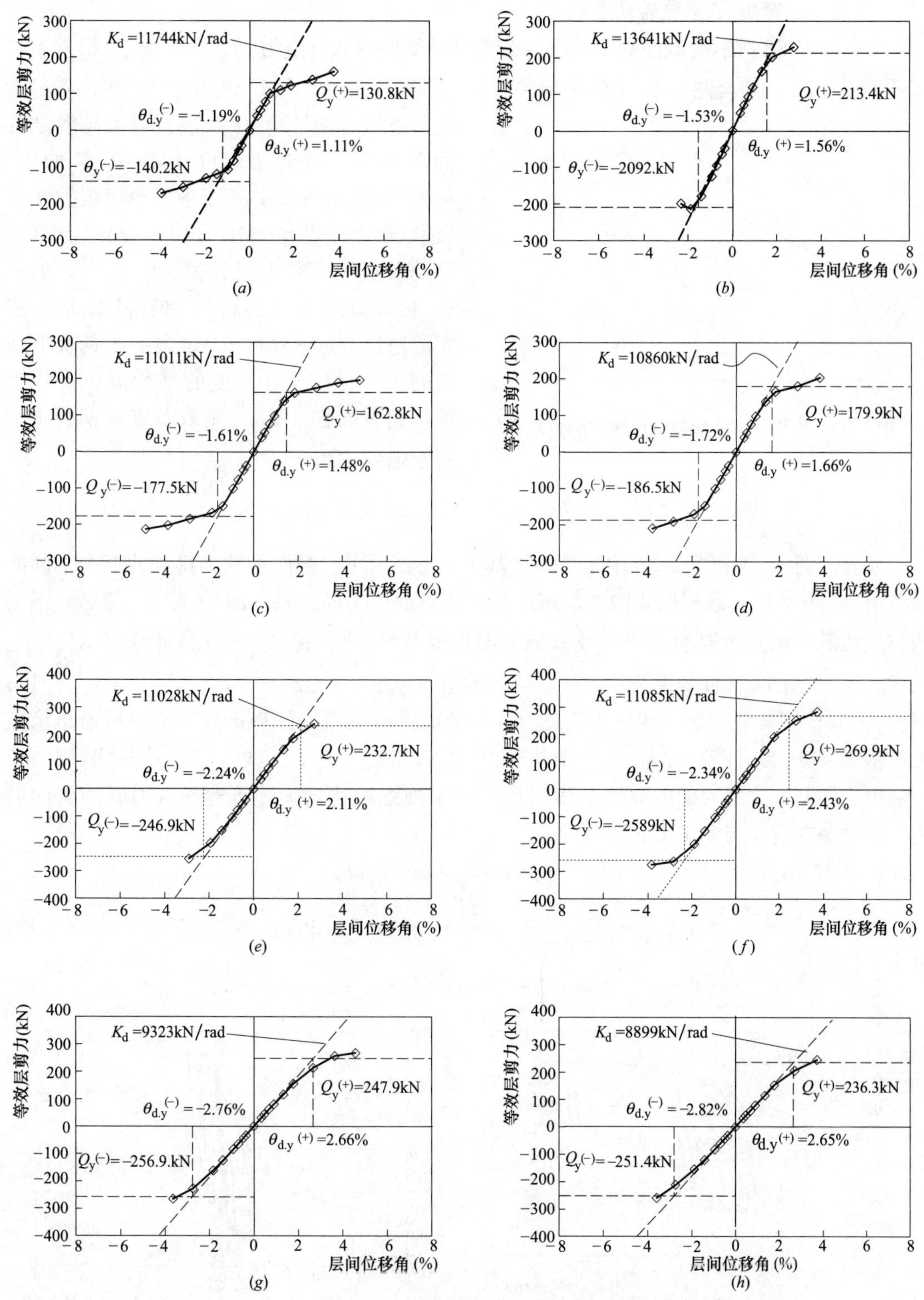

图 5.32 FP 节点试件的等效层剪力-层间位移角骨架曲线

(*a*) B345-C345-FP1；(*b*) B345-C345-FP2；(*c*) B345-C460-FP1；(*d*) B345-C460-FP2；
(*e*) B460-C460-FP1；(*f*) B460-C460-FP2；(*g*) B460-C730-FP1；(*h*) B460-C730-FP2

5.1.3.3　弯矩-节点域转角曲线

根据图 5.28 所示的试件受力情况，节点域承受的等效弯矩为 $M_{pz}=V_{pz}h_{pz}$，根据梁端荷载 F_N 与 F_S，结合图 5.28 中的平衡关系可计算得到 M_{pz}；由式（5.9）可计算出各试件的节点域剪切转角 θ_{pz}，进而可得到各试件的弯矩-节点域剪切转角（M_{pz}-θ_{pz}）曲线，见图 5.34 和图 5.35。图中还给出根据我国《钢结构设计规范》GB 50017—2003 计算得到的节点域承载力设计值 $M_{pz.Rd}$[1]，见式(5.11)，其中梁截面高 h_b 和柱截面高 h_c 取实测值，节点域厚度 t_{pz} 取同一张钢板上加工的三个材性试件厚度的平均值作为代表值，屈服抗剪强度 f_v 则取节点域钢板实测屈服强度的 0.58 倍[3]。

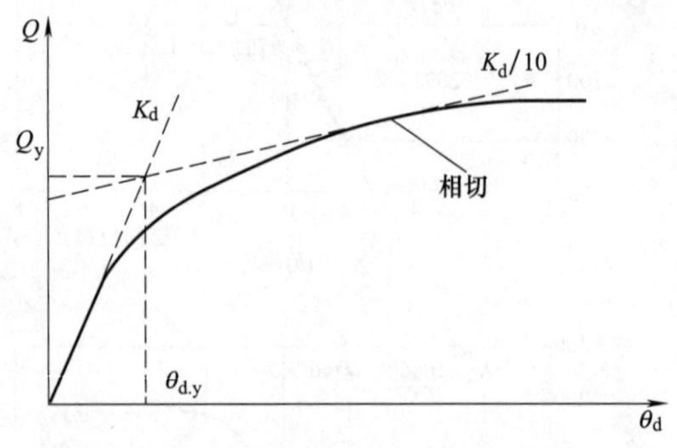

图 5.33　根据骨架曲线确定屈服点的方法[32]

$$M_{pz.Rd}=\frac{4}{3}f_v(h_b-2t_{bf})(h_c-2t_{cf})t_{pz} \tag{5.11}$$

此外，图 5.34 和图 5.35 中还给出了基于原型框架中梁截面承载力得到的三个不同的参考值。其中 $M_{pz.\alpha}$ 是根据我国《建筑抗震设计规范》GB 50011—2010（2016 年版）得到的节点域最小承载力要求（按三级框架考虑折减系数）[3]，由式（5.12）计算；$M_{pz.\beta}$ 是依据美国 FEMA-355D 的平衡设计要求得到的节点域最小承载力[15]，由式（5.13）计算；$M_{pz.\mu}$ 则是依据梁截面的弹性抗弯承载力（不考虑折减系数）计算得到的节点域最小承载力，由式（5.14）计算。$M_{pz.\mu}$ 通常介于 $M_{pz.\alpha}$ 和 $M_{pz.\beta}$ 之间。式（5.12）～式（5.14）中，W_{yb} 和 V_{yb} 分别为梁的弹性截面模量和梁未加强段达到弹性抗弯承载力时的梁内剪力，其余参数含义与 5.1.1.2 节相同。

$$M_{pz.\alpha}=\psi\sum(W_{pb}f_{yb}+V_{pb}l_p) \tag{5.12}$$

$$M_{pz.\beta}=\frac{L}{L-h_c-l_p}\times\frac{H-h_b-2t_p}{H}\sum W_{pb}f_{yb} \tag{5.13}$$

$$M_{pz.\mu}=\sum(W_{yb}f_{yb}+V_{yb}l_p) \tag{5.14}$$

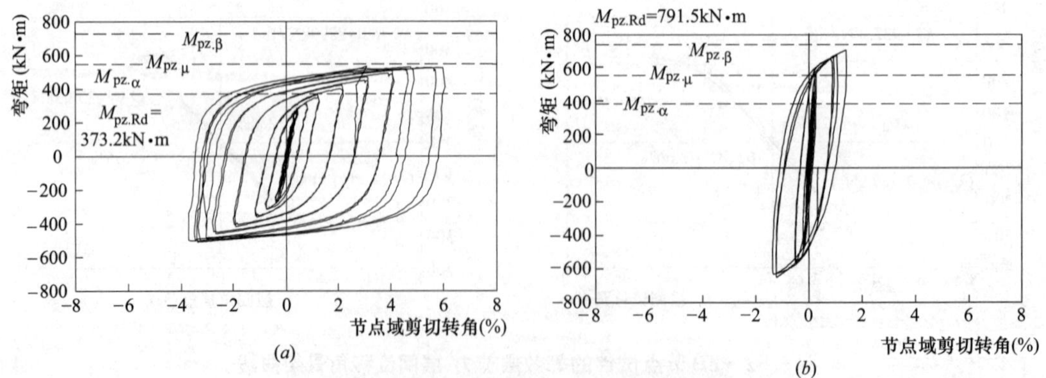

图 5.34　CP 节点试件的弯矩-节点域剪切转角曲线（一）

(*a*) B345-C345-CP1；(*b*) B345-C345-CP2

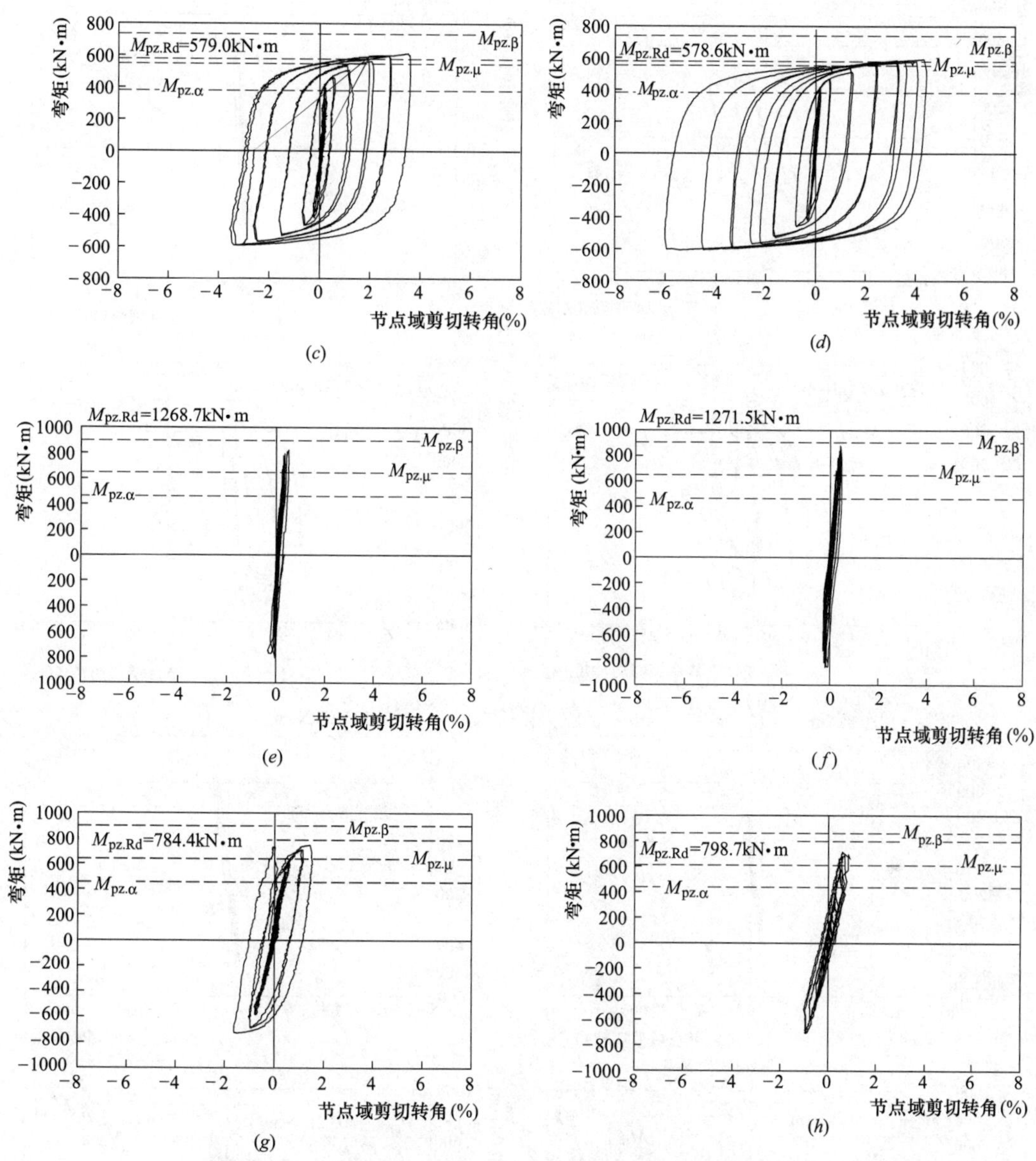

图 5.34　CP 节点试件的弯矩-节点域剪切转角曲线（二）

(*c*) B345-C460-CP1；(*d*) B345-C460-CP2；(*e*) B460-C460-CP1；(*f*) B460-C460- CP2；(*g*) B460-C730-CP1；(*h*) B460-C730-CP2

需说明的是，在 B345-C345-CP1 试验后期 5 号位移计（见图 5.10）达到量程，导致负向加载至节点域变形较大时无法得到准确的节点域转角，因此图 5.34（*a*）中曲线的不对称是由测量原因造成的。

由图 5.34 和图 5.35 可看出，$M_{pz.Rd}$ 与 $M_{pz.\alpha}$、$M_{pz.\beta}$、$M_{pz.\mu}$ 之间的大小关系不同时，节点域的塑性和耗能发展具有显著差别：当 $M_{pz.Rd}$ 接近 $M_{pz.\alpha}$ 时，节点域可发展充分的塑性剪切转角，节点域的耗能显著，但节点的承载力无法达到梁截面的塑性承载要求，如试件 B345-C345-CP1 和试件 B345-C345-FP1；当 $M_{pz.Rd}$ 接近 $M_{pz.\mu}$ 时，节点域可发展充分的

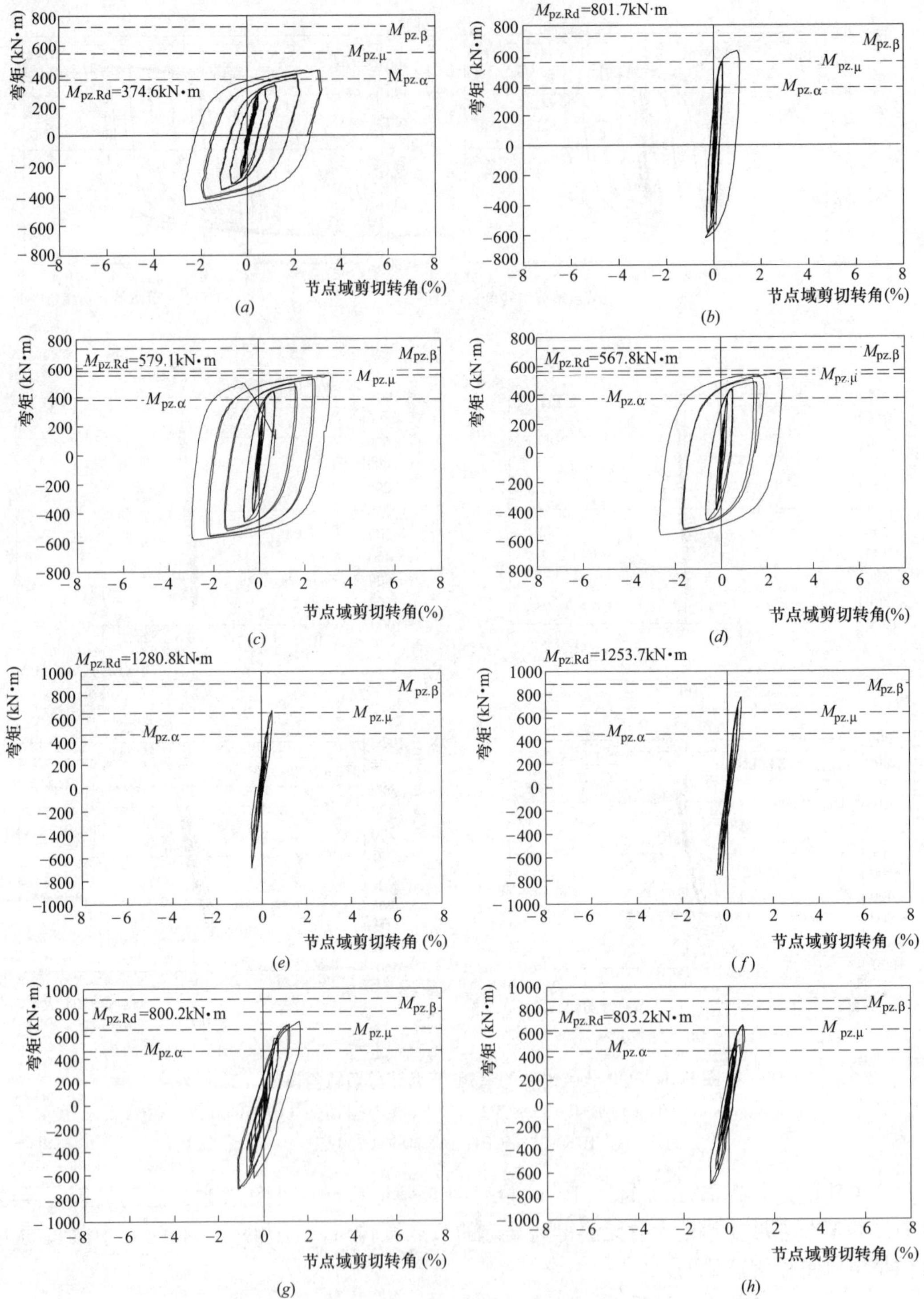

图5.35　FP节点的弯矩-节点域剪切转角曲线

(*a*) B345-C345-FP1；(*b*) B345-C345-FP2；(*c*) B345-C460-FP1；(*d*) B345-C460-FP2；
(*e*) B460-C460-FP1；(*f*) B460-C460-FP2；(*g*) B460-C730-FP1；(*h*) B460-C730-FP2

塑性剪切转角，节点域的耗能显著，节点的承载力可达到梁截面的塑性承载要求，但在此之前节点域已经发展了较大的塑性剪切转角，如 B345-C460 系列的 CP 节点和 FP 节点试件；当 $M_{pz.Rd}$ 在 $M_{pz.\beta}$ 附近时，节点域可发展一定的塑性剪切转角，且承载力可达到梁截面的塑性承载要求，但节点域的耗能不显著，如试件 B345-C345-CP2、试件 B345-C345-FP2 和 B460-C730 系列试件；当 $M_{pz.Rd}$ 明显高于 $M_{pz.\beta}$ 时，节点域可以发展充分的承载力，但几乎不发展塑性剪切转角，也几乎不参与耗能，如 B460-C460 系列 CP 节点和 FP 节点试件。从上述结果可以看出，我国抗震规范给出的节点域承载力要求偏低，可能导致无法充分利用梁截面的承载力；而美国 FEMA-355D 的平衡设计条件中节点域最小承载力要求偏高，可能导致节点域无法发展足够的塑性转角、无法达到利用节点域提高节点延性的目的。为了实现充分利用梁截面的承载能力，同时充分利用节点域的耗能能力，则可能需要将节点域的承载力控制在 $M_{pz.\mu}$ 和 $M_{pz.\beta}$ 之间。

5.1.3.4 梁截面应变分布及变化情况

本书提取了如图 5.31 和图 5.32 所示的骨架曲线上各点对应状态下应变片量测得到的各梁截面的应变分布。由于往复加载条件下应变片的数据在应变超过 0.004 后很不稳定，所以主要应用应变片的数据进行弹性阶段的分析。

选取 $\theta_d=0.5\%$ 和 $\theta_d=2.0\%$ 两个加载级峰值点，观察沿梁长方向分布的不同截面上梁翼缘及加强板的应变分布，见图 5.36 和图 5.37。可看出，无论是 CP 节点还是 FP 节点，在非加强区域内梁翼缘应变普遍较高，在加强区域内，随着与柱表面距离的缩短，梁翼缘应变均呈减小趋势，加强板应变则逐渐增大。对比 $\theta_d=0.5\%$（图中空心标记）和 $\theta_d=2.0\%$（图中实心标记）两加载级的数据，可看出随着加载位移增大，加强板在柱表面附近的应变显著增大，而远离柱表面处的应变变化相对较小，梁翼缘在柱表面附近的应变变化也相对较小。

总体来说，CP 节点和 FP 节点在加强板范围内均存在随着与柱表面距离的缩短，内力由梁翼缘向加强板传递的现象，两种节点类型中加强区具有相似的传力特点。其区别在于，FP 节点在对接焊缝附近会将翼缘内力全部传递给 FP 板，而 CP 节点中仍有部分内力经由梁翼缘通过对接焊缝传递，表现为 CP 节点试件中在靠近柱表面位置的梁翼缘应变普遍大于相应的 FP 节点在同一位置的翼缘应变。

选取 $\theta_d=0.5\%\sim4.0\%$ 的各加载级峰值点，以南梁为代表，观察未加强梁截面 S-B1 和加强后的梁截面 S-P1 的应变分布，见图 5.38～图 5.41。从图 5.38 和图 5.39 中可看出，未加强的梁截面翼缘在受力较小时应变分布较为均匀，在受力较大时靠近翼缘中心线处应变稍大，靠近翼缘边缘处应变稍小，整体上可以符合平截面假定的特点。而从图 5.40 和图 5.41 可看出，靠近柱表面的梁加强区域内，CP 节点的梁翼缘应变小于对应的加强板应变，一部分试件（如 B345-C345-CP1、B345-C460-CP1）差异明显，另一部分试件（如 B460-C460-CP 系列、B460-C730-CP 系列）差异不明显；而 FP 节点的梁翼缘应变则普遍明显小于对应侧的加强板应变。此外，不论是 CP 节点还是 FP 节点，加强板的应变分布均具有靠近板中心线处应变稍大，靠近板缘边缘处应变稍小的特点，并且这一特点随着加载位移的增大而更明显。

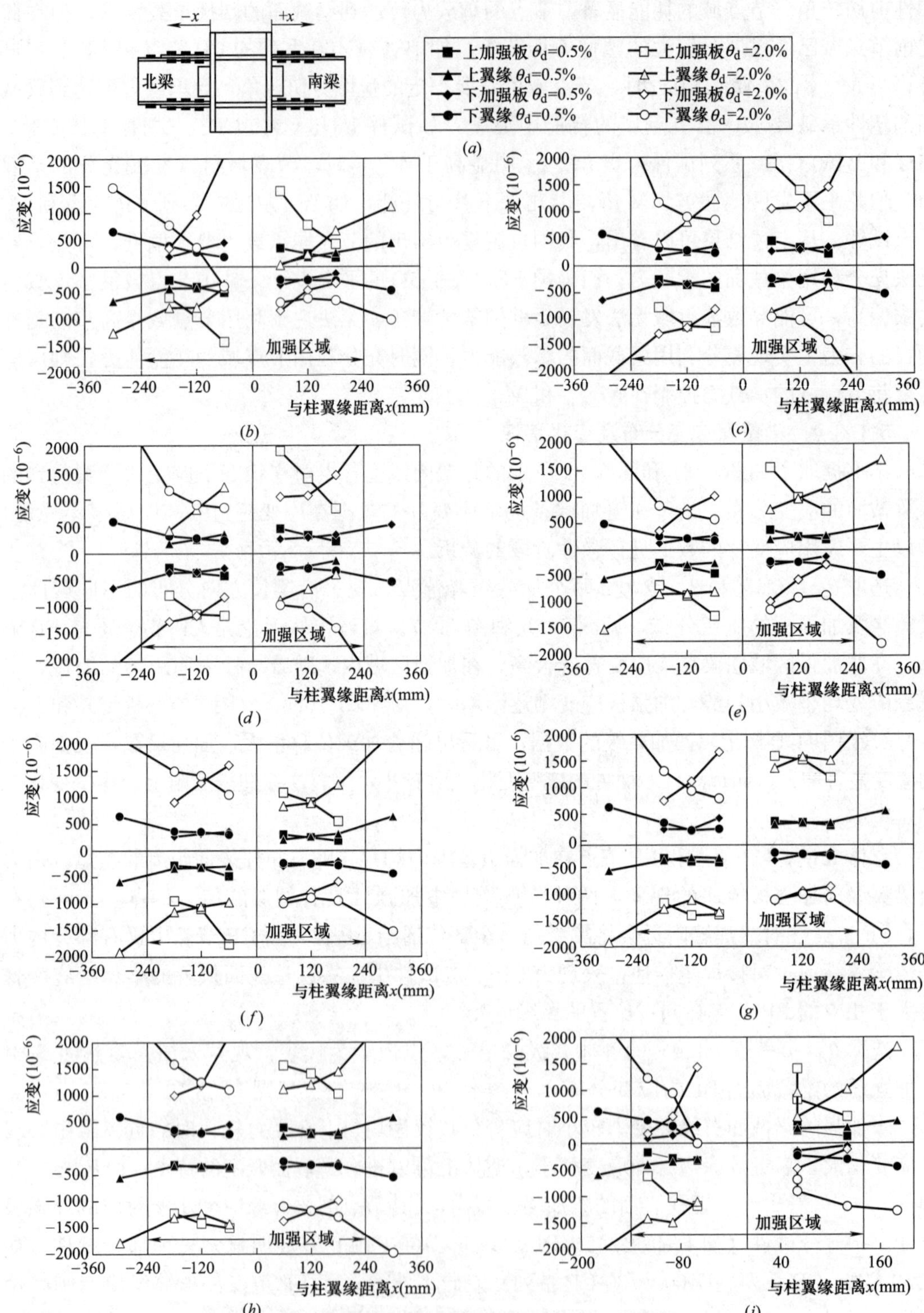

图 5.36　CP 节点试件节点区梁长方向应变分布

(*a*) 截面位置和图例；(*b*) B345-C345-CP1；(*c*) B345-C345-CP2；(*d*) B345-C460-CP1；
(*e*) B345-C460-CP2；(*f*) B460-C460-CP1；(*g*) B460-C460- CP2；(*h*) B460-C730-CP1；(*i*) B460-C730-CP2

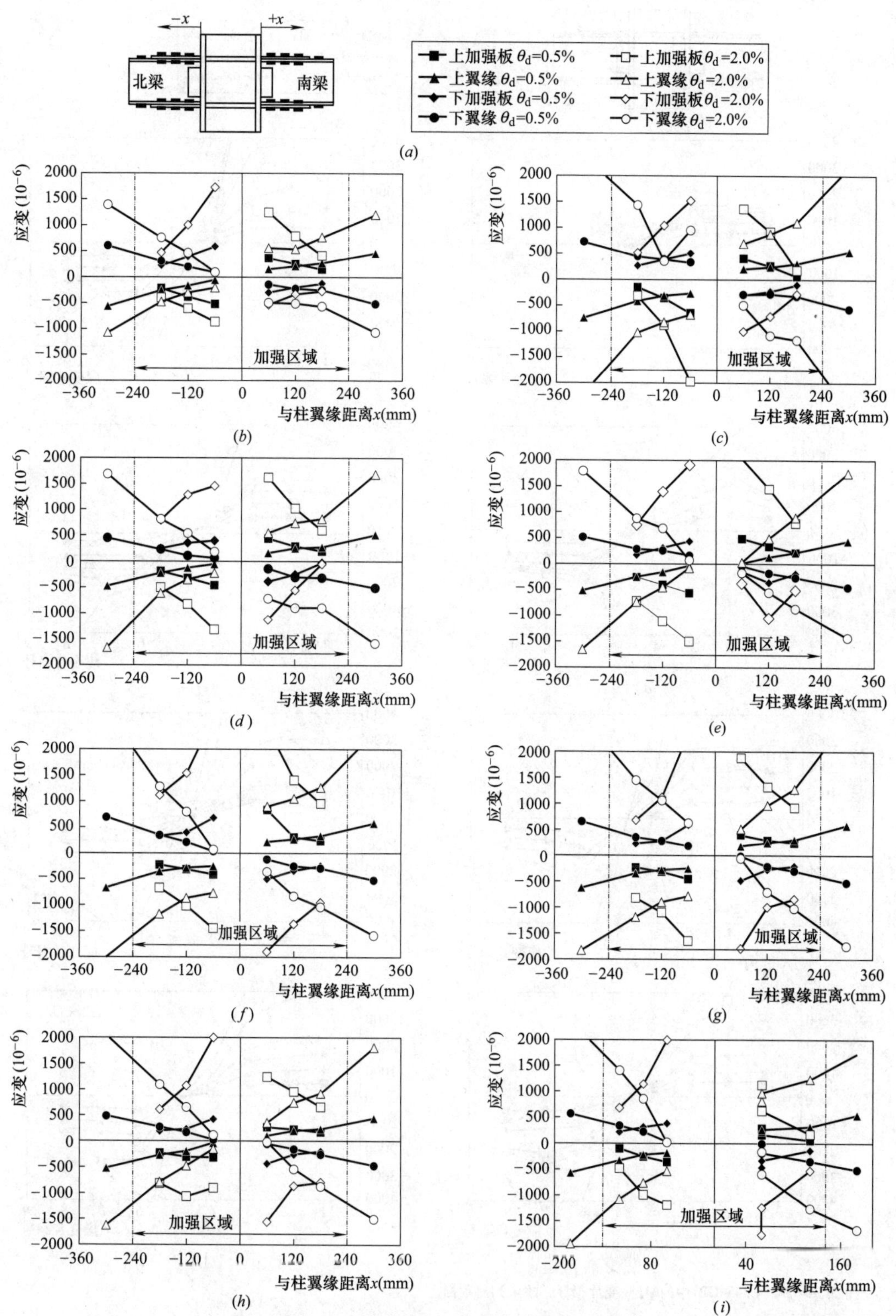

图 5.37 FP 节点试件节点区梁长方向应变分布

(a) 截面位置和图例；(b) B345-C345-FP1；(c) B345-C345-FP2；(d) B345-C460-FP1；(e) B345-C460-FP2；(f) B460-C460-FP1；(g) B460-C460-FP2；(h) B460-C730-FP1；(i) B460-C730-FP2

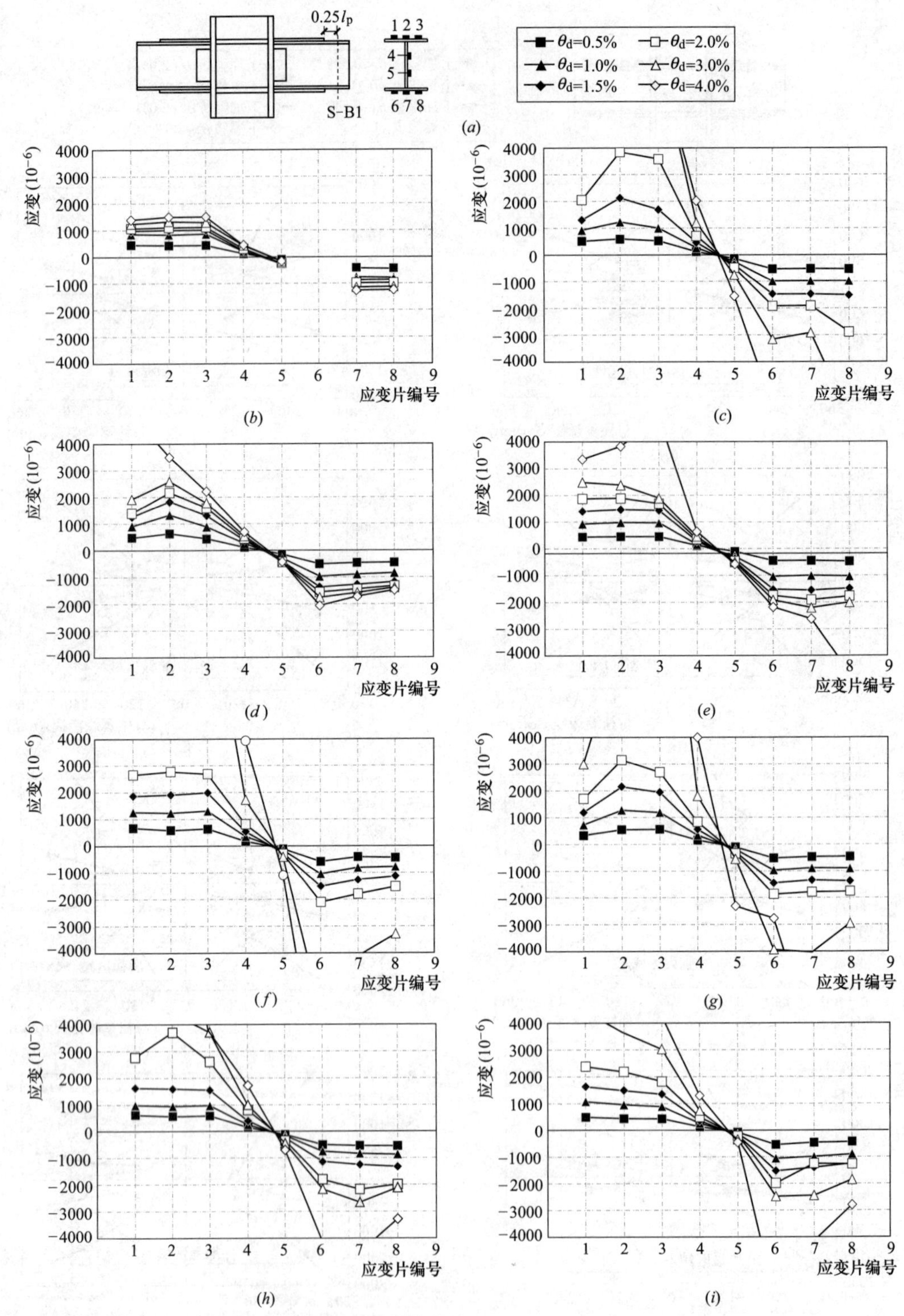

*注：试件B345-C345-CP1中的6号应变片损坏，故未列出数据。

图 5.38　CP 节点试件南梁 B1 截面应变分布

(a) 截面位置和图例；(b) B345-C345-CP1；(c) B345-C345-CP2；(d) B345-C460-CP1；(e) B345-C460-CP2；(f) B460-C460-CP1；(g) B460-C460- CP2；(h) B460-C730-CP1；(i) B460-C730-CP2

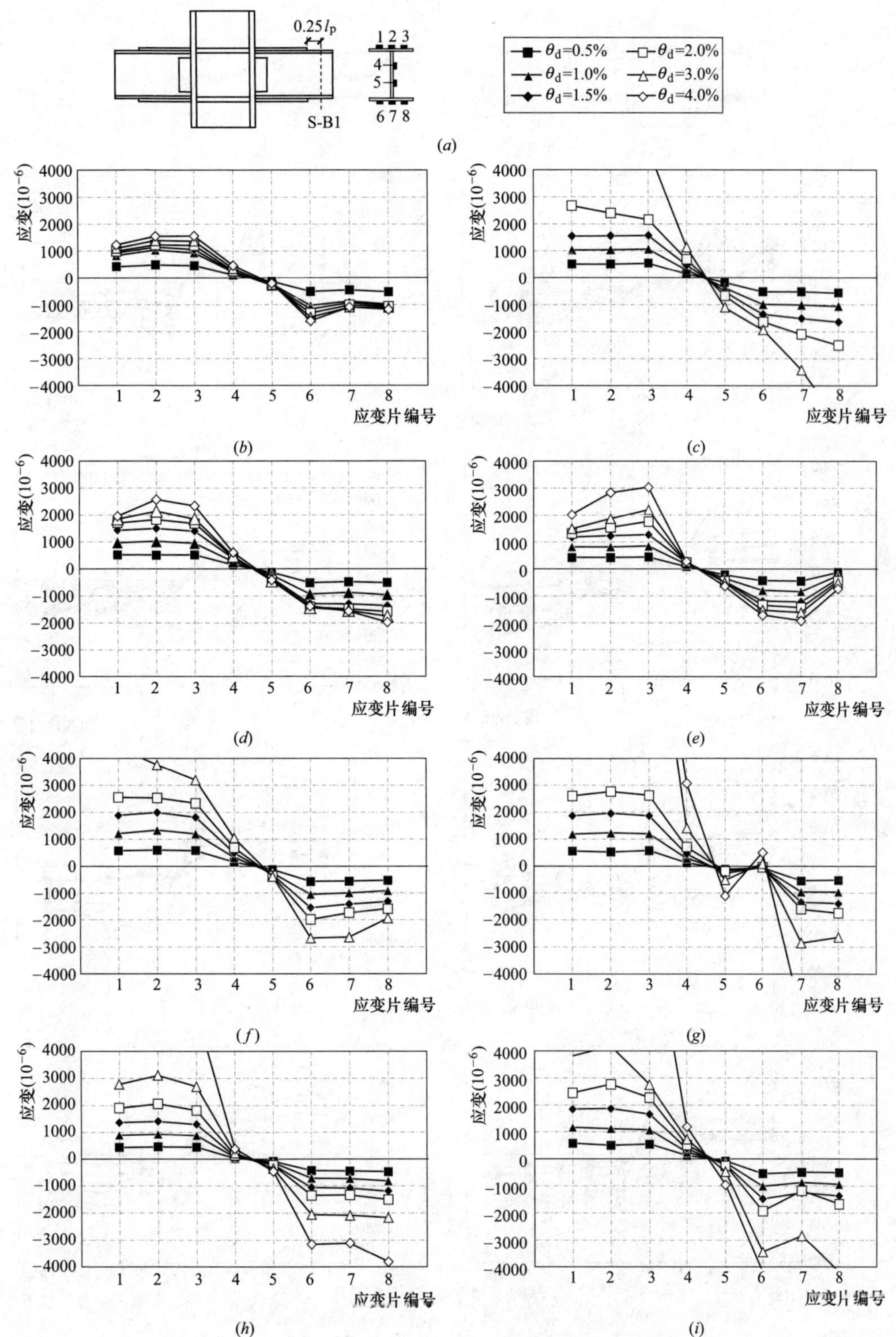

图 5.39 FP 节点试件南梁 B1 截面应变分布

(a) 截面位置和图例；(b) B345-C345-FP1；(c) B345-C345-FP2；(d) B345-C460-FP1；(e) B345-C460-FP2；(f) B460-C460-FP1；(g) B460-C460-FP2；(h) B460-C730-FP1；(i) B460-C730-FP2

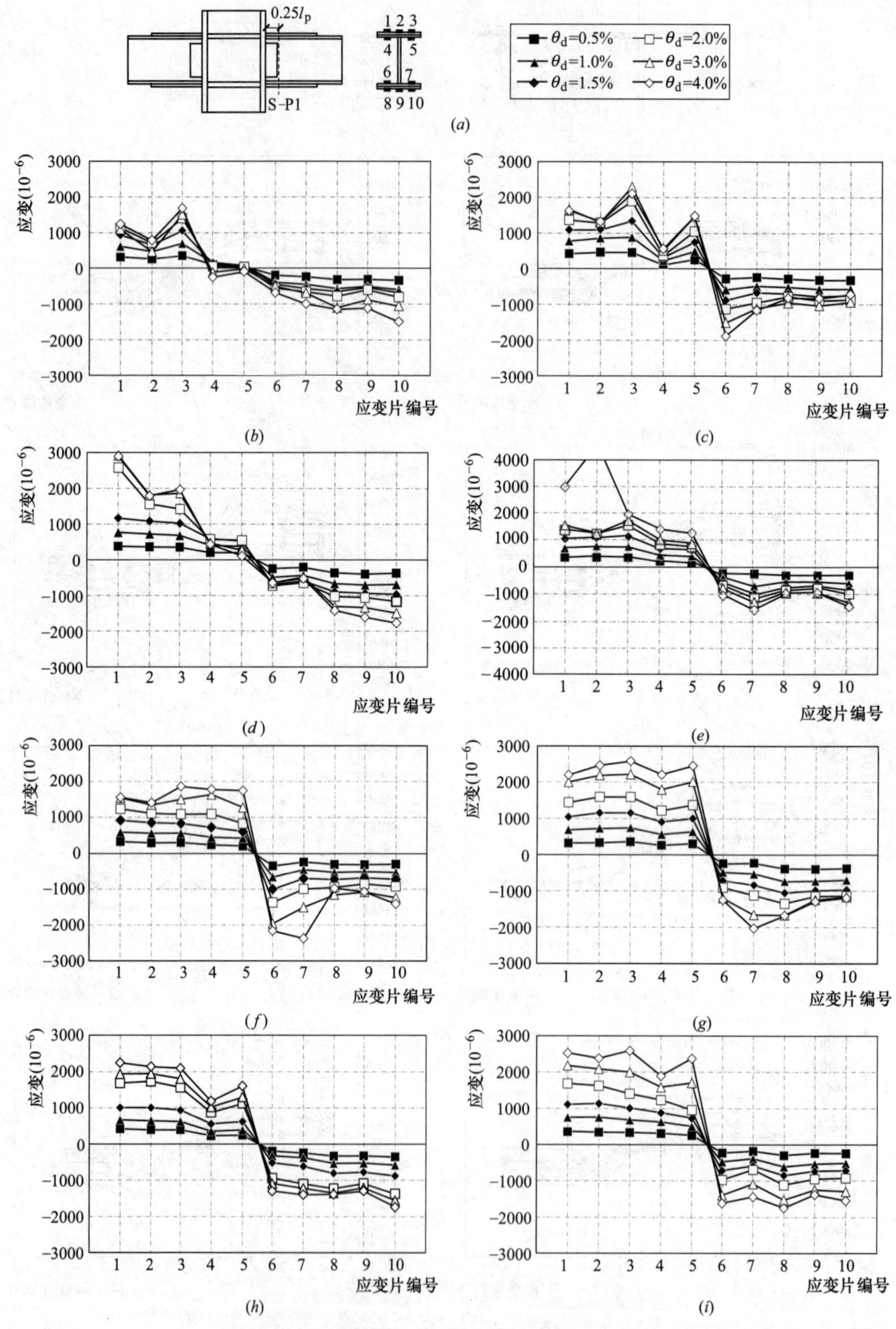

图 5.40　CP 节点试件南梁 P1 截面应变分布

(*a*) 截面位置和图例；(*b*) B345-C345-CP1；(*c*) B345-C345-CP2；(*d*) B345-C460-CP1；(*e*) B345-C460-CP2；(*f*) B460-C460-CP1；(*g*) B460-C460- CP2；(*h*) B460-C730-CP1；(*i*) B460-C730-CP2

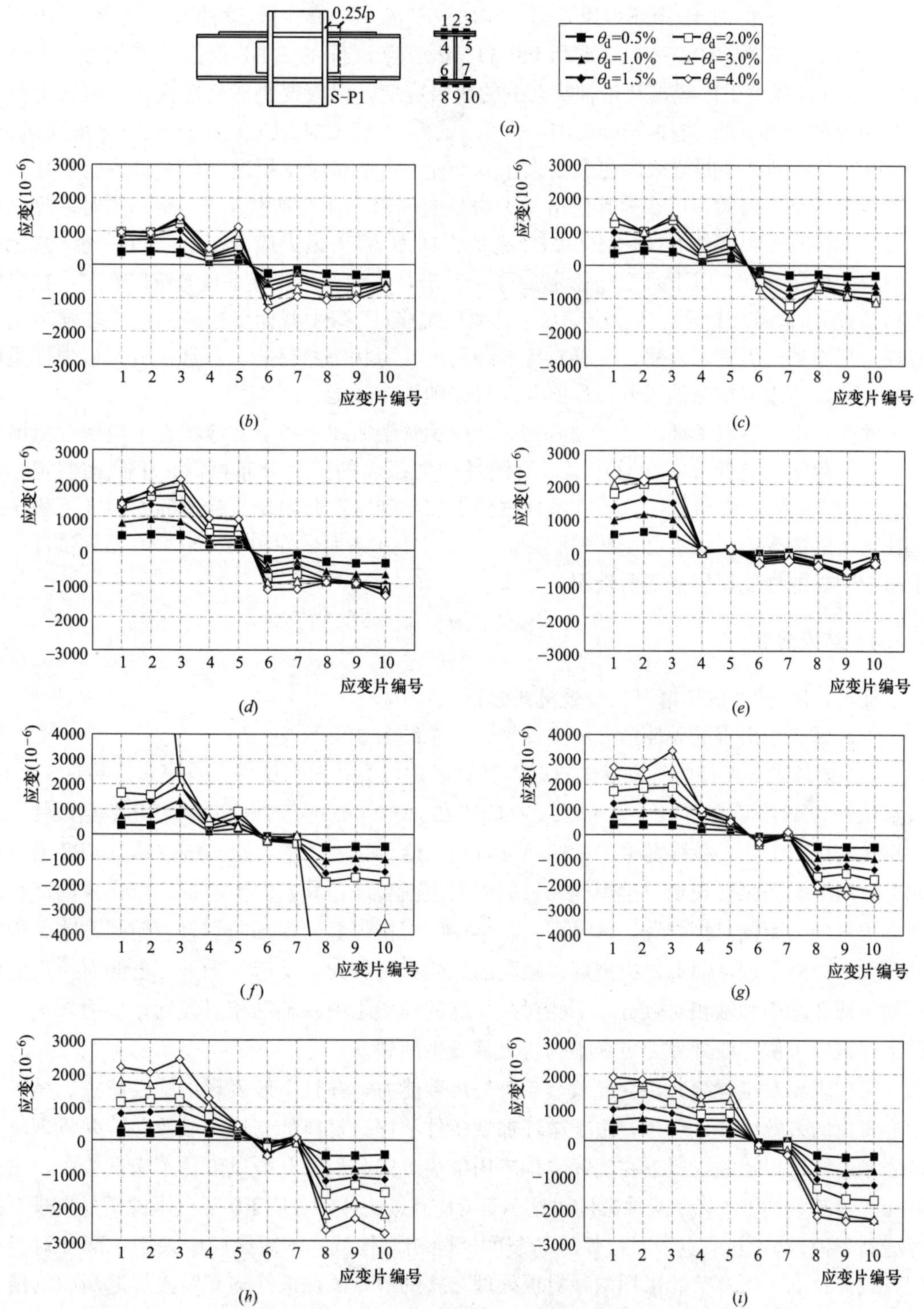

图 5.41 FP 节点试件南梁 P1 截面应变分布

(*a*) 截面位置和图例；(*b*) B345-C345-FP1；(*c*) B345-C345-FP2；(*d*) B345-C460-FP1；(*e*) B345-C460-FP2；(*f*) B460-C460-FP1；(*g*) B460-C460-FP2；(*h*) B460-C730-FP1；(*i*) B460-C730-FP2

从图 5.38～图 5.41 中还可以看出，在加载至 θ_d＝4.0％时，试件 B345-C345-CP1、试件 B345-C345-FP1、B345-C460 系列 CP 和 FP 节点试件的 S-B1 截面应变均在 0.002～0.003 附近，数值上已超过其单轴状态下的屈服应变，但应变仍然稳定变化，可认为尚未出现明显的屈服；而试件 B345-C345-CP2、试件 B345-C345-FP2、B460-C460 系列试件、B460-C730 系列试件的梁截面应变已大于 0.004，并且在应变超过 0.004 时各应变片的读数不稳定地迅速增大，可认为其已出现了明显的屈服。而在加载至 θ_d＝4.0％时，除试件 B460-C460-FP2 和试件 B345-C460-CP2 的加强截面 S-P1 最大应变超过 0.003 外，其余截面的应变均在 0.003 以下且变化稳定。可以看出，不论是 CP 节点还是 FP 节点，在层间位移角较大时，S-P1 截面总体应变水平都要明显低于 S-B1 截面。这表明板式加强型构造实现了将不利应力状态外移、改善对接焊缝附近受力状态的目的，并且在节点域强度足够大时，可以实现未加强的梁截面屈服并通过梁塑性铰耗能。

此外，本书提取了如图 5.31 和图 5.32 所示骨架曲线上各点对应状态下应变片量测得到的各柱截面的应变分布。总体上，所测量的柱截面的应变分布可满足平截面假定；在 B345-C345 系列试件和 B345-C460 系列试件中加载到后期时出现了受压翼缘应变不稳定地迅速增大的情况，可认为已受压屈服；而 B460-C460 系列试件和 B460-C730 系列试件中则未出现明显的柱受压翼缘屈服情况。

5.1.4　结果分析

5.1.4.1　试件破坏情况和失效模式分析

本次试验中出现的破坏情况和失效模式可总结为如下几类：

(1) 梁柱现场对接焊缝断裂。这是本次试验中较为普遍的试件失效模式，共有 3 个 CP 节点试件（B345-C345-CP1、B345-C460-CP1 和 B460-C460-CP2）和 7 个 FP 节点试件（除 B460-C730-FP1 外）最终发生了梁柱现场对接焊缝断裂。其中，除 B460-C460-FP2 最终有北上、南下两条梁柱现场对接焊缝几乎同时发生断裂外，其余发生这一失效模式的试件的断裂位置均为下侧对接焊缝。这是因为，梁柱间对接焊缝的现场施焊采用俯焊方式，焊根的位置在焊缝下侧，而焊根出现焊接缺陷的风险相对较大；受弯状态下，上侧对接焊缝的焊根距截面的中和轴相对较近，下侧对接焊缝的焊根距中和轴则相对较远，应力较大，所以下焊根较上侧焊根处受力更为不利，更易发生断裂。

梁柱现场对接焊缝断裂会导致节点丧失承载能力，并且一般表现出脆性特点，是工程中应避免的失效模式；但是，由于循环加载条件下焊缝材料的韧性一般较差，并且现场焊接质量通常难以控制，所以在实际结构应用中很难完全消除开裂风险。本次试验中，出现对接焊缝断裂的 FP 节点试件数量明显多于 CP 节点试件，表明 FP 节点试件更易出现对接焊缝断裂失效，CP 节点中对接焊缝断裂的风险相对较低。本次试验中采用了两种衬板处理方式，见 5.1.1.2 节。采用两种衬板处理方式的节点试件最终均有对接焊缝断裂的情况发生，但均未出现起于柱表面附近的焊缝断裂情况，因此尚难以通过试验结果对两种衬板处理方式的优劣做出判断。同时，可以观察到本次试验中 CP 节点和 FP 节点的对接焊缝断裂位置都在靠近加强板的焊缝熔合区附近，表明熔合区截面是焊缝中的最薄弱截面，见图 5.42。其中，CP 节点中由于 CP 与梁翼缘在焊缝位置竖向并不连续，所以可能出现 CP

截面对应的熔合区先发生断裂、继而梁翼缘截面对应的熔合区断裂的情况；FP节点的焊缝尺寸相对较小，虽然对接焊缝在靠近柱表面处留有余高，但FP与对接焊缝的熔合区截面相对薄弱，所以该位置发生断裂的风险更高。

(2) 节点域水平加劲肋与柱翼缘间的焊缝断裂。本次试验共有8个试件（包括4个CP节点试件和4个FP节点试件）出现了节点域水平加劲肋与柱翼缘间焊缝开裂的情况。其中，B345-C460-CP1、B460-C730-FP2的节点域水平加劲肋焊缝与对应位置的梁柱对接焊缝几乎同时断裂；试件B345-C460-CP2、B460-C460-CP1、B345-C460-FP1节点域水平加劲肋断裂后，继续加载过程中柱腹板与柱翼缘间的焊缝局部开裂，并且B345-C460-FP1中与断裂的节点域水平加劲肋焊缝呈斜对角位置的梁下侧对接焊缝也发生断裂；试件B460-C460-CP2、B460-C460-FP2、B460-C730-FP2节点域水平加劲肋焊缝断裂后，继续加载过程中对应位置的梁柱对接焊缝断裂，并且B460-C460-FP2呈斜对角位置的两处均发生了梁柱对接焊缝断裂；试件B460-C730-FP1在节点域水平加劲肋焊缝断裂后，在继续加载过程中对应位置梁柱对接焊缝处柱翼缘撕裂。从试验结果中可看出，节点域水平加劲肋与柱翼缘之间的焊缝断裂并不会直接导致节点承载能力的显著降低，但由于这一破坏模式会导致节点域局部梁翼缘的约束状态和受力状态发生变化，所以可能引发其他的失效模式，如梁翼缘对接焊缝断裂或柱翼缘与柱腹板间焊缝局部开裂。

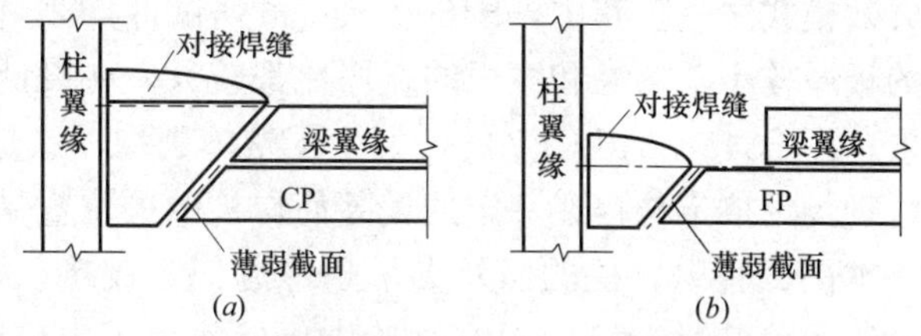

图 5.42 板式加强型节点中现场对接焊缝的不利截面示意图

(a) CP节点；(b) FP节点

针对传统的梁柱栓焊混接节点，我国抗震规范[3]规定节点域水平加劲肋厚度应不小于梁翼缘厚度，而高钢规[8]则将节点域水平加劲肋的最小厚度要求提高为梁翼缘厚度加2mm。本次试验中，节点域水平加劲肋的厚度按照板式加强型节点中对接焊缝的名义厚度取值：对于CP节点取为CP和梁翼缘的厚度之和，对于FP节点则取FP的厚度。但从本次试验结果来看，在应用板式加强型节点时节点域水平加劲肋的厚度应大于对接焊缝的名义厚度，否则可能出现在极端情况下节点域水平加劲肋焊缝断裂的情况。

(3) 柱翼缘与柱腹板间焊缝局部开裂。本次试验中有3个试件（B345-C460-CP2、B460-C460-CP1和B345-C460-FP1）出现了这一失效模式，并且这一失效模式均是在相应位置的节点域水平加劲肋与柱翼缘间的焊缝断裂后产生的。其中，B345-C460-CP2和B460-C460-CP1在柱翼缘与柱腹板间的焊缝局部开裂后，因柱翼缘在裂口处屈曲，柱无法继续承载轴力而停止加载，而B345-C460-FP1中柱翼缘、柱腹板间焊缝局部开裂与相应位置的梁柱对接焊缝开裂几乎同时发生。

柱翼缘与柱腹板间的焊缝局部开裂会改变柱翼缘的局部约束状态。由于柱通常要承担一定的轴力，柱翼缘约束状态的改变会使其发生局部屈曲失效，对柱的轴向承载性能产生不利影响，从而影响整个结构的安全性能，所以这一失效模式应在结构设计中避免。从试验结果看，在节点域水平加劲肋焊缝断裂前并不会出现这一失效模式，所以设置可靠的节点域水平加劲肋是防止这一失效模式的有效手段。同时，这一失效模式的出现表明，我国《建筑抗震设计规范》[3]和《高层民用建筑钢结构技术规程》[8]中要求在节点区域内上下各 500mm 使用全熔透对接焊缝是必要和合理的。

(4) 柱子失稳，包括整体失稳（试件 B345-C345-CP2）和局部失稳（B460-C730 系列试件）。由于本次试验中按实际设计结果施加了柱轴力，所以柱子失稳也是节点试件的重要失效模式之一。其中，B460-C730 系列试件均表现为局部失稳，这是由于 C730 高强钢柱的板厚较小、翼缘和腹板的宽厚比都较大，在设计时并不能满足抗震框架的板件宽厚比要求；而 B345-C345-CP2 的柱发生了整体失稳，这是由于试件的初始残余变形较大，并且梁柱现场焊接定位存在一定的偏差使得柱中央位置受到一定的面外弯矩。

本次试验中，柱的面外支承条件近似为铰接，与设计假定一致；设计时各试件的柱均进行了稳定性验算，但在试验中仍然发生了失稳现象，这是因为本次试验中的反对称加载方式是使节点承担弯矩最大的不利加载方式，在进行结构设计验算时通常并不需要考虑这一极端的荷载工况；“强柱弱梁”构造检验要求包含的荷载模式虽然与本次试验加载模式相符，但现有的“强柱弱梁”构造检验并未考虑稳定性问题；同时由于实际材料强度的离散性，B345-C345-CP2 实际的“强柱弱梁”系数小于 1（见表 5.4），使其可能出现柱屈服的情况。虽然各梁柱节点的承载性能并未因柱发生失稳而下降或突变，但是柱失稳的现象表明，在进行节点的抗震构造检验时有必要引入稳定性检验，避免出现在地震作用的极端情况下，由于节点传递的弯矩超过了验算稳定性时考虑的弯矩而产生柱失稳破坏的现象。

(5) 柱翼缘撕裂。在本次试验中仅 1 个试件（B460-C730-FP1）出现这一失效模式，且这一失效模式是在相应位置的节点域水平加劲肋与柱翼缘间的焊缝断裂后产生的。该试件的柱翼缘厚度较小（仅为 6mm），柱翼缘宽度较大，柱翼缘撕裂的裂纹沿着梁柱下侧对接焊缝的侧边缘发展。由于只有一个试件出现该结果，尚难以对该失效模式的影响因素进行全面分析，但从试验现象看，该失效模式可能与柱节点域水平加劲肋的断裂和下侧衬板与柱翼缘间的补焊焊缝断裂有关。

5.1.4.2　试件的主要力学性能指标

根据各试件的等效层剪力-层间位移角曲线和弯矩-节点域转角曲线，计算出各节点试件的主要承载性能指标，见表 5.6。其中，K_d 为节点试件子结构等效刚度，计算方法详见 5.1.3.2 节；$\theta_{d.y}$ 为试件的屈服层间位移角，每个试件的 $\theta_{d.y}$ 取为图 5.31 或图 5.32 中 $\theta_{d.y}^{(+)}$ 和 $\theta_{d.y}^{(-)}$ 的平均值；$Q_y = K_d\theta_{d.y}$，为试件的等效屈服层剪力；$\theta_{d.u}$ 为试件的极限层间位移角，取试件骨架曲线正、负向最大层间位移角（绝对值）的平均值；Q_u 表示 $\theta_{d.u}$ 对应状态下的等效层剪力，取试件骨架曲线上正、负向最大层间位移角对应的等效层剪力平均值；$\mu = \theta_{d.u}/\theta_{d.y}$，为试件的延性系数[27]；$\theta_p$ 为试件的最大塑性层间位移角，取为滞回曲线中至少完成一个完整循环的最大加载级的第一圈在水平轴（θ_d 轴）上正、负截距绝对值的平均值[33]。此外，表 5.6 中 K_{pz} 为节点域的初始转动刚度，其理论上应为图 5.34 和图 5.35 中 M_{pz}-θ_{pz} 曲线的弹性段斜率。但是，由于在弹性阶段各试件节点域的剪切转角都很小，用于量测节点域剪切转角的位移计在 $\theta_d = \pm 0.75\%$ 前的位移变化多在 ± 0.3mm 以内，测量数据不稳定、极易受环境因素及误差影响，所以无法通过位移计数据计算节点域刚度；因此，通过节点域的两组应变花（中心点和角点）分别计算两个测点的工程剪应变[34,35]，将其平均值作为节点域弹性转角的代表值，通过拟合各节点试件在 $\theta_d = \pm 0.75\%$

及以内的各峰值点时的节点域弯矩和剪切转角代表值，得到节点域的初始转动刚度 K_{pz}。计算出 K_{pz} 后，依据图 5.33，按照计算 $\theta_{d.y}$ 的方法计算节点域的屈服转角 $\theta_{pz.y}$，进而定义 $M_{pz.y}=K_{pz}\theta_{pz.y}$ 为试件的节点域屈服弯矩。需要说明的是，表中 B460-C460 系列试件的节点域在试验中均未发生明显的屈服，故未测得与节点域屈服相关的数据；其中 B460-C460-FP1 在 $\theta_d=3.0\%$ 加载级发生破坏，此时节点的 Q-θ_d 曲线尚未出现明显屈服，故也未测得该试件与 $\theta_{d.y}$ 相关的指标。

各试件的主要力学性能指标 表 5.6

试件编号	K_d (kN/rad)	$\theta_{d.y}$ (%rad)	Q_y (kN)	$\theta_{d.u}$ (%rad)	Q_u (kN)	μ	θ_p (%rad)	K_{pz}(kN·m/rad)	$\theta_{pz.y}$ (%rad)	$M_{pz.y}$ (kN·m)
B345-C345-CP1	12165	1.13	136.9	6.76	188.4	6.01	5.15	111792	0.22	248.4
B345-C345-CP2	14095	1.50	211.5	3.80	238.6	2.53	2.23	236218	0.22	510.3
B345-C460-CP1	12165	1.47	178.4	4.77	217.6	3.25	2.88	127122	0.33	425.2
B345-C460-CP2	11878	1.50	177.9	6.70	216.4	4.47	4.74	137692	0.32	434.6
B460-C460-CP1	11143	2.52	280.9	3.83	293.9	1.52	1.12	171100	—	—
B460-C460-CP2	11006	2.44	268.7	5.56	295.9	2.28	2.67	174468	—	—
B460-C730-CP1	9030	2.83	255.4	4.64	271.7	1.64	1.33	104740	0.51	531.3
B460-C730-CP2	9267	2.66	246.4	3.75	260.3	1.41	0.78	106806	0.56	603.4
B345-C345-FP1	11744	1.15	135.5	3.84	167.1	3.33	2.43	107270	0.25	265.9
B345-C345-FP2	13641	1.55	211.3	1.84	208.0	1.19	0.27	228544	0.25	566.2
B345-C460-FP1	11011	1.55	170.2	4.82	204.5	3.12	2.87	126491	0.32	400.0
B345-C460-FP2	10860	1.69	183.2	3.82	206.3	2.26	1.88	119814	0.35	424.6
B460-C460-FP1	11028	—	—	2.81	246.8	—	0.51	183210	—	—
B460-C460-FP2	11085	2.38	264.4	3.77	279.7	1.58	1.18	181030	—	—
B460-C730-FP1	9323	2.71	252.4	3.64	261.1	1.34	0.67	110620	0.58	637.1
B460-C730-FP2	8899	2.74	243.8	3.66	252.0	1.34	0.75	106042	0.63	666.4

从表 5.6 中可看出，各 FP 节点试件与相对应的 CP 节点试件的承载力 Q_y、刚度 K_d 以及节点域的承载性能指标均相差不大，表明在其他加强参数相同的条件下，改变板式加强型节点的加强形式并不会对节点的承载力、刚度或节点域的承载性能产生显著影响；由于本次试验试件的设计条件相同，可以看出随着构件钢材强度的提高，试件的整体刚度 K_d 小幅减小，而对应的屈服层间位移角 $\theta_{d.y}$ 则大幅提高；节点域的屈服转角 $\theta_{pz.y}$ 只表现出与节点域钢材强度的相关性，柱从 C345 变化至 C730 时，节点域的屈服转角从 0.22% rad 变化至 0.51%～0.63%rad，可见应用高强钢的节点域可能发展的弹性转角显著增大。

表 5.6 中的 $\theta_{d.u}$、θ_p 和 μ 是用来表示试件延性性能的指标，在 5.1.4.4 节将对这些指标做进一步讨论。

5.1.4.3 层间位移角分量占比分析

在采用翼缘焊接梁柱节点的钢框架中，地震作用下框架层间位移角 θ_d 的来源主要为梁弯曲转角 θ_b、柱弯曲转角 θ_c 和节点域转角 θ_{pz}。本次试验中 θ_c 和 θ_{pz} 可根据测量结果由式（5-8）和式（5-9）得到，θ_b 则可通过在 θ_d 中扣除其他分量得到[28]。图 5.43 和图 5.44 给出了各试件中层间位移角分量在不同加载级时的占比情况。可看出，对于节点域屈服承载力较低的试件（试件 B345-C345-CP1、试件 B345-C345-FP1、B345-C460 系列试件），节点域屈服后 θ_{pz} 在 θ_d 中的占比迅速增大，最高可达到 80%；对于节点域屈服承载力较高的试件（B460-C460 系列试件），θ_{pz} 在 θ_d 中的占比保持在 10%～20%。此外，对于 B345-C345-CP2 和 B345-C345-FP2 节点试件，由于其节点域厚度大，导致节点域的刚度较大，在弹性阶段 θ_{pz} 在 θ_d 中的占比较小；而在 θ_d＝3.0%以后其节点域也开始发生屈服，θ_{pz} 在 θ_d 中的占比也相应增大；在 B460-C730 系列试件中，C730 高强钢柱的截面模量较小，柱的刚度相对较小，因此 θ_c 在 θ_d 中的占比相对较大。

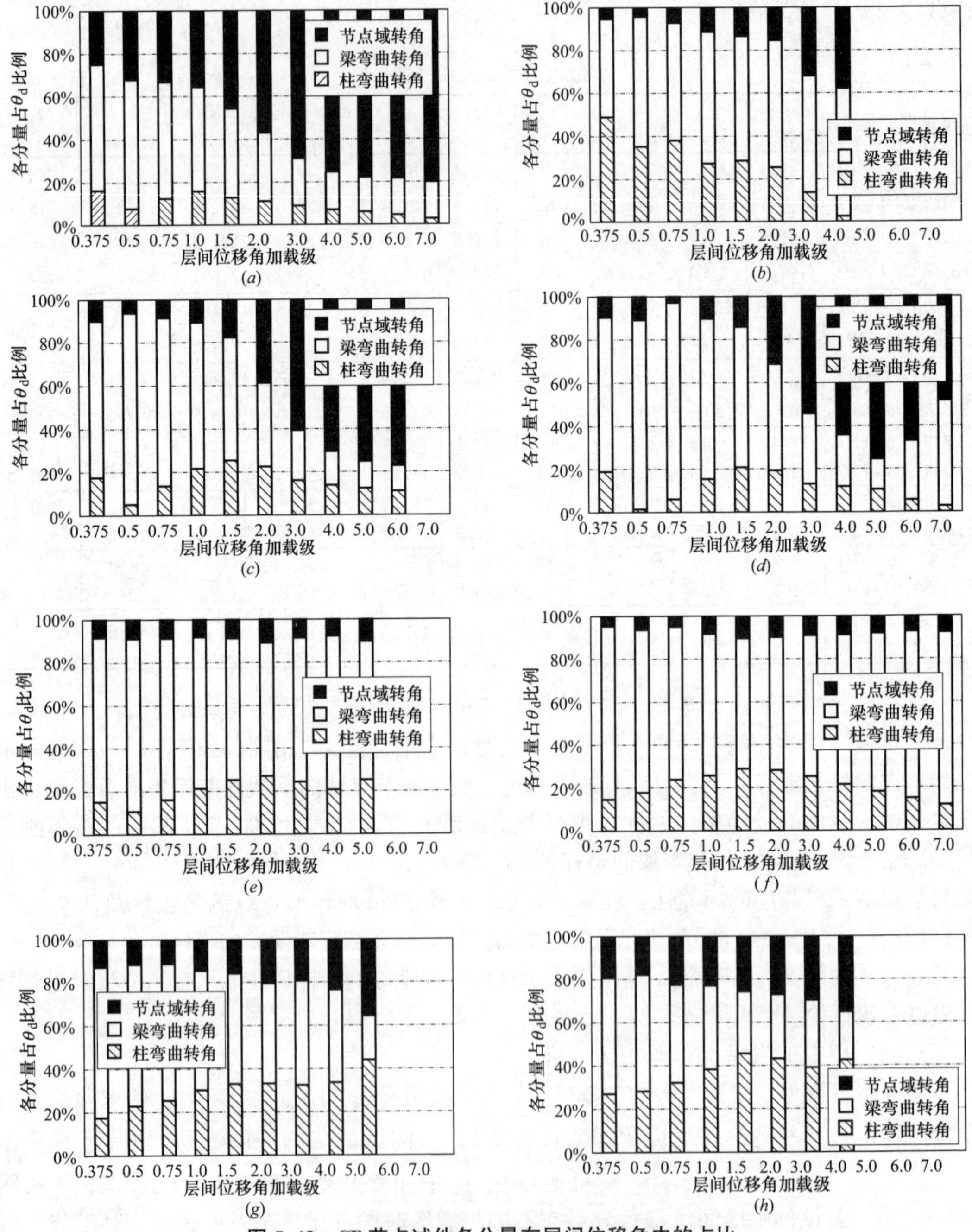

图 5.43　CP 节点试件各分量在层间位移角中的占比

(*a*) B345-C345-CP1；(*b*) B345-C345-CP2；(*c*) B345-C460-CP1；(*d*) B345-C460-CP2；(*e*) B460-C460-CP1；(*f*) B460-C460- CP2；(*g*) B460-C730-CP1；(*h*) B460-C730-CP2

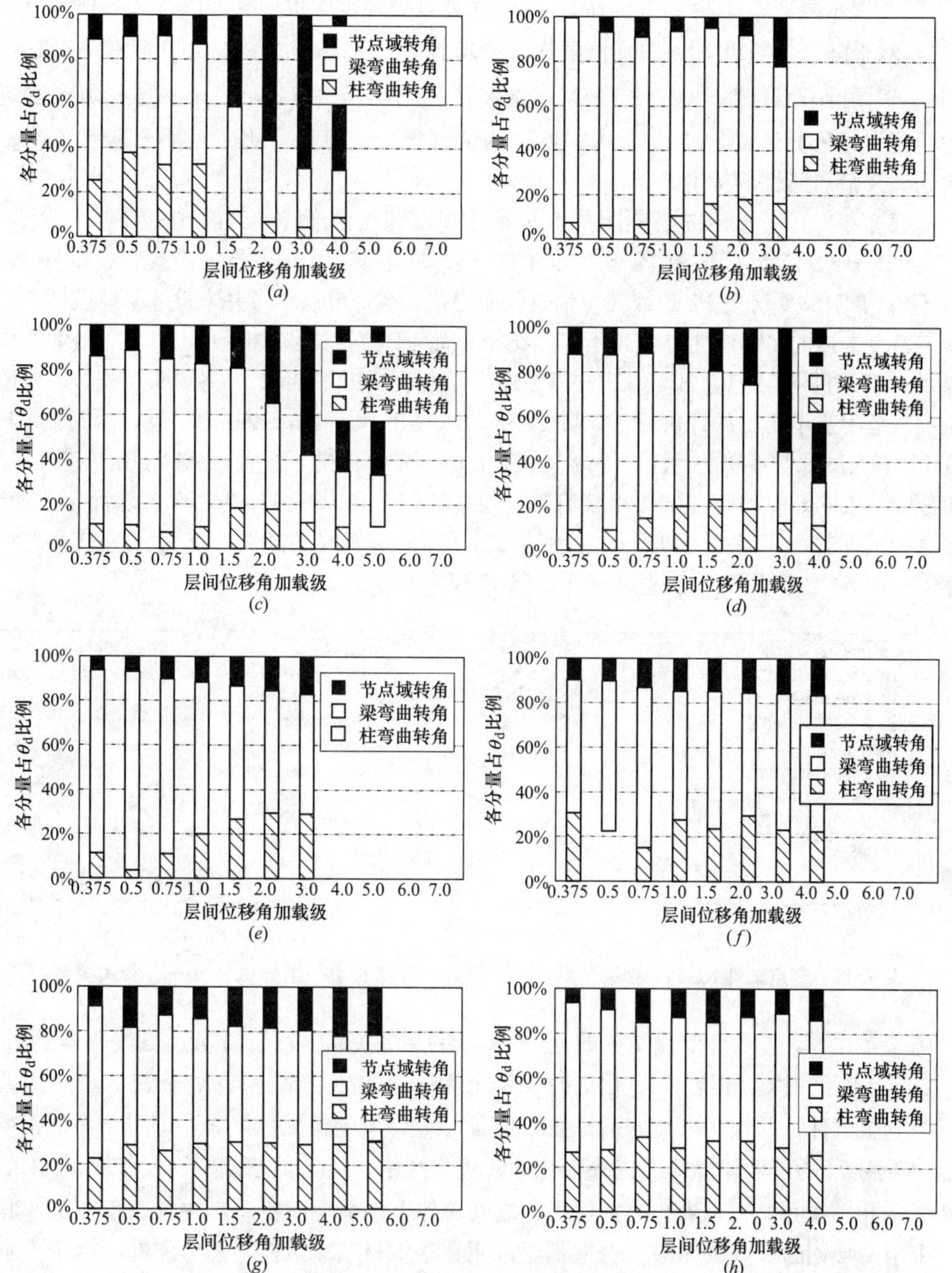

图 5.44 FP节点试件各分量在层间位移角中的占比

(a) B345-C345-CP1；(b) B345-C345-CP2；(c) B345-C460-CP1；(d) B345-C460-CP2；
(e) B460-C460-CP1；(f) B460-C460- CP2；(g) B460-C730-CP1；(h) B460-C730 CP2

5.1.4.4 试件延性及耗能能力分析

表 5.6 中给出了各试件的最大层间位移角 $\theta_{d.u}$、最大塑性层间位移角 θ_p 和延性系数 μ，这些指标均可用来表示节点的延性性能。美国抗震规范中用 $\theta_{d.u}$ 来评价节点延性[21]，

对于 SMF 要求其 $\theta_{d.u}$ 不小于 0.04rad；同时欧洲抗震规范中也用类似的指标来评价节点延性[36]，对于高延性等级（DCH）钢框架，要求其 $\theta_{d.u}$ 不小于 0.035rad。而在 FEMA-267 中用 θ_p 来评价节点延性[37]，对于 SMF 要求其 θ_p 不小于 0.03rad；μ 则是我国《建筑抗震试验规程》JGJ/T 101—2015[27] 中给出的延性指标，但是目前尚无基于延性系数 μ 来评价钢框架节点延性的标准。

从表 5.6 中可看出，按照美国抗震规范中基于 $\theta_{d.u}$ 的评价标准，CP 节点中除 B345-C345-CP2、B460-C460-CP1 和 B460-C730-CP2 外，均可满足 SMF 要求；其中，试件 B345-C345-CP2 和 B460-C730-CP2 是因柱发生失稳而停止加载，节点本身并未发生明显破坏，所以相应的节点构造的实际延性将会高于实测结果；而 FP 节点试件中除 B345-C460-FP1 外均不能满足 SMF 的要求，但除 B345-C345-FP2 外均可满足 IMF 的要求（$\theta_{d.u} \geqslant 0.02$rad）。按照欧洲抗震规范中基于 $\theta_{d.u}$ 的评价标准，除 B345-C345-FP2 和 B460-C460-FP1 外，所有的 CP 节点和 FP 节点试件均可满足高延性等级（DCH）的要求。但是，按照 FEMA-267 中基于 θ_p 的评价标准，表 5.6 中的所有试件里仅有 B345-C345-CP1 和 B345-C460-CP2 可以满足 SMF 要求，其余试件的 θ_p 均小于 0.03rad；特别是梁采用 Q460 钢材的试件，其 θ_p 普遍较小，如试件 B460-C460-CP2，其 $\theta_{d.u}$ 已达 5.56%，但 θ_p 仅为 2.67%。

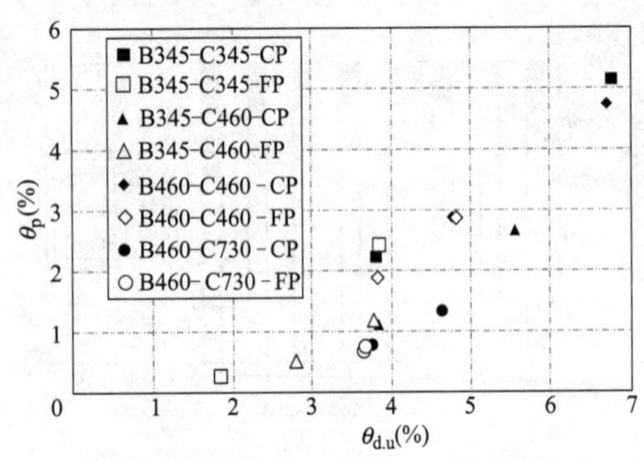

图 5.45　节点试件 θ_p-$\theta_{d.u}$ 相关关系

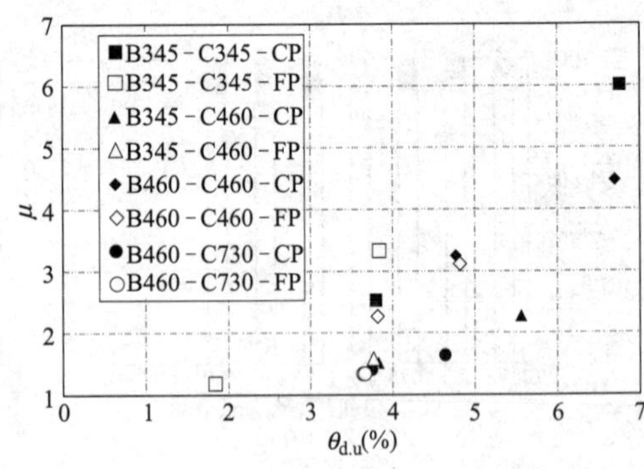

图 5.46　节点试件 μ-$\theta_{d.u}$ 相关关系

图 5.45 给出了 16 个节点试件的 θ_p 和 $\theta_{d.u}$ 的相关关系。可以看出，虽然总体上 θ_p 与 $\theta_{d.u}$ 之间呈现正相关，但在 $\theta_{d.u}$ 相近时，采用高强钢的节点试件的 θ_p 普遍低于采用普通钢材的节点试件，并且梁或柱的钢材强度越高，θ_p 降低的情况越显著，即对于高强钢梁柱节点，采用 θ_p 的延性评价标准比采用 $\theta_{d.u}$ 时更为严格。图 5.46 给出了 16 个节点试件的 μ 和 $\theta_{d.u}$ 的相关关系，可以看出，μ 与 $\theta_{d.u}$ 之间总体上也呈现正相关，并且也存在 $\theta_{d.u}$ 相近时，采用高强钢的节点试件的 μ 普遍低于采用普通钢材节点试件。总体上看，由于高强钢构件可发展的弹性变形增大，高强钢梁柱节点试件发展的最大层间位移角中弹性层间位移角的占比增大，从而导致不同评价指标给出的延性评价结果存在一定差异。因此，在对高强钢框架梁柱节点进行延性评价时，不同评价指标的合理性尚需进一步的分析和讨论。

除了上述延性指标，节点的耗能能力也是评价节点抗震性能的重要参考内容。图 5.47 和图 5.48 列出了各试件的总耗能及节点域耗能随加载半圈数的变化。可以看出，试件耗散总能量的大小与试件最终达到的层间位移角密切相关；采用 Q345 钢梁的试件，其耗散的总能量在层间位移角达到 2.0%后开始显著增加；采用 Q460 钢梁的试件则在层间位移角达到3.0%后其耗散的总能量增加明显；在相同的层间位移角条件下，采用Q345钢梁的试件的总耗能大于采用Q460钢梁的试件，这与采用Q460钢梁试件的$\theta_{d,y}$明显增大有关（见表5.6）。对比图5.47和图5.48可看出，CP节点试件的总耗能均大于相对应的FP节点试件的总耗能，这与FP节点试件普遍早于CP节点试件失效有关。

从图5.47和图5.48中节点域的耗能曲线可看出，除B460-C460系列试件因节点域强度较高在加载过程中未发生明显的屈服耗能外，其余试件中节点域的耗能均占据了试件总耗能的重要部分，表明节点域是重要的耗能组件；在节点域发生明显耗能的试件中，节点域一旦开始屈服耗能，后期试件总耗能的增加主要来自节点域，表明节点域具有较强的耗能能力，且其耗能过程发展稳定，具有类似消能减震构件的集中耗能特点。因此，在钢框架中充分利用节点域的耗能能力，可显著提升钢框架的抗震性能。

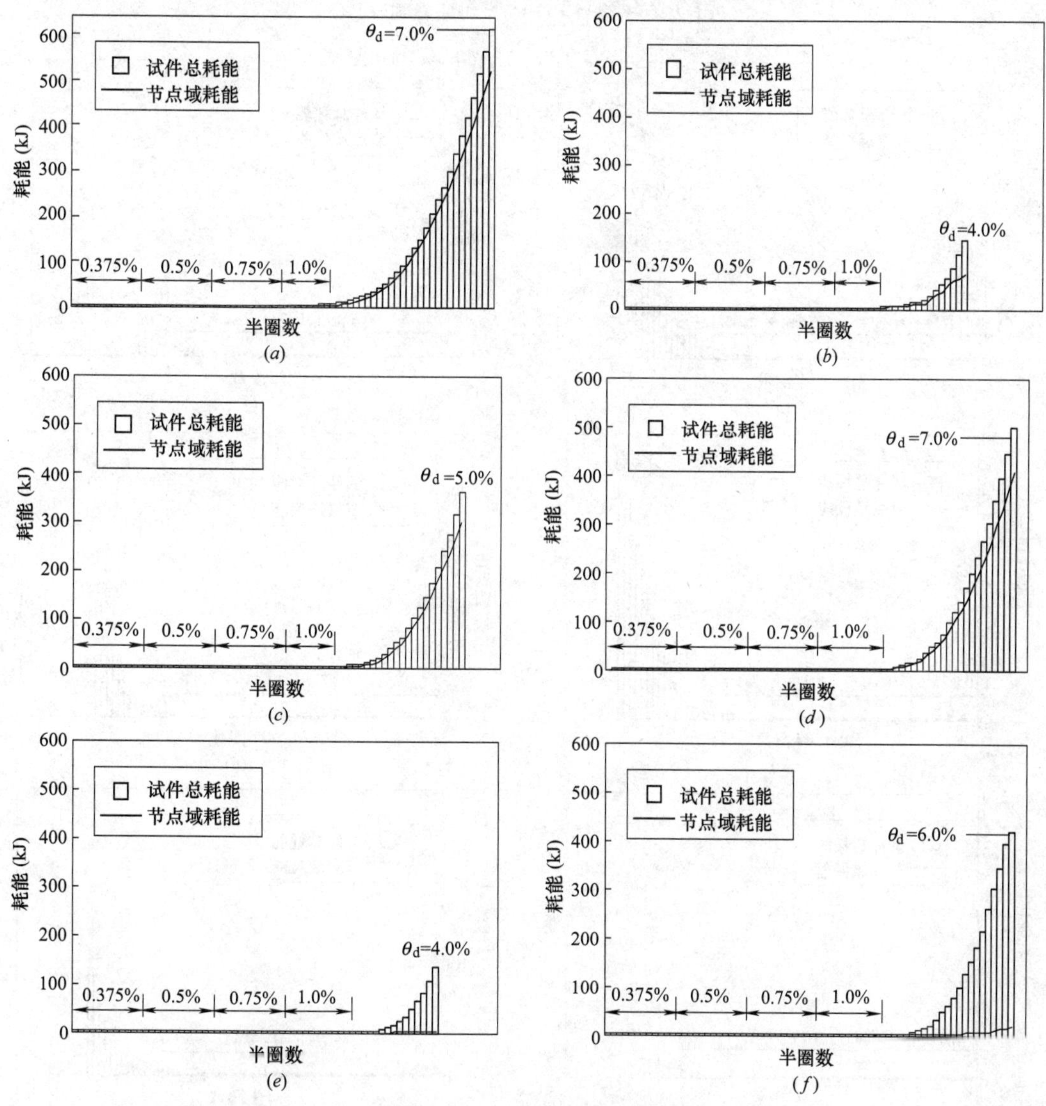

图5.47 CP节点试件耗能情况随加载半圈数的变化（一）

（*a*）B345-C345-CP1；（*b*）B345-C345-CP2；（*c*）B345-C460-CP1；（*d*）B345-C460-CP2；（*e*）B460-C460-CP1；（*f*）B460-C460-CP2

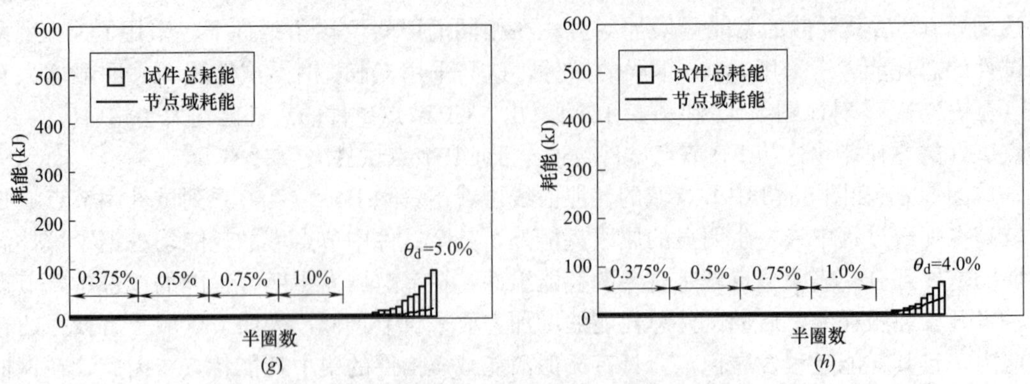

图 5.47　CP 节点试件耗能情况随加载半圈数的变化（二）

（*g*）B460-C730-CP1；（*h*）B460-C730-CP2

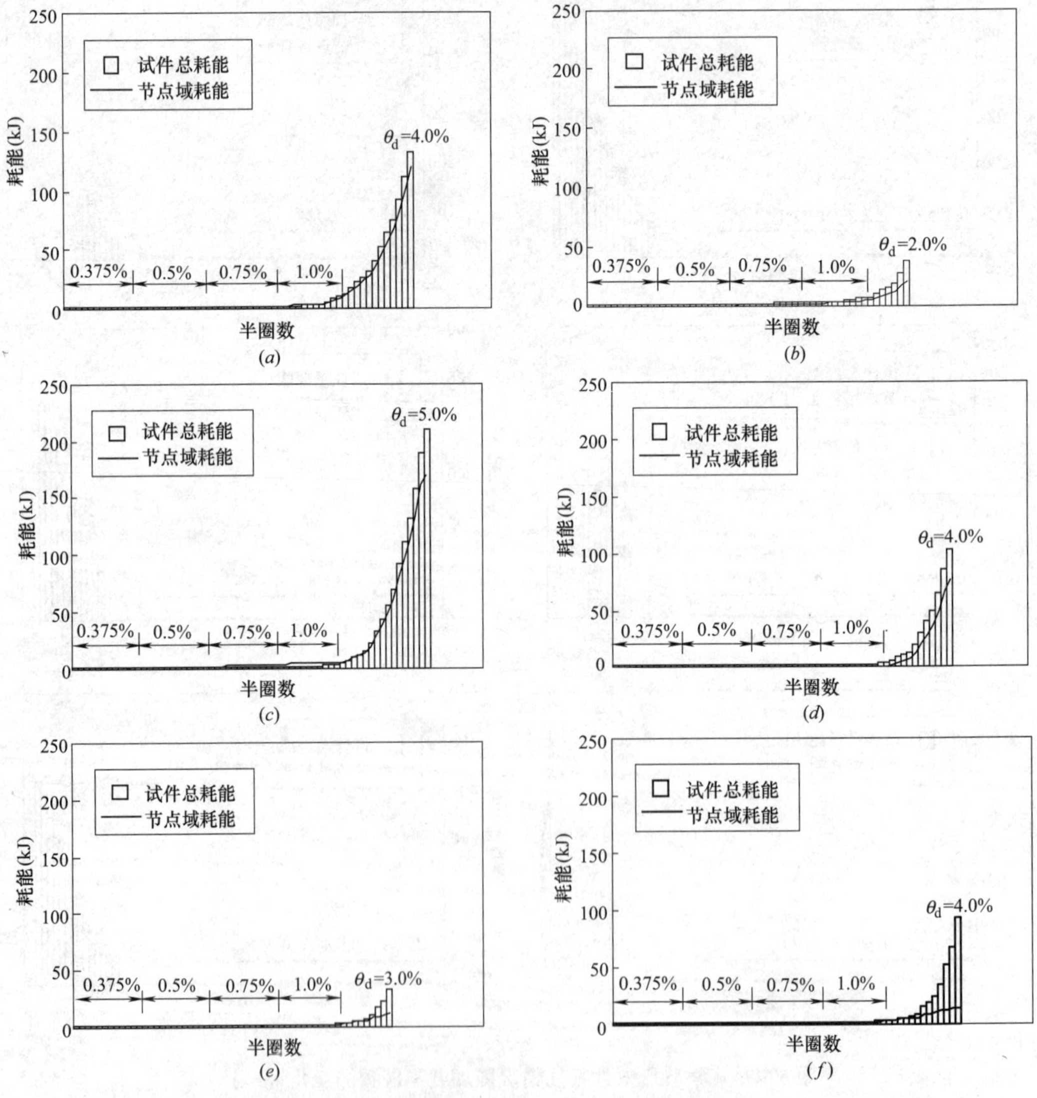

图 5.48　FP 节点试件耗能情况随加载半圈数的变化（一）

（*a*）B345-C345-CP1；（*b*）B345-C345-CP2；（*c*）B345-C460-CP1；（*d*）B345-C460-CP2；（*e*）B460-C460-CP1

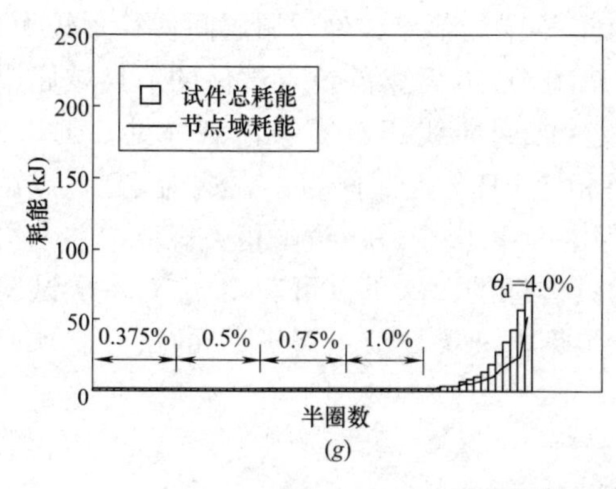

(g)

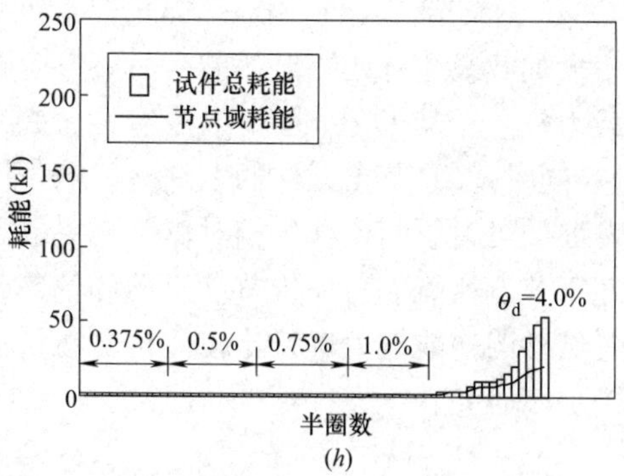

(h)

图 5.48 FP 节点试件耗能情况随加载半圈数的变化（二）

（*f*）B460-C460-CP2；（*g*）B460-C730-CP1；（*h*）B460-C730-CP2

除总耗能外，滞回曲线的形状是试件耗能能力的重要特征。试件滞回曲线的形状特点可以用等效黏滞阻尼系数 ξ_e 表示[27]，该系数是基于阻尼力做功等效的原理计算得到的，针对包括支承和约束体系在内的整个加载系统在某个位移状态下的阻尼比[38]，可表示在对应状态下的试件的耗能能力；由于阻尼比是影响地震作用下结构振动特性的重要参数，所以 ξ_e 对结构的抗震性能有直接影响。

表 5.7 给出了各试件的等效黏滞阻尼系数 ξ_e 随加载级的变化情况。在弹性阶段，各试件的 ξ_e 均较小，多在 0.01 附近；当试件进入屈服后 ξ_e 显著提高，并且随着加载层间位移角的提高而进一步增大。可见，发展足够大的层间位移角是保证试件具有耗能能力的前提，因此 ξ_e 也可以作为评价节点延性的指标。

各试件的等效黏滞阻尼系数变化情况 **表 5.7**

试件编号	层间位移角加载级										
	0.375%	0.5%	0.75%	1.0%	1.5%	2.0%	3.0%	4.0%	5.0%	6.0%	7.0%
B345-C345-CP1	0.007	0.007	0.010	0.019	0.072	0.096	0.128	0.151	0.167	0.188	0.200
B345-C345-CP2	0.013	0.012	0.012	0.012	0.022	0.042	0.092	0.139	—	—	—
B345-C460-CP1	0.010	0.009	0.009	0.009	0.023	0.054	0.101	0.133	0.157	—	—
B345-C460-CP2	0.012	0.010	0.008	0.008	0.019	0.050	0.097	0.131	0.154	0.170	0.190
B460-C460-CP1	0.005	0.006	0.006	0.006	0.009	0.012	0.035	0.065	0.115	—	—
B460-C460-CP2	0.003	0.004	0.005	0.004	0.008	0.012	0.037	0.070	0.100	0.128	—
B460-C730-CP1	0.008	0.007	0.007	0.009	0.008	0.018	0.021	0.045	0.069	—	—
B460-C730-CP2	0.017	0.012	0.009	0.016	0.007	0.008	0.023	0.051	—	—	—
B345-C345-FP1	0.010	0.009	0.011	0.019	0.070	0.099	0.128	0.150	—	—	—
B345-C345-FP2	0.015	0.013	0.011	0.012	0.020	0.038	0.094	—	—	—	—
B345-C460-FP1	0.008	0.009	0.013	0.013	0.014	0.049	0.097	0.123	0.135	—	—
B345-C460-FP2	0.011	0.008	0.008	0.007	0.015	0.038	0.087	0.121	—	—	—
B460-C460-FP1	0.007	0.006	0.007	0.007	0.010	0.014	0.042	—	—	—	—
B460-C460-FP2	0.005	0.005	0.006	0.008	0.009	0.013	0.033	0.070	—	—	—
B460-C730-FP1	0.006	0.006	0.006	0.009	0.008	0.010	0.022	0.041	—	—	—
B460-C730-FP2	0.010	0.009	0.008	0.011	0.009	0.011	0.026	0.046	—	—	—

从表 5.7 中还可看出，在加载级相同时，采用 Q460 钢梁的节点试件的 ξ_e 明显小于采

用 Q345 钢梁节点试件。这一方面是因为采用 Q460 钢梁的节点试件屈服层间位移角较大，在较大加载级才开始明显耗能；另一方面则因为采用 Q460 钢梁的节点试件的节点域屈服承载力较高，其 Q-θ_d 曲线中没有明显的平缓段，滞回曲线相对不够饱满（见 5.1.3.2 节）；同时，CP 节点试件的 ξ_e 普遍大于同条件下相应 FP 节点试件的 ξ_e，这与 FP 节点试件发展的最大层间位移角相对较小有关。需要说明的是，由于目前我国相关规范中并未给出基于节点耗能能力评价节点延性和抗震性能的具体标准，这里仅可利用 ξ_e 对本次试验中各试件的耗能能力进行比较评价，在抗震设计中钢框架梁柱节点对于 ξ_e 的最小需求尚需进一步研究。

5.2　有限元分析

5.2.1　有限元模型

5.2.1.1　基本参数

使用通用有限元软件 ABAQUS，基于已开展的试验试件尺寸建立节点的有限元模型，在各有限元模型中，柱高 H=3m，梁跨 L=5.6m，节点区的主要几何参数见图 5.49。模型采用三维实体单元，包含三维 6 节点楔形实体单元 C3D6（用于形状不规则区域和过渡区域）、三维 8 节点六面体完全积分实体单元 C3D8（用于存在接触和粘贴关系的区域）和三维 8 节点六面体减缩积分实体单元 C3D8R（用于其他区域），模型的典型网格划分见图 5.50。

为了准确模拟节点区的受力状态，模型中所有的连接和接触关系均按照实际构造进行建模。其中，板件之间的对接焊缝连接（如梁翼缘与柱翼缘之间的对接焊缝连接、节点域水平加劲肋与柱翼缘之间的对接焊缝连接等）均按直接粘贴处理；板件之间的角焊缝连接（如梁翼缘与加强板之间的角焊缝连接）按角焊缝尺寸建模后，将焊缝与熔合面对应板件粘贴；板件之间或板件与螺栓之间的接触（如加强板与梁翼缘之间的接触、剪切板与梁腹板之间的接触、剪切板或梁腹板与螺栓头或螺母之间的接触、螺栓孔的孔壁与螺栓杆之间的接触）则通过建立接触关系进行模拟[39-43]。依据试验试件的实际表面处理情况，接触关系中的摩擦系数均按 Q345 热轧钢材干净轧制表面对应的抗滑移系数取为 0.35[16]。

模型的边界条件通过定义于梁端和柱端截面的多点约束（MPC 约束）施加：柱底截面约束其控制点的三向平动自由度，柱顶截面约束其控制点的两向平动自由度，释放柱轴线方向（z 向，见图 5.50）位移约束以施加柱轴力；梁端截面则约束其控制点的扭转自由度和面外方向（y 向，见图 5.50）的平动自由度。荷载分三步施加：第一步按规范规定的设计预拉力值施加螺栓预紧力[16]，第二步施加柱轴力 N_p，第三步通过位移控制方式施加梁端反对称荷载[43-45]。

有限元模型中钢构件的材料本构关系采用第 3 章提出的钢材本构模型[46-48]。该模型对于有屈服平台钢材的模拟需要 19 个参数，对于无屈服平台钢材的模拟需要 22 个参数。依据 5.1.1.4 节的材性试验结果和参数标定方法（详见第 3 章），对试验中的各类板件的材性模型参数进行标定，其中 Q345 钢材和 Q460 钢材采用有屈服平台模型，参数标定结果见表 5.8；试验中采用的 C730 钢材采用无屈服平台模型，其参数标定结果见表 5.9。表 5.8 和表 5.9 中模型参数的具体含义见 3.3 节。

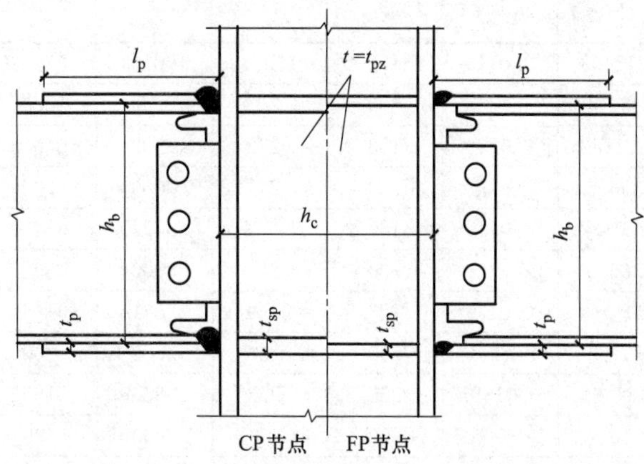

图 5.49 节点有限元模型基本几何参数示意图

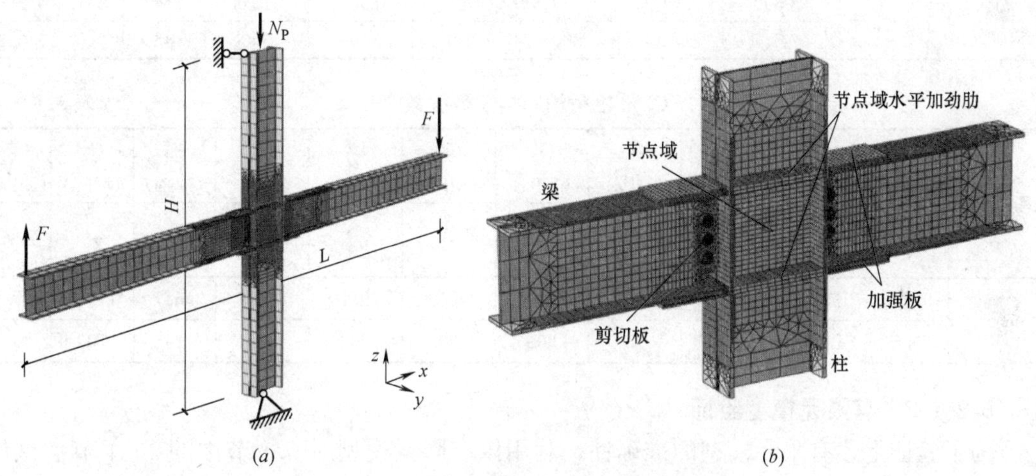

图 5.50 节点有限元模型示意图

(a) 整体尺寸及网格划分；(b) 节点区构造及网格划分

有限元模型中 10.9 级高强度螺栓的材料本构关系采用双线性随动强化模型模拟[49]，其弹性模量取 206GPa，屈服强度取 990MPa，强化模量取 1230MPa[50]。

由于未开展焊缝材料的材性试验，在建模时焊缝的材性均简化为与焊缝所连接板件中强度较低的钢材材性相同。

Q345 和 Q460 钢材的本构模型参数[47] **表 5.8**

钢材牌号	υ	E(MPa)	ε_{st}^{p}	Q^s(MPa)	Q^l(MPa)	C_1^s(MPa)	C_2^s(MPa)	C_1^l(MPa)	C_2^l(MPa)	c^s
		σ_y(MPa)	$\bar{\varepsilon}_{st}^{p}$	b^s	b^l	γ_1^s	γ_2^s	γ_1^l	γ_2^l	c^l
Q345 (10mm)	0.287	195525	0.0155	−189.5	121.9	189516	37903	3317	249.5	0.5
		379.0	0.005	300	30	3000	300	35	0	0.3

续表

钢材牌号	υ	E(MPa)	ε_{st}^{p}	Q^s(MPa)	Q^l(MPa)	C_1^s(MPa)	C_2^s(MPa)	C_1^l(MPa)	C_2^l(MPa)	c^s
		σ_y(MPa)	$\bar{\varepsilon}_{st}^{p}$	b^s	b^l	γ_1^s	γ_2^s	γ_1^l	γ_2^l	c^l
Q345 (12mm)	0.282	212453	0.0119	−176.2	113.1	176191	35238	2453	231.7	0.5
		352.4	0.005	300	25	300	300	35	0	0.3
Q345 (14mm)	0.283	201882	0.0176	−183.2	99.2	183231	36646	2453	226.2	0.5
		366.5	0.005	300	24	3000	300	35	0	0.3
Q345 (24mm)	0.281	200132	0.0110	−187.2	123.9	187249	37450	3480	249.2	0.5
		366.5	0.005	300	28	3000	300	36	0	0.3
Q460 (10m)	0.285	204013	0.0179	−258.8	98.9	258818	51764	2479	286.6	0.5
		517.6	0.005	300	28	3000	300	36	0	0.3
Q460 (12m)	0.287	187295	0.01367	−258.3	59.2	258309	51662	2191	254.3	0.5
		516.6	0.005	300	45	3000	300	50	0	0.3
Q460 (14m)	0.281	193837	0.0157	−230.9	76.6	230948	46190	1933	246.4	0.5
		461.9	0.005	300	25	3000	300	40	0	0.3
Q460 (20m)	0.274	203904	0.0176	−359.6	42.2	359559	71911	1543	241.4	0.5
		719.1	0.005	300	42	3000	300	48	0	0.3

C730 钢材的本构模型参数[48]　　**表 5.9**

钢材牌号	υ	E(MPa)	ε_{st}^{p}	Q_1^l (MPa)	Q_2^l (MPa)	C_1^s (MPa)	C_2^s (MPa)	$\bar{C}_2^s$ (MPa)	C_1^l (MPa)	C_2^l (MPa)	C_3^l (MPa)
	c^s	$\sigma_{0.01}$ (MPa)	Q^s(MPa)	b_1^l	b_2^l	γ_1^s	γ_2^s	$\bar{\gamma}_2^s$	γ_1^l	γ_2^l	γ_3^l
C730 (6m)	0.293	192220	0.004	59.8	29.9	295400	29540	88620	1687	17364	275.8
	0.5	738.5	−295.4	35	300	2000	200	600	34	700	0

5.2.1.2　有限元模型验证

为了验证上述有限元模型的准确性，利用该有限元模型对 5.1 节中的 16 个节点试件进行了模拟，并将有限元计算的结果与试验结果进行了对比。图 5.51 和图 5.52 对比了有限元和试验得到的各节点试件的等效层剪力-层间位移角曲线。可以看出，不论是 CP 节点还是 FP 节点，有限元模型得到的等效层剪力-层间位移角曲线均和试验曲线吻合良好，基本可以重合。表明上述有限元模型可准确模拟不同钢材强度组合的板式加强型梁柱节点在循环荷载作用下的承载性能及强化特点。

图 5.53 和图 5.54 对比了有限元分析和试验得到的节点区变形，并给出了有限元结果中相应于试验最后峰值点的 von Mises 应力分布（不包括高强度螺栓）。可看出，有限元分析得到的变形结果与试验结果相似，可较准确地模拟梁的弯曲变形、节点域的剪切变形以及形成塑性铰的梁截面的转动变形（见 B460-C460 系列试件）。但有限元分析中未得到 B345-C345-CP2 和 B460-C730 系列试件在试验中出现的柱屈曲变形，这与有限元模型中未引入构件的初始缺陷和残余应力有关。由于缺少初始缺陷和残余应力数据[51]，本研究中暂不对柱稳定性进行讨论；但从试验结果看，有必要就地震作用下节点受力状态对柱稳定性的影响开展进一步研究。

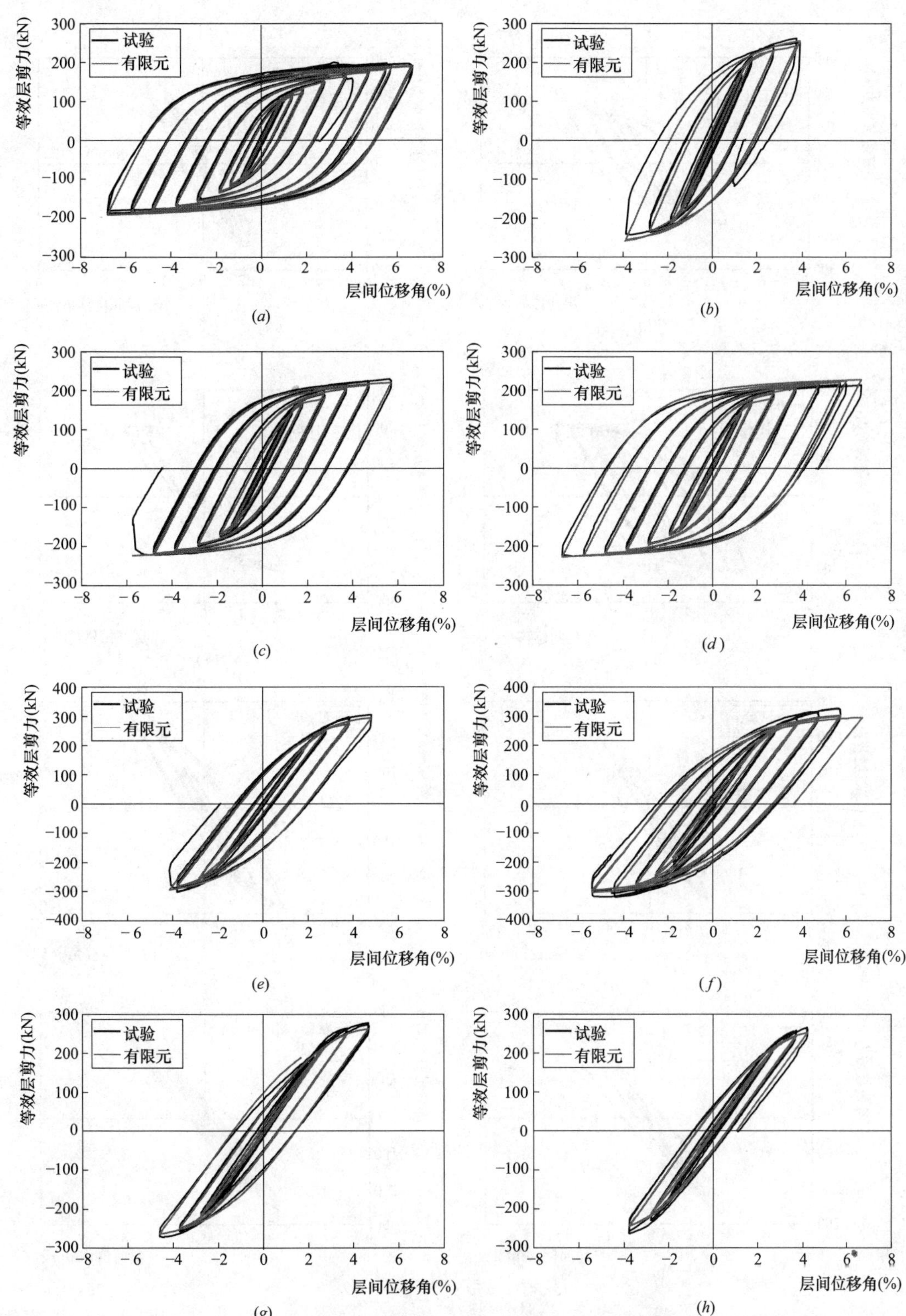

图 5.51 CP 节点试件有限元与试验中等效层剪力-层间位移角滞回曲线对比

(*a*) B345-C345-CP1；(*b*) B345-C345-CP2；(*c*) B345-C460-CP1；(*d*) B345-C460-CP2；
(*e*) B460-C460-CP1；(*f*) B460-C460-CP2；(*g*) B460-C730-CP1；(*h*) B460-C730-CP2

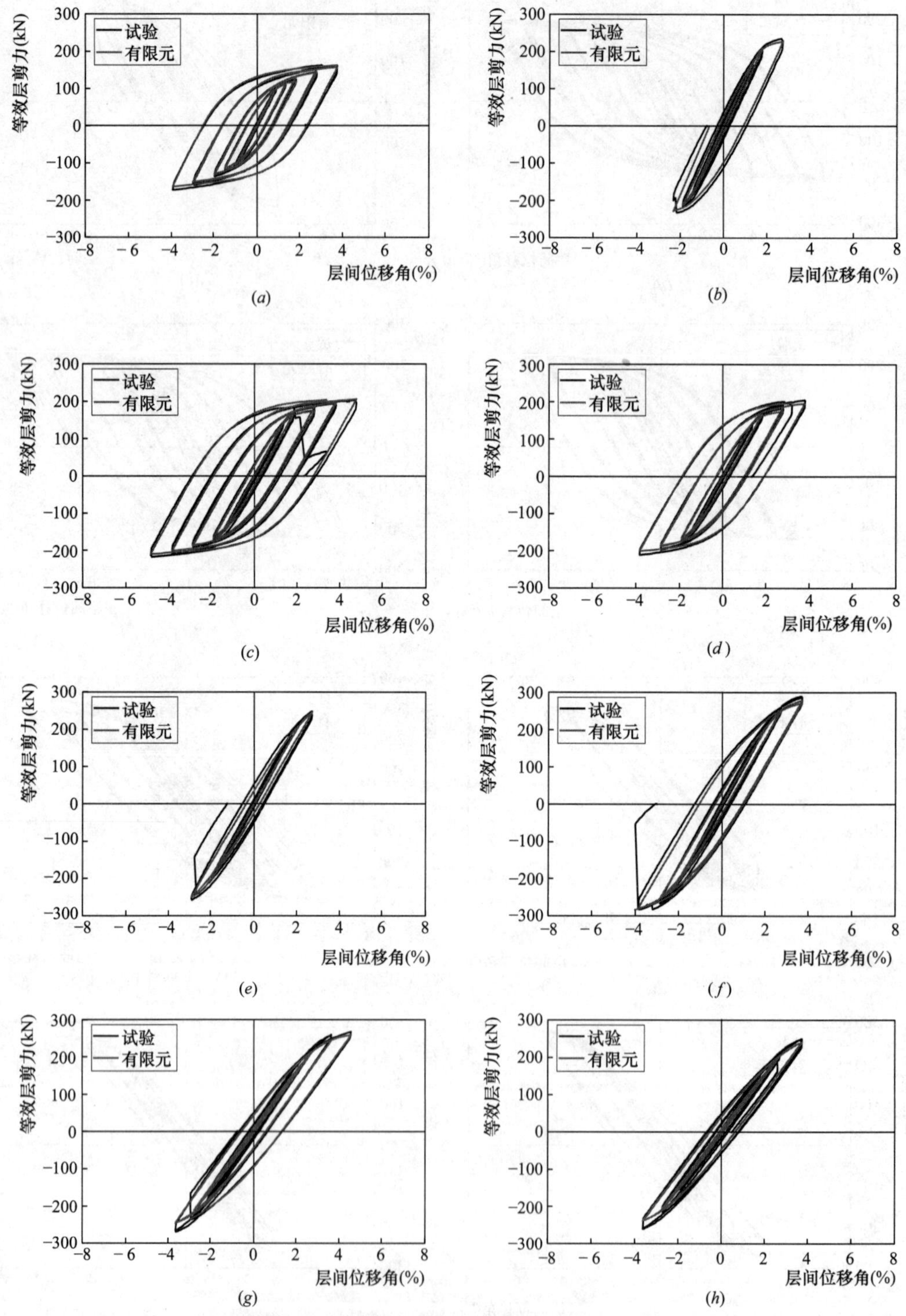

图 5.52　FP 节点试件有限元与试验中等效层剪力-层间位移角滞回曲线对比

(*a*) B345-C345-FP1；(*b*) B345-C345-FP2；(*c*) B345-C460-FP1；(*d*) B345-C460-FP2；(*e*) B460-C460-FP1；(*f*) B460-C460-FP2；(*g*) B460-C730-FP1；(*h*) B460-C730-FP2

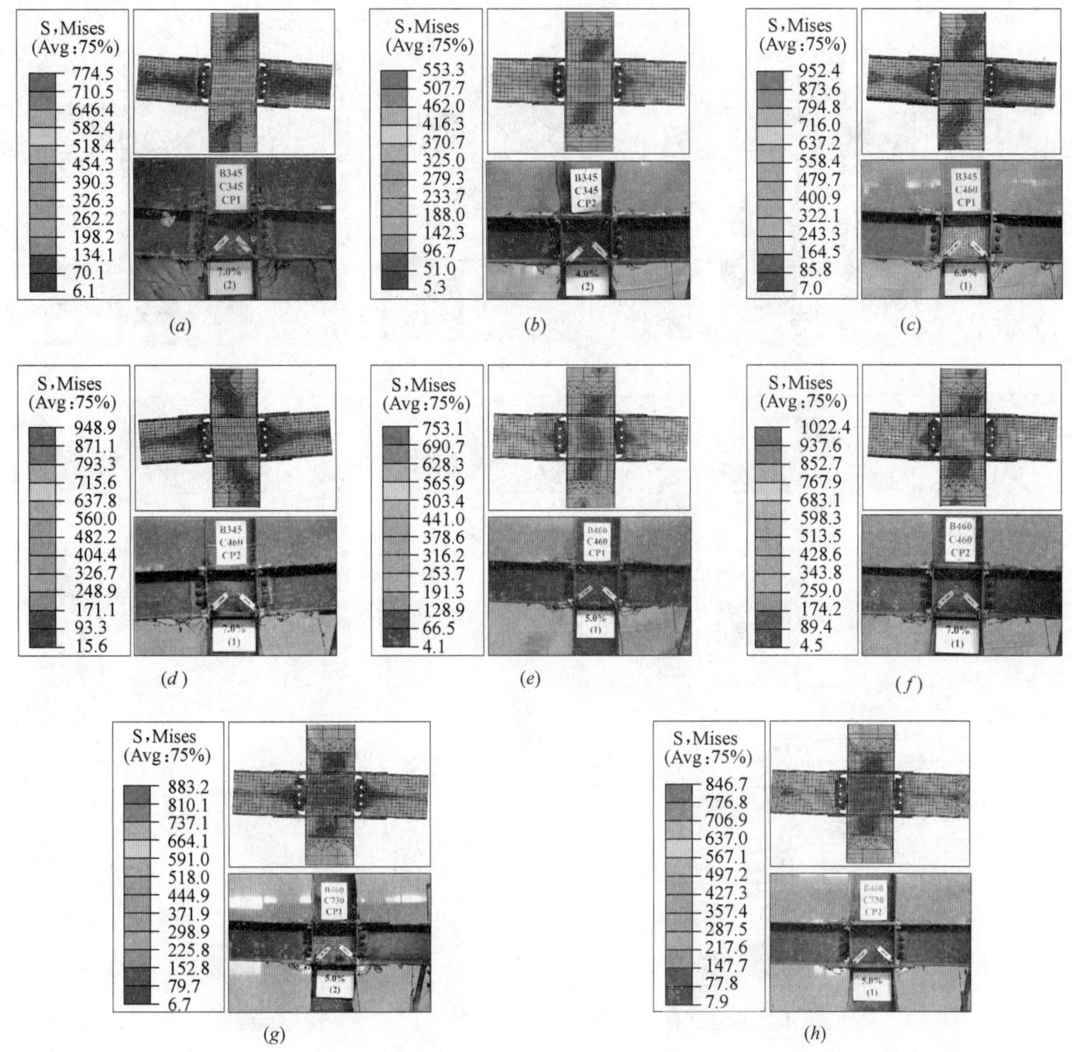

图 5.53 CP 节点试件有限元与试验节点区变形对比（压力单位：MPa）

（*a*）B345-C345-CP1；（*b*）B345-C345-CP2；（*c*）B345-C460-CP1；（*d*）B345-C460-CP2；
（*e*）B460-C460-CP1；（*f*）B460-C460-CP2；（*g*）B460-C730-CP1；（*h*）B460-C730-CP2

图 5.55 和图 5.56 对比了有限元分析和试验得到的弯矩-节点域剪切转角（M_{pz}-θ_{pz}）曲线。其中，试件 B345-C345-CP1 在试验后期部分位移计退出工作导致试验曲线不对称，所以该试件的试验曲线与有限元曲线的数据在试验后期位移负方向存在较大偏差；除该试件外，各有限元计算得到的 M_{pz}-θ_{pz} 曲线总体上与试验曲线吻合良好，表明有限元模型可以比较准确地模拟试验试件节点域的承载性能和变形特点。由于试验中节点域变形较小时难以准确测量节点域变形，节点域变形较大时通过拉丝位移计测量得到的节点域转角存在一定偏差，考虑到有限元计算得到的 M_{pz}-θ_{pz} 曲线具有较好的精度，可以认为通过有限元曲线计算得到的节点域刚度和承载力是相对准确的指标。

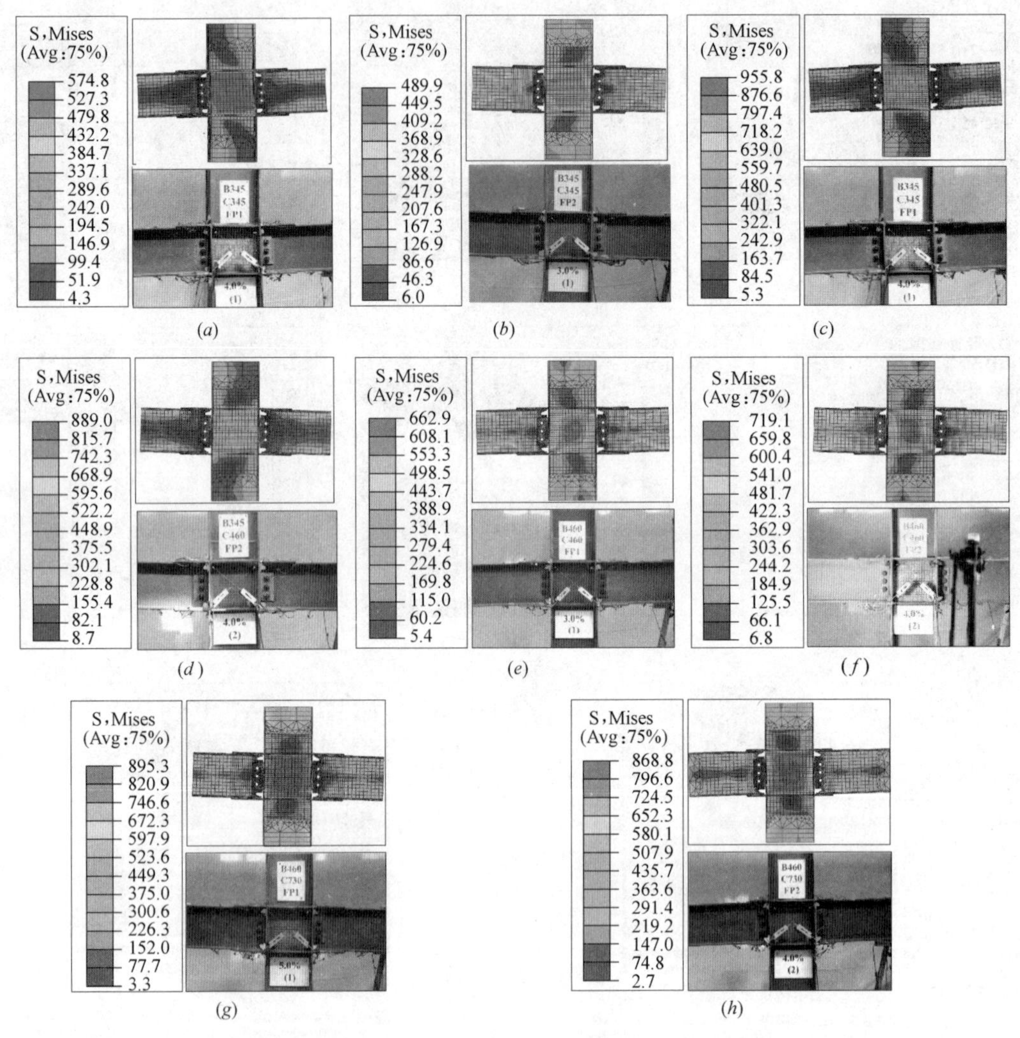

图 5.54　FP 节点试件有限元与试验节点区变形对比（应力单位：MPa）

(*a*) B345-C345-FP1；(*b*) B345-C345-FP2；(*c*) B345-C460-FP1；(*d*) B345-C460-FP2；(*e*) B460-C460-FP1；(*f*) B460-C460-FP2；(*g*) B460-C730-FP1；(*h*) B460-C730-FP2

基于有限元计算结果，采用图 5.33 中的方法计算节点有限元模型中节点试件子结构的主要力学性能指标，并与试验结果对比，见表 5.10。从表 5.10 中可看出，节点试件子结构等效刚度的有限元计算结果 $K_{d.fe}$ 与试验结果 K_d 的比值为 0.857～0.968，平均为 0.918，标准差为 0.033，即有限元模型的刚度稍小于试验结果，但差异不大，这与有限元模型中假定试件的柱两端铰接，而试验中由于柱轴力的存在导致柱底可承担一定的弯矩有关；等效屈服层剪力的有限元计算结果 $Q_{y.fe}$ 与试验结果 Q_y 的比值为 0.895～1.048，平均为 0.985，标准差为 0.039，总体上与试验结果吻合良好。这表明有限元模型可以准确模拟节点的承载力。

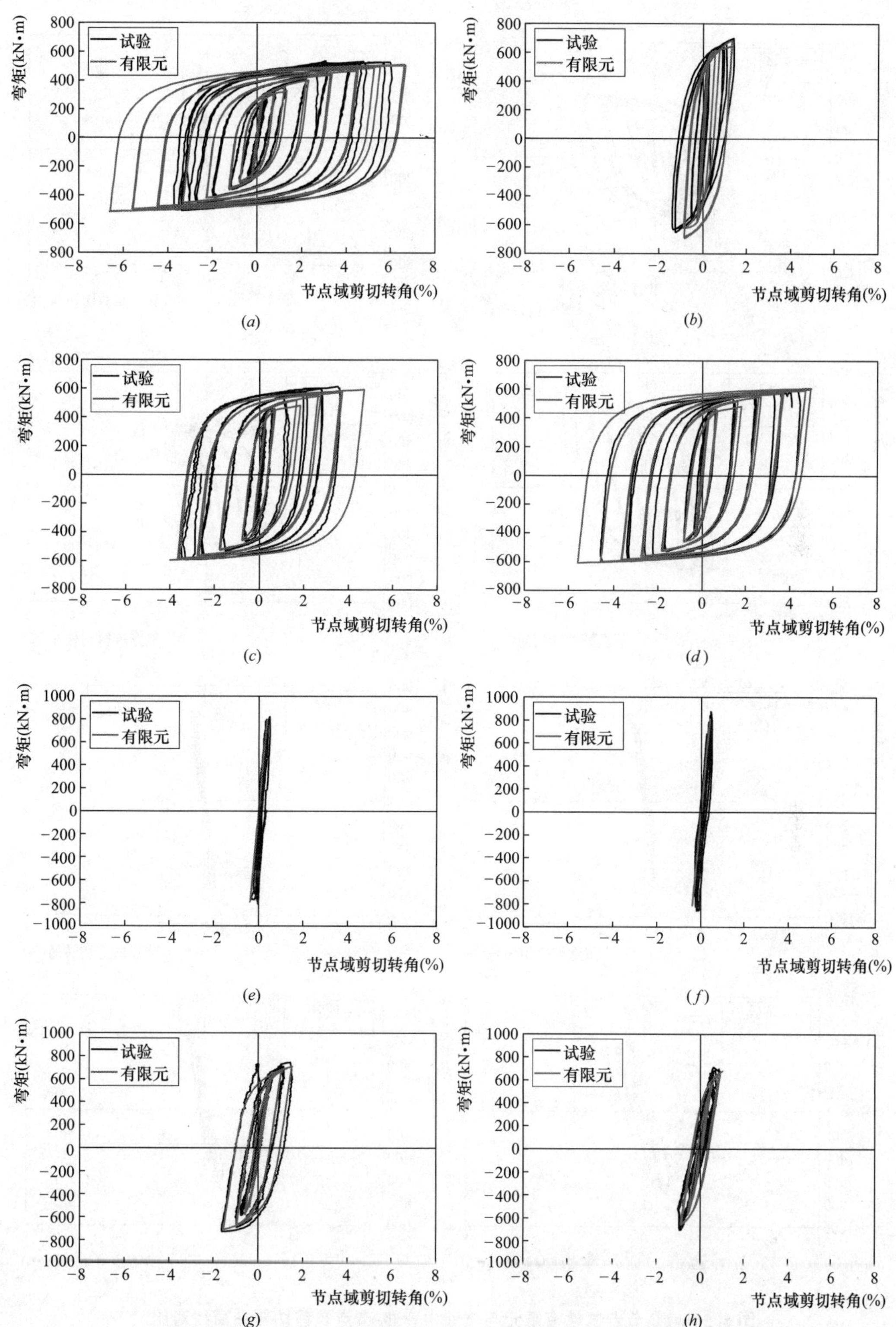

图 5.55 CP 节点试件有限元与试验中弯矩-节点域剪切转角曲线对比

(*a*) B345-C345-CP1；(*b*) B345-C345-CP2；(*c*) B345-C460-CP1；(*d*) B345-C460-CP2；
(*e*) B460-C460-CP1；(*f*) B460-C460-CP2；(*g*) B460-C730-CP1；(*h*) B460-C730-CP2

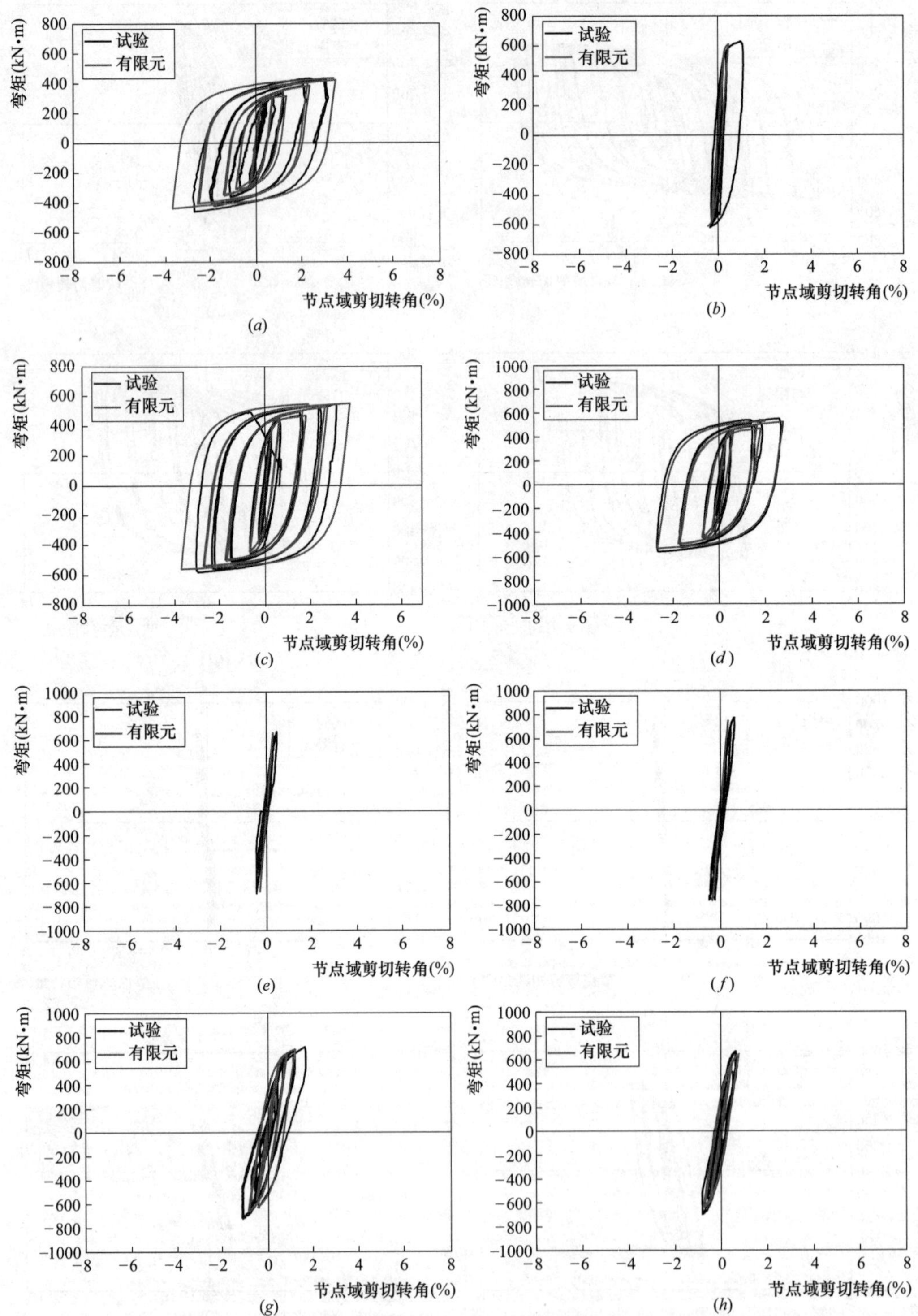

图5.56　FP节点试件有限元与试验中弯矩-节点域剪切转角曲线对比

(*a*) B345-C345-FP1；(*b*) B345-C345-FP2；(*c*) B345-C460-FP1；(*d*) B345-C460-FP2；
(*e*) B460-C460-FP1；(*f*) B460-C460-FP2；(*g*) B460-C730-FP1；(*h*) B460-C730-FP2

有限元分析与试验得到的节点试件子结构力学性能指标对比 表 5.10

试件编号	K_d(kN/rad)	Q_y(kN)	$K_{d.fe}$(kN/rad)	$Q_{y.fe}$(kN)	$K_{d.fe}/K_d$	$Q_{y.fe}/Q_y$
B345-C345-CP1	12165	136.9	11539	136.03	0.949	0.994
B345-C345-CP2	14095	211.5	12872	221.72	0.913	1.048
B345-C460-CP1	12165	178.4	11195	175.80	0.920	0.985
B345-C460-CP2	11878	177.9	11202	175.64	0.943	0.987
B460-C460-CP1	11143	280.9	10209	276.74	0.916	0.985
B460-C460-CP2	11006	268.7	10221	275.87	0.929	1.027
B460-C730-CP1	9030	255.4	8138	251.13	0.901	0.983
B460-C730-CP2	9267	246.4	7938	238.92	0.857	0.970
B345-C345-FP1	11744	135.5	11271	121.31	0.960	0.895
B345-C345-FP2	13641	211.3	12571	217.38	0.922	1.029
B345-C460-FP1	11011	170.2	10485	171.72	0.952	1.009
B345-C460-FP2	10860	183.2	10510	171.25	0.968	0.935
B460-C460-FP1	11028	239.8	9962	244.73	0.903	1.021
B460-C460-FP2	11085	264.4	10128	263.02	0.914	0.995
B460-C730-FP1	9323	252.4	8015	239.34	0.860	0.948
B460-C730-FP2	8899	243.8	7785	233.22	0.875	0.957
CP 平均值/标准差					0.916/0.029	0.997/0.026
FP 平均值/标准差					0.919/0.039	0.973/0.047
总体平均值/标准差					0.918/0.033	0.985/0.039

基于有限元结果，采用图 5.33 中的方法计算节点试件节点域的主要力学性能指标，并与试验结果对比，见表 5.11。其中，由于有限元分析中没有节点域转角较小时无法准确测量的问题，所以有限元结果中节点域的初始转动刚度是通过有限元计算得到的 M_{pz}-θ_{pz} 曲线上层间位移角加载级在±0.75%内的数据点通过线性回归得到的，而没有采用试验结果分析时用节点域的中心点和角点的工程剪应变平均值代表节点域转角的方法。从表 5.11 中可以看出，试件节点域初始转动刚度的有限元计算结果 $K_{pz.fe}$ 与试验结果 K_{pz} 的比值为 1.010～1.256，平均为 1.168，标准差为 0.071，即有限元计算得到的节点域初始转动刚度大于试验结果。这是因为，试验结果中的节点域初始转动刚度是基于节点域中心点和角点的工程剪应变计算得到的（见 5.1.4.2 节），而基于有限元计算结果可知，节点域中的应力应变分布并不均匀，中心点和角点位置的应力和应变偏大（见图 5.53 和图 5.54），节点域中心点和角点的工程剪应变大于节点域的剪切转角，所以基于工程剪应变得到的节点域初始转动刚度偏小。所以，相比于试验结果，有限元分析得到的节点域初始转动刚度更准确，更具代表性。节点域屈服弯矩的有限元计算结果 $M_{pz.yfe}$ 与试验结果 $M_{pz.y}$ 的比值为 0.903～1.130，平均为 1.006，标准差为 0.072，总体上与试验结果吻合良好。这表明有限元模型可以准确模拟节点域的承载力。

有限元分析与试验得到的节点试件节点域力学性能指标对比 表 5.11

试件编号	K_{pz} (kN·m/rad)	$M_{pz.y}$ (kN·m)	$K_{pz.fe}$ (kN·m/rad)	$M_{pz.yfe}$ (kN·m)	$K_{pz.fe}/K_{pz}$	$M_{pz.yfe}/M_{pz.y}$
B345-C345-CP1	111792	248.4	128690	273.2	1.151	1.100
B345-C345-CP2	236218	510.3	246329	558.6	1.043	1.095
B345-C460-CP1	127122	425.2	139104	406.4	1.094	0.956
B345-C460-CP2	137692	434.6	139029	411.3	1.010	0.946

续表

试件编号	K_{pz} (kN·m/rad)	$M_{pz.y}$ (kN·m)	$K_{pz.fe}$ (kN·m/rad)	$M_{pz.yfe}$ (kN·m)	$K_{pz.fe}/K_{pz}$	$M_{pz.yfe}/M_{pz.y}$
B460-C460-CP1	171100	—	214455	—	1.253	—
B460-C460-CP2	174468	—	214200	—	1.228	—
B460-C730-CP1	104740	531.3	124575	600.5	1.189	1.130
B460-C730-CP2	106806	603.4	124486	609.9	1.166	1.011
B345-C345-FP1	107270	265.9	134713	274.2	1.256	1.031
B345-C345-FP2	228544	566.2	260261	566.1	1.139	1.000
B345-C460-FP1	126491	400.0	144375	404.3	1.141	1.011
B345-C460-FP2	119814	424.6	144257	401.5	1.204	0.946
B460-C460-FP1	183210	—	223637	—	1.221	—
B460-C460-FP2	181030	—	222809	—	1.231	—
B460-C730-FP1	110620	637.1	127879	605.1	1.156	0.950
B460-C730-FP2	106042	666.4	127740	601.4	1.205	0.902
CP平均值/标准差					1.142/0.086	1.040/0.079
FP平均值/标准差					1.194/0.043	0.973/0.049
总体平均值/标准差					1.168/0.071	1.006/0.072

从表5.10和表5.11中可知，针对CP节点或FP节点进行有限元和试验结果比较时，也可得到与总体对比基本相同的结论，即有限元得到的$K_{d.fe}$稍小于试验结果，但差异不大，$K_{pz.fe}$大于试验结果，$Q_{y.fe}$和$M_{pz.yfe}$与试验结果吻合良好。这表明采用有限元模型对CP节点和FP节点进行分析时均具有较好的精度，可用于对高强钢板式加强型梁柱节点的进一步分析。

此外，将各试验试件的Q-θ_d骨架曲线、有限元模型在循环荷载下的Q-θ_d骨架曲线和有限元模型在单调荷载下的Q-θ_d曲线进行对比，如图5.57和图5.58所示（其中骨架曲线仅取第一象限部分）。可看出，在层间位移角不超过2.0%（采用Q345梁的试件）或3.0%（采用Q460梁的试件）时，单调荷载下的Q-θ_d曲线与循环荷载下试验或有限元得到的Q-θ_d骨架曲线基本重合，即节点的单调加载分析结果可较准确地表示弹性阶段和发展一定塑性层间位移角时循环加载条件下节点的承载性能和刚度特点。但在塑性层间位移角发展较大时，循环加载条件下节点表现出显著的强化特征，在θ_d相同时循环加载Q-θ_d骨架曲线的承载力高于单调加载时的承载力。这表明在节点发生显著应变强化的条件下，单调加载方法无法准确分析节点在循环荷载下的承载力变化特点。

表5.12给出了基于单调荷载下的分析结果得到的节点试件子结构的承载力$Q_{y.m}$和刚度$K_{d.m}$，并与循环荷载下的有限元分析结果进行了对比。可以看出单调加载分析得到的节点试件子结构等效刚度$K_{d.m}$与循环加载分析得到的节点试件子结构等效刚度$K_{d.fe}$相同，承载力$Q_{y.m}$与$Q_{y.fe}$相比总体上稍有降低，但差别很小。这表明单调加载分析的结果可以较准确地反映循环加载条件下的节点屈服承载力和刚度指标。

表5.13给出了基于单调荷载下的分析结果得到的节点域屈服弯矩$M_{pz.ym}$和节点域初始转动刚度$K_{pz.m}$，并与循环荷载下的有限元分析结果进行了对比。可以看出单调加载分析得到的节点域初始转动刚度$K_{pz.m}$与循环加载分析得到的节点域初始转动刚度$K_{pz.fe}$相同，节点域屈服弯矩$M_{pz.ym}$与$M_{pz.yfe}$相比总体上稍有提高，但差别很小。这表明单调加载分析的结果可以较准确地反映循环加载条件下的节点域的承载力和刚度指标。

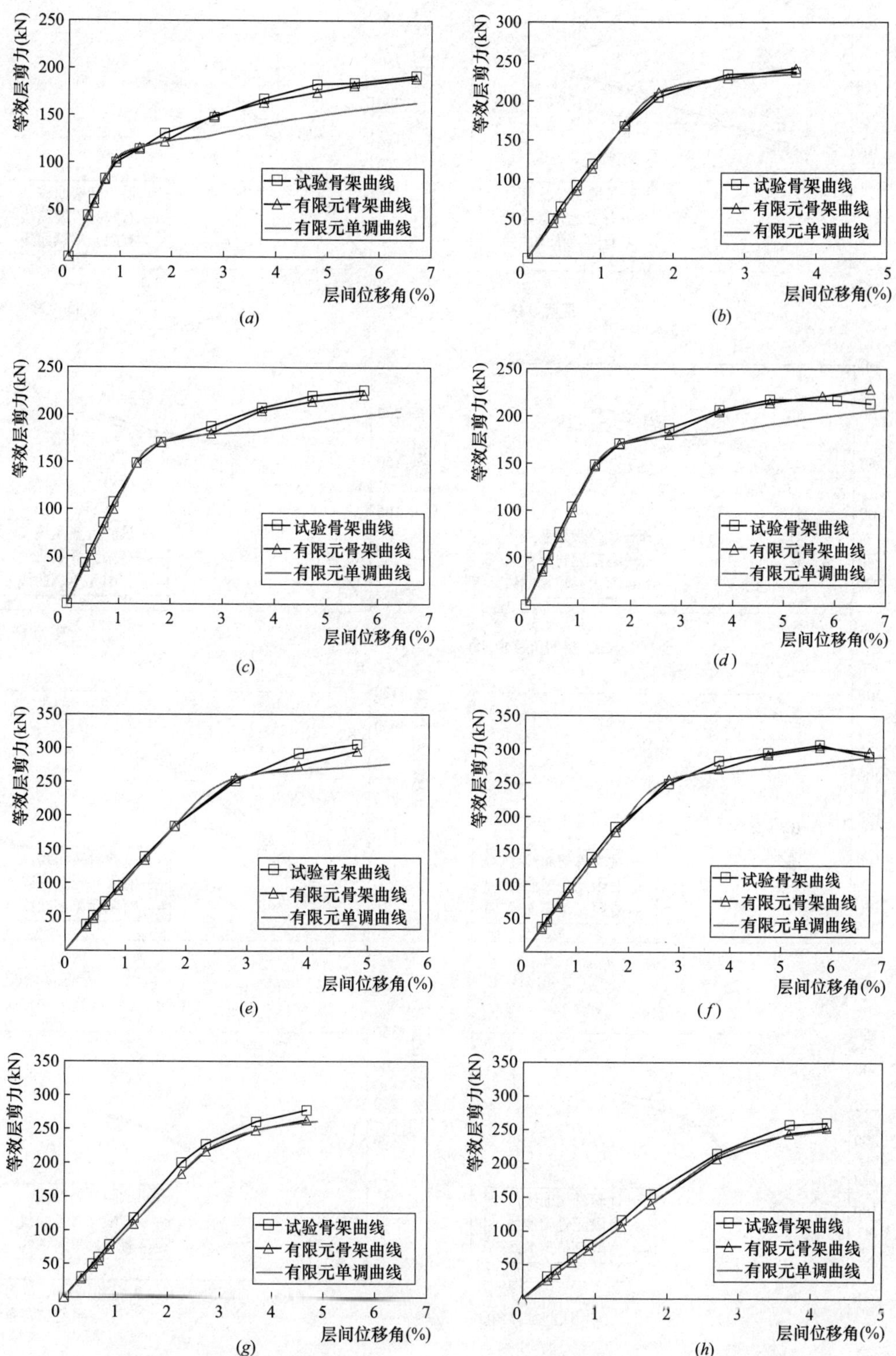

图 5.57 CP 节点试件循环加载等效层剪力-层间位移角骨架曲线与有限元单调曲线对比

(*a*) B345-C345-CP1；(*b*) B345-C345-CP2；(*c*) B345-C460-CP1；(*d*) B345-C460-CP2；
(*e*) B460-C460-CP1；(*f*) B460-C460-CP2；(*g*) B460-C730-CP1；(*h*) B460-C730-CP2

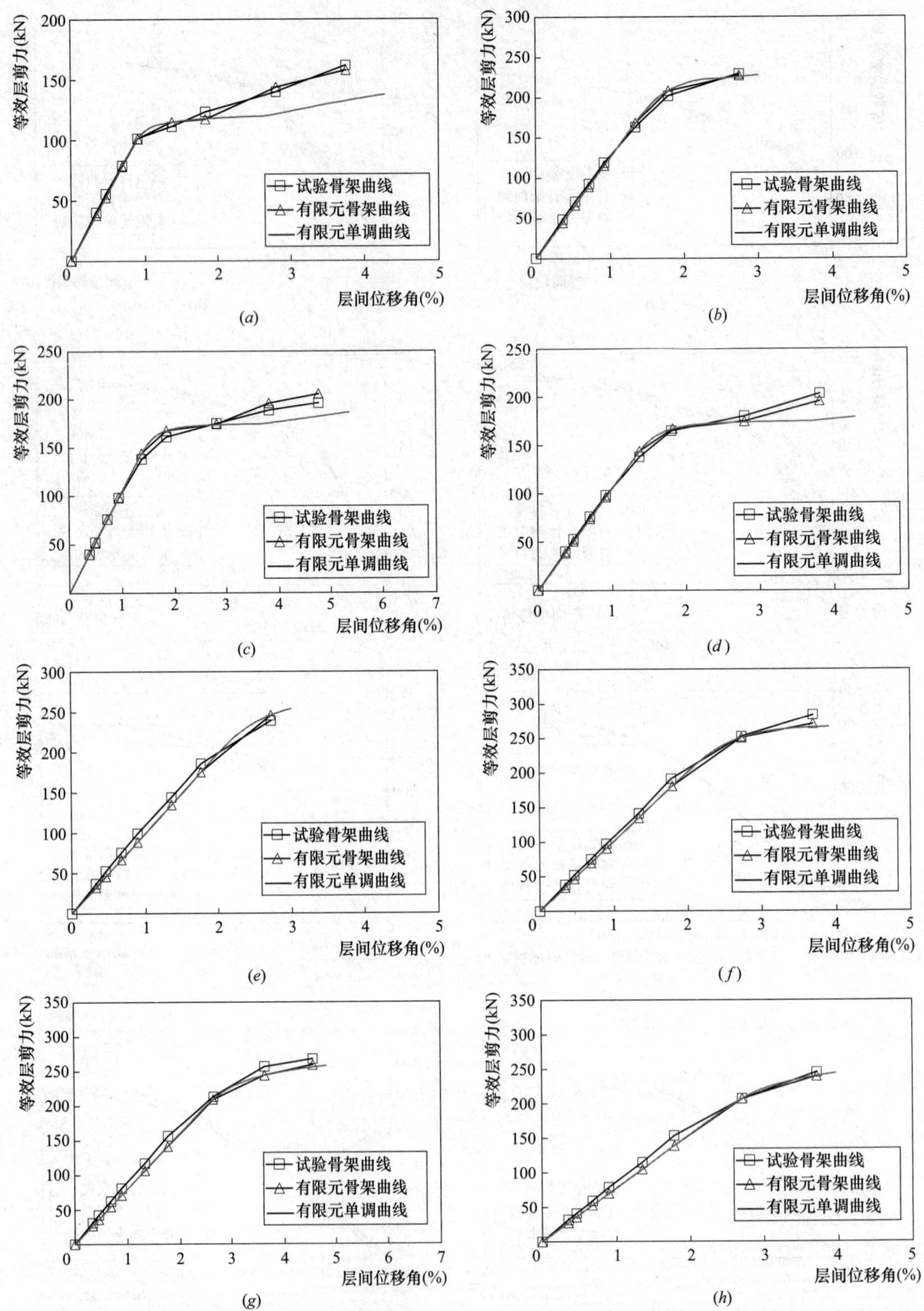

图 5.58　FP 节点试件循环加载等效层剪力-层间位移角骨架曲线与有限元单调曲线对比

(*a*) B345-C345-FP1；(*b*) B345-C345-FP2；(*c*) B345-C460-FP1；(*d*) B345-C460-FP2；
(*e*) B460-C460-FP1；(*f*) B460-C460-FP2；(*g*) B460-C730-FP1；(*h*) B460-C730-FP2

有限元分析与试验得到的节点试件子结构力学性能指标对比　　表 5.12

试件编号	$K_{d.fe}$(kN/rad)	$Q_{y.fe}$(kN)	$K_{d.m}$(kN/rad)	$Q_{y.m}$(kN)	$K_{d.m}/K_{d.fe}$	$Q_{y.m}/Q_{y.fe}$
B345-C345-CP1	11539	136.03	11538	111.5	1.000	0.820
B345-C345-CP2	12872	221.72	12872	216.4	1.000	0.976
B345-C460-CP1	11195	175.80	11195	167.9	1.000	0.955
B345-C460-CP2	11202	175.64	11201	167.9	1.000	0.956
B460-C460-CP1	10209	276.74	10209	255.3	1.000	0.923
B460-C460-CP2	10221	275.87	10221	255.3	1.000	0.925
B460-C730-CP1	8138	251.13	8138	246.0	1.000	0.980
B460-C730-CP2	7938	238.92	7938	239.7	1.000	1.003
B345-C345-FP1	11271	121.31	11266	110.8	1.000	0.913
B345-C345-FP2	12571	217.38	12567	215.8	1.000	0.993
B345-C460-FP1	10485	171.72	10482	165.5	1.000	0.964
B345-C460-FP2	10510	171.25	10511	165.3	1.000	0.965
B460-C460-FP1	9962	244.73	9963	252.3	1.000	1.031
B460-C460-FP2	10128	263.02	10128	255.0	1.000	0.970
B460-C730-FP1	8015	239.34	8015	243.8	1.000	1.019
B460-C730-FP2	7785	233.22	7784	238.5	1.000	1.023
CP 平均值/标准差					1.000/0.001	0.942/0.056
FP 平均值/标准差					1.000/0.000	0.985 /0.040
总体平均值/标准差					1.000/0.000	0.963/0.052

综上所述，虽然应用单调加载方法得到的有限元分析结果无法准确反映循环加载后期层间位移角较大时的应变强化特点，但可较准确地反映节点在循环加载条件下的初始刚度和屈服承载力指标。表明试件在单调加载和循环加载条件下的节点试件子结构初始刚度、等效屈服弯矩、节点域初始转动刚度和节点域屈服弯矩基本不变。因此，考虑到单调加载分析的时间成本低，分析结果对于静力设计和抗震设计具有一定的适用性。本章中将采用单调加载方法对节点的承载性能指标进行参数分析。

有限元分析与试验得到的节点试件节点域力学性能指标对比　　表 5.13

试件编号	$K_{pz.fe}$ (kN·m/rad)	$M_{pz.yfe}$ (kN·m)	$K_{pz.m}$ (kN·m/rad)	$M_{pz.ym}$ (kN·m)	$K_{pz.m}/K_{pz.fe}$	$M_{pz.ym}/M_{pz.yfe}$
B345-C345-CP1	128690	273.2	128549	274.8	0.999	1.006
B345-C345-CP2	246329	558.6	246540	563.0	1.001	1.008
B345-C460-CP1	139104	406.4	139061	420.9	1.000	1.036
B345-C460-CP2	139029	411.3	139020	419.9	1.000	1.021
B460-C460-CP1	214455	—	214330	—	0.999	—
B460-C460-CP2	214200	—	214190	—	1.000	—
B460-C730-CP1	124575	600.5	124570	597.7	1.000	0.995
B460-C730-CP2	124486	609.9	124450	599.2	1.000	0.982
B345-C345-FP1	134713	274.2	134777	280.1	1.000	1.022
B345-C345-FP2	260261	566.1	260444	573.1	1.001	1.012
B345-C460-FP1	144375	404.3	144373	418.7	1.000	1.036
B345-C460-FP2	144257	401.5	144235	416.1	1.000	1.036
B460-C460-FP1	223637	—	223618	—	1.000	—
B460-C460-FP2	222809	—	222779	—	1.000	
B460-C730-FP1	127879	605.1	127872	606.9	1.000	1.003
B460-C730-FP2	127740	601.4	127733	607.5	1.000	1.010
CP 平均值/标准差					1.000/0.001	1.008/0.019
FP 平均值/标准差					1.000 /0.000	1.020/0.014
总体平均值/标准差					1.000/0.000	1.014/0.017

5.2.2　板式加强型节点的受力特性

对应于 5.1 节的 16 个高强钢板式加强型梁柱节点试件，上一节建立了相应的有限元模型并应用试验结果对各有限元模型进行了验证。由于有限元方法通常可以得到比试验方法更为全面的分析结果，因此本节将基于有限元模型的计算结果，对高强钢板式加强型梁柱节点的受力特性开展进一步的分析。在试验中发现，高强钢板式加强型梁柱节点中加强区域内受力最不利的位置位于靠近加强板的熔合区，见图 5.42；同时该位置也是试验中发生断裂风险较高的位置。通过提取有限元分析结果中上述熔合区截面的内力及其变化情况，可对加强板的传力特点进行探究。

5.2.2.1　CP 节点加强板轴力传递特点

5.1 节中的试验结果表明，在 CP 节点加强区域内，随着与柱表面距离的减小，梁翼缘内的轴力逐渐向加强板传递，在焊缝的熔合面处梁翼缘与加强板都会承担一部分轴力；在有限元分析结果中可将如图 5.59 所示梁翼缘和加强板承担的轴力（图中截面内力的水平分量）分别提取出来，以表示焊缝熔合面各部分的受力情况。图 5.60 和图 5.61 分别给出了图 5.59 中上翼缘受拉和上翼缘受压状态下 CP 节点焊缝熔合面各部分承担的轴力（F_{CP1}、F_{CP2}、F_{bf1} 和 F_{bf2}）随柱表面弯矩 M 的变化关系，同时给出了在平截面假定状态下（忽略腹板贡献）加强板和梁翼缘内轴力理论值（$F_{CP1.t}$、$F_{CP2.t}$、$F_{bf1.t}$ 和 $F_{bf2.t}$）的曲线。图 5-60、图 5-61 中，M_{y1} 为节点试件子结构的等效屈服层剪力 Q_y 对应的柱表面弯矩，M_{y2} 为试件节点域屈服弯矩 $M_{pz.y}$ 对应的柱表面弯矩。

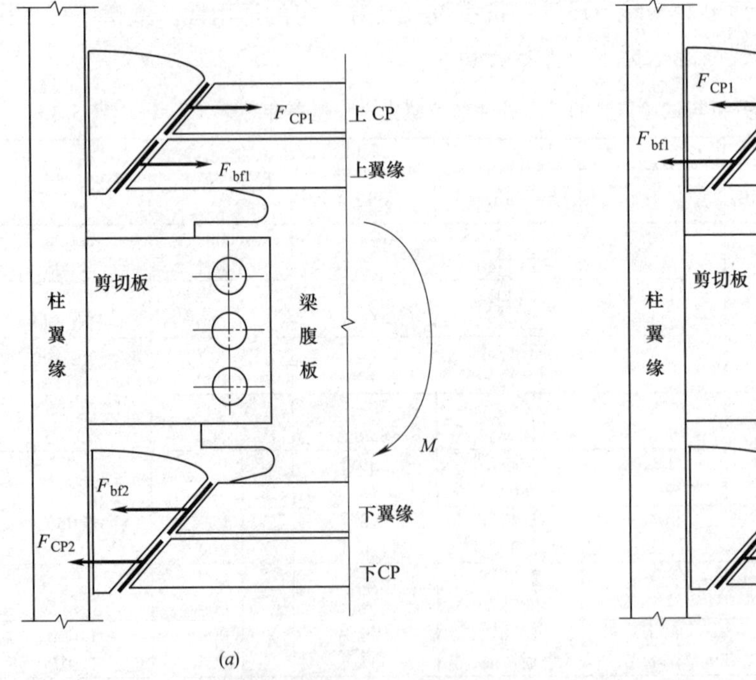

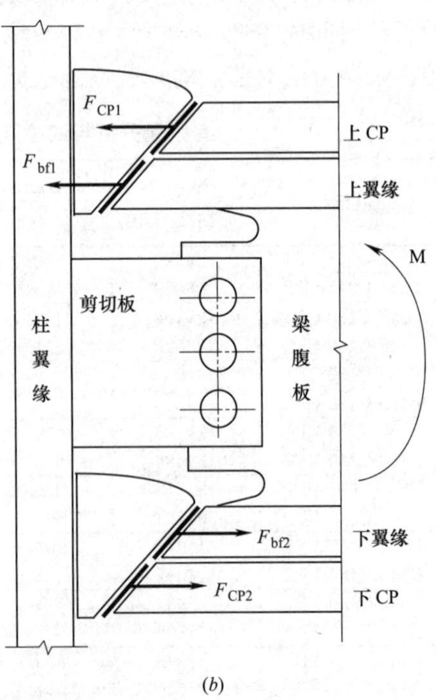

图 5.59　CP 节点对接焊缝熔合面轴力提取截面示意图

（a）上翼缘受拉；（b）上翼缘受压

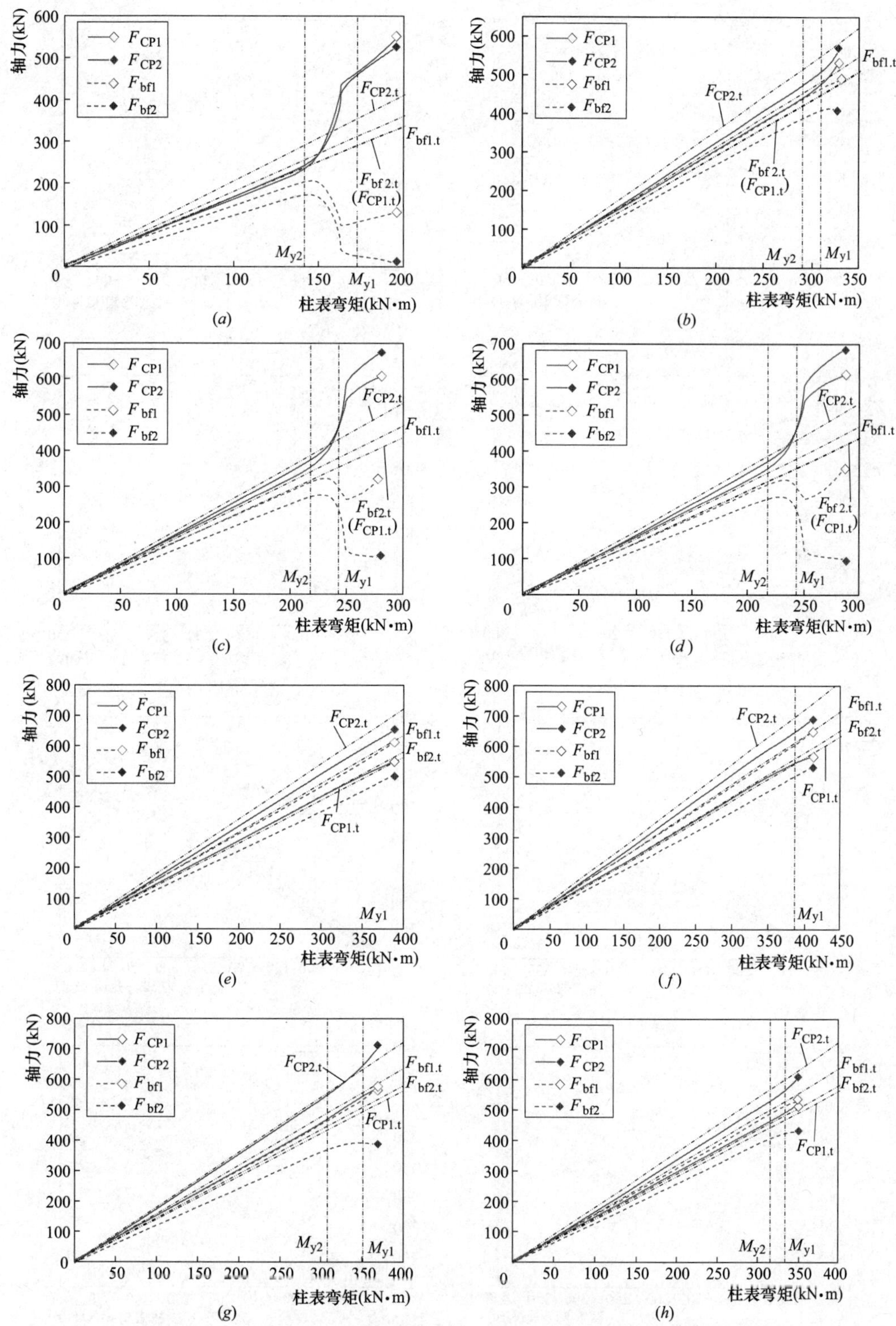

图 5.60 上翼缘受拉时 CP 节点焊缝熔合面各部分承担轴力分布图

(*a*) B345-C345-CP1；(*b*) B345-C345-CP2；(*c*) B345-C460-CP1；(*d*) B345-C460-CP2；
(*e*) B460-C460-CP1；(*f*) B460-C460-CP2；(*g*) B460-C730-CP1；(*h*) B460-C730-CP2

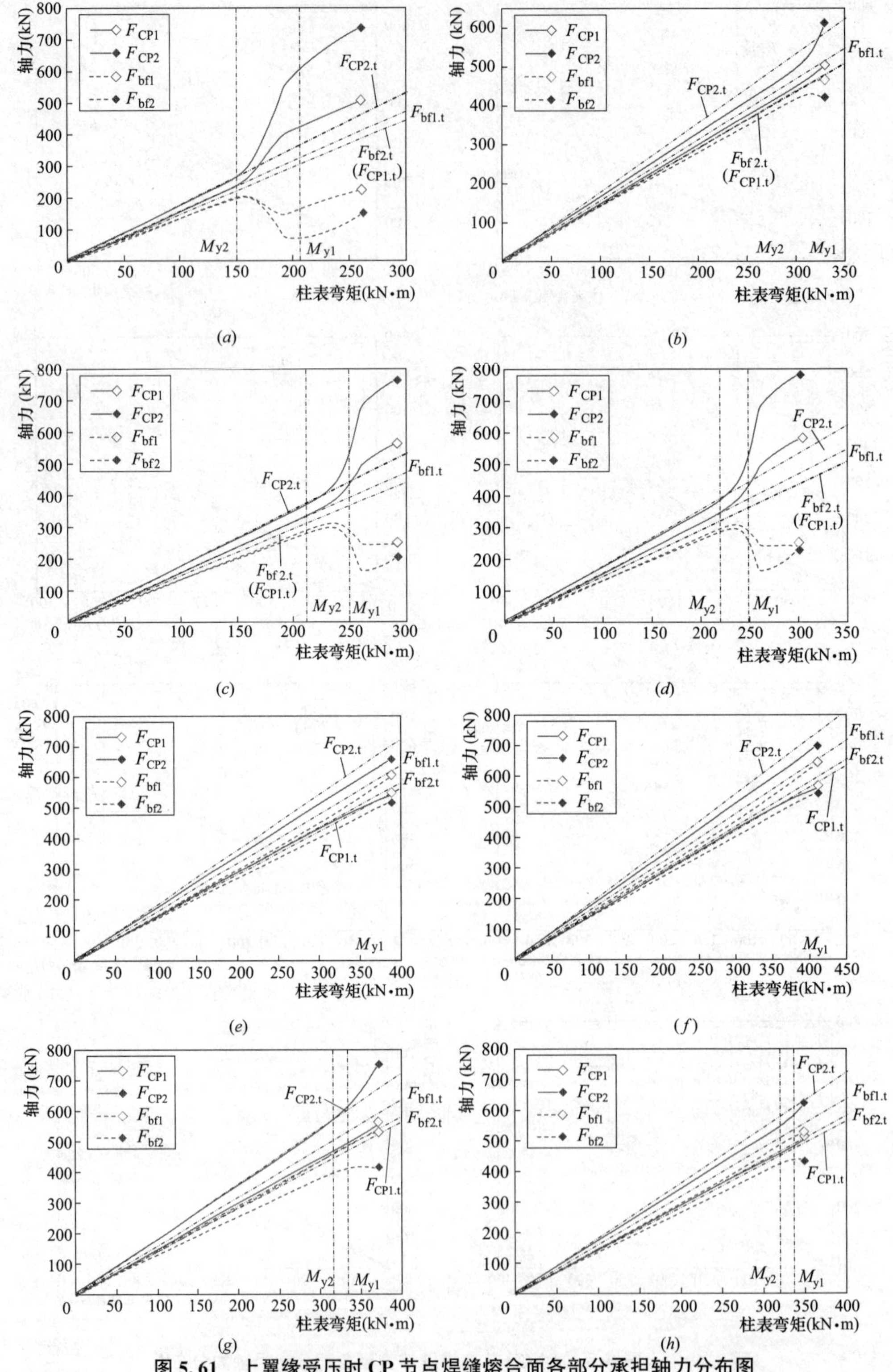

图 5.61　上翼缘受压时 CP 节点焊缝熔合面各部分承担轴力分布图

(*a*) B345-C345-CP1；(*b*) B345-C345-CP2；(*c*) B345-C460-CP1；(*d*) B345-C460-CP2；

(*e*) B460-C460-CP1；(*f*) B460-C460-CP2；(*g*) B460-C730-CP1；(*h*) B460-C730-CP2

从图 5.60 和图 5.61 中可看出，节点域是否屈服对熔合区各截面承担的轴力有显著影响：在柱表面弯矩达到 M_{y2} 前，即节点域发生屈服前，梁翼缘和加强板在熔合面处的轴力值均与柱表面弯矩呈线性关系，与基于平截面假定得到的理论值差别不大，即使未加强的梁截面发生屈服（如 B460-C460-CP 系列试件），上述结论仍然成立；而节点域发生明显屈服后，加强板承担的轴力 F_{CP1} 和 F_{CP2} 均显著增大，梁翼缘承担的轴力则开始减小；当柱表面弯矩进一步增大时，梁翼缘承担的轴力又开始逐渐上升，但总体上显著小于基于平截面假定得到的理论值。需要说明的是，在采用 Q345 梁的 CP 节点试件中，其上加强板达到屈服的轴力为 548.8kN，下加强板达到屈服时的轴力为 717.7kN；在采用 Q460 梁的 CP 节点试件中，其上加强板达到屈服时的轴力为 513.6kN，下加强板达到屈服时的轴力为 719.0kN。可以看出，在节点域发生屈服的试件中，熔合区各截面的内力发生显著变化时各截面对应的轴力值均小于使其达到完全屈服时的轴力值，即熔合区截面的内力重分布并不是截面本身的塑性内力重分布，而是由节点域的塑性变形引起的。

为便于现场焊接，CP 节点中上加强板的宽度一般小于梁翼缘，而下加强板的宽度一般大于梁翼缘[8]，所以在加强板厚度相同的情况下，不论上翼缘受拉还是受压，总有梁端加强区内梁截面的中和轴偏下，下加强板内的轴力理论上大于上加强板内的轴力，而下翼缘内的轴力理论上小于上翼缘内的轴力。从图 5.60 和图 5.61 中可以看到，在节点域发生屈服前，熔合区各截面的内力总体上均可满足 $F_{CP2}>F_{CP1}$ 和 $F_{bf2}<F_{bf1}$，且在上翼缘受拉或上翼缘受压的情况下内力值变化不大；而节点域发生屈服后，上述关系仍然成立，但上翼缘受压（即下翼缘受拉，见图 5.60）的情况下，下翼缘内轴力 F_{CP2} 的增长比上翼缘受拉时（见图 5.61）更为显著。可见，CP 节点中加强板的受力状态与节点域的受力状态密切相关；在节点域不发生屈服的情况下，基于平截面假定，忽略腹板贡献得到的熔合区各截面内力分布与实际的内力分布较为吻合；在节点域发生屈服后，CP 节点中加强板承担的轴力显著增大，梁翼缘承担的轴力显著减小，熔合区各截面的内力分布不再符合平截面假定的理论值。因此，在 CP 节点抗震设计中，如果允许节点域发展较大的塑性变形来提高节点延性，则会在一定程度上增大加强板与柱翼缘对接焊缝的开裂风险；为了实现利用节点域延性的平衡设计，需要增大加强板厚度，确保其可承担截面内力重分布后的轴力。

5.2.2.2 CP 节点加强板剪力传递特点

本书提取了 CP 节点中（图 5.59）熔合区各截面承担的剪力（图中截面内力的竖向分量，上加强板和下加强板对应截面的剪力分别记为 $F_{Q.CP1}$ 和 $F_{Q.CP2}$，梁上翼缘和下翼缘对应截面的剪力分别记为 $F_{Q.bf1}$ 和 $F_{Q\cdot bf2}$）以及剪切板截面内的剪力 $F_{Q.sp}$。各部分剪力的方向与梁端荷载引起的截面总剪力的方向一致时记为正，不一致时记为负。图 5.62 给出了下翼缘受拉状态下 CP 节点各有限元模型中上述各部分的剪力随梁端荷载 F（即截面总剪力的理论值）的变化关系。图中 F_{y1} 为节点试件子结构的等效屈服层剪力 Q_y 对应的梁内剪力，F_{y2} 为试件的节点域屈服弯矩 $M_{pz.y}$ 对应的梁内剪力。可以看出，CP 节点的加强区内截面剪力传递方式与传统栓焊混接节点存在较大差异，特别是腹板内产生了剪力反转现象，即通过剪切板传递的剪力与截面内的总剪力方向相反，而通过对接焊缝传递的剪力则在截面内总剪力的基础上增加了与剪切板内反向剪力平衡的部分。可以看到，在十字形节点构造中，当两侧梁受反对称弯矩时，由于剪力反转现象的存在，对接焊缝实际需承担的剪力高于截面内的总剪力，我国现行规范中“剪力由腹板受剪区的连接承受”的假定[8]不再满足。

从图 5.62 中各曲线可看出，在节点域发生屈服前，即梁端荷载达到 F_{y2} 前，不同截面承担的剪力具有不同的变化趋势。梁翼缘对应的熔合区截面承担的剪力随梁端荷载的增大而显著上升，在梁端荷载接近 F_{y2} 时，上下梁翼缘对应的熔合区截面承担的总剪力接近截面内的总剪力（即梁端荷载）；上、下侧加强板对应截面的剪力也随荷载增大而上升，但变化幅度相对较小，且在荷载增大到一定程度时，上加强板内的剪力开始下降；剪切板内承担的剪力则总体上呈反方向增大的趋势，但在节点域未发生屈服的 B460-C460 系列模型中，当梁端荷载增大到一定程度时，剪切板内的反向剪力开始减小，减小至零后向正向增加。在节点域发生屈服后（梁端荷载达到 F_{y2}），剪切板内的剪力反转现象更加显著，剪切板反向剪力最大可达到截面总剪力的 2.3 倍；相应地，对接焊缝需承担的剪力最大可达到截面总剪力的 3.3 倍。其中，上下梁翼缘和下侧加强板对应的焊缝熔合区截面传递的剪力在节点域屈服后显著提高，上侧加强板对应的焊缝熔合区截面传递的剪力则在节点域屈服后呈现一定下降趋势，在梁端荷载较大时，上侧加强板对应焊缝熔合区截面传递的剪力减小至可忽略。

综合上述结果，节点域是否发生屈服对 CP 节点的剪力传递模式有着显著的影响。在静力设计中应考虑十字形节点反对称受力时的剪力反转现象，验算腹板连接的反向受剪承载力，及梁柱间对接焊缝在弯剪综合作用下的强度。在抗震设计中，不允许节点域屈服时，可采用静力验算的方法对各连接单元的受剪强度进行检验；如果允许节点域发展较大的塑性变形来提高节点延性，则对连接的抗剪强度进行检验时，需要进一步考虑节点域屈服后剪力反转现象加剧引起的剪力重分布。

5.2.2.3　FP 节点加强板剪力传递特点

相应于 CP 节点，提取了 FP 节点中加强板对应的焊缝熔合区截面内的剪力（上侧 FP 和下侧 FP 对应截面内剪力分别记为 $F_{Q.FP1}$ 和 $F_{Q.FP2}$）和剪切板截面内的剪力 $F_{Q.sp}$（剪力的正向和负向的定义与 CP 节点分析中的定义相同）。图 5.63 给出了下翼缘受拉状态下 FP 节点各有限元模型中上述各部分的剪力随梁端荷载 F（即截面总剪力的理论值）的变化关系。可以看出，在加强板与梁翼缘采用三面围焊的 FP 节点构造中（包括 B345-C345-FP 系列试件、B345-C460-FP 系列试件和 B460-C460-FP1 试件），节点域发生明显屈服前，剪力主要由上、下加强板承担，剪切板承担的剪力相对较小，且未出现明显的剪力反转现象；在节点域发生明显屈服后，剪切板中出现剪力反转，在节点域较弱时剪切板内的反向剪力绝对值可达到截面总剪力值，同时加强板内的剪力迅速增大；在节点域未发生屈服而梁端未加强截面发生屈服时，剪切板承担的剪力显著增大、加强板内的剪力有所减小。在加强板与梁翼缘采用四面围焊的 FP 节点构造中（包括 B460-C730-FP 系列试件和 B460-C460-FP2 试件），弹性加载阶段即开始出现剪力反转现象，且加强板长度 l_P 较小时，剪力反转现象更加明显。

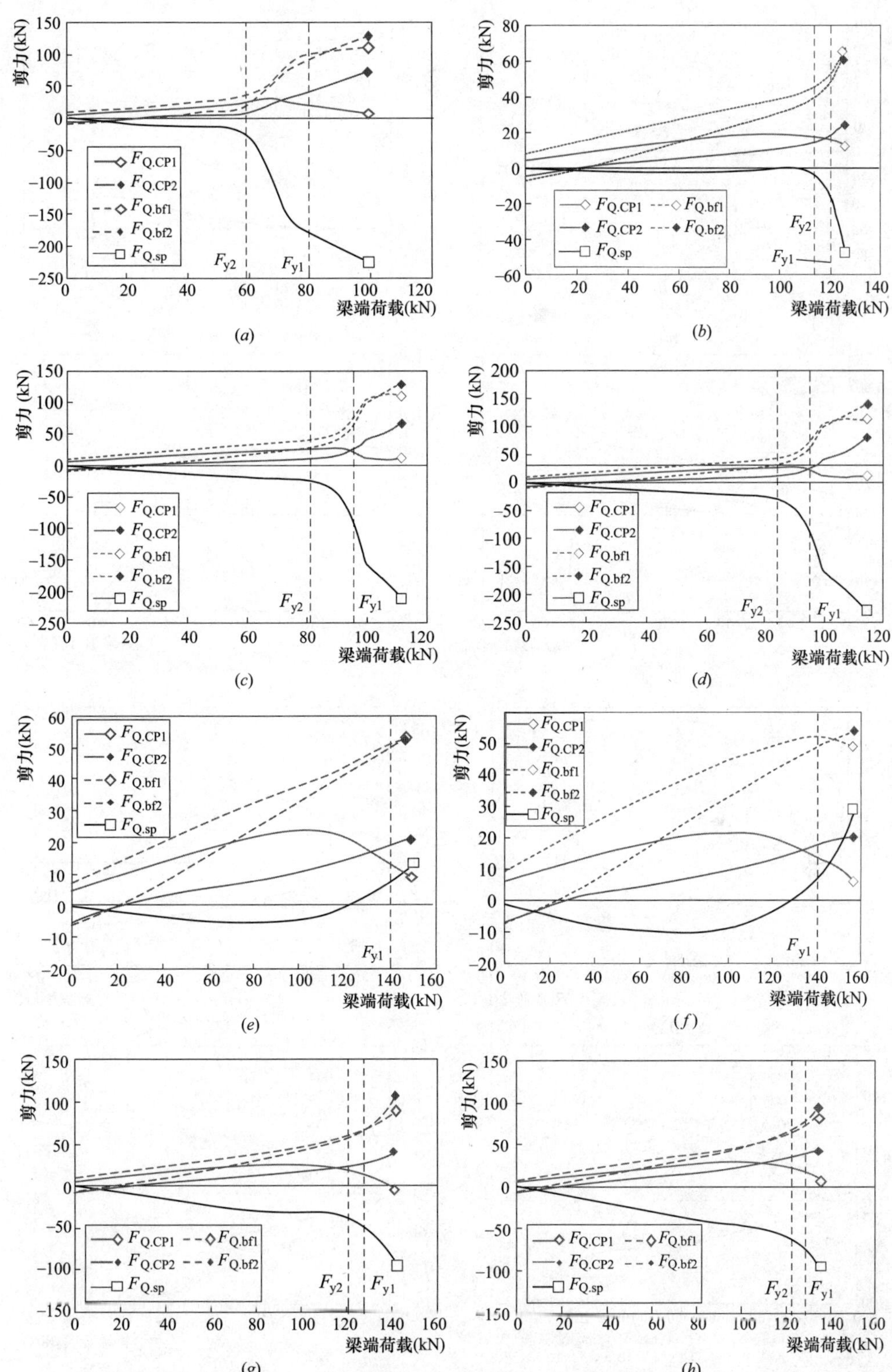

图 5.62 CP 节点焊缝熔合面各部分承担剪力分布图

(*a*) B345-C345-CP1；(*b*) B345-C345-CP2；(*c*) B345-C460-CP1；(*d*) B345-C460-CP2；(*e*) B460-C460-CP1；(*f*) B460-C460-CP2；(*g*) B460-C730-CP1；(*h*) B460-C730-CP2

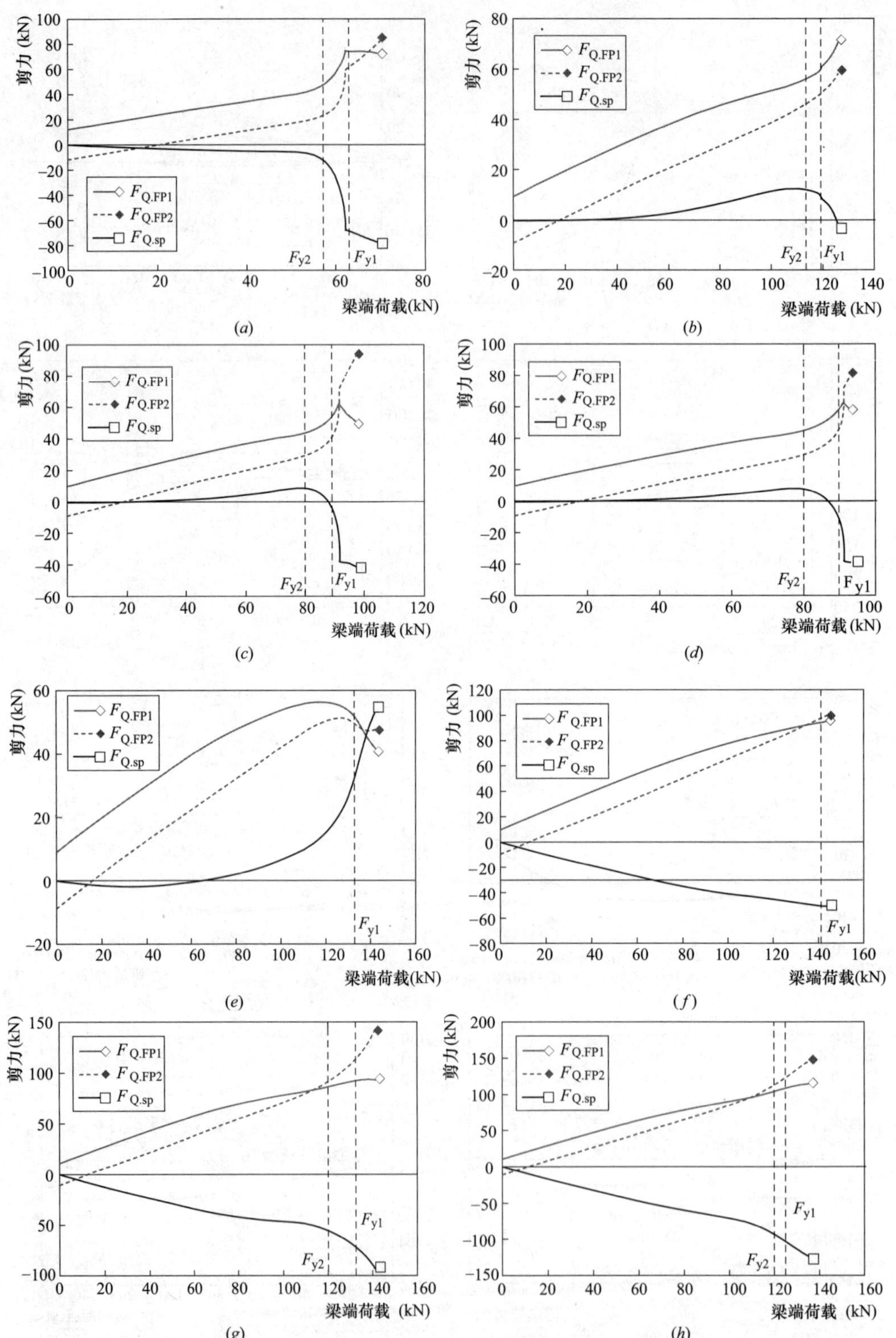

图 5.63　FP 节点焊缝熔合面各部分承担剪力分布图

(*a*) B345-C345-FP1；(*b*) B345-C345-FP2；(*c*) B345-C460-FP1；(*d*) B345-C460-FP2；
(*e*) B460-C460-FP1；(*f*) B460-C460-FP2；(*g*) B460-C730-FP1；(*h*) B460-C730-FP2

综合上述结果，加强板与梁翼缘之间角焊缝的布置，以及节点域是否发生屈服对FP节点的剪力传递模式有着显著的影响。当FP与梁翼缘间采用三面围焊时，静力设计中剪力反转现象并不明显；在抗震设计中，不允许节点域屈服时，可适当考虑剪切板在梁端未加强截面屈服后的传剪作用；如果允许节点域发展较大的塑性变形来提高节点延性，则对连接的抗剪强度进行检验时需要进一步考虑节点域屈服后剪力反转现象引起的剪力重分布。当FP与梁翼缘间采用四面围焊时，则在静力设计验算或是抗震构造检验中均应考虑剪力反转现象，确保对接焊缝在不同内力综合作用下的强度。

此外，对于CP节点和FP节点，梁端荷载向下时上述各截面的受力状态与梁端荷载向上时基本对称，故不再单独讨论；对比B345-C460系列模型的分析结果，可发现剪切板补焊角焊缝的构造并不会对加强板的传力特点（包括弯矩和剪力的传递）产生明显影响。

5.2.3 参数分析

5.2.3.1 分析指标与分析参数

为了进一步探究高强钢板式加强型梁柱节点受力性能的影响因素，制定高强钢板式加强型梁柱节点的设计方法，在已有的模拟试验试件的有限元模型的基础上，变化主要的节点影响参数，开展进一步的参数分析。所分析的主要指标包括：

1）节点试件子结构的承载力和刚度，为制定节点试件子结构承载力和刚度的验算方法以及抗震设计中的构造检验方法提供依据；

2）节点域的承载力和刚度，为制定节点域承载力和刚度的验算方法以及抗震设计中节点域的平衡设计方法提供依据；

3）不同状态下CP节点中加强板和梁翼缘内传递轴力的比例，为探究CP节点加强区传力机理，制定CP节点的加强区验算方法提供依据；

4）不同状态下CP节点和FP节点对接焊缝各截面和剪切板内传递剪力的比例，为探究板式加强型节点加强区传力机理，制定板式加强型节点的加强区验算方法提供依据。

针对上述指标，选取高强钢板式加强型梁柱节点中如下主要分析参数：

1）加强形式。考虑CP加强型节点和FP加强型节点两种加强形式。

2）材料强度。参考试验试件设计时用到的材料强度，仍考虑B345-C345、B345-C460、B460-C460和B460-C730四种材料组合。为保证参数分析时各模型间的可比性，同一强度等级中不同板厚的钢材都取同一组本构模型参数：对于Q345钢材按表5.8中12mm厚的Q345钢板本构模型参数取值，对于Q460钢材按表5.8中10mm厚的Q460钢板本构模型参数取值，对于C730钢材则按表5.9的钢板本构模型取值。

3）节点域强度系数α_{pz}。针对每种加强形式和每组材料强度组合，参考试验结果，变化4种节点域厚度，使节点域强度系数α_{pz}（定义详见5.1.1.2节）在1.0～2.5之间变化，综合分析允许节点域充分发展塑性变形和不允许节点域发展塑性变形之间的不同情况。

4）加强系数ξ_s。针对每种加强形式和每组材料强度组合，取α_{pz}最大时的节点域厚度，变化 4 种加强板长度，使节点加强系数 ξ_s（定义详见 5.1.1.2 节）在 1.05～1.20 之间变化，分析加强板长度对节点性能的影响。

5）加强板厚度 t_p。针对每种加强形式和每组材料强度组合，在 α_{pz} 最大、$\xi_s=1.15$ 时，变化 3 种加强板厚度 t_p，探究在加强系数一定的情况下加强板的厚度对节点性能的影响。

6）柱轴力 N_p。针对每种加强形式和每组材料强度组合，取 α_{pz} 适中的情况，在 $\xi_s=1.10$ 时，变化 3 种轴力值 N_p（包括零轴力情况），探究轴力对节点域受力性能的影响。

7）梁跨 L。针对每种加强形式和每组材料强度组合，取 α_{pz} 适中的情况，在 $\xi_s=1.10$ 时，变化 3 种梁跨度 L，探究梁跨高比（L/h_b）对节点性能的影响。

8）FP 节点中加强板与梁翼缘间的角焊缝布置。针对 FP 节点的每组材料强度组合，取 α_{pz} 适中的情况，在 $\xi_s=1.10$ 时，变化加强板与梁翼缘间的角焊缝布置（三面围焊或四面围焊，详见图 5.4），探究角焊缝布置方式对节点性能的影响。

需要说明的是，在 5.1.1.2 节中列出的参数中，节点过焊孔孔形、腹板连接方式等参数并未对试验结果和有限元分析结果产生明显影响，现场对接焊缝的衬板形式、焊缝强度匹配等参数无法通过试验结果明确其对节点性能的影响，且有限元分析中尚难以对其进行准确模拟，所以对这四个参数不再做进一步分析。

5.2.3.2　分析模型列表

表 5.14 和表 5.15 给出了各分析模型的基本信息，共包括 52 个 CP 节点模型和 56 个 FP 节点模型，其中模型名称中 CP 或 FP 表示节点构造类型，A、B、C 或 D 表示材料组合为 B345-C345、B345-C460、B460-C460 或 B460-C730；以 CPA01-α1.0-ξ1.05 为例，数字 01 表示在该节点类型和材料组合下模型的序号，α1.0 表示节点域强度系数为 1.0，ξ1.05 表示加强系数为 1.05。在表 5.14 和表 5.15 中仅列出了在分析中变化的参数，各模型的其他参数与试验设计时相应各组的 1 号试件参数相同，详见 5.1.1.3 节。

CP 节点分析模型列表　　**表 5.14**

模型编号	材料组合	t_{pz}(mm)	α_{pz}	l_p(mm)	ξ_s	t_p(mm)	N_p(kN)	L/h_b
CPA01-α1.0-ξ1.10	B345-C345	12	1.004	240	1.101	12	860	17.5
CPA02-α1.5-ξ1.10	B345-C345	18	1.515	240	1.101	12	860	17.5
CPA03-α2.0-ξ1.10	B345-C345	24	2.020	240	1.101	12	860	17.5
CPA04-α2.5-ξ1.10	B345-C345	30	2.525	240	1.101	12	860	17.5
CPA05-α2.6-ξ1.05	B345-C345	30	2.624	130	1.052	12	860	17.5
CPA06-α2.4-ξ1.15	B345-C345	30	2.430	340	1.149	12	860	17.5
CPA07-α2.3-ξ1.20	B345-C345	30	2.339	440	1.202	12	860	17.5
CPA08-α2.5-ξ1.10	B345-C345	30	2.525	240	1.101	8	860	17.5
CPA09-α2.5-ξ1.10	B345-C345	30	2.525	240	1.101	16	860	17.5
CPA10-α1.5-ξ1.10	B345-C345	18	1.515	240	1.101	12	0	17.5
CPA11-α1.5-ξ1.10	B345-C345	18	1.515	240	1.101	12	1720	17.5
CPA12-α2.0-ξ1.15	B345-C345	24	1.964	240	1.152	12	860	12.5
CPA13-α2.1-ξ1.08	B345-C345	24	2.090	240	1.075	12	860	22.5

续表

模型编号	材料组合	t_{pz}(mm)	α_{pz}	l_p(mm)	ξ_s	t_p(mm)	N_p(kN)	L/h_b
CPB01-α1.2-ξ1.10	B345-C460	10	1.235	240	1.101	12	860	17.5
CPB02-α1.7-ξ1.10	B345-C460	14	1.729	240	1.101	12	860	17.5
CPB03-α2.2-ξ1.10	B345-C460	18	2.224	240	1.101	12	860	17.5
CPB04-α2.7-ξ1.10	B345-C460	22	2.718	240	1.101	12	860	17.5
CPB05-α2.8-ξ1.05	B345-C460	22	2.824	130	1.052	12	860	17.5
CPB06-α2.6-ξ1.15	B345-C460	22	2.616	340	1.149	12	860	17.5
CPB07-α2.5-ξ1.20	B345-C460	22	2.517	440	1.202	12	860	17.5
CPB08-α2.7-ξ1.10	B345-C460	22	2.701	240	1.101	8	860	17.5
CPB09-α2.8-ξ1.10	B345-C460	22	2.769	240	1.101	16	860	17.5
CPB10-α1.7-ξ1.10	B345-C460	14	1.729	240	1.101	12	0	17.5
CPB11-α1.7-ξ1.10	B345-C460	14	1.729	240	1.101	12	1720	17.5
CPB12-α2.1-ξ1.15	B345-C460	18	2.122	240	1.152	12	860	12.5
CPB13-α2.2-ξ1.08	B345-C460	18	2.257	240	1.075	12	860	22.5
CPC01-α1.1-ξ1.10	B460-C460	10	1.103	240	1.101	10	860	17.5
CPC02-α1.5-ξ1.10	B460-C460	14	1.544	240	1.101	10	860	17.5
CPC03-α2.0-ξ1.10	B460-C460	18	1.986	240	1.101	10	860	17.5
CPC04-α2.4-ξ1.10	B460-C460	22	2.427	240	1.101	10	860	17.5
CPC05-α2.5-ξ1.05	B460-C460	22	2.521	130	1.052	10	860	17.5
CPC06-α2.3-ξ1.15	B460-C460	22	2.336	340	1.149	10	860	17.5
CPC07-α2.2-ξ1.20	B460-C460	22	2.248	440	1.202	10	860	17.5
CPC08-α2.4-ξ1.10	B460-C460	22	2.397	240	1.101	6	860	17.5
CPC09-α2.5-ξ1.10	B460-C460	22	2.457	240	1.101	14	860	17.5
CPC10-α1.5-ξ1.10	B460-C460	14	1.544	240	1.101	10	0	17.5
CPC11-α1.5-ξ1.10	B460-C460	14	1.544	240	1.101	10	1720	17.5
CPC12-α1.9-ξ1.15	B460-C460	18	1.907	240	1.152	10	860	12.5
CPC13-α2.0-ξ1.08	B460-C460	18	2.029	240	1.075	10	860	22.5
CPD01-α1.0-ξ1.10	B460-C730	6	1.005	240	1.101	10	860	17.5
CPD02-α1.7-ξ1.10	B460-C730	10	1.675	240	1.101	10	860	17.5
CPD03-α2.0-ξ1.10	B460-C730	12	2.010	240	1.101	10	860	17.5
CPD04-α2.7-ξ1.10	B460-C730	16	2.680	240	1.101	10	860	17.5
CPD05-α2..8-ξ1.05	B460-C730	16	2.795	130	1.052	10	860	17.5
CPD06-α2.6-ξ1.15	B460-C730	16	2.579	340	1.149	10	860	17.5
CPD07-α2.5-ξ1.20	B460-C730	16	2.482	440	1.202	10	860	17.5
CPD08-α2.6-ξ1.10	B460-C730	16	2.646	240	1.101	6	860	17.5
CPD09-α2.7-ξ1.10	B460-C730	16	2.713	240	1.101	14	860	17.5
CPD10-α1.7-ξ1.10	B460-C730	10	1.675	240	1.101	10	0	17.5
CPD11-α1.7-ξ1.10	B460-C730	10	1.675	240	1.101	10	1720	17.5
CPD12-α1.9-ξ1.15	B460-C730	12	1.930	240	1.152	10	860	12.5
CPD13-α2.0-ξ1.08	B460-C730	12	2.053	240	1.075	10	860	22.5

FP 节点分析模型列表 **表 5.15**

模型编号	材料组合	t_{pz}(mm)	α_{pz}	l_p(mm)	ξ_s	t_p(mm)	N_p(kN)	L/h_b	角焊缝布置
FPA01-α1.0-ξ1.10	B345-C345	12	1.049	240	1.101	14	860	17.5	三面
FPA02-α1.6-ξ1.10	B345-C345	18	1.574	240	1.101	14	860	17.5	三面
FPA03-α2.1-ξ1.10	B345-C345	24	2.099	240	1.101	14	860	17.5	三面
FPA04-α2.6-ξ1.10	B345-C345	30	2.624	240	1.101	14	860	17.5	三面
FPA05-α2.7-ξ1.05	B345-C345	30	2.736	130	1.052	14	860	17.5	三面
FPA06-α2.5-ξ1.15	B345-C345	30	2.525	340	1.149	14	860	17.5	三面

续表

模型编号	材料组合	t_{pz}(mm)	α_{pz}	l_p(mm)	ξ_s	t_p(mm)	N_p(kN)	L/h_b	角焊缝布置
FPA07-α2.7-ξ1.20	B345-C345	30	2.430	440	1.202	14	860	17.5	三面
FPA08-α2.6-ξ1.10	B345-C345	30	2.639	240	1.101	16	860	17.5	三面
FPA09-α2.7-ξ1.10	B345-C345	30	2.655	240	1.101	18	860	17.5	三面
FPA10-α1.6-ξ1.10	B345-C345	18	1.574	240	1.101	14	0	17.5	三面
FPA11-α1.6-ξ1.10	B345-C345	18	1.574	240	1.101	14	1720	17.5	三面
FPA12-α2.0-ξ1.15	B345-C345	24	2.016	240	1.152	14	860	12.5	三面
FPA13-α2.1-ξ1.08	B345-C345	24	2.144	240	1.075	14	860	22.5	三面
FPA14-α2.1-ξ1.08	B345-C345	24	2.099	240	1.101	14	860	17.5	四面
FPB01-α1.3-ξ1.10	B345-C460	10	1.292	240	1.101	14	860	17.5	三面
FPB02-α1.8-ξ1.10	B345-C460	14	1.808	240	1.101	14	860	17.5	三面
FPB03-α2.3-ξ1.10	B345-C460	18	2.325	240	1.101	14	860	17.5	三面
FPB04-α2.8-ξ1.10	B345-C460	22	2.841	240	1.101	14	860	17.5	三面
FPB05-α3.0-ξ1.05	B345-C460	22	2.963	130	1.052	14	860	17.5	三面
FPB06-α2.7-ξ1.15	B345-C460	22	2.735	340	1.149	14	860	17.5	三面
FPB07-α2.6-ξ1.20	B345-C460	22	2.632	440	1.202	14	860	17.5	三面
FPB08-α2.9-ξ1.10	B345-C460	22	2.858	240	1.101	16	860	17.5	三面
FPB09-α2.9-ξ1.10	B345-C460	22	2.875	240	1.101	18	860	17.5	三面
FPB10-α1.8-ξ1.10	B345-C460	14	1.808	240	1.101	14	0	17.5	三面
FPB11-α1.8-ξ1.10	B345-C460	14	1.808	240	1.101	14	1720	17.5	三面
FPB12-α2.2-ξ1.15	B345-C460	18	2.233	240	1.152	14	860	12.5	三面
FPB13-α2.4-ξ1.08	B345-C460	18	2.375	240	1.075	14	860	22.5	三面
FPB14-α2.3-ξ1.10	B345-C460	18	2.325	240	1.101	14	860	17.5	四面
FPC01-α1.1-ξ1.10	B460-C460	10	1.139	240	1.101	12	860	17.5	三面
FPC02-α1.6-ξ1.10	B460-C460	14	1.595	240	1.101	12	860	17.5	三面
FPC03-α2.1-ξ1.10	B460-C460	18	2.051	240	1.101	12	860	17.5	三面
FPC04-α2.5-ξ1.10	B460-C460	22	2.506	240	1.101	12	860	17.5	三面
FPC05-α2.6-ξ1.05	B460-C460	22	2.614	130	1.052	12	860	17.5	三面
FPC06-α2.4-ξ1.15	B460-C460	22	2.412	340	1.149	12	860	17.5	三面
FPC07-α2.3-ξ1.20	B460-C460	22	2.321	440	1.202	12	860	17.5	三面
FPC08-α2.5-ξ1.10	B460-C460	22	2.537	240	1.101	16	860	17.5	三面
FPC09-α2.5-ξ1.10	B460-C460	22	2.552	240	1.101	18	860	17.5	三面
FPC10-α1.6-ξ1.10	B460-C460	14	1.595	240	1.101	12	0	17.5	三面
FPC11-α1.6-ξ1.10	B460-C460	14	1.595	240	1.101	12	1720	17.5	三面
FPC12-α2.0-ξ1.15	B460-C460	18	1.969	240	1.152	12	860	12.5	三面
FPC13-α2.1-ξ1.08	B460-C460	18	2.095	240	1.075	12	860	22.5	三面
FPC14-α2.1-ξ1.10	B460-C460	18	2.051	240	1.101	12	860	17.5	四面
FPD01-α1.0-ξ1.10	B460-C730	6	1.038	240	1.038	12	860	17.5	三面
FPD02-α1.7-ξ1.10	B460-C730	10	1.730	240	1.101	12	860	17.5	三面
FPD03-α2.1-ξ1.10	B460-C730	12	2.076	240	1.101	12	860	17.5	三面
FPD04-α2.8-ξ1.10	B460-C730	16	2.768	240	1.101	12	860	17.5	三面
FPD05-α2.9-ξ1.05	B460-C730	16	2.886	130	1.052	12	860	17.5	三面
FPD06-α2.7-ξ1.15	B460-C730	16	2.664	340	1.149	12	860	17.5	三面
FPD07-α2.6-ξ1.20	B460-C730	16	2.563	440	1.202	12	860	17.5	三面
FPD08-α2.8-ξ1.10	B460-C730	16	2.801	240	1.101	16	860	17.5	三面
FPD09-α2.8-ξ1.10	B460-C730	16	2.818	240	1.101	18	860	17.5	三面
FPD10-α1.7-ξ1.10	B460-C730	10	1.730	240	1.101	12	0	17.5	三面
FPD11-α1.7-ξ1.10	B460-C730	10	1.730	240	1.101	12	1720	17.5	三面
FPD12-α2.0-ξ1.15	B460-C730	12	2.006	240	1.152	12	860	12.5	三面
FPD13-α2.1-ξ1.08	B460-C730	12	2.134	240	1.075	12	860	22.5	三面
FPD14-α2.1-ξ1.10	B460-C730	12	2.076	240	1.101	12	860	17.5	四面

5.2.3.3 节点试件子结构主要力学性能影响因素分析

表 5.16 和表 5.17 分别给出了表 5.14 和表 5.15 中各模型的主要力学性能指标，其中 Q_y、K_d、$M_{y.pz}$ 和 K_{pz} 的定义和计算方法均与 5.1.4.2 节相同；ζ_{Q1} 和 ζ_{Q2} 为加强板传剪系数，分别定义为节点域等效弯矩为 $M_{y.pz}$ 和节点试件子结构等效层剪力为 Q_y 时，在熔合区所在的梁截面处经由加强板传递的剪力在截面总剪力中的比例；ζ_{Qsp1} 和 ζ_{Qsp2} 为剪切板的传剪系数，分别定义为节点域等效弯矩为 $M_{y.pz}$ 和节点试件子结构等效层剪力为 Q_y 时，在熔合区所在的梁截面处经由剪切板传递的剪力在截面总剪力中的比例，当 ζ_{Qsp1} 或 ζ_{Qsp2} 为负值时表明在对应的状态下腹板连接处发生了剪力反转现象；ζ_{M1} 和 ζ_{M2} 为加强板传弯系数，分别定义为节点域等效弯矩为 $M_{y.pz}$ 和节点试件子结构等效层剪力为 Q_y 时，在熔合区所在的梁截面处经由加强板传递的弯矩在截面总弯矩中的比例。各模型的分析中施加的最大梁端位移对应的层间位移角均为 0.07rad，其中 α_{pz} 较大的节点（各组模型中的 4～9 号节点）在该层间位移角状态下仍未发生明显的节点域屈服，故无法给出 $M_{y.pz}$ 的准确值，所以在表 5.16 和表 5.17 中仅给出这些模型的 $M_{y.pz}$ 的下限值，且未给出对应 $M_{y.pz}$ 的系数 ζ_{Q1}、ζ_{Qsp1} 和 ζ_{M1}。

CP 节点参数分析模型的主要结果 **表 5.16**

模型编号	Q_y (kN)	K_d (kN/rad)	$M_{y.pz}$ (kN·m)	K_{pz} (kN·m)	ζ_{Q1}	ζ_{Q2}	ζ_{Qsp1}	ζ_{sp2}	ζ_{M1}	ζ_{M2}
CPA01-α1.0-ξ1.10	111.6	11770	276.2	128446	0.52	0.64	−0.40	−0.76	0.58	0.62
CPA02-α1.5-ξ1.10	164.0	12690	405.5	194457	0.38	0.45	−0.19	−0.43	0.55	0.58
CPA03-α2.0-ξ1.10	210.1	13249	529.5	260484	0.30	0.31	−0.04	−0.14	0.54	0.55
CPA04-α2.5-ξ1.10	215.2	13629	>647.8	329123	—	0.26	—	0.07	—	0.52
CPA05-α2.6-ξ1.05	204.5	13158	>645.3	328294	—	0.45	—	−0.30	—	0.47
CPA06-α2.4-ξ1.15	225.3	14082	>647.2	328212	—	0.21	—	0.16	—	0.53
CPA07-α2.3-ξ1.20	236.0	14518	>646.6	328167	—	0.19	—	0.18	—	0.53
CPA08-α2.5-ξ1.10	215.2	13303	>628.8	325558	—	0.09	—	0.28	—	0.41
CPA09-α2.5-ξ1.10	215.1	13901	>664.2	332387	—	0.46	—	−0.10	—	0.61
CPA10-α1.5-ξ1.10	167.4	12708	414.6	194893	0.35	0.43	−0.18	−0.44	0.55	0.58
CPA11-α1.5-ξ1.10	152.0	12668	376.2	193971	0.41	0.45	−0.17	−0.34	0.55	0.57
CPA12-α2.0-ξ1.15	217.5	17108	541.8	270347	0.23	0.23	0.21	0.13	0.53	0.55
CPA13-α2.1-ξ1.08	203.7	10763	522.1	256600	0.38	0.39	−0.30	−0.39	0.54	0.54
CPB01-α1.2-ξ1.10	135.2	10454	339.8	103774	0.57	0.63	−0.56	−0.78	0.60	0.63
CPB02-α1.7-ξ1.10	184.0	11148	463.4	147285	0.41	0.40	−0.30	−0.43	0.57	0.59
CPB03-α2.2-ξ1.10	211.3	11664	577.8	191716	0.30	0.30	−0.16	−0.13	0.55	0.54
CPB04-α2.7-ξ1.10	212.1	12042	>679.1	237059	—	0.29	—	−0.05	—	0.53
CPB05-α2.8-ξ1.05	201.7	11672	>650.8	236241	—	0.49	—	−0.41	—	0.48
CPB06-α2.6-ξ1.15	221.9	12386	>687.2	237206	—	0.23	—	0.05	—	0.54
CPB07-α2.5-ξ1.20	232.3	12679	>683.7	236967	—	0.18	—	0.17	—	0.53
CPB08-α2.7-ξ1.10	209.6	11738	>660.8	235265	—	0.09	—	0.20	—	0.42
CPB09-α2.8-ξ1.10	214.0	12405	>689.6	240851	—	0.69	—	−0.36	—	0.66
CPB10-α1.7-ξ1.10	187.1	11172	472.6	147739	0.39	0.38	−0.29	−0.43	0.57	0.58
CPB11-α1.7-ξ1.10	173.7	11120	436.5	146521	0.45	0.44	−0.29	−0.40	0.57	0.58
CPB12-α2.1-ξ1.15	226.4	14612	595.0	198483	0.21	0.20	0.16	0.15	0.54	0.55
CPB13-α2.2-ξ1.08	202.7	9677	569.9	188137	0.39	0.40	−0.47	−0.41	0.55	0.55

续表

模型编号	Q_y (kN)	K_d (kN/rad)	$M_{y.pz}$ (kN·m)	K_{pz} (kN·m)	ζ_{Q1}	ζ_{Q2}	ζ_{Qsp1}	ζ_{sp2}	ζ_{M1}	ζ_{M2}
CPC01-α1.1-ξ1.10	132.8	8653	334.2	103558	0.48	0.55	−0.36	−0.57	0.55	0.58
CPC02-α1.5-ξ1.10	183.7	9185	459.4	146262	0.39	0.40	−0.16	−0.31	0.53	0.55
CPC03-α2.0-ξ1.10	229.4	9546	579.2	190046	0.28	0.26	−0.01	−0.09	0.52	0.53
CPC04-α2.4-ξ1.10	232.1	9806	>683.8	234477	—	0.23	—	0.10	—	0.51
CPC05-α2.5-ξ1.05	220.3	9476	>650.8	234045	—	0.39	—	0.10	—	0.48
CPC06-α2.3-ξ1.15	245.8	10111	>664.5	233556	—	0.19	—	0.16	—	0.51
CPC07-α2.2-ξ1.20	257.3	10406	>687.2	234494	—	0.17	—	0.17	—	0.51
CPC08-α2.4-ξ1.10	230.8	9507	>661.7	233057	—	0.04	—	0.36	—	0.37
CPC09-α2.5-ξ1.10	231.8	10046	>679.0	236565	—	0.48	—	−0.09	—	0.61
CPC10-α1.5-ξ1.10	186.9	9201	468.5	146712	0.36	0.38	−0.15	−0.31	0.53	0.55
CPC11-α1.5-ξ1.10	172.9	9165	432.3	145799	0.42	0.43	−0.15	−0.27	0.53	0.55
CPC12-α1.9-ξ1.15	236.5	12397	594.0	196695	0.20	0.19	0.24	0.19	0.52	0.52
CPC13-α2.0-ξ1.08	220.5	7732	571.5	186539	0.35	0.34	−0.27	−0.31	0.52	0.52
CPD01-α1.0-ξ1.10	127.0	6806	307.1	59019	0.67	0.73	−0.78	−1.10	0.60	0.66
CPD02-α1.7-ξ1.10	207.8	7674	499.5	99918	0.38	0.32	−0.39	−0.56	0.56	0.59
CPD03-α2.0-ξ1.10	232.7	7948	591.4	120607	0.28	0.26	−0.24	−0.28	0.54	0.55
CPD04-α2.7-ξ1.10	232.5	8338	>684.4	162789	—	0.24	—	−0.07	—	0.49
CPD05-α2.8-ξ1.05	220.9	8102	>648.5	162449	—	0.62	—	−0.36	—	0.48
CPD06-α2.6-ξ1.15	247.1	8558	>718.0	162802	—	0.57	—	−0.32	—	0.48
CPD07-α2.5-ξ1.20	256.3	8769	>693.6	162797	—	0.18	—	0.04	—	0.52
CPD08-α2.6-ξ1.10	231.3	8093	>672.4	161633	—	0.04	—	0.27	—	0.37
CPD09-α2.7-ξ1.10	232.3	8534	>682.8	164927	—	0.54	—	−0.30	—	0.63
CPD10-α1.7-ξ1.10	212.0	7702	509.8	100389	0.38	0.31	−0.40	−0.57	0.56	0.59
CPD11-α1.7-ξ1.10	196.7	7642	473.1	99448	0.41	0.37	−0.37	−0.53	0.56	0.58
CPD12-α1.9-ξ1.15	246.4	9873	607.4	124923	0.20	0.17	0.09	0.05	0.54	0.55
CPD13-α2.0-ξ1.08	220.7	6638	579.5	118339	0.36	0.35	−0.57	−0.59	0.54	0.54

FP 节点参数分析模型的主要结果　　表 5.17

模型编号	Q_y (kN)	K_d (kN/rad)	$M_{y.pz}$ (kN·m)	K_{pz} (kN·m /rad)	ζ_{Q1}	ζ_{Q2}	ζ_{Qsp1}	ζ_{sp2}	ζ_{M1}	ζ_{M2}
FPA01-α1.0-ξ1.10	111.7	11550	280.3	134522	1.23	1.38	−0.23	−0.38	0.97	0.99
FPA02-α1.6-ξ1.10	165.6	12437	412.1	203775	1.04	1.16	−0.04	−0.16	0.97	0.98
FPA03-α2.1-ξ1.10	210.3	12986	536.4	275789	0.91	0.94	0.09	0.06	0.96	0.96
FPA04-α2.6-ξ1.10	214.0	13360	>644.4	348495	—	0.84	—	0.16	—	0.96
FPA05-α2.7-ξ1.05	201.8	12754	>636.4	347372	—	1.30	—	−0.30	—	0.95
FPA06-α2.5-ξ1.15	223.7	13865	>642.0	348588	—	0.72	—	0.28	—	0.96
FPA07-α2.7-ξ1.20	232.0	14349	>642.0	348576	—	0.65	—	0.35	—	0.95
FPA08-α2.6-ξ1.10	214.4	13567	>662.6	349484	—	0.97	—	0.03	—	0.96
FPA09-α2.7-ξ1.10	214.3	13746	>674.5	350677	—	1.07	—	−0.07	—	0.97
FPA10-α1.6-ξ1.10	168.9	12446	421.4	204851	0.98	1.10	0.02	−0.10	0.97	0.98
FPA11-α1.6-ξ1.10	153.3	12426	382.4	203803	1.08	1.16	−0.08	−0.16	0.97	0.98
FPA12-α2.0-ξ1.15	217.6	16689	549.3	285454	0.67	0.69	0.33	0.31	0.96	0.96
FPA13-α2.1-ξ1.08	203.7	10587	529.6	270697	1.15	1.17	−0.15	−0.17	0.96	0.97
FPA14-α2.1-ξ1.08	211.8	13247	542.4	274756	1.43	1.48	−0.43	−0.48	0.98	0.98

续表

模型编号	Q_y (kN)	K_d (kN/rad)	$M_{y.pz}$ (kN·m)	K_{pz} (kN·m /rad)	ζ_{Q1}	ζ_{Q2}	ζ_{Qsp1}	ζ_{sp2}	ζ_{M1}	ζ_{M2}
FPB01-α1.3-ξ1.10	135.9	10242	344.8	108192	1.31	1.41	−0.31	−0.41	0.98	0.99
FPB02-α1.8-ξ1.10	187.5	11007	472.9	153453	1.12	1.19	−0.12	−0.19	0.97	0.98
FPB03-α2.3-ξ1.10	214.2	11516	590.5	199661	0.95	0.95	0.05	0.05	0.96	0.96
FPB04-α2.8-ξ1.10	214.3	11886	>678.0	246652	—	0.91	—	0.09	—	0.96
FPB05-α3.0-ξ1.05	202.3	11408	>640.3	245844	—	1.35	—	−0.35	—	0.96
FPB06-α2.7-ξ1.15	224.2	12284	>696.6	246718	—	0.78	—	0.22	—	0.96
FPB07-α2.6-ξ1.20	233.1	12661	>697.5	246704	—	0.69	—	0.31	—	0.95
FPB08-α2.9-ξ1.10	214.8	12072	>686.3	247361	—	1.06	—	−0.06	—	0.97
FPB09-α2.9-ξ1.10	214.9	12242	>689.7	248259	—	1.18	—	−0.18	—	0.97
FPB10-α1.8-ξ1.10	190.9	11020	482.2	154096	1.06	1.13	−0.06	−0.13	0.97	0.98
FPB11-α1.8-ξ1.10	176.4	10988	446.0	152914	1.18	1.22	−0.18	−0.22	0.97	0.98
FPB12-α2.2-ξ1.15	230.3	14382	604.8	206789	0.69	0.68	0.31	0.32	0.95	0.95
FPB13-α2.4-ξ1.08	205.0	9576	583.0	195905	1.19	1.22	−0.19	−0.22	0.96	0.96
FPB14-α2.3-ξ1.10	214.8	11720	599.2	198540	1.53	1.50	−0.53	−0.50	0.98	0.98
FPC01-α1.1-ξ1.10	134.8	8546	339.9	108101	1.17	1.30	−0.17	−0.30	0.97	0.98
FPC02-α1.6-ξ1.10	186.9	9088	468.1	153752	1.02	1.11	−0.02	−0.11	0.96	0.97
FPC03-α2.1-ξ1.10	227.8	9445	587.0	200246	0.85	0.83	0.15	0.17	0.96	0.96
FPC04-α2.5-ξ1.10	230.0	9702	>673.0	247507	—	0.74	—	0.26	—	0.95
FPC05-α2.6-ξ1.05	218.4	9278	>644.5	246845	—	1.12	—	−0.12	—	0.95
FPC06-α2.4-ξ1.15	238.2	10060	>678.0	247570	—	0.62	—	0.38	—	0.95
FPC07-α2.3-ξ1.20	246.1	10409	>685.9	247567	—	0.49	—	0.51	—	0.94
FPC08-α2.5-ξ1.10	234.9	10009	>694.8	248515	—	1.05	—	−0.05	—	0.97
FPC09-α2.5-ξ1.10	233.0	10129	>685.4	249292	—	1.15	—	−0.15	—	0.97
FPC10-α1.6-ξ1.10	190.3	9097	477.3	154396	0.97	1.07	0.03	−0.07	0.96	0.97
FPC11-α1.6-ξ1.10	175.5	9076	440.5	153225	1.06	1.12	−0.06	−0.12	0.96	0.97
FPC12-α2.0-ξ1.15	235.8	12230	601.4	207403	0.63	0.61	0.37	0.39	0.95	0.95
FPC13-α2.1-ξ1.08	219.5	7666	579.0	196468	1.07	1.06	−0.07	−0.06	0.96	0.96
FPC14-α2.1-ξ1.10	231.2	9606	595.0	199273	1.43	1.47	−0.43	−0.47	0.97	0.97
FPD01-α1.0-ξ1.10	126.8	6702	310.8	60498	1.47	1.61	−0.47	−0.61	0.98	0.99
FPD02-α1.7-ξ1.10	208.5	7567	507.3	103250	1.15	1.18	−0.15	−0.18	0.97	0.98
FPD03-α2.1-ξ1.10	228.6	7836	595.7	125202	0.95	0.92	0.05	0.08	0.96	0.96
FPD04-α2.8-ξ1.10	230.7	8227	>673.7	169855	—	0.81	—	0.19	—	0.95
FPD05-α2.9-ξ1.05	219.2	7924	>641.8	169415	—	1.19	—	−0.19	—	0.95
FPD06-α2.7-ξ1.15	239.5	8483	>697.0	169887	—	0.66	—	0.34	—	0.95
FPD07-α2.6-ξ1.20	248.1	8729	>707.0	169876	—	0.53	—	0.47	—	0.94
FPD08-α2.8-ξ1.10	232.2	8481	>679.1	170559	—	1.21	—	−0.21	—	0.97
FPD09-α2.8-ξ1.10	232.2	8582	>683.3	171145	—	1.33	—	−0.33	—	0.98
FPD10-α1.7-ξ1.10	212.8	7585	517.6	103925	1.10	1.14	−0.10	−0.14	0.97	0.98
FPD11-α1.7-ξ1.10	196.7	7540	479.6	102706	1.20	1.22	−0.20	−0.22	0.97	0.97
FPD12-α2.0-ξ1.15	242.9	9704	611.3	129777	0.70	0.62	0.31	0.38	0.96	0.95
FPD13-α2.1-ξ1.08	219.8	6559	589.0	122801	1.21	1.21	−0.20	−0.21	0.96	0.96
FPD14-α2.1-ξ1.10	230.7	7947	604.1	124320	1.59	1.59	−0.59	−0.59	0.98	0.98

从上述分析结果可看出，节点试件子结构的承载力和刚度受多种参数的综合影响。为进一步分析节点承载力和刚度与各参数间的关系，定义如下 3 个正则化指标：

1）基于梁截面的正则化屈服层剪力 C_{Q1} 的定义为节点试件子结构的屈服层剪力 Q_y

与未加强的梁截面达到全截面塑性受弯承载力时节点试件子结构内的层剪力 $[Q_1]$ 的比值，可表示节点的实际承载力与梁截面承载力间的关系。$[Q_1]$ 由式（5.15）计算，式中 W_{pb} 为未加强梁截面的塑性截面模量，f_{yb} 为梁钢材的屈服强度。

$$[Q_1]=\frac{2W_{pb}f_{yb}L}{H(L-h_c-2l_p)} \tag{5.15}$$

2）基于节点域的正则化屈服层剪力 C_{Q2} 的定义为节点试件子结构的屈服层剪力 Q_y 与节点域内的平均剪应力达到节点域钢材抗剪强度时节点试件子结构内的层剪力 $[Q_2]$ 的比值，可表示节点的实际承载力与节点域承载力间的关系，$[Q_2]$ 由式（5.16）计算，式中 f_{yc} 为节点域钢材的屈服强度（在本次分析的模型中节点域与柱的钢材本构相同）。

$$[Q_2]=\frac{h_{pz}t_{pz}(h_c-2t_{cf})f_{yc}}{\sqrt{3}(H-h_{pz})} \tag{5.16}$$

3）基于梁截面的正则化节点试件子结构刚度 C_{Kd} 的定义为节点试件子结构的刚度 K_d 与通过图 5.64 所示受力简图得到的节点试件子结构名义刚度 $[K_d]$ 的比值，可表示节点试件子结构的实际刚度与简化分析模型中的刚度间的关系，$[K_d]$ 由式（5.17）计算，式中 E_bI_b 和 E_cI_c 分别为梁截面（未加强部分）和柱截面的弯曲刚度。

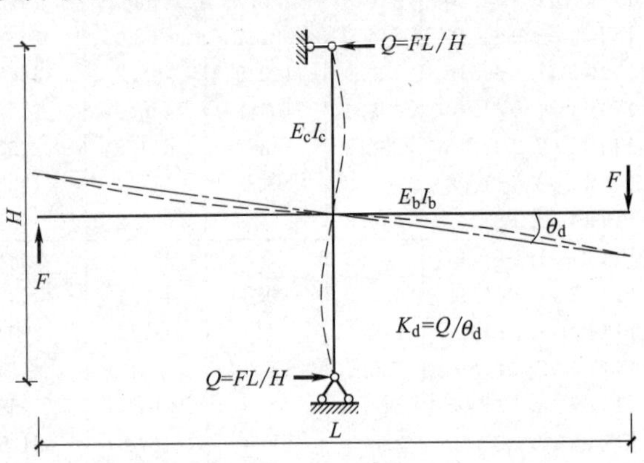

图 5.64　节点试件子结构平面受力和变形简图

$$[K_d]=\frac{12}{H}\left(\frac{L}{E_bI_b}+\frac{H}{E_cI_c}\right)^{-1} \tag{5.17}$$

式（5.15）～式（5.17）中各几何参数含义见图 5.28 和图 5.49。

图 5.65 给出了 CP 节点模型和 FP 节点模型的 C_{Q1} 与 α_{pz} 间的关系。可以看出，不论是 CP 节点还是 FP 节点，总体上 C_{Q1} 受 α_{pz} 的影响最为显著，受其他因素的影响相对较小；在 $\alpha_{pz}<2.0$ 时，C_{Q1} 随着 α_{pz} 的增大而线性增长，表明此时节点试件子结构的承载力由节点域的承载力控制，梁截面的强度未得到充分利用；在 $\alpha_{pz}\geqslant 2.0$ 时，C_{Q1} 则不再随

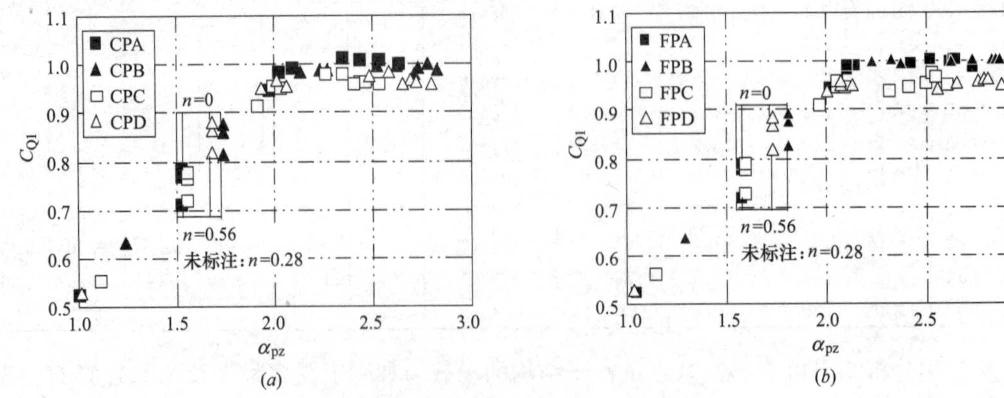

图 5.65　有限元分析结果 C_{Q1}-α_{pz} 关系

（a）CP 节点模型；（b）FP 节点模型

α_{pz} 的增大明显变化，而是稳定在 1.0 左右，表明此时节点域的承载力不再是节点试件子结构承载力的控制因素，梁的强度得到了较为充分的利用。由此可以看出，$\alpha_{pz}=2.0$ 是节点试件子结构承载力由节点域控制和由梁截面控制之间近似的临界值。注意到在 $\alpha_{pz}=2.0$ 附近时 C_{Q1} 已可接近 1.0，但分析结果表明 α_{pz} 近似为 2.0 时节点域仍可发展一定的塑性变形，例如图 5.55（*b*）对应的模型有 $\alpha_{pz}=2.07$，但从其 M_{pz}-θ_{pz} 曲线中可明显观察到节点域已发展一定塑性转角。因此，$\alpha_{pz}=2.0$ 可作为兼顾利用节点域延性和梁截面延性进行平衡设计的参考值。

虽然 C_{Q1} 受其他因素的影响相对较小，但从图 5.65 中仍可观察到在 $\alpha_{pz}<2.0$ 时柱轴力对 C_{Q1} 有一定影响。对比各组模型中的 2、10、11 号模型（其 α_{pz} 均在 1.5～1.8 之间），在其他条件不变时，柱轴压比 n 为 0.28 时的 C_{Q1} 比无轴力状态下减小 1.7%～2.0%，柱轴压比为 0.56 时的 C_{Q1} 比无轴力状态下减小 7.2%～9.2%。可推断，柱轴力是通过影响节点域的承载力而间接影响节点试件子结构承载力的；由于在节点试件子结构中节点域主要承受剪力，依据节点域在剪力和轴力作用下的受力特点，轴压比对节点域受剪承载力的影响并不是线性变化的：当轴压比较小时，节点域的受剪承载力随轴压比的增大而缓慢减小；仅当轴压比很大时，轴压比对节点域受剪承载力的减小作用才会比较明显。

此外，由于图 5.65 中 A～D 系列有限元模型分别对应 B345-C345、B345-C460、B460-C460 和 B460-C730 节点，可以看出，在 α_{pz} 较大时各有限元模型的 C_{Q1} 还在一定程度上受梁钢材等级和节点类型影响：B345 钢梁模型稍大于 B460 钢梁模型，CP 节点模型稍大于 FP 节点模型。这表明，钢梁的强度等级和节点的类型（CP 或 FP 节点）会在一定程度上影响梁截面的强化特点和塑性发展。虽然总体上说梁钢材等级和节点类型的影响并不显著，但由于对于部分 FP 节点模型或采用 B460 钢梁的节点模型其 C_{Q1} 普遍小于 1.0（$\alpha_{pz}>2.2$ 的模型中 C_{Q1} 最小为 0.937），实践中有必要考虑这一因素的影响以避免不安全的设计。

图 5.66 给出了 CP 节点模型和 FP 节点模型的 C_{Q2} 与 α_{pz} 间的关系，该图可进一步说明 $\alpha_{pz}=2.0$ 是节点试件子结构承载力受节点域限制和受梁截面限制之间近似的临界值：当 $\alpha_{pz}<2.0$ 时，各模型的 C_{Q2} 值稳定在 1.1 左右，表明节点试件子结构的承载力由节点

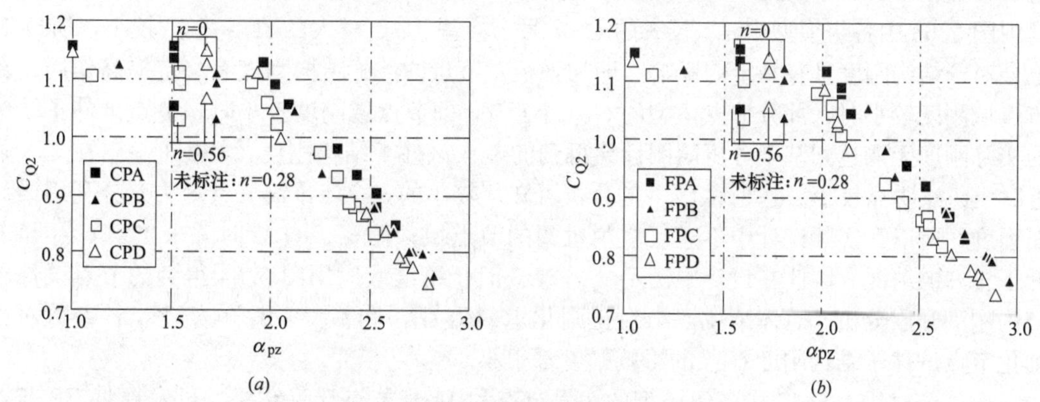

图 5.66 有限元分析结果 C_{Q2}-α_{pz} 关系

（*a*）CP 节点模型；（*b*）FP 节点模型

域承载力控制；当 $\alpha_{pz}>2.0$ 时，C_{Q2} 随 α_{pz} 的增大线性减小，表明此时节点域承载力较高，节点试件子结构的承载力不再由节点域承载力控制。此外，柱轴压比、梁钢材等级和节点类型对 C_{Q2} 的影响与对 C_{Q1} 的影响具有基本相同的趋势和结论。

由于在计算 C_{Q1} 时通过未加强梁截面内的弯矩比进行正则化的过程中已消除了 ξ_s 的影响，所以 ξ_s 对 C_{Q1} 并无明显影响；但是，在 α_{pz} 较大时 ξ_s 同样会对节点试件子结构的承载力产生一定的影响，这可以体现在 C_{Q2} 与 ξ_s 的相关关系中。图 5.67 给出了 CP 节点和 FP 节点各组有限元模型中 4～9 号节点的 C_{Q2}-ξ_s 关系，对于所列出的模型均有 α_{pz} 大于 2.2，且同一组模型中节点域的参数相同。可以看出，在不受节点域承载力限制时，节点试件子结构的承载力与 ξ_s 之间具有较明显的线性关系，这表明在板式加强型节点中，加强板可以起到使节点附近截面加强从而使梁塑性铰外移的作用，且加强系数 ξ_s 可以作为反映这一加强作用的参数。此外，图 5.67 中各组模型在 $\xi_s=1.10$ 处均有 3 个加强板厚度 t_p 的节点数据，可以看出加强板厚度 t_p 未对节点试件子结构承载力产生明显影响。

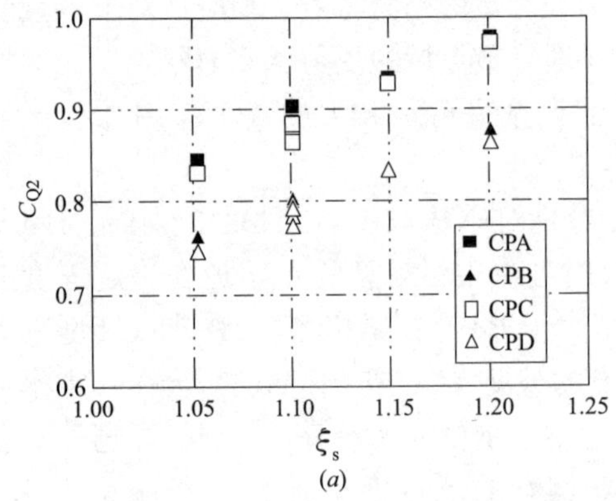

(a)

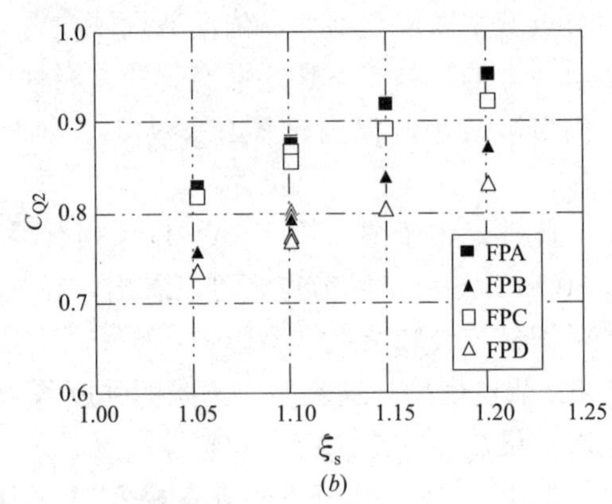

(b)

图 5.67　有限元分析结果 C_{Q2}-ξ_s 关系

(a) CP 节点模型；(b) FP 节点模型

图 5.68 给出了 CP 节点和 FP 节点的 C_{Kd}-α_{pz} 关系，可以看出，所有模型 C_{Kd} 的变化范围均在 0.85～1.20 之间，即分析图 5.64 得到的节点试件子结构刚度与实际结构刚度之间的差异在±20%范围内；在节点域刚度足够大时（$\alpha_{pz}>2.2$），各模型的 C_{Kd} 均大于 1，其中图 5.68 中各组模型中 α_{pz} 较大的 4～7 号节点里，α_{pz} 较大的节点其 ξ_s 较小，所以 ξ_s 也会对子结构刚度具有一定的影响，即加强板对节点试件子结构刚度有一定提高作用；在节点域刚度较小时，部分节点模型的 C_{Kd} 小于 1，即节点域刚度较小时，节点试件子结构的实际刚度无法达到基于分析简图计算得到的节点试件子结构刚度，特别是 α_{pz} 在 1.0 附近时，C_{Kd} 明显较小。基于对 C_{Q1} 的分析可知，较小的 α_{pz} 会导致节点无法充分利用梁截面强度，所以在实际设计中不建议应用过弱的节点域；而 $\alpha_{pz}>1.5$ 时并未出现 C_{Kd} 显著低于 1.0 的情况，因此在设计中满足 $\alpha_{pz}>1.5$ 时仍可继续应用图 5.64 得到的节点试件子结构刚度开展分析。总体来说，与对正则化承载力 C_{Q1} 和 C_{Q2} 的影响相比，各参数对正则化节点试件子结构刚度 C_{Kd} 的影响幅度都很小。

此外，对比表 5.17 中各组模型的 3 号节点和 14 号节点计算结果，可发现将 FP 节点中加强板与梁翼缘间的连接方式由三面焊改为四面焊时，Q_y 和 K_d 均略有提高，但差异几乎可忽略；对比各组模型中的 3、12、13 号节点计算结果，发现 CP 节点和 FP 节点中

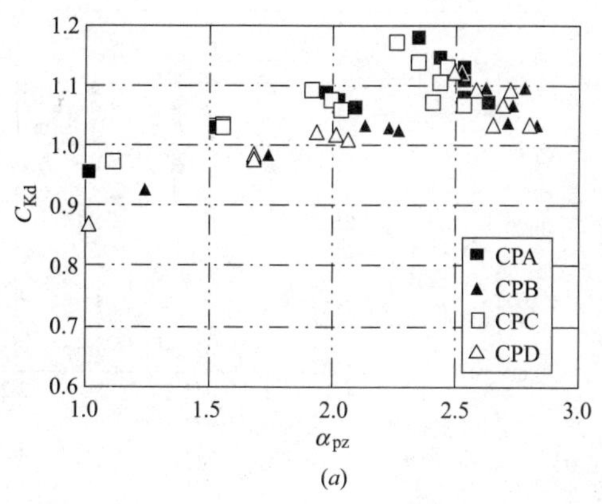

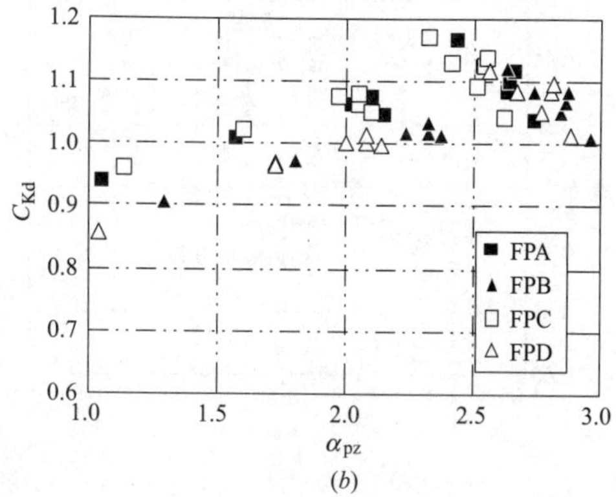

图 5.68 有限元分析结果 C_{Kd}-α_{pz} 关系

(a) CP 节点模型；(b) FP 节点模型

仅改变梁跨时，各正则化分析指标间的差异几乎可忽略。

5.2.3.4 节点域主要力学性能影响因素分析

从表 5.16 和表 5.17 中可看出，节点域的屈服承载力和刚度主要受 α_{pz} 的影响。为了具体分析目前节点域屈服承载力和节点域刚度计算的有效性，定义如下两个正则化分析指标：

1）正则化节点域屈服弯矩 C_{Mpz} 的定义为分析得到的 $M_{pz.y}$ 与采用我国《钢结构设计规范》GB 50017—2003[1] 方法计算得到的节点域强度 $[M_{pz}]$ 之比，$[M_{pz}]$ 的计算方法见式（5.18），式中 t_{sp} 为节点域水平加劲肋的厚度，其余参数含义与式（5.15）～式（5.17）相同。

$$[M_{pz}]=\frac{4}{3\sqrt{3}}(h_{pz}-t_{sp})(h_c-2t_{cf})t_{pz}f_{yc} \tag{5.18}$$

2）正则化节点域初始转动刚度 C_{Kpz} 的定义为分析得到的 K_{pz} 与采用日本建筑协会的钢结构节点设计规范（以下简称“日规”）[52] 方法计算得到的节点域初始转动刚度 $[K_{pz}]$ 之比，$[K_{pz}]$ 的计算方法见式（5.19），式中 G 为节点域钢材的剪切模量，其余参数含义与式（5.15）～式（5.17）中相同。

$$[K_{pz}]=G(h_c-t_{cf})h_{pz}t_{pz} \tag{5.19}$$

图 5.69 列出了 CP 节点和 FP 节点中 C_{Mpz} 与 α_{pz} 的关系（不包括未得到 $[M_{pz}]$ 准确值的各组模型中的 4～9 号节点）。可以看出各模型的 C_{Mpz} 均在 0.70～0.86 范围内，即各模型中实际的节点域承载力要比计算出的 $M_{pz.d}$ 小 14%～30%。表明式（5.18）的计算方法高估了板式加强型节点的节点域承载力；轴压比从 0 增大至 0.28 时 C_{Mpz} 降低约 0.02，轴压比从 0 增大至 0.56 时 C_{Mpz} 降低 0.06～0.08，所以在轴压比较小时其对 C_{Mpz} 的影响可忽略，但在较大时则可能对 C_{Mpz} 产生一定的影响。在其他条件相同时，仅通过改变节点域厚度来变化 α_{pz} 时，C_{Mpz} 几乎不发生变化。

图 5.70 列出了 CP 节点和 FP 节点中 C_{Kpz} 与 α_{pz} 的关系，可以看出各节点模型的 C_{Kpz} 均在 1.15～1.30 范围内，表明式（5.19）的计算方法低估了板式加强型节点的节点域刚度。总体上看 C_{Kpz} 浮动范围不大，材料强度、轴压比、节点域厚度等因素对 C_{Kpz} 的影响均可忽略。

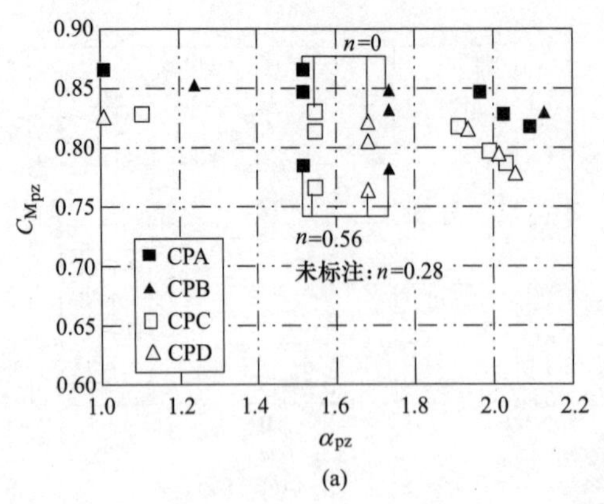

(a)

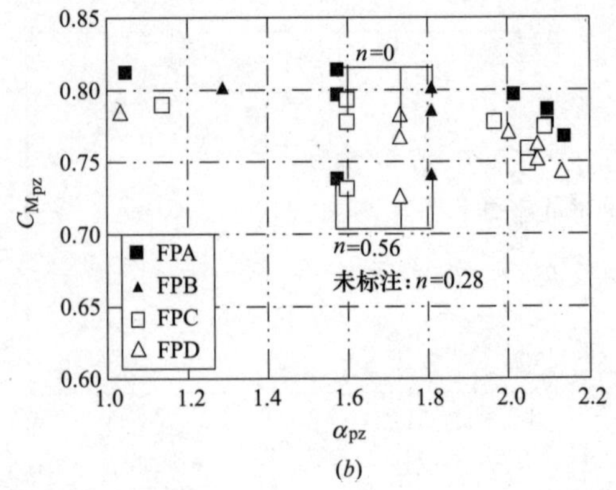

(b)

图 5.69　有限元模型 C_{Mpz}-α_{pz} 关系

（*a*）CP 节点模型；（*b*）FP 节点模型

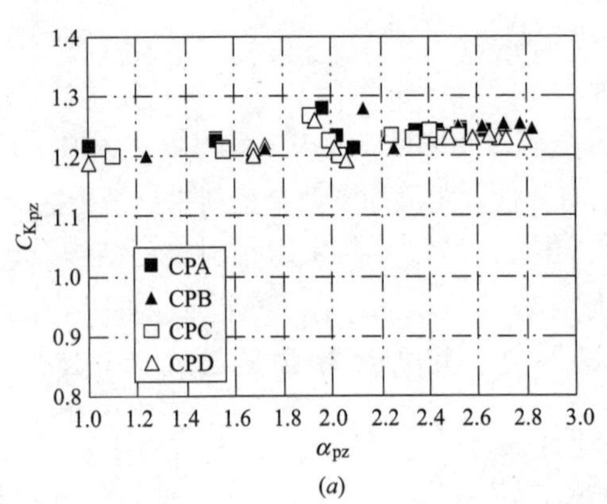

(*a*)

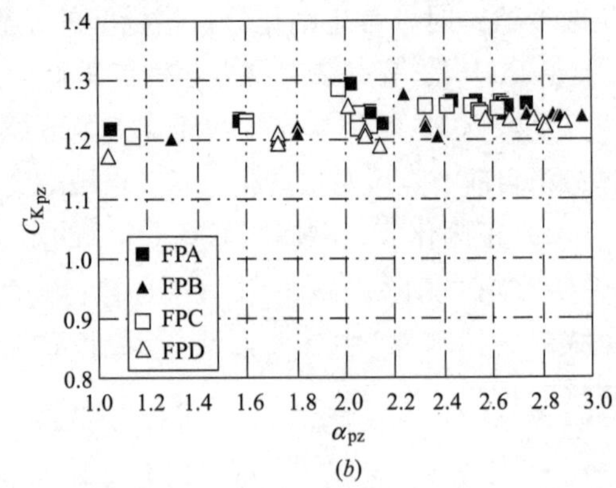

(*b*)

图 5.70　有限元模型 C_{Kpz}-α_{pz} 关系

（*a*）CP 节点模型；（*b*）FP 节点模型

此外，从图 5.69 和图 5.70 中可看到，在 $\alpha_{pz}=2.0\sim2.2$ 区间内的数据点存在随 α_{pz} 增大 C_{Mpz} 和 C_{Kpz} 均减小的规律，这些点对应于表 5.16 和表 5.17 中各组模型的 3、12、13 号节点，同组模型中三个节点的区别为梁跨度 L 不同，较大的 α_{pz} 对应较大的 L，所以图中 $\alpha_{pz}=2.0\sim2.2$ 区间内数据点的规律实际反映了在 L 增大时 C_{Mpz} 和 C_{Kpz} 均略有减小。这是因为在应用式（5.18）和式（5.19）计算 $M_{pz.d}$ 和 $K_{pz.d}$ 时均未考虑节点处梁内剪力对节点域的影响。由于梁内剪力的方向和梁端弯矩导致节点域内剪力的方向相反，所以在设计节点域时一般不考虑其有利作用[53]；而实际上，L 越小，同样弯矩状态下梁内剪力越大，有利作用越明显，导致 C_{Mpz} 和 C_{Kpz} 越大。总体上 L 对 C_{Mpz} 和 C_{Kpz} 的影响并不显著，在设计时忽略梁内剪力有利作用是合理的。

5.2.3.5　节点传力方式的影响因素分析

5.2.2 节的分析表明，在节点域发展较大的塑性变形时，CP 节点中对接焊缝处经由加强板熔合面传递的轴力值明显大于经由梁翼缘传递的轴力值，因此在抗震设计时如果要实现利用节点域延性的平衡设计，需要增大加强板厚度，确保其可承担截面内力重分布后的轴力；CP 节点和 FP 节点中均可能出现剪切板剪力反转现象，导致经由加强板或梁翼缘传递的剪力明显增大，并且在节点域发展明显塑性变形后剪力反转现象进一步加剧。虽然实际的设计验算中通常无法对已经发展明显塑性变形情况下的节点受力状态进行准确验算，仅能通过提出构造要求来保证节点的抗震性能，但以上结果表明有必要对设计荷载作用下高强钢板式加强型梁柱节点的传力特点进行分析。

表 5.16 中列出了各 CP 节点模型的加强板传弯系数 ζ_{M1}（对应于节点域等效弯矩为 $M_{y.pz}$）和 ζ_{M2}（对应于节点试件子结构等效层剪力为 Q_y）。各模型的 ζ_{M1} 均在 0.52～0.60 范围内，虽然随着 α_{pz} 的增大 ζ_{M1} 有减小的趋势，但波动范围较小，且不同组之间的差异不大；各模型的 ζ_{M2} 的变化范围则相对较大，在每一组模型中最小的 ζ_{M2} 在 0.37～0.42 范围内且均对应加强板厚度 t_p 相对较小的 8 号节点，最大的 ζ_{M2} 在 0.61～0.66 之间且对应节点域较弱的 1 号节点或 t_p 相对较大的 9 号节点，此外加强系数相对较小的 5 号节点的 ζ_{M2} 也较小（0.46～0.50）。这表明，在节点屈服状态下经由加强板传递的弯矩浮动范围较大，且受多种因素共同影响。其中 t_p 的影响较为显著，表明加强板的传弯性能依赖于加强板的厚度；在节点域较弱时表现出 ζ_{M2} 随 α_{pz} 增大而减小的趋势，表明节点域的厚度对 ζ_{M2} 有一定影响；在节点域较强时表现出 ζ_{M2} 随 ξ_s 增大而减小的趋势，但浮动范围较小。此外，还可以注意到：在得到 $M_{y.pz}$ 的模型中，其 ζ_{M1} 和 ζ_{M2} 的区别并不大。

表 5.17 中也列出了 FP 节点的加强板传弯系数 ζ_{M1}（对应于节点域等效弯矩为 $M_{y.pz}$）和 ζ_{M2}（对应于节点试件子结构等效层剪力为 Q_y）。由于 FP 节点中梁翼缘与柱翼缘不直接连接，而经由剪切板传递的弯矩很小，所以 FP 节点的 ζ_{M1} 和 ζ_{M2} 都接近 1.0（变化范围为 0.94～0.99），所以在 FP 节点设计时可以忽略剪切板的传弯作用而认为所有弯矩均是经由加强板传递的。

表 5.16 中列出了各 CP 节点模型的加强板传剪系数 ζ_{Q1} 和 ζ_{Q2}，以及剪切板传剪系数 ζ_{Qsp1} 和 ζ_{Qsp2}。可以看出，各模型的 ζ_{Q1} 在 0.21～0.57 范围内变化，ζ_{Qsp1} 的变化范围较大，出现剪力反转现象的节点模型中绝对值最大的 ζ_{Qsp1} 可达－0.78，未出现剪力反转现象的节点模型中 ζ_{Qsp1} 最大可达 0.24，并且在节点域较弱、可以得到 ζ_{Qsp1} 值的节点模型中，仅 12 号节点（梁跨度 L 相对较小的节点模型）未出现剪力反转现象；剪力反转现象越严重的节点，其 ζ_{Q1} 也相应越大。不同组模型之间的剪力反转程度不同，但也并没有表现出随强度的变化规律。各模型的 ζ_{Q2} 和 ζ_{sp2} 也具有与 ζ_{Q1} 和 ζ_{sp1} 相似的趋势，可观察到在 α_{pz} 和 ξ_s 都较大时未出现剪力反转现象，并且在未出现剪力反转现象的模型中 ζ_{sp2} 随着 ξ_s 的增大也有一定增大。对比各组模型中的 4、8、9 号节点，发现加强板越厚的节点其剪力反转现象越显著；对比各组模型中的 1～3 号节点，发现节点域越弱的节点其剪力反转现象越显著；对比各组模型中的 3、12、13 号节点或 4～7 号节点，发现加强系数越小的节点其剪力反转现象越显著。从以上分析可看出，CP 节点中剪切板的剪力反转现象受 t_p、ξ_s 和 α_{pz} 的综合影响，对加强板较厚、节点域较弱或加强系数较大的节点，应考虑剪力反转现象对节点区剪力分布的影响。

表 5.17 中列出了各 FP 节点模型的加强板传剪系数 ζ_{Q1} 和 ζ_{Q2}，以及剪切板传剪系数 ζ_{Qsp1} 和 ζ_{Qsp2}。实际上，由于 FP 节点中梁翼缘与柱翼缘不直接连接，所以柱表面处加强板内的剪力和剪切板内的剪力之和即截面的总剪力，表现为表 5.17 中每个模型结果均有 $\zeta_{Q1}+\zeta_{Qsp1}=1$ 和 $\zeta_{Q2}+\zeta_{Qsp2}=1$。所以，FP 节点中一旦发生剪力反转现象，经由加强板传递的剪力将大于截面的总剪力。

由表 5.17，除各组模型中的 12 号节点（梁跨度 L 相对较小的节点模型）的 ζ_{Qsp1} 可达 0.31～0.37，其余节点域相对较弱的 FP 节点中 ζ_{Qsp1} 的变化范围在 −0.59～0.15 之间，大部分节点出现剪力反转现象；每组模型中的 14 号节点（即加强板与梁翼缘之间采用四面焊的节点）均为该组模型中剪力反转现象最严重的节点。得到 ζ_{Qsp1} 的节点中，其 ζ_{Qsp2} 具有与 ζ_{Qsp1} 相同的特点和变化趋势，可观察到在 α_{pz} 和 ξ_s 都较大时未出现剪力反转现象，并且在未出现剪力反转现象的模型中 ζ_{sp2} 随着 ξ_s 的增大也有一定的增大。对比各组模型中的 1～3 号节点，发现节点域越弱的节点其剪力反转现象越显著；对比各组模型中的 3、12、13 号节点或 4～7 号节点，发现加强系数越小的节点其剪力反转现象越显著。从以上分析可看出，FP 节点中剪切板的剪力反转现象受 ξ_s 和 α_{pz} 的综合影响，对节点域较弱或加强系数较大的节点，应考虑剪力反转现象对节点区剪力分布的影响。

5.3　设计方法

5.3.1　设计流程

在板式加强型梁柱节点中，由于梁翼缘与柱翼缘之间直接焊接连接或通过加强板焊接连接，所以节点的半刚性性质主要体现在节点域的变形特性上[54]。在采用普通钢材的钢框架中，由于设计荷载下节点域的剪切转角较小（如 5.1 节的试验试件中采用普通钢的节点域最大屈服转角为 0.25%rad），忽略节点域变形的设计也能达到工程中可接受的精度[55,56]；而在采用高强钢柱的钢框架中，由于节点域钢材的屈服强度提高，节点域可能发展的弹性剪切转角也相应增加（如 5.1 节的试验试件中采用高强钢的节点域最大屈服转角为 0.63%rad），节点域剪切转角对结构内力和变形的影响可能更为显著。因此，在高强钢板式加强型梁柱节点的设计中有必要考虑节点的半刚性性质以保证设计结果的安全性和可靠性。在这种情况下，节点的性质既依赖于构件截面尺寸，又会通过节点刚度对构件内力产生影响，所以梁柱节点设计将贯穿于整个钢框架设计的过程中。图 5.71 列出了考虑节点半刚性性质时钢框架设计的一般步骤，其中涉及节点设计的内容包括三个部分：节点刚度计算、节点承载力验算、节点构造检验。其中，在静力设计时通常只需要进行节点刚度计算和承载力验算，在抗震设计时则一方面需要基于静力分析方法对地震作用下构件和节点的承载力进行验算，另一方面需要进行相关的抗震构造检验以保证节点和结构的抗震性能。

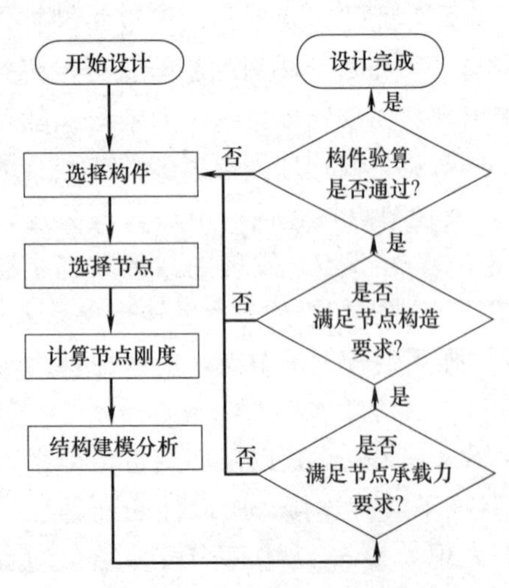

图 5.71　考虑节点半刚性时钢框架设计的一般步骤

本节从图 5.71 中节点设计的三部分内容着手，归纳 5.1 节和 5.2 节的主要分析结果，参考现有的钢结构梁柱节点设计方法和研究成果，建立完整的高强钢板式加强型梁柱节点静力设计方法和抗震设计方法。本书的主要研究目的为：提出高强钢板式加强型梁柱节点构造建议、节点刚度计算方法、承载力验算方法和抗震设计方法，为高强钢板式加强型梁柱节点在抗震设计中的应用提供条件。

5.3.2 节点构造建议

在5.1.1.2节中已列出了高强钢板式加强型梁柱节点中涉及的主要参数。由于板式加强型节点中参数较多，在对高强钢板式加强型梁柱节点进行试验研究和有限元分析的过程中已对部分参数的影响进行了定性评价，在此基础上可提出针对高强钢板式加强型梁柱节点的构造建议，以限定所提出设计方法的适用范围，并简化后续设计过程。

本书所提出的高强钢板式加强型梁柱节点的构造建议如下：

1）提出的设计方法仅适用于梁柱均为低合金高强度结构钢工字型截面构件、柱钢材屈服强度不高于730MPa、梁钢材强度不高于Q460且不高于柱钢材强度的情况，当不满足上述要求时，本书提出的方法的适用性需做进一步讨论。

2）在板式加强型节点的设计中，加强板的长度 l_p 的取值应使加强系数 ξ_s 在1.05～1.20之间，且 l_p 不宜小于梁高的一半；建议设计时按 $\xi_s=1.10$ 选择 l_p。ξ_s 的定义和计算方法参见5.1.1.2节。

3）在抗震设计中，当柱为焊接截面时，在节点域及其上下 $0.5h_b$ 的范围内，柱腹板与柱翼缘之间应采用全熔透对接焊缝连接；当节点域需要局部加厚时，柱腹板加厚的范围内，柱腹板与柱翼缘之间应采用全熔透对接焊缝连接。该构造建议与我国《建筑抗震设计规范》GB 50011—2010（以下简称“我国抗规”）[3] 中钢框架节点的抗震要求基本一致。

4）在抗震设计中，板式加强型梁柱节点需要设置节点域水平加劲肋。节点域水平加劲肋与柱翼缘之间应采用全熔透对接焊缝连接，与柱腹板之间可采用角焊缝连接；节点域水平加劲肋厚度不应小于且宜大于梁翼缘与加强板的厚度之和，钢材的强度等级不应小于梁翼缘钢材。该构造建议与我国《高层民用建筑钢结构技术规程》JGJ 99—2015[8] 要求基本一致。

5）梁腹板与柱翼缘间宜通过剪切板采用高强度螺栓连接，高强度螺栓宜按照摩擦型连接设计，剪切板与梁腹板间不必补焊角焊缝。

6）由于过焊孔的孔形在板式加强型梁柱节点中并不会对节点的抗震性能产生显著影响，因此在应用板式加强型梁柱节点时不必对过焊孔形状和表面处理作特定要求；但在设计中仍建议采用《高层民用建筑钢结构技术规程》JGJ 99—2015[8] 或美国钢结构抗震设计规范（以下简称“美国抗规”）[21] 中推荐的过焊孔孔形，为梁柱间全熔透焊缝的现场焊接提供足够的作业空间。

7）加强板与柱翼缘之间的现场全熔透对接焊缝施焊时，可采用钢衬板或陶瓷衬板。当采用钢衬板时，焊接完成后应在钢衬板与柱翼缘间补焊角焊缝；当采用陶瓷衬板时，焊接完成后宜摘除陶瓷衬板并清理焊根后补焊一道角焊缝。

8）在FP节点中，加强板与梁翼缘间采用三面焊接，不建议采用四面焊接。

9）加强板为矩形板。加强板为其他形状时所提方法适用性需进一步讨论。

5.3.3 节点刚度计算

节点刚度是钢框架中的重要参数，会影响钢框架的振动特性、构件内力以及结构和构件变形[54]。在设计中考虑节点半刚性性质时，应先计算节点刚度，然后通过考虑节点刚度的分析模型进行结构分析和承载力验算。对于钢结构梁柱节点刚度的计算和考虑，目前仅欧洲的钢结构节点设计规范[57]（以下简称“欧规”）给出了较为系统的规定。按照欧规定义，钢结构梁柱连接节点的刚度由连接刚度和节点域刚度两部分组成。对于焊接节点，由于焊接连接的变形可忽略，因此节点刚度即节点域刚度[54]。本节将讨论和提出节点域初始转动刚度设计值 $K_{pz.d}$ 的计算方法。

5.3.3.1　规范中已有的方法

国内外学者针对梁柱节点中节点域的转动刚度已开展了许多研究[54,13,58,59]，目前欧规[57]、日本建筑协会的钢结构节点设计规范（以下简称“日规”）[52] 和美国 FEMA-355C 报告[60] 中都给出了相关的方法。

欧规中给出的节点域刚度计算方法见式（5.20），式中，E 为节点域钢材的弹性模量；h_{pz} 为节点域的等效高度，在未加强的节点构造中取为节点处梁翼缘中心线的间距，在本书中针对板式加强型节点等效地将 h_{pz} 取为节点域水平加劲肋中心线的间距；A_{vc} 为节点域处柱截面等效受剪面积，轧制截面按式（5.21）计算，焊接截面按式（5.22）计算[61]。在式（5.21）、式（5.22）中，t_{pz} 为节点域的厚度；A 为轧制截面中节点域处的柱截面面积；r 为轧制截面中翼缘与腹板的过渡位置的圆角半径；η_v 为焊接截面中与钢材强度有关的系数，按照欧洲相关规范[62] 的建议值，对 S460（即屈服强度标准值为 460MPa[63]）及以下等级的钢材取为 1.2，其余取 1.0。

$$K_{pz.d}=0.38Eh_{pz}A_{vc} \tag{5.20}$$

$$A_{vc}=A-2b_{c}t_{cf}+(t_{pz}+2r)t_{cf} \tag{5.21}$$

$$A_{vc}=\eta_v(h_{c}-2t_{cf})t_{pz} \tag{5.22}$$

日规中给出的节点域刚度计算方法见式（5.23）[52]，式中 G 为节点域钢材的剪切模量，当钢材泊松比取 0.3 时，$G=0.38E$。

$$K_{pz.d}=G(h_{c}-t_{cf})t_{pz}h_{pz} \tag{5.23}$$

美国 FEMA-355C 报告[60] 中给出的节点域刚度计算方法见式（5.24）[52]。

$$K_{pz.d}=0.95Gh_{c}t_{pz}h_{pz} \tag{5.24}$$

5.3.3.2　建议的计算方法

从上一节的分析中可以看出，虽然各规范的方法均在一定程度上低估了节点域刚度，但除欧规方法外，其余方法的 $K_{pz.d}$ 与 K_d 之间都具有较好的线性相关关系；在 η_v 取为 1.0 的情况下，欧规方法得到的 $K_{pz.d}$ 与 K_d 也具有较好的线性相关关系。η_v 是欧规在计算受剪面积时考虑钢材强度影响的系数，但本次有限元分析的结果表明钢材强度等级并未对 CP 节点或 FP 节点的节点域刚度变化规律产生影响。

参考欧规中修正受剪面积的做法，本书建议用 $K_{pz.pd}=\eta K_{pz.d}$ 的形式计算节点域刚度，其中 $K_{pz.pd}$ 为本书建议的节点域刚度设计值，$K_{pz.d}$ 为已有的 3 种方法中的一种计算出的节点域刚度。根据图 5.72 和图 5.73，对每一种方法里的 $K_{pz}=\eta K_{pz.d}$ 中的 η 进行线性拟合，得到的回归结果见表 5.20。从表 5.20 可看出，每种方法中 K_{pz} 与 $K_{pz.d}$ 均具有较高的相关度。由于 FP 节点 η 的拟合值普遍较 CP 节点高，所以在设计时宜将 CP 和 FP 节点分开考虑。

应用上述三种方法分别计算了各 CP 节点和 FP 节点有限元模型对应的 $K_{pz.d}$，并与有限元计算得到的 K_{pz} 进行了对比，结果见图 5.72、图 5.73 及表 5.18、表 5.19。总体上，上述三种方法都在一定程度上低估了板式加强型节点的节点域刚度。

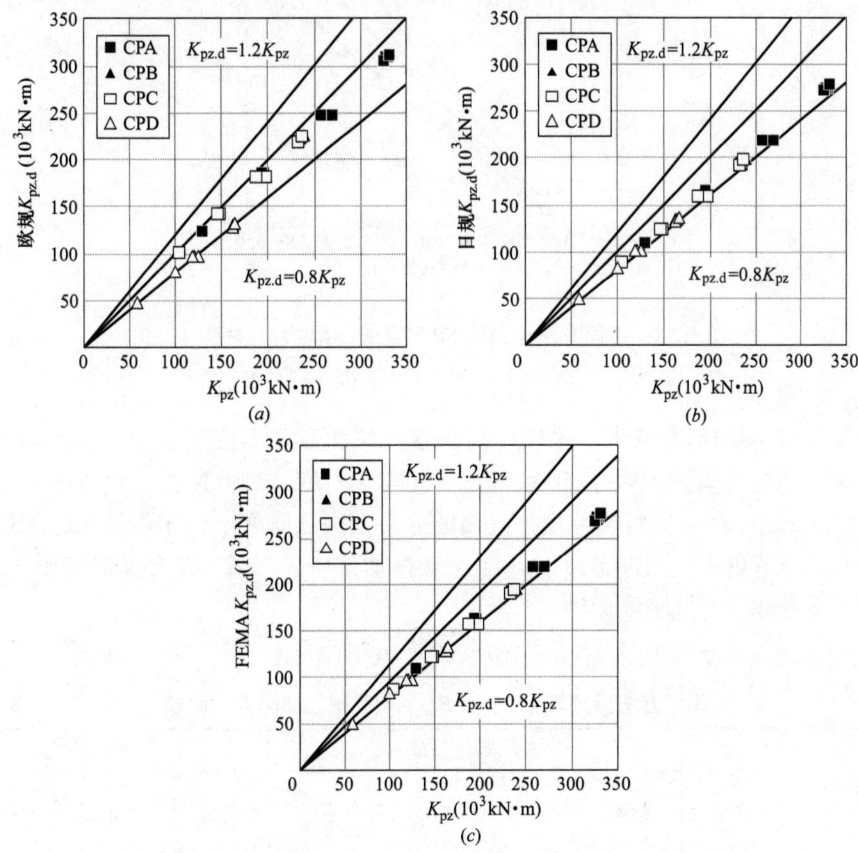

图 5.72 不同方法得到的 CP 节点 $K_{pz.d}$ 与 K_{pz} 关系

(*a*) 欧规方法；(*b*) 日规方法；(*c*) FEMA-355C 方法

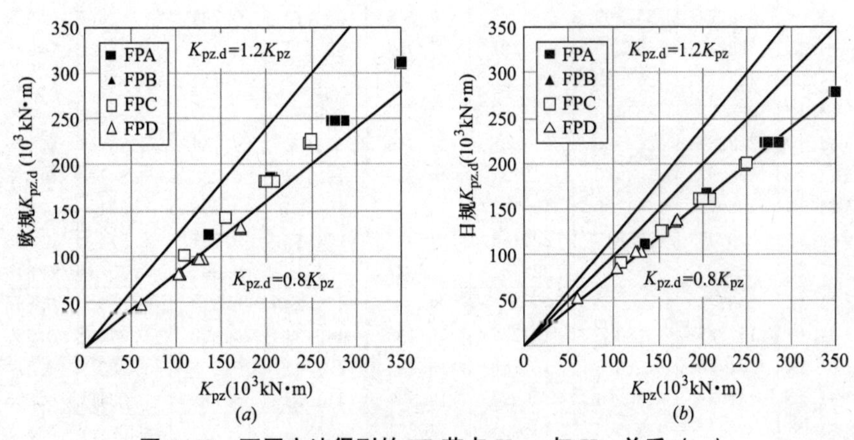

图 5.73 不同方法得到的 FP 节点 $K_{pz.d}$ 与 K_{pz} 关系（一）

(*a*) 欧规方法；(*b*) 日规方法

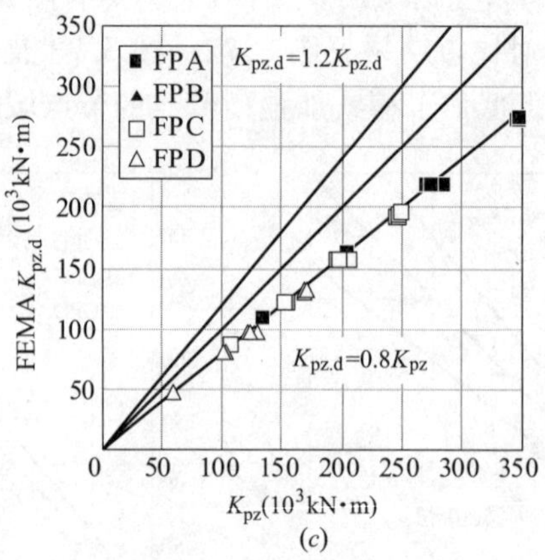

(c)

图5.73　不同方法得到的FP节点 $K_{pz.d}$ 与 K_{pz} 关系（二）

(c) FEMA-355C方法

考虑表5.20中的拟合结果，建议在高强钢板式加强型梁柱节点中，节点域刚度的设计值按式（5.25）计算，其中修正系数 η 对于CP节点取为1.20，对于FP节点取为1.22。计算出 $K_{pz.d}$ 后，仍可按欧规中提出的分类方法依据 $K_{pz.d}$ 与梁线刚度的比值 k_b 判断节点类型；当节点属于刚性节点时，即无支撑框架中 $k_b \geqslant 25$ 或支撑框架中 $k_b \geqslant 8$ 时，在分析中可不考虑节点域刚度影响。

$$K_{pz.d}=\eta G(h_c-t_{cf})h_{pz}t_{pz} \tag{5.25}$$

不同方法得到的CP节点 $K_{pz.d}$ 与有限元结果 K_{pz} 比较　　　　表5.18

试件编号	K_{pz} (kN·m)	$K_{pz.d}$(kN·m)				$K_{pz.d}/K_{pz}$			
		欧规	日规	FEMA	本书方法	欧规	日规	FEMA	本书方法
CPA01-a1.0-ξ1.10	128446	102924	110091	108818	132109	0.801	0.857	0.847	1.029
CPA02-a1.5-ξ1.10	194457	154386	165137	163228	198164	0.794	0.849	0.839	1.019
CPA03-a2.0-ξ1.10	260484	205848	220182	217637	264219	0.790	0.845	0.836	1.014
CPA04-a2.5-ξ1.10	329123	257309	275228	272046	330273	0.782	0.836	0.827	1.003
CPA05-a2.6-ξ1.05	328294	257309	275228	272046	330273	0.784	0.838	0.829	1.006
CPA06-a2.4-ξ1.15	328212	257309	275228	272046	330273	0.784	0.839	0.829	1.006
CPA07-a2.3-ξ1.20	328167	257309	275228	272046	330273	0.784	0.839	0.829	1.006
CPA08-a2.5-ξ1.10	325558	254093	271787	268645	326145	0.780	0.835	0.825	1.002
CPA09-a2.5-ξ1.10	332387	260526	278668	275446	334402	0.784	0.838	0.829	1.006
CPA10-a1.5-ξ1.10	194893	154386	165137	163228	198164	0.792	0.847	0.838	1.017
CPA11-a1.5-ξ1.10	193971	154386	165137	163228	198164	0.796	0.851	0.842	1.022
CPA12-a2.0-ξ1.15	270347	205848	220182	217637	264219	0.761	0.814	0.805	0.977
CPA13-a2.1-ξ1.08	256600	205848	220182	217637	264219	0.802	0.858	0.848	1.030
CPB01-a1.2-ξ1.10	103774	84347	88770	86741	106524	0.813	0.855	0.836	1.027
CPB02-a1.7-ξ1.10	147285	118086	124278	121438	149134	0.802	0.844	0.825	1.013
CPB03-a2.2-ξ1.10	191716	151825	159786	156134	191744	0.792	0.833	0.814	1.000
CPB04-a2.7-ξ1.10	237059	185564	195294	190831	234353	0.783	0.824	0.805	0.989
CPB05-a2.8-ξ1.05	236241	185564	195294	190831	234353	0.785	0.827	0.808	0.992
CPB06-a2.6-ξ1.15	237206	185564	195294	190831	234353	0.782	0.823	0.804	0.988
CPB07-a2.5-ξ1.20	236967	185564	195294	190831	234353	0.783	0.824	0.805	0.989

续表

试件编号	K_{pz} (kN·m)	$K_{pz.d}$ (kN·m)				$K_{pz.d}/K_{pz}$			
		欧规	日规	FEMA	本书方法	欧规	日规	FEMA	本书方法
CPB08-α2.7-ξ1.10	235265	183244	192853	188445	231424	0.779	0.820	0.801	0.984
CPB09-α2.8-ξ1.10	240851	187883	197736	193216	237283	0.780	0.821	0.802	0.985
CPB10-α1.7-ξ1.10	147739	118086	124278	121438	149134	0.799	0.841	0.822	1.009
CPB11-α1.7-ξ1.10	146521	118086	124278	121438	149134	0.806	0.848	0.829	1.018
CPB12-α2.1-ξ1.15	198483	151825	159786	156134	191744	0.765	0.805	0.787	0.966
CPB13-α2.2-ξ1.08	188137	151825	159786	156134	191744	0.807	0.849	0.830	1.019
CPC01-α1.1-ξ1.10	103558	84347	88770	86741	106524	0.814	0.857	0.838	1.029
CPC02-α1.5-ξ1.10	146262	118086	124278	121438	149134	0.807	0.850	0.830	1.020
CPC03-α2.0-ξ1.10	190046	151825	159786	156134	191744	0.799	0.841	0.822	1.009
CPC04-α2.4-ξ1.10	234477	185564	195294	190831	234353	0.791	0.833	0.814	0.999
CPC05-α2.5-ξ1.05	234045	185564	195294	190831	234353	0.793	0.834	0.815	1.001
CPC06-α2.3-ξ1.15	233556	185564	195294	190831	234353	0.795	0.836	0.817	1.003
CPC07-α2.2-ξ1.20	234494	185564	195294	190831	234353	0.791	0.833	0.814	0.999
CPC08-α2.4-ξ1.10	233057	183244	192853	188445	231424	0.786	0.827	0.809	0.993
CPC09-α2.5-ξ1.10	236565	187883	197736	193216	237283	0.794	0.836	0.817	1.003
CPC10-α1.5-ξ1.10	146712	118086	124278	121438	149134	0.805	0.847	0.828	1.017
CPC11-α1.5-ξ1.10	145799	118086	124278	121438	149134	0.810	0.852	0.833	1.023
CPC12-α1.9-ξ1.15	196695	151825	159786	156134	191744	0.772	0.812	0.794	0.975
CPC13-α2.0-ξ1.08	186539	151825	159786	156134	191744	0.814	0.857	0.837	1.028
CPD01-α1.0-ξ1.10	59019	48805	50521	48809	60626	0.827	0.856	0.827	1.027
CPD02-α1.7-ξ1.10	99918	81341	84202	81348	101043	0.814	0.843	0.814	1.011
CPD03-α2.0-ξ1.10	120607	97610	101043	97617	121251	0.809	0.838	0.809	1.005
CPD04-α2.7-ξ1.10	162789	130146	134723	130157	161668	0.799	0.828	0.800	0.993
CPD05-α2..8-ξ1.05	162449	130146	134723	130157	161668	0.801	0.829	0.801	0.995
CPD06-α2.6-ξ1.15	162802	130146	134723	130157	161668	0.799	0.828	0.799	0.993
CPD07-α2.5-ξ1.20	162797	130146	134723	130157	161668	0.799	0.828	0.800	0.993
CPD08-α2.6-ξ1.10	161633	128519	133039	128530	159647	0.795	0.823	0.795	0.988
CPD09-α2.7-ξ1.10	164927	131773	136408	131784	163689	0.799	0.827	0.799	0.992
CPD10-α1.7-ξ1.10	100389	81341	84202	81348	101043	0.810	0.839	0.810	1.007
CPD11-α1.7-ξ1.10	99448	81341	84202	81348	101043	0.818	0.847	0.818	1.016
CPD12-α1.9-ξ1.15	124923	97610	101043	97617	121251	0.781	0.809	0.781	0.971
CPD13-α2.0-ξ1.08	118339	97610	101043	97617	121251	0.825	0.854	0.825	1.025
平均值						0.795	0.837	0.818	1.004
标准差						0.014	0.013	0.016	0.016

不同方法得到的 FP 节点 $K_{pz.d}$ 与有限元结果 K_{pz} 比较 **表 5.19**

试件编号	K_{pz} (kN·m)	$K_{pz.d}$ (kN·m)				$K_{pz.d}/K_{pz}$			
		欧规	日规	FEMA	本书方法	欧规	日规	FEMA	本书方法
FPA01-α1.0-ξ1.10	134522	88037	92654	90536	140187	0.799	0.854	0.844	1.042
FPA02-α1.6-ξ1.10	203775	123252	129715	126751	210281	0.791	0.846	0.836	1.032
FPA03-α2.1-ξ1.10	275789	158467	166777	162965	280374	0.779	0.833	0.824	1.017
FPA04-α2.6-ξ1.10	348495	193682	203839	199179	350468	0.771	0.824	0.815	1.006
FPA05-α2.7-ξ1.05	347372	193682	203839	199179	350468	0.773	0.827	0.817	1.009

续表

试件编号	K_{pz}（kN·m）	$K_{pz.d}$（kN·m）				$K_{pz.d}/K_{pz}$			
		欧规	日规	FEMA	本书方法	欧规	日规	FEMA	本书方法
FPA06-α2.5-ξ1.15	348588	193682	203839	199179	350468	0.770	0.824	0.815	1.005
FPA07-α2.7-ξ1.20	348576	193682	203839	199179	350468	0.770	0.824	0.815	1.005
FPA08-α2.6-ξ1.10	349484	194842	205059	200372	352567	0.773	0.827	0.817	1.009
FPA09-α2.7-ξ1.10	350677	196002	206280	201565	354665	0.775	0.829	0.819	1.011
FPA10-α1.6-ξ1.10	204851	123252	129715	126751	210281	0.787	0.841	0.832	1.027
FPA11-α1.6-ξ1.10	203803	123252	129715	126751	210281	0.791	0.846	0.836	1.032
FPA12-α2.0-ξ1.15	285454	158467	166777	162965	280374	0.753	0.805	0.796	0.982
FPA13-α2.1-ξ1.08	270697	158467	166777	162965	280374	0.794	0.849	0.839	1.036
FPA14-α2.1-ξ1.08	274756	158467	166777	162965	280374	0.782	0.836	0.827	1.020
FPB01-α1.3-ξ1.10	108192	87510	92099	89994	113038	0.814	0.856	0.837	1.045
FPB02-α1.8-ξ1.10	153453	122514	128939	125992	158253	0.803	0.845	0.826	1.031
FPB03-α2.3-ξ1.10	199661	157518	165778	161989	203468	0.794	0.835	0.816	1.019
FPB04-α2.8-ξ1.10	246652	192522	202618	197987	248683	0.785	0.826	0.808	1.008
FPB05-α3.0-ξ1.05	245844	192522	202618	197987	248683	0.788	0.829	0.810	1.012
FPB06-α2.7-ξ1.15	246718	192522	202618	197987	248683	0.785	0.826	0.807	1.008
FPB07-α2.6-ξ1.20	246704	192522	202618	197987	248683	0.785	0.826	0.807	1.008
FPB08-α2.9-ξ1.10	247361	194842	205059	200372	250172	0.788	0.829	0.810	1.011
FPB09-α2.9-ξ1.10	248259	196002	206280	201565	251661	0.790	0.831	0.812	1.014
FPB10-α1.8-ξ1.10	154096	122514	128939	125992	158253	0.800	0.842	0.823	1.027
FPB11-α1.8-ξ1.10	152914	122514	128939	125992	158253	0.806	0.848	0.829	1.035
FPB12-α2.2-ξ1.15	206789	157518	165778	161989	203468	0.766	0.807	0.788	0.984
FPB13-α2.4-ξ1.08	195905	158467	166777	162965	203468	0.809	0.851	0.832	1.039
FPB14-α2.3-ξ1.10	198540	157518	165778	161989	203468	0.798	0.840	0.821	1.025
FPC01-α1.1-ξ1.10	108101	50635	52416	50639	112361	0.810	0.852	0.832	1.039
FPC02-α1.6-ξ1.10	153752	84392	87360	84398	157305	0.797	0.839	0.819	1.023
FPC03-α2.1-ξ1.10	200246	101270	104832	101278	202250	0.787	0.828	0.809	1.010
FPC04-α2.5-ξ1.10	247507	135027	139776	135037	247194	0.778	0.819	0.800	0.999
FPC05-α2.6-ξ1.05	246845	135027	139776	135037	247194	0.780	0.821	0.802	1.001
FPC06-α2.4-ξ1.15	247570	135027	139776	135037	247194	0.778	0.818	0.800	0.998
FPC07-α2.3-ξ1.20	247567	135027	139776	135037	247194	0.778	0.818	0.800	0.998
FPC08-α2.5-ξ1.10	248515	136653	141460	136664	250172	0.784	0.825	0.806	1.007
FPC09-α2.5-ξ1.10	249292	137467	142302	137478	251661	0.786	0.827	0.809	1.010
FPC10-α1.6-ξ1.10	154396	84392	87360	84398	157305	0.794	0.835	0.816	1.019
FPC11-α1.6-ξ1.10	153225	84392	87360	84398	157305	0.800	0.841	0.822	1.027
FPC12-α2.0-ξ1.15	207403	101270	104832	101278	202250	0.759	0.799	0.781	0.975
FPC13-α2.1-ξ1.08	196468	101270	104832	101278	203468	0.807	0.849	0.829	1.036
FPC14-α2.1-ξ1.10	199273	101270	104832	101278	202250	0.790	0.832	0.813	1.015
FPD01-α1.0-ξ1.10	60498	88037	92654	90536	63947	0.837	0.866	0.837	1.057
FPD02-α1.7-ξ1.10	103250	123252	129715	126751	106579	0.817	0.846	0.817	1.032
FPD03-α2.1-ξ1.10	125202	158467	166777	162965	127895	0.809	0.837	0.809	1.022
FPD04-α2.8-ξ1.10	169855	193682	203839	199179	170526	0.795	0.823	0.795	1.004
FPD05-α2.9-ξ1.05	169415	193682	203839	199179	170526	0.797	0.825	0.797	1.007
FPD06-α2.7-ξ1.15	169887	193682	203839	199179	170526	0.795	0.823	0.795	1.004
FPD07-α2.6-ξ1.20	169876	193682	203839	199179	170526	0.795	0.823	0.795	1.004
FPD08-α2.8-ξ1.10	170559	194842	205059	200372	172581	0.801	0.829	0.801	1.012
FPD09-α2.8-ξ1.10	171145	196002	206280	201565	173608	0.803	0.831	0.803	1.014

续表

试件编号	K_{pz} (kN·m)	$K_{pz.d}$(kN·m)				$K_{pz.d}/K_{pz}$			
		欧规	日规	FEMA	本书方法	欧规	日规	FEMA	本书方法
FPD10-α1.7-ξ1.10	103925	123252	129715	126751	106579	0.812	0.841	0.812	1.026
FPD11-α1.7-ξ1.10	102706	123252	129715	126751	106579	0.822	0.851	0.822	1.038
FPD12-α2.0-ξ1.15	129777	158467	166777	162965	127895	0.780	0.808	0.780	0.985
FPD13-α2.1-ξ1.08	122801	158467	166777	162965	127895	0.825	0.854	0.825	1.041
FPD14-α2.1-ξ1.10	124320	158467	166777	162965	127895	0.815	0.843	0.815	1.029
平均值						0.792	0.833	0.814	1.017
标准差						0.017	0.014	0.015	0.017

各规范 K_{pz}-$K_{pz.d}$ 关系中系数 η 的拟合结果及相关系数 **表 5.20**

规范方法	仅考虑 CP 节点		仅考虑 FP 节点		考虑 CP 和 FP 节点	
	η 拟合值	相关系数	η 拟合值	相关系数	η 拟合值	相关系数
欧规	1.302	0.9994	1.327	0.9994	1.315	0.9993
日规	1.203	0.9991	1.226	0.9994	1.215	0.9991
FEMA-355C	1.207	0.9986	1.231	0.9991	1.219	0.9986

注：为避免重复修正，欧规方法的结果按 $\eta_v=1.0$ 时处理。

5.3.4 节点承载力验算

根据节点刚度性质建立结构分析模型后，即可计算得到不同荷载或作用下构件和节点中的内力，并对节点的承载力进行验算。对节点承载力的验算实质上是分析节点可能的屈服模式，计算得到各失效模式对应的承载力，并将其最小值与设计荷载下节点的内力比较，保证节点每种屈服模式对应的承载力均大于设计荷载下的相应内力，从而保证节点的安全。

5.3.4.1 主要屈服模式及其承载力

参考 5.1 节的试验结果和 5.2 节的有限元分析结果，并结合规范中翼缘焊接梁柱节点设计方法，在满足 5.3.2 节构造建议的情况下，建议在高强钢板式加强型梁柱节点承载力验算中考虑如下 5 种屈服模式。以下讨论过程中用到的内力值为设计荷载下柱表面处梁截面弯矩 M_b 和剪力 V_b，以及节点域内的柱轴力 N_c。

(1) 未加强的梁截面屈服

假定发生屈服的梁截面位于加强板边缘，则未加强的梁截面屈服按式 (5.26) 验算。

$$M_b - V_b l_p \leqslant W_b f_{bf} \tag{5.26}$$

式中，W_b 为梁的弹性截面模量；f_{bf} 为梁翼缘的设计强度。

需说明的是，试验和有限元分析结果表明，板式加强型节点在加强板边缘的未加强梁截面位置实际能发展的塑性承载力要高于 M_{pb}，即会发生梁截面应变强化现象。由于抗震设计中，该屈服模式是加强型节点构造的目标屈服模式，也是在设计中地震作用下最先出现的屈服模式，所以在抗震验算中进行节点构造检验时，涉及未加强梁截面的塑性承载力时需要考虑梁截面应变强化现象的影响。

(2) 节点域受剪屈服

针对常规的钢框架梁柱节点，目前已有多个规范[1,52,57] 提出了节点域受剪屈服对应的承载力验算方法。我国《钢结构设计规范》(GB 50014—2003，以下简称"我国钢规")[1] 中节点域的受剪验算方法见式 (5.27)。

$$\frac{\sum M_{\mathrm{b}}}{(h_{\mathrm{b}}-2t_{\mathrm{bf}})(h_{\mathrm{c}}-2t_{\mathrm{cf}})t_{\mathrm{pz}}}<\frac{4}{3}f_{\mathrm{v}} \tag{5.27}$$

式中，$\sum M_{\mathrm{b}}$ 为节点域两侧梁端弯矩之和；f_{v} 为节点域钢材抗剪强度设计值。

欧规[57] 中节点域的受剪验算方法见式 (5.28)（已将条文中的公式转换成与我国钢规类似的形式以便比较，下同)，式中，A_{vc} 的计算方法见式 (5.21)、式 (5.22)；V_{add} 为考虑柱翼缘和节点域水平加劲肋对节点域约束作用增加的节点域受剪承载力，按 (5.29) 计算；t_{sp} 为节点域水平加劲肋厚度；f_{cf}、f_{sp} 分别为柱翼缘和节点域水平加劲肋的设计强度。

$$\frac{\sum M_{\mathrm{b}}}{h_{\mathrm{pz}}A_{\mathrm{vc}}}<\frac{0.9f}{\sqrt{3}}+\frac{V_{\mathrm{add}}}{A_{\mathrm{vc}}} \tag{5.28}$$

$$V_{\mathrm{add}}=\frac{b_{\mathrm{c}}t_{\mathrm{cf}}^{2}f_{\mathrm{cf}}+b_{\mathrm{c}}t_{\mathrm{sp}}^{2}f_{\mathrm{sp}}}{2h_{\mathrm{pz}}}\leqslant\frac{b_{\mathrm{c}}t_{\mathrm{cf}}^{2}f_{\mathrm{cf}}}{h_{\mathrm{pz}}} \tag{5.29}$$

日规[52] 中节点域的受剪验算方法见式 (5.30)，式中，$n=N_{\mathrm{c}}/A_{\mathrm{c}}$ (A_{c} 为节点域处柱截面的面积) 为柱内的轴压比；κ 为形状系数，由式 (5.31) 计算。

$$\frac{\sum M_{\mathrm{b}}}{(h_{\mathrm{c}}-t_{\mathrm{cf}})h_{\mathrm{pz}}t_{\mathrm{pz}}}<\frac{\sqrt{1-n^{2}}}{\sqrt{3}K}f \tag{5.30}$$

$$\kappa=\left[\frac{2}{3}+\frac{4b_{\mathrm{c}}t_{\mathrm{cf}}}{(h_{\mathrm{c}}-t_{\mathrm{cf}})t_{\mathrm{pz}}}\right]^{-1}+\left[1+\frac{(h_{\mathrm{c}}-t_{\mathrm{cf}})t_{\mathrm{pz}}}{6b_{\mathrm{c}}t_{\mathrm{cf}}}\right]^{-1} \tag{5.31}$$

美国钢结构设计规范（以下简称"美国钢规")[64] 中节点域的受剪验算方法见式 (5.32)，其中 k_{n} 为考虑轴压力的折减系数，由式 (5.33) 计算。

$$\frac{\sum M_{\mathrm{b}}}{h_{\mathrm{pz}}h_{\mathrm{c}}t_{\mathrm{pz}}}<0.60k_{\mathrm{n}}f \tag{5.32}$$

$$k_{\mathrm{n}}=1.4-n\leqslant 1.0 \tag{5.33}$$

对比上述 4 种验算方法，可看出不同方法中节点域受剪验算时有较大差异：我国规范中未考虑柱轴压比的影响，且通过 4/3 的强度放大系数考虑约束作用对节点域抗剪承载力的提高；欧规也未考虑柱轴压比的影响，并且通过增加附加项考虑约束作用对抗剪承载力提高；日规和美国钢规则未考虑抗剪承载力的提高，但通过不同的方式考虑了柱轴压比对节点域承载力的减小作用。

在 5.1 节中已得到 16 个试件中的 12 个节点的节点域承载力。在上述 4 种方法中用材料强度实测值代替验算式中的设计强度，计算得到各式临界状态对应的 ΣM_{b}，并与试验中实测的 $M_{\mathrm{pz.y}}$ 进行对比，见表 5.21。可看出，我国钢规的计算方法明显地高估了板式加强型节点的节点域承载力，美国钢规的计算方法也在一定程度上高估了节点域承载力，日规的计算方法则明显低估了节点域承载力。欧规方法对采用 C345 和 C460 柱的节点域承载力有所高估，但低估了 C730 柱的节点域承载力。

各规范得到的节点域承载力与试验实测承载力的比较 **表 5.21**

试件编号	$M_{pz.y}$ (kN·m)	ΣM_b(kN·m)				$\Sigma M_b/M_{pz.y}$			
		我国钢规	欧规	日规	美国钢规	我国钢规	欧规	日规	美国钢规
B345-C345-CP1	248.4	319.8	291.8	232.4	291.5	1.287	1.175	0.936	1.174
B345-C345-CP2	510.3	677.7	605.5	474.1	618.7	1.328	1.187	0.929	1.212
B345-C460-CP1	425.2	500.3	448.3	353.8	448.9	1.177	1.054	0.832	1.056
B345-C460-CP2	434.6	499.9	448.1	353.7	448.5	1.150	1.031	0.814	1.032
B460-C730-CP1	531.3	693.7	508.5	477.7	601.7	1.306	0.957	0.899	1.133
B460-C730-CP2	603.4	707.0	517.8	485.7	612.6	1.172	0.858	0.805	1.015
B345-C345-FP1	265.9	319.4	303.2	242.0	303.5	1.201	1.140	0.910	1.141
B345-C345-FP2	566.2	683.2	635.1	498.8	650.3	1.207	1.122	0.881	1.149
B345-C460-FP1	400.0	502.2	464.6	367.9	465.7	1.256	1.162	0.920	1.164
B345-C460-FP2	424.6	491.7	455.3	360.5	456.8	1.158	1.072	0.849	1.076
B460-C730-FP1	637.1	705.6	536.1	504.2	634.7	1.108	0.841	0.791	0.996
B460-C730-FP2	666.4	708.3	538.1	506.1	637.1	1.063	0.807	0.759	0.956
CP 平均值						1.237	1.044	0.869	1.104
CP 标准差						0.079	0.126	0.059	0.081
FP 平均值						1.165	1.024	0.852	1.080
FP 标准差						0.071	0.158	0.065	0.087
总体平均值						1.201	1.034	0.860	1.092
总体标准差						0.080	0.137	0.060	0.081

应用 5.2 节有限元参数分析的结果（模型列表和分析结果见表 5.14～表 5.17，仅使用了可以得到 $M_{pz.y}$ 的 28 个 CP 节点和 32 个 FP 节点的数据），对上述各规范计算得到的节点域承载力进行对比，见表 5.22 和表 5.23。图 5.74 给出了应用各规范计算得到的 CP 节点的节点域承载力 $M_{pz.d}$（即表 5.21 中的临界状态下 ΣM_b）与有限元分析得到的节点域承载力 $M_{pz.y}$ 的关系。图 5.75 给出了应用各规范计算得到的 FP 节点的节点域承载力 $M_{pz.d}$ 与有限元分析得到的节点域承载力 $M_{pz.y}$ 的关系。可以看出，总体上 CP 节点和 FP 节点的计算数据没有明显差异，我国钢规方法计算得到的 $M_{pz.d}$ 比 $M_{pz.y}$ 大 13.7%～31.0%，$M_{pz.d}$ 与 $M_{pz.y}$ 的比值在 CP 节点中的平均值为 1.226，标准差为 0.042，在 FP 节点中的平均值为 1.207，标准差为 0.040；欧规计算得到的 $M_{pz.d}$ 为 $M_{pz.y}$ 的 87.7%～114.9%且具有较大的离散性，对普通钢柱得到的节点域承载力偏大，对高强钢柱得到的节点域承载力偏小，$M_{pz.d}$ 与 $M_{pz.y}$ 的比值在 CP 节点中的平均值为 1.041，标准差为 0.083，在 FP 节点中的平均值为 1.030，标准差为 0.079；日本钢规计算得到的 $M_{pz.d}$ 为 $M_{pz.y}$ 的 82.0%～86.7%，$M_{pz.d}$ 与 $M_{pz.y}$ 的比值在 CP 节点中的平均值为 0.846，标准差为 0.011，在 FP 节点中的平均值为 0.873，标准差为 0.010；美国钢规计算得到的 $M_{pz.d}$ 比 $M_{pz.y}$ 大 3.5%～13.7%，$M_{pz.d}$ 与 $M_{pz.y}$ 的比值在 CP 节点中的平均值为 1.084，标准差为 0.029，在 FP 节点中的平均值为 1.074，标准差为 0.026。上述规范中的节点域承载力计算方法并不能准确计算出高强钢板式加强型梁柱节点的节点域承载力。

各规范得到的 CP 节点的节点域承载力与有限元结果承载力的比较　　表 5.22

试件编号	$M_{pz.y}$ (kN·m)	$M_{pz.d}$ (kN·m)					$M_{pz.d}/M_{pz.y}$				
		我国钢规	欧规	日规	美国钢规	本书方法	我国钢规	欧规	日规	美国钢规	本书方法
CPA01-a1.0-ξ1.10	276.2	319.4	291.4	232.9	291.8	259.1	1.156	1.055	0.843	1.056	0.938
CPA02-a1.5-ξ1.10	405.5	479.0	431.2	342.2	437.7	394.2	1.181	1.063	0.844	1.079	0.972
CPA03-a2.0-ξ1.10	529.5	638.7	571.0	447.4	583.6	529.7	1.206	1.078	0.845	1.102	1.000
CPA10-a1.5-ξ1.10	414.6	479.0	431.2	351.4	437.7	404.8	1.155	1.040	0.848	1.056	0.976
CPA11-a1.5-ξ1.10	376.2	479.0	431.2	312.9	413.4	360.4	1.273	1.146	0.832	1.099	0.958
CPA12-a2.0-ξ1.15	541.8	638.7	571.0	447.4	583.6	529.7	1.179	1.054	0.826	1.077	0.978
CPA13-a2.1-ξ1.08	522.1	638.7	571.0	447.4	583.6	529.7	1.223	1.094	0.857	1.118	1.015
CPB01-a1.2-ξ1.10	339.8	397.9	357.2	285.4	355.0	321.9	1.171	1.051	0.840	1.045	0.947
CPB02-a1.7-ξ1.10	463.4	557.1	496.5	391.5	497.0	455.1	1.202	1.071	0.845	1.072	0.982
CPB03-a2.2-ξ1.10	577.8	716.2	635.9	494.1	639.0	588.5	1.240	1.101	0.855	1.106	1.018
CPB10-a1.7-ξ1.10	472.6	557.1	496.5	400.0	497.0	465.0	1.179	1.051	0.846	1.052	0.984
CPB11-a1.7-ξ1.10	436.5	557.1	496.5	364.8	491.8	424.0	1.276	1.137	0.836	1.127	0.971
CPB12-a2.1-ξ1.15	595.0	716.2	635.9	494.1	639.0	588.5	1.204	1.069	0.831	1.074	0.989
CPB13-a2.2-ξ1.08	569.9	716.2	635.9	494.1	639.0	588.5	1.257	1.116	0.867	1.121	1.033
CPC01-a1.1-ξ1.10	334.2	403.3	357.2	285.4	355.0	321.9	1.207	1.069	0.854	1.062	0.963
CPC02-a1.5-ξ1.10	459.4	564.6	496.5	391.5	497.0	455.1	1.229	1.081	0.852	1.082	0.991
CPC03-a2.0-ξ1.10	579.2	725.9	635.9	494.1	639.0	588.5	1.253	1.098	0.853	1.103	1.016
CPC10-a1.5-ξ1.10	468.5	564.6	496.5	400.0	497.0	465.0	1.205	1.060	0.854	1.061	0.992
CPC11-a1.5-ξ1.10	432.3	564.6	496.5	364.8	491.8	424.0	1.306	1.149	0.844	1.138	0.981
CPC12-a1.9-ξ1.15	594.0	725.9	635.9	494.1	639.0	588.5	1.222	1.071	0.832	1.076	0.991
CPC13-a2.0-ξ1.08	571.5	725.9	635.9	494.1	639.0	588.5	1.270	1.113	0.865	1.118	1.030
CPD01-a1.0-ξ1.10	307.1	371.8	273.0	261.5	319.7	292.5	1.211	0.889	0.852	1.041	0.953
CPD02-a1.7-ξ1.10	499.5	619.6	451.4	422.6	532.9	494.7	1.240	0.904	0.846	1.067	0.990
CPD03-a2.0-ξ1.10	591.4	743.6	540.6	500.2	639.5	596.0	1.257	0.914	0.846	1.081	1.008
CPD10-a1.7-ξ1.10	509.8	619.6	451.4	430.8	532.9	504.3	1.215	0.885	0.845	1.045	0.989
CPD11-a1.7-ξ1.10	473.1	619.6	451.4	397.2	532.9	464.9	1.310	0.954	0.839	1.126	0.983
CPD12-a1.9-ξ1.15	607.4	743.6	540.6	500.2	639.5	596.0	1.224	0.890	0.823	1.053	0.981
CPD13-a2.0-ξ1.08	579.5	743.6	540.6	500.2	639.5	596.0	1.283	0.933	0.863	1.103	1.028
平均值							1.226	1.041	0.846	1.084	0.988
标准差							0.042	0.083	0.011	0.026	0.025

各规范得到的FP节点的节点域承载力与有限元结果承载力的比较 **表5.23**

试件编号	$M_{pz.y}$ (kN·m)	$M_{pz.d}$(kN·m)					$M_{pz.d}/M_{pz.y}$				
		我国钢规	欧规	日规	美国钢规	本书方法	我国钢规	欧规	日规	美国钢规	本书方法
FPA01-a1.0-ξ1.10	280.3	319.4	293.1	234.3	293.6	260.7	1.139	1.046	0.836	1.048	0.930
FPA02-a1.6-ξ1.10	412.1	479.0	433.8	344.3	440.4	396.6	1.163	1.053	0.836	1.069	0.962
FPA03-a2.1-ξ1.10	536.4	638.7	574.5	450.2	587.2	533.0	1.191	1.071	0.839	1.095	0.994
FPA10-a1.6-ξ1.10	421.4	479.0	433.8	353.6	440.4	407.3	1.137	1.029	0.839	1.045	0.967
FPA11-a1.6-ξ1.10	382.4	479.0	433.8	314.8	416.0	362.6	1.253	1.134	0.823	1.088	0.948
FPA12-a2.0-ξ1.15	549.3	638.7	574.5	450.2	587.2	533.0	1.163	1.046	0.820	1.069	0.970
FPA13-a2.1-ξ1.08	529.6	638.7	574.5	450.2	587.2	533.0	1.206	1.085	0.850	1.109	1.006
FPA14-a2.1-ξ1.08	542.4	638.7	574.5	450.2	587.2	533.0	1.178	1.059	0.830	1.083	0.983
FPB01-a1.3-ξ1.10	344.8	397.9	359.3	287.2	357.2	323.9	1.154	1.042	0.833	1.036	0.939
FPB02-a1.8-ξ1.10	472.9	557.1	499.6	394.0	500.1	457.9	1.178	1.056	0.833	1.058	0.968
FPB03-a2.3-ξ1.10	590.5	716.2	639.8	497.2	643.0	592.2	1.213	1.084	0.842	1.089	1.003
FPB10-a1.8-ξ1.10	482.2	557.1	499.6	402.5	500.1	467.9	1.155	1.036	0.835	1.037	0.970
FPB11-a1.8-ξ1.10	446.0	557.1	499.6	367.1	494.9	426.6	1.249	1.120	0.823	1.110	0.957
FPB12-a2.2-ξ1.15	604.8	716.2	639.8	497.2	643.0	592.2	1.184	1.058	0.822	1.063	0.979
FPB13-a2.4-ξ1.08	583.0	716.2	639.8	497.2	643.0	592.2	1.229	1.098	0.853	1.103	1.016
FPB14-a2.3-ξ1.10	599.2	716.2	639.8	497.2	643.0	592.2	1.195	1.068	0.830	1.073	0.988
FPC01-a1.1-ξ1.10	339.9	403.3	359.3	287.2	357.2	323.9	1.186	1.057	0.845	1.051	0.953
FPC02-a1.6-ξ1.10	468.1	564.6	499.6	394.0	500.1	457.9	1.206	1.067	0.842	1.068	0.978
FPC03-a2.1-ξ1.10	587.0	725.9	639.8	497.2	643.0	592.2	1.237	1.090	0.847	1.095	1.009
FPC10-a1.6-ξ1.10	477.3	564.6	499.6	402.5	500.1	467.9	1.183	1.047	0.843	1.048	0.980
FPC11-a1.6-ξ1.10	440.5	564.6	499.6	367.1	494.9	426.6	1.282	1.134	0.833	1.123	0.968
FPC12-a2.0-ξ1.15	601.4	725.9	639.8	497.2	643.0	592.2	1.207	1.064	0.827	1.069	0.985
FPC13-a2.1-ξ1.08	579.0	725.9	639.8	497.2	643.0	592.2	1.254	1.105	0.859	1.111	1.023
FPC14-a2.1-ξ1.10	595.0	725.9	639.8	497.2	643.0	592.2	1.220	1.075	0.836	1.081	0.995
FPD01-a1.0-ξ1.10	310.8	371.8	274.6	263.2	321.7	294.3	1.196	0.884	0.847	1.035	0.947
FPD02-a1.7-ξ1.10	507.3	619.6	454.2	425.3	536.2	497.8	1.222	0.895	0.838	1.057	0.981
FPD03-a2.1-ξ1.10	595.7	743.6	544.0	503.3	643.5	599.7	1.248	0.913	0.845	1.080	1.007
FPD10-a1.7-ξ1.10	517.6	619.6	454.2	433.5	536.2	507.4	1.197	0.877	0.837	1.036	0.980
FPD11-a1.7-ξ1.10	479.6	619.6	454.2	399.7	536.2	467.8	1.292	0.947	0.833	1.118	0.975
FPD12-a2.0-ξ1.15	611.3	743.6	544.0	503.3	643.5	599.7	1.216	0.890	0.823	1.053	0.981
FPD13-a2.1-ξ1.08	589.0	743.6	544.0	503.3	643.5	599.7	1.262	0.924	0.855	1.093	1.018
FPD14-a2.1-ξ1.10	604.1	743.6	544.0	503.3	643.5	599.7	1.231	0.900	0.833	1.065	0.993
平均值							1.207	1.030	0.837	1.074	0.980
标准差							0.040	0.079	0.010	0.026	0.023

综合分析上述计算结果，建议在我国钢规的节点域承载力验算方法基础上，不再考虑4/3的放大系数，但将节点域体积扩大为柱翼缘中心线和节点域水平加劲肋中心线包围的区域；同时，结合5.2.3.4节的分析结果，引入柱轴力对节点域受剪承载力的折减作用。平面应力状态下的微元在压应力 σ 和剪应力 τ 作用下单元的 von Mises 应力为 $\sqrt{\sigma^2+3\tau^2}$[35]，由于结构钢材一般遵循 von Mises 屈服准则，假设微元屈服时对应的 von Mises 应力为 f，则在 $\sigma=0$ 时，微元在屈服前能承担的最大剪力为 $f_v=\sqrt{3}f$；当微元的轴压比为 n，即 $\sigma=nf$ 时，可得到微元在屈服前能承担的最大剪力减小为 $\sqrt{1-n^2}f_v$。因此，对CP节点和FP节点均建议采用式（5.34）验算节点域承载力。

$$M_{pz.d}=(h_c-t_{cf})h_{pz}t_{pz}f_v\sqrt{1-n^2}>\sum M_b \tag{5.34}$$

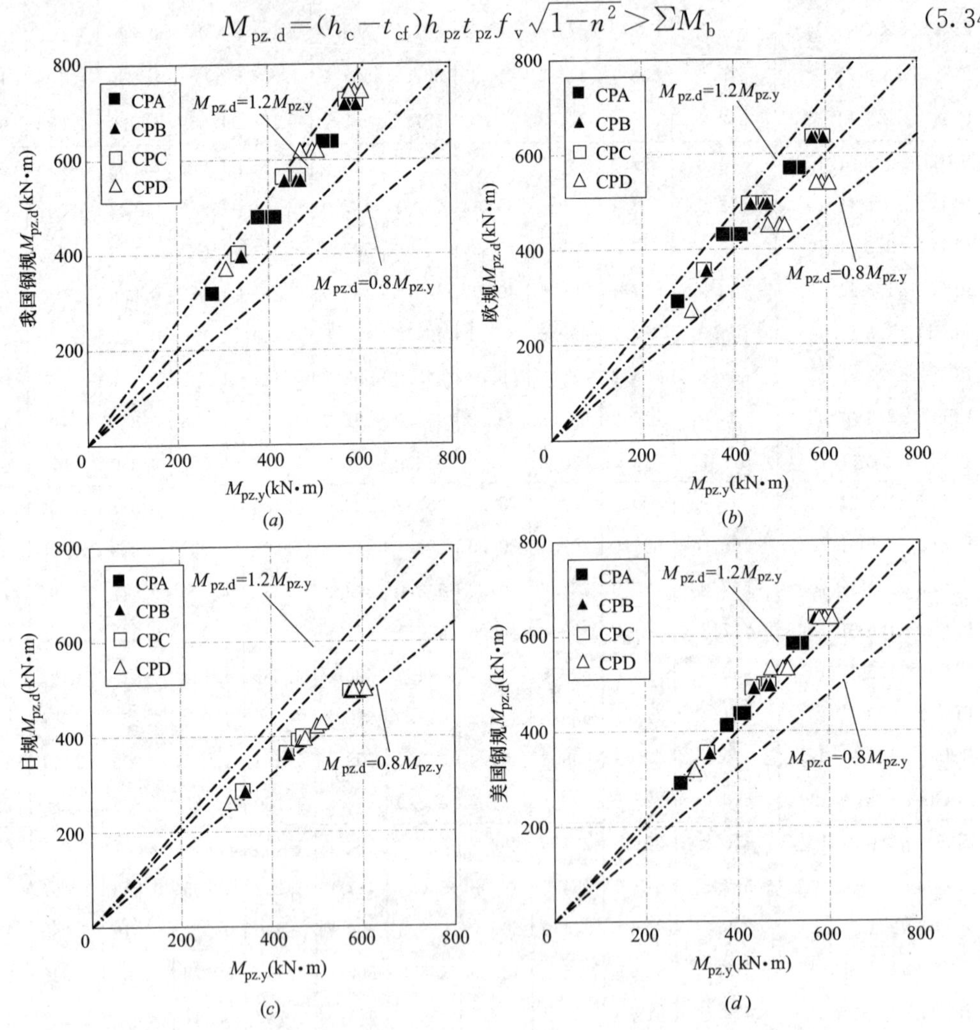

图5.74 各规范得到的CP节点的 $M_{pz.d}$ 与 $M_{pz.y}$ 关系

（*a*）我国钢规方法；（*b*）欧规方法；（*c*）日规方法；（*d*）美国钢规方法

采用式（5.34）计算得到5.2节参数分析模型中节点的 $M_{pz.d}$，并与有限元计算得到的 $M_{pz.y}$ 进行对比，见表5.22、表5.23和图5.76。本书的方法得到的 $M_{pz.d}$ 与 $M_{pz.y}$ 的比值在0.930～1.033之间，在CP节点中的平均值为0.988，标准差为0.025；在FP节点

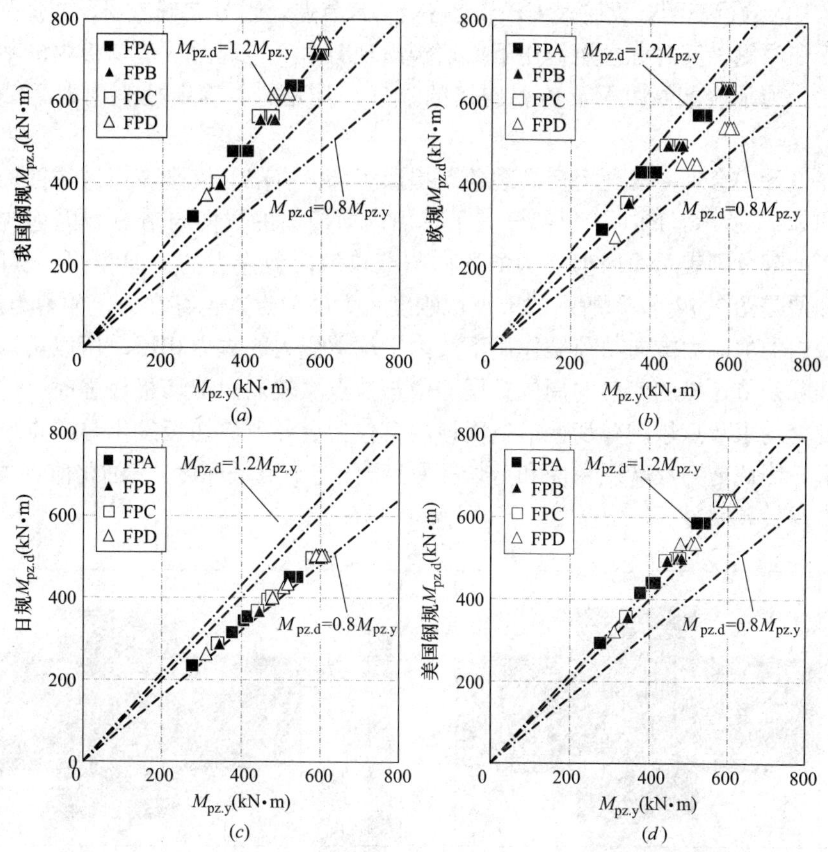

图 5.75 各规范得到的 FP 节点的 $M_{pz.d}$ 与 $M_{pz.y}$ 关系

(*a*)我国钢规方法;(*b*)欧规方法;(*c*)日规方法;(*d*)美国钢规方法

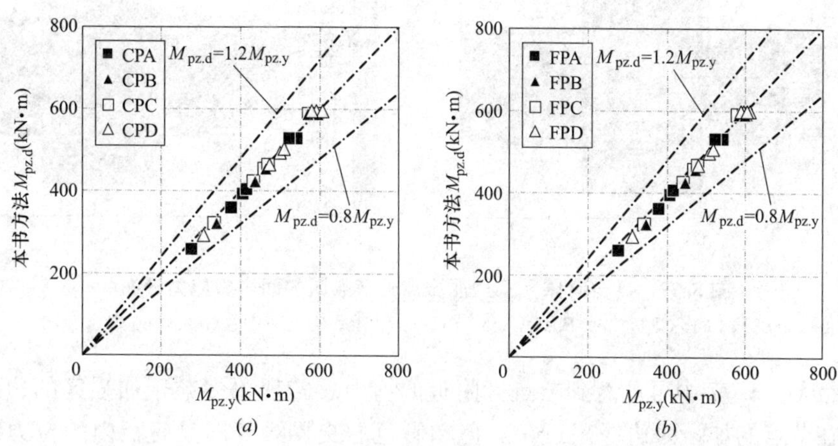

图 5.76 本书方法计算得到的 $M_{pz.d}$ 与 $M_{pz.y}$ 关系

(*a*)CP 节点;(*b*)FP 节点

中的平均值为 0.980,标准差为 0.023。总体上看,本书的方法可以得到比已有规范更为准确的结果。

(3)剪切板屈服或传剪连接失效

5.2 节中的分析表明，无论是 CP 节点还是 FP 节点，当节点域较弱，或加强板长度较短时，由于在两侧梁反对称弯矩作用下剪切板出现剪力反转现象，剪切板内的剪力方向可能发生变化。为了验算剪切板及传剪连接的强度，首先需要确定柱表面处梁截面的剪力分布。

为了在设计中合理考虑剪力反转现象，提取了部分有限元模型节点区域的面内剪应力分布，如图 5.77 所示，图中浅色部分表示其面内剪应力的方向与节点域内剪应力的方向相反，深色的部分则表示面内剪应力的方向与节点域内剪应力的方向相同。从图 5.77 中可看出，即便是图 5.77（c）所示的节点域刚度较大的节点，也存在一定的剪力反转区域。由于节点域内的剪应力方向与荷载作用下梁内平均剪应力的方向相反，所以可以认为剪力反转现象实际是节点域的变形向周围扩展。由于节点域较弱、剪切板较强时，剪切板可能在一定程度上约束节点域的剪切变形，而该约束作用会导致剪切板发生与节点域变形同向的剪切变形，因此剪力反转现象应和剪切板厚度 t_{sp} 与节点域厚度 t_{pz} 的比值有关，该比值越大，剪力反转越明显。

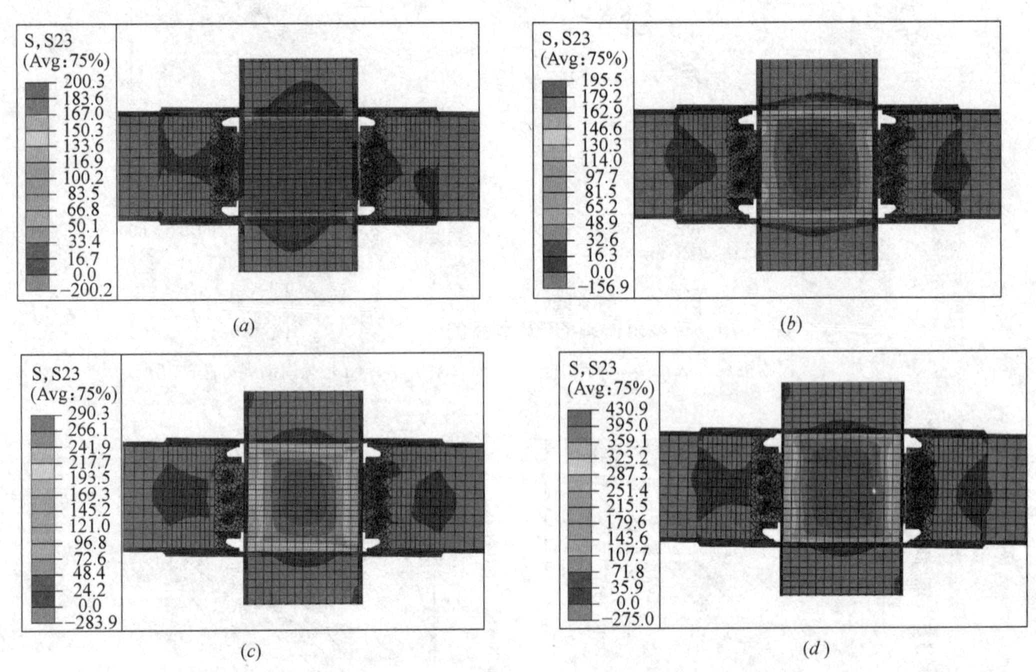

图 5.77　部分有限元模型屈服点处节点域的面内剪应力分布

（a）B345-C345-CP1；（b）B345-C345-FP1；（c）B460-C460-FP1；（d）B460-C730-FP1

此外，从图 5.77 中可注意到节点区附近的剪力反转现象多起于加强区的边缘。在图 5.77 中，在节点的加强区边缘附近，灰色和彩色的交界线处即是腹板内的拉力线或压力线，可见由于加强板的作用，在加强板边缘处，梁翼缘内的轴力开始通过两个路径传递（图 5.78），其中通过拉力线或压力线传递的部分加剧了剪切板的剪力反转现象。由此可知，剪切板内的剪力反转现象应与梁内的弯剪比有关，梁内的弯剪比可以用梁的跨高比 L/h 表示，该比值越大，剪力反转越明显；剪力反转现象还与拉力线或压力线与梁翼缘间的夹角有关，可用 h/l_p 表示，该比值越大，表示该夹角越大，剪力反转越明显；同时，剪力反转还与加强板和梁腹板的相对强弱有关，可用梁腹板和加强板之间的截面积比表示，该比值越大，通过梁腹板传递的轴力越大，剪力反转越明显。

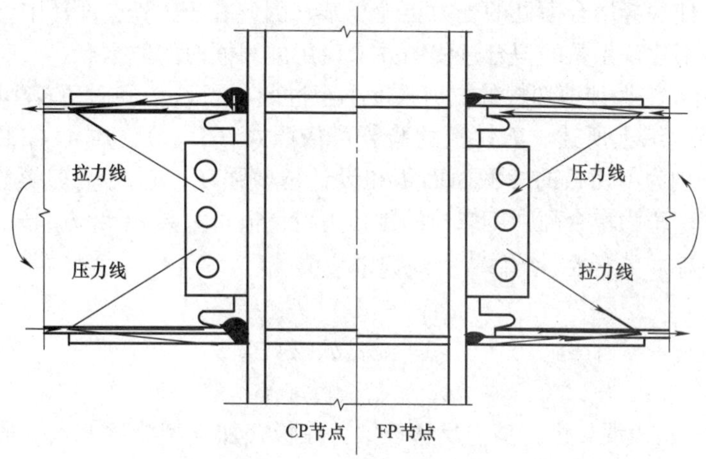

图 5.78 板式加强型节点中梁翼缘内轴力传递路径示意图

综上所述，设与剪力反转现象相关的参数 β_Q 按式（5.35）计算，并假定剪切板的传剪系数（即剪切板内的剪力与截面总剪力之比）ζ_{Qsp} 与 β_Q 呈线性关系，设 ζ_{Qsp} 可按式（5.36）计算，其中 a_1 和 a_2 为待定系数。

$$\beta_Q=\frac{b_p L t_p t_{sp}}{h_b l_p t_{pz} t_{bw}} \tag{5.35}$$

$$\zeta_{Qsp}=a_1\beta_Q+a_2 \tag{5.36}$$

利用 5.2 节中参数分析的数据对 a_1 和 a_2 进行线性拟合，可得对于 CP 节点有 $a_1=-0.102$，$a_2=0.4670$，相关系数为−0.911；对 FP 节点有 $a_1=-0.074$，$a_2=0.577$，相关系数为−0.881。因此，本书建议采用式（5.36）计算剪切板的传剪系数，对 CP 节点取 $a_1=-0.10$，$a_2=0.45$；对 FP 节点取 $a_1=-0.075$，$a_2=0.55$。当传剪系数为负值时，即表示会发生剪力反转现象。

图 5.79 给出了采用本书建议方法计算得到的 ζ_{Qsp} 与第 3 章有限元分析得到的 ζ_{Qsp} 之间的对比，可见，总体上本书提出的方法可较准确地计算 CP 节点和 FP 节点的 ζ_{Qsp}。依据得到的传剪系数可以得到相对准确的内力分布，再进行后续验算。需要说明的是，图 5.79（*b*）

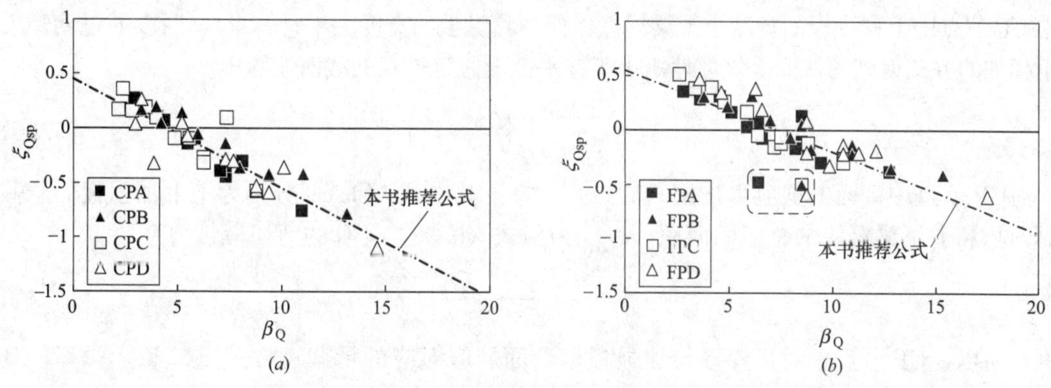

图 5.79 本书建议方法结果与有限元分析 ζ_{Qsp} 中结果对比

中虚线框内的数据点为采用四面焊的 FP 节点。可以看到，FP 节点采用四面焊时剪力反转现象较为明显，与本书建议方法得到的结果差异较大。由于剪力反转现象加剧会使加强板内的剪力增大，使焊缝熔合面处的受力更为复杂，因此在 FP 节点设计中不推荐采用四面焊的形式。在本书建议系数的拟合过程中并未使用虚线框内的数据点。

得到 ζ_{Qsp} 后，为保证剪切板的抗剪强度不至过低，当 ζ_{Qsp} 绝对值较小时按 $\zeta_{Qsp}=0.5$ 验算剪切板强度。综上所述，剪切板的验算可依照式（5.37）、式（5.38）进行，式中，$A_{n.sp}$ 和 $f_{v.sp}$ 分别为剪切板的净截面面积和设计抗剪强度；n_b 为受剪螺栓个数，μ 为接触面抗滑移系数；P 为单个高强度螺栓的预拉力设计值；系数 k_1 和 k_2 按《钢结构高强度螺栓连接技术规程》JGJ 82—2011[16] 的规定取值。

$$\alpha_Q V_b \leqslant A_{n.sp} f_{v.sp} \tag{5.37}$$

$$\alpha_Q V_b \leqslant n_b \mu k_1 k_2 P \tag{5.38}$$

$$\alpha_Q = |\zeta_{Qsp}| \geqslant 0.5 \tag{5.39}$$

5.2 节中的分析表明，由于剪力反转现象，在板式加强型梁柱节点中通过剪切板传递的弯矩几乎可忽略，因此在进行螺栓连接验算时可不考虑附加弯矩的影响；但对于剪切板和柱翼缘间的焊缝，则需要考虑由剪力 $\alpha_Q V_b$ 引起的附加弯矩的影响，依据我国规范进行弯剪综合作用下的强度验算[2]。

（4）对接焊缝与加强板熔合面屈服

该屈服模式是板式加强型节点中特有的屈服模式，由于该屈服模式发生在焊缝附近，故也是设计中应避免的屈服模式。在剪切板屈服验算中已得到了剪切板的传剪系数 ζ_{Qsp}。5.2.3.5 节中的分析表明，在 CP 节点中，经由加强板传递的弯矩与加强板的板厚相关；在 FP 节点中，几乎所有的弯矩都是通过加强板传递的，剪切板的传弯作用可忽略。而由于剪力反转现象，经由加强板传递的剪力也可能较大。此外，已有的研究表明，传统栓焊混接节点中对接焊缝存在较大开裂风险的原因之一是：传统的设计中通常忽略翼缘对接焊缝处的传剪作用、实际通过翼缘对接焊缝传递的剪力不可忽略[15]。因此，为了保证加强板熔合面足够可靠，在设计中需要对加强板熔合面在轴力和剪力综合作用下的强度进行验算。

由于 CP 节点的加强板和梁翼缘在竖向不是一个连续的整体（见图 5.59），所以对接焊缝与加强板的熔合面不能按照平截面假定进行验算。为此，本书建议按式（5.40）计算对接焊缝与加强板熔合面屈服处的正应力，其中 I_p 和 I_{bf} 分别为仅考虑上下加强板截面的惯性矩和仅考虑上下梁翼缘截面的惯性矩。由于 I_p 和 I_{bf} 对应的中和轴不同（在新建钢结构的节点中 CP 节点中上翼缘板的宽度小于梁翼缘，而下翼缘板的宽度大于梁翼缘），所以通过两惯性矩相加的方式得到的截面等效惯性矩小于按平截面假定得到的截面惯性矩。

$$\sigma_p = \frac{M_b}{I_p + I_{bf}} \left(\frac{h_b}{2} + t_p \right) \tag{5.40}$$

CP 节点中截面的剪应力按式（5.41）计算，其中 A_p 和 A_{bf} 分别为上下加强板的总截面面积和上下梁翼缘的总截面面积，ζ_{Qsp} 为由式（5.36）计算的剪切板传剪系数。

$$\tau_p = \frac{1.5 V_b (1 - \zeta_{Qsp})}{A_p + A_{bf}} \tag{5.41}$$

所以，CP 节点中对接焊缝与加强板熔合面屈服对应的承载力按式（5.42）验算，其中 f_p 为加强板的设计强度。

$$\sqrt{{\sigma_{\mathrm{p}}}^{2}+3{\tau_{\mathrm{p}}}^{2}}\leqslant f_{\mathrm{p}} \tag{5.42}$$

FP节点中，假定所有弯矩均由加强板承担，除剪切板承担的剪力外其余剪力也均由加强板承担。本书建议，对接焊缝与加强板熔合面屈服对应的承载力仍按式（5.40）～式（5.42）验算，其中 I_{bf} 和 A_{bf} 取 0。

（5）加强板与梁翼缘间的角焊缝屈服

在板式加强型节点的构造中，加强板与梁翼缘之间通常只能采用角焊缝连接。为了保证传力可靠，需要保证足够的角焊缝长度。本次试验中并未发生加强板与梁翼缘之间连接角焊缝失效的情况，表明采用该设计方法可以保证角焊缝的强度。

因此，本书建议仍采用等强设计的思路，参照我国《钢结构设计标准》GB 50017—2017[2] 中角焊接连接的验算方法，对加强板与梁翼缘间的角焊缝按式（5.43）验算。

$$(2l_{\mathrm{lw}}+\beta_{\mathrm{f}}l_{\mathrm{tw}})h_{\mathrm{e}}f_{\mathrm{f}}^{\mathrm{w}}\geqslant b_{\mathrm{p}}t_{\mathrm{p}}f_{\mathrm{p}} \tag{5.43}$$

式中，h_{e} 为角焊缝的计算厚度，l_{lw} 和 l_{tw} 分别为单条纵向角焊缝和横向角焊缝的计算长度，$f_{\mathrm{f}}^{\mathrm{w}}$ 为角焊缝的强度设计值，β_{f} 为正面角焊缝的强度设计值增大系数。上述各参数均依我国钢规规定取值[1]。

5.3.4.2 板式加强型节点的承载力验算步骤

由 5.3.4.1 节，得到 CP 节点或 FP 节点内力设计值后，可按如下步骤进行验算：

第一步，由式（5.26）验算未加强的梁截面强度，检验梁截面选取及加强板长度 l_{p} 的选取是否合适；

第二步，由式（5.34）验算节点域承载力，检验节点域厚度是否足够；

第三步，由式（5.36）计算剪切板的传剪系数 ζ_{Qsp}；

第四步，由式（5.37）～式（5.39）验算剪切板及高强度螺栓连接的承载力；

第五步，由式（5.40）～式（5.42）验算加强板与对接焊缝熔合面的强度，检验加强板尺寸是否足够；

第六步，由式（5.43）验算加强板与梁翼缘间的角焊缝的承载力，检验焊脚尺寸及焊缝长度是否足够。

上述步骤中，第一步验算未通过时，需要调整构件截面或加强板长度。

当考虑节点刚度影响时，第二步验算未通过时，需要调整节点域厚度后重新进行内力计算并更新内力设计值；第三～六步中任一步验算未通过时，需要调整除加强板长度和节点域厚度之外的其他节点构造参数后自第一步起重新验算。

当不考虑节点刚度影响时，上述步骤中第二～六步中任一步验算未通过时，需要调整除加强板长度和节点域厚度之外的其他节点构造参数后，自第二步起重新验算。

5.3.5 节点抗震设计

结构设计时希望地震作用下结构发生的屈服模式具有足够的延性，而目前常规设计中以弹性分析为主，因此大部分情况需通过节点构造要求实现结构的屈服模式控制和抗震设计。节点抗震构造检验是在满足承载力要求的基础上对节点构造提出的额外要求，也是目前框架和节点抗震设计的重要手段。

通常情况下，针对抗震设防要求不同的建筑，节点构造的抗震要求也不同。我国抗规[3]、美国抗规[21]和欧洲结构抗震设计规范（以下简称“欧洲抗规”）[36]中均将建筑划为不同抗震设计级别，对于不同级别的建筑可能有不同的抗震构造要求。我国抗规将钢框架分为 4 个抗震设防等级，其中一级框架的设防要求最高，四级框架的设防要求最低[3]；美国抗规按延性等级从低到高将框架分为普通设防框架（OMF）、中等设防框架（IMF）和特殊设防框架（SMF）[21]；欧洲抗规将结构按重要性分为 4 个抗震等级（Ⅰ～Ⅳ），其中Ⅰ级的重要性最低、Ⅳ级的重要性最高，针对钢结构的性能化设计还将钢框架分为低、中、高三个延性等级[36]。对于节点的构造要求一般需根据不同的抗震设防级别进行检验。本书建议的节点抗震设计方法以我国抗规提出的四个抗震设防等级为基础，对不同抗震设防等级的建筑作不同要求。

5.3.5.1　现有抗震设计准则的检验

目前，各国抗规中已有的抗震设计准则中，涉及节点构造的主要包括“强柱弱梁”准则和“强节点弱构件”准则。

（1）“强柱弱梁”检验

由于框架中先形成梁铰的屈服模式具有更强的耗能能力，因此设计中一般希望框架的梁端塑性铰先于柱端塑性铰形成[65]，实现方式即进行“强柱弱梁”检验。“强柱弱梁”名义上虽是针对构件的要求，但由于不同节点构造下构件的塑性铰截面位置可能不同，在设计中仍是对节点构造的检验。目前已有多个规范给出了“强柱弱梁”的检验方法[3,21,36]，通过定义“强柱弱梁”系数 α_{scwb}，即节点处柱的全截面塑性弯矩与修正后的梁全截面塑性弯矩之比，来表示节点处梁柱截面相对强弱关系。

我国抗规中规定的“强柱弱梁”构造要求可表示为式（5.44）[3]。

$$\alpha_{\mathrm{scwb}}=\frac{\sum W_{\mathrm{pc}}\left(f_{\mathrm{yc}}-\dfrac{N}{A_{\mathrm{c}}}\right)}{\sum(\eta W_{\mathrm{pb}}f_{\mathrm{yb}}+V_{\mathrm{pb}}s)} \tag{5.44}$$

式中，f_{yc} 和 f_{yb} 分别为柱和梁的屈服强度；W_{pc} 和 W_{pb} 分别为柱和梁的塑性截面模量；V_{pb} 为梁形成塑性铰时截面内的剪力；s 为塑性铰截面与柱表面的距离。

5.1 节的试验即采用式（5.44）进行“强柱弱梁”验算（其中按三级框架条件取 $\eta=1.05$），按材料强度实测值计算得到的各试件的 α_{scwb} 在 0.97～1.20 之间，见表 5.4。但是，实际上 α_{scwb} 大于 1 的 B345-C460-CP 和 B345-C460-FP 系列节点试件在试验中均出现了柱先于梁屈服或梁柱几乎同时屈服的情况。这表明，在三级框架要求的 $\eta=1.05$ 条件下可能无法保证梁铰先于柱铰形成。这是因为，由于加强板的约束作用，在板式加强型节点中梁塑性铰的中心位置可能并不形成于加强板边缘，而是与加强板边缘有一定的距离，见图 5.53，从而导致梁形成塑性铰时加强板边缘处的截面弯矩大于梁的全截面塑性弯矩，即未加强的梁截面的应变强化现象。

美国抗规和欧洲抗规[36]中也有类似 η 的系数。美国抗规[21]中仅对 SMF 有“强柱弱梁”验算要求，其等效的强柱系数 $\eta=R_{\mathrm{y}}C_{\mathrm{pr}}$；式中，$R_{\mathrm{y}}$ 为梁钢材的超强系数，即钢材强度实测值与标准值之比；C_{pr} 则为表示塑性铰的理论位置和实际位置间差异的系数，也称为应变强化系数。美国规范建议 C_{pr} 由式（5.45）计算[17]，式中，f_{ub} 和 f_{yb} 分别为梁钢材抗拉强度最小值和屈服强度标准值。可见，美国抗规中的强柱系数综合考虑了梁钢材的超强情况及梁截面应变强化情况。根据我国相关的产品标准[66]，按照式（5.45）可计算出 Q345 钢材的 C_{pr} 为 1.18，Q460 钢材的 C_{pr} 为 1.10。

$$C_{\mathrm{pr}}=\frac{f_{\mathrm{ub}}+f_{\mathrm{yb}}}{2f_{\mathrm{yb}}} \tag{5.45}$$

对于超强系数 R_{y} 目前国内尚缺少相关统计数据。文献［67］统计了部分国产钢材的材性数据，基于该研究中公布的数据，计算出 Q345 钢材 R_{y} 平均值为 1.16；Q460 钢材 R_{y} 的平均值为 1.11。本次试验钢梁使用的 Q345 钢材 R_{y} 实测为 1.01，与统计平均值差异较大；Q460 钢材的 R_{y} 实测为 1.11，与统计平均值较为接近。

基于以上数据，取 Q345 钢材的 $C_{\mathrm{pr}}=1.18$，$R_{\mathrm{y}}=1.16$，取 Q460 钢材的 $C_{\mathrm{pr}}=1.10$，$R_{\mathrm{y}}=1.11$，按美国抗规方法计算出的强柱系数对 Q345 钢材和 Q460 钢材分别为 1.37 和 1.22。可见，美国抗规对 SMF 的“强柱弱梁”验算要求比我国抗规对一级框架的要求更为严格。

综上所述，为了在“强柱弱梁”验算中进一步考虑应变强化的影响，建议在进行高强钢板式加强型梁柱节点的“强柱弱梁”验算时，要求各级框架 η 的取值在现有基础上提高 0.05 后，按式（5.44）验算。按此取值时，对于一级框架的要求与美国抗规对 SMF 的要求相当。

值得注意的是，在 5.1 节的试验研究中多次出现在节点试件子结构进入屈服后柱发生失稳现象的情况，这表明在地震作用下，在梁塑性铰充分发展塑性变形前，可能出现由于柱内弯矩增大导致柱发生失稳破坏的情况，所以在抗震设计中有必要对柱在极端状态下的稳定性进行检验。但是，由于这一现象需考虑的因素众多，仍需进一步的研究以探究其力学机理，所以目前尚无法形成成熟的检验条件。

（2）“强节点弱构件”检验

可靠的节点连接是保证钢结构构件发挥承载能力和耗能能力的重要条件，所以在抗震设计中需保证构件充分耗能前节点不发生破坏，实现方式为进行“强节点弱构件”检验。我国抗规[3] 和高钢规[8] 均给出了相同的“强节点弱构件”的检验方法，见式（5.46）和式（5.47）。同时，式（5.46）和式（5.47）也与日规中的“强节点弱构件”检验方法相同[52]。

特别地，由于高钢规[8]将 Q345 及以上钢材的连接系数由我国抗规中的 1.30 提高为 1.35，按照高钢规提供的钢材材性设计指标和我国相关的产品标准[66]，当使用 Q345 及以上强度等级的钢梁时，传统栓焊混接节点构造无法实现抗震设计中的连接系数要求，因而必须采用塑性铰外移的节点。

$$M_{j\mathrm{u}}\geqslant\eta_j M_{\mathrm{pb}} \tag{5.46}$$

$$V_{j\mathrm{u}}\geqslant\eta_j\left(\frac{2M_{\mathrm{pb}}}{L_{\mathrm{n}}}\right)+V_{\mathrm{Gb}} \tag{5.47}$$

式中，$M_{j\mathrm{u}}$ 为连接的极限受弯承载力；M_{pb} 为梁全截面塑性受弯承载力；η_j 为连接系数（依据各规范，针对不同钢材在 1.30～1.40 之间取值，其中我国抗规中受剪验算时统一取 η_j 为 1.2）；$V_{j\mathrm{u}}$ 为连接的极限受剪承载力；L_{n} 为梁的净跨；V_{Gb} 为梁在重力荷载代表值作用下按简支梁分析得到的剪力值。

但是，对于高强钢板式加强型梁柱节点，用式（5.46）和式（5.47）进行“强节点弱构件”验算则需要解决两个问题，一是塑性铰外移作用的考虑方式，二是连接极限承载力的计算方法。

对于塑性铰外移的考虑方式，在塑性铰外移的节点构造中可近似认为在加强板的边缘位置开始出现强化现象。因此，本书建议使用加强系数 ξ_s 表示塑性铰外移影响，ξ_s 由式（5.48）计算，对应的几何关系见图 5.80。

$$\xi_s = \frac{L_n}{L_n - 2l_p} \tag{5.48}$$

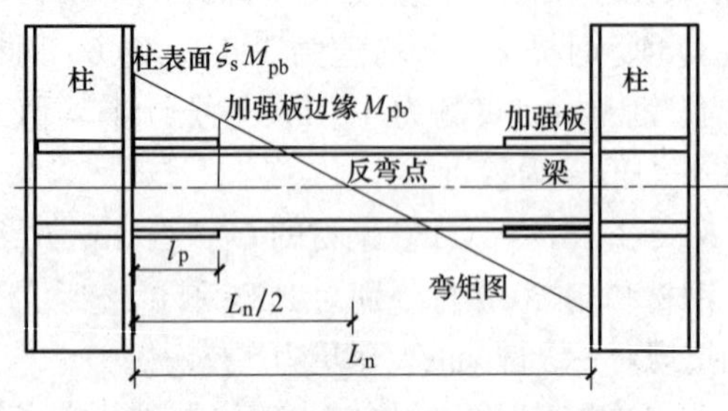

图 5.80　加强系数几何关系示意图

对于连接极限承载力的计算方法，在高钢规中给出了 M_{ju} 和 V_{ju} 的计算方法[8]，但是本书的研究表明，对于板式加强型连接节点，由于剪力反转现象的存在，在现场对接焊缝所在的截面处内力分布较为复杂：一方面，研究表明板式加强型节点中通过剪切板传递的弯矩可以忽略，而高钢规的计算方法考虑了剪切板的传弯作用，所以对于板式加强型梁柱节点可能不再适用；另一方面，在节点发生屈服后焊缝所在截面的内力分布发生很大变化，对于 CP 节点其通过加强板传递的弯矩和剪力显著增大，对于 FP 节点由于剪力反转现象导致其承担的剪力显著增大。综合考虑上述因素，结合 5.3.4 节提出的节点承载力验算方法，建议板式加强型梁柱节点的 M_{ju} 和 V_{ju} 分别按式（5.49）和式（5.50）计算。式（5.49）假定 CP 节点柱表面对应截面的极限抗弯承载力由加强板对应的极限抗弯承载力和梁翼缘对应的弹性抗弯承载力组成。式（5.50）假定极限状态下的柱表面对应截面的抗剪承载力由加强板和腹板连接共同承担，则加强板承担的剪力占总剪力的比例为 $1-\xi_{Qsp}$；考虑节点在屈服后剪力反转现象可能加剧，当计算出的极限承载力大于 $1.2A_p f_{vp}$ 时按 $1.2A_p f_{vp}$ 取值。

$$M_{ju} = W_{pp} f_{up} + \beta_{tp} W_{bf} f_{ybf} \tag{5.49}$$

$$V_{ju} = \frac{A_p f_{vp}}{(1-\xi_{Qsp})} \leqslant 1.2A_p f_{vp} \tag{5.50}$$

式中，W_{pp} 为上下加强板截面对应的塑性截面模量；f_{up} 为加强板的抗拉强度最小值；β_{tp} 为考虑节点类型的系数，在 CP 节点中取 1.0，在 FP 节点中取为 0。

此外，由于连接系数 η_j 包括了超强系数和应变强化系数的影响[8]，其本质上与“强柱弱梁”验算中的强柱系数 η 考虑的因素相同，但现有规范中连接系数 η_j 的取值要求明显高于强柱系数 η。由于确定材料超强系数依赖于对钢材材性的统计，目前尚难以获取相关数据，因此对于高强钢梁仍按高钢规[8] 的规定取 $\eta_j=1.35$。但是，建议对于不同抗震等级中的连接系数 η_j 作不同的要求，在二～四级框架中分别将 η_j 放宽至 1.30、1.25 和 1.20。

综上所述，针对板式加强型节点，建议按式（5.51）和式（5.52）进行“强节点弱构件”检验，M_{ju} 和 V_{ju} 按式（5.49）和式（5.50）计算。

$$M_{ju} \geqslant \eta_j \xi_s M_{pb} \tag{5.51}$$

$$V_{ju} \geqslant \eta_j \left(\frac{2\xi_s M_{pb}}{L_n}\right) + V_{Gb} \tag{5.52}$$

5.3.5.2　板式加强型节点的屈服模式控制

由于板式加强型节点可能的屈服模式较多，在抗震设计中应控制延性较好的屈服模式

(未加强的梁截面屈服和节点域屈服）先于其他屈服模式发生并可以充分发展。

在抗震设计中应设置节点域水平加劲肋，且节点域水平加劲肋的厚度应大于加强板的厚度（FP 节点）或加强板与梁翼缘的厚度之和（CP 节点）。设置节点域水平加劲肋后，与柱翼缘或腹板局部受力相关的失效模式可得到有效控制。

在 5.3.4.1 节列出的 5 种屈服模式中，通过等强设计的方法可保证加强板与梁翼缘间角焊缝的屈服不早于对接焊缝与加强板的熔合面屈服。在抗震设计中，可以将式（5.43）中的 f_p 改为 f_{yp}，即将加强板的强度设计值改为屈服强度，保证加强板与梁翼缘间的角焊缝在加强板进入屈服时仍能保持弹性。

为了控制剪切板屈服和对接焊缝与加强板的熔合面屈服晚于未加强的梁截面屈服和节点域屈服，首先确定抗震设计中由未加强的梁截面屈服或节点域屈服控制的节点塑性承载力 M_p。其中，由未加强的梁截面屈服控制的塑性承载力可通过 $\xi_s W_{pb} f_{yb}$ 计算，而由节点域屈服控制的塑性承载力则可在式（5.34）得到的承载力基础上乘以强化系数 ξ_{pz}。注意到在试验和有限元分析中，对于节点试件子结构承载力由节点域承载力控制的试件或有限元模型，通过 Q-θ_d 曲线计算得到的 Q_y 对应的柱表面弯矩 M_y 和通过 M_{pz}-θ_{pz} 曲线计算得到的 $M_{pz.y}$ 之间存在一定的比例关系，见图 5.81，近似有 $M_y=1.13M_{pz.y}$。由于在承载力由节点域控制的试件中，节点试件子结构表现出明显屈服时节点域已发展了较大塑性变形，所以可以认为在 M_y 状态下节点域已经发生了一定强化，且取强化系数 $\xi_{pz}=1.13$。

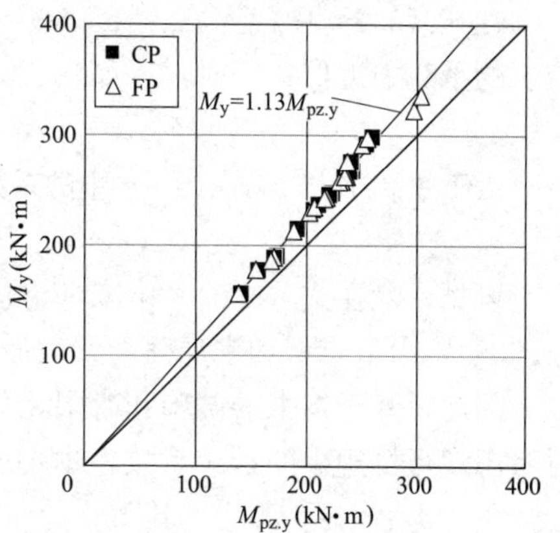

图 5.81 有限元和试验结果中的 $M_{pz.y}$-M_y 关系

所以，由未加强的梁截面屈服或节点域屈服控制的节点塑性承载力 M_p 可由式（5.53）计算。

$$\sum M_p=\sum \xi_s W_{pb} f \leqslant \xi_{pz}(h_c-t_{cf})h_{pz}t_{pz}f_v\sqrt{1-n^2} \tag{5.53}$$

得到 M_p 后，在式（5.40）～式（5.43）中令荷载 $M_b=M_p$，并将式中的强度设计值替换为强度标准值，即可控制未加强的梁截面屈服和节点域屈服先于其他屈服发生。

5.1 节中的试验研究表明，未加强的梁截面屈服和节点域屈服均能发展较大的塑性变形，是延性相对较好的屈服模式。当节点的塑性变形主要由节点域发展时，节点的滞回性能稳定，耗能能力较强，但是可能无法充分利用梁截面强度，且在节点域塑性变形较大时可能出现较严重的剪力反转现象，对加强板和焊缝的熔合面受力状态产生不利影响；当塑性变形主要由未加强的梁截面塑性铰发展时，可以充分利用梁截面强度，获得较高的节点承载力，并且可在一定程度上缓解剪力反转现象，但由于应变强化的影响，在发展的塑性变形较大时梁内的弯矩也可能较大，使加强板和焊缝的熔合面处承受较大荷载。所以，在板式加强型节点的抗震设计中，可以有两种屈服模式控制的思路。

(1) 利用节点域的延性进行“平衡设计”

该方法充分利用节点域和梁塑性铰的塑性变形能力，使节点在发生较大塑性转角时，对节点域和梁塑性铰的变形需求都不致过大，即控制未加强的梁截面屈服时的塑性承载力和节点域屈服时的塑性承载力近似相同，或控制节点域屈服时的塑性承载力略高于梁截面屈服时的塑性承载力（即允许梁截面发生一定的应变强化后达到节点域的塑性承载力），实现节点域和梁截面的“平衡设计”。

关于节点域承载力和梁截面承载力间的关系，目前我国抗规中要求表示为由式（5.3）计算得到的节点域强度系数 $\alpha_{pz} \geqslant 1$。式（5.3）中一方面考虑了节点域强度的放大系数4/3，另一方面考虑实际结构中出现节点域两侧同向弯矩同时达到最大的可能性，引入了折减系数 ψ，对于一、二级框架取为0.7，对于三、四级框架取为0.6[3]。但是，5.2节中的参数分析表明，在高强钢板式加强型节点的抗震设计中，我国抗规中 $\alpha_{pz} \geqslant 1$ 的条件对节点域的要求过低，三级框架中当 $\alpha_{pz} \leqslant 2$ 时在反对称加载条件下均无法充分发挥梁截面的承载力，而 $\alpha_{pz}=2$ 近似为节点承载力由未加强的梁截面控制和由节点域控制的临界状态。

在式（5.3）中代入 $\alpha_{pz}=2$ 和 $\psi=0.6$，得到在节点域控制的承载力和未加强的梁截面控制的承载力近似相等时，有如式（5.54）所示的关系。

$$1.11h_{pz}(h_c-t_{cf})t_{pz}f_{vy.pz}=\sum(W_{pb}f_{yb}+V_{pb}l_p) \tag{5.54}$$

由于 $\xi_{pz}=1.13$ 与式（5.3）中的系数1.11近似相等，可将式（5.54）改写为式（4.36）。

$$\xi_{pz}h_{pz}(h_c-t_{cf})t_{pz}f_{vy.pz}=\sum(W_{pb}f_{yb}+V_{pb}l_p) \tag{5.55}$$

可见，除在式（5.54）中未考虑柱轴压比的影响外，式（5.54）的左右两侧分别为式（5.53）中由节点域和未加强的梁截面控制的节点塑性承载力。

因此，基于本书的试验和有限元分析的结果，采用与式（5.53）统一的表达形式，同时考虑现行抗规中的折减系数，本书建议采用式（5.56）计算平衡系数 α_B，并定义平衡设计条件为 $\psi \leqslant \alpha_B \leqslant 1.2$。其中，建议对于折减系数 ψ 予以提高，在三、四级框架等具有一般抗震设防要求的建筑中可按 $\psi=0.7$ 取值，在一、二级框架等抗震设防要求较高的建筑中建议 ψ 取0.8～1.0。

$$\alpha_B=\frac{\xi_{pz}(h_c-t_{cf})h_{pz}t_{pz}f_v\sqrt{1-n^2}}{\sum\xi_s W_{pb}f_y} \tag{5.56}$$

在一、二级框架等抗震设防要求较高的建筑中，为减小现场对接焊缝的开裂风险，本书建议考虑节点域屈服引起的剪力反转加剧和加强板受力增大的情况，对加强板熔合区截面的强度做进一步检验。在式（5.40）～式（5.42）中，令 $M_b=M_p$，$V_b=\xi_s M_p/L_n$，联立可得到式（5.57）。

$$M_p\sqrt{\left(\frac{0.5h_b+t_p}{I_p+I_{bf}}\right)^2+\frac{6.75\xi_s^2}{L_n^2}\left(\frac{1-\zeta_{Qsp}}{A_p+A_{bf}}\right)^2}\leqslant f_p \tag{5.57}$$

当 $\alpha_B \leqslant 1.0$ 时，考虑节点域屈服将引起剪力反转迅速加剧和加强板承担的弯矩增大，在式（5.42）的基础上，将加强板承担的剪力提高至截面总剪力的20%，并将梁翼缘截面承担弯矩和剪力的贡献以 α_B 为系数进行折减，同时将剪力计算中的系数由6.75提高至7，对现场对接焊缝的承载力建议按式（5.58）进行检验。

当 $\alpha_B>1.0$ 时，不再考虑梁翼缘截面贡献的折减，并随 α_B 增大逐渐减小对加强板承担剪力的提高；但考虑到随着 α_B 的增大，节点对梁塑性铰塑性的转动需求也相应增大，在式（5.58）基础上以 α_B 为系数考虑梁塑性转动中的强化对承载力要求的提高，因此对现场对接焊缝的承载力建议按式（5.59）进行检验。

$$M_p\sqrt{\left(\frac{0.5h_b+t_p}{I_p+\alpha_B I_{bf}}\right)^2+\frac{7}{L_n^2}\left(\frac{1.2-\xi_{Qsp}}{A_p+\alpha_B A_{bf}}\right)^2}\leqslant f_{yp} \tag{5.58}$$

$$\alpha_B M_p\sqrt{\left(\frac{0.5h_b+t_p}{I_p+I_{bf}}\right)^2+\frac{7}{L_n^2}\left(\frac{1.2/\alpha_B-\xi_{Qsp}}{A_p+A_{bf}}\right)^2}\leqslant f_{yp} \tag{5.59}$$

(2) 不允许节点域屈服的“强节点域设计”

当不允许节点域屈服时，应满足由式（5.56）计算得到的平衡系数 α_B 大于 1.2。此时，由于不允许节点域屈服耗能，所以应保证形成的梁塑性铰可充分转动。在一、二级框架等抗震设防要求较高的建筑中，为减小现场对接焊缝的开裂风险，本书建议在式（5.57）的基础上，考虑梁塑性铰转动中的强化作用将节点的承载力要求提高 20%，同时将剪力计算中的系数由 6.75 提高至 7，按式（5.60）检验加强板熔合区截面的强度。当不满足要求时应增大加强板截面，以减小现场对接焊缝开裂风险。

$$1.2M_p\sqrt{\left(\frac{0.5h_b+t_p}{I_p+I_{bf}}\right)^2+\frac{7}{{L_n}^2}\left(\frac{1-\xi_{Qsp}}{A_p+A_{bf}}\right)^2}\leqslant f_{yp} \tag{5.60}$$

用式（5.58）～ 式（5.60）进行 FP 节点的验算时，取 I_{bf} 和 A_{bf} 为 0。

综上所述，无论采用“平衡设计”还是采用“强节点域设计”的思路进行节点的屈服模式控制，都需要保证加强板与柱翼缘间的对接焊缝具有足够大的承载力，避免在节点失效后现场对接焊缝熔合面因受力状态变化而过早断裂。

5.3.5.3 板式加强型节点的抗震构造检验步骤

由 5.3.5.1 节和 5.3.5.2 节，可按如下步骤进行 CP 节点和 FP 节点的抗震构造检验。

第一步，由式（5.44）进行“强柱弱梁”检验；

第二步，由式（5.49）～式（5.52）进行“强节点弱构件”检验；

第三步，由式（5.53）计算节点的控制承载力 M_p，在式（5.40）～式（5.43）中令荷载 $M_b=M_p$，并将式中的强度设计值替换为强度标准值，进行节点屈服模式控制检验；

第四步，由式（5.56）计算强节点域平衡系数 α_B，检验 $\alpha_B>\psi$；

第五步，如果 $\alpha_B\leqslant\psi$，则按“平衡设计”方法，由式（5.58）～式（5.59）检验现场对接焊缝；否则按“强节点域设计”方法，由式（5.60）检验现场对接焊缝。

上述步骤中，第一～二步检验未通过时，需要调整构件截面或加强板长度；上述步骤中第三～五步中任一步验算未通过时，需要调整除加强板长度之外的其他节点构造参数后自第二步起重新验算。此外，对构件截面或节点构造参数进行的任何调整尚需要满足 5.3.4.2 节的承载力验算要求。

5.4 节点域变形分析模型

5.4.1 节点域的弯矩-转角关系

钢框架梁柱节点中的节点域通常是指梁翼缘中心线与柱翼缘内侧表面所包围的区域[57]，如图 5.82 所示。在节点域上、下两侧柱截面承担的弯矩不相同时，节点域通常要承担较大的剪力，因此实际结构中节点域的变形以剪切变形为主（见图 5.83）[54]，且具有三个主要特点：①节点域剪切变形与其上下两侧柱截面弯矩的矢量和有关，而无法仅由任意一侧的弯矩值确定；②节点域剪切变形会引起梁轴线和柱轴线之间的相对转动，产生节点域剪切转角 θ_{pz}；③节点域剪切变形会引起节点域上下两侧柱轴线之间的错动 δ_{pz}。

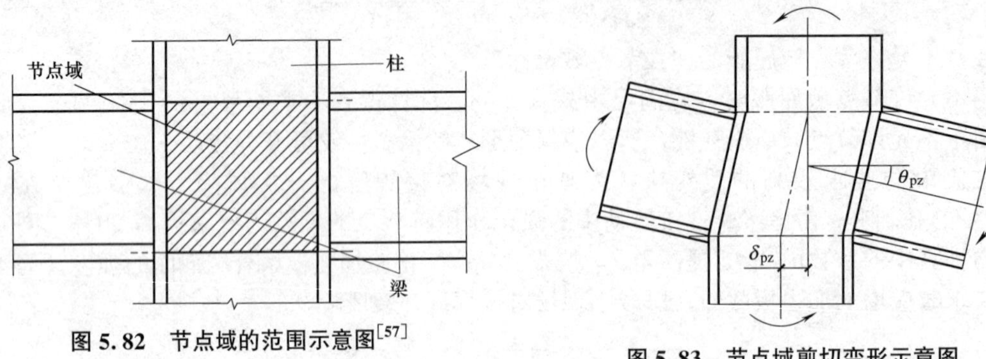

图 5.82　节点域的范围示意图[57]

图 5.83　节点域剪切变形示意图

如图 5.83 所示，一般情况下节点域剪切转角 θ_{pz} 和节点域两侧柱轴线错动 δ_{pz} 之间存在如式（5.61）所示的关系：

$$\theta_{pz}=\delta_{pz}h_{pz} \tag{5.61}$$

式中，h_{pz} 为节点域高度，取为上下两侧节点域水平加劲肋中心线的间距。节点域的变形性质可以用节点域两侧的梁端弯矩之和 M_{pz} 与 θ_{pz}（或 δ_{pz}）之间的关系表示。在弹性范围内，节点域刚度 $K_{pz}=M_{pz}/\theta_{pz}$ 是这一关系中的关键参数[58,68]。

在 5.3.3 节已给出了建议的节点域刚度计算方法，在此基础上可对弹性范围内节点域刚度对结构内力和变形的影响开展进一步分析。

由 5.2 节有限元分析可知，焊接梁柱节点中节点域的弯矩-节点域剪切转角（M_{pz}-θ_{pz}）曲线中存在明显的平缓段，据此假设单调加载时节点域的 M_{pz}-θ_{pz} 全曲线具有如图 5.84 所示的形式。曲线分为线弹性段、过渡段和水平段三部分[58]，其中 $M_{pz.u}$ 和 $M_{pz.e}$ 分别为节点域的极限承载力和弹性承载力，基于欧洲规范的假定，认为 $M_{pz.u}=1.5M_{pz.e}$[57]。$\theta_{pz.u}$ 则是曲线上 $M_{pz.u}$ 的平缓段的起点对应的节点域转角，$\theta_{pz.u}$ 对应的割线刚度为节点域初始转动刚度的 1/2[57]，即 $M_{pz.u}=0.5K_{pz}\theta_{pz.u}$。曲线的线弹性段和水平段之间通过一条抛物线连接，其连接条件为使曲线在 $\theta_{pz}=\theta_{pz.e}$ 和 $\theta_{pz}=\theta_{pz.u}$ 连接点处可导。以 K_{pz} 和 $\theta_{pz.e}$ 为基本参量，可得到图 5.84 中 M_{pz}-θ_{pz} 曲线的表达式，见式（5.62）。

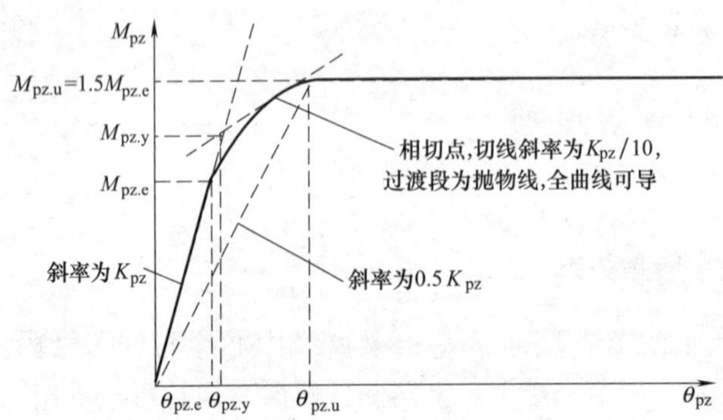

图 5.84　建议的弯矩-节点域剪切转角全曲线

$$M_{pz}=\begin{cases}K_{pz}\theta_{pz} & \theta_{pz}\leqslant\theta_{pz.e}\\ \dfrac{K_{pz}}{8\theta_{pz.e}}(\theta_{pz}-3\theta_{pz.e})^2+1.5K_{pz}\theta_{pz.e} & \theta_{pz.e}<\theta_{pz}<3\theta_{pz.e}\\ 1.5K_{pz}\theta_{pz.e} & \theta_{pz}\geqslant 3\theta_{pz.e}\end{cases}\tag{5.62}$$

在5.3节中提出了高强钢板式加强型梁柱节点的节点域初始转动刚度 K_{pz} 和节点域承载力 $M_{pz.y}$ 的计算方法。由于设计方法中给出的节点域承载力 $M_{pz.y}$ 对应的状态允许节点域发展一定的塑性变形，所以 $M_{pz.y}$ 与 $M_{pz.e}$ 和 $M_{pz.u}$ 均不同[32]。根据5.2节和5.3节中 $M_{pz.y}$ 的定义和计算方法（见图5.33），当 M_{pz}-θ_{pz} 曲线中的过渡段为抛物线时，根据图5.84中的几何关系，考虑 $M_{pz.u}=1.5M_{pz.e}$、$M_{pz.u}=0.5K_{pz}\theta_{pz.u}$ 和 $M_{pz.e}=K_{pz}\theta_{pz.e}$，可以推导出通过 $M_{pz.y}$ 计算 $M_{pz.u}$ 和 $M_{pz.e}$ 的表达式，分别见式（5.63）和式（5.64）。利用（5.63）或式（5.64）计算得到 $M_{pz.u}$ 和 $M_{pz.e}$ 后，即可进一步得到 $\theta_{pz.e}$，从而按式（5.62）得到完整的 M_{pz}-θ_{pz} 曲线。

$$M_{pz.e}=\frac{45}{61}M_{pz.y}\approx 0.74M_{pz.y}\tag{5.63}$$

$$M_{pz.u}=\frac{135}{122}M_{pz.y}\approx 1.11M_{pz.y}\tag{5.64}$$

利用上述方法计算了5.2节参数分析各组CP节点模型和FP节点模型中的1号节点（见表5.14和表5.15中序号为01的模型）的 M_{pz}-θ_{pz} 曲线，并与有限元结果曲线进行对比，如图5.85所示，图中还给出了利用5.3节所提出的方法计算得到的各模型节点域的 $M_{pz.y}$。从图中可看出，由于上述模型的曲线未考虑节点域屈服后的强化，所以在节点域剪切转角较大时承载力计算结果偏低，但总体上看本书提出的模型得到的 M_{pz}-θ_{pz} 曲线与有限元结果较为吻合。

以上给出了焊接节点中的弯矩-节点域剪切转角全曲线计算模型。由于通过5.3节所得到的 $M_{pz.y}$ 对应的状态下节点域已发展了一定的塑性转角，所以理论上当节点域两侧的弯矩之和不超过式（5.63）得到的 $M_{pz.e}$ 时，才可以使用节点域初始转动刚度 K_{pz} 进行钢框架的计算分析。但是，从图5.85中可看出，$M_{pz.y}$ 对应的状态下各模型中节点域的塑性转角都很小，所以在设计中使用 K_{pz} 对 $M_{pz.y}$ 对应的状态进行计算时并不会对分析结果造成显著影响。

5.4.2 考虑节点域变形的模型

5.4.2.1 基本假定和力学模型

计算出节点域刚度后，为了在结构分析中考虑节点域的影响，还需要建立节点域模型。目前在国内外的研究中已提出的模拟节点域变形的模型主要有三个：一是如图5.86（*a*）所示的柱侧弹簧模型[54]，该模型是欧洲规范设计中采用的分析模型[57]，可将节点域刚度与不同节点构造中的连接刚度合并考虑，计算代价较小，但只能模拟梁柱轴线的相对转角，并且在中柱节点中节点域两侧需要两个独立的转动弹簧进行模拟，所以不能考虑节点域两侧截面弯矩差值的影响，也不能模拟柱轴线的错动；二是如图5.86（*b*）所示的剪

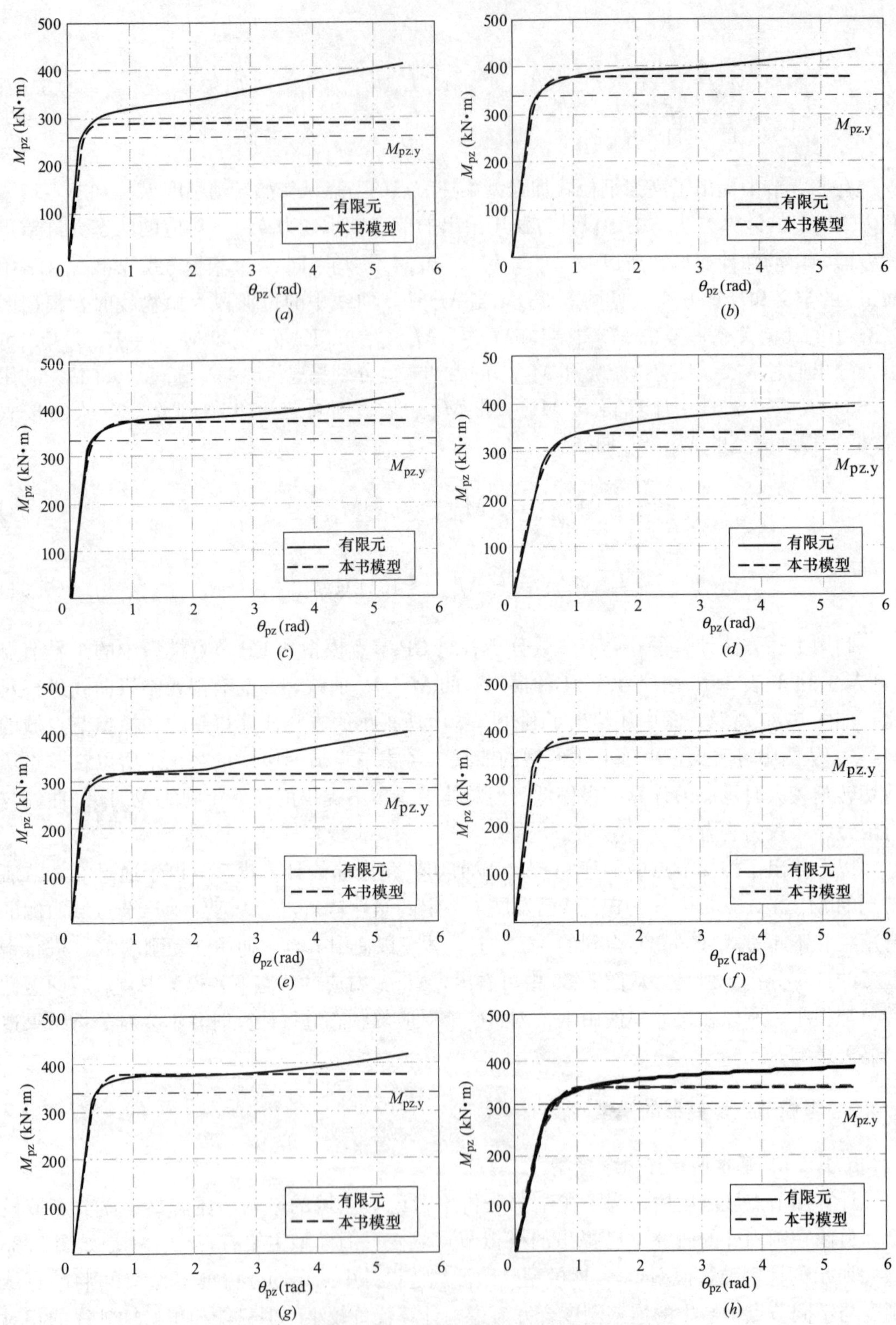

图 5.85　有限元结果与本书模型得到的 M_{pz}-θ_{pz} 曲线

(*a*) CPA01；(*b*) CPB01；(*c*) CPC01；(*d*) CPD01；(*e*) FPA01；(*f*) FPB01；(*g*) FPC01；(*h*) FPD01

刀模型[69]，该模型的计算代价有所增加，可以较准确地考虑节点域两侧梁截面弯矩差值对节点域转角的影响，但仍不能模拟柱轴线的错动[70]；三是如图 5.86（c）所示的平行四边形模型[69]，该模型可以较准确地模拟 5.4.1 节所述节点域的变形特点，但其计算最复杂[71]。

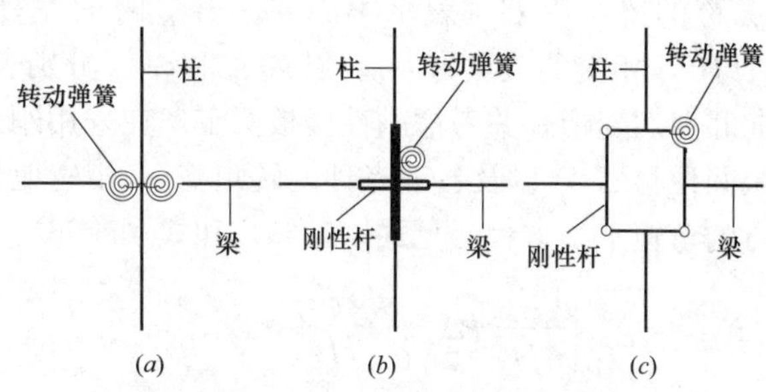

图 5.86　已有的节点域模型[54,69]

（a）柱侧弹簧模型；（b）剪刀模型；（c）平行四边形模型

以修正单元刚度矩阵为主要手段，目前已初步实现了在不明显增加计算量的前提下柱侧转动弹簧模型在结构分析中的应用[72-75]，而模拟节点域变形特点更为准确的剪刀模型和平行四边形模型目前则缺少实用的分析方法。由于节点域变形无法仅由单侧弯矩确定，准确考虑节点域变形影响需要引入新的与节点域两侧弯矩之和相关的位移未知量，因此必然增加计算代价，且无法只依靠修正梁或柱的单元刚度矩阵实现。

以下将基于节点域的变形特点引入考虑节点域刚度的节点模型，并通过搭建整体刚度矩阵实现该模型的分析及与其他模型的对比。为了简化分析过程，首先引入如下基本假定：①刚性楼板假定；②结构处于小变形阶段；③忽略构件的轴向变形；④忽略节点域以外构件的剪切变形；⑤忽略节点域尺寸对构件长度的影响。在小挠度、弹性范围内，上述假定不会对框架的分析结果产生显著影响，但是可以有效减小计算代价[76,77]。

在上述假定基础上，引入如图 5.87 所示的节点模型。该模型本质上是对如图 5.86（c）所示的平行四边形模型的应用，可以较真实地模拟包括 θ_{pz} 和 δ_{pz} 在内的各类节点域变形特点。同时，通过将刚性杆组成的平行四边形等效为一个滑动连接节点，并将原模型中的转动弹簧替换为节点域上、下截面之间的剪切弹簧。图 5.87 中的模型可以直观地引

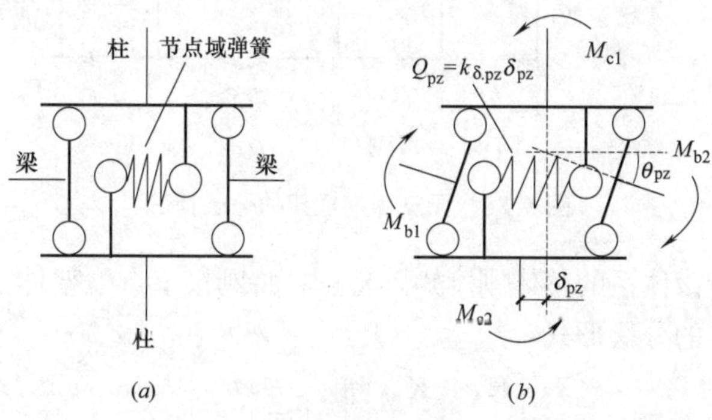

图 5.87　考虑节点域刚度的节点模型

（a）基本单元；（b）剪切变形模拟

入刚性楼板作用并建立节点处的剪力平衡方程，便于在结构设计分析中直接应用。

5.4.2.2　平衡方程和整体刚度矩阵

为了应用如图 5.87 所示的节点模型对一般的平面钢框架进行弹性分析，考虑如图 5.88 所示的 n 层 m 跨无支撑钢框架体系，第 i 层的层高为 H_i，第 j 跨的跨度为 L_j，以 B_{ij} 表示第 i 层、第 j 跨的梁，以 C_{ij} 表示第 i 层、第 j 跨的左柱，各层的右边柱以 $C_{i(m+1)}$ 表示。记 B_{ij} 与 C_{ij} 相交的节点为 J_{ij}。以 $i_{\mathrm{B}.ij}$ 和 $i_{\mathrm{C}.ij}$ 分别表示 B_{ij} 和 C_{ij} 的线刚度。由于忽略构件轴向和剪切变形，并考虑刚性楼板假定，在采用刚接梁柱节点时，该体系的基本位移为各层层间位移 Δ_i，以及各节点处的转角 θ_{ij}；相应地，可以建立各层的层剪力平衡方程和各节点的弯矩平衡方程，见式（5.65）和式（5.66）：

$$F_{\mathrm{Q}i}=\sum_{j=1}^{m+1}\left[\frac{12i_{\mathrm{C}.ij}}{H_i^2}\Delta_i-\frac{6i_{\mathrm{C}.ij}}{H_i}(\theta_{(i-1)j}+\theta_{ij})\right] \tag{5.65}$$

$$\begin{aligned}M_{ij}=&(4\theta_{ij}+2\theta_{i(j+1)})i_{\mathrm{B}.ij}+(4\theta_{ij}+2\theta_{i(j-1)})i_{\mathrm{B}.i(j-1)}+(4\theta_{ij}+2\theta_{(i-1)j})i_{\mathrm{C}.ij}+\\&(4\theta_{ij}+2\theta_{(i+1)j})i_{\mathrm{C}.(i+1)j}-\frac{6i_{\mathrm{C}.ij}\Delta_i}{H_i}-\frac{6i_{\mathrm{C}.(i+1)j}\Delta_{i+1}}{H_{i+1}}\end{aligned} \tag{5.66}$$

式中，$F_{\mathrm{Q}i}$ 为荷载导致的第 i 层层剪力；M_{ij} 为作用于 J_{ij} 的等效固端弯矩；为保持方程形式的一致性，当出现 $i=0$、$j=0$、$i>n$ 或 $j>(m+1)$ 的情况时，取 $i_{\mathrm{B}.ij}=i_{\mathrm{C}.ij}=0$、$\theta_{ij}=0$。将式（5.65）和式（5.66）写成矩阵形式，即可得到采用刚接节点模型的钢框架整体刚度矩阵。

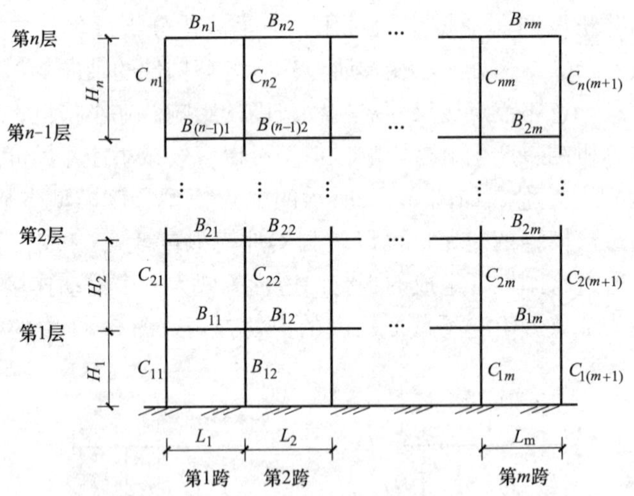

图 5.88　无支撑钢框架的一般情况

为了进一步分析该体系的整体刚度矩阵特点，将刚接节点框架体系矩阵形式的平衡方程写成如式（5.67）的分块形式：

$$\begin{bmatrix}\boldsymbol{K}_{\Delta} & \boldsymbol{K}_{\Delta\theta}\\ \boldsymbol{K}_{\theta\Delta} & \boldsymbol{K}_{\theta}\end{bmatrix}\begin{bmatrix}\boldsymbol{\Delta}\\ \boldsymbol{\theta}\end{bmatrix}=\begin{bmatrix}\boldsymbol{F}_{\mathrm{Q}}\\ \boldsymbol{M}\end{bmatrix} \tag{5.67}$$

式中，$\boldsymbol{\Delta}$ 和 $\boldsymbol{\theta}$ 分别表示层间位移和节点转角组成的广义位移向量；$\boldsymbol{F}_{\mathrm{Q}}$ 和 $\boldsymbol{M}$ 分别表示层剪

力和等效节点弯矩组成的等效荷载向量；$\boldsymbol{K}_{\Delta}$ 表示层剪力与层间位移的相关关系；$\boldsymbol{K}_{\theta}$ 表示等效节点弯矩与节点转角的相关关系；$\boldsymbol{K}_{\Delta\theta}$ 表示层剪力与节点转角的相关关系；$\boldsymbol{K}_{\theta\Delta}$ 表示等效节点弯矩与层间位移的相关关系。$\boldsymbol{K}_{\Delta}$、$\boldsymbol{K}_{\theta}$、$\boldsymbol{K}_{\Delta\theta}$ 与 $\boldsymbol{K}_{\theta\Delta}$ 组成了刚接节点框架体系的整体刚度矩阵，该矩阵为对称矩阵，即 $\boldsymbol{K}_{\Delta}$ 与 $\boldsymbol{K}_{\theta}$ 均为对称矩阵且 $\boldsymbol{K}_{\theta\Delta}=\boldsymbol{K}_{\Delta\theta}^{\mathrm{T}}$。

在上述整体刚度矩阵中，$\boldsymbol{K}_{\Delta}$ 为 n 阶对角阵，可记为：

$$\boldsymbol{K}_{\Delta}=\mathbf{diag}\left(\frac{12}{H_1^{\ 2}}\sum_{j=1}^{m+1}i_{\mathrm{C.}1j},\frac{12}{H_2^{\ 2}}\sum_{j=1}^{m+1}i_{\mathrm{C.}2j},\cdots,\frac{12}{H_n^{\ 2}}\sum_{j=1}^{m+1}i_{\mathrm{C.}nj}\right) \tag{5.68}$$

$\boldsymbol{K}_{\theta}$ 为 $n(m+1)$ 阶稀疏方阵，可记为：

$$\boldsymbol{K}_{\theta}=\begin{bmatrix}\boldsymbol{k}_{\theta.1} & \boldsymbol{k}_{\theta.12} & & \mathbf{0}\\ \boldsymbol{k}_{\theta.12} & \boldsymbol{k}_{\theta.2} & \ddots & \\ & \ddots & \ddots & \boldsymbol{k}_{\theta.1n}\\ \mathbf{0} & & \boldsymbol{k}_{\theta.1n} & \boldsymbol{k}_{\theta.n}\end{bmatrix} \tag{5.69}$$

其中

$$\boldsymbol{k}_{\theta.i}=\begin{bmatrix}k_{\theta.i1} & 2i_{\mathrm{B.}i1} & & 0\\ 2i_{\mathrm{B.}i1} & k_{\theta.i2} & \ddots & \\ & \ddots & \ddots & 2i_{\mathrm{B.}im}\\ 0 & & 2i_{\mathrm{B.}im} & k_{\theta.i(m+1)}\end{bmatrix} \tag{5.70}$$

$$k_{\theta.ij}=4(i_{\mathrm{B.}ij}+i_{\mathrm{B.}i(j-1)}+i_{\mathrm{C.}ij}+i_{\mathrm{C.}(i+1)j}) \tag{5.71}$$

$$\boldsymbol{k}_{\theta.1i}=2\mathbf{diag}(i_{\mathrm{C.}i1},i_{\mathrm{C.}i2},\cdots,i_{\mathrm{C.}i(m+1)}) \tag{5.72}$$

$\boldsymbol{K}_{\Delta\theta}$ 为 $n\times n(m+1)$ 阶稀疏矩阵，可记为：

$$\boldsymbol{K}_{\Delta\theta}=\begin{bmatrix}\boldsymbol{k}_{\Delta\theta.1} & & & \mathbf{0}\\ \boldsymbol{k}_{\Delta\theta.2} & \boldsymbol{k}_{\Delta\theta.2} & & \\ & \ddots & \ddots & \\ \mathbf{0} & & \boldsymbol{k}_{\Delta\theta.n} & \boldsymbol{k}_{\Delta\theta.n}\end{bmatrix} \tag{5.73}$$

其中

$$\boldsymbol{k}_{\Delta\theta.i}=\frac{-6}{H_i}[i_{\mathrm{C.}i1},i_{\mathrm{C.}i2},\cdots,i_{\mathrm{C.}i(m+1)}] \tag{5.74}$$

以上是刚接节点框架体系的整体刚度矩阵。在钢框架体系中引入图 5.87 中考虑节点域变形的节点模型后，仍然需要满足各层的层剪力平衡和各节点的弯矩平衡关系，只是由于梁端转角和各层水平侧移受到节点域变形影响，需要对原有的平衡关系进行修正。在每个节点处引入一个表示梁柱相对转角的新位移未知量 φ_{ij}，表示 J_{ij} 处的节点域剪切转角，即图 5.87（*b*）中的 θ_{pE}。此时，原平衡方程式（5.65）和式（5.66）修正为式（5.75）和式（5.76）：

$$F_{\mathrm{Q}i}=\sum_{j=1}^{m+1}\left[\frac{12i_{\mathrm{C.}ij}}{H_i^{\ 2}}(\Delta_i-\varphi_{ij}h_{ij})-\frac{6i_{\mathrm{C.}ij}}{H_i}(\theta_{(i-1)j}+\theta_{ij})\right] \tag{5.75}$$

$$M_{ij}=(4\theta_{ij}+2\theta_{i(j+1)})i_{B.ij}+(4\theta_{ij}+2\theta_{i(j-1)})i_{B.i(j-1)}+(4\theta_{ij}+2\theta_{(i-1)j})i_{C.ij}+$$
$$(4\theta_{ij}+2\theta_{(i+1)j})i_{C.(i+1)j}+(4\varphi_{ij}+2\varphi_{i(j+1)})i_{B.ij}+$$
$$(4\varphi_{ij}+2\varphi_{i(j-1)})i_{B.i(j-1)}-\frac{6i_{C.ij}}{H_i}(\Delta_i-\varphi_{ij}h_{ij})-\frac{6i_{C.(i+1)j}}{H_{i+1}}(\Delta_{i+1}-\varphi_{(i+1)j}h_{(i+1)j}) \tag{5.76}$$

式中，h_{ij} 表示 J_{ij} 处节点域的高度；当出现 $i=0$、$j=0$、$i>n$ 或 $j>(m+1)$ 的情况时，取 $\varphi_{ij}=0$。

除上述平衡关系之外，考虑节点域变形的框架体系中还需补充节点域的剪力平衡方程。图5.89给出了上一节提出的节点模型的受力分析图，图中 Q_{c1} 和 Q_{c2} 分别表示节点域上侧和下侧柱截面的剪力；M_{b1} 和 M_{b2} 分别表示节点域左侧和右侧梁截面的弯矩；Q_F 表示基于刚性楼板假定，该楼层的等效水平荷载导致的单个节点处下层柱相对于上层柱的剪力增量。由图5.89可以看出，节点域内剪切弹簧的剪力 Q_{pz} 受 M_{b1}、M_{b2} 和 Q_{c2} 的共同影响，记节点域剪切弹簧的刚度为 $k_{\delta.pz}$，则节点域内的剪力平衡方程为：

$$k_{\delta.pz}\delta_{pz}=\frac{M_{b1}}{h}+\frac{M_{b2}}{h}+Q_{c2} \tag{5.77}$$

考虑各个构件的单元刚度特点，在上述平衡方程中引入各位移未知量，记节点域的等效转动刚度为 $k_{\varphi}=k_{\delta.pz}h^2$，并将式（5.61）代入式（5.77），展开得：

$$M_{pz.ij}=(4\theta_{ij}+2\theta_{i(j+1)})i_{B.ij}+(4\theta_{ij}+2\theta_{i(j-1)})i_{B.i(j-1)}+(4\varphi_{ij}+2\varphi_{i(j+1)})i_{B.ij}+$$
$$(4\varphi_{ij}+2\varphi_{i(j-1)})i_{B.i(j-1)}+\frac{6h_{ij}i_{C.ij}}{H_i}\left[\theta_{ij}+\theta_{(i-1)j}-\frac{2}{H_i}(\Delta_i-\varphi_{ij}h_{ij})\right]+k_{\varphi.ij}\varphi_{ij} \tag{5.78}$$

式中，$M_{pz.ij}$ 为作用于 J_{ij} 处的梁端弯矩差值；$k_{\varphi.ij}$ 为 J_{ij} 处节点域的等效转动刚度。

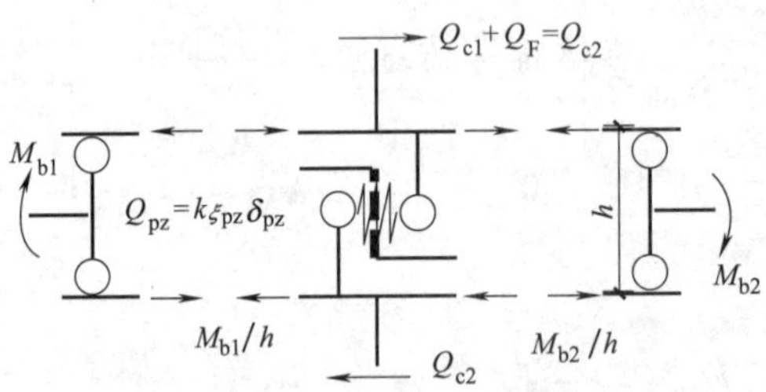

图5.89 考虑节点域剪切变形的节点模型受力分析图

将（5.75）、式（5.76）和式（5.78）写成矩阵形式，可发现其具有如式（5.79）的分块结构：

$$\begin{bmatrix}\boldsymbol{K}_{\Delta} & \boldsymbol{K}_{\Delta\theta} & \boldsymbol{K}_{\Delta\varphi}\\ \boldsymbol{K}_{\theta\Delta} & \boldsymbol{K}_{\theta} & \boldsymbol{K}_{\theta\varphi}\\ \boldsymbol{K}_{\varphi\Delta} & \boldsymbol{K}_{\varphi\theta} & \boldsymbol{K}_{\varphi}\end{bmatrix}\begin{bmatrix}\boldsymbol{\Delta}\\ \boldsymbol{\theta}\\ \boldsymbol{\varphi}\end{bmatrix}=\begin{bmatrix}\boldsymbol{F}_Q\\ \boldsymbol{M}\\ \boldsymbol{M}_{pz}\end{bmatrix} \tag{5.79}$$

式中，$\boldsymbol{\varphi}$ 表示节点域剪切转角组成的广义位移向量；$\boldsymbol{M}_{pz}$ 为各节点域处的梁端弯矩差值组成的等效荷载向量；$\boldsymbol{K}_{\Delta}$、$\boldsymbol{K}_{\theta}$ 和 $\boldsymbol{K}_{\Delta\theta}$ 与式（5.67）中的含义及形式均相同。因此，与刚接

节点框架体系相比，应用所提出的节点模型考虑节点域刚度后，需在原体系的整体刚度矩阵基础上扩充五个子块：表示层剪力与节点域剪切转角的相关关系的 $\boldsymbol{K}_{\Delta\varphi}$；表示节点域两侧梁端弯矩差值与层间位移相关关系的 $\boldsymbol{K}_{\varphi\Delta}$；表示等效节点弯矩与节点域剪切转角相关关系的 $\boldsymbol{K}_{\theta\varphi}$；表示节点域两侧梁端弯矩差值与节点转角相关关系的 $\boldsymbol{K}_{\varphi\theta}$，以及表示节点域两侧梁端弯矩差值与节点域剪切转角相关关系的 $\boldsymbol{K}_{\varphi}$。扩充的子块中，$\boldsymbol{K}_{\varphi}$ 为对称矩阵，且有 $\boldsymbol{K}_{\Delta\varphi}=\boldsymbol{K}_{\varphi\Delta}^{\mathrm{T}}$，$\boldsymbol{K}_{\theta\varphi}=\boldsymbol{K}_{\varphi\theta}^{\mathrm{T}}$，所以考虑节点域变形影响后的框架体系的整体刚度矩阵仍保持对称性。

扩充的矩阵 $\boldsymbol{K}_{\Delta\varphi}$ 为 $n\times n(m+1)$ 阶稀疏矩阵，可记为

$$\boldsymbol{K}_{\Delta\varphi}=\mathbf{diag}(\boldsymbol{k}_{\Delta\varphi.1},\boldsymbol{k}_{\Delta\varphi.2},\cdots,\boldsymbol{k}_{\Delta\varphi.n}) \tag{5.80}$$

其中

$$\boldsymbol{k}_{\Delta\varphi.i}=\frac{-12}{H_i^2}[i_{\mathrm{C}.i1}h_{i1},i_{\mathrm{C}.i2}h_{i2},\cdots,i_{\mathrm{C}.i(m+1)}h_{i(m+1)}] \tag{5.81}$$

$\boldsymbol{K}_{\theta\varphi}$ 为 $n(m+1)$ 阶稀疏方阵，可记为

$$\boldsymbol{K}_{\theta\varphi}=\begin{bmatrix}\boldsymbol{k}_{\theta\varphi.1} & \boldsymbol{k}_{\theta\varphi.12} & & \mathbf{0}\\ & \boldsymbol{k}_{\theta\varphi.2} & \ddots & \\ & & \ddots & \boldsymbol{k}_{\theta\varphi.1n}\\ \mathbf{0} & & & \boldsymbol{k}_{\theta\varphi.n}\end{bmatrix} \tag{5.82}$$

其中

$$\boldsymbol{k}_{\theta\varphi.i}=\begin{bmatrix}k_{\theta\varphi.i1} & 2i_{\mathrm{B}.i1} & & 0\\ 2i_{\mathrm{B}.i1} & k_{\theta\varphi.i2} & \ddots & \\ & \ddots & \ddots & 2i_{\mathrm{B}.im}\\ 0 & & 2i_{\mathrm{B}.im} & k_{\theta\varphi.i(m+1)}\end{bmatrix} \tag{5.83}$$

$$k_{\theta\varphi.ij}=4i_{\mathrm{B}.ij}+4i_{\mathrm{B}.i(j-1)}+\frac{6h_{ij}}{H_i}i_{\mathrm{C}.ij} \tag{5.84}$$

$$\boldsymbol{k}_{\theta\varphi.1i}=6\mathbf{diag}\left(\frac{i_{\mathrm{C}.i1}h_{i1}}{H_i},\frac{i_{\mathrm{C}.i2}h_{i2}}{H_i},\cdots,\frac{i_{\mathrm{C}.i(m+1)}h_{i(m+1)}}{H_i}\right) \tag{5.85}$$

$\boldsymbol{K}_{\varphi}$ 为 $n(m+1)$ 阶稀疏方阵，可记为

$$\boldsymbol{K}_{\varphi}=\mathbf{diag}(k_{\varphi.1},\quad k_{\varphi.2},\quad \cdots,k_{\varphi.n}) \tag{5.86}$$

其中

$$\boldsymbol{k}_{\varphi.i}=\begin{bmatrix}k_{\varphi.i1} & 2i_{\mathrm{B}.i1} & & 0\\ 2i_{\mathrm{B}.i1} & k_{\varphi.i2} & \ddots & \\ & \ddots & \ddots & 2i_{\mathrm{B}.im}\\ 0 & & 2i_{\mathrm{B}.im} & k_{\varphi.i(m+1)}\end{bmatrix} \tag{5.87}$$

$$k_{\varphi.ij}=4i_{\mathrm{B}.ij}+4i_{\mathrm{B}.i(j-1)}+12\frac{i_{\mathrm{C}.ij}h_{ij}{}^2}{H_i{}^2}+k_{\varphi.ij} \tag{5.88}$$

以上通过直接建立体系平衡方程的方法搭建出了一般情况下刚接节点框架的整体刚度矩阵以及扩充后考虑节点域刚度的钢框架体系的整体刚度矩阵。

可以看出，上述方法实际是图 5.86（c）所示的平行四边形模型简化后（忽略了节点域尺度对构件长度的影响）的程序实现。由于如图 5.86（b）所示的剪刀模型实际是在平行四边形模型的基础上忽略了节点域变形对柱轴线错动的影响，因此可在平行四边形模型的基础上通过进一步简化来实现。在本书提出的实现模型中，柱轴线错动的影响是通过考虑节点域的高度 h_{ij} 实现的，因此在式（5.79）的整体刚度矩阵中令 $h_{ij}=0$，即可实现应用剪刀节点域模型的框架分析。

此外，对于如图 5.86（a）所示的柱侧弹簧模型，可通过修正梁单元刚度矩阵实现，并且许多学者已经开展了相关研究并给出修正方法[74,75]，所以这里直接应用相关的研究结果，在程序中基于修正后的单元刚度矩阵实现柱侧弹簧节点域模型框架的分析，分析中取中柱节点 J_{ij} 两侧的转动弹簧刚度相同且均为 $k_{\varphi,ij}$，具体的单元刚度矩阵修正方法见文献［74］。

基于上述整体刚度矩阵，并利用数学软件 MATLAB 的稀疏矩阵求解功能可实现对刚接节点框架体系，以及采用平行四边形节点域模型、剪切节点域模型和柱侧弹簧模型的框架体系的求解。附录 G 中给出了上述 4 种模型的实现程序。

5.4.3　模型对比及算例分析

5.4.3.1　框架算例

为了分析不同的节点域模型对框架弹性分析结果的影响，基于我国的相关规范[1,3,5,8]，采用不同强度等级的钢材设计了 3 个 8 层 4 跨的算例框架，各框架的层高均为 3m，跨度均为 6m，每层的恒荷载（D）标准值为 6kN/m^2，活荷载（L）标准值为 2kN/m^2，8 度（0.2g）设防，Ⅱ类场地，地震设计分组第一组。在每一个算例框架中，梁均采用同一截面，柱则采用 4 种不同的截面，见表 5.24。表中的试件编号由梁钢材等级（B345 表示梁采用 Q345 钢材）和柱钢材等级（C345、C460 和 C690 分别表示柱采用 Q345、Q460 和 Q690 钢材）组成。由于高钢规[3] 的规定间接要求使用 Q345 及以上钢梁时的梁柱节点必须采用塑性铰外移构造，因此设计中考虑 $\xi_s=1.05$ 的加强系数。需说明的是，由于目前对高强钢框架构件板件宽厚比限值缺乏研究，且现行规范的板件宽厚比限值对于高强钢过于严格，在实际设计中尚难应用[7]，因此设计的算例框架中对 Q460 和 Q690 柱的板件宽厚比未做验算。

根据 5.3 节提出的节点域平衡设计条件，在抗震设计中节点域的承载力和梁截面的承载力之比应符合式（5.56）。为此在柱截面的腹板厚度不满足构造要求时需要对节点域进行局部加厚。表 5.25 给出了算例框架中各节点域的设计厚度及刚度，其中节点域刚度 K_{pz} 由式（5-25）计算。表 5.25 中还列出了节点域刚度和与其相连的梁的线刚度的比值 k_b。从表 5.24 和表 5.25 可以看出，在使用 Q345 钢材时节点域通常需要局部加厚以满足节点域的抗震构造要求[8]，局部加厚后的中柱节点域刚度一般可满足欧洲规范[57] 中的刚接节点要求；而采用高强钢的节点域或边柱节点的节点域则一般不需要加厚柱腹板，节点刚度相对较低。特别地，采用 Q690 钢柱的算例框架 B345-C690，除 1～4 层中柱节点外的所有节点均不满足欧洲规范对于无支撑钢框架的刚接节点要求。

多层钢框架算例 表 5.24

框架编号	梁截面	柱截面			
		1～4 层边柱	1～4 层中柱	5～8 层边柱	5～8 层中柱
B345-C345	H360×150×8×12	H340×200×8×12	H420×220×10×16	H330×150×8×10	H420×190×10×14
B345-C460	H360×150×8×12	H340×170×8×12	H420×220×10×12	H330×150×8×10	H360×170×10×12
B345-C690	H360×150×8×12	H370×170×10×10	H430×190×10×10	H330×150×8×8	H340×150×10×10

算例框架的节点域特性 表 5.25

框架编号	1～4 层边柱			1～4 层中柱			5～8 层边柱			5～8 层中柱		
	t_{pz} (mm)	$k_{\varphi.pz}$ (kN·m)	k_b	t_{pz} (mm)	$k_{\varphi.pz}$ (kN·m)	k_b	t_{pz} (mm)	$k_{\varphi.pz}$ (kN·m)	k_b	t_{pz} (mm)	$k_{\varphi.pz}$ (kN·m)	k_b
B345-C345	10	1.08×10^5	22.0	20	2.64×10^5	53.3	10	1.06×10^5	21.6	16	2.14×10^5	43.1
B345-C460	8	8.61×10^4	17.6	14	3.81×10^5	39.3	8	8.44×10^4	17.3	14	1.60×10^5	32.6
B345-C690	10	1.19×10^5	24.2	10	1.40×10^5	28.1	8	8.55×10^4	17.5	10	1.09×10^5	22.3

为了得到算例框架的真实内力和变形情况，利用有限元软件 ABAQUS 建立了 3 个算例框架的有限元模型。有限元模型采用壳单元 S4R，钢材的弹性模量取为 206GPa[1]；依据规范[3]，节点域处柱腹板需局部加厚时，加厚范围为伸出节点域上、下两侧各 150mm；在梁翼缘对应高度处设置与梁翼缘等厚的节点域水平加劲肋。模型的边界条件为底层柱脚刚接，同时在每一层中建立梁上翼缘与各柱截面的交线水平位移的耦合约束以模拟刚性楼板条件。图 5.90 为有限元模型示意图。

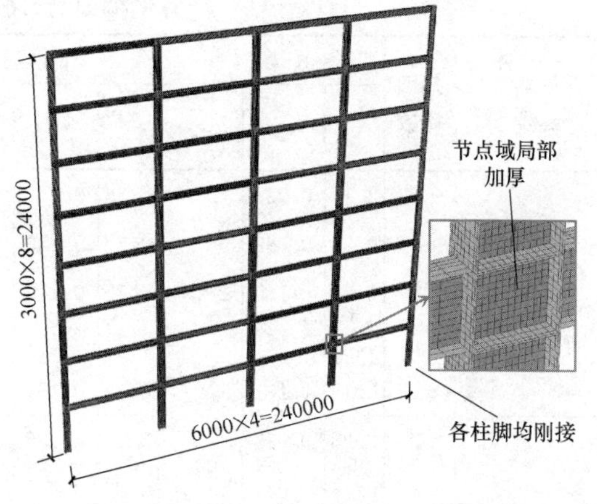

图 5.90 算例框架有限元模型示意图

5.4.3.2 结构自振周期及反应谱分析

在应用反应谱法计算地震作用时，结构自振周期和振型的变化会直接影响水平地震作用的大小[31]；相对于刚接节点框架体系，考虑节点域变形后由于结构的整体刚度性质发生变化，结构的自振周期和振型也会相应发生变化[38]。为了分析节点域变形对自振周期和振型的影响，基于 5.4.3.1 节的整体刚度矩阵对算例框架进行自振周期计算。

为便于分析，计算时仅考虑平动质量，忽略转动质量影响，采用静力凝聚方法将 θ_{ij} 和 φ_{ij} 对应刚度矩阵子块进行消元[38]，可以得到刚接节点框架体系的频率方程和考虑节点域变形的框架体系的频率方程，分别为式（5.89）和式（5.90）：

$$\left|\boldsymbol{K}_{\Delta}-\boldsymbol{K}_{\Delta\theta}\boldsymbol{K}_{\theta}{}^{-1}\boldsymbol{K}_{\theta\Delta}-\omega^2\boldsymbol{m}\right|=0 \tag{5.89}$$

$$\left|\boldsymbol{K}_{\Delta}-\begin{bmatrix}\boldsymbol{K}_{\Delta\theta} & \boldsymbol{K}_{\Delta\varphi}\end{bmatrix}\begin{bmatrix}\boldsymbol{K}_{\theta} & \boldsymbol{K}_{\theta\varphi}\\ \boldsymbol{K}_{\varphi\theta} & \boldsymbol{K}_{\varphi}\end{bmatrix}\begin{bmatrix}\boldsymbol{K}_{\theta\Delta}\\ \boldsymbol{K}_{\varphi\Delta}\end{bmatrix}-\omega^2\boldsymbol{m}\right|=0 \tag{5.90}$$

式中，$\boldsymbol{m}$ 为等效的平动质量矩阵，对应每一层的质量取为（$D+0.5L$），依据每层相对加速度对层剪力产生的影响由式（5.91）给出，其中 m_i 为第 i 层的层质量。

$$\boldsymbol{m}=\begin{bmatrix}1 & 1 & \cdots & 1\\ & 1 & \cdots & 1\\ & & \ddots & \vdots\\ 0 & & & 1\end{bmatrix}\begin{bmatrix}m_1 & & & 0\\ & m_2 & & \\ & & \ddots & \\ 0 & & & m_n\end{bmatrix}\begin{bmatrix}1 & & & 0\\ 1 & 1 & & \\ \vdots & \vdots & \ddots & \\ 1 & 1 & \cdots & 1\end{bmatrix} \tag{5.91}$$

应用式（5.89）～式（5.91）对三个算例框架进行频率方程求解，可以得到不同节点模型情况下框架的自振周期和振型。简便起见，将刚接节点模型记为 RJ（Rigid Joint）模型，平行四边形模型记为 PP（Parallelogram Panel）模型，将剪刀模型记为 SP（Scissors Panel）模型，将柱侧弹簧模型记为 CS（Column-side Spring）模型。表 5.26 总结了各算例框架的前 5 阶自振周期（T_j 表示第 j 阶自振周期）、各阶周期相应于我国抗震规范反应谱[3] 的地震影响系数 α_j 以及各模型按振型分解反应谱法（考虑前 5 阶振型）计算得到的底层剪力 F_{Ek}。表 5.26 中提供了有限元分析得到的算例框架自振周期，总体上与 PP 模型的分析结果最为接近。

算例框架的自振周期分析结果　　**表 5.26**

框架编号	振型阶数	RJ 模型			PP 模型			SP 模型			CS 模型			有限元
		T_j (s)	α_j	F_{Ek} (kN)	T_j (s)	α_j	F_{Ek} (kN)	T_j(s)	α_j	F_{Ek} (kN)	T_j(s)	α_j	F_{Ek} (kN)	T_j (s)
B345-C345	1	2.19	0.037		2.38	0.037		2.43	0.037		2.34	0.037		2.40
	2	0.71	0.089		0.77	0.083		0.78	0.082		0.76	0.084		0.77
	3	0.40	0.153	261.4	0.42	0.145	254.9	0.43	0.142	253.5	0.42	0.146	256.3	0.42
	4	0.26	0.171		0.27	0.171		0.28	0.171		0.27	0.171		0.28
	5	0.19	0.171		0.19	0.171		0.19	0.171		0.19	0.171		0.20
B345-C460	1	2.28	0.037		2.49	0.036		2.55	0.036		2.45	0.037		2.52
	2	0.76	0.084		0.82	0.078		0.84	0.077		0.81	0.079		0.82
	3	0.43	0.142	257.8	0.46	0.134	251.0	0.47	0.132	249.6	0.45	0.135	252.6	0.46
	4	0.29	0.171		0.31	0.171		0.31	0.171		0.30	0.171		0.31
	5	0.21	0.171		0.22	0.171		0.22	0.171		0.22	0.171		0.22
B345-C690	1	2.32	0.037		2.56	0.036		2.62	0.036		2.51	0.036		2.55
	2	0.79	0.081		0.87	0.074		0.90	0.072		0.86	0.075		0.86
	3	0.45	0.137	255.0	0.48	0.128	247.3	0.49	0.125	245.8	0.48	0.129	249.2	0.48
	4	0.31	0.171		0.33	0.171		0.34	0.171		0.33	0.171		0.32
	5	0.23	0.171		0.24	0.171		0.24	0.171		0.23	0.171		0.24

从表 5.26 中可以看出，考虑节点域变形的分析模型得到的结构自振周期会略大于 RJ 模型，其中 PP 模型计算得到的基本自振周期比 RJ 模型大 8.8%～10.2%，SP 模型计算得到的基本自振周期比 RJ 模型大 11.1%～12.9%，CS 模型计算得到的基本自振周期比 RJ 模型大 7.1%～8.0%。不同节点域模型得到的自振周期不同，反映出不同节点域模型模拟得到的框架抗侧刚度有所区别。理论上，PP 模型较准确地模拟了节点域的变形；SP

模型忽略了柱轴线错动，在一定程度上高估了柱的转动变形，因而得到的抗侧刚度偏小，周期偏大；CS 模型无法考虑水平作用下中柱节点处两侧梁端弯矩对节点域变形影响的叠加作用，在一定程度上低估了梁的转动变形，因而得到的抗侧刚度偏大，周期偏小。但总体来说，按不同模型考虑节点域变形时，得到的基本自振周期相差不大。

当建筑的基本自振周期处于反应谱的直线下降段时，考虑节点域变形时引起的节点域变化对地震影响系数的影响几乎可忽略[3]；与 RJ 模型相比，各模型计算出的地震作用下的底层剪力稍有减小，但减小的幅度小于 4%。因此，可以认为节点域变形对多高层钢框架的自振特性和地震作用影响较小，在设计中仍可以采用刚接节点模型进行结构地震作用计算，得到的结果与考虑节点域影响后的结果相差不大且偏于安全。

5.4.3.3 内力和变形结果对比

本书依据 5.4.2 节中的方法，分别采用 RJ 模型、PP 模型、SP 模型和 CS 模型对 3 个算例框架进行了弹性计算，并将各模型分析结果与有限元结果进行了对比。选取两种工况进行分析：一是水平地震作用工况，根据上一节的分析结果，由于是否考虑节点域变形对地震作用的影响较小，为便于比较，在所有模型中均按照 RJ 模型的地震作用计算结果施加水平荷载，详见表 5.27；二是重力荷载作用，按照恒荷载标准值取值，等效为 36kN/m 的线荷载施加于各层梁。

图 5.91 为 3 个算例框架在水平地震作用下应用不同模型计算得到的楼层水平侧移分布图。可以看出，RJ 模型得出的水平侧移明显偏小，其顶点侧移量仅为有限元结果的 81.8%～83.1%；而考虑节点域变形的各个模型得出的水平侧移则都在有限元结果附近，顶点侧移量的计算值与有限元结果的差值不超过±5.5%。其中，CS 模型得出的楼层侧移小于有限元结果，这是因为 CS 模型无法考虑水平作用下中柱节点处两侧梁端弯矩对节点域变形影响的叠加作用，在一定程度上低估了梁端转角；SP 模型得出的楼层侧移大于有限元结果，这是因为 SP 模型不考虑节点域处柱轴线错动的影响，在一定程度上高估了柱端转角；而 PP 模型给出的结果则与有限元结果吻合较好，特别是在高强钢框架的分析中，其结果的精度明显优于其他节点域模型。说明平行四边形模型可以较准确地考虑节点域的变形。

算例框架的水平地震作用 **表 5.27**

框架编号	水平地震作用(kN)							
	1层	2层	3层	4层	5层	6层	7层	8层
B345-C345	13.7	17.3	20.1	25.4	30.5	33.2	40.0	81.0
B345-C460	12.9	16.8	20.5	25.1	30.5	34.6	39.9	78.0
B345-C690	12.4	16.5	20.4	24.5	30.3	34.5	39.5	77.0

表 5.28 列出了 3 个算例框架在水平地震作用下不同模型得到的最大层间位移角，各模型的最大层间位移角均发生在 3 层。RJ 模型得到的最大层间位移角明显小于有限元结果，差值超过 10%；考虑节点域变形的各模型得到的最大层间位移角则大于有限元结果，其中 SP 模型得到的最大层间位移角明显偏大，CS 模型得到的最大层间位移角则较准确。根据 RJ 模型的计算结果，3 个算例框架均满足抗震规范规定的地震作用下钢框架的水平侧移要求（不大于 1/250）[3]，而根据有限元模型的计算结果和各考虑节点域变形的钢框

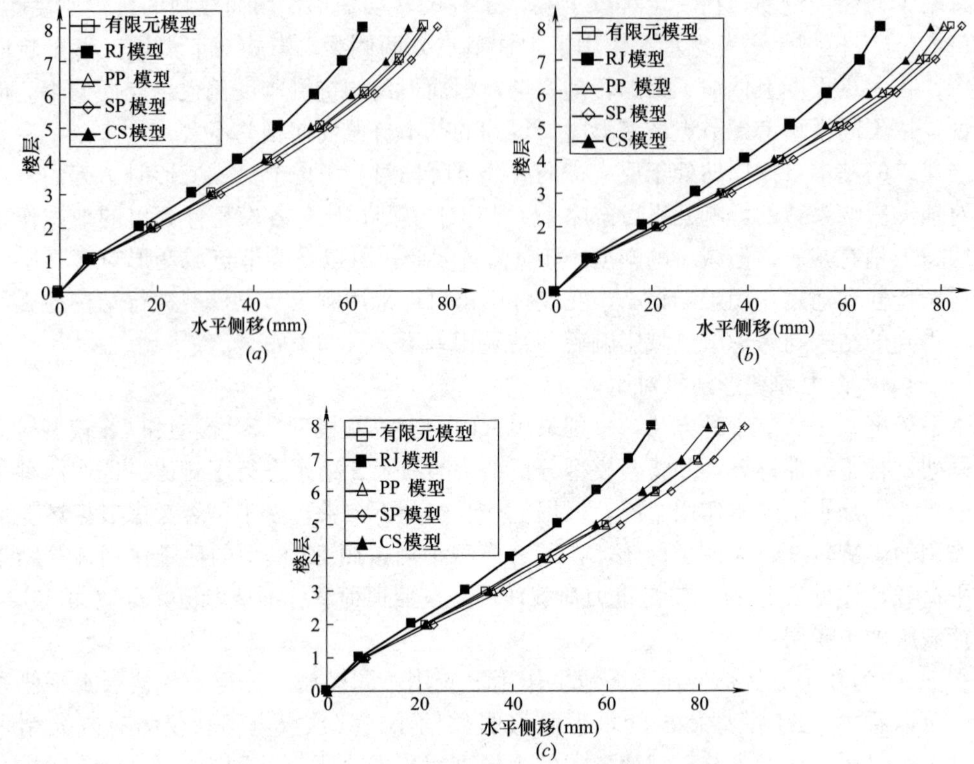

图 5.91　不同模型得出的算例框架侧移对比

(a) B345-C345；(b) B345-C460；(c) B345-C690

架的计算结果，各框架均不满足该变形限值要求。

不同模型得出的算例框架最大层间位移角　　表 5.28

框架编号	有限元模型 (1)	RJ 模型 (2)	PP 模型 (3)	SP 模型 (4)	CS 模型 (5)	(2)/(1)	(3)/(1)	(4)/(1)	(5)/(1)
B345-C345	1/244	1/283	1/235	1/225	1/244	0.86	1.04	1.09	1.00
B345-C460	1/235	1/271	1/227	1/215	1/234	0.87	1.04	1.09	1.00
B345-C690	1/239	1/269	1/223	1/211	1/231	0.89	1.08	1.14	1.04

不同模型得出的算例框架构件最大弯矩　　表 5.29

荷载类型	框架编号	构件类型	构件内的最大弯矩(kN·m)				
			有限元模型	RJ 模型	PP 模型	SP 模型	CS 模型
地震作用	B345-C345	梁	68.0	83.6	80.6	80.3	84.2
		1～4 层边柱	77.9	72.6	78.6	79.7	76.9
		1～4 层中柱	168.0	159.6	173.3	175.2	170.2
		5～8 层边柱	29.9	37.6	39.5	39.9	38.8
		5～8 层中柱	69.1	78.0	79.9	80.0	80.8

续表

荷载类型	框架编号	构件类型	构件内的最大弯矩(kN·m)				
			有限元模型	RJ模型	PP模型	SP模型	CS模型
地震作用	B345-C460	梁	74.2	84.3	83.8	83.9	84.1
		1～4层边柱	78.7	73.4	79.8	81.3	78.0
		1～4层中柱	150.7	142.2	154.9	156.3	151.6
		5～8层边柱	34.7	37.6	38.8	38.8	37.9
		5～8层中柱	64.0	73.6	75.9	76.3	75.5
	B345-C690	梁	77.5	85.5	85.9	86.2	82.0
		1～4层边柱	87.4	81.9	89.7	92.2	87.6
		1～4层中柱	138.1	132.3	145.1	146.0	140.9
		5～8层边柱	36.1	41.3	42.6	42.8	41.4
		5～8层中柱	58.9	69.4	70.0	70.3	70.0
重力荷载	B345-C345	梁	68.0	83.6	80.6	80.3	84.2
		1～4层边柱	77.9	72.6	78.6	79.7	76.9
		1～4层中柱	168.0	159.6	173.3	175.2	170.2
		5～8层边柱	29.9	37.6	39.5	39.9	38.8
		5～8层中柱	69.1	78.0	79.9	80.0	80.8
	B345-C460	梁	74.2	84.3	83.8	83.9	84.1
		1～4层边柱	78.7	73.4	79.8	81.3	78.0
		1～4层中柱	150.7	142.2	154.9	156.3	151.6
		5～8层边柱	34.7	37.6	38.8	38.8	37.9
		5～8层中柱	64.0	73.6	75.9	76.3	75.5
	B345-C690	梁	77.5	85.5	85.9	86.2	82.0
		1～4层边柱	87.4	81.9	89.7	92.2	87.6
		1～4层中柱	138.1	132.3	145.1	146.0	140.9
		5～8层边柱	36.1	41.3	42.6	42.8	41.4
		5～8层中柱	58.9	69.4	70.0	70.3	70.0

表5.29给出了算例框架在地震作用下和重力荷载作用下由不同模型计算得出的各类构件最大弯矩值。总体来说，各简化模型计算得到的构件弯矩值与有限元结果相比存在一定误差，这与简化模型中忽略节点尺度的假定，忽略构件轴向和剪切变形的假定有关。但是可以注意到，不论是在地震作用下还是在重力荷载作用下，PP模型和SP模型得到的各类构件最大弯矩值均大于有限元分析结果，这在设计中是偏于安全的；而RJ模型得出的1～4层柱的最大弯矩值小于有限元结果。这表明，直接采用刚接节点模型或采用柱侧弹簧模型进行结构受力分析时，对于部分构件，特别是底层柱可能得出不安全的结果。

综上所述，是否考虑节点域变形不会对结构的反应谱分析产生显著影响，但是会明显影响水平作用下结构的侧移分析结果和内力分布结果。其中，采用刚接节点模型时结构的顶点位移角和最大层间位移角偏小，产生的计算误差可能超过10%；刚接节点模型对部分构件的最大弯矩也偏小，可能导致不安全的设计结果。因此，在抗震要求较高的钢框架结构中，有必要在结构分析中引入节点域的影响。

需要说明的是，上述结论对于 3 个节点域采用不同强度等级钢材的钢框架均成立，节点域刚度的差异并未对分析结果产生显著影响。可见，在抗震要求较高的普通钢框架和高强钢框架分析中均应考虑节点域变形影响。相对来说，应用平行四边形模型考虑节点域变形时得到的位移分析结果最为准确，内力分析结果偏于安全，所以当需要考虑节点域影响时应优先使用平行四边形模型。

参考文献

[1] 中华人民共和国国家规范. 钢结构设计规范 GB 50017—2003 [S]. 北京：中国计划出版社，2003.

[2] 中华人民共和国国家规范. 钢结构设计标准 GB 50017—2017 [S]. 北京：中国建筑工业出版社，2018.

[3] 中华人民共和国国家规范. 建筑抗震设计规范 GB 50011—2010（2016 年版）. [S]. 北京：中国建筑工业出版社，2016.

[4] 胡方鑫. 高强度钢材钢框架抗震性能及设计方法研究 [D]. 北京：清华大学，2016.

[5] 中华人民共和国国家规范. 建筑结构荷载规范 GB 50009—2012 [S]. 北京：中国建筑工业出版社，2012.

[6] Shi G，Zhu X，Ban H. Material properties and partial factors for resistance of high-strength steels in China [J]. Journal of constructional steel research，2016，121：65-79.

[7] Shi G，Hu F，Shi Y. Recent research advances of high strength steel structures and codification of design specification in China [J]. International journal of steel structures，2014；14 (4)：873-887.

[8] 中华人民共和国国家规范. 高层民用建筑钢结构技术规程 JGJ 99—2015 [S]. 北京：中国建筑工业出版社，2015.

[9] Chen CC，Lin CC，Tsai C L. Evaluation of reinforced connections between steel beams and box columns [J]. Engineering structures，2004，26 (13)：1889-1904.

[10] Leger P，Paultre P，Nuggihalli R. Elastic analysis of frames considering panel zones deformations [J]. Computers & Structures，1991，39 (6)：689-697.

[11] Tsai K C，Popov E P. Seismic panel zone design effect on elastic story drift in steel frames [J]. Journal of structural engineering，1990，116 (12)：3285-3301.

[12] Krawinkler H，Popov E P. Seismic behavior of moment connections and joints [J]. Journal of the structural division，1982，108 (2)：373-391.

[13] Krawinkler H，Mohasseb S. Effects of panel zone deformations on seismic response [J]. Journal of constructional steel research，1987，8：233-250.

[14] 刘小渝. 钢梁柱节点在重复荷载作用下的性能实验研究-关于塑性变形分担率及能量吸收能力 [J]. 重庆交通学院学报，1995，14 (3)：14-20.

[15] SAC Joint Venture. FEMA-355D State of the Art Report on Connection Performance [R]. Federal Emergency Management Agency，2000.

[16] 中华人民共和国行业规范. 钢结构高强度螺栓连接技术规程 JGJ 82—2011 [S]. 北京：中国建筑工业出版社，2011.

[17] ANSI/AISC 358-16. Prequalified connections for special and intermediate steel moment frames for seismic applications [S]. Chicago：American Institute of Steel Construction，2016.

[18] Han SW，Kim NH，Cho SW. Prediction of cyclic behavior of WUF-W connections with various

weld access hole configurations using nonlinear FEA [J]. International journal of steel structures, 2016, 16 (4): 1197-1208.

[19] Ricles J M, Mao C, Lu L W, et al. Inelastic cyclic testing of welded unreinforced moment connections [J]. Journal of structural engineering, 2002, 128 (4): 429-440.

[20] SAC Joint Venture. FEMA-350 Recommended seismic design criteria for new steel moment-frame buildings [J]. Federal Emergency Management Agency, 2000.

[21] ANSI/AISC 341-16. Seismic provisions for structural steel buildings [S]. Chicago: American Institute of Steel Construction, 2016.

[22] 陈以一，柯珂，贺修樟，等. 配置耗能梁的复合高强钢框架抗震性能试验研究 [J]. 建筑结构学报，2015，36 (11)：1-9.

[23] 霍立兴. 焊接结构的断裂行为及评定 [M]. 北京：机械工业出版社，2000.

[24] 中华人民共和国国家规范. 金属材料-拉伸试验-第 1 部分：室温试验方法 GB/T 228.1—2010. [S]. 北京：中国标准出版社，2010.

[25] 中华人民共和国国家规范. 金属材料-弹性模量和泊松比试验方法 GB/T 22315—2008 [S]. 北京：中国标准出版社，2009.

[26] 中华人民共和国国家规范. 高强度结构用调质钢板 GB/T 16270—2009 [S]. 北京：中国标准出版社，2009.

[27] 中华人民共和国行业规范. 建筑抗震试验规程 JGJ/T 101—2015 [S]. 北京：中国建筑工业出版社，2015.

[28] 陈学森，施刚，王喆，等. 箱形柱-工形梁端板连接节点试验研究 [J]. 建筑结构学报，2017，38 (8)：113-123.

[29] 施刚，袁锋，霍达，等. 钢框架梁柱节点转角理论模型和测量计算方法 [J]. 工程力学，2012 (2)：52-60.

[30] 陈学森，施刚，王东洋，等. 超大承载力端板连接节点试验研究 [J]. 土木工程学报，2017，50 (2)：36-43.

[31] 李宏男，陈国兴，刘晶波，等. 地震工程学 [M]. 北京：机械工业出版社，1998.

[32] ECCS. Recommended testing procedure for assessing the behaviour of structural steel elements under cyclic loads [S]. 1986.

[33] 胡方鑫，施刚，石永久，等. 工厂加工制作的特殊构造梁柱节点抗震性能试验研究 [J]. 建筑结构学报，2014，35 (7)：34-43.

[34] 付朝华，胡德贵，蒋小林. 材料力学实验 [M]. 北京：清华大学出版社，2010.

[35] 陈惠发，AF 萨里普. Elasticity and plasticity (弹性与塑性力学) [M]. 北京：中国建筑工业出版社，2005.

[36] EN 1998-1: 2004. Eurocode 8-Design of structures for earthquake resistance-part 1: General rules, seismic actions and rules for buildings [S]. Brussels: European committee for standardization. 2004.

[37] SAC Joint Venture. FEMA-267 Report No. SAC-95-02 Interim guidelines: Evaluation, repair, modification and design of steel moment frames [R]. Federal Emergency Management Agency. 1995.

[38] 刘晶波，杜修力. 结构动力学 [M]. 北京：机械工业出版社，2005.

[39] 陈学森，施刚，王东洋，等. 超大承载力端板连接节点有限元分析和设计方法 [J]. 土木工程学报，2017，50 (3)：19-27.

[40] Mashaly E, El-Heweity M, Abou-Elfath H, et al. Finite element analysis of beam-to-column joints in steel frames under cyclic loading [J]. Alexandria engineering journal, 2011, 50 (1): 91-104.

[41] 石永久，王萌，王元清，等. 钢框架改进型梁柱节点滞回性能有限元分析 [J]. 沈阳建筑大学学报（自然科学版），2010，26（2）：205-210.

[42] 姜丽云，王飞龙，张建平. 钢框架梁柱加腋节点有限元分析 [J]. 工业建筑，2008（z1）：551-554.

[43] 胡方鑫，施刚，石永久，等. 工厂加工制作的特殊构造梁柱节点抗震性能有限元分析 [J]. 工程力学，2015，32（6）：69-75.

[44] Shi G，Shi Y，Wang Y，et al. Numerical simulation of steel pretensioned bolted end-plate connections of different types and details [J]. Engineering structures，2008，30（10）：2677-2686.

[45] Takhirov S M，Popov E P. Bolted large seismic steel beam-to-column connections Part 2：numerical nonlinear analysis [J]. Engineering structures，2002，24（12）：1535-1545.

[46] Hu F，Shi G，Shi Y. Constitutive model for full-range elasto-plastic behavior of structural steels with yield plateau：Formulation and implementation [J]. Engineering structures，2018，171：1059-1071.

[47] Hu F，Shi G，Shi Y. Constitutive model for full-range elasto-plastic behavior of structural steels with yield plateau：Calibration and validation [J]. Engineering structures，2016，118：210-227.

[48] Hu F，Shi G. Constitutive model for full-range cyclic behavior of high strength steels without yield plateau [J]. Construction and building materials，2018，162：596-607.

[49] Chen X，Shi G. Experimental study of pre-fabricated end-plate joints with box columns [J]. Journal of constructional steel research，2018.

[50] Wang M，Shi Y，Wang Y，et al. Numerical study on seismic behaviors of steel frame end-plate connections [J]. Journal of constructional steel research，2013，90：140-152.

[51] 班慧勇，施刚，石永久，等. 国产Q460高强钢焊接工形柱整体稳定性能研究 [J]. 土木工程学报，2013（2）：1-9.

[52] 日本建築学会. 鋼構造接合部設計指針 [S]. 2012.

[53] 陈绍蕃，顾强. 钢结构上册 钢结构基础（第三版）[M]. 北京：中国建筑工业出版社，2014.

[54] Faella C，Piluso V，Rizzano G. Structural steel semirigid connections：theory，design and software [M]. Boca Raton：CRC Press LLC，2000.

[55] 丁洁民，沈祖炎. 节点柔性对高层钢结构的影响 [J]. 结构工程师，1989（4）：2-8.

[56] 崔鸿超，李秀川. 高层钢结构的节点连接与结构安全度的保证—九州大厦钢结构的节点设计 [J]. 钢结构，1992（4）：17-22.

[57] EN 1993-1-8：2005. Eurocode 3 - Design of steel structures - Part 1-8：Design of joints [S]. Brussels：European Committee for Standardization. 2005.

[58] 陈学森，施刚，赵俊林，等. 基于组件法的超大承载力端板连接节点弯矩-转角曲线计算方法 [J]. 工程力学，2017，34（5）：30-41.

[59] 施刚，石永久，王元清. 钢结构梁柱连接节点域剪切变形计算方法 [J]. 吉林大学学报（工学版），2006，36（4）：462-466.

[60] SAC Joint Venture. FEMA-355C State of the art report on systems performance of steel moment frames subject to earthquake ground shaking [R]. Federal Emergency Management Agency，2000.

[61] EN 1993-1-1：2005. Eurocode 3-Design of steel structures-Part 1-1：General rules and rules for buildings [S]. Brussels：European committee for standardization，2005.

[62] EN 1993-1-5：2005. Eurocode 3-Design of steel structures-Part 1-5：Plated structural elements [S]. Brussels：European committee for standardization，2005.

[63] BS EN 10025-6. Hot rolled products of structural steels Part 6：Technical delivery conditions for flat

products of high yield strength structural steels in the quenched and tempered condition [S]. London: BSI, 2004.

[64] ANSI/AISC 360-16. Specification for structural steel buildings [S]. Chicago: American Iistitute of steel construction. 2016.

[65] 徐培蓁，牟犇. 框架结构局部柱铰整体屈服机制的控制 [J]. 建筑结构学报，2014，35 (9): 35-39.

[66] 中华人民共和国国家规范. 低合金高强度结构钢 GB/T 1591—2008 [S]. 北京：中国标准出版社，2009.

[67] 中冶建筑研究总院有限公司，《钢结构设计规范》GB 50017—2003 钢材修编组. 国产钢结构钢材性能试验、统计分析及设计指标的研究 [R]. 2012: 39-51.

[68] 施刚. 钢框架半刚性端板连接的静力和抗震性能研究 [D]. 北京：清华大学，2000.

[69] Applied Technology Council. FEMA-273 NEHRP guidelines for the seismic rehabilitation of buildings [R]. Federal Emergency Management Agency, 1997.

[70] Castro J M, Elghazouli A Y, Izzuddin B A. Modelling of the panel zone in steel and composite moment frames [J]. Engineering structures, 2005, 27 (1): 129-144.

[71] Mulas M G. A structural model for panel zones in non linear seismic analysis of steel moment-resisting frames [J]. Engineering structures, 2004, 26 (3): 363-380.

[72] Kato B, Chen W F, Nakao M. Effects of joint-panel shear deformation on frames [J]. Journal of constructional steel research, 1988, 10: 269-320.

[73] 许红胜，舒兴平，尚守平. 考虑节点域剪切变形的空间钢框架结构分析 [J]. 钢结构，2000，15 (2): 30-33.

[74] Kim S E, Chen W F. Practical advanced analysis for semi-rigid frame design [J]. Engineering journal-American institute of steel construction, 1996, 33: 129-141.

[75] 王燕，李华军，厉见芬. 半刚性梁柱节点连接的初始刚度和结构内力分析 [J]. 工程力学，2003，20 (6): 65-69.

[76] 龙驭球，包世华. 结构力学 I 基本教程（第 2 版）[M]. 北京：高等教育出版社，2006.

[77] 范钦珊，殷雅俊. 材料力学（第 2 版）[M]. 北京：清华大学出版社，2008.

第6章　高强度钢材钢框架抗震性能

本书针对采用国产高强钢材的新型高强钢框架抗震性能及设计方法进行研究，通过理论分析、试验研究、数值模拟及参数计算，揭示钢材强度及其本构关系、构件局部屈曲和梁柱节点变形等因素对高强钢框架的承载力、延性和耗能能力等抗震性能指标的定量影响，并提出具有较高安全性、准确性和合理性的设计理论和计算方法，为补充和完善我国相关规范中高强钢框架的抗震设计提供可参考的科学依据。

6.1　试验研究

6.1.1　试件设计

6.1.1.1　原型框架结构

根据清华大学土木工程系实验室的试验能力，设计了跨度为 6m、层高为 2.7m 的 3 跨 6 层框架，并基于该原型框架结构，取其底部单跨两层子结构作为试件，如图 6.1 (*a*)、(*b*) 所示。原型框架根据我国《钢结构设计标准》GB 50017—2017[1] 的抗震性能

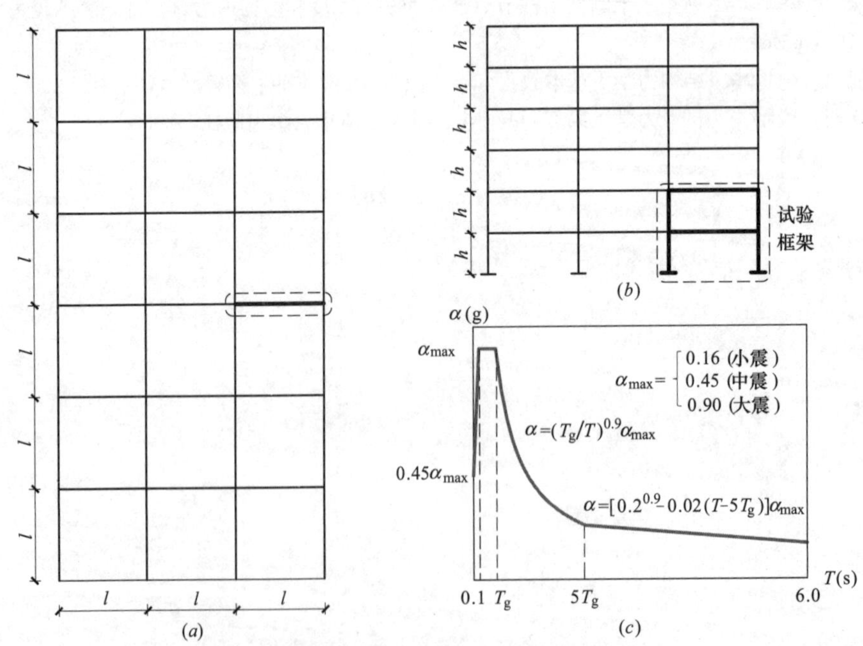

图 6.1　原型框架结构

(*a*) 平面图；(*b*) 立面图；(*c*) 抗震设计反应谱

化设计方法进行结构设计，地震荷载按我国《建筑抗震设计规范》GB 50011—2010[2] 确定，抗震设计条件为北京 8 度（0.2g）设防，Ⅱ类场地，设计分组为第一组。根据我国《建筑结构荷载规范》GB 50009—2012[3]，各层楼面及屋面的恒荷载（D）、活荷载（L）分别取为 6kN/m^2 和 2kN/m^2，因此，各层的重力荷载代表值（$D+0.5L$）为 4536kN，结构的总重力荷载代表值为 27216kN。抗震设计反应谱如图 6.1（c）所示，其中小震、中震（设防地震）和大震下的地震影响系数的最大值（α_{max}）分别取 0.16、0.45 和 0.90，特征周期 T_g 根据上述场地条件取 0.35s。

6.1.1.2 构件设计

框架试件中的梁和柱均采用焊接工形截面，如图 6.2（a）所示。考虑到实际结构中楼板对梁的侧向约束作用，梁的设计不考虑其整体稳定性，而仅按式（6.1）验算其抗弯承载力：

$$\frac{M_b}{W_b} \leqslant f_b \tag{6.1}$$

式中，M_b 为梁的设计弯矩，计算时需考虑三种承载力极限状态的荷载组合，即 $1.2D+1.4L$、$1.35D+0.7\times1.4L$ 和 $D+0.5L+\Omega E_{hk2}$，其中 E_{hk2} 为中震（设防地震）下的地震作用，Ω 为与结构的延性相关的性能系数，取 0.4；W_b 为梁的截面模量；f_b 为梁所用钢材的设计强度。

柱的设计也需要考虑三种承载力极限状态的荷载组合，即 $1.2D+1.4L$、$1.35D+0.7\times1.4L$ 和 $D+0.5L+1.1\eta_y\Omega_{i,\min}^a E_{hk2}$，其中 η_y 为钢材的超强系数，取 1.1，$\Omega_{i,\min}^a$ 为第 i 层的实际最小性能系数，按式（6.2）计算：

$$\Omega_{i,\min}^a = \min_{\text{所有第}i\text{层的梁}} \{(W_b f_y - M_{GE})/M_{Ehk2}\} \tag{6.2}$$

式中，M_{GE} 为重力荷载代表值（$D+0.5L$）下的梁端弯矩；M_{Ehk2} 为中震作用（E_{hk2}）下的梁端弯矩。柱的承载力验算包括按式（6.3）、式（6.4）计算面内和按式（6.5）计算面外稳定性：

$$\frac{N_c}{\varphi_x A_c} + \frac{\beta_m M_c}{W_c(1-0.8N_c/N'_{Ex})} \leqslant f_c \tag{6.3}$$

$$N'_{Ex} = \pi^2 E A_c/(1.1\lambda_x^2) \tag{6.4}$$

$$\frac{N_c}{\varphi_y A_c} + \frac{M_c}{\varphi_b W_c} \leqslant f_c \tag{6.5}$$

式中，N_c 和 M_c 为任一荷载组合下最不利的轴力和弯矩；A_c 和 W_c 分别为柱的截面积和截面模量；φ_x 和 φ_y 分别为面内和面外的轴心受压整体稳定系数；φ_b 为受弯整体稳定系数；λ_x 为柱在面内的长细比；β_m 为等效弯矩系数；E 为钢材的弹性模量；f_c 为柱所用钢材的设计强度。

除此之外，构件的截面设计还需满足正常使用极限状态的要求：$1.0D+1.0L$ 荷载组合下各试件梁的挠度均不超过 $l/400$（l 为梁的跨度），小震下的最大层间位移角均不超过 1/250。最终，设计了 6 个梁和柱钢材或截面不同的框架，梁和柱采用的钢材及截面尺寸如表 6.1 所示，其中也给出了每个构件截面按照《钢结构设计标准》GB 50017—2017[1] 对应的分类等级。6 个试件在小震作用下的最大层间位移角依次为 1/365、1/322、1/293、

1/268、1/277 和 1/253。试件按梁和柱所用钢材牌号编号。

框架设计结果　　**表 6.1**

试件编号	梁		柱		强柱弱梁系数	节点域强度系数
	钢材	截面尺寸(mm)	钢材	截面尺寸(mm)		
B345-C345	Q345	H340×170×8×10(S2)	Q345	H300×250×10×10(S4)	0.80	0.80
B345-C460-1	Q345	H340×170×8×10(S2)	Q460	H240×220×10×10(S4)	0.78	0.84
B460-C460-1	Q460	H340×110×10×10(S1)	Q460	H240×220×10×10(S4)	0.72	1.59
B345-C460-2	Q345	H340×110×8×16(S1)	Q460	H170×170×12×12(S2)	0.52	0.68
B460-C460-2	Q460	H340×110×10×10(S1)	Q460	H170×170×12×12(S2)	0.48	0.65
B345-C890	Q345	H340×110×8×16(S1)	Q890	H240×150×6×6(S5)	0.67	0.98

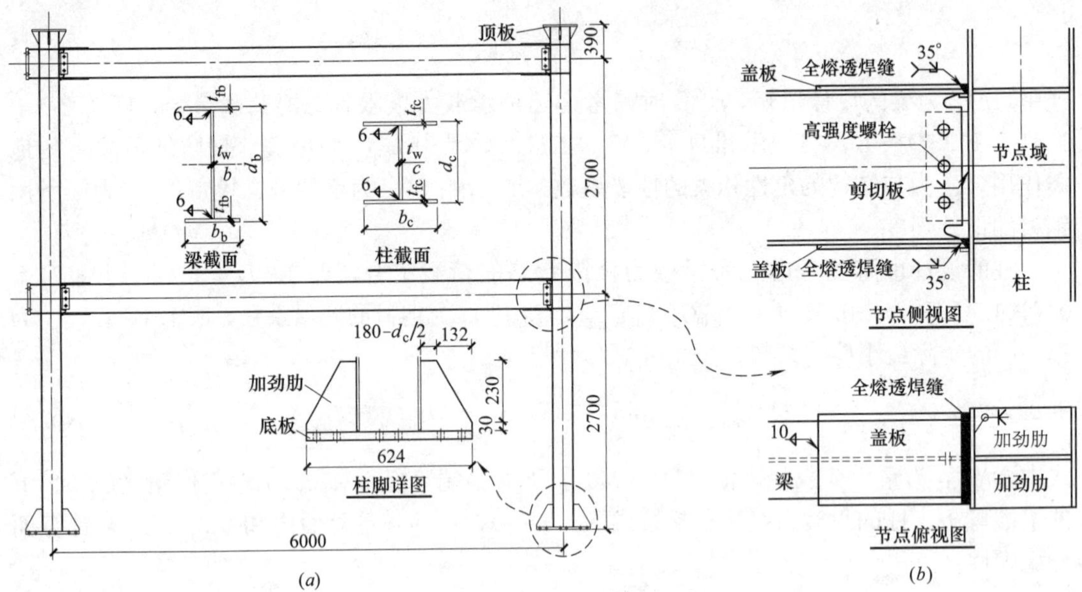

图 6.2　试验框架（单位：mm）

(*a*) 立面图；(*b*) 节点详图

6.1.1.3　节点设计

框架试件采用焊接刚性梁柱节点。为了避免梁柱节点过早在焊缝位置发生破坏，节点形式为盖板加强型[4]，如图 6.2 (*b*) 所示，即采用两块比梁翼缘稍宽的盖板分别贴焊于梁上下翼缘的外侧。盖板在工厂预先焊接在梁翼缘上，与梁翼缘同时切出 35°坡口，然后通过全熔透焊缝与柱翼缘连接。全熔透焊缝采用了陶瓷衬垫，便于在焊接完成后去除，从而避免衬垫与柱翼缘间的缝隙等局部缺陷对节点受力性能的不利影响。对于每个框架试件，盖板的厚度与梁翼缘保持一致，长度取 340mm，宽度比梁翼缘大 30mm（每侧 15mm），以保证若盖板端部梁截面形成塑性铰时柱翼缘表面处梁与盖板形成的组合截面仍能保持弹性。盖板与梁翼缘通过三面围焊的角焊缝（两个侧面角焊缝和一个正面角焊缝）连接，如图 6.2 (*b*) 所示，焊脚尺寸取 10mm，保证即使盖板全截面受拉或受压屈服时角焊缝也不发生破坏。梁翼缘内侧采用《钢结构设计标准》GB 50017—2017[1] 中推荐的改进型过焊孔。梁腹板通过三个 10.9 级 M24 高强度螺栓与预先焊接在柱翼缘的剪切板连接，其抗剪承载力不低于梁截面的设计剪力。

为了保证地震作用下形成“强柱弱梁”的屈服机制，《钢结构设计标准》GB 50017—2017[1] 中规定梁柱截面承载力需满足：

$$\frac{\sum W_c(f_{yc}-N_p/A_c)}{1.1\eta_y\sum(W_b f_{yb}+V_b s)}\geqslant 1 \tag{6.6}$$

式中，N_p 为 $D+0.5L+1.1\eta_y\Omega^a_{i,\min}E_{hk2}$ 荷载组合下柱的轴力；s 为塑性铰位置与柱翼缘表面的距离（假定塑性铰出现在盖板端部截面外三分之一梁截面高度处，即 $s=l_p+d_b/3$，其中 l_p 为盖板长度）；V_b 为梁中塑性铰截面的设计剪力，按下式计算：

$$V_b=V_{GE}+\frac{2W_b f_{yb}}{L-d_c-2l_p-\frac{2}{3}d_b} \tag{6.7}$$

式中，V_{GE} 为重力荷载代表值下的剪力；L 为梁的跨度；d_c 为柱截面的高度。所有按式（6.7）设计的试件强柱弱梁比值均小于 1，如表 6.1 所示，以研究规范中强柱弱柱设计方法的安全性及柱屈服对框架性能的影响。

节点设计时还需要验算节点域的强度。根据 FEMA 的研究成果[5]，在设计时允许节点域与梁均进入塑性能够显著地增加梁柱节点的变形能力，因此，FEMA 提出了节点域的“平衡设计”方法。尽管如此，《钢结构设计标准》GB 50017—2017[1] 仅规定了节点域的最小强度：

$$\frac{\frac{4}{3}h_{ob}h_{oc}t_p f_{yv}}{0.85\sum(W_b f_{yb}+V_b s)}\geqslant 1 \tag{6.8}$$

式中，h_{ob} 和 h_{oc} 分别为节点域的高度和宽度，分别取梁和柱翼缘中心线间的距离；t_p 为节点域的厚度，若采用补强板则为柱腹板与补强板厚度之和；f_{yv} 为节点域钢材的抗剪屈服强度（$f_{yv}=f_y/\sqrt{3}$）。试件按不同的节点域强度比值进行设计，如表 6.1 所示，以研究节点域的塑性变形对框架性能的影响。其中，试件 B460-C460-1 在节点域焊接了补强板，补强板的厚度、钢材牌号与柱腹板相同。

钢结构的柱脚通常采用锚栓与混凝土基础或底梁连接。考虑到试验场地条件，所有框架试件的柱脚与 30mm 厚的端板用全熔透焊缝连接，然后使用 24 个 10.9 级 M24 高强度螺栓将柱脚端板连接在刚性底座上，底座通过锚栓固定在实验室的地面上。为了防止端板与柱连接的全熔透焊缝发生破坏，每个柱脚采用 2 块 20mm 厚的加劲肋与柱翼缘和端板焊接，对柱脚局部进行加强，如图 6.2（*a*）所示。试验时柱脚变形和滑移的监测结果显示，柱脚节点的强度和刚度均能保证柱底部截面进入屈服和形成塑性铰，可认定为刚性固接节点。

6.1.1.4 材料性能

对框架试件中采用的 Q345 普通钢材、Q460 和 Q890 高强钢材进行了材性拉伸试验。每种牌号和厚度的钢板加工 5 个相同的材性试件，材性试验结果的平均值如表 6.2 所示。

表中，t 为板厚；E 为弹性模量，f_y 为屈服强度；ε_{st} 为屈服平台末端应变；f_u 和 ε_u 分别为极限强度和极限应变；δ 为断后伸长率。Q890 高强钢材的应力-应变曲线没有明显的屈服平台，因此其条件屈服强度取对应于残余应变 0.2%的应力。

钢板材性试验结果　　　　表 6.2

钢材等级	t (mm)	E (MPa)	f_y (MPa)	ε_{st} (%)	f_u (MPa)	ε_u (%)	δ (%)
Q345	8	199400	452	2.64	564	15.76	24.7
	10	195700	408	2.79	493	17.69	29.9
	16	196900	391	2.23	531	18.03	31.0
	20	192400	334	2.03	488	17.83	30.8
Q460	10	196000	548	2.11	659	11.92	28.6
	12	197500	490	2.04	567	8.69	20.6
Q890	6	192800	908	—	967	5.30	14.7

6.1.2　试验方案

6.1.2.1　试验装置

框架试验的装置如图 6.3（a）所示。试验在一个三维加载框架内进行。采用两个 50t 的作动器分别对试件的每一层施加侧向力，作动器通过底座与反力墙连接。采用两个 250t 的千斤顶在柱顶施加轴力，代表原型六层框架的重力荷载作用。千斤顶与加载框架的顶梁连接，但可在水平方向随着试件侧移而滑动。

为了防止框架试件面外失稳，对每层的柱分别采用 8 个三脚架施加侧向约束，安装位置靠近每层的梁柱节点；对每层的梁分别采用 4 个短梁施加侧向约束，安装位置在梁跨的四分点处，如图 6.3（a）所示。需要说明的是，前两个框架试件（B345-C345 和 B345-C460-1）的试验仅采用了柱的侧向约束装置，由于试件 B345-C460-1 的梁在试验过程中出现了面外失稳，因此在进行后续 4 个框架试件的试验时，补充安装了梁的侧向约束装置。

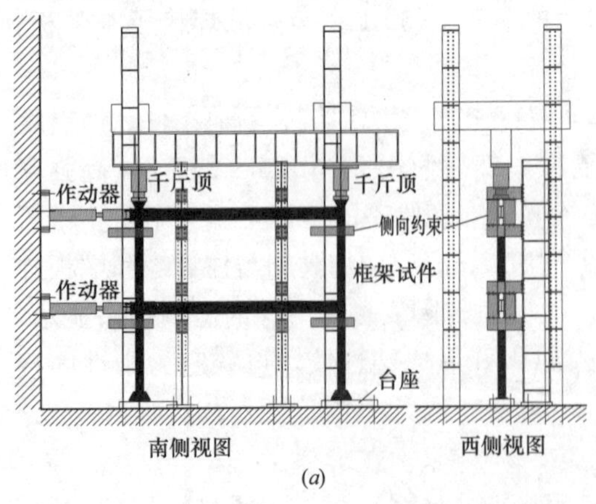

(a)

(b)

图 6.3　试验装置
（a）示意图；（b）现场图

每个框架试件的安装过程可分为四个步骤。首先，两根柱放置到位，柱脚用高强度螺栓临时紧固在底座上；然后，两根梁吊装到位，也用高强度螺栓将梁腹板与柱翼缘焊接的剪切板临时紧固；接着，安装对梁柱起侧向约束作用的三脚架和短梁；最后，使用扭矩扳手对柱脚螺栓施加规定的预拉力，柱脚完全固定。

在试件的梁和柱安装完成之后，在现场进行梁柱节点的翼缘焊接，采用 CO_2 气体保护焊。与 Q345、Q460 和 Q890 钢材匹配的焊丝型号分别为 E50、SLD-60 和 SLD-90。待试件中所有节点的全熔透焊缝焊接完成后，使用扭矩扳手对梁腹板的高强度螺栓施加规定的预拉力。安装和焊接完成之后的框架试验现场如图 6.3（*b*）所示。

6.1.2.2 加载制度

试验加载分两个步骤进行。首先，通过千斤顶在两个柱顶施加轴力 75.6t（重力荷载代表值，根据原型 6 层框架计算）并保持恒定；然后，通过作动器以力和位移混合控制[6]的方法在两层施加拟静力的往复荷载。往复加载时，以顶层（即 2 层）的位移进行控制，1 层作动器的力控制为 2 层的 1/20，且整个试验过程中该比例保持不变，以模拟原型 6 层框架结构中侧向地震作用的倒三角形分布。

顶层位移的加载制度参考美国钢结构抗震设计规范（ANSI/AISC 341-10）[7]，如图 6.4 所示。每个试件依次进行顶点位移角为 0.375%、0.5%和 0.75%的 6 圈循环、顶点位移角为 1.0%的 4 圈循环以及顶点位移角为 1.5%、2.0%、3.0%和 4.0%的 2 圈循环。由于作动器的行程为±250mm，最大顶点位移角（即顶点位移与框架总高 5400mm 的比值）只能施加至 4.0%左右，因此，在完成 4.0%顶点位移角的 2 圈环之后，仍然持续以 4.0%顶点位移角进行循环加载，直至试件破坏（如发生断裂或侧向承载力降低至峰值承载力的 85%以下[8]）。

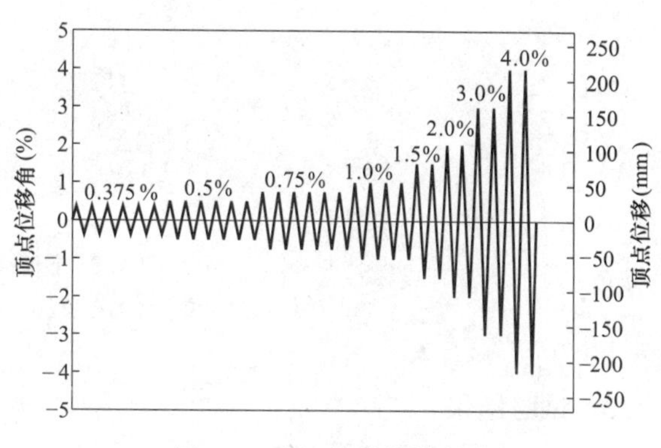

图 6.4 顶点位移加载制度

6.1.2.3 测量内容

对于每一个框架试件，试验过程中测量的力和位移如图 6.5（*a*）所示。两个作动器和千斤顶的加载端布置了力传感器（LC-1 至 LC-4），以实时获取所施加的侧向力和柱顶轴力。位移计布置在东侧柱外侧与梁轴线交点处，以量测试件两层的侧移（D-1 和 D-2），还布置在两个柱脚（D-3 至 D-8），以监测水平滑移和竖向转动。1 层和 2 层东侧梁柱节点的节点域沿交叉方向布置了位移计（D-9 至 D-12），从而计算节点域的剪切变形。1 层和 2 层的梁在跨中还布置了位移计（D-13 和 D-14）来监测试验过程中梁的平面外变形。

除了以上力和位移的测量，每一个框架试件还布置了大量应变片和应变花，如图 6.5（*b*）所示。其中，对于距离梁端（从柱轴线算起）和柱端（从梁轴线算起）分别为 1500mm 和 750mm 的截面（S1 和 S2）在翼缘的四分点处布置了应变片。由于这些远离构件端部的截面在整个试验过程中基本保持为弹性受力状态，因此，可根据量测的翼缘应变计算出该截面的曲率，从而获得各个构件的内力分布，包括轴力、弯矩和剪力。在试件东侧 1 层和 2 层梁柱节点的节点域、加劲肋、盖板及连接的梁翼缘还布置了应变片和应变花，如图 6.5（*b*）所示，可用于研究盖板加强型梁柱节点的传力机理。此外，在每个柱脚加劲肋端部的截面（S3）上还布置了 6 个应变片，如图 6.5（*b*）所示，位置为翼缘的中点和四分点处，以考察柱脚局部屈服和塑性特征。所有力、位移、应变片和应变花测点的通道数为 156 个。

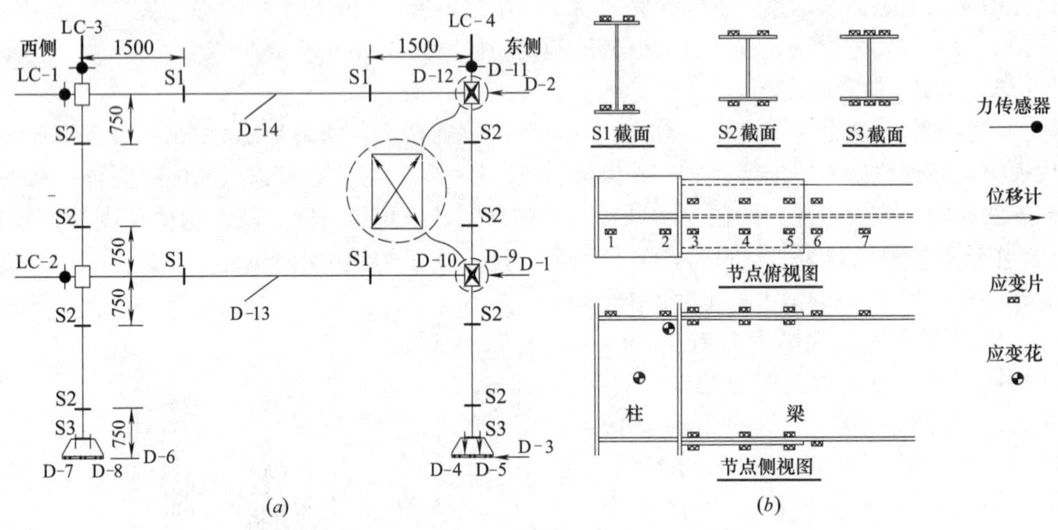

图 6.5　测量内容

（*a*）力传感器和位移计的布置；（*b*）应变片和应变花的布置

6.1.3　试验结果

对于每一个框架试件，在进行正式加载试验之前先按 0.1%的顶点位移角循环两圈，以测试试验装置和采集设备是否正常工作，然后按照顶点位移的正式加载制度进行试验。试验结果包括试验现象、框架的整体受力性能、构件和节点的局部受力性能。

6.1.3.1　试验现象

（1）试件 B345-C345

在 0.375%～1.0%顶点位移角的循环过程中，试件基本保持为弹性受力状态，无明显试验现象。在 1.5%顶点位移角的第 1 个半圈，随着顶点位移朝着正向加载（即试件向东发生侧移），第 1 层节点域开始出现明显的剪切变形；在同一顶点位移角的第 2 圈，东西侧两个柱脚的翼缘均开始出现局部屈曲，此时 1 层的层间位移角为 1.4%左右。试验进行到 2.0%的顶点位移角时，在第 2 圈，两个柱脚的腹板也开始出现显著的局部屈曲，柱脚形成塑性铰。随着加载达到 3.0%顶点位移角的第 2 圈正向峰值，东侧柱脚由于发生十分严重的局部屈曲而在翼缘与腹板之间出现裂纹，形成塑性铰后的两个柱脚在轴压下也在此时发生很大的竖向位移。完成 4.0%顶点位移角的第 1 圈后，承载力已下降到峰值承载力的 85%以下，试验停止。

试验过程中东侧柱脚及最终西侧柱脚的局部屈曲变形如图 6.6 所示，其中括号中给出了相应层的层间位移角 θ_1，按该级加载各圈正向和反向峰值点的平均值计算。尽管最终节点域出现了相当显著的剪切变形，梁柱节点仍未出现焊缝断裂等破坏。

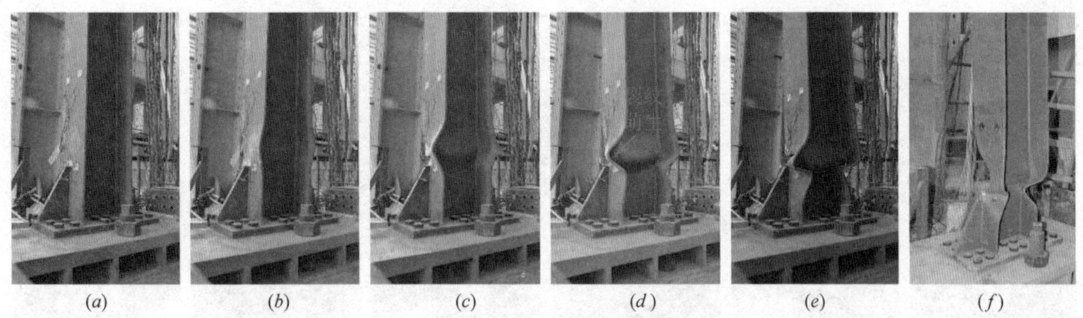

(a) (b) (c) (d) (e) (f)

图 6.6 试件 B345-C345

(a) 1.0% (θ_1=0.8%)；(b) 1.5% (θ_1=1.4%)；(c) 2.0% (θ_1=2.0%)；
(d) 3.0% (θ_1=3.3%)；(e) 4.0% (θ_1=4.6%) 最后一圈末的东柱脚屈曲变形；
(f) 最终的西柱脚屈曲变形

(2) 试件 B345-C460-1

从开始加载至顶点位移角达到 2.0%后，试件基本保持为弹性受力状态，无明显试验现象。在 3.0%顶点位移角的第 1 个半圈，当顶点位移达到正向峰值时，两个柱脚的翼缘均开始出现局部屈曲；继续加载至反向峰值时，由于在梁的面外没有设置侧向约束，1 层的梁开始出现扭转，如图 6.7 (a) 所示。当顶点位移角达到 4.0%时，2 层的梁也开始出现轻微的扭转，此时柱脚的腹板也可见到轻微的局部屈曲。由于 1 层梁的扭转造成柱与侧向三脚架之间严重挤压，在 1 层东侧梁柱节点附近柱翼缘出现了屈曲，如图 6.7 (b) 所示。完成 4.0%顶点位移角的第 2 圈加载后，梁的扭转造成试件的承载力明显下降，试验停止。

(a)

(b)

图 6.7 试件 B345-C460-1

(a) 1 层梁的扭转；(b) 1 层东侧梁柱节点处柱翼缘的屈曲

试验过程中东侧柱脚及最终西侧柱脚的局部屈曲变形如图 6.8 所示。梁柱节点无破坏现象。

(*a*)　(*b*)　(*c*)　(*d*)　(*e*)　(*f*)

图 6.8　试件 B345-C460-1

(*a*) 2.0% (θ_1=1.8%) 第 2 圈末；(*b*) 3.0% (θ_1=2.7%) 第 1 圈末；
(*c*) 3.0% (θ_1=2.7%) 第 2 圈末；(*d*) 4.0% (θ_1=3.5%) 第 1 圈末；
(*e*) 4.0% (θ_1=3.5%) 第 2 圈末的东柱脚屈曲变形；(*f*) 最终的西柱脚屈曲变形

(3) 试件 B460-C460-1

由于试件 B3450-C460-1 在加载过程中出现了梁扭转的现象，因此，在试件 B460-C460-1 的试验之前，按图 6.3 所示在梁的面外设置了起侧向约束作用的短梁。与前一个试件 B345-C460-1 类似，开始正式加载至 2.0%的顶点位移角期间，试件基本保持为弹性受力状态，无明显试验现象。在 3.0%顶点位移角的第 1 个半圈，当顶点位移达到正向峰值时，两个柱脚的翼缘均开始出现局部屈曲。当顶点位移角达到 4.0%时，西侧柱在靠近 2 层梁柱节点的端部发生了一些扭转，导致 2 层梁在靠近该梁柱节点的区段出现了面外弯曲变形。此时，柱脚的腹板也可见到局部屈曲。在完成 4.0%顶点位移角的第 2 圈加载后，试件的承载力仍然未下降至峰值点（出现在顶点位移角为 3.0%时）的 85%以下，因此，继续进行该级的第 3 圈加载。在完成正向加载并反向卸载开始再加载时，随着“呯”的一声，1 层东侧梁柱节点在梁下翼缘、柱翼缘和加劲肋连接处开裂，如图 6.9 所示，裂缝快速沿着柱腹板与柱翼缘的相交位置、加劲肋与柱翼缘的相交位置扩展并最终贯通，导致试件的承载力显著下降。因此，完成 4.0%顶点位移角的第 3 圈加载后，试验停止。

试验过程中东侧柱脚及最终西侧柱脚的局部屈曲变形如图 6.10 所示，1 层东侧梁柱节

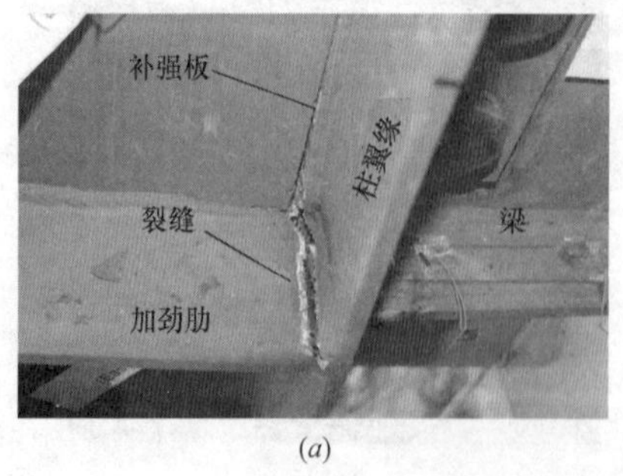

(*a*)

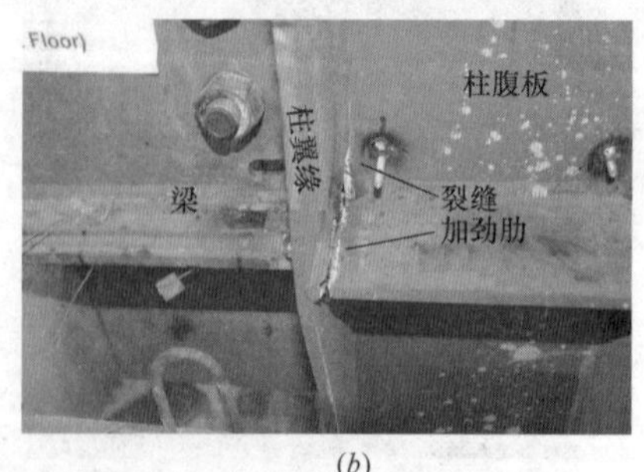

(*b*)

图 6.9　试件 B460-C460-1 在 1 层东侧梁柱节点出现的裂缝

(*a*) 北侧视图；(*b*) 南侧视图

点出现局部开裂后的变形如图 6.11 所示。由于下加劲肋与柱翼缘完全断开，柱翼缘面外受拉而出现明显的弯曲变形。

(*a*)　(*b*)　(*c*)　(*d*)　(*e*)　(*f*)

图 6.10　试件 B460-C460-1

(*a*) 3.0% (θ_1=2.8%) 第 1 圈末；(*b*) 3.0% (θ_1=2.8%) 第 2 圈末；
(*c*) 4.0% (θ_1=4.1%) 第 1 圈末；(*d*) 4.0% (θ_1=4.1%) 第 2 圈末；
(*e*) 4.0% (θ_1=4.1%) 第 3 圈末的东柱脚屈曲变形；(*f*) 最终的西柱脚屈曲变形

图 6.11　试件 B460-C460-1 的一层东侧梁柱节点破坏

(4) 试件 B345-C460-2

从开始加载至顶点位移角达到 3.0%，试验无明显现象。由于柱截面的宽厚比较小，直至 4.0%顶点位移角的第 1 个半圈，当正向加载时柱脚翼缘才开始出现可观察到的屈曲。此时，2 层柱的柱顶也发生了局部屈曲，如图 6.12 所示。完成 4.0%顶点位移角的 3 圈加载后，试验停止。试验过程中试件承载力没有明显下降。

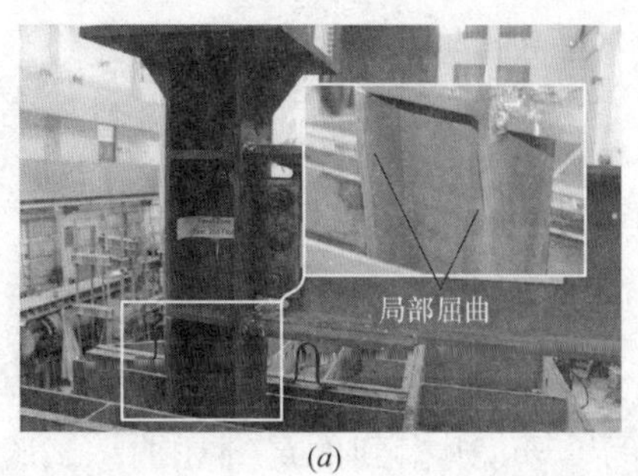

(*a*)

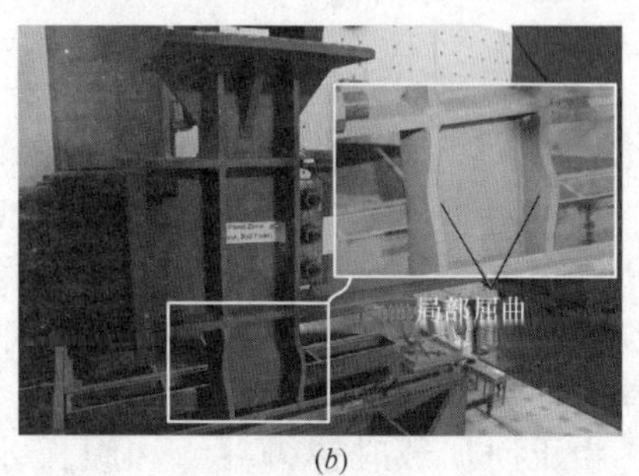

(*b*)

图 6.12　试件 B345-C460-2

(*a*) 2 层东侧柱顶的柱翼缘屈曲变形；(*b*) 2 层西侧柱顶的柱翼缘屈曲变形

试验过程中东侧柱脚及最终西侧柱脚的局部屈曲变形如图 6.13 所示。梁柱节点无破坏现象。

(*a*)　(*b*)　(*c*)　(*d*)　(*e*)　(*f*)

图 6.13　试件 B345-C460-2

(*a*) 2.0% (θ_1=1.8%) 第 2 圈末；(*b*) 3.0% (θ_1=2.8%) 第 2 圈末；

(*c*) 4.0% (θ_1=3.7%) 第 1 圈末；(*d*) 4.0% (θ_1=3.7%) 第 2 圈末；

(*e*) 4.0% (θ_1=3.7%) 第 3 圈末的东柱脚屈曲变形；(*f*) 最终的西柱脚屈曲变形

(5) 试件 B460-C460-2

与上一个试件 B345-C460-2 类似，从开始加载至顶点位移角达到 3.0%，试验无明显现象。直至 4.0%顶点位移角的第 3 个半圈，当正向加载时柱脚翼缘才开始出现可观察到的屈曲。尽管在 4.0%的顶点位移角共循环加载了 8 圈，试件的承载力仅有轻微下降，试验停止。

试验过程中东侧柱脚及最终西侧柱脚的局部屈曲变形如图 6.14 所示。梁柱节点无破坏现象。

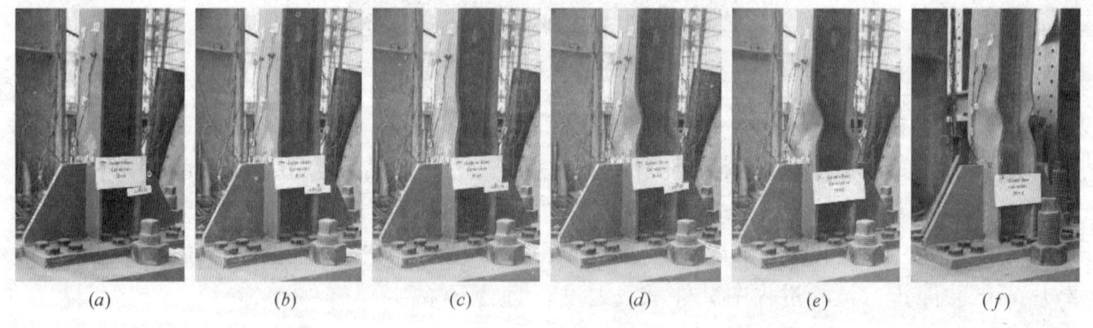

(*a*)　(*b*)　(*c*)　(*d*)　(*e*)　(*f*)

图 6.14　试件 B460-C460-2

(*a*) 3.0% (θ_1=2.8%) 第 2 圈末；(*b*) 4.0% (θ_1=3.8%) 第 2 圈末；

(*c*) 4.0% (θ_1=3.8%) 第 4 圈末；(*d*) 4.0% (θ_1=3.8%) 第 6 圈末；

(*e*) 4.0% (θ_1=3.8%) 第 8 圈末的东柱脚屈曲变形；(*f*) 最终的西柱脚屈曲变形

(6) 试件 B345-C890

从开始加载至顶点位移角达到 1.0%，试验无明显现象。直至 1.5%顶点位移角的第 1 个半圈，当正向加载时柱脚翼缘和腹板才开始出现可观察到的局部屈曲。试验进行到 3.0%的顶点位移角时，在第 2 圈正向加载至峰值后，两个柱脚发生了严重的局部屈曲，东侧柱脚在翼缘与腹板之间还出现了裂纹；类似于试件 B345-C345，形成塑性铰后的两个柱脚在轴压下也发生很大的竖向位移，造成侧向承载力迅速下降。由此卸载后，试验停止。

试验过程中东侧柱脚及最终西侧柱脚的局部屈曲变形如图 6.15 所示。梁柱节点无破坏现象。

图 6.15 试件 B345-C890

(a) 1.5% (θ_1=1.3%) 第 2 圈末；(b) 2.0% (θ_1=1.9%) 第 1 圈末；
(c) 2.0% (θ_1=1.9%) 第 2 圈末；(d) 3.0% (θ_1=3.6%) 第 1 圈末；
(e) 3.0% (θ_1=3.6%) 第 2 圈末的东柱脚屈曲变形；(f) 最终的西柱脚屈曲变形

6.1.3.2 滞回曲线

各试件的基底剪力-顶点位移角滞回曲线以及每层的层剪力-层间位移角滞回曲线如图 6.16～图 6.21 所示。主要试验现象包括柱脚屈曲、节点开裂和梁发生面外扭转，均在各个试件的基底剪力-顶点位移角滞回曲线中的相应时刻标示。

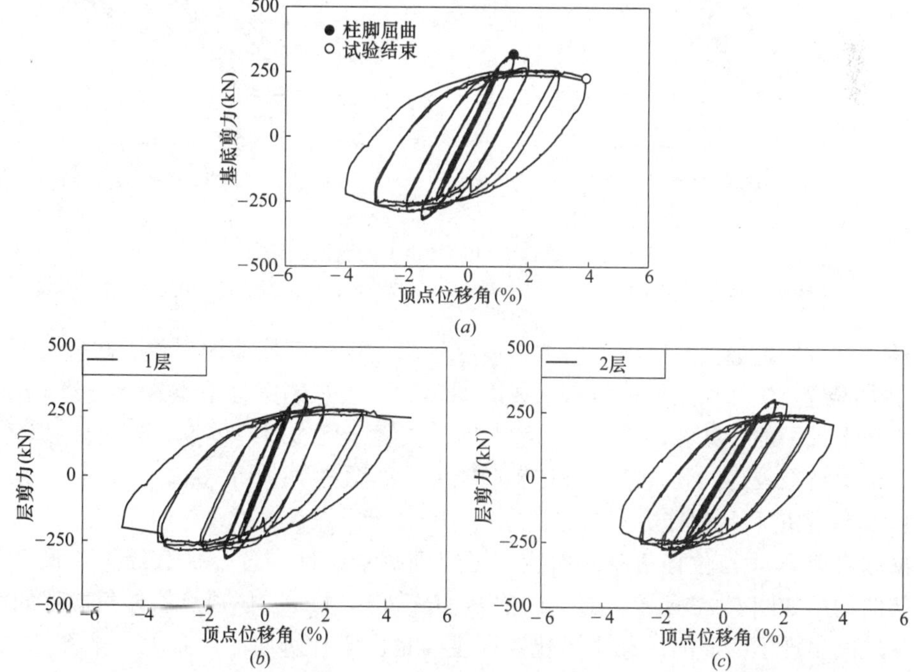

图 6.16 试件 B345-C345 的滞回曲线

(a) 基底剪力-顶点位移角；(b) 1 层剪力-层间位移角；(c) 2 层剪力-层间位移角

值得注意的是，对于试件 B345-C460-1（图 6.17），尽管是以顶点位移角进行对称循环加载，各层的滞回曲线却显示出明显的推拉方向不对称，尤其是反向加载（往西侧施加拉力）时 1 层的层间位移对顶点位移的贡献明显大于 2 层，而正向加载（往东侧施加推力）时 2 层的贡献更大。这种不对称性主要出现在 4.0%的顶点位移角加载阶段，此时 1 层梁已经显著扭转，因而在试件受作动器推力时出现了面外变形。这种情况下，试件东西两侧柱的水平侧移是不同的，从而导致试验时东侧的水平侧移出现不对称性。而对于其他试件，由于梁并未出现面外变形，测得的各层层间侧移是比较对称的。

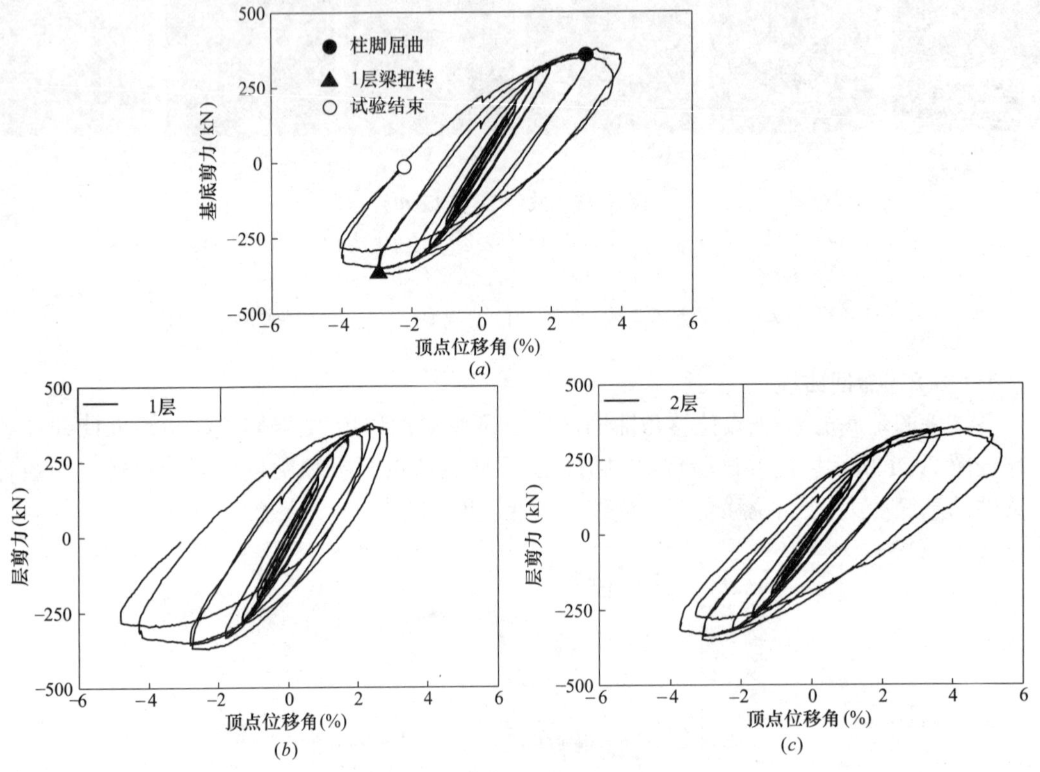

图 6.17　试件 B345-C460-1 的滞回曲线

(*a*) 基底剪力-顶点位移角；(*b*) 1 层剪力-层间位移角；(*c*) 2 层剪力-层间位移角

另外，可以发现最大基底剪力基本出现在柱脚发生局部屈曲的时候。尽管试件 B460-C460-1 在加载至 4.0%顶点位移角的第 3 圈循环时 1 层东侧梁柱节点在柱翼缘与柱腹板、加劲肋之间出现了部分开裂，但梁柱翼缘之间的关键全熔透焊缝位置并未出现破坏，因此整个试件仍保持有较高的剩余承载力和变形能力，如图 6.18 所示。

6.1.3.3　刚度和承载能力

根据基底剪力-顶点位移角滞回曲线，可得到每个试件在各个加载级第 1 圈和最后 1 圈的骨架曲线，如图 6.22 所示。对于试件 B345-C345，按 2.0%顶点位移角加载的第 1 圈和第 2 圈之间出现了明显的承载力退化，这主要是由于柱脚屈曲导致的，如图 6.6 所示；最大基底剪力出现在 1.5%顶点位移角，随后在完成 2.0%、3.0%和 4.0%顶点位移角的加载后承载力退化约 10%、20%和 30%。而对于试件 B345-C460-1 和试件 B460-C460-1，

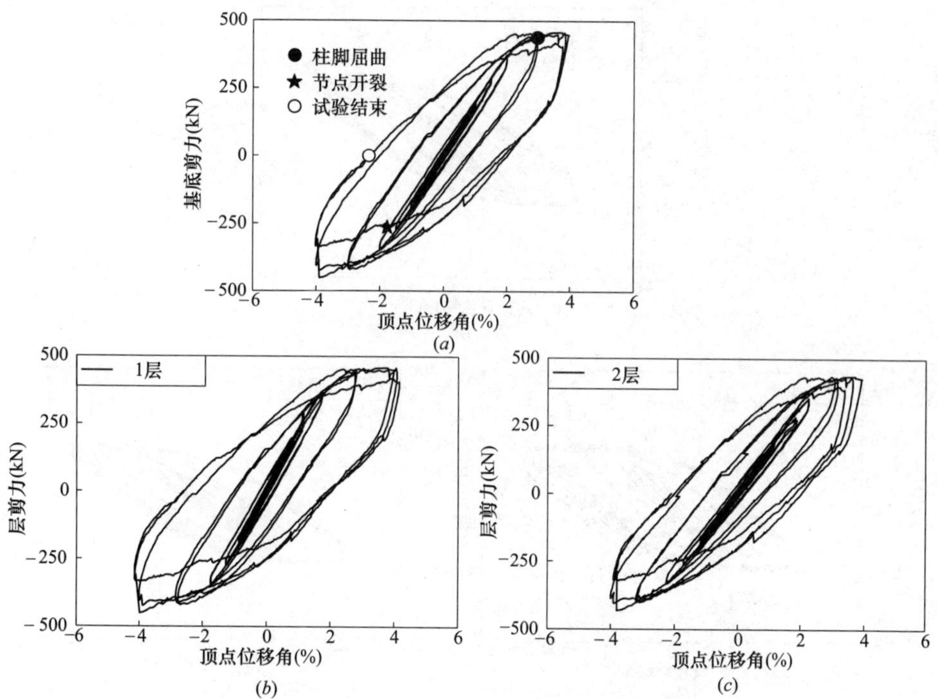

图 6.18 试件 B460-C460-1 的滞回曲线

(*a*) 基底剪力-顶点位移角；(*b*) 1 层剪力-层间位移角；(*c*) 2 层剪力-层间位移角

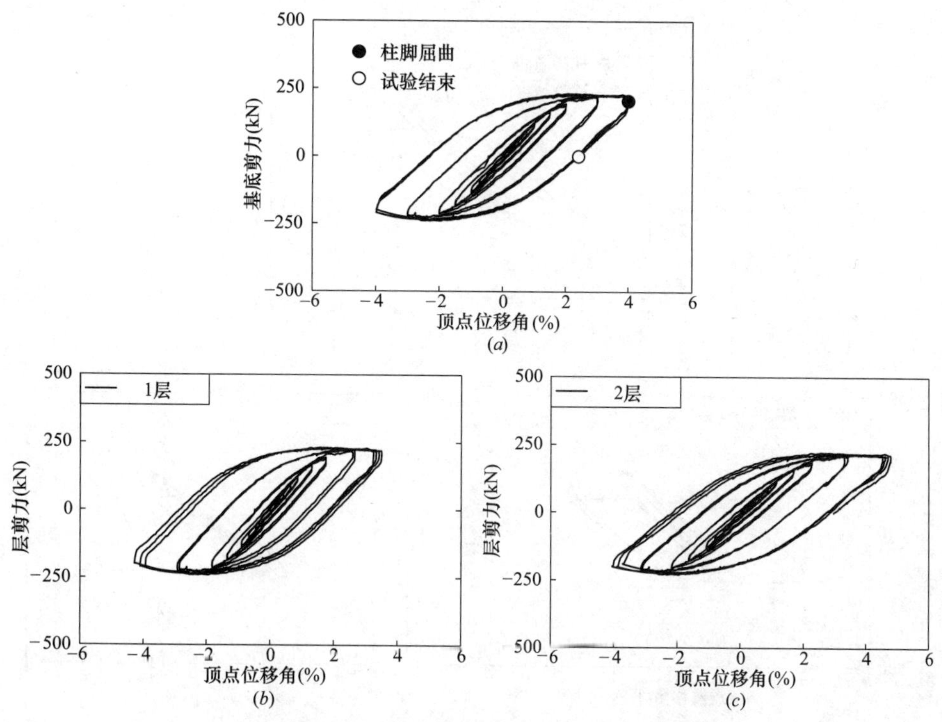

图 6.19 试件 B345-C460-2 的滞回曲线

(*a*) 基底剪力-顶点位移角；(*b*) 1 层剪力-层间位移角；(*c*) 2 层剪力-层间位移角

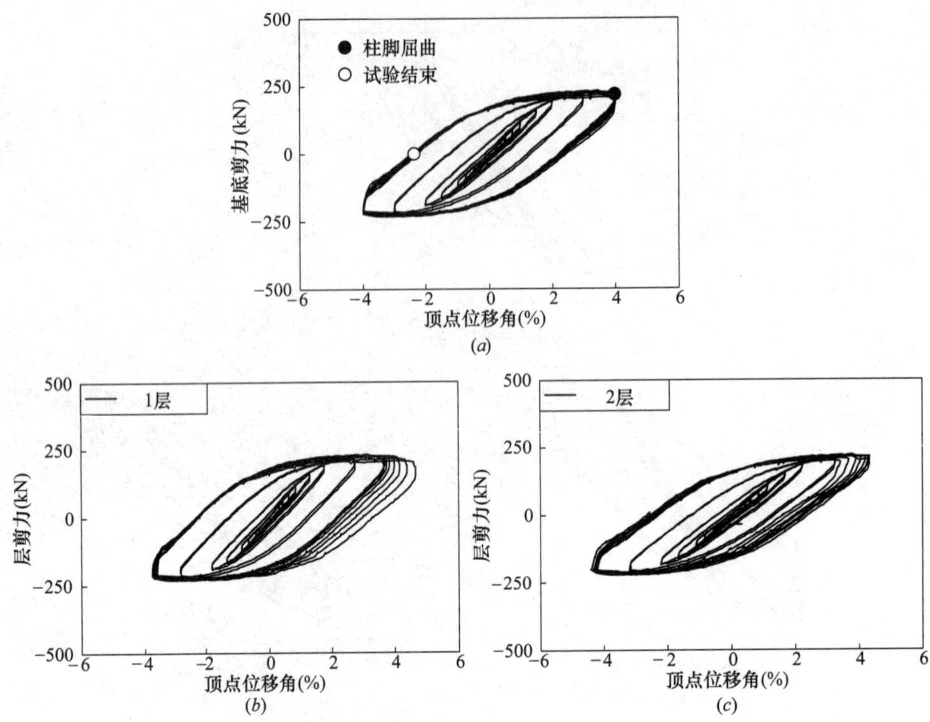

图 6.20　试件 B460-C460-2 的滞回曲线

（a）基底剪力-顶点位移角；（b）1 层剪力-层间位移角；（c）2 层剪力-层间位移角

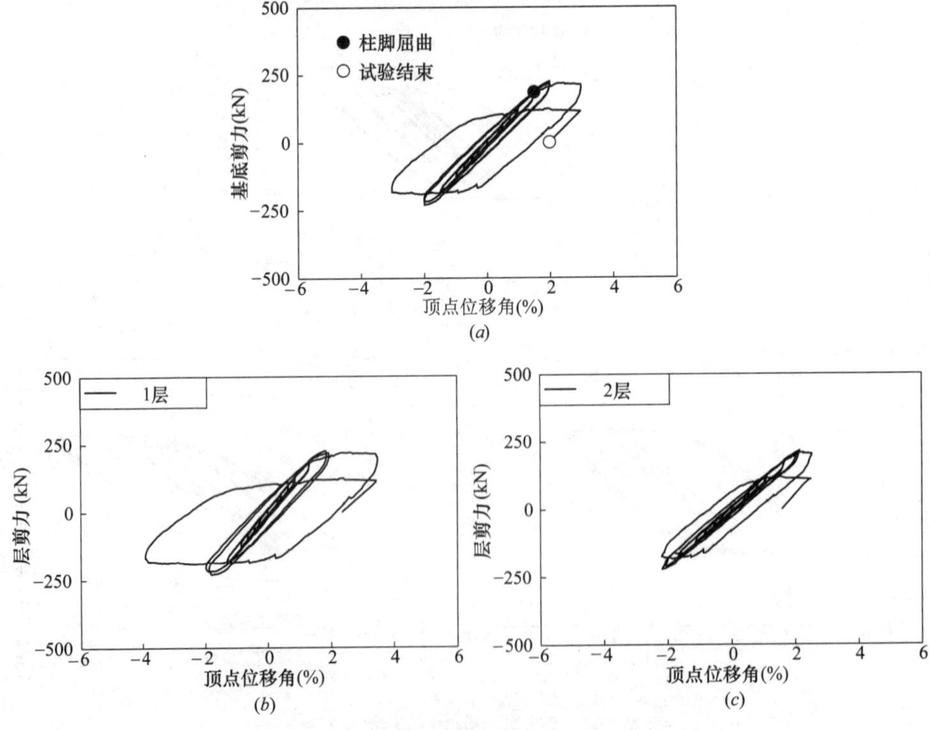

图 6.21　试件 B345-C890 的滞回曲线

（a）基底剪力-顶点位移角；（b）1 层剪力-层间位移角；（c）2 层剪力-层间位移角

最大基底剪力出现在 3.0%顶点位移角，完成 4.0%顶点位移角的加载后承载力退化分别约为 15%和 7%，前者是由于 1 层梁发生了扭转（图 6.7），后者则是由于 1 层东侧梁柱节点发生了开裂（图 6.9）。此外，试件 B345-C890 在加载至 3.0%顶点位移角的第 1 圈时，柱脚发生严重屈曲（图 6.15），并未完成第 2 圈加载，且造成承载力下降近 50%。而对于试件 B345-C460-2 和试件 B460-C460-2，由于柱截面宽厚比较小，尽管在 4.0%顶点位移角反复加载后柱脚由于累积塑性变形也出现了局部屈曲，如图 6.13 和图 6.14 所示，框架的承载力并未发生明显退化。

根据骨架曲线上 0.5%顶点位移角以内的加载峰值点，可以线性拟合近似得到每个框架试件的弹性初始刚度，如图 6.22 所示。可以看出，应用高强钢材后，框架可以采用截面尺寸更小的构件，其弹性初始刚度也更小。

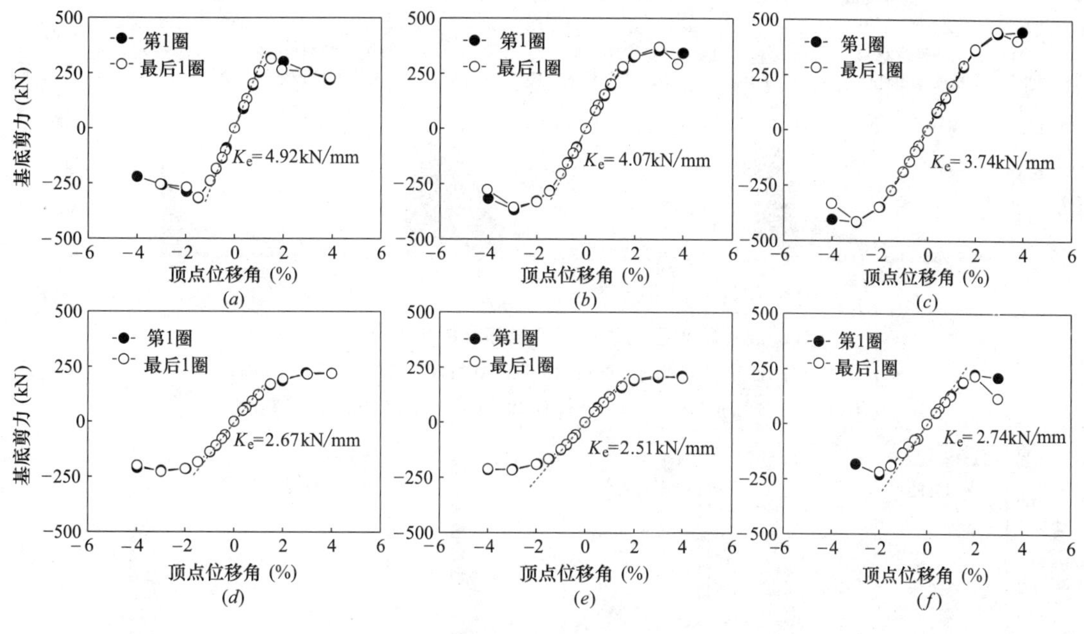

图 6.22 骨架曲线

(*a*) 试件 B345-C345；(*b*) 试件 B345-C460-1；(*c*) 试件 B460-C460-1；
(*d*) 试件 B345-C460-2；(*e*) 试件 B460-C460-2；(*f*) 试件 B345-C890

6.1.3.4 变形和耗能能力

各个框架试件每半圈的最大顶点塑性位移以及整个试验过程中的累积顶点塑性位移如图 6.23 所示。

6 个试件的累积塑性位移在加载达到 2.0%的顶点位移角后均开始显著增长。加载至同一半圈而柱脚仍未出现显著屈曲时，由于材料强度提高增大了弹性变形，采用高强钢材的试件（尤其是试件 B345-C890）的塑性位移明显比采用普通钢材的试件（试件 B345-C345）小。例如，在 2.0%顶点位移角的第 1 个半圈，试件 B345-C345、试件 B345-C460-2 和试件 B345-C890 的顶点塑性位移分别为 52.0mm、33.9mm 和 20.2mm。

类似地，在完成 4.0%顶点位移角的第 1 圈加载后，试件 B345-C345 的累积塑性位移是所有试件中最大的，达到 1102.5mm，而试件 B345-C460-2 和试件 B460-C460-2 的累积塑性位移仅分别为 840.8mm 和 801.5mm。然而，试验结束时，试件 B345-C890 的累积塑性位移最小，为 543.7mm，而试件 B345-C460-2 和试件 B460-C460-2 由于在 4.0%顶点位移角的循环加载下并没有出现局部节点破坏或显著承载力退化，其累积塑性位移均超过了 1500mm，表现出良好的累积塑性变形能力。

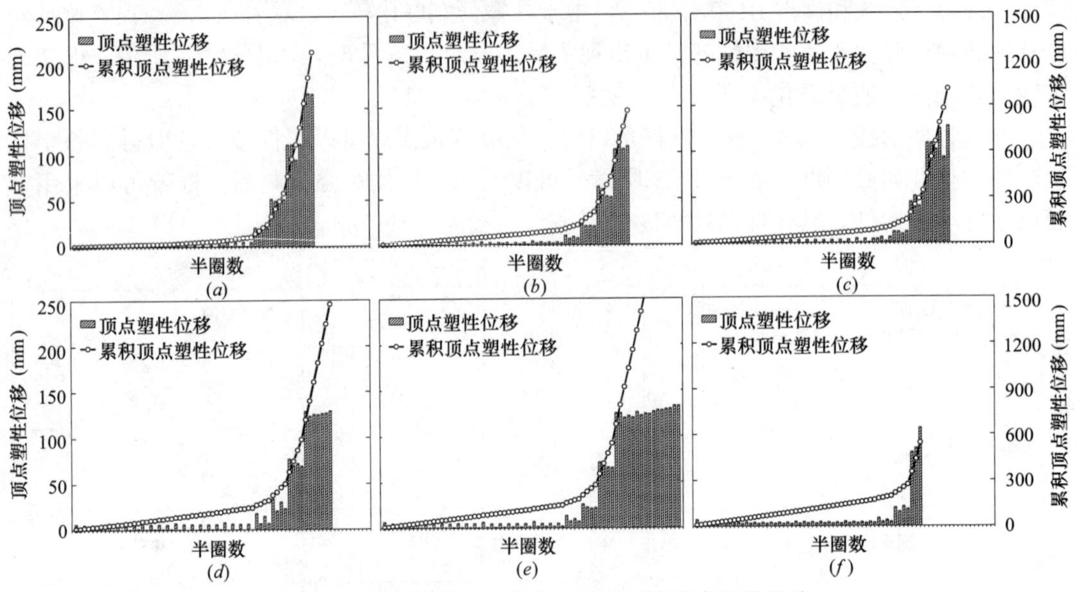

图 6.23　每半圈的顶点塑性位移及累积顶点塑性位移

(*a*) 试件 B345-C345；(*b*) 试件 B345-C460-1；(*c*) 试件 B460-C460-1；
(*d*) 试件 B345-C460-2；(*e*) 试件 B460-C460-2；(*f*) 试件 B345-C890

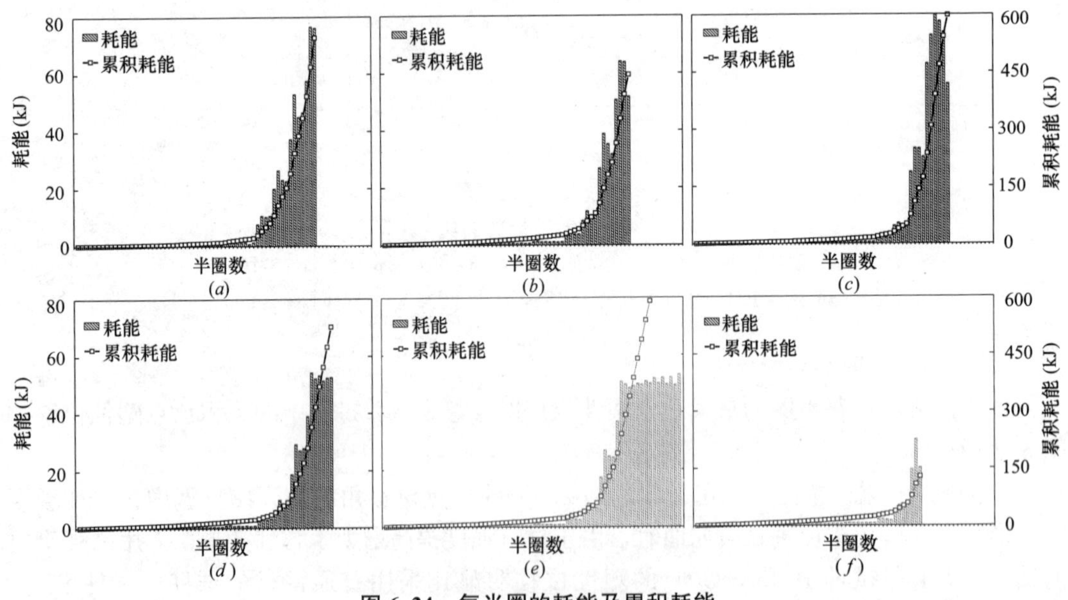

图 6.24　每半圈的耗能及累积耗能

(*a*) 试件 B345-C345；(*b*) 试件 B345-C460-1；(*c*) 试件 B460-C460-1；
(*d*) 试件 B345-C460-2；(*e*) 试件 B460-C460-2；(*f*) 试件 B345-C890

各框架试件每半圈的耗能以及累积耗能如图 6.24 所示。耗能随着加载圈数而逐渐增大，但一旦发生显著的承载力退化，每半圈的耗能会逐渐减小（见试件 B345-C460-1、B460-C460-1 和 B345-C890 的最后半圈）。各试件间累积耗能的相对大小类似于累积塑性位移的结果，但试件 B460-C460-1 除外，其累积耗能比试件 B345-C460-1 多 34%，如图 6.24（*b*）、（*c*）所示，而这两个试件的累积塑性位移非常相似（差异在 15%以内），如图 6.23（*b*）、（*c*）所示。这可以解释为：试件 B345-C460-1 过早出现了梁的扭转，造成其滞回曲线并不饱满，耗能能力下降。与累积塑性位移对比的结果相似，试件 B460-C460-2 的累积耗能在所有试件中是最好的，紧接着是试件 B460-C460-1。

在地震作用下，随着塑性变形的增大钢框架结构是否会形成薄弱层，是研究学者和工程师们十分关注的一个问题。因此，统计每半圈内各层层间变形与顶点位移的比值如图 6.25 所示。可以发现，整个试验过程 6 个试件的 1 层层间变形比值基本保持在 40%左右。这是由于 1 层柱脚可以认定为刚接，使得 1 层的层间刚度比 2 层大，尽管 1 层的层剪力稍微大于 2 层（按照加载制度 1 层与 2 层的层剪力比例控制在 1.05，该差异很小）。然而，试验进行到最后几圈时，由于 1 层柱脚出现屈曲，形成塑性铰，1 层的层间刚度下降，该比例因此会上升到 50%～60%。另外，注意到在最后 6 个半圈，试件 B345-C460-1 的正向与反向半圈的比值出现了明显的不对称性，如图 6.25（*b*）所示，正向加载时 1 层层间位移对顶点位移的贡献小于 40%，而反向加载时则相反。这是由于该试件 1 层的梁在加载后期发生了扭转，正向加载时梁受压扭曲，出现面外变形。

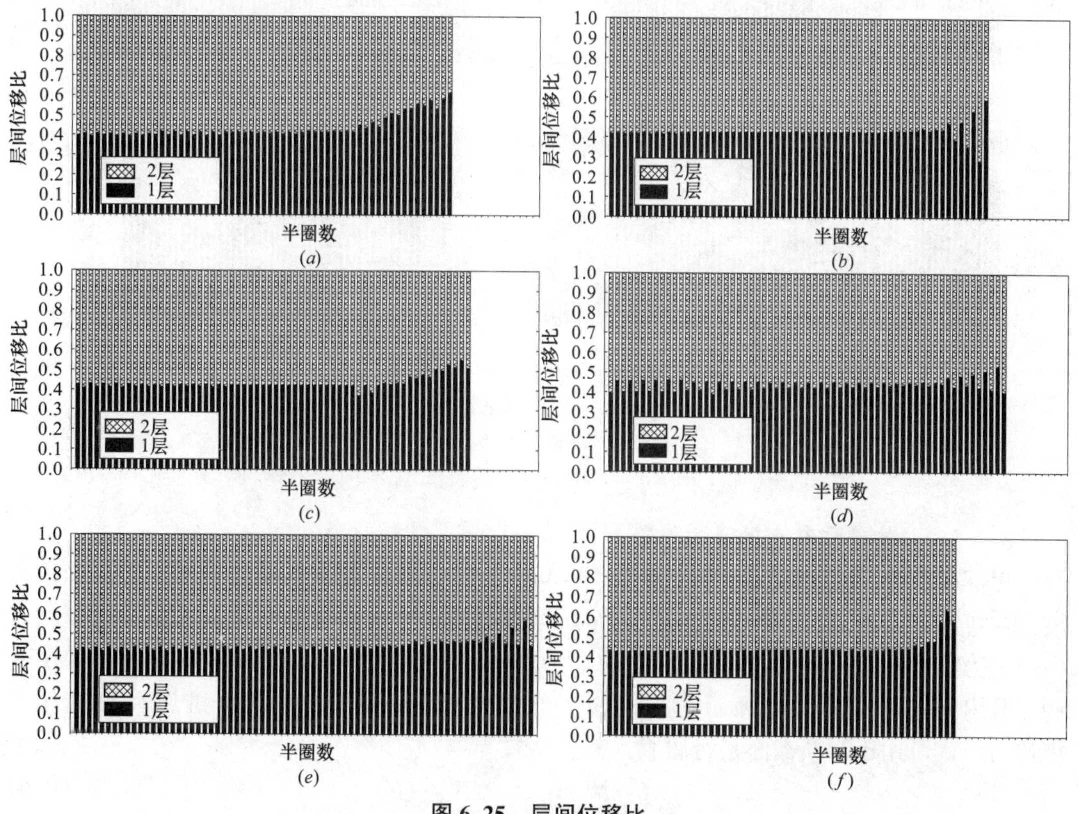

图 6.25　层间位移比

（*a*）试件 B345-C345；（*b*）试件 B345-C460-1；（*c*）试件 B460-C460-1；
（*d*）试件 B345-C460-2；（*e*）试件 B460-C460-2；（*f*）试件 B345-C890

每半圈内各层耗能与框架总耗能的比值如图 6.26 所示，耗能按照图 6.16～图 6.21 所示的基底或各层滞回曲线的面积来计算。6 个试件的总耗能基本都均匀分布在两层；然而，在加载至最后几圈时，试件 B345-C890 显示出耗能集中在 1 层（比值达到 70%）的趋势，如图 6.26（*f*）所示，这是因为柱脚发生塑性屈曲而耗能，但由于柱钢材强度较高，2 层基本仍处于弹性受力状态。另外，试件 B345-C345 在初始加载的几圈内各层耗能的波动很大，如图 6.26（*a*）所示，1 层的耗能占总耗能的 90%以上。这个结果并无特殊意义，因为此时整个框架仍处于弹性受力状态，而侧向约束装置与构件间的摩擦耗能会对各层耗能结果造成很大影响。

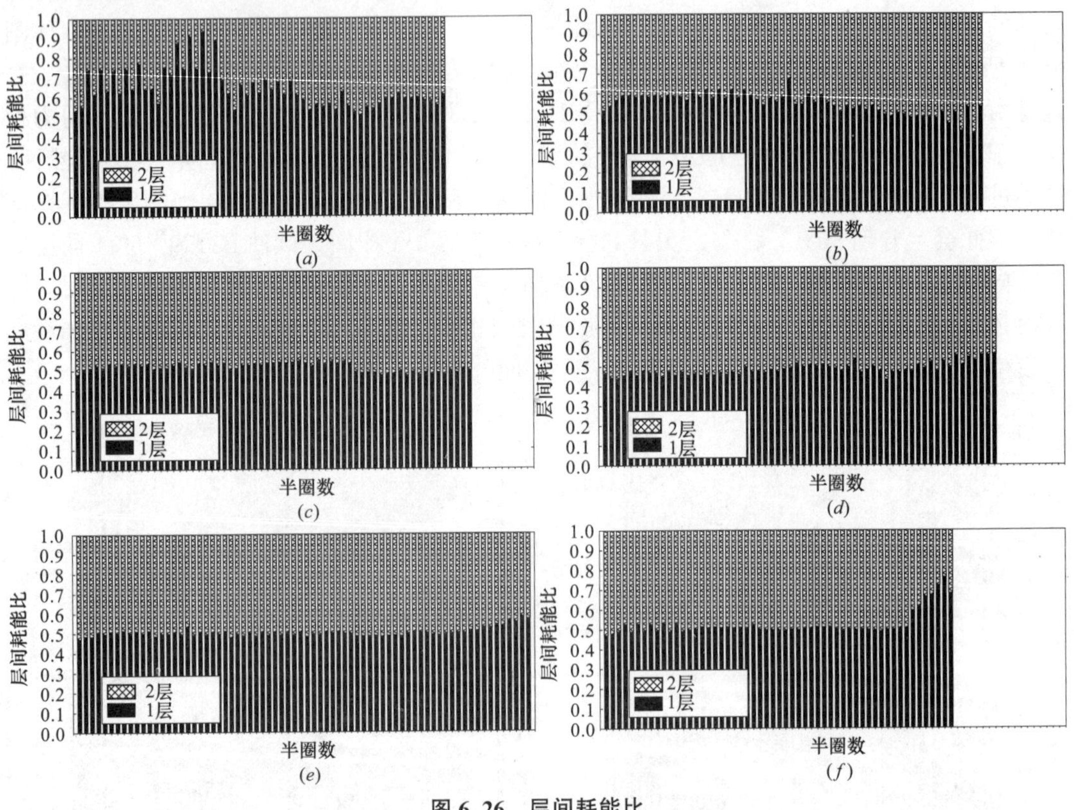

图 6.26　层间耗能比

（*a*）试件 B345-C345；（*b*）试件 B345-C460-1；（*c*）试件 B460-C460-1；
（*d*）试件 B345-C460-2；（*e*）试件 B460-C460-2；（*f*）试件 B345-C890

6.1.3.5　构件和节点的受力性能

根据构件弹性受力截面上的应变数据，可以计算该截面的平均应变和曲率，进而求出轴力和弯矩，再根据构件内力的线性分布，可以得到各个构件的端部截面在整个试验过程中的轴力和弯矩以及各个节点域所受的轴力和剪力的内力变化。以试件 B460-C460-1 为例，其内力变化如图 6.27 所示。图 6.27 给出了对应于截面首次边缘纤维屈服的轴力-弯矩包络线，可用于判断截面是否屈服，其表达式为：

$$|M|/M_y+|N|/N_y=1 \tag{6.9}$$

图 6.27 还给出了对应于节点域首次屈服的轴力-剪力包络线，其表达式为：

$$(V/V_y)^2+(N/N_y)^2=1 \tag{6.10}$$

可见，在整个试验过程中，梁和柱的内力变化主要体现在弯矩，节点域的内力变化主要体现在剪力，而轴力的变化较小，构件截面或节点域的首次屈服主要由弯矩或剪力控制。

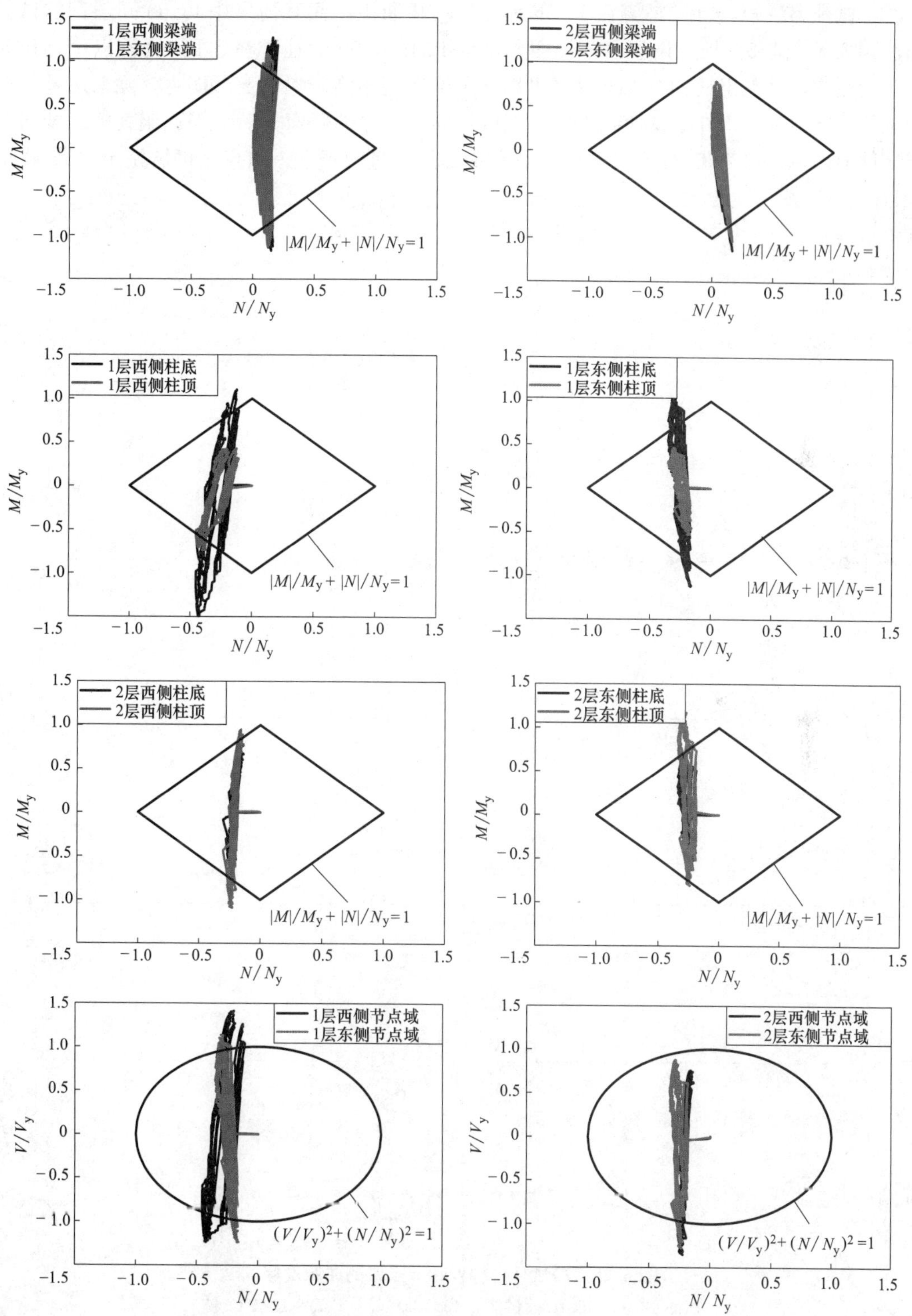

图 6.27 各构件端部截面和节点域的内力变化图

统计各试件中盖板端部的梁端截面、柱端或柱脚截面以及节点域首次屈服或屈曲时的加载顶点位移角，如图 6.28 所示。所有试件中柱脚截面和节点域均为率先屈服的部位。同时，试件 B345-C345 的柱脚在 1%的顶点位移角屈服，而其他采用 Q460 高强钢的试件的柱脚大多在 1.5%顶点位移角才屈服，试件 B345-C890 的柱脚在达到 2%顶点位移角时才开始屈曲，反映出柱钢材强度提高可以显著增加整体侧向弹性变形能力。除采用补强板的试件 B460-C460-1 外，其他试件中节点域均同梁、柱端截面先后参与屈服耗能；即便对于试件 B345-C460-2 和 B460-C460-2，梁截面始终未进入塑性，节点域仍然先于柱端截面

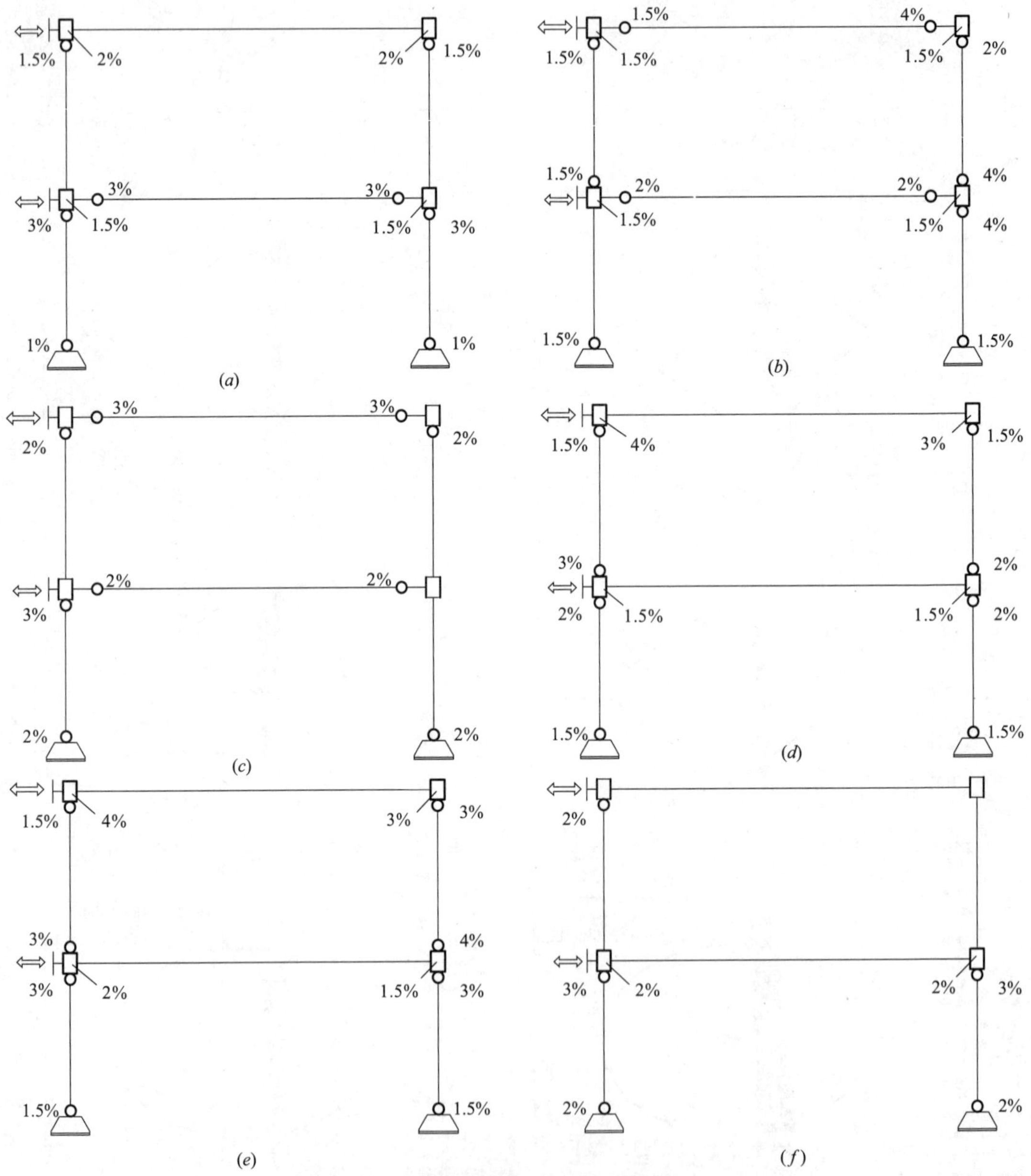

图 6.28　各试件中构件和节点域的屈服次序

(*a*) 试件 B345-C345；(*b*) 试件 B345-C460-1；(*c*) 试件 B460-C460-1；
(*d*) 试件 B345-C460-2；(*e*) 试件 B460-C460-2；(*f*) 试件 B345-C890

屈服，能够形成较稳定的耗能机制。

本次试验采用了盖板加强型的梁柱节点形式，以试件 B460-C460-1 为例，在各位移角的第 1 圈加载下 1 层和 2 层东侧梁柱节点沿梁长度方向的应变分布如图 6.29 所示，其中横坐标为应变片的位置编号，如图 6.5（*b*）所示，纵坐标为按屈服应变正则化的应变。可见，盖板的应变（SG-3/4/5）能够很好地控制在不先于梁翼缘（SG-6）达到屈服应变，达到了将塑性铰外移至盖板端部梁截面的目的。

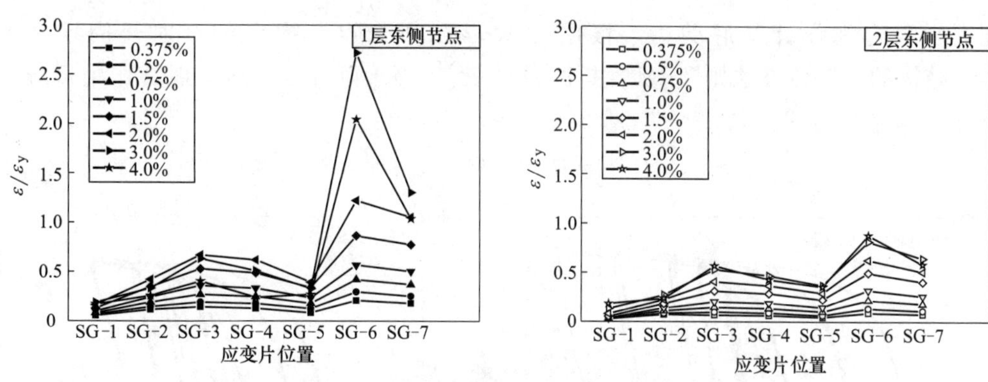

图 6.29　盖板加强节点沿梁长度方向的应变分布

各试件的 1 层和 2 层东侧梁柱节点域的柱面弯矩-剪切转角滞回曲线如图 6.30 所示。其中，柱面弯矩为根据梁中布置的应变计计算，与盖板加强梁截面连接的柱翼缘表面的弯矩，剪切转角按下式计算：

$$\theta_{pz}=\frac{\delta_1-\delta_2}{2}\frac{\sqrt{b_{pz}^2+h_{pz}^2}}{b_{pz}h_{pz}} \tag{6.11}$$

式中，δ_1 和 δ_2 分别为节点域布置的交叉位移计测量的位移；b_{pz} 和 h_{pz} 分别为节点域的宽度和高度。图 6.30 中，试件 B345-C460-1 在 1 层节点域仅测得顶点位移角为 2%时的剪切转角，在后续的 3%和 4%的顶点位移角加载时，由于量测装置的脱落导致未采集到有效数据。

由图 6.30 可见，节点域的滞回耗能特性十分稳定，尤其是试件 B345-C345、B345-C460-1 和 B460-C460-2，其最大剪切转角分别达到了 3.5%、3.0%、3.3%。试件 B460-C460-1 由于采用了补强板进行加强，其节点域基本处于弹性受力状态。结合前文的破坏形态和框架受力性能来看，节点域的塑性耗能有益于提高整个框架的抗震性能，而并未引起梁柱节点的破坏。

6.1.4　性能评价

从结构整体抗震性能的角度，循环加载的试验结果可以直接用于评价设计框架试件的方法的合理性与安全性。在进行结构的抗震设计时，通常采用某一地震作用折减系数来考虑结构的延性，因此结构的构件设计及截面确定是按照折减后的地震作用进行的。如 6.1.1.2 节所述，设计框架试件时考虑其塑性变形和耗能能力，假设的性能系数为 0.4，即地震作用折减系数为 2.5（0.4 的倒数）。如图 6.22 所示的骨架曲线则可以用于评价试件的实际折减系数与其他性能指标。为了便于标定试件的弹塑性变形行为，首先将试验得到的骨架曲线在同一顶点位移角加载级的正向和反向数据点进行平均，得到一条平均曲线，再按照图 6.31 所示的方法等效为理想弹塑性曲线，图中纵坐标代表基底剪力，横坐标代表顶点位移。进行等效处理时，理想弹塑性曲线的斜率 K_e 即图 6.22 所示的弹性初始刚度，其屈服承载力 V_y 基于耗能能力（即曲线包围的面积）相等来确定。延性系数定义为 $\mu=\Delta_u/\Delta_y$，式中，Δ_u 和 Δ_y 分别代表按承载力下降 15%[8] 定义的极限位移和理想的屈服位移。超强系数定义为 $R_d=V_y/V_d$，式中，V_y 和 V_d 分别代表理想屈服承载力和设计基底剪力。根据 Newmark 和 Hall[9] 提出的针对长周期（大于 0.6s）结构的“等位移法则”，延性折减系数 R_μ^{NH} 等于延性 μ，则总地震作用折减系数 R^{NH} 可按下式计算[10,11]：

$$R^{NH}=R_\mu^{NH}\cdot R_d=\mu\cdot R_d \tag{6.12}$$

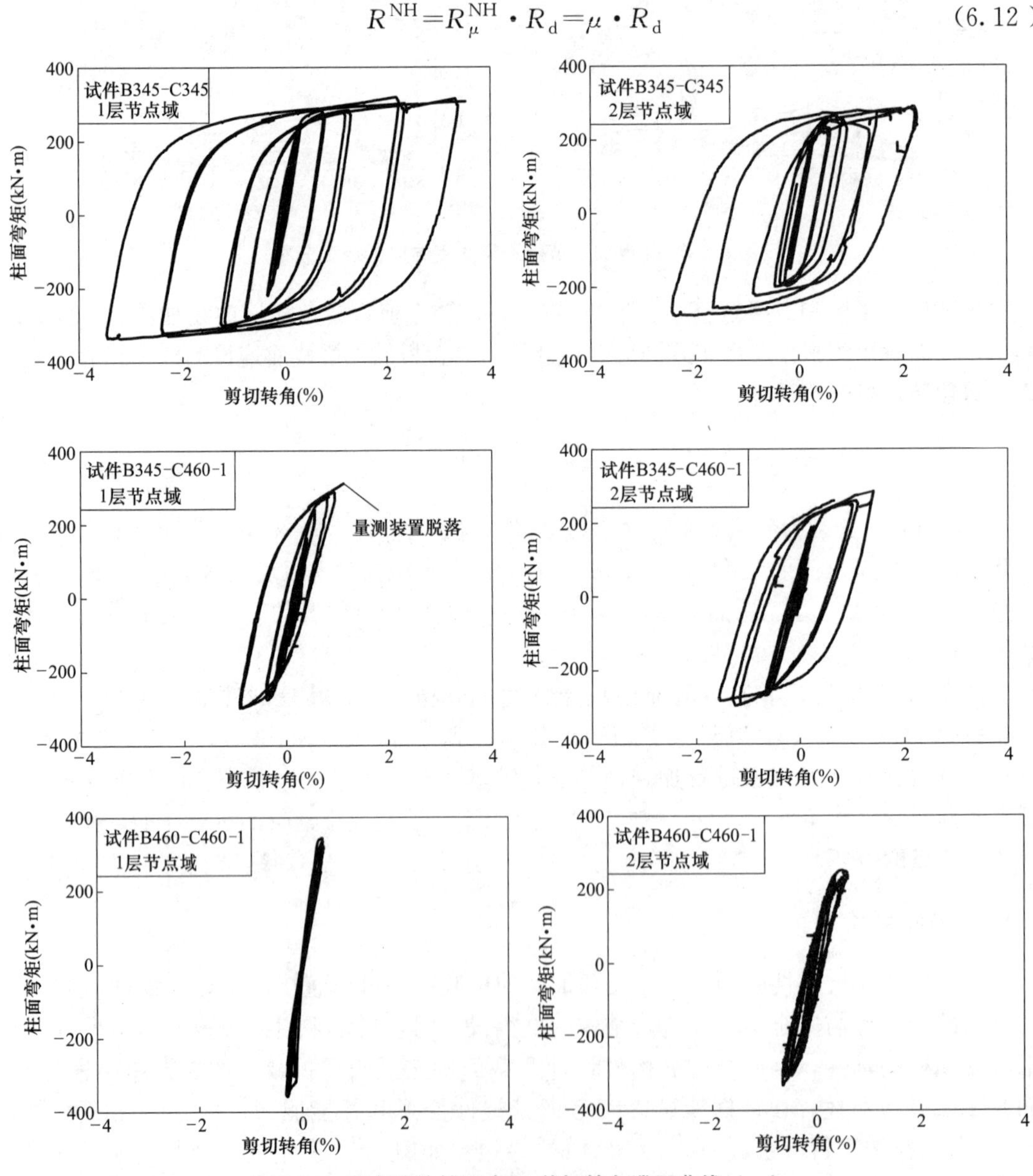

图 6.30　节点域的柱面弯矩-剪切转角滞回曲线（一）

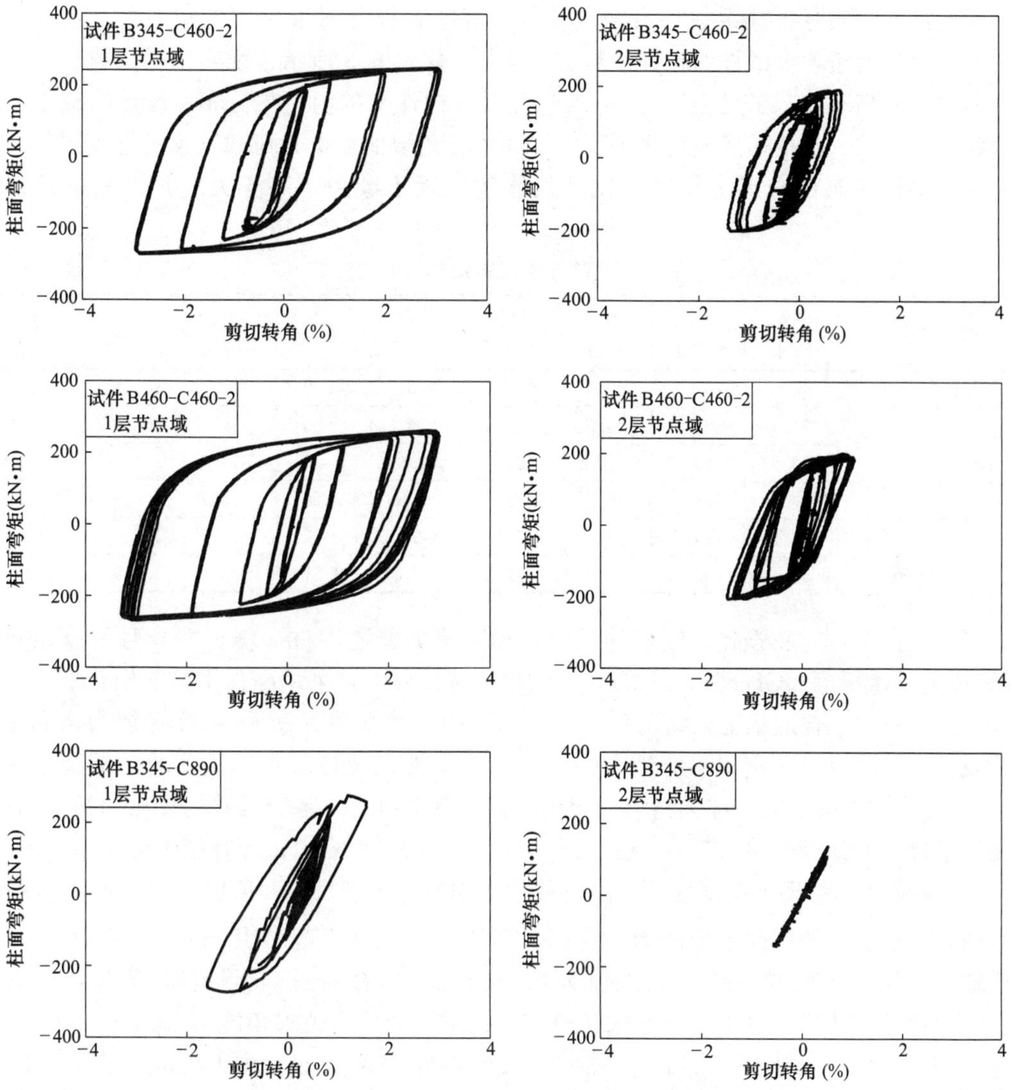

图 6.30 节点域的柱面弯矩-剪切转角滞回曲线（二）

各试件的计算结果如表 6.3 所示。由于试件 B460-C460-1、B345-C460-2 和 B460-C460-2 在加载达到 4.0%顶点位移角后的承载力尚未下降至峰值的 85%以下，因此，针对这些试件表 6.3 给出了以 4.0%顶点位移角作为极限状态的保守值。值得注意的是，设计时采用的性能系数（地震折减系数的倒数）是基于设计地震水平，而如图 6.31 所示的极限位移或延性定义显然对应于极限或倒塌变形状态，表 6.3 计算出来的实际地震作用折减系数是基于罕遇地震

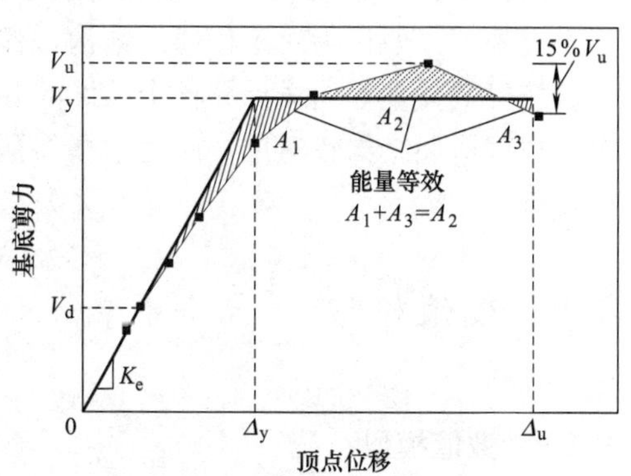

图 6.31 骨架曲线的等效方法

水平。因此，表 6.3 中实际折减系数 R^{NH} 的值应与设计值（2.5×2=5）进行比较。很明显，所有试件的实际折减系数均大于设计值，意味着设计时采用的折减系数是偏于安全的。这主要是由于各个试件的超强系数 R_d 很大，如表 6.3 所示，说明钢材的材料超强系数（实测强度高于规范名义强度）、进入塑性后各构件间的内力重分布、设计时正常使用极限状态的要求（包括多遇地震水平下的层间位移角限值、重力荷载下梁的挠度限值）以及采用的多种荷载组合工况都造成试件最终的实际承载力远高于大震延性需求的设计强度。

试件的性能指标　　**表 6.3**

试件编号	V_d (kN)	V_y (kN)	Δ_y (mm)	Δ_u (mm)	μ	R_d	R^{NH}	θ_y(rad)	θ_u (rad)
B345-C345	60.5	282.3	57.4	132.5	2.31	4.67	10.8	1.1%	2.5%
B345-C460-1	55.4	324.5	79.7	213.1	2.67	5.86	15.7	1.5%	4.0%
B460-C460-1	53.9	389.7	104.2	>212.4	>2.04	7.23	>14.7	1.9%	>4.0%
B345-C460-2	53.6	203.3	76.2	>215.4	>2.83	3.79	>10.7	1.4%	>4.0%
B460-C460-2	53.7	194.6	77.5	>215.7	>2.78	3.62	>10.1	1.4%	>4.0%
B345-C890	53.4	192.9	70.4	141.2	2.01	3.61	7.2	1.4%	2.6%

尽管高强钢材的屈强比、断后伸长率等指标不如普通钢材（表 6.2），且不满足我国《建筑抗震设计规范》GB 50011—2010[2] 的材料选用要求，采用高强钢材的框架结构的整体延性并不一定比普通钢框架结构差（如表 6.3 中延性系数 μ 所示）。变形能力还和在重力荷载下与二阶效应紧密联系的结构整体侧向稳定性以及柱脚在轴压下的局部稳定性有关[12]。整体侧向失稳或局部失稳均会导致承载力急剧退化。基于等效的理想弹塑性曲线，定义极限状态的顶点位移角为 $\theta_u=\Delta_u/H$（H 为总高 5400mm），计算结果如表 6.3 所示。6.1.3.4 节所述的结果表明试件顶点总侧移基本均匀分布于每层，所以极限顶点位移角 θ_u 可近似表征各试件的层间变形能力。我国《建筑抗震设计规范》GB 50011—2010[2] 规定罕遇地震下钢结构的层间位移角限值为 2.0%，美国钢结构抗震设计规范 ANSI/AISC 341-10[7] 则规定中等（IMF）和特殊（SMF）钢框架的层间位移角能力分别达到 2.0%和 4.0%以上。按照以上标准，试件 B345-C345 和 B345-C890 满足我国钢结构和美国 IMF 钢框架的变形要求，试件 B345-C460-1、B460-C460-1、B345-C460-2 和 B460-C460-2 满足我国钢结构和美国 SMF 钢框架的变形要求。

此外，一般认为对于普通钢结构，弹性层间位移角约为 1.0%[7]；然而，如表 6.3 所示，按等效弹塑性曲线计算各个试件的等效屈服顶点位移角 $\theta_y=\Delta_y/H$，可以发现该假定对普通钢框架结构较适用，而对于高强钢框架结构，等效屈服顶点位移角可达到 1.4%甚至接近 2.0%。

6.2　数值模拟

6.2.1　数值模型

为了模拟试验中出现的板件局部屈曲现象，本节采用 ABAQUS[13] 通用有限元软件建立框架的三维壳单元模型，如图 6.32 所示。本书选择四节点线性减缩积分单元 S4R，El-Tawil 等人[14] 的网格收敛性分析建议沿截面宽度方向划分 6 个壳单元，该单元类型可以准确地模拟整体的荷载-位移曲线。因此本书有限元模型在可能出现塑性和屈曲的部位，包括梁端、节点和柱脚，网格尺寸为 20mm 左右，保证梁沿翼缘宽度方向至少划分 6 个壳单元，柱沿翼缘宽度方向划分 8～10 个壳单元，而在构件远离端部的区域（保持为弹性状

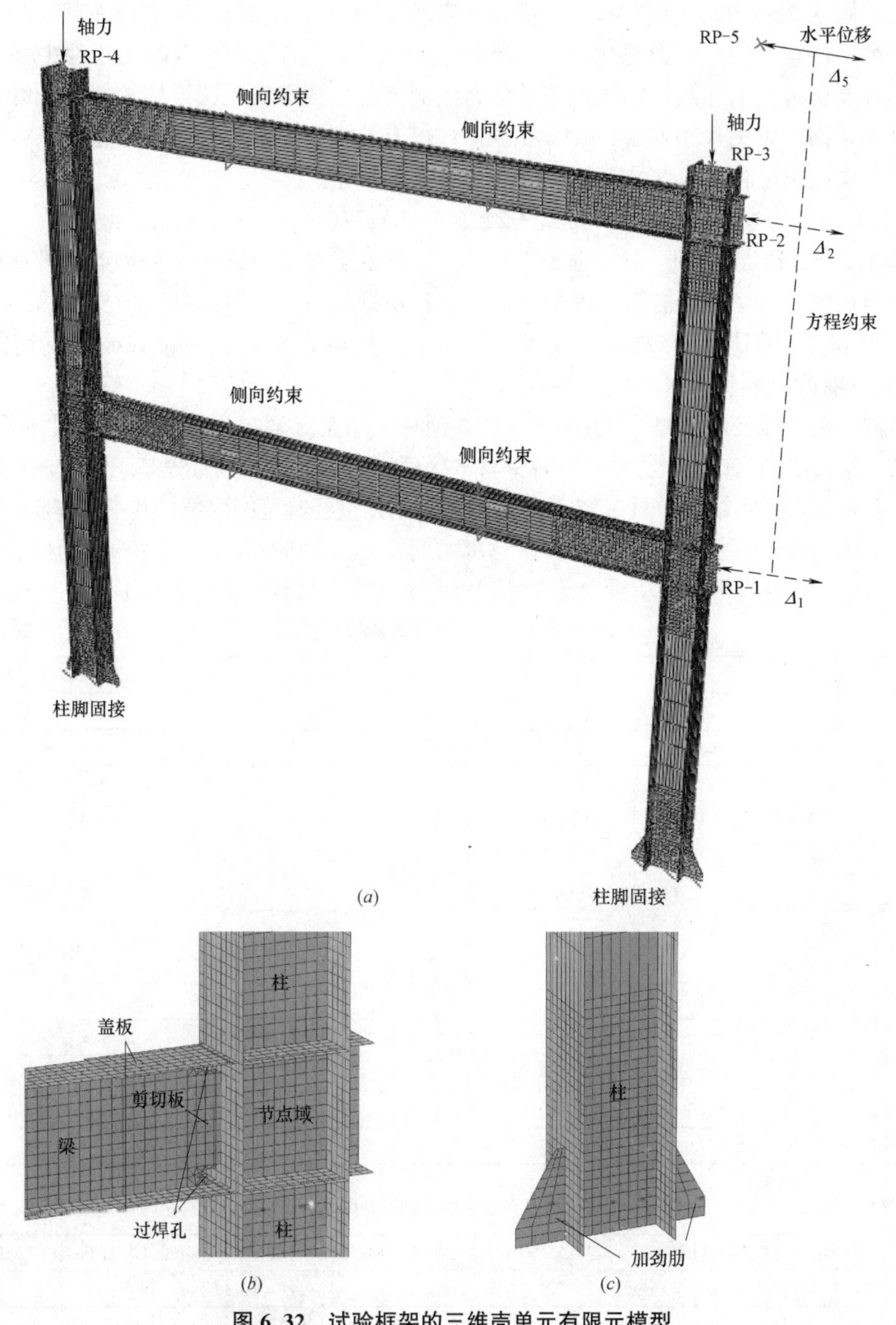

图 6.32 试验框架的三维壳单元有限元模型

(*a*) 整体网格；(*b*) 梁柱节点局部网格；(*c*) 柱脚局部网格

态）沿长度方向的网格尺寸为 200mm。有限元模型考虑了梁柱节点处的盖板、剪切板以及过焊孔，为了简化分析，由于节点可视为刚性连接且整个试验过程中剪切板与螺栓之间基本无滑移，因此不考虑螺栓的接触作用而是将剪切板直接与梁腹板粘连。边界条件为柱脚截面固接，同时约束每层节点和梁四分之一跨处的面外位移，以模拟试验中的侧向支撑作用。

为了施加竖向轴力和侧向水平力，每个柱顶截面和加载端截面均与相应截面形心处的参考点（图 6.32 中的 RP-1～RP-4）耦合，通过在参考点施加位移来进行加载。为了实现试验中的 1 层与 2 层水平力之比为 1∶20 的比例关系，ABAQUS 有限元软件中并没有采用位移控制实现比例加载的方法，若采用力比例控制加载则又无法模拟承载力从峰值下降后的性能，因此本书采用 Huang 和 Mahin[15] 提出的多点约束方法，即新建一个假想节点（图 6.32 中的 RP-5），建立如下位移自由度的约束方程：

$$\Delta_1+20\Delta_2-21\Delta_5=0 \tag{6.13}$$

式中，Δ_1、Δ_2 和 Δ_5 分别为 1 层加载参考点、2 层加载参考点和假想参考点的沿加载方向的位移自由度。为了保证有限元模拟的位移历程与试验一致，根据试验中实测的各个加载级下一层和二层侧向位移峰值，按式（6.13）计算假想参考点的位移循环制度并输入 ABAQUS 有限元模型中。

有限元模型涉及的 Q345、Q460 和 Q890 钢材采用第 3 章提出的循环弹塑性本构模型。根据第 3 章提出的简化标定方法，各种钢材本构模型的一部分参数首先基于材性试件的单调拉伸试验标定，标定结果如图 6.33 所示；其余参数则按经验范围取值，其中，Q345 和 Q460 钢材可采用表 3.6 中已有的同种钢材循环试验结果，Q890 则按表 3.8 中 Q690 钢材的循环试验结果取值。最终本书试验所采用的 3 种钢材的本构模型参数取值见表 6.4 和表 6.5。

Q345 和 Q460 钢材的本构模型参数　　表 6.4

钢材牌号	E(MPa)	ε_{st}^{p}	Q^{s}(MPa)	Q^{l}(MPa)	C_1^{s}(MPa)	C_2^{s}(MPa)	C_1^{l}(MPa)	C_2^{l}(MPa)	c^{s}
	σ_y(MPa)	$\bar{\varepsilon}_{st}^{p}$	b^{s}	b^{l}	γ_1^{s}	γ_2^{s}	γ_1^{l}	γ_2^{l}	c^{l}
Q345 (8mm)	199300	0.0241	−225.8	100.6	225764.2	45152.8	1734.4	359.7	0.5
	451.5	0.0050	300	20	3000	300	30	0	0.3
Q345 (10mm)	195700	0.0258	−203.8	86.1	203798.6	40759.7	1182.3	348.5	0.5
	407.6	0.0050	300	17	3000	300	30	0	0.3
Q345 (16mm)	196900	0.0203	−195.5	117.8	195468.6	39093.7	2405.3	345.3	0.5
	390.9	0.0050	300	20	3000	300	35	0	0.3
Q345 (20mm)	192400	0.0185	−167.1	120.2	167098.2	33419.6	2484.9	345.4	0.5
	334.2	0.0050	300	20	3000	300	35	0	0.3
Q460 (10mm)	196000	0.0183	−274.0	94.6	274000.0	54800.0	2176.8	443.3	0.5
	548.0	0.0050	300	30	3000	300	40	0	0.3
Q460 (12mm)	197500	0.0180	−245.2	63.5	245150.0	49030.0	2853.7	247.2	0.5
	490.3	0.0050	300	40	3000	300	60	0	0.3

Q890 钢材的本构模型参数　　表 6.5

钢材牌号	E(MPa)	$\bar{\varepsilon}_{st}^{p}$(MPa)	Q_1^{l}(MPa)	Q_2^{l}(MPa)	C_1^{s}(MPa)	C_2^{s}(MPa)	$\bar{C}_2^{s}$(MPa)	C_1^{l}(MPa)	C_2^{l}(MPa)	C_3^{l}(MPa)	c^{s}
	$\sigma_{0.01}$(MPa)	Q^{s}(MPa)	b_1^{l}	b_2^{l}	γ_1^{s}	γ_2^{s}	$\bar{\gamma}_2^{s}$	γ_1^{l}	γ_2^{l}	γ_3^{l}	
Q890 (6mm)	192800	0.004	37.6	18.8	362376.0	36237.6	108712.8	1258.5	11885.7	306.1	0.5
	906	−362.4	35	650	2000	200	600	45	850	0	

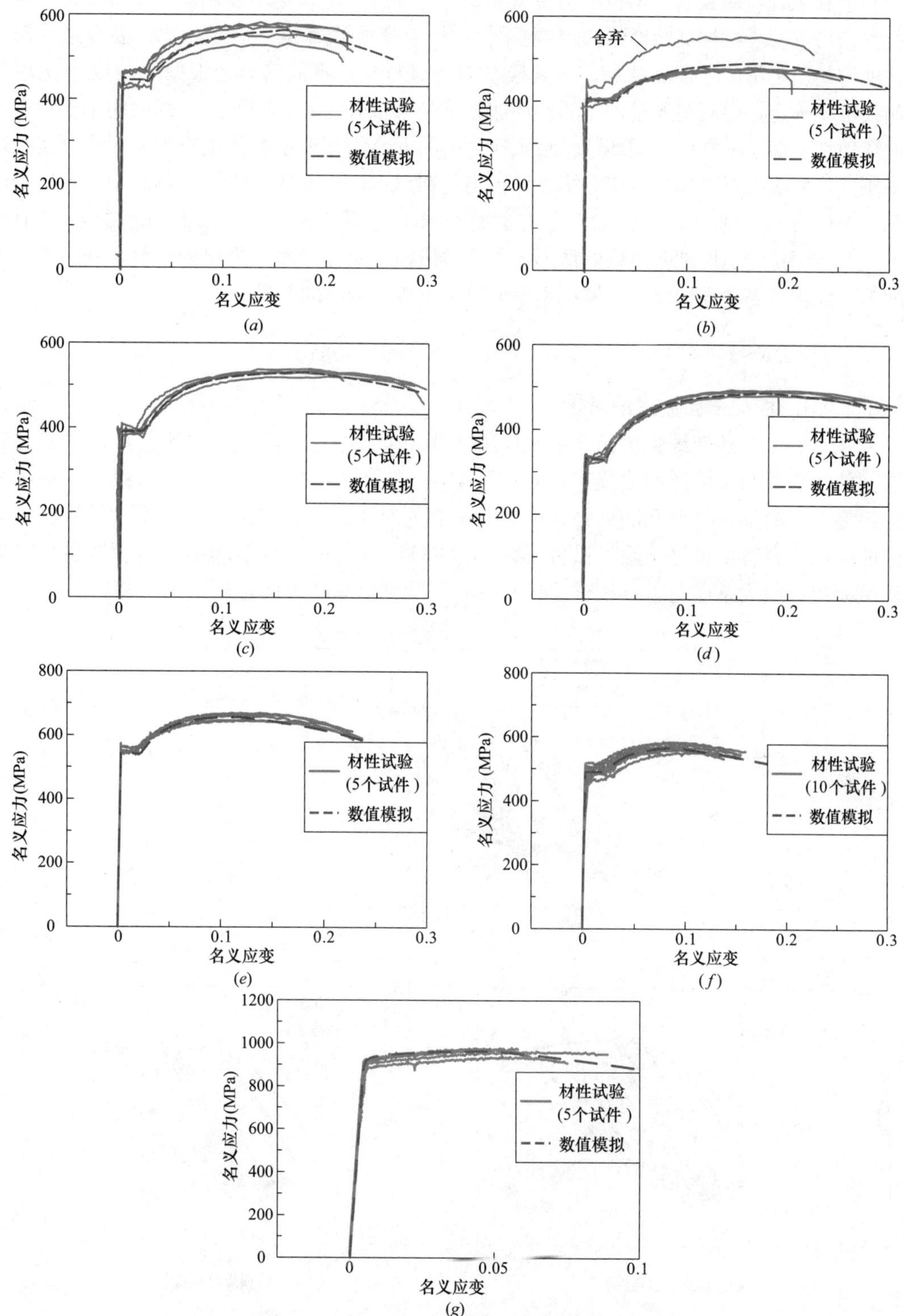

图 6.33　单调拉伸材性试验的名义应力-应变曲线

(*a*) 8mm 厚 Q345 钢板；(*b*) 10mm 厚 Q345 钢板；(*c*) 16mm 厚 Q345 钢板；(*d*) 20mm 厚 Q345 钢板；(*e*) 10mm 厚 Q460 钢板；(*f*) 12mm 厚 Q460 钢板；(*g*) 6mm 厚 Q890 钢板

目前在工程应用较多的钢材本构模型为简单的等向强化和随动强化模型，主要是因为其材料参数可以基于材性试验得到的单调拉伸应力-应变曲线确定。与之相比，混合强化模型往往能够给出更精确的预测结果，但其模型中的材料参数不能简单地根据单调拉伸应力-应变曲线唯一确定，而需要通过钢材的循环加载试验来拟合；考虑到实际工程中的钢材力学性能的离散性，即使根据已有循环试验结果拟合出的混合强化模型参数也很可能无法直接推广至采用其他批次钢材的工程应用。第 3 章提出的钢材本构模型的优势在于可利用材性试验的单调拉伸应力-应变曲线，同时结合已有试验结果的经验公式来标定所有材料参数。因此，考虑仅有单调拉伸材性试验结果的情形，本节数值模拟对比了本书提出的钢材本构模型与常用的等向强化、随动强化模型在模拟钢框架结构抗震性能时的差异。

6.2.2　模型验证与讨论

6.2.2.1　框架滞回曲线的对比

采用 6.2.1 节的三维壳单元有限元模型计算 6.1 节中 6 个钢框架的基底剪力-顶点位移角滞回曲线，并与试验滞回曲线进行对比，如图 6.34～图 6.39 所示，包括第 3 章提出的本构模型、等向强化模型和随动强化模型与试验的对比。可见，第 3 章模型的计算曲线与试验曲线的吻合程度最好。除了试件 B460-C460-1，本书模型均能较准确地预测各个框架试件试验中的最大基底剪力；试件 B460-C460-1 的试验承载力明显高于本书模型的计算结

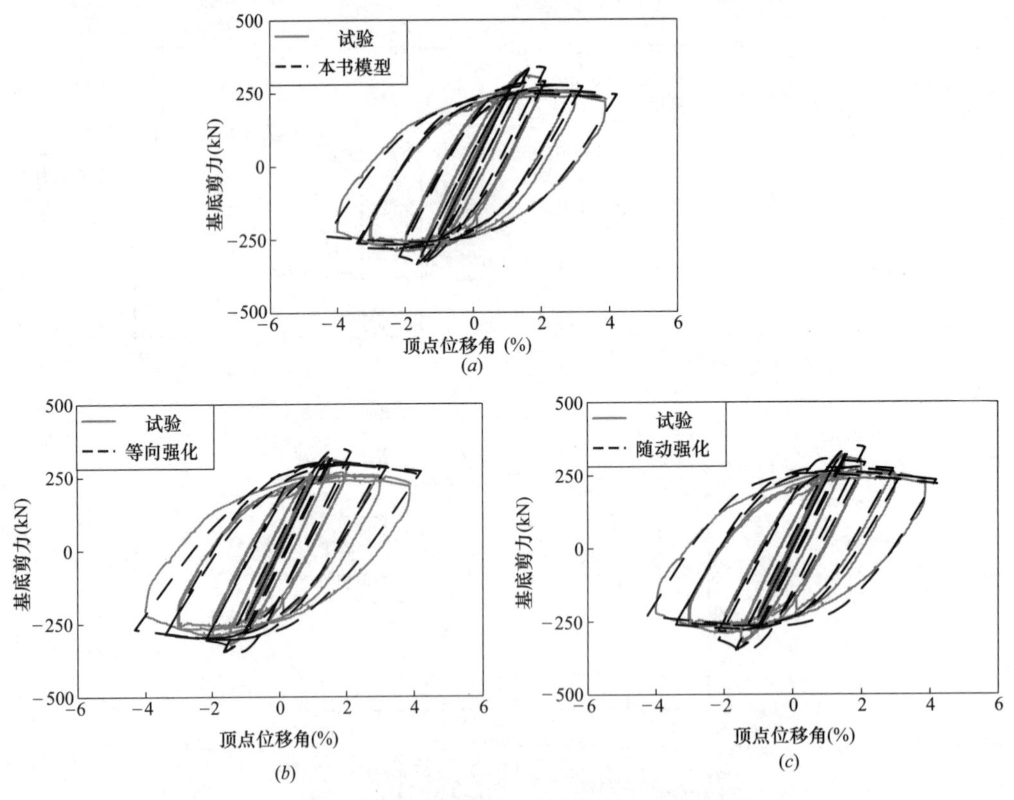

图 6.34　试件 B345-C345 的框架滞回曲线对比

(*a*) 本书模型；(*b*) 等向强化；(*c*) 随动强化

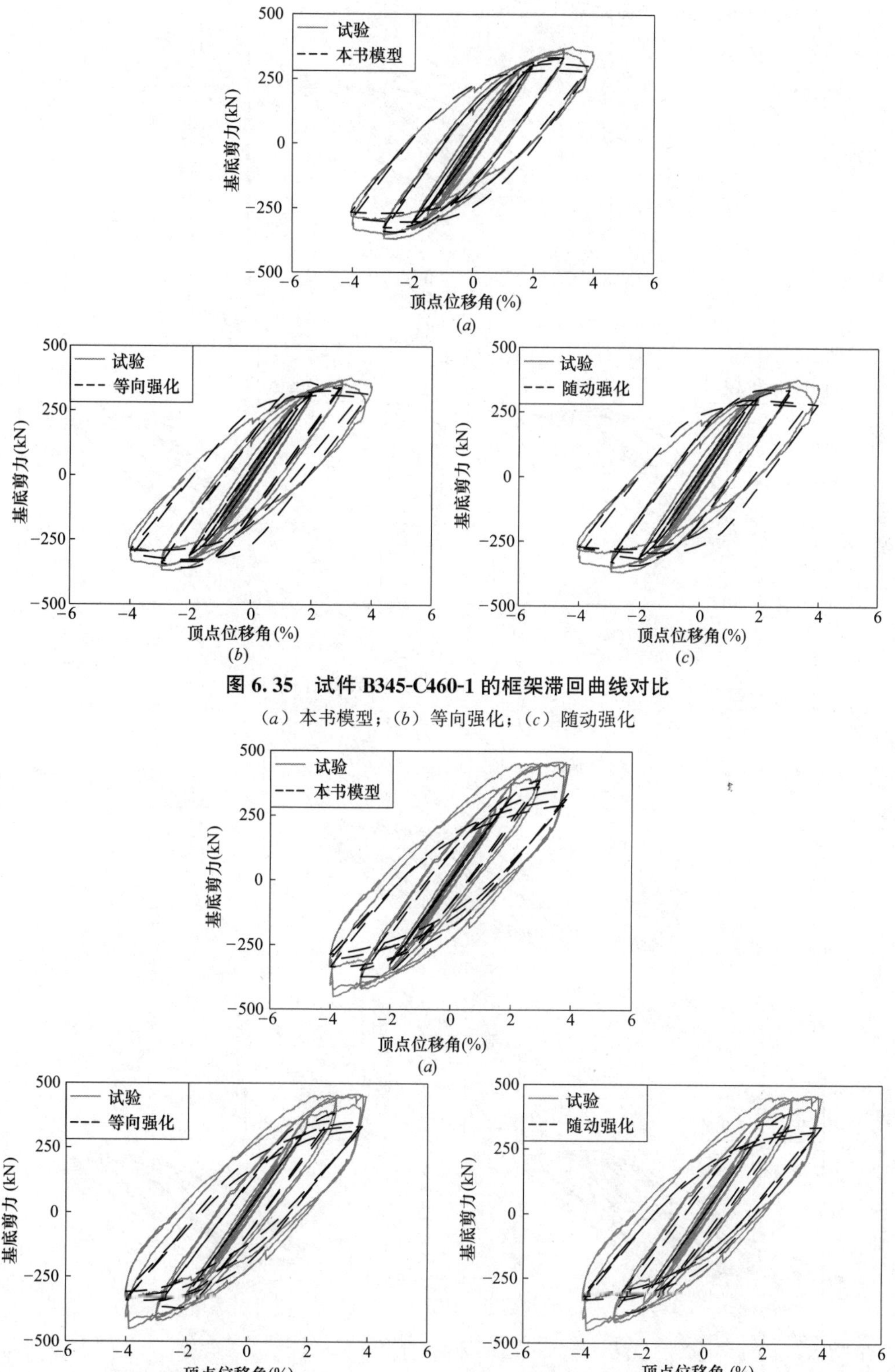

图 6.35 试件 B345-C460-1 的框架滞回曲线对比

(*a*) 本书模型；(*b*) 等向强化；(*c*) 随动强化

图 6.36 试件 B460-C460-1 的框架滞回曲线对比

(*a*) 本书模型；(*b*) 等向强化；(*c*) 随动强化

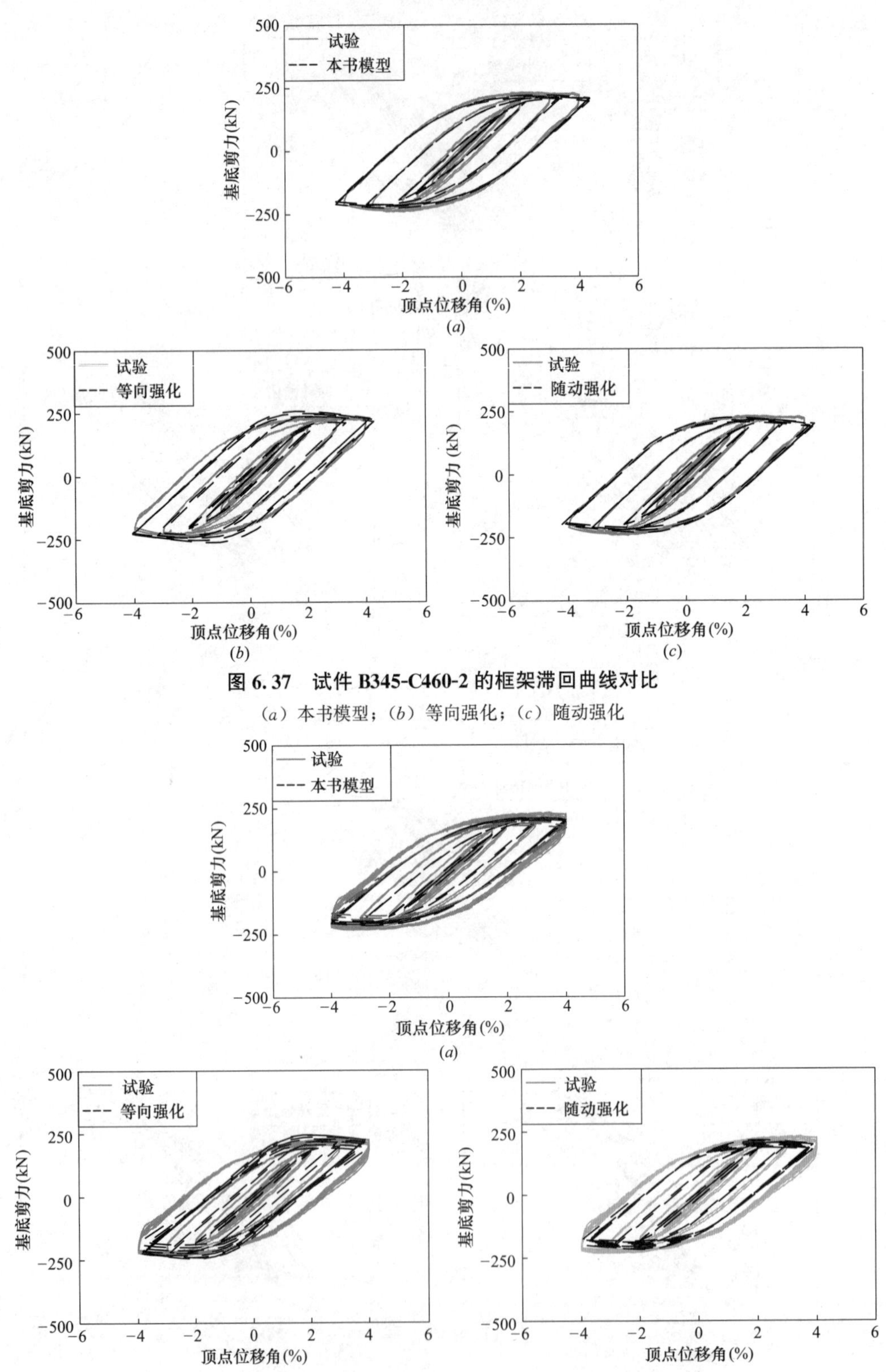

图 6.38　试件 B460-C460-2 的框架滞回曲线对比

(a) 本书模型；(b) 等向强化；(c) 随动强化

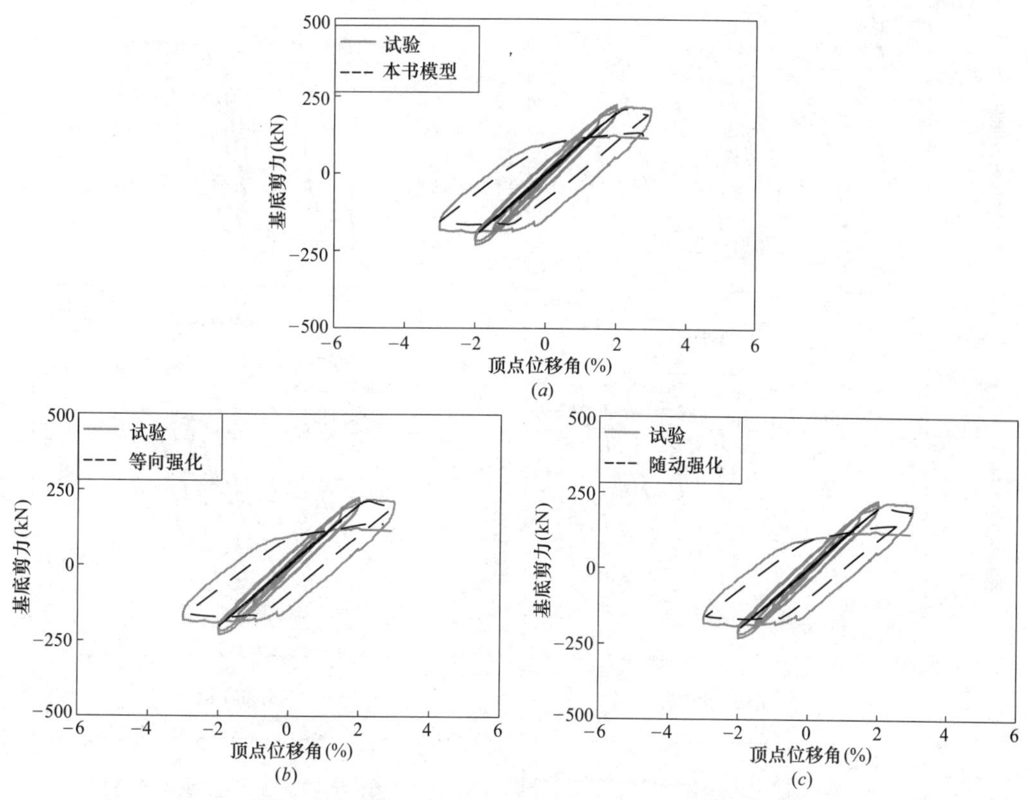

图 6.39 试件 B345-C890 的框架滞回曲线对比

(*a*) 本书模型；(*b*) 等向强化；(*c*) 随动强化

果（图 6.36），这可能是由于试验中的侧向约束装置与试件之间的摩擦作用引起的。由于等向强化模型的屈服面随着等效塑性应变持续扩张，该模型很可能会高估出现显著塑性变形后的承载力；随动强化模型的预测结果总体上与本书模型相近，由于不考虑屈服面的收缩，且无法反映钢材非线性的 Bauschinger 效应，因此该模型会高估卸载再加载时的刚度，造成滞回曲线在拐角处过于饱满，很可能会高估出现显著塑性变形后的耗能能力。

因此，第 3 章提出的钢材本构模型可以准确地预测钢框架结构的承载力、延性、滞回性能、耗能能力以及由板件屈曲造成的承载力退化；在缺乏钢材应力-应变全曲线以标定本书模型的参数时，采用随动强化模型也能较好地预测钢框架结构的滞回性能，其明显优于等向强化模型。

6.2.2.2 节点滞回曲线的对比

采用 6.2.1 节建立的三维壳单元有限元模型计算 6.1 节的 6 个钢框架在东柱的 1 层和 2 层节点域的柱面弯矩-剪切转角滞回曲线，并与试验结果进行对比，如图 6.40～图 6.45 所示，图中分别给出了第 3 章提出的本构模型、等向强化和随动强化模型的计算结果。很明显，本书模型的计算曲线与试验曲线的吻合程度最好。与 6.2.2.1 节的框架基底剪力-顶点位移角滞回曲线相比，不同本构模型计算得到的节点域滞回曲线的差异很大，尤其表现在：等向强化模型会严重高估承载力，即使是在同一加载级下的重复循环，曲线也不会表现出稳定滞回圈的现象，而且可能会低估最大的剪切转角（图 6.40 和图 6.44）；随动强

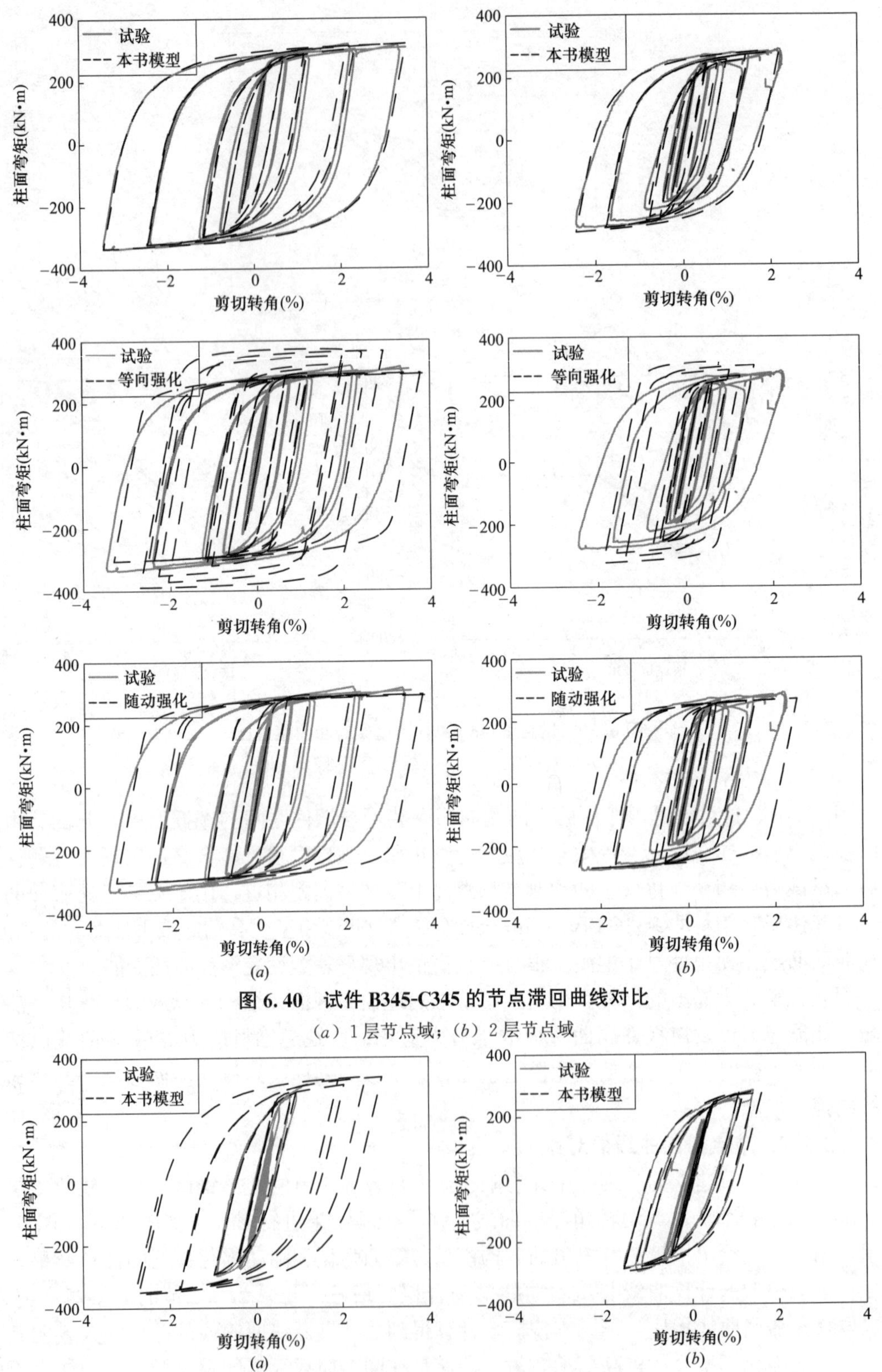

图 6.40　试件 B345-C345 的节点滞回曲线对比

（a）1 层节点域；（b）2 层节点域

图 6.41　试件 B345-C460-1 的节点滞回曲线对比（一）

（a）1 层节点域；（b）2 层节点域

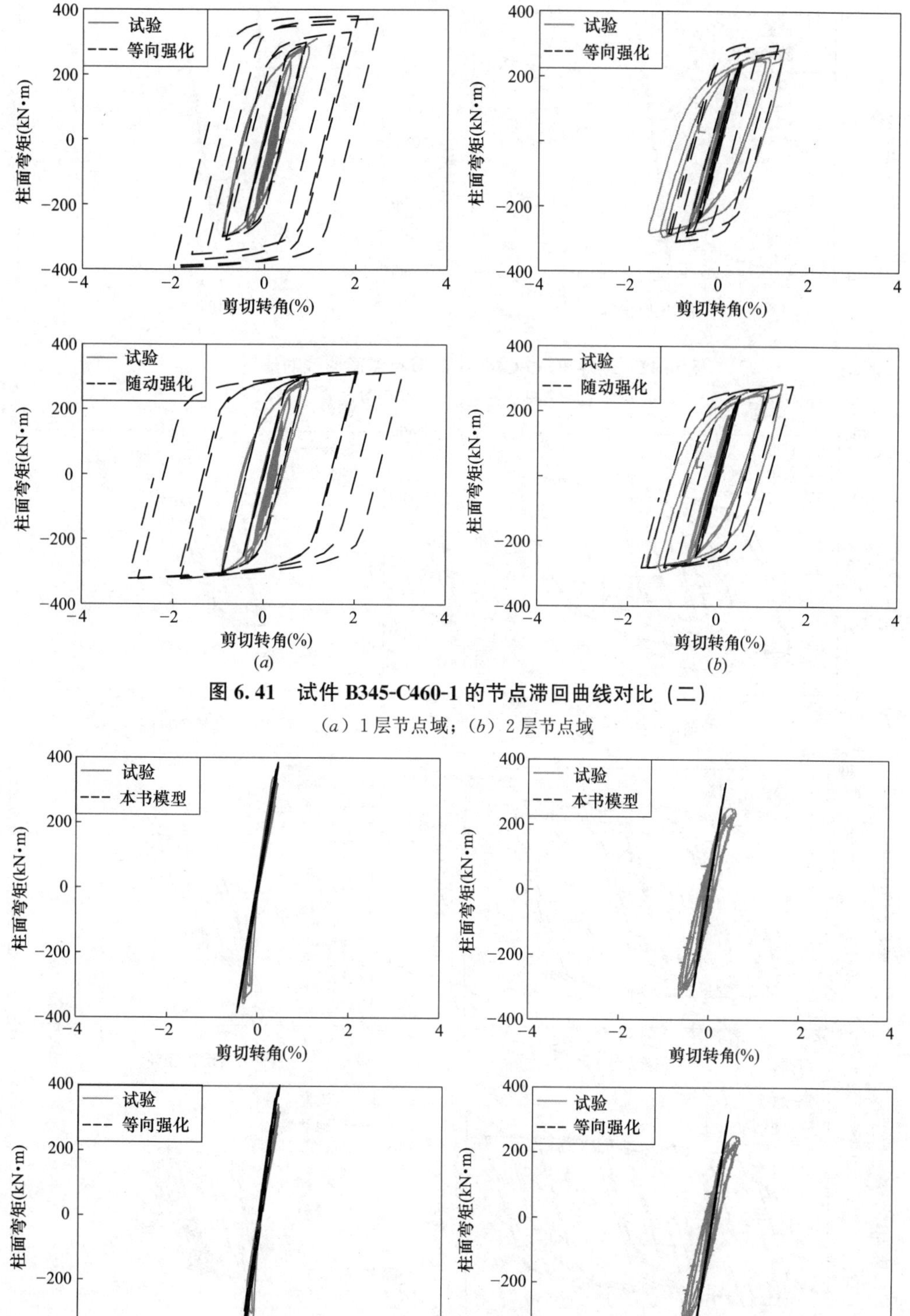

图 6.41 试件 B345-C460-1 的节点滞回曲线对比（二）

（a）1 层节点域；（b）2 层节点域

图 6.42 试件 B460-C460-1 的节点滞回曲线对比（一）

（a）1 层节点域；（b）2 层节点域

(*a*)　　(*b*)

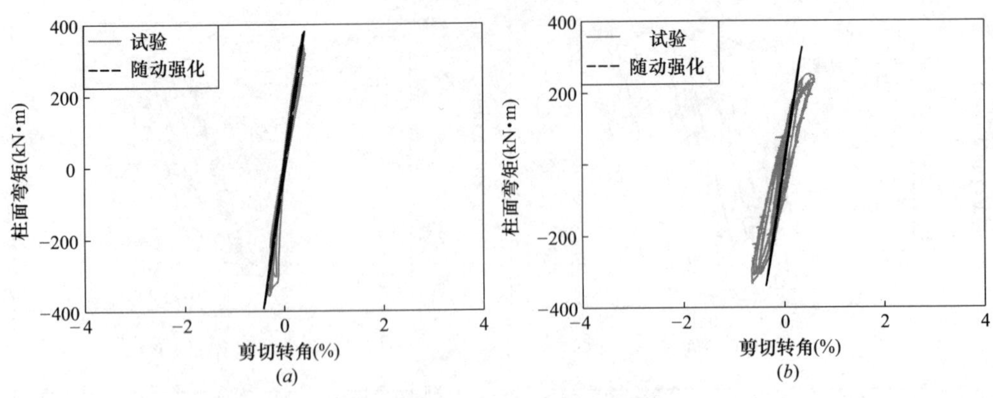

图 6.42　试件 B460-C460-1 的节点滞回曲线对比（二）

(*a*) 1 层节点域；(*b*) 2 层节点域

(*a*)　　(*b*)

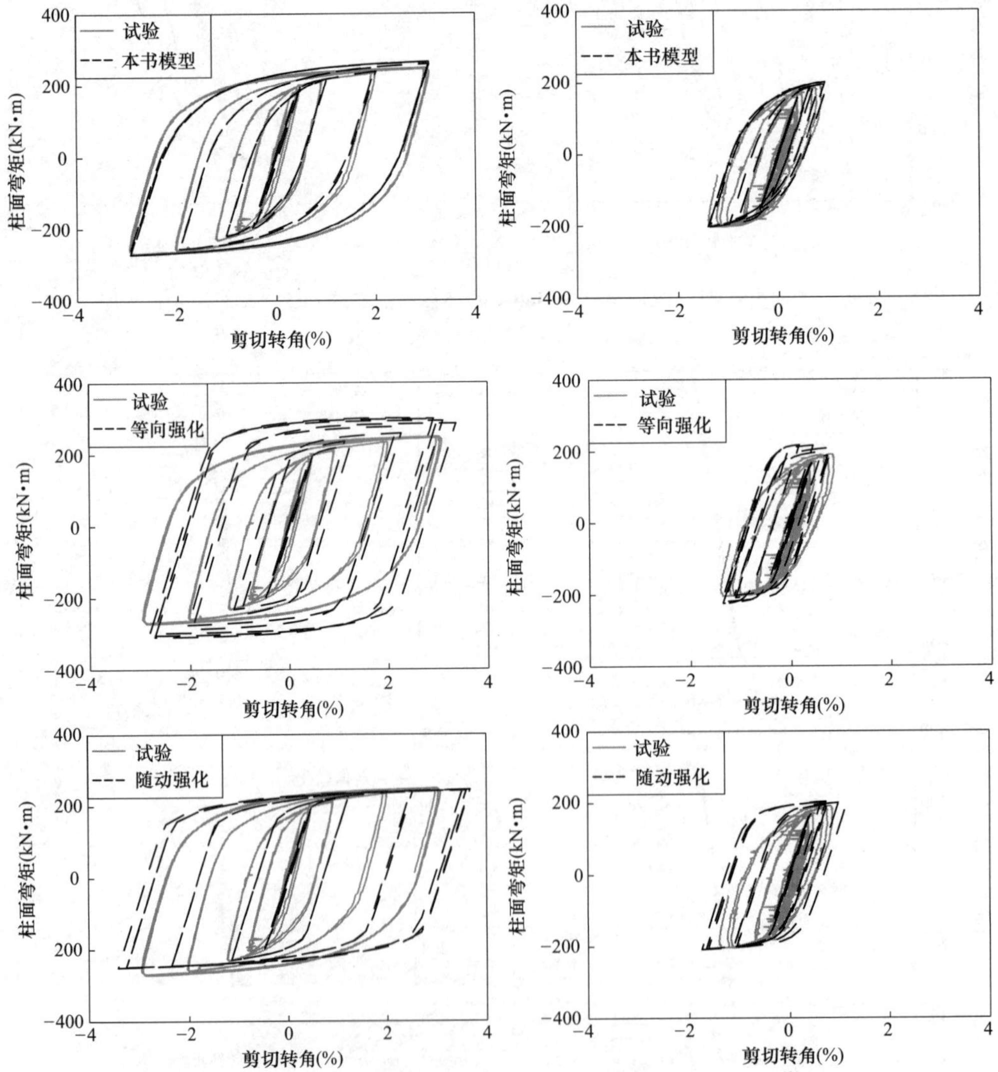

图 6.43　试件 B345-C460-2 的节点滞回曲线对比

(*a*) 1 层节点域；(*b*) 2 层节点域

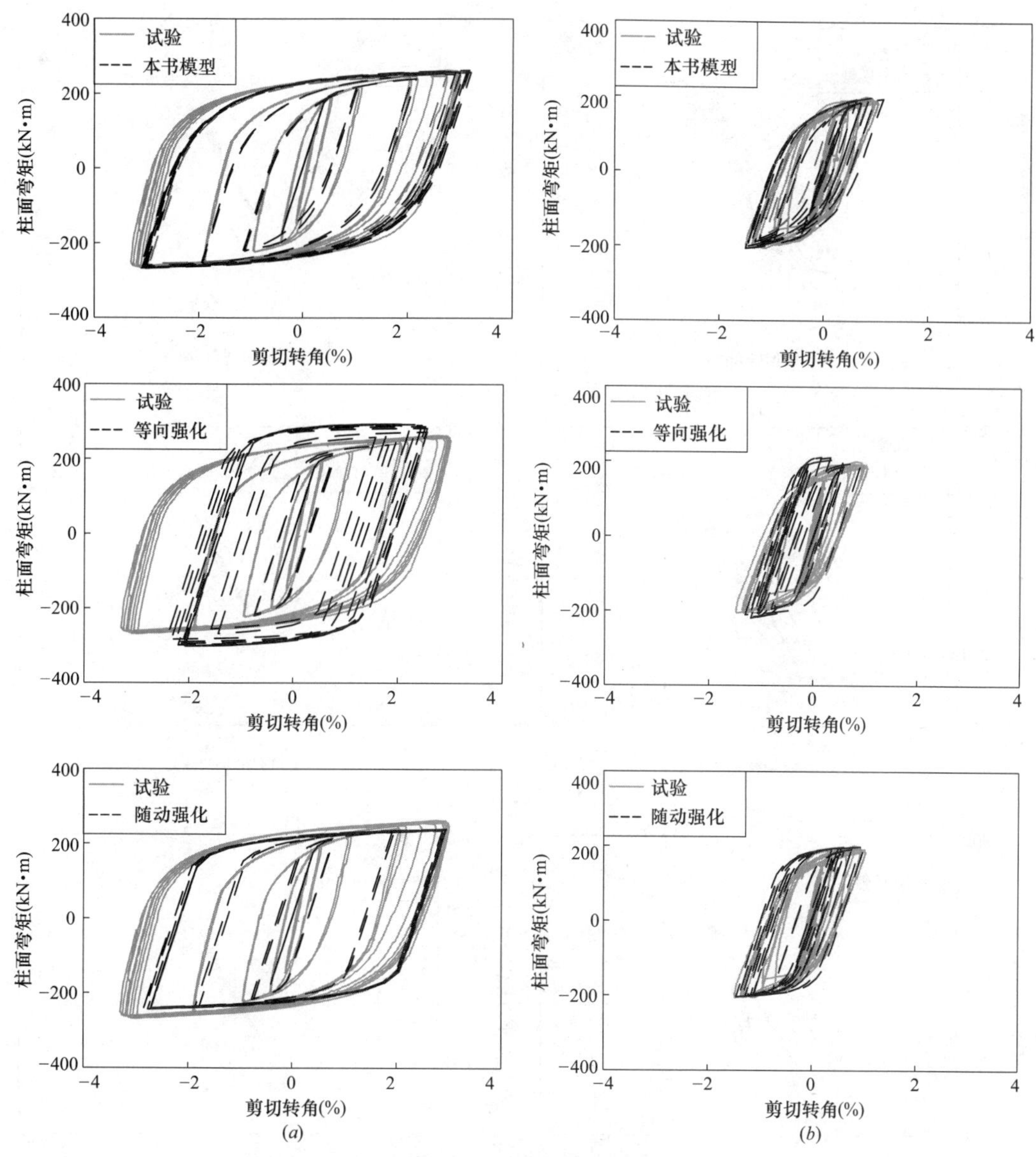

图 6.44 试件 B460-C460-2 的节点滞回曲线对比

(a) 1 层节点域；(b) 2 层节点域

化模型的预测结果略优于等向强化模型，但对于滞回曲线在卸载后再加载的拐角处的模拟误差很大，曲线过于饱满，特别是在剪切转角较大时。由于试件 B460-C460-1 在节点域贴焊了补强板，整个试验过程中 1 层和 2 层节点域基本处于弹性受力状态，因此不同模型均给出一致的线性弯矩-转角曲线的预测结果，如图 6.42 所示。试件 B345-C890 在加载至进入塑性阶段后，由于变形主要集中在 1 层，2 层节点域也保持在弹性状态，如图 6.45 (b) 所示。

因此，在对梁柱节点变形的数值模拟上，只要节点域出现较明显的塑性变形，第 3 章模型就能够准确预测其在剪切作用下的滞回曲线，而传统的等向强化和随动强化模型均有较大误差。

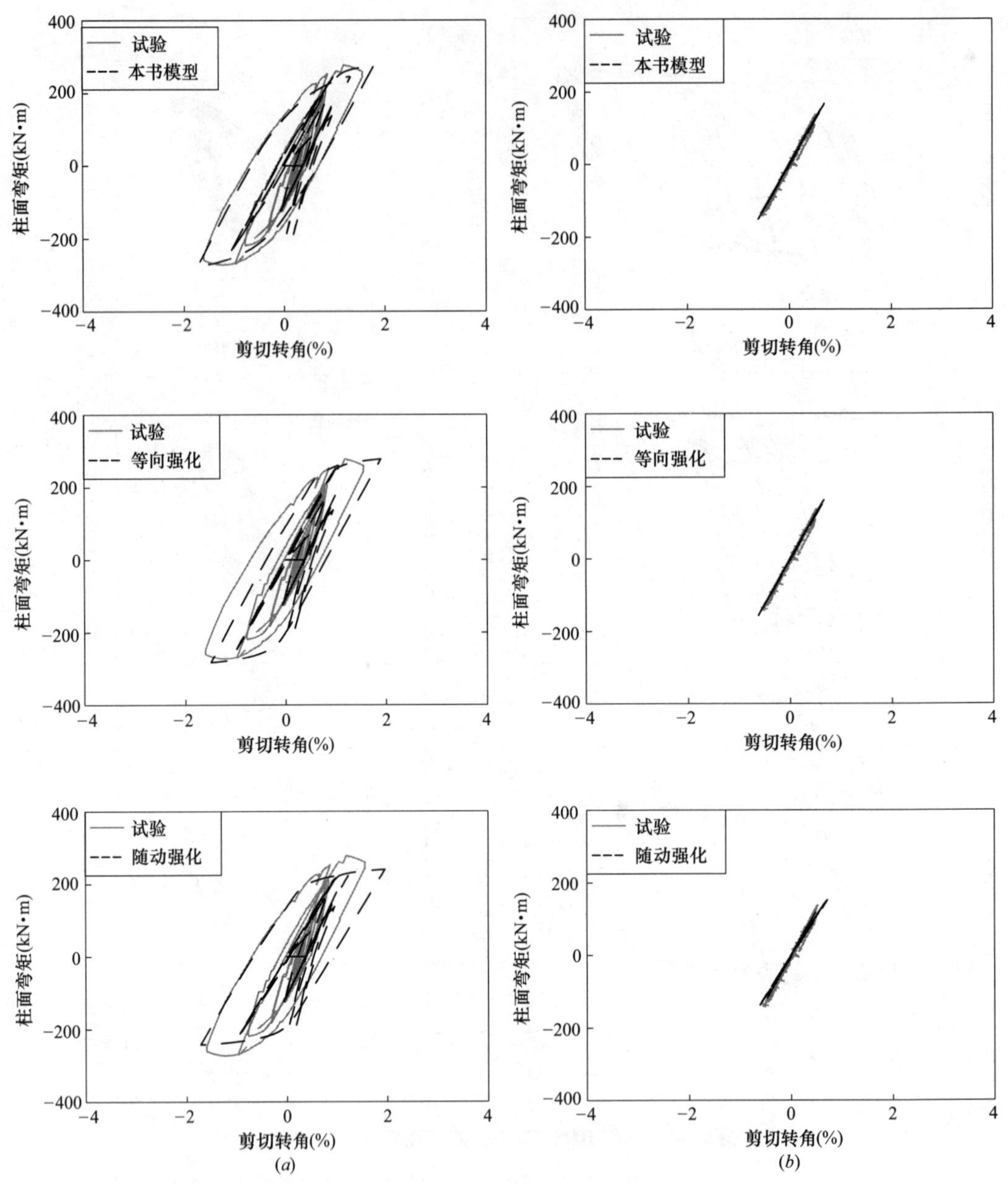

图 6.45　试件 B345-C890 的节点滞回曲线对比

(*a*) 1 层节点域；(*b*) 2 层节点域

6.2.2.3　柱脚屈曲形态的对比

采用 6.2.1 节的三维壳单元有限元模型及第 3 章提出的本构模型、等向强化模型和随动强化模型，分别计算 6.1 节 6 个钢框架在加载结束时西侧和东侧柱脚屈曲形态，并与试验结果进行对比，如图 6.46～图 6.51 所示。3 种本构模型均能较好地模拟试验中出现的柱脚屈曲现象。对于试件 B345-C460-1（图 6.47）和试件 B460-C460-2（图 6.50），本节模型计算的柱脚屈曲程度总体上比试验结果更严重，这主要是由于本节的数值模拟并未考虑残余应力和板件真实几何缺陷的影响。

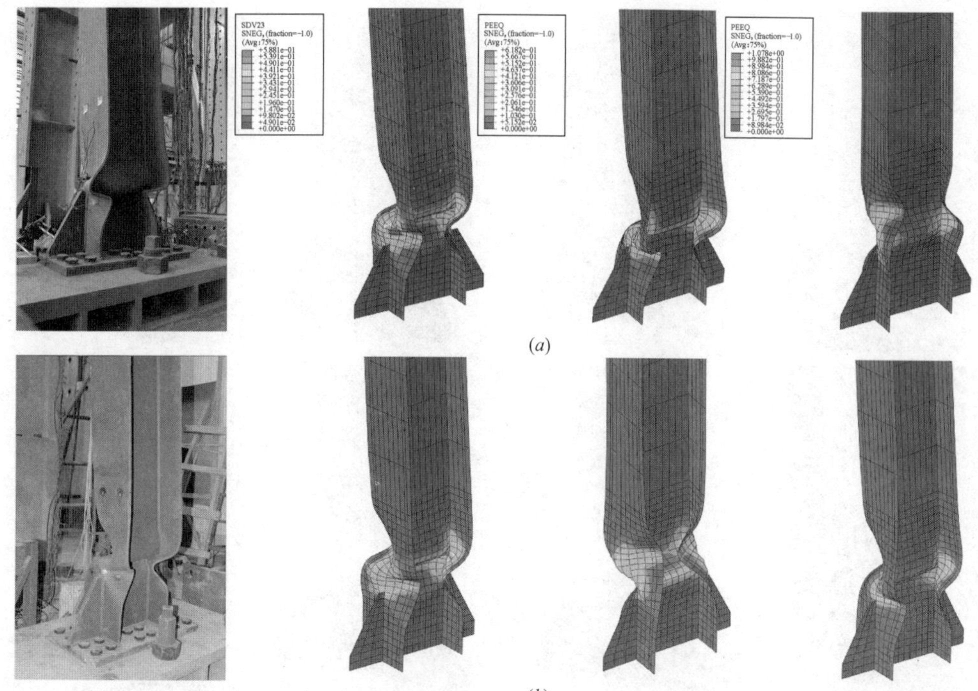

(*b*)

试验结果　　数值模拟—本书模型　　数值模拟—等向强化　　数值模拟—随动强化

图 6.46　试件 B345-C345 的柱脚屈曲形态对比

（*a*）东侧柱脚；（*b*）西侧柱脚

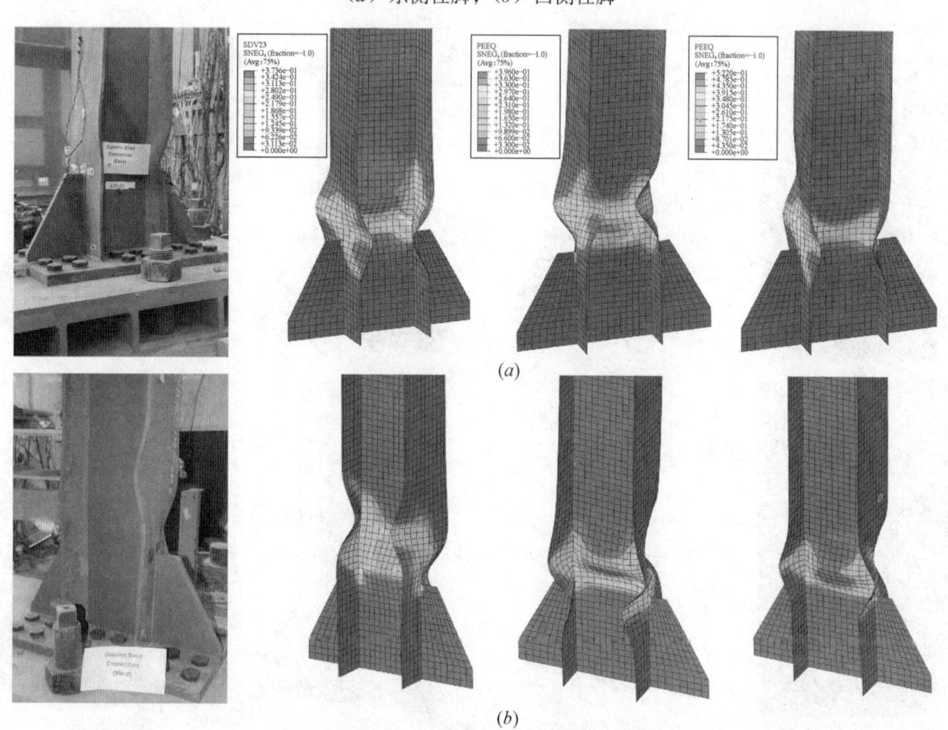

试验结果　　数值模拟—本书模型　　数值模拟—等向强化　　数值模拟—随动强化

图 6.47　试件 B345-C460-1 的柱脚屈曲形态对比

（*a*）东侧柱脚；（*b*）西侧柱脚

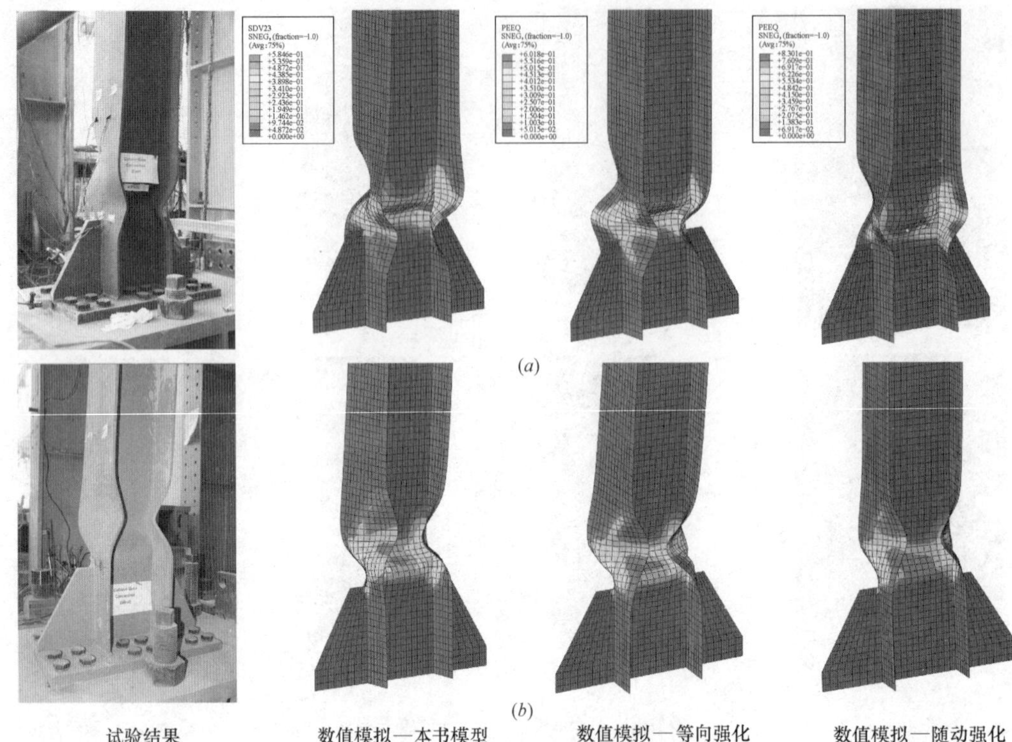

(*a*)

(*b*)

试验结果　　数值模拟—本书模型　　数值模拟—等向强化　　数值模拟—随动强化

图 6.48　试件 B460-C460-1 的柱脚屈曲形态对比

(*a*) 东侧柱脚；(*b*) 西侧柱脚

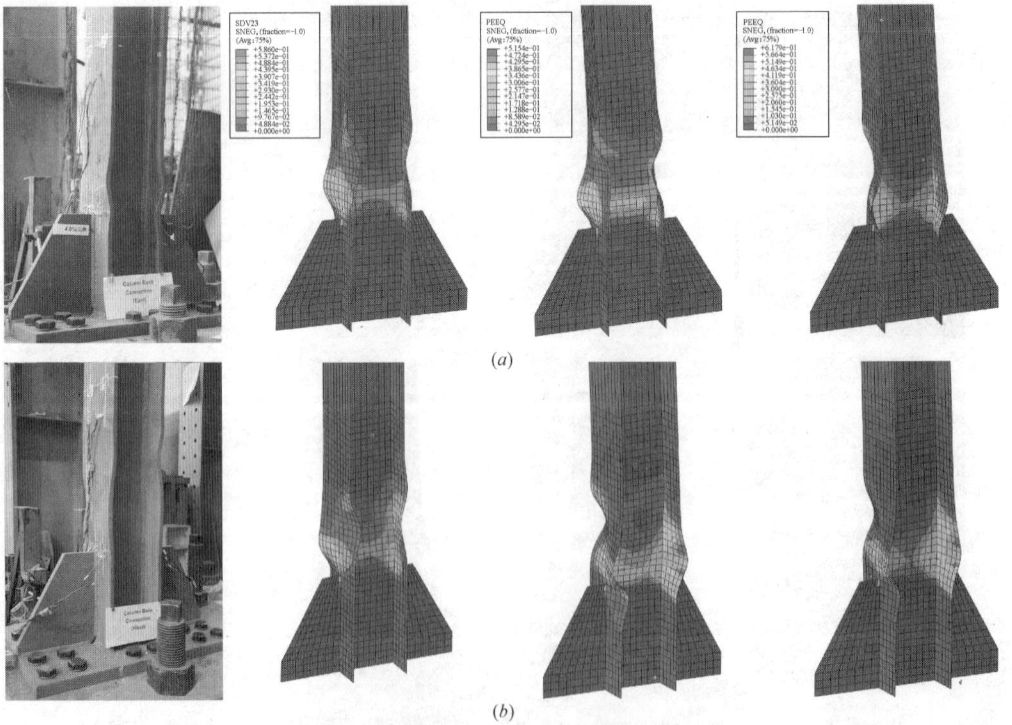

(*a*)

(*b*)

试验结果　　数值模拟—本书模型　　数值模拟—等向强化　　数值模拟—随动强化

图 6.49　试件 B345-C460-2 的柱脚屈曲形态对比

(*a*) 东侧柱脚；(*b*) 西侧柱脚

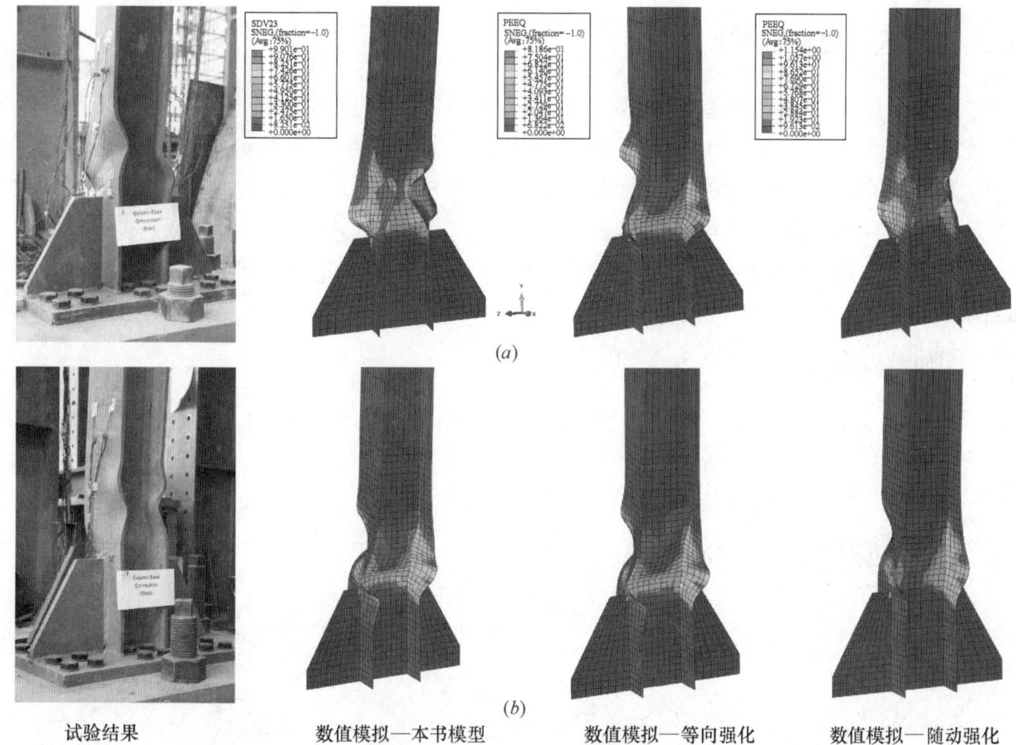

(*a*)

(*b*)

试验结果　　数值模拟—本书模型　　数值模拟—等向强化　　数值模拟—随动强化

图 6.50　试件 B460-C460-2 的柱脚屈曲形态对比

（*a*）东侧柱脚；（*b*）西侧柱脚

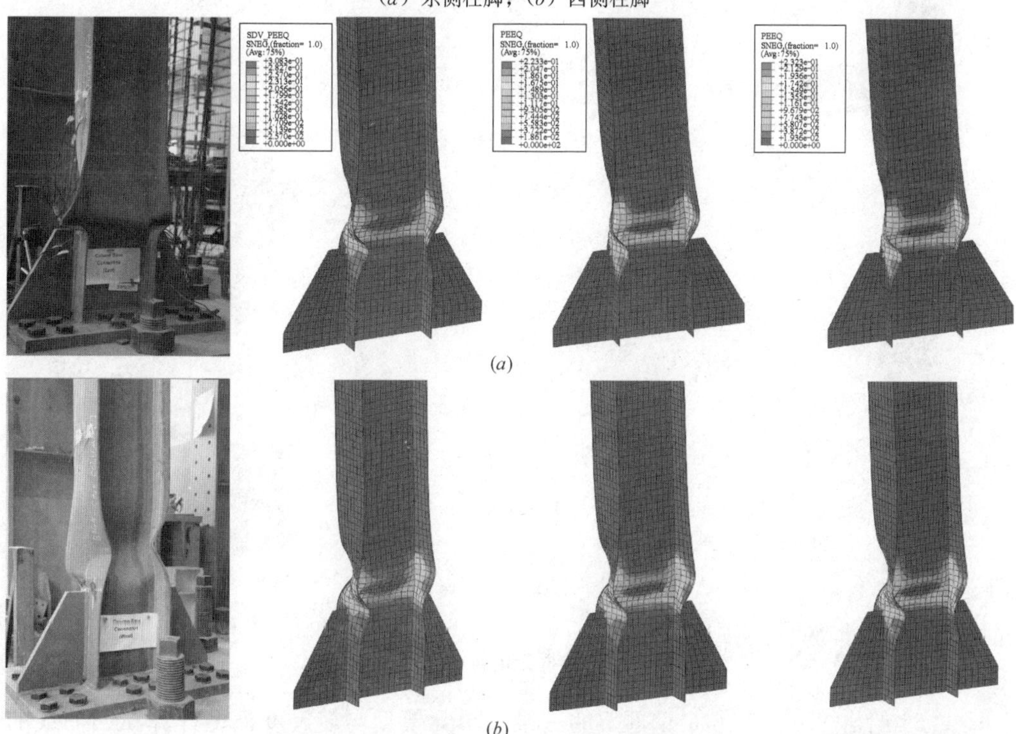

(*a*)

(*b*)

试验结果　　数值模拟—本书模型　　数值模拟—等向强化　　数值模拟—随动强化

图 6.51　试件 B345-C890 的柱脚屈曲形态对比

（*a*）东侧柱脚；（*b*）西侧柱脚

6.2.3　与多尺度模型的对比

对于框架等结构体系的数值模拟，由于壳单元模型的单元数较多，为了节省计算代价，通常可以采用多尺度模型。对于钢框架体系，进入塑性耗能并可能发生塑性屈曲的部位一般为节点和梁柱构件的端部，因此可以建立图 6.52 所示的梁-壳多尺度模型，即采用壳单元来建立柱脚和梁柱节点的模型，而用梁单元（ABAQUS 中的 B31OS 单元）来代表保持为弹性受力状态的构件。梁单元构件的端部结点与壳单元构件的端部截面通过耦合全部自由度（ABAQUS 中的 Coupling 约束）实现连接，满足平截面的假定。其他边界条件的设置和荷载施加的方式与图 6.32 相同。

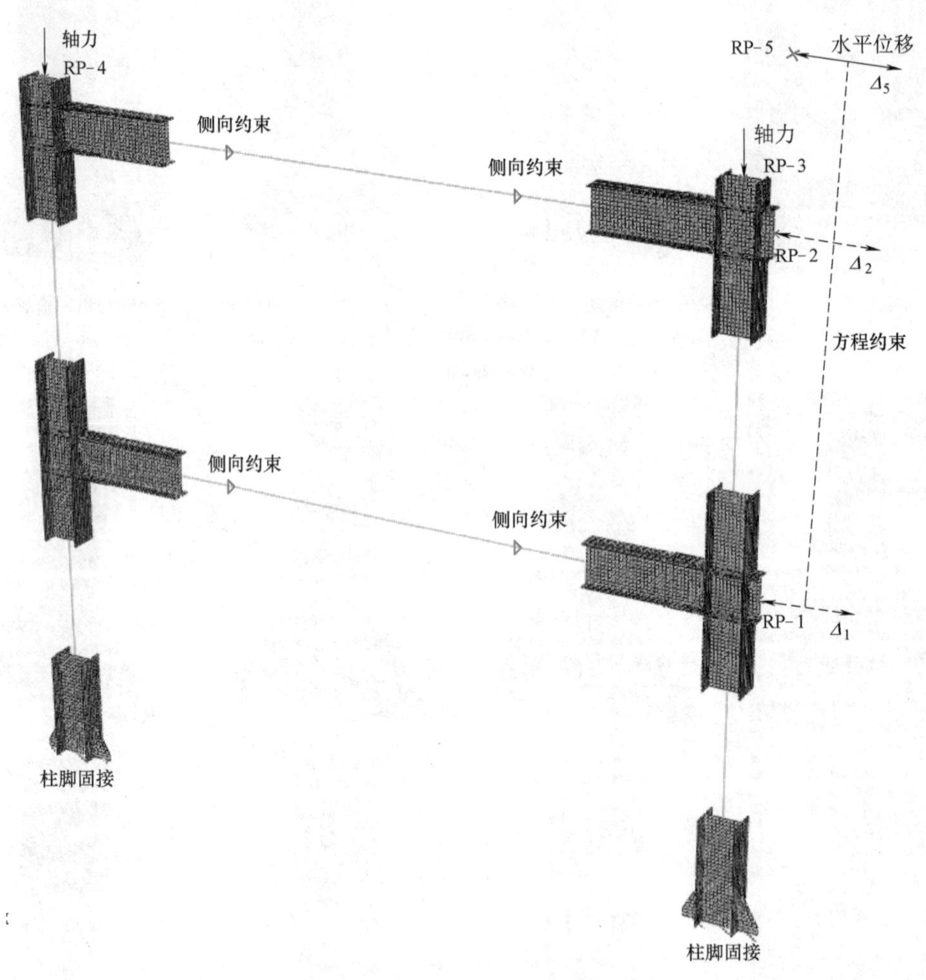

图 6.52　试验框架的梁-壳多尺度模型

图 6.53 给出了 6.1 节 6 个钢框架的三维壳单元模型与多尺度模型计算滞回曲线的对比。两者基本重合，证明了本书多尺度模型建模方法的可靠性，可用于进一步的多层多跨高强钢框架体系的受力分析。

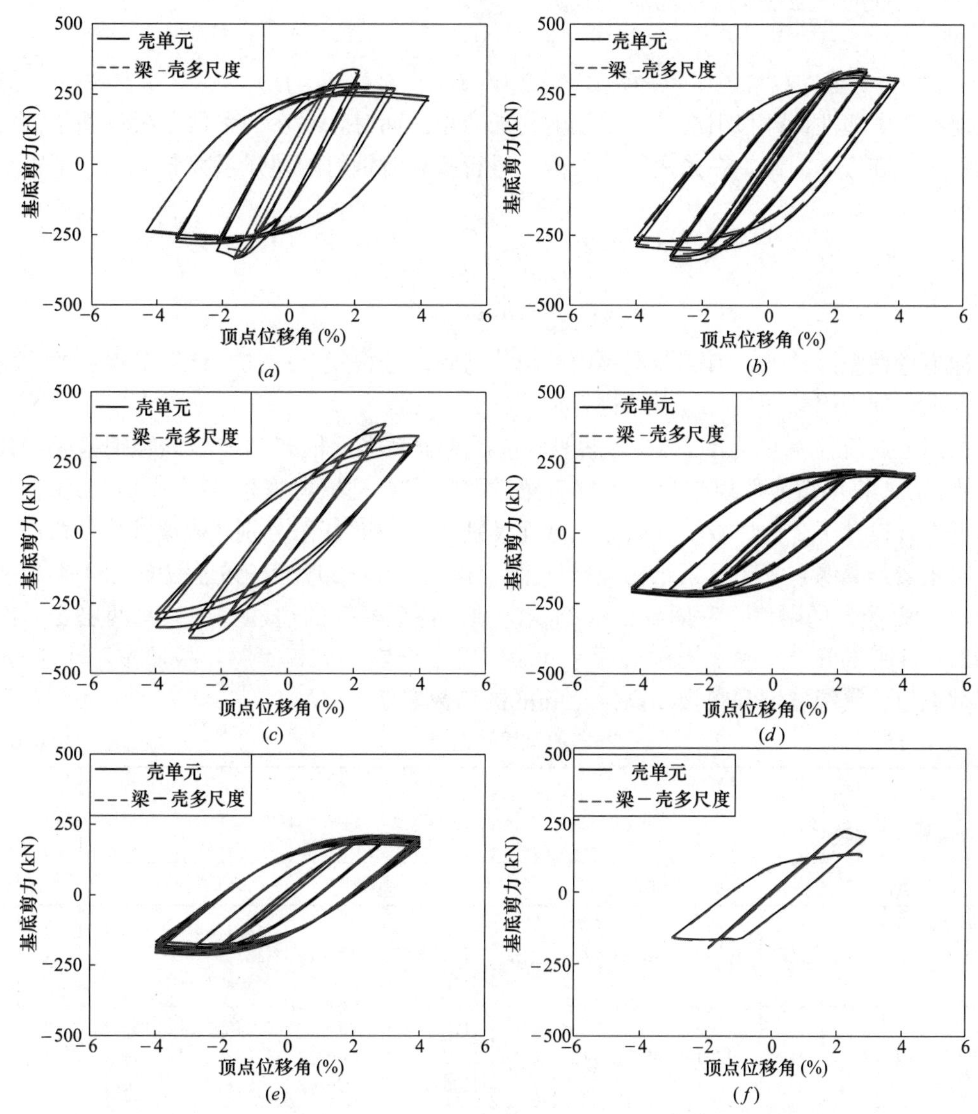

图 6.53 壳单元与多尺度模型模拟的滞回曲线对比

(*a*) B345-C345；(*b*) B345-C460-1；(*c*) B460-C460-1；(*d*) B345-C460-2；(*e*) B460-C460-2；(*f*) B345-C890

6.3 参数分析及设计方法

6.3.1 框架算例

按照我国《钢结构设计标准》GB 50017—2017[1] 及《建筑抗震设计规范》GB 50011—2010[2] 设计典型的 3 跨 6 层钢框架，如图 6.1 所示，面内跨度取 7.5m，层高取 3m，面外开间取 6m，其他荷载条件与 6.1.1.1 节相同。构件的设计流程同 6.1.1.2 节。为了简化分析，各个框架采用普通的刚性焊接梁柱节点，因此，与 6.1.1.3 节不同，在各个梁柱节点处的“强柱弱梁”验算公式为：

$$\frac{\sum W_c(f_{yc}-N_p/A_c)}{1.1\eta_y \sum W_b f_{yb}} \geqslant 1 \tag{6.14}$$

即不考虑塑性铰外移引起节点梁端的附加弯矩。同时，本章的参数分析均基于钢材的名义强度标准值，因此，在采用式（6.14）进行验算时钢材的超强系数 η_y 取 1。节点域的验算公式为：

$$\frac{\frac{4}{3}h_{ob}h_{oc}t_p f_{yv}}{0.85\sum W_b f_{yb}} \geqslant 1 \tag{6.15}$$

即不考虑塑性铰外移引起节点梁端的附加弯矩。若按式（6.15）计算节点域的强度不满足要求，则采用补强板对节点域进行加强。

按照上述流程一共设计了 14 个框架，包括 6 个高强钢框架和 8 个混合钢框架，如表 6.6 所示，其框架编号的规则为“层数-B 梁钢材牌号-C 柱钢材牌号-截面类别”。每种梁柱钢材的组合设计了 2 种焊接工形截面，截面类别“E”和“P”分别代表梁柱构件截面的宽厚比（主要是翼缘）满足《钢结构设计标准》GB 50017—2017[1] 弹性截面（S4 类）和塑性截面（S2 类）的限值。考虑到设计的经济性，各个框架的边柱和中柱每两层变一次截面。需要注意的是，在确定构件截面尺寸时，需结合实际工程经验，板厚按不小于 4mm 的偶数取值，翼缘宽度和腹板净高按 10mm 的倍数取值。

框架设计结果　　**表 6.6**

框架编号	层数	梁		柱			节点域补强板厚度（mm）	
		钢材	截面	钢材	边柱截面	中柱截面	边柱	中柱
6-B460-C460-E	5～6	Q460	H300×220×8×10	Q460	H220×220×8×10	H284×260×12×12	8	12
	3～4				H250×220×10×10	H324×260×12×12	4	10
	1～2				H300×220×10×10	H374×260×12×12	4	6
6-B460-C460-P	5～6	Q460	H294×190×8×12	Q460	H194×190×10×12	H248×230×14×14	8	14
	3～4				H224×190×12×12	H288×230×14×14	4	10
	1～2				H264×190×12×12	H328×230×14×14	4	8
6-B550-C550-E	5～6	Q550	H310×200×8×10	Q550	H220×200×10×10	H284×240×12×12	6	10
	3～4				H250×200×10×10	H324×240×12×12	4	8
	1～2				H290×200×10×10	H364×240×12×12	4	6
6-B550-C550-P	5～6	Q550	H304×180×8×12	Q550	H194×180×12×12	H258×210×14×14	6	12
	3～4				H224×180×12×12	H288×210×14×14	4	10
	1～2				H254×180×12×12	H328×210×14×14	4	6
6-B690-C690-E	5～6	Q690	H320×180×8×10	Q690	H220×180×10×10	H284×220×12×12	6	10
	3～4				H250×180×10×10	H314×220×12×12	4	8
	1～2				H290×180×10×10	H344×220×12×12	4	6
6-B690-C690-P	5～6	Q690	H314×160×8×12	Q690	H204×160×12×12	H222×220×16×16	4	12
	3～4				H224×160×12×12	H232×220×16×16	4	12
	1～2				H254×160×12×12	H252×220×16×16	—	8
6-B345-C460-E	5～6	Q345	H456×200×8×8	Q460	H220×220×8×10	H284×260×12×12	4	4
	3～4				H250×220×10×10	H324×260×12×12	—	4
	1～2				H300×220×10×10	H374×260×12×12	—	—

续表

框架编号	层数	梁		柱			节点域补强板厚度（mm）	
		钢材	截面	钢材	边柱截面	中柱截面	边柱	中柱
6-B345-C460-P	5～6 3～4 1～2	Q345	H420×190×8×10	Q460	H204×190×10×12 H224×190×12×12 H264×190×12×12	H258×230×14×14 H288×230×14×14 H328×230×14×14	4 — —	6 4 4
6-B345-C550-E	5～6 3～4 1～2	Q345	H456×200×8×8	Q550	H200×200×10×10 H230×200×10×10 H260×200×10×10	H254×240×12×12 H294×240×12×12 H334×240×12×12	— — —	4 — —
6-B345-C550-P	5～6 3～4 1～2	Q345	H420×190×8×10	Q550	H138×210×12×14 H158×210×12×14 H178×210×12×14	H238×210×14×14 H268×210×14×14 H298×210×14×14	4 4 —	4 4 —
6-B345-C690-E	5～6 3～4 1～2	Q345	H456×200×8×8	Q690	H134×220×12×12 H144×220×12×12 H164×220×12×12	H224×220×12×12 H254×220×12×12 H284×220×12×12	— — —	4 — —
6-B345-C690-P	5～6 3～4 1～2	Q345	H420×190×8×10	Q690	H128×190×14×14 H138×190×14×14 H148×190×14×14	H208×190×14×14 H228×190×14×14 H258×190×14×14	— — —	4 — —
6-B345-C890-E	5～6 3～4 1～2	Q345	H456×200×8×8	Q890	H98×220×14×14 H108×220×14×14 H110×220×14×14	H168×220×14×14 H178×220×14×14 H188×220×14×14	— — —	— — —
6-B345-C890-P	5～6 3～4 1～2	Q345	H420×190×8×10	Q890	H92×190×16×16 H102×190×16×16 H102×190×16×16	H152×190×16×16 H172×190×16×16 H182×190×16×16	— — —	4 — —

按照 6.2.3 节的多尺度建模方法，采用 ABAQUS 通用有限元软件建立各个框架的有限元模型，如图 6.54 所示，柱脚固接，约束梁平面外的自由度。在进行静力推覆和动力

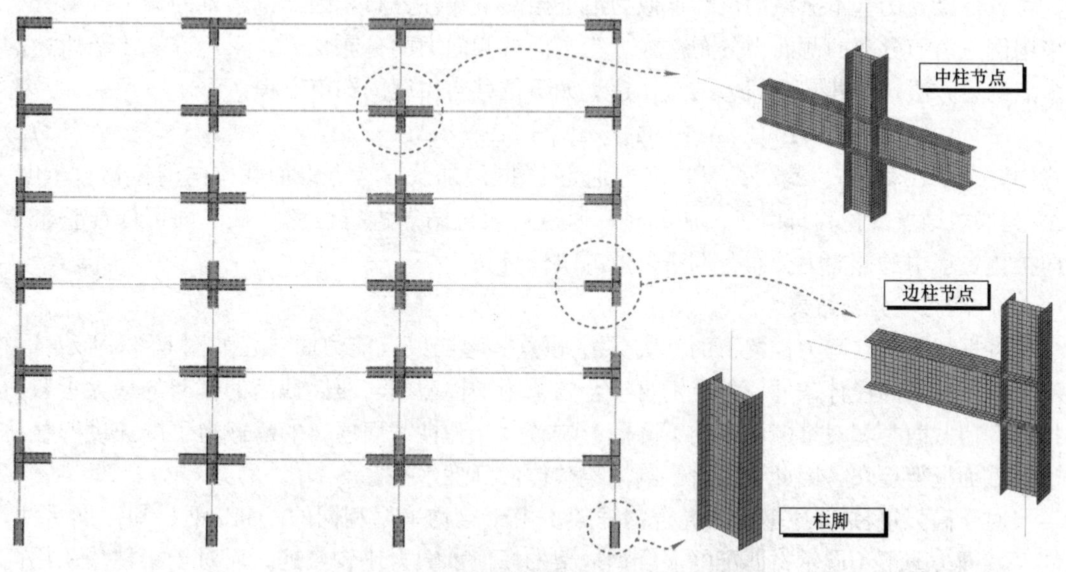

图 6.54　六层框架算例的梁-壳多尺度模型

时程分析之前，重力荷载代表值（$D+0.5L$，梁上均布荷载）通过修改梁的材料密度施加。各种牌号钢材的本构模型参数如表 6.7 和表 6.8 所示，基于钢材的名义强度标准值和 3.1 节提出的单调本构模型参数，同时参考表 3.8、表 6.4 和表 6.5 标定得到。

基于名义强度标准值的 Q345 和 Q460 钢材的本构模型参数　　表 6.7

钢材牌号	E(MPa)	ε_{st}^{p}	Q^{s}(MPa)	Q^{l}(MPa)	C_1^{s}(MPa)	C_2^{s}(MPa)	C_1^{l}(MPa)	C_2^{l}(MPa)	c^{s}
	σ_y(MPa)	$\bar{\varepsilon}_{st}^{p}$	b^{s}	b^{l}	γ_1^{s}	γ_2^{s}	γ_1^{l}	γ_2^{l}	c^{l}
Q345	206000	0.0183	−172.5	104.8	172500.0	34500.0	1699.2	333.3	0.5
	345.0	0.0050	300	25	3000	300	30	0	0.3
Q460	206000	0.0178	−230.0	78.0	230000.0	46000.0	2206.5	246.7	0.5
	460.0	0.0050	300	30	3000	300	40	0	0.3

基于名义强度标准值的 Q550 和 Q690 钢材的本构模型参数　　表 6.8

钢材牌号	E(MPa)	$\bar{\varepsilon}_{st}^{p}$	Q_1^{l}(MPa)	Q_2^{l}(MPa)	C_1^{s}(MPa)	C_2^{s}(MPa)	$\bar{C}_2^{s}$(MPa)	C_1^{l}(MPa)	C_2^{l}(MPa)	C_3^{l}(MPa)	c^{s}
	$\sigma_{0.01}$(MPa)	Q^{s}(MPa)	b_1^{l}	b_2^{l}	γ_1^{s}	γ_2^{s}	$\bar{\gamma}_2^{s}$	γ_1^{l}	γ_2^{l}	γ_3^{l}	
Q550	206000	0.004	77.3	38.7	297000.0	29700.0	59400.0	3297.8	23084.9	218.3	0.5
	495.0	−198.0	40	600	3000	300	600	50	700	0	
Q690	206000	0.004	66.4	33.2	248400.0	24840.0	74520.0	2549.8	24081.7	246.3	0.5
	621.0	−248.4	35	650	2000	200	600	45	850	0	
Q890	206000	0.004	63.6	31.8	320400.0	32040.0	96120.0	2425.0	22902.5	297.9	0.5
	801.0	−320.4	35	650	2000	200	600	45	850	0	

6.3.2　静力推覆分析

6.3.2.1　侧向力分布

各框架算例基本振型的位移近似为沿框架高度线性分布，因此，本章的静力推覆分析采用倒三角形分布的侧向力分布模式。为了保持侧向力的分布比例，采用 6.2.1 节所述的多点约束方法，新建一个假想结点，建立如下位移自由度的约束方程：

$$\Delta_1+2\Delta_2+3\Delta_3+4\Delta_4+5\Delta_5+6\Delta_6-21\Delta_7=0 \tag{6.16}$$

式中，Δ_1、Δ_2、Δ_3、Δ_4、Δ_5 和 Δ_6 分别为 1～6 层加载参考点沿加载方向的位移自由度；Δ_7 为假想结点的位移自由度。加载时，通过对假想结点进行位移加载，即可保证整个单向推覆过程中的侧向力分布为倒三角形的线性分布。

6.3.2.2　分析结果

各框架算例在静力推覆下的基底剪力-顶点位移曲线（能力曲线）如图 6.55 所示。由于采用了相同的设计条件，各个钢材组合的采用弹性截面与塑性截面的框架的最大承载力接近；但截面类型对推覆曲线的下降段影响较大，弹性截面框架的承载力下降速度明显比塑性截面框架更快，因此会显著影响框架整体的延性水平。

对于高强钢柱-普通钢梁的混合钢框架，由于梁均采用相同的 Q345 钢材和截面尺寸，同一截面类型下不同钢材匹配的混合钢框架的峰值承载力比较接近。而对于梁柱均采用高强钢的高强钢框架，尽管荷载条件相同，采用的钢材的强度越高，其框架的峰值承载力也越大，这是由正常使用极限状态的设计要求导致的，尽管钢材强度提高，但梁的截面受挠度的控制要求所限制，“强柱弱梁”的设计要求使得柱截面并未显著减小。

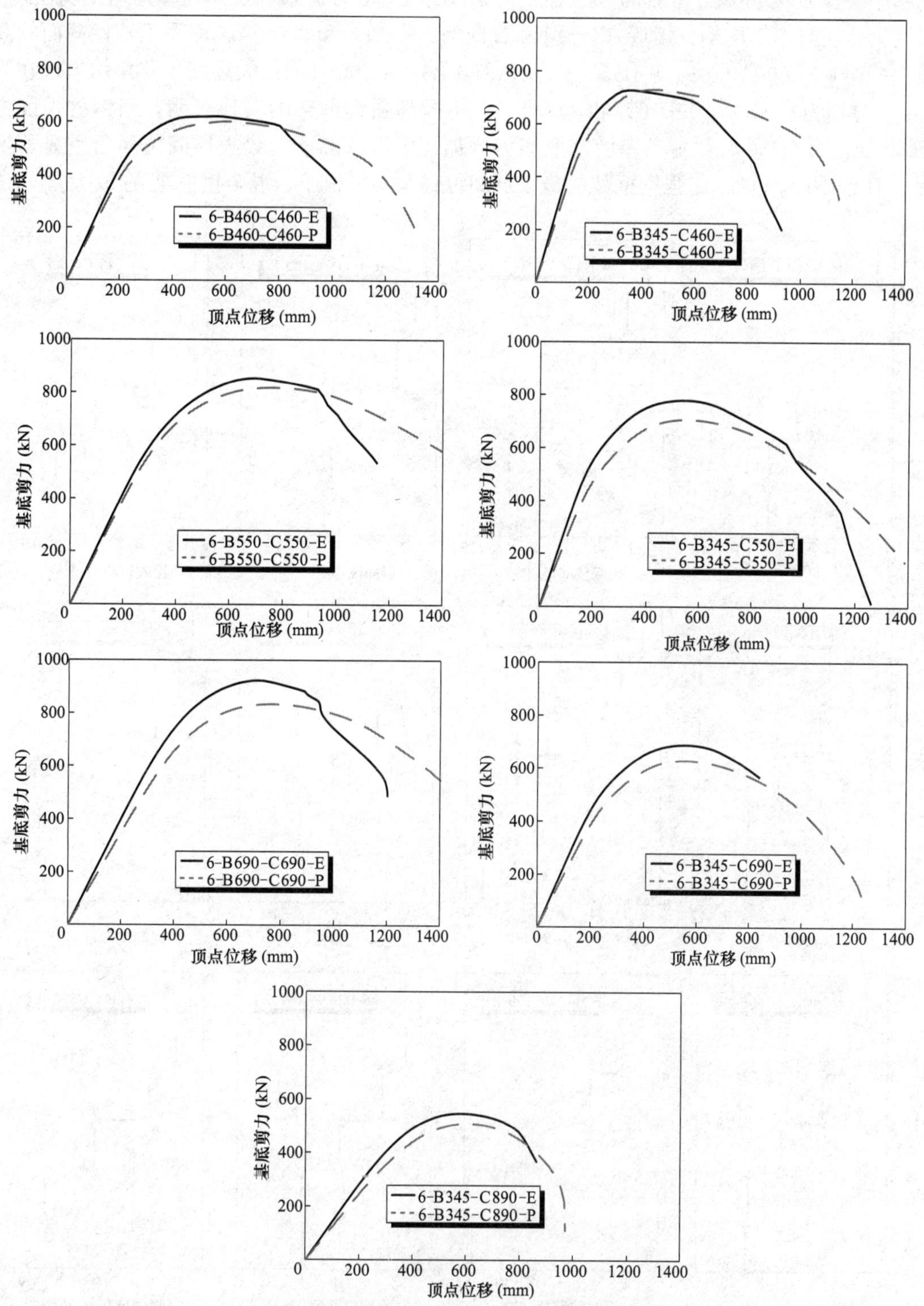

图 6.55 框架算例的基底剪力-顶点位移推覆曲线

定义基底剪力下降为峰值的 85%时为极限状态，对应的顶点位移为极限位移 Δ_u。各个框架算例在极限状态时的层间位移角分布如图 6.56 所示。可见，采用弹性截面的高强钢框架 6-B460-C460-E、6-B550-C550-E 和 6-B690-C690-E 的最大层间位移角均出现在第 1 层（第 2 层与第 1 层十分接近），分别为 7.81%、8.99%和 8.90%，而采用塑性截面的高强钢框架 6-B460-C460-P、6-B550-C550-P 和 6-B690-C690-P 的最大层间位移角均出现在第 2 层，分别为 9.47%、11.46%和 11.81%。不同高强钢框架的对比表明，当钢材强度由 Q460 变化为 Q550 时，由于弹性变形能力增加，极限状态下的最大层间位移角也显著增大，但 Q690 与 Q550 高强钢框架的最大层间位移角差别很小。混合钢框架的最大层间位

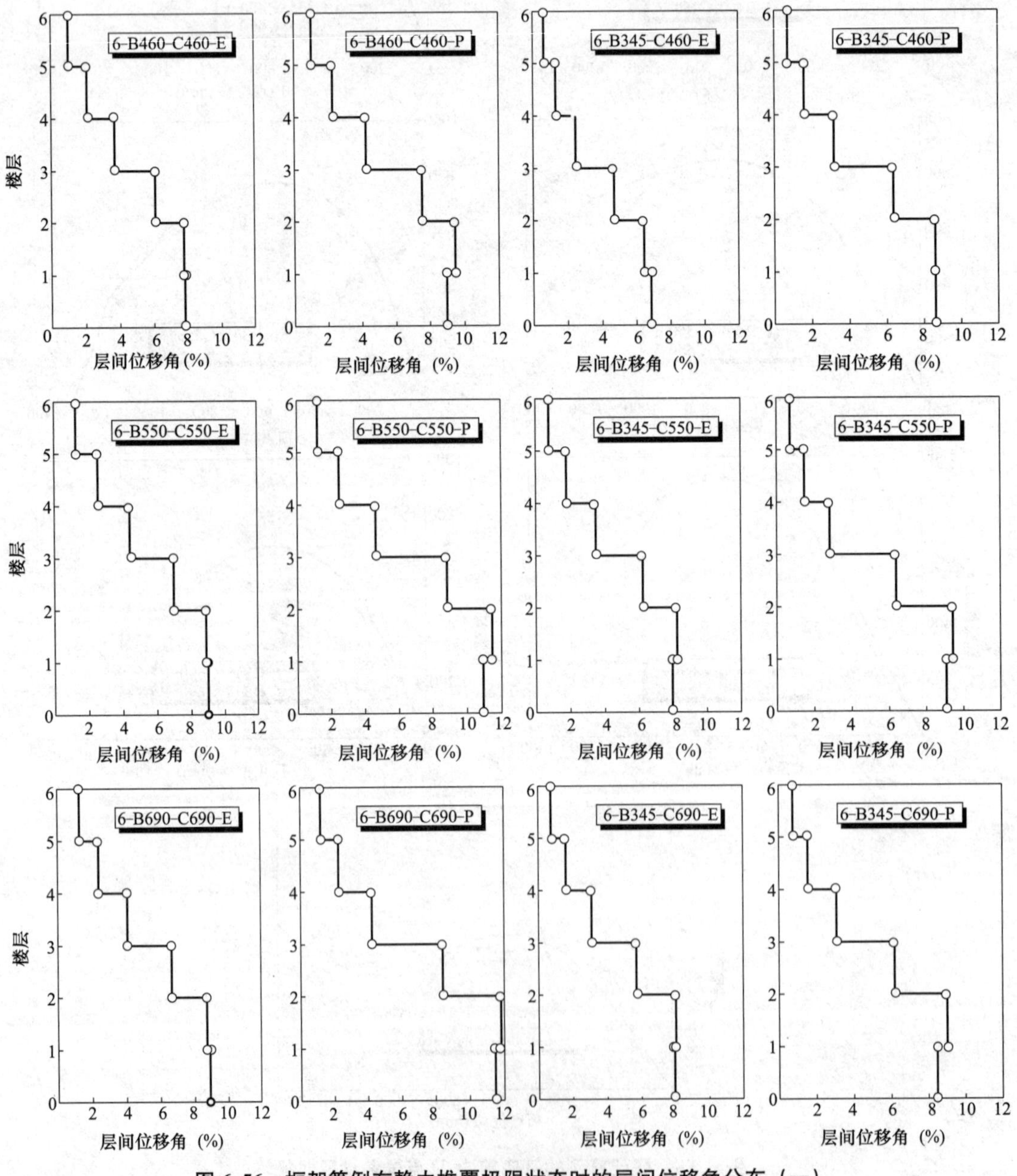

图 6.56　框架算例在静力推覆极限状态时的层间位移角分布（一）

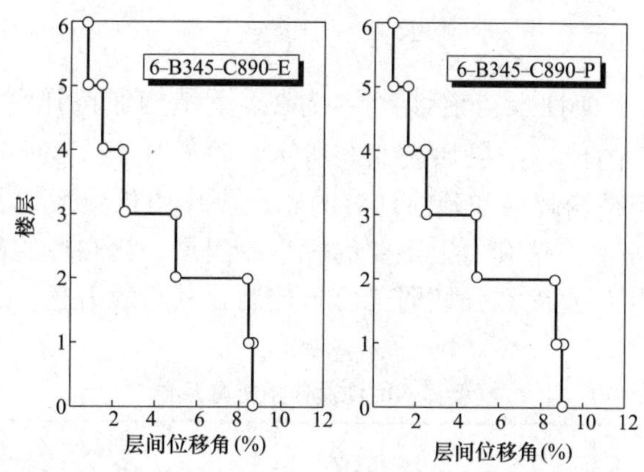

图 6.56 框架算例在静力推覆极限状态时的层间位移角分布（二）

移角也出现在底部两层，第 1 层与第 2 层十分接近，其中，采用弹性截面的混合钢框架 6-B345-C460-E、6-B345-C550-E、6-B345-C690-E 和 6-B345-C890-E 的最大层间位移角分别为 6.86%、8.25%、8.03%和 8.66%，采用塑性截面的混合钢框架 6-B345-C460-P、6-B345-C550-P、6-B345-C690-P 和 6-B345-C890-P 的最大层间位移角分别为 8.62%、9.44%、9.03%和 8.99%。可见，在梁的钢材和截面相同时，随着柱钢材强度的提高，极限状态下混合钢框架的最大层间位移角并不总是增大。

极限状态下各框架算例第 1～3 层的层间位移角明显比第 4～6 层大，说明侧向变形主要集中于底部 3 层，这是因为，尽管采用了"强柱弱梁"的设计，由于塑性内力重分布，框架各层的反弯点并不位于构件的中间，造成第 3 层柱顶出现显著屈服并形成塑性铰。

根据能量等效的原则将能力曲线等效成理想弹塑性曲线（见图 6.31），得到等效屈服基底剪力 V_y 和对应的等效屈服位移 Δ_y。采用与 6.1.4 节相同的评价方法，为了剔除设计可靠度对性能指标的影响，超强系数按任一构件截面首次出现边缘纤维屈服时的基底剪力 V_s 为基准进行计算，即定义超强系数 $R_s = V_y / V_s$，同时地震作用折减系数的计算公式由式（6.12）改为下式：

$$R^{NH} = R_{\mu}^{NH} \cdot R_s = \mu \cdot R_s \tag{6.17}$$

各个性能指标的结果如表 6.9 所示。对于高强钢框架，随着钢材强度的提高，材料屈强比提高，屈服后的强度储备减少，所以超强系数 R_s 有减小的趋势；延性系数 μ 也随着钢材强度提高而减小，同时弹性截面比塑性截面框架的延性更小。因此，高强钢框架的地震作用折减系数 R^{NH} 随钢材强度和截面宽厚比的增大而减小。采用塑性截面的混合钢框架的结果和规律与此类似；采用弹性截面时，6-B345-C550-E 却表现出比 6-B345-C460-E、6-B345-C690-E 和 6-B345-C890-E 更高的延性系数，这有可能是由于柱钢材强度的提高一方面会提高梁率先屈服后的结构后续变形能力，另一方面也会增大弹性截面屈服后屈曲的风险，降低塑性变形能力。

为了探讨框架算例在规范罕遇地震（大震）下的性能，根据首次屈服的基底剪力 V_s 和大震弹性反应谱可按下式计算相对罕遇地震的实际地震作用折减系数：

$$R^{\mathrm{MCE}}=\frac{V_{\mathrm{e}}^{\mathrm{MCE}}}{V_{\mathrm{s}}} \tag{6.18}$$

式中，$V_{\mathrm{e}}^{\mathrm{MCE}}$ 为根据大震弹性反应谱计算罕遇地震下结构保持弹性状态时的基底剪力。各个框架算例的 R^{MCE} 的计算结果如表 6.9 所示，除 6-B345-C890-P 之外，其他框架算例的 R^{MCE} 均小于基于结构超强和延性计算的总地震作用折减系数 R^{NH}，说明依据现行规范的设计是偏于安全的。这其中很重要的一个原因是：梁和柱的截面主要由非地震作用内力组合、正常使用的挠度和强柱弱梁要求控制，其承载力超过了设计地震作用下的需求。

框架算例的地震作用折减系数 **表 6.9**

试件编号	V_{s} (kN)	V_{y} (kN)	Δ_{y} (mm)	Δ_{u} (mm)	μ	R_{s}	R_{μ}^{NH}	R^{NH}	R^{MCE}
6-B460-C460-E	308.8	591.0	269.0	852.9	3.17	1.91	3.17	6.07	3.67
6-B460-C460-P	275.7	562.6	282.1	1005.4	3.56	2.04	3.56	7.27	4.07
6-B550-C550-E	406.0	798.3	375.9	991.8	2.64	1.97	2.64	5.19	2.79
6-B550-C550-P	400.6	766.4	383.7	1188.3	3.10	1.91	3.10	5.93	2.80
6-B690-C690-E	541.3	870.7	434.1	959.6	2.21	1.61	2.21	3.56	2.08
6-B690-C690-P	488.2	788.2	452.3	1182.9	2.62	1.61	2.62	4.22	2.26
6-B345-C460-E	301.6	687.2	194.1	671.0	3.46	2.28	3.46	7.88	3.92
6-B345-C460-P	285.3	682.2	216.8	870.5	4.01	2.39	4.01	9.60	4.10
6-B345-C550-E	277.8	722.5	237.0	853.2	3.60	2.60	3.60	9.37	4.20
6-B345-C550-P	256.4	655.4	254.8	897.2	3.52	2.56	3.52	9.00	4.48
6-B345-C690-E	236.2	639.1	275.0	812.7	2.96	2.71	2.96	8.00	4.82
6-B345-C690-P	225.6	585.5	292.4	869.5	2.97	2.60	2.97	7.72	4.97
6-B345-C890-E	175.4	509.8	351.6	804.4	2.29	2.91	2.29	6.65	6.17
6-B345-C890-P	170.2	472.1	375.5	822.2	2.19	2.77	2.19	6.07	6.27

值得注意的是，以上性能评价基于静力推覆分析结果，并未考虑实际地震作用下循环往复荷载对框架中构件和节点屈服后的塑性累积与屈曲变形的加速效应，因此循环往复荷载下的承载力退化往往比静力推覆分析结果更加严重。例如，图 6.56 中 Q460 高强钢和混合钢框架算例在静力推覆极限状态下的层间变形能力均为表 6.3 中 Q460 高强钢和混合钢框架试件在循环加载下极限变形能力的 2 倍左右。然而，不论静力推覆还是循环加载，以上极限状态均按峰值承载力下降 15%来保守估计，并不能完全反映地震下结构的倒塌极限状态，因此需要通过动力时程分析来进一步验证表 6.9 中基于静力推覆分析结果确定的地震作用折减系数的合理性。

6.3.3 动力时程分析

6.3.3.1 地震波选取

动力时程分析的地震波从太平洋地震工程研究中心的 PEER Ground Motion Database 选取，按表 6.10 所示的条件搜索与本章框架算例场地设计条件（8 度Ⅱ类，第一组）的罕遇地震（大震）反应谱相匹配的地震波，地面加速度时程的缩放系数（scale factor）控制在 3.0 以内[16]，最终选取 3 组地震波，如表 6.11 所示，每组包括 2 个水平方向的分量，因此共 6 条地震波用于本章的时程分析。各条地震波缩放后的反应谱与本章设计条件下的罕遇地震反应谱的对比如图 6.57 所示。取各地震波的前 40s 用于计算，其原始地面加速度时程（未缩放）如图 6.58 所示。

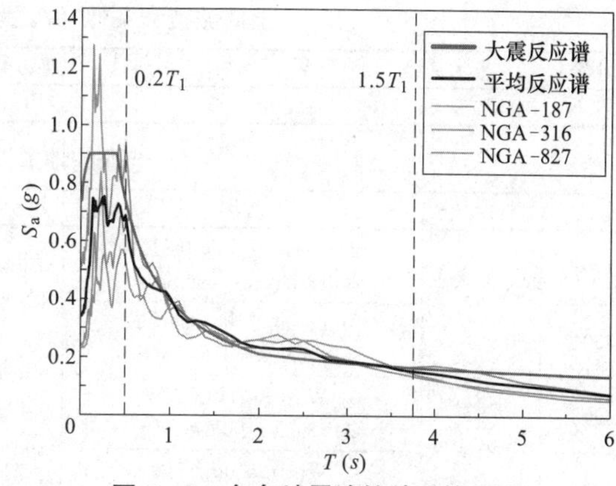

图 6.57 各条地震波缩放后的平均反应谱与罕遇地震反应谱

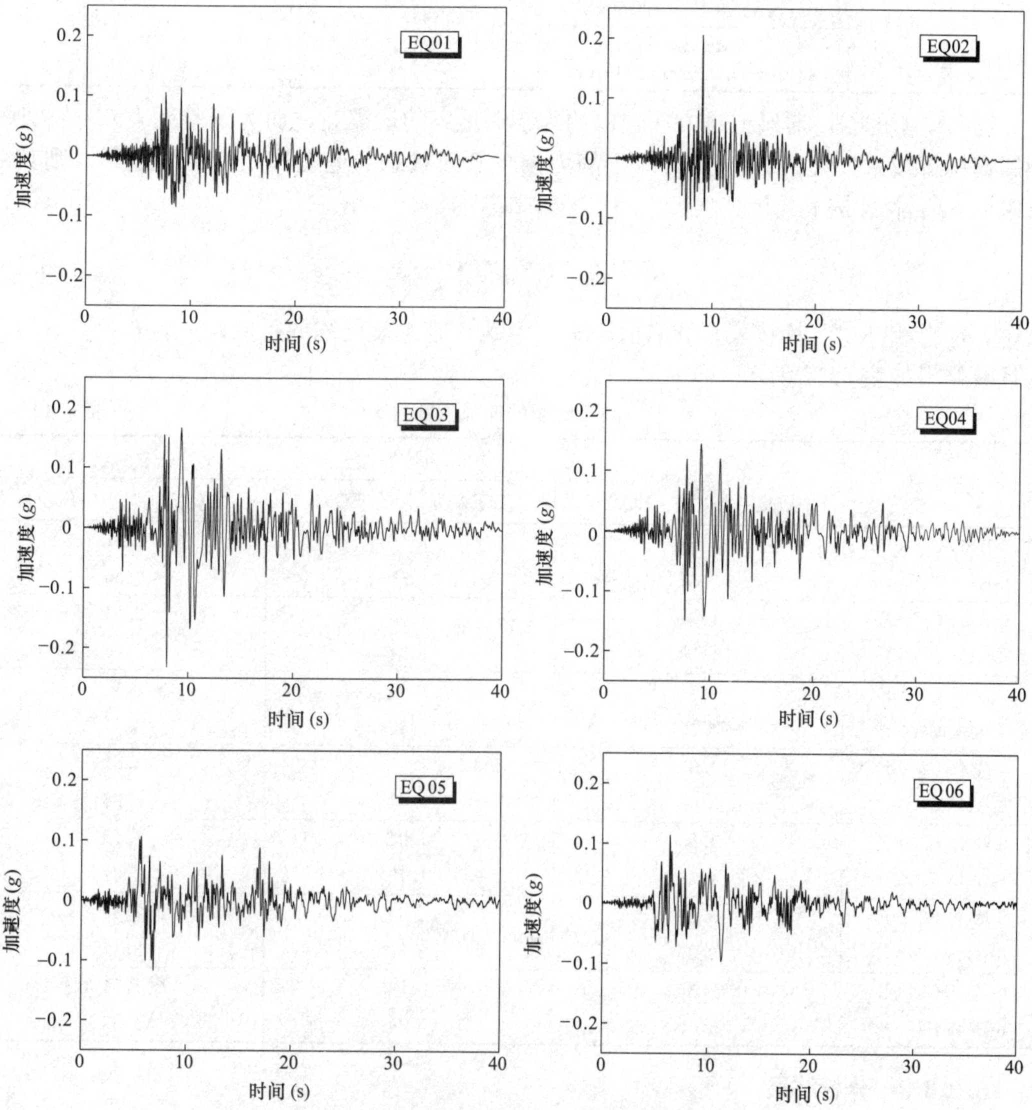

图 6.58 各条地震波的加速度时程

地震波搜索条件（T_1 为结构基本周期）　　**表 6.10**

最小震级	最大震级	V_{s30}(m/s)	断层类型	权重周期范围	缩放系数
5.0	9.0	250～500	走滑/逆向	$0.2T_1$～$1.5T_1$	＜3.0

选取的地震波汇总　　**表 6.11**

编号	NGA 号	名称	年份	震级	V_{s30}(m/s)	缩放系数 SF_{MCE}	Δt(s)
EQ01	187	Imperial Valley-06-H1 (Parachute Test Site)	1979	6.53	348.69	2.17	0.005
EQ02		Imperial Valley-06-H2 (Parachute Test Site)					
EQ03	316	Westmorland-H1 (Parachute Test Site)	1981	5.9	348.69	0.87	0.005
EQ04		Westmorland-H2 (Parachute Test Site)					
EQ05	827	Cape Mendocino-H1 (Fortuna - Fortuna Blvd)	1992	7.01	457.06	1.40	0.02
EQ06		Cape Mendocino-H2 (Fortuna - Fortuna Blvd)					

需要说明的是，通过上述方法选取的为罕遇地震的地震波，而为了验证表 6.9 得到的地震作用折减系数 R^{NH} 的定义对应于静力推覆极限状态的地震作用为倒塌地震，则其缩放系数 SF_{CLE} 可按下式计算：

$$SF_{CLE}=SF_{MCE}\cdot\frac{R^{NH}}{R^{MCE}} \tag{6.19}$$

式中，R^{NH} 和 R^{MCE} 均按表 6.9 取值；SF_{MCE} 为罕遇地震的缩放系数，见表 6.11。SF_{CLE} 的计算结果如表 6.12 所示。

倒塌地震的缩放系数　　**表 6.12**

框架编号	缩放系数 SF_{CLE}					
	EQ01	EQ02	EQ03	EQ04	EQ05	EQ06
6-B460-C460-E	3.58		1.44		2.31	
6-B460-C460-P	3.87		1.55		2.50	
6-B550-C550-E	4.04		1.62		2.61	
6-B550-C550-P	4.59		1.84		2.96	
6-B690-C690-E	3.71		1.49		2.40	
6-B690-C690-P	4.05		1.62		2.61	
6-B345-C460-E	4.36		1.75		2.81	
6-B345-C460-P	5.08		2.04		3.28	
6-B345-C550-E	4.83		1.94		3.12	
6-B345-C550-P	4.36		1.75		2.81	
6-B345-C690-E	3.60		1.44		2.32	
6-B345-C690-P	3.37		1.35		2.17	
6-B345-C890-E	2.34		0.94		1.51	
6-B345-C890-P	2.10		0.84		1.36	

6.3.3.2　分析结果

时程分析时采用 Rayleigh 阻尼，振型阻尼比取 5%。提取各框架算例在罕遇地震时程下各层的最大层间位移角，其沿框架楼层的分布如图 6.59 所示，图中各条细线代表不同地震波下各层最大层间位移角的分布，各层在不同地震波下最大层间位移角的几何均值用带圆圈粗线表示。可见，与静力推覆结果稍有不同，各个高强钢框架和部分混合钢框架算例在罕遇地震下的最大层间位移角多出现在第 3 层，这可能是由于高阶振型参与结构变形引起的。6 个高强钢框架算例的最大层间位移角均值依次为 2.3%、2.6%、2.5%、2.6%、2.7%、2.9%，8 个混合钢框架算例的最大层间位移角依次为 1.7%、1.8%、1.9%、2.2%、2.2%、2.5%、2.9%、3.0%，反映出最大层间位移角随钢材强度提高而增大的趋势，但受截面类型的影响不显著，弹性截面框架的最大层间位移角仅稍小于塑性截面框架。

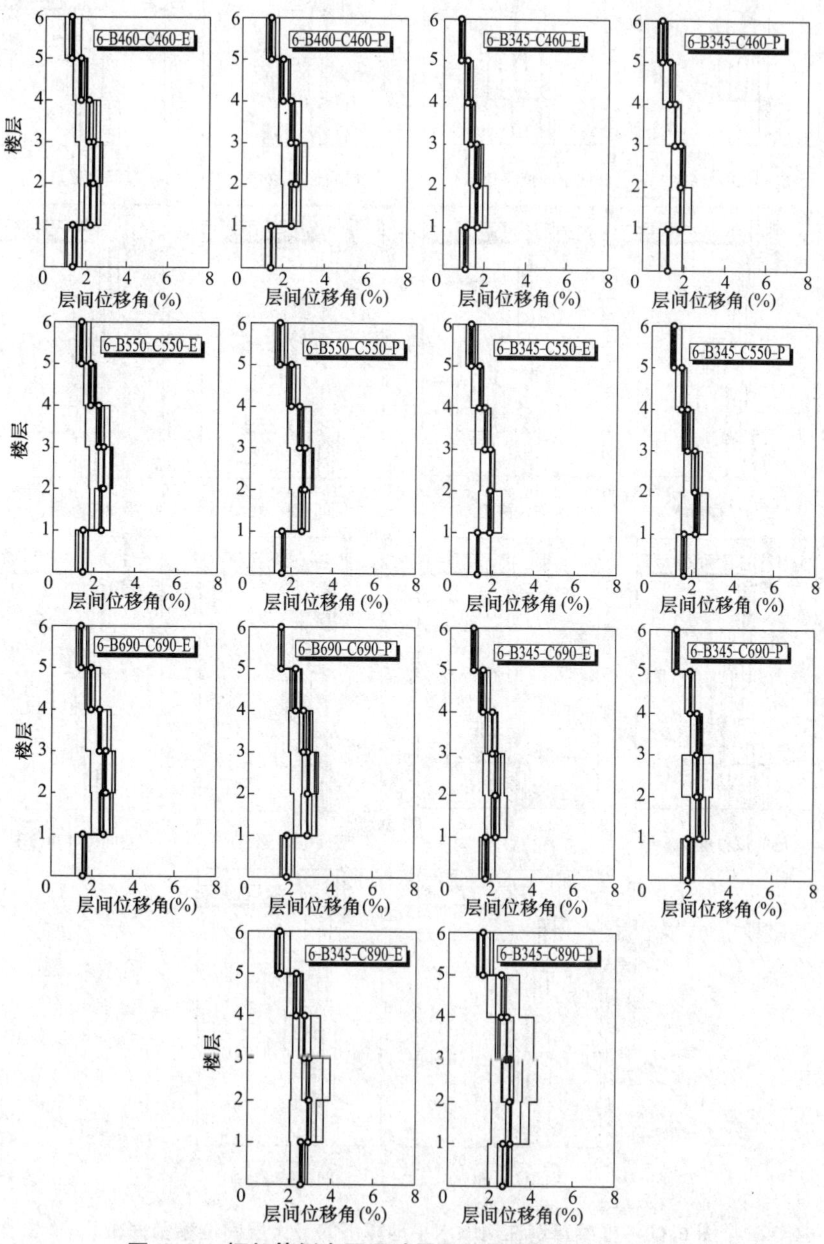

图 6.59　框架算例在罕遇地震下的最大层间位移角分布

提取各框架算例在倒塌地震时程下各层的最大层间位移角，其沿框架楼层的分布如图 6.60 所示，图中细线代表每条地震波下各层最大层间位移角的分布，其几何均值用带圆圈红线表示。各框架算例在倒塌地震下的最大层间位移角仍然集中于第 2 或 3 层。6 个高强钢框架的最大层间位移角均值依次为 3.4%、4.2%、4.1%、5.0%、4.2%、5.1%，仍然反映出最大层间位移角随钢材强度提高而增大的趋势，不过此时受截面类型的影响较大，弹

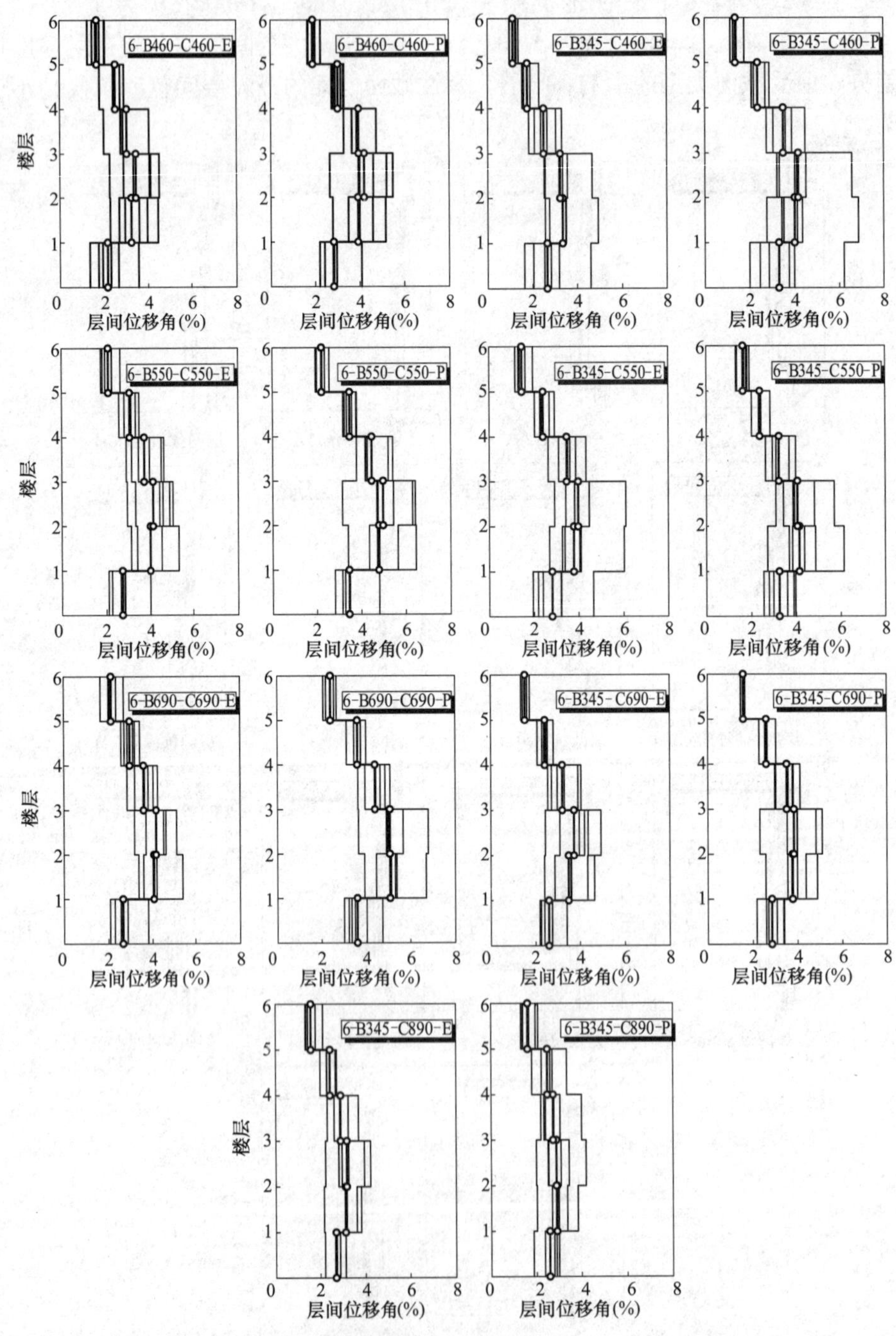

图 6.60　框架算例在倒塌水平地震下的最大层间位移角分布

性截面框架的最大层间位移角明显小于塑性截面框架。8个混合钢框架的最大层间位移角均值依次为3.4%、4.2%、4.0%、4.1%、3.7%、3.8%、3.2%、2.9%，与钢材强度和截面类型无明显规律。

值得注意的是，即使在倒塌地震下，各个框架算例仍然没有出现由于重力二阶效应导致的失稳倒塌，表明只要梁柱节点具有足够的转动能力，表6.9中基于推覆分析中将峰值承载力下降15%作为极限状态的地震作用折减系数R^{NH}仍然是偏于安全的。

6.3.4 设计建议

6.3.4.1 性能系数

静力推覆分析结果表明，对于高强钢框架，随着钢材强度提高，结构屈服后的承载力储备和变形能力均有所下降；而对于混合钢框架，地震作用折减系数随钢材强度和截面类型的变化趋势并不明确和显著。由于我国《钢结构设计标准》GB 50017—2017[1]的地震内力组合是根据设计地震（中震）作用按性能系数Ω折减来表述的，因此，表6.9中的地震作用折减系数R^{NH}可以按下式换算为对应于规范设计地震的性能系数Ω：

$$\Omega=\frac{2}{R^{NH}} \tag{6.20}$$

式中，分子中的“2”是考虑R^{NH}代表以极限状态（大震不倒）为基准的地震作用折减，而规范的罕遇地震是设计地震作用的2倍（以本章框架算例的设计条件为例，设计地震和罕遇地震的最大地震影响系数α_{max}分别为0.45和0.9，如图6.1（c）所示）。《钢结构设计标准》GB 50017—2017[1]规定，弹性截面（S4类）和塑性截面（S2类）对应的性能系数最小值分别为0.55（“性能4”）和0.35（“性能6”），各个框架算例的性能系数Ω计算结果与规范值的对比如图6.61所示。

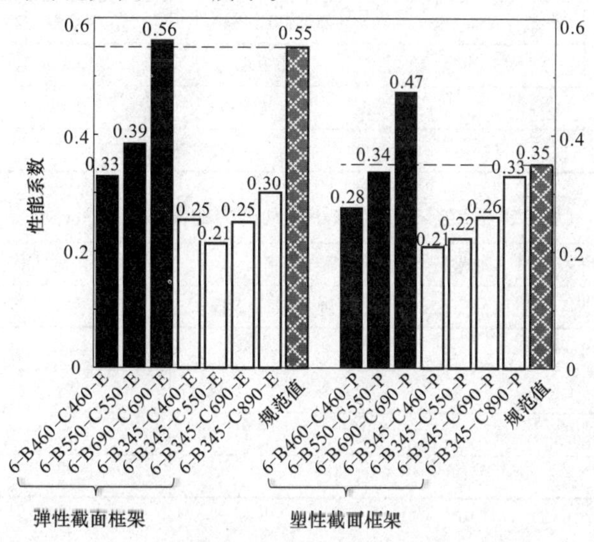

图6.61 框架算例实际性能系数与规范值的比较

可见，《钢结构设计标准》GB 50017—2017[1]的性能系数规范值对采用Q460和Q550钢材的高强钢框架以及各个混合钢框架是保守的，尤其是对其中的弹性截面框架，规范值安全度较高；而对于采用Q690钢材的高强钢框架规范值可能偏于不安全。为此，建议高强钢框架的最小性能系数结合钢材强度等级和截面类型来取值，混合钢框架的最小性能系数则与钢材强度等级和截面类型无关，如表 6.13 所示。

高强钢和混合钢框架最小性能系数的取值建议　　表 6.13

高强钢框架	塑性截面(S2)	弹性截面(S4)	混合钢框架	塑性截面(S2)	弹性截面(S4)
Q460 梁—Q460 柱	0.30	0.35	Q345 梁—Q460 柱	0.25	
Q550 梁—Q550 柱	0.35	0.40	Q345 梁—Q550 柱	0.25	
Q690 梁—Q690 柱	0.50	0.55	Q345 梁—Q690 柱	0.25	
			Q345 梁—Q890 柱	0.30	0.35

6.3.4.2　变形需求

动力时程分析结果表明，随着钢材强度提高，罕遇地震下的层间位移角需求增大，因而对梁柱节点在低周疲劳下变形能力要求提高。根据 6.3.3.2 节的分析结果，当率先屈服耗能的梁构件的截面设计由非地震作用内力组合或根据表 6.13 所示最小性能系数确定的地震作用内力组合控制时，为了满足罕遇地震下的变形需求，建议高强钢框架和混合钢框架中的梁柱节点需分别至少达到表 6.14 和表 6.15 所示的以层间位移角表示的转动能力。根据 6.1 节的试验结果，合理设计的盖板加强型梁柱节点至少能够达到 0.04rad 的层间位移角能力，因此，在通过表 6.14 或表 6.15 的转动能力需求选定可靠的梁柱节点构造形式后，可根据表 6.13 选取相应的性能系数，结合《钢结构设计标准》GB 50017—2017[1] 的设计流程实现合理的高强钢框架或混合钢框架的抗震性能化设计。

高强钢框架梁柱节点最小转动能力的需求建议（rad）　　表 6.14

钢材牌号	非地震作用内力组合控制		地震作用内力组合控制	
	塑性截面(S2)	弹性截面(S4)	塑性截面(S2)	弹性截面(S4)
Q460 梁—Q460 柱	0.025		0.04	0.035
Q550 梁—Q550 柱	0.025		0.05	0.04
Q690 梁—Q690 柱	0.03		0.05	0.04

混合钢框架梁柱节点最小转动能力的需求建议（rad）　　表 6.15

钢材牌号	非地震作用内力组合控制		地震作用内力组合控制	
	塑性截面(S2)	弹性截面(S4)	塑性截面(S2)	弹性截面(S4)
Q345 梁—Q460 柱	0.02		0.04	0.035
Q345 梁—Q550 柱	0.02		0.04	
Q345 梁—Q690 柱	0.025		0.04	
Q345 梁—Q890 柱	0.03		0.03	

参考文献

[1]　中华人民共和国国家标准. 钢结构设计标准 GB 50017—2017 [S]. 北京：中国建筑工业出版社，2017.

[2]　中华人民共和国国家标准. 建筑抗震设计规范 GB 50011—2010 [S]. 北京：中国建筑工业出版

社. 2010.

[3] 中华人民共和国国家标准. 建筑结构荷载规范 GB 50009—2012 [S]. 北京：中国建筑工业出版社. 2012.

[4] Kim T，Whittaker A S，Gilani A S J，et al. Cover-plate and flange-plate reinforced steel moment-resisting connections [R]. PEER Report 2000/07. Berkeley，CA：Pacific Earthquake Engineering Research Center，University of California，Berkeley，2000.

[5] FEMA-355D. State of the art report on connection performance [R]. Sacramento，CA：SAC Joint Venture，2000.

[6] Pan P，Zhao G，Lu X Z，et al. Force-displacement mixed control for collapse tests of multistory buildings using quasi-static loading systems [J]. Earthquake Engineering and Structural Dynamics，2014，43 (2)：287-300.

[7] ANSI/AISC 341-10. Seismic Provisions for Structural Steel Buildings [S]. Chicago，IL：AISC，2010.

[8] 中华人民共和国行业标准. 建筑抗震试验规程 JGJ/T 101—2015 [S]. 北京：中国建筑工业出版社，2015.

[9] Newmark N M，Hall W J. Earthquake spectra and design [R]. Berkeley，CA：Earthquake Engineering Research Institute，1982.

[10] Mazzolani F M，Piluso V. Theory and design of seismic resistant steel frames [M]. London：E & FN Spon，1996.

[11] Mazzolani F M，Gioncu V. Seismic resistant steel structures [M]. Italy：CISM，Udine，2000.

[12] Gioncu V，Mazzolani F M. Ductility of seismic resistant steel structures [M]. London：Spon Press，Taylor & Francis Group，2002.

[13] ABAQUS. ABAQUS Analysis User' s Guide (Version 6. 13) [M/OL]. Providence，RI：Dassault Systèmes Simulia Corp. ，2013.

[14] El-Tawil S，Mikesell T，Vidarsson E，et al. Strength and ductility of FR welded-bolted connections [R]. Report SAC/BD-98-01. Sacramento，CA：SAC Joint Venture，1998.

[15] Huang Y L，Mahin SA. Simulating the inelastic seismic behavior of steel braced frames including the effectsof low-cycle fatigue [R]. PEER Report 2010/104. Berkeley，CA：Pacific Earthquake Engineering Research Center，University of California，Berkeley，2010.

[16] Lai J W，Mahin S A. Experimental and analytical studies on the seismic behavior of conventional and hybrid braced frames [R]. PEER Report 2013/20. Berkeley，CA：Pacific Earthquake Engineering Research Center，University of California，Berkeley，2013.

附录A 抗力分项系数和可靠指标计算程序

附 A.1 抗力分项系数计算程序

本附录在第 2 章参考文献［36］的相关内容的基础上，重新编制得到计算程序。一共计算了四种荷载组合，限于篇幅，这里只给出荷载组合 1 的计算程序，其他三种荷载组合只需调整相关的统计参数即可。具体计算程序如下：

```
%此程序计算的荷载组合为 G+Q(住宅)
clear;
format long
clc;
bbeta=3.2;                                                %目标可靠度 3.2
data=xlsread('data_Q690.xlsx');          %从 excel 中读取数据(这里以 Q690 的为例)
[m,n]=size(data);                                         %确定数据量大小
result=[m,6];
for i=1:m
    j=1;
    k=0.25;                                           %恒活荷载比初始值取 0.25
    while k<=2                                   %按照 0.25,0.5,1,2 的荷载比来计算
        kR=data(i,1); %抗力不定性均值,按照钢材牌号和厚度分组、抗力模式选取
        cvR=data(i,2);                                   %抗力不定性变异系数
        SGk=1.0;                                         %永久荷载效应取 1.0
        SQk=k*SGk;                               %活荷载效应,由恒活应力比控制
        muSG=1.06*SGk;                           %永久荷载比值(均/标)为 1.06
        muSQ=0.644*SQk;                  %住宅楼面活荷载比值(均/标)为 0.644
        muX=[kR;muSG;muSQ];            %均值,其中设抗力均值初值为不定性均值
        cvX=[cvR;0.070;0.230];             %SG 变异系数为 0.070,SQ 取 0.230
        sigmaX=cvX.*muX;                                          %标准差
        sLn=sqrt(log(1+cvX(1)^2));                   %R 对数正态分布的标准差
        mLn=log(muX(1))-sLn^2/2;                       %R 对数正态分布的均值
        aEv=sqrt(6)*sigmaX(3)/pi;
            %SQ 最大值极值 I 型分布的参数,程序中以最小值极值 I 型分布来转换
        uEv=-psi(1)*aEv-muX(3);                %最大值极值 I 型分布的参数,同上
        x=[1.5;1.00;2.0];                 %验算点初始值,R 取 1.5,初值影响不大
```

```
    R=eps;                                                      %设置浮点数
    muR=eps;
    SQ=eps;
    while ((abs(R-x(1))>1e-5) || (abs(muR-muX(1))>1e-5) || (abs
(SQ-x(3))>1e-5))                                                %收敛条件
        R=x(1);
        SG=x(2);
        SQ=x(3);
        muR=muX(1);
        cdfX=[logncdf(x(1), mLn, sLn);normcdf(x(2), muX(2), sigmaX
(2));1-evcdf(-x(3), uEv, aEv)];         %返回累计分布函数值,称为原始分布
        y=norminv(cdfX);
    %标准正态化过程:由概率返回正态分布的变量值,得到了标准正态空间里变量
        gX=[1;-1;-1];                                   %结构功能函数的梯度
        pdfX=[lognpdf(x(1), mLn,sLn);normpdf(x(2), muX(2), sigmaX
(2));evpdf(-x(3), uEv, aEv)];              %返回原始分布的概率密度函数值
        gY=gX.*normpdf(y)./pdfX;
                          %这里应用了概率微元相等来计算标准正态空间中y的梯度
        alphaY=-gY/norm(gY);                                    %方向余弦
        y=bbeta*alphaY;        %利用可靠指标得到标准正态空间中新坐标值y
        cdfY=normcdf(y);                            %返回新的y的正态分布函数
        x(2)=norminv(cdfY(2), muX(2), sigmaX(2));%反算新的验算点SG
        x(3)=-evinv(1-cdfY(3), uEv, aEv);           %反算新的验算点SQ
        x(1)=x(2)+x(3);             %利用R-SG-SQ=0,得到新的验算点R
        mLn=log(x(1))-y(1)*sLn;             %反算新的对数正态分布的均值
        muX(1)=exp(mLn)*sqrt(1+cvX(1)^2);            %反算新的R的均值
    end
    gamaR=muX(1)/(kR*max((1.2+1.4*k),(1.35+1.4*0.7*k)));
%利用设计表达式计算抗力
```

附 A.2　可靠指标计算程序

本附录在第 2 章参考文献［36］的相关内容的基础上，重新编制得到计算程序。一共计算了四种荷载组合，限于篇幅，这里只给出荷载组合 1 的计算程序，其他三种荷载组合只需调整相关的统计参数即可。具体计算程序如下：

```
%此程序在已知抗力分项系数的情况下计算可靠指标β
%此程序计算的荷载组合为G+Q(住宅)
clear;
format long
clc;
data=xlsread('data_Q690.xlsx');                  %从excel中读取抗力不定性的统计参数
data_gamaR=xlsread('data_gamaR_Q690.xlsx');      %从excel中读取抗力分项系数
[m,n]=size(data);                                %确定抗力不定性数据量大小
[p,q]=size(data_gamaR);                          %确定抗力分项系数数据量大小
mp=m/p;              %mp表示一个抗力分项系数对应的抗力不定性统计参数的组数
result=[m,12];
for i=1:m
    gamaR=data_gamaR(ceil(i/mp));                %确定抗力分项系数的具体值
    j=1;
    k=0.25;                                      %恒活荷载比初始值取0.25
    while k<=2                                   %按照0.25,0.5,1,2的荷载比来计算
        kR=data(i,1);%抗力不定性均值,按照钢材牌号和厚度分组、抗力模式选取
        cvR=data(i,2);                           %抗力不定性变异系数
        SGk=1.0;                                 %永久荷载效应取1.0
        SQk=k*SGk;                               %活荷载效应,由恒活荷载比控制
        muSG=1.06*SGk;                           %永久荷载比值(均/标)为1.06
        muSQ=0.644*SQk;                          %住宅楼面活荷载比值(均/标)为0.644
        muR=kR*gamaR*max((1.2+1.4*k),(1.35+1.4*0.7*k));
                                                 %抗力的均值
        muX=[muR;muSG;muSQ];                     %均值向量
        cvX=[cvR;0.070;0.230];
                    %变异系数向量,永久荷载为0.070,住宅楼面活荷载为0.230
        sigmaX=cvX.*muX;                         %标准差向量
        sLn=sqrt(log(1+cvX(1)^2));               %R对数正态分布的标准差
        mLn=log(muX(1))-sLn^2/2;                 %R对数正态分布的均值
        aEv=sqrt(6)*sigmaX(3)/pi;
            %SQ最大值极值Ⅰ型分布的参数,程序中以最小值极值Ⅰ型分布来转换
        uEv=-psi(1)*aEv-muX(3);                  大值极值Ⅰ型分布的参数,同上
        x=muX;                                   %验算点初始值设为平均值
        normX=eps;                               %设置浮点数
        cdfX=[logncdf(x(1), mLn, sLn);normcdf(x(2), muX(2), sigmaX(2));1-
evcdf(-x(3), uEv, aEv)];                          %返回累计分布函数值,称为原始分布
```

```
        y=norminv(cdfX);
      %标准正态化过程:由概率返回正态分布的变量值,得到了标准正态空间里变量
        while abs(norm(x)-normX)/normX> 1e-6                          %收敛条件
            normX=norm(x);
            g=x(1)-x(2)-x(3);                                     %结构功能函数
            gX=[1;-1;-1];                                     %结构功能函数的梯度
            pdfX=[lognpdf(x(1), mLn, sLn);normpdf(x(2), muX(2), sigmaX
(2));evpdf(-x(3), uEv, aEv)];                       %返回原始分布的概率密度函数值
            gY=gX. * normpdf(y). /pdfX;
                                           %概率微元相等来计算标准正态空间中 y 的梯度
            alphaY=-gY/norm(gY);
                                                                       %方向余弦
            bbeta=(g-gY' * y)/norm(gY);
                                                                     %计算可靠指标
            y=bbeta * alphaY;   %利用可靠指标得到标准正态空间中新的坐标值 y
            cdfY=normcdf(y);                                 %返回新的 y 的正态分布函数
            x=[logninv(cdfY(1), mLn, sLn);norminv(cdfY(2), muX(2), sigmaX
(2));-evinv(1-cdfY(3), uEv, aEv)];                                 %返回新的验算点
        end
        result(i,3 * j-2)=k;                                           %输出荷载比
        result(i,3 * j-1)=gamaR;                                   %输出抗力分项系数
        result(i,3 * j)=bbeta;                                         %输出可靠指标
        k=k * 2;
        j=j+1;
    end
end
xlswrite('result_beta_house_Q690. xlsx',result);                   %输出结果到 excel
```

附录B 高强钢抗力分项系数和可靠指标计算结果

高强钢在荷载组合1（住宅楼面活荷载）下抗力分项系数　　附表 B.1

ρ	分类		厚度分组						
			≤16mm			16～40mm			63～80mm
			Q500	Q550	Q690	Q500	Q550	Q690	Q550
0.25	轴拉构件		0.982	0.954	0.979	0.963	0.904	0.957	0.836
	轴压构件		1.041	1.009	1.038	1.017	0.956	1.016	0.884
	偏心受压构件	弯矩平面内	1.025	0.993	1.022	1.001	0.941	1.000	0.870
		弯矩平面外	1.035	1.002	1.032	1.010	0.949	1.010	0.878
	受弯构件	整体失稳	1.079	1.046	1.076	1.054	0.991	1.053	0.916
		受弯破坏	0.993	0.964	0.990	0.972	0.913	0.968	0.845
0.5	轴拉构件		0.956	0.927	0.953	0.935	0.878	0.933	0.812
	轴压构件		1.006	0.974	1.003	0.981	0.922	0.982	0.853
	偏心受压构件	弯矩平面内	0.990	0.958	0.988	0.966	0.908	0.967	0.840
		弯矩平面外	0.998	0.965	0.995	0.972	0.914	0.974	0.845
	受弯构件	整体失稳	1.043	1.009	1.040	1.017	0.956	1.018	0.884
		受弯破坏	0.964	0.934	0.962	0.942	0.885	0.941	0.819
1.0	轴拉构件		0.931	0.900	0.929	0.906	0.852	0.910	0.788
	轴压构件		0.966	0.933	0.964	0.939	0.883	0.944	0.817
	偏心受压构件	弯矩平面内	0.951	0.918	0.949	0.924	0.869	0.929	0.804
		弯矩平面外	0.953	0.919	0.951	0.926	0.871	0.931	0.805
	受弯构件	整体失稳	1.002	0.967	1.000	0.974	0.916	0.979	0.847
		受弯破坏	0.935	0.904	0.933	0.910	0.856	0.914	0.791
2.0	轴拉构件		0.929	0.895	0.927	0.901	0.848	0.908	0.784
	轴压构件		0.954	0.920	0.953	0.925	0.871	0.933	0.805
	偏心受压构件	弯矩平面内	0.939	0.905	0.938	0.911	0.857	0.918	0.792
		弯矩平面外	0.937	0.903	0.936	0.909	0.855	0.916	0.791
	受弯构件	整体失稳	0.990	0.954	0.988	0.960	0.903	0.968	0.835
		受弯破坏	0.930	0.897	0.929	0.903	0.849	0.910	0.785

高强钢在荷载组合2（办公楼面活荷载）下抗力分项系数　　附表B.2

ρ	分类		厚度分组						
			≤16mm			16～40mm			63～80mm
			Q500	Q550	Q690	Q500	Q550	Q690	Q550
0.25	轴拉构件		0.961	0.933	0.958	0.942	0.884	0.936	0.818
	轴压构件		1.018	0.987	1.015	0.995	0.934	0.994	0.865
	偏心受压构件	弯矩平面内	1.002	0.971	1.000	0.979	0.920	0.978	0.851
		弯矩平面外	1.012	0.980	1.010	0.987	0.928	0.988	0.858
	受弯构件	整体失稳	1.055	1.023	1.052	1.031	0.969	1.030	0.896
		受弯破坏	0.971	0.943	0.968	0.951	0.893	0.947	0.826
0.5	轴拉构件		0.923	0.895	0.921	0.923	0.847	0.901	0.784
	轴压构件		0.970	0.938	0.967	0.970	0.889	0.947	0.822
	偏心受压构件	弯矩平面内	0.954	0.923	0.952	0.954	0.875	0.932	0.809
		弯矩平面外	0.961	0.929	0.959	0.961	0.880	0.938	0.814
	受弯构件	整体失稳	1.005	0.973	1.003	1.005	0.921	0.981	0.852
		受弯破坏	0.931	0.901	0.928	0.931	0.854	0.908	0.790
1.0	轴拉构件		0.887	0.857	0.886	0.863	0.812	0.867	0.750
	轴压构件		0.918	0.886	0.916	0.892	0.839	0.897	0.776
	偏心受压构件	弯矩平面内	0.904	0.872	0.902	0.878	0.826	0.883	0.764
		弯矩平面外	0.904	0.873	0.903	0.878	0.826	0.884	0.764
	受弯构件	整体失稳	0.952	0.919	0.950	0.925	0.870	0.930	0.805
		受弯破坏	0.891	0.860	0.889	0.866	0.814	0.870	0.753
2.0	轴拉构件		0.874	0.843	0.873	0.848	0.798	0.855	0.738
	轴压构件		0.896	0.863	0.894	0.868	0.817	0.876	0.755
	偏心受压构件	弯矩平面内	0.882	0.849	0.880	0.855	0.804	0.862	0.744
		弯矩平面外	0.879	0.846	0.878	0.852	0.802	0.860	0.741
	受弯构件	整体失稳	0.929	0.895	0.928	0.901	0.848	0.909	0.784
		受弯破坏	0.875	0.843	0.874	0.849	0.799	0.856	0.738

高强钢在荷载组合3（风荷载）下抗力分项系数　　附表B.3

ρ	分类		厚度分组						
			≤16mm			16～40mm			63～80mm
			Q500	Q550	Q690	Q500	Q550	Q690	Q550
0.25	轴拉构件		1.057	1.027	1.054	1.036	0.973	1.031	0.901
	轴压构件		1.121	1.086	1.118	1.095	1.029	1.094	0.952
	偏心受压构件	弯矩平面内	1.103	1.069	1.100	1.078	1.013	1.076	0.937
		弯矩平面外	1.114	1.079	1.111	1.087	1.022	1.087	0.945
	受弯构件	整体失稳	1.162	1.126	1.158	1.135	1.066	1.133	0.986
		受弯破坏	1.069	1.038	1.066	1.047	0.983	1.042	0.910

续表

ρ	分类		厚度分组						
			≤16mm			16～40mm			63～80mm
			Q500	Q550	Q690	Q500	Q550	Q690	Q550
0.5	轴拉构件		1.053	1.020	1.050	1.029	0.966	1.027	0.894
	轴压构件		1.106	1.070	1.103	1.078	1.013	1.079	0.937
	偏心受压构件	弯矩平面内	1.088	1.053	1.086	1.061	0.997	1.062	0.923
		弯矩平面外	1.096	1.060	1.093	1.068	1.004	1.070	0.928
	受弯构件	整体失稳	1.146	1.109	1.143	1.118	1.050	1.119	0.972
		受弯破坏	1.061	1.028	1.058	1.036	0.974	1.036	0.901
1.0	轴拉构件		1.080	1.043	1.077	1.050	0.988	1.055	0.913
	轴压构件		1.119	1.080	1.117	1.087	1.023	1.093	0.946
	偏心受压构件	弯矩平面内	1.101	1.063	1.099	1.070	1.007	1.076	0.931
		弯矩平面外	1.103	1.065	1.101	1.072	1.008	1.078	0.932
	受弯构件	整体失稳	1.160	1.120	1.158	1.128	1.061	1.134	0.981
		受弯破坏	1.084	1.047	1.082	1.054	0.992	1.059	0.917
2.0	轴拉构件		1.123	1.083	1.121	1.090	1.025	1.098	0.948
	轴压构件		1.154	1.113	1.152	1.120	1.054	1.129	0.974
	偏心受压构件	弯矩平面内	1.136	1.095	1.134	1.102	1.037	1.111	0.959
		弯矩平面外	1.134	1.093	1.132	1.100	1.035	1.109	0.957
	受弯构件	整体失稳	1.197	1.154	1.195	1.161	1.093	1.171	1.011
		受弯破坏	1.125	1.085	1.123	1.092	1.027	1.100	0.950

高强钢在荷载组合4（住宅楼面活荷载+风荷载）下抗力分项系数（不区分ρ）　　附表B.4

ρ_V	分类		厚度分组						
			≤16mm			16～40mm			63～80mm
			Q500	Q550	Q690	Q500	Q550	Q690	Q550
0.25	轴拉构件		0.947	0.917	0.945	0.925	0.869	0.925	0.804
	轴压构件		0.992	0.959	0.989	0.966	0.908	0.968	0.840
	偏心受压构件	弯矩平面内	0.976	0.944	0.974	0.951	0.894	0.953	0.827
		弯矩平面外	0.981	0.948	0.979	0.955	0.898	0.958	0.831
	受弯构件	整体失稳	1.028	0.994	1.026	1.002	0.942	1.004	0.871
		受弯破坏	0.954	0.924	0.952	0.931	0.875	0.931	0.809
0.5	轴拉构件		0.971	0.941	0.969	0.949	0.891	0.948	0.825
	轴压构件		1.019	0.986	1.017	0.993	0.934	0.995	0.864
	偏心受压构件	弯矩平面内	1.003	0.970	1.001	0.978	0.919	0.979	0.850
		弯矩平面外	1.009	0.976	1.007	0.983	0.924	0.986	0.855
	受弯构件	整体失稳	1.056	1.022	1.054	1.030	0.968	1.031	0.895
		受弯破坏	0.979	0.948	0.976	0.956	0.898	0.955	0.831

续表

ρ_V	分类		厚度分组						
			≤16mm			16～40mm			63～80mm
			Q500	Q550	Q690	Q500	Q550	Q690	Q550
1.0	轴拉构件		1.007	0.976	1.004	0.984	0.924	0.983	0.855
	轴压构件		1.056	1.022	1.054	1.030	0.968	1.031	0.895
	偏心受压构件	弯矩平面内	1.040	1.006	1.037	1.013	0.953	1.015	0.881
		弯矩平面外	1.046	1.011	1.044	1.019	0.958	1.022	0.886
	受弯构件	整体失稳	1.095	1.059	1.092	1.067	1.003	1.069	0.928
		受弯破坏	1.015	0.983	1.012	0.991	0.931	0.990	0.861
2.0	轴拉构件		1.041	1.008	1.038	1.016	0.955	1.016	0.883
	轴压构件		1.090	1.054	1.087	1.062	0.998	1.064	0.923
	偏心受压构件	弯矩平面内	1.073	1.038	1.070	1.045	0.983	1.048	0.909
		弯矩平面外	1.079	1.043	1.076	1.050	0.988	1.054	0.913
	受弯构件	整体失稳	1.130	1.093	1.127	1.101	1.035	1.103	0.957
		受弯破坏	1.048	1.015	1.046	1.023	0.961	1.023	0.889
4.0	轴拉构件		1.069	1.035	1.066	1.043	0.980	1.043	0.907
	轴压构件		1.118	1.081	1.115	1.089	1.024	1.092	0.947
	偏心受压构件	弯矩平面内	1.100	1.064	1.098	1.072	1.007	1.074	0.932
		弯矩平面外	1.106	1.069	1.103	1.076	1.012	1.080	0.936
	受弯构件	整体失稳	1.159	1.120	1.156	1.129	1.061	1.132	0.982
		受弯破坏	1.076	1.041	1.073	1.050	0.986	1.051	0.912

高强钢在荷载组合4（住宅楼面活荷载+风荷载）下抗力分项系数（不区分 ρ_V）

附表B.5

ρ	分类		厚度分组						
			≤16mm			16～40mm			63～80mm
			Q500	Q550	Q690	Q500	Q550	Q690	Q550
0.25	轴拉构件		1.020	0.991	1.016	1.000	0.938	0.994	0.869
	轴压构件		1.082	1.048	1.079	1.057	0.993	1.055	0.919
	偏心受压构件	弯矩平面内	1.065	1.032	1.062	1.040	0.977	1.039	0.904
		弯矩平面外	1.075	1.041	1.073	1.049	0.986	1.050	0.912
	受弯构件	整体失稳	1.121	1.086	1.118	1.095	1.029	1.094	0.952
		受弯破坏	1.031	1.001	1.028	1.010	0.948	1.005	0.877
0.5	轴拉构件		1.003	0.972	1.000	0.981	0.921	0.978	0.852
	轴压构件		1.056	1.023	1.054	1.031	0.969	1.031	0.896
	偏心受压构件	弯矩平面内	1.040	1.007	1.037	1.015	0.953	1.015	0.882
		弯矩平面外	1.048	1.014	1.046	1.022	0.960	1.023	0.888
	受弯构件	整体失稳	1.095	1.060	1.092	1.068	1.004	1.069	0.929
		受弯破坏	1.012	0.980	1.009	0.989	0.929	0.987	0.859

续表

ρ	分类		厚度分组						
			≤16mm			16～40mm			63～80mm
			Q500	Q550	Q690	Q500	Q550	Q690	Q550
1.0	轴拉构件		0.998	0.965	0.995	0.972	0.914	0.974	0.845
	轴压构件		1.039	1.004	1.037	1.012	0.951	1.015	0.880
	偏心受压构件	弯矩平面内	1.023	0.989	1.021	0.996	0.936	0.999	0.866
		弯矩平面外	1.027	0.992	1.025	0.999	0.939	1.003	0.869
	受弯构件	整体失稳	1.078	1.041	1.075	1.049	0.986	1.053	0.912
		受弯破坏	1.003	0.970	1.001	0.977	0.919	0.980	0.850
2.0	轴拉构件		1.008	0.974	1.006	0.980	0.922	0.985	0.853
	轴压构件		1.042	1.006	1.040	1.012	0.952	1.019	0.881
	偏心受压构件	弯矩平面内	1.026	0.990	1.024	0.997	0.938	1.003	0.867
		弯矩平面外	1.027	0.990	1.025	0.997	0.938	1.003	0.867
	受弯构件	整体失稳	1.081	1.043	1.079	1.050	0.988	1.057	0.913
		受弯破坏	1.012	0.977	1.010	0.984	0.925	0.989	0.855

高强钢在荷载组合4（住宅楼面活荷载+风荷载）下的抗力分项系数平均值 附表B.6

分类		厚度分组						
		≤16mm			16～40mm			63～80mm
		Q500	Q550	Q690	Q500	Q550	Q690	Q550
轴拉构件		1.007	0.975	1.004	0.983	0.924	0.983	0.855
轴压构件		1.055	1.020	1.052	1.028	0.966	1.030	0.894
偏心受压构件	弯矩平面内	1.038	1.004	1.036	1.012	0.951	1.014	0.880
	弯矩平面外	1.044	1.009	1.042	1.017	0.956	1.020	0.884
受弯构件	整体失稳	1.094	1.058	1.091	1.066	1.002	1.068	0.927
	受弯破坏	1.014	0.982	1.012	0.990	0.930	0.990	0.861

高强钢在荷载组合1（住宅楼面活荷载）下的可靠指标 附表B.7

ρ	分类		厚度分组						
			≤16mm			16～40mm			63～80mm
			Q500	Q550	Q690	Q500	Q550	Q690	Q550
0.25	轴拉构件		4.159	4.044	4.168	4.207	4.501	4.323	5.403
	轴压构件		3.585	3.527	3.584	3.680	3.918	3.705	4.700
	偏心受压构件	弯矩平面内	3.698	3.637	3.698	3.789	4.028	3.820	4.809
		弯矩平面外	3.599	3.552	3.597	3.697	3.919	3.709	4.654
	受弯构件	整体失稳	3.330	3.279	3.327	3.435	3.672	3.448	4.459
		受弯破坏	4.023	3.926	4.029	4.086	4.363	4.173	5.231
0.5	轴拉构件		4.181	4.114	4.182	4.256	4.484	4.298	5.201
	轴压构件		3.772	3.725	3.769	3.865	4.075	3.875	4.756
	偏心受压构件	弯矩平面内	3.872	3.824	3.870	3.962	4.171	3.976	4.849
		弯矩平面外	3.796	3.755	3.793	3.890	4.090	3.894	4.747
	受弯构件	整体失稳	3.543	3.500	3.539	3.643	3.855	3.646	4.547
		受弯破坏	4.101	4.039	4.102	4.180	4.404	4.215	5.110

续表

ρ	分类		厚度分组						
			≤16mm			16～40mm			63～80mm
			Q500	Q550	Q690	Q500	Q550	Q690	Q550
1.0	轴拉构件		4.088	4.057	4.084	4.175	4.346	4.169	4.914
	轴压构件		3.859	3.836	3.854	3.951	4.113	3.934	4.657
	偏心受压构件	弯矩平面内	3.937	3.914	3.933	4.028	4.189	4.013	4.731
		弯矩平面外	3.909	3.888	3.904	4.000	4.157	3.982	4.687
	受弯构件	整体失稳	3.678	3.656	3.672	3.774	3.937	3.753	4.487
		受弯破坏	4.052	4.024	4.048	4.140	4.308	4.132	4.869
2.0	轴拉构件		3.940	3.925	3.934	4.028	4.167	4.003	4.651
	轴压构件		3.796	3.786	3.790	3.885	4.018	3.856	4.482
	偏心受压构件	弯矩平面内	3.862	3.851	3.856	3.950	4.083	3.921	4.546
		弯矩平面外	3.858	3.848	3.852	3.945	4.075	3.916	4.529
	受弯构件	整体失稳	3.644	3.634	3.637	3.735	3.869	3.703	4.335
		受弯破坏	3.923	3.910	3.918	4.011	4.149	3.986	4.627

高强钢在荷载组合2（办公楼面活荷载）下的可靠指标 **附表B.8**

ρ	分类		厚度分组						
			≤16mm			16～40mm			63～80mm
			Q500	Q550	Q690	Q500	Q550	Q690	Q550
0.25	轴拉构件		4.332	4.214	4.343	4.373	4.665	4.495	5.553
	轴压构件		3.741	3.680	3.741	3.831	4.068	3.862	4.844
	偏心受压构件	弯矩平面内	3.853	3.789	3.854	3.938	4.177	3.976	4.952
		弯矩平面外	3.747	3.696	3.745	3.840	4.061	3.857	4.792
	受弯构件	整体失稳	3.489	3.434	3.487	3.588	3.825	3.608	4.606
		受弯破坏	4.191	4.091	4.199	4.248	4.523	4.342	5.381
0.5	轴拉构件		4.377	4.313	4.378	4.448	4.667	4.488	5.354
	轴压构件		3.984	3.938	3.981	4.071	4.274	4.083	4.929
	偏心受压构件	弯矩平面内	4.080	4.033	4.078	4.165	4.367	4.180	5.019
		弯矩平面外	4.004	3.963	4.001	4.092	4.286	4.099	4.920
	受弯构件	整体失稳	3.764	3.721	3.761	3.858	4.062	3.864	4.728
		受弯破坏	4.301	4.241	4.301	4.376	4.590	4.409	5.268
1.0	轴拉构件		4.284	4.256	4.280	4.367	4.529	4.361	5.072
	轴压构件		4.070	4.048	4.065	4.157	4.310	4.141	4.828
	偏心受压构件	弯矩平面内	4.144	4.122	4.139	4.230	4.383	4.215	4.900
		弯矩平面外	4.118	4.098	4.113	4.204	4.353	4.186	4.858
	受弯构件	整体失稳	3.899	3.879	3.893	3.989	4.143	3.970	4.666
		受弯破坏	4.251	4.224	4.247	4.335	4.494	4.326	5.030

续表

ρ	分类		厚度分组						
			≤16mm			16～40mm			63～80mm
			Q500	Q550	Q690	Q500	Q550	Q690	Q550
2.0	轴拉构件		4.142	4.129	4.137	4.225	4.357	4.202	4.818
	轴压构件		4.009	3.999	4.003	4.093	4.218	4.064	4.658
	偏心受压构件	弯矩平面内	4.070	4.060	4.065	4.154	4.279	4.126	4.719
		弯矩平面外	4.067	4.058	4.061	4.150	4.273	4.122	4.704
	受弯构件	整体失稳	3.866	3.857	3.860	3.952	4.077	3.921	4.519
		受弯破坏	4.127	4.115	4.122	4.210	4.341	4.186	4.795

高强钢在荷载组合3（风荷载）下的可靠指标 **附表B.9**

ρ	分类		厚度分组						
			≤16mm			16～40mm			63～80mm
			Q500	Q550	Q690	Q500	Q550	Q690	Q550
0.25	轴拉构件		3.526	3.439	3.529	3.610	3.893	3.677	4.790
	轴压构件		3.059	3.017	3.054	3.175	3.407	3.172	4.188
	偏心受压构件	弯矩平面内	3.171	3.126	3.167	3.283	3.517	3.286	4.297
		弯矩平面外	3.108	3.073	3.102	3.223	3.440	3.212	4.175
	受弯构件	整体失稳	2.802	2.767	2.795	2.928	3.160	2.913	3.946
		受弯破坏	3.423	3.349	3.424	3.517	3.785	3.562	4.649
0.5	轴拉构件		3.497	3.446	3.494	3.596	3.822	3.609	4.542
	轴压构件		3.161	3.128	3.155	3.274	3.480	3.260	4.165
	偏心受压构件	弯矩平面内	3.262	3.228	3.257	3.371	3.577	3.361	4.258
		弯矩平面外	3.217	3.189	3.211	3.328	3.525	3.310	4.183
	受弯构件	整体失稳	2.928	2.899	2.921	3.048	3.257	3.027	3.954
		受弯破坏	3.437	3.391	3.434	3.539	3.760	3.546	4.470
1.0	轴拉构件		3.297	3.276	3.291	3.403	3.576	3.377	4.161
	轴压构件		3.107	3.092	3.100	3.216	3.381	3.182	3.943
	偏心受压构件	弯矩平面内	3.189	3.174	3.182	3.296	3.460	3.264	4.019
		弯矩平面外	3.181	3.167	3.173	3.287	3.447	3.253	3.993
	受弯构件	整体失稳	2.915	2.902	2.907	3.029	3.196	2.991	3.767
		受弯破坏	3.273	3.254	3.267	3.379	3.550	3.352	4.127
2.0	轴拉构件		3.101	3.094	3.094	3.205	3.350	3.166	3.854
	轴压构件		2.984	2.979	2.975	3.087	3.226	3.044	3.713
	偏心受压构件	弯矩平面内	3.053	3.048	3.046	3.156	3.294	3.114	3.779
		弯矩平面外	3.064	3.060	3.056	3.166	3.301	3.123	3.776
	受弯构件	整体失稳	2.819	2.816	2.811	2.926	3.067	2.880	3.559
		受弯破坏	3.093	3.086	3.086	3.196	3.339	3.156	3.838

高强钢在荷载组合4（住宅楼面活荷载+风荷载）下的可靠指标（不区分ρ）

附表B.10

ρ_V	分类		厚度分组						
			≤16mm			16～40mm			63～80mm
			Q500	Q550	Q690	Q500	Q550	Q690	Q550
0.25	轴拉构件		4.139	4.077	4.140	4.211	4.427	4.250	5.115
	轴压构件		3.776	3.738	3.772	3.868	4.060	3.869	4.696
	偏心受压构件	弯矩平面内	3.868	3.829	3.865	3.957	4.149	3.962	4.783
		弯矩平面外	3.810	3.777	3.806	3.902	4.085	3.897	4.696
	受弯构件	整体失稳	3.565	3.531	3.561	3.664	3.856	3.658	4.499
		受弯破坏	4.066	4.011	4.066	4.144	4.353	4.172	5.026
0.5	轴拉构件		4.028	3.963	4.030	4.103	4.330	4.146	5.050
	轴压构件		3.645	3.606	3.642	3.742	3.942	3.743	4.604
	偏心受压构件	弯矩平面内	3.742	3.701	3.739	3.835	4.035	3.840	4.695
		弯矩平面外	3.681	3.647	3.677	3.777	3.968	3.772	4.602
	受弯构件	整体失稳	3.426	3.390	3.421	3.529	3.730	3.523	4.400
		受弯破坏	3.950	3.892	3.951	4.031	4.251	4.062	4.954
1.0	轴拉构件		3.798	3.738	3.798	3.882	4.110	3.915	4.840
	轴压构件		3.435	3.400	3.431	3.538	3.740	3.532	4.411
	偏心受压构件	弯矩平面内	3.533	3.495	3.529	3.633	3.834	3.630	4.503
		弯矩平面外	3.480	3.450	3.475	3.583	3.774	3.571	4.416
	受弯构件	整体失稳	3.212	3.181	3.207	3.322	3.524	3.309	4.203
		受弯破坏	3.727	3.673	3.725	3.816	4.036	3.838	4.749
2.0	轴拉构件		3.573	3.521	3.571	3.665	3.885	3.684	4.596
	轴压构件		3.246	3.216	3.240	3.354	3.550	3.340	4.208
	偏心受压构件	弯矩平面内	3.342	3.310	3.337	3.447	3.643	3.436	4.298
		弯矩平面外	3.301	3.275	3.295	3.407	3.594	3.389	4.225
	受弯构件	整体失稳	3.025	2.999	3.018	3.140	3.338	3.118	4.004
		受弯破坏	3.511	3.465	3.509	3.608	3.821	3.617	4.516
4.0	轴拉构件		3.406	3.359	3.403	3.503	3.719	3.513	4.420
	轴压构件		3.104	3.077	3.097	3.215	3.408	3.195	4.057
	偏心受压构件	弯矩平面内	3.198	3.170	3.192	3.306	3.499	3.290	4.146
		弯矩平面外	3.166	3.143	3.159	3.275	3.459	3.252	4.082
	受弯构件	整体失稳	2.885	2.862	2.877	3.003	3.197	2.975	3.856
		受弯破坏	3.351	3.310	3.347	3.452	3.661	3.454	4.347

高强钢在荷载组合4（住宅楼面活荷载+风荷载）下的可靠指标（不区分 ρ_V）

附表 B.11

ρ	分类		厚度分组						
			≤16mm			16～40mm			63～80mm
			Q500	Q550	Q690	Q500	Q550	Q690	Q550
0.25	轴拉构件		3.847	3.743	3.854	3.912	4.204	4.008	5.114
	轴压构件		3.317	3.266	3.314	3.422	3.659	3.435	4.446
	偏心受压构件	弯矩平面内	3.430	3.376	3.428	3.531	3.769	3.550	4.555
		弯矩平面外	3.347	3.305	3.343	3.454	3.675	3.455	4.414
	受弯构件	整体失稳	3.059	3.015	3.054	3.175	3.411	3.174	4.203
		受弯破坏	3.724	3.637	3.728	3.802	4.077	3.871	4.952
0.5	轴拉构件		3.881	3.812	3.882	3.963	4.204	4.005	4.958
	轴压构件		3.467	3.423	3.464	3.569	3.786	3.573	4.496
	偏心受压构件	弯矩平面内	3.571	3.526	3.568	3.670	3.886	3.678	4.592
		弯矩平面外	3.502	3.464	3.498	3.604	3.810	3.602	4.490
	受弯构件	整体失稳	3.229	3.190	3.224	3.339	3.557	3.335	4.277
		受弯破坏	3.799	3.737	3.799	3.886	4.121	3.919	4.863
1.0	轴拉构件		3.781	3.745	3.777	3.875	4.065	3.872	4.689
	轴压构件		3.518	3.492	3.512	3.619	3.798	3.602	4.395
	偏心受压构件	弯矩平面内	3.605	3.578	3.600	3.704	3.882	3.689	4.476
		弯矩平面外	3.572	3.548	3.566	3.672	3.844	3.652	4.423
	受弯构件	整体失稳	3.316	3.292	3.310	3.423	3.603	3.400	4.209
		受弯破坏	3.738	3.705	3.734	3.834	4.020	3.828	4.636
2.0	轴拉构件		3.646	3.625	3.641	3.742	3.905	3.721	4.455
	轴压构件		3.463	3.448	3.457	3.563	3.717	3.533	4.244
	偏心受压构件	弯矩平面内	3.539	3.524	3.533	3.637	3.791	3.609	4.316
		弯矩平面外	3.528	3.515	3.522	3.626	3.775	3.596	4.289
	受弯构件	整体失稳	3.286	3.273	3.279	3.389	3.545	3.357	4.079
		受弯破坏	3.622	3.603	3.617	3.719	3.879	3.696	4.423

高强钢在荷载组合4（住宅楼面活荷载+风荷载）下的可靠指标平均值　附表 B.12

分类		厚度分组						
		≤16mm			16～40mm			63～80mm
		Q500	Q550	Q690	Q500	Q550	Q690	Q550
轴拉构件		3.789	3.731	3.789	3.873	4.094	3.902	4.804
轴压构件		3.441	3.407	3.437	3.543	3.740	3.536	4.395
偏心受压构件	弯矩平面内	3.536	3.501	3.532	3.636	3.832	3.631	4.485
	弯矩平面外	3.488	3.458	3.482	3.589	3.776	3.576	4.404
受弯构件	整体失稳	3.222	3.193	3.217	3.331	3.529	3.317	4.192
	受弯破坏	3.721	3.670	3.719	3.810	4.024	3.829	4.718

附录C GJ钢抗力分项系数和可靠指标计算结果

GJ钢在荷载组合1（住宅楼面活荷载）下的抗力分项系数 附表C.1

ρ	分类		厚度分组										
			6～16mm		16～35mm			35～50mm			50～100mm		
			Q390GJ	Q420GJ	Q390GJ	Q420GJ	Q460GJ	Q390GJ	Q420GJ	Q460GJ	Q390GJ	Q420GJ	Q460GJ
0.25	轴拉构件		1.026	1.149	1.105	1.135	1.118	1.126	1.120	1.123	1.099	1.107	1.110
	轴压构件		1.017	1.139	1.096	1.126	1.108	1.118	1.111	1.113	1.090	1.098	1.100
	偏心受压构件	弯矩平面内	1.035	1.159	1.115	1.145	1.128	1.136	1.130	1.133	1.108	1.116	1.120
		弯矩平面外	1.073	1.199	1.151	1.183	1.170	1.172	1.168	1.171	1.145	1.151	1.160
	型钢梁	弹性失稳	1.057	1.182	1.136	1.168	1.152	1.158	1.152	1.155	1.130	1.137	1.143
		塑性破坏	1.036	1.158	1.113	1.143	1.130	1.133	1.128	1.132	1.107	1.113	1.120
	组合梁	受弯破坏	1.035	1.159	1.114	1.145	1.129	1.136	1.130	1.132	1.108	1.116	1.120
0.5	轴拉构件		0.994	1.112	1.069	1.098	1.084	1.089	1.084	1.087	1.063	1.070	1.075
	轴压构件		0.988	1.105	1.062	1.091	1.076	1.082	1.077	1.080	1.056	1.063	1.068
	偏心受压构件	弯矩平面内	1.003	1.121	1.077	1.107	1.093	1.098	1.093	1.096	1.071	1.078	1.084
		弯矩平面外	1.032	1.153	1.107	1.137	1.126	1.126	1.123	1.126	1.101	1.106	1.116
	型钢梁	弹性失稳	1.021	1.141	1.096	1.126	1.113	1.116	1.111	1.115	1.090	1.096	1.104
		塑性破坏	0.998	1.115	1.071	1.101	1.088	1.090	1.086	1.090	1.065	1.071	1.079
	组合梁	受弯破坏	1.002	1.120	1.076	1.106	1.092	1.096	1.091	1.095	1.070	1.077	1.083
1.0	轴拉构件		0.961	1.073	1.029	1.058	1.048	1.047	1.045	1.048	1.024	1.028	1.039
	轴压构件		0.958	1.069	1.026	1.055	1.045	1.044	1.041	1.045	1.021	1.025	1.036
	偏心受压构件	弯矩平面内	0.968	1.080	1.036	1.065	1.055	1.054	1.051	1.055	1.030	1.035	1.046

续表

ρ	分类		厚度分组										
			6～16mm		16～35mm			35～50mm			50～100mm		
			Q390GJ	Q420GJ	Q390GJ	Q420GJ	Q460GJ	Q390GJ	Q420GJ	Q460GJ	Q390GJ	Q420GJ	Q460GJ
1.0	偏心受压构件	弯矩平面外	0.981	1.094	1.049	1.078	1.070	1.067	1.065	1.069	1.044	1.048	1.060
	型钢梁	弹性失稳	0.980	1.093	1.048	1.078	1.068	1.067	1.064	1.068	1.043	1.047	1.059
		塑性破坏	0.953	1.063	1.019	1.047	1.039	1.036	1.034	1.038	1.014	1.018	1.029
	组合梁	受弯破坏	0.965	1.077	1.033	1.062	1.052	1.051	1.049	1.052	1.028	1.032	1.043
2.0	轴拉构件		0.954	1.063	1.019	1.047	1.041	1.036	1.035	1.039	1.014	1.017	1.031
	轴压构件		0.953	1.062	1.018	1.047	1.040	1.035	1.034	1.038	1.013	1.016	1.030
	偏心受压构件	弯矩平面内	0.959	1.069	1.024	1.053	1.046	1.041	1.040	1.044	1.019	1.022	1.036
		弯矩平面外	0.961	1.071	1.026	1.055	1.049	1.042	1.042	1.046	1.020	1.023	1.039
	型钢梁	弹性失稳	0.967	1.078	1.033	1.062	1.055	1.050	1.049	1.053	1.027	1.031	1.045
		塑性破坏	0.936	1.044	1.000	1.028	1.022	1.016	1.015	1.019	0.994	0.997	1.012
	组合梁	受弯破坏	0.956	1.065	1.020	1.049	1.042	1.037	1.036	1.040	1.015	1.018	1.033

GJ钢在荷载组合2（办公楼面活荷载）下的抗力分项系数　　**附表C.2**

ρ	分类		厚度分组										
			6～16mm		16～35mm			35～50mm			50～100mm		
			Q390GJ	Q420GJ	Q390GJ	Q420GJ	Q460GJ	Q390GJ	Q420GJ	Q460GJ	Q390GJ	Q420GJ	Q460GJ
0.25	轴拉构件		1.004	1.123	1.081	1.110	1.094	1.102	1.095	1.098	1.075	1.082	1.086
	轴压构件		0.995	1.114	1.072	1.101	1.084	1.093	1.086	1.089	1.066	1.074	1.076
	偏心受压构件	弯矩平面内	1.013	1.133	1.090	1.120	1.104	1.111	1.105	1.108	1.084	1.091	1.095
		弯矩平面外	1.049	1.172	1.125	1.157	1.144	1.146	1.142	1.145	1.119	1.125	1.134
	型钢梁	弹性失稳	1.033	1.156	1.111	1.142	1.126	1.132	1.127	1.130	1.105	1.112	1.118
		塑性破坏	1.013	1.132	1.088	1.118	1.104	1.108	1.103	1.106	1.082	1.088	1.095
	组合梁	受弯破坏	1.013	1.133	1.090	1.120	1.104	1.110	1.105	1.108	1.084	1.091	1.095

续表

ρ	分类		厚度分组										
			6～16mm		16～35mm			35～50mm			50～100mm		
			Q390GJ	Q420GJ	Q390GJ	Q420GJ	Q460GJ	Q390GJ	Q420GJ	Q460GJ	Q390GJ	Q420GJ	Q460GJ
0.5	轴拉构件		0.959	1.073	1.031	1.059	1.046	1.050	1.045	1.048	1.025	1.031	1.037
	轴压构件		0.953	1.066	1.024	1.053	1.039	1.044	1.039	1.042	1.019	1.025	1.031
	偏心受压构件	弯矩平面内	0.967	1.081	1.039	1.067	1.054	1.058	1.053	1.056	1.033	1.039	1.046
		弯矩平面外	0.994	1.110	1.065	1.095	1.084	1.084	1.081	1.084	1.059	1.065	1.074
	型钢梁	弹性失稳	0.984	1.099	1.056	1.085	1.073	1.075	1.071	1.074	1.050	1.056	1.064
		塑性破坏	0.962	1.074	1.031	1.060	1.048	1.050	1.046	1.049	1.026	1.031	1.040
	组合梁	受弯破坏	0.966	1.080	1.037	1.066	1.053	1.057	1.052	1.055	1.032	1.038	1.045
1.0	轴拉构件		0.915	1.021	0.979	1.006	0.998	0.996	0.994	0.997	0.974	0.978	0.989
	轴压构件		0.912	1.018	0.976	1.004	0.995	0.993	0.991	0.994	0.971	0.975	0.986
	偏心受压构件	弯矩平面内	0.920	1.027	0.985	1.012	1.004	1.002	1.000	1.003	0.980	0.984	0.995
		弯矩平面外	0.930	1.038	0.994	1.022	1.015	1.011	1.010	1.013	0.989	0.993	1.006
	型钢梁	弹性失稳	0.931	1.039	0.996	1.024	1.015	1.013	1.011	1.014	0.990	0.994	1.006
		塑性破坏	0.904	1.008	0.967	0.994	0.986	0.983	0.981	0.985	0.962	0.965	0.977
	组合梁	受弯破坏	0.918	1.024	0.982	1.009	1.001	0.999	0.997	1.000	0.977	0.981	0.992
2.0	轴拉构件		0.897	0.999	0.957	0.984	0.979	0.973	0.972	0.976	0.952	0.955	0.969
	轴压构件		0.897	0.999	0.957	0.984	0.978	0.973	0.972	0.976	0.952	0.955	0.969
	偏心受压构件	弯矩平面内	0.902	1.004	0.962	0.989	0.984	0.978	0.977	0.981	0.957	0.960	0.974
		弯矩平面外	0.901	1.003	0.960	0.987	0.983	0.976	0.976	0.979	0.955	0.958	0.973
	型钢梁	弹性失稳	0.908	1.012	0.969	0.996	0.991	0.985	0.984	0.988	0.964	0.967	0.981
		塑性破坏	0.878	0.978	0.937	0.963	0.958	0.952	0.951	0.955	0.932	0.934	0.949
	组合梁	受弯破坏	0.898	1.000	0.958	0.985	0.980	0.974	0.973	0.977	0.953	0.956	0.970

附表 C.3

GJ 钢在荷载组合 3（风荷载）下的抗力分项系数

ρ	分类		厚度分组										
			6～16mm		16～35mm			35～50mm			50～100mm		
			Q390GJ	Q420GJ	Q390GJ	Q420GJ	Q460GJ	Q390GJ	Q420GJ	Q460GJ	Q390GJ	Q420GJ	Q460GJ
0.25	轴拉构件		1.104	1.236	1.189	1.222	1.204	1.212	1.205	1.208	1.183	1.191	1.195
	轴压构件		1.095	1.226	1.180	1.212	1.193	1.203	1.196	1.198	1.173	1.182	1.184
	偏心受压构件	弯矩平面内	1.115	1.248	1.200	1.233	1.215	1.223	1.216	1.219	1.193	1.201	1.206
		弯矩平面外	1.155	1.291	1.239	1.273	1.259	1.262	1.257	1.261	1.232	1.239	1.249
	型钢梁	弹性失稳	1.138	1.272	1.223	1.257	1.240	1.246	1.240	1.243	1.216	1.224	1.230
		塑性破坏	1.115	1.247	1.198	1.231	1.216	1.220	1.215	1.218	1.191	1.198	1.206
	组合梁	受弯破坏	1.115	1.247	1.199	1.232	1.215	1.222	1.216	1.219	1.193	1.201	1.206
0.5	轴拉构件		1.094	1.223	1.175	1.208	1.193	1.197	1.192	1.195	1.169	1.176	1.183
	轴压构件		1.087	1.216	1.168	1.200	1.185	1.190	1.185	1.188	1.162	1.169	1.176
	偏心受压构件	弯矩平面内	1.103	1.233	1.184	1.217	1.202	1.206	1.201	1.205	1.178	1.185	1.192
		弯矩平面外	1.133	1.266	1.215	1.248	1.236	1.236	1.232	1.236	1.208	1.214	1.225
	型钢梁	弹性失稳	1.122	1.254	1.204	1.237	1.223	1.226	1.221	1.225	1.197	1.204	1.213
		塑性破坏	1.096	1.225	1.176	1.208	1.196	1.197	1.193	1.197	1.169	1.175	1.185
	组合梁	受弯破坏	1.102	1.231	1.183	1.216	1.201	1.205	1.200	1.203	1.176	1.183	1.191
1.0	轴拉构件		1.114	1.243	1.192	1.226	1.215	1.213	1.210	1.214	1.186	1.191	1.204
	轴压构件		1.110	1.239	1.189	1.222	1.211	1.210	1.207	1.211	1.183	1.188	1.200
	偏心受压构件	弯矩平面内	1.121	1.251	1.200	1.233	1.223	1.221	1.218	1.222	1.194	1.199	1.212
		弯矩平面外	1.136	1.267	1.214	1.248	1.239	1.235	1.233	1.237	1.208	1.212	1.227
	型钢梁	弹性失稳	1.135	1.266	1.214	1.248	1.238	1.235	1.233	1.237	1.208	1.213	1.226
		塑性破坏	1.103	1.230	1.180	1.213	1.203	1.200	1.198	1.202	1.173	1.178	1.192
	组合梁	受弯破坏	1.118	1.248	1.197	1.230	1.219	1.217	1.215	1.219	1.190	1.195	1.209

续表

ρ	分类		厚度分组										
			6～16mm		16～35mm			35～50mm			50～100mm		
			Q390GJ	Q420GJ	Q390GJ	Q420GJ	Q460GJ	Q390GJ	Q420GJ	Q460GJ	Q390GJ	Q420GJ	Q460GJ
2.0	轴拉构件		1.154	1.286	1.233	1.267	1.259	1.253	1.252	1.256	1.226	1.230	1.247
	轴压构件		1.152	1.285	1.231	1.266	1.257	1.252	1.250	1.255	1.225	1.229	1.245
	偏心受压构件	弯矩平面内	1.160	1.293	1.239	1.274	1.266	1.260	1.258	1.263	1.233	1.237	1.254
		弯矩平面外	1.164	1.297	1.242	1.277	1.270	1.262	1.262	1.266	1.236	1.239	1.257
	型钢梁	弹性失稳	1.171	1.305	1.250	1.285	1.277	1.271	1.269	1.274	1.243	1.247	1.265
		塑性破坏	1.133	1.263	1.210	1.244	1.236	1.230	1.229	1.233	1.204	1.207	1.225
	组合梁	受弯破坏	1.156	1.288	1.235	1.269	1.261	1.255	1.254	1.258	1.228	1.232	1.249

GJ 钢在荷载组合 4（住宅楼面活荷载＋风荷载）下的抗力分项系数（不区分 ρ）　附表 C.4

ρ_V	分类		厚度分组										
			6～16mm		16～35mm			35～50mm			50～100mm		
			Q390GJ	Q420GJ	Q390GJ	Q420GJ	Q460GJ	Q390GJ	Q420GJ	Q460GJ	Q390GJ	Q420GJ	Q460GJ
0.25	轴拉构件		0.983	1.098	1.055	1.084	1.071	1.074	1.070	1.073	1.049	1.055	1.063
	轴压构件		0.977	1.092	1.049	1.078	1.065	1.069	1.064	1.067	1.044	1.050	1.057
	偏心受压构件	弯矩平面内	0.990	1.107	1.063	1.092	1.080	1.082	1.078	1.081	1.057	1.063	1.071
		弯矩平面外	1.013	1.131	1.085	1.115	1.105	1.104	1.101	1.105	1.079	1.084	1.095
	型钢梁	弹性失稳	1.006	1.124	1.079	1.109	1.097	1.098	1.094	1.098	1.073	1.078	1.088
		塑性破坏	0.982	1.096	1.052	1.081	1.070	1.070	1.067	1.071	1.046	1.051	1.061
	组合梁	受弯破坏	0.989	1.105	1.061	1.090	1.078	1.080	1.076	1.079	1.055	1.061	1.069
0.5	轴拉构件		1.009	1.128	1.083	1.113	1.100	1.103	1.099	1.102	1.078	1.084	1.091
	轴压构件		1.003	1.121	1.077	1.107	1.093	1.097	1.092	1.095	1.071	1.078	1.084
	偏心受压构件	弯矩平面内	1.017	1.137	1.092	1.122	1.109	1.112	1.107	1.111	1.086	1.092	1.099
		弯矩平面外	1.043	1.165	1.117	1.149	1.137	1.137	1.134	1.138	1.111	1.117	1.128
	型钢梁	弹性失稳	1.034	1.155	1.109	1.140	1.127	1.129	1.125	1.129	1.103	1.109	1.118

续表

ρ_V	分类		厚度分组										
			6～16mm		16～35mm			35～50mm			50～100mm		
			Q390GJ	Q420GJ	Q390GJ	Q420GJ	Q460GJ	Q390GJ	Q420GJ	Q460GJ	Q390GJ	Q420GJ	Q460GJ
0.5	型钢梁	塑性破坏	1.010	1.128	1.082	1.112	1.101	1.102	1.098	1.102	1.077	1.082	1.092
	组合梁	受弯破坏	1.016	1.135	1.090	1.120	1.107	1.110	1.106	1.109	1.084	1.090	1.098
1.0	轴拉构件		1.046	1.169	1.123	1.154	1.140	1.144	1.139	1.142	1.117	1.123	1.131
	轴压构件		1.039	1.162	1.117	1.148	1.133	1.138	1.132	1.136	1.111	1.117	1.124
	偏心受压构件	弯矩平面内	1.054	1.178	1.132	1.163	1.149	1.153	1.148	1.151	1.126	1.132	1.140
		弯矩平面外	1.081	1.207	1.158	1.191	1.179	1.179	1.175	1.179	1.152	1.157	1.169
	型钢梁	弹性失稳	1.072	1.197	1.150	1.182	1.168	1.171	1.166	1.170	1.144	1.150	1.159
		塑性破坏	1.047	1.169	1.122	1.153	1.141	1.142	1.138	1.142	1.116	1.121	1.132
	组合梁	受弯破坏	1.053	1.177	1.130	1.161	1.148	1.151	1.146	1.150	1.124	1.130	1.138
2.0	轴拉构件		1.080	1.207	1.159	1.191	1.177	1.181	1.176	1.179	1.153	1.159	1.168
	轴压构件		1.074	1.200	1.153	1.185	1.170	1.174	1.169	1.173	1.147	1.154	1.161
	偏心受压构件	弯矩平面内	1.088	1.216	1.168	1.200	1.186	1.189	1.185	1.188	1.162	1.168	1.177
		弯矩平面外	1.115	1.244	1.194	1.227	1.215	1.215	1.211	1.215	1.187	1.193	1.205
	型钢梁	弹性失稳	1.106	1.235	1.186	1.219	1.206	1.207	1.203	1.207	1.180	1.186	1.196
		塑性破坏	1.079	1.205	1.157	1.189	1.177	1.177	1.174	1.177	1.150	1.156	1.167
	组合梁	受弯破坏	1.087	1.214	1.166	1.198	1.185	1.187	1.183	1.186	1.160	1.166	1.175

GJ钢在荷载组合4（住宅楼面活荷载+风荷载）下的抗力分项系数（不区分 ρ_V）　　附表C.5

ρ	分类		厚度分组										
			6～16mm		16～35mm			35～50mm			50～100mm		
			Q390GJ	Q420GJ	Q390GJ	Q420GJ	Q460GJ	Q390GJ	Q420GJ	Q460GJ	Q390GJ	Q420GJ	Q460GJ
0.25	轴拉构件		1.065	1.193	1.148	1.179	1.161	1.170	1.163	1.166	1.141	1.149	1.153
	轴压构件		1.056	1.183	1.138	1.169	1.150	1.161	1.153	1.156	1.132	1.140	1.142
	偏心受压构件	弯矩平面内	1.075	1.204	1.158	1.190	1.172	1.180	1.173	1.176	1.151	1.159	1.163

续表

ρ	分类		厚度分组										
			6～16mm		16～35mm			35～50mm			50～100mm		
			Q390GJ	Q420GJ	Q390GJ	Q420GJ	Q460GJ	Q390GJ	Q420GJ	Q460GJ	Q390GJ	Q420GJ	Q460GJ
0.25	偏心受压构件	弯矩平面外	1.115	1.246	1.196	1.230	1.216	1.218	1.214	1.217	1.190	1.196	1.206
	型钢梁	弹性失稳	1.098	1.228	1.180	1.213	1.196	1.203	1.197	1.200	1.174	1.181	1.187
		塑性破坏	1.077	1.204	1.156	1.188	1.174	1.178	1.173	1.176	1.150	1.157	1.164
	组合梁	受弯破坏	1.076	1.204	1.157	1.189	1.172	1.180	1.173	1.176	1.151	1.159	1.163
0.5	轴拉构件		1.044	1.167	1.122	1.153	1.137	1.143	1.138	1.141	1.116	1.123	1.129
	轴压构件		1.036	1.159	1.115	1.145	1.129	1.136	1.130	1.133	1.108	1.116	1.120
	偏心受压构件	弯矩平面内	1.052	1.177	1.131	1.162	1.147	1.153	1.147	1.150	1.125	1.132	1.138
		弯矩平面外	1.085	1.212	1.163	1.196	1.183	1.184	1.180	1.184	1.157	1.163	1.173
	型钢梁	弹性失稳	1.072	1.198	1.151	1.183	1.168	1.172	1.167	1.171	1.145	1.152	1.159
		塑性破坏	1.049	1.172	1.125	1.157	1.144	1.146	1.142	1.145	1.119	1.125	1.134
	组合梁	受弯破坏	1.052	1.176	1.130	1.161	1.146	1.151	1.146	1.149	1.124	1.131	1.137
1.0	轴拉构件		1.032	1.153	1.107	1.137	1.126	1.126	1.123	1.126	1.101	1.106	1.116
	轴压构件		1.028	1.148	1.102	1.133	1.121	1.122	1.118	1.121	1.096	1.102	1.111
	偏心受压构件	弯矩平面内	1.040	1.161	1.114	1.145	1.134	1.134	1.131	1.134	1.108	1.114	1.124
		弯矩平面外	1.059	1.182	1.134	1.165	1.155	1.153	1.151	1.155	1.128	1.133	1.145
	型钢梁	弹性失稳	1.054	1.177	1.130	1.161	1.150	1.150	1.146	1.150	1.124	1.129	1.140
		塑性破坏	1.027	1.147	1.100	1.130	1.120	1.119	1.116	1.120	1.094	1.099	1.110
	组合梁	受弯破坏	1.037	1.159	1.112	1.143	1.131	1.132	1.128	1.132	1.106	1.111	1.122
2.0	轴拉构件		1.039	1.159	1.112	1.143	1.133	1.131	1.128	1.132	1.106	1.110	1.123
	轴压构件		1.036	1.156	1.109	1.140	1.130	1.128	1.126	1.130	1.103	1.108	1.120
	偏心受压构件	弯矩平面内	1.046	1.166	1.118	1.150	1.140	1.137	1.135	1.139	1.112	1.117	1.130
		弯矩平面外	1.056	1.177	1.128	1.160	1.152	1.147	1.146	1.150	1.122	1.126	1.141
	型钢梁	弹性失稳	1.057	1.179	1.130	1.162	1.153	1.150	1.148	1.152	1.124	1.129	1.143
		塑性破坏	1.026	1.144	1.097	1.128	1.119	1.115	1.114	1.118	1.091	1.095	1.109
	组合梁	受弯破坏	1.042	1.163	1.115	1.146	1.137	1.134	1.132	1.136	1.109	1.113	1.127

GJ钢在荷载组合4（住宅楼面活荷载＋风荷载）下的抗力分项系数平均值 附表C.6

分类		厚度分组										
		6～16mm		16～35mm			35～50mm			50～100mm		
		Q390GJ	Q420GJ	Q390GJ	Q420GJ	Q460GJ	Q390GJ	Q420GJ	Q460GJ	Q390GJ	Q420GJ	Q460GJ
轴拉构件		1.045	1.168	1.122	1.153	1.139	1.143	1.138	1.141	1.116	1.122	1.130
轴压构件		1.039	1.162	1.116	1.147	1.133	1.137	1.132	1.135	1.110	1.116	1.124
偏心受压构件	弯矩平面内	1.053	1.177	1.130	1.162	1.148	1.151	1.147	1.150	1.124	1.130	1.139
	弯矩平面外	1.079	1.204	1.155	1.188	1.176	1.176	1.173	1.176	1.149	1.154	1.166
型钢梁	弹性失稳	1.070	1.196	1.148	1.180	1.167	1.169	1.165	1.168	1.142	1.148	1.157
	塑性破坏	1.045	1.167	1.120	1.151	1.139	1.139	1.136	1.140	1.114	1.119	1.129
组合梁	受弯破坏	1.052	1.175	1.129	1.160	1.147	1.149	1.145	1.148	1.122	1.129	1.137

GJ钢在荷载组合1（住宅楼面活荷载）下的可靠指标 附表C.7

ρ	分类		厚度分组										
			6～16mm		16～35mm			35～50mm			50～100mm		
			Q390GJ	Q420GJ	Q390GJ	Q420GJ	Q460GJ	Q390GJ	Q420GJ	Q460GJ	Q390GJ	Q420GJ	Q460GJ
0.25	轴拉构件		3.623	3.009	3.588	3.508	3.618	3.473	3.538	3.603	3.579	3.539	3.630
	轴压构件		3.715	3.068	3.666	3.583	3.712	3.542	3.617	3.686	3.657	3.611	3.720
	偏心受压构件	弯矩平面内	3.545	2.946	3.517	3.438	3.539	3.406	3.466	3.529	3.508	3.472	3.552
		弯矩平面外	3.260	2.777	3.268	3.199	3.251	3.184	3.218	3.267	3.259	3.243	3.270
	型钢梁	弹性失稳	3.377	2.824	3.367	3.291	3.370	3.267	3.315	3.373	3.357	3.331	3.386
		塑性破坏	3.495	2.981	3.490	3.419	3.487	3.398	3.441	3.494	3.481	3.458	3.504
	组合梁	受弯破坏	3.536	2.952	3.513	3.435	3.531	3.405	3.462	3.524	3.504	3.470	3.544
0.5	轴拉构件		3.783	3.248	3.766	3.695	3.777	3.668	3.719	3.775	3.758	3.728	3.791
	轴压构件		3.845	3.296	3.822	3.750	3.840	3.721	3.776	3.833	3.814	3.781	3.852
	偏心受压构件	弯矩平面内	3.722	3.193	3.708	3.637	3.715	3.611	3.661	3.715	3.699	3.671	3.730
		弯矩平面外	3.486	3.029	3.493	3.428	3.478	3.414	3.446	3.492	3.485	3.469	3.496
	型钢梁	弹性失稳	3.586	3.081	3.581	3.512	3.579	3.491	3.533	3.585	3.572	3.549	3.595
		塑性破坏	3.701	3.225	3.699	3.634	3.694	3.615	3.654	3.702	3.691	3.670	3.710
	组合梁	受弯破坏	3.720	3.199	3.708	3.638	3.713	3.613	3.661	3.714	3.699	3.672	3.728

续表

ρ	分类		厚度分组										
			6～16mm		16～35mm			35～50mm			50～100mm		
			Q390GJ	Q420GJ	Q390GJ	Q420GJ	Q460GJ	Q390GJ	Q420GJ	Q460GJ	Q390GJ	Q420GJ	Q460GJ
1.0	轴拉构件		3.829	3.428	3.838	3.781	3.822	3.769	3.796	3.836	3.830	3.817	3.838
	轴压构件		3.855	3.448	3.862	3.805	3.848	3.792	3.821	3.861	3.855	3.841	3.864
	偏心受压构件	弯矩平面内	3.791	3.392	3.801	3.744	3.784	3.733	3.760	3.799	3.794	3.781	3.800
		弯矩平面外	3.684	3.314	3.700	3.646	3.676	3.639	3.660	3.696	3.693	3.685	3.693
	型钢梁	弹性失稳	3.716	3.325	3.728	3.672	3.708	3.662	3.687	3.725	3.721	3.710	3.725
		塑性破坏	3.838	3.462	3.851	3.797	3.830	3.787	3.811	3.848	3.844	3.833	3.847
	组合梁	受弯破坏	3.800	3.405	3.810	3.754	3.793	3.743	3.769	3.808	3.803	3.791	3.809
2.0	轴拉构件		3.749	3.424	3.768	3.720	3.741	3.716	3.731	3.763	3.762	3.757	3.758
	轴压构件		3.759	3.431	3.778	3.730	3.752	3.724	3.741	3.773	3.772	3.766	3.768
	偏心受压构件	弯矩平面内	3.723	3.400	3.743	3.695	3.715	3.691	3.706	3.737	3.737	3.732	3.732
		弯矩平面外	3.686	3.382	3.709	3.663	3.678	3.660	3.673	3.702	3.703	3.700	3.695
	型钢梁	弹性失稳	3.678	3.361	3.699	3.652	3.670	3.648	3.662	3.693	3.693	3.689	3.687
		塑性破坏	3.801	3.492	3.821	3.775	3.793	3.772	3.785	3.815	3.815	3.811	3.809
	组合梁	受弯破坏	3.736	3.415	3.756	3.709	3.728	3.704	3.719	3.750	3.750	3.745	3.745

GJ钢在荷载组合2（办公楼面活荷载）下的可靠指标 **附表C.8**

ρ	分类		厚度分组										
			6～16mm		16～35mm			35～50mm			50～100mm		
			Q390GJ	Q420GJ	Q390GJ	Q420GJ	Q460GJ	Q390GJ	Q420GJ	Q460GJ	Q390GJ	Q420GJ	Q460GJ
0.25	轴拉构件		3.790	3.177	3.749	3.670	3.786	3.632	3.701	3.766	3.740	3.698	3.796
	轴压构件		3.887	3.242	3.832	3.750	3.884	3.707	3.784	3.854	3.823	3.774	3.891
	偏心受压构件	弯矩平面内	3.709	3.112	3.676	3.598	3.705	3.563	3.627	3.690	3.667	3.629	3.716
		弯矩平面外	3.401	2.919	3.406	3.338	3.393	3.321	3.357	3.406	3.397	3.379	3.412
	型钢梁	弹性失稳	3.534	2.981	3.518	3.444	3.527	3.418	3.469	3.526	3.509	3.480	3.542
		塑性破坏	3.642	3.128	3.632	3.562	3.635	3.540	3.585	3.638	3.624	3.599	3.650
	组合梁	受弯破坏	3.698	3.115	3.669	3.592	3.693	3.560	3.620	3.682	3.660	3.624	3.706

续表

ρ	分类		厚度分组										
			6～16mm		16～35mm			35～50mm			50～100mm		
			Q390GJ	Q420GJ	Q390GJ	Q420GJ	Q460GJ	Q390GJ	Q420GJ	Q460GJ	Q390GJ	Q420GJ	Q460GJ
0.5	轴拉构件		3.997	3.485	3.979	3.911	3.786	3.885	3.935	3.766	3.971	3.942	3.796
	轴压构件		4.057	3.533	4.034	3.966	3.992	3.937	3.990	3.988	4.026	3.995	4.005
	偏心受压构件	弯矩平面内	3.938	3.430	3.923	3.855	4.052	3.830	3.878	4.045	3.915	3.887	4.064
		弯矩平面外	3.699	3.252	3.703	3.640	3.932	3.624	3.658	3.931	3.695	3.678	3.945
	型钢梁	弹性失稳	3.805	3.316	3.798	3.731	3.691	3.710	3.753	3.703	3.790	3.766	3.708
		塑性破坏	3.912	3.449	3.907	3.844	3.798	3.824	3.864	3.803	3.900	3.878	3.813
	组合梁	受弯破坏	3.935	3.435	3.922	3.855	3.905	3.830	3.878	3.911	3.914	3.887	3.920
1.0	轴拉构件		4.041	3.664	4.049	3.996	4.034	3.984	4.010	4.048	4.042	4.030	4.049
	轴压构件		4.065	3.683	4.072	4.018	4.058	4.006	4.033	4.071	4.065	4.052	4.073
	偏心受压构件	弯矩平面内	4.005	3.631	4.015	3.962	3.998	3.951	3.976	4.013	4.008	3.996	4.014
		弯矩平面外	3.905	3.556	3.920	3.869	3.897	3.862	3.882	3.916	3.913	3.905	3.914
	型钢梁	弹性失稳	3.934	3.568	3.947	3.894	3.927	3.884	3.907	3.944	3.940	3.930	3.943
		塑性破坏	4.050	3.696	4.062	4.011	4.043	4.002	4.024	4.059	4.056	4.046	4.059
	组合梁	受弯破坏	4.014	3.642	4.024	3.971	4.007	3.960	3.985	4.022	4.017	4.006	4.022
2.0	轴拉构件		3.963	3.660	3.982	3.937	3.956	3.933	3.947	3.977	3.976	3.972	3.972
	轴压构件		3.973	3.666	3.991	3.945	3.966	3.941	3.956	3.986	3.985	3.980	3.981
	偏心受压构件	弯矩平面内	3.939	3.638	3.959	3.914	3.932	3.910	3.924	3.953	3.953	3.949	3.948
		弯矩平面外	3.906	3.621	3.928	3.885	3.899	3.882	3.894	3.921	3.922	3.919	3.915
	型钢梁	弹性失稳	3.898	3.601	3.918	3.874	3.890	3.870	3.883	3.912	3.912	3.909	3.906
		塑性破坏	4.013	3.724	4.033	3.990	4.006	3.986	3.999	4.027	4.028	4.024	4.022
	组合梁	受弯破坏	3.952	3.652	3.971	3.926	3.945	3.922	3.936	3.965	3.965	3.961	3.960

GJ 钢在荷载组合 3（风荷载）下的可靠指标　　**附表 C. 9**

ρ	分类		厚度分组										
			6～16mm		16～35mm			35～50mm			50～100mm		
			Q390GJ	Q420GJ	Q390GJ	Q420GJ	Q460GJ	Q390GJ	Q420GJ	Q460GJ	Q390GJ	Q420GJ	Q460GJ
0.25	轴拉构件		3.051	2.452	3.042	2.960	3.043	2.936	2.986	3.048	3.032	3.005	3.061
	轴压构件		3.116	2.487	3.097	3.013	3.108	2.984	3.041	3.106	3.087	3.055	3.125
	偏心受玉构件	弯矩平面内	2.984	2.400	2.982	2.901	2.976	2.879	2.925	2.985	2.972	2.947	2.995
		弯矩平面外	2.797	2.322	2.819	2.750	2.787	2.741	2.766	2.813	2.810	2.800	2.810
	型钢梁	弹性失稳	2.853	2.311	2.863	2.787	2.844	2.771	2.807	2.862	2.854	2.836	2.865
		塑性破坏	3.008	2.504	3.019	2.947	2.999	2.933	2.967	3.017	3.010	2.995	3.019
	组合梁	受弯破坏	2.988	2.418	2.988	2.909	2.980	2.889	2.932	2.991	2.978	2.955	3.000
0.5	轴拉构件		3.134	2.605	3.138	3.065	3.126	3.047	3.086	3.139	3.129	3.109	3.145
	轴压构件		3.177	2.632	3.177	3.102	3.169	3.082	3.124	3.179	3.168	3.145	3.187
	偏心受压构件	弯矩平面内	3.082	2.559	3.088	3.016	3.073	2.999	3.036	3.088	3.079	3.061	3.093
		弯矩平面外	2.935	2.486	2.957	2.891	2.925	2.883	2.907	2.951	2.948	2.939	2.947
	型钢梁	弹性失稳	2.976	2.478	2.990	2.919	2.967	2.906	2.938	2.987	2.981	2.967	2.988
		塑性破坏	3.127	2.659	3.141	3.074	3.118	3.062	3.092	3.138	3.133	3.119	3.138
	组合梁	受弯破坏	3.090	2.576	3.098	3.026	3.081	3.010	3.046	3.097	3.089	3.071	3.101
1.0	轴拉构件		3.051	2.634	3.074	3.013	3.041	3.006	3.027	3.067	3.066	3.058	3.062
	轴压构件		3.066	2.642	3.088	3.026	3.057	3.019	3.041	3.082	3.080	3.072	3.077
	偏心受压构件	弯矩平面内	3.017	2.603	3.041	2.981	3.008	2.974	2.994	3.034	3.033	3.026	3.029
		弯矩平面外	2.966	2.586	2.994	2.938	2.957	2.934	2.949	2.985	2.987	2.983	2.977
	型钢梁	弹性失稳	2.958	2.553	2.984	2.924	2.948	2.919	2.937	2.976	2.976	2.971	2.969
		塑性破坏	3.110	2.723	3.134	3.077	3.100	3.072	3.090	3.127	3.127	3.122	3.120
	组合梁	受弯破坏	3.033	2.622	3.057	2.997	3.024	2.991	3.010	3.050	3.049	3.042	3.044

续表

ρ	分类		厚度分组										
			6～16mm		16～35mm			35～50mm			50～100mm		
			Q390GJ	Q420GJ	Q390GJ	Q420GJ	Q460GJ	Q390GJ	Q420GJ	Q460GJ	Q390GJ	Q420GJ	Q460GJ
2.0	轴拉构件		2.915	2.570	2.946	2.894	2.906	2.893	2.904	2.936	2.939	2.938	2.926
	轴压构件		2.918	2.568	2.948	2.895	2.908	2.894	2.906	2.938	2.941	2.940	2.929
	偏心受压构件	弯矩平面内	2.892	2.548	2.923	2.871	2.883	2.870	2.881	2.913	2.916	2.916	2.903
		弯矩平面外	2.896	2.574	2.928	2.879	2.887	2.880	2.888	2.918	2.922	2.923	2.907
	型钢梁	弹性失稳	2.858	2.520	2.890	2.839	2.848	2.838	2.848	2.879	2.883	2.883	2.869
		塑性破坏	3.006	2.680	3.036	2.987	2.997	2.986	2.996	3.026	3.030	3.029	3.016
	组合梁	受弯破坏	2.911	2.569	2.941	2.890	2.901	2.889	2.900	2.931	2.935	2.934	2.921

GJ钢在荷载组合4（住宅楼面活荷载+风荷载）下的可靠指标（不区分 ρ） **附表C.10**

ρ_V	分类		厚度分组										
			6～16mm		16～35mm			35～50mm			50～100mm		
			Q390GJ	Q420GJ	Q390GJ	Q420GJ	Q460GJ	Q390GJ	Q420GJ	Q460GJ	Q390GJ	Q420GJ	Q460GJ
0.25	轴拉构件		3.774	3.289	3.765	3.699	3.768	3.677	3.720	3.771	3.757	3.733	3.783
	轴压构件		3.827	3.326	3.811	3.744	3.821	3.720	3.767	3.819	3.803	3.776	3.834
	偏心受压构件	弯矩平面内	3.720	3.241	3.714	3.649	3.714	3.629	3.669	3.719	3.706	3.684	3.729
		弯矩平面外	3.536	3.121	3.548	3.489	3.528	3.478	3.504	3.546	3.541	3.528	3.546
	型钢梁	弹性失稳	3.606	3.150	3.609	3.545	3.599	3.529	3.564	3.610	3.601	3.583	3.616
		塑性破坏	3.725	3.293	3.729	3.668	3.717	3.654	3.686	3.729	3.721	3.705	3.734
	组合梁	受弯破坏	3.722	3.250	3.718	3.653	3.715	3.633	3.673	3.721	3.710	3.688	3.730
0.5	轴拉构件		3.644	3.135	3.634	3.565	3.638	3.543	3.588	3.640	3.626	3.601	3.653
	轴压构件		3.700	3.174	3.683	3.613	3.694	3.587	3.637	3.691	3.675	3.646	3.707
	偏心受压构件	弯矩平面内	3.588	3.087	3.581	3.513	3.581	3.492	3.534	3.586	3.573	3.550	3.597
		弯矩平面外	3.397	2.966	3.410	3.348	3.389	3.337	3.364	3.407	3.402	3.390	3.407
	型钢梁	弹性失稳	3.469	2.992	3.471	3.405	3.461	3.388	3.424	3.472	3.463	3.445	3.478
		塑性破坏	3.592	3.143	3.597	3.534	3.585	3.519	3.552	3.597	3.589	3.573	3.602
	组合梁	受弯破坏	3.589	3.096	3.585	3.517	3.582	3.497	3.538	3.589	3.576	3.554	3.598

续表

ρ_V	分类		厚度分组										
			6～16mm		16～35mm			35～50mm			50～100mm		
			Q390GJ	Q420GJ	Q390GJ	Q420GJ	Q460GJ	Q390GJ	Q420GJ	Q460GJ	Q390GJ	Q420GJ	Q460GJ
1.0	轴拉构件		3.423	2.911	3.419	3.349	3.415	3.328	3.370	3.422	3.410	3.388	3.432
	轴压构件		3.472	2.943	3.463	3.391	3.465	3.368	3.414	3.468	3.454	3.429	3.481
	偏心受压构件	弯矩平面内	3.368	2.864	3.368	3.298	3.361	3.280	3.319	3.370	3.359	3.339	3.378
		弯矩平面外	3.202	2.769	3.219	3.156	3.193	3.147	3.172	3.215	3.211	3.201	3.213
	型钢梁	弹性失稳	3.257	2.779	3.265	3.198	3.249	3.183	3.216	3.264	3.257	3.241	3.267
		塑性破坏	3.392	2.941	3.402	3.338	3.384	3.324	3.355	3.400	3.394	3.379	3.402
	组合梁	受弯破坏	3.373	2.877	3.374	3.305	3.365	3.288	3.326	3.376	3.366	3.346	3.383
2.0	轴拉构件		3.220	2.719	3.224	3.154	3.212	3.137	3.174	3.225	3.215	3.197	3.230
	轴压构件		3.262	2.744	3.261	3.190	3.254	3.170	3.211	3.263	3.252	3.231	3.271
	偏心受压构件	弯矩平面内	3.170	2.676	3.177	3.108	3.162	3.092	3.127	3.176	3.168	3.151	3.180
		弯矩平面外	3.035	2.608	3.056	2.994	3.025	2.987	3.009	3.050	3.048	3.040	3.046
	型钢梁	弹性失稳	3.071	2.600	3.085	3.018	3.062	3.006	3.035	3.082	3.076	3.063	3.082
		塑性破坏	3.215	2.772	3.230	3.166	3.207	3.156	3.183	3.227	3.222	3.210	3.226
	组合梁	受弯破坏	3.178	2.692	3.186	3.118	3.169	3.103	3.137	3.185	3.178	3.161	3.189

GJ钢在荷载组合4（住宅楼面活荷载＋风荷载）下的可靠指标（不区分 ρ_V）　　附表C.11

ρ	分类		厚度分组										
			6～16mm		16～35mm			35～50mm			50～100mm		
			Q390GJ	Q420GJ	Q390GJ	Q420GJ	Q460GJ	Q390GJ	Q420GJ	Q460GJ	Q390GJ	Q420GJ	Q460GJ
0.25	轴拉构件		3.333	2.721	3.310	3.229	3.327	3.198	3.257	3.321	3.301	3.267	3.342
	轴压构件		3.414	2.769	3.379	3.294	3.409	3.259	3.325	3.394	3.369	3.329	3.421
	偏心受压构件	弯矩平面内	3.260	2.664	3.244	3.163	3.253	3.136	3.190	3.252	3.234	3.203	3.269
		弯矩平面外	3.020	2.538	3.034	2.965	3.010	2.953	2.983	3.031	3.026	3.012	3.031
	型钢梁	弹性失稳	3.108	2.556	3.107	3.031	3.100	3.011	3.054	3.110	3.098	3.075	3.119
		塑性破坏	3.244	2.732	3.247	3.175	3.236	3.158	3.196	3.248	3.238	3.218	3.255
	组合梁	受弯破坏	3.257	2.675	3.245	3.166	3.462	3.140	3.191	3.463	3.235	3.206	3.478

续表

ρ	分类		厚度分组										
			6～16mm		16～35mm			35～50mm			50～100mm		
			Q390GJ	Q420GJ	Q390GJ	Q420GJ	Q460GJ	Q390GJ	Q420GJ	Q460GJ	Q390GJ	Q420GJ	Q460GJ
0.5	轴拉构件		3.469	2.914	3.456	3.382	3.523	3.356	3.406	3.520	3.447	3.419	3.537
	轴压构件		3.529	2.956	3.510	3.434	3.399	3.406	3.460	3.404	3.501	3.470	3.416
	偏心受压构件	弯矩平面内	3.407	2.861	3.398	3.324	3.186	3.301	3.348	3.205	3.389	3.363	3.205
		弯矩平面外	3.195	2.733	3.208	3.142	3.267	3.130	3.159	3.278	3.200	3.186	3.286
	型钢梁	弹性失稳	3.275	2.759	3.277	3.205	3.398	3.187	3.226	3.411	3.268	3.247	3.416
		塑性破坏	3.406	2.922	3.410	3.342	3.400	3.326	3.362	3.406	3.402	3.383	3.417
	组合梁	受弯破坏	3.408	2.872	3.401	3.328	3.462	3.306	3.351	3.463	3.392	3.368	3.478
1.0	轴拉构件		3.487	3.036	3.495	3.432	3.479	3.418	3.449	3.494	3.487	3.472	3.497
	轴压构件		3.518	3.059	3.524	3.460	3.510	3.445	3.478	3.524	3.516	3.499	3.527
	偏心受压构件	弯矩平面内	3.444	2.997	3.454	3.391	3.436	3.378	3.408	3.452	3.446	3.432	3.454
		弯矩平面外	3.324	2.919	3.342	3.284	3.315	3.276	3.298	3.337	3.335	3.326	3.334
	型钢梁	弹性失稳	3.358	2.924	3.372	3.310	3.350	3.299	3.326	3.369	3.364	3.352	3.368
		塑性破坏	3.493	3.079	3.507	3.448	3.485	3.437	3.463	3.504	3.499	3.488	3.503
	组合梁	受弯破坏	3.453	3.011	3.464	3.401	3.445	3.388	3.418	3.462	3.456	3.442	3.463
2.0	轴拉构件		3.415	3.032	3.434	3.378	3.407	3.371	3.392	3.429	3.427	3.419	3.425
	轴压构件		3.431	3.042	3.449	3.392	3.423	3.385	3.406	3.444	3.442	3.433	3.441
	偏心受压构件	弯矩平面内	3.383	3.002	3.403	3.348	3.375	3.341	3.361	3.398	3.396	3.389	3.393
		弯矩平面外	3.326	2.973	3.350	3.297	3.317	3.293	3.309	3.342	3.343	3.339	3.336
	型钢梁	弹性失稳	3.325	2.952	3.347	3.292	3.317	3.287	3.305	3.341	3.340	3.334	3.336
		塑性破坏	3.462	3.103	3.483	3.430	3.453	3.425	3.442	3.477	3.476	3.470	3.472
	组合梁	受弯破坏	3.397	3.019	3.417	3.362	3.388	3.355	3.374	3.411	3.410	3.402	3.407

GJ钢在荷载组合4（住宅楼面活荷载十风荷载）下的可靠指标平均值　　**附表C.12**

分类		厚度分组										
		6～16mm		16～35mm			35～50mm			50～100mm		
		Q390GJ	Q420GJ	Q390GJ	Q420GJ	Q460GJ	Q390GJ	Q420GJ	Q460GJ	Q390GJ	Q420GJ	Q460GJ
轴拉构件		3.426	2.926	3.424	3.355	3.419	3.336	3.376	3.427	3.415	3.394	3.435
轴压构件		3.473	2.957	3.465	3.395	3.466	3.373	3.417	3.470	3.457	3.433	3.482
偏心受压构件	弯矩平面内	3.374	2.881	3.375	3.306	3.366	3.289	3.327	3.376	3.366	3.347	3.383
	弯矩平面外	3.216	2.791	3.234	3.172	3.207	3.163	3.187	3.229	3.226	3.216	3.227
型钢梁	弹性失稳	3.267	2.798	3.276	3.210	3.258	3.196	3.228	3.275	3.268	3.252	3.277
	塑性破坏	3.401	2.959	3.412	3.349	3.393	3.336	3.366	3.410	3.404	3.390	3.411
组合梁	受弯破坏	3.379	2.894	3.382	3.314	3.371	3.297	3.334	3.383	3.373	3.355	3.389

附录D　高强钢非线性本构模型参数的试验实测值

序号	强度级别	E(GPa)	$\sigma_{0.01}$(MPa)	$\sigma_{0.2}$(MPa)	$\sigma_{0.01}/\sigma_{0.2}$	$\varepsilon_{0.2}$	σ_u(MPa)	$\sigma_{0.2}/\sigma_u$	ε_u	n	e	$E_{0.2}$(GPa)	m
1	Q550	215	602	727	0.828	0.00538	824	0.88228	0.02828	15.878	0.00121	7.9	4.287
2	Q550	223	559	669	0.836	0.00500	798	0.83835	0.0427	16.677	0.00120	7.7	4.460
3	Q550	224	591	723	0.817	0.00523	808	0.89480	0.02782	14.860	0.00122	8.9	4.411
4	Q550	220	590	681	0.866	0.00510	768	0.88672	0.0651	20.885	0.00115	5.9	3.512
5	Q550	226	585	672	0.871	0.00497	755	0.89007	0.04124	21.607	0.00115	5.9	2.819
6	Q550	228	592	667	0.888	0.00493	797	0.83689	0.04316	25.114	0.00113	5.0	4.058
7	Q550	225	522	693	0.753	0.00508	829	0.83595	0.05368	10.572	0.00133	13.3	3.498
8	Q550	221	571	710	0.804	0.00521	821	0.86480	0.04016	13.750	0.00124	9.6	3.530
9	Q550	230	549	718	0.765	0.00512	771	0.93126	0.02361	11.163	0.00131	12.7	2.229
10	Q550	231	545	667	0.817	0.00489	747	0.89290	0.06016	14.830	0.00122	9.2	3.930
11	Q550	228	514	638	0.806	0.00480	734	0.86949	0.04812	13.862	0.00124	9.8	3.859
12	Q550	228	519	682	0.761	0.00499	770	0.88530	0.04706	10.968	0.00131	12.9	3.107
13	Q550	229	543	675	0.804	0.00495	767	0.88034	0.04992	13.767	0.00124	9.9	3.564
14	Q690	222	713	832	0.857	0.00575	875	0.95104	0.02616	19.409	0.00117	6.5	1.872
15	Q690	224	608	790	0.770	0.00553	845	0.93544	0.04796	11.440	0.00130	12.0	2.861
16	Q690	222	700	828	0.845	0.00573	877	0.94377	0.03458	17.839	0.00118	7.1	2.491
17	Q690	225	655	810	0.809	0.00560	874	0.92670	0.05442	14.104	0.00124	9.4	2.853
18	Q690	225	698	819	0.852	0.00564	879	0.93211	0.05322	18.739	0.00117	6.8	2.177

续表

序号	强度级别	E(GPa)	$\sigma_{0.01}$(MPa)	$\sigma_{0.2}$(MPa)	$\sigma_{0.01}/\sigma_{0.2}$	$\varepsilon_{0.2}$	σ_u(MPa)	$\sigma_{0.2}/\sigma_u$	ε_u	n	e	$E_{0.2}$(GPa)	m
19	Q690	227	592	736	0.804	0.00524	823	0.89410	0.06316	13.759	0.00124	9.8	3.322
20	Q690	224	599	737	0.813	0.00529	825	0.89287	0.05368	14.449	0.00123	9.1	2.726
21	Q690	217	602	739	0.815	0.00541	815	0.90625	0.05444	14.610	0.00123	8.7	3.892
22	Q690	249	685	804	0.852	0.00523	859	0.93639	0.06798	18.702	0.00117	7.6	1.205
23	Q690	239	687	802	0.857	0.00536	857	0.93568	0.06872	19.355	0.00117	7.0	1.458
24	Q690	227	724	812	0.892	0.00558	862	0.94220	0.09024	26.116	0.00112	4.8	1.395
25	Q690	219	600	782	0.767	0.00557	826	0.94626	0.10119	11.308	0.00130	11.9	1.301
26	Q690	221	681	776	0.878	0.00551	825	0.94049	0.0823	22.940	0.00114	5.4	1.537
27	Q690	220	694	793	0.875	0.00560	839	0.94517	0.0869	22.465	0.00114	5.5	1.357
28	Q690	226	650	796	0.817	0.00552	842	0.94537	0.07843	14.784	0.00122	9.0	2.065
29	Q690	218	653	821	0.795	0.00577	865	0.94913	0.08213	13.085	0.00126	10.0	1.560
30	Q690	218	659	803	0.821	0.00568	855	0.93918	0.08408	15.158	0.00122	8.4	2.061
31	Q690	225	642	818	0.785	0.00564	848	0.96437	0.07128	12.365	0.00127	11.0	1.219
32	Q690	222	645	792	0.814	0.00557	835	0.94824	0.09006	14.591	0.00123	9.0	1.663
33	Q690	225	674	805	0.837	0.00558	836	0.96293	0.05278	16.867	0.00119	7.7	1.000
34	Q690	220	580	785	0.739	0.00557	827	0.94917	0.06796	9.898	0.00135	14.1	1.693
35	Q690	229	610	825	0.739	0.00560	860	0.95930	0.06826	9.922	0.00135	14.6	1.598
36	Q690	225	676	796	0.849	0.00554	841	0.94617	0.06254	18.333	0.00118	7.0	1.963
37	Q690	218	641	801	0.800	0.00567	830	0.96506	0.06752	13.444	0.00125	9.7	1.160
38	Q690	223	701	815	0.860	0.00565	850	0.95882	0.0591	19.881	0.00116	6.3	1.654
39	Q690	218	670	814	0.823	0.00573	841	0.96793	0.0609	15.388	0.00121	8.3	1.445
40	Q690	214	675	783	0.862	0.00566	813	0.96273	0.05308	20.184	0.00116	6.0	1.607
41	Q890	196	913	924	0.988	0.00671	980	0.94294	0.05596	250.141	0.00101	0.4	2.190
42	Q890	186	809	886	0.913	0.00676	941	0.94135	0.05280	32.950	0.00110	3.0	1.000

续表

序号	强度级别	E(GPa)	$\sigma_{0.01}$(MPa)	$\sigma_{0.2}$(MPa)	$\sigma_{0.01}/\sigma_{0.2}$	$\varepsilon_{0.2}$	σ_u(MPa)	$\sigma_{0.2}/\sigma_u$	ε_u	n	e	$E_{0.2}$(GPa)	m
43	Q890	191	862	908	0.949	0.00675	963	0.94243	0.06452	57.622	0.00105	1.7	1.521
44	Q890	195	903	913	0.989	0.00668	972	0.93969	0.05062	272.010	0.00101	0.4	7.386
45	Q890	196	609	911	0.668	0.00665	977	0.93290	0.04122	7.439	0.00150	17.9	1.990
46	Q960	211	771	964	0.800	0.00658	1043	0.92426	0.01568	13.410	0.00125	9.4	1.663
47	Q960	203	721	984	0.733	0.00685	1054	0.93358	0.01475	9.633	0.00136	13.4	2.545
48	Q960	211	779	973	0.801	0.00662	1059	0.91873	0.02544	13.472	0.00125	9.3	4.770

附录E 高强钢应力-应变关系试验曲线与模型曲线对比

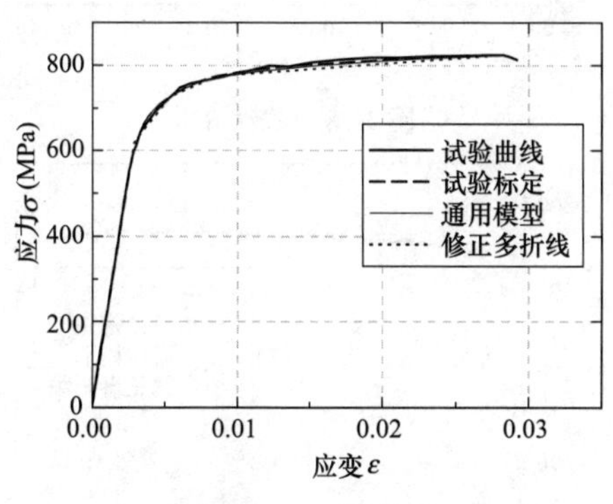

附图 E.1 试件 1

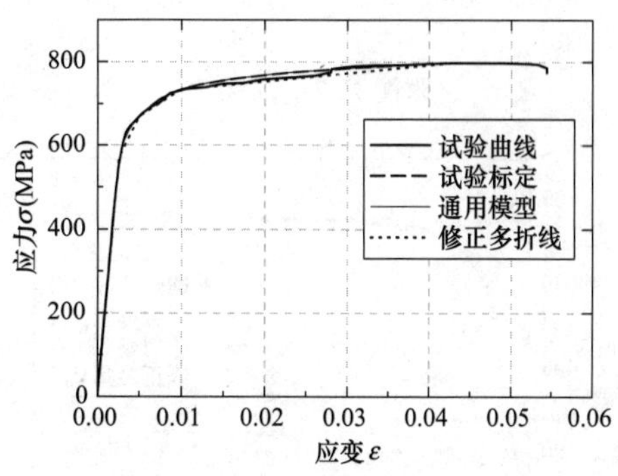

附图 E.2 试件 2

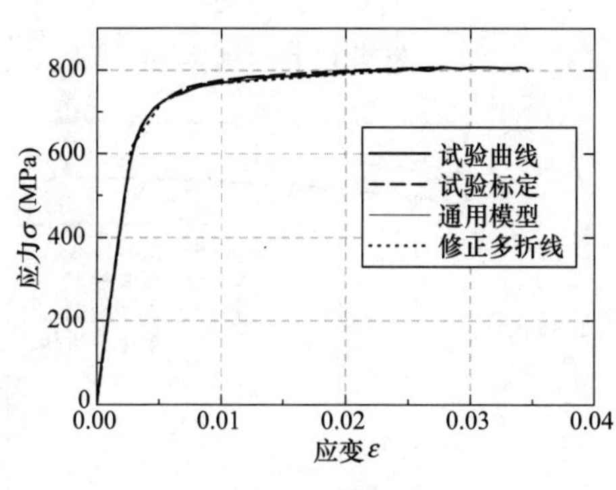

附图 E.3 试件 3

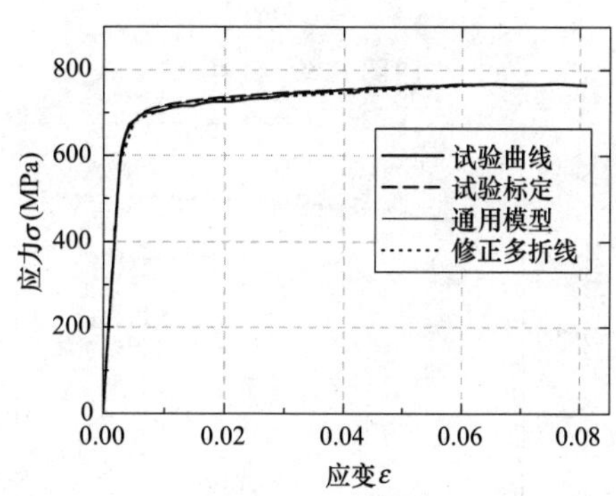

附图 E.4 试件 4

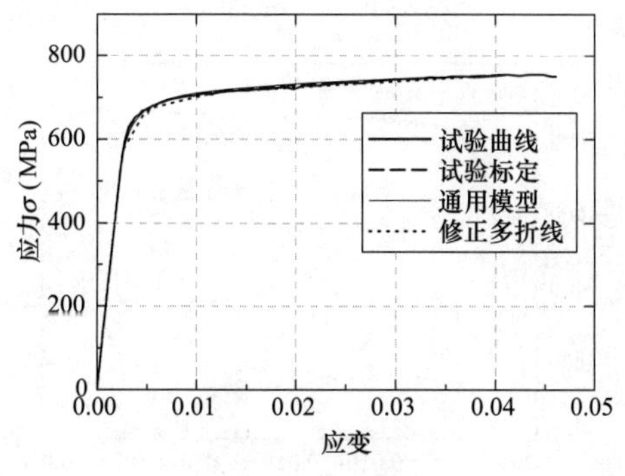

附图 E.5 试件 5

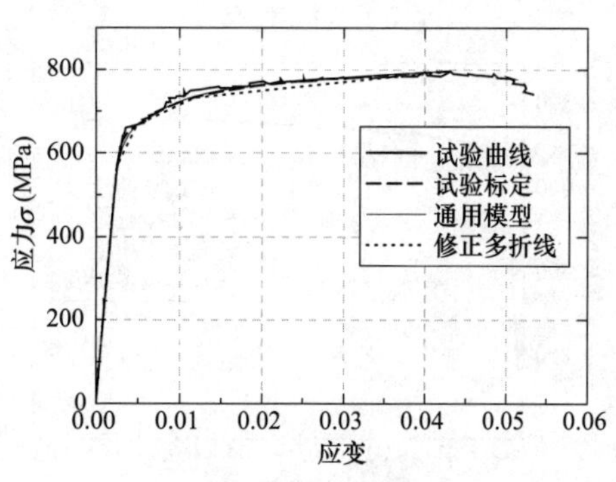

附图 E.6 试件 6

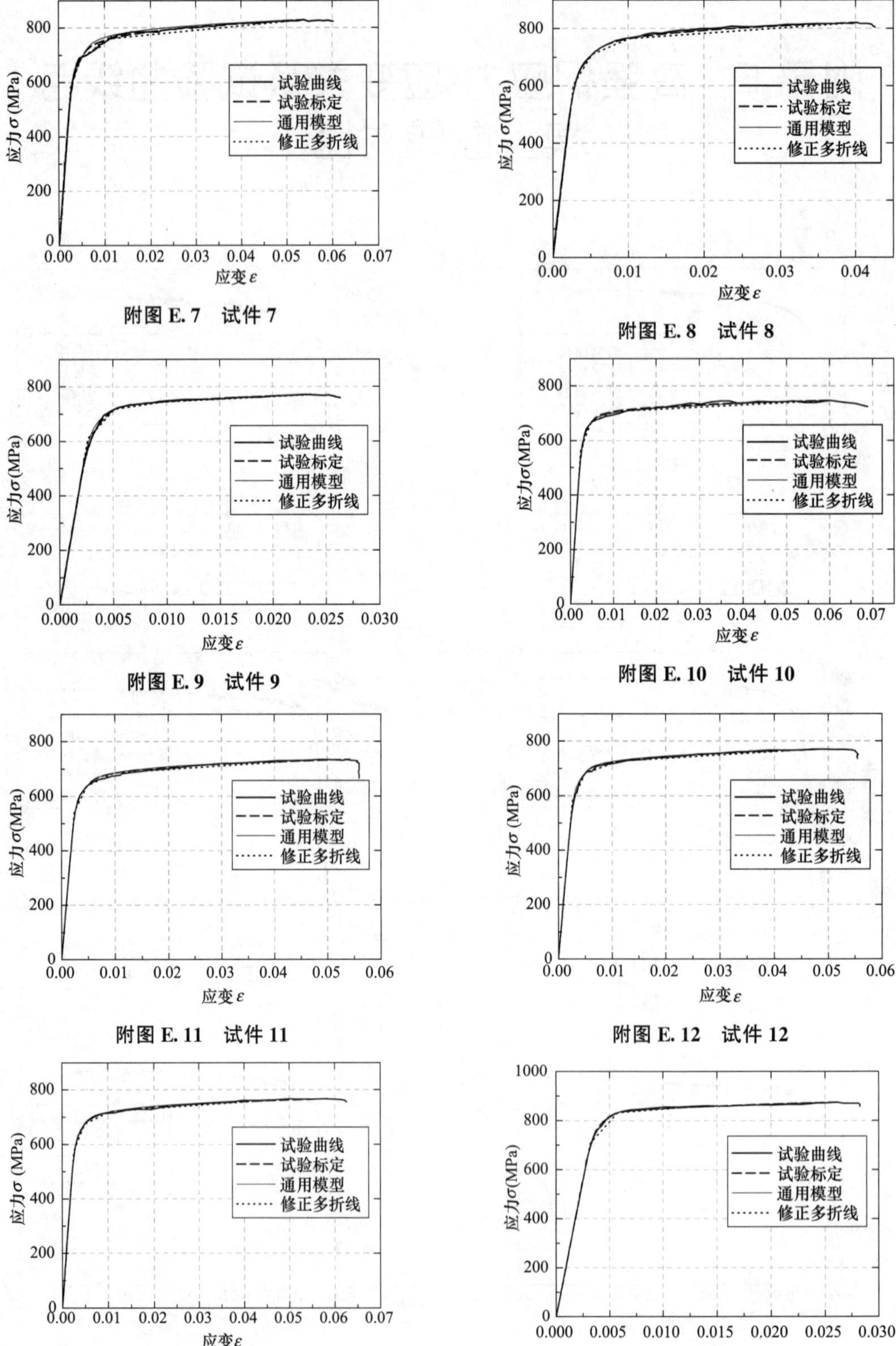

附图 E.7　试件 7

附图 E.8　试件 8

附图 E.9　试件 9

附图 E.10　试件 10

附图 E.11　试件 11

附图 E.12　试件 12

附图 E.13　试件 13

附图 E.14　试件 14

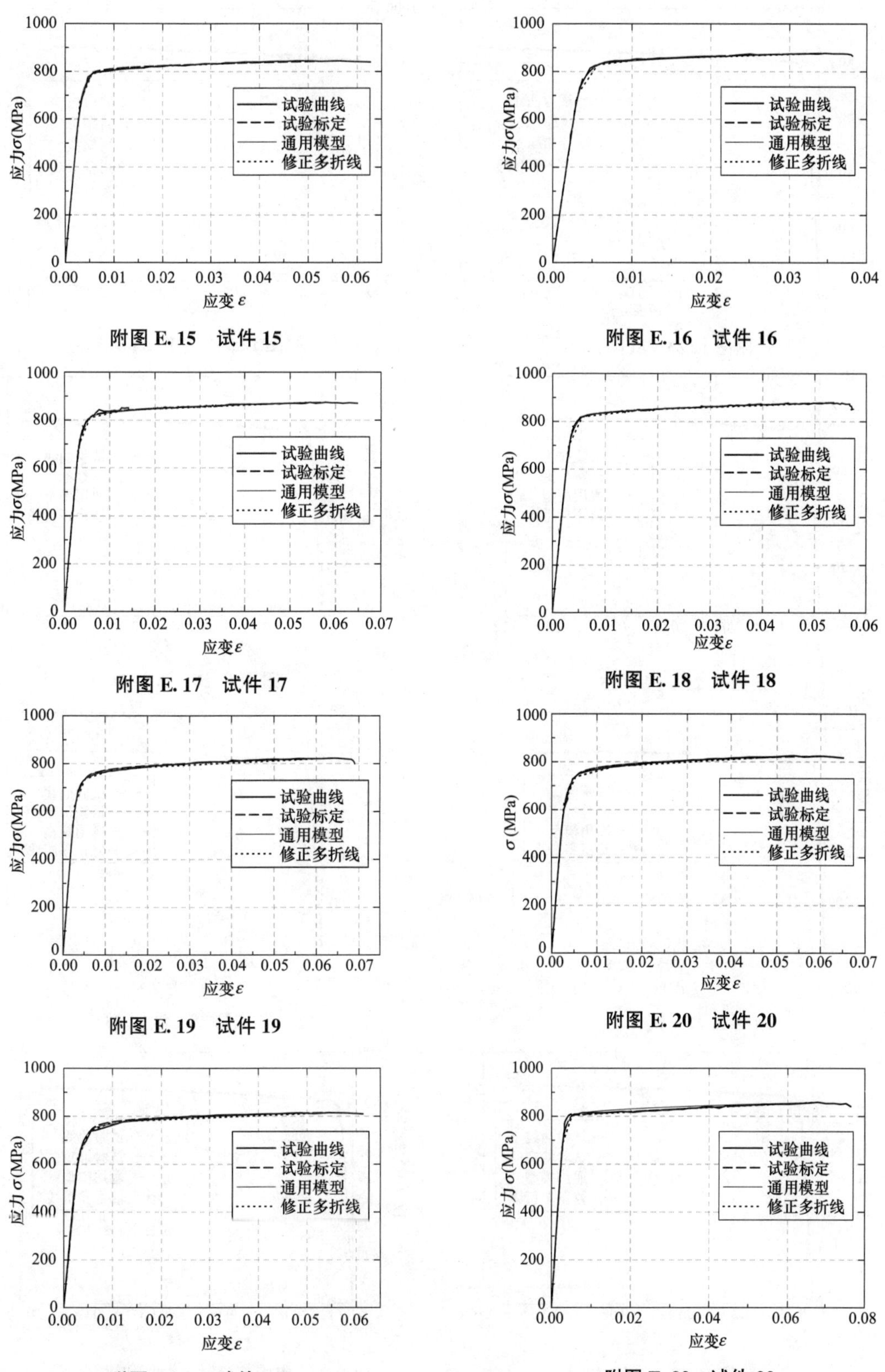

附图 E. 15　试件 15

附图 E. 16　试件 16

附图 E. 17　试件 17

附图 E. 18　试件 18

附图 E. 19　试件 19

附图 E. 20　试件 20

附图 E. 21　试件 21

附图 E. 22　试件 22

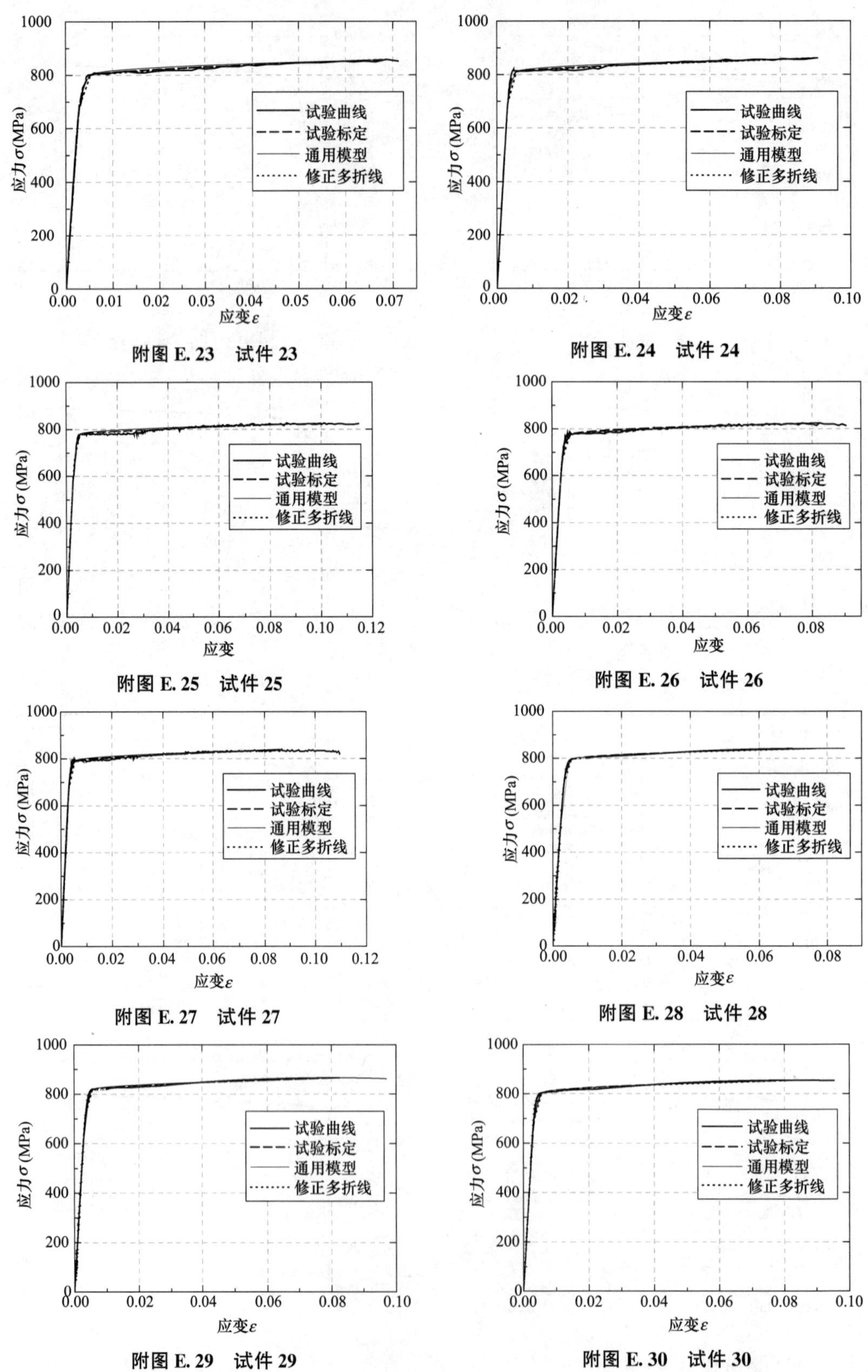

附图 E. 23　试件 23

附图 E. 24　试件 24

附图 E. 25　试件 25

附图 E. 26　试件 26

附图 E. 27　试件 27

附图 E. 28　试件 28

附图 E. 29　试件 29

附图 E. 30　试件 30

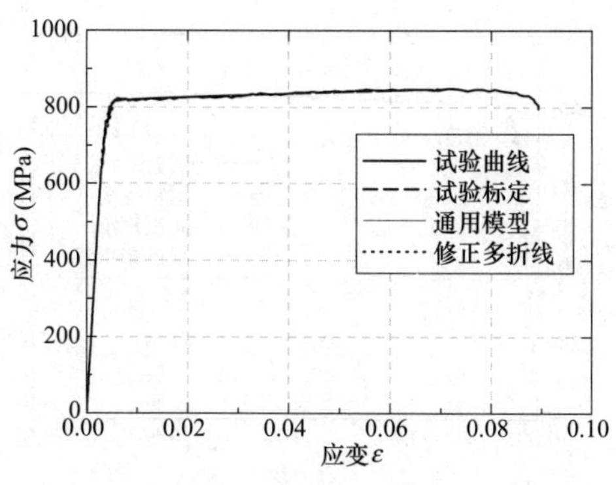

附图 E. 31　试件 31

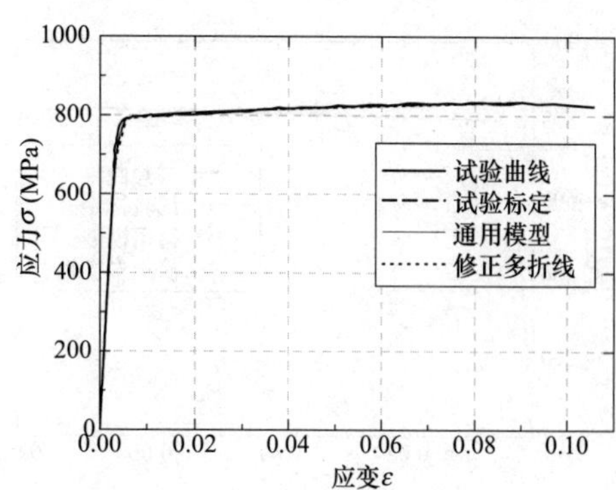

附图 E. 32　试件 32

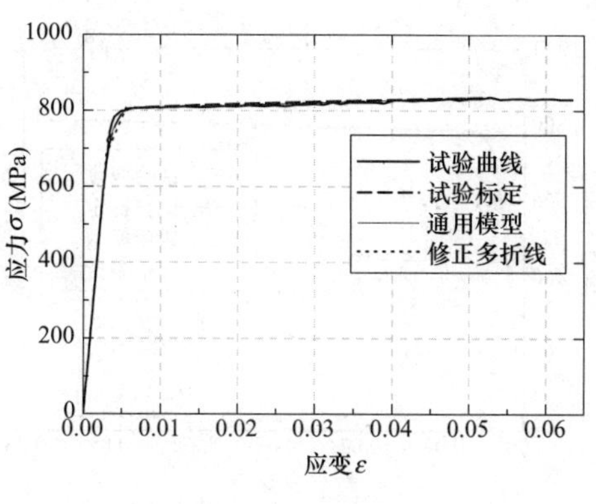

附图 E. 33　试件 33

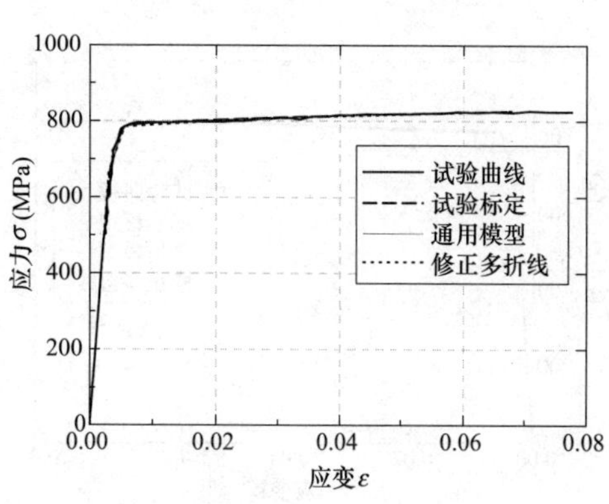

附图 E. 34　试件 34

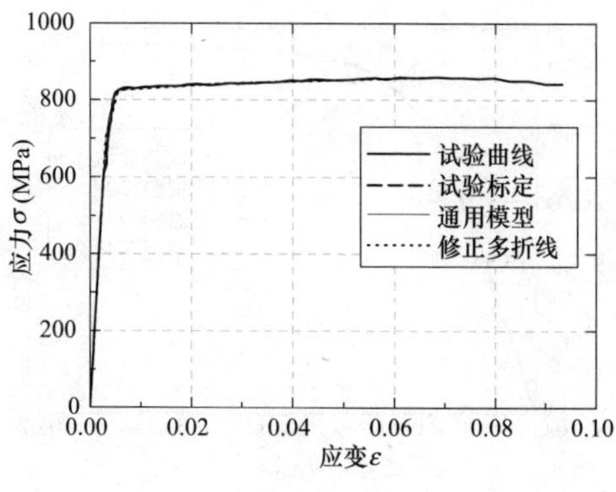

附图 E. 35　试件 35

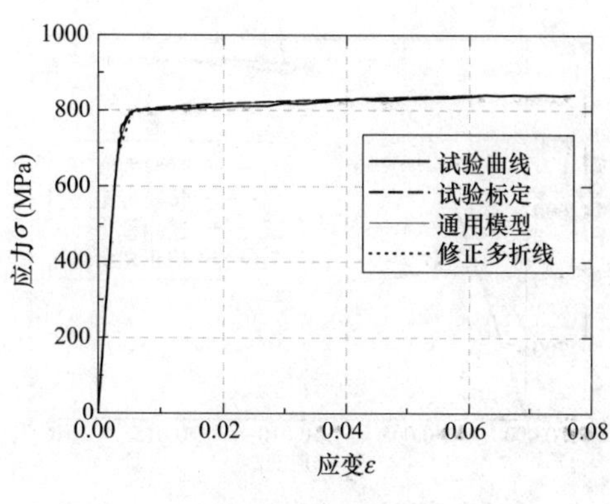

附图 E. 36　试件 36

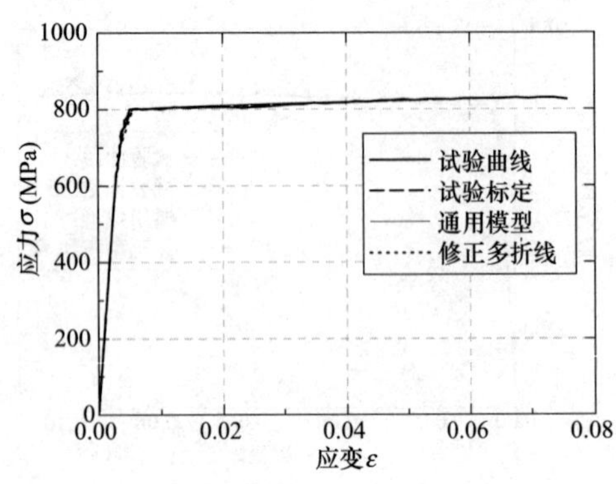

附图 E.37　试件 37

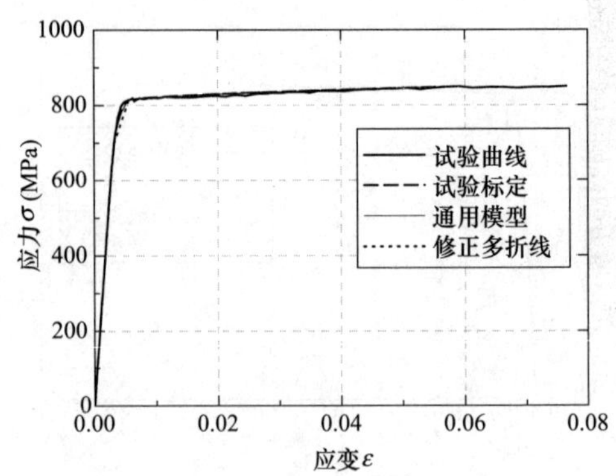

附图 E.38　试件 38

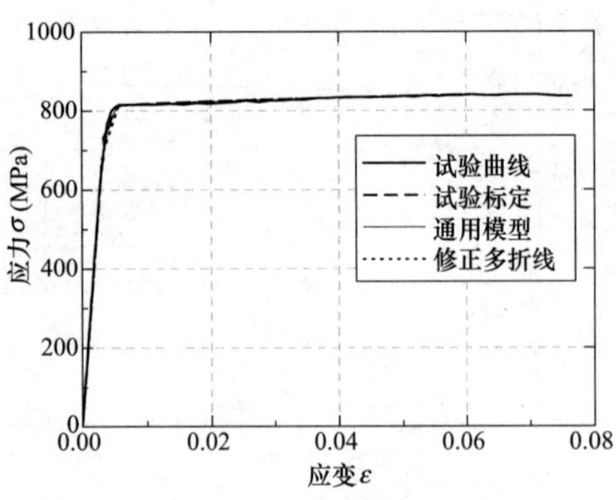

附图 E.39　试件 39

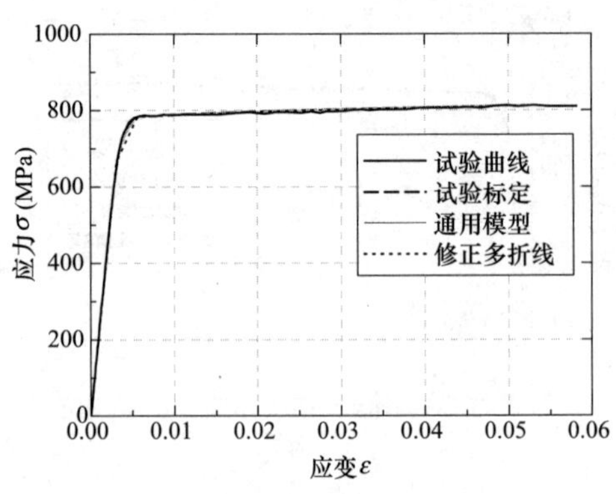

附图 E.40　试件 40

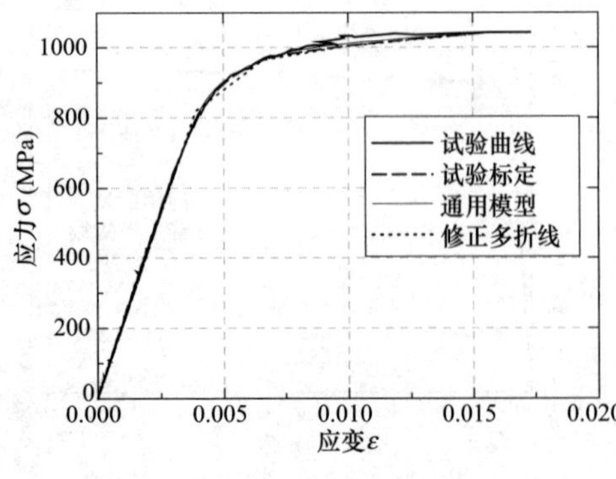

附图 E.41　试件 46

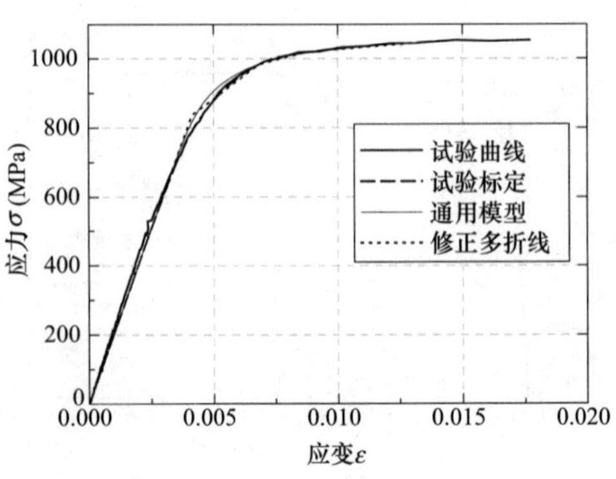

附图 E.42　试件 47

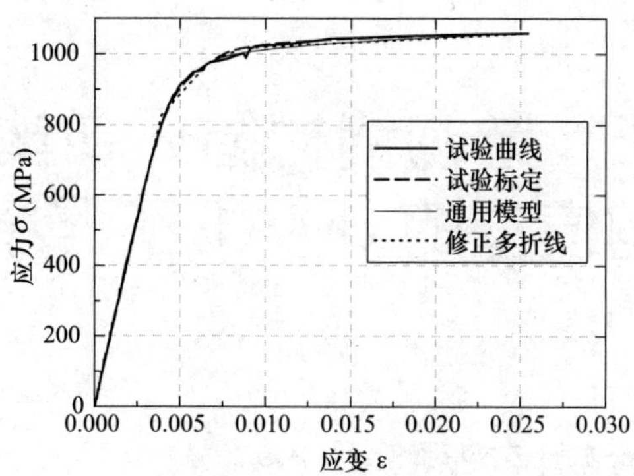
1000
800
600
400
200
0
应力σ(MPa)
0.000
0.005
0.010
0.015
0.020
0.025
0.030
应变 ε
试验曲线
试验标定
通用模型
修正多折线

附图 E. 43　试件 48

附录F 结构钢材循环弹塑性本构模型的UMAT子程序

附F.1 本构模型的数值实现算法

第3.3节建立了普通钢材和高强钢材本构模型的理论公式，其形式均为微分方程，而在数值分析中，材料本构关系中的相关状态变量如应力、弹性和塑性应变等需要从某一时刻更新至下一时刻，即“时间积分”。这种更新属于应变驱动算法，即根据前一时刻的状态变量值和应变增量来计算当前时刻的状态变量值。同时，也需要计算一致切线模量矩阵，用于有限元分析中整体平衡方程的迭代运算。因此，本附录分别给出了三维应力问题和二维应力问题中的数值实现算法。

附F.1.1 三维问题

在一个典型的三维问题中，状态变量如应力和应变张量具有6个分量。首先，采用隐式的向后Euler差分法对状态变量进行离散化；然后，状态变量的更新有两个步骤，即弹性预测及塑性修正，后者将前者的应力状态投影于屈服面上，如附图F.1所示。弹性预测时，塑性流动被冻结（即$\Delta\lambda=0$），可得到弹性试算下的状态变量如下：

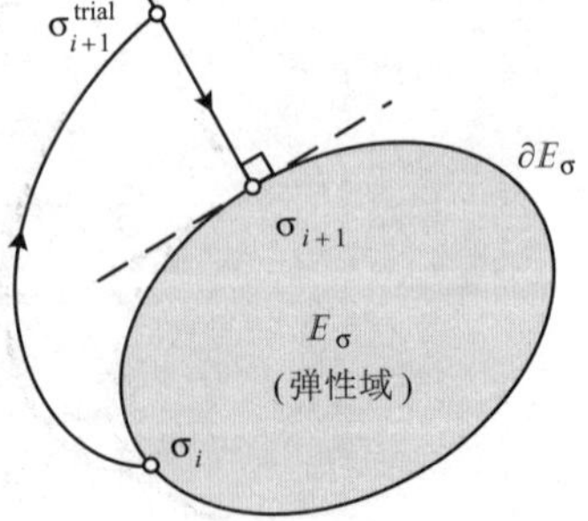

附图F.1 最近点投影算法的几何表示

$$\bar{\varepsilon}_{i+1}^{\mathrm{p,trial}}=\bar{\varepsilon}_{i}^{\mathrm{p}} \tag{F.1}$$

$$\boldsymbol{\sigma}_{i+1}^{\mathrm{trial}}=\boldsymbol{\sigma}_i+c^{\mathrm{e}}:\Delta\boldsymbol{\varepsilon} \tag{F.2}$$

$$\boldsymbol{s}_{i+1}^{\mathrm{trial}}=\boldsymbol{\sigma}_{i+1}^{\mathrm{trial}}-\frac{1}{3}\mathrm{tr}(\boldsymbol{\sigma}_{i+1}^{\mathrm{trial}})\mathbf{1} \tag{F.3}$$

$$\boldsymbol{\varepsilon}_{i+1}^{\mathrm{e,trial}}=\boldsymbol{\varepsilon}_i^{\mathrm{e}}+\Delta\boldsymbol{\varepsilon} \tag{F.4}$$

$$\boldsymbol{\varepsilon}_{i+1}^{\mathrm{p,trial}}=\boldsymbol{\varepsilon}_i^{\mathrm{p}} \tag{F.5}$$

$$\Delta\boldsymbol{\varepsilon}^{\mathrm{p}}=\mathbf{0} \tag{F.6}$$

接着进行塑性修正，上述状态变量按下式更新：

$$\bar{\varepsilon}_{i+1}^{\mathrm{p}}=\bar{\varepsilon}_{i+1}^{\mathrm{p,trial}}+\Delta\lambda \tag{F.7}$$

$$\boldsymbol{\sigma}_{i+1}=\boldsymbol{\sigma}_{i+1}^{\mathrm{trial}}-c^{\mathrm{e}}:\Delta\boldsymbol{\varepsilon}^{\mathrm{p}} \tag{F.8}$$

$$\boldsymbol{s}_{i+1}=\boldsymbol{s}_{i+1}^{\mathrm{trial}}-2G\Delta\boldsymbol{\varepsilon}^{\mathrm{p}} \tag{F.9}$$

$$\boldsymbol{\varepsilon}_{i+1}^{\mathrm{e}}=\boldsymbol{\varepsilon}_{i+1}^{\mathrm{e,trial}}-\Delta\boldsymbol{\varepsilon}^{\mathrm{p}} \tag{F.10}$$

$$\boldsymbol{\varepsilon}_{i+1}^{\mathrm{p}}=\boldsymbol{\varepsilon}_{i+1}^{\mathrm{p,trial}}+\Delta\boldsymbol{\varepsilon}^{\mathrm{p}} \tag{F.11}$$

$$\Delta\boldsymbol{\varepsilon}^{\mathrm{p}}=\frac{3}{2}\boldsymbol{n}_{i+1}\Delta\lambda \tag{F.12}$$

式中，i 代表增量步；$\Delta\lambda$ 为需要确定的等效塑性应变增量；$\Delta\boldsymbol{\varepsilon}$ 和 $\Delta\boldsymbol{\varepsilon}^{\mathrm{p}}$ 分别为应变增量和塑性应变增量。

塑性修正可以基于径向返回算法理论，该方法也扩展为最近点投影算法，其中，仅有塑性算子（即 $\Delta\lambda$）为未知量。根据这种理论思路，以第 3.3.2 节提出的有屈服平台结构钢材的本构模型为例，推导其积分算法过程。第 3.3.3 节的无屈服平台高强钢材的本构模型可以进行类似的推导，在此省略。

附 F.1.1.1　平台区，在边界面上

在平台区，当塑性流动发生在边界面上，包括初始的单调加载或者在后续的卸载再加载，式（3.26）所示的边界条件不满足时，式（3.30）定义的背应力按下式离散：

$$\boldsymbol{\alpha}_{i+1}=\left(1-\frac{R_{i+1}}{\sigma_{\mathrm{y}}}\right)\boldsymbol{s}_{i+1} \tag{F.13}$$

结合附式（F.9）和附式（F.12）可得：

$$\boldsymbol{s}_{i+1}-\boldsymbol{\alpha}_{i+1}=\frac{\boldsymbol{R}_{i+1}}{\sigma_{\mathrm{y}}}(\boldsymbol{s}_{i+1}^{\mathrm{trial}}-3G\boldsymbol{n}_{i+1}\Delta\lambda) \tag{F.14}$$

根据屈服方程得：

$$\boldsymbol{s}_{i+1}-\boldsymbol{\alpha}_{i+1}=R_{i+1}\boldsymbol{n}_{i+1} \tag{F.15}$$

结合附式（F.14）和附式（F.15）可得：

$$\boldsymbol{n}_{i+1}=\frac{\boldsymbol{s}_{i+1}^{\mathrm{trial}}}{\sigma_{\mathrm{y}}+3G\Delta\lambda} \tag{F.16}$$

这样，根据$\|\boldsymbol{n}_{i+1}\|=\sqrt{2/3}$，可得到如下标量方程：

$$\Delta\lambda=\frac{\sqrt{\frac{3}{2}\boldsymbol{s}_{i+1}^{\mathrm{trial}}:\boldsymbol{s}_{i+1}^{\mathrm{trial}}}-\sigma_{\mathrm{y}}}{3G} \tag{F.17}$$

按上式确定 $\Delta\lambda$ 后，相应的各个状态变量便可依次更新。

为了更新记忆面，首先按下式进行离散化：

$$\xi_{i+1}=\xi_i+(1-c^{\mathrm{s}})\Gamma\Delta\lambda\boldsymbol{m}_{i+1} \tag{F.18}$$

$$r_{i+1}=r_i+c^{\mathrm{s}}\Gamma\Delta\lambda \tag{F.19}$$

$$\boldsymbol{m}_{i+1}=\frac{\boldsymbol{\varepsilon}_{i+1}^{\mathrm{p}}-\boldsymbol{\xi}_{i+1}}{r_{i+1}} \tag{F.20}$$

式中

$$\Gamma=H(g_{i+1})(\boldsymbol{n}_{i+1}:\boldsymbol{m}_{i+1}) \tag{F.21}$$

将附式（F.18）和附式（F.19）代入附式（F.20），可得：

$$\boldsymbol{m}_{i+1}=\frac{\boldsymbol{\varepsilon}_{i+1}^{\mathrm{p}}-\boldsymbol{\xi}_i}{r_i+\Gamma\Delta\lambda} \tag{F.22}$$

然后根据$\|\boldsymbol{m}_{i+1}\|=\sqrt{3/2}$，可得到另一个标量方程：

$$\Gamma\Delta\lambda=\sqrt{\frac{2}{3}(\boldsymbol{\varepsilon}_{i+1}^{\mathrm{p}}-\boldsymbol{\xi}_i):(\boldsymbol{\varepsilon}_{i+1}^{\mathrm{p}}-\boldsymbol{\xi}_i)}-r_i \tag{F.23}$$

上式表明，当更新后的塑性应变位于当前 i 时刻的记忆面之外时，才对记忆面进行更新。

为了更新屈服面的大小，式（3.29）离散化为：

$$R_{i+1}=R_i+b^{\mathrm{s}}(\sigma_{\mathrm{y}}+Q^{\mathrm{s}}-R_{i+1})\Gamma\Delta\lambda \tag{F.24}$$

将上式变换得到：

$$R_{i+1}=\frac{R_i+(\sigma_{\mathrm{y}}+Q^{\mathrm{s}})b^{\mathrm{s}}\Gamma\Delta\lambda}{1+b^{\mathrm{s}}\Gamma\Delta\lambda} \tag{F.25}$$

为了使整体平衡方程求解能快速收敛，需要得到下一时刻的一致切线模量矩阵（即 $\partial\sigma_{i+1}/\partial\varepsilon_{i+1}$）。根据附式（F.2）、附式（F.3）、附式（F.8）、附式（F.12）、附式（F.16）和附式（F.17），可得：

$$\begin{aligned}\frac{\partial\Delta\lambda}{\partial\boldsymbol{\varepsilon}_{i+1}}&=\frac{\boldsymbol{s}_{i+1}^{\mathrm{trial}}:\dfrac{\partial\boldsymbol{s}_{i+1}^{\mathrm{trial}}}{\partial\boldsymbol{\varepsilon}_{i+1}}}{2G\sqrt{\dfrac{3}{2}\boldsymbol{s}_{i+1}^{\mathrm{trial}}:\boldsymbol{s}_{i+1}^{\mathrm{trial}}}}\\&=\frac{\boldsymbol{s}_{i+1}^{\mathrm{trial}}:2G\left(i-\dfrac{1}{3}\mathbf{1}\otimes\mathbf{1}\right)}{2G\sqrt{\dfrac{3}{2}\boldsymbol{s}_{i+1}^{\mathrm{trial}}:\boldsymbol{s}_{i+1}^{\mathrm{trial}}}}=\boldsymbol{n}_{i+1}:\left(i-\frac{1}{3}\mathbf{1}\otimes\mathbf{1}\right)=\boldsymbol{n}_{i+1}\end{aligned} \tag{F.26}$$

$$\begin{aligned}\frac{\partial\boldsymbol{n}_{i+1}}{\partial\varepsilon_{i+1}}&=\frac{\dfrac{\partial\boldsymbol{s}_{i+1}^{\mathrm{trial}}}{\partial\varepsilon_{i+1}}(\sigma_{\mathrm{y}}+3G\Delta\lambda)-3Gs_{i+1}^{\mathrm{trial}}\otimes\dfrac{\partial\Delta\lambda}{\partial\varepsilon_{i+1}}}{(\sigma_{\mathrm{y}}+3G\Delta\lambda)^2}\\&=\frac{2G\left(i-\dfrac{1}{3}\mathbf{1}\otimes\mathbf{1}\right)-3G\boldsymbol{n}_{i+1}\otimes\boldsymbol{n}_{i+1}}{\sigma_{\mathrm{y}}+3G\Delta\lambda}\end{aligned} \tag{F.27}$$

$$\frac{\partial\boldsymbol{\sigma}_{i+1}}{\partial\boldsymbol{\varepsilon}_{i+1}}=c^{\mathrm{e}}-3G\boldsymbol{n}_{i+1}\otimes\frac{\partial\Delta\lambda}{\partial\boldsymbol{\varepsilon}_{i+1}}-3G\Delta\lambda\frac{\partial\boldsymbol{n}_{i+1}}{\partial\boldsymbol{\varepsilon}_{i+1}} \tag{F.28}$$

这样，将式（3.13）、附式（F.26）和附式（F.27）代入附式（F.28），可得一致切线模量矩阵如下：

$$\begin{aligned}c_{i+1}^{\mathrm{ep}}&=\frac{\partial\boldsymbol{\sigma}_{i+1}}{\partial\boldsymbol{\varepsilon}_{i+1}}\\&=K\mathbf{1}\otimes\mathbf{1}+\frac{\sigma_{\mathrm{y}}}{\sigma_{\mathrm{y}}+3G\Delta\lambda}2G\left(i-\frac{1}{3}\mathbf{1}\otimes\mathbf{1}\right)-\frac{\sigma_{\mathrm{y}}}{\sigma_{\mathrm{y}}+3G\Delta\lambda}3G\boldsymbol{n}_{i+1}\otimes\boldsymbol{n}_{i+1}\end{aligned} \tag{F.29}$$

附 F.1.1.2　平台区，在边界面内

在平台区，当卸载再加载后塑性流动发生在边界面之内时，式（3.31）定义的背应力按下式离散：

$$(\boldsymbol{\alpha}_j^{\mathrm{s}})_{i+1}=(\boldsymbol{\alpha}_j^{\mathrm{s}})_i+[C_j^{\mathrm{s}}\boldsymbol{n}_{i+1}-\gamma_j^{\mathrm{s}}(\boldsymbol{\alpha}_j^{\mathrm{s}})_{i+1}]\Delta\lambda \tag{F.30}$$

结合附式（F.9）和附式（F.12）可得：

$$\boldsymbol{s}_{i+1}-\boldsymbol{\alpha}_{i+1}=\boldsymbol{\zeta}_{i+1}-\left[3G+\sum_{j=1}^{2}\frac{C_j^{\mathrm{s}}}{1+\gamma_j^{\mathrm{s}}\Delta\lambda}\right]\Delta\lambda\boldsymbol{n}_{i+1} \tag{F.31}$$

式中

$$\zeta_{i+1}=\boldsymbol{s}_{i+1}^{\mathrm{trial}}-\sum_{j=1}^{2}\frac{(\boldsymbol{\alpha}_j^{\mathrm{s}})_i}{1+\gamma_j^{\mathrm{s}}\Delta\lambda} \tag{F.32}$$

同样，根据屈服方程能得到附式（F.15），这样 $\boldsymbol{n}_{i+1}$ 便能唯一地用 ζ_{i+1} 来表示：

$$\boldsymbol{n}_{i+1}=\frac{\zeta_{i+1}}{\tilde{\sigma}_{i+1}},\tilde{\sigma}_{i+1}=\sqrt{\frac{3}{2}}\|\zeta_{i+1}\| \tag{F.33}$$

因此，结合附式（F.15）、附式（F.31）～附式（F.33），可得如下非线性的标量方程：

$$0=h(\Delta\lambda)=\tilde{\sigma}_{i+1}-\left[3G+\sum_{j=1}^{2}\frac{C_j^{\mathrm{s}}}{1+\gamma_j^{\mathrm{s}}\Delta\lambda}\right]\Delta\lambda-R_{i+1} \tag{F.34}$$

上式可采用 Newton 法进行迭代求解，即：

$$\Delta\lambda^{(k+1)}=\Delta\lambda^{(k)}-\left[\frac{\partial h}{\partial\Delta\lambda}(\Delta\lambda^{(k)})\right]^{-1}h(\Delta\lambda^{(k)}) \tag{F.35}$$

$$\begin{aligned}&\frac{\partial h}{\partial\Delta\lambda}(\Delta\lambda^{(k)})\\&=\frac{3}{2}\boldsymbol{n}_{i+1}^{(k)}:\left[\sum_{j=1}^{2}\frac{\gamma_j^{\mathrm{s}}(\boldsymbol{\alpha}_j^{\mathrm{s}})_i}{(1+\gamma_j^{\mathrm{s}}\Delta\lambda^{(k)})^2}\right]-3G-\sum_{j=1}^{2}\frac{C_j^{\mathrm{s}}}{(1+\gamma_j^{\mathrm{s}}\Delta\lambda^{(k)})^2}-\frac{\partial R_{i+1}}{\partial\Delta\lambda}(\Delta\lambda^{(k)})\end{aligned} \tag{F.36}$$

式中，k 代表迭代步。针对记忆面和屈服面大小的更新步骤同附 F.1.1.1 节。这样，根据附式（F.5）、附式（F.11）、附式（F.12）、附式（F.23）和附式（F.25），可得：

$$\frac{\partial R_{i+1}}{\partial\Delta\lambda}(\Delta\lambda^{(k)})=b^{\mathrm{s}}\frac{\sigma_{\mathrm{y}}+Q^{\mathrm{s}}-R_i}{(1+b^{\mathrm{s}}\Gamma\Delta\lambda^{(k)})^2}\frac{\partial\Gamma\Delta\lambda}{\partial\Delta\lambda}(\Delta\lambda^{(k)}) \tag{F.37}$$

$$\begin{aligned}&\frac{\partial\Gamma\Delta\lambda}{\partial\Delta\lambda}(\Delta\lambda^{(k)})\\&=\begin{cases}0 & \text{当 }\Gamma\Delta\lambda^{(k)}=0\\ \dfrac{\Delta\lambda^{(k)}+\left[\Delta\lambda^{(k)}\dfrac{\partial\boldsymbol{n}_{i+1}}{\partial\Delta\lambda}(\Delta\lambda^{(k)})+\boldsymbol{n}_{i+1}^{(k)}\right]:(\boldsymbol{\varepsilon}_i^{\mathrm{p}}-\boldsymbol{\xi}_i)}{\Gamma\Delta\lambda^{(k)}+r_i} & \text{当 }\Gamma\Delta\lambda^{(k)}>0\end{cases}\end{aligned} \tag{F.38}$$

式中，根据附式（F.32）和附式（F.33），可得：

$$\frac{\partial\boldsymbol{n}_{i+1}}{\partial\Delta\lambda}(\Delta\lambda^{(k)})=\frac{\displaystyle\sum_{j=1}^{2}\frac{\gamma_j^{\mathrm{s}}(\boldsymbol{\alpha}_j^{\mathrm{s}})_i}{(1+\gamma_j^{\mathrm{s}}\Delta\lambda^{(k)})^2}-\left[\frac{3}{2}\boldsymbol{n}_{i+1}^{(k)}:\sum_{j=1}^{2}\frac{\gamma_j^{\mathrm{s}}(\boldsymbol{\alpha}_j^{\mathrm{s}})_i}{(1+\gamma_j^{\mathrm{s}}\Delta\lambda^{(k)})^2}\right]\boldsymbol{n}_{i+1}^{(k)}}{\tilde{\sigma}_{i+1}^{(k)}} \tag{F.39}$$

附式（F.34）～附式（F.39）迭代收敛后，各个状态变量便能依次更新。

由于 ε_{i+1} 在塑性修正过程中保持不变，于是有：

$$0=\frac{\partial h}{\partial \boldsymbol{\varepsilon}_{i+1}}=\frac{\partial h}{\partial \Delta\lambda}(\Delta\lambda)\frac{\partial \Delta\lambda}{\partial \boldsymbol{\varepsilon}_{i+1}}+\frac{\partial h}{\partial \boldsymbol{s}_{i+1}^{\text{trial}}}:\frac{\partial \boldsymbol{s}_{i+1}^{\text{trial}}}{\partial \boldsymbol{\varepsilon}_{i+1}}=\frac{\partial h}{\partial \Delta\lambda}(\Delta\lambda)\frac{\partial \Delta\lambda}{\partial \boldsymbol{\varepsilon}_{i+1}}+3G\boldsymbol{n}_{i+1} \tag{F.40}$$

$$\frac{\partial \Delta\lambda}{\partial \boldsymbol{\varepsilon}_{i+1}}=\frac{3G}{k}\boldsymbol{n}_{i+1},\ k=-\frac{\partial h}{\partial \Delta\lambda}(\Delta\lambda) \tag{F.41}$$

$$\begin{aligned}\frac{\partial \boldsymbol{n}_{i+1}}{\partial \boldsymbol{\varepsilon}_{i+1}}&=\frac{\partial \boldsymbol{n}_{i+1}}{\partial \zeta_{i+1}}:\frac{\partial \zeta_{i+1}}{\partial \boldsymbol{\varepsilon}_{i+1}}\\&=\frac{i-\frac{3}{2}\boldsymbol{n}_{i+1}\otimes\boldsymbol{n}_{i+1}}{\tilde{\sigma}_{i+1}}:\left[2G\left(i-\frac{1}{3}\mathbf{1}\otimes\mathbf{1}\right)+\sum_{j=1}^{2}\frac{\gamma_j^{\text{s}}(\boldsymbol{\alpha}_j^{\text{s}})_i}{(1+\gamma_j^{\text{s}}\Delta\lambda)^2}\otimes\frac{\partial\Delta\lambda}{\partial \boldsymbol{\varepsilon}_{i+1}}\right]\end{aligned} \tag{F.42}$$

将式（3.13）、附式（F.41）和附式（F.42）代入附式（F.28），可得一致切线模量矩阵如下：

$$c_{i+1}^{\text{ep}}=\frac{\partial \boldsymbol{\sigma}_{i+1}}{\partial \boldsymbol{\varepsilon}_{i+1}}=K\mathbf{1}\otimes\mathbf{1}+2G\theta_{i+1}\left(i-\frac{1}{3}\mathbf{1}\otimes\mathbf{1}\right)-3G\tilde{\theta}_{i+1}\boldsymbol{n}_{i+1}\otimes\boldsymbol{n}_{i+1}-\tilde{c}_{i+1} \tag{F.43}$$

式中

$$\theta_{i+1}=1-\frac{3G\Delta\lambda}{\tilde{\sigma}_{i+1}} \tag{F.44}$$

$$\tilde{\theta}_{i+1}=\frac{3G}{k}-(1-\theta_{i+1}) \tag{F.45}$$

$$\tilde{c}_{i+1}=\frac{9G^2\Delta\lambda}{k\tilde{\sigma}_{i+1}}\left[i-\frac{3}{2}\boldsymbol{n}_{i+1}\otimes\boldsymbol{n}_{i+1}\right]:\left[\sum_{j=1}^{2}\frac{\gamma_j^{\text{s}}(\boldsymbol{\alpha}_j^{\text{s}})_i}{(1+\gamma_j^{\text{s}}\Delta\lambda)^2}\otimes\boldsymbol{n}_{i+1}\right] \tag{F.46}$$

附 F.1.1.3　强化区

在强化区，背应力的计算由式（3.30）～式（3.32）更换为式（3.54）和式（3.55）。采用与附 F.1.1.2 节相似的推导，可得如下非线性的标量方程：

$$0=h(\Delta\lambda)=\tilde{\sigma}_{i+1}-\left[3G+\sum_{j=1}^{2}\left(\frac{C_j^{\text{s}}}{1+\gamma_j^{\text{s}}\Delta\lambda}+\frac{C_j^{l}}{1+\gamma_j^{l}\Delta\lambda}\right)\right]\Delta\lambda-R_{i+1} \tag{F.47}$$

式中

$$\tilde{\sigma}_{i+1}=\sqrt{\frac{3}{2}}\|\boldsymbol{\zeta}_{i+1}\|\ 且\ \boldsymbol{\zeta}_{i+1}=\boldsymbol{s}_{i+1}^{\text{trial}}-\sum_{j=1}^{2}\left[\frac{(\boldsymbol{\alpha}_j^{\text{s}})_i}{1+\gamma_j^{\text{s}}\Delta\lambda}+\frac{(\boldsymbol{\alpha}_j^{l})_i}{1+\gamma_j^{l}\Delta\lambda}\right] \tag{F.48}$$

为了更新记忆面和屈服面大小，附式（F.18）、附式（F.19）和附式（F.25）此时修正为下式：

$$\xi_{i+1}=\xi_i+(1-c^l)\Gamma\Delta\lambda\boldsymbol{m}_{i+1} \tag{F.49}$$

$$r_{i+1}=r_i+c^l\Gamma\Delta\lambda \tag{F.50}$$

$$R_{i+1}=\frac{R_i+(\sigma_{\text{y}}+Q^{\text{s}}+Q^l)b^l\Gamma\Delta\lambda}{1+b^l\Gamma\Delta\lambda} \tag{F.51}$$

附式（F.47）仍然采用 Newton 法进行迭代求解，如附式（F.35）所示，不过此时：

$$\frac{\partial h}{\partial \Delta\lambda}(\Delta\lambda^{(k)})=\frac{3}{2}\boldsymbol{n}_{i+1}^{(k)}:\sum_{j=1}^{2}\left[\frac{\gamma_j^{\mathrm{s}}(\boldsymbol{\alpha}_j^{\mathrm{s}})_i}{(1+\gamma_j^{\mathrm{s}}\Delta\lambda^{(k)})^2}+\frac{\gamma_j^{l}(\boldsymbol{\alpha}_j^{l})_i}{(1+\gamma_j^{l}\Delta\lambda^{(k)})^2}\right]-3G$$
$$-\sum_{j=1}^{2}\left[\frac{C_j^{\mathrm{s}}}{(1+\gamma_j^{\mathrm{s}}\Delta\lambda^{(k)})^2}+\frac{C_j^{l}}{(1+\gamma_j^{l}\Delta\lambda^{(k)})^2}\right]-\frac{\partial R_{i+1}}{\partial \Delta\lambda}(\Delta\lambda^{(k)}) \tag{F.52}$$

式中

$$\frac{\partial R_{i+1}}{\partial \Delta\lambda}(\Delta\lambda^{(k)})=b^l\frac{\sigma_{\mathrm{y}}+Q^{\mathrm{s}}+Q^l-R_i}{(1+b^l\Gamma\Delta\lambda^{(k)})^2}\frac{\partial \Gamma\Delta\lambda}{\partial \Delta\lambda}(\Delta\lambda^{(k)}) \tag{F.53}$$

且 $\partial \Gamma\Delta\lambda(\Delta\lambda^{(k)})/\partial\Delta\lambda$ 如附式（F.38）所示，不过其中：

$$\frac{\partial \boldsymbol{n}_{i+1}}{\partial \Delta\lambda}(\Delta\lambda^{(k)})=\frac{\sum_{j=1}^{2}\left[\frac{\gamma_j^{\mathrm{s}}(\boldsymbol{\alpha}_j^{\mathrm{s}})_i}{(1+\gamma_j^{\mathrm{s}}\Delta\lambda^{(k)})^2}+\frac{\gamma_j^{l}(\boldsymbol{\alpha}_j^{l})_i}{(1+\gamma_j^{l}\Delta\lambda^{(k)})^2}\right]}{\tilde{\sigma}_{i+1}^{(k)}}$$
$$-\frac{\left[\frac{3}{2}\boldsymbol{n}_{i+1}^{(k)}:\sum_{j=1}^{2}\left(\frac{\gamma_j^{\mathrm{s}}(\boldsymbol{\alpha}_j^{\mathrm{s}})_i}{(1+\gamma_j^{\mathrm{s}}\Delta\lambda^{(k)})^2}+\frac{\gamma_j^{l}(\boldsymbol{\alpha}_j^{l})_i}{(1+\gamma_j^{l}\Delta\lambda^{(k)})^2}\right)\right]\boldsymbol{n}_{i+1}^{(k)}}{\tilde{\sigma}_{i+1}^{(k)}} \tag{F.54}$$

迭代收敛后，可得到一致切线模量矩阵，如附式（F.43）所示，其中：

$$\tilde{c}_{i+1}=\frac{9G^2\Delta\lambda}{k\tilde{\sigma}_{i+1}}\left[i-\frac{3}{2}\boldsymbol{n}_{i+1}\otimes\boldsymbol{n}_{i+1}\right]:\left[\sum_{j=1}^{2}\left(\frac{\gamma_j^{\mathrm{s}}(\boldsymbol{\alpha}_j^{\mathrm{s}})_i}{(1+\gamma_j^{\mathrm{s}}\Delta\lambda)^2}+\frac{\gamma_j^{l}(\boldsymbol{\alpha}_j^{l})_i}{(1+\gamma_j^{l}\Delta\lambda)^2}\right)\otimes\boldsymbol{n}_{i+1}\right] \tag{F.55}$$

附 F.1.2　二维问题

在一个典型的二维问题中，如平面应力问题，法向正应力和横向剪应力均假定为 0，即 $\sigma_{3i}\equiv 0$（$i=1$，2，3）。这便使得附 F.1.1 节简单的径向返回算法不再适用。不过对约束的平面应力子空间可以采用以上算法，此时附 F.1.1 节各个方程中状态变量的张量形式应重写为向量形式。若将对称二阶张量的向量空间定义为 S，那么平面应力子空间可以定义为：

$$S_{\mathrm{P}}:=\{\sigma\in S\,|\,\sigma_{13}=\sigma_{23}=\sigma_{33}=0\} \tag{F.56}$$

类似地，对称二阶偏张量子空间可以定义为：

$$S_{\mathrm{D}}:=\{s\in S\,|\,s_{13}=s_{23}=0,\mathrm{tr}[\boldsymbol{s}]=s_{kk}=0\} \tag{F.57}$$

这样，式（3.11）、式（3.12）、式（3.16）和式（3.18）可以重写为：

$$\varepsilon=\varepsilon^{\mathrm{e}}+\varepsilon^{\mathrm{p}} \tag{F.58}$$

$$\sigma=\boldsymbol{C}\varepsilon^{\mathrm{e}} \tag{F.59}$$

$$f-\bar{\sigma}-R-\sqrt{\frac{3}{2}\boldsymbol{\chi}^{\mathrm{T}}\boldsymbol{P}\boldsymbol{\chi}}\quad R=0\text{，式中 }\boldsymbol{\chi}-\boldsymbol{\sigma}-\boldsymbol{\beta} \tag{F.60}$$

$$\dot{\varepsilon}^{\mathrm{p}}=\dot{\lambda}\frac{\partial f}{\partial\boldsymbol{\sigma}}=\frac{3}{2}\frac{\boldsymbol{P}\boldsymbol{\chi}}{\bar{\sigma}}\dot{\lambda} \tag{F.61}$$

式中，$\boldsymbol{\sigma}=[\sigma_{11}\,\sigma_{22}\,\sigma_{12}]^{\mathrm{T}}$，$\boldsymbol{\varepsilon}=[\varepsilon_{11}\,\varepsilon_{22}\,\varepsilon_{12}]^{\mathrm{T}}$，$\boldsymbol{\beta}=[\beta_{11}\,\beta_{22}\,\beta_{12}]^{\mathrm{T}}$ 为定义在 S_{P} 中的假想背应力向量，弹性刚度矩阵 $\boldsymbol{C}$ 和投影矩阵 $\boldsymbol{P}$ 分别定义为：

$$\boldsymbol{C}=\frac{E}{1-\nu^2}\begin{bmatrix}1 & \nu & 0\\ \nu & 1 & 0\\ 0 & 0 & \frac{1-\nu}{2}\end{bmatrix} \text{且} \boldsymbol{P}=\frac{1}{3}\begin{bmatrix}2 & -1 & 0\\ -1 & 2 & 0\\ 0 & 0 & 6\end{bmatrix} \tag{F.62}$$

式中，E 为弹性模量；ν 为泊松比。根据附式（F.61），式（3.30）、式（3.31）和式（3.54）定义的背应力此时按下式计算：

$$\boldsymbol{\beta}=\left(1-\frac{R}{\sigma_{\mathrm{y}}}\right)\boldsymbol{\sigma} \tag{F.63}$$

$$\dot{\boldsymbol{\beta}}_j^s=\left(\frac{C_j^s}{R}\boldsymbol{\chi}-\gamma_j^s\boldsymbol{\beta}_j^s\right)\dot{\lambda} \tag{F.64}$$

$$\dot{\boldsymbol{\beta}}_j^l=\left(\frac{C_j^l}{R}\boldsymbol{\chi}-\gamma_j^l\boldsymbol{\beta}_j^l\right)\dot{\lambda} \tag{F.65}$$

采用与附 F.1.1 节类似的积分算法，可以同样建立状态变量和一致切线模量矩阵的更新步骤，在此省略。

附 F.2　本构模型的 UMAT 子程序框架

本附录基于附 F.1 节推导的数值算法，利用 FORTRAN 语言编写 ABAQUS 的 UMAT 子程序。由于完整代码较长，这里仅简要列出了程序的主体框架，对关键计算步骤进行了说明。

```
      SUBROUTINE UMAT(STRESS,STATEV,DDSDDE,SSE,SPD,SCD,
     1 RPL,DDSDDT,DRPLDE,DRPLDT,
     2 STRAN,DSTRAN,TIME,DTIME,TEMP,DTEMP,PREDEF,DPRED,CMNAME,
     3 NDI,NSHR,NTENS,NSTATV,PROPS,NPROPS,COORDS,DROT,PNEWDT,
     4 CELENT,DFGRD0,DFGRD1,NOEL,NPT,LAYER,KSPT,KSTEP,KINC)
      INCLUDE 'ABA_PARAM.INC'
      CHARACTER * 80 CMNAME
      DIMENSION STRESS(NTENS),STATEV(NSTATV),
     1 DDSDDE(NTENS,NTENS),DDSDDT(NTENS),DRPLDE(NTENS),
     2 STRAN(NTENS),DSTRAN(NTENS),TIME(2),PREDEF(1),DPRED(1),
     3 PROPS(NPROPS),COORDS(3),DROT(3,3),DFGRD0(3,3),DFGRD1(3,3)
C DEFINE STATE VARIABLES (SDVs)/定义状态变量，包括弹性应变、塑性应变、背应力等
        DIMENSION EELAS(NTENS),EPLAS(NTENS),……
C DEFINE PARAMETERS/定义计算过程中用到的常量
        PARAMETER(ZERO=0.D0,ONE=1.D0,TWO=2.D0,TOLER=1.0D-6,……)
C ----------------------------------------------------
C UMAT FOR ISOTROPIC ELASTICITY AND MISES PLASTICITY
C WITH NONLINEAR COMBINED ISOTROPIC/KINEMATIC HARDENING
C USED FOR 3-D OR PLANE STRAIN OR PLANE STRESS
C USED FOR MILD STEEL WITH YIELD PLATEAU OR HIGH STRENGTH STEEL
C ----------------------------------------------------
```

```
C GET MATERIAL PROPERTIES/读取材料参数
      EMOD=PROPS(1)
      ENU=MIN(PROPS(2),ENUMAX)
      EBULK3=EMOD/(ONE-TWO*ENU)
      EG2=EMOD/(ONE+ENU)
      EG=EG2/TWO
      EG3=THREE*EG
      ELAM=(EBULK3-EG2)/THREE
      SYIEL0=PROPS(3)
      EPLATEAU=PROPS(4)
      EFLATEAU=PROPS(5)
C MILD STEEL WITH YIELD PLATEAU/针对有屈服平台的结构钢材
      IF(EPLATEAU.GT.TOLER) THEN
        HARDQS=PROPS(6)
        HARDBS=PROPS(7)
        HARDQL=PROPS(8)
        HARDBL=PROPS(9)
        HARDQL2=ZERO
        HARDBL2=ZERO
        HARDCS1=PROPS(10)
        HARDRS1=PROPS(11)
        HARDCS2=PROPS(12)
        HARDRS2=PROPS(13)
        HARDCL1=PROPS(14)
        HARDRL1=PROPS(15)
        HARDCL2=PROPS(16)
        HARDRL2=PROPS(17)
        HARDCL3=ZERO
        HARDRL3=ZERO
        SCALARS=PROPS(18)
        SCALARL=PROPS(19)
C HIGH STRENGTH STEEL WITHOUT YIELD PLATEAU/针对无屈服平台的高强钢材
      ELSE
        HARDQS=PROPS(6)
        HARDQL=PROPS(7)
        HARDBL=PROPS(8)
        HARDQL2=PROPS(9)
        HARDBL2=PROPS(10)
        HARDCS1=PROPS(11)
        HARDRS1=PROPS(12)
        HARDCS21=PROPS(13)
        HARDRS21=PROPS(14)
        HARDCS22=PROPS(15)
```

```
      HARDRS22=PROPS(16)
      HARDCL1=PROPS(17)
      HARDRL1=PROPS(18)
      HARDCL2=PROPS(19)
      HARDRL2=PROPS(20)
      HARDCL3=PROPS(21)
      HARDRL3=PROPS(22)
      SCALARS=PROPS(23)
      SCALARL=ZERO
    END IF
C 3-D PROBLEMS/以下代码针对三维问题
    IF(NDI. EQ. 3) THEN
C ELASTIC MODULI MATRIX/定义弹性刚度矩阵
    ……
C RECOVER ELASTIC STRAIN,PLASTIC STRAIN,CENTER OF MEMORY SURFACE
C AND BACKSTRESSES AND ROTATE
C NOTE:USE CODE 1 FOR (TENSOR) STRESS,CODE 2 FOR (ENGINEERING) STRAIN
C ALSO RECOVER RADIUS OF MEMORY SURFACE AND EQUIVALENT PLASTIC STRAIN
C AND YIELD INDEX/读取上一步的状态变量
    CALL ROTSIG(STATEV(1),DROT,EELAS,2,NDI,NSHR)
    CALL ROTSIG(STATEV(NTENS+1),DROT,EPLAS,2,NDI,NSHR)
    ……
    EQPLAS=STATEV(8*NTENS+2)
    NYIELD=STATEV(8*NTENS+3)
    ……
C SAVE STRESS,ELASTIC AND PLASTIC STRAIN,BACKSTRESS,MEMORY SURFACE
C/保存上一步的状态变量
    DO K1=1,NTENS
      OLDS(K1)=STRESS(K1)
      OLDEL(K1)=EELAS(K1)
      OLDPL(K1)=EPLAS(K1)
      ……
    END DO
    WSTRAN=1
    ……
C CALCULATE PREDICTOR STRESS AND ELASTIC STRAIN/计算弹性预测应力和应变
    DO K1=1,NTENS
      EELAS(K1)=OLDEL(K1)+DSTRAN(K1)*WSTRAN
      STRESS(K1)=OLDS(K1)
      DO K2=1,NTENS
        STRESS(K1)=STRESS(K1)+DDSDDE(K1,K2)*DSTRAN(K2)*WSTRAN
      END DO
```

```
      END DO
C CALCULATE EQUIVALENT VON MISES STRESS/计算 MISES 应力
      SMISES=0
      ......
C CALCULATE YIELD STRESS/计算屈服应力
      IF (NYIELD. EQ. 0) THEN
        ......
      ELSEIF(NYIELD. EQ. 1) THEN
        ......
      ELSEIF(NYIELD. EQ. 2) THEN
        ......
      END IF
C DETERMINE IF ACTIVELY YIELDING/判断是否屈服
      IF(SMISES. GT. (ONE+TOLER) * SYIELD) THEN
C   ACTIVELY YIELDING/出现屈服
        ......
C   DETERMINE THE REGION TYPE/判断处于平台区还是强化区
        IF(NYIELD. EQ. 1)THEN
        ......
C   CASE 0:ACTIVATE PLATEAU REGION,YIELDING ON BOUNDING SURFACE
C   /判断为首次屈服或发生在边界面上的屈服
C     SOLVE FOR EQUIVALENT VON MISES STRESS
C     AND EQUIVALENT PLASTIC STRAIN INCREMENT USING NEWTON ITERATION
C     /采用 NEWTON 迭代法求解等效塑性应变增量和更新后的 MISES 应力
          ......
C     UPDATE PLASTIC STRAIN/更新塑性应变
          ......
C     UPDATE STRESS AND BACKSTRESS/更新应力和背应力
        ......
C   CASE 1:ACTIVATE PLATEAU REGION,YIELDING WITHIN BOUNDING SURFACE
C   /判断为发生在边界面内的屈服
C     ASSUME A CONSTANT YIELD STRESS (WITHIN CURRENT MEMORY SURFACE)
C     SOLVE FOR EQUIVALENT VON MISES STRESS
C     AND EQUIVALENT PLASTIC STRAIN INCREMENT USING NEWTON ITERATION
C     /首先假设屈服面大小不变,即更新后的应变状态仍处于当前记忆面内
C     /采用 NEWTON 迭代法求解等效塑性应变增量和更新后的 MISES 应力
          ......
C     UPDATE PLASTIC STRAIN/更新塑性应变
          ......
C       THE YIELD SURFACE CONTRACTS AT THIS INCREMENT
C       RE-CALCULATE THE EQUIVALENT VON MISES STRESS
C       /先前假设不成立,屈服面会收缩,采用 NEWTON 迭代法重新求解
            ......
```

```
C     UPDATE STRESS AND BACKSTRESS/更新应力和背应力
        ……
C   CHECK IF GO TO BOUNDING SURFACE/判断更新后的应力状态是否越过边界面
        ……
C   UPDATE MEMORY SURFACE/更新记忆面(大小和中心位置)
        ……
C   CHECK IF GO TO HARDENING REGION/判断更新后的应变状态是否达到进入强化区的
条件
        ……
C   UPDATE ELASTIC STRAIN AND EQUIVALENT PLASTIC STRAIN
C   /更新弹性应变和等效塑性应变
        EQPLAS=EQPLAS+DEQPL
        ……
C   CALCULATE PLASTIC DISSIPATION/计算塑性耗能
        DO K1=1,NTENS
          SPD=SPD+(STRESS(K1)+OLDS(K1))*(EPLAS(K1)-OLDPL(K1))/TWO
        END DO
C   DETERMINE IF GO TO HARDENING REGION OR BOUNDING SURFACE
C   /判断应力状态是否维持在边界面上或应变状态是否进入强化区
        ……
C     FORMULATE THE JACOBIAN (MATERIAL TANGENT)/计算一致切线模量矩阵
        ……
        ELSEIF(NYIELD.EQ.2) THEN
C   CASE 2:ACTIVATE HARDENING REGION
C   /判断为发生在强化区内的屈服
C     ASSUME A CONSTANT YIELD STRESS (WITHIN CURRENT MEMORY SURFACE)
C     SOLVE FOR EQUIVALENT VON MISES STRESS
C     AND EQUIVALENT PLASTIC STRAIN INCREMENT USING NEWTON ITERATION
C     /首先假设屈服面大小不变,即更新后的应变状态仍处于当前记忆面内
C     /采用NEWTON迭代法求解等效塑性应变增量和更新后的MISES应力
          ……
C     UPDATE PLASTIC STRAIN/更新塑性应变
          ……
C       THE YIELD SURFACE EXPANDS AT THIS INCREMENT
C         RE-CALCULATE THE EQUIVALENT VON MISES STRESS
C         /先前假设不成立,屈服面会收缩,采用NEWTON迭代法重新求解
            ……
C     UPDATE MEMORY SURFACE/更新记忆面(大小和中心位置)
          ……
C     UPDATE PLASTIC STRAIN/更新塑性应变
          ……
C     UPDATE MEMORY SURFACE/更新记忆面(大小和中心位置)
          ……
```

```
C        UPDATE  ELASTIC  STRAIN, BACKSTRESS, STRESS  AND  EQUIVALENT
PLASTIC STRAIN
C      /更新弹性应变、背应力、应力和等效塑性应变
           EQPLAS=EQPLAS+DEQPL
           ……
C      CALCULATE PLASTIC DISSIPATION/计算塑性耗能
           DO K1=1,NTENS
             SPD=SPD+(STRESS(K1)+OLDS(K1))*(EPLAS(K1)-OLDPL(K1))/TWO
           END DO
C         FORMULATE THE JACOBIAN (MATERIAL TANGENT)/计算一致切线模量矩阵
           ……
         ENDIF
       ENDIF
       ……
C STORE ELASTIC STRAIN,(EQUIVALENT) PLASTIC STRAIN,BACKSTRESS AND
C MEMORY SURFACE,YIELD INDEX IN STATE VARIABLE ARRAY
C/保存弹性应变、塑性应变、等效塑性应变、背应力、记忆面等状态变量
       DO K1=1,NTENS
         STATEV(K1)=EELAS(K1)
         STATEV(K1+NTENS)=EPLAS(K1)
         ……
       END DO
       ……
       STATEV(2+8*NTENS)=EQPLAS
       STATEV(3+8*NTENS)=NYIELD
       ……
C 2-D PROBLEMS/以下代码针对二维问题
       ELSEIF(NDI.EQ.2) THEN
C ELASTIC MODULI MATRIX/计算弹性刚度矩阵
       ……
C ELASTIC COMPLIANCE MATRIX/计算弹性柔度矩阵(弹性刚度矩阵的逆)
       ……
C PROJECTION MATRIX FOR STRESS/计算应力的投影矩阵
       ……
C PROJECTION MATRIX FOR PLASTIC STRAIN/计算应变的投影矩阵
       ……
C RECOVER ELASTIC STRAIN,PLASTIC STRAIN,CENTER OF MEMORY SURFACE
C AND BACKSTRESSES AND ROTATE
C NOTE:USE CODE 1 FOR (TENSOR) STRESS,CODE 2 FOR (ENGINEERING) STRAIN
C ALSO RECOVER RADIUS OF MEMORY SURFACE AND EQUIVALENT PLASTIC STRAIN
C AND YIELD INDEX/读取上一步的状态变量
       CALL ROTSIG(STATEV(1),DROT,EELAS,2,NDI,NSHR)
```

```
      CALL ROTSIG(STATEV(NTENS+4),DROT,EPLAS,2,NDI,NSHR)
      ……
      EQPLAS=STATEV(8*NTENS+26)
      NYIELD=STATEV(8*NTENS+27)
      ……
C SAVE STRESS,ELASTIC AND PLASTIC STRAIN,BACKSTRESS,MEMORY SURFACE
C/保存上一步的状态变量
      DO K1=1,NTENS
        OLDS(K1)=STRESS(K1)
        OLDEL(K1)=EELAS(K1)
        OLDPL(K1)=EPLAS(K1)
        ……
      END DO
      WSTRAN=1
      ……
C CALCULATE PREDICTOR STRESS AND ELASTIC STRAIN/计算弹性预测应力和应变
      DO K1=1,NTENS
        EELAS(K1)=OLDEL(K1)+DSTRAN(K1)*WSTRAN
        STRESS(K1)=OLDS(K1)
        DO K2=1,NTENS
          STRESS(K1)=STRESS(K1)+DDSDDE(K1,K2)*DSTRAN(K2)*WSTRAN
        END DO
      END DO
C CALCULATE EQUIVALENT VON MISES STRESS/计算 MISES 应力
      SMISES=0
      ……
C CALCULATE YIELD STRESS/计算屈服应力
      IF(NYIELD.EQ.0) THEN
        ……
      ELSEIF(NYIELD.EQ.1) THEN
        ……
      ELSEIF(NYIELD.EQ.2) THEN
        ……
      END IF
C DETERMINE IF ACTIVELY YIELDING/判断是否屈服
      IF(SMISES.GT.(ONE+TOLER)*SYIELD) THEN
C  ACTIVELY YIELDING/出现屈服
        ……
C  DETERMINE THE REGION TYPE/判断处于平台区还是强化区
        IF (NYIELD.EQ.1) THEN
        ……
C  CASE 0:ACTIVATE PLATEAU REGION,YIELDING ON BOUNDING SURFACE
C  /判断为首次屈服或发生在边界面上的屈服
```

```
C     SOLVE FOR EQUIVALENT VON MISES STRESS
C     AND EQUIVALENT PLASTIC STRAIN INCREMENT USING NEWTON ITERATION
C     / 采用 NEWTON 迭代法求解等效塑性应变增量和更新后的 MISES 应力
         ......
C     UPATE PLASTIC STRAIN/更新塑性应变
         ......
C     UPDATE STRESS AND BACKSTRESS/更新应力和背应力
         ......
C     CASE 1:ACTIVATE PLATEAU REGION,YIELDING WITHIN BOUNDING SURFACE
C     / 判断为发生在边界面内的屈服
C     ASSUME A CONSTANT YIELD STRESS (WITHIN CURRENT MEMORY SURFACE)
C     SOLVE FOR EQUIVALENT VON MISES STRESS
C     AND EQUIVALENT PLASTIC STRAIN INCREMENT USING NEWTON ITERATION
C     / 首先假设屈服面大小不变,即更新后的应变状态仍处于当前记忆面内
C     / 采用 NEWTON 迭代法求解等效塑性应变增量和更新后的 MISES 应力
         ......
C     UPATE PLASTIC STRAIN/更新塑性应变
         ......
C      THE YIELD SURFACE CONTRACTS AT THIS INCREMENT
C      RE-CALCULATE THE EQUIVALENT VON MISES STRESS
C      /先前假设不成立,屈服面会收缩,采用 NEWTON 迭代法重新求解
        ......
C     UPDATE STRESS AND BACKSTRESS/更新应力和背应力
         ......
C     CHECK IF GO TO BOUNDING SURFACE/判断更新后的应力状态是否越过边界面
         ......
C     UPDATE MEMORY SURFACE/更新记忆面(大小和中心位置)
         ......
C     CHECK IF GO TO HARDENING REGION/判断更新后的应变状态是否达到进入强化区条件
         ......
C     UPDATE ELASTIC STRAIN AND EQUIVALENT PLASTIC STRAIN
C     / 更新弹性应变和等效塑性应变
        EQPLAS=EQPLAS+DEQPL
         ......
C     CALCULATE PLASTIC DISSIPATION/计算塑性耗能
        DO K1=1, NTENS
          SPD=SPD+(STRESS(K1)+OLDS(K1))*(EPLAS(K1)-OLDPL(K1))/TWO
        END DO
C     DETERMINE IF GO TO HARDENING REGION OR BOUNDING SURFACE
C     / 判断应力状态是否维持在边界面上或应变状态是否进入强化区
         ......
C     MODIFIED ELASTIC TANGENT MODULI/计算修正的弹性切线刚度矩阵
         ......
```

```
C      FORMULATE THE JACOBIAN (MATERIAL TANGENT)/计算一致切线模量矩阵
           ......
         ELSEIF(NYIELD. EQ. 2) THEN
C      CASE 2: ACTIVATE HARDENING REGION
C      /判断为发生在强化区内的屈服
C      ASSUME A CONSTANT YIELD STRESS (WITHIN CURRENT MEMORY SURFACE)
C      SOLVE FOR EQUIVALENT VON MISES STRESS
C      AND EQUIVALENT PLASTIC STRAIN INCREMENT USING NEWTON ITERATION
C      /首先假设屈服面大小不变,即更新后的应变状态仍处于当前记忆面内
C      /采用 NEWTON 迭代法求解等效塑性应变增量和更新后的 MISES 应力
           ......
C      UPATE PLASTIC STRAIN/更新塑性应变
           ......
C      THE YIELD SURFACE EXPANDS AT THIS INCREMENT
C      SOLVE FOR EQUIVALENT VON MISES STRESS
C      AND EQUIVALENT PLASTIC STRAIN INCREMENT USING NEWTON ITERATION
C      /先前假设不成立,屈服面会收缩,采用 NEWTON 迭代法重新求解
           ......
C      UPDATE MEMORY SURFACE/更新记忆面(大小和中心位置)
           ......
C      THE ASSUMPTION OF CONSTANT YIELD STRESS IS VALID
C      /先前假设成立,屈服面大小不变
           ......
C         UPDATE  ELASTIC  STRAIN,  BACKSTRESS,  STRESS  AND  EQUIVALENT
PLASTIC STRAIN
C      /更新弹性应变、背应力、应力和等效塑性应变
          EQPLAS=EQPLAS+DEQPL
           ......
C      CALCULATE PLASTIC DISSIPATION/计算塑性耗能
          DO K1=1, NTENS
            SPD=SPD+(STRESS(K1)+OLDS(K1)) * (EPLAS(K1)-OLDPL(K1))/TWO
          END DO
C      FORMULATE THE JACOBIAN (MATERIAL TANGENT)/计算一致切线模量矩阵
           ......
        END IF
      END IF
      ......
C STORE ELASTIC STRAIN, (EQUIVALENT) PLASTIC STRAIN, BACKSTRESS AND
C MEMORY SURFACE, YIELD INDEX IN STATE VARIABLE ARRAY
C/保存弹性应变、塑性应变、等效塑性应变、背应力、记忆面等状态变量
      DO K1=1, NTENS
        STATEV(K1)=EELAS(K1)
        STATEV(K1+NTENS+3)=EPLAS(K1)
```

```
  ......
END DO
......
STATEV(26+8*NTENS)=EQPLAS
STATEV(27+8*NTENS)=NYIELD
END IF
RETURN
END
```

附录G　考虑节点域变形的节点分析模型实现程序

本附录给出了基于MATLAB实现考虑节点域变形的平面框架分析程序的部分代码。以第5.4节提出的节点模型为基础，直接搭建整体刚度矩阵，可实现应用不同节点模型的平面钢框架的计算分析。

(1)变量定义和数据输入。

```
%>>>>>>>Frame data should be fufilled in "frame.xlsx"
%>>>>>>>reading frame data
filename='example.xlsx';
[n,m,H,L,Acn,sk,iB,iC,kpz,hpz,P,q]=Fileread(filename);
N=m+1;                % a number for short
```

(2) 函数Mbmaking：计算固端弯矩。

```
%>>>>>a function to calculate node moment of beam ends from even loads q*
function [Mj,Mb]=Mbmaking(n,m,q,L)
LR=zeros(n,m);
N=m+1;
for i=1:n
    LR(i,:)=L;
end
Mb=q.*LR.*LR;
Mb=Mb/12;
M=zeros(n,N);
M(1:n,1:m)=-Mb;
M(1:n,2:N)=M(1:n,2:N)+Mb;
Mj=zeros(1,n*N);
for i=1:n
    Mj(1,(i-1)*N+1:i*N)=M(i,:);
end
Mj=-Mj';
end
```

(3) 函数GSMRJ：搭建不考虑节点域变形的整体刚度矩阵。

```
function GSM=GSMRJ(n,m,H,iB,iC)
%*******creating Kdeta
a=zeros(1,n);
for i=1:n
    a(i)=sum(iC(i,:))*12/(H(i)^2);
end
```

```
Kdeta=diag(a);%******Kdeta finished
%*******creating Kdetasita
N=m+1;
a=zeros(1,N);
Kdetasita=zeros(n,N*n);
k=iC(1,:)/H(1);
k=-6*k;
Kdetasita(1,1:N)=k;
if n>1
    for i=2:n
        k=iC(i,:)/H(i);
        k=-6*k;
        Kdetasita(i,(i-2)*N+1:(i-1)*N)=k;
        Kdetasita(i,(i-1)*N+1:i*N)=k;
    end
end
%******Kdetasita finished
%******creating Ksita
Ksita=zeros(N*n,N*n);
k=zeros(N,N);
if n>1
    for i=1:n-1
        a=iC(i,:);
        Ksita(i*N+1:i*N+N,(i-1)*N+1:i*N)=2*diag(a);
        Ksita((i-1)*N+1:i*N,i*N+1:i*N+N)=2*diag(a);
        a=a+iC(i+1,:);
        k=4*diag(a);
        a=zeros(1,N);
        a(1:m)=iB(i,:);
        a(2:m+1)=a(2:m+1)+iB(i,:);
        k=k+4*diag(a);
        a=iB(i,:);
        k=k+2*diag(a,1)+2*diag(a,-1);
        Ksita((i-1)*N+1:i*N,(i-1)*N+1:i*N)=k;
    end
end
a=iC(n,:);
k=4*diag(a);
a=zeros(1,N);
a(1:m)=iB(n,:);
a(2:m+1)=a(2:m+1)+iB(n,:);
k=k+4*diag(a);
a=iB(n,:);
```

```
k=k+2*diag(a,1)+2*diag(a,-1);
Ksita((n-1)*N+1:n*N,(n-1)*N+1:n*N)=k;
%Ksita finished
GSM=[Kdeta,Kdetasita;Kdetasita',Ksita];%生成整体刚度矩阵
end
```

（4）函数 GSMPZ：搭建应用平行四边形模型考虑节点域变形的整体刚度矩阵。

```
%>>>>>>a function to calculate global stiffness matrix of rigid-joint model
function GSM=GSMPZ(gsmrj,n,m,H,iB,iC,kpz,h)
%*****obtain GSM by expanding gsmrj
%firstly define the part that is the same with gsmrj
%*********creating Kgamadeta& part of Kgama
N=m+1;
Kgamadeta=zeros(n,N*n);
for i=1:n
    k=iC(i,:).*h(i,:);
    k=-12*k/H(i)/H(i);
    Kgamadeta(i,(i-1)*N+1:i*N)=k;
    k=kpz(i,:)-k;
    Kgama((i-1)*N+1:i*N,(i-1)*N+1:i*N)=diag(k);
end
%******Kgamadeta finished
%******creating Kgamasita
Kgamasita=zeros(N*n,N*n);
for i=1:n
    a=iB(i,:);
    k=2*diag(a,1)+2*diag(a,-1);
    a=zeros(1,N);
    a(1:m)=iB(i,:);
    a(2:m+1)=a(2:m+1)+iB(i,:);
    a=a*4;
    k=k+diag(a);
    Kgamasita((i-1)*N+1:i*N,(i-1)*N+1:i*N)=k;
    Kgama((i-1)*N+1:i*N,(i-1)*N+1:i*N)=Kgama((i-1)*N+1:i*N,(i-1)*N+
1:i*N)+k;
    a=iC(i,:).*h(i,:)/H(i);
    k=6*diag(a);
Kgamasita((i-1)*N+1:i*N,(i-1)*N+1:i*N)=Kgamasita((i-1)*N+1:i*N,(i-1)*
N+1:i*N)+k;
    if i<n
        Kgamasita((i-1)*N+1:i*N,i*N+1:(i+1)*N)=k;
    end
end
```

```
%******Kgamasita finished
%******Creating Kgama
k=[Kgamadeta;Kgamasita];
GSM=[gsmrj,k;k',Kgama];
end
```

（5）函数GSMCS：搭建应用柱侧弹簧模型考虑节点域变形的整体刚度矩阵。

```
function [acon,yitaL,yitaR,gsmcs]=GSMCS(gsm,n,m,iB,iC,kpz)
N=m+1;
yitaL=iB./kpz(1:n,1:m);
yitaR=iB./kpz(1:n,2:N);
acon=(ones(n,m)+4*yitaL).*(ones(n,m)+4*yitaR)-4*(yitaL.*yitaR);
acon=2*ones(size(acon))./acon;
acon=acon.*iB;
%the sub-matrix Kdeta, Kdetasita was unchanged, in Ksita only the diagnal /
%sub-matrix was changed, so that, just renew the diagnoa sub-matrix
for i=1:n
    a=4*iC(i,:);
    if i<n
        a=a+4*iC(i+1,:);
    end
    a(1,1:m)=a(1:m)+2*(ones(1,m)+3*yitaL(i,:)).*acon(i,:);
    a(1,2:N)=a(2:N)+2*(ones(1,m)+3*yitaR(i,:)).*acon(i,:);
    k=diag(a);
    k=k+diag(acon(i,:),1)+diag(acon(i,:),-1);
    gsm(n+1-N+i*N:n+i*N,n+1-N+i*N:n+i*N)=k;end
gsmcs=gsm;
end
```

（6）函数Solvefrequency：求解自振频率和振型。

```
function [freq,virb_mode]=Solvefrequency(m_story,K_global)
[n,~]=size(m_story);
[N,~]=size(K_global);
K_deta=K_global(1:n,1:n);
K_sita=K_global(n+1:N,n+1:N);
K_deta_sita=K_global(1:n,n+1:N);
K_sita=K_sita^-1;
K_sita=K_deta_sita*K_sita*(K_deta_sita');
K_deta=K_deta-K_sita;
[virb_mode,freq]=eig(K_deta,m_story);
freq=diag(freq);
end
```

（7）地震作用计算。

```
function
[a_T,gama,FEK]=SolveEarthquake(T,Tg,mg,vm,gama,yita_1,yita_2,a_max,order_number)
[n,~]=size(T);
a_T=spec_a(T,Tg,gama,yita_1,yita_2,a_max);
gama=vm'*mg./(vm'.*vm'*mg);
Ftk=zeros(n,order_number);
for i=1:order_number
    Ftk(:,i)=a_T(i)*gama(i)*vm(:,i).*mg;
end
PT=tril(ones(n,n),0);
Ftk=PT'*Ftk;
FEK=sum(Ftk.*Ftk,2);
FEK=FEK.^0.5;
Ftk=ones(n,1);
PT=diag(Ftk)-diag(Ftk(1:n-1),1);
FEK=PT*FEK;
end
```

（8）结构求解（以GSMPZ矩阵求解为例）。

```
function result=SolvePZ(gsm,n,m,H,iB,iC,kpz,hpz,P,Mj,sk,q,Mb,L)
%**************************************
******************
gsmpz=GSMPZ(gsm,n,m,H,iB,iC,kpz,hpz); % organize G. S. M.      *
N=m+1;
pm=[P;Mj;Mj];         % build equivalent load      *
disp=gsmpz\pm/sk;         % solution       *
detapz=disp(1:n);     % deta results      *
sitapz=zeros(n,m+1);      % sita results      *
gamapz=zeros(n,m+1);      % gama results      *
for i=1:n           %          *
    sitapz(i,:)=disp(n+(i-1)*N+1:n+i*N); %         *
    gamapz(i,:)=disp(n*(m+2)+(i-1)*N+1:n*(m+2)+i*N); %        *
end            %           *
[rMCU,rMCD]=Cmoment(iC*sk,H,detapz,sitapz,gamapz.*hpz); %column moment      *
[rMBL,rMBR]=Bmoment(iB*sk,sitapz+gamapz,Mb); % beam moment       *
% momentresult(:,6:7)=[rMCU,rMCD];       %          *
% momentresult(:,8:10)=[rMBL,rMBM,rMBR]; %       *
% Ncpz=Naxial(rMBL,rMBR,q,L);
Defpz=deflect(rMBL,rMBR,q,L,iB*sk);
% % iwant(1+jun)=Ncpz(1,1);
%     iwant(1+jun)=rMCU(1,1);
%     iwant(4+jun)=Defpz(1,1);
```

```
%      iwant(7+jun)=detapz(2,1);
%      iwant(10+jun)=rMBR(13,1);
result(1:n,1)=detapz;
result(1:n,2:m+2)=sitapz;
result(n+2:3*n+1,2:m+2)=[rMCU;rMCD];
result(3*n+3:5*n+2,3:m+2)=[rMBL;rMBR];
result(5*n+4:6*n+3,3:m+2)=Defpz;
result(6*n+5:7*n+4,2:m+2)=gamapz;
end
```